북앤라이프는 독자의 상상을 현실로 만듭니다.
독자 여러분의 보다 나은 삶을 위해
지혜와 지식이 담긴 책을 만들겠습니다.

북앤라이프
Bnlife.kr

독하게 배워 바로 써먹는

# 포토샵 CS4
## Extended

홍성경 지음

북앤라이프

# 독하게 배워 바로 써먹는 포토샵 CS4 Extended

Copyright © 2009 by Booknlife F3, Sungsan Bldg, 232-4 Sungsan-dong, Mapo-gu, Seoul, Korea
All right reserved, First Published by Booknlife in 2009, Printed in Korea.
이 책을 무단 복사, 복제, 전재하는 것은 저작권법에 저촉됩니다.

**지 은 이** 홍성경
**총괄 책임** 이상훈
**기획 진행** 오렌지페이퍼
**디 자 인** 디자인허브
**삽    화** 강영지(www.aozstudio.com)
**마 케 팅 팀** 오정옥, 여운태
**제 작 팀** 백현

**내용문의** redbible@chol.com
**홈페이지** www.bnlife.kr
**공식카페** cafe.naver.com/bnlifepub

**값 26,000원**
ISBN 978-89-93364-27-9

잘못된 책은 본사나 구입하신 서점에서 바꿔드립니다.
저자와의 협의에 따라 인지는 생략합니다.
이 책은 저작권법에 의해 보호를 받는 저작물이므로 무단전제와 복제를 금합니다.

이 책에 언급된 모든 상표는 각 회사의 등록 상표입니다.
또한 인용된 사이트의 저작권은 해당 사이트에 있음을 알려드립니다.

북앤라이프는 (주)하눌의 출판 전문 브랜드입니다.
북앤라이프는 독자 여러분의 소중한 의견을 기다리고 있습니다. 책에 관한 아이디어나 개선점, 집필하고자 하시는 분이나 소재가 있으신 분들은 이메일이나 우편으로 연락처와 함께 보내주시기 바랍니다. 독자 여러분의 이야기로 정성이 가득한 책을 만들겠습니다.

## 머리말

인터넷을 조금이라도 사용하는 사람이라면 포토샵이란 이름은 한번쯤 들어봤을 정도로 이제는 너무나 대중적이 되었습니다. 제 주변을 살펴봐도 컴맹이라는 제 친구도 아이 사진 정도는 본인이 수정하고 있으며 그 아이도 엄마 옆에서 열심히 포토샵의 브러시로 낙서를 하고 있는 실정이니까요. 그만큼 포토샵은 컴퓨터로 사진, 그림, 디자인이라는 것에 조금이라도 관심이 있다면 누구나 접하는 하나의 통과의례처럼 되어버렸습니다. 하지만 제가 포토샵 CS4 Extended를 처음 접하면서 느낀 점은 '포토샵은 진화하고 있다.' 라는 점과 '프로그램 자체가 이제는 너무 거대해져 오히려 디자인을 마스터하는 전문가들이 사용할 수 있는 기능들이 많아졌다.' 라는 점입니다. 결국 누구나 사용하지만 제대로 다루기는 아주 힘든 프로그램이 된 것 같은 느낌입니다.

그렇다고 포토샵 CS4가 무작정 어려워진 것만은 아닙니다. 오히려 다양해졌다라고 보는 것이 맞을 것 같습니다. 일반 사용자들을 위해 자주 사용하는 버튼이나 아이콘을 상단의 실행 바에 배치하고 사진을 빠르고 쉽게 보정하는 명령들을 포토샵을 열자마자 보이는 패널로 넣어 메뉴나 옵션을 이용하지 않아도 바로 사용할 수 있게 하였습니다. 또한, 디자인 분야에 종사하는 전문가들을 위해 보정 명령들에 좀 더 섬세하게 조절할 수 있는 추가 옵션을 넣었으며 MASKS 패널을 만들어 합성 시 좀 더 꼼꼼한 작업을 진행할 수 있게 했습니다. 뿐만 아니라 Filter와 Automate, Action, Script 등을 추가로 설치하여 사용자가 필요한 기능만 골라 쓸 수 있습니다. 덕분에 프로그램은 가벼워지고 기능은 다양해진 것이죠.

따라서 책의 내용은 달라진 포토샵 CS4의 여러 기능과 새로 추가된 내용을 기존 포토샵과 비교함으로써 처음 접하는 초보자들에게는 포토샵 CS4의 편리성에 대해 설명하는데 초점을 두었으며, 전문적으로 포토샵을 사용하는 사람들에게는 이를 이용해 범포토샵적인 디자인 작업을 할 수 있도록 하였습니다. 특히 이 책은 포토샵을 처음 접하는 분들이 충분히 연습해 볼 수 있도록 각 Round 마다 문제와 해설을 제공하여 포토샵을 자세히 알고자 하는 분들에게 많은 도움을 드리고자 했습니다.

끝으로 이 서적이 나올 때까지 저보다 더 고생해주신 김지연씨와 오렌지페이퍼 관계자 분들, 북앤라이프 관계자 분들, 바쁜데도 불구하고 도와준 신소영 선생님 그리고 책 쓸 때마다 사진을 뺏기는 싸미와 영희, 준성, 여러 선생님들, 지쳐가는 절 달래준 은아샘과 이미지 제공업체인 Open As에게 감사하다는 말씀 전합니다.

홍 성 경

**Photographer** : 최준성(amuro_rai_@nate.com), 김영삼(ssami03@nate.com), OpenAs(www.openas.com)

포토샵은 그래픽 프로그램 중에 가장 많은 사용자를 가진 프로그램으로 일러스트레이터, 플래시, 드림위버, 프리미어, 애프터 이펙트 제작사인 Adobe사에서 개발하였습니다. 디지털 이미지 수정과 편집, 합성에 필요한 다양한 툴과 기능을 지원하여 2D 디자인의 시작점이자 도착점이라 할 수 있을 정도로 디자인의 많은 부분을 담당하는 프로그램입니다.

특히 포토샵 CS4 Extended 버전은 새로워진 패널의 변화로 이미지 수정 작업이 아주 쉬워졌으며, 합성에 꼭 필요한 MASKS 패널이 새로 생겨 놀라울 정도로 작업 속도가 빨라졌습니다. 또한, 3D 패널이 생겨 포토샵에서도 간단한 3D 도형을 만들어 작업한 이미지를 맵핑시켜 결과물을 얻을 수 있습니다. 뿐만 아니라 그래픽 카드에서 지원하는 가속 기능이 첨가되어 이미지 구현이 부드럽고 빨라졌습니다.

여러분이 디지털 카메라로 사진 찍기를 좋아하거나 인터넷 안에 블로그나 미니홈피, 홈페이지와 같은 1인 미디어를 가지고 있다면, 또는 디자이너로서 눈앞에 컴퓨터가 놓여있고 그를 이용해 디자인을 해야 한다면 필수적으로 배워야할 프로그램이 바로 포토샵입니다.



여러분이 손을 뻗어 이 책을 잡았다면 이미 포토샵이라는 것에 관심이 있고 최근 새로운 버전이 나왔다는 정보는 알고 있을 것입니다. 그리고 이 책의 목차나 내용을 훑어 보면서 다른 책과의 차이점을 찾게 될 것입니다.

이 책과 다른 포토샵 입문서의 가장 큰 차이점은 바로 구성입니다.

〈독하게 배워 바로 써먹는 포토샵 CS4 Extended〉는 모두 12개의 Round로 이뤄져 있으며 각 Round 안의 Training에는 주제를 소개하거나 기능의 개요를 담은 Ready, 쉽게 이해되는 간단한 따라하기 형식의 Start, 좀 더 깊이 있는 내용과 단계를 다룬 Go로 구성되어 있습니다. 따라서 차례로 따라하면 중요 내용이 이해될 수 있도록 했으며 좀 더 복잡한 내용을 다룬 Hard Training 으로 깊이 있는 내용도 접할 수 것입니다. 또한, Round 마지막에 문제풀이 형식으로 앞에서 배운 내용을 다시 한번 정리할 수 있게 하였고, Round Complete의 문제들을 통해 내용을 확실하게 자신이 것으로 만들 수 있을 것입니다.

따라서 포토샵으로 이미지를 수정하려는 사람부터 전문적인 디자인을 하려는 사람까지 누구나 이 책으로 한 단계 한 단계 따라하며 학습해 나간다면 어렵지 않게 실력이 향상되는 자신을 발견할 수 있을 것입니다. 또한, 포토샵에 관련된 기술을 가르치는 강사들에게도 손색없는 교재로 이 책을 추천합니다.

시작은 어렵습니다. 하지만 노력이라는 기름을 치며 앞으로 나간다면 어느 사이 목표에 도달할 것입니다. 이 책 한 권이 여러분의 목표에 큰 힘이 되길 바랍니다.

# 포토샵 실력별 베타테스터 3인방의 솔직한 이야기

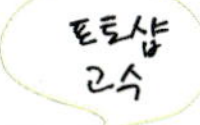

**진선미**
편집 디자이너 7년차

저에게 포토샵이라고 하면 하루에도 몇 시간씩 사용하는 아주 일상적인 존재입니다. 말하자면 포토샵으로 벌어먹고 사는 사람으로서(^^), 현장에선 포토샵의 최신 버전을 따라가며 사용하기 어렵기 때문에 새로운 기능들을 익히려는 욕심에 베타테스팅을 흔쾌히 하게 되었습니다. 우선 이 책의 가장 큰 장점은 초보자들이 정말 착실히 기초를 쌓을 수 있겠다는 것입니다. 요새 서점에 가보면 예제 중심의 포토샵 책들이 넘쳐나는데, 그런 책은 물론 결과물을 즉석에서 빨리 만들어낼 수는 있겠지만 기초적인 학습을 하기에는 무리가 있습니다. 이 책은 기초에서 응용까지 단계를 밟아 포토샵 기능을 이해할 수 있도록 구성한 것이 눈에 띕니다. 복습을 할 수 있는 코너도 많이 마련되어 있어 학습한 내용을 잊으려 해도 쉽게 잊을 수 없을 것 같습니다. 또한, 포토샵 CS4의 신기능을 예제에서 충분히 다루고 있기 때문에 어느새 절로 익힐 수 있게 되더군요. 포토샵을 새로 시작하려는 초보자들 그리고 기존 포토샵 사용자들이 좀 더 포토샵의 넓은 기능을 마음껏 활용하기 위해선 이 책을 꼭 보라고 권장하고 싶습니다.

**강정수**
대학원생, 29살

2000년 초반에 웹 디자인이 붐을 일으키면서 포토샵이라는 프로그램이 많이 알려졌었는데요, 그때만 해도 포토샵에 큰 관심이 있지는 않았습니다. 특별히 디자인쪽 일을 하려고 했던 것도 아니고, 컴퓨터로 이미지를 만져야 하는 일도 별로 없었으니까요. 그런데 PC의 보급과 디카, 블로그의 활성화가 맞물리면서 포토샵이 '국민 프로그램'으로 자리잡게 된 후에는 점점 관심을 가지게 되었습니다. 그래서 포토샵을 처음 접한 게 7 버전부터이고, CS3까지 모두 사용해 보게 되었습니다. 처음에는 간단한 사진 정리만 했던 것이 보정, 합성, 간단한 동영상까지 이제는 웬만한 이미지 작업은 모두 포토샵으로 하게 되었습니다.

〈독하게 배워 바로 써먹는 포토샵 CS4 Extended〉의 베타테스터에 지원한 것은 CS4에 대한 기대와 호기심 때문이었습니다. 컴팩트 디카는 물론 DSLR 유저도 많아진 분위기를 고려해서인지 사진 보정에 관한 기능과 메뉴가 많이 업그레이드되었는데, 이런 부분까지 모두 잘 설명되어 있어 좋았습니다. '독하게' 시리즈는 Ready에서 포토샵의 기본 개념 설명을 짚어보고, 난이도별 예제를 따라하며 직접 적용해 보고, 문제풀이로 마무리하는 구성으로 짜여져 있습니다. 틈새 없이 꼼꼼하게 공부할 수 있었고, 포토샵에 관한 전반적인 내용은 빠짐없이 들어가 있어 입문자는 물론 중급자까지 이 책을 활용할 수 있을 것 같습니다. 다년간 포토샵을 사용한 제가 여러분께 강력히 추천드립니다.

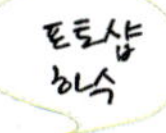

**조영대**
1980년생, 회사원

길가는 사람들을 붙잡고 '포토샵을 아시나요?' 라고 물어보면 얼마나 많은 사람들이 모른다고(?) 대답할까요? 남녀노소를 불문하고 대부분의 사람들이 잘 알거나, 들어봤다고 말하겠죠? 그만큼 포토샵은 대중화된 그래픽 프로그램이라고 생각합니다. 하지만 불행히도 저는 포토샵을 잘 알지 못하는 '들어본' 축에 끼는 사람이네요. 솔직히 포토샵을 꼭 배워야겠다고 생각한 적도 없고 필요성도 느끼지 못했는데, 어느 날 DSLR을 구입하고 촬영한 사진을 보정하려고 하니 포토샵을 사용하는 것이 좋겠더군요. 그래서 지원한 베타테스터를 마치고 지금 컴퓨터 앞에서 〈독하게 배워 바로 써먹는 포토샵 CS4 Extended〉 베타테스트 글을 작성하고 있네요. 글재주도 없는데 이런 글을 작성하는 줄 알았다면 베타테스터 지원을 한 번 더 생각해 봤을 것 같아요~하하! 농담이고요. 포토샵 CS4를 처음 접하는 저의 경우에는 베타테스트를 하면서 전체적인 내용을 소설책 읽듯이 한 번 훑어본 후에 궁금했던 기능을 목차나 인덱스로 찾아서 따라해 봤습니다. 그랬더니 각각의 Training 학습에 앞서 정리해주는 학습 목표와 연계 학습 부분이 꼬리에 꼬리를 물고 다른 Training으로 이어지더군요. 〈독하게 배워 바로 써먹는 포토샵 CS4〉 정말 물건이네요! 아직 포토샵 초보 탈출을 하려면 멀었지만, 이 책에서 배운 포토샵 CS4의 신기능 정도는 남들보다 제가 조금은 더 잘 알지 않을까요^^;; 이제 어디 가서 포토샵 모른다는 말은 하지 않아도 될 것 같아 정말 신나네요!

# 이 책의 구성을 미리 보세요!

**Round**
대단원

**Training Course**
한눈에 살펴보세요.

**Training**
소단원

**Ready!**
개념 잡기

**Start!**
간단 기능 파악

**Go!**
고급/활용 기능 파악

❶ 한 주제에 관련된 기능들이 묶여서 Round로 구성되는데, 도입부의 Training Course[한눈에 살펴보세요.]를 통해 Round 전체 내용의 흐름을 파악할 수 있습니다.

❷ READY(일단 개념을 머릿속에 정리하고)→START(해당 기능에 대한 감을 잡기 위한 간단 예제를 풀어본 후)→GO(해당 기능을 활용하거나 다른 기능과 복합적으로 사용해보며 몸을 풀어보는 예제로 완성!)의 3단계로 기능별 Training이 구성되어 있습니다.

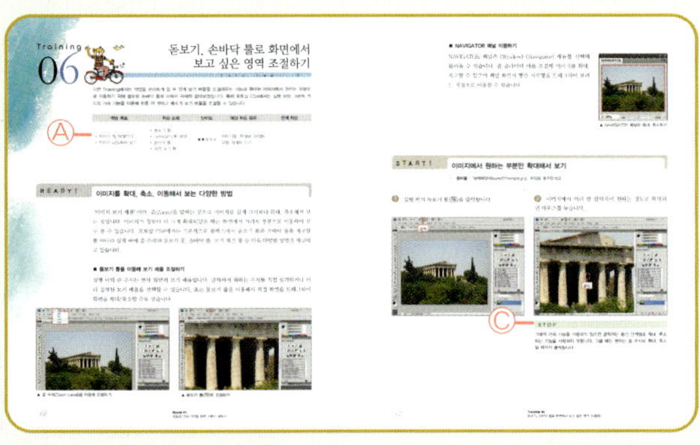

Ⓐ 학습 목표, 학습 소재, 난이도, 예상 학습 결과, 연계 학습 : Training의 도입부에 학습할 내용에 관한 간단한 정보를 표로 소개합니다.

Ⓑ BONUS[참고] : 따라하기 과정 중에 덧붙이거나 참고할 내용을 소개합니다.

Ⓒ STOP[주의] : 따라하기 과정 중에 주의할 내용을 소개합니다.

Ⓓ PHOTOSHOP COACHING[알아두기] : 따라하기 과정 중에 좀 더 심도 있게 짚어줄 내용을 그때그때 소개합니다.

〈독하게 배워 바로 써먹는〉 시리즈만의 체계적인 구성을 미리 소개합니다.

**Hard Training**
도전해 보세요.

**Round Test**
풀어 보세요.

**Round Complete**
만들어 보세요.

❸ 보다 혹독한 트레이닝으로 실력을 일취월장시키고 싶은 독자를 위해 포토샵 CS4의 중·고급 기능을 소개합니다.

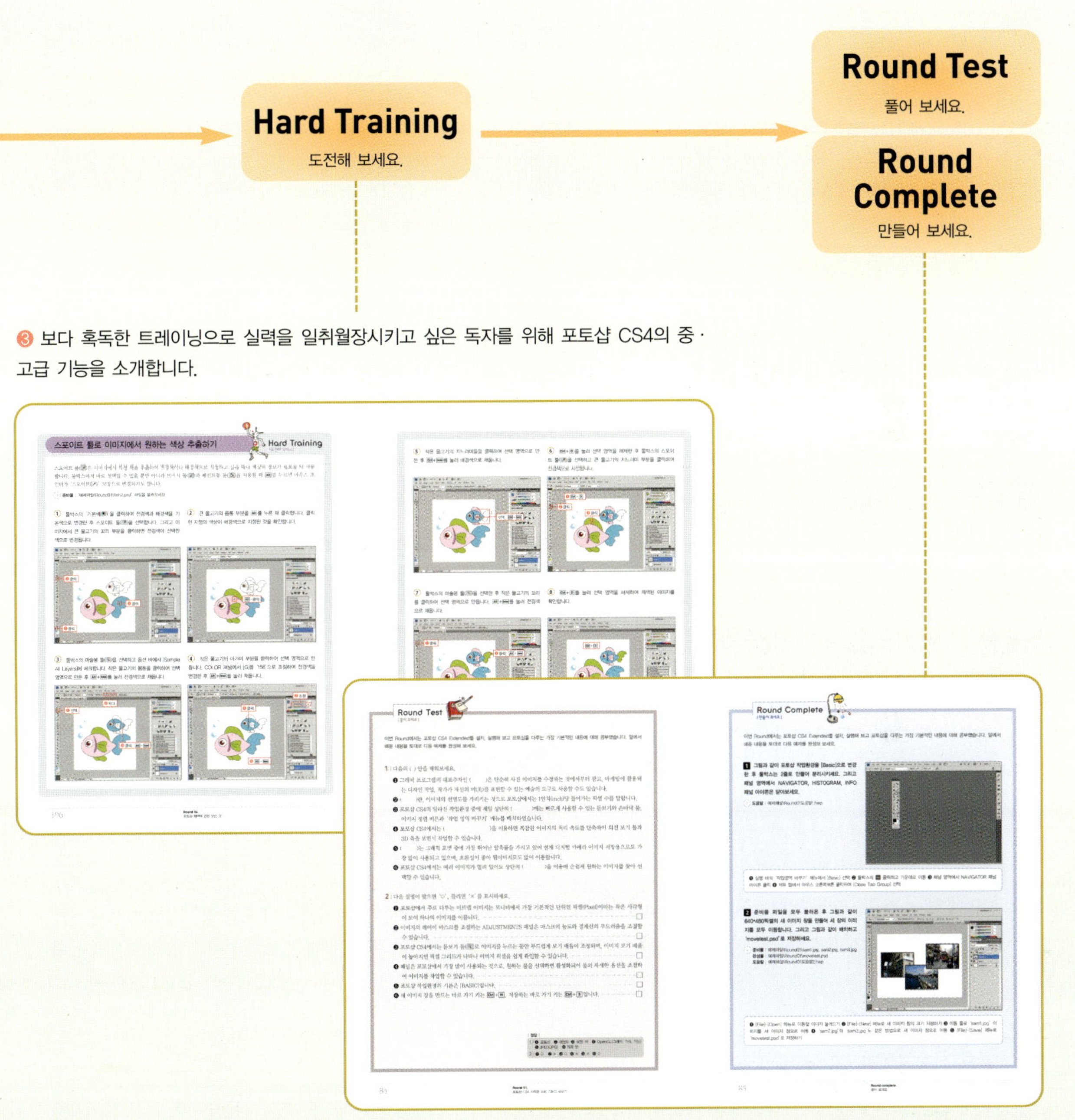

❹ 괄호 채우기, OX 문제 등의 간단한 셀프 테스트를 통해 Round에서 학습한 내용들 중 꼭 기억해야 하거나 주의해야 할 내용들을 다시 한 번 머릿속에 정리한 후 종합 예제에 도전합니다. 예제가 어려울 때는 힌트를 참고하고, 그래도 어려울 때는 도움말을 한글, PDF, 동영상 파일로 제공하므로 확실하게 Round 학습을 마무리할 수 있습니다.

# 이 책의 내용을 미리 보세요!

## Round 01 — 포토샵 CS4 시작을 위한 기본기 세우기

포토샵은 많은 사용자를 거느린 그래픽 프로그램의 대표주자로 일반인이 손쉽게 쓸 수 있는 기능부터 전문적인 기능까지 폭넓게 담고 있습니다. Round01에서는 포토샵의 역할과 기능을 살펴본 후 직접 포토샵 CS4를 설치하여 새롭게 추가된 기능을 알아보고 새로워진 작업환경을 살펴봅니다. 또한, 포토샵을 시작할 때 가장 기본적으로 수행해야 하는 명령에 대해서도 알아봅니다.

## Round 02 — 이미지 제작의 첫걸음, 포토샵 CS4 시작하기

Round02에서는 포토샵을 제대로 사용하기 위해서 필요한 이미지에 대한 이해와 이미지의 크기와 해상도를 조절하는 방법, 편집 및 합성 작업 때 빠질 수 없는 HISTORY 패널에 대해 알아봅니다. 또한, 눈금자와 안내선, 그리드를 사용해 규격에 맞는 이미지를 작업하는 방법에 대해 알아봅니다.

## Round 03 — 포토샵의 안방마님, 이미지 선택하고 편집하기

포토샵에서 이미지를 제작할 때 가장 많이 사용하는 기능은 이미지의 전체, 또는 일부분을 선택해 또 다른 이미지와 맞춰서 이동 및 편집하는 일입니다. 이런 작업을 가능하게 하는 것이 바로 툴박스의 이동 툴과 선택 툴입니다. Round03에서는 이미지 제작의 필수 요소인 툴박스에서 원하는 툴을 선택하는 방법과 툴 중에 가장 기본이 되는 이동 툴, 선택 툴을 이용하여 이미지의 원하는 부분을 선택/이동/편집하는 방법에 대해서 살펴봅니다.

## Round 04 — 포토샵 채색에 관한 모든 것

브러시나 연필, 패턴, 그레이디언트 등은 드로잉하거나 이미지를 채색하는 데 사용하는 기능으로, 이를 제대로 활용하기 위해서는 색상 선택 방법과 브러시의 모양을 조절하는 방법, 채색에 관련된 많은 명령과 이를 지워주는 툴 등을 알아야 합니다. Round04에서는 채색에 관련된 다양한 기능에 대해 알아봅니다.

## Round 05 — 포토샵 강자! 이미지 리터치 기능

포토샵의 이미지 리터치 기능은 사용자가 직접 찍은 사진에서 잡티를 제거하거나 색상과 밝기를 보정하는 것까지 매우 다양합니다. 이런 리터치 툴과 명령은 사용 방법은 단순하지만, 기능을 적용했을 때의 결과는 놀라울 정도입니다. Round05에서는 이런 리터치 툴과 명령에 대해 자세히 알아봅니다.

## Round 06 — 비트맵 외의 다양한 이미지 다루기

포토샵은 여러 개의 점(비트)들이 모여 이미지를 이루는 비트맵 그래픽 타입의 프로그램입니다. 바로 브러시와 같은 기능이 그것입니다. 하지만 포토샵에서는 이런 비트맵 이미지를 제작하기 위한 툴 외에 텍스트와 벡터 이미지를 그릴 수 있는 툴도 있으며, 또한 포토샵 CS4 Extended에서는 3D까지 지원을 넓히고 있습니다. Round06에서는 이런 비트맵 외의 이미지를 제작할 수 있는 여러 가지 툴과 기능에 대해 알아봅니다.

〈독하게 배워 바로 포토샵 CS4 Extended〉의 각 Round에서는 다음과 같은 내용을 소개합니다.

## Round 07 레이어를 알면 포토샵이 쉬워진다.

Round07에서는 본격적으로 레이어로 할 수 있는 다양한 이미지 작업에 대해서 알아봅니다. 이미지를 합성, 혼합하는 블렌딩 모드와 레이어 마스크에 대해 알아보고 이미지를 이루는 레이어의 종류에 대해 공부해봅니다. 또한, 포토샵 CS4에서 새로 생긴 MASKS 패널로 레이어 마스크를 만들고 이를 수정하는 방법에 대해 알아봅니다.

## Round 08 이미지 보정의 모든 것

포토샵에서 이미지의 밝기와 색상을 보정하는 [Adjustments] 명령은 포토샵의 기능 중 가장 핵심적이고 중요한 것으로, 그만큼이나 다양한 보정 명령과 많은 대화상자를 가지고 있습니다. 특히 포토샵 CS4에서는 ADJUSTMENTS 패널이 새로 생겨 사용자가 찍은 사진을 선택하고 패널의 보정 아이콘을 한번 클릭함으로써 바로 수정할 수 있도록 지원하고 있습니다. Round08에서는 이렇게 이미지를 보정하는 [Adjustments] 메뉴와 ADJUSTMENTS 패널에 대해 자세히 살펴보며 이를 이용해 이미지를 수정하는 방법을 알아봅니다.

## Round 09 포토샵의 막강파워! 필터 사용하기

필터(Filter)란 카메라 렌즈에 끼워 사물을 독특하게 보이게 하는 것을 말하는데, 포토샵의 필터도 이 기능과 유사하게 이미지에 특징적인 효과를 적용하여 변경해줍니다. 필터는 그 종류와 기능도 대단히 많은데, Round09에서는 사진 보정에서 자주 사용하는 필터와 합성에 이용하는 필터, 독립된 기능을 가진 필터 등으로 구분하여 알아봅니다.

## Round 10 다양하고 복잡한 채널의 세계

포토샵에서 채널이란 레이어 이전부터 사용되던 기능으로, 이미지 색상을 표현하는 기본 원리입니다. 채널을 이해하면 좀 더 고급스러운 이미지 합성과 수정을 할 수 있는데 가장 대표적인 것이 RGB Color 모드와 CMYK Color 모드입니다. Round10에서는 포토샵 파워유저가 되기 위해서 채널을 활용하는 방법을 살펴봅니다.

## Round 11 작업 속도를 높이는 자동화 및 스크립트 기능

포토샵의 액션은 같은 작업을 반복해야 할 경우 이를 기억한 후 다른 이미지에 적용하는 것으로, 작업 속도를 높이고 효율성을 높여줍니다. 이와 비슷한 자동화 기능으로 [Automate]와 [Scripts] 명령이 있습니다. Round11에서는 작업을 자동적으로 처리해주는 각종 자동화 기능에 대해서 알아봅니다.

## Round 12 웹 이미지와 애니메이션 만들기

현재 우리 생활은 인터넷과 떼려야 뗄 수 없는 관계이며, 1인 미디어 시대라고 부를 만큼 블로그와 미니 홈피, 홈페이지 등을 직접 만들고 꾸미는 일이 흔한 일이 되었습니다. 따라서 이런 것을 지원하는 포토샵의 기능도 많이 추가되었는데 바로 이미지를 적은 용량으로 최적화시키는 Optimize와 웹페이지를 만들 수 있도록 조각으로 잘라주는 Slice, 움직이는 애니메이션을 만드는 기능 등이 대표적입니다. Round12에서는 이런 블로그나 미니 홈피, 웹페이지에 사용할 수 있는 여러 기능에 대해 알아보겠습니다.

# 부록 CD 이렇게 사용하세요!

독자 여러분에게 도움이 될 수 있도록 부록 CD의 구성을 알차게 준비했습니다. 파일 실행 시 문제가 생기면 북앤라이프 카페(http://cafe.naver.com/bnlifepub) 또는 전화(02-582-6706)을 문의주시기 바랍니다.

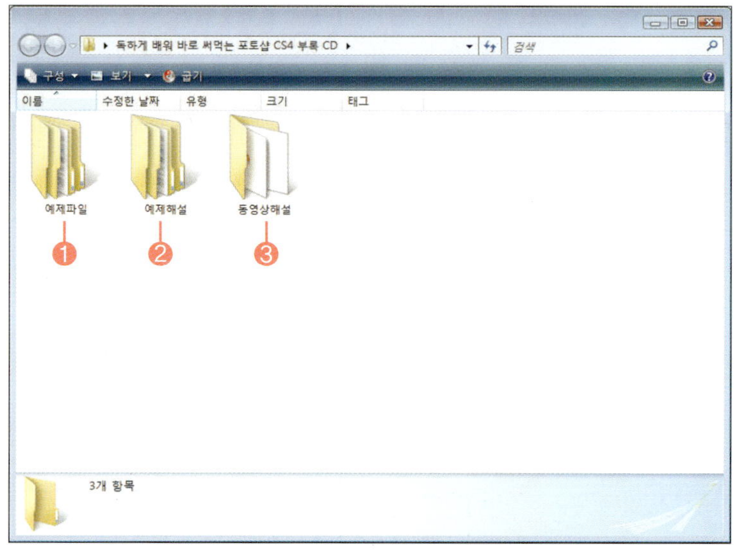

❶ **[예제파일] 폴더** : 본문 학습에 필요한 예제파일을 Round별로 분류하여 담았습니다. 자신의 하드디스크에 데이터를 미리 복사해놓고 사용하길 권장합니다.

❷ **[예제해설] 폴더** : 각 Round의 마지막에 종합문제 개념으로 소개되는 Round Complete의 도움말이 hwp(한글) 파일과 Pdf 문서 및 동영상으로 담겨 있습니다. 책에서는 간단하게 문제와 힌트만 제공하고 있지만, 도움말 파일에는 상세한 따라하기 과정이 담겨있으니 학습에 참고하세요. 동영상 파일은 문서 도움말을 보완하기 위한 것으로, 별도의 음성이 없는 따라하기 시연 영상입니다.

❸ **[동영상해설] 폴더** : 본문 내용 중 지면 설명만으로는 따라하기 힘든 예제들을 동영상으로 제공합니다. 역시 별도의 음성이 없는 따라하기 시연 영상입니다.

## 끝까지 책임지는 북앤라이프의 독자 지원 서비스

북앤라이프(cafe.naver.com/bnlifepub)의 공식 카페에서는 독자 여러분께 다양한 정보를 제공합니다. 카페에 있는 모든 게시판을 이용하려면 먼저 카페의 회원으로 가입해야 합니다. 무료 회원으로 가입한 후 다양하고 유익한 정보를 마음껏 누리시기 바랍니다.

❶ **북앤라이프 신간 소식** : 북앤라이프에서 펴내는 새 책에 대한 소식을 알려드립니다.

❷ **북앤라이프 Q&A** : 책을 공부하다가 궁금한 것이 있거나 해당 프로그램을 사용하다가 막힐 때는 언제든지 방문하여 질문을 올려주세요. 책의 저자가 바로바로 친절하게 답변해 드립니다.

❸ **북앤라이프 강좌** : 책에 담긴 내용 외에 알차고 유익한 강좌를 정기적으로 무료 제공합니다. 책만 보고 끝나는 것이 아니라 양질의 강좌를 계속 제공함으로써 독자 여러분들이 진정 고수로 거듭날 수 있게 확실히 지원합니다.

❹ **북앤라이프 자료실** : 책에 관한 다양한 자료를 제공합니다.

❺ **북앤라이프 쉼터** : 북앤라이프의 책에 관한 이야기를 자유롭게 나누는 공간입니다.

**북앤라이프 베타테스터의 문은 언제나 활짝 열려 있습니다.**
북앤라이프의 베타테스터가 되시면 여러 가지 혜택도 받고 책을 만드는 보람을 함께 느낄 수 있습니다. 자세한 사항은 [베타테스트 지원] 게시판을 참고하세요.

# 차     례

# Round 04    포토샵 채색에 관한 모든 것    186

## Round 06   비트맵 외의 다양한 이미지 다루기   290

# Round 08  이미지 보정의 모든 것  414

# Round 01 | 포토샵 CS4 시작을 위한 기본기 세우기

포토샵은 많은 사용자를 거느린 그래픽 프로그램의 대표주자로 일반인이 손쉽게 쓸 수 있는 기능부터 전문적인 기능까지 폭넓게 담고 있습니다. 그래서 이번 Round에서는 포토샵의 역할과 기능을 살펴본 후, 직접 포토샵 CS4를 설치하여 새롭게 추가된 기능을 알아보고 새로워진 작업환경을 살펴보겠습니다. 또한, 포토샵을 시작할 때 가장 기본적으로 수행해야 하는 명령에 대해서도 알아보겠습니다.

 이번 Round는 다음과 같은 단계로 구성됩니다. Training별 내용을 간략하게 먼저 파악하면 좀 더 효율적으로 학습을 진행할 수 있습니다.

## Training 01  새로워진 포토샵 CS4 만나보기

새로워진 포토샵의 활용 분야와 기능에 대해 살펴보고 포토샵 CS4에서 추가된 기능과 달라진 점에 대해 자세히 알아보겠습니다. 그리고 사이트에 접속해 시험 버전을 다운로드해서 설치해 보도록 하겠습니다.

▶ 포토샵의 활용분야와 기능 살펴보기
▶ 포토샵 CS4 새로운 기능에 대해 알아보기
▶ 포토샵 CS4 시험버전 다운로드 하기
▶ 포토샵 CS4 설치하기

## Training 02  포토샵 CS4의 화면 살펴보기

포토샵 CS4의 작업영역과 그 명칭 및 새로 생긴 실행 바의 역할에 대해 알아보겠습니다. 또한, 각 패널의 이름과 사용법에 대해 살펴보겠습니다.

▶ 포토샵 CS4의 작업영역과 그 명칭 알아보기
▶ 패널의 이름과 역활 알아보기

## Training 05  이미지 불러와 다른 이미지 창으로 옮기기

[Open] 명령을 사용해 여러 이미지를 불러온 후 이를 다른 이미지 창으로 이동하는 방법에 대해 알아봅니다. 또한 어도비 bridge CS4를 사용하는 방법과 이를 이용해 이미지를 불러오는 방법에 대해 알아봅시다.

▶ [Open] 명령을 사용해 이미지 불러오기
▶ 이동 툴을 사용해 이미지를 다른 이미지 창으로 이동하기

## Training 06  돋보기, 손바닥 툴로 화면에서 보고 싶은 영역 조절하기

포토샵으로 이미지를 제작하기에 앞서 돋보기 툴이나 손바닥 툴로 좀 더 편하게 화면을 다룰 수 있는 기능에 대해 알아봅시다.

▶ 돋보기 툴로 이미지 보기 배율 조절하기
▶ 손바닥 툴로 이미지 위치 조절하기

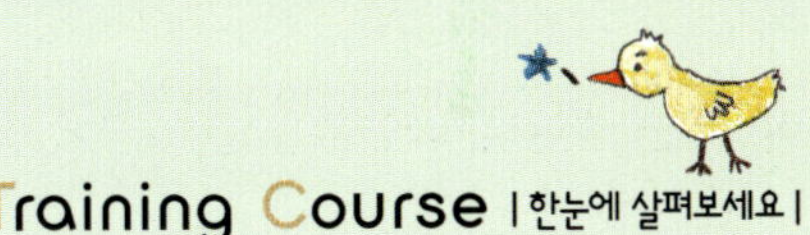

**Training 03  편리하게 작업환경 설정하기**

포토샵 CS4에서 지원하는 작업영역과 사용자가 직접 작업영역을 설정해 저장하는 방법에 대해 살펴봅니다.

▶ 실행 바의 '작업영역 바꾸기' 메뉴 알아보기
▶ 사용자가 직접 작업영역을 변경한 후 저장하기

**Training 04  새 이미지 창 만들고 저장하기**

포토샵에서 만들 수 있는 이미지의 종류와 그 사용법에 대해 알아보고 포토샵 CS4에서 새 이미지 창을 만들어 저장해 봅니다.

▶ 포토샵에서 지원하는 이미지 종류
▶ 새 이미지 창 만들어 저장하기

**Training 07  여러 개의 이미지 창 작업하기 편하게 정렬하기**

이미지 작업을 도와주는 실행 바의 정렬 버튼과 스크린 모드 변경 버튼에 대해 알아보고 작업에 편리하도록 이를 조절하는 방법에 대해 살펴보겠습니다.

▶ 실행 바의 정렬 버튼 알아보기
▶ 스크린 모드 변경에 대해 알아보기

# 새로워진 포토샵 CS4 만나보기



이번 Training에서는 포토샵을 가지고 할 수 있는 여러 그래픽 작업을 알아보고 이에 맞춰 새로워진 포토샵 CS4를 살펴봅니다. 또한, 일정기간 동안 사용할 수 있는 포토샵 CS4 시험 버전을 어도비 사이트에서 직접 다운로드하여 설치하고 실행해 보겠습니다.

| 학습 목표 | 학습 소재 | 난이도 | 예상 학습 결과 | 연계 학습 |
| --- | --- | --- | --- | --- |
| • 포토샵의 기능을 이해하기<br>• 컴퓨터에 포토샵 CS4를 설치하기 | 포토샵 | ★☆☆☆☆ | | |

## READY!

## 포토샵으로 무엇을 할 수 있을까?

포토샵은 아주 다양한 목적으로 사용되고 있습니다. 작게는 자신이 찍은 사진을 간단히 수정해 미니홈피나 블로그에 올리려는 사람부터 크게는 디자인적인 시각으로 광고나 패키지, 제품 등의 디자인 작업을 하는 사람도 있습니다. 이뿐만 아니라 디자인 총관리자로 3D, 영상까지 작업하려는 사람도 있습니다. 이런 시대의 요구에 맞게 포토샵 CS4는 여러 기능과 달라진 작업환경을 지원하고 있습니다.

### ■ 포토샵의 활용 분야

포토샵은 단순히 사진 이미지를 수정하는 것에서부터 광고, 마케팅에 활용되는 디자인 작업, 또한 작가가 자신의 미적 감각을 표현할 수 있는 예술의 도구로 사용할 수도 있습니다. 이런 여러 분야 중에서 이 책에서는 주로 시각적인 디자인 작업으로 활용되는 포토샵의 기능에 대해 배우게 될 것입니다. 이 분야에는 웹디자인 및 내비게이션 디자인과 같은 GUI 디자인과 캐릭터 디자인, 포스터, 패키지 디자인, 옥외 광고와 같은 광고 디자인, 팸플릿, 캘린더 디자인과 같은 인쇄 디자인이 있습니다. 이외에도 많은 분야에 포토샵이 활용될 수 있습니다.

▲ 포토샵을 활용한 웹디자인

▲ 포스터 디자인

### ■ 포토샵의 놀라운 기능

포토샵은 그 기능에 따라 툴과 명령이 구성, 발전되어 왔습니다. 초기에는 주로 이미지를 직접 제
작하는 기능과 사진을 스캔한 후 이를 수정하는 기능만 있었으나, 디지털 카메라가 보급되면서
얼굴이나 배경의 잡티를 수정하는 기능이 추가로 발전되었습니다. 최근에는 디자인 분야가 폭넓
어짐에 따라 이를 모두 포토샵에서 마무리할 수 있도록 3D를 다루는 툴과 동영상 편집 기능이 추
가되었습니다. 이를 구체적으로 살펴보겠습니다.

### ❶ 초보자도 할 수 있는 포토샵 수정 기능

포토샵 프로그램 보급에 막대한 영향을 미치고 있는 수정 기능은 디지털 카메라가 보급되기 시작
한 2000년 이후부터 크게 발전되기 시작하여 현재 포토샵을 이용하는 가장 중요한 이유가 되었
습니다. 특히 얼굴 사진이나 배경 사진의 잡티를 수정하는 기능이나 밝기, 선명도를 수정하는 기
능, 이미지 색상의 경계를 수정하는 기초적인 기능과 흔들림이나 색상을 변경하는 전문적인 수정
기능은 포토그래퍼까지도 가장 많이 사용하는 기능입니다. 이런 기능은 힐링, 도장 툴과 같은 여
러 수정 툴과 [Adjustment] 명령을 사용합니다.

▲ 잡티를 제거하기 전 이미지

▲ 잡티를 제거한 후 이미지



**Training 01.**
새로워진 포토샵 CS4 만나보기

▲ 색상을 변경하기 전 이미지

▲ 색상을 변경한 후 이미지

▲ 잡티를 제거하기 전 이미지

▲ 잡티를 제거한 후 이미지

### ❷ 이미지 편집 및 합성 기능

이미지 중에 원하는 부분만 살려 다른 이미지에
편집, 합성하는 것으로 포토샵에서 가장 많이 지
원하는 기능입니다. 이미지에서 원하는 부분만
편집하거나, 이미지 자체를 좀 더 다른 느낌으로
변경할 수 있습니다. 또는 여러 이미지를 합성해
전혀 새롭게 만들 수도 있습니다. 이런 기능은
디자인 작업에 빠질 수 없는 중요한 기능입니다.
이런 기능에는 레이어와 레이어 마스크, 채널이
중요한 역할을 하게 됩니다.

▲ 간단한 편집을 적용한 이미지

▲ 여러 이미지를 편집하여 한 장에 배치한 이미지

▲ 여러 이미지를 합성한 이미지

### ❸ 드로잉 기능

포토샵의 드로잉 기능을 이용해 직접 이미지를 제작할 수 있습니다. 브러시나 연필 툴, 색상을 채워주는 여러 툴을 이용해 이미지를 리터칭하거나 직접 그린 이미지 및 텍스트를 색상 패널과 레이어 스타일, 여러 필터 등을 통해 자연스럽게 변경할 수 있습니다.

▲ 직접 드로잉한 이미지

### ❹ 마스터 기능

포토샵 CS3부터 추가된 기능입니다. 핸드폰과 같은 포터블 장비에서 포토샵에서 만든 이미지를 미리 보기 할 수 있으며, 3D 작업을 불러와 변형 및 수정하여 완성할 수 있는 작업과 동영상 작업까지 포토샵 안에서 수정 마무리할 수 있습니다. 이런 기능은 모든 디자인의 최종 작업이 포토샵에서 이뤄질 수 있도록 하기 위해서 지원되는 기능입니다.

▲ 3D 파일을 불러와 마무리한 이미지

▲ 동영상을 삽입한 이미지

**1** 포토샵 CS4 시험버전을 다운로드받기 위해 웹브라우저를 실행한 후 어도비 홈페이지(www.adobe.com/ kr)에 연결합니다. [다운로드] 메뉴의 [시험버전 다운로드]를 클릭합니다.

**2** [주요 제품 다운로드]에서 [Adobe Photoshop CS4 Extended]의 [시험버전]을 클릭합니다.

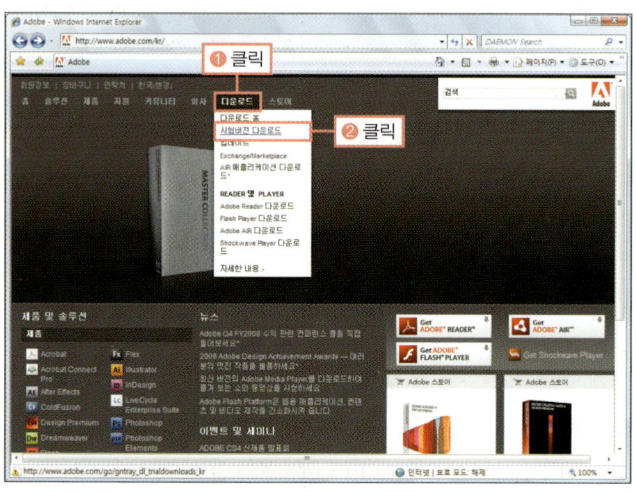

**3** 회원이 아니라는 가정하에 [Adobe 계정 만들기]를 클릭합니다.

**4** [계정 상세 정보]의 입력 상자를 모두 채우고 스크롤바를 아래로 이동하여 [계속] 버튼을 클릭합니다.

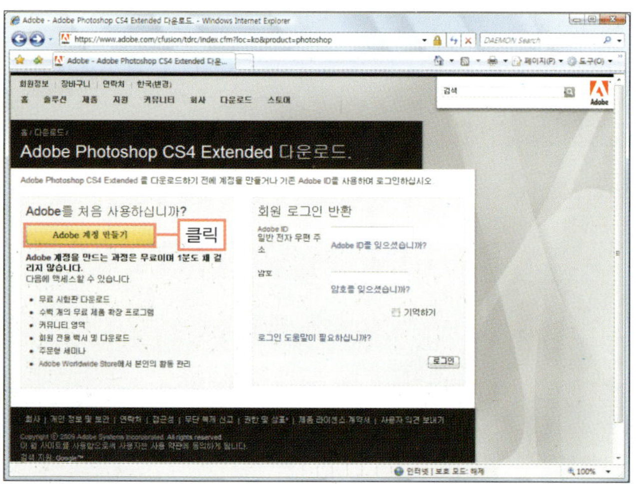

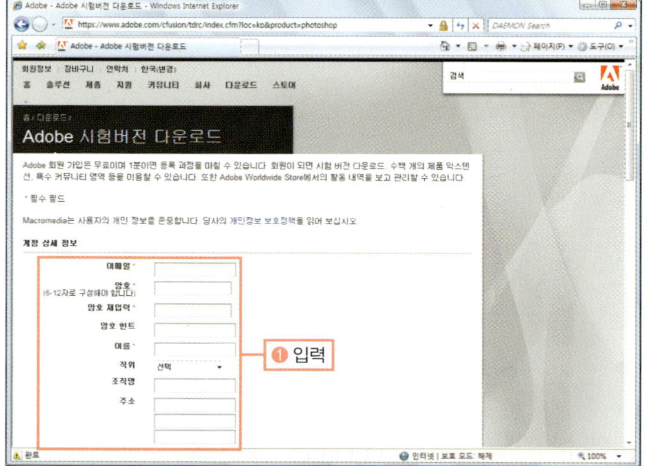



회원이라면 [Adobe ID]와 [암호]를 입력하고 [로그인] 버튼을 클릭하여 5번 과정을 진행합니다.

⑤ Adobe Photoshop CS4 Extended 다운로드 페이지에서 시험버전의 종류를 선택하는데, 여기서는 [영어|Windows]를 선택하고 [다운로드] 버튼을 클릭합니다.

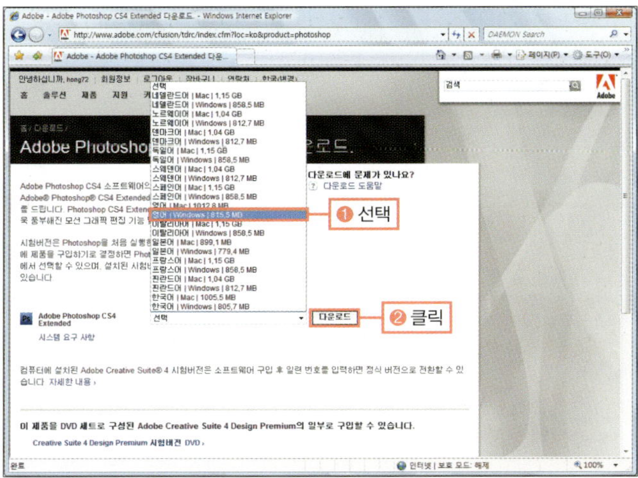

⑥ [폴더 찾아보기] 대화상자가 나타나면 저장할 위치를 선택한 후 [확인] 버튼을 클릭합니다.

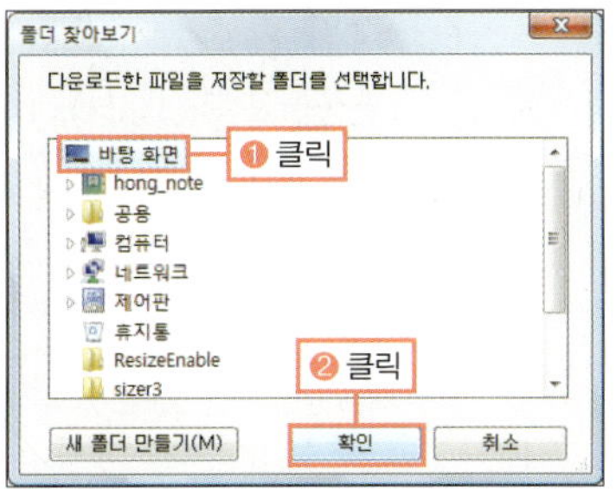



다운로드할 때 다음과 같은 대화상자가 나타나면 그림과 같이 상단의 경고문에서 마우스 오른쪽 버튼을 클릭하여 나타나는 메뉴 중에 [ActiveX 컨트롤 설치]를 선택합니다.

⑦ [Akamai Download Manager] 대화상자가 나타나 파일을 다운로드합니다.

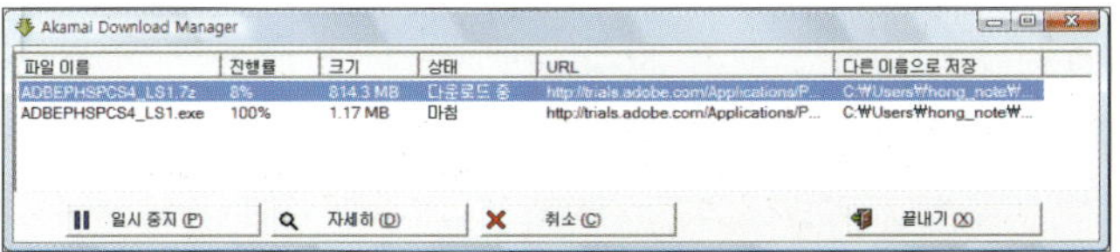

⑧ 탐색기를 이용해 파일을 저장한 위치로 이동하여 다운로드받은 포토샵 시험버전 설치 파일을 확인하고 더블클릭합니다.

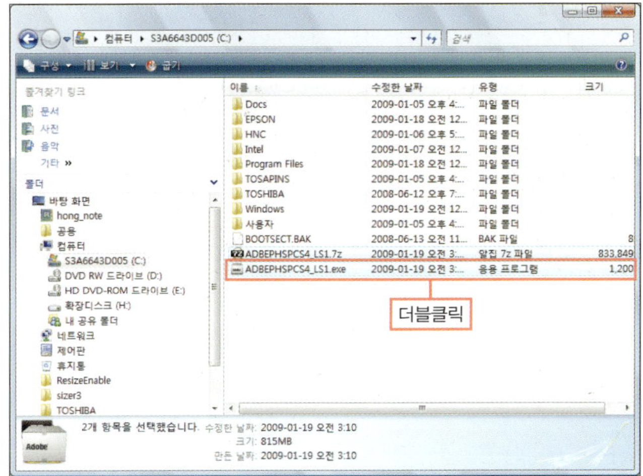



**Training 01.**
새로워진 포토샵 CS4 만나보기

❾ 다운로드 받은 파일을 사용하려면 먼저 파일을 추출해야 하므로 폴더 위치를 확인한 후 [다음] 버튼을 클릭합니다.

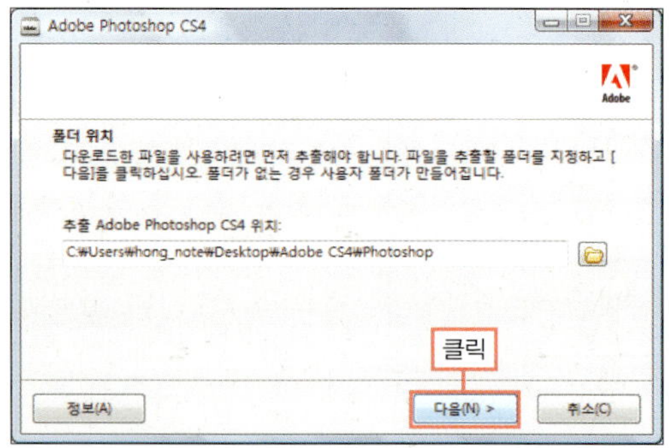

STOP

추출 경로를 변경하지 않으면 바탕화면의 'Adobe CS4' 폴더에 추출됩니다. 또한, 시험 버전은 한 번만 설치할 수 있기 때문에, 이전에 포토샵 시험 버전을 설치한 경우 다시 사용할 수 없으니 확인해보기 바랍니다.

❿ 추출이 완료되면 바탕화면으로 이동하여 'Adobe CS4\Photoshop\Adobe CS4' 폴더를 열고 'Setup.exe' 파일을 더블클릭합니다.

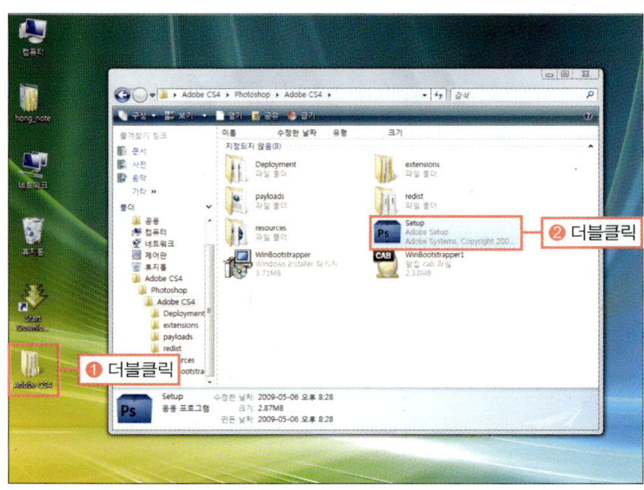

⓫ 설치가 시작되면 [시험 버전으로 Adobe Photoshop CS4을(를) 설치하고 사용하고자 합니다.]를 선택하고 [다음] 버튼을 클릭합니다.

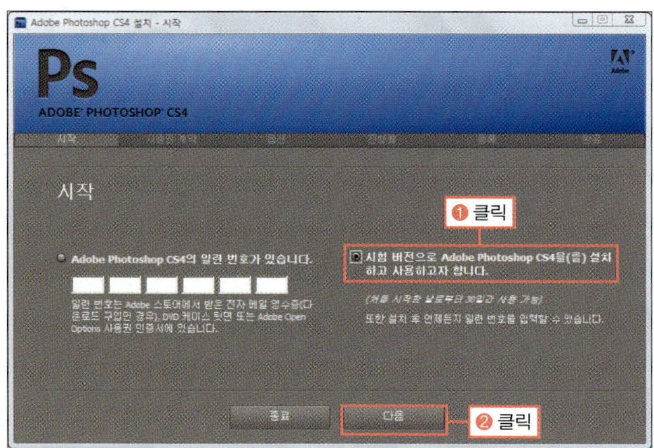

⓬ 포토샵의 사용권 동의에 관련된 창이 나타나면 [동의] 버튼을 클릭합니다.

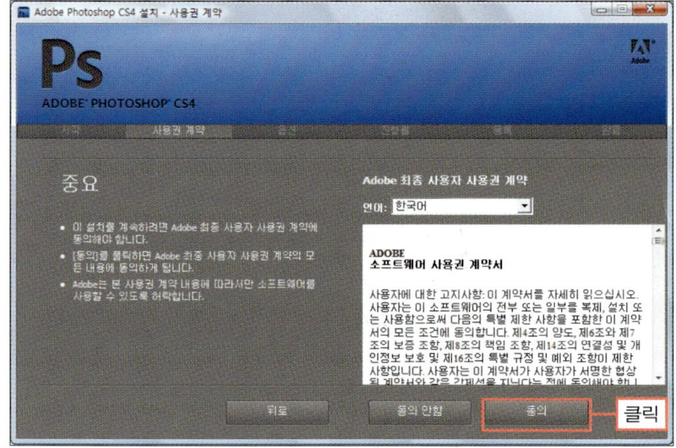



**Round 01.**
포토샵 CS4 시작을 위한 기본기 세우기

⑬ 설치되는 옵션에 대한 창이 나타나면 [설치] 버튼을 클릭합니다.

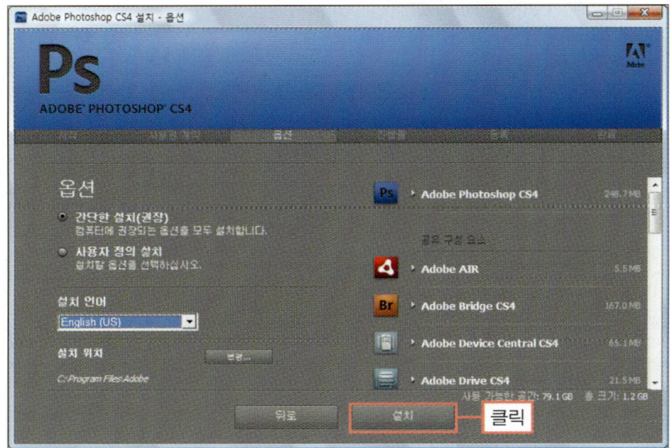

⑭ 설치 과정이 자동으로 진행된 후 설치가 완료되었다는 창이 나타나면 [종료] 버튼을 클릭합니다.

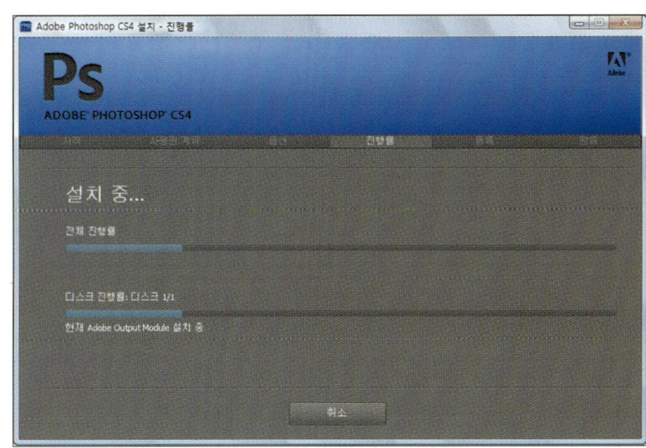

⑮ 바탕 화면에서 [시작] 아이콘을 클릭하고 [모든 프로그램]을 선택합니다.

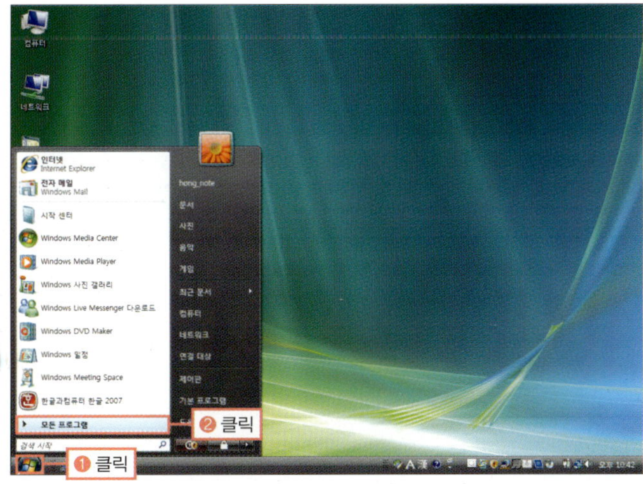

⑯ [Adobe Photoshop CS4]를 클릭합니다.

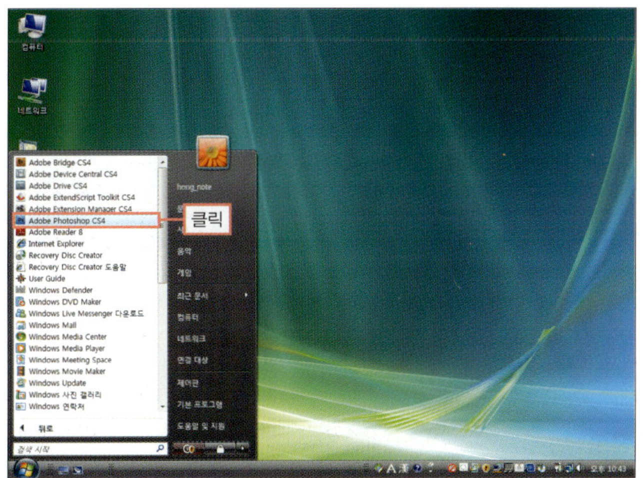

⑰ 포토샵 CS4를 실행하면서 시험 버전으로 시작할 것인지 시리얼 번호를 넣고 시작할 것인지 선택하는 화면이 대화상자가 나타납니다. 시험 버전을 의미하는 [I'd like to continue to use this product on a trial-basis]를 선택하고 [Next] 버튼을 클릭합니다.

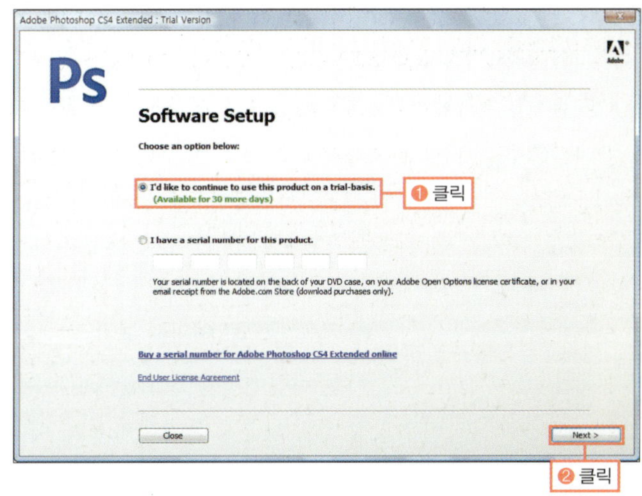

**18** 포토샵 CS4 Extended가 실행됩니다.

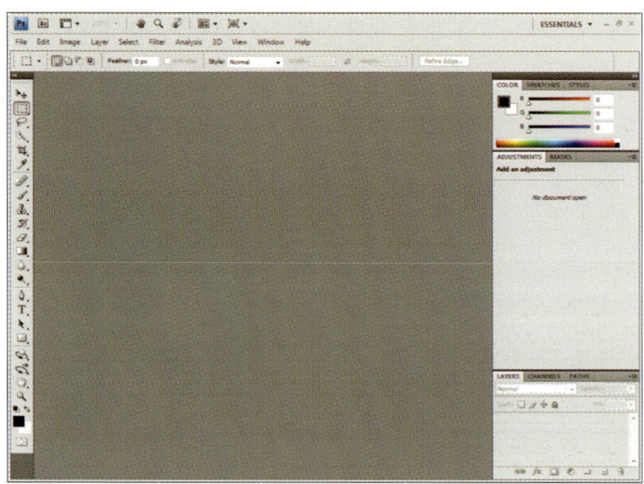

 **포토샵 CS4의 새로워진 기능**

새로워진 포토샵 CS4는 두 가지 버전으로 제공되고 있는데, 그 중에 이 책은 포토샵 CS4 Extended를 기준으로 제작되었습니다. 포토샵 CS4 Extended는 일반 사용자들 외에 멀티미디어, 영화 제작자, 3D 모션을 사용하는 그래픽 디자이너와 웹디자이너에게 적합한 새로운 기능을 추가하였습니다.

### ■ 달라진 포토샵 CS4의 작업환경

포토샵 CS4 Extended의 작업환경은 이전 버전에 비해 많은 변화가 생겼습니다. 이렇게 달라진 작업환경에 대해 자세히 살펴보겠습니다.

### ❶ 새로 생긴 실행 바 살펴보기

포토샵 CS4 Extended의 최상단에 위치한 실행 바(Application Bar)에는 포토샵 작업 시에 자주 사용하는 여러 툴과 명령을 넣어 작업 속도를 높일 수 있도록 하였습니다. 어도비 bridge을 실행하는 아이콘과 가이드와 눈금자를 사용할 수 있는 명령, 손바닥 툴과 돋보기 툴, 이미지를 정렬할 수 있는 명령과 스크린 모드에 관련된 명령이 있습니다. 또한 '작업영역 바꾸기' 메뉴도 실행 바에 있어 사용자의 작업 용도에 따라 작업환경을 편하게 변경할 수 있습니다.

▲ 최상단에 위치한 실행 바

### ❷ 제목 탭으로 이미지 보기

이전 버전에서는 포토샵에서 이미지를 열면 창이 따로 따로 분리되면서 열려, 오른쪽 위에 달린 창 조절 단추로 최소화하거나 최대화하면 사용자가 원하는 이미지를 찾는 것이 불편했습니다. 하지만 포토샵 CS4에서는 이미지를 열 때 작업영역에 이미지 창이 제목 탭으로 붙어서 열려, 원하는 이미지의 제목 탭만 클릭하면 바로 찾을 수 있습니다.

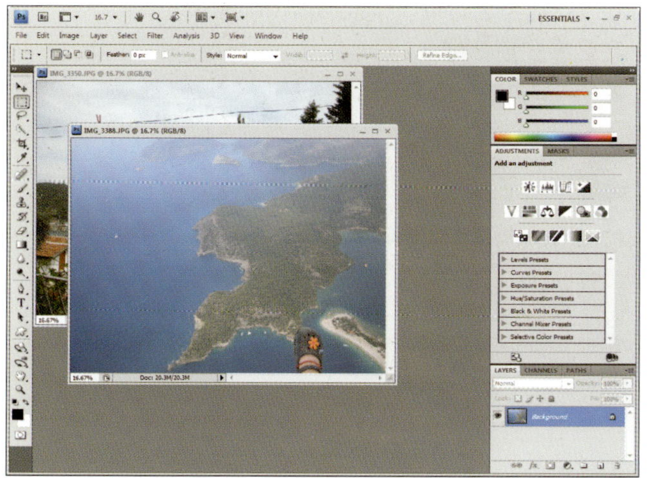

▲ 이전 버전의 이미지 열기

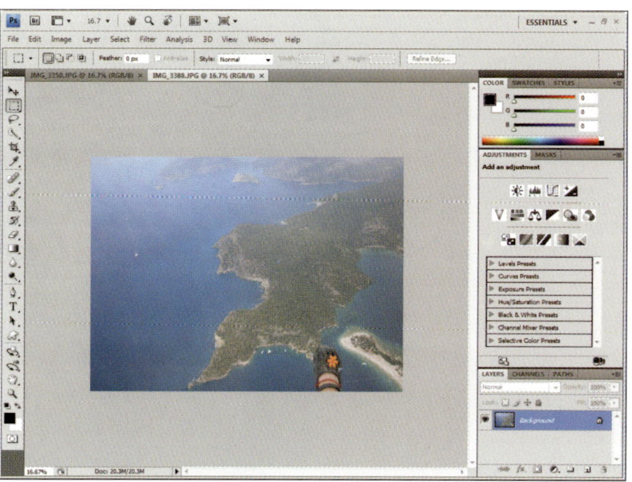

▲ 포토샵 CS4의 이미지 열기

## ■ 그래픽 가속 기능을 이용한 기능

포토샵 CS4에서는 OpenGL을 이용해 복잡한 이미지의 처리 속도를 단축하는 그래픽 가속 기능을 사용할 수 있습니다. 이 그래픽 가속 기능은 컴퓨터의 그래픽 카드의 종류와 버전에 따라 지원 여부가 결정됩니다. 가속 기능을 사용하기 위해서는 [Edit]-[Preferences]-[Performances] 메뉴를 선택하여 [Enable OpenGL Drawing]을 체크합니다. 이 책은 이 기능을 기본적으로 사용하여 만들어졌습니다.

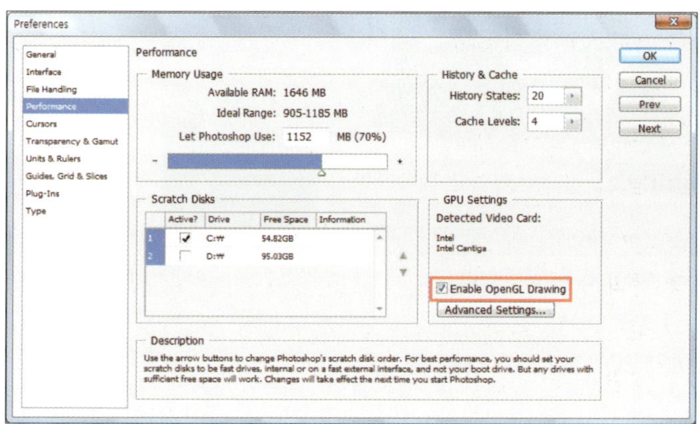

## ❶ 부드러워진 돋보기 툴과 손바닥 툴

그래픽 가속 기능을 사용하면 돋보기 툴(🔍)로 이미지를 누르는 동안 부드럽게 보기 배율이 조정되며, 이미지 보기 배율이 높아지면 픽셀 그리드가 나타나 이미지 픽셀을 손쉽게 확인할 수 있습니다. 그리고 손바닥 툴(✋) 역시 드래그하는 방향으로 부드럽게 움직입니다.



**Training 01.**
새로워진 포토샵 CS4 만나보기

▲ 확대된 이미지의 픽셀 그리드

▲ 돋보기 툴로 누르는 동안 확대한 화면

### ❷ 회전 보기 툴

손바닥 툴에 새로 생긴 회전 보기 툴()은 캔버스를 마음대로 회전해서 미리 보기 할 수 있는 툴로, 세로로 드로잉하거나 이미지를 모든 각도에서 왜곡 없이 보려고 할 때 사용하면 편리합니다.

▲ 회전 보기 툴을 사용해 캔버스를 회전한 모습

### ❸ 3D 레이어와 3D 패널, 3D 조절 툴

포토샵 CS3에서도 3D 이미지를 불러와 조절하는 옵션이 있었지만 포토샵 CS4에서는 아예 툴박스에 3D를 변형하는 툴과 3D 카메라 툴이 생겼습니다. 또한, 3D 메뉴를 이용해 3D 도형을 쉽게 제작해서 애니메이션 할 수 있습니다. 이때 그래픽 가속 기능을 사용하면 3D 도형의 기본축이 나타나 좀 더 편하게 조절할 수 있습니다.

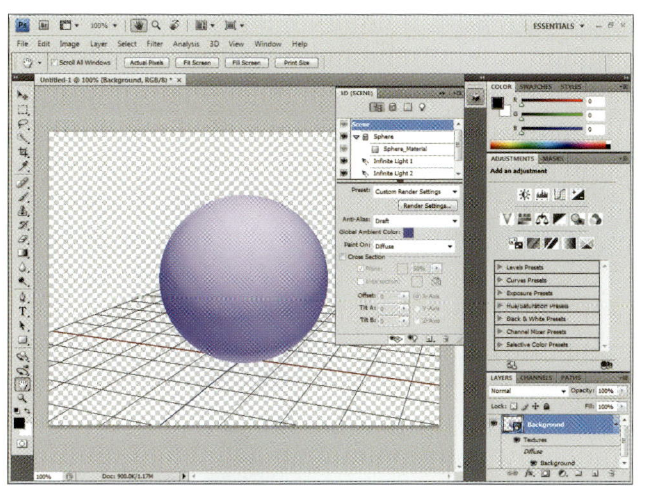

▲ 3D 패널로 이미지 조절하는 모습

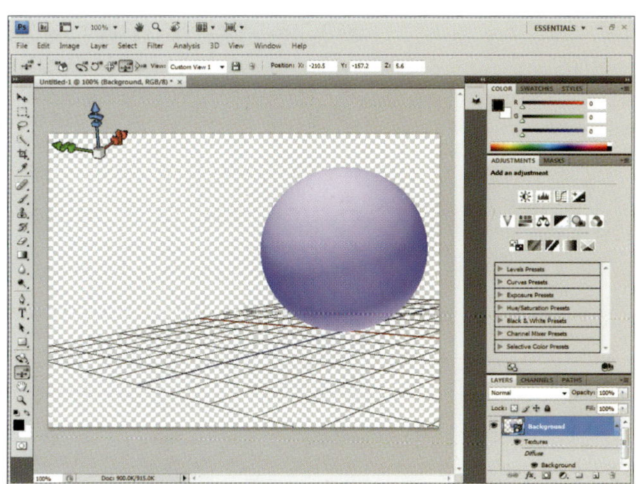

▲ 3D 조절 툴로 움직이는 모습

### ■ 새로 등장한 ADJUSTMENTS 패널

[Layer] 메뉴의 하나였던 Adjustments Layers가 패널로 분리되어 좀 더 쉽게 이미지를 수정할 수 있게 되었습니다. 원본 이미지를 그대로 유지하면서 톤과 색상을 수정하는 ADJUSTMENTS 패널에는 이미지 제어 기능과 사전 설정 기능을 제공하고 있습니다.

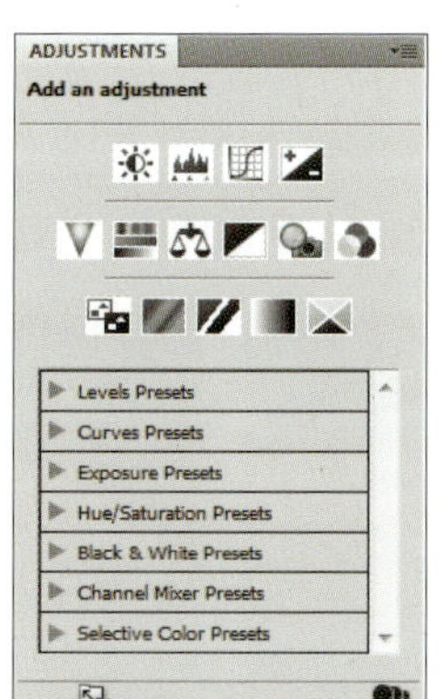

▲ ADJUSTMENTS 패널로 수정하기 전

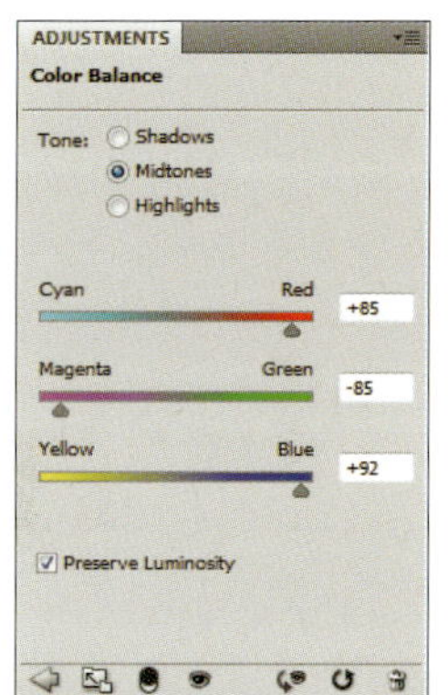

▲ ADJUSTMENTS 패널로 수정한 후

### ■ 합성 작업에 유용한 MASKS 패널

포토샵 CS4에 새로 등장한 MASKS 패널은 이미지에 마스크를 쉽게 생성해줍니다. MASKS 패널에서는 만들어진 마스크의 농도를 조절하여 합성 정도를 수정할 수 있으며, 합성된 이미지 경계선의 부드러움을 조절할 수도 있습니다.

▲ MASKS 패널로 마스크 수정하기



**Training 01.**
새로워진 포토샵 CS4 만나보기

### ■ 원하는 부분만 확대하는 Content-Aware-Scale 기능

[Content-Aware-Scale] 명령은 이미지를 확대, 축소할 때 이미지 안의 사람이나 특성을 인식해 이 부분을 고정시킨 후 나머지를 확대하는 기능입니다. 주로 사람은 그대로 둔 채 배경 부분만 확대할 때 사용합니다.

▲ Content-Aware Scale을 적용하기 전

▲ Content-Aware Scale을 적용한 후

### ■ 훨씬 향상된 닷지, 번 툴

문지르는 부분을 밝게 수정하는 닷지 툴()과 어둡게 수정하는 번 툴(  )의 기능이 향상되었습니다. 색상은 그대로 유지하면서 밝기만 수정되어 훨씬 자연스러운 밝기 교정이 가능해졌습니다.

▲ 원래 이미지

▲ 닷지 툴과 번 툴로 수정한 이미지

# 포토샵 CS4의 화면 살펴보기



포토샵 CS4에 익숙해지기 위해 작업영역을 살펴보고 새로워진 패널과 옵션을 알아봅니다. 또한, 최상의 작업영역을 설정하기 위해 이미지 창의 정렬과 패널 배치에 대해서도 살펴보겠습니다.

| 학습 목표 | 학습 소재 | 난이도 | 예상 학습 결과 | 연계 학습 |
|---|---|---|---|---|
| • 포토샵 CS4의 작업영역 살펴보기<br>• 포토샵 CS4의 패널 알아보기<br>• 포토샵 CS4의 이미지 창과 패널 배치하기 | 포토샵 화면 | ★☆☆☆☆ | 포토샵의 작업영역을 이해하여 작업자에게 맞는 작업환경 구성하기 | |

## READY!  포토샵 CS4 Extended의 작업영역 살펴보기

설치된 포토샵 CS4 Extended를 실행하면 메뉴와 옵션, 툴박스, 패널로 이뤄진 작업영역이 나타납니다. 여기서는 작업영역의 구성요소 명칭과 그 기능에 대해 살펴보겠습니다.

❶ **실행 바** : 포토샵 작업 중에 자주 사용하는 명령이나 도구를 버튼으로 모아놓은 곳으로, 작업영역을 어떤 것으로 선택하느냐에 따라 위치와 크기가 달라집니다. 오른쪽에는 '작업영역 바꾸기' 기능과 프로그램 창을 최소화 또는 최대화할 수 있는 버튼 그리고 프로그램을 종료할 수 있는 버튼이 있습니다.

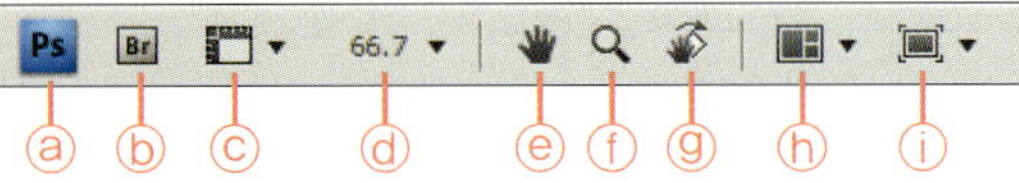

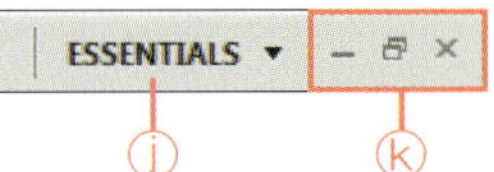

ⓐ 포토샵 프로그램을 끄거나 작업창을 크게 또는 작게 할 수 있습니다.

ⓑ Launch bridge : 어도비 bridge CS4 프로그램을 실행합니다.

ⓒ View Extras : 가이드, 그리드, 눈금자를 보이거나 감출 수 있습니다.

ⓓ 줌 수치 : 이미지 보기 배율을 수치로 표시하며, 수치를 직접 입력해 조절할 수 있습니다.

ⓔ 손바닥 툴 : 확대된 이미지 화면을 이동합니다.

ⓕ 돋보기 툴 : 이미지 보기 배율을 확대하거나 축소할 수 있습니다.

ⓖ 회전 보기 툴 : 캔버스를 회전해서 미리 볼 수 있습니다.

ⓗ 정렬 : 열려있는 이미지 창들을 정렬하거나 붙어 있는 이미지 창을 하나씩 분리할 수 있습니다. 또는 선택된 이미지 창을 새 창으로 복제할 수 있습니다.

ⓘ 스크린 모드 : 이미지 창과 작업영역이 보이는 방법을 선택할 수 있습니다. [Standard Mode]는 기본 작업영역만 보이는 것이며, [Full Screen Mode With Menu Bar]는 메뉴와 실행 창을 하나로 합쳐준 후 화면 전체에 이미지를 보여주는 방식입니다. 그리고 Full [Screen Mode]는 메뉴와 실행 바, 옵션 바를 모두 숨겨 이미지만 보여주는 방식입니다.

ⓙ 작업영역 바꾸기 : 사용자의 편리에 맞춰 작업영역의 구성을 바꿀 수 있습니다.

ⓚ 프로그램 창을 축소, 확대하는 버튼과 프로그램을 끌 수 있는 버튼이 있습니다.

❷ **메뉴(Menu)** : 이미지에 적용할 수 있는 모든 명령을 사용 목적에 따라 분류한 부분입니다. 각 메뉴를 클릭하면 관련 된 하위 명령이 나타납니다.

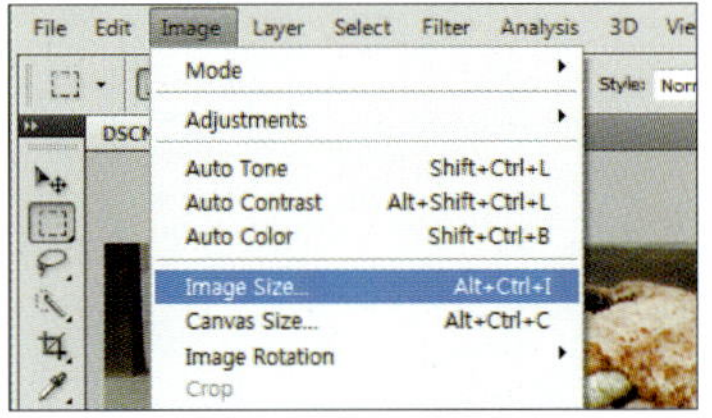

❸ **툴박스(Tools)** : 포토샵에서 가장 많이 사용되는 부분으로 원하는 툴을 선택하면 옵션 바에 툴을 조절해주는 옵션들 이 표시됩니다. 오른쪽에 삼각형 표시가 있는 툴은 클릭하 면 비슷한 기능을 가진 다른 툴이 나타납니다.

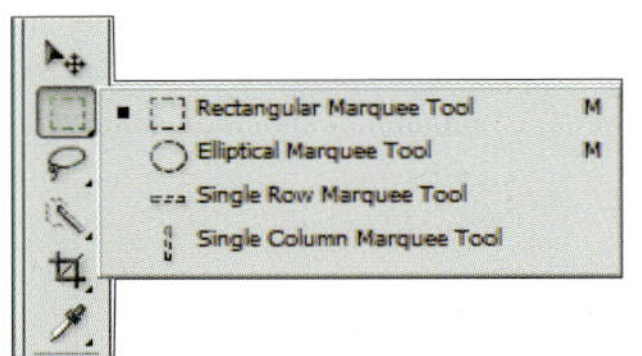

▲ 삼각형 표시가 있는 툴을 클릭했을 때

❹ **옵션 바** : 툴박스에서 선택한 툴의 옵션이 보이는 곳으로 이 옵션들의 값을 조절하여 선택한 툴 을 여러 방식으로 사용할 수 있습니다.

❺ **이미지 창과 제목 탭** : 작업하려는 이미지가 보이는 곳으로 상단 탭에 이미지의 제목과 이미지 색상 모드, 보기 배율 등이 표시됩니다. 여러 이미지가 열려 있을 때에는 원하는 이미지 탭을 클릭하여 다른 이미지 창을 활성화할 수 있습니다.

**⑥ 패널(Panel)** : 메뉴와 툴박스, 옵션을 이용해 이미지 작업을 할 때 도움을 줄 수 있는 여러 기능을 종류별로 묶어 놓은 것으로, 작업 용도에 따라 필요한 패널로 정렬할 수 있습니다. 오른쪽에 위치한 패널 메뉴 버튼(▤)을 클릭하면 관련된 메뉴가 나타납니다. 이 패널들은 [Window] 메뉴에서 선택하여 열거나 닫을 수 있습니다.

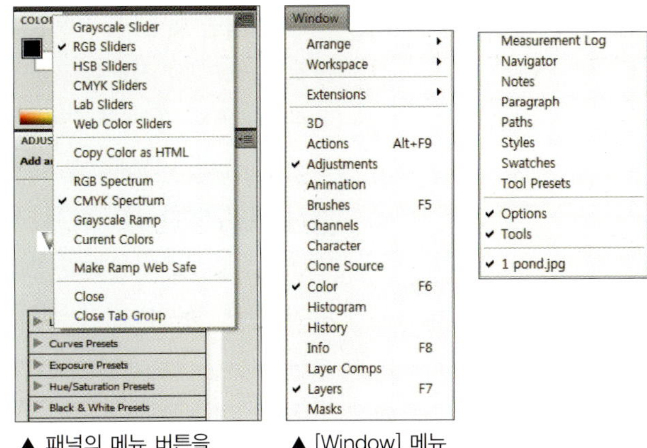

▲ 패널의 메뉴 버튼을 클릭한 모습

▲ [Window] 메뉴



## 툴박스의 명칭과 기능 살펴보기

툴박스는 포토샵 편집, 합성의 시작이라고 할 수 있으며 목적에 맞게 선택한 툴은 세부적인 옵션을 조절한 후 사용합니다.

**❶ 툴박스 펼침 조절 부분** : 상단의 ▸▸ 부분을 클릭하면 한 줄로 배열되어 있던 툴들이 두 줄로 바뀌고 아이콘이 ◂◂ 모양으로 변경됩니다. 두 줄 툴박스 ▶

**❷ 이동 툴(Move Tool)** : 선택된 이미지를 이동합니다.

**❸ 도형 선택 툴(Marquee Tool)** : 이미지에서 간단한 도형으로 선택할 수 있는 툴로 사각형, 원, 가로 1픽셀, 세로 1픽셀의 모양으로 선택할 수 있습니다.

**❹ 자유 선택 툴(Lasso Tool)** : 마우스로 드로잉하는 대로 선택할 수 있는 툴과 다각형으로 선택하는 툴, 마우스 포인터 아래의 색상 경계를 읽어 자동으로 선택해주는 툴이 있습니다.

**❺ 빠른 선택 툴(Quick Selection Tool)과 마술봉 툴(Magic Wand Tool)** : 빠른 선택 툴은 드래그하면서 그 지점과 같은 색상이 한꺼번에 선택되는 툴이고, 마술봉 툴은 클릭한 지점과 같은 색상을 모두 선택하는 툴입니다.

**❻ 자르기 툴** : 이미지를 자르는 것과 관련된 툴들의 집합으로, 먼저 크롭 툴(Crop Tool)은 이미지에서 불필요한 부분을 잘라낼 때 사용됩니다. 그리고 슬라이스 툴(Slice Tool)은 이미지를 홈페이지에서 사용하기 위해 조각낼 때, 슬라이스 선택 툴(Slice Select Tool)은 이 조각난 이미지를 하나하나 선택해 조각의 크기를 수정하거나 옵션을 지정할 때 사용합니다.

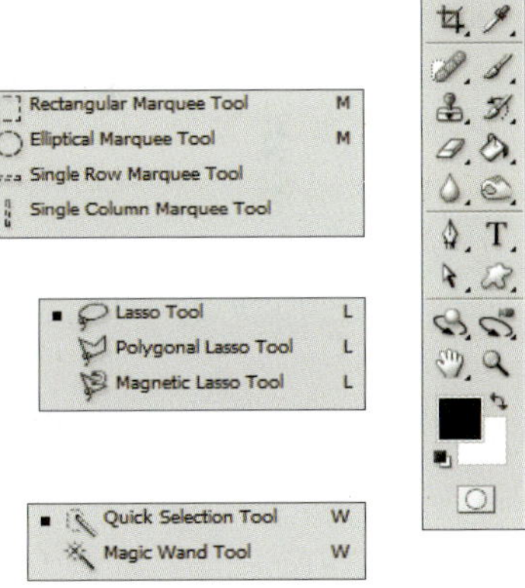

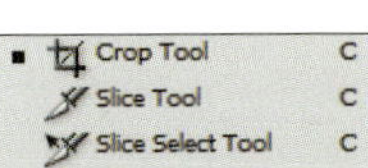



**Training 02.**
포토샵 CS4의 화면 살펴보기

❼ **기타 작업을 돕는 툴** : 포토샵 작업을 도와주는 기타 툴이 모여 있는 곳으로 스포이트 툴(Eyedropper Tool)은 이미지에서 원하는 색상을 추출해주며, 색상 견본 툴(Color Sampler Tool)은 이미지에서 색상을 추출하여 그 값을 비교할 때 사용합니다. 또한, 자 툴(Ruler Tool)은 이미지에서 거리의 차이를 실제 거리로 환산하려고 할 때 사용하며 주석 툴(Note Tool)을 이용하면 이미지에 사용자가 설명을 첨부할 수 있습니다. 카운트 툴(Count Tool)은 개수를 셀 때 사용합니다.

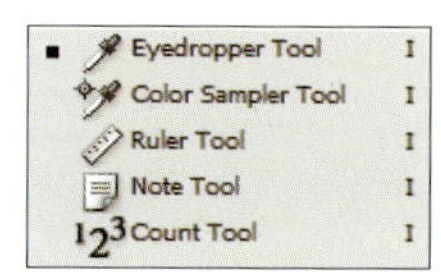

❽ **리터칭 툴** : 주로 사진의 잡티를 수정하는 힐링 툴(Healing Tool)과 적목 현상을 수정하는 레드 아이 툴(Red Eye Tool)이 있습니다.

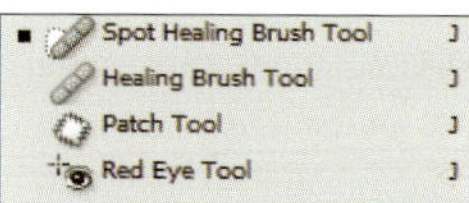

❾ **브러시를 이용해 채색하는 툴(Brush Tool)** : 원하는 색상으로 브러시의 모양과 크기를 선택해 채색합니다.

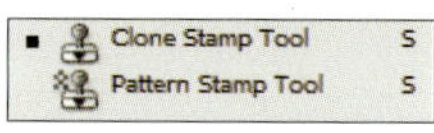

❿ **도장 툴(Stamp Tool)** : 원하는 부분을 복제할 수 있고 패턴을 칠할 수 있습니다.

⓫ **복원 툴(History Tool)** : 여러 기능과 명령을 적용한 이미지를 원본 이미지로 복원하거나, 복원하면서 회화같이 수정할 수 있습니다.

⓬ **지우개 툴(Eraser Tool)** : 이미지 일부를 지울 때 사용합니다.

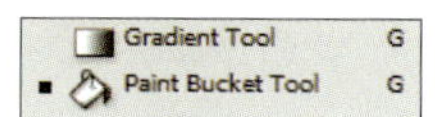

⓭ **채색 툴** : 넓은 공간을 채색할 때 사용하는 툴로 그레이디언트 툴(Gradient Tool)은 두 가지 이상의 색상으로 채색할 때, 페인트통 툴(Paint Bucket Tool)은 한 가지 색상이나 패턴으로 채색할 때 사용합니다.

⓮ **수정 툴** : 이미지에서 드래그한 부분이 번져 보이게 하거나 더 선명하게 수정할 수 있고, 색상의 경계를 어긋나게 할 수 있는 툴입니다.

⓯ **밝기와 채도 수정 툴** : 드래그한 부분의 밝기와 채도를 변경합니다.

⓰ **펜 툴(Pen Tool)** : 패스 및 벡터 도형을 만들고 수정할 수 있습니다.

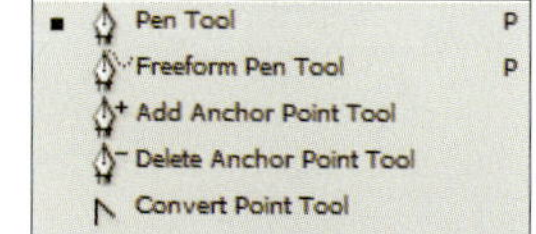

⓱ **글자 관련 툴(Text Tool)** : 가로 및 세로 문자를 입력하거나 마스크 문자를 입력할 수 있습니다.

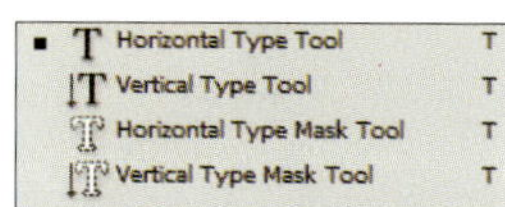

⓲ **패스 선택 툴(Path Selection Tool)** : 패스나 벡터 도형을 선택 및 이동, 수정할 수 있습니다.

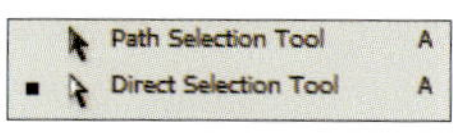

⓳ **도형 툴(Shape Tool)** : 다양한 모양의 도형을 만듭니다.

⑳ **3D 조절 툴** : 불러온 3D 이미지를 변형하는 툴입니다.

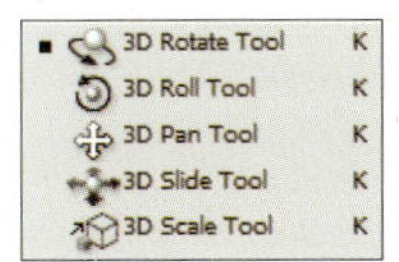

㉑ **3D 카메라 조절 툴** : 불러온 3D 이미지를 보는 관점을 카메라로 두고
그 움직이는 궤도를 조절하는 툴입니다.

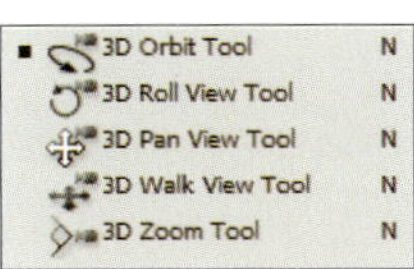

㉒ **손바닥 툴(Hand Tool)** : 보고 싶은 이미지 화면으로 이동할 때 사용하
거나 캔버스를 회전할 때 사용합니다.

㉓ **돋보기 툴(Zoom Tool)** : 이미지 보기 배율을 확대하거나 축소할 수 있
습니다.

㉔ **기본색(Default Foreground and Background Colors)** : 클릭하면 전
경색을 검은색으로, 배경색을 흰색으로 설정합니다.

㉕ **색상 전환(Switch Foreground and Background Colors)** : 전경색과 배경색을 서로 바꿉니다.

㉖ **전경색(Set Foreground Color)** : 브러시로 칠하거나 색상을 채울 때 나오는 색상입니다.

㉗ **배경색(Set Background Color)** : 백그라운드 이미지를 지우개로 지울 때 나오는 색상입니다.

㉘ **퀵 마스크 모드(Edit in Quick Mask Mode)** : 일반 모드를 퀵 마스크 모드로 변경하여 선택
영역을 브러시로 수정할 때 사용합니다.

---

<table><tr><td>**G O !**</td><td>## 포토샵 CS4의 패널 샅샅이 꺼내보기</td></tr></table>

패널(Panel)은 이전 버전까지는 팔레트라고도 불렀으며, 툴박스와 메뉴를 이용해 작업할 때 도움
을 주는 기능과 옵션을 제공합니다. 마치 서랍과 같이 필요할 때 펼쳤다 접었다 할 수 있어 작업공
간을 넓게 활용할 수 있습니다. 또한, 자주 사용하는 패널은 분리해서 따로 관리할 수 있습니다.

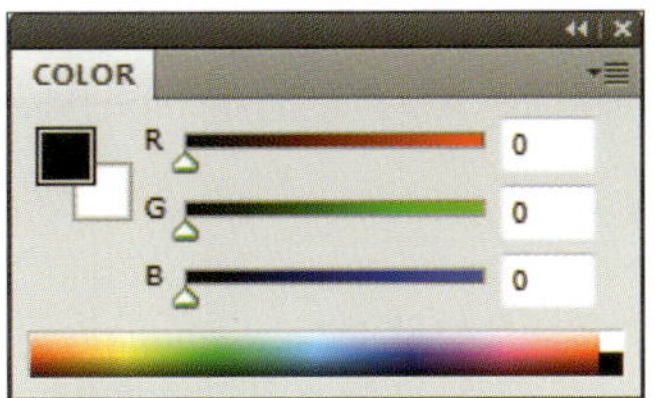

▲ COLOR 패널
전경색과 배경색의 색상을 지정할 때
사용합니다.

▲ SWATCHES 패널
자주 사용하는 색상을 모아 놓은 것입
니다.

▲ STYLES 패널
유용한 레이어 스타일을 모아 놓은 것
입니다.

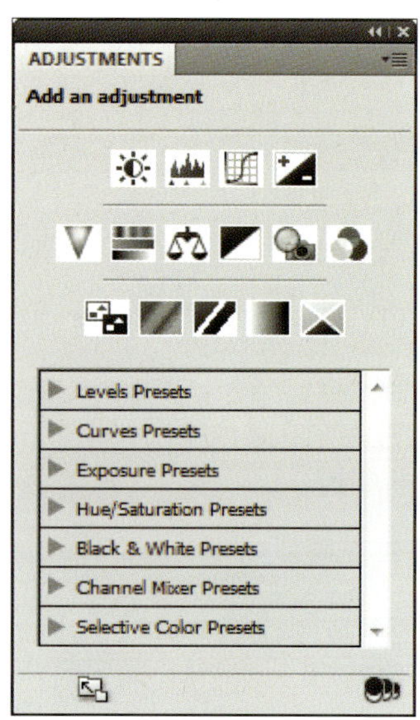

**▲ ADJUSTMENTS 패널**

포토샵 CS4에 새로 생긴 패널로 이미
지를 보정할 때 사용합니다.

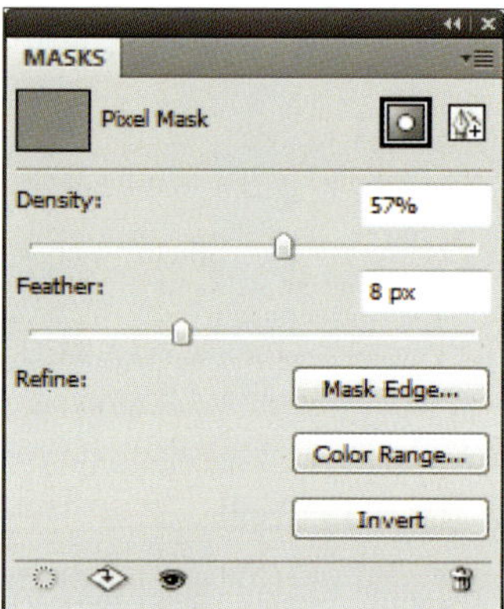

**▲ MASKS 패널**

포토샵 CS4에 새로 생긴 패널로 레이
어 마스크의 불투명도와 경계선의 부드
러움을 조절합니다.

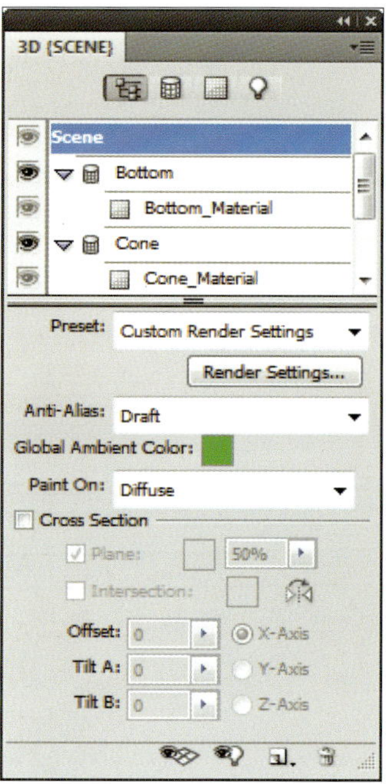

**▲ 3D 패널**

만들거나 불러온 3D 파일의 색상과
빛, 맵핑을 변경하는 패널입니다.

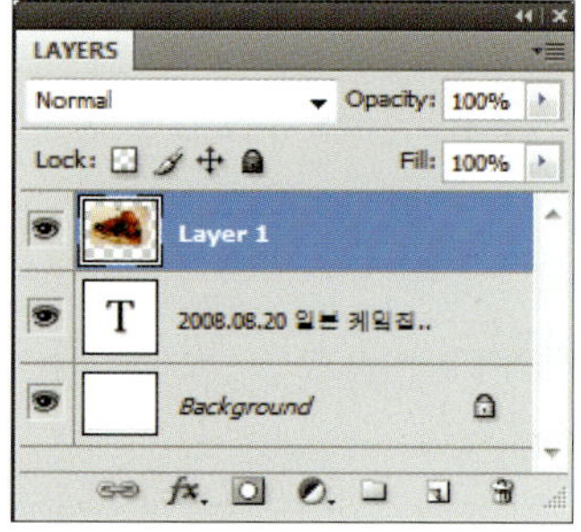

**▲ LAYERS 패널**

레이어의 불투명도와 모드, 여러 명령
을 적용합니다.

**▲ CHANNELS 패널**

색상 채널과 알파 채널을 활용해 이미
지를 제작, 수정합니다.

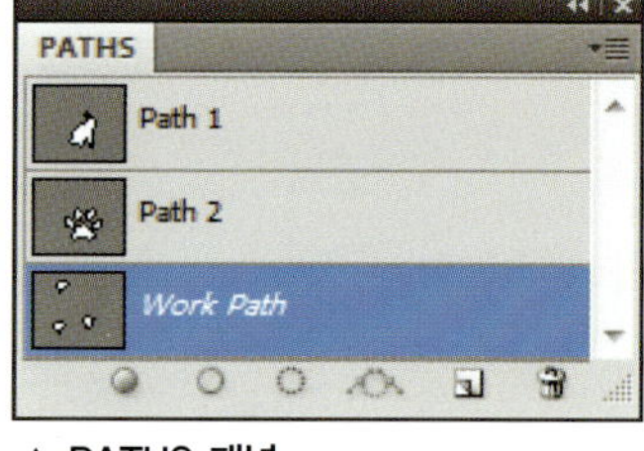

**▲ PATHS 패널**

패스를 제작합니다.

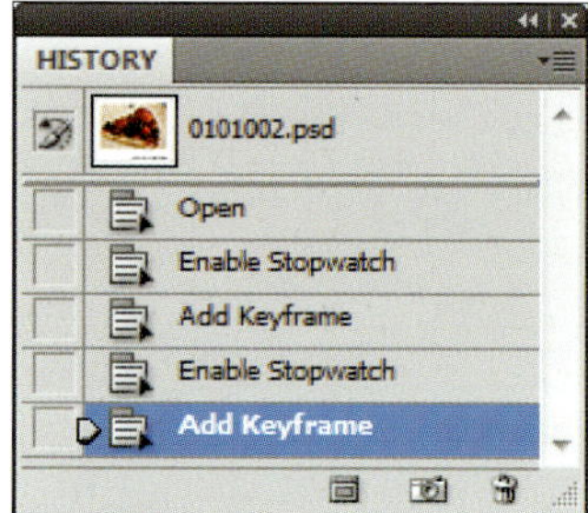

**▲ HISTORY 패널**

작업 단계를 기록하여 작업을 취소할
수 있습니다.

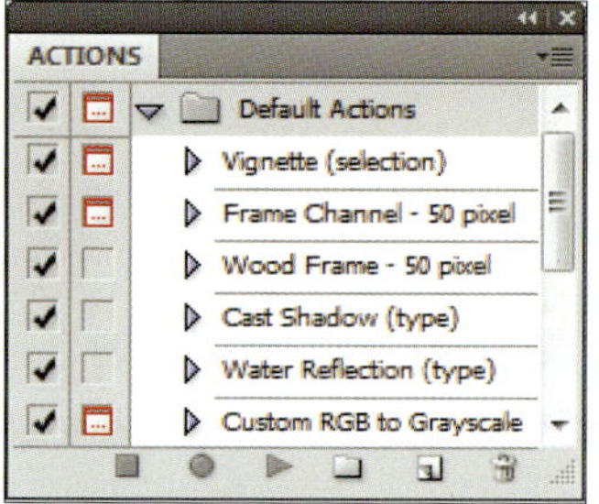

**▲ ACTIONS 패널**

반복 작업을 저장하여 작업속도를 높여
주는 패널입니다.

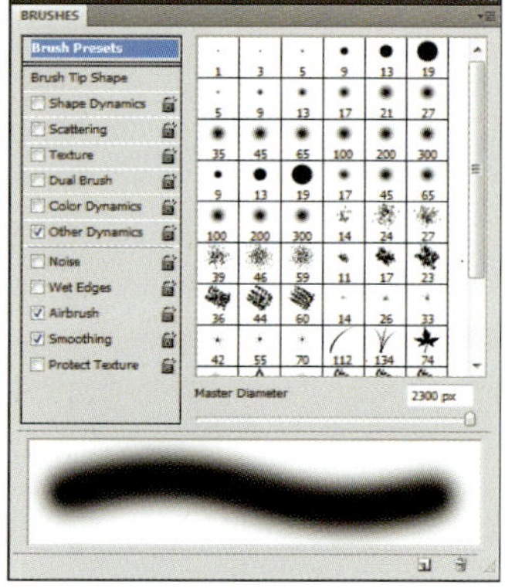

**▲ BRUSHES 패널**

브러시와 관련된 여러 옵션을 모아 놓
은 패널입니다.

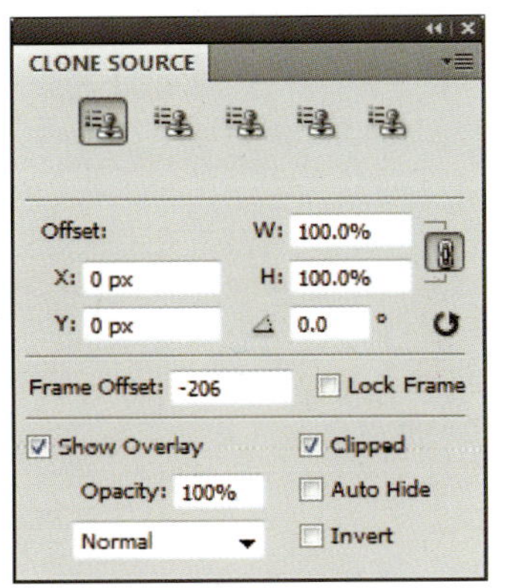

▲ CLONE SOURCE 패널

복제한 이미지의 크기와 회전, 위치를
조절해 붙여넣기 합니다.

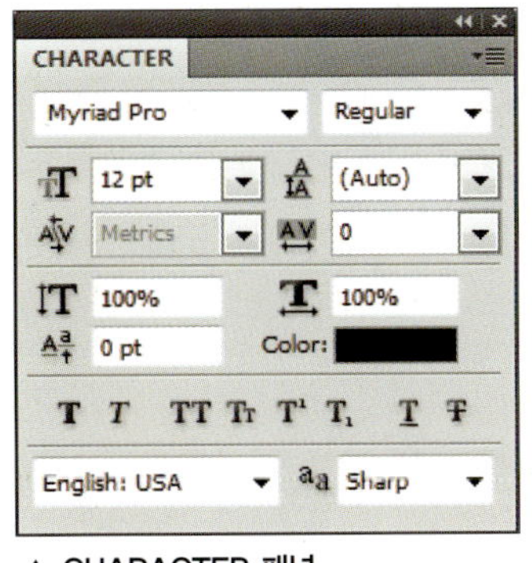

▲ CHARACTER 패널

글자에 관련된 여러 옵션을 모아 놓은
패널입니다.

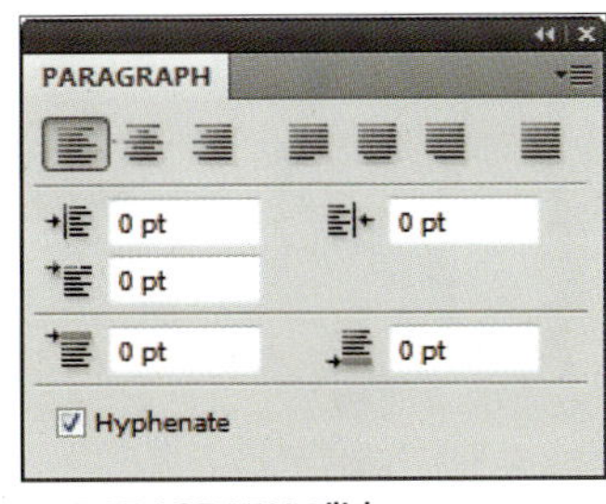

▲ PARAGRAPH 패널

문단 모양을 조절합니다.

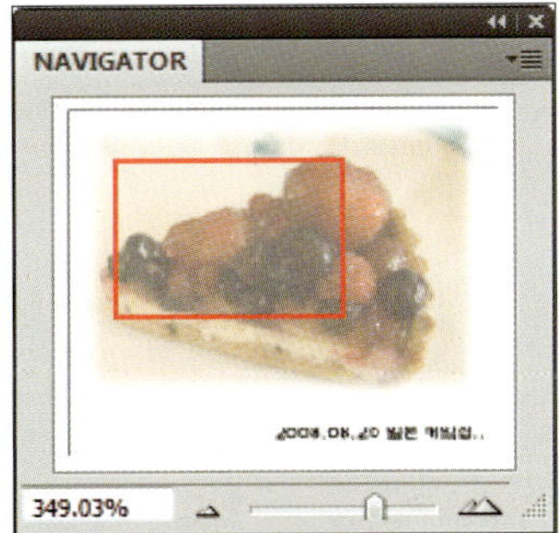

▲ NAVIGATOR 패널

이미지 보기 배율을 조절합니다.

▲ HISTOGRAM 패널

이미지의 밝기와 색상 분포를 보여줍
니다.

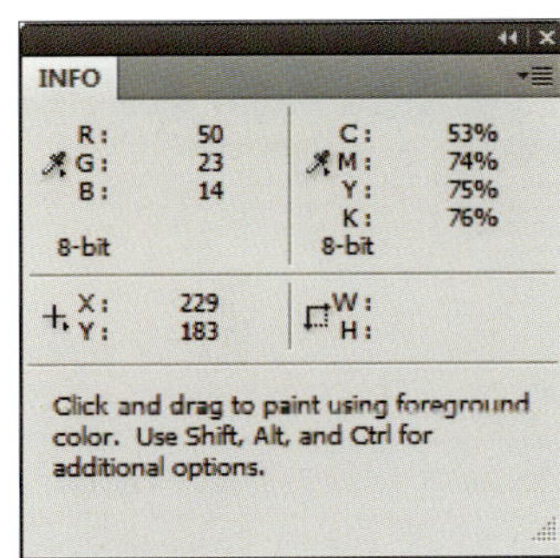

▲ INFO 패널

마우스 포인터의 위치와 색상, 정보를
알려줍니다.

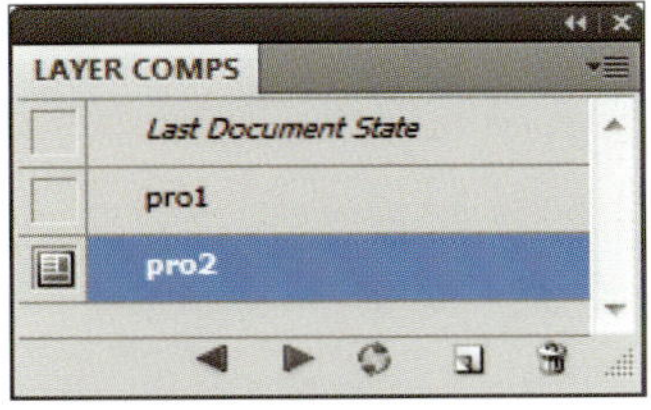

▲ LAYER COMPS 패널

이미지의 레이어 상태를 저장, 비교할
수 있습니다.

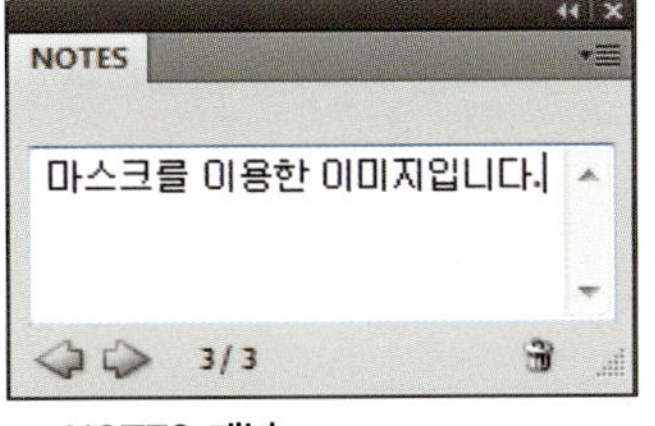

▲ NOTES 패널

작업한 이미지에 주석을 넣는 패널입
니다.

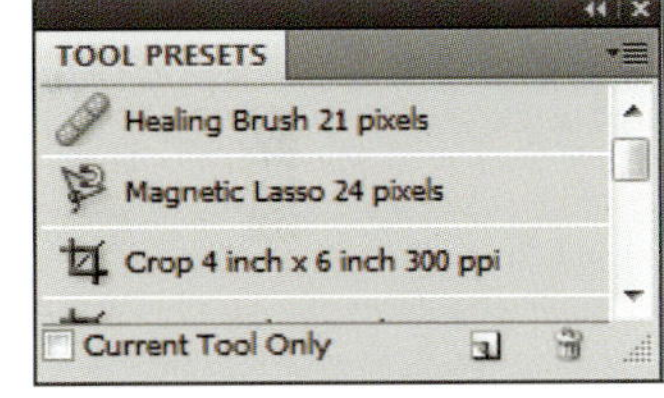

▲ TOOL PRESETS 패널

툴에서 자주 사용하는 옵션 값을 저장
하는 패널입니다.

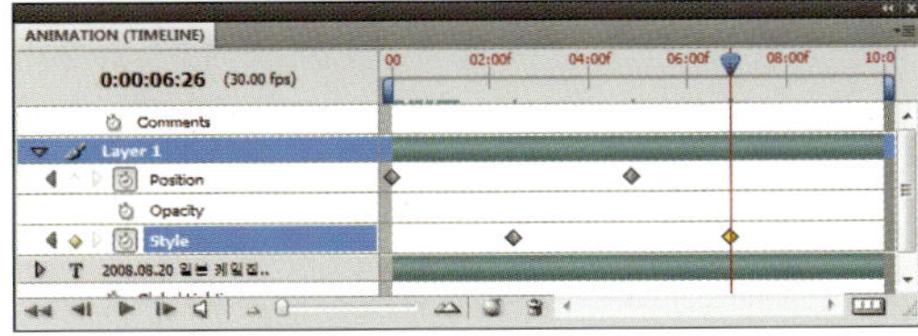

▲ ANIMATION(TIMELINE) 패널

타임라인으로 애니메이션을 만듭니다.

▲ ANIMATION(FRAMES) 패널

프레임으로 애니메이션을 만듭니다.

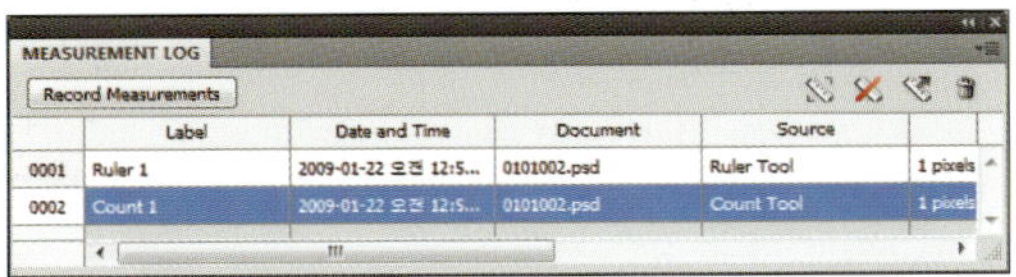

◀ MEASUREMENT LOG 패널

측정을 기록합니다.

# 편리하게 작업환경 설정하기

포토샵 CS4에서는 작업 용도에 따라 '작업영역 바꾸기' 메뉴에서 패널의 위치를 바꿀 수 있으며, 패널을 접거나 펼쳐 사용자가 자주 쓰는 패널만 따로 모아 놓을 수도 있습니다. 이번 Training에서는 원하는 모양으로 작업영역을 변경하고 직접 패널과 툴박스를 이동하여 작업영역을 저장하고 불러오는 방법을 알아보겠습니다.

| 학습 목표 | 학습 소재 | 난이도 | 예상 학습 결과 | 연계 학습 |
|---|---|---|---|---|
| • 작업영역 변경하기<br>• 사용자 맘대로 작업영역을 설정한 후 저장하고 불러오기 | '작업영역 바꾸기' 메뉴 | ★★☆☆☆ | 작업 용도에 맞게 작업영역을 설정하고 이를 저장하기 | |

## READY! 작업환경 설정의 기본기 다지기

사용자가 원하는 대로 작업환경을 설정하기에 앞서 기본적으로 인터페이스를 다루는 방법을 먼저 살펴보겠습니다.

### ■ '작업영역 바꾸기' 메뉴 살펴보기

실행 바의 '작업영역 바꾸기' 메뉴는 [Window]-[Workspace] 메뉴와 동일한 명령으로, 작업 용도에 따라 빠르게 작업영역을 설정할 수 있는데 포토샵 사용자가 가장 많이 이용하는 것이 [Essential]과 [Basic], [Color and Tone]입니다.

① **Essential** : 포토샵 CS4에서 가장 핵심 패널인 COLORS 패널과 ADJUSTMENTS 패널, LAYERS 패널 위주로 정리된 작업환경입니다. 포토샵 CS4를 실행하면 기본 작업영역이 이 형태입니다.

② **Basic** : 패널이 아이콘으로 배치되어 이미지 창의 영역이 가장 넓게 보이는 작업환경입니다.

❸ **What's New in CS4** : 패널의 배치는 이전에 선택한 작업영역 모양과 달라지지 않지만 메뉴를 클릭하면 포토샵 CS4에서 새로 생긴 명령이 표시되어 보입니다.

❹ **Advanced 3D** : 3D 패널과 LAYERS 패널만 배치되어 3D 작업 시 편리합니다.

❺ **Anyalysis** : INFO 패널과 MEASUREMENT LOG 패널이 작업영역에 배치되어 자 툴( )과 카운터 툴( )을 사용하기 편리합니다.

❻ **Automation** : ACTIONS 패널이 나타나 자동화 기능을 사용하기 편리합니다.

❼ **Color and Tone** : 색상을 수정하기 편리하게 HISTOGRAM 패널과 ADJUSTMENTS 패널이 배치됩니다.

❽ **Painting** : 브러시를 이용해 드로잉할 수 있도록 BRUSHES 패널과 COLOR 패널이 나타납니다.

❾ **Proofing** : 포토샵에서 작업하는 이미지의 색상과 인쇄 시의 색상을 비교해서 수정할 수 있도록 HISTOGRAM 패널과 INFO 패널, CHANNELS 패널이 배치됩니다.

❿ **Typography** : 글자 입력과 글자 디자인에 편리하도록 CHARACTER 패널과 PARAGRAPH 패널, STYLES 패널이 배치됩니다.

⓫ **Video** : 애니메이션 작업에 편리하도록 ANIMATION 패널과 연속 장면을 만들기 좋도록 CLONE SOURCE 패널이 나타납니다.

⓬ **Web** : 웹디자인 작업에 편리하도록 SWATCHES 패널과 CHARACTER 패널, LAYERS 패널이 배치됩니다.

⓭ **Save Workspace** : 사용자가 마음대로 패널과 툴박스를 배치한 후 저장합니다.

⓮ **Delete Workspace** : 사용자가 저장한 작업영역을 제거합니다.

▲ Essential

▲ Basic



**Training 03.**
편리하게 작업환경 설정하기

▲ Color and Tone

▲ Web

### ■ 패널의 기본 조작법 알아보기

작업영역의 오른쪽에는 용도별로 관련 있는 패널끼리 묶여 있습니다. 패널의 기본 구성 요소는 다음과 같습니다.

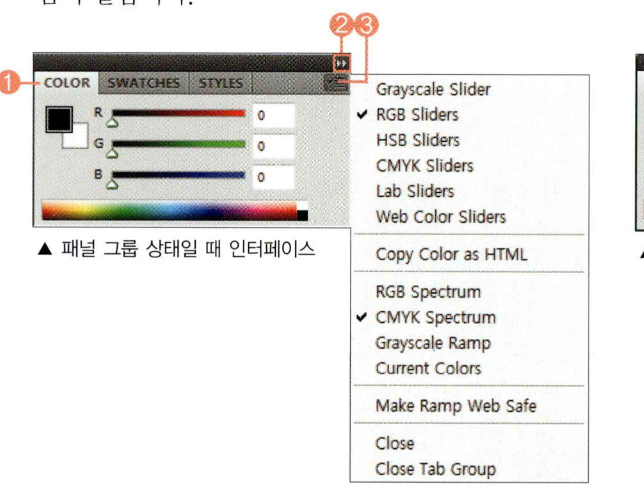

▲ 패널 그룹 상태일 때 인터페이스

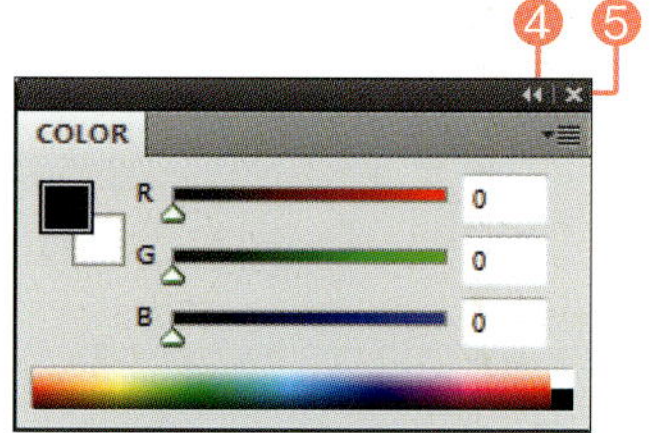

▲ 그룹에서 분리하여 독립된 패널의 인터페이스

❶ **제목 탭** : 패널 이름이 소개되는 제목 탭으로, 클릭한 상태에서 이동이 가능합니다. 따라서 원하는 패널만 따로 분리하려면 제목 탭을 클릭하여 탭 그룹 밖으로 드래그하면 됩니다. 분리된 패널을 다시 그룹으로 넣고 싶을 때는 반대로 드래그하면 됩니다.

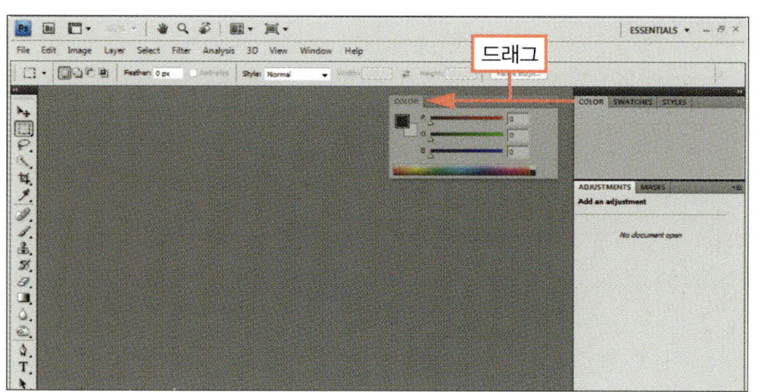


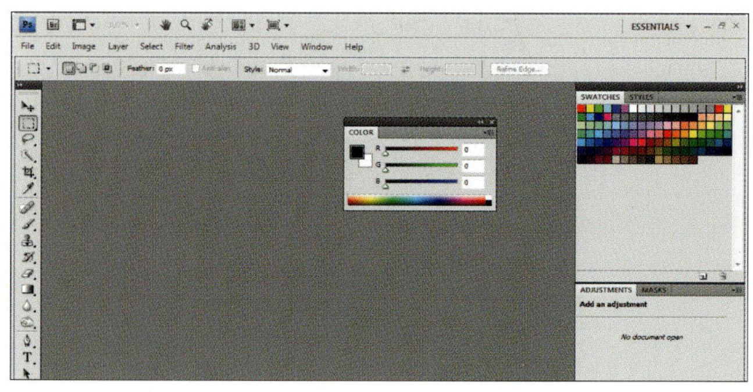

❷ **Collapse to Icons** : 작업 공간을 넓게 사용하기 위해 패널 영역을 축소하고자 할 때 클릭합니다. 그러면 그림과 같이 패널 아이콘과 이름만 나오는 형태로 변경됩니다.

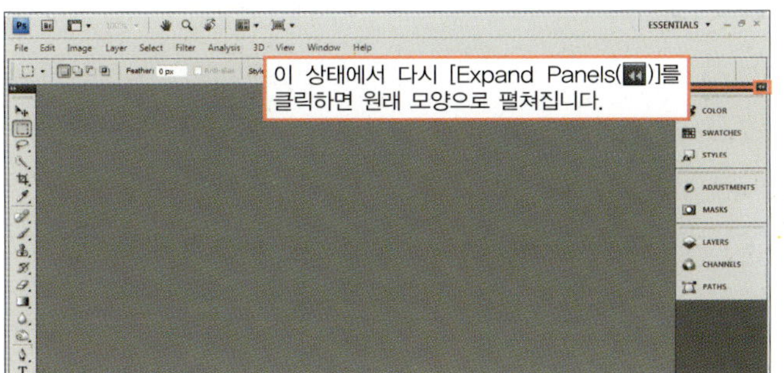


▲ 축소된 패널 그룹

❸ 클릭하면 패널의 옵션 메뉴를 보여줍니다.

❹ **Collapse to Icons** : 패널이 분리되면 패널을 접고 펼치는 아이콘의 모양이 반대로 나타납니다. 패널이 접히고 펼쳐지는 방향대로 자연스럽게 떠올리면 쉽게 익숙해질 수 있습니다. 위의 그림에서 4번 아이콘은 패널을 축소해주는 상태에서는 아이콘의 모양이 다르게 보이지만 역시 패널을 축소하는 [Collapse to Icons]의 역할입니다. 또는 축소된 패널 영역에서 분리해내도 결과는 같습니다.

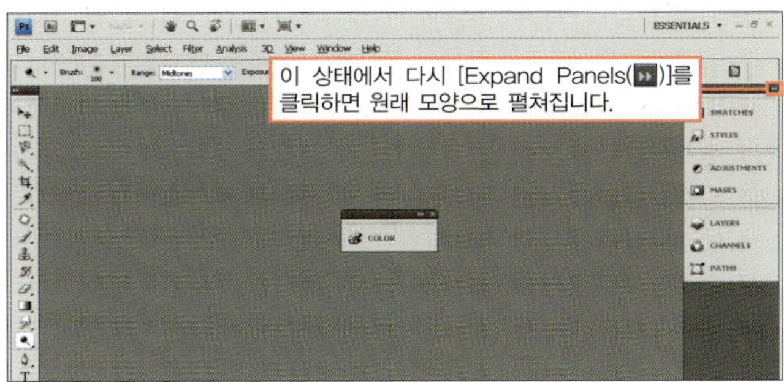


❺ 클릭하면 패널을 닫습니다.



**패널 그룹 상태에서 패널 닫기**

포토샵 CS3 버전에서는 패널 영역의 탭 그룹별 혹은 특정 패널별로 닫기 버튼을 제공하였으나, CS4에서는 인터페이스가 달라졌습니다. 제목 탭에서 마우스 오른쪽 버튼을 클릭하고 [Close]를 선택하면 선택한 패널이 닫히며, [Close Tab Group]을 선택하면 해당 패널이 속한 그룹이 모두 닫힙니다. 없어진 패널은 [Window] 메뉴에서 선택하여 다시 열 수 있습니다.

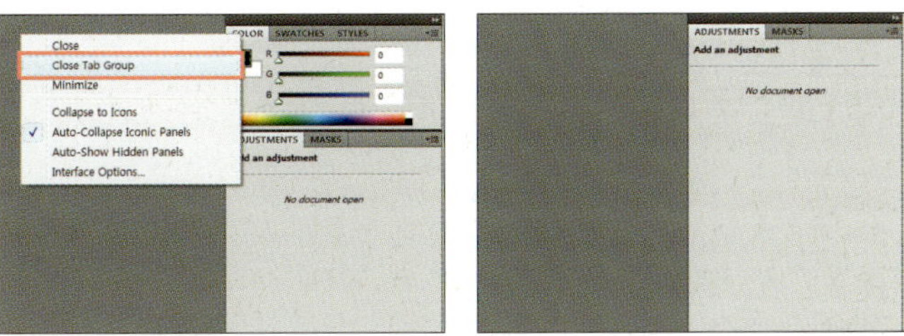

▲ 옆으로 묶인 패널의 제목 탭에서 [Close Tab Group]을 선택하여 탭 그룹을 닫은 모습



**Training 03.**
편리하게 작업환경 설정하기

**❶** 작업영역을 넓게 사용하기 위해서 패널 그룹 상단의 [Collapse to Icons(▶▶)]를 클릭합니다.

**❷** 패널 영역이 아이콘과 이름만으로 표시됩니다. 작업 영역을 더 확장하기 위해 패널의 왼쪽 경계선에 마우스 포인터를 가져가 모양으로 변하면 클릭합니다.

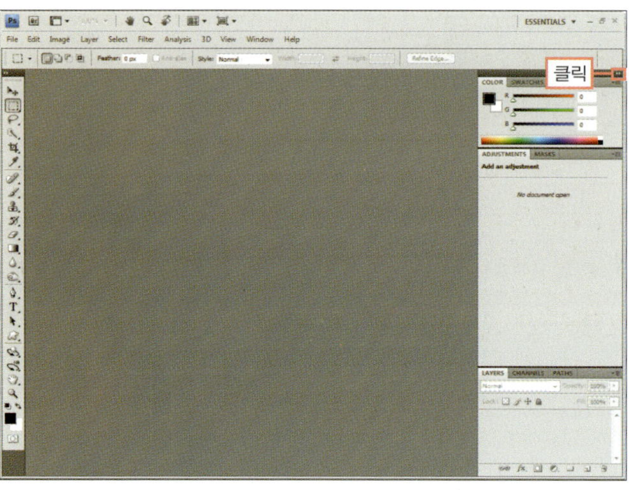

**❸** 오른쪽으로 드래그하여 패널 영역의 폭을 좁힐 수 있습니다. 다음과 같이 아이콘만 보일 때까지 드래그합니다.

**❹** [Window]-[History] 메뉴를 선택합니다.

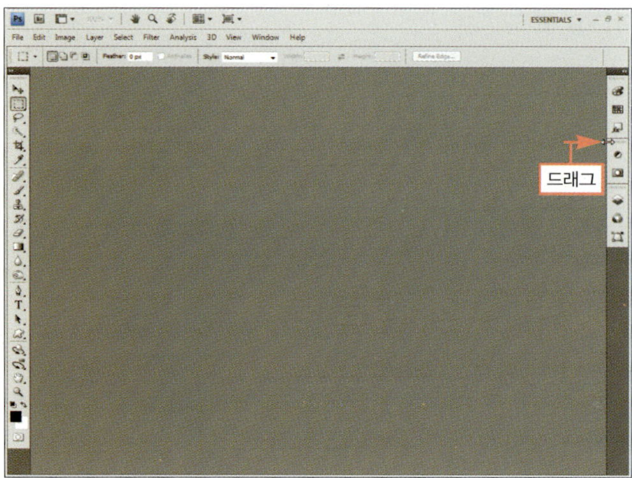


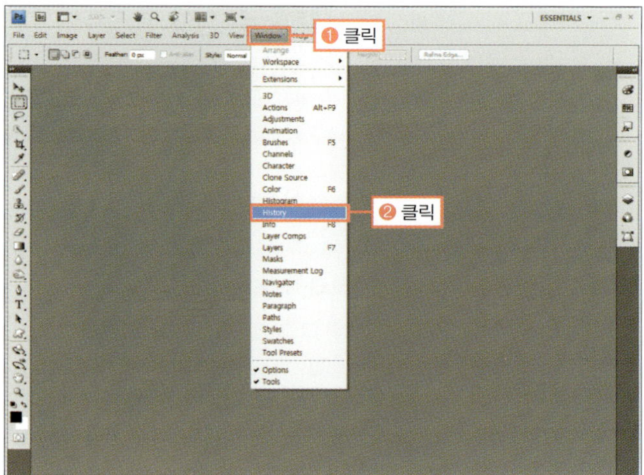

⑤ 패널 영역 왼쪽으로 HISTORY 패널이 아이콘 형태와 펼쳐진 형태의 2가지 모습으로 나타납니다. 아이콘으로 표시된 탭 그룹 상단의 이동 선(▥▥▥▥▥)을 클릭합니다.

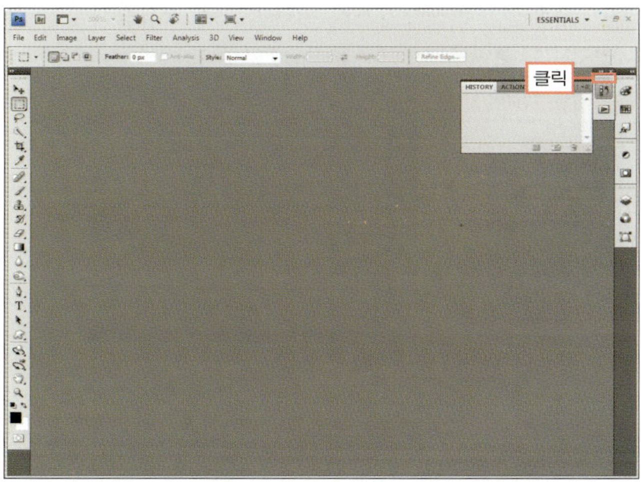




기본적으로 같은 그룹으로 설정되어 있는 ACTIONS 패널도 함께 나타납니다.

⑥ 이동 선을 클릭한 채로 패널 영역 아래의 빈 곳으로 드래그합니다. 위치하려는 자리에 파란 선이 나타나는 것을 확인하고 마우스를 놓습니다.

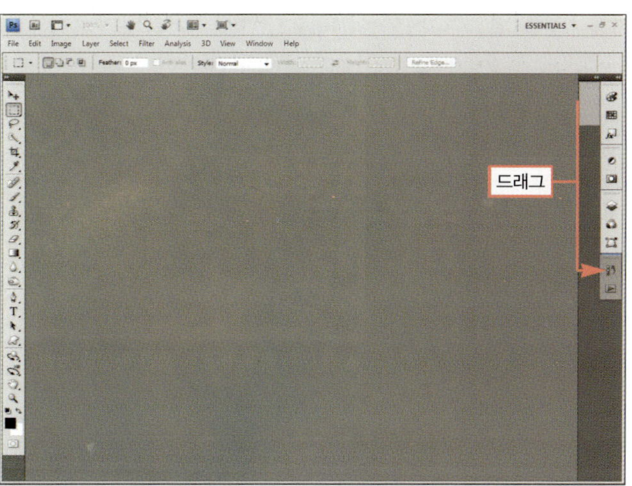


⑦ 패널 아이콘이 이동된 것을 확인합니다.

❶ 실행 바의 '작업영역 바꾸기' 메뉴를 클릭하여 [Save Workspace]를 선택합니다.

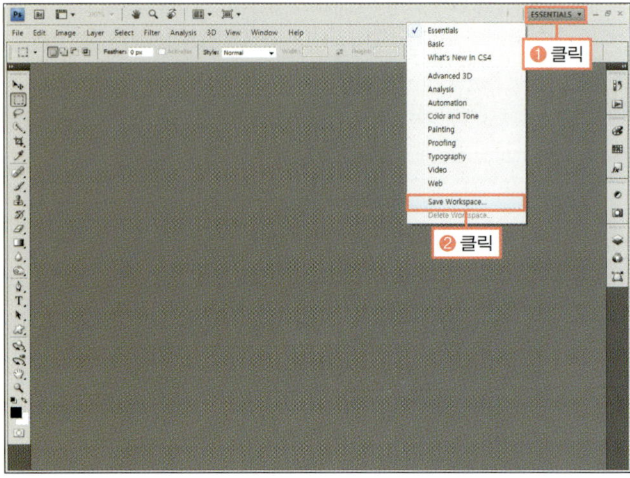

❷ 저장할 이름을 나타내는 [Name]에 '이미지 합성 작업'으로 입력하고 [Save] 버튼을 클릭합니다.

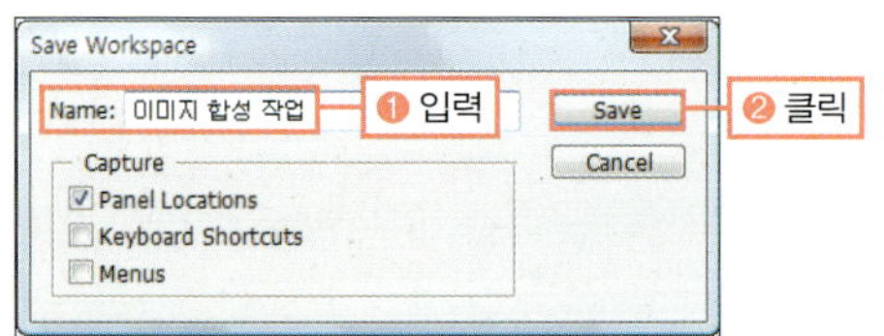

### BONUS

[Save Workspace] 대화상자의 [Capture]에서는 저장할 부분을 선택할 수 있습니다. [Panel Locations]는 패널의 위치를 저장, [Keyboard Shortcuts]는 바로 가기 키의 변경을 저장, [Menus]는 메뉴 명령이 바뀐 것을 저장합니다.

### BONUS

또는 [Window–[Workspace]–[Save Workspace] 메뉴를 선택해도 됩니다.

❸ 실행 바의 '작업영역 바꾸기' 메뉴에 방금 저장한 [이미지 합성 작업]이 표시됩니다. 클릭하여 [Essential]로 변경합니다.

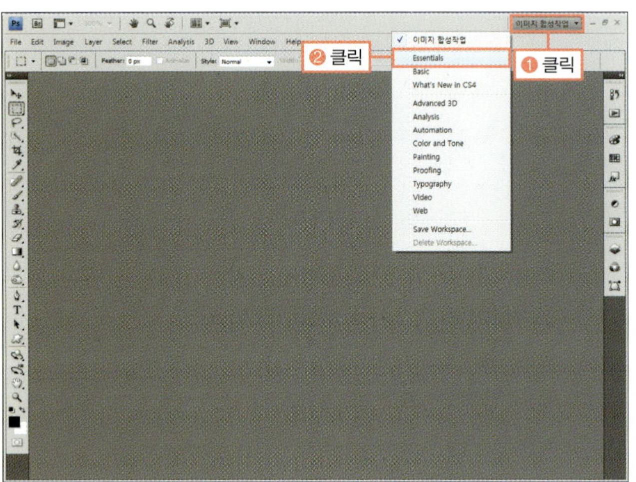

❹ 실행 바의 '작업영역 바꾸기' 메뉴에서 [Delete Workspace]를 선택합니다.

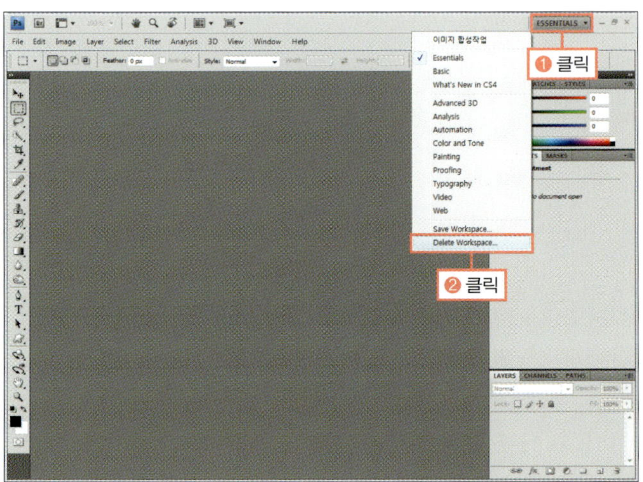

### STOP

저장한 작업영역 외의 다른 작업영역이 선택되어야 [Delete Workspace]가 활성화됩니다.

⑤ [Delete Workspace] 대화상자가 나타나면 이름을 확인한 후 [Delete] 버튼을 클릭합니다. 그러면 선택한 이름의 작업영역을 제거하겠느냐는 경고가 나타나는데 [Yes] 버튼을 클릭하여 닫습니다.

⑥ 실행 바의 '작업영역 바꾸기' 메뉴를 클릭하여 저장한 작업영역이 제거된 것을 확인합니다.

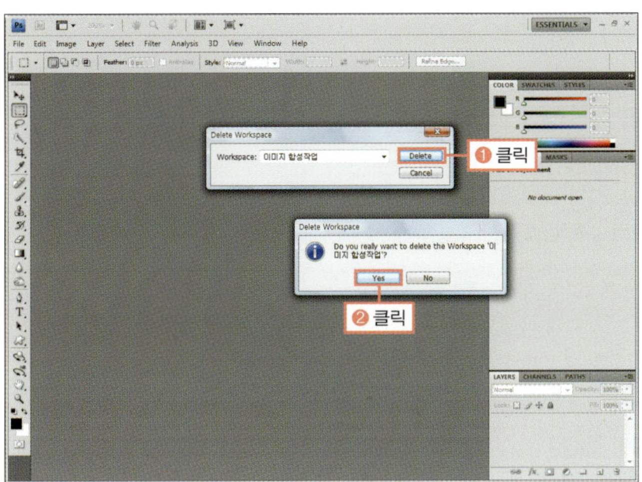
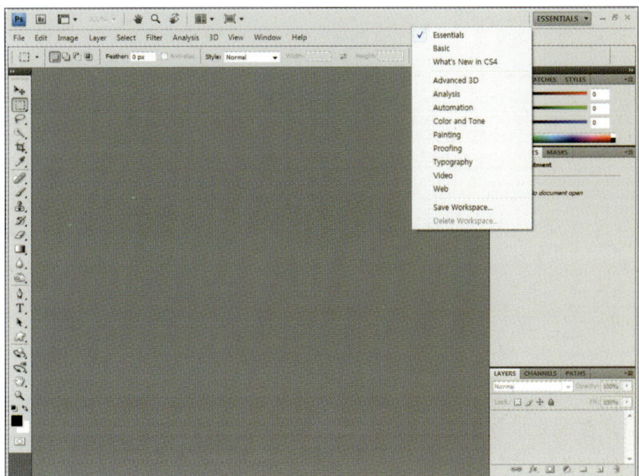



**Training 03.**
편리하게 작업환경 설정하기

# 새 이미지 창 만들고 저장하기



본격적으로 포토샵 CS4를 다루기 전에 그래픽 프로그램에서 다루는 이미지의 종류와 그 차이점에 대해 알아보겠습니다. 또한, 이미지를 다룰 때 자주 사용하는 용어를 살펴보면서 새 이미지 창을 제작하고 저장하는 방법까지 알아보겠습니다.

| 학습 목표 | 학습 소재 | 난이도 | 예상 학습 결과 | 연계 학습 |
|---|---|---|---|---|
| • 비트맵과 벡터 이미지 이해하기<br>• 이미지 불러오고 저장하기 | • 비트맵 이미지<br>• 벡터 이미지<br>• [File]–[New], [Save] 메뉴 | ★★☆☆☆ | 사용 목적에 맞는 이미지를<br>새로 만들거나 저장하기 | |

## READY!   비트맵 이미지와 벡터 이미지의 비교

그래픽 프로그램에서 제작되는 2D 이미지를 크게 분류하면 비트맵 이미지와 벡터 이미지로 나눌 수 있는데, 이 두 이미지는 전혀 다른 방식으로 제작되기 때문에 예전에는 호환성이 떨어졌지만 현재에는 기술이 발달하여 혼합해서 사용할 수 있습니다.

### ■ 비트맵 이미지

포토샵에서 주로 다루는 비트맵 이미지는 모니터에서 이미지를 이루는 가장 기본적인 단위인 픽셀(Pixel)이라는 작은 사각형이 모인 것입니다. 특히 포토샵 CS4에서는 이미지 보기 배율을 확대했을 때 픽셀 그리드를 나타내주어 이미지 구성을 좀 더 확실히 볼 수 있습니다. 비트맵 이미지를 제작하는 대표적인 그래픽 프로그램으로 포토샵, 페인터, 그림판 등이 있습니다.

▲ 비트맵 이미지의 원본과 이를 확대한 모습 – 확대한 부분이 깨끗하지 않습니다.

### • 비트맵 이미지의 장, 단점

1인치(inch)에 들어가는 픽셀의 수를 해상도(Resolution)라고 하는데, 이 해상도에 따라 선명도와
용량, 이미지의 용도가 달라집니다. 고해상도 이미지의 경우, 사진과 같이 섬세하고 자연스러운
작업을 할 수 있으며 인쇄 시 크기의 구애를 받지 않습니다. 그러나 저해상도 이미지인 경우 인쇄
시 깨져 보일 수 있습니다. 하지만 용량이 적다는 장점 때문에 웹이미지로 사용하기에는 적합합
니다. JPG, GIF, BMP 이미지가 여기에 속합니다.

## ■ 벡터(Vector) 이미지

벡터 이미지는 수학적인 공식에 의해 점, 선, 면으로 이루어지기 때문에 비트맵 이미지와는 달리
픽셀과 상관없이 이미지를 표현합니다. 대표적인 벡터 그래픽 프로그램으로 일러스트레이터와
플래시, CAD 등이 있습니다.

▲ 벡터 이미지의 원본과 이를 확대한 모습 – 확대해도 이미지에 손상이 없습니다.

### • 벡터 이미지의 장, 단점

이미지가 픽셀로 이뤄지지 않기 때문에 해상도의 개념이 없습니다. 그래서 이미지를 확대, 변형
해도 이미지가 깨지지 않아 인쇄, 애니메이션 이미지 제작에 편리하여 주로 캐릭터, 로고 제작과
패키지 디자인에 많이 사용됩니다. AI, EPS 파일이 여기에 속합니다.

## ■ 해상도(Resolution)

이미지의 선명도를 가리키는 것으
로 포토샵에서는 1인치(inch)당 들
어가는 픽셀 수를 말하며, 단위는
PPI(Pixel Per Inch)를 사용합니
다. 인쇄용 이미지일 경우에는
150ppi 이상을, 웹 이미지의 경우
에는 72ppi를 사용합니다.

▲ [Image Size] 대화상자에서 해상도 확인하기



**Training 04.**
새 이미지 창 만들고 저장하기

**①** [File]-[New] 메뉴를 선택합니다.

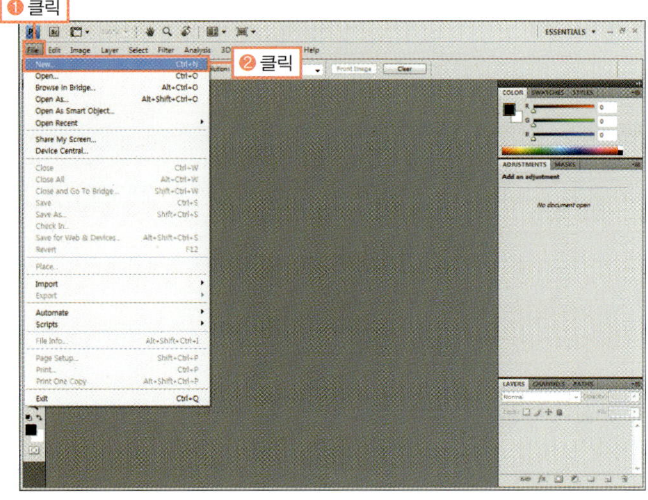

**BONUS**

Ctrl+N 을 눌러도 새 이미지 창을 만들 수 있습니다.

**②** [New] 대화상자가 나타납니다. [Name]에 '연습하기' 를 입력한 후 [Preset]을 클릭하여 [Web]을 선택합니다.

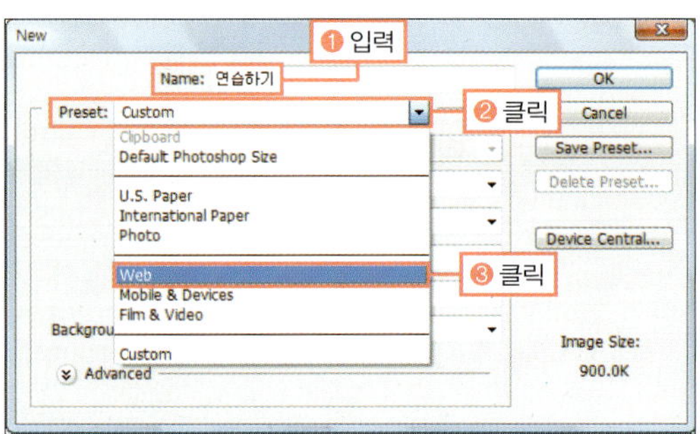

**BONUS**

[Preset]에서 이미지 용도를 지정하면 [Size]에 선택한 용도별로 자주 사용하는 크기를 제공합니다.

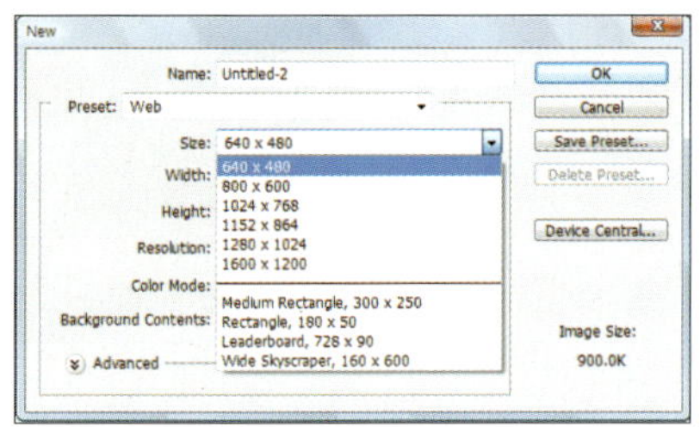

**③** [Width]와 [Height], [Resolution]이 선택한 용지에 맞춰 자동 설정된 것을 확인한 후 [OK] 버튼을 클릭합니다.

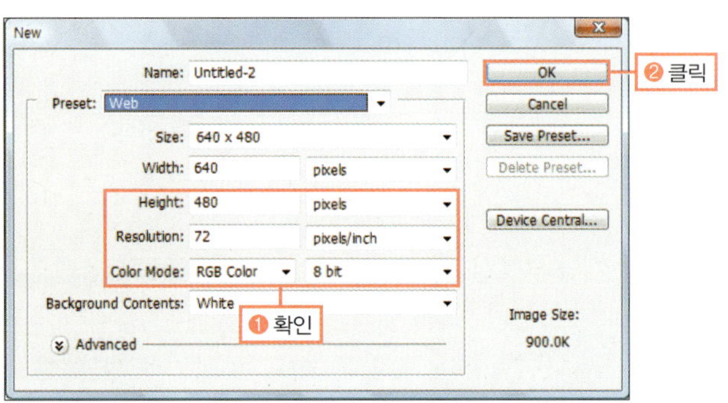

**BONUS**

[Width]는 이미지 창의 너비, [Height]는 높이, [Resolution]은 이미지의 해상도입니다.

**④** 새 이미지 창이 열립니다. 제목 탭에 파일 이름과 보기 배율이 표시됩니다.

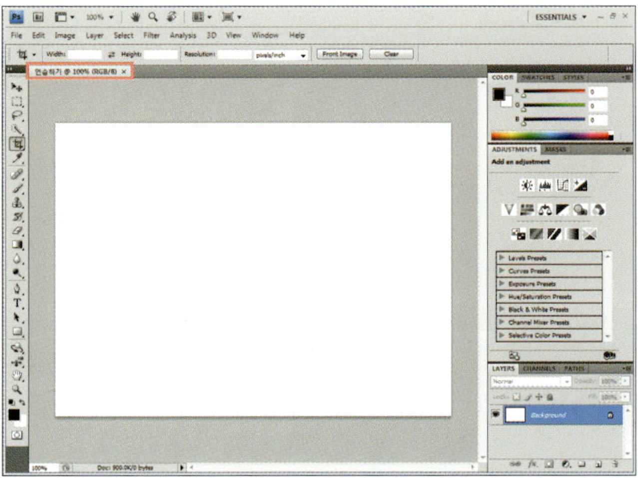

새로운 이미지 창을 만드는 [New] 대화상자에서는 창의 크기와 해상도,
색상 모드, 배경색을 설정할 수 있습니다. [Advanced] 버튼(⬇)을 클릭
하면 대화상자가 확장되어 색상정보와 픽셀의 비율도 정할 수 있습니다.

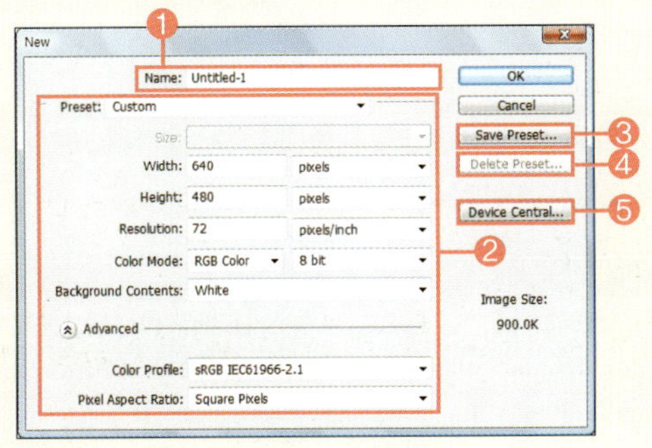

❶ **Name** : 새 이미지 창의 이름을 입력합니다.

❷ **Preset** : 용도에 따라 이미지 창을 제공합니다.

| | |
|---|---|
| Clipboard | 마지막 복사한 크기로 새 이미지 창을 만듭니다 |
| Default Photoshop Size | 기본 포토샵 이미지 창의 크기인 16.02cm*11.99cm, 해상도는 72ppi로 설정합니다. |
| U.S.Paper | [Size] 항목이 활성화되면서 Letter(편지지), Legal(법률지), Tabloid(타블로이드지)의 크기 중 선택할 수 있습니다. 해상도는 300ppi로 설정됩니다. |
| International Paper | [Size] 항목이 활성화되면서 A4, A3와 같은 인쇄 종이의 크기 중 선택할 수 있습니다. 해상도는 300ppi로 설정됩니다. |
| Photo | [Size] 항목이 활성화되면서 Landscape(풍경)나 Portrait(초상화) 크기 중 선택할 수 있습니다. 사진 편집, 합성에 많이 사용됩니다. 해상도는 300ppi로 설정됩니다. |
| Web | [Size] 항목이 활성화되면서 웹 이미지에서 자주 사용하는 창의 크기 중 선택할 수 있습니다. 단위가 'Pixel'로 변경되며 해상도는 72ppi로 설정됩니다. |
| Mobile & Devices | [Size] 항목이 활성화되면서 모바일 장치에서 많이 사용하는 크기 중 선택할 수 있습니다. 해상도는 72ppi로 설정됩니다. |
| Film & Video | [Size] 항목이 활성화되면서 동영상에서 사용되는 창 크기 중 선택할 수 있습니다. [Advanced] 항목의 [Pixel Aspect Ratio]의 값이 [D1/DV NTSC(0.91)]로 설정됩니다. |
| Custom | 사용자가 지정한 창 크기입니다. |

- **Width/Height** : 너비와 높이를 설정합니다.
- **Resolution** : 해상도를 설정합니다.
- **Color Mode** : 색상 모드를 지정합니다.
- **Background Contents** : 새 이미지 창의 배경색을 White(흰색), Background Color(배경색), Transparent(투명) 중에서 선택할 수 있습니다.
- **Color Profile** : 포토샵에서 표현할 수 있는 색상의 범위를 지정합니다. 색상의 범위는 모니터나 프린터와 같은 장비나 그래픽 프로그램마다 범위가 달라 디자이너가 표현한 색상이 서로 다르게 보일 수 있습니다. 그래서 이런 오차를 줄이기 위해 이미지를 저장할 때 표현 색 범위를 색상 프로필로 저장합니다.
- **Pixel Aspect Ratio** : 너비와 높이의 비율입니다. Square가 기본으로 설정되어 있습니다.

❸ **Save Preset** : 대화상자에서 입력한 값을 저장하여 [Preset] 항목에 추가합니다.

❹ **Delete Preset** : 저장한 [Preset]을 제거할 수 있습니다.

❺ **Device Central** : 모바일 콘텐츠를 만들 때 상품별로 크기를 선택할 수 있습니다. 자세한 내용은 581쪽에서 다시 설명합니다.

# 이미지 저장한 후 창 닫기

◎ **준비물** : 앞의 파일에 이어서 작업합니다.

**①** 툴박스에서 브러시 툴(✎)을 선택하고 전경색이 검은 색인 것을 확인합니다.

**②** 이미지 창에서 아래와 같이 자유롭게 드래그하는 방식으로 드로잉합니다.

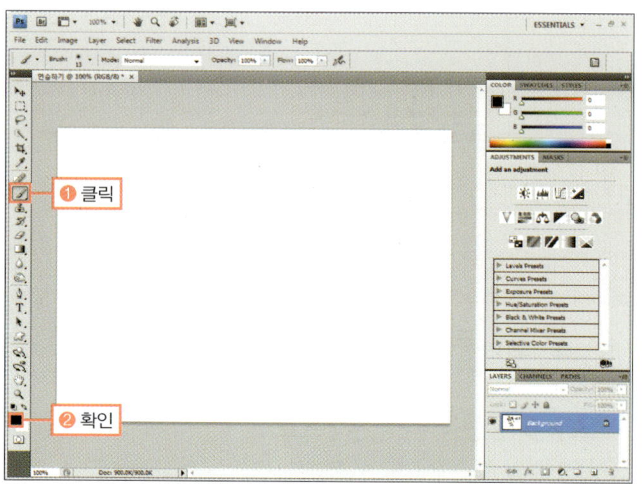

**③** 작업한 이미지를 저장하기 위해 [File]-[Save] 메뉴를 선택합니다.

**④** [Save As] 대화상자가 나타납니다. [저장 위치]에서 원하는 폴더를 선택한 후 [파일이름]과 [Format]을 확인하고 [저장] 버튼을 클릭합니다.

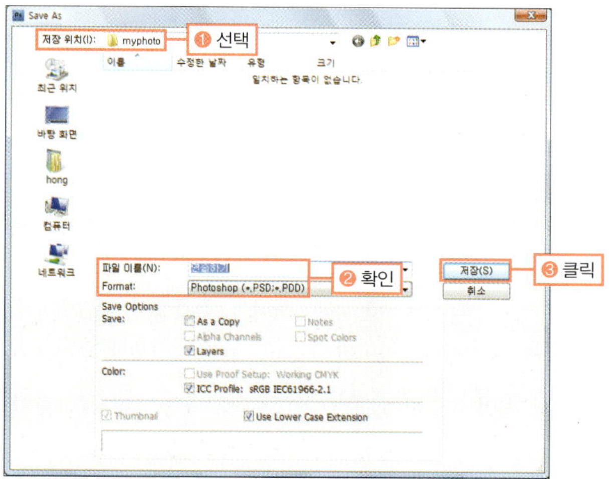



[File]-[Save] 메뉴는 처음 저장할 때나 열어서 수정한 후 그대로 저장할 때 사용하며 바로 가기 키는 Ctrl+S 입니다. [Save As]는 새 이름으로 이미지를 저장할 때 사용합니다.



이 책의 연습용 폴더로 'myphoto'를 만들어놓고 사용하는 것을 권장합니다. 이후의 과정에서 파일 저장이 필요할 때는 모두 'myphoto' 폴더를 사용할 것입니다.

⑤ PSD 파일과 PSB 파일은 호환성이 떨어진다는 경고 대화상자가 나타나면 [OK] 버튼을 클릭합니다.

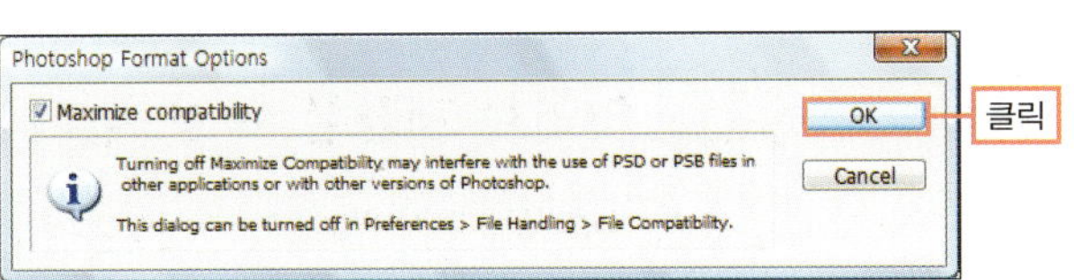





PSD 파일은 포토샵 기본 파일로 다른 프로그램에서 잘 호환되지 않습니다.

⑥ 저장되었습니다. 이제 이미지를 닫기 위해서 제목 탭의 ☒ 아이콘을 클릭합니다.

⑦ 이미지 창이 닫힙니다.

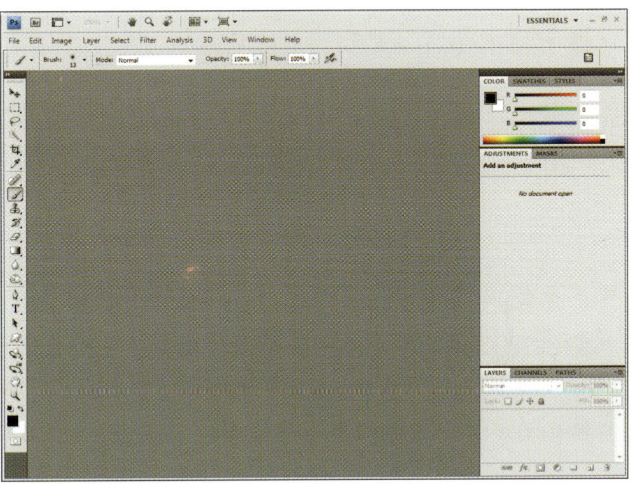



만약 이미지를 저장하지 않은 상태에서 창을 닫으려고 하면 저장하겠느냐는 내용의 경고창이 나타납니다.



Alt + Ctrl + W 를 클릭하면 열려있는 모든 이미지 창을 닫을 수 있습니다.

---

**PHOTOSHOP COACHING |포토샵 코칭|**　　　　　　　　　**포토샵에서 만들 수 있는 이미지 포맷**

이미지를 저장할 때는 용도에 따라 포맷을 결정해야 합니다. 파일 포맷에 따라 용량과 색 표현, 다른 소프트웨어와의 연계성 등에서 차이가 나기 때문입니다. 포토샵에서는 [Save As] 대화상자의 [Format] 옵션을 이용하면 됩니다.

❶ Photoshop(*.PSD, *.PDD) : 포토샵의 기본 파일로 [Save As] 대화상자로 이미지를 저장할 때 기본 설정되어 있습니다. 이 포맷으로 이미지를 저장하면 포토샵에서 작업한 레이어, 마스크, 채널, 패스까지 함께 저장할 수 있습니다.

❷ JPEG(*.JPG, *.JPEG, *.JPE) : JPEG는 그래픽 포맷 중에 가장 뛰어난 압축률을 가지고 있어 현재 디지털 카메라 이미지 저장용으로도 제일 많이 사용되고 있으며 호환성이 좋아 웹 이미지로도 많이 이용합니다. 하지만 손실압축 방식(Lossy compression method)을 사용하기 때문에 파일 크기를 줄일수록 이미지의 질이 떨어지는 단점이 있습니다.

❸ CompuServe GIF(*.GIF) : 웹 이미지로 제작된 포맷으로 색상 수를 적게 하여 이미지 용량을 줄입니다. 최대 256색상을 사용하며, 투명영역을 저장할 수 있고 애니메이션을 만들 수 있습니다.

❹ PNG(*.PNG) : GIF와 JPEG의 장점을 합친 파일 포맷으로 1600만 색상 모드로 저장할 수 있으며 투명 이미지를 만들 수 있습니다.

❺ BMP(*.BMP, *.RLE, *.DIB) : 표준 윈도우 비트맵 이미지 포맷으로 윈도우 계열의 프로그램을 만들 때 가장 좋습니다. 압축을 거의 하지 않아 용량이 크지만 이미지를 손상시키지 않아 화질이 좋습니다.

❻ Photoshop EPS(*.EPS) : 편집 프로그램인 페이지 메이커나 쿼크(Quark) 익스프레스에서 사용할 이미지를 저장하는 포맷으로 비트맵 이미지와 벡터 이미지를 동시에 저장할 수 있어 고품질의 출력물을 보장합니다. CMYK 모드와 분판 출력을 지원합니다.

❼ Photoshop DCS 1.0/2.0(*.EPS) : 필름 출력에 필요한 확장자로 DCS(Desktop Color Seperation)란 쿼크(Quark) 사에서 개발한 EPS 파일의 변형입니다. CMYK 모드의 이미지를 채널별로 분리해서 저장하여 출력기에서 빠르게 출력할 수 있습니다.

❽ Targa(*.TGA, *.VDA, *.ICB, *.VST) : RGB 모드와 그레이스케일(Grayscale) 모드를 지원하며, 하나의 알파 채널을 추가할 수 있기 때문에 3D 그래픽에서 렌더링(Rendering) 또는 고해상도 전문작업에 많이 사용됩니다.

❾ TIFF(*.TIF, *.TIFF) : EPS와 같이 편집 프로그램에서 사용하기 위해 개발되었으나 현재 PC는 물론 맥, 워크스테이션 등 모든 운영체제에서 사용할 수 있어 기종 간의 파일 전송을 목적으로도 많이 사용합니다.

❿ Photoshop Raw(*.RAW) : Raw는 디지털 카메라로 촬영한 이미지 데이터를 아무 가공 없이 그대로 저장한 포맷으로 픽셀 자체의 컬러 정보만 가지고 있습니다. 비압축 모드의 TIFF에 비해 절반 정도의 용량이면서도 간단한 변환만 거치면 포토샵에서 사용할 수 있기 때문에 DSLR이나 하이엔드급의 디지털 카메라에서 이 포맷을 지원합니다.

⓫ PICT FIle(*.PIC, *PICT) : 매킨토시(Macintosh) 운영체계에서 표준으로 사용되는 파일 포맷으로 비트맵 이미지와 포스트스크립트 이미지를 동시에 저장할 수 있습니다. RGB 색상과 알파 채널, JPEG 압축을 지원하며 32비트를 지원합니다.

⓬ Large Document Format(*.PSB) : 이 포맷은 포토샵에서 2G, 300,000픽셀 이상으로 작업을 해야 할 때 사용합니다. 이 파일 포맷은 포토샵 CS 이상 버전에서만 열립니다.

⓭ Photoshop PDF(*.PDF) : 어도비(Adobe)사에서 개발한 아크로뱃(Acrobat)이라는 프로그램을 위한 포맷입니다. 아크로뱃 리더(Acrobat Reader)가 설치된 컴퓨터에서는 운영체제와 상관없이 문서를 읽을 수 있습니다.

⓮ PCX(*.PCX) : IBM용 페인트 프로그램 PC Paintbrush와의 파일 교환을 위해 만들어진 포맷으로 이미지에 손상을 안주면서 압축합니다. 하지만 현재는 압축효율이 JPG보다 떨어지기 때문에 많이 사용하지 않습니다.

⓯ Pixar(*.PXR) : 픽사(Pixar)에서 개발한 그래픽 포맷입니다.

⓰ Portable Bit Map(*.PBM, *.PGM, *.PPM, *.PNM, *.PAM) : 휴대용 비트맵 포맷으로 용량이 가장 작은 흑백 단색의 이미지 포맷입니다. 모바일 사이의 이미지 전송을 목적으로 만들어진 이미지 포맷입니다.

⓱ Scitex CT(*.SCT) : Scitex CT 포맷은 전문적인 사이텍스(Scitex) 분판 출력용 워크스테이션에서 사용할 수 있도록 만든 것입니다.

⓲ Dicom(*.DCM, *.DC3, DIC) : 국제의료영상표준으로 MRI나 CT 등 의료영상의 이미지 데이터 파일을 저장하는 표준방식입니다.

# 이미지 불러와 다른 이미지 창으로 옮기기

Photoshop · CS4

포토샵에서 이미지 편집, 합성 작업을 하려면 여러 이미지를 불러 다른 이미지 창으로 옮기는 작업이 기본입니다. 이번 Training에서는 이미지를 불러오는 방법과 이때 사용하는 제목 탭에 대해 자세히 다루겠습니다.

| 학습 목표 | 학습 소재 | 난이도 | 예상 학습 결과 | 연계 학습 |
|---|---|---|---|---|
| • 이미지 열기<br>• 이미지 이동하기 | • 제목 탭<br>• [File]–[Open] 메뉴<br>• 이동 툴 | ★★☆☆☆ | 이미지를 열고 필요한 곳으로 이동시키기 | |

## READY!    이미지 창의 제목 탭 다루기

포토샵 CS4에서는 이전 버전과 달리 이미지를 불러오면 한 화면 안에서 탭을 이용해서 창이 열립니다. 이 탭을 제목 탭이라 하는데, 이것을 이용하면 여러 이미지 중에 원하는 이미지를 쉽게 찾을 수 있어 편리합니다.

### ■ 제목 탭으로 원하는 이미지 찾기

여러 이미지가 열려 있을 때 창 상단의 제목 탭에서 창의 이름과 정보를 확인한 후 클릭하면 이미지가 활성화됩니다.

▲ 탭을 클릭하여 활성화된 이미지 바꾸기

### ■ 제목 탭 순서 바꾸기

불러온 순서대로 정렬되는 탭의 위치를 바꾸고 싶다면, 원하는 탭을 클릭하고 이동하고 싶은 곳으로 드래그하면 됩니다. 그러면 기존 탭이 밀리면서 가져온 탭이 위치하게 됩니다. 탭 영역 밖으로 드래그하면 창이 분리됩니다.

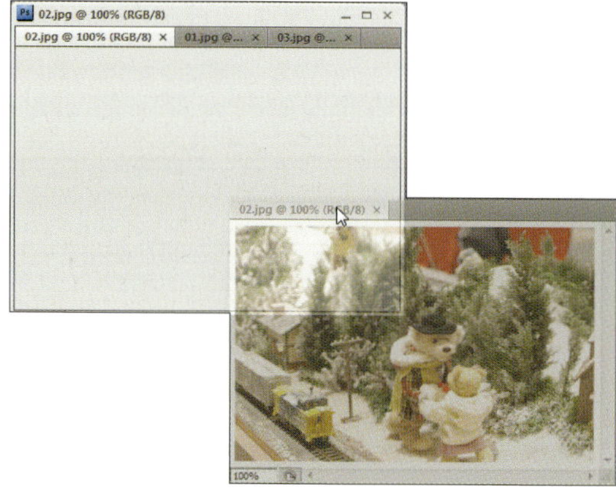

### ■ 탭이 없는 이미지 창 띄우기

[Edit]-[Preferences] 메뉴를 선택한 후 [Interface]에서 [Open Documents as Tabs] 옵션의 선택을 해제하면 이전 버전처럼 이미지 창이 분리되어 열립니다.

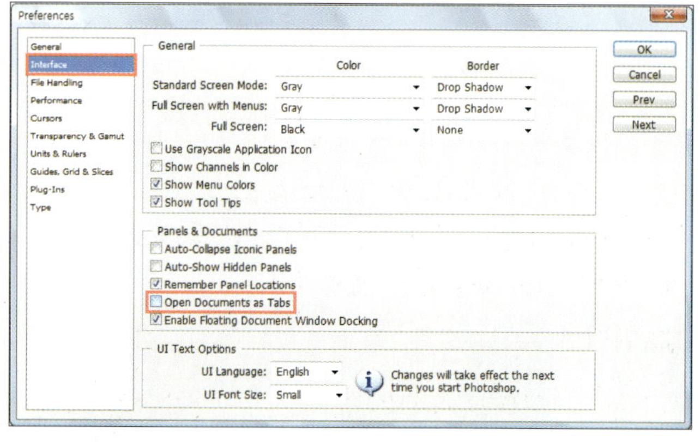

**Round 01.**
포토샵 CS4 시작을 위한 기본기 세우기

**❶** 작업영역으로 이미지를 불러오기 위해 [File]-[Open] 메뉴를 선택합니다.

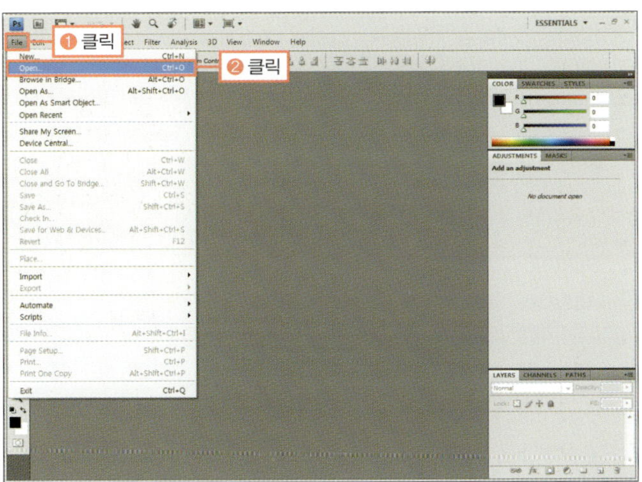

**❷** [Open] 대화상자가 나타납니다. [찾는 위치]에서 '예제파일\Round01' 폴더를 선택한 후 'czech01.jpg'를 선택하고 [열기] 버튼을 클릭합니다.

**BONUS**

바로 가기 키 Ctrl+O를 누르거나 포토샵 화면에서 가운데 빈 공간인 회색 부분을 더블클릭해도 됩니다.

**❸** 선택한 이미지가 열립니다.

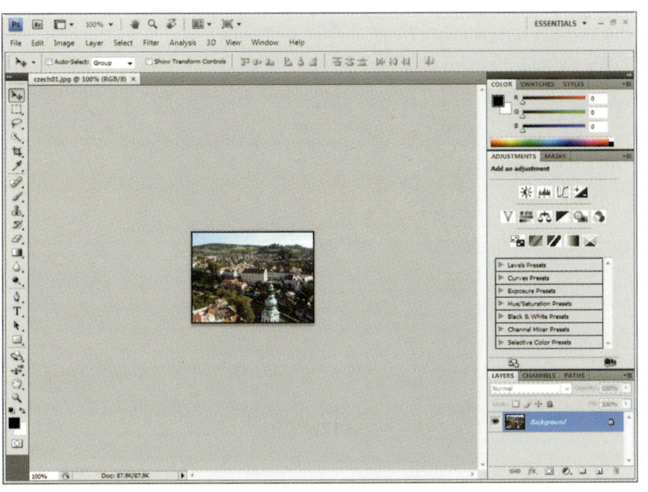

**❹** ①~③을 반복하여 'czech02.jpg', 'czech03.jpg', 'czech_back.jpg' 이미지를 엽니다. 한 창에 별도의 탭으로 계속 열리는 것을 알 수 있습니다.

**5** ‘czech_back.jpg’의 제목 탭을 화면 가운데로 드래그하여 창을 분리합니다.

**6** 그 상태에서 다시 ‘czech_back.jpg’의 제목 탭을 다른 이미지의 제목 탭 옆으로 이동합니다.

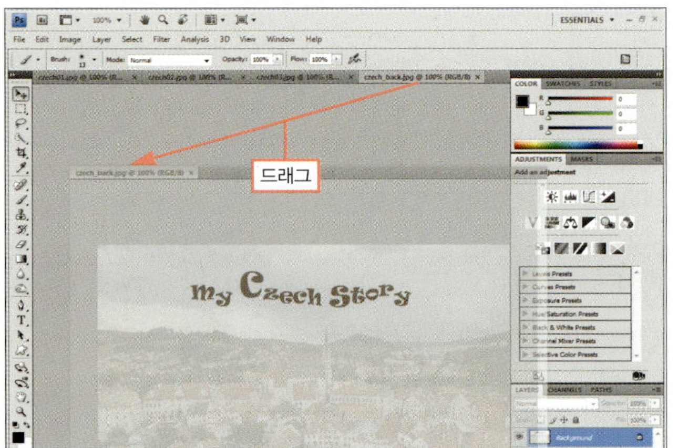


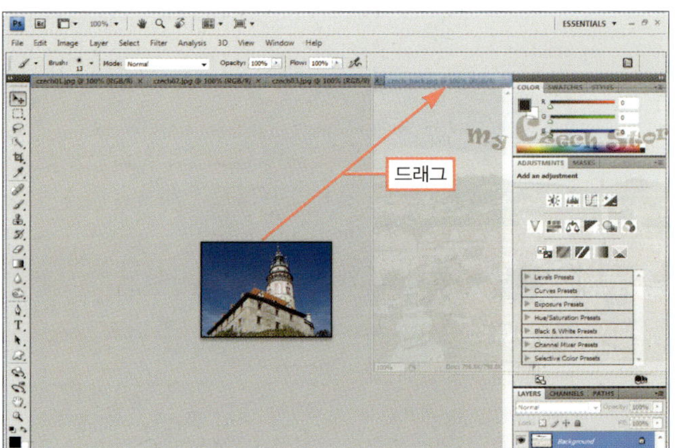


**7** 이미지의 제목 탭이 서로 붙은 것을 확인합니다.

G O !      **이미지를 다른 이미지 창으로 이동하기**

ⓞ **준비물** : 앞의 파일에 이어서 작업합니다.

**1** 이미지 창 상단의 제목 탭에서 ‘czech01.jpg’를 클릭하여 활성화한 후 툴박스에서 이동 툴()을 선택합니다.

**STOP**

이동 툴은 이미지나 선택 영역을 다른 곳으로 이동할 때 사용합니다.



**Round 01.**
포토샵 CS4 시작을 위한 기본기 세우기

❷ 이미지를 클릭한 후 'czech_back.jpg'의 제목 탭으로 드래그합니다.

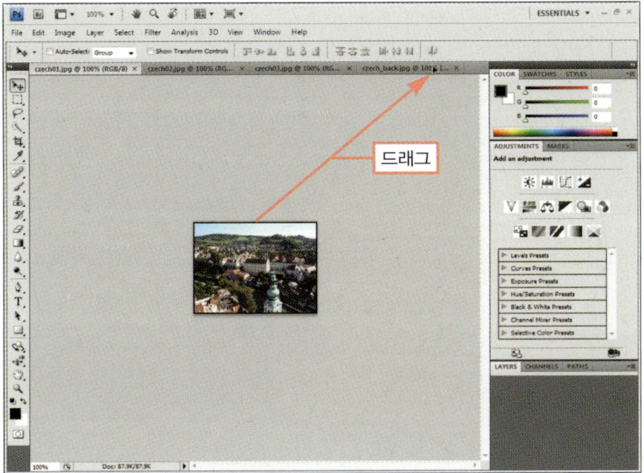


❸ 잠시 후 'czech_back.jpg' 창이 활성화되면 이미지 안으로 드래그한 후 마우스를 놓습니다.

'czech_back.jpg'에서 마우스 포인터가 모양으로 바뀔 때 마우스를 놓으면 이미지가 이동됩니다.

❹ 이미지가 옮겨온 것을 확인합니다. 옮겨온 이미지를 클릭하고 드래그하여 원하는 위치로 이동합니다.

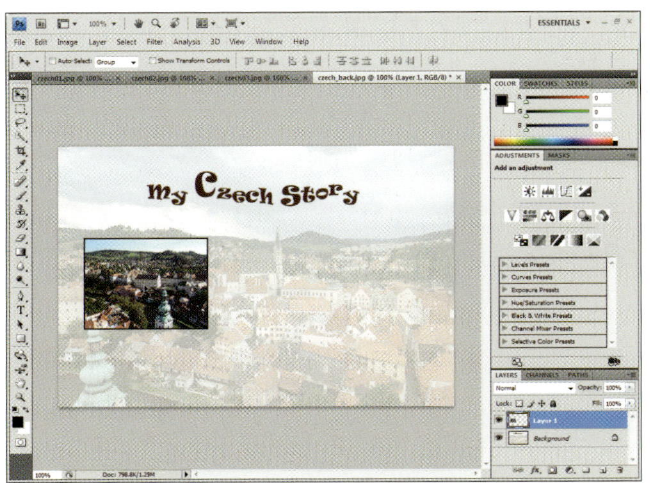


❺ ①~③을 반복하여 'czech02.jpg', 'czech03.jpg' 이미지를 'czech_back.jpg'로 이동한 후 그림과 같이 배치합니다.

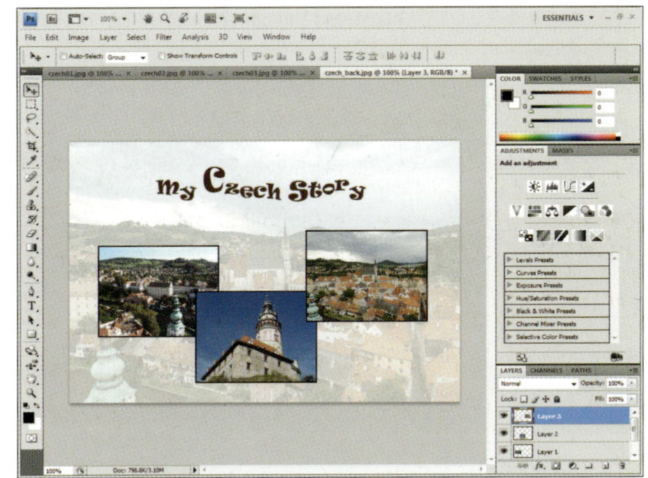


◎ **완성물** : 예제파일\Round01\czech_back_f.psd

# 돋보기, 손바닥 툴로 화면에서
# 보고 싶은 영역 조절하기

Photoshop · CS4

이번 Training에서는 작업을 편리하게 할 수 있게 보기 배율을 조절해주는 기능과 확대된 이미지에서 원하는 부분으로 이동하기 위해 필요한 손바닥 툴에 대해서 자세히 알아보겠습니다. 특히 포토샵 CS4에서는 실행 바와 그래픽 카드의 가속 기능을 이용해 한층 더 편하고 빠르게 보기 배율을 조절할 수 있습니다.

| 학습 목표 | 학습 소재 | 난이도 | 예상 학습 결과 | 연계 학습 |
| --- | --- | --- | --- | --- |
| • 이미지 창 확대하기<br>• 이미지 이동하여 보기 | • 돋보기 툴<br>• NAVIGATOR 패널<br>• 손바닥 툴<br>• 회전 보기 툴 | ★★☆☆☆ | 이미지를 확대해 원하는 부분<br>자세히 보기 | |



## 이미지를 확대, 축소, 이동해서 보는 다양한 방법

'이미지 보기 배율'이란, 줌(Zoom)을 말하는 것으로 이미지를 실제 크기보다 확대, 축소해서 보는 것입니다. 이미지가 창보다 더 크게 확대되었을 때는 화면에서 가려진 부분으로 이동하여 모두 볼 수 있습니다. 포토샵 CS4에서는 기본적으로 툴박스에서 돋보기 툴과 손바닥 툴을 제공할 뿐 아니라 실행 바에 줌 수치와 돋보기 툴, 손바닥 툴, 보기 회전 툴 등 더욱 다양한 방법을 제공하고 있습니다.

### ■ 돋보기 툴을 이용해 보기 배율 조절하기

실행 바의 줌 수치는 현재 화면의 보기 배율입니다. 클릭하여 원하는 수치를 직접 입력하거나 미리 설정된 보기 배율을 선택할 수 있습니다. 또는 돋보기 툴을 이용해서 직접 화면을 드래그하여 화면을 확대/축소할 수도 있습니다.

▲ 줌 수치(Zoom Level)를 이용해 조절하기

▲ 돋보기 툴(🔍)로 조절하기

### ■ NAVIGATOR 패널 이용하기

NAVIGATOR 패널은 [Window]-[Navigator] 메뉴를 선택해 불러올 수 있습니다. 줌 슬라이더 바를 조절해 이미지를 확대, 축소할 수 있으며 패널 화면의 빨간 사각형을 드래그하여 보려는 지점으로 이동할 수 있습니다.

▲ NAVIGATOR 패널로 확대, 축소하기

---

**START!**    이미지에서 원하는 부분만 확대해서 보기

◎ **준비물** : '예제파일\Round01\temple.jpg' 파일을 불러오세요.

**1** 실행 바의 돋보기 툴(🔍)을 클릭합니다.

**2** 이미지에서 여러 번 클릭하여 원하는 정도로 확대되면 마우스를 놓습니다.

**STOP**

그래픽 가속 기능을 사용하지 않으면 클릭하는 동안 단계별로 확대, 축소되는 기능을 사용하지 못합니다. 그럴 때는 원하는 줌 수치로 확대, 축소될 때까지 클릭합니다.



**Training 06.**
돋보기, 손바닥 툴로 화면에서 보고 싶은 영역 조절하기

❸ 이번에는 돋보기 툴의 옵션 바에서 축소 돋보기 툴(🔍)을 선택하고 이미지를 여러 번 클릭하여 원하는 크기로 축소되면 마우스를 놓습니다.

❹ 옵션 바의 확대 돋보기 툴(🔍)을 선택한 후 이미지에서 그림과 같이 드래그합니다.

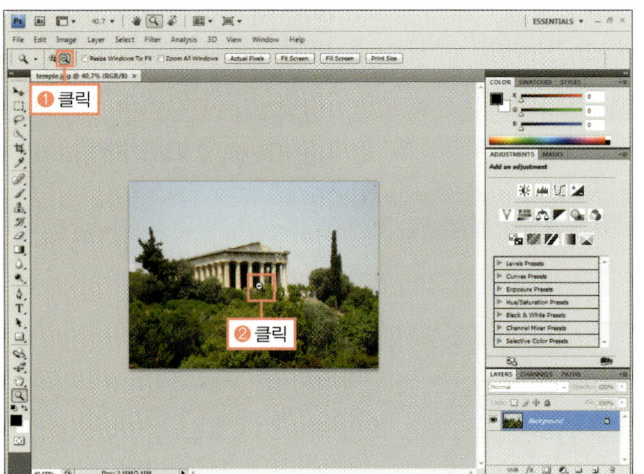


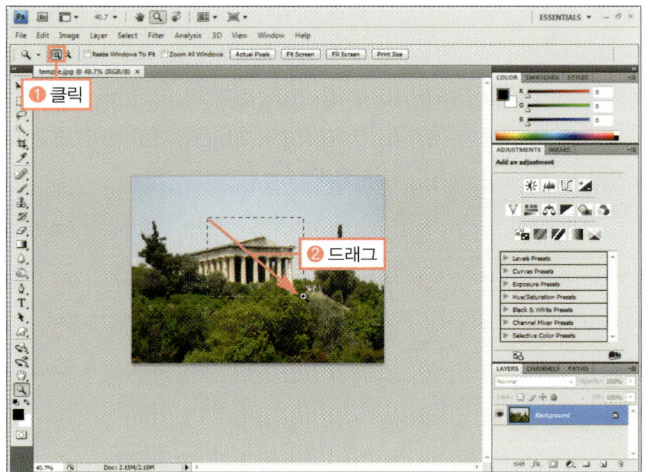


## BONUS

또는 Alt를 누르면 바로 축소 돋보기 툴로 변경되므로 더 편리하게 사용할 수 있습니다. 다시 Alt를 누르면 확대 축소 돋보기 툴로 변경됩니다.

❺ 드래그한 부분이 이미지 창에 다 차도록 확대된 것을 확인합니다.

❻ 툴박스의 돋보기 툴(🔍)을 더블클릭하여 보기 배율을 100%로 되돌립니다.

**Round 01.**
포토샵 CS4 시작을 위한 기본기 세우기

PHOTOSHOP COACHING |포토샵 코칭|

실행 바의 돋보기 툴(🔍)이나 툴박스의 돋보기 툴을 클릭하면 옵션 바에 보기 배율을 조절하는 여러 옵션이 나타납니다.

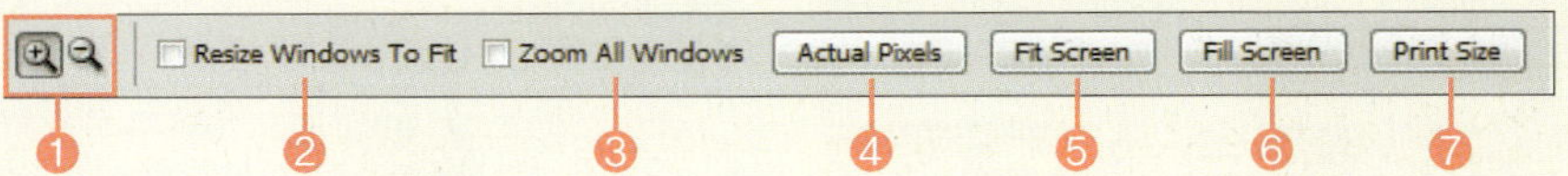


❶ **확대/축소 돋보기 툴** : 이미지 보기 배율을 확대하거나 축소할 수 있습니다.

❷ **Resize Windows To Fit** : 돋보기 툴(🔍)로 확대, 축소할 때 이미지 창의 크기도 같이 조절됩니다.

❸ **Zoom All Windows** : 두 개 이상의 이미지가 있을 때 한 이미지 보기 배율을 확대, 축소하면 다른 이미지 보기 배율도 같이 조절됩니다.

❹ **Actual Pixels** : 이미지 보기 배율을 100%로 맞춥니다. 툴박스의 돋보기 툴(🔍)을 더블클릭해도 됩니다.

❺ **Fit Screen** : 작업공간에 맞춰 보기 배율을 조절합니다. 손바닥 툴(✋)을 더블클릭해도 됩니다.

❻ **Fill Screen** : 패널을 감추었을 때의 작업공간에 맞춰 보기 배율을 조절합니다.

❼ **Print Size** : 인쇄했을 때의 크기로 보기 배율을 맞춥니다.

---

**G O !**

## 손바닥 툴과 회전 보기 툴로 이미지 구석구석 살펴보기

◎ **준비물** : '예제파일\Round01\pot.jpg' 파일을 불러오세요.

❶ 실행 바에서 손바닥 툴(✋)을 선택하고 옵션 바에서 [Fill Screen] 버튼을 클릭합니다.

❷ 오른쪽 아래의 숨겨진 부분으로 이동하겠습니다. 마치 손으로 그 부분을 끌어당기듯이 이미지 창을 드래그하면 화면이 이동합니다.

**STOP**

손바닥 툴(✋)은 이미지에서 원하는 지점으로 이동하려 할 때 사용하는 툴로 창의 스크롤을 조절하는 것과 같습니다. 그러므로 스크롤이 생길 수 있도록 이미지를 확대한 후 사용합니다.

**BONUS**

다른 툴을 사용할 때도 Spacebar 를 누르면 손바닥 툴(✋)로 변경됩니다.

❸ 옵션 바의 [Actual Pixels] 버튼을 클릭하여 보기 배율을 다시 작업공간에 맞게 조절합니다.

❹ 실행 바에서 회전 보기 툴(🖐)을 클릭한 후 오른쪽으로 드래그하여 이미지에 맞게 회전합니다.

## BONUS

회전 보기 툴(🖐)은 그래픽 가속 기능을 사용할 때만 활성화됩니다.

❺ 옵션 바의 [Reset View] 버튼을 클릭하여 원래대로 되돌립니다.

## PHOTOSHOP COACHING |포토샵 코칭|

### 회전 보기 툴의 옵션 바

회전 보기 툴(🖐)은 이미지를 회전해서 보는 것으로 기울어져 있는 이미지를 작업할 때 편리합니다. 툴이 활성화되지 않을 때에는 최신 그래픽 카드 드라이버를 설치하여 그래픽 가속 기능을 체크한 후 사용합니다.

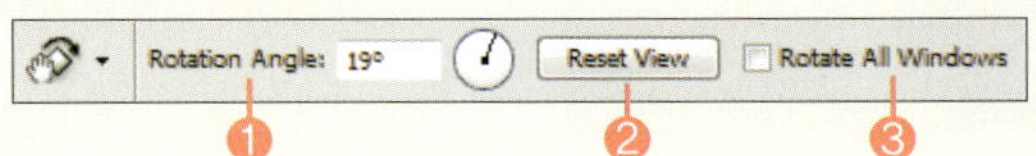


❶ **Rotate Angle** : 회전 각도를 입력하거나 드래그하여 수치를 변경합니다.
❷ **Reset View** : 초기값인 0°로 되돌립니다.
❸ **Rotate All Windows** : 열려 있는 모든 이미지 창을 회전해서 볼 수 있습니다.

# 여러 개의 이미지 창 작업하기 편하게 정렬하기



이번 Training에서는 이미지 제작을 효율적으로 하기 위해 작업 용도에 맞게 이미지 창을 정렬하는 방법에 대해 알아보겠습니다. 또한 작업한 이미지를 확인할 수 있는 스크린 모드에 대해서도 살펴봅니다. 포토샵 CS4에서는 이 기능들이 모두 실행 바에 제공되어 더욱 편리해졌습니다.

| 학습 목표 | 학습 소재 | 난이도 | 예상 학습 결과 | 연계 학습 |
|---|---|---|---|---|
| • 이미지 창 정렬하기<br>• 스크린 모드를 변경하여 이미지 보기 | • 정렬<br>• 스크린 모드 | ★★☆☆☆ | • 작업환경에 맞게 이미지 창 정렬<br>• 작업 용도에 맞게 스크린 모드 선택 | |

## READY !

## 새로 생긴 '정렬' 기능 살펴보기

여러 이미지를 열어 작업하다 보면 화면이 뒤죽박죽이 되거나 탭이 너무 많이 열려 찾는 데도 수고를 들여야 하는 경우가 있습니다. 이럴 때는 보통 [Window]-[Arrange] 메뉴를 사용했었지만, 포토샵 CS4에서는 실행 바에 '정렬(▦)'을 이용해 손쉽게 이미지를 정렬할 수 있으며 이미지 보기 배율을 작업영역에 맞춰 확대하거나 축소할 수 있습니다.

❶ **Consolidate All(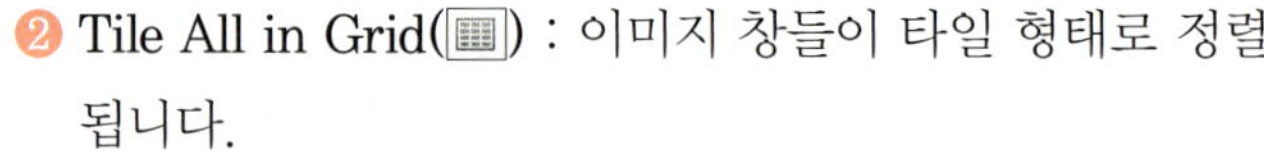)** : 이미지 창이 하나씩 보이는 기본 정렬 상태입니다. 창 상단의 탭을 클릭하여 이미지를 볼 수 있습니다.

❷ **Tile All in Grid()** : 이미지 창들이 타일 형태로 정렬됩니다.

❸ **Tile All Vertically()** : 이미지 창들이 세로로 정렬됩니다.

❹ **Tile All Horizontally()** : 이미지 창들이 가로로 정렬됩니다.

**Round 01.**
포토샵 CS4 시작을 위한 기본기 세우기

⑤ 2 Up(▥, ▤) : 좌우 또는 상하 2개의 이미지 창으로 정렬합니다. 나머지 이미지 창들은 탭을 클릭하거나 창 메뉴를 이용해 선택할 수 있습니다.

⑥ 3 Up(▥, ▥, ▥, ▤) : 3개의 이미지 창으로 정렬됩니다.

⑦ 4 Up(▥, ▥, ▥, ▥, ▤) : 4개의 이미지 창으로 정렬됩니다.

⑧ 5 Up(▥, ▥, ▥) : 5개의 이미지 창으로 정렬됩니다.

⑨ 6 Up(▥, ▥) : 6개의 이미지 창으로 정렬합니다.

⑩ Float All in Windows : 탭으로 붙어 있는 이미지 창을 모두 분리합니다.

⑪ New Window : 선택되어 있는 이미지 창을 복사해 새 창으로 만듭니다.

⑫ Actual Pixels : 이미지 보기 배율을 100%로 설정합니다.

⑬ Fit On Screen : 작업 공간에 맞게 이미지 보기 배율을 조절합니다.

⑭ Match Zoom : 선택한 이미지의 보기 배율과 같은 수치로 나머지 이미지의 보기 배율을 맞춥니다.

⑮ Match Location : 선택한 이미지 창의 스크롤 위치에 맞게 다른 이미지 창의 스크롤을 맞춥니다.

⑯ Match Zoom and Location : 선택한 이미지 창의 보기 배율과 스크롤의 위치에 맞게 다른 이미지 창을 맞춥니다.

**1** [File]-[Open] 메뉴를 선택합니다.

**2** [Open] 대화상자가 열리면 '예제파일\Round01\f01. jpg'를 클릭하고 **Shift** 를 누른 채 'f04.jpg'를 선택합니다. 'f01.jpg'와 'f04.jpg' 사이의 연속된 파일이 모두 선택되었으면 [열기] 버튼을 클릭합니다.

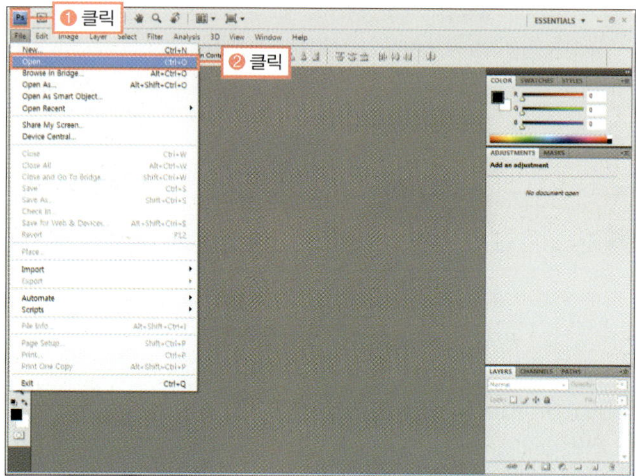

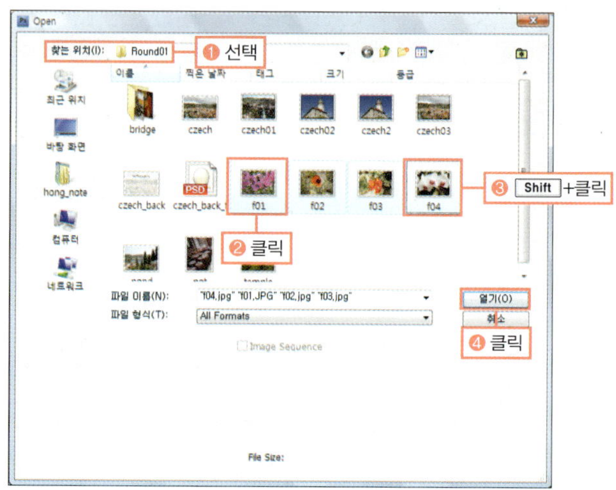

**B O N U S**

**Ctrl** 을 누르면 지금처럼 연속된 파일이 아니라 떨어져 있는 파일이 추가로 선택됩니다.

**3** 예제 파일이 모두 열리면 실행 바의 '정렬(▦)'을 클릭하고 [Till All in Grid(▦)]를 선택합니다.

**4** 열려 있는 모든 이미지가 타일 모양으로 정렬된 것을 확인합니다. 이번에는 'f01.jpg' 이미지 창의 하단에 있는 보기 배율 수치 입력란에 '40'을 입력합니다.

**⑤** 'f01.jpg' 이미지가 지정한 배율대로 축소되어 보이는 것을 확인합니다.

**⑥** 이 상태에서 실행 바의 '정렬(▦)'을 클릭한 후 [Match Zoom]을 선택합니다.

**⑦** 나머지 창의 이미지 보기 배율이 모두 첫 번째 창에 맞춰서 축소됩니다.

**Training 07.**
여러 개의 이미지 창 작업하기 편하게 정렬하기

## 다양한 스크린 모드에서 작업하기

◎ **준비물** : '예제파일\Round01\pond.jpg' 파일을 불러오세요.

**①** 아래 그림은 Standard Screen Mode 상태입니다. 이 상태에서 실행 바의 '스크린 모드(■)'를 클릭하여 [Full Screen Mode With Menu Bar]를 선택합니다.

**②** 실행 바가 메뉴 옆으로 이동하면서 이미지 제목 탭과 아래 윈도우 작업 표시줄이 사라지면서 전체적으로 작업공간이 넓어집니다. 현재 시스템에서 포토샵만 사용하고 있다면 유용한 스크린 모드입니다.

**③** '정렬(■)'을 클릭하여 [Fit On Screen]을 선택합니다.

**④** 넓어진 작업공간만큼 이미지가 확대됩니다.

⑤ 이번에는 '스크린 모드(▣)'를 클릭하여 [Full Screen Mode]를 선택합니다.

⑥ [Full Screen Mode]일 때 패널이 사라진다는 경고와 다시 [Standard Screen Mode]로 되돌리려면 F 또는 Esc 를 누르라는 경고 메시지가 나타납니다. [Full Screen] 버튼을 클릭합니다.

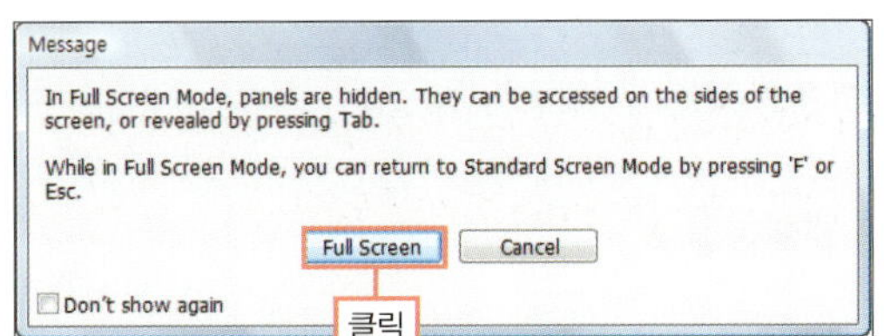


⑦ 메뉴와 툴, 패널이 모두 사라지고 작업공간의 배경색이 검은색으로 바뀝니다. 이 모드는 작업을 완료한 후 이미지를 확인할 때 자주 사용합니다.

⑧ Esc 를 눌러 Standard Screen Mode로 돌아옵니다.

**BONUS**

Full Screen Mode에서 Tab 을 누르면 메뉴와 툴, 패널이 나타납니다.



**Training 07.**
여러 개의 이미지 창 작업하기 편하게 정렬하기

이미지 파일 관리 전문 프로그램인 어도비 bridge는 포토샵 CS4와는 별개입니다. 그러나 포토샵과 연계하여 효율적으로 사용할 수 있기 때문에 포토샵 프로그램 내에서 실행 버튼을 제공합니다. 이 bridge 프로그램을 이용하면 사용하려는 이미지를 미리 보면서 정보를 확인한 후 불러올 수 있으며 이미지를 용도별로 묶거나 표시할 수 있습니다.

### ■ bridge 탐색하기

어도비 bridge에서는 JPEG, GIF, BMP와 같은 파일뿐만 아니라 일반 이미지 뷰어에서는 미리 보기가 잘 안 되는 PSD, AI 파일도 썸네일 형태로 제공하여 편리합니다. 그러면 bridge의 주요 화면 구성요소를 살펴보겠습니다.

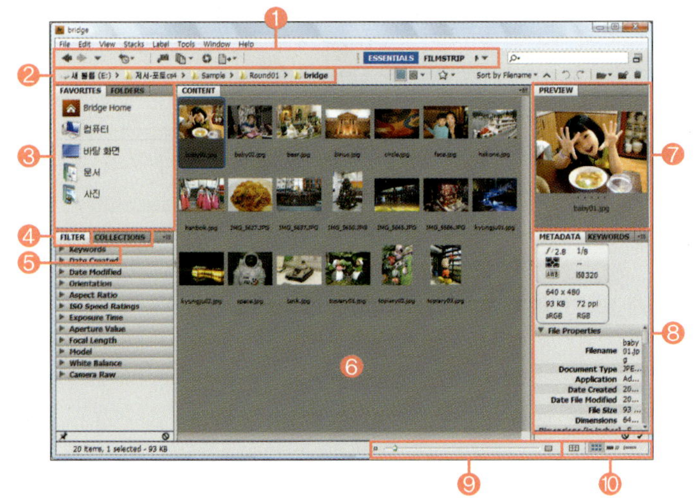

❶ **실행 바** : 경로를 쉽게 바꿀 수 있는 버튼과 최근에 열었던 폴더를 빠르게 선택할 수 있는 버튼 등이 있으며 포토샵 CS4 작업영역을 변경할 수 있는 메뉴도 있습니다.

❷ **경로 표시** : 현재 선택한 폴더의 경로를 보여줍니다.

❸ **경로 선택** : 자주 사용하는 폴더를 등록할 수 있는 FAVORITES 패널과 선택하려는 경로를 탐색기로 찾을 수 있는 FOLDERS 패널이 있습니다.

❹ **FILTERS** : 폴더 안에 있는 이미지 썸네일을 조건에 맞는 항목만 체크하여 정리해서 볼 수 있습니다.

❺ **COLLECTIONS** : 선택한 이미지를 따로 모아 정리할 수 있습니다.

❻ **CONTENT** : 선택한 폴더의 이미지를 썸네일 형태로 표시합니다.

❼ **PREVIEW** : 선택한 이미지를 미리 보기 합니다. 클릭하면 그 부분만 확대해서 볼 수 있습니다.

❽ **METADATA** : 선택한 이미지의 정보와 만든 날짜, 용량, 노출 설정 등의 데이터가 표시됩니다.

❾ **축소/확대, 슬라이더 바** : 슬라이더 바 양 옆의 아이콘을 클릭하면 이미지 썸네일의 크기가 일정하게 확대, 축소되고 슬라이더 바를 드래그하면 썸네일의 크기를 부드럽게 조절됩니다.

❿ **화면 구성(▦, ▦, ▬, ▭)** : 이미지 썸네일을 ▦(그리드), ▦(썸네일), ▬(자세히), ▭(리스트) 형식으로 볼 수 있게 선택하는 아이콘입니다.

bridge의 화면 구성에 대해 알아보았으니 이번에는 본격적으로 bridge를 이용하여 이미지를 정리하는 방법을 알아봅니다.

① 포토샵 CS4의 실행 바에서 'bridge 열기(▣)'를 클릭하면 bridge 프로그램이 실행됩니다. 왼쪽의 FOLDERS 패널을 클릭하여 '예제파일\Round01\bridge' 폴더를 선택하면 CONTENT 패널에 이미지가 보입니다. 그림과 같이 'baby01.jpg'를 클릭하면 PREVIEW 패널에서 미리 보기가 나타나면서 METADATA 패널에서 이미지의 크기와 해상도가 표시됩니다.

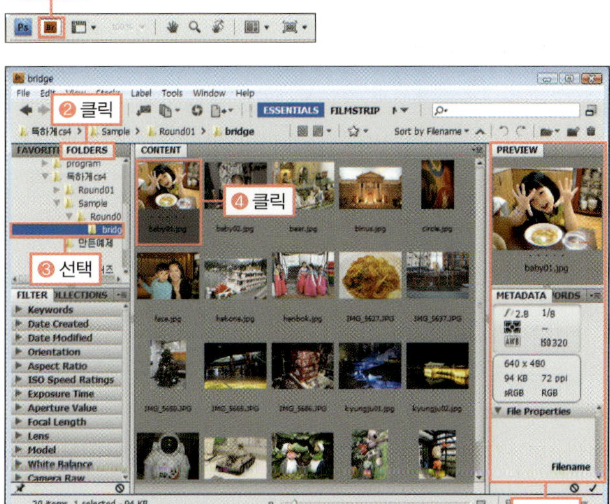


② PREVIEW 패널의 이미지를 클릭하거나 드래그하여 사진의 구석구석을 확대해서 확인합니다. 이제 이미지를 열기 위해서 CONTENT 패널에서 'baby01.jpg'를 더블클릭합니다.

③ 선택한 이미지가 포토샵에서 열립니다. 이처럼 bridge를 이용하면 이미지를 편집 상태로 바로바로 전환할 수 있어 편리합니다.

**④** 다시 bridge로 돌아온 후 그림과 같이 FILTER 패널의 [Date Created]를 클릭하여 '2007-03-18' 항목을 선택합니다. CONTENT 패널에 선택한 날짜에 수정된 이미지만 나타납니다.

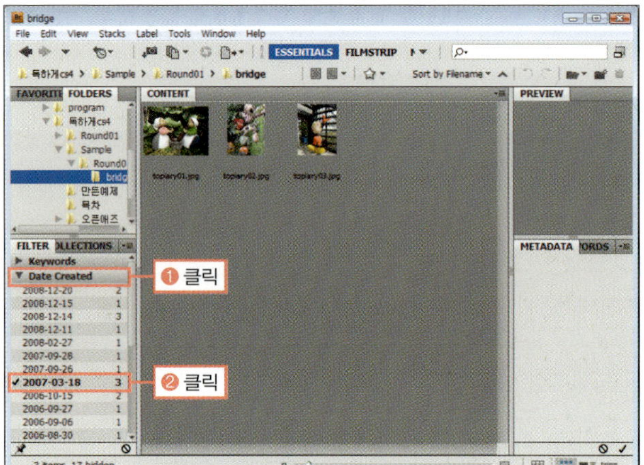

**⑤** Ctrl+A를 눌러 CONTENT 패널 안의 모든 이미지를 선택한 후 마우스 오른쪽 버튼을 클릭하고 [Stack]-[Group at Stack]을 선택합니다.

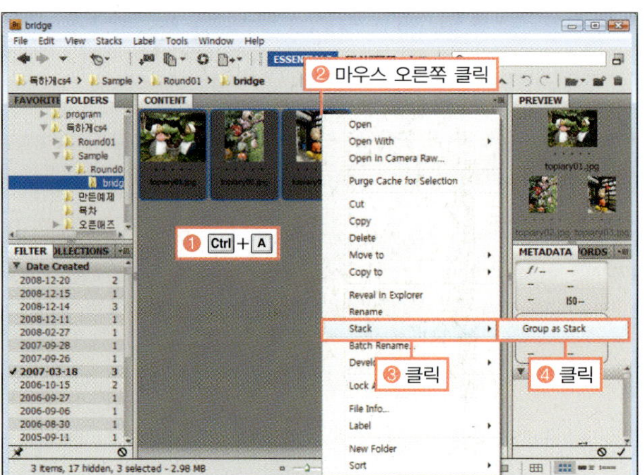

**⑥** 선택한 이미지가 그룹이 된 것을 확인합니다.

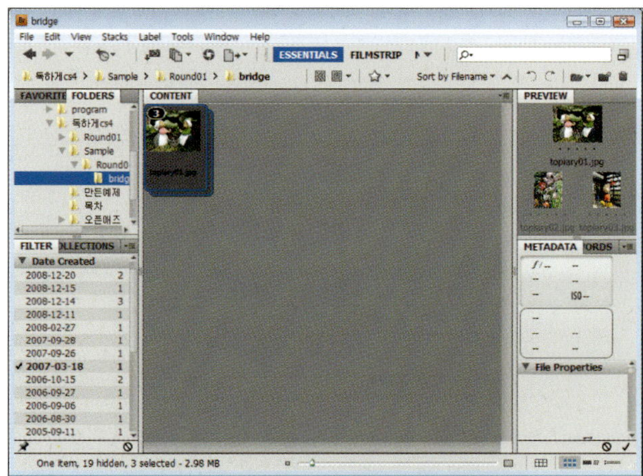



[Date Created]의 '2007-03-18' 항목을 클릭하여 체크를 해제하면 다시 모든 이미지가 보입니다.

## ■ bridge를 사용해 포토 갤러리 만들기

bridge를 이용하면 다양한 형태의 포토 갤러리를 쉽게 만들 수 있습니다.

**①** bridge에서 Ctrl+A를 눌러 CONTENT 패널의 모든 이미지를 선택합니다. 그리고 실행 바에서 [Output(⬛▾)]을 클릭하여 [Output to Web or PDF]를 선택합니다.

**②** 오른쪽에 OUTPUT 패널이 나타나면 옵션이 잘 보이도록 그림과 같이 경계를 드래그하여 너비를 넓혀줍니다. OUT PUT 패널에서 [WEB GALLERY]를 선택하고 [Template]에서 [Standard], [Style]은 [Medium Thumbnail]인 것을 확인한 후 [Refresh Preview] 버튼을 클릭합니다.

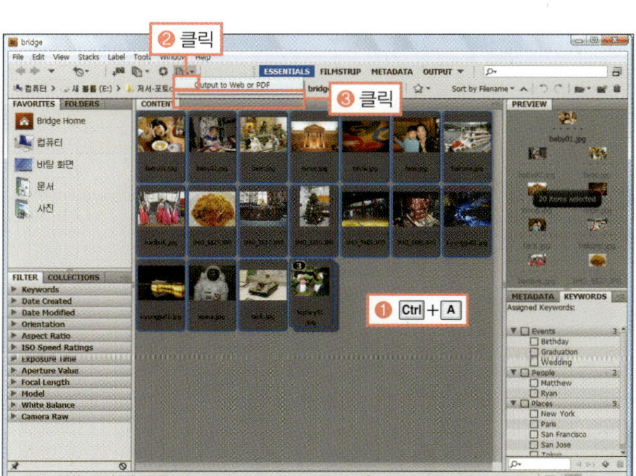

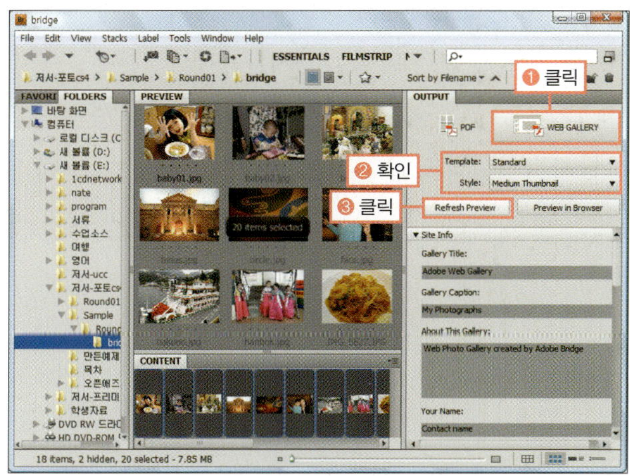



[Template] 옵션과 [Style]에 따라 웹 갤러리 모양이 변경됩니다.

**③** [Create Gallery] 대화상자가 나타나 갤러리를 만드는 과정이 진행됩니다. OUTPUT PREVIEW 패널이 나타나면서 선택한 웹 갤러리를 미리 보기 할 수 있습니다.

**④** 이번에는 [Template]를 [Lightroom Flash Gallery], [Style]은 [Classic]을 선택하고 [Site Title]에 'My Photo Story'라고 입력한 후 [Refresh Preview] 버튼을 클릭하여 미리 보기 합니다.

**Hard Training.**
이미지 파일 관리의 달인, 어도비 bridge CS4 파헤치기

⑤ OUTPUT 패널의 스크롤을 내려 [Save to Disk]를 선택하고 [Browse] 버튼을 클릭합니다. [Choose a Folder] 대화상자가 나타나면 저장할 경로를 선택하고 [OK] 버튼을 클릭합니다.

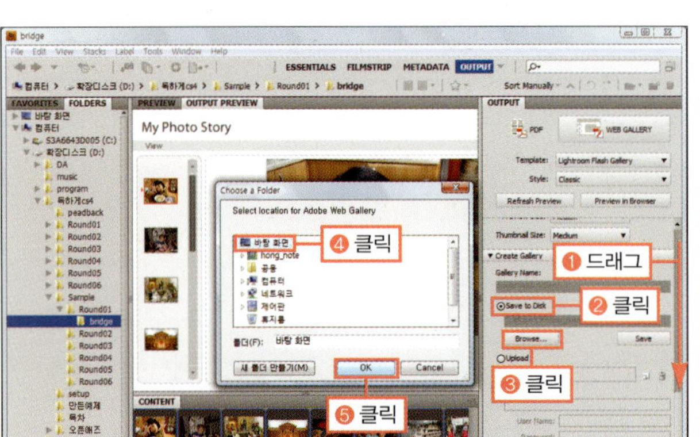


⑥ 다시 OUTPUT 패널에서 [Save] 버튼을 클릭하여 만들어진 파일을 선택한 경로에 저장합니다.

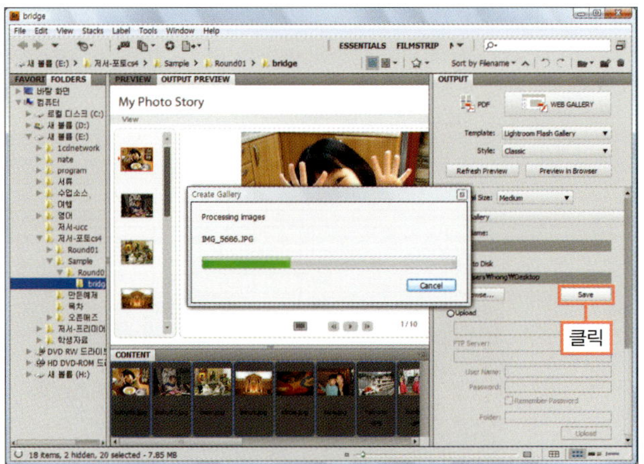




저장이 완료되면 [OK] 버튼을 클릭합니다.

⑦ 파일을 저장한 위치로 이동하여 폴더를 열고 'index.html'을 더블클릭합니다. 익스플로러가 실행되면 상단에 나타나는 경고문을 클릭하여 [차단된 콘텐츠 허용]을 선택합니다.

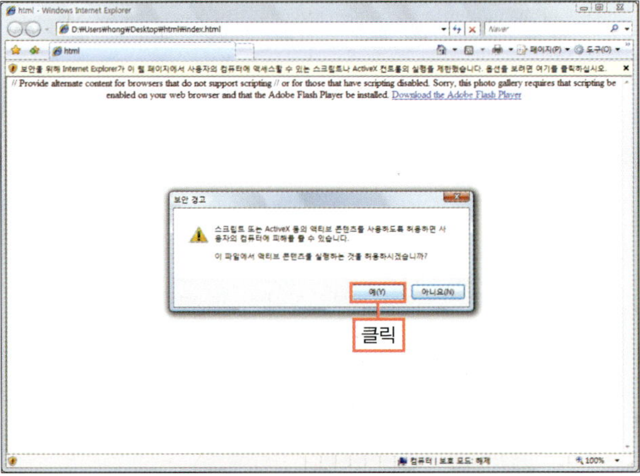


⑧ 경고문이 나타나면 [예] 버튼을 클릭합니다.

**9** 선택한 디자인으로 웹 갤러리가 만들어진 것을 확인합
니다.

## bridge로 이미지 확인한 후 열기

[View]-[Review Mode] 메뉴를 실행하면 슬라이드 모드로 이미지를 확인할 수 있게 설정됩니다.

원하는 이미지를 클릭하면 바로 가운데로 확대되어 나타납
니다. 또는 방향키나 왼쪽 하단의 아이콘을 이용하여 차례
대로 확인할 수 있습니다.

확대된 이미지에서 마우스 오른쪽 버튼을 클릭하면 이미지
의 회전, 포토샵에서 열기 등을 실행할 수 있습니다.

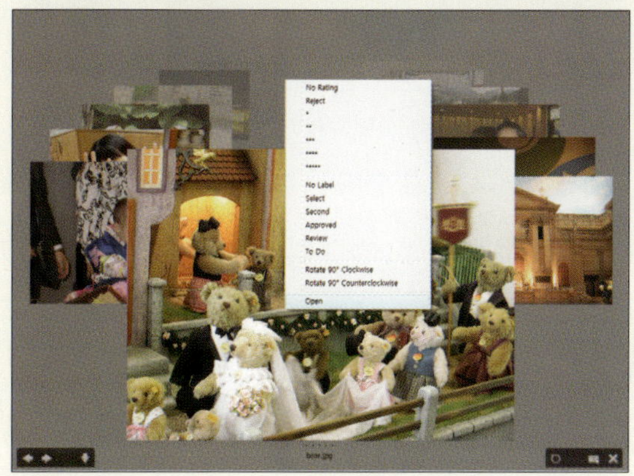

이번 Round에서는 포토샵 CS4 Extended를 설치, 실행해 보고 포토샵을 다루는 가장 기본적인 내용에 대해 공부했습니다. 앞에서 배운 내용을 토대로 다음 문제를 풀어보세요.

**1 | 다음의 ( ) 안을 채워보세요.**

❶ 그래픽 프로그램의 대표주자인 (　　　)은 단순히 사진 이미지를 수정하는 것에서부터 광고, 마케팅에 활용되는 디자인 작업, 작가가 자신의 미(美)를 표현할 수 있는 예술의 도구로 사용할 수도 있습니다.

❷ (　　　)란, 이미지의 선명도를 가리키는 것으로 포토샵에서는 1인치(inch)당 들어가는 픽셀 수를 말합니다.

❸ 포토샵 CS4의 달라진 작업환경 중에 제일 상단의 (　　　)에는 빠르게 사용할 수 있는 돋보기와 손바닥 툴, 이미지 정렬 버튼과 '작업 영역 바꾸기' 메뉴를 배치하였습니다.

❹ 포토샵 CS4에서는 (　　　　　)을 이용하면 복잡한 이미지의 처리 속도를 단축하여 회전 보기 툴과 3D 축을 보면서 작업할 수 있습니다.

❺ (　　　)는 그래픽 포맷 중에 가장 뛰어난 압축률을 가지고 있어 현재 디지털 카메라 이미지 저장용으로도 가장 많이 사용되고 있으며, 호환성이 좋아 웹이미지로도 많이 이용합니다.

❻ 포토샵 CS4에서는 여러 이미지가 열려 있어도 상단의 (　　　)을 이용해 손쉽게 원하는 이미지를 찾아 선택할 수 있습니다.

**2 | 다음 설명이 맞으면 'O', 틀리면 '×'를 표시하세요.**

❶ 포토샵에서 주로 다루는 비트맵 이미지는 모니터에서 가장 기본적인 단위인 픽셀(Pixel)이라는 작은 사각형이 모여 하나의 이미지를 이룹니다. ☐

❷ 이미지의 레이어 마스크를 조절하는 ADJUSTMENTS 패널은 마스크의 농도와 경계선의 부드러움을 조절할 수 있습니다. ☐

❸ 포토샵 CS4에서는 돋보기 툴(🔍)로 이미지를 누르는 동안 부드럽게 보기 배율이 조정되며, 이미지 보기 배율이 높아지면 픽셀 그리드가 나타나 이미지 픽셀을 쉽게 확인할 수 있습니다. ☐

❹ 패널은 포토샵에서 가장 많이 사용되는 것으로, 원하는 툴을 선택하면 활성화되어 툴의 자세한 옵션을 조절하여 이미지를 작업할 수 있습니다. ☐

❺ 포토샵 작업환경의 기본은 [BASIC]입니다. ☐

❻ 새 이미지 창을 만드는 바로 가기 키는 Ctrl + N , 저장하는 바로 가기 키는 Ctrl + S 입니다. ☐

| 정답 |
1 | ❶ 포토샵　❷ 해상도　❸ 실행 바　❹ OpenGL(그래픽 가속 기능)
　　❺ JPEG(JPG)　❻ 제목 탭
2 | ❶ O　❷ ×　❸ O　❹ ×　❺ ×　❻ O

이번 Round에서는 포토샵 CS4 Extended를 설치, 실행해 보고 포토샵을 다루는 가장 기본적인 내용에 대해 공부했습니다. 앞에서 배운 내용을 토대로 다음 예제를 완성해 보세요.

**1** 그림과 같이 포토샵 작업환경을 [Basic]으로 변경한 후 툴박스는 2줄로 만들어 분리시키세요. 그리고 패널 영역에서 NAVIGATOR, HISTOGRAM, INFO 패널 아이콘은 닫아보세요.

◎ **도움말** : 예제해설\Round01도움말1.hwp(pdf, avi)

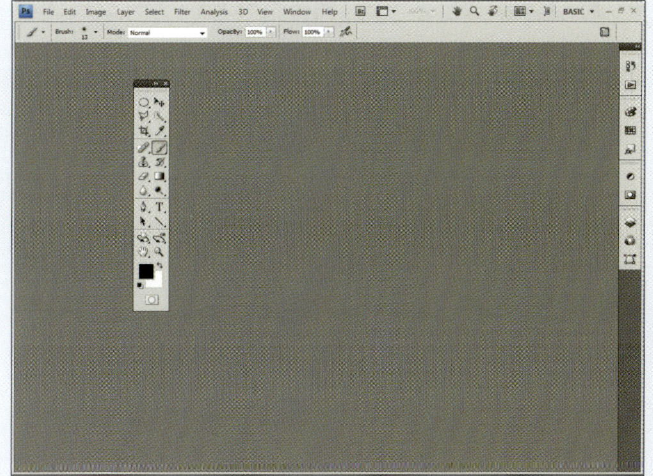

❶ 실행 바의 '작업영역 바꾸기' 메뉴에서 [Basic] 선택 ❷ 툴박스의 ▶▶ 부분 클릭하고 가운데로 이동 ❸ 패널 영역에서 NAVIGATOR 패널 아이콘 클릭 ❹ 제목 탭에서 마우스 오른쪽 버튼 클릭하여 [Close Tab Group] 선택

**2** 준비물 파일을 모두 불러온 후 그림과 같이 640*480픽셀의 새 이미지 창을 만들어 세 장의 이미지를 모두 이동합니다. 그리고 그림과 같이 배치하고 'movetest.psd'로 저장하세요.

◎ **준비물** : 예제파일\Round01\sam01.jpg, sam02.jpg, sam03.jpg
**완성물** : 예제파일\Round01\movetest.psd
**도움말** : 예제해설\Round01도움말2.hwp(pdf, avi)

❶ [File]–[Open] 메뉴로 이동할 이미지 불러오기 ❷ [File]–[New] 메뉴로 새 이미지 창의 크기 지정하기 ❸ 이동 툴로 'sam01.jpg' 이미지를 새 이미지 창으로 이동 ❹ 'sam02.jpg'와 'sam03.jpg'도 같은 방법으로 새 이미지 창으로 이동 ❺ [File]–[Save] 메뉴로 'movetest.psd'로 저장하기

# 02 이미지 제작의 첫걸음, 포토샵 CS4 시작하기

이번 Round에서는 포토샵을 제대로 사용하기 위해서 필요한 이미지에 대한 이해와 이미지의 크기와 해상도를 조절하는 방법, 편집 및 합성 작업 때 빠질 수 없는 HISTORY 패널에 대해 알아보겠습니다. 또한 눈금자와 안내선, 그리드를 사용해 규격에 맞는 이미지를 작업하는 방법에 대해 알아보겠습니다.

 이번 Round는 다음과 같은 단계로 구성됩니다. Training별 내용을 간략하게 먼저 파악하면 좀 더 효율적으로 학습을 진행할 수 있습니다.

---

**Training 01** 작업에 맞게 이미지 크기 조절하기

이미지의 크기를 조절하는 법과 해상도와 이미지 크기의 관련성에 대해 알아보고, 이미지를 회전하는 법에 대해 살펴봅니다.

▶ [Image Size] 대화상자로 이미지 크기 조절하기
▶ [Image Rotation] 명령으로 이미지 창 회전하기

**Training 02** 이미지에 맞게 캔버스 다루기

이미지 크기와 캔버스 크기의 차이점을 이해하고 캔버스 크기를 조절하는 방법을 알아봅니다. 또한 [Trim]과 [Reveal All] 명령을 사용해 이미지에 맞게 캔버스 크기를 늘리거나 제거하는 방법을 살펴봅니다.

▶ 캔버스 크기 조절하기
▶ 이미지에 캔버스 크기 맞추기

**Training 03** 이미지에서 원하는 부분만 남기고 잘라내기

크롭 툴을 사용해 이미지에서 불필요한 부분을 제거하는 방법과 기울어진 이미지를 수정하는 방법에 대해 알아봅니다. 또한 크롭 툴로 이미지를 자르면서 사이즈를 지정하는 방법에 대해 알아봅니다.

▶ 필요 없는 이미지 잘라 내기
▶ 크기를 정해 필요한 이미지 남겨놓기

**Training 04** 실수를 만회할 수 있는 작업 취소와 관련된 기능 알아보기

포토샵에서 이미지를 제작할 때 실행된 명령을 바로 취소할 수 있는 방법과 HISTORY 패널로 취소하는 방법을 알아보고 스냅샷을 이용해 작업단계를 저장하는 법을 살펴봅니다.

▶ 작업을 취소하거나 되돌리기
▶ 작업단계 저장하기

**Training 05** 보기 좋은 레이아웃을 잡기 위해 눈금자, 가이드, 그리드 사용하기

이미지 제작을 도와주는 그리드와 눈금자를 보이게 하는 법과 가이드를 이용해 레이아웃을 정한 후 이에 이미지를 맞추는 방법을 살펴봅니다.

▶ 그리드와 스냅 사용하기
▶ 눈금자 이용하여 가이드 만들기

# Training 01

## 작업에 맞게 이미지 크기 조절하기



사진 이미지나 최종 결과물 이미지는 용도에 따라 크기와 해상도를 반드시 변경해줘야 합니다. 이것이 맞지 않으면 불필요한 용량이 추가되거나 인쇄 시 이미지가 제대로 현상되지 않는 문제가 발생하기 때문입니다. 이번 Training에서는 이러한 이미지 크기를 다루는 방법에 대해서 알아봅니다.

| 학습 목표 | 학습 소재 | 난이도 | 예상 학습 결과 | 연계 학습 |
|---|---|---|---|---|
| • 이미지의 개념 이해하기<br>• 이미지 크기 조절하기<br>• 이미지 회전하기 | [Image]–[Image Size], [Image Rotation] 메뉴 | ★★☆☆☆ | 용도에 맞게 이미지 창 조절하기 | • 캔버스 크기 조절 : 94쪽<br>• 레이어 : 122쪽, 354쪽 |



### 포토샵의 이미지 이해하고 용도 알아보기

포토샵의 이미지는 어떻게 만들어지는 것인지 그 원리를 간단히 살펴보고, 이미지 제작 시 용도별로 주의해야 하는 사항을 알아보겠습니다.

#### ■ 포토샵 이미지의 개념

포토샵에서 '이미지' 라는 것은 백그라운드(Background)와 레이어(Layer) 전체가 합쳐서 보이는 상태를 가리킵니다. 레이어에 대해서는 뒤에서 자세히 배우겠지만 간단한 원리를 살펴보면 다음 그림과 같습니다.

▲ 이미지

▲ 백그라운드

▲ 레이어

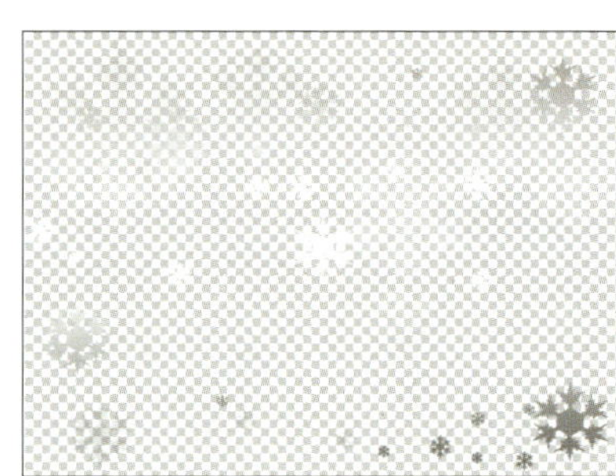

▲ 레이어

즉, 포토샵의 이미지는 이처럼 마치 애니메이션을 만들 때 여러 장의 투명 필름들이 겹쳐 보이는 것과 같이 구성되어 있습니다. 필요에 따라서는 백그라운드 한 장만으로 이미지를 제작할 수도 있지만, 수정/편집 작업을 손쉽게 하기 위해선 이렇게 레이어를 층층이 쌓아 만드는 것이 효율적이며, 이것이 바로 포토샵의 큰 장점입니다.

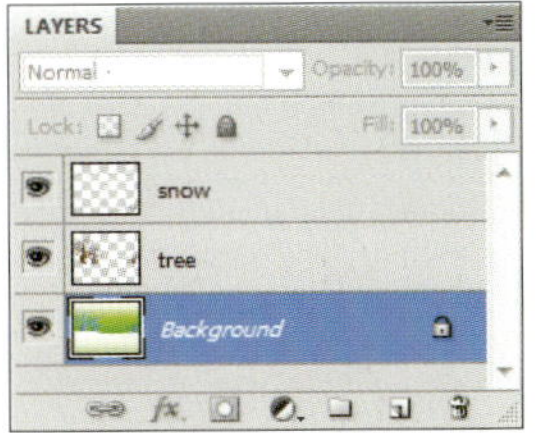

▲ 레이어는 LAYERS 패널에서 관리합니다.

### ■ 용도별 이미지 크기와 해상도 살펴보기

이미지를 제작할 때 웹에서 사용할 것인지 인쇄용으로 사용할 것인지, 또 최종 보이는 매체가 모니터와 같은 LCD인지 아이팟과 같은 포터블 장비인지 혹은 종이인지에 따라 크기와 해상도를 고려해야 합니다.

### ① 웹에서 사용할 이미지

웹 이미지는 보이는 매체가 모니터이기 때문에 모니터의 해상도와 크기에 큰 연관이 있습니다. 또한 모니터의 단위가 픽셀(Pixel)이기 때문에 이에 맞춰 이미지의 크기와 해상도의 단위도 픽셀을 사용합니다. 예를 들면 일반적으로 14인치 모니터의 경우 1024*768 해상도가 최적이므로 웹 이미지를 제작할 때에도 크기는 가로 1000 픽셀*세로 600픽셀보다 작게, 해상도는 72~75ppi 정도로 작업하는 것이 좋습니다.

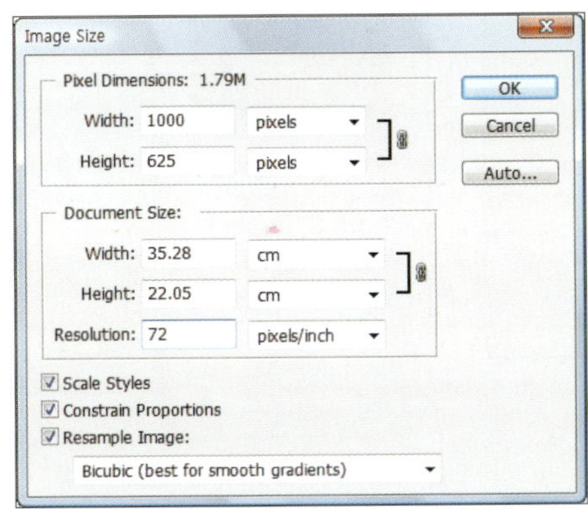

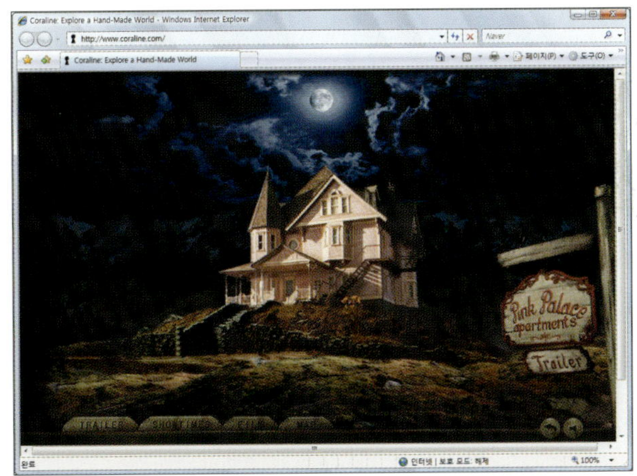

▲ 웹용 이미지의 크기와 해상도

### ② 인쇄용으로 사용할 이미지

인쇄할 때에는 주로 cm, mm, inch 등의 단위를 사용하며 A4, A3, B4와 같이 종이 크기를 이용하기도 합니다. 이미지 해상도는 150ppi~300ppi를 사용해야 인쇄 질이 좋고 선명합니다.



**Training 01.**
작업에 맞게 이미지 크기 조절하기

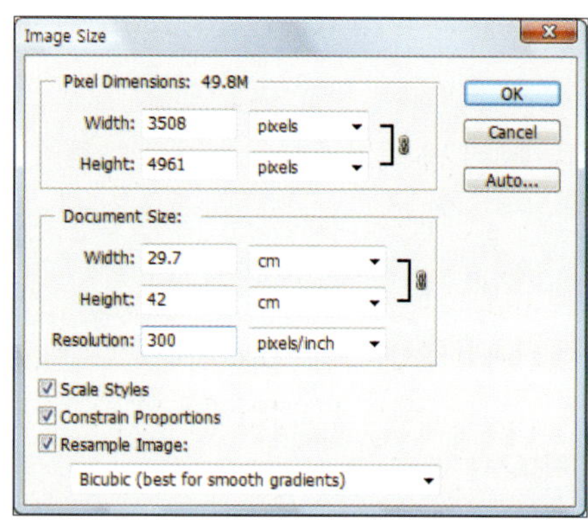

▲ 인쇄용 이미지의 크기와 해상도

### ③ 포터블용으로 사용할 이미지

디지털 장비의 발전에 따라 최근에는 핸드폰이나 PMP, 아이팟과 같은 장비에서 사용할 이미지를 많이 제작하고 있습니다. 사용자가 디카로 직접 촬영한 이미지를 이런 장비에 이용하려 할 때에는 그 장비의 크기와 지원 해상도에 따라 제작 이미지의 크기도 달라집니다.

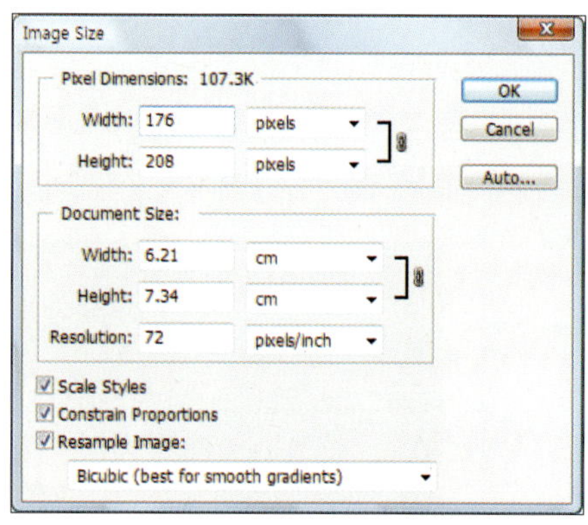

▲ 포터블용 이미지의 크기와 해상도

## 이미지 크기 조절하기

◎ **준비물** : '예제파일\Round02\santory.jpg' 파일을 불러오세요

❶ [Image]–[Image Size] 메뉴를 선택합니다.

❷ [Image Size] 대화상자가 나타납니다. 먼저 해상도를 나타내는 [Resolution]을 '72'로, 그 다음 [Pixel Dimensions]에서 [Width]를 '800'으로 입력하고 [OK] 버튼을 클릭합니다.

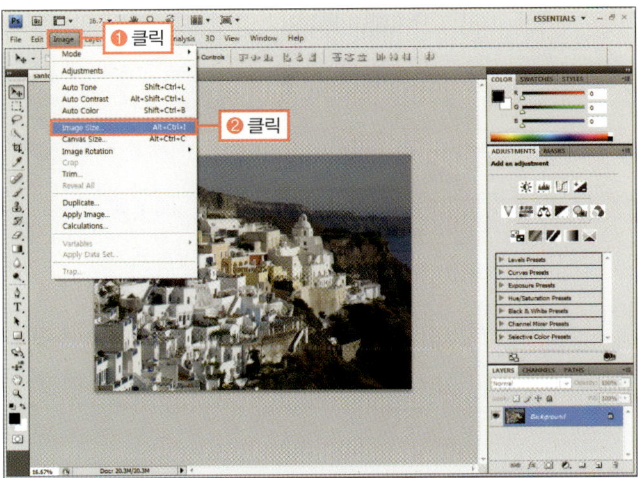


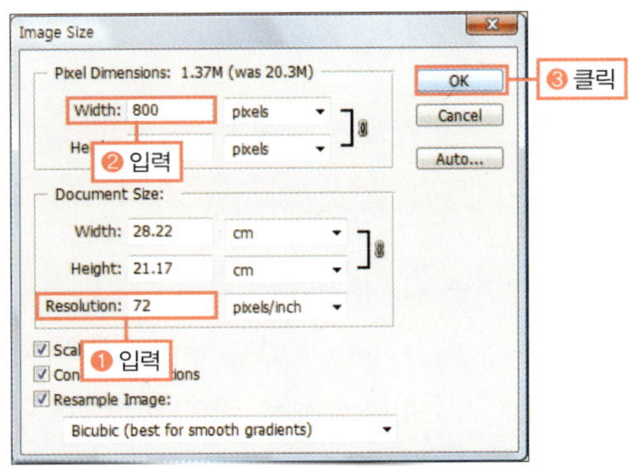


### STOP

[Constrain Proportions]가 체크된 상태면 가로, 세로의 비율을 일정하게 유지해 [Width]만 변경해도 [Height]가 함께 변경됩니다.

### BONUS

바로 가기 키는 Alt + Ctrl + I 입니다.

❸ 이미지 크기가 줄어든 것을 확인합니다.

◎ **완성물** : 예제파일\Round02\santory_f.jpg

이미지의 크기와 해상도를 조정할 수 있는 [Image Size] 대화상자의 각 항목에
대해서 살펴보겠습니다.

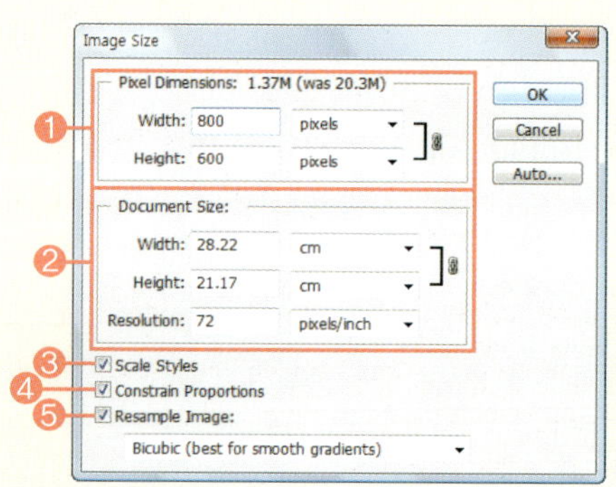

❶ **Pixel Dimensions** : 이미지의 가로, 세로 픽셀 수와 용량을 나타냅니다.
  - **Width/Height** : 수치를 입력하여 이미지 크기를 변경합니다. 단위는
    [pixels]와 [percent] 중 선택할 수 있습니다.
❷ **Document Size** : 이미지 크기를 cm, mm, inch 등의 다른 단위로 보여줍
  니다.
  - **Width/Height** : 이미지의 가로, 세로 크기를 변경할 수 있습니다.
  - **Resolution** : 이미지의 해상도를 변경할 수 있습니다.
❸ **Scale Styles** : 이미지의 크기를 변경할 때 레이어에 적용한 스타일의 크기도 같이 조정하고 싶으면 체크합니다. 레이어
  스타일에 대해서는 381쪽에서 자세히 설명합니다.
❹ **Constrain Proportions** : 가로, 세로의 비율을 일정하게 유지하고 싶으면 체크합니다.
❺ **Resample Image** : 이미지의 크기를 조절할 때 해상도가 자동으로 조정되길 원하면 체크합니다.

---



## 이미지에 맞춰 창 회전하기

◉ **준비물** : '예제파일\Round02\street.jpg' 파일을 불러오세요.

❶ 예제 파일은 약간 비스듬하게 촬영된 사진입니다. 이
사진을 수평에 맞게 회전하기 위해 사용자가 회전 각도를
조절할 수 있는 [Image]-[Image Rotation]-[Arbitrary]
메뉴를 선택합니다.

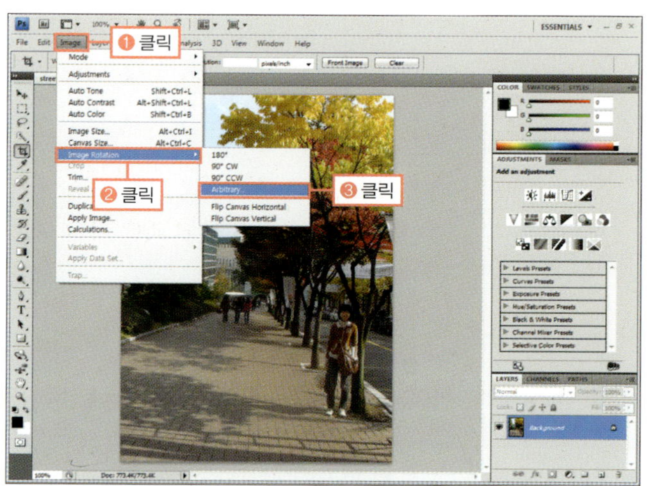

**②** [Rotate Canvas] 대화상자가 나타납니다. [Angle]에 '5'를 입력하고 [˚CCW]를 선택한 후 [OK] 버튼을 클릭합니다.

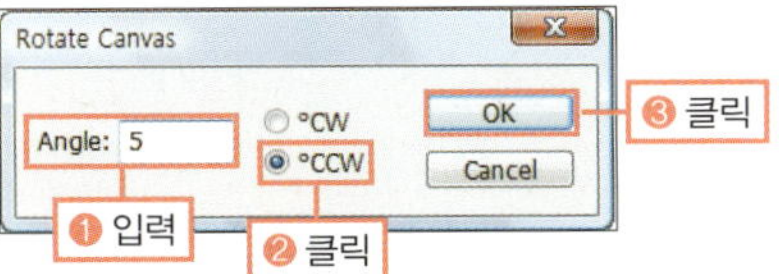

**③** 이미지가 회전된 것을 확인합니다.

◎ **완성물** : 예제파일\Round02\street_f.jpg

### BONUS

[Angle]은 회전각도이고 [˚CW]와 [˚CCW]는 시계방향과 반시계방향을 가리킵니다.

## [Image Rotation] 명령으로 이미지 회전하기

[Image]-[Image Rotation] 메뉴에는 기울어진 이미지나 방향이 맞지 않는 이미지를 회전하는 다음과 같은 명령들이 있습니다.

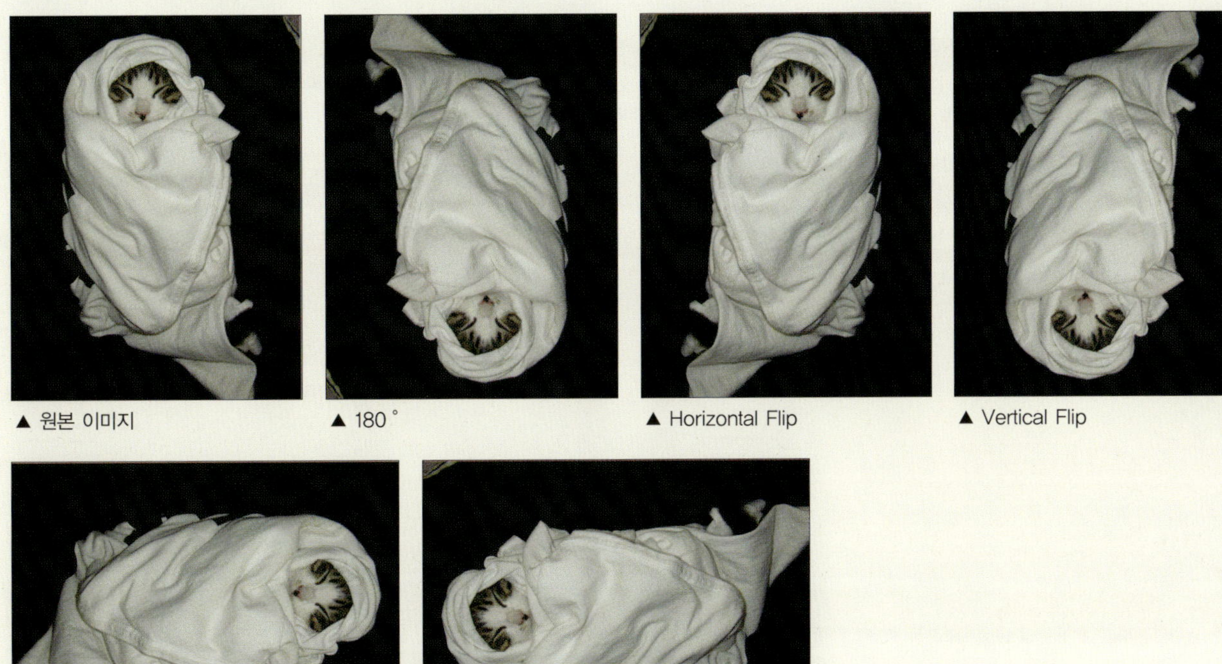

▲ 원본 이미지     ▲ 180˚     ▲ Horizontal Flip     ▲ Vertical Flip

▲ 90˚ CW     ▲ 90˚ CCW



**Training 01.**
작업에 맞게 이미지 크기 조절하기

# 이미지에 맞게 캔버스 다루기



포토샵의 캔버스는 이미지의 바탕 종이를 말하는 것입니다. 이번 Training에서는 이미지와 상관없이 캔버스만을 조절하는 방법인 [Canvas Size], [Trim], [Reveal All] 명령에 대해 알아보겠습니다.

| 학습 목표 | 학습 소재 | 난이도 | 예상 학습 결과 | 연계 학습 |
| --- | --- | --- | --- | --- |
| • 캔버스 크기 변경하기<br>• 이미지에 맞춰 캔버스 크기 자동 조절하기 | [Image]-[Canvas Size], [Trim], [Reveal All] 메뉴 | ★★☆☆ | 용도에 맞게 캔버스 크기 조절 | 이미지 크기 조절 : 88쪽 |

## READY!

### 캔버스와 이미지의 개념 구분하기

앞에서 배운 대로 [Image]-[Image Size] 메뉴를 이용하면 화면에 보이는 이미지 자체의 크기가 조절됩니다. 하지만 이번 Training에서 살펴볼 캔버스(Canvas)는 이미지가 놓여있는 종이만을 가리키는 것입니다. 즉, [Image]-[Canvas Size] 메뉴를 이용하면 이미지의 크기는 조절되지 않고 놓여 있는 종이 자체의 크기만 변경됩니다.

▲ 원본 이미지

▲ [Image Size] 명령으로 이미지의 너비와 높이를 넓힌 모습

▲ [Canvas Size] 명령으로 캔버스의 너비와 높이를 넓힌 모습



**Round 02.**
이미지 제작의 첫걸음, 포토샵 CS4 시작하기

## 캔버스 크기 조절하기

◎ **준비물** : '예제파일\Round02\cat.jpg' 파일을 불러오세요.

**①** [Image]-[Canvas Size] 메뉴를 선택합니다.

**②** [Canvas Size] 대화상자가 나타납니다. 먼저 [Relative]를 체크한 후 [New Size]의 단위를 [pixels]로 변경하고 [Width]에는 '100', [Height]는 '150'을 입력합니다. [OK] 버튼을 클릭하여 대화상자를 닫습니다.

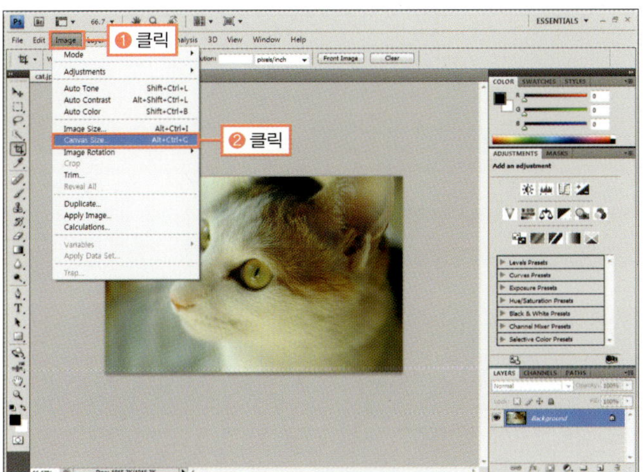

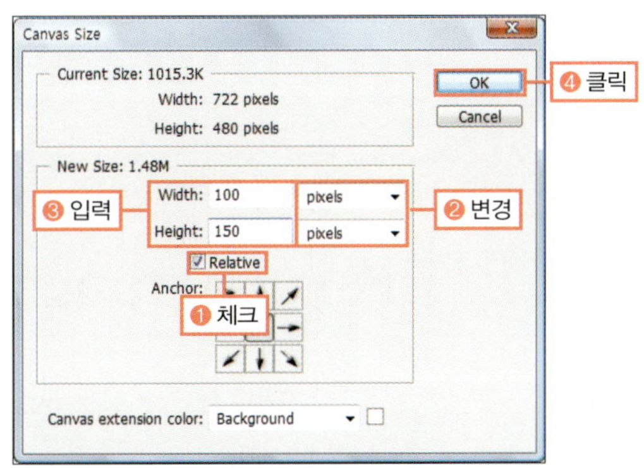

### BONUS

[Relative]를 체크하면 현재 이미지에서 확대할 수치만 입력하면 되므로 편리합니다. [Relative]를 체크하지 않으면 확대 후 결과 수치를 입력해야 합니다.

**③** 이미지 주변으로 입력한 크기만큼 바탕 종이가 넓어진 것을 확인합니다.

◎ **완성물** : 예제파일\Round02\cat_f.jpg

**Training 02.**
이미지에 맞게 캔버스 다루기

캔버스의 크기를 조정할 수 있는 [Canvas Size] 대화상자의 각 항목에 대해서 살펴보겠습니다.

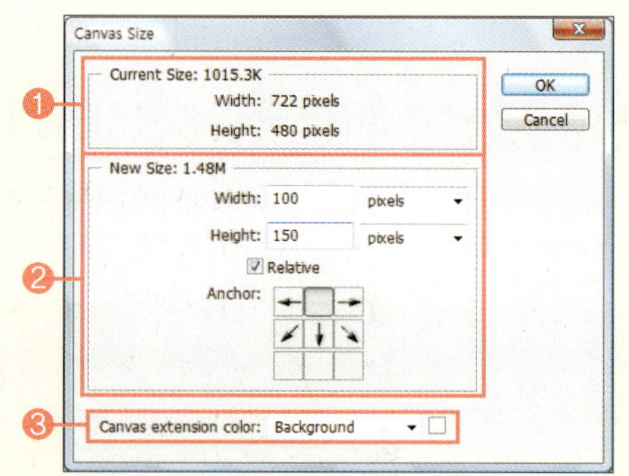

❶ Current Size : 현재 캔버스의 크기와 용량을 보여줍니다.

❷ New Size : 변경하려는 크기를 설정합니다.

　• Width/Height : 캔버스의 너비, 높이를 조절합니다.

　• Relative : 체크하면 현재 크기를 ‘0’ 으로 인식하므로 변경할 양만큼의
　　수치만 입력하면 됩니다.

　• Anchor : 현재 이미지를 어느 위치에 두고 캔버스의 크기를 변경할지
　　선택합니다. 클릭하는 지점이 이미지의 위치가 됩니다.

❸ Canvas extension color : 늘어난 캔버스의 색상을 선택할 수 있습니다.

---

## G O !　　[Trim]과 [Reveal All] 명령으로 한 번에 캔버스 크기 맞추기

◎ 준비물 : ‘예제파일\Round02\illust.psd’ 파일을 불러오세요.

❶ ‘illust.psd’ 파일의 경우 캔버스 크기가 이미지보다 작아 안 보이는 부분들이 있습니다. [Image]-[Reveal All] 메뉴를 선택합니다.

❷ 캔버스가 넓어지면서 감춰진 이미지가 보이는 것을 확인합니다.

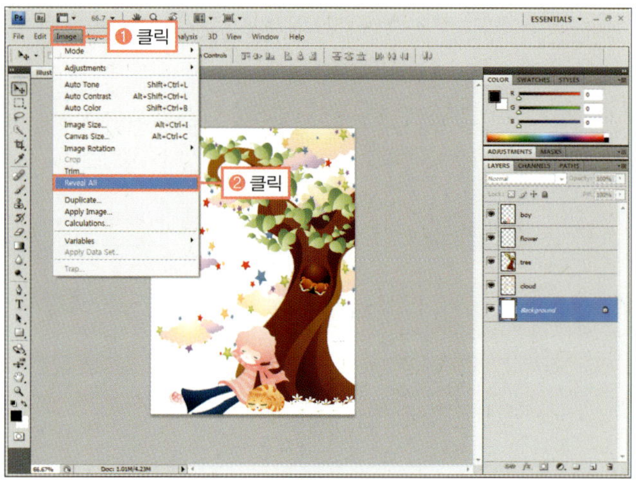

③ 이번에는 '예제파일\Round02\illust2.psd' 파일을 불러옵니다. 'illust2.psd' 파일은 캔버스 크기가 이미지보다 더 커서 여백이 남으므로 [Image]-[Trim] 메뉴를 선택합니다.

④ 지워야 할 여백이 흰색 배경이므로 [Trim] 대화상자가 나타나면 [OK] 버튼을 클릭합니다.

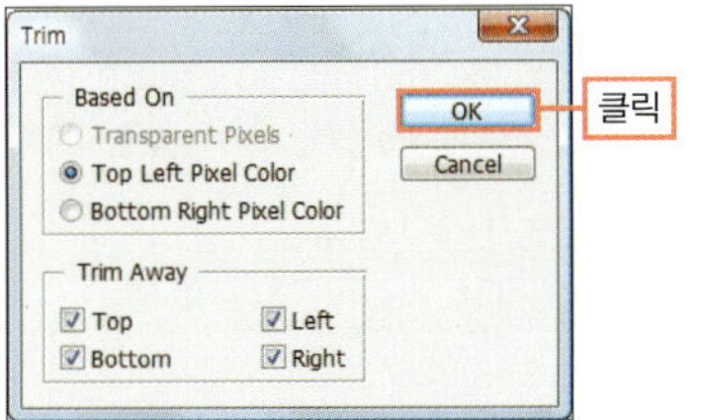

### BONUS

[Trim]은 캔버스의 여백을 제거하는 명령입니다.

- **Based on** : 제거해야 할 여백의 기준이 되는 부분을 설정합니다.
  - Transparent Pixels : 이미지의 투명색 여백 부분을 제거
  - Top Left Pixel Color : 왼쪽 위에 있는 색상과 같은 여백을 제거
  - Bottom Right Pixel Color : 오른쪽 아래의 색상과 같은 색 여백 부분을 제거
- **Trim Away** : 잘라서 제거할 방향을 선택합니다.

⑤ 캔버스가 이미지에 맞게 잘려진 것을 알 수 있습니다.

◎ **완성물** : 예제파일\Round02\illust_f.psd, illust2_f.psd

**Training 02.**
이미지에 맞게 캔버스 다루기

# 이미지에서 원하는 부분만 남기고 잘라내기



크롭 툴(🔲)은 이미지에서 불필요한 부분을 제거할 때 사용하며, 촬영한 사진이나 여러 이미지의 합성 작업 등에서 없애야 할 부분들이 있을 때 유용합니다.

| 학습 목표 | 학습 소재 | 난이도 | 예상 학습 결과 | 연계 학습 |
|---|---|---|---|---|
| 이미지 잘라내기 | 크롭 툴 | ★★☆☆☆ | • 불필요한 이미지 제거<br>• 기울어진 이미지의 각도 조절 | |

## READY!

### 크롭 툴의 기본 사용법 알아보기

크롭(Crop) 툴은 이미지에서 특정 영역을 남기고 나머지를 제거할 때 사용합니다. 크롭 툴로 선택 영역(남기려는 부분)을 드래그하여 선택하면 지워질 부분들은 어둡게 표시가 됩니다. 또한, 남기려는 부분에는 조절점이 나타나므로 우선 대략적으로 선택한 후 이를 이용하여 크기, 위치, 회전 각도 등을 정확히 설정하면 됩니다.

#### ■ 잘라낼 영역을 이동

조절점 안으로 마우스를 이동해 포인터가 '이동(▶)' 모양으로 변경되면 자를 영역을 이동할 수 있습니다.

### ■ 잘라낼 영역의 크기 조절

조절점 위로 마우스 포인트를 이동하여 '크기 조절(↘)' 모양으로 변경되었을 때 드래그하면 크기를 조절할 수 있습니다.

### ■ 잘라낼 영역을 회전

조절점 근처로 마우스 포인트를 이동하여 '회전(↵)' 모양으로 변경되었을 때 회전하려는 방향으로 드래그합니다.

**Training 03.**
이미지에서 원하는 부분만 남기고 잘라내기

## 크롭 툴로 불필요한 부분 없애기

◎ **준비물** : '예제파일\Round02\buda.jpg' 파일을 불러오세요.

**1** 툴박스에서 크롭 툴(🔲)을 클릭합니다.

**2** 마우스 포인터가 🔲 모양으로 변합니다. 이 포인터의 중심 부분이 잘라낼 영역의 왼쪽 모서리가 됩니다. 왼쪽 위에서 클릭하고 오른쪽 아래로 드래그하여 자를 영역을 만듭니다.

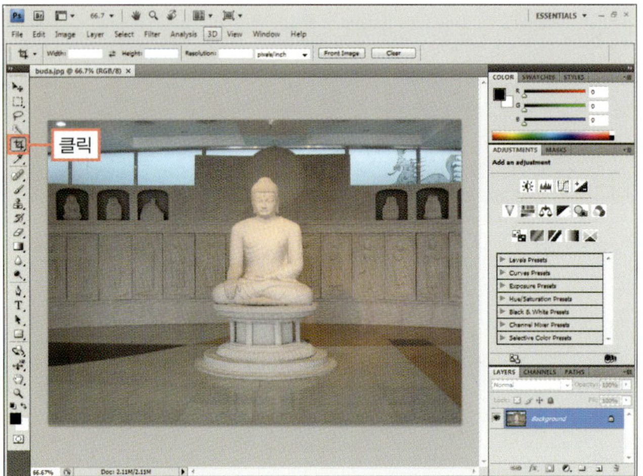


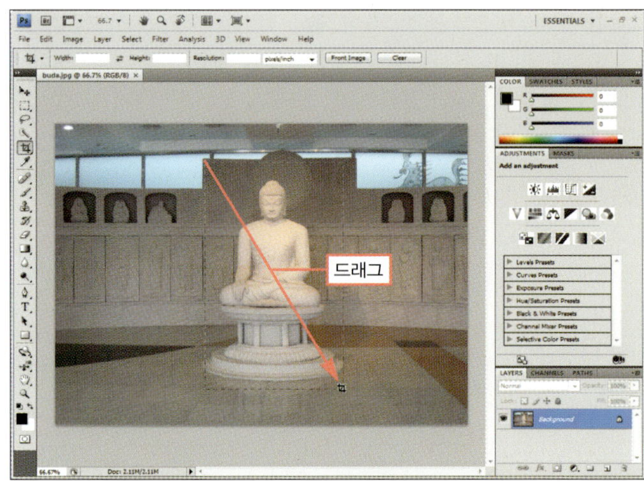




영역 선택 후에 수정이 가능하므로 대략적으로 선택해도 됩니다.

**3** 크기 조절점을 드래그하여 자를 영역을 그림과 같이 조절한 후 '확인(✔)'을 클릭하거나 Enter를 누릅니다.

**4** 이미지의 불필요한 부분이 잘려진 것을 확인합니다.

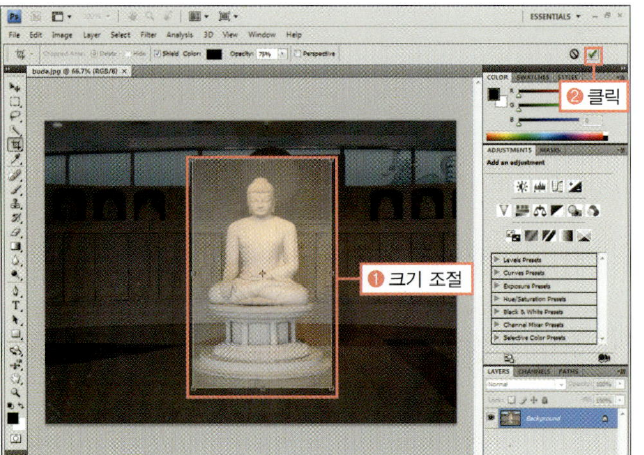


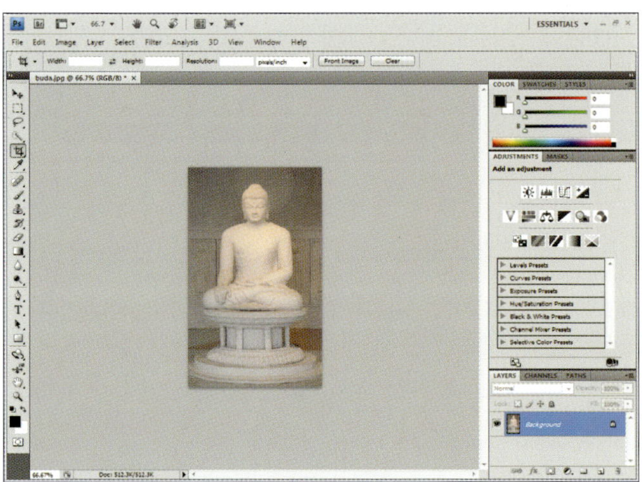

◎ **완성물** : 예제파일\Round02\buda_f.jpg



또는 자를 영역 안에서 더블클릭해도 선택을 마칠 수 있습니다.

PHOTOSHOP COACHING |포토샵 코칭|

크롭 툴(🔲)을 선택하면 옵션 바에 자르기와 관련된 옵션이 나타나는데, 자를 영역을 선택하기 전과 선택 후가 서로 다릅니다.

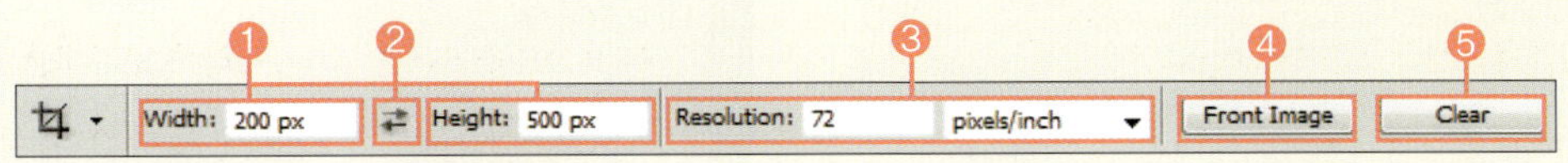

▲ 자를 영역을 선택하기 전의 옵션 바

❶ Width, Height : 잘릴 이미지의 너비, 높이를 지정합니다.

❷ 수치 바꾸기 : 너비와 높이의 수치를 서로 바꾸어 줍니다.

❸ Resolution : 잘릴 이미지의 해상도와 단위를 지정합니다.

❹ Front Image : 클릭하면 현재 이미지의 크기와 해상도가 [Width], [Height], [Resolution]에 입력됩니다.

❺ Clear : 클릭하면 입력한 수치를 지웁니다.

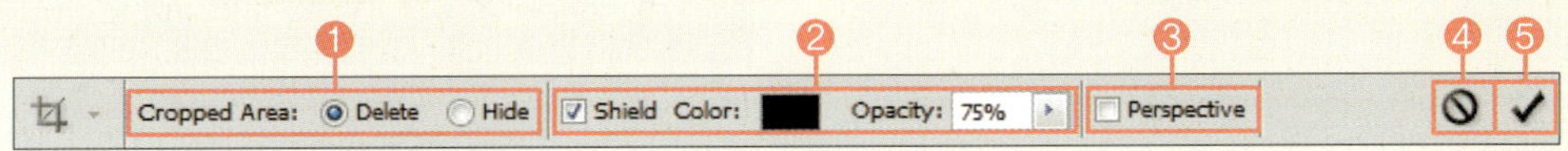

▲ 자를 영역을 선택한 후의 옵션 바

❶ Cropped Area : 잘라내는 부분을 어떻게 처리할지 선택할 수 있습니다. [Delete]를 체크하면 잘라내는 부분이 제거되고, [Hide]를 체크하면 제거하는 것이 아니라 그냥 숨겨놓기만 합니다.

❷ Shied : 잘라내는 부분의 색상과 투명도를 선택할 수 있습니다.

❸ Perspective : 체크하면 조절점을 하나씩 움직일 수 있어 자를 영역의 모양을 자유롭게 편집할 수 있습니다.

❹ 취소 : 자르는 명령을 취소합니다.

❺ 확인 : 자르는 명령을 실행합니다.

## G O !  크기를 정해서 이미지 자르기

◎ 준비물 : '예제파일\Round02\sight.jpg' 파일을 불러오세요.

❶ Alt + Ctrl + I 를 눌러 [Image Size] 대화상자를 열어 이미지 크기를 확인하고 [OK] 버튼을 클릭합니다. 현재 이미지의 크기는 '1000×714pixels', 해상도는 '180pixels/inch' 입니다.

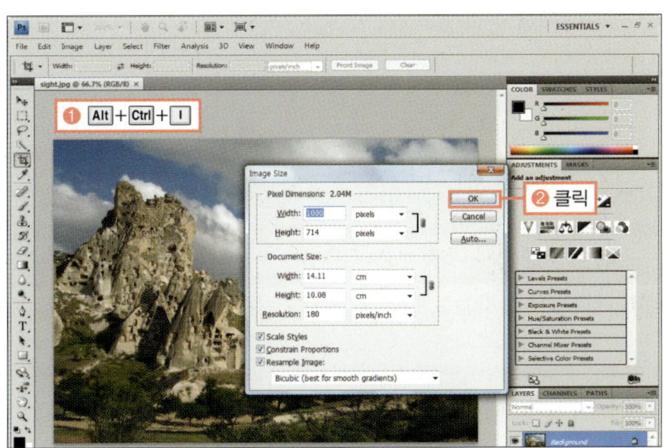

❷ 이미지를 개인 블로그에서 사용하는 크기로 자르기 위해 툴박스의 크롭 툴(🔲)을 선택한 후 옵션 바의 [Width]에 '600px', [Resolution]에 '72pixels/inch'를 입력합니다.

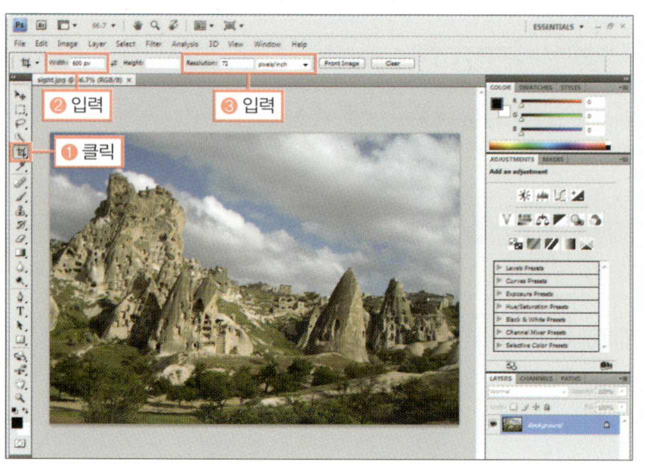


❸ 이미지에서 그림과 같이 드래그하여 자를 영역을 선택합니다.

❹ 마우스를 모서리 크기 조절점 근처로 이동하여 포인터가 '회전(↪)' 모양으로 변경되면 오른쪽 아래로 드래그하여 그림과 같이 자를 영역을 회전합니다.

❺ 크기 조절점을 안쪽으로 드래그하여 자를 영역이 이미지 바깥으로 나가지 않도록 축소한 후 Enter 를 눌러 자르기를 실행합니다.

자를 영역이 이미지가 없는 공간까지 벗어나면 그 빈 공간은 바탕색으로 채워져 지저분해 보입니다.

**⑥** Alt + Ctrl + I 를 눌러 [Image Size] 대화상자에서 옵션 바에 입력한 수치로 크기와 해상도가 변경된 것을 확인한 후 [OK] 버튼을 클릭합니다.

◎ **완성물** : 예제파일\Round02\sight_f.jpg

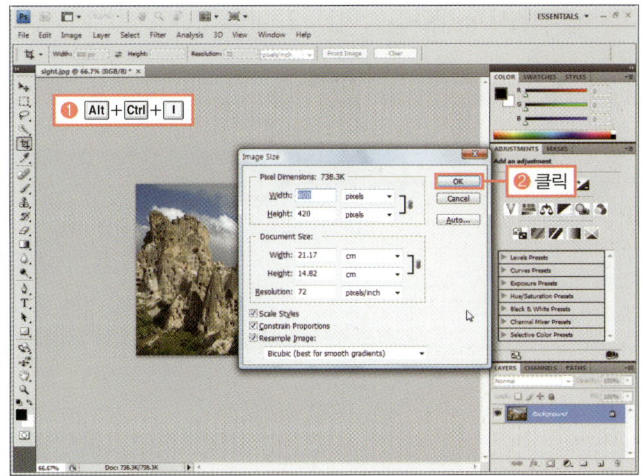

---



## 원근감 있는 사진 수정하기

크롭 툴(⊞)은 원근감에 의해 변형된 이미지를 수정할 때도 유용합니다.

◎ **준비물** : '예제파일\Round02\klimt.jpg' 파일을 불러오세요.　◎ **동영상 해설** : 동영상해설\klimt.avi

❶ 크롭 툴로 이미지를 선택한 후 옵션 바의 [Perspective] 를 체크하면 가로/세로 비율을 무시하고 모서리 크기 조절점을 움직일 수 있습니다.

❷ Enter 를 클릭하여 자르기를 실행합니다. 찌그러졌던 이미지가 반듯하게 펴져 보입니다.

◎ **완성물** : 예제파일\Round02\klimt_f.jpg

**Training 03.**
이미지에서 원하는 부분만 남기고 잘라내기

# 실수를 만회할 수 있는 작업 취소와 관련된 기능 알아보기

이미지 작업을 하다보면 실수를 한다거나 마음에 들지 않아 이전으로 돌아가야 할 때가 있습니다. 이번 Training에서는 바로 이때 사용할 수 있는 [Undo]와 [Redo] 명령, 그리고 HISTORY 패널에 대해 자세히 알아보겠습니다.

| 학습 목표 | 학습 소재 | 난이도 | 예상 학습 결과 | 연계 학습 |
|---|---|---|---|---|
| • 작업 취소하기<br>• 이전 작업단계로 되돌아가기 | • [Edit]–[Undo], [Redo] 메뉴<br>• HISTORY 패널 | ★★☆☆☆ | 지난 작업과정을 자유자재로 다루기 | |

## READY!

### 포토샵에서 작업을 취소하는 방법

대부분 프로그램에서는 작업과정을 되돌릴 수 있는 [Undo] 명령을 지원합니다. 포토샵에서도 마찬가지로 [Undo] 명령을 사용할 수 있으며, 이보다 더 전문적으로 작업과정을 제어하는 역할은 HISTORY 패널에서 담당합니다.

#### ■ [Undo]와 [Redo] 명령으로 한 단계 작업 취소하기

[Edit]–[Undo] 명령은 한 단계 전으로 작업을 되돌리는 것으로 방금한 작업을 취소할 때 사용합니다. 바로 가기 키는 Ctrl+Z로 포토샵 작업 시 가장 많이 사용하는 명령입니다. [Redo]는 [Undo]로 되돌린 명령을 다시 취소하는 명령입니다.

▲ 방금 브러시로 드로잉한 이미지

▲ [Undo] 명령으로 브러시 드로잉을 취소한 이미지

■ **원하는 작업단계로 돌아갈 수 있는 HISTORY 패널**

HISTORY 패널은 사용자의 이미지 제작단계를 기록하는 패널로, 작업 중 실수를 했을 때 원하는 단계의 작업으로 바로 되돌릴 수 있는 기능입니다.

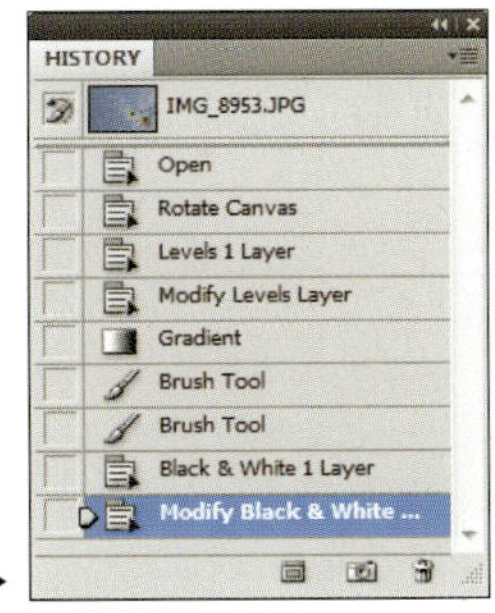

HISTORY 패널로 기록되는 작업단계 ▶

HISTORY 패널에 기록되는 작업단계는 [Edit]-[Preferences]-[Performance] 메뉴를 선택하여 나타나는 대화상자의 [History States] 항목에서 설정할 수 있는데, 기본적으로 20단계로 설정되어 있습니다.

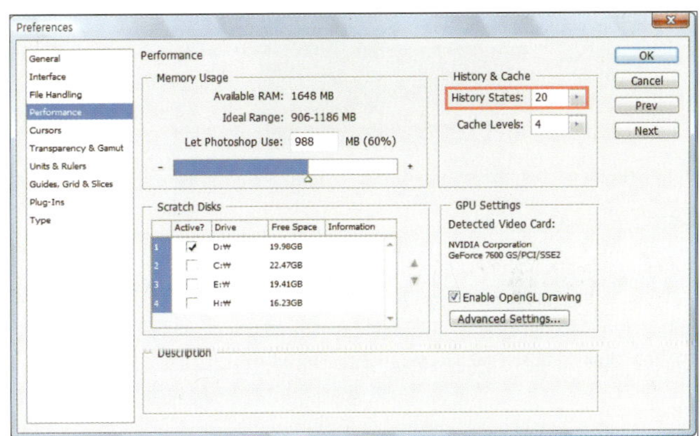

▲ HISTORY 패널에 기록되는 작업단계의 개수 지정하기

---

**S T A R T !**  ## 작업단계 기록하고 되돌리기

◎ **준비물** : '예제파일\Round02\bulgooksa.jpg' 파일을 불러오세요.

❶ HISTORY 패널을 열기 위해 [Window]-[History] 메뉴를 선택합니다.

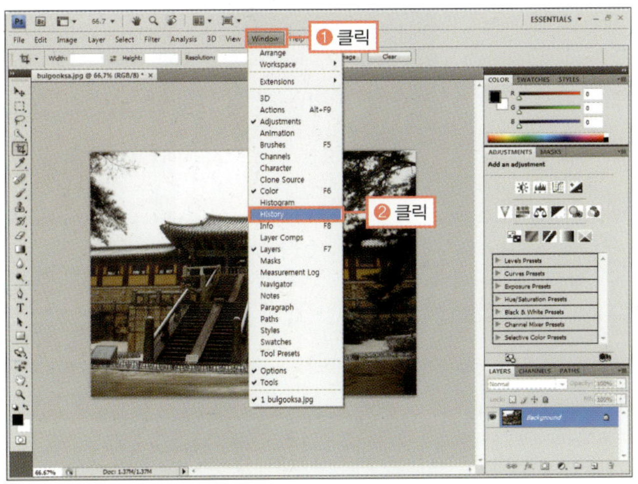




**Training 04.**
실수를 만회할 수 있는 작업 취소와 관련된 기능 알아보기

② 패널 영역 왼쪽에 HISTORY 패널 아이콘이 나타나면서 패널이 열립니다. 이미지를 간단하게 수정해보기 위해서 [Filter]-[Shar pen]-[Sharpen More] 메뉴를 선택합니다.

③ 선택한 필터가 이미지에 적용되었고, HISTORY 패널에 작업단계가 추가된 것을 확인합니다.

## BONUS

[Sharpen More] 명령은 이미지를 좀 더 선명하게 해주는 필터입니다. 필터에 대해 자세한 내용은 Round09에서 설명합니다.

④ [Edit]-[Undo Sharpen More] 메뉴를 선택합니다.

⑤ 이전 단계의 작업으로 되돌아왔습니다.

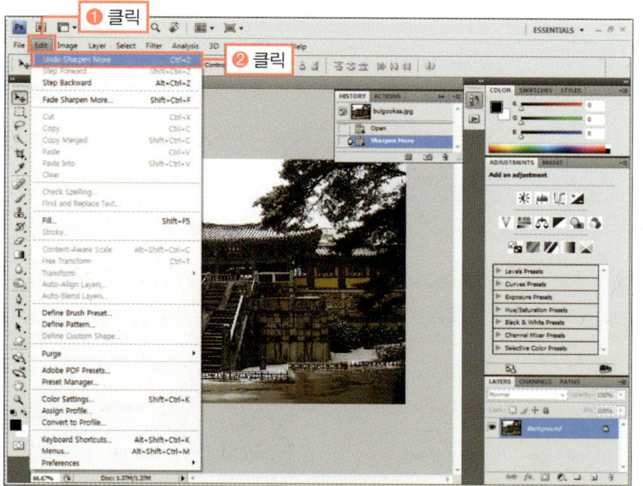

## BONUS

[Undo] 명령의 바로 가기 키는 Ctrl+Z 입니다.



**Round 02.**
이미지 제작의 첫걸음, 포토샵 CS4 시작하기

❻ 다시 이미지를 수정하기 위해서 [Filter]-[Artistic]-[Paint Daubs] 메뉴를 선택합니다.

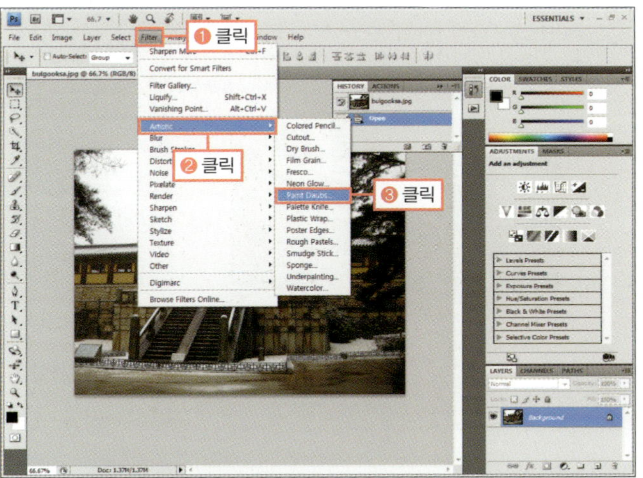

**BONUS**

[Paint Daubs]는 이미지에 두꺼운 브러시로 덧칠한 느낌의 필터입니다. 필터에 대해 자세한 내용은 Round09에서 설명합니다.

❼ [Paint Daubs]의 모양을 조절할 수 있는 [Filter Gallery] 대화상자가 나타납니다. 오른쪽의 조절값에서 [Brush Size]를 '8'로 조절하고 [Sharpness]를 '6'으로 조절한 후 [OK] 버튼을 클릭합니다.

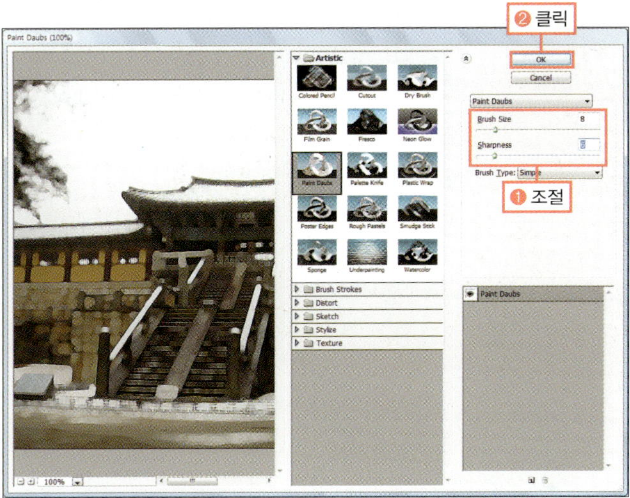

❽ HISTORY 패널에 작업이 기록된 것을 확인한 후 ADJUSTMENTS 패널에서 [Posterize(▨)]를 클릭합니다.

**BONUS**

ADJUSTMENTS 패널 중에 [Posterize]는 마치 포스터 물감으로 그린 그림처럼 이미지를 몇 개의 색상으로 제한해 단순화시키는 보정 명령입니다. 색상 보정에 대한 자세한 내용은 Round08에서 설명합니다.

❾ ADJUSTMENTS 패널이 Posterize 값을 조절할 수 있게 바뀌면 [Levels]를 '7'로 변경한 후 이미지에 적용된 모양을 확인합니다.

**Training 04.**
실수를 만회할 수 있는 작업 취소와 관련된 기능 알아보기

⑩ HISTORY 패널을 보면 이미지에 적용한 작업이 차례차례 위에서부터 기록되어 있습니다. 여기에서 두 번째인 'Paint Daubs' 단계를 클릭합니다.

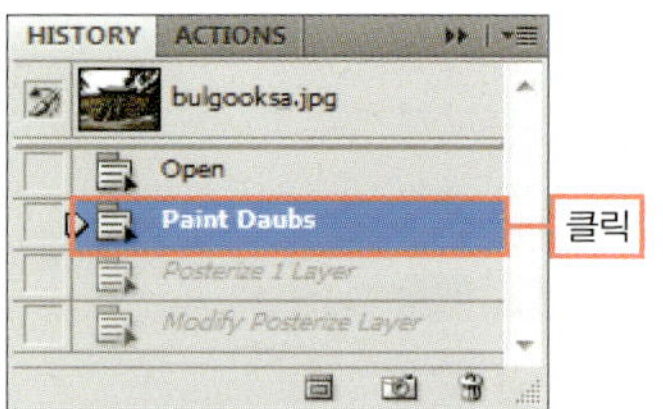


⑪ 이미지가 HISTORY 패널에서 클릭한 지점으로 되돌아간 것을 확인합니다.

**BONUS**

HISTORY 패널의 썸네일 이미지를 클릭하면 언제든지 처음 이미지를 열었던 상태로 되돌아갑니다.

---

## G O !  작업과정을 중간중간 저장하는 스냅샷 사용하기

◎ **준비물** : 앞의 파일에 이어서 작업합니다.

❶ 'Paint Daubs' 단계가 선택된 상태에서 '스냅샷(▣)'을 클릭하면 상단에 썸네일 'Snapshot 1'이 만들어집니다.



❷ 이번에는 HISTORY 패널에서 마지막 단계를 선택하고 '스냅샷(▣)'을 클릭하여 썸네일 'Snapshot 2'를 만듭니다.

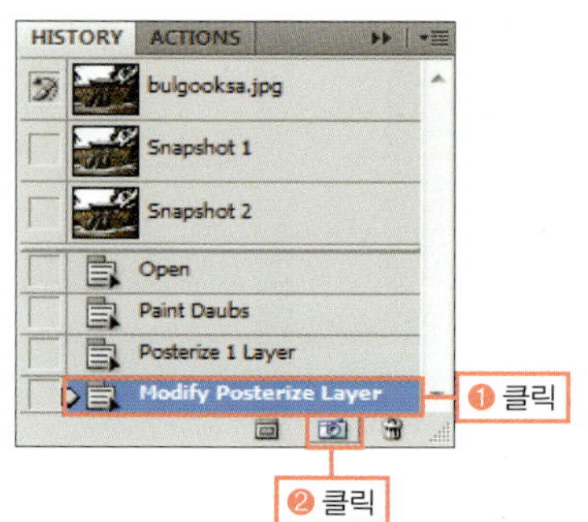

③ 'Snapshot 1'을 클릭하여 'Snapshot 2' 이미지와 얼마나 차이가 나는지 확인합니다.

④ HISTORY 패널의 아이콘()을 클릭하여 패널을 닫습니다.

◎ 완성물 : 예제파일\Round02\bulgooksa_f.psd

---

PHOTOSHOP COACHING |포토샵 코칭|                                    HISTORY 패널

작업과정을 기록하여 원하는 단계로 되돌아가거나 그 단계를 기록하고 다시 원래 상태로
복원할 수 있는 HISTORY 패널의 각 항목에 대해서 살펴보겠습니다.

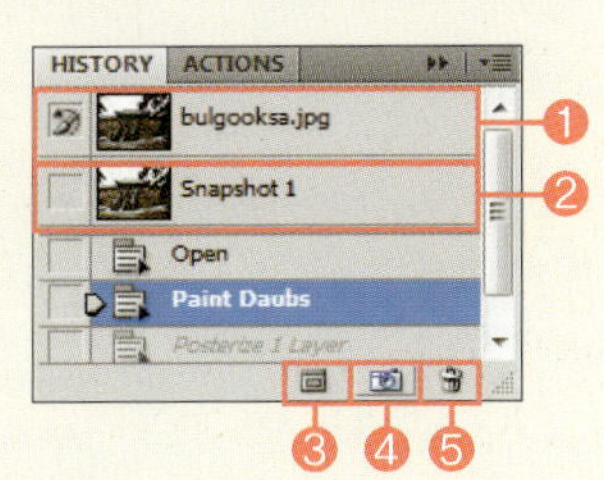

❶ 원본 이미지 썸네일 : 클릭하면 이미지의 처음 상태로 돌아갑니다.
❷ 스냅샷 이미지 썸네일 : 선택한 작업단계의 이미지를 남겨 언제든지 되돌릴 수 있습니다.
❸ 새 이미지 창 만들기 : 선택된 작업단계를 새 이미지 창으로 만듭니다.
❹ 스냅샷 : 선택된 작업단계를 스냅샷 이미지 썸네일로 만듭니다.
❺ 휴지통 : 선택된 작업단계를 지웁니다.



**Training 04.**
실수를 만회할 수 있는 작업 취소와 관련된 기능 알아보기

# 보기 좋은 레이아웃을 잡기 위해 눈금자, 가이드, 그리드 사용하기

그리드와 가이드는 웹 디자인, 편집 디자인 등에서 레이아웃을 잡을 때나 회사 로고 작업, 패키지 디자인, 제품 디자인처럼 정확한 수치로 크기나 위치를 맞춰 작업을 해야 할 때 필요한 기능으로 스냅과 함께 사용합니다.

| 학습 목표 | 학습 소재 | 난이도 | 예상 학습 결과 | 연계 학습 |
|---|---|---|---|---|
| • 눈금자 표시하기<br>• 그리드 활용하기<br>• 가이드 만들기 | • [View]–[Show]–[Grid],<br>  [Guides] 메뉴<br>• [View]–[Ruler] 메뉴<br>• [View]–[Snap] 메뉴 | ★★★☆☆ | 눈금자, 가이드, 그리드, 스냅 기능을 이용해 디자인 레이아웃 잡기 | |

## READY! 레이아웃 잡을 때 도움이 되는 [View] 메뉴

레이아웃이란, 디자인 작업 시 이미지 또는 글자들의 배치나 형태를 잘 정렬해 보는 사람들이 내용을 쉽게 이해할 수 있게 하는 디자인 요소입니다. 포토샵에서 이미지 작업 시 레이아웃을 제대로 잡기 위해서는 가이드, 그리드, 눈금자, 즉 [View] 메뉴의 [Show], [Rulers], [Snap] 등의 사용이 필수라고 할 수 있습니다.

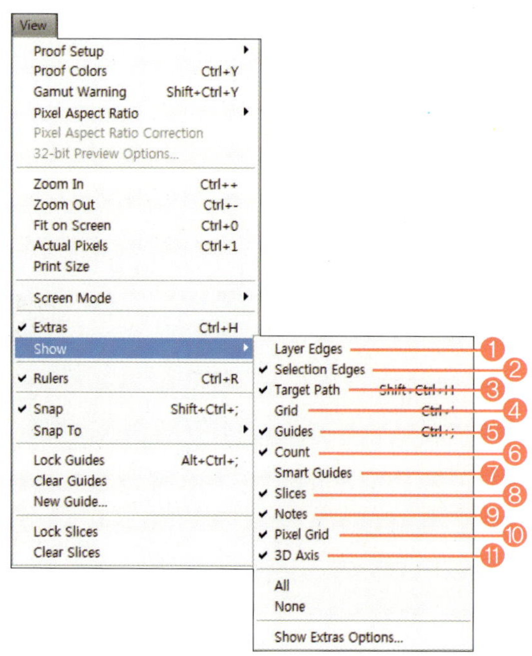

■ **[Show] 메뉴 살펴보기**

[View]-[Show] 메뉴에서 원하는 명령을 선택하면 해당 요소가 이미지 창에 표시됩니다. 숨기고 싶을 때는 메뉴를 다시 선택하면 됩니다. 또한, [View]-[Extras] 메뉴의 체크를 해제하면 [Show]에서 체크한 보기를 모두 감출 수 있습니다.

❶ **Layer Edges** : 현재 선택한 레이어의 위치와 영역을 사각형으로 표시합니다.

❷ **Selection Edges** : 선택 영역의 경계선을 보이게 합니다.

❸ **Target Path** : 패스를 보이게 합니다. 패스에 대해서는 292쪽에서 자세히 설명합니다.

❹ **Grid** : 그리드를 보이게 합니다.

❺ **Guides** : [View]-[Ruler] 메뉴를 통해 생성한 가이드를 보여주거나 가려주는 기능입니다.

❻ **Count** : 카운트 툴(🔢)을 클릭하면 개수 표시가 보이게 합니다.

❼ **Smart Guides** : 이미지를 다른 위치로 이동할 때 가까이 놓여있는 다른 이미지의 경계선이나 정렬선이 보이게 합니다.

❽ **Slices** : 슬라이스 선이 보이게 합니다.

❾ **Notes** : 주석 툴(🗒)이 보이게 합니다.

❿ **Pixel Grid** : 픽셀 격자가 보이게 합니다.

⓫ **3D Axis** : 3D 이미지를 소셜할 때 축이 보이게 합니다.

▲ Layer Edges

▲ Smart Guides

▲ Pixels Grid

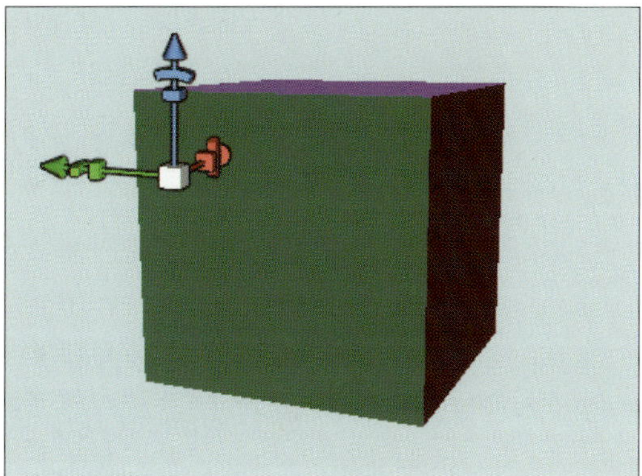

▲ 3D Axis



**Training 05.**
보기 좋은 레이아웃을 잡기 위해 눈금자, 가이드, 그리드 사용하기

## ■ 눈금자와 가이드

[View]-[Ruler] 메뉴를 선택하면 이미지 창에
눈금자가 나타나 이미지의 수치를 알 수 있으
며, 이를 드래그하면 가이드가 만들어집니다.
가이드는 말 그대로 디자인 작업에서 정렬이나
배치를 쉽게 하기 위한 안내선으로 출력 시에
는 보이지 않습니다.

▲ 눈금자와 가이드를 이용한 이미지 배치

가이드의 색상은 [Edit]-[Preferen
ces]-[Guides, Grid & Slices] 메
뉴를 선택하여 나타나는 대화상자
에서 [Guides]의 [Color]로 변경할
수 있습니다.

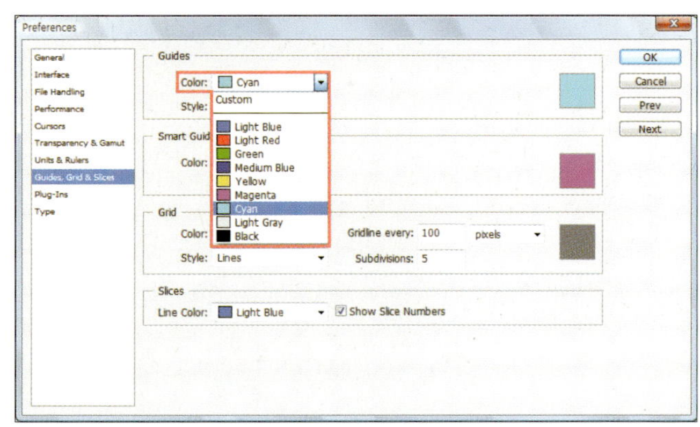

## ■ 스냅으로 이미지 정렬하기

[View]-[Snap] 메뉴가 체크되어 있으면 이미지나
글자를 이동할 때 [Snap to]에서 체크한 것에 자석
처럼 붙여줍니다. 따라서 가이드나 그리드를 이용
할 때 편리하게 여러 이미지를 정렬하거나 배치할
수 있습니다. [Snap to]에서 선택할 수 있는 것은
다음과 같습니다.

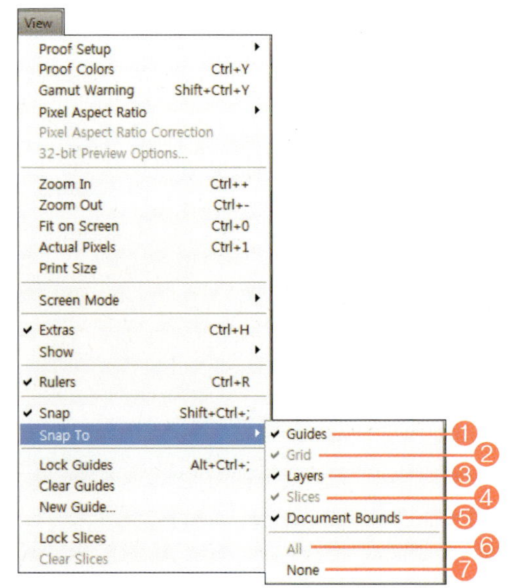

❶ Guides : 가이드에 스냅이 되게 합니다.

❷ Grid : 그리드에 스냅이 되게 합니다.

❸ Layers : 레이어에 스냅이 되게 합니다.

❹ Slices : 슬라이스된 이미지에 스냅이 되게 합니다.

❺ Document Bounds : 이미지 창의 테두리에 스
  냅이 되게 합니다.

❻ All : 모든 것에 스냅이 되게 합니다.

❼ None : 아무것에도 스냅이 되지 않게 합니다.

## 그리드와 스냅 사용하기

◎ **준비물** : '예제파일\Round02\boat.jpg' 파일을 불러오세요.

**1** [View]-[Show]-[Grid] 메뉴를 선택합니다.

**2** 이미지에 그리드가 나타납니다. 그리드의 간격을 조절하기 위해 [Edit]-[Preferences]-[Guides, Grid, & Slices] 메뉴를 선택합니다.

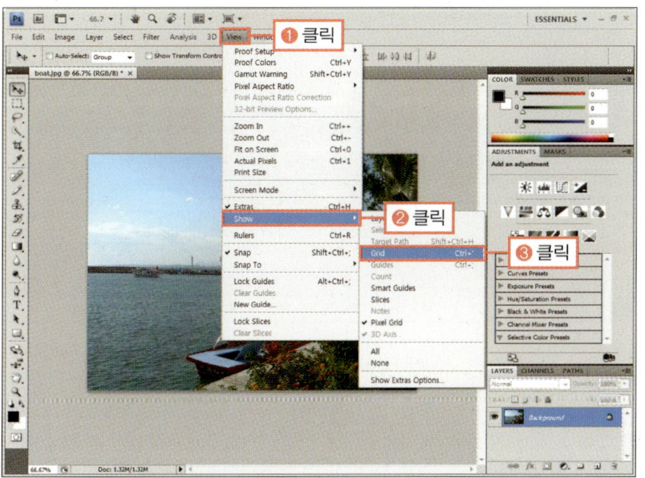

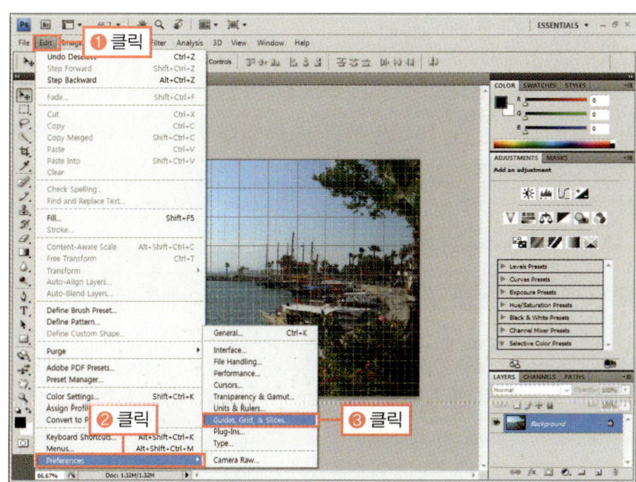

**3** [Grid] 항목에서 그리드의 간격을 나타내는 [Gridline every]에 '100pixels', 그리드를 나눌 개수를 지정하는 [Subdivisions]에 '5'를 입력한 후 [OK] 버튼을 클릭합니다.

**4** 툴박스에서 사각형 선택 툴(□)을 클릭한 후 그림과 같이 그리드에 맞춰 드래그하여 선택 영역을 만듭니다.

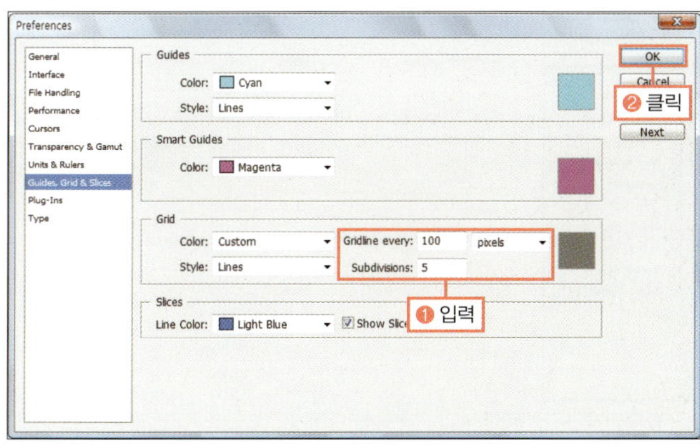

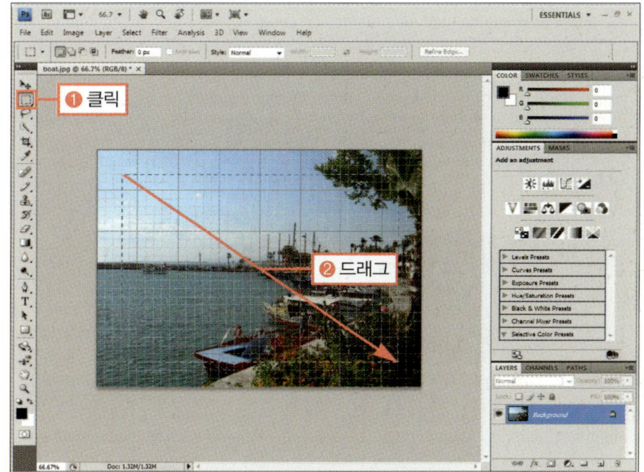

### BONUS

[Gridline every]에 입력한 수치 간격으로 그리드가 표시되며, [Subdivisions]에 입력한 숫자만큼 그리드와 그리드 사이에 칸을 나눕니다.

### BONUS

사각형 선택 툴(□)은 사각형 모양으로 영역을 선택하는 툴입니다. 143쪽에서 자세히 설명합니다.

**5** 선택한 영역에 간단한 과정을 통해 효과를 적용해보 겠습니다. 먼저 ADJUSTMENTS 패널에서 [Exposure Presets]의 ▶ 부분을 클릭하여 펼친 후 [Plus 2.0]을 선택 합니다.

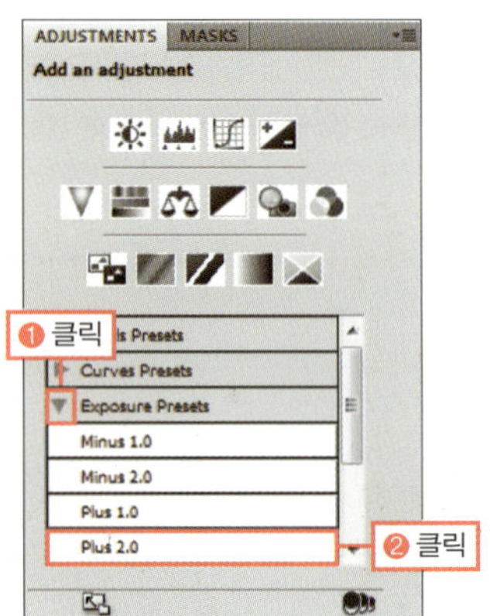

**BONUS**

[Presets] 항목은 자주 이용하는 보정 명령을 모아놓은 것으로, 선택하면 해당 보정값이 이미지에 적용됩니다. 자세한 내용은 Round08에서 다룹 니다.

**6** 선택 영역의 이미지가 밝아진 것을 확인합니다.

**7** LAYERS 패널에서 '레이어 스타일(*fx*)'을 클릭하고 [Drop Shadow]를 선택합니다.

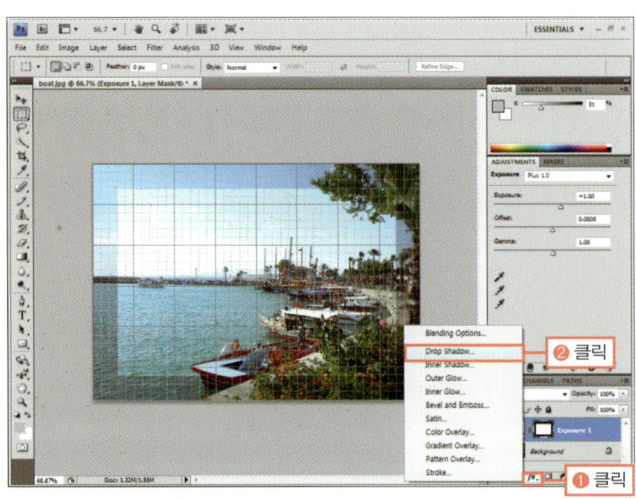

**BONUS**

[Drop Shadow]는 선택한 레이어에 그림자를 만들어 주는 명령입니다. 레이어와 레이어 스타일에 관해서는 Round07에서 자세히 설명합니다.

**8** [Layer Style] 대화상자가 나타납니다. 오른쪽 [Drop Shadow] 옵션에서 그림자의 크기를 설정하는 [Size]의 슬 라이드 바를 드래그하여 '10px' 정도로 조절한 후 [OK] 버 튼을 클릭합니다.

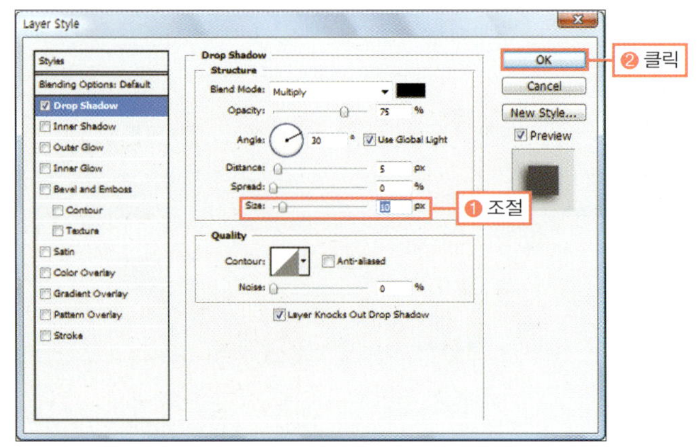



**Round 02.**
이미지 제작의 첫걸음, 포토샵 CS4 시작하기

⑨ [View]-[Show]-[Grid] 메뉴를 선택하여 그리드를 다시 감춥니다.

⑩ 이미지를 확인합니다. 이와 같이 이미지에서 특정 영역을 의도한 대로 정확히 선택하고 싶을 때는 이렇게 그리드를 이용하면 편리합니다.

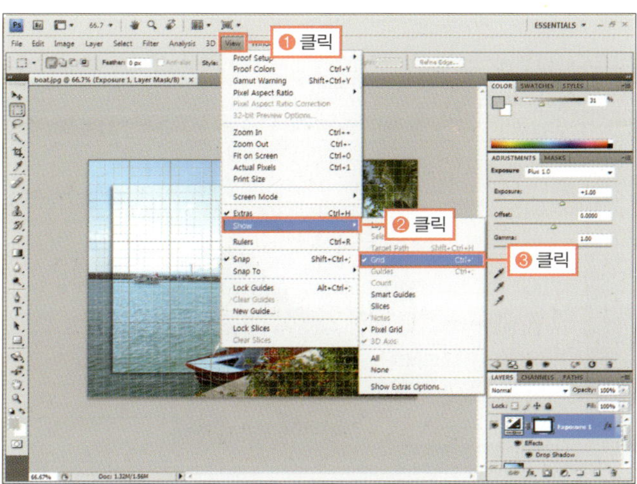

◎ **완성물** : 예제파일\Round02\boat_f.psd

---

**G O !**

## 눈금자로 가이드 만들기

◎ **준비물** : '예제파일\Round02\guide.psd' 파일을 불러오세요.

① 눈금자가 보이도록 [View]-[Ruler] 메뉴를 선택합니다.

② 이미지 창에 눈금자가 나타납니다. 눈금자에서 마우스 오른쪽 버튼을 클릭하여 단위를 [Pixels]로 바꿔줍니다.

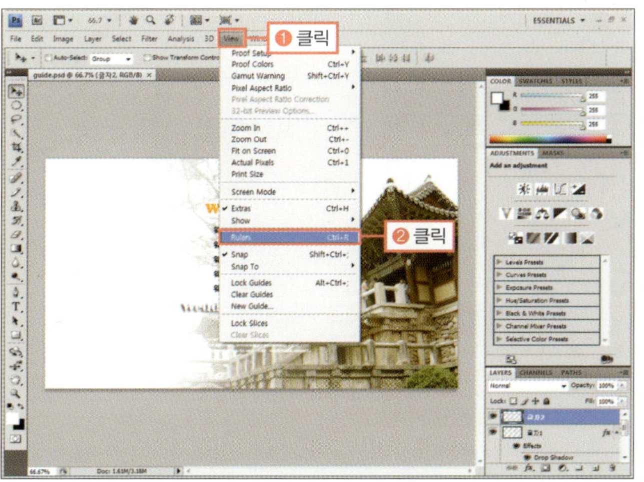

**BONUS**

Ctrl + R 을 눌러도 눈금자가 나타납니다.

**BONUS**

[Edit]-[Preferences]-[Units & Rulers] 메뉴를 선택하여 나타나는 대화 상자의 [Rulers]에서 원하는 단위를 선택하면 눈금자 단위를 자주 사용하는 것으로 기본 설정할 수 있습니다.



**Training 05.**
보기 좋은 레이아웃을 잡기 위해 눈금자, 가이드, 그리드 사용하기

③ 툴박스에서 이동 툴(▶₊)을 선택합니다. 왼쪽 눈금자에서 클릭하고 위 눈금자의 수치가 '70px'에 맞도록 드래그한 후 마우스를 놓습니다. 이미지에 세로로 가이드가 만들어집니다.

가이드의 위치를 잘못 설정했을 때에는 클릭하고 창 밖으로 드래그하면 사라집니다.

⑤ 위 눈금자에서 클릭하고 왼쪽 수치가 '70px'에 맞도록 드래그한 후 마우스를 놓습니다. 가로로 가이드가 만들어집니다.

④ 위와 같은 방법으로 드래그하여 '930px'에 맞도록 세로 가이드를 하나 더 만듭니다.

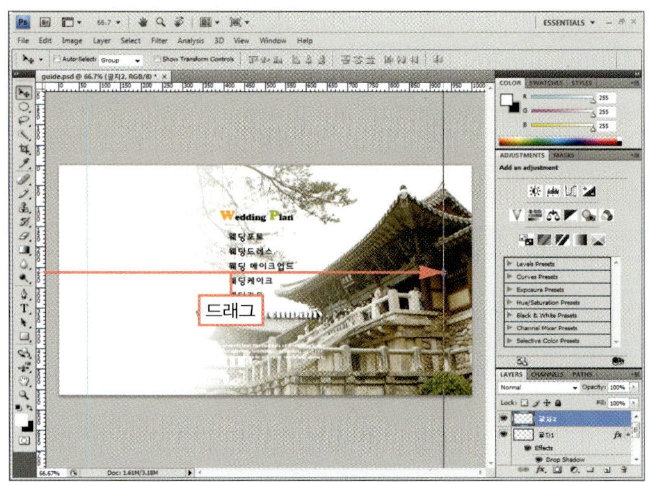





설정한 가이드를 고정시키려면 [View]-[Lock Guides] 메뉴를 선택하여 수정하지 못하게 할 수 있습니다.

⑥ LAYERS 패널에서 '제목' 레이어를 클릭합니다. '제목' 레이어에는 글자 'Wedding Plan'을 입력해 놓았습니다.

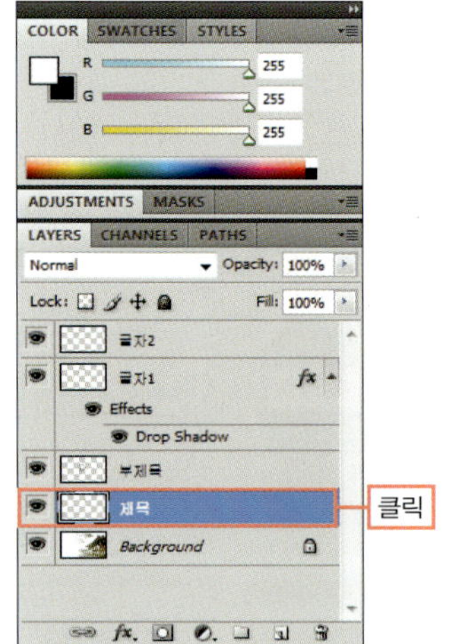





레이어가 잘 안 보이면 ADJUSTMENTS 패널의 제목 탭을 더블클릭하여 LAYERS 패널의 길이를 늘입니다.

⑦ [View] 메뉴를 클릭하여 [Snap] 메뉴가 체크된 것을
확인합니다.

⑧ 이미지에서 글자 'Wedding Plan'을 왼쪽 위로 드래
그하여 그림과 같이 가이드에 맞춥니다.

⑨ 이번에는 LAYERS 패널에서 '부제목' 레이어를 선택
한 후 글자 '웨딩포토~'를 드래그하여 그림과 같이 왼쪽
가이드에 맞춥니다.

⑩ '글자1'과 '글자2' 레이어도 그림과 같이 오른쪽 가
이드에 맞춰 모두 이동한 후 Ctrl + ; 를 눌러 모든 가이드
를 감춥니다. 이어서 Ctrl + R 을 눌러 눈금자를 감춘 후 이
미지를 확인합니다.

◎ **완성물** : 예제파일\Round02\guide_f.psd



[View]-[Show]-[Guides] 메뉴를 선택해도 가이드가 감춰지며, [View]
-[Clear Guides] 메뉴를 선택하면 가이드가 완전히 지워집니다.

이번 Round에서는 포토샵에서 이미지 편집 작업을 할 때 기본적인 명령인 이미지 크기를 조절하는 방법과 캔버스 크기를 조절하는 방법에 대해 공부했습니다. 그리고 크롭 툴(🔲)과 그리드, 눈금자 사용법에 대해서도 함께 알아보았습니다. 앞에서 배운 내용을 토대로 다음 문제를 풀어보세요.

**1 |** 다음의 ( ) 안을 채워보세요

❶ 모니터의 단위는 (　　　)을 사용합니다. 웹 이미지를 제작할 때에는 센티미터(cm)를 사용하지 않고 이 단위를 사용합니다.

❷ 이미지의 크기와 해상도를 조절하는 명령은 (　　　　　)입니다.

❸ [Canvas Size] 명령을 이용해 캔버스의 크기를 넓게 수정했을 때 비어 있는 여백 부분은 (　　　　)색으로 채워집니다.

❹ 사용자의 이미지 제작단계를 기록하는 패널로, 작업 중 실수를 했을 때 원하는 단계의 작업으로 바로 되돌릴 수 있는 것은 (　　　　) 패널입니다.

❺ (　　　) 메뉴에는 눈금자를 보이게 하는 명령과 가이드 선, 그리드를 보이게 하거나 사라지게 하는 명령 등이 있습니다.

❻ 정확한 수치로 작업해야 할 때나 위치를 맞추거나 정렬하여 레이아웃을 잡아야할 때는 (　　　)를 사용하는 것이 좋습니다.

❼ LAYERS 패널의 (　　)을 클릭하면 이미지 창에서 선택한 레이어가 이미지에서 보이지 않습니다.

**2 |** 다음 설명이 맞으면 'O', 틀리면 '×'를 표시하세요.

❶ 이동 툴(🔲)은 이미지에서 일부분을 잘라낼 때 사용합니다. ☐

❷ [View]–[Ruler] 메뉴를 이용하면 눈금자가 보이고, 눈금자에서 드래그하면 가이드를 만들 수 있습니다. ☐

❸ HISTORY 패널의 '스냅샷'은 기록한 단계의 이미지를 저장하여 언제든지 그 상태로 되돌릴 때 사용합니다. ☐

❹ 한 단계 작업 전으로 되돌릴 때에는 Alt+Z를 누르거나 [Edit]–[Undo] 메뉴를 선택합니다. ☐

❺ 이미지의 빈 여백을 제거할 때에는 [Image]–[Reveal All] 메뉴를 선택합니다. ☐

❻ [Image Size] 명령을 이용해 이미지 크기를 줄일 때 가로, 세로의 비율을 유지한 채 조절하려면 [Constrain Proportions]를 체크합니다. ☐

❼ HISTORY 패널에 기록되는 작업 단계는 포토샵 환경 설정에서 설정할 수 있는데, 기본적으로는 한 단계 전으로만 되돌아갑니다. ☐

| 정답 |

1 | ❶ 픽셀 ❷ Image Size ❸ 배경(Background) ❹ HISTORY ❺ View ❻ 그리드 ❼ 눈
2 | ❶ × ❷ ○ ❸ ○ ❹ × ❺ × ❻ ○ ❼ ×

이번 Round에서는 포토샵에서 이미지 편집 작업을 할 때 기본적인 명령인 이미지 크기를 조절하는 방법과 캔버스 크기를 조절하는 방법에 대해 공부했습니다. 그리고 크롭 툴(✝)과 그리드, 눈금자 사용법에 대해서도 함께 알아보았습니다. 앞에서 배운 내용을 토대로 다음 예제를 완성해 보세요.

**1** 그림과 같이 까마귀를 제외한 나머지 부분을 자른 후 해상도를 '72pixels/inch', 너비를 '700pixels'로 변경합니다.

준비물 : 예제파일\Round02\crow.jpg
완성물 : 예제파일\Round02\crow_f.jpg
도움말 : 예제해설\Round02도움말1.hwp(pdf, avi)

❶ 툴박스의 크롭 툴을 선택 ❷ 이미지에서 까마귀를 제외한 나머지를 자른다. ❸ [Image]–[Image Size] 메뉴를 선택 ❹ 대화상자에서 [Resolution]을 '72pixels/inch', [Width]를 '700pixels'로 입력

**2** 이미지 크기에 맞춰 그리드 간격을 변경한 후 그림과 같이 ADJUSTMENTS 패널의 [Exposure Presets] 목록에서 [Plus 2.0]을 이용해 가운데 부분만 밝게 수정해보세요.

준비물 : 예제파일\Round02\oldhouse.jpg
완성물 : 예제파일\Round02\oldhouse_f.psd
도움말 : 예제해설\Round02도움말2.hwp(pdf, avi)

❶ [View]–[Show]–[Grid] 메뉴를 선택하여 그리드를 보이게 함 ❷ Ctrl+K를 눌러 [Preferences] 대화상자를 띄움 ❸ [Gridline] 간격을 '50pixels'로 설정 ❹ 툴박스에서 사각형 선택 툴을 클릭 ❺ 그리드에 맞춰 드래그하여 선택 영역을 만듦 ❻ ADJUSTMENTS 패널의 [Exposure Presets] 목록에서 [Plus 2.0] 선택 ❼ Ctrl+D를 눌러 선택 영역 해제 ❽ Ctrl+I을 눌러 그리드 숨김

# Round 03
## 포토샵의 안방마님, 이미지 선택하고 편집하기

포토샵에서 이미지를 제작할 때 가장 많이 사용하는 기능은 이미지의 전체, 또는 일부분을 선택해 또 다른 이미지와 맞춰서 이동, 편집하는 일입니다. 이런 작업을 가능하게 하는 것이 바로 툴박스의 이동 툴과 선택 툴입니다. 이번 Round에서는 이미지 제작의 필수 요소인 툴박스에서 원하는 툴을 선택하는 방법과 툴 중에 가장 기본이 되는 이동 툴, 선택 툴을 이용하여 이미지의 원하는 부분을 선택/이동/편집하는 방법에 대해서 살펴보겠습니다.

이번 Round는 다음과 같은 단계로 구성됩니다. Training별 내용을 간략하게 먼저 파악하면 좀 더 효율적으로 학습을 진행할 수 있습니다.

---

### Training 01  레이어 살짝 맛보기

포토샵에서 이미지를 제작할 때 기본이 되는 LAYERS 패널의 백그라운드와 레이어에 대해 이해하고 기본 사용법에 대해 살펴봅니다.

▶ LAYERS 패널 이해하기
▶ 새 레이어 만들고 레이어 제거하기
▶ 레이어 복제하고 순서 변경하기

### Training 02  이동 툴로 이미지 다루기

이동 툴로 이미지를 이동하는 방법과 옵션을 이용해 이미지의 크기를 변형하거나 정렬하는 방법에 대해 알아봅니다.

▶ 이동 툴로 이미지 이동하기
▶ 이동 툴로 옵션을 이용해 이미지 크기 조절하기
▶ 이동 툴의 옵션을 이용해 각 레이어의 이미지 정렬하기

---

### Training 05  자유롭게 선택되는 올가미 툴

간단한 도형 모양으로 선택하는 툴 외에 사용자가 마음대로 드로잉하는대로 선택 영역을 만드는 올가미 툴과 다각형 올가미 툴, 색상의 경계를 읽으면서 선택하는 자석 올가미 툴에 대해 알아보겠습니다.

▶ 올가미 툴로 드로잉하는대로 자유롭게 선택 영역 만들기
▶ 다각형 올가미 툴로 각진 이미지 선택하기
▶ 자석 올가미 툴로 자동으로 색상 경계를 읽으면서 선택하기

### Training 06  빠르게 선택되는 빠른 선택 툴과 마술봉 툴

색상을 중심으로 선택하는 툴 중에 한 가지 색상이 넓게 분포되어 있을 때 손쉽게 선택 영역을 만들 수 있는 마술봉 툴에 대해 알아보고 브러시 크기를 조절하고 드래그하면서 선택하는 빠른 선택 툴에 대해 살펴보겠습니다.

▶ 마술봉 툴로 선택 영역 만들기
▶ 빠른 선택 툴로 브러시 크기를 조절하면서 선택 영역 만들기

**Training 03** **이미지의 모양을 변형하기 위한 [Transform] 기능 알아보기**

[Transform] 명령과 [Free Transform] 명령으로 이미지를 변형하는 방법을 살펴보고, [Warp] 명령으로 이미지를 마음대로 찌그러트리는 방법을 알아봅니다.

▶ [Transform] 명령으로 이미지 변형하기
▶ [Tree Transform] 명령으로 이미지 변형하기
▶ [Warp] 명령으로 자유롭게 이미지 찌그러트리기

**Training 04** **지정된 모양으로 선택 영역 만들기**

선택 영역을 만드는 이유에 대해 이해하고 사각형 선택 툴과 원 선택 툴, 가로한줄 선택 툴과 세로한줄 선택 툴로 선택 영역을 만드는 방법에 대해 살펴봅니다.

▶ 사각형 선택 툴로 선택 영역 만들기
▶ 원형 선택 툴로 선택 영역 만들고 편집하기

**Training 07** **선택 영역을 수정하는 다양한 방법 알아보기**

[Select]-[Modify] 메뉴에 있는 명령과 [Refine Edge] 명령으로 선택 영역을 수정하는 방법에 대해 알아보고 좀 더 꼼꼼히 선택 영역을 수정할 수 있는 퀵 마스크 모드에 대해 살펴봅니다.

▶ 선택 영역을 수정하는 [Select]-[Modify] 메뉴 알아보기
▶ [Refine Edge] 명령으로 선택 영역의 경계선 수정하기
▶ 퀵 마스크 모드를 이용해 좀 더 꼼꼼하게 선택 영역을 수정하기

**Training 08** **이미지에서 원하는 부분만 복사하고 붙여넣기**

이미지를 편집할 때 사용되는 [Edit] 메뉴에서 선택 영역을 복사하는 [Copy]와 붙여넣는 [Paste] 명령에 대해 알아봅니다. 또한, 여러 레이어를 함께 복사하는 [Copy Merged]와 선택 영역에 붙여 넣기하는 [Paste Into] 명령에 대해 살펴봅니다.

▶ [Edit] 메뉴 살펴보기
▶ [Copy]와 [Paste] 명령을 이용해 이미지 편집하기
▶ [Copy Merged] 명령으로 여러 레이어를 복사하여 [Paste Into] 명령으로 선택 영역에 붙여넣기

# 레이어 살짝 맛보기



앞의 Round에서 레이어가 무엇인지 개념에 대해서만 간단히 살펴본 적이 있습니다. 이번 Training에서는 이 레이어의 기본적인 사용법을 살펴볼 것입니다. 레이어에 관한 기능은 무궁무진하므로 더욱 자세한 내용은 포토샵의 기본기를 쌓은 후에 뒤에서 다뤄볼 것이지만, 포토샵 이미지를 다루기 위해서는 레이어의 이해가 필수적이므로 우선 간단한 기초 사용법을 살펴봅니다.

| 학습 목표 | 학습 소재 | 난이도 | 예상 학습 결과 | 연계 학습 |
|---|---|---|---|---|
| 레이어의 기본적인 기능 이해하기 | 레이어 | ★★☆☆☆ | • 새 레이어 만들고 제거<br>• 레이어 복사하고 순서 변경 | 레이어 : Round08 |

## R E A D Y !

### 레이어와 LAYERS 패널

레이어의 개념은 앞에서 살펴보았지만 다시 한번 간단히 정리해보겠습니다. 포토샵의 이미지는 가장 아래에 배경이 되는 'Background' 가 있고 그 위에 각각 이미지를 가진 투명한 여러 레이어가 놓여 합쳐진 것입니다(또는 레이어 한 장에 모든 이미지가 다 들어가 있을 수도 있습니다). 이렇게 이미지를 구성하는 레이어를 관리해주는 역할이 바로 LAYERS 패널입니다. 이동 툴이나 선택 툴을 사용할 때에는 원하는 이미지가 있는 'Background' 나 그 위 레이어를 선택한 후 명령을 적용해야 합니다.

▲ 6개의 레이어가 합쳐진 이미지

▲ LAYERS 패널에서 각 레이어에 담긴 이미지를 확인할 수 있습니다.

## 새 레이어 만들고 제거하기

◎ **준비물** : '예제파일\Round03\layer.psd' 파일을 불러오세요.

**①** LAYERS 패널 하단의 '새 레이어 만들기(ㅁ)'를 클릭합니다.

**②** 추가된 레이어에 원하는 이름을 지정하기 위해 'Layer 1' 부분을 더블클릭하여 '비'라고 입력하고 Enter 를 누릅니다.

**S T O P**

레이어가 다 보이지 않는다면 ADJUSTMENTS 패널의 제목 탭을 더블클릭하여 LAYERS 패널의 길이를 늘입니다.

**B O N U S**

선택된 레이어는 다른 레이어와 구분되도록 진한 파란색으로 표시됩니다.

**③** 툴박스의 사각형 툴(ㅁ)을 클릭하여 나오는 툴 중에 선 툴(\)을 선택합니다.

**④** 옵션 바에서 'Fill Pixels(ㅁ)'를 클릭하고 그림과 같이 드래그하여 비를 그려줍니다. LAYERS 패널에서 '해' 레이어를 선택하고 '휴지통(🗑)'을 클릭합니다.

**S T O P**

'Fill Pixels(ㅁ)'은 비트맵 도형을 만들어주는 옵션입니다. 도형 툴에 대해서는 309쪽에서 자세히 설명합니다.

**5** 선택한 레이어를 삭제하겠느냐는 메시지가 나타나면 [Yes] 버튼을 클릭하여 레이어를 제거합니다.

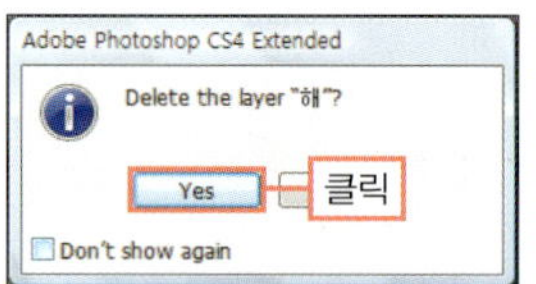

### BONUS

레이어를 '휴지통(🗑)' 위로 드래그하면 경고 메시지 없이 바로 제거됩니다.

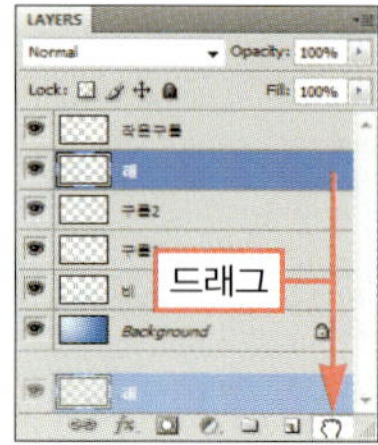

**6** 이미지에서 '해' 가 제거된 것을 확인합니다.

○ **완성물** : 예제파일\Round03\layer_f.psd

### BONUS

레이어 이름 앞에는 레이어 이미지를 작은 썸네일로 보여줍니다. 레이어 이미지 썸네일이 작게 보여 불편한 경우에는 LAYERS 패널 오른쪽의 메뉴 버튼(▼≣)을 클릭하여 [Panel Options]를 선택하여 나오는 대화상자에서 썸네일의 크기를 변경할 수 있습니다.

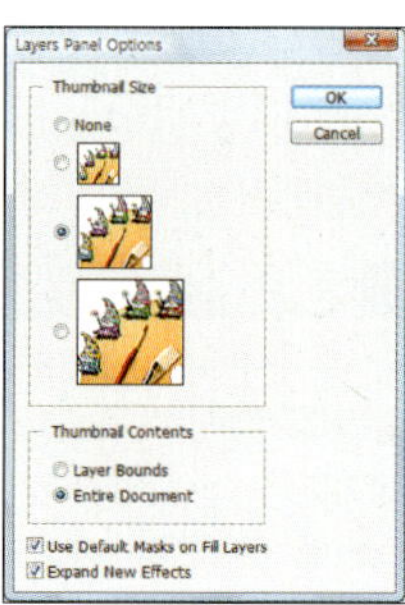

---

## G O !  레이어 복사하고 순서 변경하기

○ **준비물** : '예제파일\Round03\layer2.psd' 파일을 불러오세요.

**1** '작은구름' 레이어를 복사하기 위해 마우스 오른쪽 버튼으로 선택하고 나타나는 메뉴에서 [Duplicate Layer]를 선택합니다.

### BONUS

레이어를 '새 레이어 만들기(🖿)' 위로 드래그해도 복제할 수 있습니다.

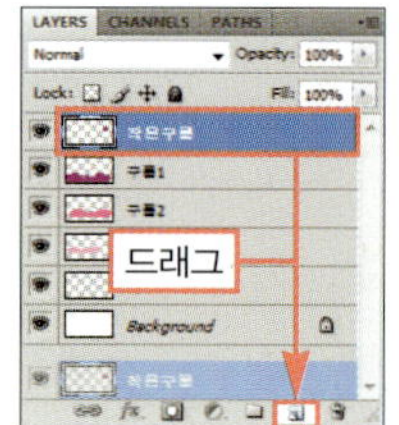

**Round 03.**
포토샵의 안방마님, 이미지 선택하고 편집하기

❷ [Duplicate Layer] 대화상자가 나타나면 바로 [OK] 버튼을 클릭합니다.

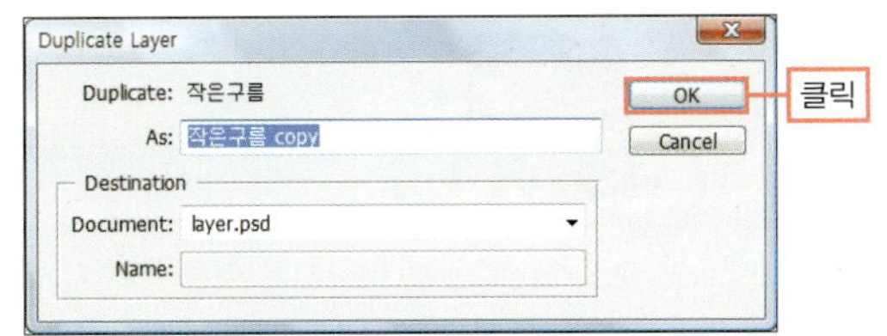


❸ 달라진 것이 없어 보이지만 작은 구름 이미지는 원본과 복사된 것이 겹쳐져 있는 상태입니다. 툴박스의 이동 툴(﹢)을 선택하고 이미지에서 드래그하여 복사된 작은 구름의 위치를 변경합니다.

❹ 마찬가지 방법으로 '작은 구름' 레이어를 2번 더 복사하여 '작은 구름 copy 2', '작은구름 copy 3' 레이어를 만들고 그림과 같이 위치를 이동합니다.

### STOP

현재 복사한 레이어가 선택되었기 때문에 이동 툴로 이미지를 드래그하면 선택된 레이어의 이미지가 이동됩니다.

❺ LAYERS 패널에서 '비' 레이어를 선택한 후 제일 위에 놓인 '작은 구름 copy 3' 레이어의 위로 드래그하여 레이어 순서를 변경합니다. '비' 이미지가 가장 위에 보이는 것을 확인합니다.

◉ **완성물** : 예제파일\Round03\layer2_f.psd

**Training 01.**
레이어 살짝 맛보기

# Training 02

## 이동 툴로 이미지 다루기



Round 02에서 이미지를 다른 이미지 창으로 이동할 때나 이동한 이미지를 다른 위치로 옮길 때, 그리고 눈금자에서 가이드를 만들거나 옮길 때도 이동 툴(📌)을 사용했습니다. 이번 Training에서는 이런 기능 외에도 이미지 편집의 가장 기본적인 툴로서의 이동 툴의 기능에 대해 알아보겠습니다.

| 학습 목표 | 학습 소재 | 난이도 | 예상 학습 결과 | 연계 학습 |
|---|---|---|---|---|
| 이동 툴을 이용해 이미지를 이동하고 정렬하기 | 이동 툴 | ★★☆☆☆ | • 이미지 이동<br>• 여러 이미지 정렬 | 이동 툴 : 64쪽 |

## READY!

### 이동 툴의 다양한 용도와 옵션

이동 툴(📌)을 사용할 때에는 먼저 이동하려는 이미지가 있는 레이어를 선택해야 합니다. 만약 레이어나 선택 영역이 없을 때에는 이미지 전체가 이동됩니다.

#### ■ 이동 툴에 의해 움직여지는 이미지

레이어로 분리된 이미지를 이동 툴로 이동하면 레이어의 위치만 변경되고 다른 레이어는 변하지 않기 때문에 합성 작업에 유용합니다.

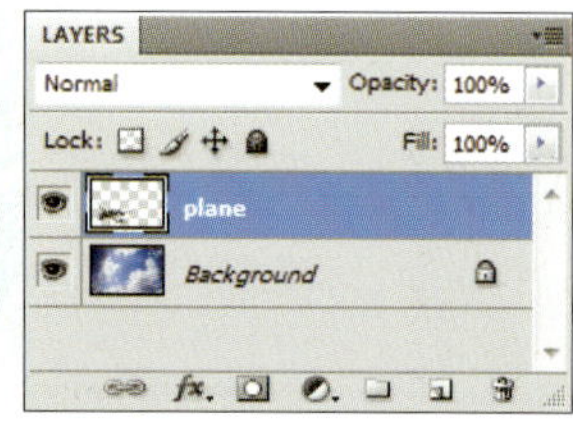  

▲ 레이어로 분리된 비행기 이미지를 이동 툴로 이동했을 때

하지만, 하나의 레이어에서 선택 영역으로만 분리된 경우에는 선택 영역이 이동되면서 원래의 이미지 자리는 배경색이 채워져 이미지가 손상됩니다.

▲ 선택 영역을 이동 툴로 이동했을 때

## ■ 이동 툴의 사용을 쉽게 도와주는 기능키

이미지가 여러 레이어로 이뤄져 있을 경우, 이동 툴을 선택하고 Ctrl을 누른 채 원하는 이미지를 클릭하면 해당 이미지의 레이어가 자동으로 선택됩니다. 이는 옵션에서 [Auto-Select]를 선택한 것과 같습니다. 또한, Alt를 누른 채 이미지나 선택 영역을 클릭 드래그하면 복사됩니다.

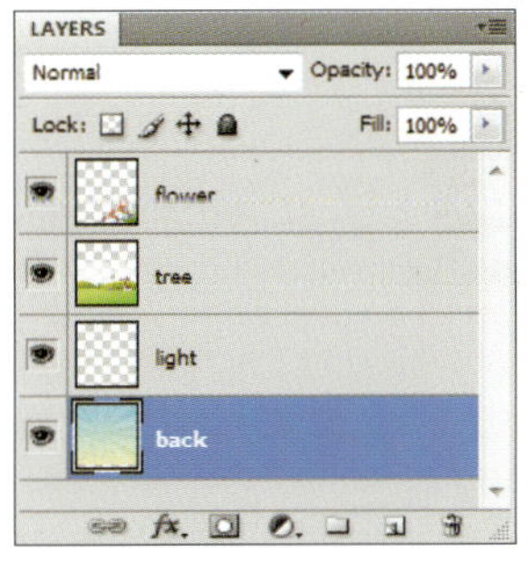

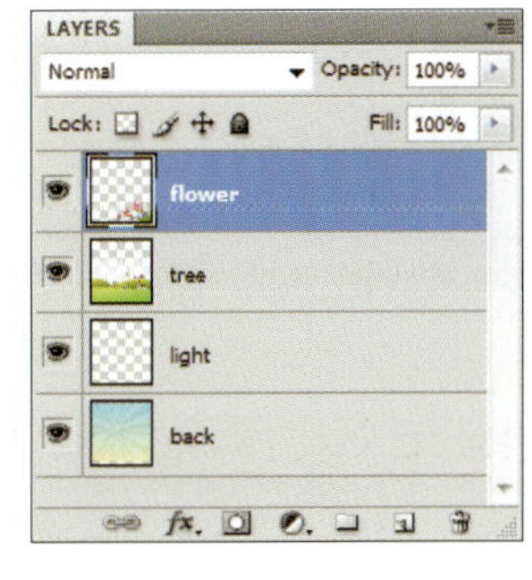

▲ 이동 툴로 Ctrl을 누른 채 이미지를 클릭하면 자동으로 레이어가 변경

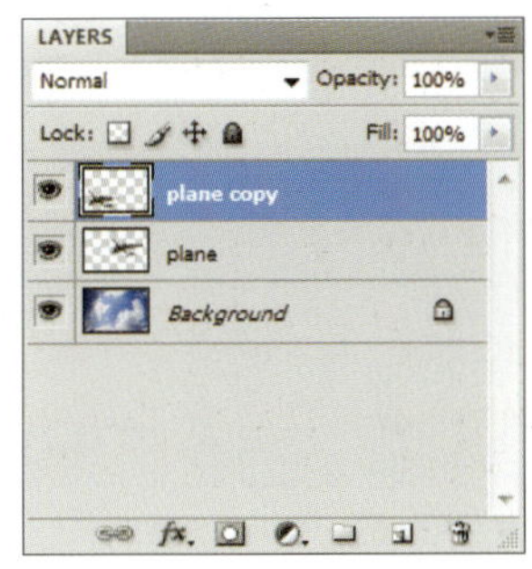

▲ 이동 툴로 Alt를 누른 채 이미지를 클릭, 드래그하여 복사



**Training 02.**
이동 툴로 이미지 다루기

# 이동 툴로 이미지 이동하고 정렬하기

◎ **준비물** : '예제파일\Round03\move.psd' 파일을 불러오세요.

**①** 툴박스의 이동 툴(▶+)을 클릭합니다. LAYERS 패널에서 'img1' 레이어를 선택한 후 이미지에서 드래그하면 가장 왼쪽에 놓인 이미지가 이동합니다. 드래그하여 왼쪽과 아래쪽 가이드에 맞춰줍니다.

**②** 같은 방법으로 먼저 LAYERS 패널에서 'img5' 레이어를 선택한 후 이미지에서 가장 오른쪽 이미지를 드래그하여 오른쪽과 아래쪽 가이드에 맞춰줍니다.

예제 파일에는 가이드를 미리 만들어 놓았습니다. 만약 가이드가 보이지 않으면 Ctrl+;를 눌러 나타나게 합니다.



가이드의 위치를 잘못 설정했을 때에는 클릭하고 창 밖으로 드래그하면 사라집니다.

**③** LAYERS 패널에서 Shift 를 누른 채 'img1' 레이어를 클릭하여 'img5'와의 사이에 있는 모든 레이어를 선택합니다.



Shift 를 누른 채 두 레이어를 클릭하면 그 사이의 모든 레이어가 선택됩니다. 반면 Ctrl 을 누르면 클릭한 레이어들만 추가 선택됩니다.

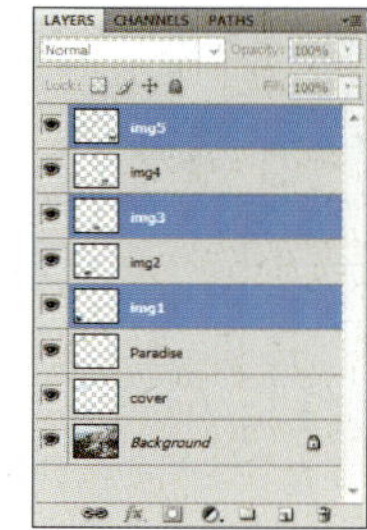

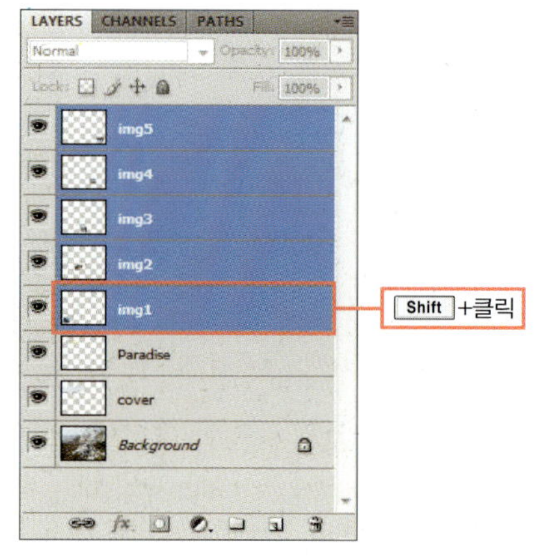

④ 옵션 바의 정렬 아이콘 중에 '아래 정렬(▣)'을 클릭합니다. 선택된 레이어의 이미지가 아래로 정렬된 것을 확인합니다.

⑤ 이번에는 옵션 바의 간격 아이콘 중에 '수평 간격(▣)'을 클릭하여 선택된 이미지들의 간격이 서로 일치되게 합니다.

**STOP**

옵션 바의 정렬 아이콘들은 레이어를 2개 이상 선택할 때에만 활성화됩니다.

**BONUS**

간격 아이콘들은 가장 바깥쪽에 놓인 이미지와 마지막에 놓인 이미지를 기준으로 가운데 놓인 이미지의 간격을 일정하게 맞춰 정렬합니다. 정렬하려는 레이어가 3개 이상일 때만 사용할 수 있습니다.

## G O !   이동 툴로 선택한 이미지 크기 조절하기

◎ **준비물** : 앞의 파일에 이어서 작업합니다.

① 옵션 바에서 [Auto-Select]에 체크한 후 글자 아래 놓인 이미지를 클릭합니다. LAYERS 패널을 보면 클릭한 이미지인 'cover' 레이어가 자동으로 선택되어 있습니다.

② 옵션 바에서 [Show Transform Controls]를 체크하면 레이어 이미지에 크기 조절점이 나타납니다.

❸ 조절점을 드래그하여 크기를 줄인 후 옵션 바의 '확인 (✔)'을 클릭합니다.

❹ 옵션 바의 모든 체크를 해제한 후 [Ctrl]+[;]를 눌러 가이드를 감추고 이미지를 확인합니다.

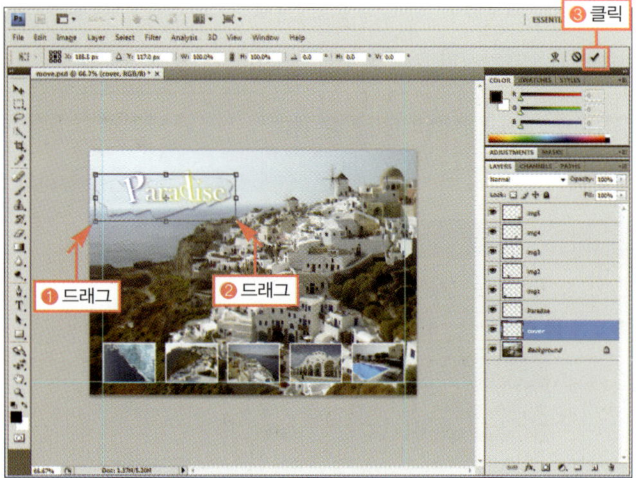

완성물 : 예제파일\Round03\move_f.psd



[Enter]를 누르거나 크기 조절점 안을 더블클릭해도 변형이 완료됩니다.

---

## PHOTOSHOP COACHING |포토샵 코칭|                              이동 툴의 옵션 바

이동 툴 옵션 바의 각 항목에 대해서 살펴보겠습니다.

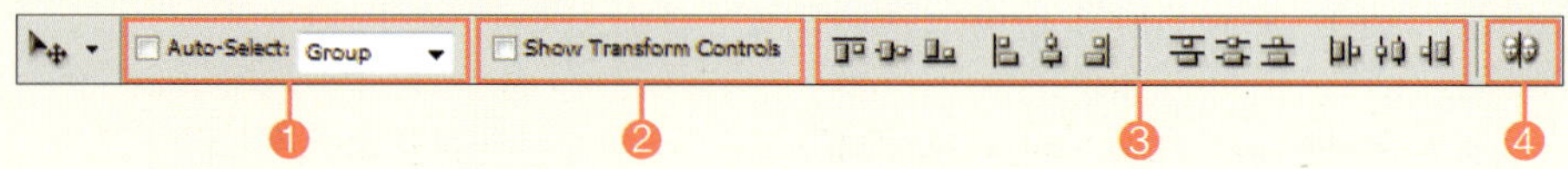


❶ **Auto-Select** : 원하는 이미지를 클릭하면 자동으로 이미지 레이어가 선택되는 기능으로, 레이어를 선택해주는 [Layer]와 이미지가 포함된 그룹을 우선적으로 선택하는 [Group] 옵션이 있습니다.

❷ **Show Transform Controls** : 체크하면 선택한 레이어의 크기를 조절하거나 회전할 수 있는 조절점이 나타납니다.

❸ **레이어 정렬** : 여러 레이어 간의 정렬과 간격 배치를 조절합니다.
  • **수평 정렬**(　) : 2개 이상의 레이어가 선택되었을 때 위/가운데/아래의 경계선이 기준이 되어 정렬합니다.
  • **수직 정렬**(　) : 2개 이상의 레이어가 선택되었을 때 왼쪽/가운데/오른쪽의 경계선이 기준이 되어 정렬합니다.
  • **수평 간격 정렬**(　) : 3개 이상의 레이어가 선택되어 세로로 간격을 맞출 때 사용하는 옵션으로, 위/가운데/아래 경계선이 기준이 됩니다.
  • **수직 간격 정렬**(　) : 3개 이상의 레이어가 선택되어 가로로 간격을 맞출 때 사용하는 옵션으로, 왼쪽/가운데/오른쪽 경계선이 기준이 됩니다.

❹ **레이어 자동 정렬** : 선택된 레이어의 경계 부분을 읽어 레이어를 자동으로 맞춰주는 기능입니다. 여러 조각으로 찍은 이미지를 맞출 때 편리합니다.



**Round 03.**
포토샵의 안방마님, 이미지 선택하고 편집하기

이동 툴(▶+)의 옵션 바에서 '레이어 자동 정렬(▦)'은 레이어로 나눠져 있는 이미지의 픽셀을 자동으로 읽어 최대로 자연스럽게 연결하는 기능으로, [Auto-Align Layers] 대화상자에서 이미지를 맞춰주는 모양을 선택할 수 있습니다.

◎ **준비물** : '예제파일\Round03\palace.psd' 파일을 불러오세요.

① LAYERS 패널에서 'photo2' 레이어의 '눈(◉)'을 클릭하여 화면에서 안 보이게 한 후 'photo1' 이미지를 확인합니다.

② 다시 LAYERS 패널에서 'photo2' 레이어의 '눈(◉)'을 클릭하여 이미지를 확인합니다.

③ 두 레이어 이미지를 연결하기 위해 LAYERS 패널에서 [Shift]를 누른 채 'photo1' 레이어를 추가로 선택합니다. 그리고 옵션 바에서 '레이어 자동 정렬(▦)'을 클릭합니다.

④ [Auto-Align Layers] 대화상자가 나타나면 기본 설정 그대로 두고 [OK] 버튼을 클릭합니다.

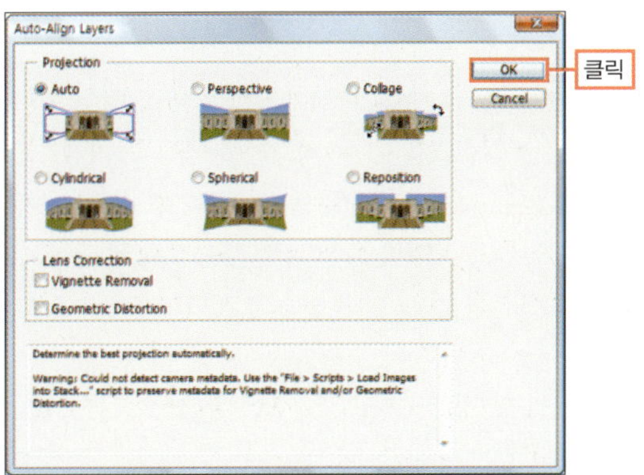


### BONUS

[Auto]는 이미지를 자동으로 분석해 가장 좋은 원근감으로 레이어 이미지를 맞춰주는 옵션입니다.

⑤ 선택한 두 개의 레이어 이미지가 자동으로 맞춰집니다.

⑥ 툴박스의 크롭 툴(四)을 클릭한 후 그림과 같이 이미지에서 드래그하여 이미지가 비어 있는 부분을 자를 영역으로 만듭니다.

⑦ Enter 를 눌러 이미지를 자릅니다.

◎ **완성물** : 예제파일\Round03\palace_f.psd

이동 툴의 옵션 바에서 레이어의 모퉁이나 가장자리의 이미지를 기준으로 여러 레이어를 자동으로 포개서 연결하여 주는 '레이어 자동 정렬(🔳)'을 클릭하면 나오는 [Auto-Align Layer] 대화상자의 각 항목에 대해서 살펴보겠습니다.

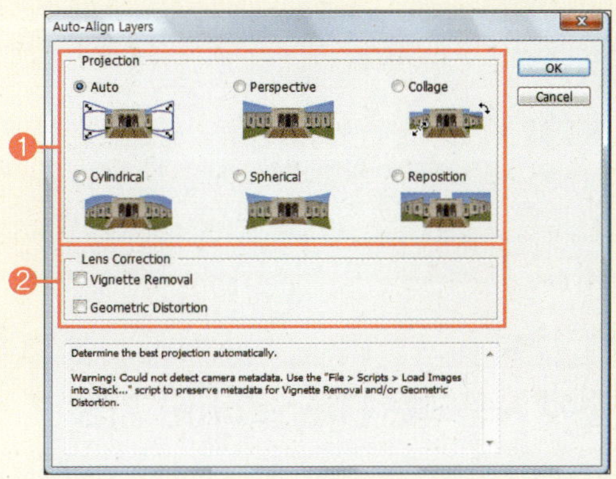

❶ **Projection** : 레이어 이미지를 분석해 여러 이미지를 연결할 때 모양을 선택할 수 있습니다.

- Auto : 소스 이미지를 분석하여 [Perspective]와 [Cylindrical] 중의 하나로 이미지를 연결합니다.
- Perspective : 선택한 레이어에서 하나를 기준으로 나머지 이미지를 원근감있게 변형하여 연결합니다.
- Collage : 레이어를 연결할 때 크기와 회전만 적용합니다.
- Cylindrical : 개별 이미지를 확장된 원통형으로 연결 합성하는 것으로, [Perspective]를 선택할 때 연결된 이미지 양끝을 원통형으로 변형합니다. 넓은 파노라마를 만드는 데 가장 좋습니다.
- Spherical : 이미지를 넓게 정렬하는데, 연결되는 이미지의 모서리를 일치시켜 변형됩니다.
- Reposition : 레이어를 변형하지 않고 정렬하여 연결합니다.

❷ **Lens Correction** : 카메라 렌즈에 의한 문제점을 수정합니다.

- Vignette Removal : 체크하면 레이어 이미지의 가장자리가 어둡게 나타나는 렌즈 결함을 보정합니다.
- Geometric Distortion : 체크하면 기하학적 왜곡을 제거하고 정렬합니다.

# 이미지의 모양을 변형하기 위한 [Transform] 기능 알아보기

Photoshop · CS4

포토샵에서 작업을 하다 보면 이미지의 크기를 조절하거나 회전, 기울기와 같은 변형을 적용해야 할 경우가 많이 있습니다. 이번 Training에서는 이럴 때 필요한 다양한 [Transform] 명령에 대해 알아보겠습니다.

| 학습 목표 | 학습 소재 | 난이도 | 예상 학습 결과 | 연계 학습 |
| --- | --- | --- | --- | --- |
| 다양한 이미지 변형 명령 알아보기 | [Edit]–[Transform], [Free Transform] 메뉴 | ★★★☆☆ | 이미지를 원하는 대로 변형하거나 왜곡하기 | 레이어 : 122쪽 |

## READY!  이미지 변형에 사용되는 [Transform] 기능

[Transform] 메뉴에는 기본적인 변형인 [Scale], [Rotate]를 비롯하여 다양한 변형 명령이 있어 손쉽게 사용할 수 있습니다. 그러나 이미지를 많이 변형하면 픽셀이 계속 깨져 품질이 많이 손상될 수 있습니다. 따라서 알맞은 변형 명령을 차례로 적용해보고 한 번에 변형을 완료하는 것이 좋습니다.

### ■ 다양한 [Transform] 명령 살펴보기

이미지를 선택하고 [Edit]–[Transform] 메뉴 중에 원하는 명령을 적용한 후 변형 조절점을 이용해 원하는 모양으로 변형합니다. 이때 원하는 변형 명령을 여러 개 사용해도 됩니다. 변형이 완료되면 변형 조절 영역 안을 더블클릭하거나 Enter, 또는 옵션 바의 '확인(✔)'을 클릭하면 마무리됩니다.

❶ Scale : 변형 조절점을 드래그하여 크기를 조절할 수 있습니다.

❷ Rotate : 조절점에서 마우스 포인터가 ↵ 모양으로 바뀌면 드래그하여 회전할 수 있습니다.

❸ Skew : 8개의 조절점에서 가로, 세로의 가운데 놓인 조절점을 드래그하여 이미지를 기울어트릴 수 있습니다. 모서리 조절점을 드래그하면 [Distort]와 같습니다.

❹ Distort : 각 모서리의 조절점을 드래그하여 모양을 자유롭게 찌그러트릴 수 있습니다.

❺ Perspective : 각 모서리의 조절점을 드래그하면 반대쪽 모서리 조절점도 같이 조절되어 사다리꼴 모양으로 변형됩니다.

❻ Warp : 가장 자유롭게 변형되는 명령으로 조절점과 조절선, 가로선, 세로선을 드래그하여 변형합니다.

❼ Rotate 180° : 선택한 이미지를 180도로 회전합니다.

❽ Rotate 90° CW/CCW : 선택한 이미지를 시계방향 90도로, 반시계방향 90도로 회전합니다.

❾ **Flip Horizontal** : 이미지를 수평으로 뒤집습니다.

❿ **Flip Vertical** : 이미지를 수직으로 뒤집습니다.

▲ 변형 전 원본 이미지

▲ Scale

▲ Rotate

▲ Skew

▲ Distort

▲ Perspective

▲ Warp

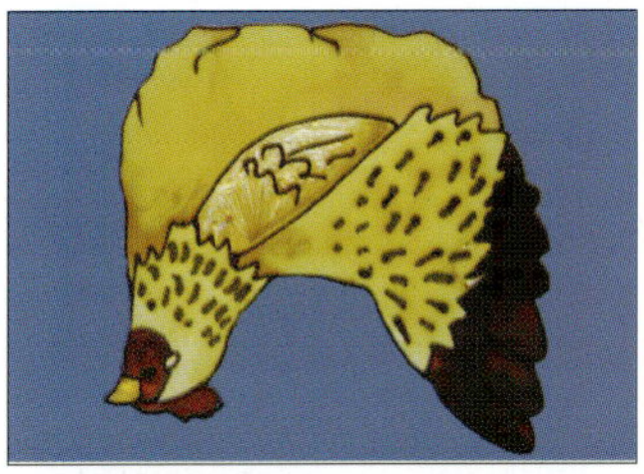

▲ Rotate 180˚

▲ Rotate 90˚ CW

▲ Rotate 90˚ CCW

▲ Flip Horizontal

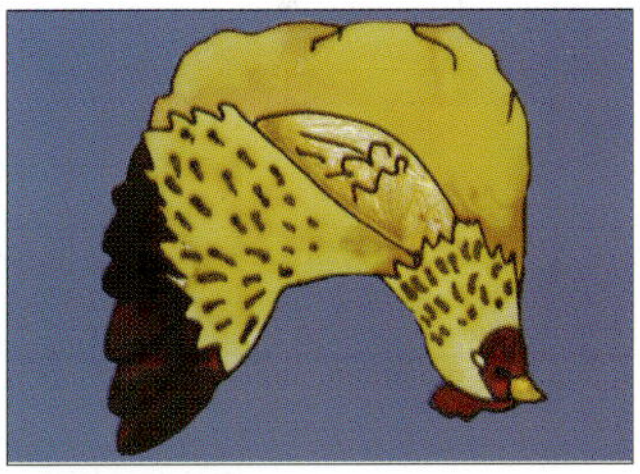

▲ Flip Vertical

■ **자유로운 변형을 위한 [Warp] 명령**

[Warp]는 이미지를 가장 자유롭게 찌그러트릴 수 있는 명령으로 조절점과 조절선, 가로선, 세로선을 움직여 이미지를 변형할 수 있습니다.

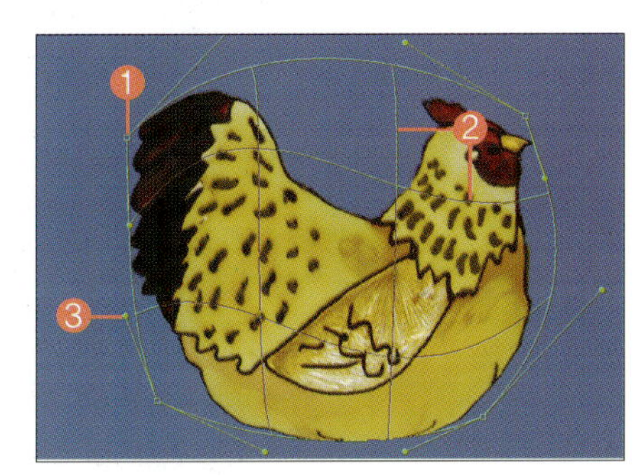

❶ **조절점** : 드래그하여 이미지를 변형할 수 있습니다.

❷ **가로선, 세로선** : 이미지를 가로, 세로로 등분하여 드래그하면 이미지가 휘어집니다.

❸ **조절선** : 가로선, 세로선의 휘는 정도를 조절합니다.



**Training 03.**
이미지의 모양을 변형하기 위한 [Transform] 기능 알아보기

■ **백그라운드 이미지와 레이어 이미지에서 [Transform] 명령 사용하기**

LAYERS 패널의 맨 아래 놓인 백그라운드(Background)에 [Transform] 명령을 적용하려면 선택 영역을 만든 후에 사용할 수 있습니다. 하지만 일반 레이어는 투명한 영역과 이미지 영역으로 구분되기 때문에 군이 선택 영역을 만들지 않아도 바로 이미지 영역에 [Transform]이 적용됩니다.

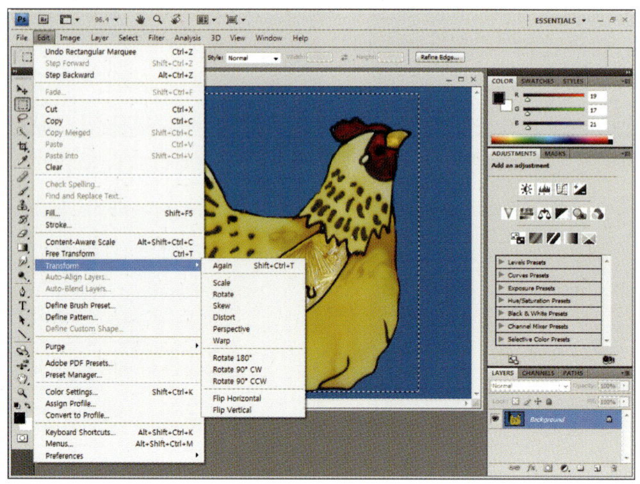

▲ 백그라운드에 [Transform] 명령 적용하기

▲ 레이어에 [Transform] 명령 적용하기



## 이미지 크기와 각도 조절하기

**준비물** : '예제파일\Round03\shoes.psd' 파일을 불러오세요.

**1** 신발 크기를 줄이기 위해 [Edit]-[Transform]-[Scale] 메뉴를 선택합니다

**2** 왼쪽 위의 모서리 조절점을 안으로 드래그하여 그림과 같이 크기를 줄입니다.

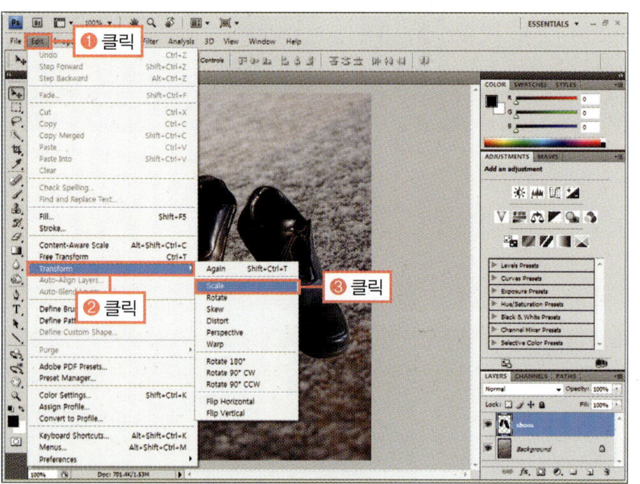

가로, 세로 비율이 일정하게 크기를 조절하려면 Shift 를 누른 채 조절점을 드래그합니다. 또한, Alt 를 누른 채 크기 조절점을 드래그하면 그 조절점을 중심으로 크기가 조절됩니다. 따라서, 중심점을 기준으로 일정한 비율로 변형하려면 Shift 와 Alt 를 함께 누른 채 조절합니다.

③ 신발을 회전시키기 위해 [Edit]-[Transform]-[Rotate] 메뉴를 선택합니다.

④ 조절점 밖으로 이동하여 마우스가 '회전(↵)' 모양으로 변형되면 왼쪽으로 드래그하여 그림과 같이 회전합니다.

변형 조절점이 표시되면 마우스 오른쪽 버튼을 클릭하여 나타나는 메뉴에서 변형 명령을 선택할 수도 있습니다.

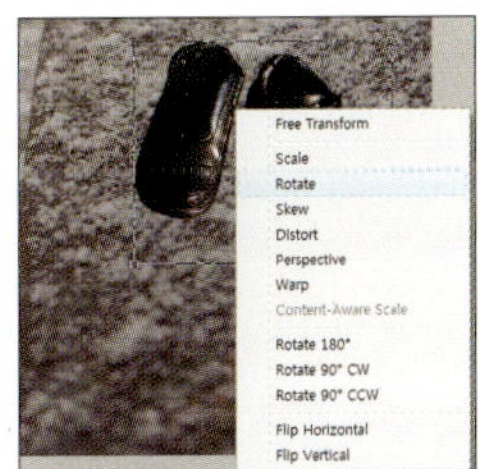

⑤ [Edit]-[Transform]-[Perspective] 메뉴를 선택합니다.

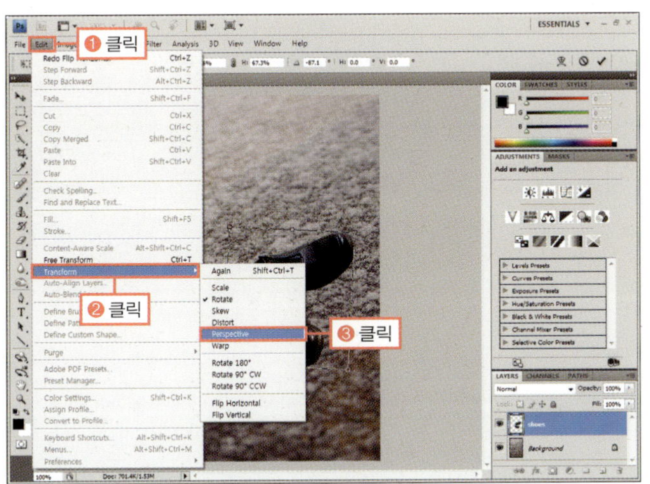

⑥ 오른쪽 아래 조절점을 아래로 드래그하여 그림과 같이 사다리꼴 모양으로 변형한 후 Enter 를 누릅니다.

[Perspective] 명령은 모서리에 있는 조절점을 드래그하면 반대쪽 조절점도 같이 조절되어 원근감 있는 변형을 할 때 유용합니다.



[Transform] 명령을 적용할 때에는 모든 변형을 완료한 후에 마지막으로 옵션 바의 '확인(✔)'을 클릭해야 픽셀이 깨지는 것을 최대한 줄여줄 수 있습니다.

⑦ 합성을 자연스럽게 마무리하기 위해 간단히 그림자를 적용하겠습니다. LAYERS 패널의 '레이어 스타일(*fx*)'을 클릭하여 [Drop Shadow]를 선택합니다.

⑧ [Layer Style] 대화상자가 나타나면 그림자의 방향을 나타내는 [Angle]을 '101', 그림자와의 거리를 나타내는 [Distance]를 '33', 그림자가 번지는 정도를 나타내는 [Size]를 '13'으로 입력하고 [OK] 버튼을 클릭합니다.

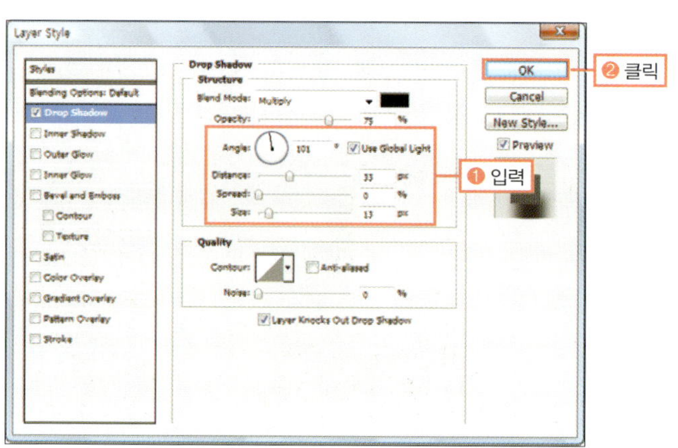

### BONUS

레이어 이미지에 손쉽게 여러 가지 효과를 적용해주는 '레이어 스타일'은 381쪽에서 자세히 다룹니다.

⑨ 변형된 이미지와 그림자를 확인합니다.

◎ **완성물** : 예제파일\Round03\shoes_f.psd

# 이미지 모양을 자유롭게 변형하기

◎ **준비물** : '예제파일\Round03\pmp.psd' 파일을 불러오세요.

◎ **동영상 해설** : 동영상해설\pmp.avi

**1** LAYERS 패널의 'pic' 레이어가 선택된 것을 확인한 후 [Edit]-[Free Transform] 메뉴를 선택합니다.

### B O N U S

바로 가기 키 Ctrl + T 를 눌러도 됩니다.

**2** 변형 조절점이 나타나면 모서리에 있는 조절점을 안으로 드래그하여 크기를 대략 줄여줍니다.

### B O N U S

[Free Transform]은 [Transform]과 달리 [Scale], [Rotate], [Distort]를 한 번의 명령으로 조절할 수 있습니다. [Distort]를 실행하려면 Ctrl 을 누른 채 모서리 조절점을 드래그하여 변형할 수 있습니다.

**3** 변형 조절점의 바깥쪽으로 마우스 포인터를 이동하여 '회전(↵)' 모양으로 바뀌면 시계방향으로 드래그하여 회전합니다.

**4** Ctrl 을 누른 채 각 모서리 조절점을 드래그하여 그림과 같이 화면 안에 크기를 맞춰준 후 Enter 를 눌러 변형을 마무리합니다.

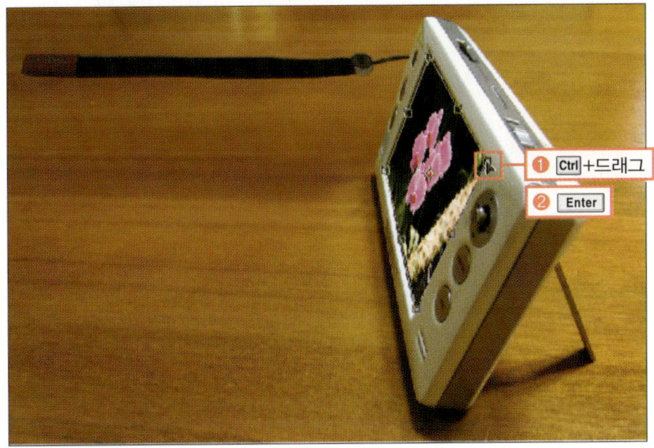

**5** LAYERS 패널에서 'strap' 레이어를 선택한 후 Ctrl +T를 눌러 [Free Transform]을 적용합니다.

**6** 중심점(✛)을 변형 조절점으로 이동합니다.

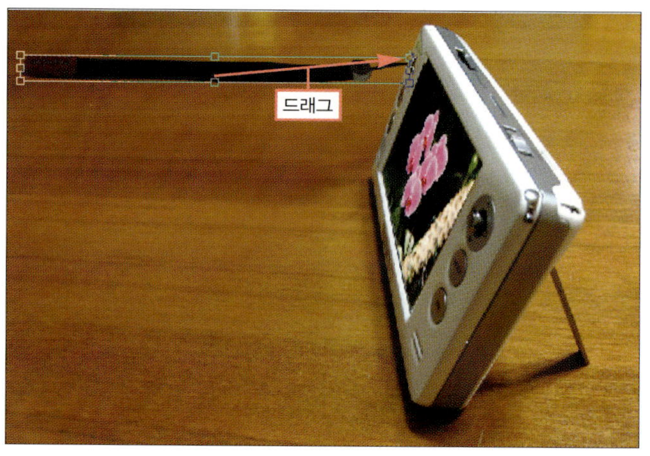


**BONUS**

변형 조절점의 가운데 위치한 중심점(✛)은 회전할 때 기준점이 되는 위치입니다.

**7** 조절점 바깥으로 커서를 이동하여 '회전' 커서(↰)로 바뀌면 시계 반대 방향으로 드래그하여 그림과 같이 회전합니다.

**8** [Edit]-[Transform]-[Warp] 메뉴를 선택합니다.

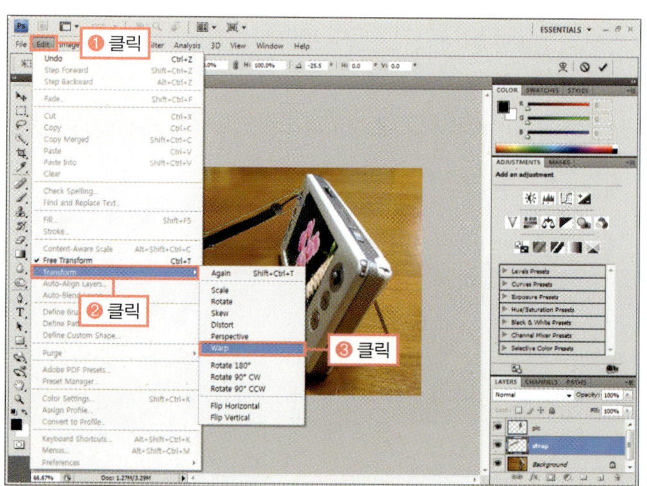

**⑨** 'strap' 이미지에 변형할 수 있는 조절점과 조절선,
세로선, 가로선이 나타납니다. 아래 조절선 중 왼쪽을 아래
로 드래그하여 그림과 같이 변형합니다.

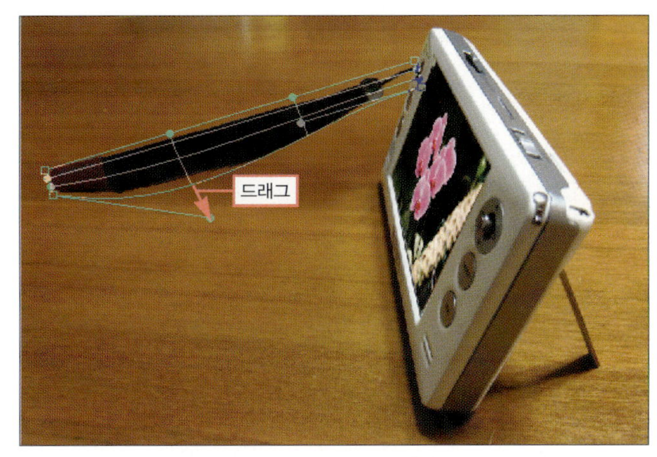


**⑩** 왼쪽 부분의 가로선을 아래로 드래그하여 그림과 같
이 휘어지도록 조절합니다.

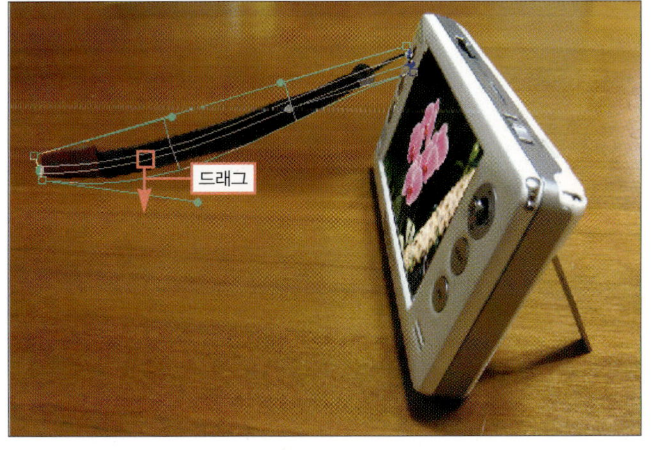


**⑪** 왼쪽 위 조절선 끝과 위 가로선도 각각 아래로 드래그
하여 그림과 같이 휘어지게 합니다.

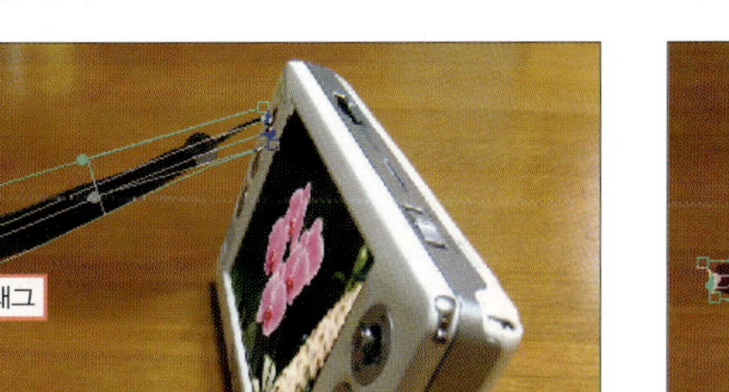


**⑫** 오른쪽 부분의 조절선과 가로선을 위로 드래그하여
그림과 같이 휘어지게 조절합니다.

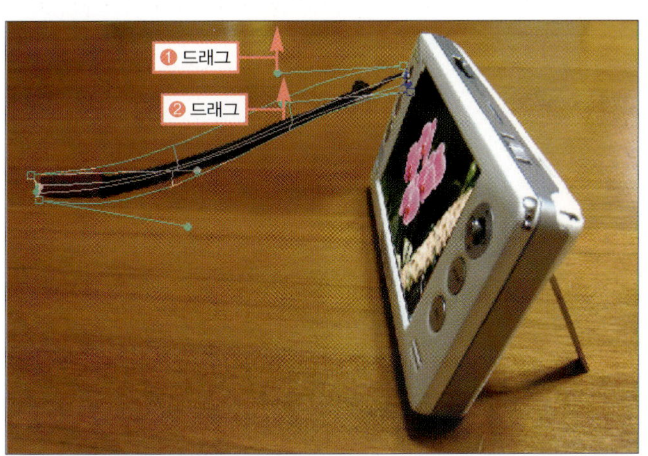


**⑬** 변형의 가운데 부분을 아래로 드래그하여 그림과 같
이 자연스럽게 휘어지도록 조절합니다.

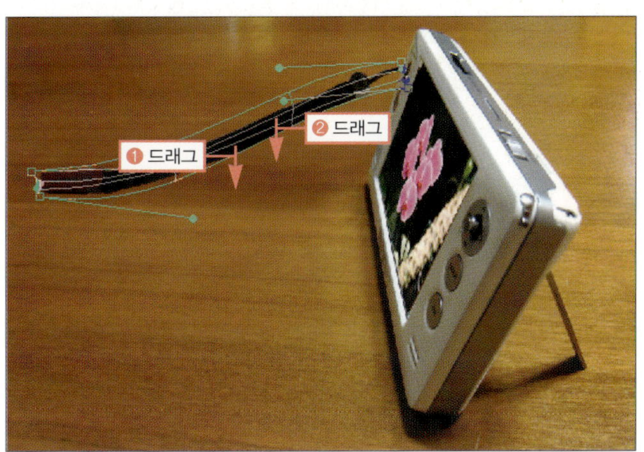



**Training 03.**
이미지의 모양을 변형하기 위한 [Transform] 기능 알아보기

**14** **Enter**를 눌러 변형을 마무리합니다.

◎ **완성물** : 예제파일\Round03\pmp_f.psd

## [Transform] 옵션 바

[Edit]–[Transform] 메뉴를 선택하면 옵션 바에 위치, 크기, 회전, 기울기의 수치를 입력할 수 있는 명령이 나타납니다. 이미지를 정확한 수치로 변형할 때 편리합니다.

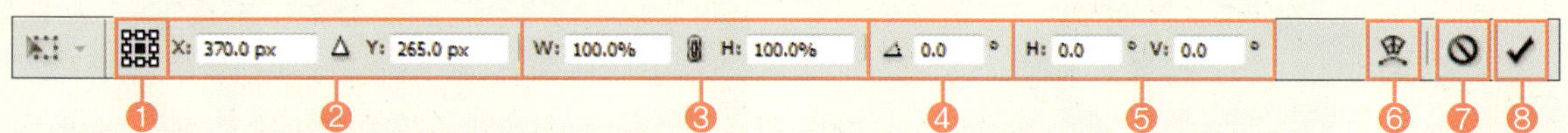

❶ **중심 위치** : 변형의 기준점을 변경합니다.

❷ **X, Y** : '중심 위치'에서 클릭한 지점의 X 좌표, Y 좌표가 표시됩니다. 가운데에 있는 △를 클릭하면 현재의 위치를 '0'으로 잡고 이동한 거리만큼을 표시합니다.

❸ **W, H** : 입력한 수치만큼 너비와 높이를 늘리거나 줄입니다. 가운데에 있는 📎를 클릭하면 너비와 높이가 같은 비율로 조절됩니다.

❹ **Rotate** : 회전 값을 입력할 수 있습니다.

❺ **Skew** : 가로, 세로의 기울기 값을 입력합니다.

❻ **Warp** : 클릭하면 [Warp] 명령을 적용할 수 있습니다.

❼ **취소** : 변형한 내용을 취소합니다.

❽ **확인** : 변형을 적용합니다.

# 지정된 모양으로
# 선택 영역 만들기

Photoshop · CS4

이미지의 특정 부분을 변형하거나 필터 등으로 변화를 주고 싶을 때 툴박스의 선택 툴을 이용해 이미지를 선택하게
되는데, 이때 사각형이나 원형, 한 줄로 선택하는 방법에 대해 알아보겠습니다.

| 학습 목표 | 학습 소재 | 난이도 | 예상 학습 결과 | 연계 학습 |
|---|---|---|---|---|
| 선택 툴로 원하는 이미지를 선택하기 | • 사각형 선택 툴<br>• 원형 선택 툴 | ★★★☆☆ | • 사각형으로 이미지 선택<br>• 원형으로 이미지 선택 | 이동 툴 : 126쪽 |

## READY!

## 사각형, 원형, 한줄 선택 툴 소개하기

단순한 도형 모양으로 선택하는 툴 중에 사각형 모양의 이미지를 변형하거나 채색하려고 할 때에
는 사각형 선택 툴(▢), 둥근 모양의 이미지를 선택할 때에는 원형 선택 툴(◯), 가로로 1픽셀짜
리 줄을 그릴 때 사용하는 가로한줄 선택 툴(▱), 세로로 1픽셀짜리 줄을 그릴 때 사용하는 세로
한줄 선택 툴(▯)을 사용합니다.

▲ 사각형 선택 툴

▲ 원형 선택 툴

▲ 가로한줄 선택 툴

▲ 세로한줄 선택 툴

## 이미지 선택에 관한 기본 알아보기

◎ **준비물** : '예제파일\Round03\food.jpg' 파일을 불러오세요.

❶ 툴박스에서 사각형 선택 툴(▣)을 클릭하고 옵션 바의 [Feather]에 '15px'을 입력합니다. 그리고 그림과 같이 왼쪽 위에서 오른쪽 아래로 드래그하여 선택 영역을 만듭니다.

**B O N U S**

[Feather]는 선택 영역의 경계선을 부드럽게 하는 옵션입니다.

❷ 선택 영역을 반전시키기 위해 [Select]−[Inverse] 메뉴를 선택합니다.

**B O N U S**

Shift + Ctrl + I 를 클릭해도 [Select]−[Inverse] 명령을 실행할 수 있습니다.

❸ 선택 영역이 반전된 것을 확인한 후 Delete 를 눌러 선택 영역을 지웁니다.

❹ [Select]−[Deselect] 메뉴를 선택하여 선택 영역을 해제합니다.

**B O N U S**

선택 영역 해제의 바로 가기 키 : Ctrl + D

⑤ 사각형 선택 툴(□)을 클릭하여 나오는 툴 중에 원형 선택 툴(○)을 선택합니다.

⑥ 이미지에서 그림과 같이 접시 위의 오른쪽 끝에 놓인 레몬 이미지를 드래그하여 선택 영역을 만듭니다.

선택 영역이 잘 맞지 않으면 선택 영역 안에서 클릭, 드래그하여 위치를 옮겨줍니다. 또는 키보드의 방향키를 이용해서 선택 영역을 이동할 수도 있습니다.

⑦ 툴박스에서 이동 툴(▶)을 클릭한 후 이미지의 선택 영역에서 Alt 를 누른 채 오른쪽으로 드래그하여 선택 영역을 복사합니다.

⑧ Ctrl + D 를 눌러 선택 영역을 해제합니다.

◎ **완성물** : 예제파일\Round03\food_f.jpg

**Training 04.**
지정된 모양으로 선택 영역 만들기

선택 툴의 옵션 바에는 선택을 추가하거나 삭제할 수 있는 선택 모드 아이콘과 [Feather], 스타일을 선택할 수 있습니다.

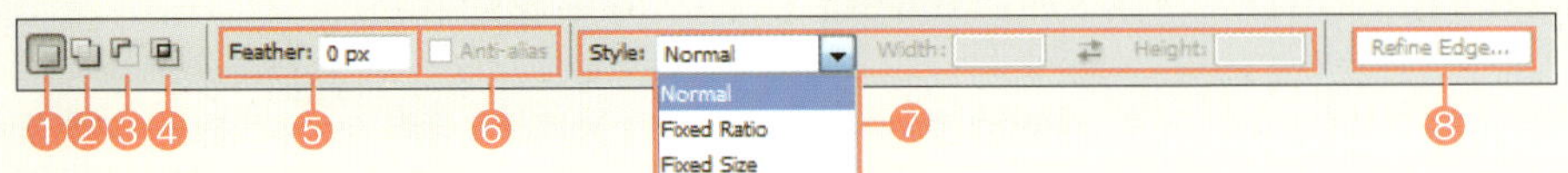

① **새 선택** : 처음 선택 영역을 만드는 것으로, 기존의 선택 영역이 있으면 그것을 해제하고 새롭게 선택합니다.

② **선택 추가** : 기존 선택 영역에 추가할 때 사용합니다.

③ **선택 삭제** : 기존 선택 영역에서 일부분을 빼고 싶을 때 사용합니다.

④ **선택 교차** : 기존 선택 영역과 겹쳐지는 부분만 선택되는 모드입니다.

▲ 새 선택

▲ 선택 추가

▲ 선택 삭제

▲ 선택 교차

⑤ **Feather** : 선택 영역의 경계선을 부드럽게 만드는 명령으로 수치가 클수록 경계선이 부드러워집니다.

▲ Feather : 5px

▲ Feather : 15px

▲ Feather : 30px

⑥ **Anti-alias** : 이미지를 표현하는 픽셀은 사각형 모양이기 때문에 이미지를 확대하면 경계선이 계단 모양으로 나타납니다. 이것을 'Alias'라고 하는데, 이를 완화해주는 기능이 바로 'Anti-Alias'입니다. 이것은 계단 사이사이에 중간 단계의 색상을 넣어 부드럽게 만들어 이미지가 깨져 보이는 것을 피해주는 기능입니다. 따라서 원형 선택 툴(◯)과 올가미 툴(◯) 등을 사용할 때 옵션 바의 [Anti-alias]에 체크하면 선택 영역의 경계 부분의 거침 현상이 완화됩니다.

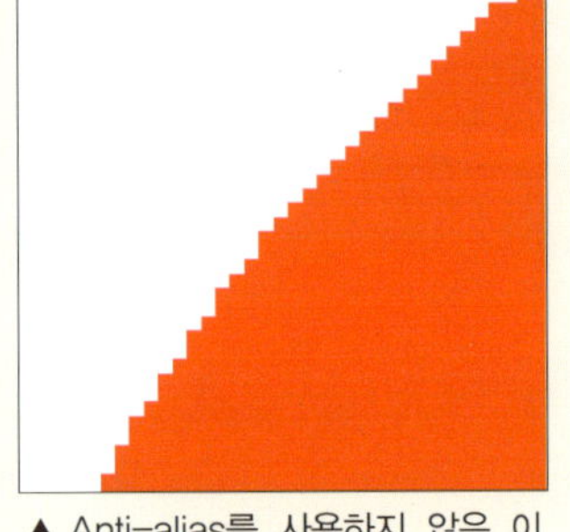
▲ Anti-alias를 사용하지 않은 이미지

▲ Anti-alias를 사용한 이미지

❼ **Style** : 사각형 선택 툴(□)과 원형 선택 툴(○)을 사용할 때 형태를 정할 수 있습니다.

- **Normal** : 자유롭게 선택합니다.
- **Fixed Ratio** : [Width], [Height]에서 정한 수치의 비례로 선택됩니다.
- **Fixed Size** : [Width], [Height]에 입력한 수치의 크기로 고정되어 선택됩니다.

❽ **Refine Edge** : 선택 영역의 경계를 다듬어 주는 것으로 Training07에서 자세히 다루겠습니다.

## G O !   선택 툴 이용하여 이미지에 효과 주기

◎ **준비물** : '예제파일\Round03\rose.psd' 파일을 불러오세요.

❶ 툴박스에서 사각형 선택 툴(□)을 클릭합니다. LAYERS 패널에서 'Background' 레이어를 선택하고 옵션 바에서 [Feather]에 '0'을 입력한 후 장미 이미지보다 조금 크게 선택 영역을 만듭니다.

❷ 선택 영역에 색상을 채우기 위해 [Edit]-[Fill] 메뉴를 선택합니다.

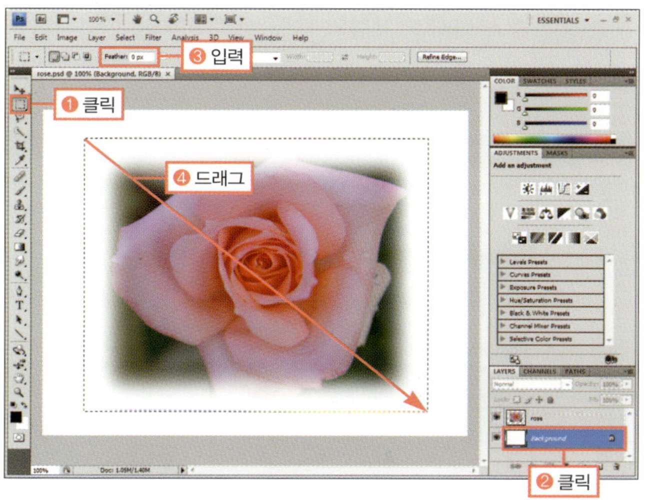


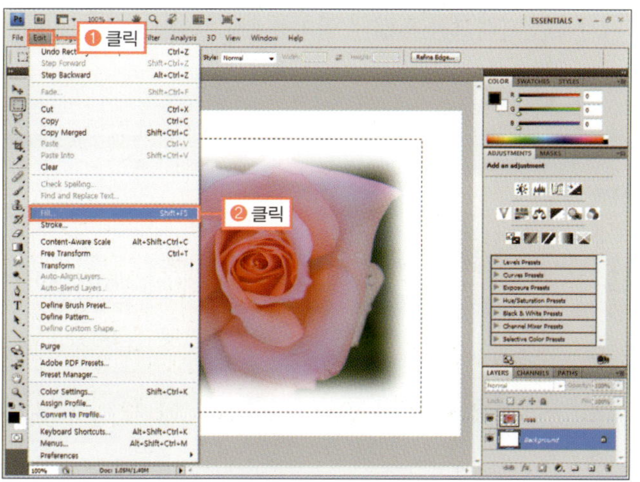


### BONUS

[Fill] 명령은 이미지나 선택 영역에 색이나 패턴을 채워줍니다.

❸ [Fill] 대화상자에서 [Use] 항목을 클릭하여 [Color]를 선택합니다.

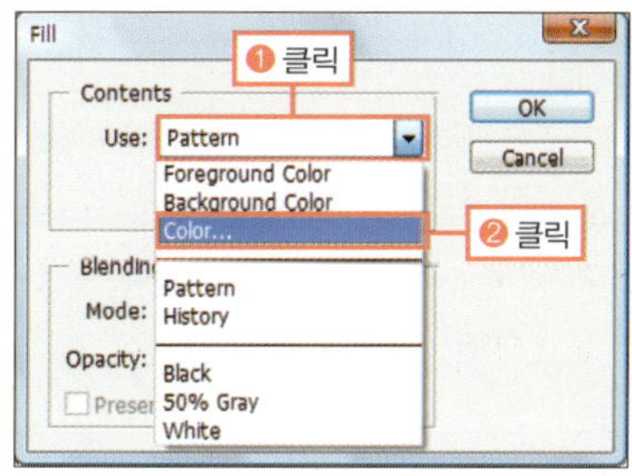




**Training 04.**
지정된 모양으로 선택 영역 만들기

④ 색상을 선택할 수 있는 [Choose a color] 대화상자가 나타납니다. [R]은 '255', [G]는 '216', [B]는 '213'을 입력한 후 [OK] 버튼을 차례로 클릭하여 열린 대화상자를 모두 닫습니다.

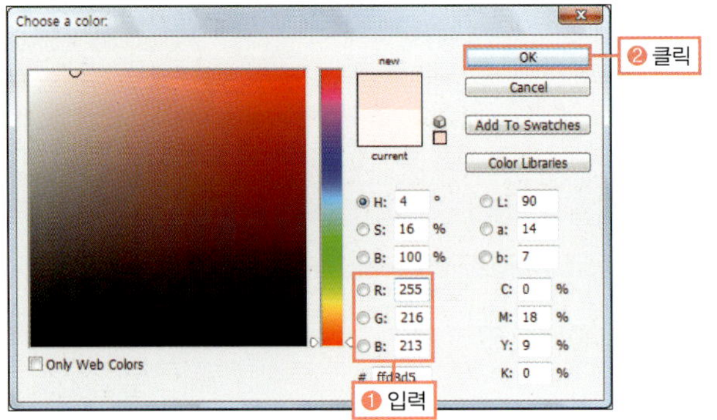

⑤ 선택한 색상이 선택 영역에 채워진 것을 확인하고 Ctrl + D 를 눌러 선택을 해제합니다. 그리고 LAYERS 패널에서 'rose' 레이어를 클릭하고 툴박스에서 원형 선택 툴(◯)을 선택합니다.

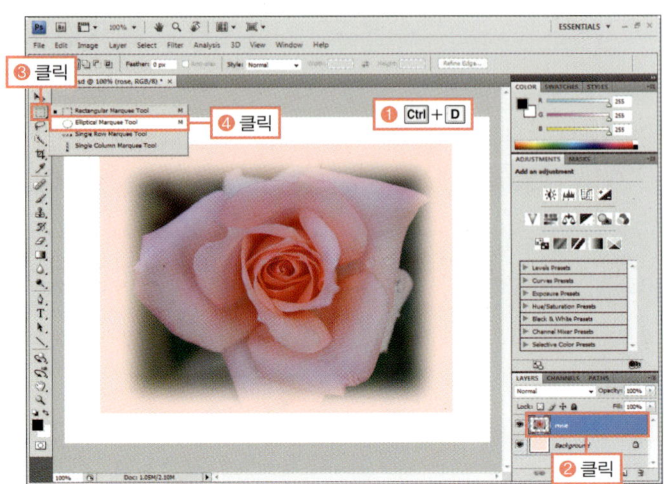

⑥ 옵션 바에서 [Style]을 [Fixed Ratio]로 선택한 후 이미지에서 드래그하여 선택 영역을 만듭니다.

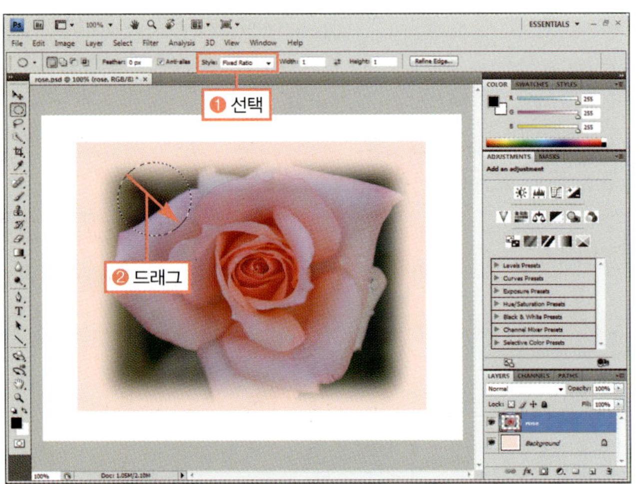

### BONUS

[Fixed Ratio]를 선택하면 [Width], [Height]에 기본 값으로 '1'이 입력되는데, 이는 너비와 높이의 비율이 1대 1이라는 뜻입니다. 이때 정사각형, 정원의 선택 영역을 그릴 수 있습니다.

⑦ 추가로 선택 영역을 만들기 위해 옵션 바에서 '선택 추가(◳)'를 클릭하고 그림과 같이 선택 영역을 만듭니다.

### BONUS

Shift 를 누른 채 드래그해도 선택을 추가할 수 있습니다.

❽ ADJUSTMENTS 패널에서 [Brightness/Contrast (☀)]을 클릭합니다.

❾ [Brightness]를 '38', [Contrast]를 '14'로 조절합니다.

❿ Ctrl+D를 눌러 선택을 해제한 후 이미지를 확인합니다.

◎ 완성물 : 예제파일\Round03\rose_f.psd

## BONUS

### 선택 툴을 사용할 때의 바로 가기 키

이미지를 편집, 합성할 때 가장 많이 사용하는 툴이 선택 툴이기 때문에 작업 시간을 단축하기 위해서 바로 가기 키를 사용하는 것이 좋습니다.

❶ Shift +드래그 : 선택 추가
❷ Alt +드래그 : 선택 삭제
❸ Shift + Alt +드래그 : 선택 교차
❹ 드래그+ Shift : 정원, 정사각형 선택(드래그하는 중에 Shift 를 누릅니다.)
❺ 드래그+ Alt : 시작점을 중심으로 선택(드래그하는 중에 Alt 를 누릅니다.)

Training 05

# 자유롭게 선택되는 올가미 툴

Photoshop · CS4

사용자가 원하는 형태로 선택 영역을 만들 때 사용하는 올가미 툴은 이미지에서 클릭하여 드래그한 모양대로 패스가 나타나며, 처음 클릭한 시점으로 되돌아가 클릭하거나 더블클릭하면 선택이 완료됩니다. 이번 Training에서는 올가미 툴의 용도와 옵션에 대해 자세히 알아보겠습니다.

| 학습 목표 | 학습 소재 | 난이도 | 예상 학습 결과 | 연계 학습 |
|---|---|---|---|---|
| 다양한 올가미 툴 사용하기 | • 다각형 올가미 툴<br>• 자석 올가미 툴<br>• 올가미 툴 | ★★★☆☆ | 원하는 형태로 이미지 선택하기 | 이동 툴 : 126쪽 |

## READY! 올가미 툴의 종류 살펴보기

사용자가 좀 더 자유롭게 선택 영역을 만들 때 사용하는 올가미 툴에는 사용자가 드로잉하는 대로 선택되는 올가미 툴( ), 각진 이미지를 선택할 때 사용하는 다각형 올가미 툴( ), 색상의 차이와 대비를 읽어 선택하는 자석 올가미 툴( )이 있습니다.

▲ 올가미 툴

▲ 다각형 올가미 툴

▲ 자석 올가미 툴

## 다각형 올가미 툴 이용하여 각진 이미지 선택하기

○ **준비물** : '예제파일\Round03\building.jpg' 파일을 불러오세요.

**①** 툴박스에서 올가미 툴(◌)을 클릭하여 나오는 툴 중에 다각형 올가미 툴(◌)을 클릭합니다.

**②** 먼저 빌딩 꼭대기의 한 모서리를 클릭합니다. 그리고 빌딩 경계선에 맞게 오른쪽으로 이동한 후 모서리에서 다시 클릭합니다. 그러면 클릭한 두 지점을 연결하는 패스가 생성됩니다.

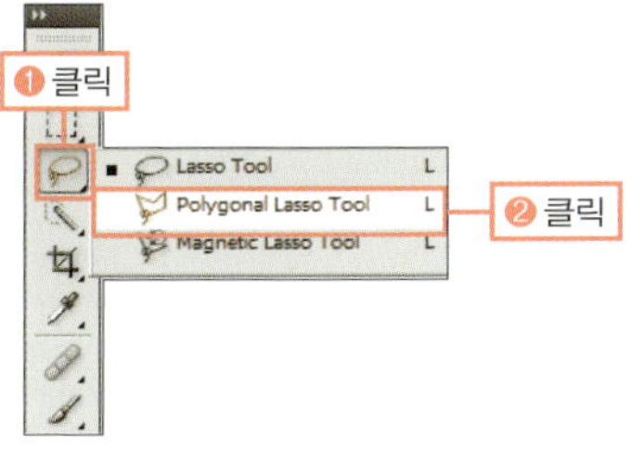


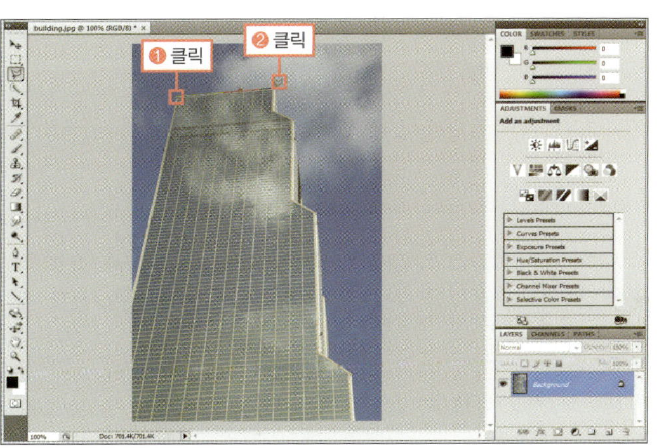


### BONUS

다각형 올가미 툴은 각진 이미지를 선택할 때 사용하는 툴로 각진 모서리를 클릭하면서 패스를 만들어 선택 영역을 만듭니다.

**③** 같은 방법으로 패스가 빌딩의 경계선을 둘러싸도록 선택하다가 처음 지점인 왼쪽 위 모서리까지 돌아오면 마우스 포인터가 '마무리(◌)' 모양으로 변경됩니다. 이때 클릭하여 선택 영역을 만듭니다.

**④** Shift + Ctrl + I 를 눌러 하늘을 선택한 후 ADJUSTMENTS 패널에서 밝기와 대비를 조절하는 [Brightness/Contrast(◌)]를 클릭합니다.

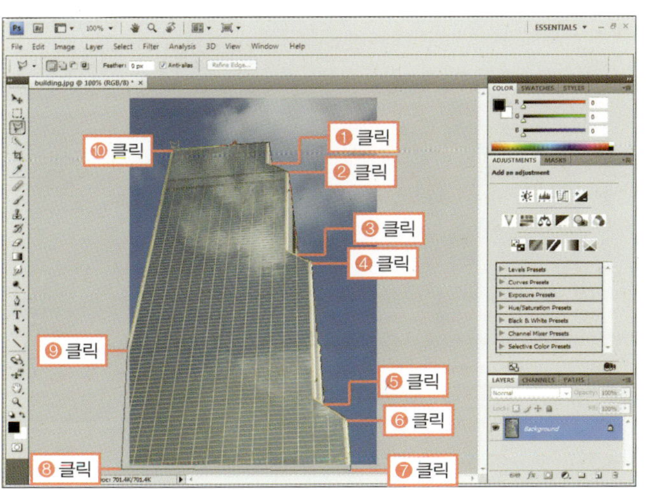


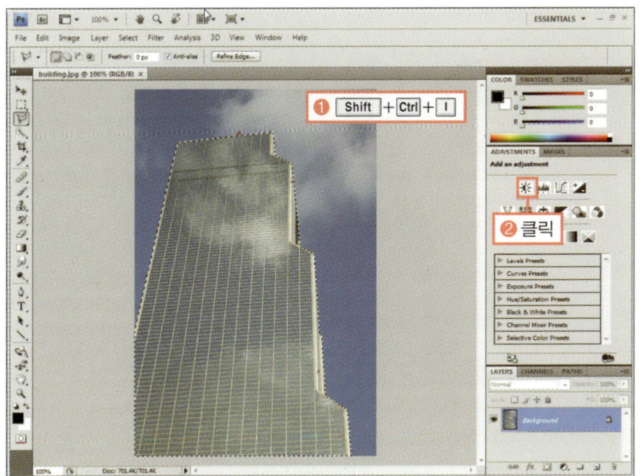


### BONUS

다각형 올가미 툴을 이용해 모서리가 있는 이미지를 선택할 때 클릭한 지점이 틀렸을 때에는 Back Space 를 눌러 마지막 클릭한 부분을 취소할 수 있습니다.

### BONUS

Shift + Ctrl + I 는 선택 영역을 반전시키는 [Select-[Inverse] 메뉴의 바로 가기 키입니다.

⑤ [Brightness]를 '48', [Contrast]를 '61'로 조절하여
밝기와 대비를 높여 선택했던 부분이 밝고 선명해진 것을
확인합니다.

◎ **완성물** : 예제파일\Round03\building_f.psd

<br>

G O !

## 올가미 툴/자석 올가미 툴 사용하여 이미지의 경계를 섬세하게 선택하기

◎ **준비물** :  '예제파일\Round03\iceland.jpg, model.jpg' 파일을 불러오세요.

① 'model.jpg' 이미지에서 툴박스의 올가미 툴(◢)을 클
릭하여 나오는 툴 중에 자석 올가미 툴(◢)을 선택합니다.

② Ctrl + + 를 여러 번 눌러 이미지를 확대하고 스크롤을
위로 올려 머리 부분이 잘 보이게 조절합니다. 모자 꼭대기
를 클릭하고 경계선을 따라 드래그하면 경계선에 자동으로
패스가 생깁니다.

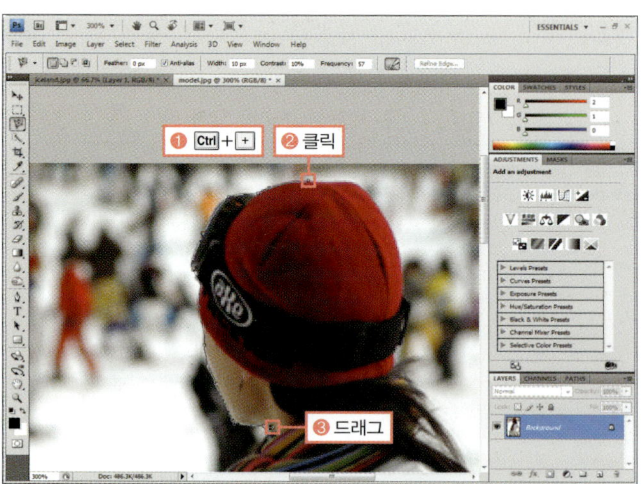



**S T O P**

패스가 이미지를 벗어나서 잘못 생성될 때는 Delete 을 누르면 바로 이전 포
인트를 삭제할 수 있으니 다시 선택하면 됩니다.

❸ Spacebar 를 눌러 손바닥 툴(🖐)로 변경한 후 이미지를 클릭하고 위쪽으로 드래그하여 이미지의 아래 부분이 보이게 이동합니다. 다시 Spacebar 를 떼고 계속 경계선을 따라 드래그하여 패스를 만듭니다.

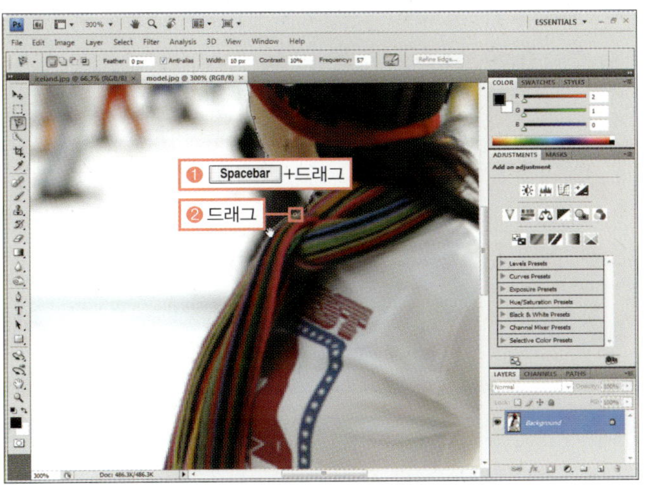


❹ 같은 방법으로 Spacebar 를 이용하여 이미지의 보이는 부분을 이동하면서 사람 전체에 걸쳐 패스를 만듭니다. 그리고 처음 시작했던 점으로 돌아와 클릭합니다.

❺ Spacebar 를 누른 채 팔 부분이 잘 보이도록 이동한 후 옵션 바에서 '선택 삭제(🖱)'를 클릭합니다. 그리고 겨드랑이 부분에 그림과 같이 팔 사이 공간에 패스를 만들어 전체 선택 영역에서 빼줍니다.

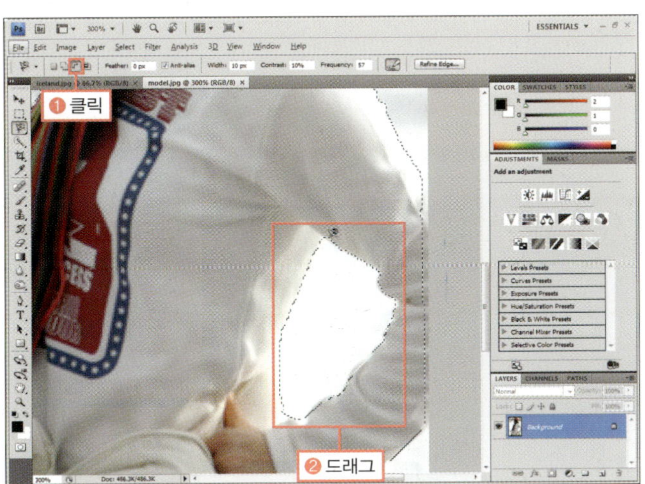


❻ 툴박스에서 올가미 툴(🅿)을 선택합니다.

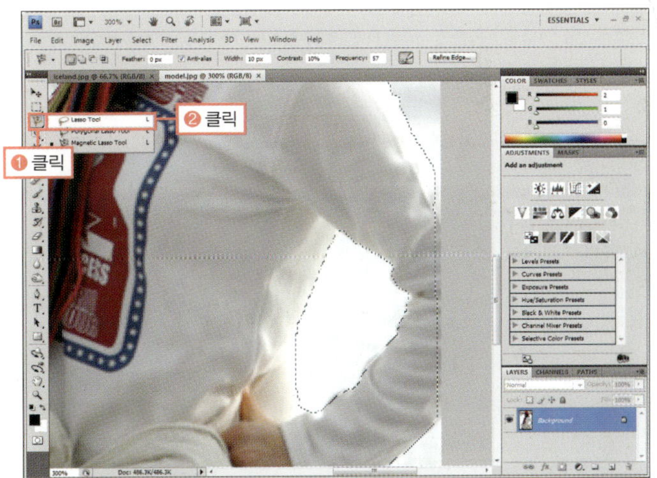




자석 올가미 툴(🅿)은 색상의 경계가 선명하지 않거나 여러 색이 섞여 있을 때는 사용하기 불편합니다. 이럴 때는 올가미 툴(🅿)로 선택 영역을 추가하거나 삭제하여 수정합니다.

⑦ 옵션 바에서 '선택 추가(🔲)'를 클릭한 후 팔에서 선택되지 않은 부분들이 다 포함되게 드래그하여 추가합니다.

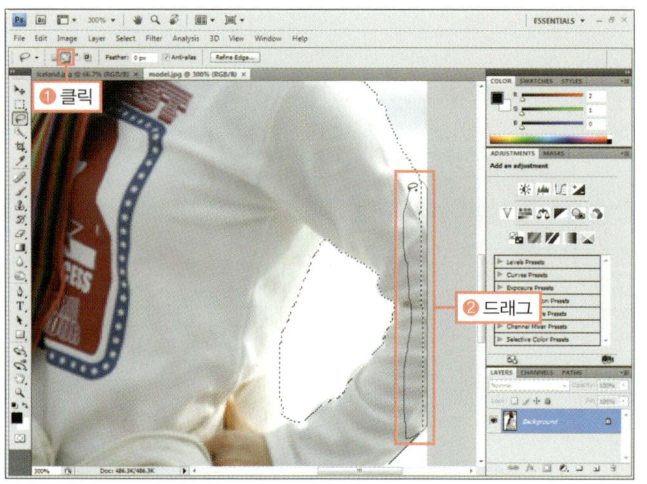

⑧ Spacebar 를 누른 채 위로 드래그하여 이미지 아래 부분이 잘 보이도록 한 후 선택이 되지 않은 부분들을 모두 추가합니다.

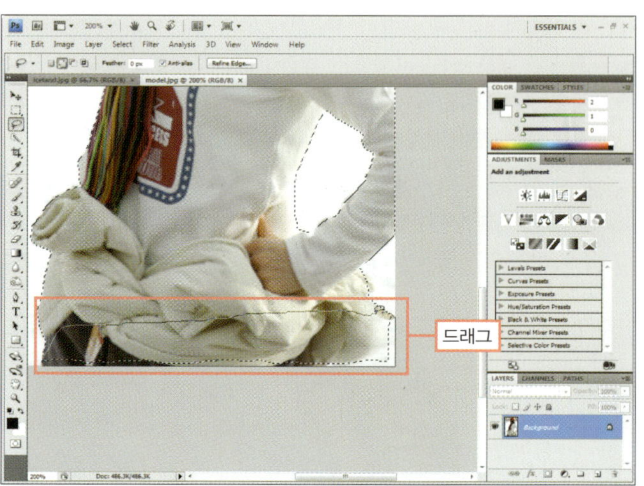

⑨ 툴박스에서 돋보기 툴(🖐)을 더블클릭하여 보기 배율을 100%로 되돌립니다. 그리고 선택 영역 경계의 지저분한 부분을 없애기 위해 [Select]-[Modify]-[Contract] 메뉴를 선택합니다.

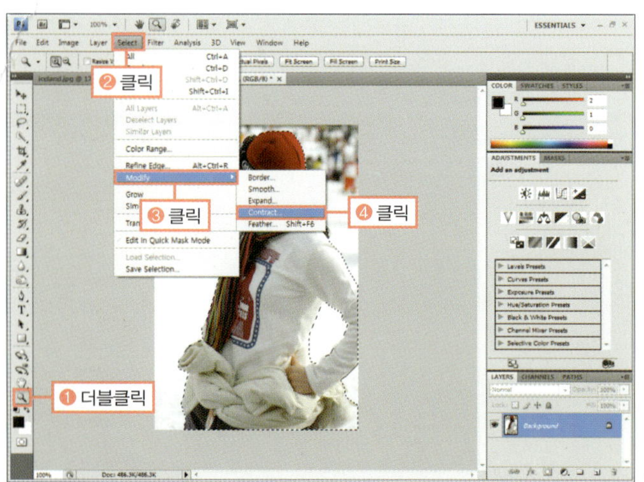

⑩ [Contract Selection] 대화상자가 나타나면 줄어드는 정도를 나타내는 [Contract By]에 '1'을 입력하고 [OK] 버튼을 클릭합니다.

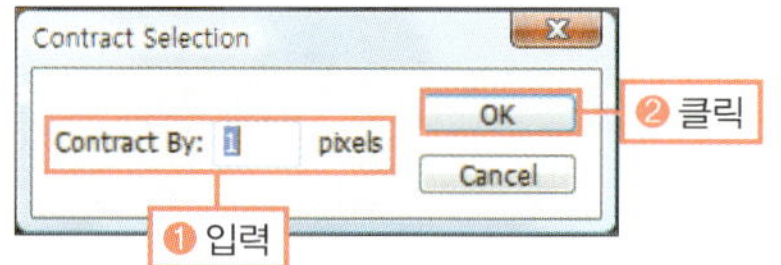

BONUS

[Contract]는 원하는 수치대로 선택 영역을 축소하는 명령입니다.

⑪ 툴박스에서 이동 툴(▶+)을 선택합니다. 선택 영역을 클릭하고 'iceland.jpg'의 제목 탭 위로 이동하여 이미지가 나타나면 창 안으로 드래그합니다.

⑫ 선택 영역의 이미지가 이동되면 드래그하여 그림과 같이 오른쪽 아래에 맞춰 이동합니다.

◎ **완성물** : 예제파일\Round03\iceland_f.psd

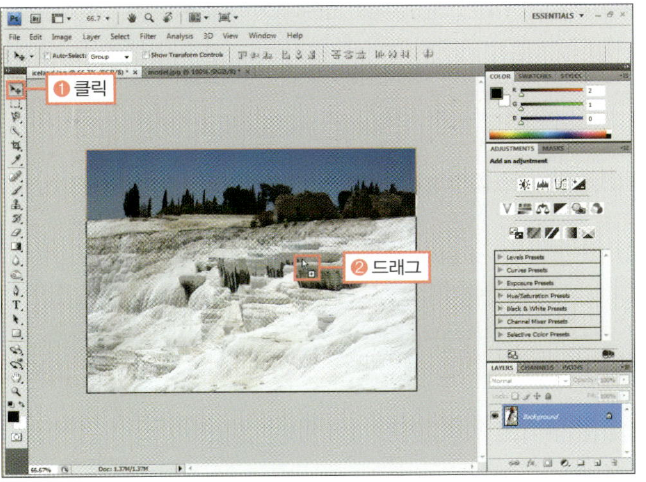

## PHOTOSHOP COACHING|포토샵 코칭|   자석 올가미 툴의 옵션 바

자석 올가미 툴(圖)은 색상이나 대비가 큰 이미지에 사용하기 좋습니다. 옵션 바를 통해 선택하려는 색상의 범위와 포인트의 생성 빈도 등을 조절해서 사용할 수 있습니다. 아래에서 설명하지 않는 나머지 옵션은 선택 툴의 옵션 바와 같습니다.

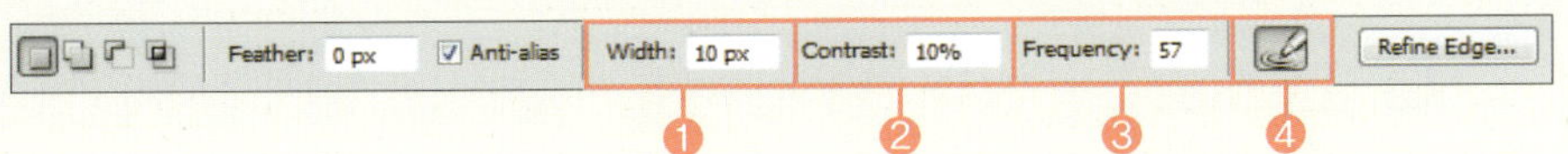



❶ **Width** : 인식하는 색상과 명암의 범위로 1~256까지 입력할 수 있습니다. 수치가 클수록 인식하는 범위가 넓어져 자세히 선택할 수 없습니다.

❷ **Contrast** : 색의 대비를 인식할 수 있게 조절하는 것입니다. 주로 선택하려는 이미지의 경계 차이가 크면 수치를 크게, 경계가 불분명할 때에는 작게 입력합니다.

❸ **Frequency** : 자석 올가미 툴로 선택할 때 만들어지는 포인트의 빈도수를 설정합니다. 수치가 클수록 포인트가 많이 생겨 꼼꼼히 선택할 수 있습니다.

▲ Frequency : 57

▲ Frequency : 100

❹ **태블릿** : 태블릿이나 펜 마우스를 사용할 때 마우스를 누르는 압력을 인식해서 선택하는 옵션입니다.



**Training 05.**
자유롭게 선택되는 올가미 툴

# 빠르게 선택되는
# 빠른 선택 툴과 마술봉 툴



색상을 기준으로 이미지를 선택하는 방법 중 가장 편하고 빠른 것이 마술봉 툴과 빠른 선택 툴을 사용하는 것입니다. 이 툴들은 이미지의 색상이 단순하게 구성되어 있을 경우 사용하기 좋습니다.

| 학습 목표 | 학습 소재 | 난이도 | 예상 학습 결과 | 연계 학습 |
| --- | --- | --- | --- | --- |
| 색상을 기준으로 선택하는 툴 알아보기 | • 빠른 선택 툴<br>• 마술봉 툴 | ★★★☆☆ | 단순한 색상의 이미지에서 빠르게 영역 선택하기 | • 이동 툴 : 126쪽<br>• [Select]–[Color Range] 메뉴 : 161쪽 |



## 색상을 기준으로 이미지를 선택하는 툴

색상을 기준으로 이미지를 선택하는 툴에는 자석 올가미 툴(🔲), 빠른 선택 툴(🔲), 마술봉 툴(🔲)이 있습니다. 이외에도 [Select]–[Color Range] 메뉴를 사용할 수 있는데, 이는 뒤에서 다시 살펴보고 우선 툴 중심으로 알아보겠습니다.

빠른 선택 툴(🔲)은 브러시의 모양과 크기를 이용해 이미지에서 선택하고자 하는 부분을 드래그하면서 선택 영역을 조절할 수 있습니다. 마술봉 툴(🔲)은 이미지에서 클릭한 지점과 같은 색이 한 번에 선택되는 툴로 하나의 색이 이미지 전체에 퍼져 있을 때 편리합니다.

▲ 빠른 선택 툴

▲ 마술봉 툴

# 브러시로 선택하는 빠른 선택 툴

◎ **준비물** : '예제파일\Round03\yellow.jpg' 파일을 불러오세요.

**1** 툴박스에서 빠른 선택 툴(🖌)을 선택하고 옵션 바에서 [Brush]의 ▪ 부분을 클릭합니다. 수치를 직접 입력하거나 슬라이더를 이용하여 브러시 크기를 나타내는 [Diameter]를 '30px', 브러시의 딱딱한 정도를 나타내는 [Hardness]를 '80%'로 조절합니다.

**BONUS**

브러시를 사용할 때에는 선택하려는 이미지에 맞게 크기를 조절한 후 드래그하면서 선택합니다. 브러시의 크기를 조절할 때 [ ], [ ]를 눌러도 됩니다.

**2** 이미지에서 노란 꽃 안을 클릭하고 경계선에서 벗어나지 않도록 드래그하여 선택 영역으로 만듭니다.

**BONUS**

꽃 바깥까지 선택되었다면, [Alt]를 눌러 마우스 포인터가 '삭제(◎)' 모양으로 바뀌면 드래그하여 선택 영역을 빼줍니다.

**3** 툴박스에서 이동 툴(↔)을 클릭한 후 [Alt]를 누른 채 선택 영역을 드래그하여 왼쪽으로 복사합니다.

**4** [Ctrl]+[T]를 눌러 [Free Transform] 명령을 실행한 후 크기를 줄여 완성합니다.

◎ **완성물** : 예제파일\Round03\yellow_f.jpg



**Training 06.**
빠르게 선택되는 빠른 선택 툴과 마술봉 툴

빠른 선택 툴(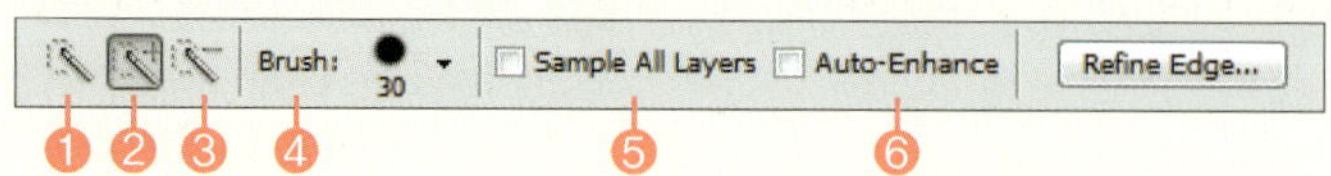)은 브러시의 크기에 따라 드래그하면서 선택 영역을 확장해가는 툴로 여러 색이 섞인 이미지를 선택할 때 편리하게 사용할 수 있습니다.

**❶ 새 선택** : 처음 선택할 때 사용합니다.

**❷ 선택 추가** : 기존 선택 영역에 추가하여 선택합니다.

**❸ 선택 삭제** : 기존 선택 영역에서 일부분을 빼고 싶을 때 사용합니다. Alt를 누른 채 드래그해도 됩니다.

**❹ Brush** : 선택 영역을 만드는 브러시의 크기와 경계선의 부드러운 정도, 모양을 지정합니다.

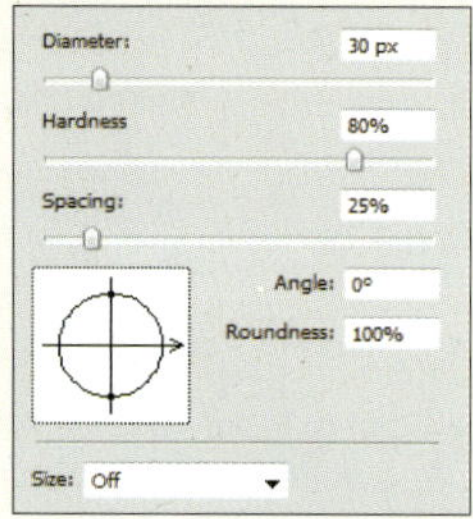

- **Diameter** : 브러시의 크기를 조절합니다. 또는 ［, ］를 눌러 브러시 크기를 축소, 확대할 수 있습니다.
- **Hardness** : 브러시 경계 부분의 딱딱함을 퍼센트로 조절하는 것으로 수치가 클수록 딱딱하고, 수치가 작을수록 부드럽게 선택됩니다. 다른 선택 툴의 [Feather]와 비슷한 옵션입니다.
- **Spacing** : 브러시의 간격을 설정합니다.
- **Angle** : 브러시 모양을 회전할 수 있습니다.
- **Roundness** : 브러시의 납작한 정도를 바꿀 수 있습니다.
- **Size** : 일반 마우스가 아닌 태블릿이나 펜 마우스를 사용하는 경우 선택하는 옵션입니다.

**❺ Sample All Layers** : 체크하면 다른 레이어의 이미지도 선택할 수 있습니다.

**❻ Auto-Enhance** : 선택 영역의 경계가 선명하고 자연스러운 선으로 다듬어집니다.

▲ [Auto-Enhance]를 체크하지 않고 선택한 경우

▲ [Auto-Enhance]를 체크하고 선택한 경우

# 마술봉 툴로 한 번에 선택하기

**준비물** : '예제파일\Round03\quicksel.jpg, weave.jpg' 파일을 불러오세요.

**1** 툴박스에서 빠른 선택 툴(⬚)을 클릭하여 나오는 툴 중에 마술봉 툴(⬚)을 선택합니다.

**2** 'quicksel.jpg' 이미지에서 그림과 같이 왼쪽 연두색 배경을 클릭합니다.

**3** 연결되어 있는 연두색 부분이 선택됩니다. 옵션 바에서 '선택 추가(⬚)'를 클릭하고 비슷한 색상의 범위를 지정하는 [Tolerance]를 '40'으로 입력한 후 오른쪽 아래를 클릭합니다.

**4** 배경의 연두색 이미지가 모두 선택되게 계속해서 추가 선택합니다.

[Tolerance]의 수치를 높여주면 이미지의 그림자까지 선택할 수 있습니다.

**⑤** Shift + Ctrl + I 를 눌러 선택 영역을 반전한 후 툴박스에서 이동 툴(▶)을 클릭합니다. 선택 영역을 클릭하고 드래그하여 'weave' 제목 탭 위에서 잠시 기다립니다.

**⑥** 'weave.jpg' 이미지가 나타나면 창 안으로 드래그하여 마우스를 놓습니다. 이미지가 이동한 것을 확인합니다.

◎ **완성물** : 예제파일\Round03\weave_f.psd

## PHOTOSHOP COACHING |포토샵 코칭|

### 마술봉 툴의 옵션 바

마술봉 툴(🔧)은 이미지에서 클릭한 지점과 비슷한 색을 한 번에 선택해줍니다. 이때 비슷한 색의 범위는 [Tolerance]를 이용하여 조절할 수 있습니다. 아래에서 설명하지 않는 나머지 옵션은 선택 툴의 옵션 바와 같습니다.

**❶ Tolerance** : 색의 범위를 지정하는 수치로, 0~255까지 입력할 수 있습니다. 수치가 높을수록 클릭했을 때 선택 영역이 넓게 설정됩니다. 이미지는 여러 색의 픽셀로 이루어졌기 때문에 어느 지점을 클릭하느냐에 따라서 선택 영역이 달라집니다.

▲ Tolerance : 32

▲ Tolerance : 50

**❷ Contiguous** : 색의 경계 안에 있는 부분만 선택하고 싶다면 체크합니다. 체크하지 않으면 색의 경계를 넘어 비슷한 색은 모두 선택됩니다.

▲ Tolerance : 32

▲ Tolerance : 50

# [Color Range] 명령으로 원하는 색상만 선택하기

색상을 중심으로 선택할 때 앞에서 배운 툴 외에도 [Color Range] 명령을 사용할 수 있습니다. [Color Range]는 이미지에서 선택하려는 색상을 지정한 후 색상의 범위를 조절하여 선택하는 명령으로, 이미지 전체에 비슷한 색상이 퍼져 있을 때 사용하기 좋습니다.

◎ **준비물** : '예제파일\Round03\france.jpg' 파일을 불러오세요.

**①** 예제 이미지에서 지붕과 벽돌, 계단 등의 비슷한 색상 부분을 모두 선택하기 위해서 [Select]-[Color Range] 메뉴를 클릭합니다.

**②** [Color Range] 대화상자가 나타납니다. 이미지에서 지붕을 클릭하면 대화상자의 미리 보기에 클릭한 부분이 흰색으로 표시됩니다.

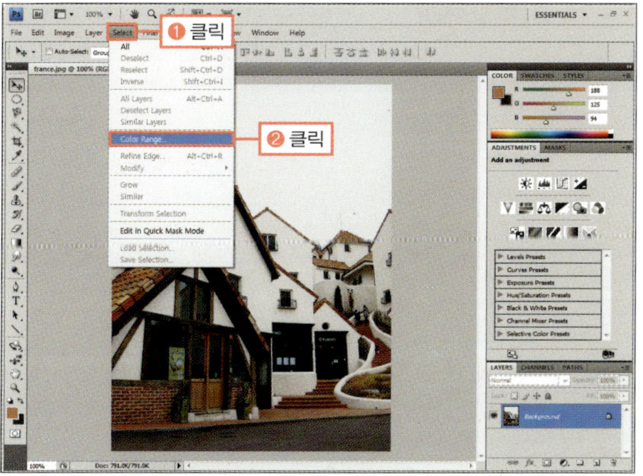

## BONUS

[Color Range] 대화상자의 이미지 창에서 흰색으로 보이는 부분이 선택 영역이며 검은색으로 보이는 부분이 선택되지 않는 영역입니다.

**③** 대화상자에서 '추가 스포이트(🖉)'를 선택하고 이미지의 지붕에서 빠진 부분을 계속 클릭하여 지붕과 벽돌 전체가 흰색이 되도록 합니다. 이때 미리 보기를 통해 계속 확인하면서 작업합니다.

④ 이번에는 '삭제 스포이트(✐)'를 선택하고 이미지에서 집의 흰색과 하늘을 클릭합니다. 대화상자의 미리 보기에 클릭한 부분이 검게 변하는 것을 확인합니다.

⑤ 대화상자의 [Fuzziness]의 슬라이더 바를 드래그하여 '50'으로 조절합니다. 이미지에서 원하는 부분만 흰색으로 보이는 것을 확인한 후 [OK] 버튼을 클릭합니다.

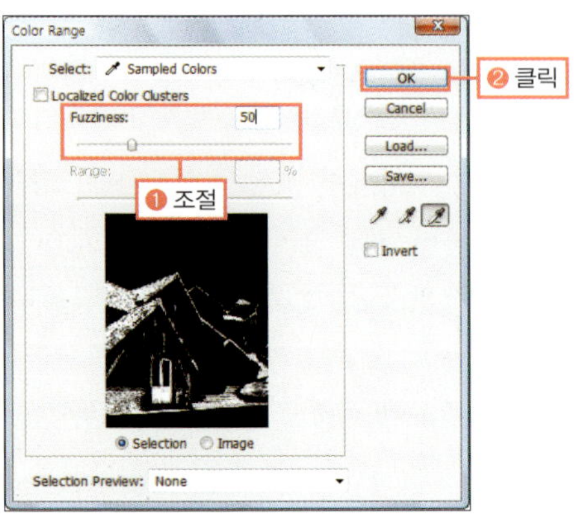


⑥ 이미지에 선택 영역이 만들어집니다. ADJUSTMENTS 패널에서 [Hue/Saturation(▦)]을 클릭합니다.

⑦ [Hue]의 슬라이더 바를 왼쪽으로 드래그하여 '−113'이 되도록 조절한 후 선택 영역의 색상이 바뀌는 것을 확인합니다.

◎ **완성물** : 예제파일\Round03\france_f.psd

색상을 기준으로 선택 영역을 만들어 주는 [Color Range] 대화상자의 각 항목에 대해 자세히 알아보겠습니다.

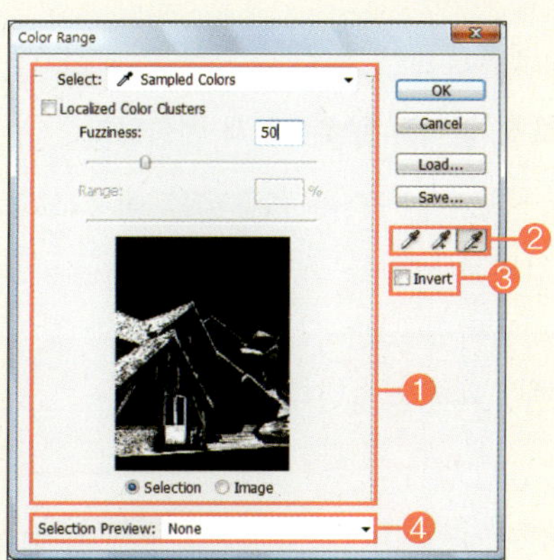

❶ **Select** : 드롭다운 메뉴에서 색상을 선택하면 스포이트를 사용하지 않고도 자동으로 그 색상들을 선택 영역으로 만듭니다. 이미지를 직접 선택하려면 [Sampled Colors]를 선택하여 아래 옵션들을 활성화 시킵니다.

- **Localized Color Clusters** : 체크하면 [Range]가 활성화되어 스포이트로 클릭한 지점의 범위를 지정할 수 있습니다. 해제하면 클릭한 색상과 같은 색상이 이미지 전체에 걸쳐 선택됩니다.

- **Fuzziness** : 선택한 색상의 범위를 조절합니다. 수치가 높을수록 색상의 범위가 넓어집니다.

▲ Fuzziness : 50

▲ Fuzziness : 100

- **미리 보기 창** : 선택한 색상의 범위를 보여줍니다. [Selection]을 선택하면 전체가 검정으로 바뀌고 선택하는 부분만 흰색으로 표시됩니다.

❷ **스포이트** : 선택하려는 색상을 추가하거나 삭제할 수 있는 툴입니다.
- **선택 스포이트(🖉)** : 클릭한 부분의 색상을 선택 영역으로 설정합니다.
- **추가 스포이트(🖉)** : 기존 선택에 클릭한 부분의 색상을 추가합니다.
- **삭제 스포이트(🖉)** : 기존 선택에 클릭한 부분의 색상을 제거합니다.

❸ **Invert** : 선택 영역을 반전합니다.

❹ **Selection Preview** : 선택 영역이 이미지 창에서 어떻게 보일지 정할 수 있습니다.

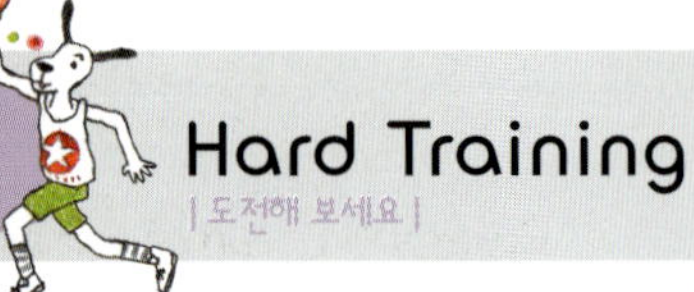


[Edit]-[Content-Aware Scale]은 포토샵 CS4에서 새로 생긴 메뉴입니다. 'Aware' 라는 단어는 '알아차리고, 깨닫고' 의 의미이므로, 'Content-Aware Scale' 은 콘텐츠를 인식하면서 크기를 조절하는 것이라고 유추할 수 있습니다.

### ■ 특정 영역을 보호하면서 변형하기

일반적으로는 [Transform]을 이용하여 선택한 이미지 전체에 걸쳐서 크기를 조절하지만, [Content-Aware Scale] 명령을 적용하면 사람, 건물, 동물 등과 같이 중요한 시각적 내용은 변형되지 않습니다.

▲ [Edit]-[Transform]-[Scale] 메뉴로 가로로 확대한 이미지

▲ 원본 이미지

▲ [Edit]-[Content-Aware Scale] 메뉴로 가로로 확대한 이미지

그러나 [Content-Aware Scale] 명령이 항상 이미지의 특정 부분을 완벽하게 인식하는 것은 아닙니다. 인식해야 하는 콘텐츠의 형태가 복잡할 때는 선택 영역으로 만들어 저장한 후 보호하면서 변형할 수도 있습니다. 선택 영역을 저장하려면 [Select]-[Save Selection] 명령을 사용합니다.

▲ 조각상 이미지를 보호하지 않고 바로 넓힌 이미지

▲ 원본 이미지

▲ 조각상을 보호하면서 넓힌 이미지

### ■ [Content-Aware Scale] 명령으로 이미지 확대하기

[Content-Aware Scale] 명령으로 이미지의 크기를 직접 조절해보고 [Transform]–[Scale] 명령의 차이에 대해서도 알아봅니다.

◎ **준비물** : '예제파일\Round03\windmill.jpg' 파일을 불러오세요.

① 먼저 캔버스 크기를 넓히기 위해 [Image]–[Canvas Size] 메뉴를 선택합니다.

② [Canvas Size] 대화상자에서 [Relative]에 체크하고 [Width]에 '400', 단위는 'pixels'로 변경한 후 [OK] 버튼을 클릭합니다.

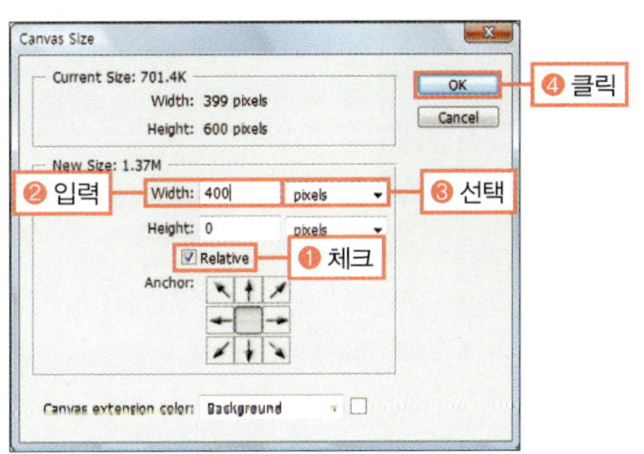

③ 이미지 보기 배율을 작업공간에 맞추기 위해 실행 바의 '정렬(▦)'을 클릭하여 [Fit On Screen]을 선택합니다.

④ 툴박스에서 사각형 선택 툴(▭)을 클릭한 후 이미지에서 그림 부분만 선택합니다.

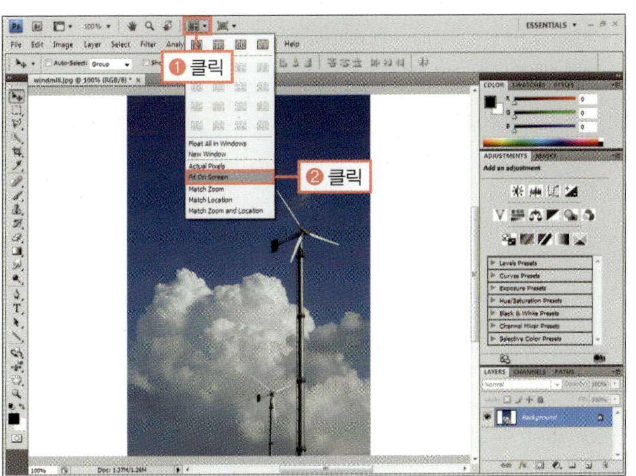

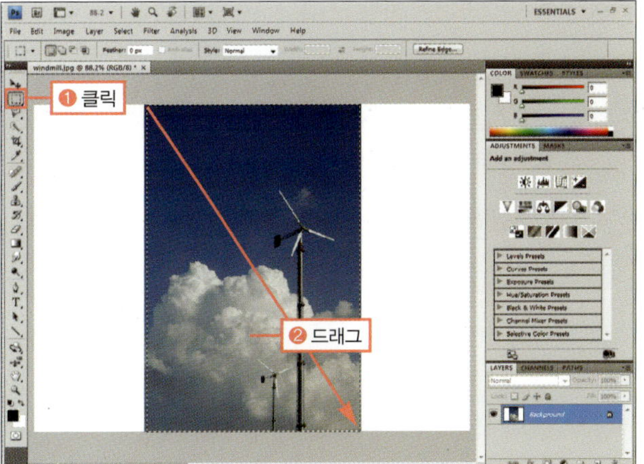



**Hard Training.**
원하는 부분만 변형하는 [Content-Aware Scale] 명령

⑤ [Edit]–[Content–Aware Scale] 메뉴를 선택합니다.

⑥ 변형 조절점이 나타납니다. 왼쪽 중앙에 있는 조절점을 왼쪽으로 드래그하여 크기를 넓혀줍니다. 이때 이미지에서 배경과 구름의 크기는 커지지만 바람개비의 크기는 변하지 않는 것을 확인합니다.

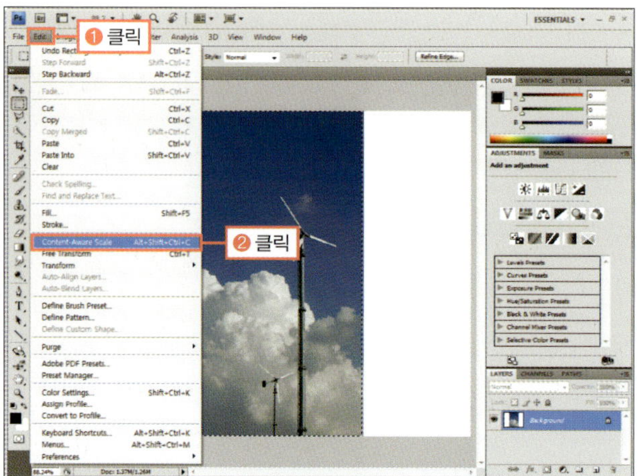


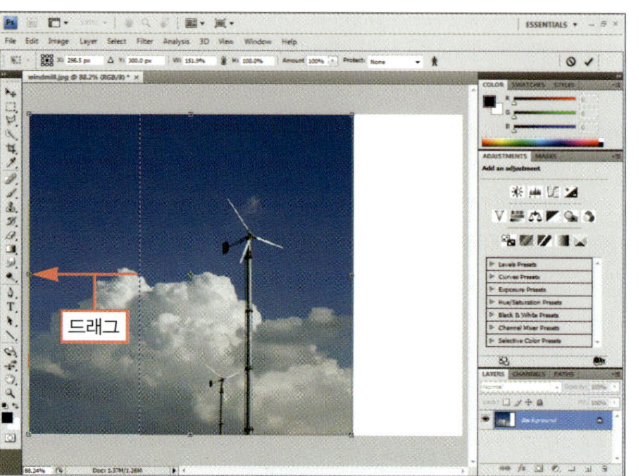


⑦ 마찬가지로 오른쪽 중앙 조절점을 오른쪽으로 드래그하여 크기를 넓혀주고 옵션 바의 '확인(✔)'을 클릭합니다.

⑧ 변형을 마무리한 후 Ctrl+D를 눌러 선택 영역을 해제하고 이미지를 확인합니다.

◎ **완성물** : 예제파일\Round03\windmill_f.jpg

[Content-Aware Scale] 명령의 옵션 바는 [Transform]과 유사합니다.

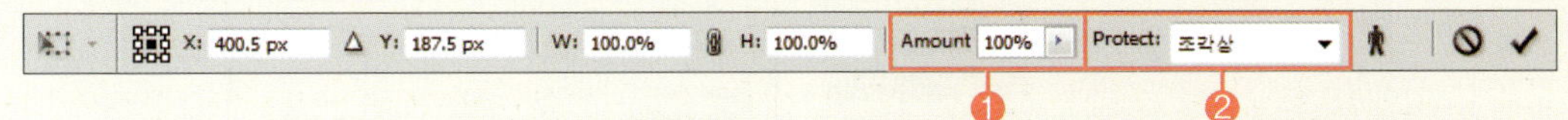

❶ **Amount** : 이미지 안의 사물을 인식하는 비율을 지정합니다. 수치가 작을수록 [Scale]로 변형했을 때와 같아집니다.

❷ **Protect** : 저장한 선택 영역을 불러와 그 부분을 보호하면서 변형할 수 있습니다.

## ■ 선택 영역 지정하고 확장시키기

[Content-Aware Scale] 명령 사용 시 사람이나 사물을 제대로 인식하지 못한다면 선택 영역을 만들어 저장한 후 크기를 변형합니다.

◎ **준비물** : '예제파일\Round03\panorama.jpg' 파일을 불러오세요.

① 변경하지 않을 부분을 지정하기 위해 툴박스에서 빠른 선택 툴(🖊)을 클릭합니다. 옵션 바에서 [Brush]의 🔽 부분을 클릭하고 [Diameter]를 '20px'로 조절합니다.

② 이미지에서 사람 부분을 드래그하여 선택 영역으로 만듭니다.

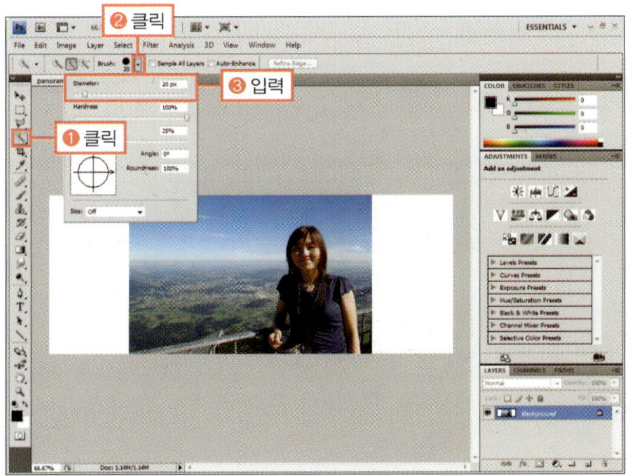

③ 이제 선택 영역을 저장하기 위해서 [Select]-[Save Selection] 메뉴를 선택합니다.

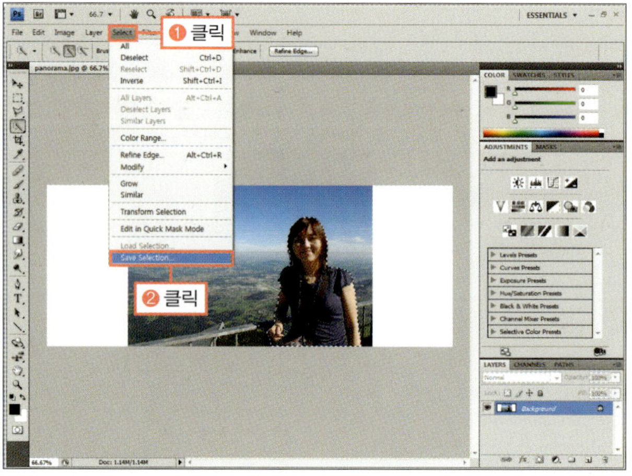


④ [Save Selection] 대화상자에서 [Name]을 '사람'으로 입력한 후 [OK] 버튼을 클릭합니다.

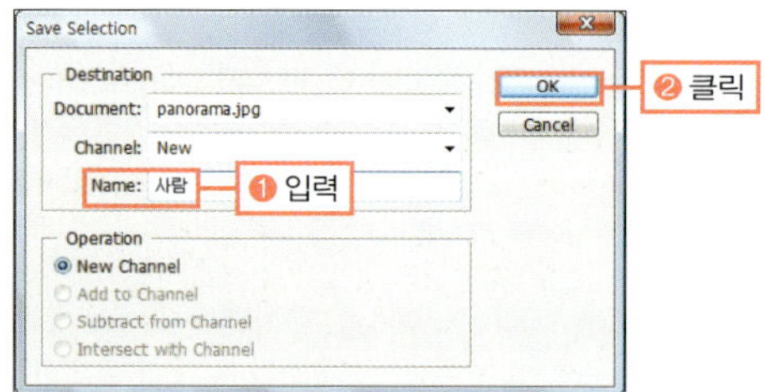




⑤ 툴박스에서 사각형 선택 툴(▣)을 클릭한 후 이미지에서 그림과 같이 선택 영역을 만듭니다.

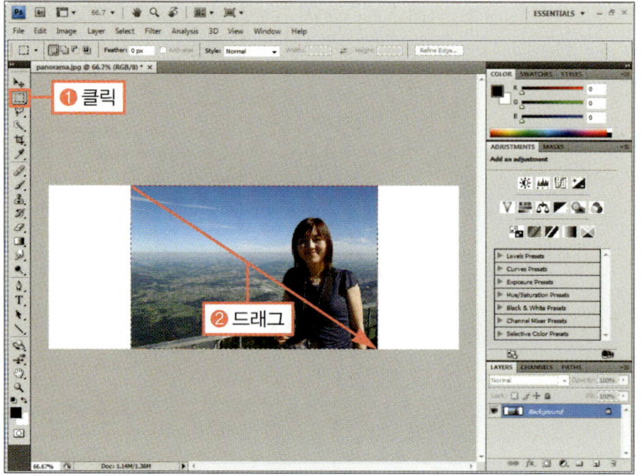


⑥ [Edit]-[Content-Aware Scale] 메뉴를 선택합니다.

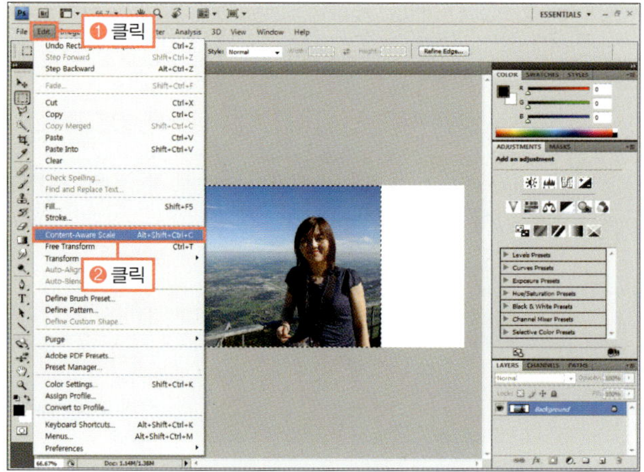

⑦ 옵션 바에서 [Protect] 항목을 클릭하고 '사람'을 선택합니다.

⑧ 변형 조절점에서 왼쪽 가운데 조절점을 왼쪽으로 드래그합니다. 그리고 오른쪽 가운데 조절점도 오른쪽으로 드래그하여 양 옆으로 크기를 넓혀줍니다.

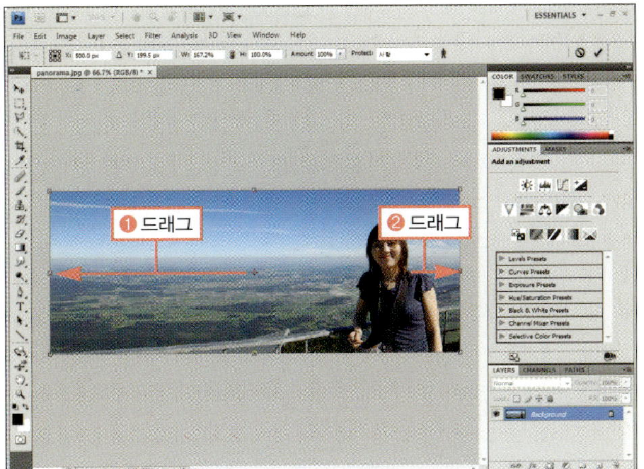


## BONUS

저장한 선택 영역은 옵션 바의 [Protect]에서 선택할 수 있으며, 그 영역은 크기가 조절되지 않습니다.

⑨ Enter 를 눌러 변형을 마무리한 후 Ctrl + D 를 눌러 선택 영역을 해제합니다.

◎ 완성물 : 예제파일\Round03\panorama_f.jpg

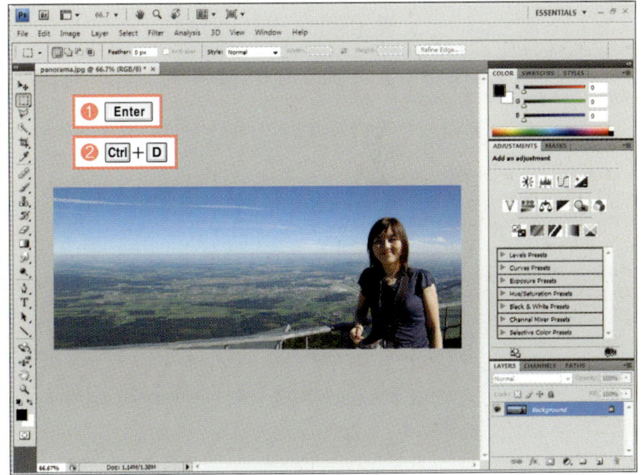




**Hard Training.**
원하는 부분만 변형하는 [Content-Aware Scale] 명령

# 선택 영역을 수정하는 다양한 방법 알아보기

Photoshop · CS4

[Select] 메뉴에는 이미지를 선택한 후 영역을 수정하거나 변형할 수 있는 명령이 모여 있습니다. 이번 Training에서는 [Select] 메뉴 중에 가장 많이 이용하는 [Modify]와 [Refine Edge], [Transform Selection] 명령에 대해 자세히 알아보겠습니다.

| 학습 목표 | 학습 소재 | 난이도 | 예상 학습 결과 | 연계 학습 |
|---|---|---|---|---|
| 선택 영역 수정하기 | • [Select]–[Modify], [Transform Selection] 메뉴<br>• 퀵 마스크 모드 | ★★★☆☆ | 사용자가 의도하는 모양대로 정확하게 선택하기 | • 빠른 선택 툴 : 156쪽<br>• 마술봉 툴 : 156쪽<br>• 이동 툴 : 126쪽 |

## READY!

## 선택 영역을 수정하는 다양한 방법

선택 영역을 수정할 수 있는 여러 가지 방법에는 [Select] 메뉴의 [Modify], [Transform Selection], [Refine Edge] 명령과 툴박스에서 선택할 수 있는 '퀵 마스크' 등이 있습니다.

### ■ [Select]–[Modify], [Refine Edge] 메뉴 살펴보기

[Select]–[Modify] 메뉴에는 선택 영역의 크기나 테두리 등을 수정할 수 있는 명령이 모여 있습니다. 따라서 이미지에서 먼저 선택 영역을 만든 후 사용할 수 있습니다.

❶ **Border** : 선택 영역을 입력한 수치만큼 테두리로 선택됩니다.

❷ **Smooth** : 사각형 선택 영역일 때 입력한 수치만큼 모서리를 둥글게 만듭니다.

❸ **Expand** : 선택 영역을 확장합니다.

❹ **Contract** : 선택 영역을 줄여줍니다.

❺ **Feather** : 선택 영역의 경계를 부드럽게 처리합니다.

▲ 원본 이미지의 선택 영역

▲ Border

▲ Smooth

▲ Expand

▲ Contrast

▲ Feather

[Refine Edge] 대화상자에서는 [Modify]의 각 명령들을 한 번에 수정할 수 있습니다.

### ■ [Select]–[Transform Selection] 메뉴 살펴보기

[Transform Selection]은 [Transform] 명령을 사용해 이미지를 변형하는 것처럼 선택 영역을 변형할 수 있는 명령입니다. 하지만 적용할 때마다 선택 영역의 경계 부분이 지저분해지기 때문에 복잡한 선택 영역에 적용하기에는 좋지 않습니다.

▲ [Select]–[Transform Selection]을 적용하여 선택 영역 변형하기

### ■ 퀵 마스크로 선택 영역 수정하기

복잡한 선택 영역을 만들어야 할 때 선택 툴로 먼저 대강의 윤곽을 빠르게 선택한 후 퀵 마스크 모드로 변경하여 브러시 툴(✎)로 섬세하게 수정합니다.

▲ 빠른 선택 툴로 선택 영역을 만든 후 퀵 마스크 모드에서 선택 영역 수정하기



**Training 07.**
선택 영역을 수정하는 다양한 방법 알아보기

# 마술봉 툴과 [Refine Edge] 명령으로 이미지 선택하기

◉ **준비물 :** '예제파일\Round03\nabi.jpg, flower.jpg' 파일을 불러오세요.

**①** 툴박스에서 마술봉 툴(✦)을 선택하고 이미지에서 나비 영역을 클릭하여 선택 영역으로 만듭니다.

**②** 툴박스에서 돋보기 툴(🔍)을 선택한 후 이미지에서 나비의 더듬이 부분을 드래그합니다.

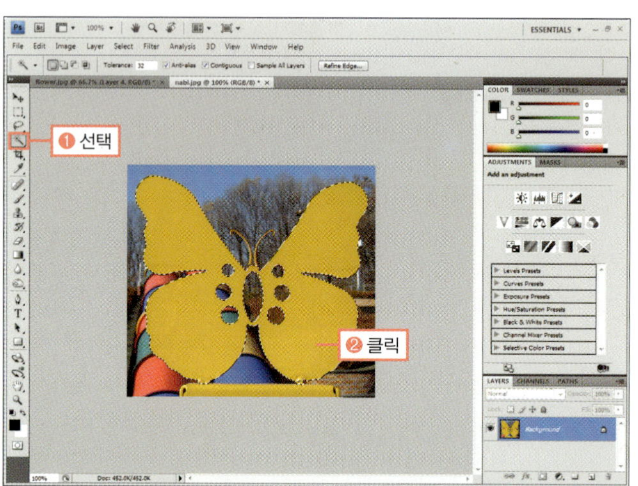


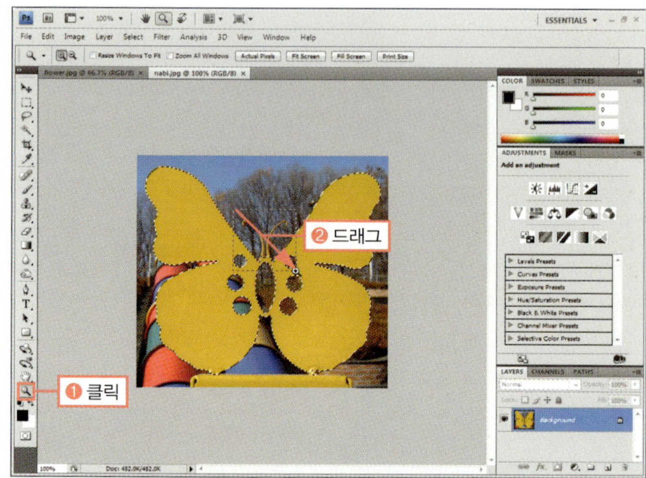


**STOP**

작업을 시작하기 전에 모든 툴의 설정을 기본으로 돌립니다. 옵션 바의 맨 왼쪽에서 마우스 오른쪽 버튼을 눌러 [Reset All Tools]를 선택하고 모든 툴의 옵션을 기본 값으로 되돌린다는 경고 창이 나타나면 [OK] 버튼을 클릭합니다.

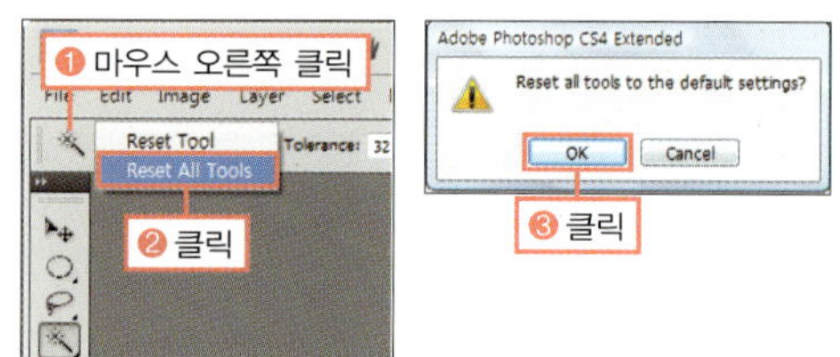


**③** 드래그한 부분이 확대되어 보입니다. 다시 마술봉 툴을 선택하고 Shift 를 누른 채 더듬이 부분을 추가 선택합니다.

**④** Ctrl + − 를 몇 번 눌러 이미지 보기 배율을 100%로 맞춘 후 선택 영역을 확인합니다.

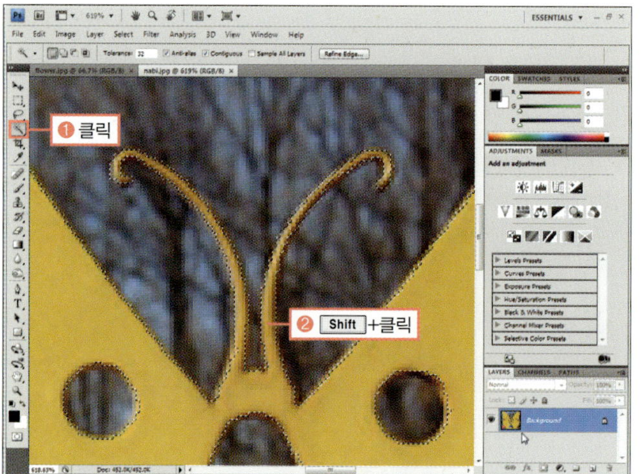


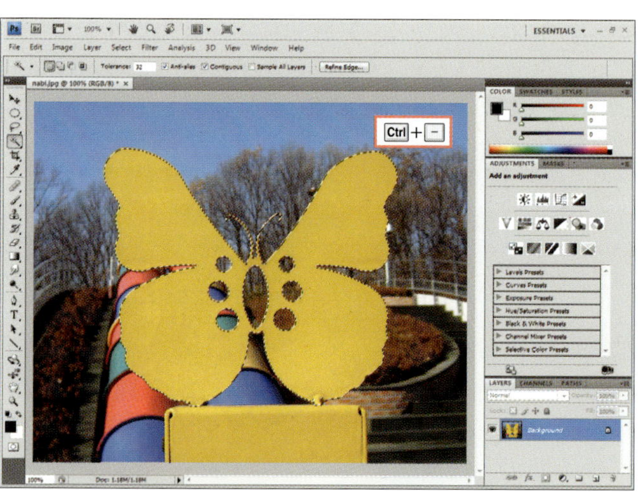

❺ 툴박스의 이동 툴(▶+)을 선택하고 선택 영역을 클릭한 후 'flower.jpg' 제목 탭 위로 이동합니다. 잠시 후 'flower.jpg' 가 나타나면 왼쪽으로 이미지를 이동합니다.

❻ 다시 'nabi.jpg' 파일을 선택하고 [Select]-[Refine Edge] 메뉴를 선택합니다.

[Refine Edge] 명령은 선택 툴의 옵션 바에서 선택할 수도 있습니다.

❼ [Refine Edge] 대화상자가 나타나면 이미지와 대화상자가 모두 잘 보이도록 이동한 후 [Radius]를 '69.5', [Contrast]를 '14', [Smooth]를 '1', [Feather]를 '0.5', [Contrast/Expand]를 '+30' 으로 조절하고 [OK] 버튼을 클릭합니다.

❽ 툴박스의 이동 툴(▶+)을 선택한 후 선택 영역을 클릭하여 'flower.jpg' 제목 탭 위로 이동합니다.

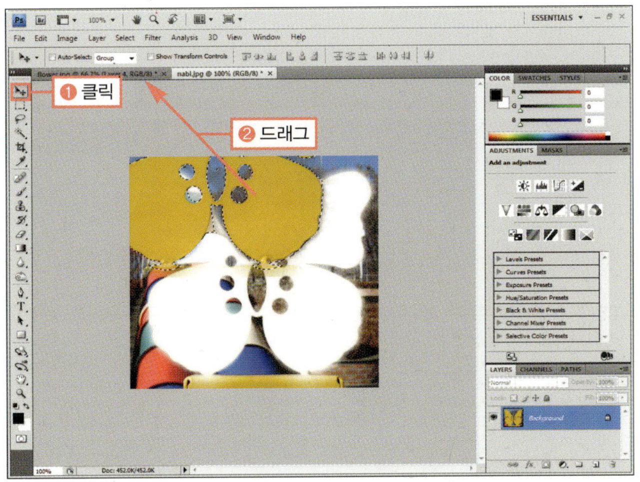



**Training 07.**
선택 영역을 수정하는 다양한 방법 알아보기

**⑨** 'flower.jpg' 이미지가 나타나면 그림과 같이 오른쪽
으로 이동하여 이전에 이동한 나비 이미지와 비교합니다.

◎ **완성물** : 예제파일\Round03\flower_f.psd

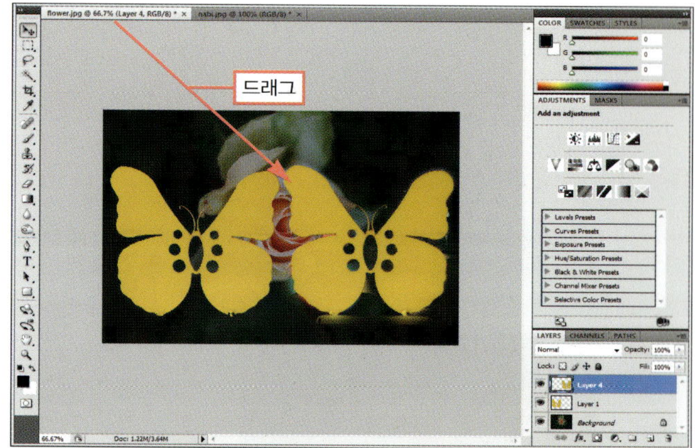


---

PHOTOSHOP
COACHING |포토샵 코칭|

**[Refine Edge] 대화상자**

선택 툴을 이용하여 이미지를 선택한 후 [Refine Edge] 대화상자를 이용하면 선택 영역
을 좀 더 섬세하게 수정할 수 있습니다.

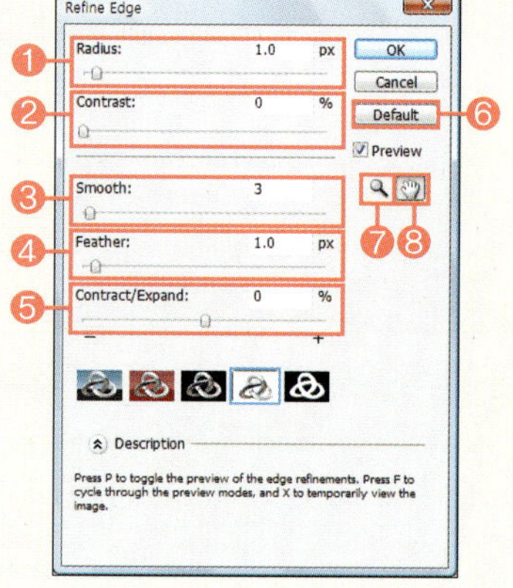

**❶ Radius** : 선택 영역
의 경계 범위를 조절
합니다. 수치가 클수
록 경계 부분의 범위
가 넓어져 부드럽게
선택됩니다.

▲ Radius : 10

▲ Radius : 100

**❷ Contrast** : 선택 영역의 경계를 선명하게 조절합니다.
수치가 커질수록 경계가 선명하며 거칠게 됩니다.

▲ Contrast : 0

▲ Contrast : 50

**❸ Smooth** : 선택 영역의 경계가 울퉁불퉁한 것을 부드럽
게 조절합니다.

▲ Smooth : 10

▲ Smooth : 100

❹ **Feather** : 다른 선택 툴의 [Feather] 옵션과 마찬가지로 선택 영역의 경계를 부드럽게 합니다.

❺ **Contract/Expand** : 선택 영역을 축소하거나 확장합니다.

❻ **Default** : 클릭하면 모든 옵션이 기본 값으로 되돌아갑니다.

❼ **돋보기 툴** : 이미지를 확대해서 볼 수 있습니다.

❽ **손바닥 툴** : 스크롤로 가려져 있는 이미지를 원하는 위치로 이동해서 볼 수 있습니다.

---

**G O !**  　　　　**섬세한 선택 툴의 최고봉, 퀵 마스크!**

◎ **준비물** : '예제파일\Round03\house.psd' 파일을 불러오세요.

◎ **동영상 해설** : 동영상해설\house.avi

❶ 툴박스에서 빠른 선택 툴(🖌)을 선택하고 옵션 바에서 [Brush]의 ▪ 부분을 클릭하여 [Diameter]를 '20px', [Hardness]를 '80%'로 조절합니다.

❷ 'doll' 레이어의 인형 부분을 드래그하여 선택 영역으로 만듭니다.

❸ 툴박스에서 '퀵 마스크 모드(◻)'를 클릭합니다. 그러면 색상을 이용해 선택 영역을 수정할 수 있는 퀵 마스크 모드로 변경됩니다. 툴박스에서 브러시 툴(🖌)을 선택합니다.

### B O N U S

'퀵 마스크 모드'와 '일반 모드'는 클릭할 때마다 전환되며, 제목 표시줄을 보면 사용하는 모드를 확인할 수 있습니다.

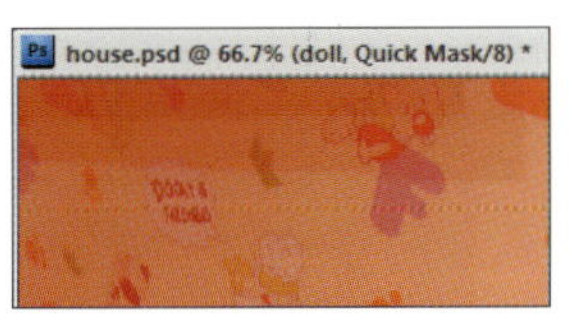


▲ 일반 모드의 제목 탭　　　▲ 퀵 마스크 모드의 제목 탭

**Training 07.**
선택 영역을 수정하는 다양한 방법 알아보기

④ 옵션 바에서 [Brush]의 ▪ 부분을 클릭하여 [Diameter] 를 '15px'로 조절합니다.

⑤ 이미지에서 선택되지 않아야 하는 부분을 브러시로 드래그하여 칠해줍니다.

⑥ 툴박스의 '색상 전환(⇄)'을 클릭하여 전경색과 배경색을 바꿔준 후 선택되어야 하는 부분을 드래그하여 빨간색을 지워줍니다.

⑦ 툴박스의 '퀵 마스크 모드(◻)'를 다시 클릭하여 일반 모드로 변경합니다. 선택 영역이 수정된 것을 확인합니다.

**Round 03.**
포토샵의 안방마님, 이미지 선택하고 편집하기

8 `Shift`+`Ctrl`+`I` 를 눌러 선택 영역을 반전시킨 후 `Delete` 를 눌러 배경을 지우면 아래 레이어가 보입니다.

9 `Ctrl`+`D`를 눌러 선택 영역을 해제한 후 [FreeTransform]을 이용해 크기를 줄여 완성합니다.

◎ **완성물** : 예제파일\Round03\house_f.psd

---

PHOTOSHOP COACHING |포토샵 코칭|                              [Quick Mask Options] 대화상자

선택 영역을 색상으로 구분해주는 퀵 마스크 모드는 원래 이미지 색상으로 보이는 부분이 선택된 것이며, 빨간색으로 보이는 부분이 선택 영역에서 빠진 부분입니다. 이런 작업환경은 툴박스의 '퀵 마스크 모드(▣)'를 더블클릭하여 나오는 [Quick Mask Options] 대화상자에서 변경할 수 있습니다.

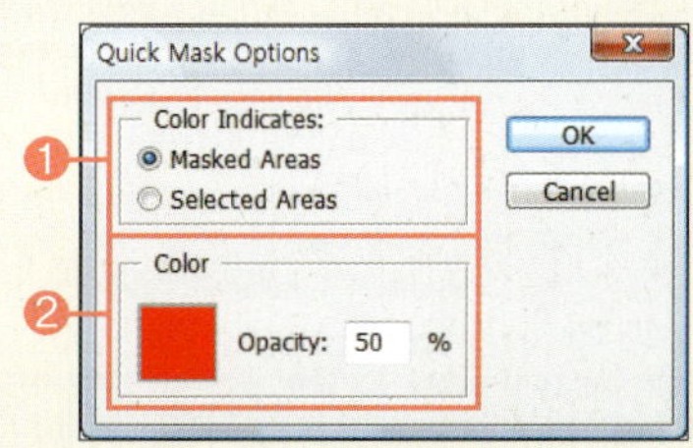


❶ **Color Indicates** : 퀵 마스크 모드에서 색상을 어느 영역에 표시할지 정할 수 있습니다.

- **Masked Areas** : 기본적으로 체크되어 있는 옵션으로 선택되지 않은 영역, 즉 마스크 부분에 색상을 표시합니다.
- **Selected Area** : 선택하는 영역에 색상을 표시합니다.

❷ **Color** : 퀵 마스크 모드에서 표시되는 색상과 농도를 지정합니다.

- **색상 선택** : 퀵 마스크 모드에서 표시되는 색상을 선택할 수 있습니다. 주로 빨간색을 선택합니다.
- **Opacity** : 색상의 농도를 조절합니다.



**Training 07.**
선택 영역을 수정하는 다양한 방법 알아보기

# 이미지에서 원하는 부분만 복사하고 붙여넣기



[Edit] 메뉴에는 [Copy], [Paste]와 같은 이미지 편집의 기본 명령이 포함되어 있는데, 이 편집 명령을 이용해 레이어나 이미지에서 원하는 부분을 선택한 후 복사해서 다른 이미지로 붙여넣기 하거나 선택 영역 안에 붙여 넣을 수 있습니다. 이번 Training에서는 이러한 편집 기능에 대해 자세히 알아보겠습니다.

| 학습 목표 | 학습 소재 | 난이도 | 예상 학습 결과 | 연계 학습 |
| --- | --- | --- | --- | --- |
| 이미지 복사하고 붙여넣기 | [Edit]–[Copy], [Paste], [Copy Merge], [Paste Into] 메뉴 | ★★★☆☆ | 선택 영역을 복사해 원하는 영역에 붙여넣기 | |

## READY! [Edit] 메뉴 살펴보기

[Edit] 메뉴 중 편집에 관련된 명령은 세 번째 그룹으로 묶여 있는데, 이들은 선택 영역이 만들어져 있을 때 활성화됩니다.

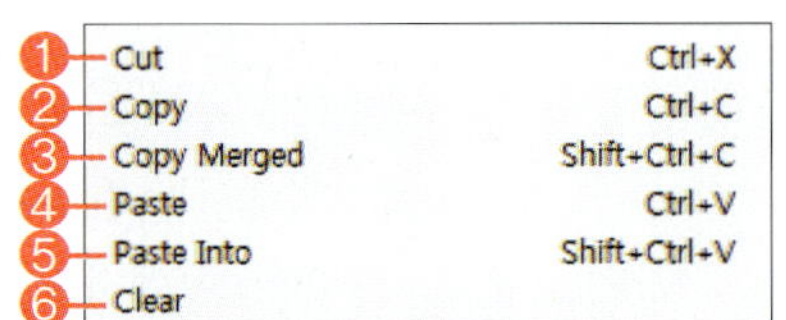


❶ Cut : 선택 영역의 이미지를 잘라내는 명령으로, [Paste] 명령을 이용해 다른 위치에 붙여넣기 할 수 있습니다.

❷ Copy : 선택 영역을 복사하는 명령입니다. 이미지를 복사한 상태에서 [File]–[New] 메뉴를 실행하면 대화상자의 [Preset] 항목이 [Clipboard]로 지정되어 있는 것을 알 수 있습니다. 즉, 이미지를 복사하고 바로 새 창을 열면 따로 설정하지 않아도 복사한 이미지 크기만큼의 이미지 창을 자동으로 만들 수 있다는 의미입니다.

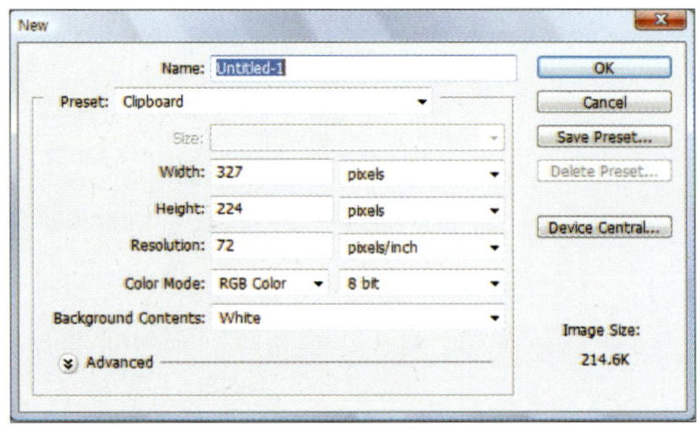

❸ Copy Merged : [Copy] 명령이 선택한 레이어의 이미지만 복사하는 것에 비해, [Copy Merged] 명령은 레이어와 상관없이 선택 영역의 모든 이미지를 복사합니다.

❹ Paste : [Cut], [Copy]와 [Copy Merged] 명령을 이용해 복사한 이미지를 붙여넣기 합니다.

❺ Paste Into : 복사한 이미지를 선택 영역 안에 붙여넣기 합니다.

❻ Clear : 선택 영역의 이미지를 지웁니다.

## [Copy]와 [Paste] 명령으로 이미지 복사한 후 붙여넣기

◎ **준비물** : '예제파일\Round03\balloon.jpg' 파일을 불러오세요.

❶ 툴박스에서 돋보기 툴(🔍)을 클릭한 후 이미지에서 그림과 같이 풍선 부분을 드래그하여 보기 배율을 확대합니다.

❷ 툴박스에서 자석 올가미 툴(🧲)을 선택한 후 풍선의 경계선을 따라 드래그하여 선택 영역을 만듭니다.

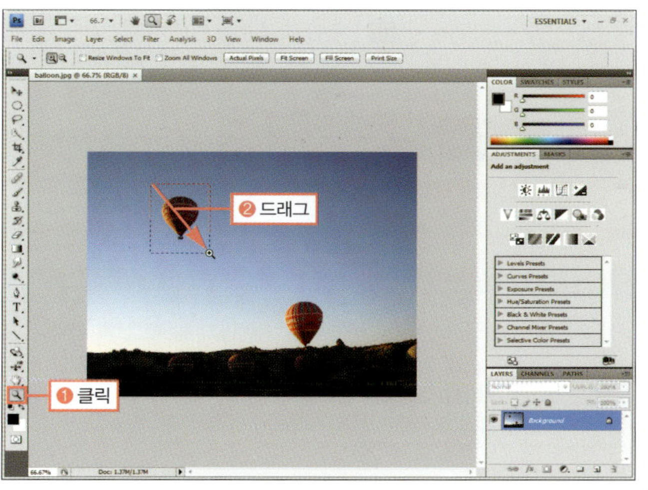

❸ [Edit]-[Copy] 메뉴를 선택하여 선택 영역을 복사합니다.

❹ Ctrl+D를 눌러 선택 영역을 해제한 후 Ctrl+−를 2~3번 눌러 작업 영역에 이미지 전체가 잘 보이도록 보기 배율을 조절합니다.

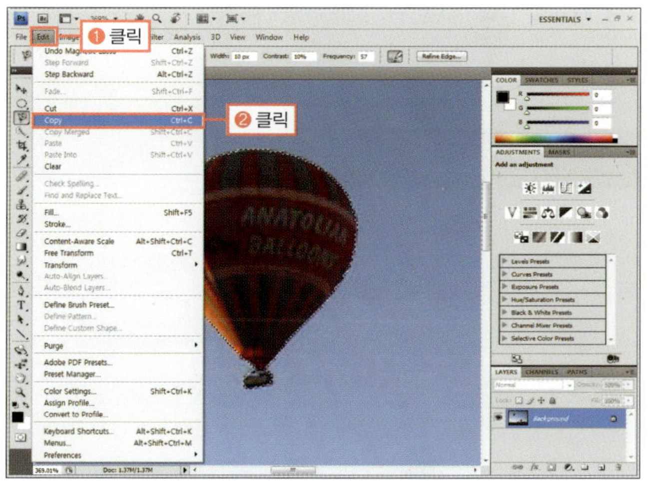

### BONUS

Ctrl+C를 눌러도 선택 영역의 이미지가 복사됩니다.

**5** 복사한 이미지를 붙여넣기 위해 [Edit]–[Paste] 메뉴를 선택합니다.

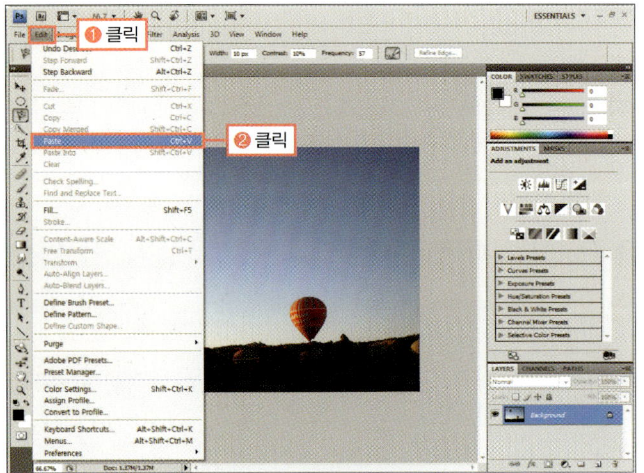

**6** 이미지 정중앙에 붙여넣기 된 것을 확인합니다.

○ **완성물** : 예제파일\Round03\balloon_f.psd

**BONUS**

Ctrl+V를 눌러도 붙여넣기가 실행됩니다.

**BONUS**

[Paste] 명령을 이용해 복사한 이미지를 붙여넣기 할 때 선택 영역이 활성화되어 있으면 선택 영역 위로 이미지가 붙여넣기 됩니다. 하지만 선택 영역이 없다면 이미지 정중앙에 붙여넣기 됩니다.

---

**PHOTOSHOP COACHING** |포토샵 코칭|

## 이동 툴로 복사할 때와 [Copy] 명령을 이용해 복사할 때의 차이점

이미지를 복사해서 붙여넣을 때 [Copy], [Paste] 명령을 실행해도 되지만, 선택 영역을 만든 후 이동 툴(▶+)로 Alt를 누른 채 드래그해도 복사됩니다. 차이점은 [Copy]와 [Paste] 명령을 사용할 때에는 복사한 이미지가 다른 레이어로 분리되어 붙여넣기가 되며, 이동 툴로 Alt를 눌러 복사할 때에는 레이어가 분리되지 않습니다.

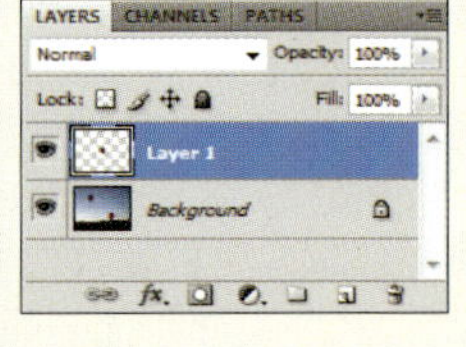

▲ [Copy]와 [Paste] 명령으로 복사하기

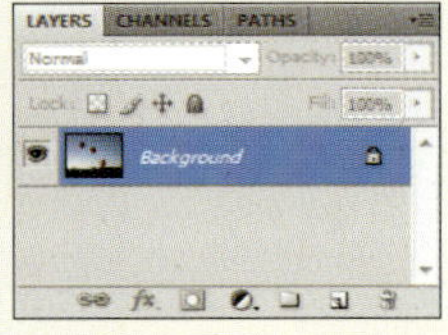

▲ 이동 툴로 Alt를 누른 채 복사할 때

# 복사와 붙여넣기의 고급 기능, [Copy Merged]와 [Paste Into] 명령

◎ **준비물** : '예제파일\Round03\picture.psd, frame.jpg' 파일을 불러오세요.

❶ 'picture.psd' 에서 이미지 전체 영역을 선택하기 위해 [Select]-[All] 메뉴를 선택합니다.

**BONUS**

Ctrl + A 를 눌러도 이미지 전체 영역이 선택 영역으로 만들어집니다.

❷ 이 이미지는 여러 개의 레이어로 구성되어 있습니다. 따라서 선택한 이미지 전체를 복사하기 위해서 [Edit]-[Copy Merged] 메뉴를 선택합니다.

**STOP**

레이어가 다 보이지 않는다면 ADJUSTMENTS 패널의 제목 바를 더블클릭하여 LAYERS 패널의 길이를 늘입니다.

❸ 제목 탭에서 'frame.jpg' 를 클릭하여 이미지가 보이게 한 후 툴박스에서 다각형 올가미 툴(☑)을 선택합니다. 그리고 핸드폰 액정 안 모서리를 클릭/드래그하여 펜을 뺀 액정 부분만 선택되게 합니다.

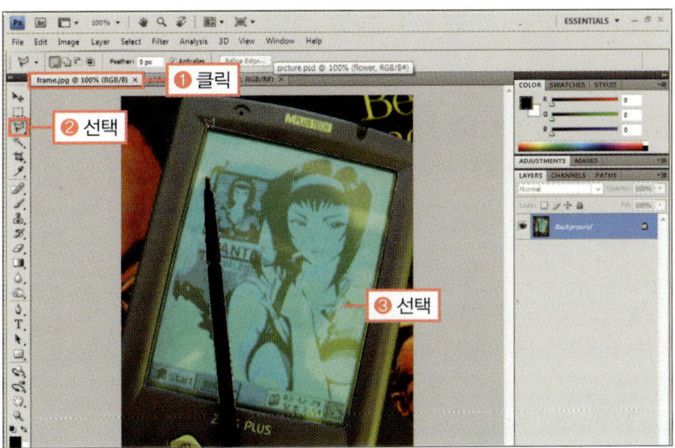

❹ 복사한 이미지를 선택 영역 안에 붙여넣기 위해 [Edit]-[Paste Into] 메뉴를 선택합니다.

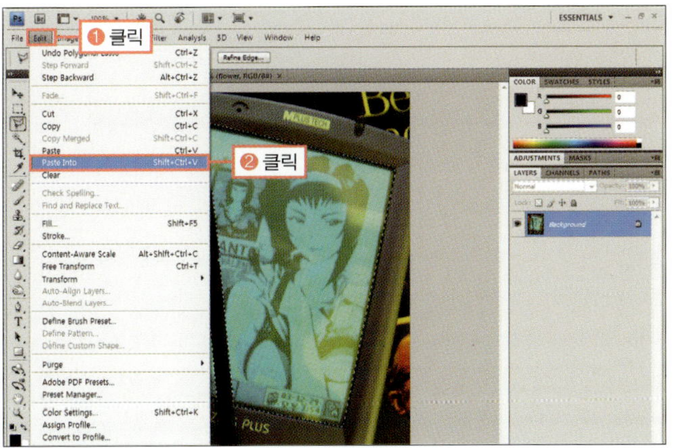

**BONUS**

[Paste Into] 명령은 선택 영역 안에 붙여넣기 하기 때문에 이미지 안에 선택 영역이 없으면 활성화되지 않습니다.

⑤ 복사한 이미지가 선택 영역 안에 붙여넣기 됩니다. `Ctrl`+`T`를 눌러 [Free Transform]을 실행한 후 조절점을 드래그하여 크기 및 각도를 조절하고 옵션 바의 '확인(✔)'을 클릭합니다.

⑥ 자연스러운 합성을 위해 이미지 안쪽으로 그림자를 넣기 위해 LAYERS 패널에서 '레이어 스타일(fx)'을 클릭하고 [Inner Shadow]를 선택합니다.

⑦ 대화상자가 나타나면 그림자의 각도를 나타내는 [Angle]을 '126', 그림자의 크기를 나타내는 [Size]를 '6'으로 조절한 후 [OK] 버튼을 클릭합니다.

⑧ 액정 안으로 그림자가 생긴 것을 확인합니다.

◎ **완성물** : 예제파일\Round03\frame_f.psd

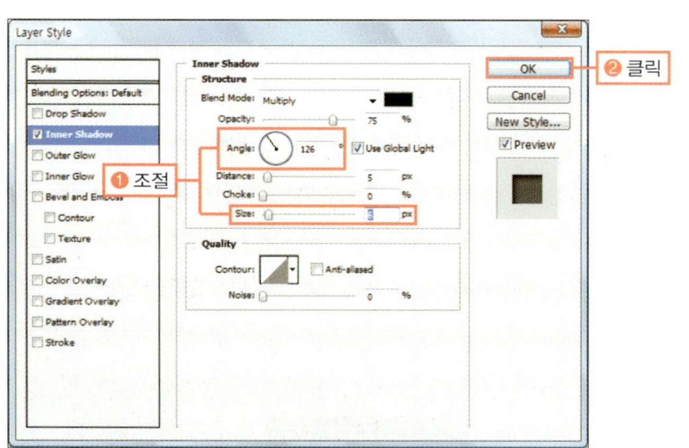

# Round Test

| 풀어 보세요 |

이번 Round에서는 간단히 레이어에 대해 알아보고 선택 툴과 이동 툴을 사용해 이미지를 편집하는 방법에 대해 공부했습니다. 또한, 이미지를 선택하여 변형하는 여러 방법에 대해서도 알아보았습니다. 앞에서 배운 내용을 토대로 다음 문제를 풀어보세요.

**1 |** 다음의 ( ) 안을 채워보세요

❶ 포토샵에서 이미지 편집 작업을 할 때 가장 기본적으로 다뤄야 하는 것으로, '층, 계층'이란 의미로 쉽게 말하면 투명 종이란 뜻을 가지고 있는 것을 (          )라고 합니다.

❷ 이미지를 다른 종이로 옮기거나 선택 영역을 이동할 때 사용하는 툴은 (          )입니다.

❸ 레이어를 선택할 때 키보드의 (          )을 누른 채 다른 레이어를 선택하면 그 사이에 놓인 모든 레이어가 다중 선택됩니다. 그것에 비해 (          )을 누른 채 다른 레이어를 선택하면 선택한 레이어만 추가되어 선택됩니다.

❹ 이미지의 크기를 조절하거나 회전, 기울기와 같은 변형을 적용해야 할 경우가 많이 있습니다. 이럴 때 사용하는 명령이 (          )입니다.

❺ 선택 툴 중에 색상을 위주로 선택하는 툴은 (          )로 이미지에서 클릭한 지점과 같은 색상이 모두 선택됩니다.

❻ 이미지를 표현하는 픽셀이 사각형이기 때문에 이미지를 확대하면 경계선이 계단 모양으로 나타납니다. 이것을 에일리어스(Alias)라고 하는데, 이를 완화시켜주는 기능을 (          )라고 합니다.

**2 |** 다음 설명이 맞으면 'O', 틀리면 '×'를 표시하세요.

❶ LAYERS 패널에서 새 레이어를 만들 때에는 '레이어 스타일(*fx*)'을 클릭합니다. ┄┄┄┄┄ □

❷ 크기를 조절할 때 가로, 세로 비율을 일정하게 조절하려면 Shift 를 누른 채 조절점을 드래그합니다. ┄┄┄ □

❸ [Transform] 명령에서 가장 자유롭게 변형되는 명령으로 조절점과 조절선, 가로선, 세로선을 드래그하여 변형하는 것이 [Scale]입니다. ┄┄┄┄┄ □

❹ 선택 영역을 만든 후 선택을 더 추가할 때 누르는 키는 Alt 이며, 선택 영역을 뺄 때 누르는 키는 Ctrl 입니다. □

❺ 각진 이미지를 선택할 때 사용하는 툴은 다각형 올가미 툴(🅥)이며, 자동으로 색상과 밝기의 경계를 읽어 선택할 수 있는 툴은 자석 올가미 툴(🅟)입니다. ┄┄┄┄┄ □

❻ [Content-Aware Scale] 명령은 포토샵 CS4에서 새로 생긴 기능으로 사람, 건물, 동물 등과 같이 중요한 시각적 내용은 변형하지 않고 그 외의 부분만 변형하는 명령입니다. ┄┄┄┄┄ □

| 정답 |

1 | ❶ 레이어 ❷ 이동 툴 ❸ Shift , Ctrl ❹ Transform ❺ 마술봉 툴 ❻ 안티 에일리어스(Anti-alias)
2 | ❶ × ❷ O ❸ × ❹ × ❺ O ❻ O

이번 Round에서는 간단히 레이어에 대해 알아보고 선택 툴과 이동 툴을 사용해 이미지를 편집하는 방법에 대해 공부했습니다. 또한, 이미지를 선택하여 변형하는 여러 방법에 대해서도 알아보았습니다. 앞에서 배운 내용을 토대로 다음 예제를 완성해 보세요.

**1** 각각의 레이어를 확인한 후 이동 툴의 '레이어 자동 정렬( )'을 이용하여 두 레이어 이미지를 정렬하고 크롭 툴( )로 그림과 같이 잘라보세요.

준비물 : 예제파일\Round03\cat.psd
완성물 : 예제파일\Round03\cat_f.psd
도움말 : 예제해설\Round03도움말1.hwp(pdf, avi)

❶ LAYERS 패널에서 'cat1.jpg'의 '눈( )'을 클릭하여 감춘 후 'cat2.jpg' 이미지를 확인 ❷ 다시 'cat1.jpg'의 '눈( )'을 클릭 ❸ LAYERS 패널에서 'cat1.jpg'를 선택한 후 Shift 를 누른 채 'cat2.jpg'를 추가 선택 ❹ 옵션 바의 '레이어 자동 정렬( )'을 클릭 ❺ 대화상자에서 [Auto] 선택 ❻ 툴박스의 크롭 툴( )을 선택한 후 이미지를 자름

**2** 선택 툴을 알맞게 이용하여 이미지의 클립을 선택 영역으로 만든 후 복사합니다. 그리고 그림과 같이 위치를 이동하고 변형해 보세요.

준비물 : 예제파일\Round03\mage.jpg
완성물 : 예제파일\Round02\mage_f.psd
도움말 : 예제해설\Round03도움말2.hwp(pdf, avi)

❶ 툴박스의 자석 올가미 툴( )을 선택 ❷ 이미지에서 빨간 클립을 선택 ❸ [Edit]-[Copy] 메뉴를 선택하여 복사 ❹ Ctrl + V 를 눌러 붙여넣기 한 후 이동 툴( )로 왼쪽으로 이동 ❺ Ctrl + T 를 눌러 [Free Transform] 실행 ❻ 변형 조절점 안에서 마우스 오른쪽 버튼을 클릭하여 [Flip Horizontal]을 선택 ❼ 크기와 회전을 조절한 후 변형 완료

**3** 그림과 같이 가운데 배 모양은 변형하지 않은 채 주변 풍경을 확장하여 변형해보세요.

○ **준비물** : 예제파일\Round03\boatonly.jpg
  **완성물** : 예제파일\Round03\boatonly_f.jpg
  **도움말** : 예제해설\Round03도움말3.hwp(pdf, avi)

❶ 이미지 부분만 사각형 선택 툴(▣)로 선택 ❷ [Edit]–[Content–Aware Scale] 메뉴를 선택 ❸ 변형 조절점을 왼쪽과 오른쪽으로 드래그하여 변형 ❹ Ctrl + D 를 눌러 선택 영역을 해제

**4** 'rainbow' 레이어를 [Warp] 명령을 이용하여 아래 그림과 같이 무지개 모양으로 변형한 후 레이어 순서를 바꿔 보세요.

○ **준비물** : 예제파일\Round03\rainbow.psd
  **완성물** : 예제파일\Round03\rainbow_f.psd
  **도움말** : 예제해설\Round03도움말4.hwp(pdf, avi)

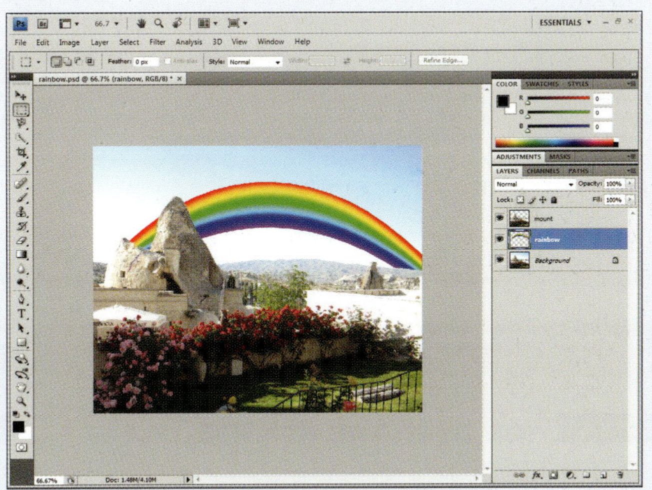

❶ [Edit]–[Transform]–[Warp] 메뉴를 선택 ❷ 왼쪽 아래, 오른쪽 아래 조절점을 아래로 이동하여 포물선 모양으로 변형 ❸ 왼쪽, 아래 가로선을 아래로 드래그하여 포물선 모양으로 변형 ❹ 왼쪽 위, 오른쪽 위 조절점을 아래로 이동 ❺ LAYERS 패널의 'rainbow' 레이어를 'mount' 레이어 아래로 이동



**Round complete.**
풀어 보세요

# 포토샵 채색에 관한 모든 것

브러시나 연필, 패턴, 그레이디언트 등은 드로잉하거나 이미지를 채색하는 데 사용하는 기능으로, 이를 제대로 활용하기 위해서는 색상 선택 방법과 브러시의 모양을 조절하는 방법, 채색에 관련된 많은 명령과 이를 지워주는 툴 등을 알아야 합니다. 이번 Round에서는 채색에 관련된 다양한 기능에 대해 알아보겠습니다.

 이번 Round는 다음과 같은 단계로 구성됩니다. Training별 내용을 간략하게 먼저 파악하면 좀 더 효율적으로 학습을 진행할 수 있습니다.

**Training 01**　**색상을 선택하는 다양한 방법들 알아보기**

전경색과 배경색의 쓰임새를 알아보고 [Color Picker] 대화상자와 COLOR 패널, SWATCHES 패널로 원하는 색상을 선택하는 방법을 살펴봅니다.

▶ 전경색과 배경색의 쓰임새와 색상 선택하기
▶ [Color Picker] 대화상자로 색 선택하기
▶ COLOR 패널과 SWATCHES 패널 사용하기

**Training 02**　**브러시 툴로 이미지 제작하기**

브러시 툴의 옵션과 사용법에 대해 알아보고 BRUSHES 패널로 브러시 모양과 속성을 변경하는 방법을 살펴봅니다.

▶ 브러시 툴로 드로잉하기
▶ BRUSHES 패널로 기본 브러시 모양과 속성 변경하기

**Training 05**　**그레이디언트를 사용하여 이미지 채색하기**

두가지 이상의 색이 자연스럽게 나타나는 그레이디언트 툴의 사용법과 옵션에 대해 알아보고, [Gradient Editor] 대화상자를 이용해 새로운 그레이디언트를 만드는 방법을 살펴봅니다.

▶ 그레이디언트 툴과 옵션 바 알아보기
▶ [Gradient Editor] 대화상자로 새로운 그레이디언트 만들고 저장하기

**Training 06**　**이미지를 없애고 지우는 도구들**

원하는 이미지를 제거하는 지우개 툴과 백그라운드를 레이어로 변경하여 지우는 배경 지우개 툴, 같은 색상을 한번에 제거하는 마술봉 지우개 툴의 차이점을 알아봅니다.

▶ 마술 지우개 툴로 같은 색상 한번에 지우기
▶ 지우개 툴과 배경 지우개 툴로 원하는 영역 지우기

**Training 03**　연필 툴로 그리고 페인트통 툴로 칠하기

연필 툴의 사용법을 익히고 이를 이용해 외곽선을 드로잉합니다. 그리고 넓은 영역을 쉽게 채울 수 있는 페인트통 툴에 대해 살펴봅니다.

▶ 연필 툴로 외곽선 그리기
▶ 페인트통 툴로 색상과 패턴을 사용해 채우기

**Training 04**　[Fill] 명령을 이용하여 색과 패턴으로 이미지 채색하기

[Fill] 명령을 이용해 선택 영역을 채우는 방법을 알아보고 이미지에 색상과 패턴을 채워봅니다. 또한, 새 패턴을 등록하는 방법에 대해 살펴봅니다.

▶ 페인트통 툴과 [Fill] 명령의 차이점 살펴보기
▶ [Fill] 명령으로 색상과 패턴 채우기
▶ 새 패턴 등록하기

**Training 07**　특별한 브러시 효과를 가진 툴 살펴보기

변경된 이미지를 원래 이미지로 되돌리는 히스토리 툴에 대해 알아보고, 이미지에 회화적인 효과를 적용하는 아트 히스토리 브러시 툴에 대해 살펴봅니다.

▶ 히스토리 브러시 툴로 원래 이미지로 되돌리기
▶ 아트 히스토리 브러시 툴로 회화적인 이미지로 변경하기

# 01

## 색상을 선택하는 다양한 방법들 알아보기

Photoshop · CS4

포토샵에서 이미지를 리터치하거나 캐릭터나 일러스트레이션을 드로잉할 때 사용자가 가장 먼저 해야 하는 것은 원하는 색상을 선택하는 것입니다. 이번 Training에서는 색상 선택 시 사용하는 [Color Picker] 대화상자와 COLOR 패널, SWATCHES 패널에 대해서 살펴봅니다.

| 학습 목표 | 학습 소재 | 난이도 | 예상 학습 결과 | 연계 학습 |
|---|---|---|---|---|
| • 전경색과 배경색 이해하기<br>• 색상을 선택하는 대화상자 및 패널 이해하기 | • 전경색, 배경색<br>• [Color Picker] 대화상자<br>• COLOR 패널<br>• SWATCHES 패널 | ★★☆☆☆ | [Color Picker] 대화상자, COLOR 패널, SWATCHES 패널을 이용해 전경색과 배경색 지정하기 | • 툴박스 : 41쪽<br>• 마술봉 툴 : 156쪽 |

## READY! 포토샵에서 전경색과 배경색 선택하기

색상을 선택할 때 가장 먼저 이해해야 하는 것이 포토샵의 전경색(Foreground Color)과 배경색(Background Color)입니다. 전경색은 브러시 툴(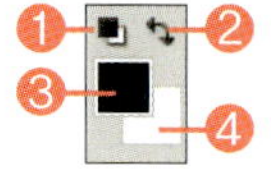)이나 연필 툴을 사용할 때 칠해지는 색이며, 배경색은 지우개 툴로 지울 때 나타나는 색입니다.

### ■ 전경색과 배경색 살펴보기

툴박스에서 '전경색'과 '배경색' 부분을 클릭하면 [Color Picker] 대화상자가 나타나는데, 여기에서 바로 전경색과 배경색을 지정할 수 있습니다. 또는 COLOR 패널이나 SWATCHES 패널에서 선택할 수도 있습니다. 툴박스에서 전경색, 배경색에 관련된 기능은 다음과 같습니다.

❶ **기본색** : 클릭하면 전경색이 검은색으로, 배경색이 흰색으로 설정됩니다. 바로 가기 키는 D 입니다.

❷ **색상 전환** : 클릭하면 전경색과 배경색이 서로 바뀝니다. 바로 가기 키는 X 입니다.

❸ **전경색** : 브러시, 연필 툴과 같은 드로잉 툴이나 페인트통 툴과 같이 채색 툴을 사용할 때 칠해지는 색상입니다.

❹ **배경색** : 'Background' 이미지의 색으로 지우개 툴로 지울 때 칠해지는 색상입니다.

■ [Color Picker] 대화상자로 색상 선택하기

[Color Picker] 대화상자의 가운데에 있는 색상 슬라이더(ⓘ)를 조절한 후 왼쪽 색상 영역에서 원하는 색을 클릭하거나 직접 색상 값을 입력하여 색상을 선택할 수 있습니다.

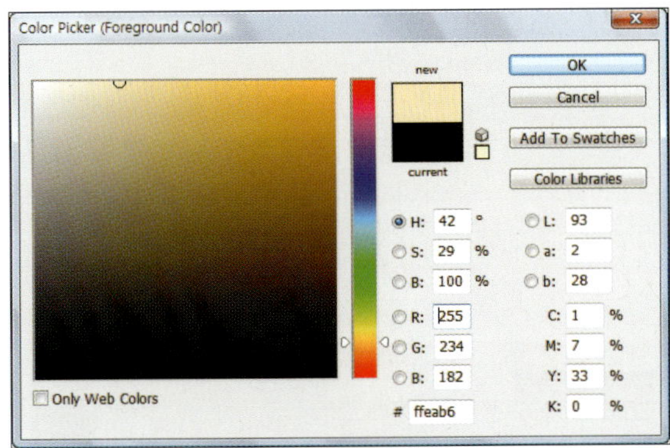

■ COLOR 패널로 색상 선택하기

하단의 색상 스펙트럼에서 직접 색상을 선택하거나 이미지 모드에 따라 각각의 색 수치를 조절해 전경색과 배경색을 바꿀 수 있습니다. 현재 색이 전경색인지 배경색인지는 왼쪽의 색상 아이콘에서 테두리가 생긴 것으로 구분합니다. COLOR 패널은 난계별로 바뀌는 색상을 지정할 때 편리합니다.

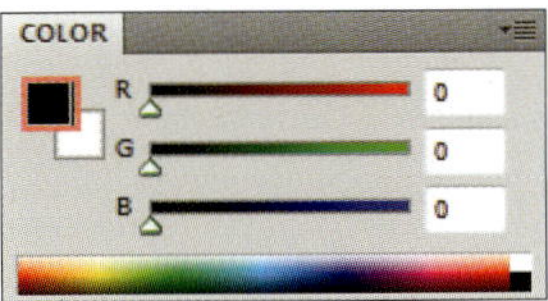

▲ 전경색이 변경될 때 모습

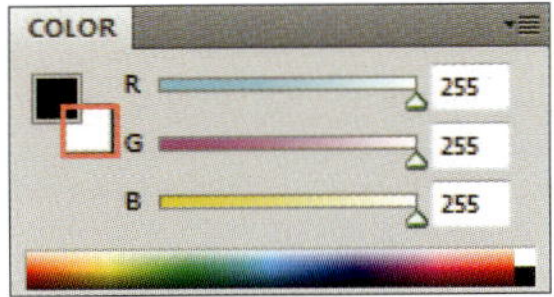

▲ 배경색이 변경될 때 모습

■ SWATCHES 패널로 색상 선택하기

SWATCHES 패널은 자주 사용하는 색을 모아놓은 것으로, 클릭하면 전경색으로 지정되며 Ctrl 을 누른 채 클릭하면 배경색으로 지정됩니다. 패널 메뉴를 이용해 다른 색상 조합의 SWATCHES 패널로 변경할 수도 있습니다.

# [Color Picker] 대화상자로 색상 선택하기

◎ **준비물** : '예제파일\Round04\dog.jpg' 파일을 불러오세요.

**①** 툴박스의 '전경색'을 클릭하여 [Color Picker] 대화상자를 띄웁니다.

**②** 색상 슬라이더(▷)를 드래그하여 주황색으로 이동한 후 색상 영역에서 그림과 같이 밝은 주황색 부분을 클릭합니다. [new]에 밝은 주황색이 선택된 것을 확인하고 [OK] 버튼을 클릭합니다.

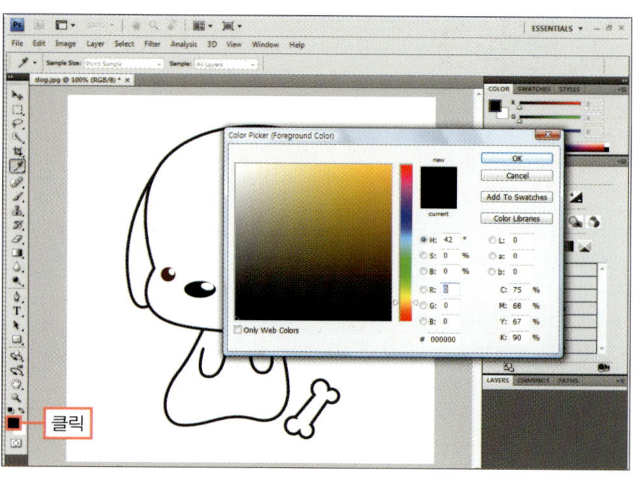

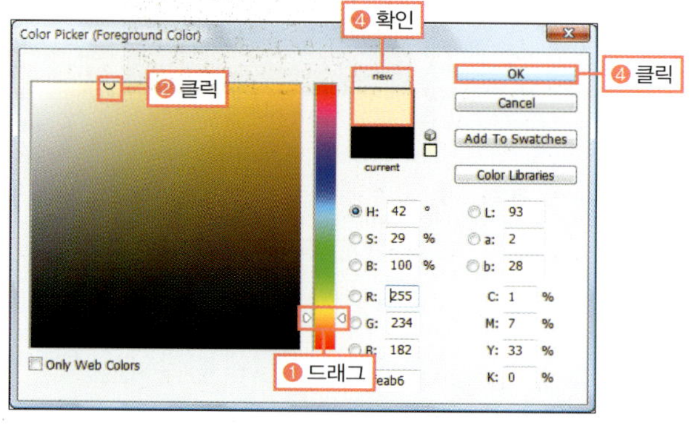



**STOP**

색상 슬라이더(▷)를 드래그하여 원하는 색상을 선택하면 왼쪽에서 해당 색상의 채도와 명암을 선택할 수 있습니다.

**STOP**

Shift + Alt + Ctrl + Delete 를 눌러 툴박스의 툴과 옵션의 값을 기본으로 되돌려준 후 따라합니다.

**③** 전경색이 바뀐 것을 확인한 후 '배경색'을 클릭하여 다시 [Color Picker] 대화상자를 불러옵니다.

**④** 이미지가 잘 보이도록 대화상자의 위치를 조절한 후 강아지의 눈 부분으로 마우스를 이동하여 포인터가 '스포이트(✐)' 모양으로 변경되면 클릭합니다. [new]의 색상이 변경된 것을 확인한 후 [OK] 버튼을 클릭합니다.

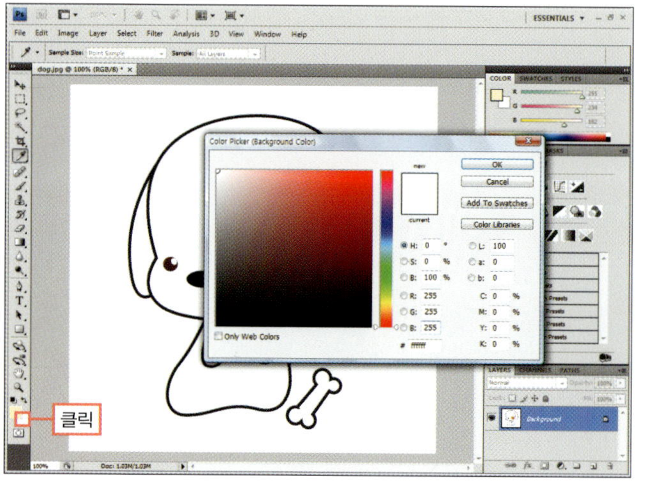

❺ 배경색이 바뀐 것을 확인하고 툴박스의 마술봉 툴(🪄)을 선택합니다. 강아지의 머리를 클릭하여 선택 영역을 만든 후 Shift 를 누른 채 강아지의 몸도 선택합니다.

**STOP**

Shift 를 누른 채 계속 클릭하면 선택 영역을 추가할 수 있습니다.

❻ 전경색으로 선택 영역을 채우기 위해 Alt + Delete 를 누릅니다. 색상이 채워진 것을 확인하고 Ctrl + D 를 눌러 선택 영역을 해제합니다.

**BONUS**

Alt + Delete 는 선택 영역에 전경색을 채워주는 바로 가기 키입니다.

❼ 이번에는 같은 방법으로 강아지의 오른쪽 귀와 왼쪽 귀를 선택한 후 배경색으로 채우기 위해 Ctrl + Delete 를 누릅니다. 선택 영역을 해제하고 완성된 이미지입니다.

◎ **완성물** : 예제파일\Round04\dog_f.jpg

**BONUS**

Ctrl + Delete 는 선택 영역에 배경색을 채워주는 바로 가기 키입니다.

**Training 01.**
색상을 선택하는 다양한 방법들 알아보기

포토샵에서 색상을 선택하는 가장 기본이 되는 것으로 색상, 명도, 채도를 나타내 원하는 색상을 선택할 수 있습니다.

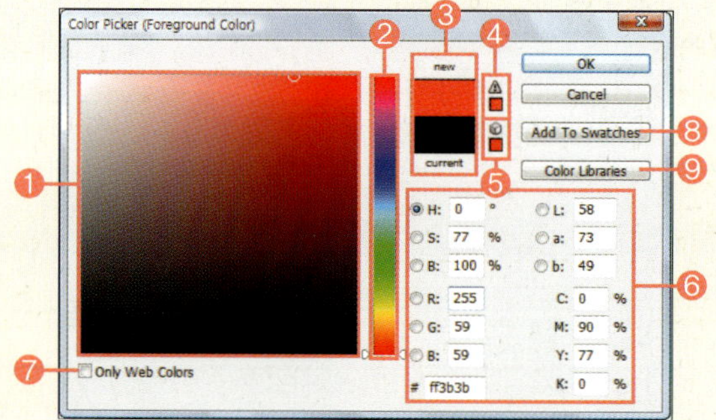

❶ **색상 영역** : 색상 슬라이더에서 고른 색상의 채도와 명암을 나타내는 영역으로 클릭하는 지점의 색이 선택됩**니다.**

❷ **색상 슬라이더** : 색상을 선택합니다.

❸ **선택 색상 보기** : 지금 선택한 색상이 [new], 이전에 색상이 [current]에 표시됩니다.

❹ **인쇄 색상 경고** : 선택한 색상이 CMYK 인쇄 색상으로 나타낼 수 없어 인쇄되지 않는다는 경고 아이콘입니다. 클릭하면 현재 색과 가장 비슷한 범위에서 인쇄할 수 있는 색상을 골라줍니다.

❺ **웹 색상 경고** : 웹 브라우저로 볼 수 없는 색상이라는 경고 아이콘입니다. 클릭하면 현재 색과 가장 비슷한 범위에서 웹 브라우저로 볼 수 있는 색상을 골라줍니다.

❻ **HSB, RGB, Lab, CMYK** : 색상 영역에서 클릭한 색상의 수치를 보여주거나 원하는 색상의 수치를 직접 입력할 수 있습니다.

❼ **Only Web Colors** : 체크하면 모든 웹 브라우저에서 볼 수 있는 색상으로 색상 영역이 바뀝니다.

❽ **Add to Swatches** : 선택한 색상이 SWATCHES 팔레트에 추가됩니다.

❾ **Color Libraries** : [Color Libraries] 대화상자가 나타나 마음에 드는 색상 조합을 선택하여 원하는 색을 고를 수 있습니다.

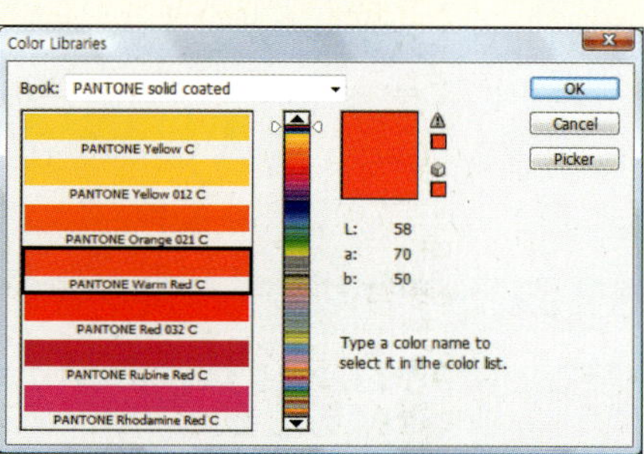

# COLOR 패널과 SWATCHES 패널로 색상 선택하기

◎ **준비물** : '예제파일\Round04\fish.psd' 파일을 불러오세요.

**1** 툴박스의 마술봉 툴(  )을 선택하고 옵션 바의 [Sample All Layers]를 체크합니다. 그리고 그림과 같이 물고기의 몸통 부분을 클릭하여 선택 영역으로 만듭니다.

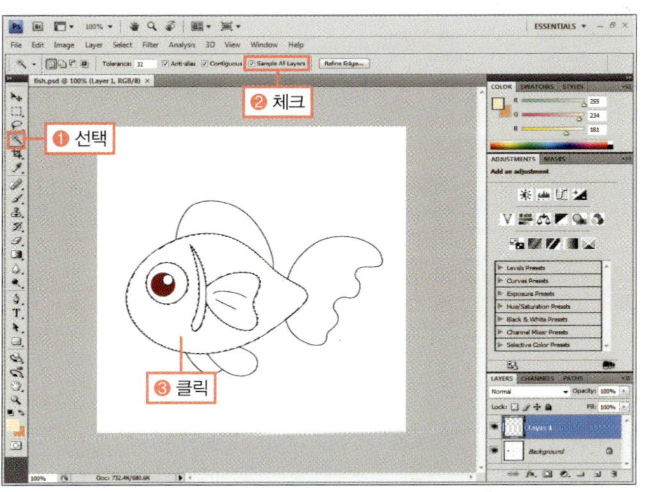

## B O N U S

[Sample All Layers]에 체크하면 현재 선택 영역 내에 있는 다른 레이어의 이미지도 모두 선택할 수 있습니다.

**2** COLOR 패널에서 [R]을 '249', [G]를 '204', [B]를 '229'로 조절하여 전경색을 변경하고 Alt + Delete 를 눌러 선택 영역을 채웁니다.

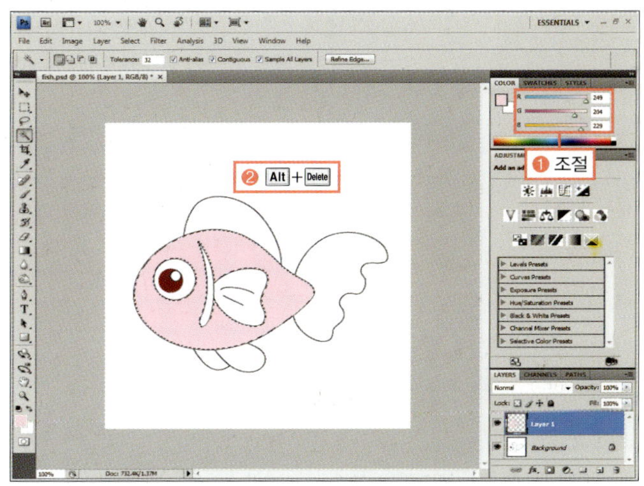

## B O N U S

COLOR 패널은 수치를 입력해서 색상을 변경할 수도 있지만 아래 색상 스펙트럼에서 원하는 색을 클릭하거나 각각의 색상 슬라이더 바를 조절하여 전경색이나 배경색으로 설정할 수 있습니다. 색상 슬라이더 바는 붉은색을 조절하는 [R], 녹색을 조절하는 [G], 푸른색을 조절하는 [B]가 있습니다.

**3** Ctrl + D 를 눌러 선택을 해제하고 COLOR 패널에서 [G]의 색상 슬라이더를 왼쪽으로 드래그하여 수치가 '110' 이 되게 전경색을 변경합니다. 그리고 아가미 부분을 선택하고 Alt + Delete 를 눌러 전경색으로 채웁니다.

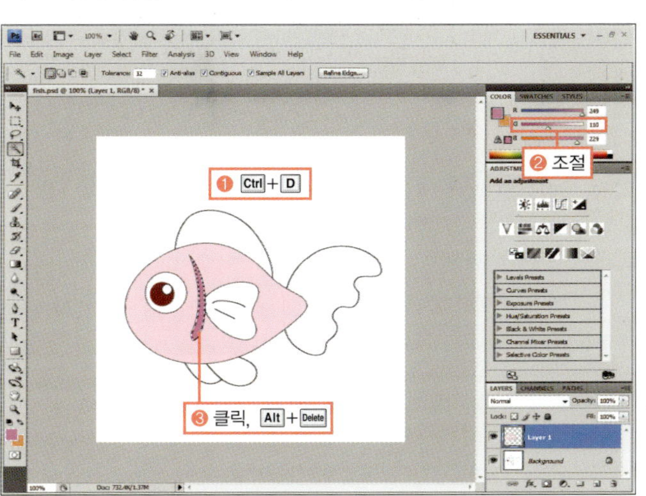

**4** COLOR 패널에서 [R]은 '189', [G]는 '255', [B]는 '0' 으로 조절하여 전경색을 변경합니다.

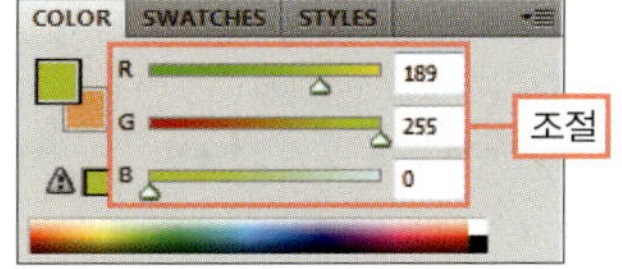

193

**⑤** COLOR 패널 옆의 SWATCHES 패널을 선택하고 '색상 추가()'를 클릭하여 현재 전경색을 새로운 스와치 색상으로 추가합니다.

### B O N U S

SWATCHES 패널은 자주 사용하는 색상을 모아두는 곳으로 기본색 외에 색상을 추가하여 사용할 수 있습니다. 색상을 추가할 때에는 '색상 추가'를 이용하거나, 빈 영역에서 마우스 포인터의 모양이 페인트통으로 변경될 때 클릭해도 됩니다. 반대로 제거하고 싶은 색상은 드래그하여 '휴지통' 위에 놓습니다.

**⑦** SWATCHES 패널에서 그림과 같이 [RGB Cyan]을 클릭하여 전경색을 바꿉니다.

### B O N U S

SWATCHES 패널의 색상을 배경으로 설정하려면 Ctrl을 누른 채 원하는 색상을 클릭합니다.

**⑥** 앞의 선택을 해제하고 이번에는 그림과 같은 지느러미들을 모두 선택한 후 Alt+Delete를 눌러 전경색으로 채웁니다.

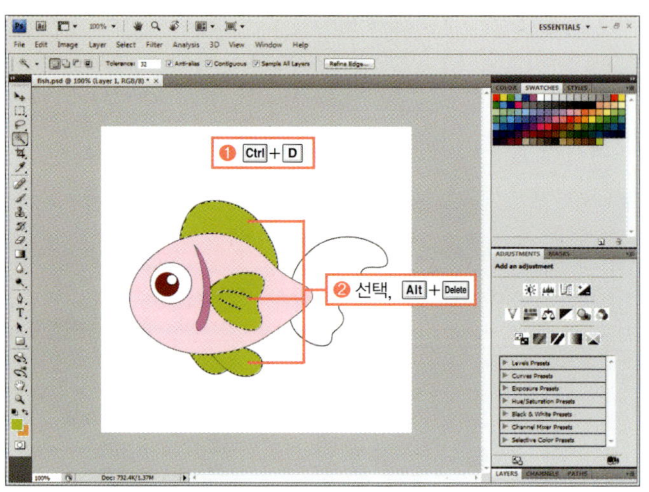

**⑧** 꼬리 지느러미를 클릭하여 선택 영역으로 만든 후 Alt+Delete를 눌러 전경색으로 채웁니다.

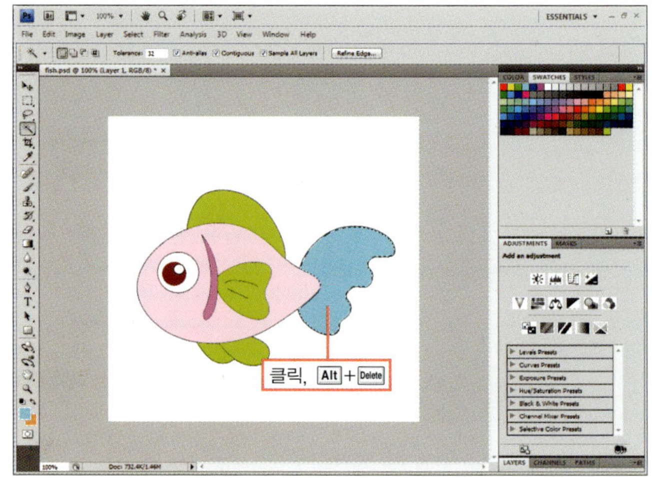

❾ 선택을 해제한 후 LAYERS 패널에서 블렌딩 모드를 [Multiply]로 변경합니다. 백그라운드의 선이 뚜렷하게 보이는 것을 확인합니다.

◎ **완성물** : 예제파일\Round04\fish_f.psd

## BONUS

블렌딩 모드는 현재 레이어와 아래에 놓인 이미지가 서로 섞일 때 색상과 밝기를 조절하는 것으로 [Multiply]는 섞이는 레이어에서 어두운 색이 우선되는 모드입니다. 자세한 것은 Round08의 블렌딩 모드에서 다루겠습니다.

**PHOTOSHOP COACHING |포토샵 코칭|**                    **COLOR 패널**

COLOR 패널에서는 각각의 색상 슬라이더를 조절하여 전경색과 배경색을 변경할 수 있습니다.

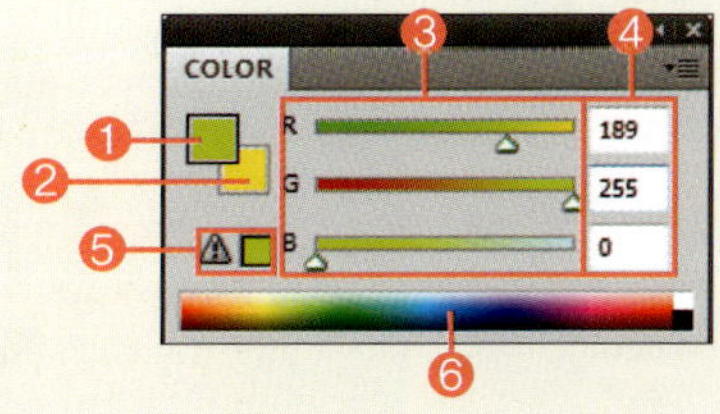

❶ **전경색** : 클릭하면 활성화되어 선택하는 색상이 전경색으로 설정됩니다.

❷ **배경색** : 클릭하면 활성화되어 선택하는 색상이 배경색으로 설정됩니다.

❸ **색상 슬라이더** : 슬라이더를 드래그하여 원하는 색상을 만들 수 있습니다.

❹ **색상 수치** : 색상의 수치를 직접 입력하여 원하는 색상을 만들 수 있습니다.

❺ **색상 경고** : '경고(⚠)'가 표시되면 선택한 색상이 인쇄할 때 제대로 표현되지 않는다는 의미입니다. 이를 클릭하면 인쇄에서 표현할 수 있는 색상으로 변경됩니다.

❻ **색상 스펙트럼** : 클릭한 부분의 색상이 전경색이나 배경색으로 설정됩니다.



**Training 01.**
색상을 선택하는 다양한 방법들 알아보기

# 스포이트 툴로 이미지에서 원하는 색상 추출하기

스포이트 툴(✐)은 이미지에서 특정 색을 추출하여 전경색이나 배경색으로 지정하고 싶을 때나 색상의 정보가 필요할 때 사용합니다. 툴박스에서 바로 선택할 수 있을 뿐만 아니라 브러시 툴(✐)과 페인트통 툴(◇)을 사용할 때 Alt 를 누르면 마우스 포인터가 '스포이트(✐)' 모양으로 변경되기도 합니다.

◎ **준비물** : '예제파일\Round04\fish2.psd' 파일을 불러오세요.

① 툴박스의 '기본색(◨)'을 클릭하여 전경색과 배경색을 기본색으로 변경한 후 스포이트 툴(✐)을 선택합니다. 그리고 이미지에서 큰 물고기의 꼬리 부분을 클릭하면 전경색이 선택한 색으로 변경됩니다.

② 큰 물고기의 몸통 부분을 Alt 를 누른 채 클릭합니다. 클릭한 지점의 색상이 배경색으로 지정된 것을 확인합니다.

③ 툴박스의 마술봉 툴(✦)을 선택하고 옵션 바에서 [Sample All Layers]에 체크합니다. 작은 물고기의 몸통을 클릭하여 선택 영역으로 만든 후 Alt + Delete 를 눌러 전경색으로 채웁니다.

④ 작은 물고기의 아가미 부분을 클릭하여 선택 영역으로 만듭니다. COLOR 패널에서 [G]를 '156'으로 조절하여 전경색을 변경한 후 Alt + Delete 를 눌러 채웁니다.

⑤ 작은 물고기의 지느러미들을 클릭하여 선택 영역으로 만든 후 Ctrl + Delete를 눌러 배경색으로 채웁니다.

⑥ Ctrl + D를 눌러 선택 영역을 해제한 후 툴박스의 스포이트 툴(🖋)을 선택하고 큰 물고기의 지느러미 부분을 클릭하여 전경색으로 지정합니다.

⑦ 툴박스의 마술봉 툴(🔧)을 선택한 후 작은 물고기의 꼬리를 클릭하여 선택 영역으로 만듭니다. Alt + Delete를 눌러 전경색으로 채웁니다.

⑧ Ctrl + D를 눌러 선택 영역을 해제하여 채색된 이미지를 확인합니다.

◎ 완성물 : 예제파일\Round04\fish2_f.psd



**Hard Training.**
스포이트 툴로 이미지에서 원하는 색상 추출하기

# Training 02

## 브러시 툴로 이미지 제작하기



포토샵이 가장 많이 사용되는 목적이 이미지 보정이나 합성이긴 하지만 약방의 감초처럼 없어서는 안 되는 것이 드로잉 기능입니다. 이번 Training에서는 대표적인 드로잉 툴인 브러시 툴(✐)의 기능과 옵션에 대해 자세히 알아보겠습니다.

| 학습 목표 | 학습 소재 | 난이도 | 예상 학습 결과 | 연계 학습 |
| --- | --- | --- | --- | --- |
| 브러시 툴로 그림 그리기 | 브러시 툴 | ★★★☆☆ | 원하는 브러시의 모양과 옵션 선택하여 사용하기 | COLOR 패널 : 193쪽 |

## READY!

### 브러시 옵션 살펴보기

브러시 툴(✐)은 사용자의 창의적인 감각에 따라 마음껏 그릴 수 있도록 다른 툴에 비해 많은 옵션과 별도의 패널까지 지원하고 있습니다. 먼저 옵션 바의 [Brush] 항목에서 브러시의 크기, 딱딱한 정도, 모양을 선택하고 브러시 툴을 사용하는 것이 가장 기본입니다. 더 많은 브러시 모양을 보고 싶다거나 현재 브러시를 저장하는 등의 부가 기능을 사용하고 싶다면 오른쪽 메뉴 버튼(▶)을 클릭하면 됩니다.

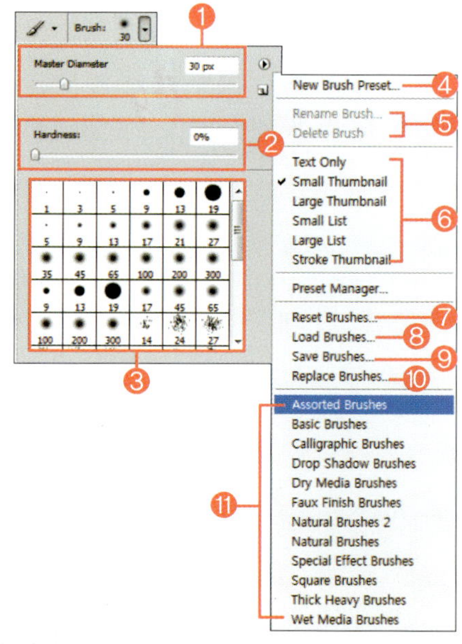

❶ **Master Diameter** : 브러시 크기를 조절합니다.

❷ **Hardness** : 브러시 경계 부분의 딱딱한 정도를 나타냅니다.

❸ **브러시 썸네일** : 원하는 브러시 모양을 선택합니다. 메뉴 버튼(▶)을 클릭하여 나오는 메뉴에서 [Text Only], [Small Thumbnail], [Large Thum bnail], [Small List], [Large List], [Stroke Thumbnail]을 선택하면 썸네일의 모양이 각각 변경됩니다.

❹ **New Brush Preset** : 현재 사용자가 설정한 브러시의 모양이 새 브러시로 추가되어 마지막 썸네일로 보이게 됩니다.

❺ **Rename Brush/Delete Brush** : 브러시의 이름을 변경하거나 제거할 수 있습니다.

❻ ❸번 영역에 나타나는 브러시 썸네일의 표시 방법을 변경하는데, 주로 [Small Thumbnail]과 [Stroke Thumbnail]을 사용합니다.

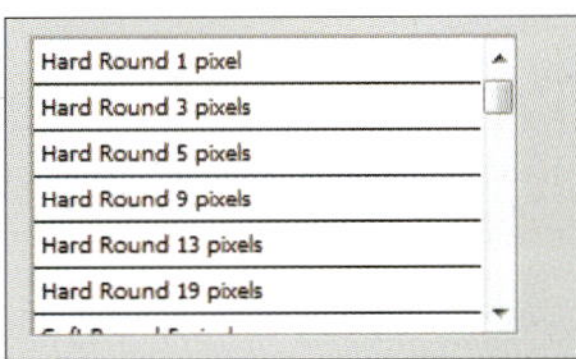

▲ Text Only

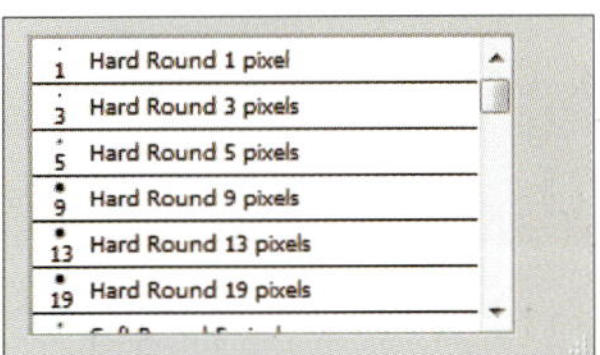

▲ Small List

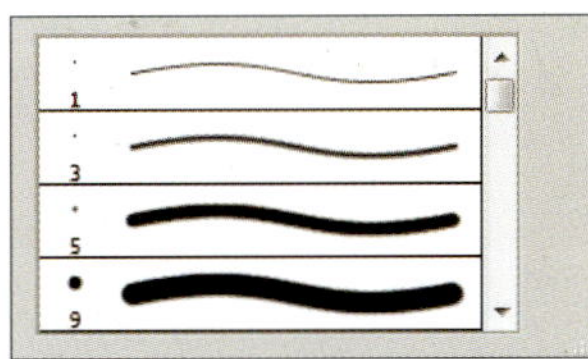

▲ Stroke Thumbnail

❼ **Reset Brushes** : 브러시 모양들을 기본 설정값으로 되돌립니다.

❽ **Load Brushes** : 외부 브러시 모양들을 불러와 추가할 수 있습니다.

❾ **Save Brushes** : 현재 브러시 모양들을 저장합니다.

❿ **Replace Brushes** : 다른 브러시를 현재 브러시와 바꿉니다.

⑪ 포토샵에서 지원하는 브러시 모양이 종류별로 묶여 있어 브러시 모양을 추가하거나 바꿀 수 있습니다.

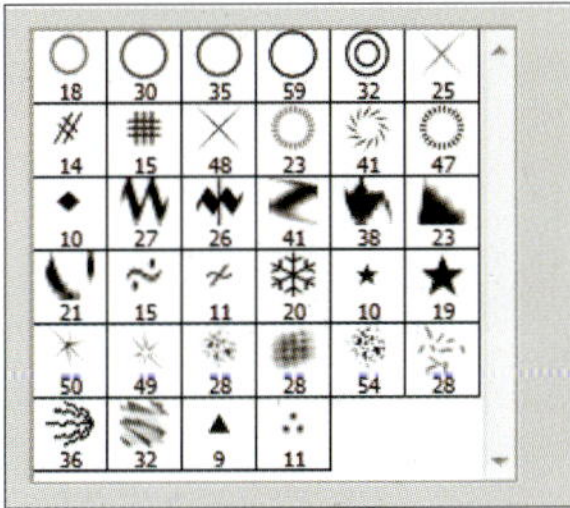

▲ Assorted Brushes

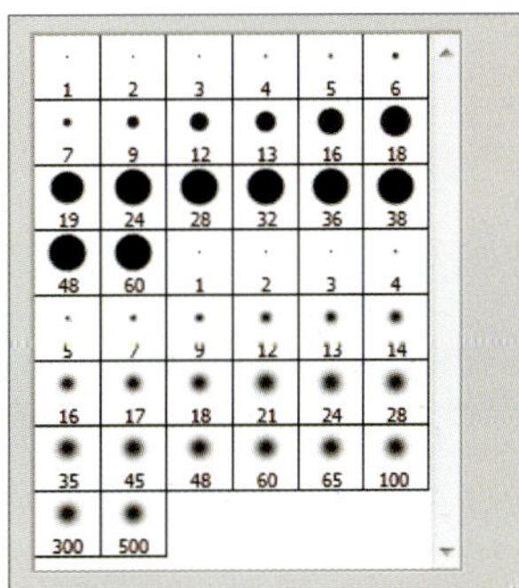

▲ Basic Brushes

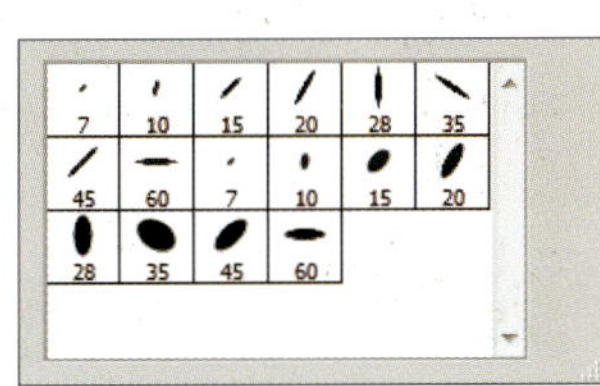

▲ Calligraphic Brushes

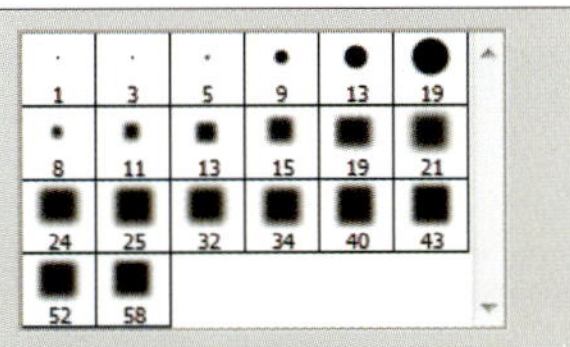

▲ Drop Shadow Brushes

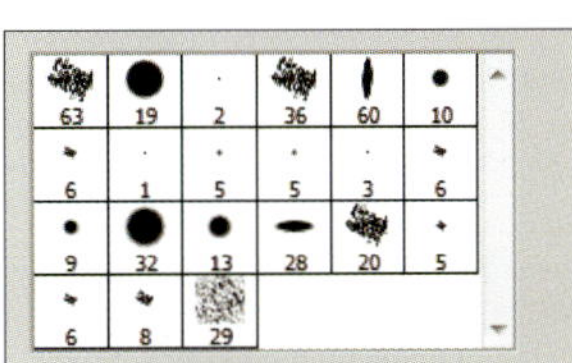

▲ Dry Media Brushes

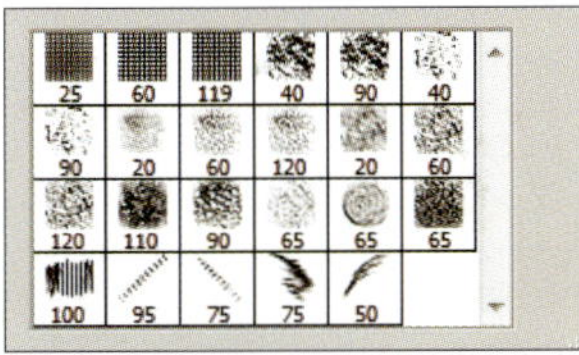

▲ Faux Finish Brushes

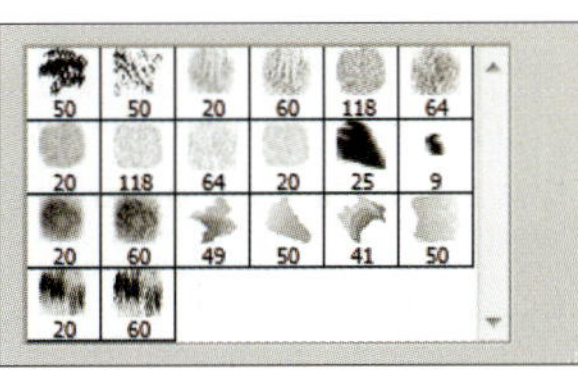

▲ Natural Brushes 2

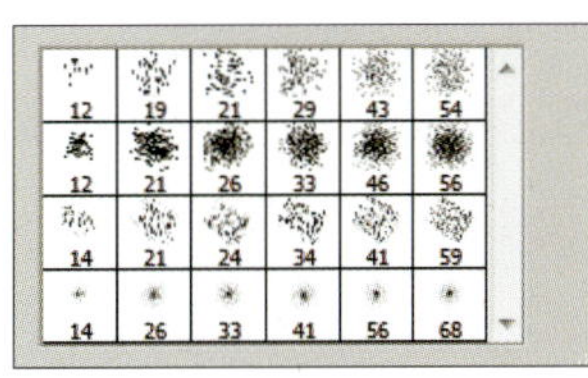

▲ Natural Brushes

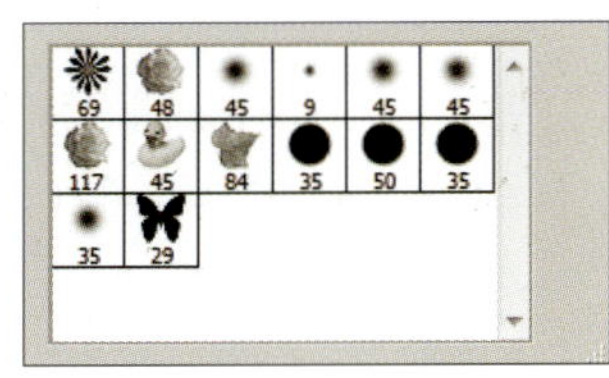

▲ Special Effect Brushes

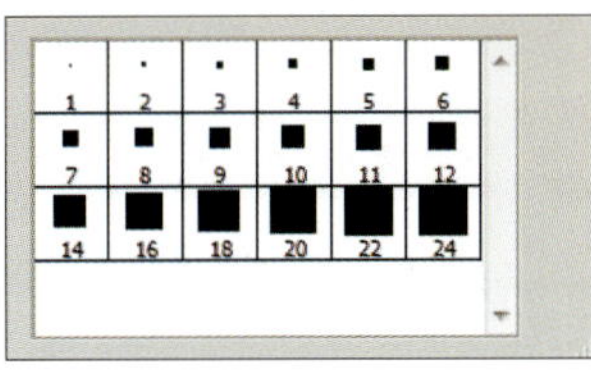

▲ Square Brushes

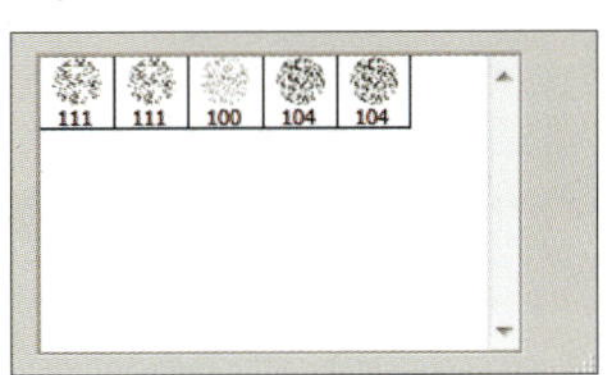

▲ Thick Heavy Brushes

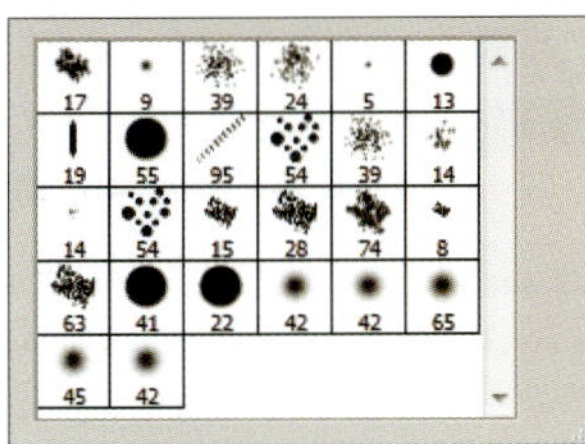

▲ Wet Media Brushes

## 브러시 툴을 사용해 이미지 리터칭하기

◎ **준비물** : '예제파일\Round04\prince.psd' 파일을 불러오세요.

**①** COLOR 패널에서 색상 스펙트럼의 오른쪽에 있는 흰색을 클릭하여 전경색을 흰색으로 지정한 후 툴박스에서 브러시 툴(✐)을 선택합니다.

**②** 옵션 바에서 [Brush]의 ▪ 부분을 클릭한 후 브러시 썸네일에서 그림과 같이 [Hard Round 5 pixels]를 선택합니다.

**③** 그림과 같이 드래그하여 왕관을 그립니다.

**④** 다시 [Brush]의 ▪ 부분을 클릭한 후 브러시 썸네일에서 [Soft Round 27pixels]를 선택합니다. 그리고 [Master Diameter]의 슬라이더를 드래그하여 '30px'이 되게 조절합니다.

브러시 썸네일에서 모양을 선택한 후 크기와 딱딱한 정도는 슬라이더를 드래그하여 조절합니다.

❺ COLOR 패널에서 전경색을 빨간색으로 선택한 후 (R:253, G:12, B:9) 그림과 같이 양쪽 뺨을 클릭하여 리터 치합니다.

❻ 브러시 모양을 더 추가하기 위해 옵션 바에서 [Brush] 의 ‧ 부분을 클릭한 후 오른쪽 메뉴 버튼(▶)을 눌러 나오 는 메뉴 중에 [Assorted Brushes]를 선택합니다.

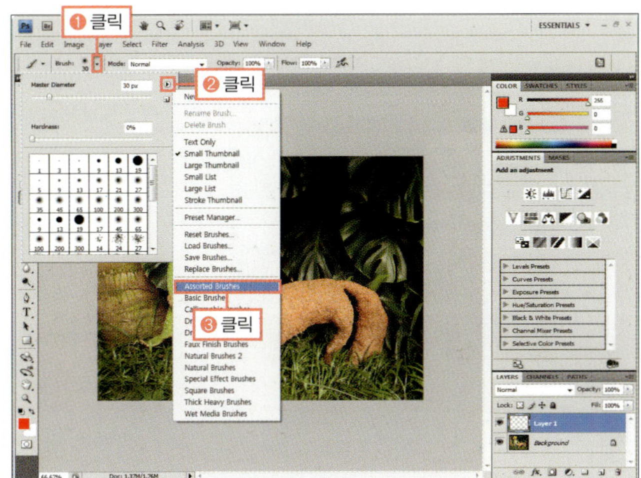

❼ 불러오는 브러시를 현재 브러시에 추가하기 위해서 [Append] 버튼을 클릭합니다.

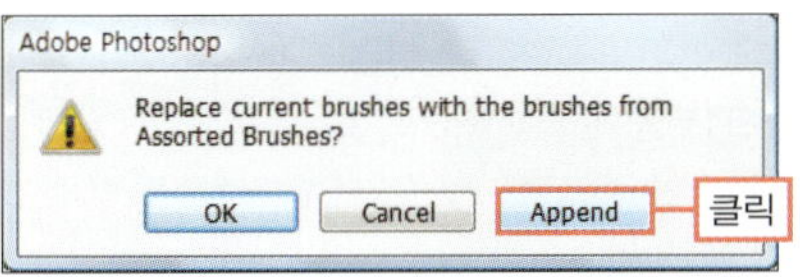


## B O N U S

[OK] 버튼을 클릭하면 현재 브러시 모양은 사라지고 불러오는 브러시 모 양이 대신 나타납니다.

❽ 브러시 모양이 추가되었습니다. 스크롤을 아래로 드 래그하여 [Star-Large(★)]를 클릭하고 [Master Diameter]를 '50' 으로 조절합니다.

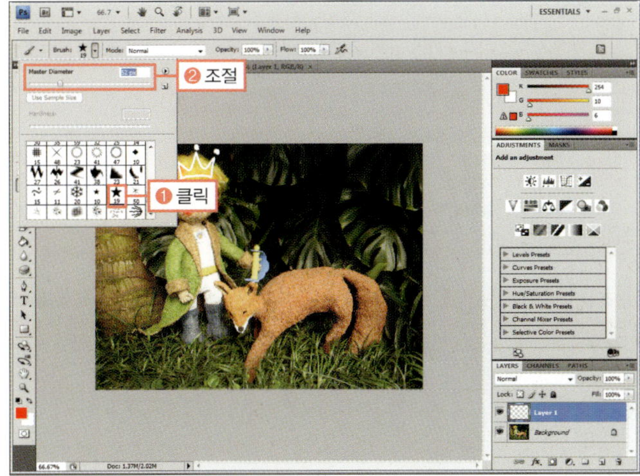



**Training 02.**
브러시 툴로 이미지 제작하기

❾ COLOR 패널에서 전경색을 노란색으로 설정한 후 (R:255, G:255, B:0) 그림과 같이 클릭하여 별을 그립니다.

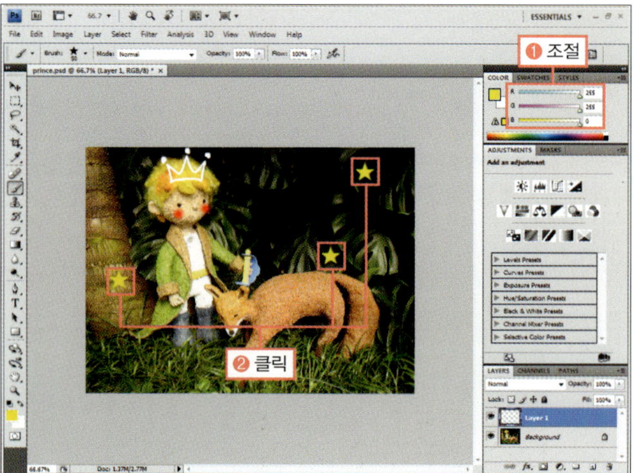

❿ □를 여러 번 눌러 브러시 크기를 줄인 후 다른 위치에 클릭하여 별을 추가합니다.

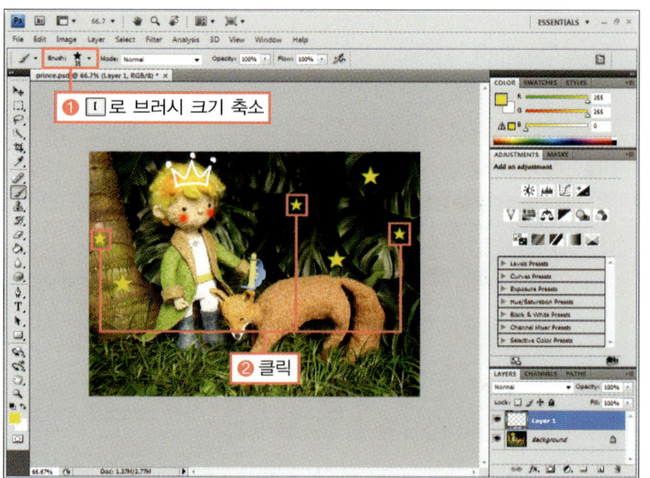



⓫ □를 여러 번 눌러 브러시 크기를 크게 조절한 후 그림과 같이 별을 추가합니다.

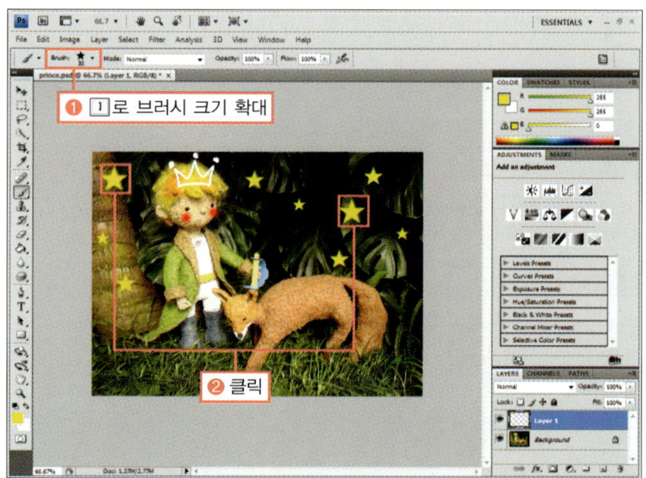

◎ 완성물 : 예제파일\Round04\prince_f.psd

## PHOTOSHOP COACHING |포토샵 코칭|

### 브러시 툴의 옵션 바

브러시의 모양과 크기를 조절하고, 블렌딩 모드, 불투명도, 번지는 정도를 조절합니다.

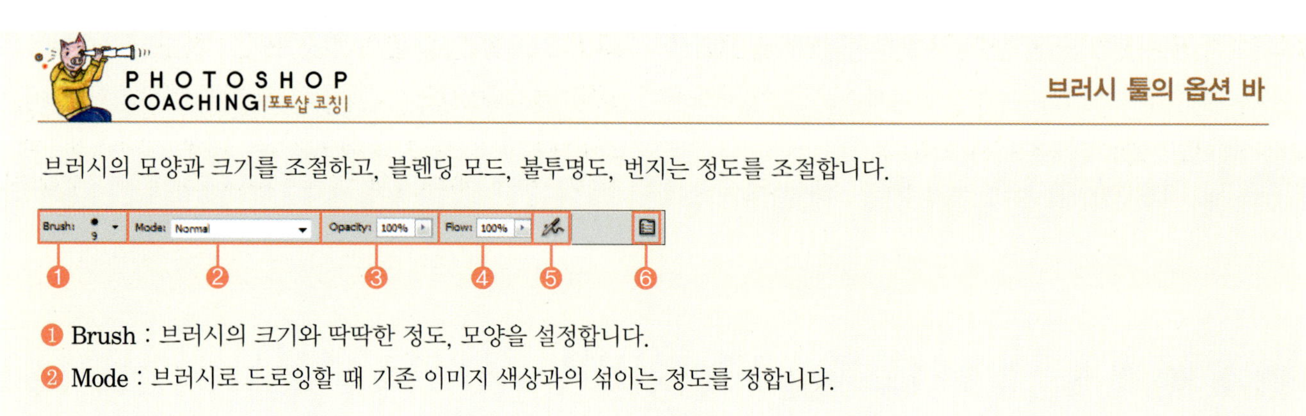

❶ Brush : 브러시의 크기와 딱딱한 정도, 모양을 설정합니다.
❷ Mode : 브러시로 드로잉할 때 기존 이미지 색상과의 섞이는 정도를 정합니다.



**Round 04.**
포토샵 채색에 관한 모든 것

❸ **Opacity** : 브러시의 불투명도를 조절합니다.

❹ **Flow** : 브러시로 드로잉할 때 경계 부분을 어떻게 처리할지 정합니다. 수치가 낮을수록 경계가 부드럽게 번지면서 그려집니다.

❺ **에어브러시** : 이미지에서 마우스를 오래 누르고 있으면 점점 퍼지면서 크게 그려지게 해주는 기능입니다.

❻ **BRUSHES 패널** : 클릭하면 BRUSHES 패널이 열려 브러시 모양과 속성을 다양하게 설정할 수 있습니다.

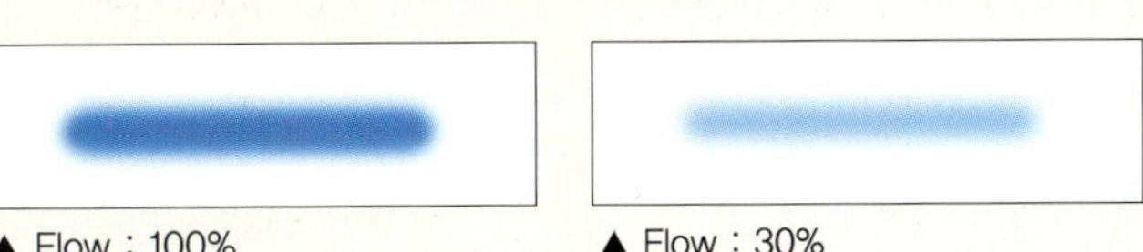

▲ Flow : 100%　　　▲ Flow : 30%

---

**G O !**　　**BRUSHES 패널을 이용해 다양한 모양의 브러시 만들어보기**

◎ **준비물** : '예제파일\Round04\fson.jpg' 파일을 불러오세요.

❶ COLOR 패널에서 전경색은 흰색, 배경색은 노란색을 선택합니다.

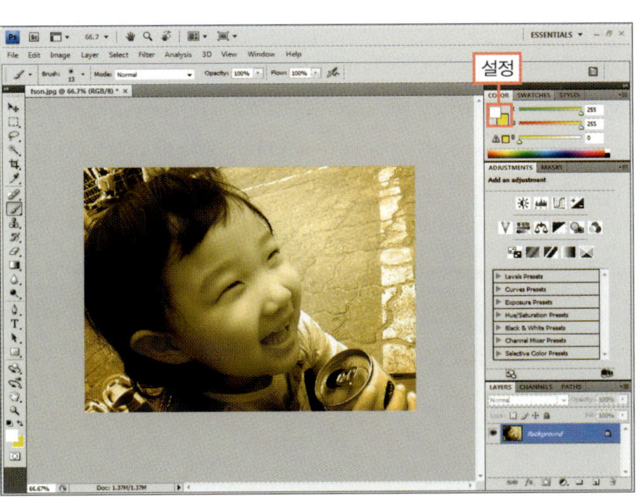

**STOP**

옵션 바의 값을 기본값으로 되돌린 후 따라합니다.

❷ 옵션 바의 'BRUSHES 패널(▣)'을 클릭합니다. 패널이 열리면 먼저 [Brush Presets]에서 사용할 브러시의 모양을 선택해야 합니다. 여기에서는 [Snowflake(❋)]를 클릭합니다.

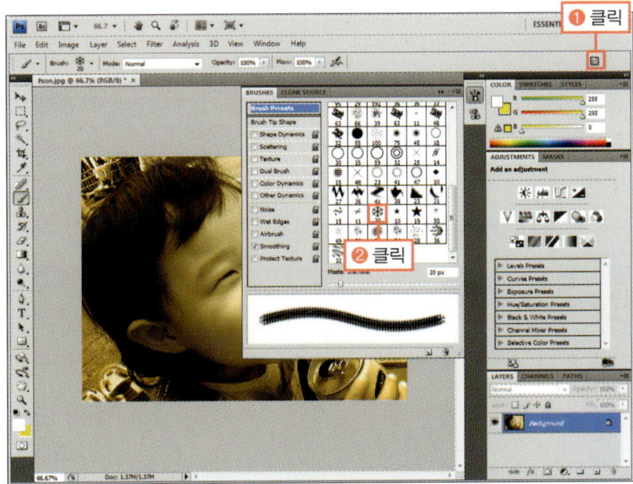

**BONUS**

BRUSHES 패널의 왼쪽은 브러시 조절 메뉴, 오른쪽은 각 메뉴와 관련된 옵션이 나타나는 곳입니다. 아래의 미리 보기를 통해 모양을 확인하면서 조절하면 됩니다.



**Training 02.**
브러시 툴로 이미지 제작하기

❸ 왼쪽에서 [Brush Tip Shape]를 클릭하고 오른쪽 옵션에서 브러시 크기를 나타내는 [Diameter]를 '60px', 브러시의 간격을 나타내는 [Spacing]을 '250%'로 조절합니다. 이제 브러시 모양의 기본 설정은 모두 마쳤습니다.

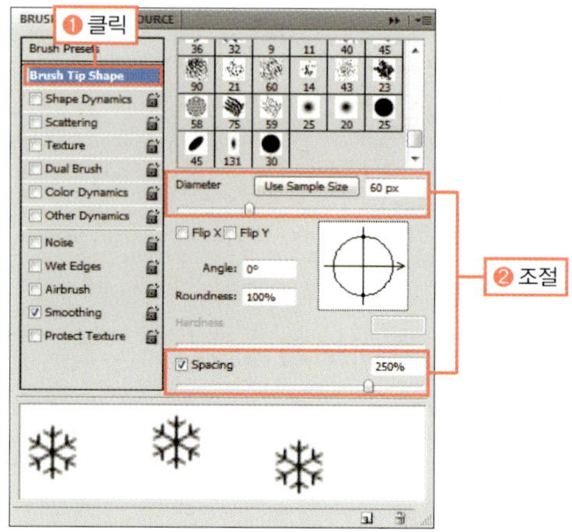





[Brush Tip Shape]에는 선택한 브러시 모양의 크기, 각도, 넓적한 정도와 간격을 조절하는 옵션이 있습니다.

❺ 이번에는 왼쪽에서 [Scattering]을 클릭한 후 오른쪽에서 위, 아래로 뿌려지는 정도를 나타내는 [Scatter]를 '250%', 한 번에 뿌려지는 개수를 나타내는 [Count]를 '2'로 조절합니다.

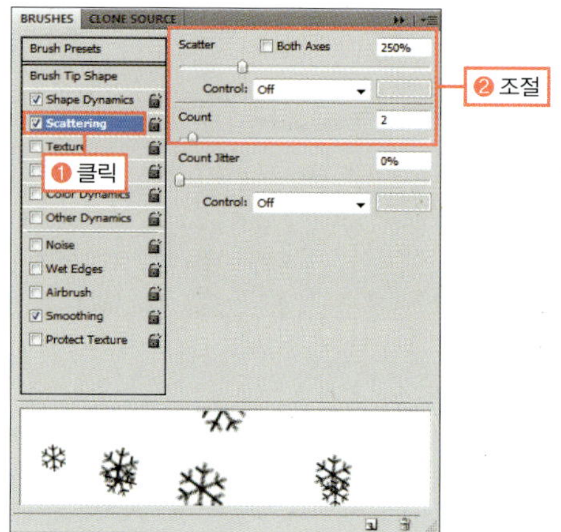





[Scattering]은 브러시가 그려질 때 위, 아래로 뿌려지는 모양을 조절합니다.

❹ 나머지 왼쪽 메뉴들은 브러시로 드로잉할 때의 세부 설정을 도와줍니다. 먼저 [Shape Dynamics]를 클릭한 후 오른쪽에서 브러시 크기를 다양하게 해주는 [Size Jitter]를 '70%', 브러시 최소 크기를 나타내는 [Minimum Diameter]를 '29%', 브러시 회전 정도를 다양하게 조절하는 [Angle Jitter]를 '100%'로 지정합니다.

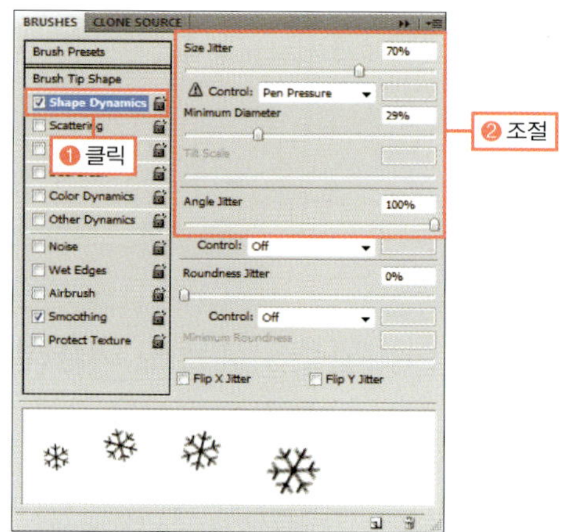





[Shape Dynamics]에는 브러시의 크기나 회전, 넓적한 정도를 다양하게 조절하는 옵션이 있습니다.

❻ 왼쪽에서 [Color Dynamics]를 클릭한 후 오른쪽에서 전경색과 배경색이 골고루 나오도록 [Foreground/Background Jitter]를 '100%', 색상이 다양하게 나오도록 [Hue Jitter]를 '20%'로 조절합니다.

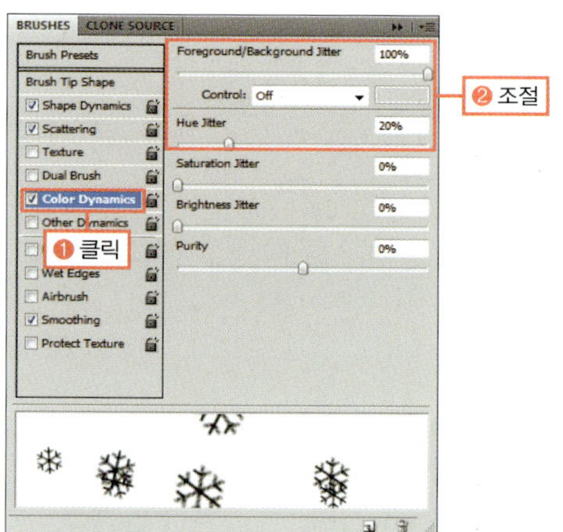





[Color Dynamics]는 브러시를 드래그할 때 나오는 색상을 다양하게 조절합니다.

**7** 이제 모든 설정을 마쳤으므로 BRUSHES 패널을 접은 후 이미지에서 드래그하여 브러시 모양을 확인합니다.

◎ **완성물** : 예제파일\Round04\fson_f.jpg

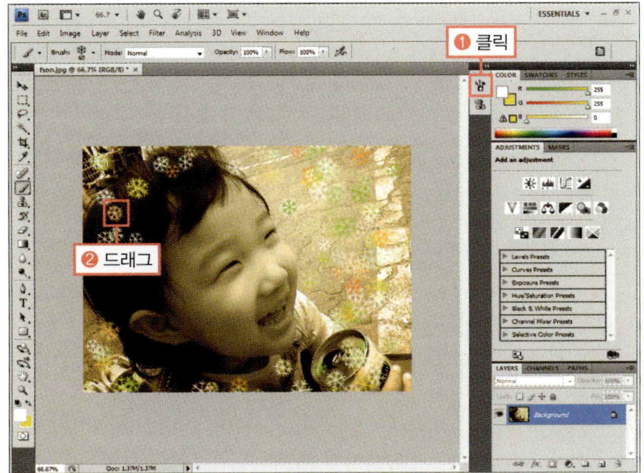


---

**BRUSHES 패널**

BRUSHES 패널은 브러시의 모양을 여러 가지 옵션으로 조절해 다양하고 불규칙한 모양으로 변경해줍니다. 각 메뉴의 내용은 다음과 같습니다.

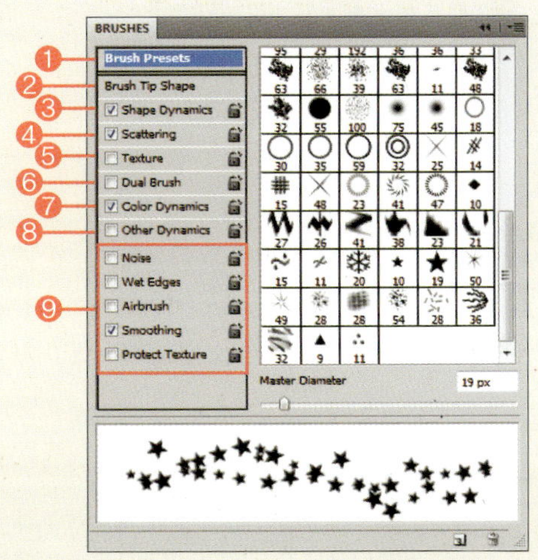


❶ **Brush Presets** : 브러시의 기본 모양과 크기를 선택합니다.

❷ **Brush Tip Shape** : 브러시의 모양과 크기, 넓적한 정도, 브러시 경계의 딱딱함, 간격을 조절할 수 있습니다.

❸ **Shape Dynamics** : 브러시 모양을 다양하게 바꿔줄 수 있습니다. 크기를 불규칙하게 하거나 회전, 넓적한 정도를 조절합니다.

❹ **Scattering** : 브러시가 뿌려지는 모양을 조절합니다.

❺ **Texture** : 브러시에 패턴을 입힐 수 있습니다.

❻ **Dual Brush** : 브러시 모양을 중복해서 설정할 수 있습니다.

❼ **Color Dynamics** : 브러시의 색상, 채도를 조절합니다.

❽ **Other Dynamics** : 브러시의 불투명도와 경계의 부드러움을 조절할 수 있습니다.

❾ **기타 브러시** : 체크하면 각각의 특성을 브러시에 추가합니다.



**Training 02.**
브러시 툴로 이미지 제작하기

## 나만의 브러시 만들고 저장하기

[Edit]–[Define Brush Preset] 메뉴를 이용하면 원하는 이미지를 새로운 브러시로 등록할 수 있습니다. 주의할 점은 색상을 가지고 있는 이미지라고 하더라도 무채색으로 바뀌어 등록된다는 것입니다.

◎ **준비물** : '예제파일\Round04\brush.jpg' 파일을 불러오세요.

**①** 이미지를 브러시로 지정하기 위해 [Edit]–[Define Brush Preset] 메뉴를 선택합니다.

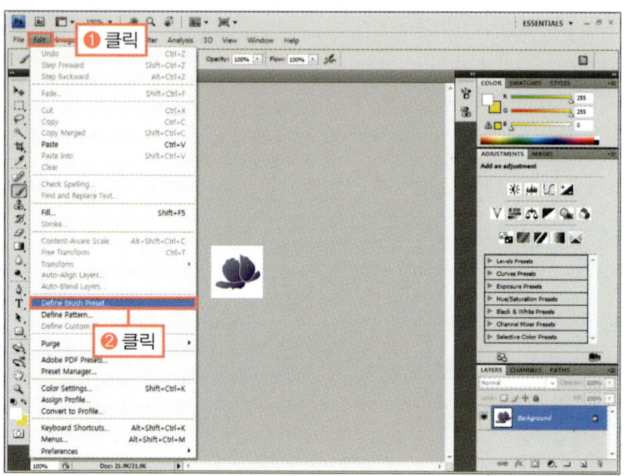

**②** 브러시 이름을 입력하는 [Brush Name] 대화상자가 나타나면 [Name]에 'flower'로 입력한 후 [OK] 버튼을 클릭합니다.

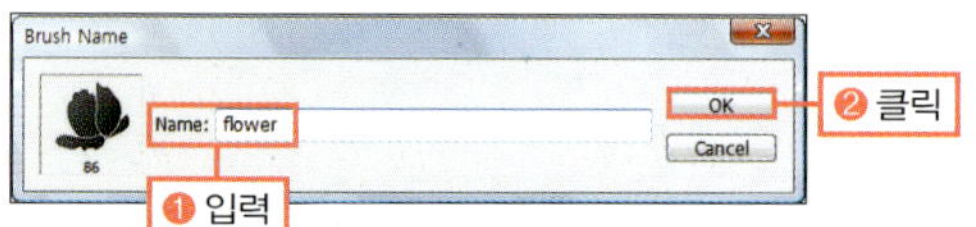

### BONUS

[Define Brush Preset] 명령은 이미지에서 흰색을 제외한 나머지를 브러시 모양으로 지정하는 것으로, 이미지 중에 선택 영역을 브러시로 등록할 때에는 사각형 선택 영역을 만든 후 실행합니다.

**③** 툴박스의 브러시 툴(✐)이 선택된 것을 확인한 후 옵션 바에서 [Brush]의 ⋅ 부분을 클릭합니다. 브러시 썸네일의 스크롤을 드래그하여 마지막에 브러시 모양이 등록된 것을 확인합니다.

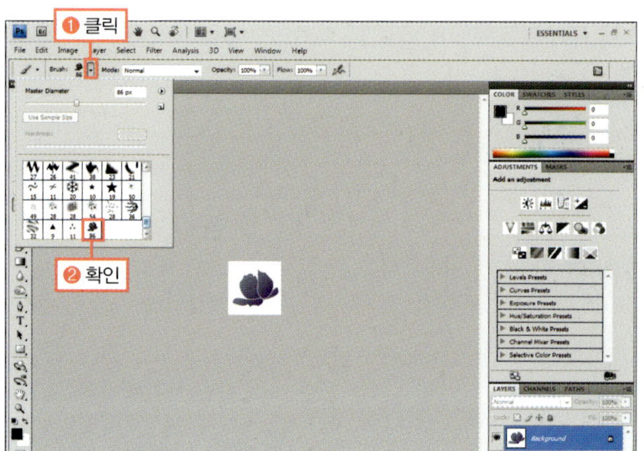

**④** Ctrl+N을 눌러 [New] 대화상자를 불러온 후 [Name]에 'flower', [Width]와 [Height]에 '500pixels'를 입력하고 [OK] 버튼을 클릭하여 새 이미지 창을 만듭니다.

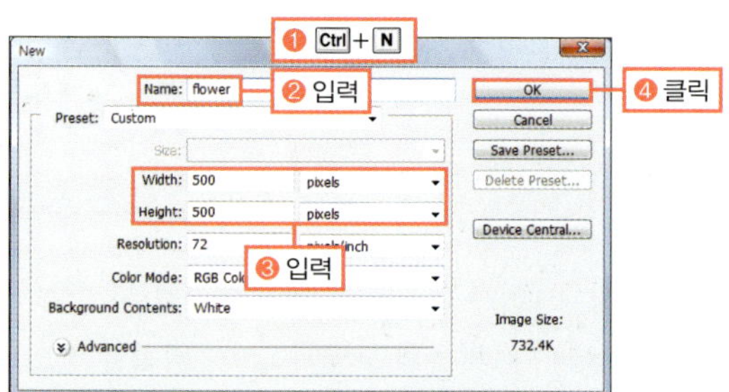

**⑤** COLOR 패널에서 전경색을 분홍(R:255, G:0, B:255), 배경색을 파랑(R:0, G:140, B:255)으로 설정합니다.

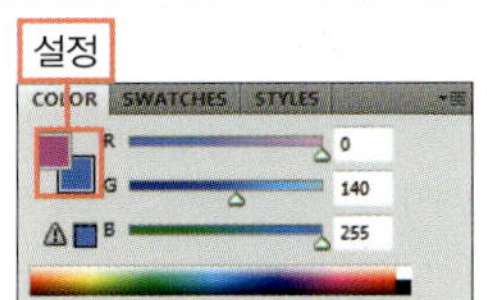


**⑥** 패널 영역에서 BRUSHES 패널 아이콘(🖌)을 클릭하여 패널을 엽니다. [Brush Tip Shape] 메뉴를 선택하고 오른쪽에서 브러시의 간격을 나타내는 [Spacing]을 '200%'로 조절합니다.

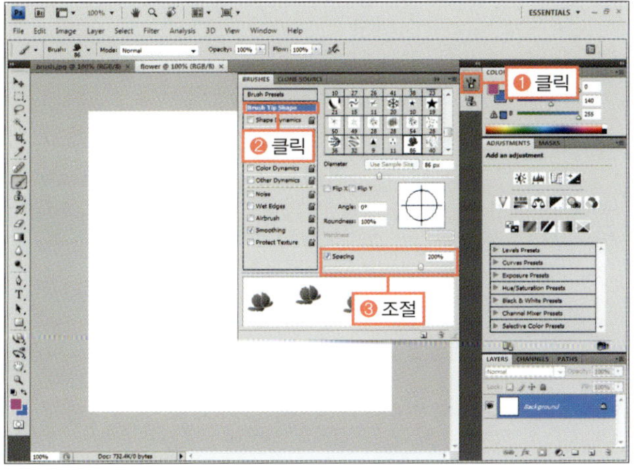


**⑦** [Shape Dynamics] 메뉴를 선택하고 오른쪽에서 크기를 불규칙하게 만드는 [Size Jitter]를 '20%', 회전을 불규칙하게 만드는 [Angle Jitter]를 '100%'로 조절합니다.

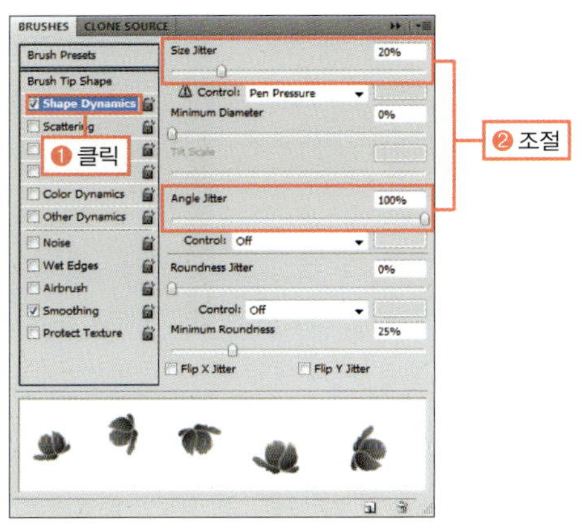


**BONUS**

옵션 바의 'BRUSHES 패널(🖻)'을 클릭해서 패널을 열어도 됩니다.

**⑧** [Dual Brush] 메뉴를 선택하고 오른쪽 브러시 썸네일에서 [Sampled Tip(🖌)]을 클릭하여 브러시 모양을 좀 더 거칠게 바꿉니다.

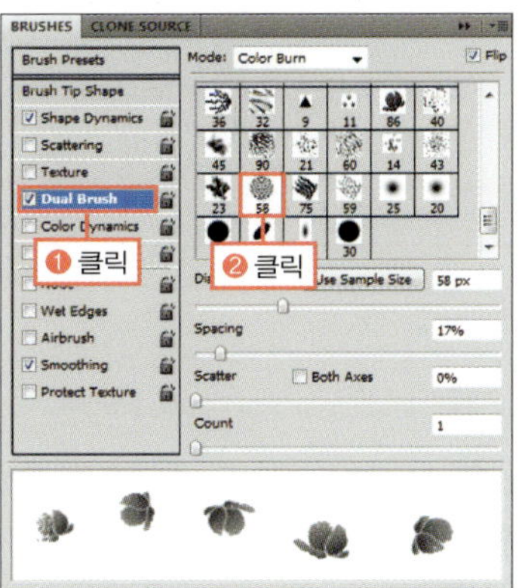


**⑨** [Color Dynamics] 메뉴를 선택하고 오른쪽에서 전경색과 배경색이 골고루 나오도록 [Foreground/Background Jitter]를 '100%'로 조절합니다.

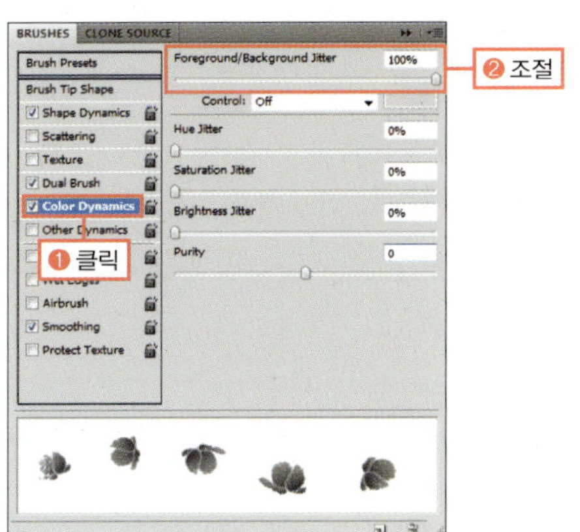




**Hard Training.**
나만의 브러시 만들고 저장하기

⑩ 지금까지 설정한 브러시를 저장하기 위해 BRUSHES 패널
의 메뉴 버튼(▼≡)을 클릭하여 나오는 메뉴 중에 [New Brush
Preset]을 선택합니다.

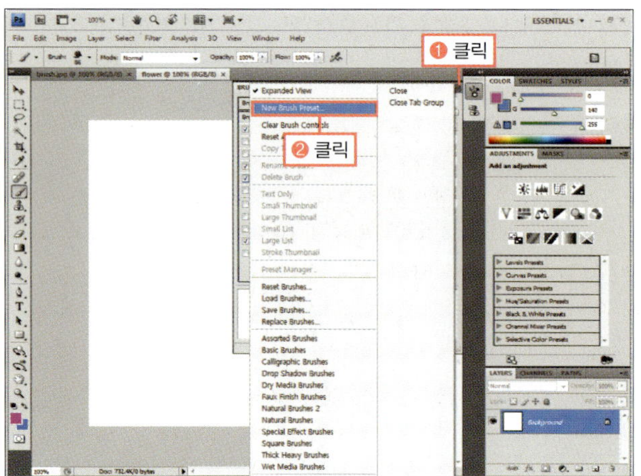

⑪ 브러시 이름을 입력하는 [Brush Name] 대화상자가 나타
납니다. [Name]에 'flower 2'를 입력한 후 [OK] 버튼을 클릭합
니다.

⑫ BRUSHES 패널에서 [Brush Presets] 메뉴를 클릭하면
오른쪽 브러시 썸네일의 마지막에 브러시가 추가된 것을 확인할
수 있습니다.

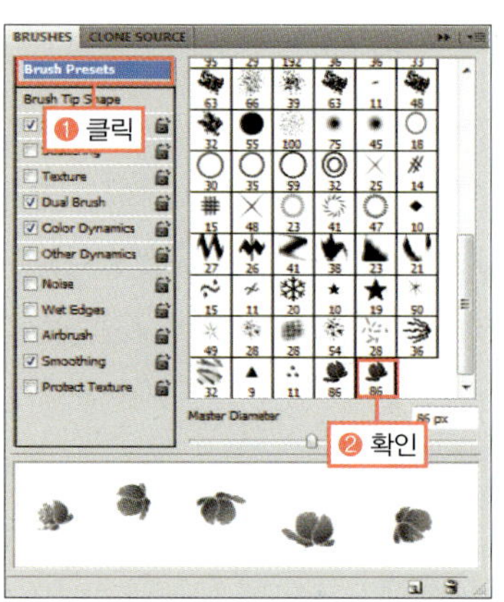

**S T O P**

썸네일은 이전 브러시와 구분이 안되지만 설정값이 모두 적용된 브러
시입니다.

⑬ BRUSHES 패널을 접은 후 이미지 창에서 드래그하여 새
로운 브러시 모양을 확인합니다.

◎ **완성물** : 예제파일\Round04\flower.jpg

# 연필 툴로 그리고 페인트통 툴로 칠하기



연필 툴(✏️)은 안티 에일리어스를 지원하지 않아 깨끗한 선이나 점을 찍어 이미지를 그리거나 외곽선을 그릴 때 사용합니다. 이런 외곽선 안을 채울 때에는 페인트통 툴(🪣)을 사용합니다.

| 학습 목표 | 학습 소재 | 난이도 | 예상 학습 결과 | 연계 학습 |
|---|---|---|---|---|
| • 연필 툴로 선 그리기<br>• 페인트통 툴로 색상 채우기 | • 연필 툴<br>• 페인트통 툴 | ★★★☆☆ | 연필 툴로 외곽선 그리고 페인트통 툴로 채색하여 드로잉 완성 | COLOR 패널 : 193쪽 |

## READY!  연필 툴과 페인트통 툴 이해하기

연필 툴(✏️)을 사용해 드로잉하면 안티 에일리어스 기능이 없어 이미지가 깨져 보일 수 있습니다. 그렇지만 용량이 적어 아이콘이나 아바타와 같은 캐릭터 작업에 많이 사용됩니다. 페인트통 툴(🪣)은 색의 경계를 인식해 넓은 면을 색상이나 패턴으로 채울 때 사용합니다. 따라서 이 툴을 이용하면 간단한 일러스트 등을 그릴 수 있습니다.

### ■ 연필 툴로 제작하는 픽셀 아트

연필 툴(✏️)은 옵션 바와 BRUSHES 패널을 사용해서 모양을 조절한다는 점에서 브러시 툴(✏️)과 유사하지만 안티 에일리어스를 지원하지 않아 자연스러운 이미지보다는 점을 찍어 이미지를 표현할 때 편리합니다. 이 점을 도트라고 부르며, 이렇게 도트를 찍어서 이미지를 그리는 것을 픽셀 아트라고 부릅니다. 이런 픽셀 아트는 핸드폰의 애니메이션이나 아이콘, 아바타, 이모티콘 제작 등에 많이 사용됩니다.

▲ 픽셀 아트를 소개하는 사이트

■ **페인트통 툴로 채색하기**

페인트통 툴()은 넓은 공간에 색이나 패턴을 채우기에 편리하지만, 색상의 경계까지 채워지는
특성으로 인해 사진과 같이 여러 색상이 섞인 이미지에 다른 색상을 채우려고 할 때에는 깨끗이
적용되지 않는 단점이 있습니다.

▲ 페인트통 툴로 일러스트 이미지 채색하기

▲ 페인트통 툴로 사진 채색하기

**S T A R T !**

## 연필 툴로 선 그리기

◎ 준비물 : '예제파일\Round04\pencil.psd' 파일을 불러오세요.

❶ 툴박스의 '기본색()'을 클릭한 후 연필 툴()을 선
택합니다.

❷ 아래 이미지를 따라 그리기 쉽도록 Ctrl + + 를 2~3번
눌러 이미지의 보기 배율을 확대한 후 스크롤을 드래그하
여 위치를 조절하고 그림과 같이 외곽선을 그립니다.

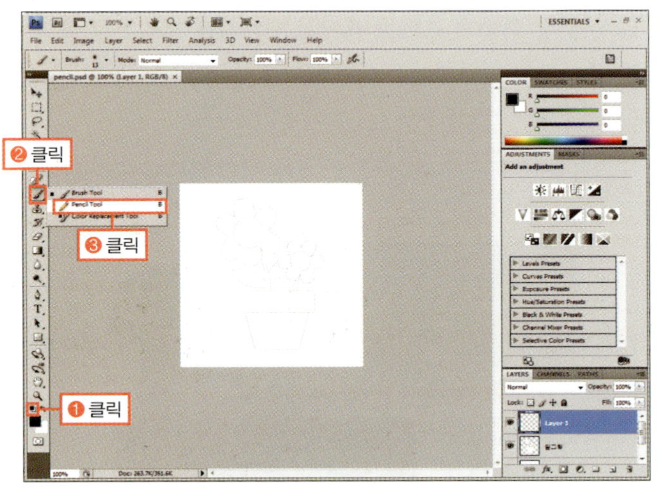



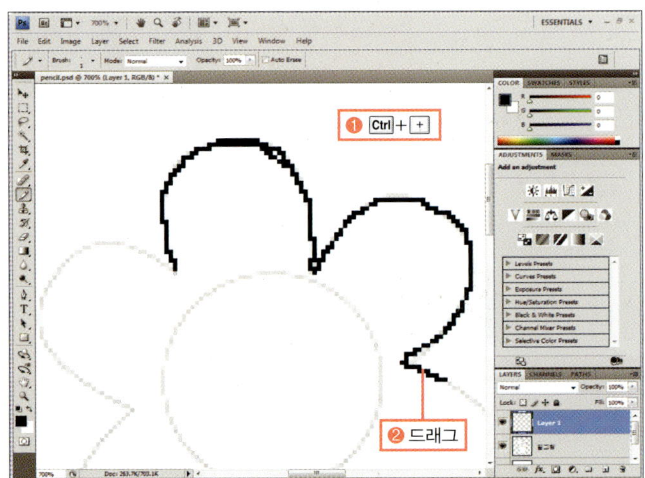



**S T O P**

잘 못 그려졌을 때에는 Ctrl + Z 로 작업을 한 단계 취소하거나 다시 드래
그하여 그립니다. 두꺼워진 선은 나중에 수정할 것이니 일단 최대한 모양
을 따라 그려봅니다.



**Round 04.**
포토샵 채색에 관한 모든 것

③ Spacebar 를 눌러 마우스 포인터가 손바닥 툴( )로 변경되면 드래그하여 이미지를 왼쪽으로 이동한 후 Spacebar 를 놓습니다.

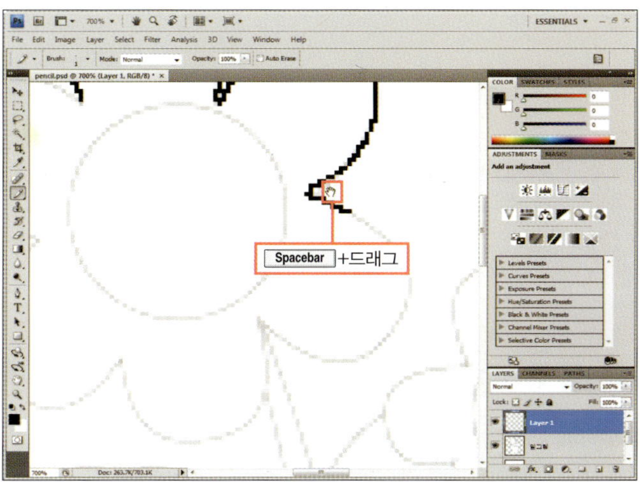




이미지의 위치를 이동할 때는 스크롤을 사용해도 되지만, Spacebar 를 누르면 어느 툴에서나 손바닥 포인터( )로 변경되므로 더욱 편리합니다.

⑤ Spacebar 를 눌러 이미지의 화분이 잘 보이도록 이동한 후 화분의 한 점을 클릭하고 Shift 를 누른 채 오른쪽으로 드래그하여 직선을 그립니다.

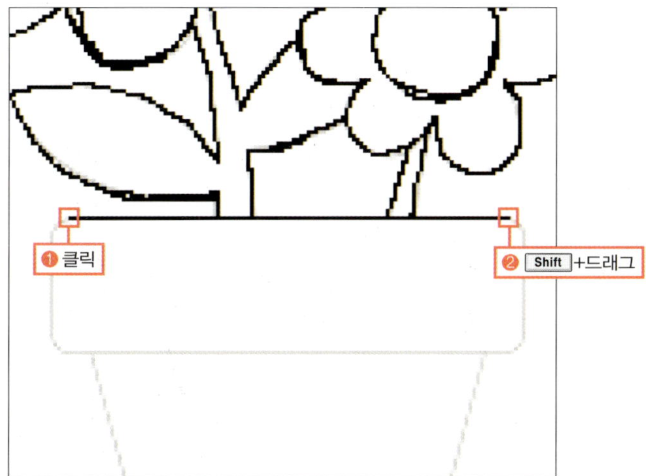




연필 툴로 드로잉할 때 Shift 를 누른 채 드래그하면 수직, 수평을 쉽게 그릴 수 있습니다. 또한, 선을 그리는 중에 Shift 를 누른 채 클릭하면 클릭한 지점까지 선이 연결됩니다.

④ 같은 방법으로 연필 툴로 그리면서 Spacebar 를 눌러 이미지 위치를 옮겨 꽃잎과 줄기의 외곽선을 모두 그립니다.

⑥ 전체 이미지가 보이도록 Ctrl + − 를 두세 번 눌러 이미지의 보기 배율을 줄인 후 선을 그리지 않은 부분이 없는지 확인합니다.

◎ 완성물 : 예제파일\Round04\pencil_f.psd

연필 툴의 옵션은 브러시 툴과 유사합니다.

**❶** Brush : 연필 모양과 크기를 정할 수 있습니다. 브러시 모양에서 안티 에일리어스를 제거한 것과 같습니다.

**❷** Auto Erase : 체크하고 연필로 그려진 선을 다시 클릭, 드래그하면 배경색으로 지워집니다.

## G O !  연필 툴로 선 수정하고 페인트통 툴로 칠하기

◎ **준비물** : 앞의 예제에 이어서 작업하거나 '예제파일\Round04\pencil2.psd' 파일을 불러옵니다.

**❶** LAYERS 패널에서 '밑그림' 레이어의 '눈(👁)'을 클릭하여 가리고 'Layer 1' 레이어가 선택된 상태에서 [Ctrl]+[+]를 3~4번 눌러 선을 수정하기 편하게 이미지 보기 배율을 확대합니다. 옵션 바의 [Auto Erase]를 체크한 후 어긋난 선이나 두꺼워진 선을 클릭하여 수정합니다.

**❷** 선이 모두 수정되면 [Ctrl]+[−]를 눌러 전체 이미지가 보이도록 보기 배율을 조절한 후 [Layer]-[Flatten Image] 메뉴를 선택합니다.

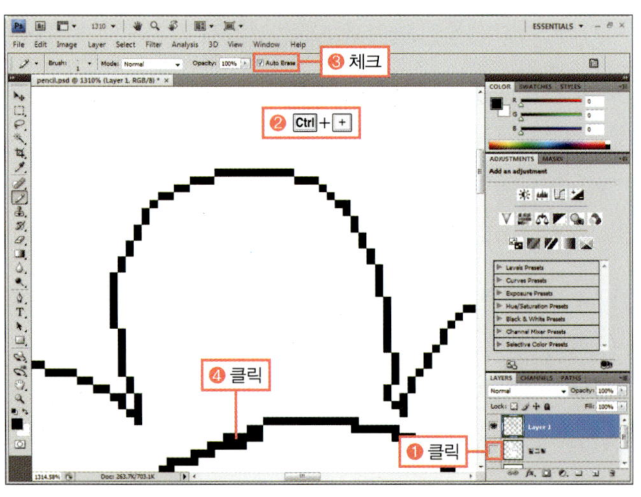

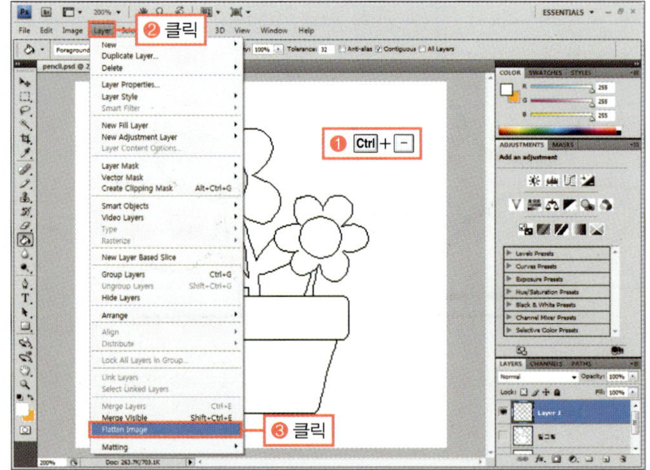

### BONUS

연필 툴로 그린 선을 수정할 때 단순히 지우개 툴로 지워버리면 안티 에일리어스가 적용되므로 [Auto Erase]를 체크하여 선이 그려진 지점을 클릭해 배경색으로 수정합니다. 수정할 때에는 선이 겹쳐지지 않도록 주의합니다.

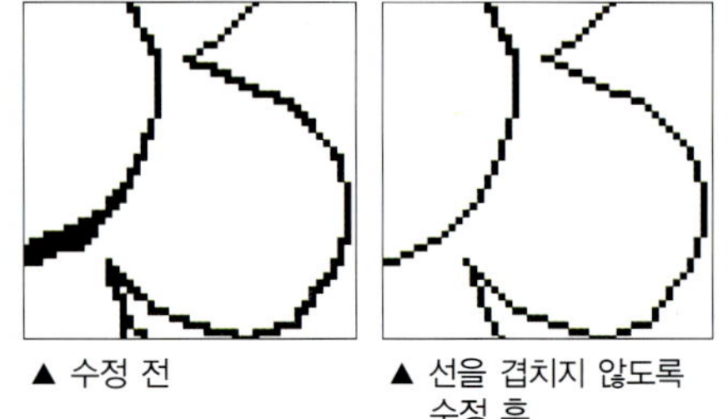

▲ 수정 전

▲ 선을 겹치지 않도록 수정 후

### BONUS

[Flatten Image] 명령은 모든 레이어를 백그라운드로 합쳐주는 명령입니다. 이때 숨겨놓은 레이어는 없어집니다.

❸ 숨겨진 레이어를 버리겠냐는 메시지가 나타나면 [OK] 버튼을 클릭합니다.

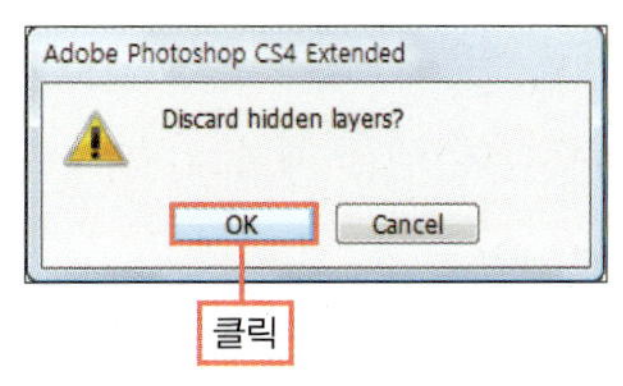


❹ LAYERS 패널에서 모든 레이어가 합쳐진 것을 확인한 후, 툴박스에서 그레이디언트 툴(▣)을 클릭하면 나오는 페인트통 툴(▧)을 선택합니다.

❺ 옵션 바에서 [Anti-alias]의 체크를 해제합니다. COLOR 패널에서 전경색을 그림과 같이 변경한 후(R:251, G:173, B:24) 이미지의 꽃잎 부분을 클릭하여 색을 채웁니다.

**BONUS**

연필 툴은 안티 에일리어스를 지원하지 않기 때문에 페인트통 툴을 사용할 때에도 그 기능을 해제한 후 채색합니다.

❻ COLOR 패널에서 전경색의 [G]를 '255'로 조절하여 노란색을 선택한 후 꽃잎의 중심을 클릭하여 칠합니다.

❼ COLOR 패널에서 전경색을 연두색으로 변경한 후 (R:177, G:210, B:53) 잎과 줄기 부분을 클릭하여 채색합니다.

**Training 03.**
연필 툴로 그리고 페인트통 툴로 칠하기

**8** COLOR 패널에서 전경색을 갈색으로 변경한 후 (R:182, G:105, B:69) 화분을 클릭하여 색을 채웁니다.

◎ **준비물** : 예제파일\Round04\pencil2_f.psd

---

## PHOTOSHOP COACHING |포토샵 코칭|

### 페인트통 툴의 옵션 바

특정 영역에 색이나 패턴을 채울 수 있는 페인트통 툴()의 옵션 바에 대해서 알아봅니다.

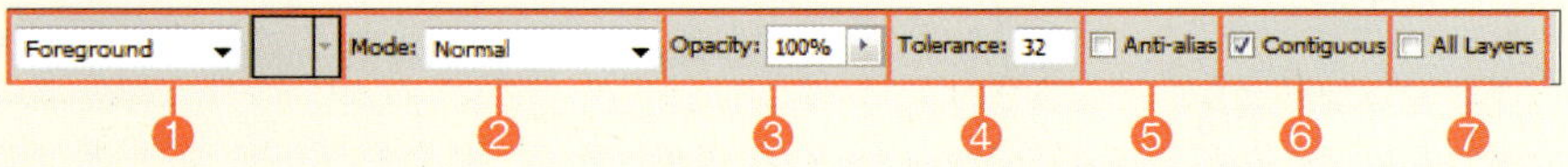


**1** 전경색으로 채울지 패턴으로 채울지를 선택할 수 있습니다. [Pattern]을 선택하면 채워지는 패턴 모양을 고를 수 있습니다.

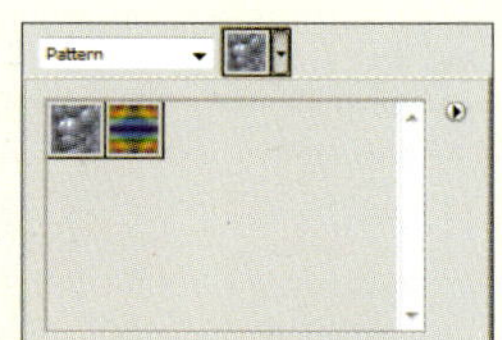

**2** Mode : 색이나 패턴이 채워질 때 적용되는 블렌딩 모드를 선택할 수 있습니다.

**3** Opacity : 색이나 패턴의 불투명도를 정할 수 있습니다.

**4** Tolerance : 여러 색으로 구성된 이미지에 색을 채울 때 색상이 채워지는 범위를 정할 수 있습니다. 수치가 넓을수록 넓은 범위에 채울 수 있습니다.

**5** Anti-alias : 색상이나 패턴을 채울 때 이미지의 경계 부분이 부드럽게 처리됩니다.

**6** Contiguous : 체크하면 색상의 경계까지만 색이 채워지고, 해제하면 이미지 전체의 같은 색상 영역에 모두 채워집니다.

**7** All Layers : 선택한 레이어뿐만 아니라 모든 레이어 이미지의 경계를 읽어 색상이나 패턴을 채웁니다.

# [Fill] 명령을 이용하여 색과 패턴으로 이미지 채색하기



[Fill] 명령은 선택 영역이나 이미지 전체를 선택한 색이나 패턴으로 채워줍니다. 이번 Training에서는 [Fill] 대화상자를 불러내 이미지를 채색하는 방법과 패턴을 만들어 이를 채우는 명령에 대해 알아보겠습니다.

| 학습 목표 | 학습 소재 | 난이도 | 예상 학습 결과 | 연계 학습 |
|---|---|---|---|---|
| 선택 영역이나 이미지 전체에 색상이나 패턴으로 채우기 | [Edit]-[Fill] 메뉴 | ★★★☆☆ | • [Fill] 명령으로 색과 패턴 채우기<br>• 포토샵의 패턴 사용하기<br>• 사용자가 원하는 패턴 만들기 | • 페인트통 툴 : 212쪽<br>• 마술봉 툴 : 156쪽<br>• 브러시 툴 : 198쪽 |

## READY!

## 포토샵에서 지원하는 패턴 살펴보기

패턴이란 일성한 난위로 반복되는 무늬를 말하는데, 이런 패턴은 포토샵에서 제공하는 것을 사용할 수도 있고 사용자가 직접 제작하여 등록해놓을 수도 있습니다. 포토샵 CS4에서는 좀 더 다양한 패턴을 종류별로 묶어 지원하고 있는데, 패턴 썸네일의 오른쪽 메뉴 버튼(▶)을 클릭하여 선택할 수 있습니다.

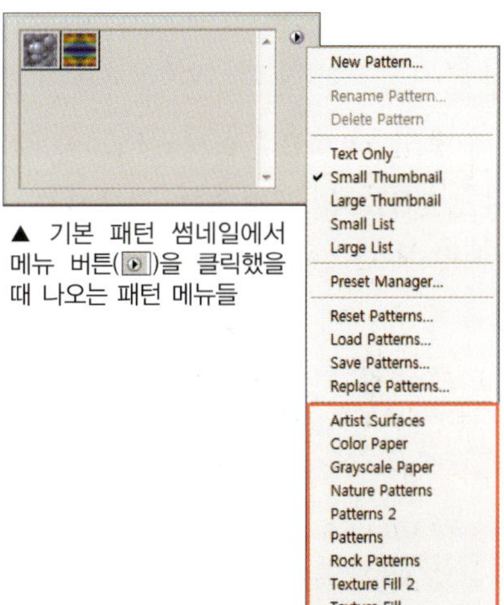
▲ 기본 패턴 썸네일에서 메뉴 버튼(▶)을 클릭했을 때 나오는 패턴 메뉴들

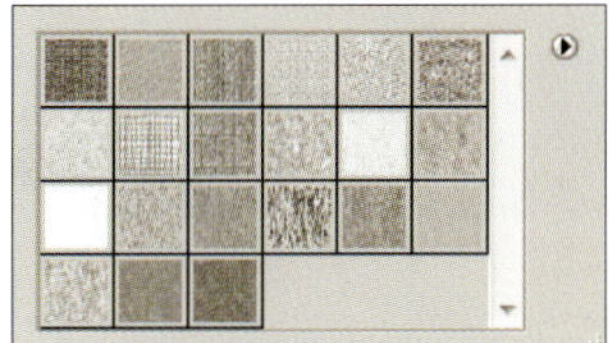
▲ Artist Surface

▲ Color Paper

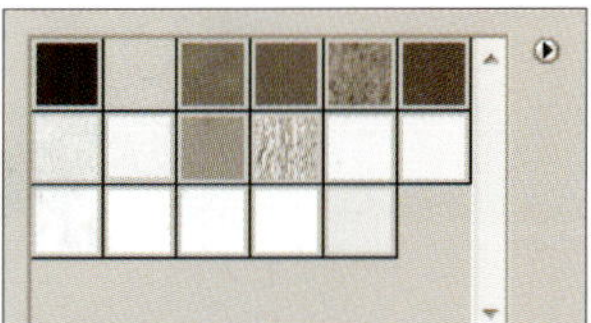
▲ Grayscale Paper

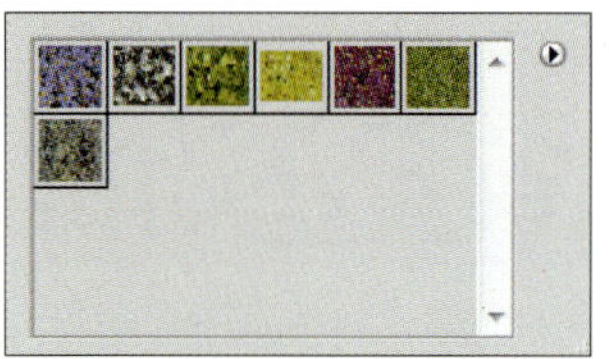

▲ Natural Patterns

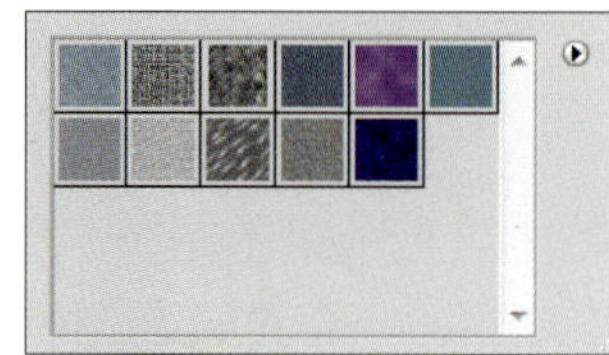

▲ Pattern 2

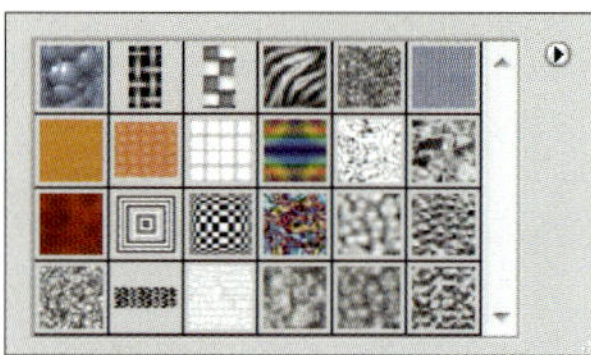

▲ Pattern

▲ Rock Patterns

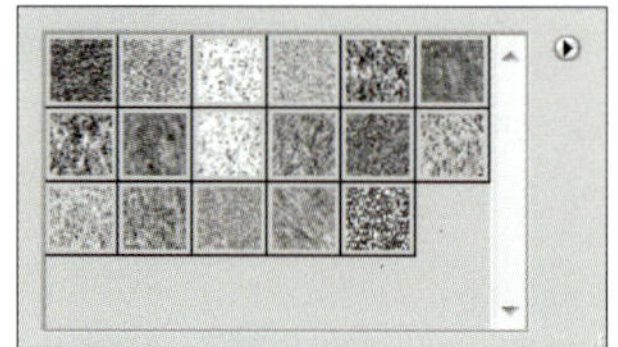

▲ Texture Fill 2

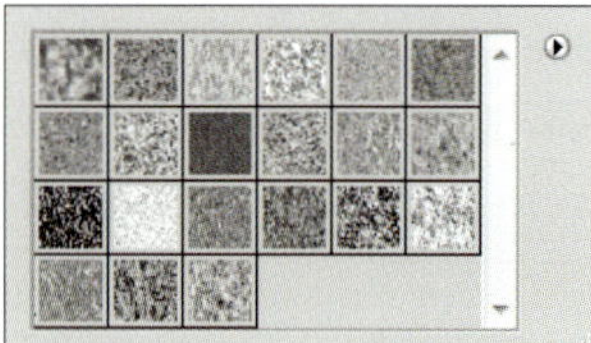

▲ Texture Fill



## [Fill] 명령으로 이미지에 색과 패턴 채우기

◎ **준비물** : '예제파일\Round04\cow.psd' 파일을 불러오세요.

**1** '울타리' 레이어를 클릭하고 페인트통 툴(◇)을 선택한 후 옵션 바의 [Anti-alias]와 [All Layers]에 체크합니다. COLOR 패널에서 전경색을 그림과 같이 설정하고 (R:247, G:196, B:159) 울타리 안을 클릭하여 채웁니다.

**2** '하늘' 레이어를 클릭하고 마술봉 툴(◇)을 선택한 후 옵션 바의 [Sample All Layers]에 체크합니다. 이미지에서 하늘 부분을 클릭하여 선택 영역으로 만들고 Shift 를 누른 채 울타리 사이의 하늘 부분도 선택 영역으로 추가합니다.

레이어가 잘 안 보이면 ADJUSTMENTS 패널의 제목 탭을 더블클릭하여 LAYERS 패널의 길이를 늘입니다.



마술봉 툴의 옵션 바에서 [Sample All Layers]를 체크하면 모든 레이어의 색상 경계를 인식해 선택 영역으로 만들 수 있습니다.

③ 이제 선택된 영역을 채우기 위해서 [Edit]-[Fill] 메뉴를 선택합니다.

④ [Fill] 대화상자가 나타납니다. 사용자가 원하는 색상을 선택하기 위해 [Use]를 [Color]로 선택합니다.

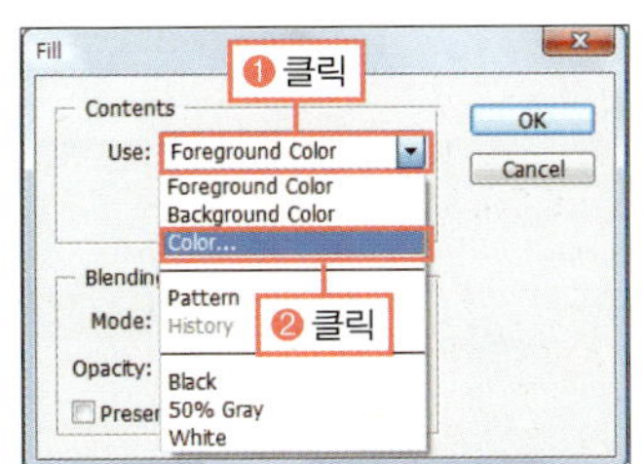

⑤ 색상을 선택할 수 있는 [Choose a color] 대화상자가 나타나면 [R]은 '88', [G]는 '191', [B]는 '213'을 입력하여 파란색을 선택한 후 [OK] 버튼을 클릭합니다.

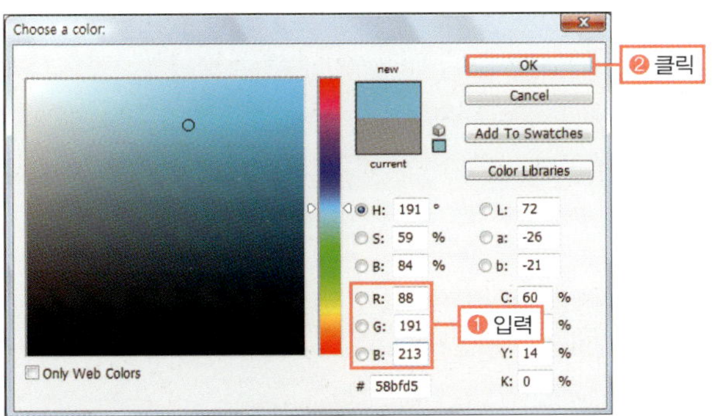

⑥ 선택 영역이 선택한 색상으로 채워진 것을 확인합니다.

### 페인트통 툴과 [Fill] 명령의 차이점

페인트통 툴(　)은 이미지의 경계를 자동으로 인식하기 때문에 사진과 같이 색상이 복잡한 경우에는 사용하기 불편합니다. 이럴 때에는 색상의 경계와 상관없이 레이어 전체나 선택 영역을 채워주는 [Edit]-[Fill] 메뉴를 사용합니다. 또한, [Fill] 명령은 전경색과 배경색뿐만 아니라 [Color]라는 옵션을 제공하여 대화상자 안에서 바로 색상을 선택할 수 있습니다.

▲ 페인트통 툴로 채색하기

▲ 선택 영역을 만든 후 [Fill] 명령으로 채색하기



**Training 04.**
[Fill] 명령을 이용하여 색과 패턴으로 이미지 채색하기

**7** 이번에는 '집' 레이어를 클릭하고 이미지의 지붕을 선택 영역으로 만듭니다.

**8** Shift + F5 를 눌러 [Fill] 대화상자를 불러온 후 [Use] 에서 [Pattern]을 선택합니다.

**BONUS**

Shift + F5 는 [Edit]-[Fill] 메뉴의 바로 가기 키입니다.

**9** 패턴을 선택할 수 있는 [Custom Pattern]의 패턴 썸네일을 클릭한 후 메뉴 버튼(▶)을 눌러 나오는 메뉴 중에 [Patterns]를 선택합니다.

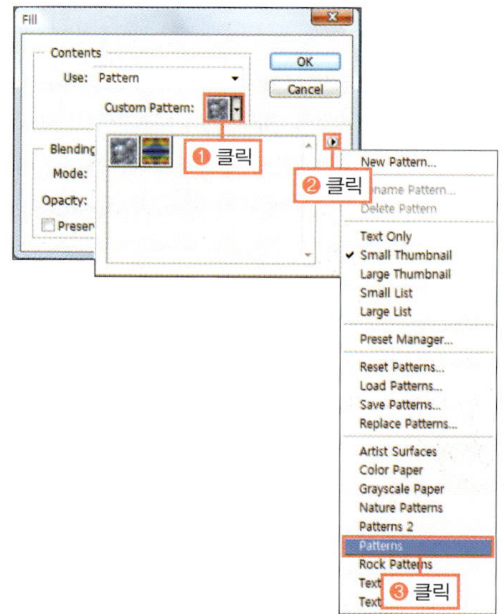

**10** 추가 여부에 대한 경고창이 나타나면 [Append] 버튼을 클릭하여 패턴을 추가합니다.

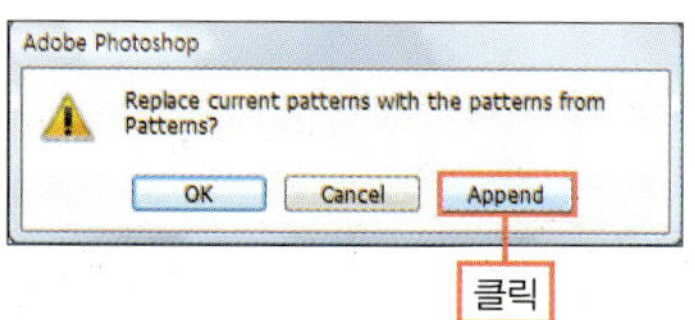

**11** 추가된 패턴 중에서 [Waffle]을 선택한 후 [OK] 버튼을 클릭합니다.

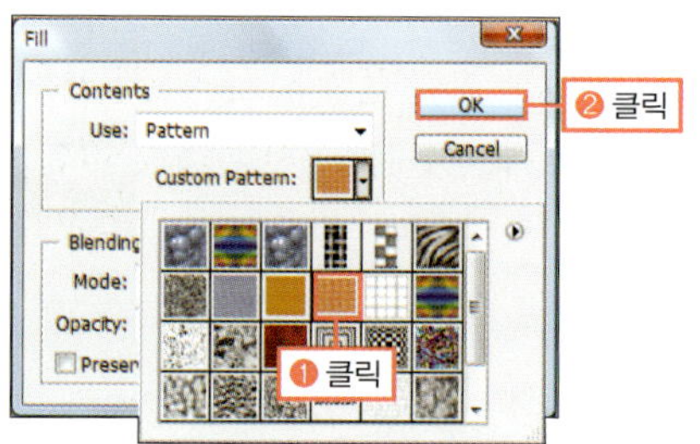



**Round 04.**
포토샵 채색에 관한 모든 것

⑫ 지붕에 패턴이 적용된 것을 확인한 후 [Ctrl]+[D]를 눌러 선택 영역을 해제하고 완성합니다.

◎ 완성물 : 예제파일\Round04\cow_f.psd

PHOTOSHOP COACHING |포토샵 코칭|

[Fill] 대화상자

이미지를 채울 색상이나 패턴을 선택하고 블렌딩 모드와 불투명도를 조절할 수 있는 [Fill] 대화상자에 대해 알아봅니다.

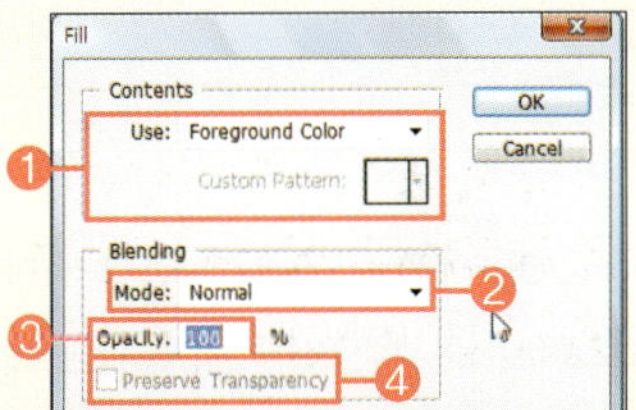

❶ Use : 색상과 패턴 중 어느 것으로 채울지를 선택할 수 있습니다.
  • Foreground Color, Background Color : 전경색, 배경색으로 채웁니다.
  • Color : [Choose a color] 대화상자에서 채울 색상을 직접 선택합니다.
  • Pattern : [Custom Pattern]이 활성화되어 원하는 패턴을 선택할 수 있습니다.
  • History : 원본 이미지로 돌아갑니다.
  • Black, 50% Gray, White : 검은색, 50% 회색, 흰색으로 채웁니다.
❷ Mode : [Use]에서 선택한 색이나 패턴이 채워질 때 적용되는 블렌딩 모드를 정할 수 있습니다.
❸ Opacity : 색상이나 패턴의 불투명도를 조절합니다.
❹ Preserve Transparency : 레이어를 선택했을 때에만 활성화되며 체크하면 이미지의 투명한 부분에는 색이나 패턴이 칠해지지 않습니다.

GO!

## 나만의 패턴 만들기

◎ 준비물 : 앞의 예제에 이어서 작업하거나 '예제파일\Round04\cow2.psd' 파일을 불러옵니다.

❶ [Ctrl]+[N]를 눌러 [New] 대화상자를 불러옵니다. [Width]와 [Height]를 '150pixels'로 입력한 후 [OK] 버튼을 클릭합니다.

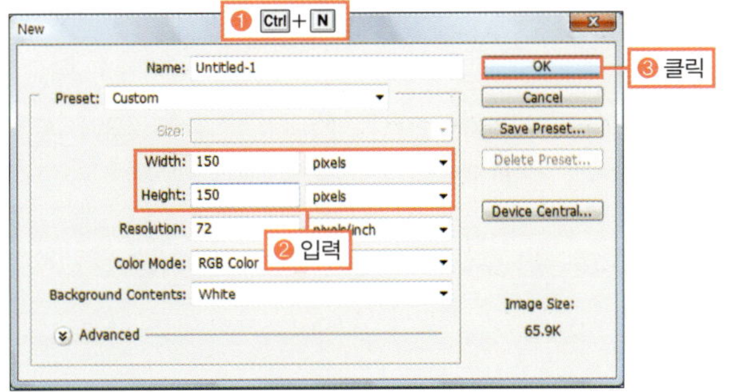

BONUS

새로운 패턴을 만들기 위한 이미지 창의 크기는 반복되는 무늬 한 개가 들어갈 정도로 지정합니다.

② COLOR 패널에서 전경색을 그림과 같이 조절한 후 (R:187, G:223, B:23) `Alt`+`Delete`를 눌러 전경색으로 채웁니다. 그리고 툴박스의 브러시 툴(✎)을 클릭합니다.

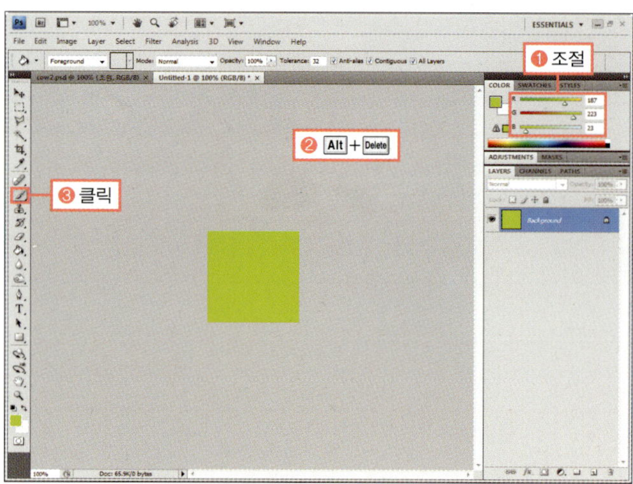

③ 옵션 바에서 [Brush]의 ▾ 부분을 클릭하고 [Soft Round 5 pixels]를 선택합니다.

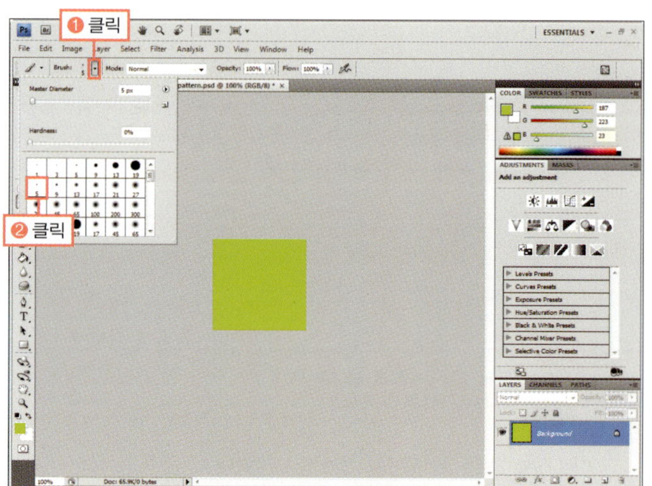

④ COLOR 패널에서 전경색을 좀 더 진한 색으로 변경한 후(R:135, G:199; B:36) 그림과 같이 잔디 모양을 그립니다.

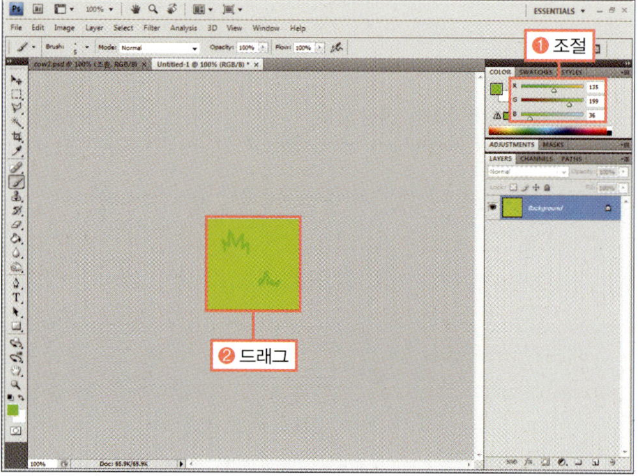

⑤ 현재 이미지를 패턴으로 등록하기 위해 [Edit]-[Define Pattern] 메뉴를 선택합니다.

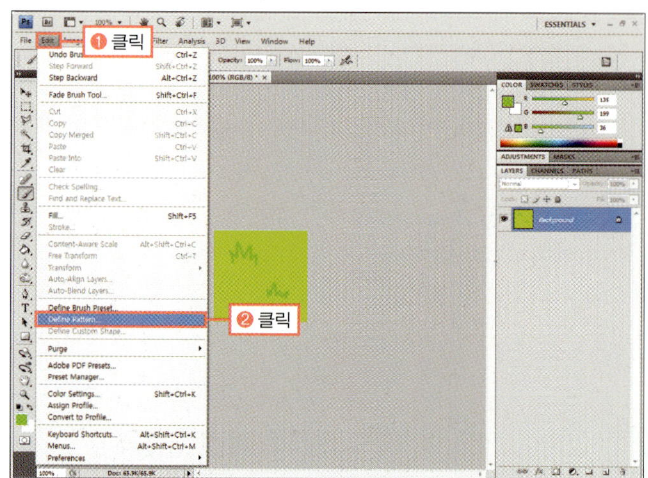



[Define Pattern]은 이미지를 패턴으로 등록하는 명령입니다. 선택 영역이 없을 때는 전체 이미지를 패턴으로 등록하며, 이미지의 일부분만 패턴으로 등록하려면 사각형 선택 영역을 만든 후 명령을 실행합니다.

❻ [Pattern Name] 대화상자가 나타나면 [Name]에 '초 원'으로 입력한 후 [OK] 버튼을 클릭합니다.

❼ 'cow2.psd' 파일로 이동하여 LAYERS 패널에서 '초 원' 레이어를 선택합니다. 툴박스의 마술봉 툴(🪄)을 선택 하고 이미지에서 그림과 같이 클릭하여 선택 영역으로 만 듭니다.

❽ Shift+F5를 눌러 [Fill] 대화상자를 불러온 후 [Use] 에서 [Pattern]을 선택합니다. [Custom Pattern]의 썸네 일을 누른 후 스크롤을 아래로 드래그하여 마지막에 추가 된 패턴을 선택하고 [OK] 버튼을 클릭합니다.

❾ 선택 영역이 패턴으로 채워진 것을 확인한 후 Ctrl +D를 눌러 선택 영역을 해제하여 완성합니다.

◎ 완성물 : 예제파일\Round04\cow2_f.psd

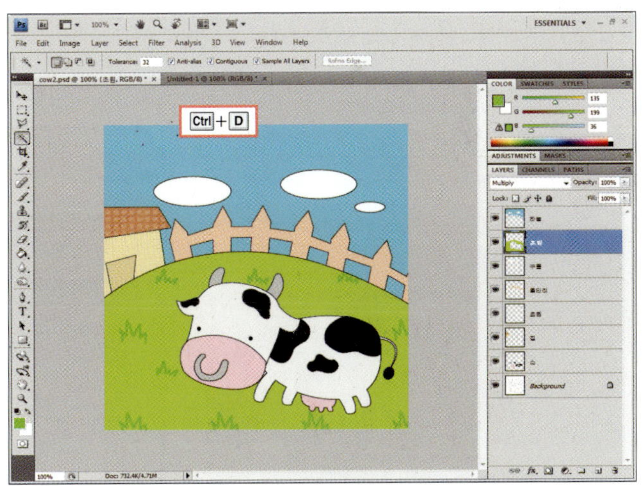




**Training 04.**
[Fill] 명령을 이용하여 색과 패턴으로 이미지 채색하기

[Edit]-[Stroke] 메뉴는 선택 영역이나 레이어 이미지의 테두리에 선을 만들 때 사용하는 것으로, [Stroke] 대화상자를 이용해 테두리 두께와 색상, 위치, 블렌딩 모드와 불투명도를 선택할 수 있습니다.

◎ **준비물** : '예제파일\Round04\stroke.psd' 파일을 불러오세요.

**①** '곰인형1' 레이어가 선택된 것을 확인한 후 외곽선을 만들기 위해 [Edit]-[Stroke] 메뉴를 선택합니다.

**②** [Stroke] 대화상자가 나타납니다. 외곽선의 두께를 나타내는 [Width]에 '3px'을 입력한 후 색상을 선택하는 [Color]의 색상 썸네일을 클릭합니다. [Select stroke color] 대화상자에서 흰색을 클릭하여 선택한 후 [OK] 버튼을 차례로 클릭하여 모든 대화상자를 닫습니다.

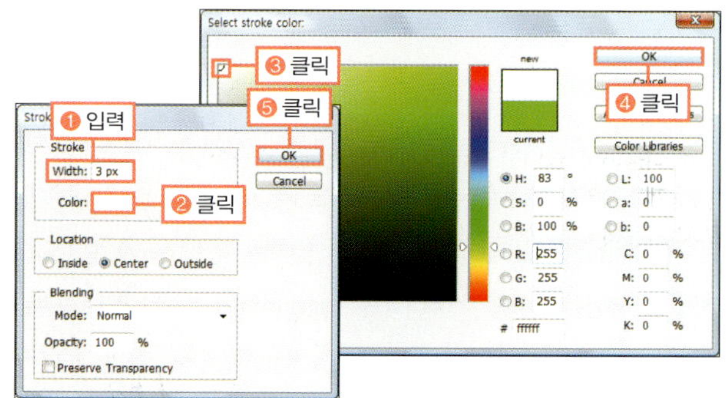

**③** 선택한 레이어 이미지에 외곽선이 생긴 것을 확인합니다.

**④** LAYERS 패널에서 '곰인형2' 레이어를 클릭하고 [Edit]-[Stoke] 메뉴를 선택한 후 [OK] 버튼을 눌러 외곽선을 만듭니다.

### BONUS

백그라운드에 외곽선을 만들거나 원하는 모양으로 외곽선을 만들 때에는 먼저 선택 영역을 만든 후 [Edit]-[Stroke] 메뉴를 실행합니다.

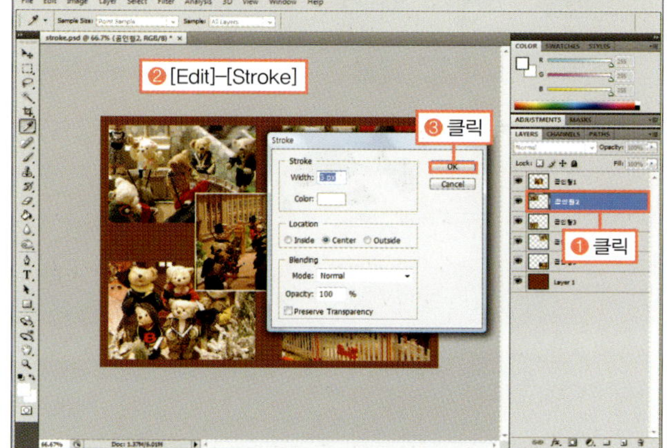

⑤ '곰인형3∼5' 레이어도 같은 방법으로 외곽선을 만듭니다.

◎ 완성물 : 예제파일\Round04\stroke_f.psd

이미지 전체에 외곽선을 만들 때에는 LAYERS 패널의 '레이어 스타일(_fx_)'을 클릭하여 [Stroke] 메뉴를 이용해도 됩니다. '레이어 스타일'을 이용하면 다시 제거하거나 수정할 수 있는데 이는 Round08에서 자세히 다루겠습니다.

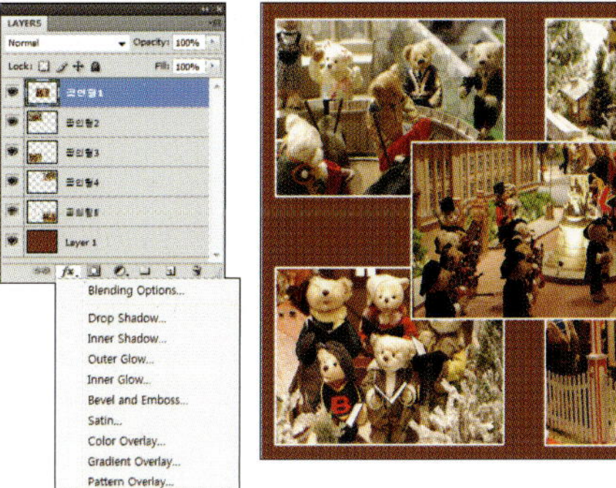

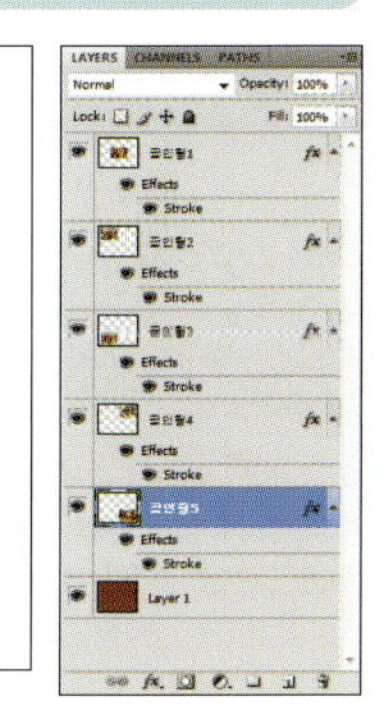

▲ '레이어 스타일'의 [Stroke] 명령으로 외곽선을 만든 후의 이미지와 LAYERS 패널

PHOTOSHOP COACHING |포토샵 코칭|　　　　　　　　[Stroke] 대화상자

외곽선의 두께와 색, 선의 위치, 블렌딩 모드와 불투명도를 정할 수 있는 [Stroke] 대화상자에 대해서 자세히 알아봅니다.

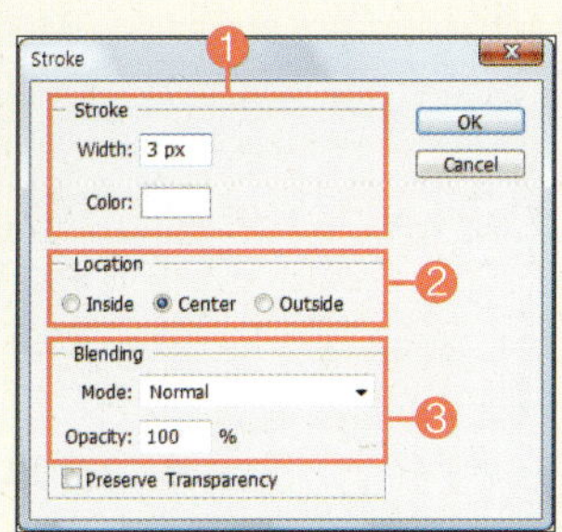

❶ Stroke : 외곽선의 두께와 색상을 지정합니다.
　　• Width : 외곽선의 두께를 지정합니다. 단위는 자동으로 px로 지정됩니다.
　　• Color : 외곽선의 색상을 선택합니다.
❷ Location : 외곽선이 그려지는 위치를 선택 영역이나 이미지 경계의 안쪽(Inside), 가운데(Center), 바깥쪽(Outside) 중에서 선택할 수 있습니다. [Center]가 기본으로 선택되어 있습니다.
❸ Blending : 외곽선의 블렌딩 모드와 불투명도를 선택할 수 있습니다.
　　• Mode : 외곽선의 색상과 이미지의 블렌딩 모드를 선택할 수 있습니다.
　　• Opacity : 외곽선의 불투명도를 입력합니다.

# 그레이디언트를 사용하여 이미지 채색하기



그레이디언트 툴을 이용하면 두 가지 이상의 색이 자연스럽게 바뀌는 채색을 할 수 있습니다. 포토샵에서 지원하는 기본 그레이디언트가 있고, [Gradient Editor] 대화상자를 이용하면 사용자가 직접 원하는 색상과 불투명도를 지정해 만들 수 있습니다.

| 학습 목표 | 학습 소재 | 난이도 | 예상 학습 결과 | 연계 학습 |
|---|---|---|---|---|
| 그레이디언트 툴로 이미지 채색하기 | 그레이디언트 툴 | ★★★☆☆ | • 이미지에 그러데이션 적용하기<br>• 나만의 그러데이션 색상 만들기 | 마술봉 툴 : 156쪽 |

## READY!

### 그레이디언트 사용하기

두 개 이상의 색이나 한 가지 색 안에서 자연스럽게 농담의 변화를 주면서 채색을 하는 효과를 그레이디언트라고 합니다. 그레이디언트는 이미지를 좀 더 화려하게 채색하거나 간단히 명암을 표현해 입체감 있는 이미지를 만들 때 사용합니다. 예를 들어 명암이 다른 두 색을 전경색과 배경색으로 지정한 후 원형 선택 툴(◎)로 선택 영역을 만든 후 채워주면 입체감 있는 구를 표현할 수 있습니다.

### ■ 그레이디언트의 크기와 방향

그레이디언트로 채색할 때 시작점과 끝점의 위치와 방향에 따라 그레이디언트의 크기와 채색되는 방향이 달라집니다.

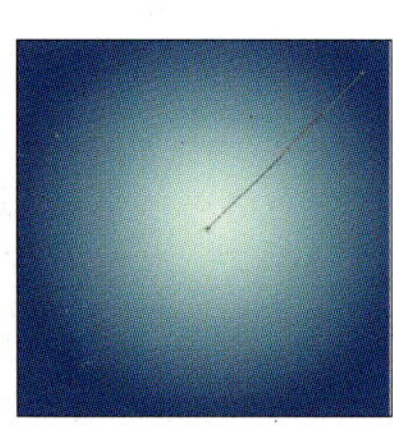

### ■ 그레이디언트의 모양

그레이디언트 툴(■)의 옵션 바에는 그레이디언트의 모양을 선택할 수 있는 아이콘이 있습니다.

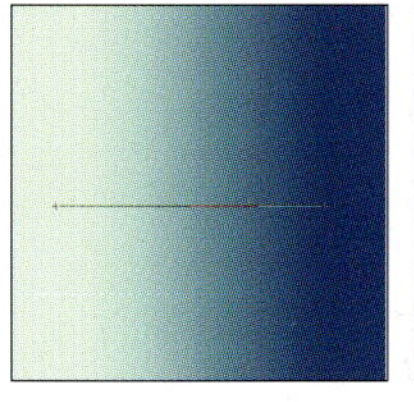
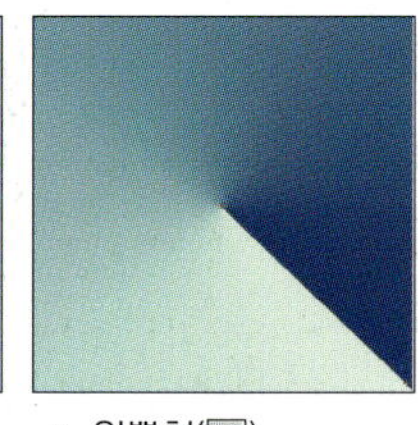
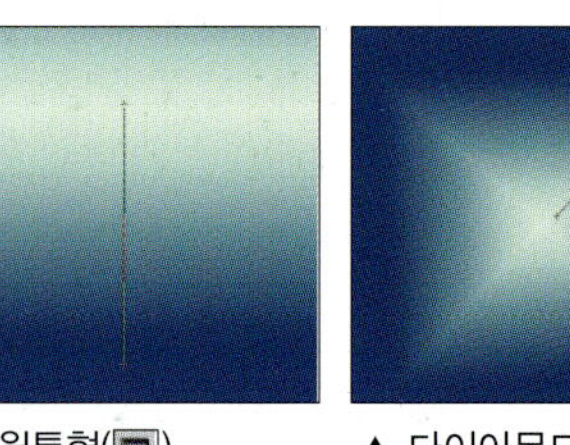

▲ 선형(■)　　▲ 원형(■)　　▲ 원뿔형(■)　　▲ 원통형(■)　　▲ 다이아몬드형(■)

## 전경색과 배경색을 이용하여 그레이디언트 채색하기

◎ **준비물** : '예제파일\Round04\bear.psd' 파일을 불러오세요.

**①** 툴박스에서 마술봉 툴(  )을 선택하고 옵션 바에서 [Sample All Layers]에 체크한 후 곰의 코를 클릭하여 선택 영역으로 만듭니다.

**②** 툴박스의 '기본색(  )'을 클릭하여 전경색과 배경색을 검은색과 흰색으로 변경한 후 그레이디언트 툴(  )을 선택합니다. 옵션 바에서 '원형(  )'을 선택하고 [Reverse]에 체크한 후 이미지의 코에서 그림과 같이 드래그합니다.

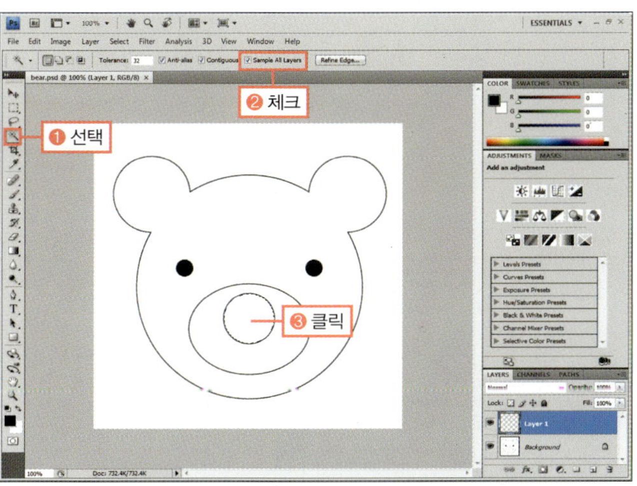

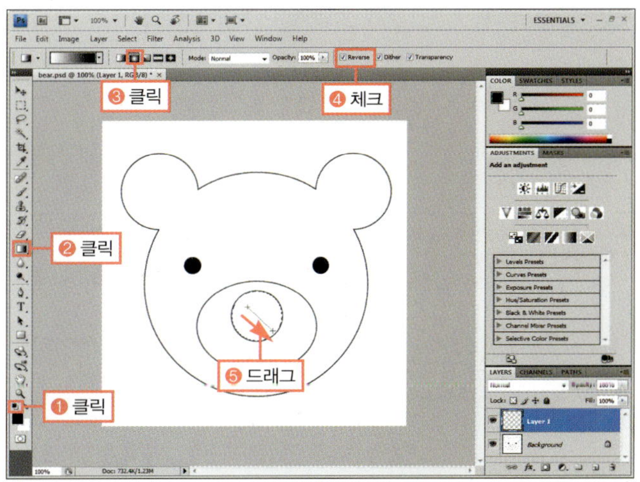

### BONUS

옵션 바의 값들을 기본으로 되돌린 후 따라합니다.

### BONUS

[Reverse]는 그레이디언트 색상의 왼쪽, 오른쪽에 놓인 색상을 바꿔주는 옵션입니다.

**③** 다시 마술봉 툴(  )을 선택하고 곰 머리를 클릭하여 선택 영역으로 만듭니다.

**④** 다시 그레이디언트 툴(  )을 선택한 후 COLOR 패널에서 색상 스펙트럼의 중간에 있는 파란색을 클릭하여 전경색을 변경합니다. 옵션 바의 그레이디언트 색상이 바뀐 것을 확인합니다.

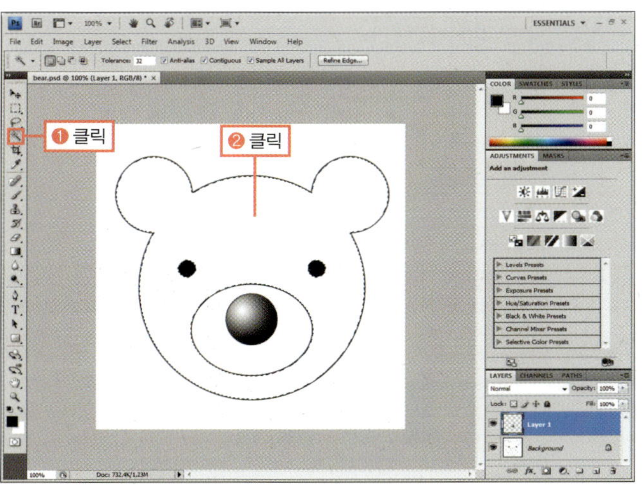

**Training 05.**
그레이디언트를 사용하여 이미지 채색하기

❺ 그림과 같이 곰 머리 윗부분에서 경계 부분까지 드래그합니다.

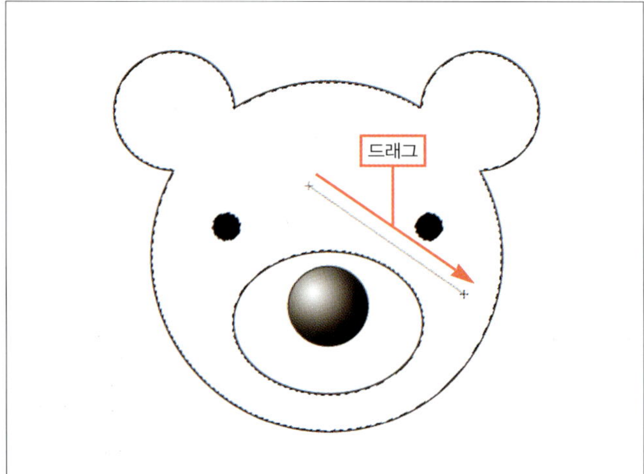



❻ Ctrl + D 를 눌러 선택 영역을 해제한 후 이미지를 확인합니다.

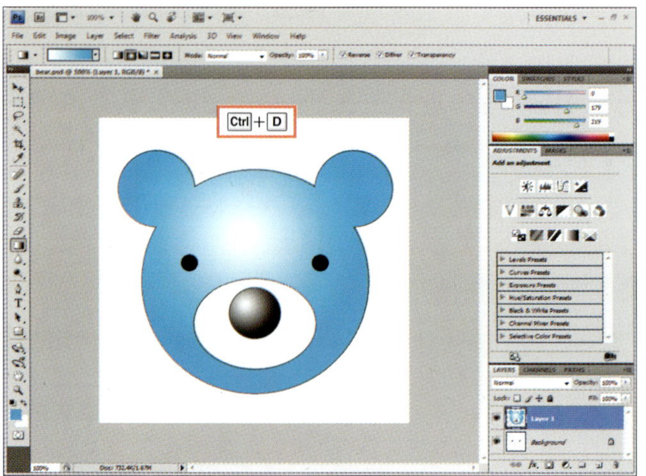



◉ 완성물 : 예제파일\Round04\bear_f.psd

---

# PHOTOSHOP COACHING |포토샵 코칭|

## 그레이디언트 툴의 옵션 바

그레이디언트 툴의 옵션 바에서는 그레이디언트의 색상, 방향, 불투명도 등을 선택할 수 있습니다.

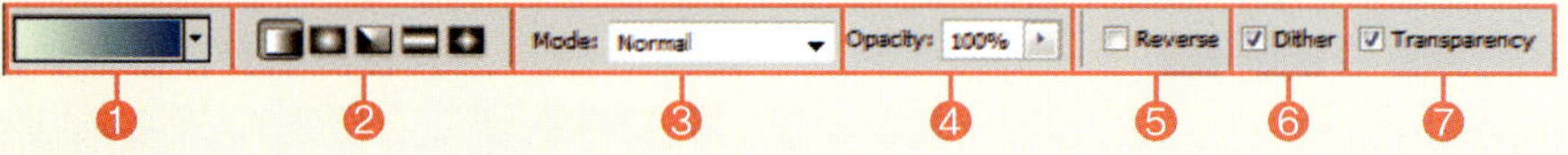

❶ 채색할 그레이디언트의 색상이 표시되며, 클릭하면 [Gradient Editor] 대화상자가 나타나 그레이디언트를 변경하거나 새로 만들 수 있습니다.

❷ **그레이디언트 모양** : 그레이디언트의 모양을 정합니다.

❸ Mode : 그레이디언트가 채색될 때 블렌딩 모드를 선택할 수 있습니다.

❹ Opacity : 그레이디언트의 불투명도를 조절할 수 있습니다.

❺ Reverse : 체크하면 그레이디언트 색상이 뒤집어집니다.

❻ Dither : 체크하면 그레이디언트의 경계 부분이 점처럼 흩어져 부드럽게 표현됩니다.

❼ Transparency : 체크를 해제하면 [Gradient Editor] 대화상자에서 정한 색상의 불투명도가 적용되지 않습니다.

## 나만의 그레이디언트 편집하고 저장하기

준비물 : '예제파일\Round04\light.jpg' 파일을 불러오세요.

❶ 툴박스의 그레이디언트 툴(￭)을 선택한 후 옵션 바에서 ￭ 부분을 클릭합니다.

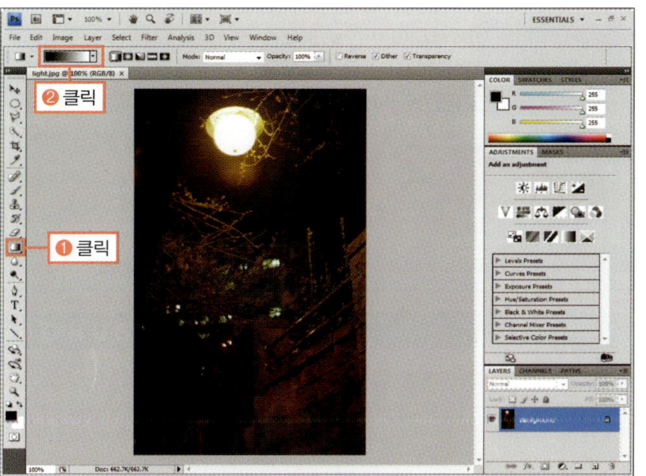

**S T O P**

옵션 바의 값들을 기본값으로 되돌린 후 따라합니다.

❷ [Gradient Editor] 대화상자가 열리면 그레이디언트 막대 아래에 있는 왼쪽의 첫 번째 색상점(￭)을 선택하고 아래의 [Stops] 옵션에서 [Color]의 색상 썸네일을 클릭합니다.

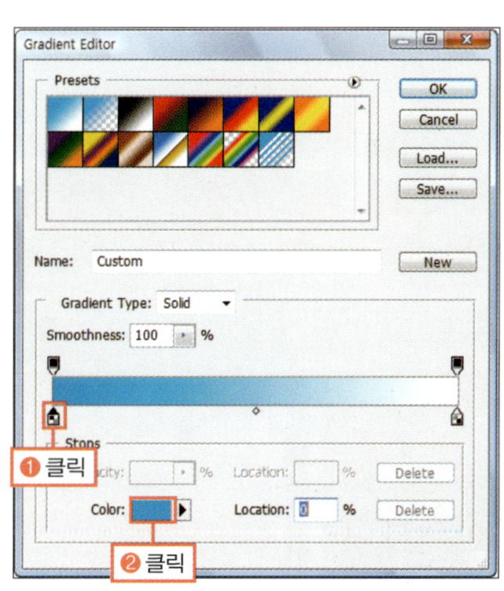

❸ [Select stop color] 대화상자가 나타나면 색상 영역에서 흰색을 선택하고 [OK] 버튼을 클릭합니다.

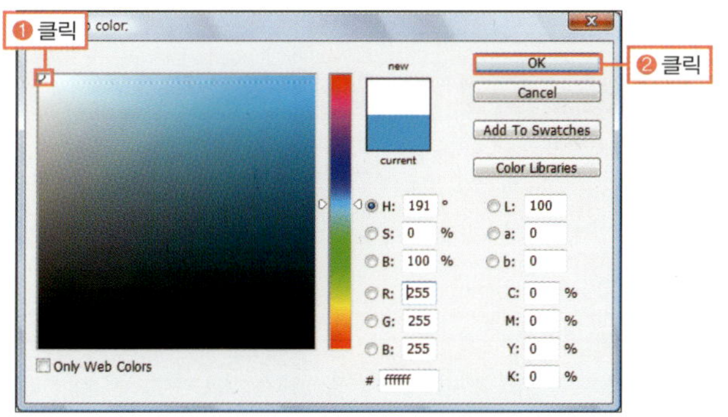

❹ 첫 번째 색상점(￭)이 흰색으로 변경된 것을 확인합니다. 이제 그레이디언트 막대 아래의 가운데 부분을 클릭하여 새 색상점을 만든 후 [Color]의 색상 썸네일을 선택합니다.

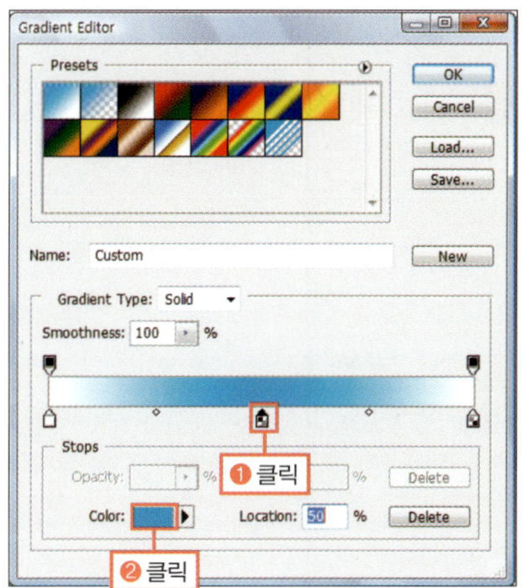

**⑤** [Select stop color] 대화상자에서 [R]에 '252', [G]에 '255', [B]에 '0'을 입력한 후 [OK] 버튼을 클릭합니다.

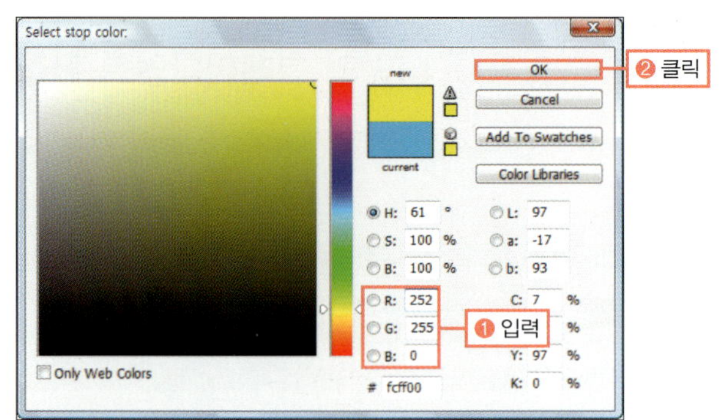

**⑥** 이번에는 오른쪽 색상점(▲)을 선택하고 [Color]의 색상 썸네일을 클릭하여 색상을 다음과 같이 설정한 후 (R:255, G:156, B:0) [OK] 버튼을 모두 클릭합니다.

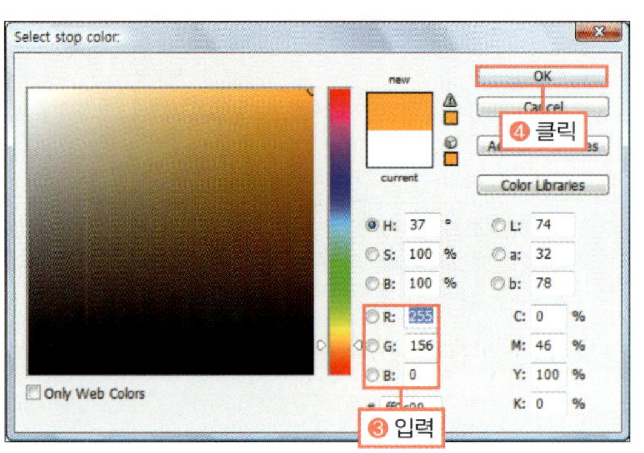

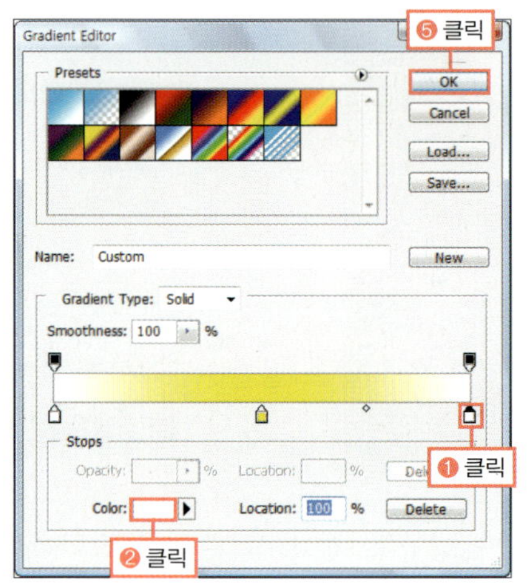

**⑦** 세 개의 색상점이 모두 설정되었습니다. 이번에는 그레이디언트 막대 위의 왼쪽 불투명도점(▼)을 클릭한 후 [Stops]의 [Opacity] 슬라이더 바를 드래그하여 '0'이 되도록 합니다.

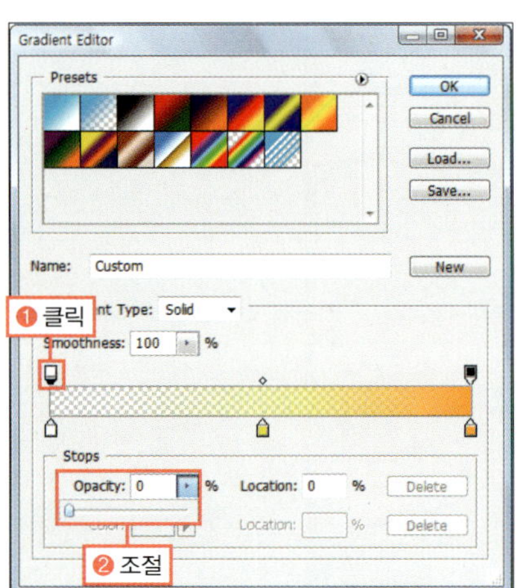

**⑧** 그레이디언트 막대 위의 아무 곳이나 클릭하여 새 불투명도점을 만든 후 [Location]에 '32'를 입력하여 불투명도점의 위치를 조절하고 [Opacity]는 '70'으로 조절합니다.

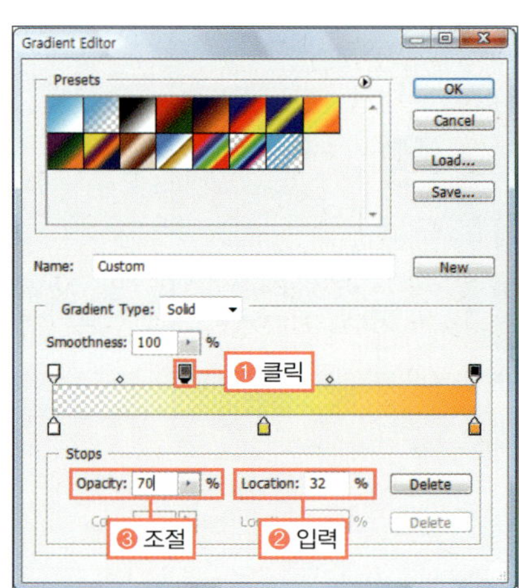

⑨ 그레이디언트 막대 위의 오른쪽 불투명도점의 위치를 드래그하여 [Location]의 값이 '82'가 되도록 한 후 [Opacity]를 '50'으로 조절합니다.

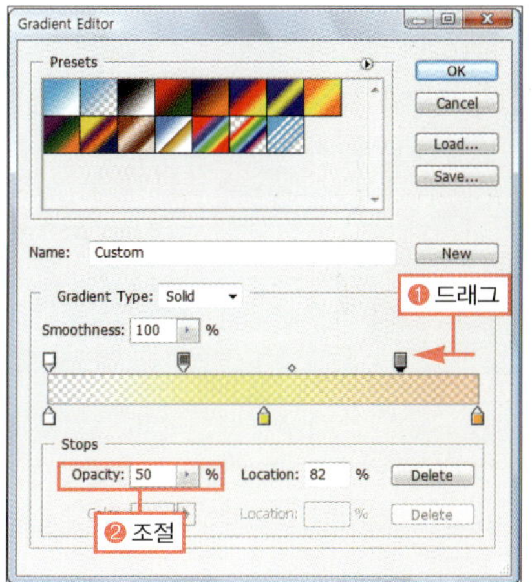

⑩ 그레이디언트의 이름을 나타내는 [Name]에 '빛'을 입력하고 [New] 버튼을 클릭합니다. [Presets]에 방금 만든 그레이디언트 썸네일이 추가된 것을 확인하고 [OK] 버튼을 클릭합니다.

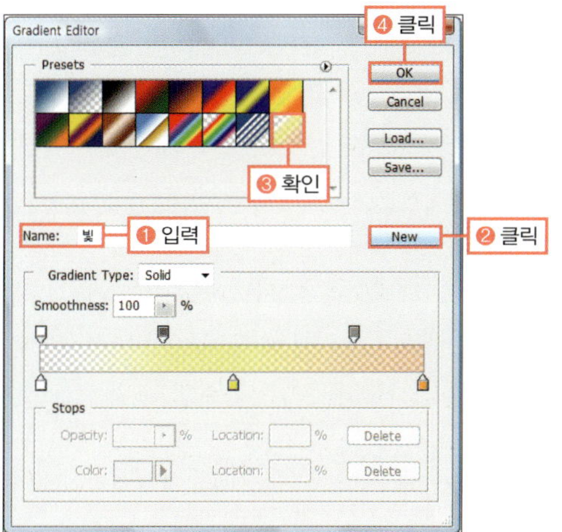

⑪ 옵션 바에서 '원형(◉)'을 클릭한 후 [Mode]에서 [Overlay]를 선택합니다.

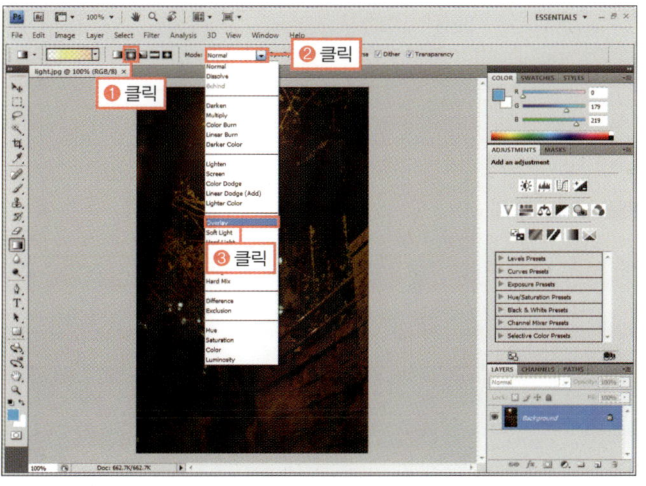

⑫ 이미지의 불빛 중심에서 아래 방향으로 드래그합니다.

**BONUS**

[Mode]는 원 이미지에 추가되는 색이나 이미지의 색상과 밝기가 겹치는 정도를 조절하는 것으로, [Overlay]는 섞이는 두 색상이 자연스럽게 추가되는 모드입니다.

⑬ 이미지에 그레이디언트가 추가된 것을 확인합니다.

◎ 완성물 : 예제파일\Round04\light_f.jpg

PHOTOSHOP COACHING |포토샵 코칭|



[Gradient Editor] 대화상자에서는 그레이디언트의 색상과 불투명도를 조절하여 새로운 그레이디언트를 만들고, 만든 그레이디언트를 저장할 수 있습니다.

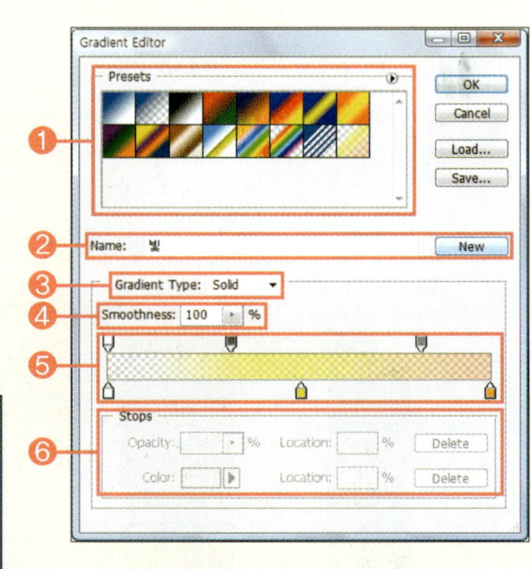

❶ **Presets** : 포토샵에서 제공하거나 사용자가 만들어서 저장해놓은 그레이디언트를 선택할 수 있습니다.

❷ **Name** : 그레이디언트 막대에서 만든 색상의 이름을 지정하고, [New] 버튼을 클릭하면 [Presets]에 보관할 수 있습니다.

❸ **Gradient Type** : 그레이디언트의 종류를 선택합니다. 사용자가 색상과 불투명도를 조절해서 만드는 [Solid]와 불규칙한 그레이디언트를 만드는 [Noise]가 있습니다. [Noise]를 선택하면 [Randomize] 버튼을 클릭하여 불규칙한 그레이디언트를 다양하게 만들 수 있습니다.

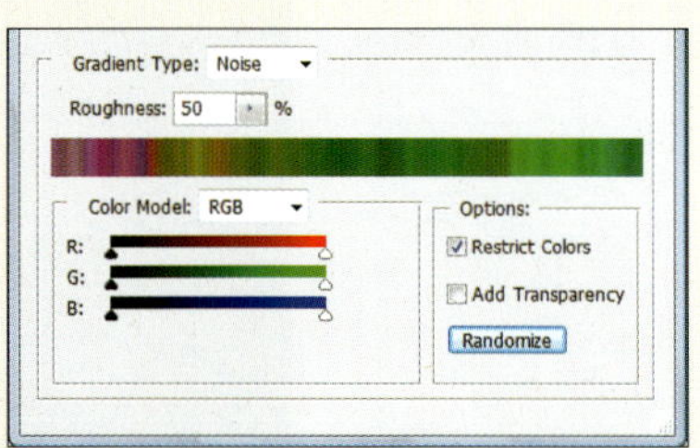

❹ **Smoothness** : 그레이디언트 경계의 부드러움 정도를 조절합니다.

❺ **그레이디언트 막대** : 색상점(Color Stop)과 불투명도점(Opacity Stop)을 가지고 그레이디언트를 만듭니다. 색상점과 색상점, 불투명도점과 불투명도점 사이에 위치한 경계 위치점은 색상이 바뀌는 위치를 나타내는데 드래그하여 조절할 수 있습니다.

❻ **Stops** : 선택한 색상점과 불투명도점의 위치와 값을 조절합니다.



**Round 04.**
포토샵 채색에 관한 모든 것

# 이미지를 없애고
# 지우는 도구들



이미지를 제거할 때 선택 영역을 만든 후 Delete를 눌러도 되지만 좀 더 꼼꼼히 지워야 할 경우에는 지우개 툴(⌀)을 사용합니다. 이번 Training에서는 지우개 툴의 용도와 배경 지우개 툴(⌀), 마술 지우개 툴(⌀)의 차이점에 대해 알 아보겠습니다.

| 학습 목표 | 학습 소재 | 난이도 | 예상 학습 결과 | 연계 학습 |
|---|---|---|---|---|
| 다양한 지우개 툴 이용하여 이미지 지우기 | • 지우개 툴<br>• 마술 지우개 툴<br>• 배경 지우개 툴 | ★★★☆☆ | 지우개 툴들의 차이점을 이해하고 원하는 이미지 지우기 | |



## 지우개 툴 자세히 살펴보기

지우개 툴(⌀)은 브러시를 이용해 이미지에서 원하는 부분을 드래그하여 제거하는 것으로, 백그 라운드 이미지에서 사용할 때에는 배경색으로 칠해지며 레이어 이미지에서 사용할 때에는 투명하 게 지워집니다. 거기에 비해 배경 지우개 툴(⌀)은 말 그대로 백그라운드나 레이어에 상관없이 모 든 이미지를 투명하게 지웁니다. 그런데 배경 지우개 툴은 속도가 느리기 때문에 일반적으로 특정 색상을 지울 때만 사용한 후 넓은 영역은 지우개 툴로 제거하는 것이 편리합니다. 마술 지우개 툴 (⌀)은 클릭한 지점과 비슷한 색상을 모두 지워주는 것으로 마술봉 툴(⌀)과 비슷합니다.

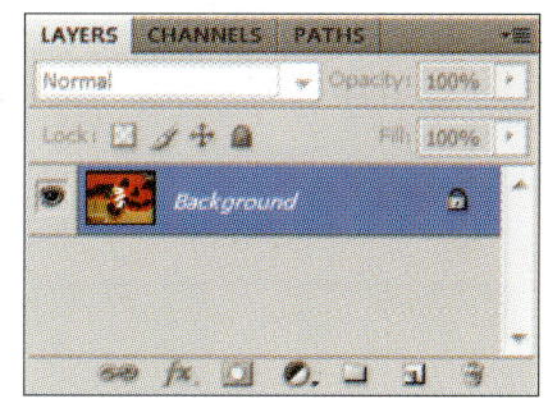

▲ 지우개 툴로 백그라운드 이미지를 지울 때

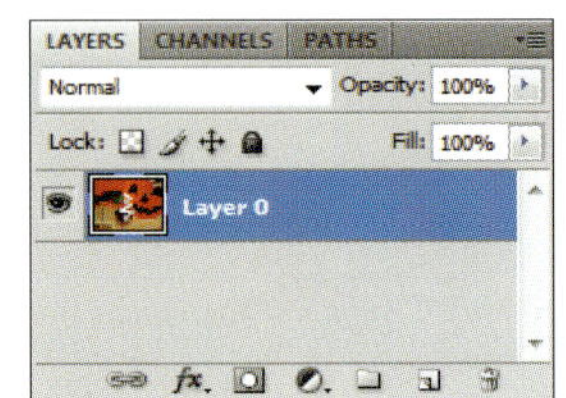

▲ 지우개 툴로 레이어 이미지를 지울 때

▲ 배경 지우개 툴의 '처음 색상(🖌)' 옵션을 선택한 후 지울 때

▲ 마술 지우개 툴로 지울 때



---

**S T A R T !**  **마술 지우개 툴 사용하기**

◎ **준비물** : '예제파일\Round04\sky.psd' 파일을 불러오세요.

❶ 툴박스의 지우개 툴(🖋)을 클릭하여 나오는 툴 중에 마술 지우개 툴(🖋)을 선택합니다. 그리고 이미지에서 하늘 부분을 클릭합니다.

**B O N U S**

마술 지우개 툴은 같은 색상이 넓게 분포된 이미지를 제거할 때 편리합니다.

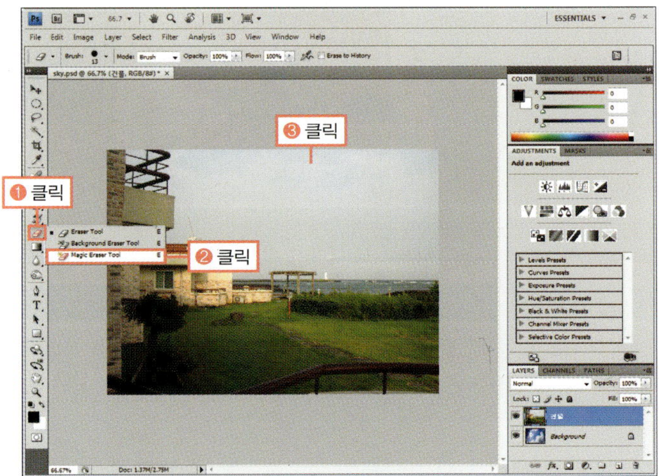

② 클릭한 지점과 같은 색상이 제거되어 아래 백그라운
드 이미지가 나타납니다.

③ Ctrl + + 를 2~3번 눌러 이미지의 보기 배율을 확대하
고 옵션 바의 [Tolerance]에 '50'을 입력한 후 그림과 같이
베란다 사이의 하늘을 클릭하여 제거합니다.

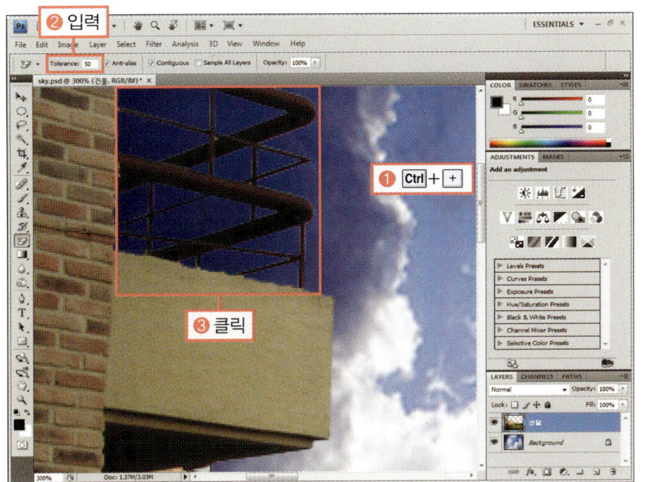





④ 좀 더 깨끗이 제거하기 위해 제거된 영역을 한 번 더
클릭합니다.

⑤ 툴박스의 손바닥 툴(🖑)을 더블클릭하여 이미지 전체
가 잘 보이도록 한 후 제거되지 않은 부분이 있는지 확인합
니다.

◎ 완성물 : 예제파일\Round04\sky_f.psd

PHOTOSHOP COACHING |포토샵 코칭|

마술 지우개 툴(🖊)의 옵션은 마술봉 툴(🖊)과 유사합니다.

❶ Tolerance : 클릭한 지점의 색상과 같은 색으로 인식하는 범위를 나타냅니다. 수치가 커질수록 지워지는 범위가 넓어집니다.

❷ Contiguous : 체크하면 색상의 경계와 상관없이 클릭한 지점과 같은 색상이 모두 제거됩니다.

❸ Opacity : 지워지는 부분의 불투명도를 조절합니다.

## G O !   지우개 툴과 배경 지우개 툴 함께 사용하여 복잡한 이미지 지워보기

◎ **준비물** : '예제파일\Round04\mail.psd' 파일을 불러오세요.

◎ **동영상 해설** : 동영상해설\mail.avi

❶ 우체통의 빨간색만을 지우기 위해 마술 지우개 툴(🖊)을 클릭하여 나오는 툴 중에 배경 지우개 툴(🖊)을 선택합니다.

❷ 우체통의 빨간 색만 지워지도록 옵션 바에서 '처음 색상(🖊)'을 선택한 후 '①' 글자 주변의 빨간색을 클릭하고 우체통 전체를 드래그하여 지웁니다.

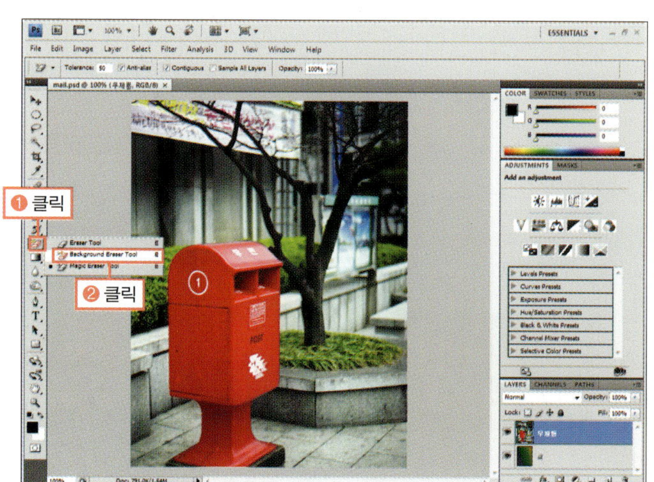


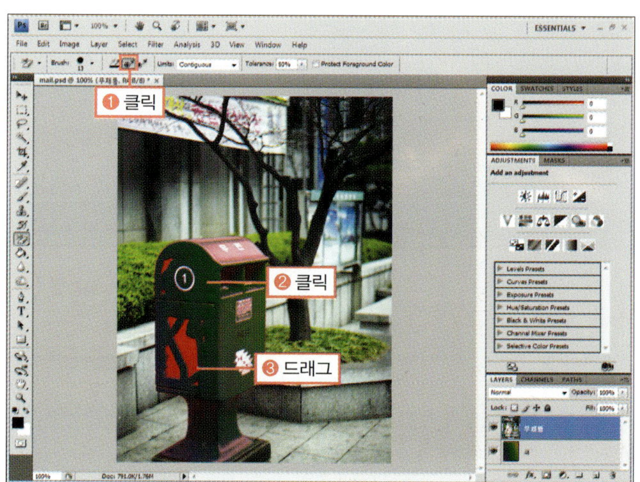


### B O N U S

'처음 색상(🖊)'을 선택하고 이미지를 드래그하면 처음 클릭한 지점과 같은 톤의 색상만 제거됩니다. 따라서 우체통의 빨간색 부분에서 클릭하여 드래그하면 클릭한 지점과 다른 우체통의 숫자나 마크는 지워지지 않습니다.

③ 지워지는 색상의 범위를 좁혀주기 위해 옵션 바의 [Tolerance]의 수치를 '35%'로 조절한 후 이미지의 '우편'이란 글자 주위의 빨간색을 클릭하고 드래그하여 나머지 빨간색 부분을 지웁니다.

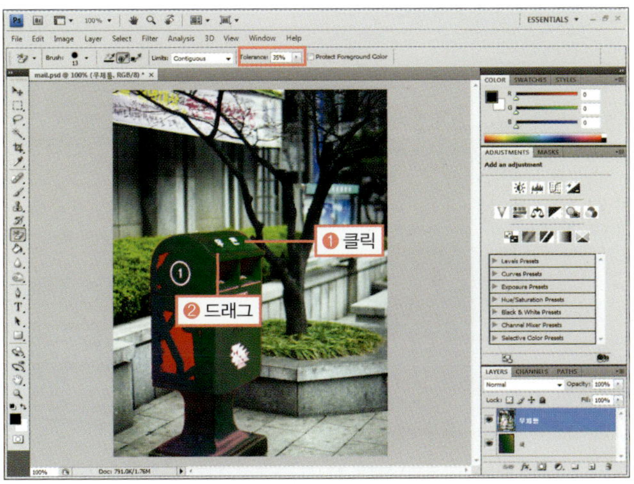


## BONUS

'우편'이란 글자는 다른 글자와 마크에 비해 색상이 어둡기 때문에 [Tolerance]를 줄여주지 않으면 주변의 빨간 색과 같이 지워지니 주의합니다.

④ 배경 지우개 툴( )을 클릭한 후 나오는 툴 중에 지우개 툴( )을 선택합니다.

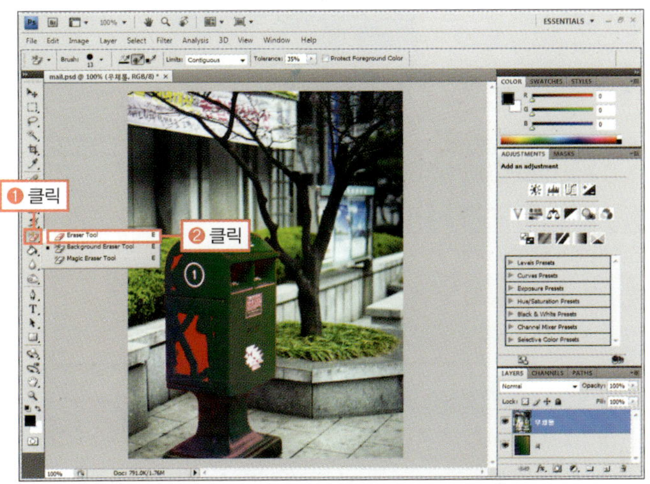


## BONUS

배경 지우개 툴은 색상 톤이 차이가 나는 부분을 인식하면서 지우기 때문에 지우개 툴보다 깨끗하게 지워지지 않고 지워지는 속도도 더딥니다. 따라서 주의해야 하는 경계 부분을 지울 때는 배경 지우개 툴을 사용하는 것이 좋지만, 그 외 나머지 부분은 지우개 툴을 사용하는 것이 빠르고 편리합니다.

▲ 지우개 툴로 지울 때와 배경 지우개 툴로 지울 때의 차이

⑤ 우체통의 남은 빨간색 부분을 지웁니다. 이때 배경 지우개 툴로 지워진 부분은 다시 지워지지 않도록 주의합니다.

⑥ LAYERS 패널에서 '색' 레이어의 '눈( )'을 클릭하여 감춥니다. 우체통의 빨간색이 아직 많이 남아 있는 것을 확인합니다.

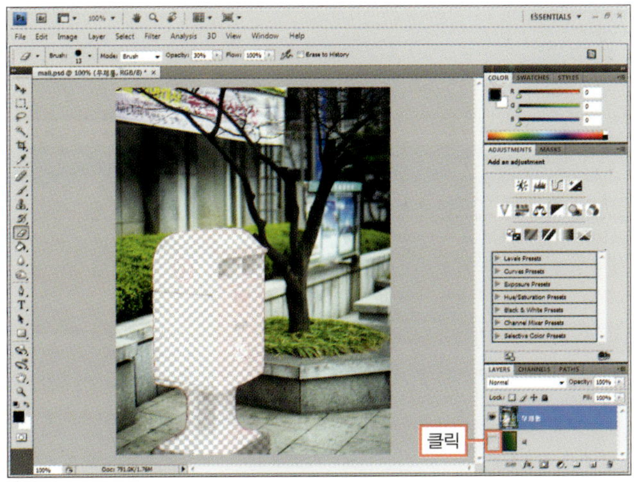

**7** 빨간색을 약하게 지우기 위해 지우개의 불투명도를 나타내는 [Opacity]를 '30%'로 낮춘 후 아직 남아있는 빨간색을 드래그하여 지웁니다. 이때 우체통 바깥이 지워지지 않도록 주의합니다.

**8** LAYERS 패널의 '색' 레이어의 '눈(👁)'을 다시 클릭하여 보이게 한 후 합성된 이미지를 확인합니다.

◎ **완성물** : 예제파일\Round04\mail_f.psd

## STOP

불투명도를 '100%'로 한 채 지우개 툴을 사용하면 드래그하는 모든 부분이 지워져 우체통의 글자와 마크, 경계 부분도 사라집니다.

## BONUS

만약 잘 못 지운 부분이 있다면 옵션 바의 [Erase to History]를 체크하거나 툴박스의 히스토리 브러시 툴을 사용하여 이미지를 원래 상태로 되돌릴 수 있습니다.

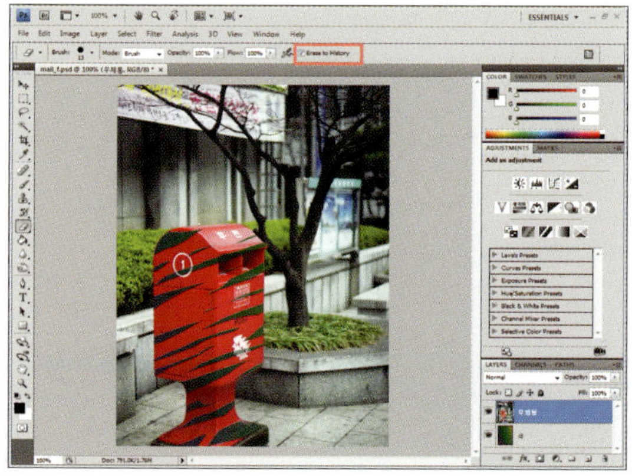

## ● 지우개 툴의 옵션 바

지우개 툴(⬚)의 옵션 바에서는 지우개의 모양과 크기를 선택할 수 있습니다. 나머지 옵션은 브러시 툴(⬚)과 같습니다.

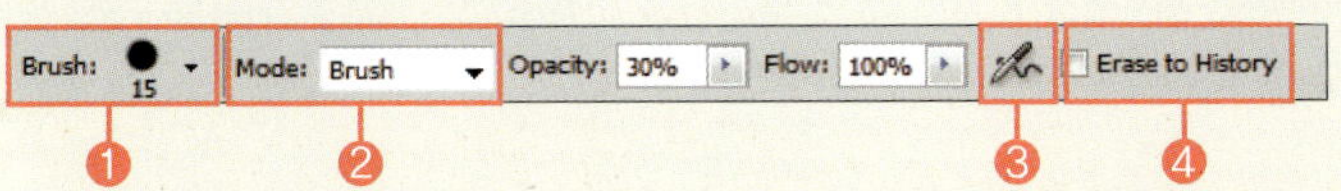

❶ **Brush** : 지우개의 모양과 크기를 조절합니다. 조절 방법은 브러시 툴과 같습니다.

❷ **Mode** : 지우개의 타입을 지정하는데 [Brush], [Pencil], [Block] 중에서 선택할 수 있습니다.

❸ **에어브러시** : 이미지에서 마우스를 오래 누르고 있으면 점점 퍼지면서 크게 지워지고, 약하게 누르면 가늘게 지워집니다.

❹ **Erase to History** : 체크하면 히스토리 브러시 툴(⬚)과 마찬가지로 원래 상태로 되돌아갑니다.

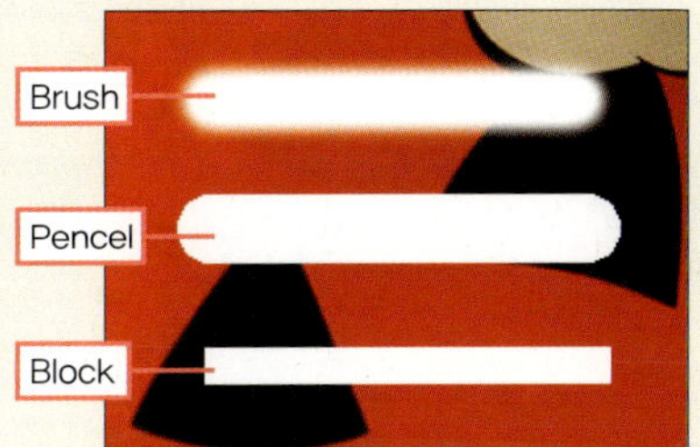


## ● 배경 지우개 툴의 옵션 바

배경 지우개 툴(⬚)은 백그라운드와 레이어에 상관없이 투명하게 지우 는 용도이지만 주로 특정 색을 지울 때 많이 사용됩니다.

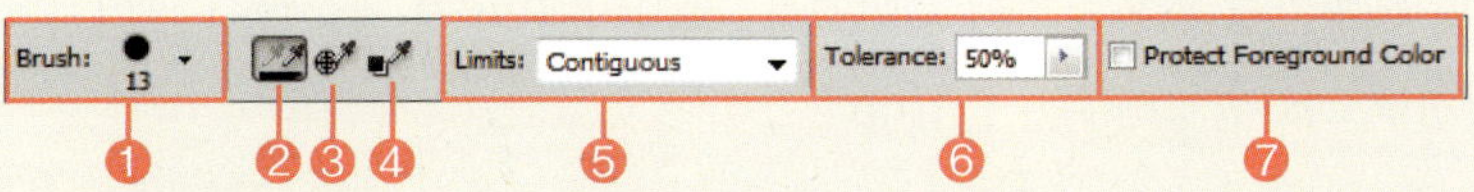

❶ **Brush** : 배경 지우개 툴의 크기와 경계의 딱딱한 정도, 간격 등을 조절합니다.

❷ **연속 색상** : 드래그하는 부분을 모두 지웁니다.

❸ **처음 색상** : 클릭할 지점의 색상과 비슷한 색상을 지웁니다.

❹ **배경 색상** : 배경색으로 지정된 색상만 지웁니다.

❺ **Limits** : 색상이 지워지는 한계를 지정합니다.

　• Discontiguous : 브러시 밑에 있는 부분은 다 지웁니다.

　• Contiguous : 처음 클릭한 부분과 같은 색상 영역은 투명하게 지우고 다른 색상 영역은 흐릿하게 지웁니다.

　• Find Edges : 이미지의 경계 부분을 구분하여 지웁니다.

❻ **Tolerance** : 지우기 위해 선택한 색상의 범위를 정합니다.

❼ **Protect Foreground Color** : 클릭하면 전경색을 보호하면서 지울 수 있습니다.

# 특별한 브러시 효과를 가진 툴 살펴보기

Photoshop · CS4

아트 히스토리 브러시 툴과 히스토리 브러시 툴, 색상 바꾸기 툴은 브러시를 이용하지만 독특한 기능을 가진 툴들입니다. 이번 Training에서는 특별한 기능을 가진 이 툴들에 대해 알아보겠습니다.

| 학습 목표 | 학습 소재 | 난이도 | 예상 학습 결과 | 연계 학습 |
|---|---|---|---|---|
| • 히스토리 관련 브러시 툴로 이미지 복원하기<br>• 색상 바꾸기 툴로 이미지의 색상 바꾸기 | • 히스토리 브러시 툴<br>• 아트 히스토리 브러시 툴<br>• 색상 바꾸기 툴 | ★★☆☆☆ | • 원래 이미지와 수정한 이미지를 섞어 독특한 효과 연출하기<br>• 특정 부분의 색상 손쉽게 변경하기 | |

## READY!

## 재미있는 이미지를 만드는 기타 브러시 툴

히스토리 브러시 툴( )과 아트 히스토리 브러시 툴( )은 채색이나 변형이 적용된 이미지에서 브러시로 드래그한 부분만 예전으로 되돌려주는 툴입니다. 색상 바꾸기 툴( ) 역시 브러시로 드래그한 부분의 색상을 전경색으로 변경해주는 툴입니다.

### ■ 히스토리 브러시 툴

히스토리 브러시 툴( )은 채색이나 효과가 적용된 이미지를 원래대로 되돌리는 것으로 HISTORY 패널과 비슷하지만 브러시를 이용한다는 부분에서 차이가 납니다. 하지만 이미지의 크기가 달라지면 적용되지 않습니다.

▲ 이미지에 채색한 부분을 히스토리 브러시 툴로 원래대로 되돌린 이미지

### ■ 아트 히스토리 브러시 툴로 만든 회화 이미지

아트 히스토리 브러시 툴( )은 선택한 브러시의 질감에 따라 회화 효과를 적용하는 것으로, 옵션 바의 [Style]에서 어떤 브러시를 고르느냐에 따라 이미지가 달라집니다.

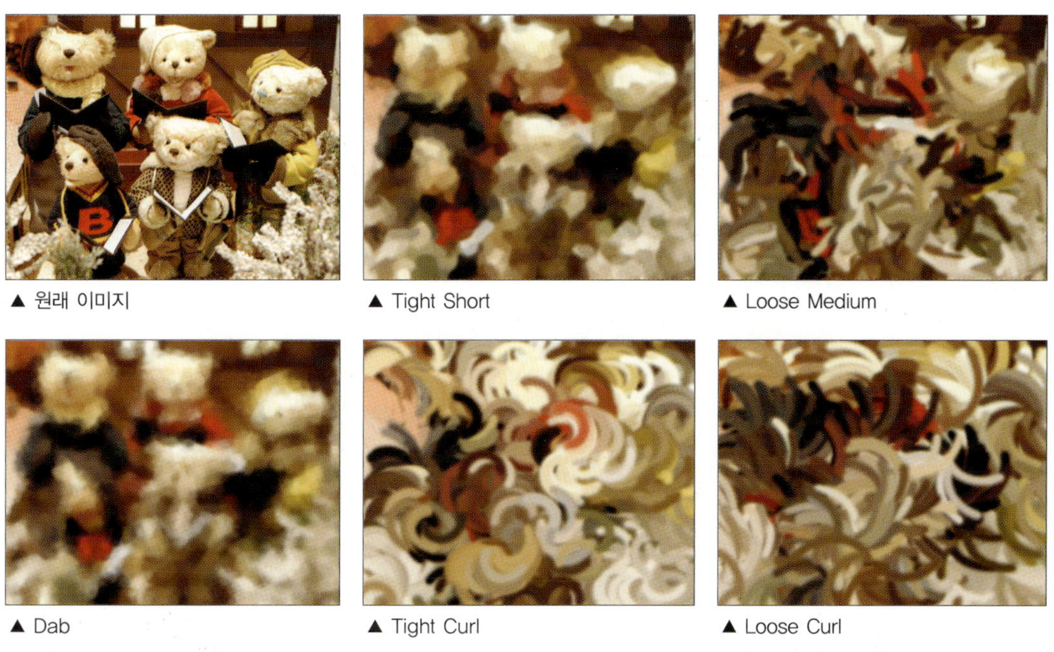

▲ 원래 이미지　　　　▲ Tight Short　　　　▲ Loose Medium

▲ Dab　　　　▲ Tight Curl　　　　▲ Loose Curl

### ■ 색상 바꾸기 툴

색상 바꾸기 툴(　)은 배경 지우개 툴(　)과 유사한 옵션을 가지고 있어 클릭한 지점의 색상을 다른 색으로 변경할 때 주로 사용합니다. 이때 원래 이미지의 명암은 그대로 유지되어 자연스럽게 색상을 변경할 수 있습니다. 색상 바꾸기 툴의 대부분의 옵션은 배경 지우개 툴과 비슷하며, 색의 어떤 부분을 바꿀지 선택할 수 있는 [Mode]에서 이미지의 색상을 바꿔줍니다. 주로 [Color]를 선택합니다.

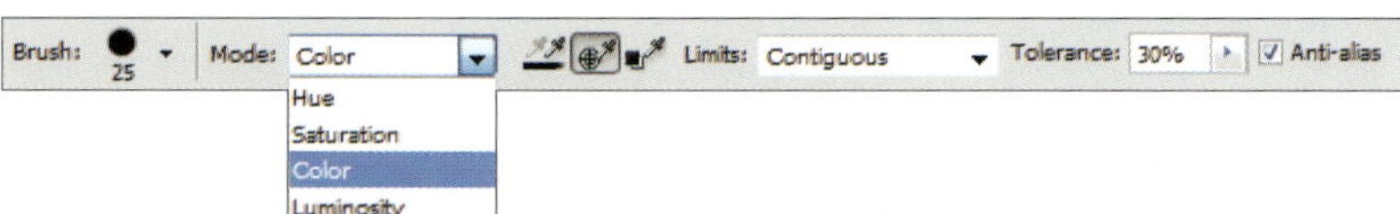

▲ 원래 이미지　　　　▲ Hue　　　　▲ Saturation　　　　▲ Color　　　　▲ Luminosity

## 히스토리 브러시 툴 사용하기

◎ **준비물** : '예제파일\Round04\doll.jpg' 파일을 불러오세요.

**①** 이미지를 흑백으로 변경하기 위해 [Image]–[Adjust ments]–[Desaturate] 메뉴를 선택합니다.

**②** 흑백 이미지에서 일부분만 원래 이미지로 되돌리기 위해서 툴박스의 히스토리 브러시 툴(◢)을 클릭합니다.

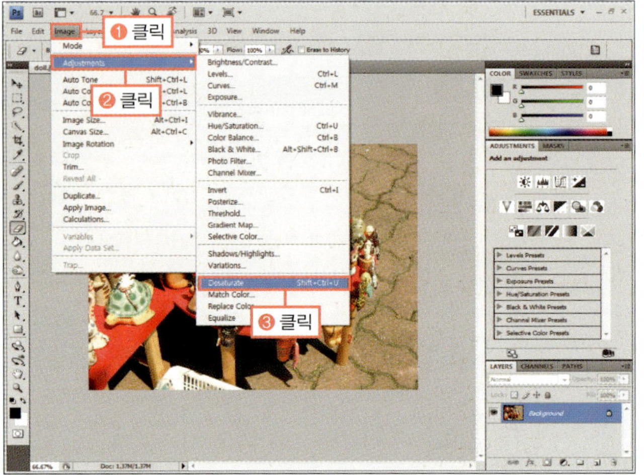

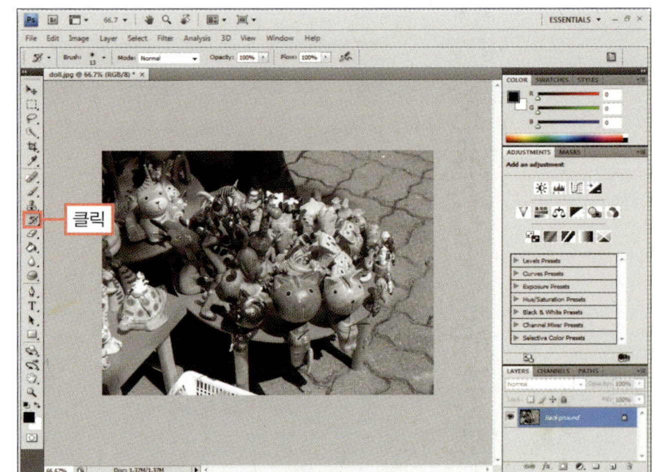

**③** 옵션 바에서 [Brush]의 · 부분을 클릭한 후 [Master Diameter]가 '40'이 되도록 조절합니다.

**④** 이미지에서 그림과 같이 인형을 드래그하여 원래 색으로 되돌립니다.

◎ **완성물** : 예제파일\Round04\doll_f.jpg

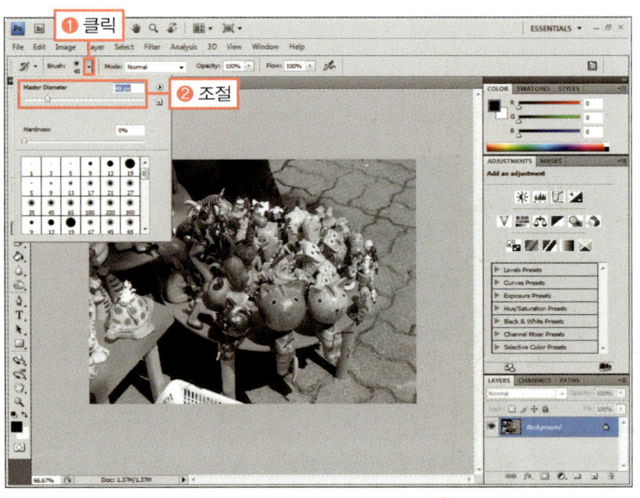

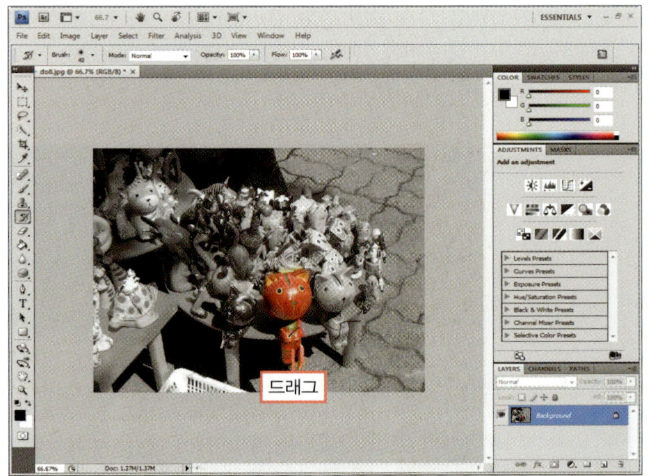



잘 못 되돌렸을 때에는 HISTORY 패널로 작업을 취소한 후 다시 히스토리 브러시 툴을 사용합니다.

# 색상 바꾸기 툴로 특정 색상 바꾸기

◎ **준비물** : '예제파일\Round04\replace.jpg' 파일을 불러오세요.

**①** COLOR 패널에서 전경색을 분홍으로 설정한 후 (R:255, G:122, B:255) 툴박스의 브러시 툴(✐)을 클릭하여 나오는 툴 중에 색상 바꾸기 툴(✐)을 선택합니다.

**②** ［]］를 여러 번 눌러 브러시 크기를 '50px'이 되도록 조절하고 옵션 바에서 '처음 색상(✐)'을 클릭합니다. 그리고 왼쪽의 노란색 꽃을 클릭한 후 꽃 전체를 드래그하여 색상을 변경합니다.

**STOP**

COLOR 패널에서 전경색이 선택되어 있지 않다면 전경색을 클릭한 후 색상 수치를 입력합니다.

**BONUS**

'처음 색상(✐)'을 선택하면 배경 지우개 툴과 마찬가지로 처음 클릭한 지점과 같은 색상만 변경됩니다.

**③** COLOR 패널에서 [G]를 '92'로 조절하여 약간 진한 분홍으로 변경합니다. 그리고 꽃에서 아직 색상이 변경되지 않은 부분을 클릭하고 꽃 전체를 드래그하여 색상을 변경합니다.

**Training 07.**
특별한 브러시 효과를 가진 툴 살펴보기

④ Ctrl+++를 눌러 화면 배율을 확대하고 꽃 가운데가
잘 보이게 합니다. []를 눌러 브러시 크기를 '15px'로 조
절하고 옵션 바에서 '연속 색상(🖉)'을 클릭한 후 이미지에
서 바뀌지 않은 부분을 드래그하여 색상을 변경합니다.

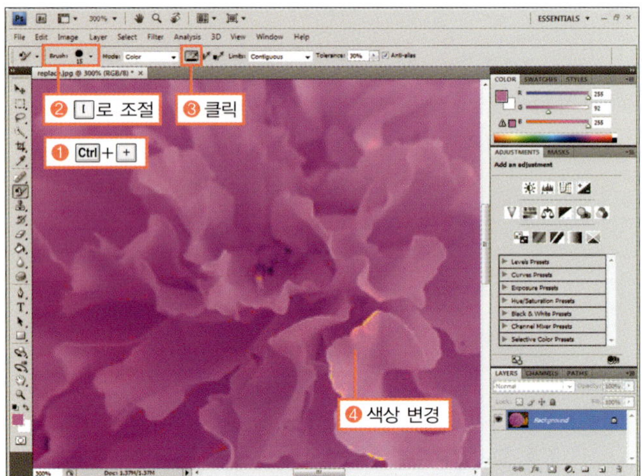

**BONUS**

'연속 색상(🖉)'을 선택하면 드래그하는 모든 부분의 색상이 전경색으로
변경됩니다.

⑤ Spacebar 를 누른 채 드래그하여 이미지 위치를 이동
하면서 변경되지 않은 색상을 모두 분홍으로 바꿉니다.

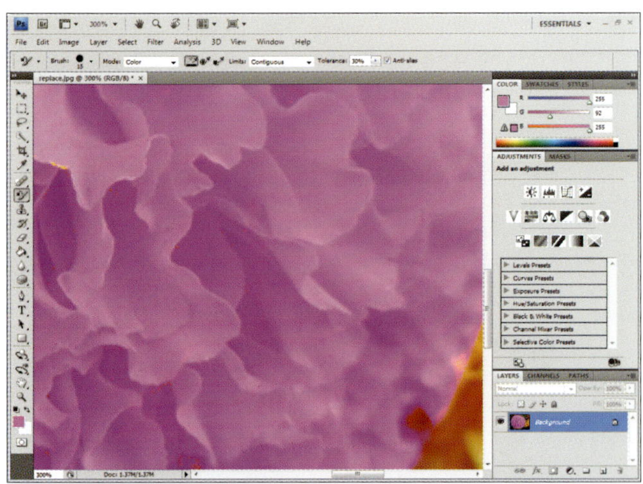

**BONUS**

왼쪽 꽃 외의 다른 부분의 색상이 변경되면 히스토리 브러시 툴(🖉)을
이용하여 원래대로 되돌려줍니다.

⑥ 툴박스의 손바닥 툴(🖐)을 더블클릭하여 작업 영역에
이미지가 맞도록 보기 배율을 조절한 후 색상이 변경된 이
미지를 확인합니다.

○ **완성물** : 예제파일\Round04\replace_f.jpg

**Round 04.**
포토샵 채색에 관한 모든 것

이번 Round에서는 색상을 선택하는 다양한 방법에 대해 알아보고 채색 툴과 명령으로 이미지를 채색하거나 지우는 방법을 살펴보았습니다. 또한, 독특한 기능의 브러시 툴에 대해서도 배웠습니다. 앞에서 배운 내용을 토대로 다음 문제를 풀어 보세요.

**1** | 다음의 ( ) 안을 채워보세요

❶ (     )은 브러시나 연필 툴을 사용할 때 칠해지는 색이며, (     )은 지우개 툴로 지울 때 나타나는 색입니다.

❷ (       ) 대화상자에서 원하는 색상을 선택하려면 먼저 색상 슬라이더에서 색상을 고른 후 색상 영역에서 원하는 색을 클릭하거나 색상 수치값을 직접 입력하면 됩니다.

❸ 선택 영역이나 이미지 전체에 선택한 색이나 패턴을 채울 때 사용하며, 원하는 색상이나 패턴을 대화상자를 통해 선택할 수 있는 명령은 (      )입니다.

❹ 브러시 툴(✎)과 달리 (      )은 안티 에일리어스 기능이 없어 이미지가 깨져 보일 수 있지만 용량이 적어 아이콘이나 아바타와 같은 캐릭터 작업에 많이 사용됩니다.

❺ (      ) 툴은 이미지에서 원하는 부분을 드래그하여 지울 때 사용하는데, 백그라운드 이미지에서 사용할 때에는 전경색으로 칠해지며 레이어 이미지에서 사용할 때에는 투명하게 지워집니다.----(                 )

❻ 색상을 선택할 수 있는 패널로 자주 사용하는 색상을 모아놓은 것은 (      ) 패널입니다.

❼ 전경색을 채우는 바로 가기 키는 (     )이며, 배경색으로 채우는 바로 가기 키는 (       )입니다.

**2** | 다음 설명이 맞으면 'O', 틀리면 'X'를 표시하세요.

❶ 브러시 크기를 조절하는 바로 가기 키는 Ctrl+ + /Ctrl+ − 입니다. ☐

❷ 브러시 모양을 추가하는 명령은 [Define Pattern]입니다. ☐

❸ [Stroke] 명령을 이용하면 선택 영역이나 이미지 전체에 외곽선을 만들 수 있습니다. ☐

❹ 두 가지 이상의 색이 자연스럽게 바뀌면서 칠할 수 있는 것은 그레이디언트 툴입니다. ☐

❺ 툴박스에서 '색상 전환(↰)'을 클릭하면 전경색은 검은색으로, 배경색은 흰색으로 설정됩니다. ☐

❻ 패턴을 추가할 때에는 [Define Pattern] 명령을 사용하는데, 이때 패턴은 흑백으로 등록되어 전경색으로 패턴 색상을 변경할 수 있습니다. ☐

# Round Complete



이번 Round에서는 색상을 선택하는 다양한 방법에 대해 알아보고 채색 툴과 명령으로 이미지를 채색하거나 지우는 방법을 살펴보았습니다. 또한, 독특한 기능의 브러시 툴에 대해서도 배웠습니다. 앞에서 배운 내용을 토대로 다음 예제를 완성해 보세요.

**1** 페인트통 툴( )과 SWATCHES 패널을 이용하여 그림과 같이 색상을 선택하고 채색해 보세요.

○ 준비물 : 예제파일\Round04\tube.psd
완성물 : 예제파일\Round04\tube_f.psd
도움말 : 예제해설\Round04도움말1.hwp(pdf, avi)

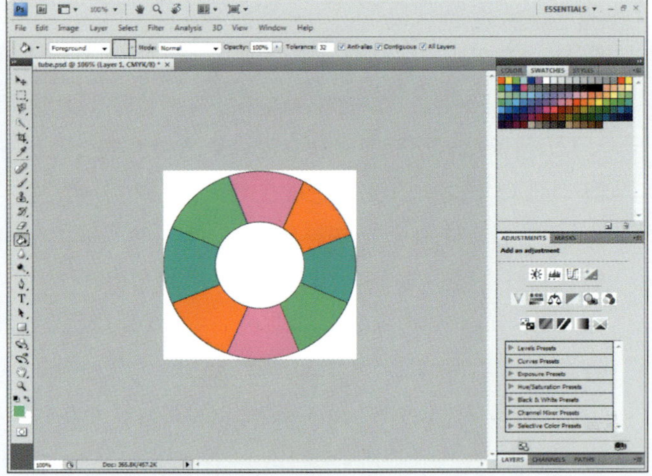

❶ 툴박스에서 페인트통 툴( )을 선택 ❷ 옵션 바의 [All Layers] 선택 ❸ SWATCHES 패널에서 [Light Magenta]를 클릭 ❹ 튜브의 맨 위 칸을 클릭하여 전경색을 채운 후 아래 칸도 클릭 ❺ SWATCHES 패널에서 [Pure Red Orange], [Pure Green Cyan], [Light Green]을 차례로 선택하여 나머지 튜브의 칸을 채움

**2** 'feather.jpg' 이미지를 브러시로 등록한 후 'brushtest.jpg' 이미지에 등록된 브러시 모양을 BRUSHES 패널에서 그림과 같이 칠해지도록 조절한 후, 전경색을 'R:0, G:255, B:0'으로, 배경색을 'R:255, G:0, B:255'로 선택한 후 칠해 보세요.

○ 준비물 : 예제파일\Round04\feather.jpg, brushtest.jpg
완성물 : 예제파일\Round04\brushtest_f.jpg
도움말 : 예제해설\Round04도움말2.hwp(pdf, avi)

❶ 'feather.jpg'를 새 브러시로 등록 ❷ 'brushtest.jpg'에서 툴박스의 브러시 툴( )을 선택 ❸ Brushes 패널을 열고 브러시 조절 옵션을 알맞게 조절 ❹ 이미지에서 드래그하여 채색

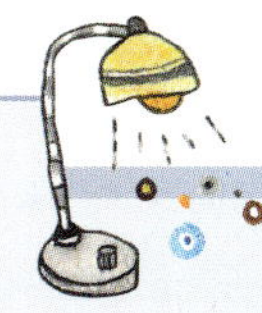

# Round Complete

| 만들어 보세요 |

**3** 전경색을 'R: 255, G: 222, B:0', 배경색을 'R:186, G:32, B:37'로 지정한 후 그레이디어트 툴(▣)과 옵션을 적절히 조절하여 그림과 같이 채색한 후 LAYERS 패널의 블렌딩 모드를 [Overlay]로 변경하여 이미지를 합성해 보세요.

준비물 : 예제파일\Round04\inte.psd
완성물 : 예제파일\Round04\inte_f.psd
도움말 : 예제해설\Round04도움말3.hwp(pdf, avi)

❶ 툴박스의 그레이디언트 툴(▣)을 선택 ❷ COLOR 패널에서 전경색과 배경색을 지정 ❸ 옵션 바에서 '원형(▣)'을 선택 ❹ 이미지의 등불에서 클릭하여 아래로 드래그하여 채색 ❺ LAYERS 패널에서 블렌딩 모드 'Overlay' 적용

**4** 이미지의 색상을 무채색으로 변경한 후 히스토리 브러시 툴(✍)을 사용하여 가운데 꽃 부분의 색상만 원래대로 되돌려 보세요.

준비물 : 예제파일\Round04\history.jpg
완성물 : 예제파일\Round04\history_f.jpg
도움말 : 예제해설\Round04도움말4.hwp(pdf, avi)

❶ [Image]-[Adjustments]-[Desaturate] 메뉴를 선택 ❷ 툴박스의 히스토리 브러시 툴(✍)을 클릭 ❸ 브러시 크기를 조절 ❹ 가운데 꽃들만 원래 색상으로 되돌려 줌



**Round complete.**
풀어 보세요

# 05 | 포토샵 강자! 이미지 리터치 기능

포토샵의 이미지 리터치 기능은 사용자가 직접 찍은 사진에서 잡티를 제거하거나 색상과 밝기를 보정하는 것까지 매우 다양합니다. 이런 리터치 툴과 명령은 사용 방법은 단순하지만, 기능을 적용했을 때의 결과는 놀라울 정도입니다. 이번 Round에서는 이런 리터치 툴과 명령에 대해 자세히 알아보겠습니다.

이번 Round는 다음과 같은 단계로 구성됩니다. Training별 내용을 간략하게 먼저 파악하면 좀 더 효율적으로 학습을 진행할 수 있습니다.

---

**Training 01**　**뽀샵질의 필수 코스, 힐링 브러시 툴 사용하기**

힐링 브러시 툴의 특징과 옵션에 대해 살펴보고 이를 사용해 이미지를 수정해 봅니다.

▶ 스팟 힐링 브러시 툴로 수정하기
▶ 힐링 브러시 툴로 수정하기

**Training 02**　**레드 아이 툴과 패치 툴로 사진 수정하기**

힐링 브러시 툴과 마찬가지로 이미지를 수정하는 레드 아이 툴과 패치 툴의 특징과 옵션에 대해 살펴보고, 패치 툴로 이미지를 수정, 합성하는 방법에 대해 알아봅니다.

▶ 레드 아이 툴로 적목 현상 수정하기
▶ 패치 툴로 좀 더 넓은 부분 수정하기

---

**Training 05**　**이미지의 채도와 명암을 수정하는 스펀지 툴, 닷지 툴, 번 툴**

채도를 조절하는 스펀지 툴의 사용법과 닷지, 번 툴로 이미지의 밝기를 드래그하며 조절하는 방법에 대해 살펴보고 그 옵션에 대해 알아봅니다.

▶ 스펀지 툴로 색상 제거하기
▶ 닷지 툴과 번 툴로 명암을 주어 입체감 있는 이미지 만들기

**Training 06**　**픽셀을 변형시켜 이미지를 수정하는 스머지 툴과 [Liquify] 명령**

픽셀을 손으로 밀듯 사용하는 스머지 툴과 성형수술 명령이라고 불릴 정도로 자유 자재로 픽셀을 변형할 수 있는 [Liquify] 명령의 사용법에 대해서 살펴봅니다.

▶ 스머지 툴로 연기 만들기
▶ [Liquify] 명령으로 얼굴 사진 수정하기

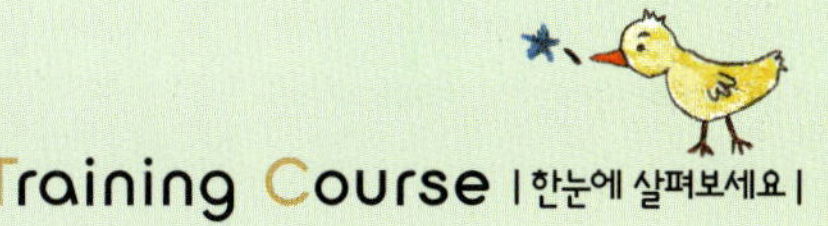

### Training 03　힐링 브러시 툴보다 강력한 도장 툴

도장 툴을 힐링 브러시 툴과 비교한 후 그 특징에 대해 살펴보고,
CLONE SOURCE 패널을 이용해 도장 툴로 수정하는 방법에 대해 알
아봅니다.

▶ 도장 툴로 이미지에서 불필요한 부분 제거하기
▶ CLONE SOURCE 패널로 복사한 이미지 변형한 후 붙여넣기

### Training 04　좀 더 선명하거나 부드럽게! 블러 툴과 샤픈 툴

이미지를 수정할 때 사용하는 블러 툴과 샤픈 툴의 기능과 효과를 알
아보고 이와 비슷한 명령에 대해 살펴봅니다.

▶ 블러 툴로 포커스 인 이미지 만들기
▶ 샤픈 툴로 선명한 이미지로 수정하기

### Training 07　이미지의 색상과 밝기를 자동으로 조절하는 명령

자동으로 이미지의 밝기와 색상을 수정하는 [Auto Tone], [Auto
Contrast], [Auto Color] 명령을 알아보고 그 특징에 대해 살펴봅
니다.

▶ [Auto Tone] 명령으로 이미지의 밝기와 색상 수정하기
▶ [Auto Contrast]와 [Auto Color] 명령으로 이미지의 대비와 색상 조절하기

# 뽀샵질의 필수 코스,
# 힐링 브러시 툴 사용하기



우리가 흔히 얘기하는 '뽀샵질'이란 주로 인물 사진에서 잡티나 이상한 부분을 수정하고 밝기와 선명도를 조절해 좀 더 예쁘게 보이도록 만드는 행동을 일컫는 말입니다. 이번 Training에서 살펴볼 힐링 툴들이 바로 뽀샵질 단계에서 가장 처음 사용되는 것으로, 이미지에서 두드러지는 잡티나 이상한 부분을 빠르게 수정할 수 있습니다.

| 학습 목표 | 학습 소재 | 난이도 | 예상 학습 결과 | 연계 학습 |
|---|---|---|---|---|
| 스팟 힐링 브러시와 힐링 브러시 툴로 사진 이미지 수정하기 | • 스팟 힐링 브러시 툴<br>• 힐링 브러시 툴 | ★★☆☆☆ | • 스팟 힐링 브러시로 잡티 제거하기<br>• 힐링 브러시 툴로 얼굴 잡티 수정하기 | |

**READY!**　　**힐링 브러시 툴 알아보기**

스팟 힐링 브러시 툴(　)과 힐링 브러시 툴(　)은 이미지의 잡티를 제거한다는 점에서는 같지만 사용 방법은 좀 다릅니다. 스팟 힐링 브러시 툴은 클릭한 지점의 주변 이미지를 자동으로 인식해 자연스레 어울리게 수정합니다. 즉, 최종 수정할 부분만 클릭하면 되는 것입니다. 이에 비해서 힐링 브러시 툴은 복사할 지점을 먼저 Alt와 함께 선택해놓고 나서, 최종 수정할 부분을 클릭하여 복사한 이미지를 적용하는 방식입니다. 이때 복사한 이미지와 수정할 부분의 색상과 명암이 자연스럽게 보정됩니다. 따라서 하늘과 같이 넓은 부분의 잡티가 생겼을 때에는 스팟 힐링 브러시 툴이 빠르고 편리하지만, 명암이나 색상이 급격히 바뀌는 복잡한 이미지에서는 힐링 브러시 툴이 좋습니다.

▲ 스팟 힐링 브러시 툴을 사용해 이미지의 잡티 제거하기

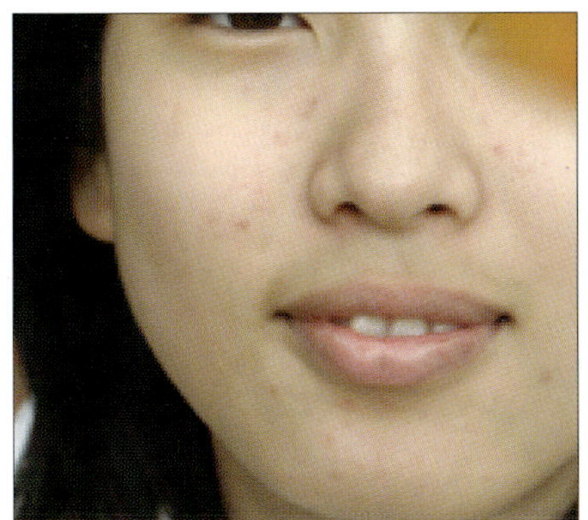
▲ 원본 이미지

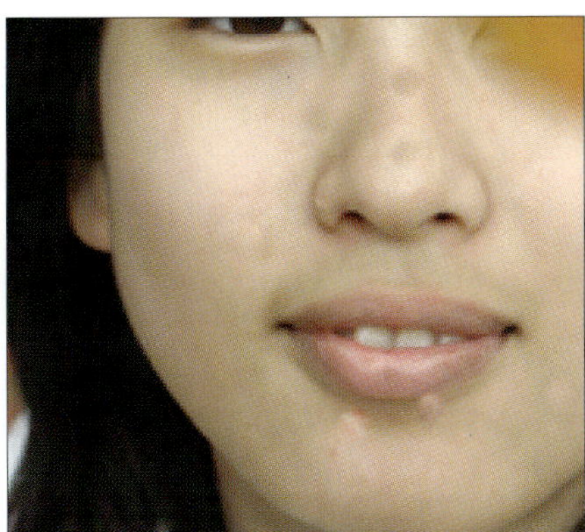
▲ 스팟 힐링 브러시 툴로 수정할 때

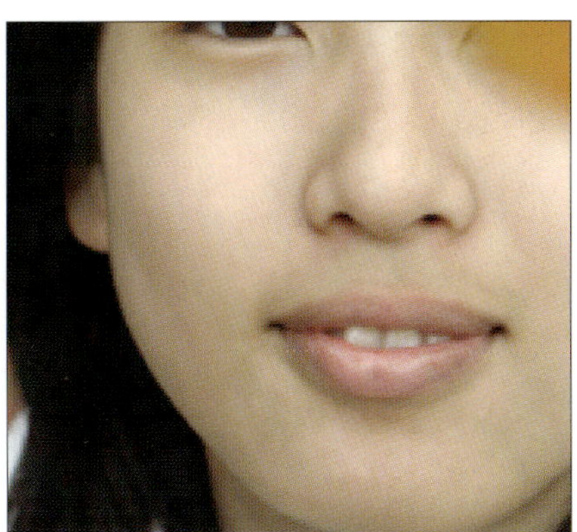
▲ 힐링 브러시 툴로 수정할 때



## 잡티는 한 번만 클릭! 스팟 힐링 브러시 툴 사용하기

◎ **준비물** : '예제파일\Round05\spot.jpg' 파일을 불러오세요.

❶ 이미지에서 흰색 배를 없애기 위해 툴박스의 스팟 힐링 브러시 툴(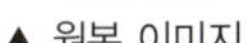)을 선택합니다.

❷ 옵션 바의 [Brush]에서 브러시 크기를 '60'으로 조절한 후 이미지에서 가운데 배를 클릭합니다.

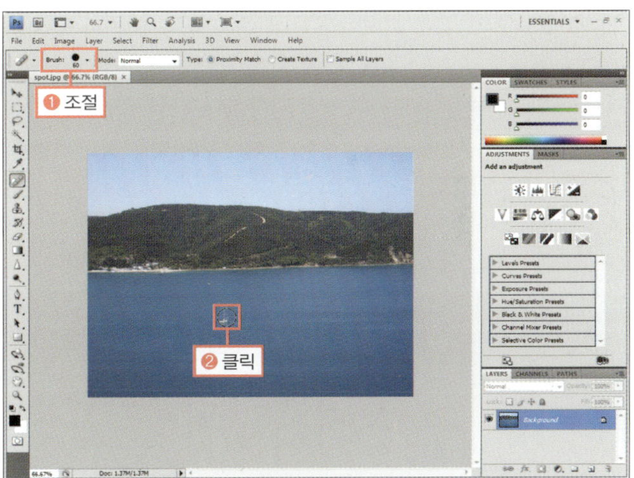


**STOP**

옵션 바를 기본 값으로 되돌린 후 예제를 따라합니다.

**STOP**

스팟 힐링 브러시 툴도 브러시 툴의 일종이므로 크기는 같은 방법으로 조절하면 됩니다.

❸ 이미지를 확인합니다.

◎ **완성물** : 예제파일\Round05\spot_f.jpg

스팟 브러시 툴의 옵션 바

이미지의 잡티를 제거할 때 편리한 스팟 힐링 브러시 툴의 옵션 바에 대해 알아봅니다.

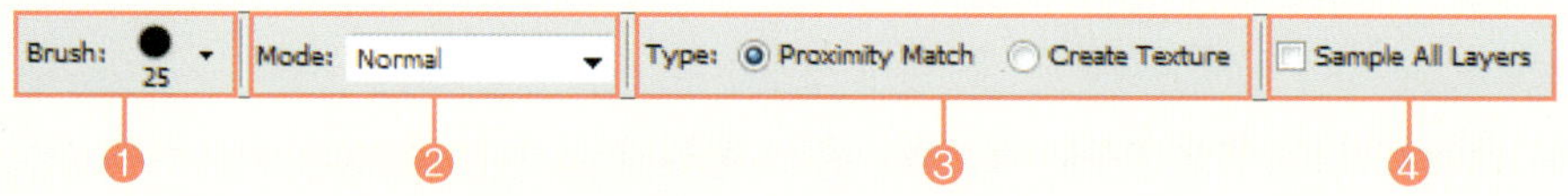


❶ **Brush** : 브러시의 크기와 딱딱한 정도를 조절합니다.
❷ **Mode** : 복사한 이미지를 붙여 넣을 때 원래 이미지와 혼합되는 모드를 정할 수 있습니다.
❸ **Type** : [Proximity Match]를 선택하면 이미지에서 클릭한 부분 근처의 색상과 밝기에 맞춰 수정됩니다. [Create Texture]를 선택하면 질감을 만들면서 수정됩니다.
❹ **Sample All Layers** : 모든 레이어 이미지를 복사하면서 수정합니다.

## G O !  좀 더 세심히 보정하고 싶을 때는 힐링 브러시 툴

◎ **준비물** : '예제파일\Round05\sister.jpg' 파일을 불러오세요.

◎ **동영상 해설** : 동영상해설\sister.avi

❶ 화면 배율을 확대하고 툴박스의 스팟 힐링 브러시 툴(🖌)을 선택합니다. 그리고 이미지의 왼쪽 뺨에 있는 잡티와 크기가 비슷하도록 ①를 2~3번 눌러 브러시 크기를 '8' 정도로 줄입니다.

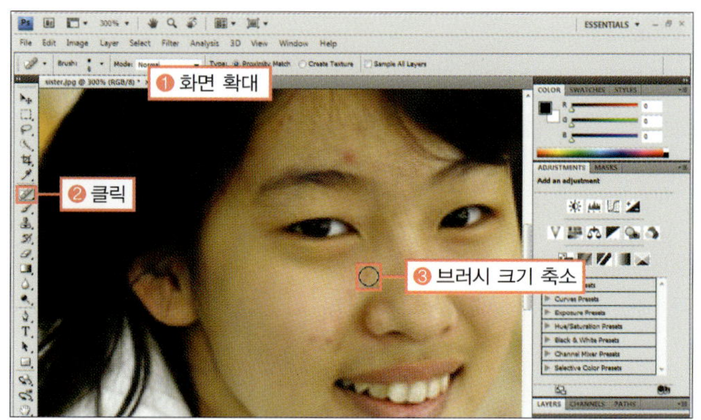

❷ 코 옆과 오른쪽 뺨 부분의 붉은 색 잡티를 클릭하여 없애줍니다.

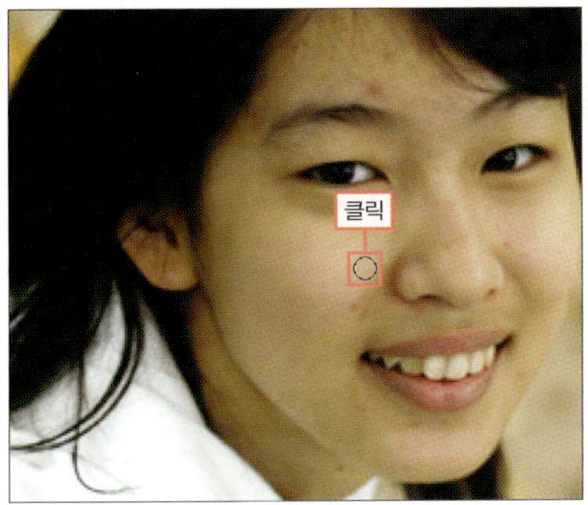




스팟 힐링 브러시 툴은 클릭한 지점 주변에 튀는 색상이 있는 경우에는 얼룩이 생길 수 있습니다. 따라서 코의 명암이 생기는 부분이나 입술 주변은 클릭하지 않습니다.

❸ 나머지 잡티를 없애기 위해 툴박스에서 힐링 브러시 툴(  )을 선택합니다.

❹  를 1번 눌러 브러시 크기를 '7'로 줄여준 후 Alt 를 누른 채 오른쪽 깨끗한 피부를 클릭하여 복사합니다.

코 주름이나 입술 아래와 같이 명암과 색상이 변하는 지점에서 힐링 브러시 툴을 사용할 때에는 브러시 크기가 작은 것이 좋습니다.

❺ Alt 를 놓고 코 주변의 잡티와 입술 아래 부분의 잡티를 클릭하여 없애줍니다.

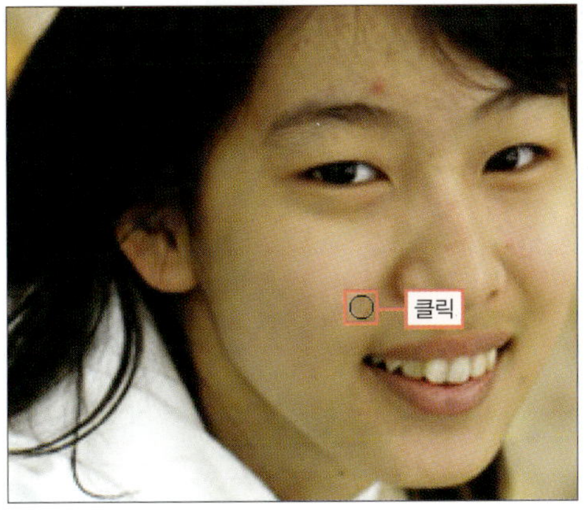




**Training 01.**
뽀샵질의 필수 코스, 힐링 브러시 툴 사용하기

⑥ 다시 Alt 를 누른 채 왼쪽 뺨의 깨끗한 피부를 클릭하여 복사합니다.

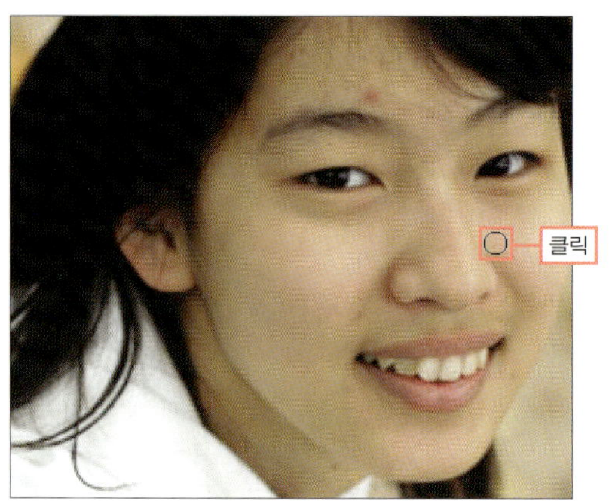


⑦ Alt 를 놓고 왼쪽 뺨의 잡티 부분을 클릭하여 제거합니다.

## B O N U S

같은 피부라고 해도 약간씩은 명암과 색상 차이가 나기 때문에 없애려는 부분과 가장 가까운 부분을 Alt 를 누른 채 복사한 후 사용하는 것이 좋습니다.

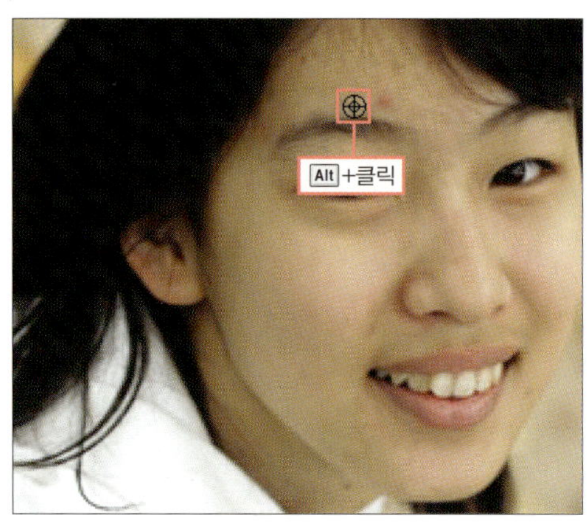


⑧ 다시 Alt 를 누른 채 이마의 깨끗한 부분을 클릭하여 복사합니다.

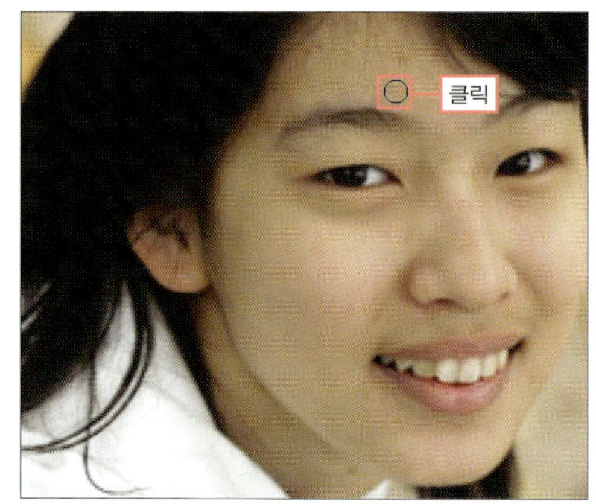


⑨ Alt 를 놓고 이마의 잡티를 클릭하여 없앱니다.

⑩ 툴박스의 돋보기 툴(🔍)을 더블클릭하여 보기 배율을 100%로 조절한 후 이미지를 확인합니다.

◎ **완성물** : 예제파일\Round05\sister_f.jpg

이미지를 복사하거나 패턴을 선택해 클릭한 지점에 섞으면서 붙여 넣는 힐링 브러시 툴(⊘)에 대해서 알아봅니다. 아래에서 설명하지 않는 옵션은 스팟 힐링 브러시 툴(⊘)을 참고합니다.

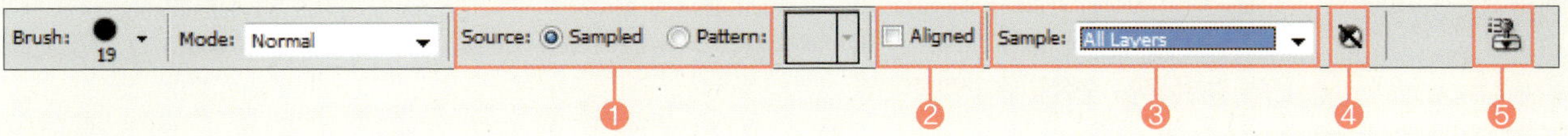

❶ **Source** : 이미지와 패턴 중 어느 것을 붙여 넣을 것인지 선택합니다.

- **Sampled** : 체크하면 Alt 를 눌러 이미지를 복사한 후 붙여줍니다.
- **Pattern** : 선택한 패턴을 붙여줍니다.

❷ **Aligned** : 복사한 위치를 기억하는 옵션입니다. 체크하지 않으면 복사한 위치를 기억하지 않아 마우스를 드래그할 때마다 계속 붙여넣기 되지만, 체크하면 처음 드래그한 지점에 복사한 위치를 설정하여 마우스를 옮겨도 계속 연결된 이미지만 붙여넣기 됩니다.

▲ Aligned를 체크하지 않은 경우   ▲ Aligned를 체크한 경우

❸ **Sample** : 복사할 이미지가 있는 레이어를 선택합니다.

- **Current Layer** : 현재 작업 중인 레이어에서만 복사합니다.
- **Current & Below** : 현재 작업 중인 레이어와 아래 레이어에서만 복사합니다.
- **All Layers** : 모든 레이어에서 복사합니다.

❹ **보정 레이어 제거** : 보정 레이어가 있을 때 원래 이미지에서만 복사하고 싶다면 클릭합니다. 보정 레이어에 대해서는 Round08에서 자세히 다루겠습니다.

❺ **CLONE SOURCE 패널** : 클릭하면 CLONE SOURCE 패널을 열 수 있습니다. 이 패널에 대해서는 Training 03에서 자세히 다루겠습니다.

# 레드 아이 툴과
# 패치 툴로 사진 수정하기

Photoshop · CS4

레드 아이 툴(🔴)과 패치 툴(⬚)은 힐링 브러시 툴과 마찬가지로 주로 사진을 수정하는 데 사용합니다. 특히 패치 툴은 선택 영역을 설정하고 이미지를 복사해 다른 위치에 붙여 주는 것으로, 경계 부분이 원래 이미지와 자연스럽게 섞여 합성하거나 수정할 때 편리합니다.

| 학습 목표 | 학습 소재 | 난이도 | 예상 학습 결과 | 연계 학습 |
|---|---|---|---|---|
| • 레드 아이 툴로 적목 현상 수정하기<br>• 패치 툴로 이미지 수정하기 | • 레드 아이 툴<br>• 패치 툴 | ★★★☆☆ | • 적목 현상의 사진 수정<br>• 넓은 영역의 이미지를 합성, 수정 | |

## READY!

## 레드 아이 툴과 패치 툴 사용하기

사진에서 사람이나 동물의 동공 부분이 붉게 나오는 것을 적목 현상이라 하는데, 이를 수정할 때 사용하는 것이 레드 아이 툴(🔴)입니다. 레드 아이 툴은 드래그할 때마다 채도를 낮춰 무채색으로 만들기 때문에 너무 넓은 영역에 사용하거나 많이 드래그하면 눈 주변이 회색으로 변해버리니 주의합니다.

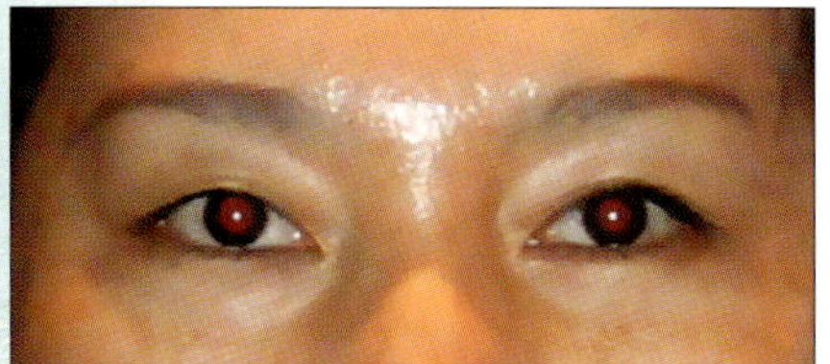

▲ 적목 현상이 있는 이미지

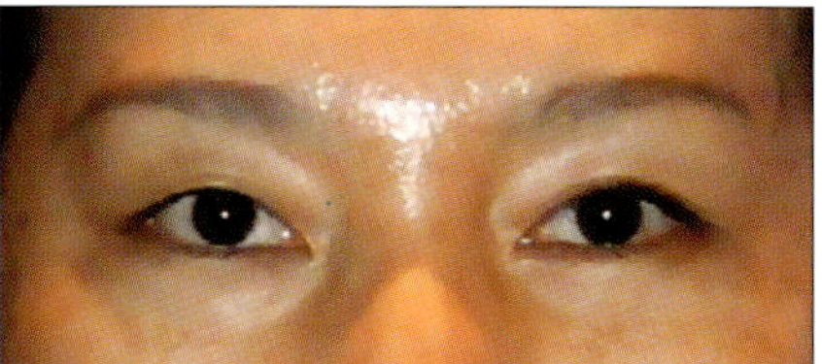

▲ 레드 아이 툴로 눈동자를 1번 드래그한 이미지

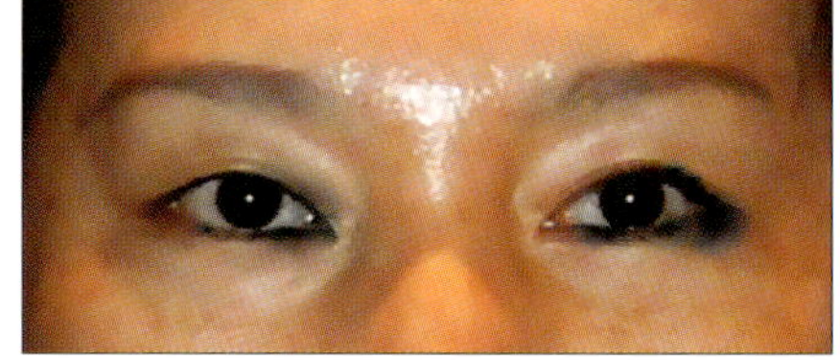

▲ 레드 아이 툴로 눈동자를 여러 번 드래그하여 과하게 수정된 이미지

패치 툴(⬚)은 힐링 브러시 툴(🩹)보다 넓은 영역을 수정, 합성할 때 사용합니다. 복사한 이미지를 붙여 넣을 때 경계 부분이 원래 이미지와 자연스럽게 섞여 수정되어 편리합니다.

## 적목 현상을 수정하는 레드 아이 툴

◎ **준비물** : '예제파일\Round05\beareme.jpg' 파일을 불러오세요.

① 실행 바의 돋보기 툴(🔍)을 선택한 후 이미지에서 그림과 같이 눈 부분을 드래그하여 보기 배율을 확대합니다.

② 툴박스에서 힐링 브러시 툴(🖌)을 클릭하여 나오는 툴 중에 레드 아이 툴(👁)을 선택합니다.

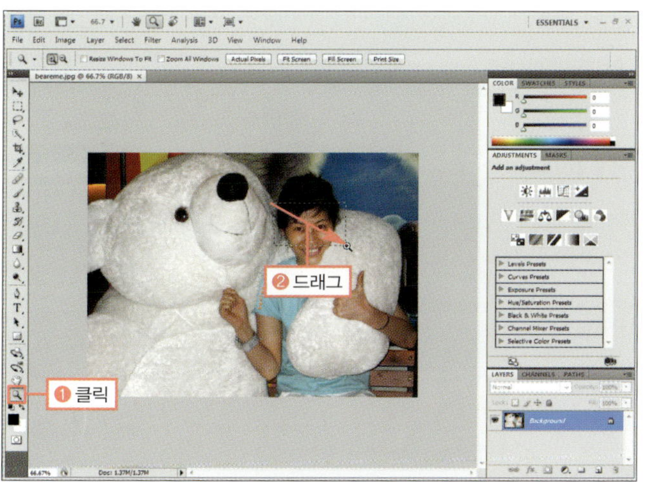

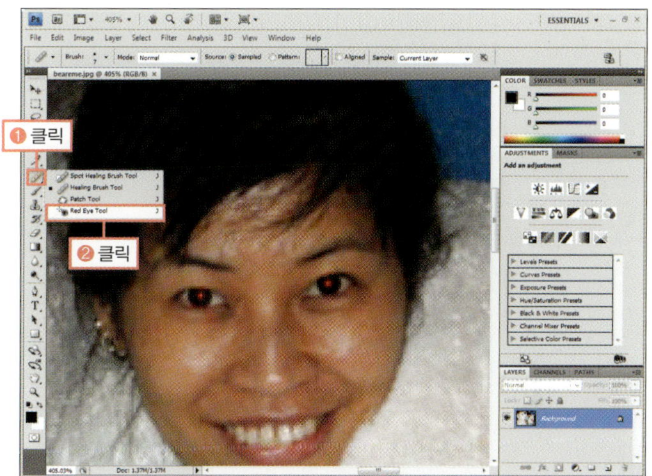


③ 왼쪽 눈동자 부분을 드래그하여 적목 현상을 수정합니다.

④ 마찬가지 방법으로 오른쪽 눈동자를 드래그하여 적목 현상을 수정합니다.

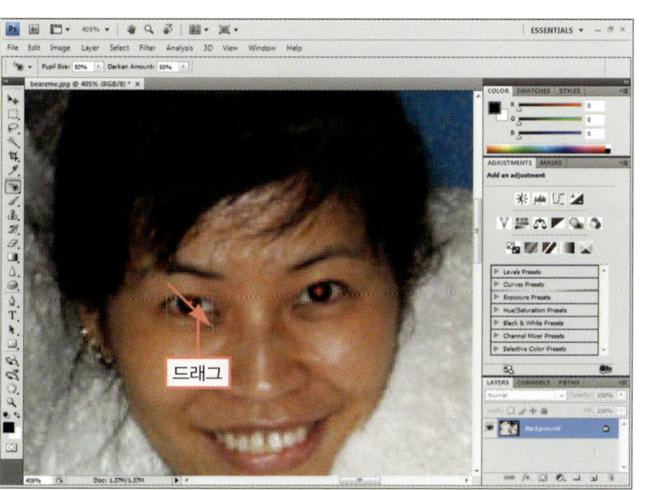


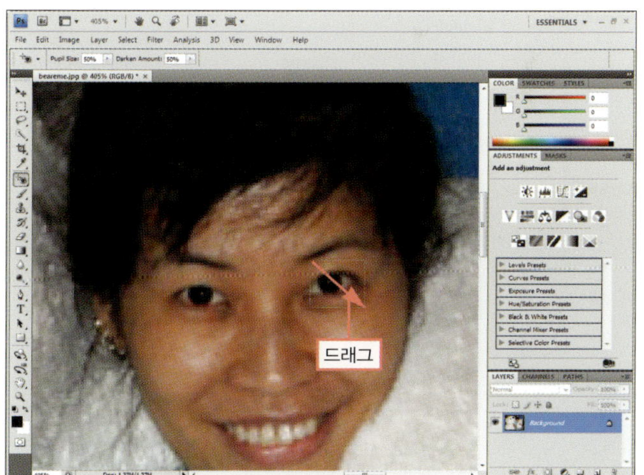


◎ **완성물** : 예제파일\Round05\beareme_f.jpg

### BONUS

한 번 드래그하여 적목 현상이 수정되지 않는다면 2~3번 반복합니다.

# 패치 툴로 자연스럽게 수정하기

◎ **준비물** : '예제파일\Round05\patch.jpg' 파일을 불러오세요.

**❶** 툴박스에서 레드 아이 툴(  )을 클릭하여 나오는 툴 중에 패치 툴(  )을 선택합니다.

**❷** 이미지에서 그림과 같이 차선의 일부를 드래그하여 선택합니다.

**❸** 선택 영역으로 만들어지면 드래그하여 오른쪽 깨끗한 도로로 이동합니다. 선택 영역 안에 깨끗한 도로가 복사되면 마우스 버튼을 놓습니다.

**❹** 나머지 차선 중간쯤을 드래그하여 선택 영역으로 만듭니다. 그리고 오른쪽 깨끗한 도로로 이동하여 선택 영역 안에 깨끗한 도로가 복사되도록 이동합니다.

⑤ 나머지 차선을 드래그하여 선택 영역으로 만듭니다. 그리고 오른쪽 깨끗한 도로로 이동하여 선택 영역의 차선이 없어지도록 합니다.

⑥ 나머지 차선 얼룩도 마찬가지로 선택 영역으로 만들어 깨끗한 도로로 복사합니다.

◎ **완성물** : 예제파일\Round05\patch_f.jpg

---

PHOTOSHOP COACHING |포토샵 코칭|

## 패치 툴의 옵션 바

패치 툴의 옵션 바에서는 선택 영역의 패치를 어떻게 사용할 것인지 선택할 수 있습니다.

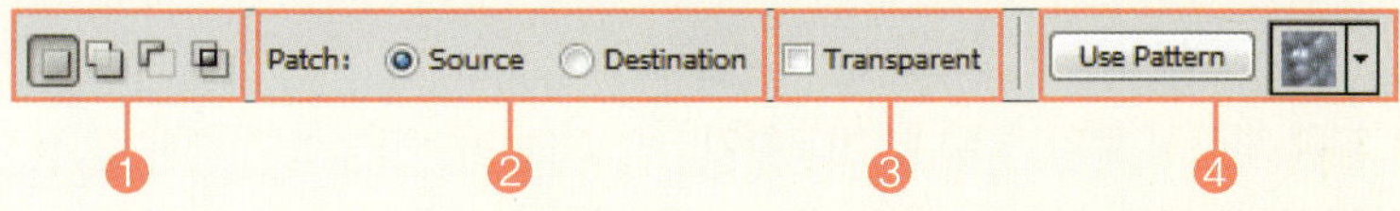


① **선택 옵션** : 선택 툴의 옵션과 같습니다. 새 선택/선택 추가/선택 삭제/교차 선택 등의 설정이 가능합니다.

② **Patch** : 선택 영역의 패치를 어떻게 사용할 것인지 정합니다.

- **Source** : 체크하면 드래그하여 위치를 옮긴 부분의 이미지가 선택 영역으로 들어가 덮이면서 합성됩니다.
- **Destination** : 선택 영역의 이미지를 드래그한 위치에 복제하면서 합성됩니다.

▲ 원본 이미지

▲ Source

▲ Destination

③ **Transparent** : 이미지에 투명 영역이 있을 때 체크하면 그 곳에도 패치가 적용됩니다.

④ **Use Pattern** : 패턴을 적용해 패치를 사용할 수 있습니다.



**Training 02.**
레드 아이 툴과 패치 툴로 사진 수정하기

# 힐링 브러시 툴보다 강력한 도장 툴

Photoshop · CS4

도장 툴(🔨)은 말 그대로 도장을 찍듯이 원본 이미지를 복사한 후 그대로 다른 위치나 이미지로 붙여주는 툴입니다. 그리고 CLONE SOURCE 패널은 도장 툴과 힐링 브러시 툴에서 사용할 수 있는데, 복사한 이미지를 여러 개 모아둔 후 크기, 회전 등을 변형하여 붙여 넣을 수 있게 해줍니다.

| 학습 목표 | 학습 소재 | 난이도 | 예상 학습 결과 | 연계 학습 |
|---|---|---|---|---|
| • 도장 툴로 이미지 복제하기<br>• CLONE SOURCE 패널로 복사한 이미지 수정하기 | • 도장 툴<br>• CLONE SOURCE 패널 | ★★★★☆ | • 도장 툴로 이미지 정교하게 수정하기<br>• 복사한 이미지에 간단한 변화를 주며 붙여넣기 | |

## READY!  도장 툴과 CLONE SOURCE 패널

도장 툴(🔨)과 힐링 브러시 툴(🖊)의 기본적인 사용법은 비슷하지만 결과물에는 차이가 있습니다. 두 툴의 차이점을 먼저 알아보고, 이들을 사용할 때 크기나 회전을 변형하여 미리 본 후 붙여 넣을 수 있는 CLONE SOURCE 패널에 대해 알아보겠습니다.

### ■ 힐링 브러시 툴과 도장 툴 비교하기

힐링 브러시 툴과 도장 툴은 Alt 를 눌러 이미지를 복사한 후 다른 위치에 클릭하여 붙여 넣어 수정한다는 점에서는 같지만, 힐링 브러시 툴이 원래 이미지의 색상과 명암을 혼합하여 붙여 넣는 것에 비해 도장 툴은 복사한 이미지를 그대로 붙여 넣는다는 차이점이 있습니다. 그래서 비슷한 색상이 넓게 퍼져 있는 이미지, 예를 들어 사람의 얼굴이나 몸, 벽이나 하늘과 같은 곳에서는 힐링 브러시 툴로 자연스럽게 수정을 할 수 있으며, 색상이나 명암이 복잡한 이미지, 또는 이미지의 특정 부분을 자연스럽게 없앨 때에는 도장 툴을 사용하는 것이 좋습니다.

▲ 원본 이미지

▲ 힐링 브러시 툴로 복사한 이미지

▲ 도장 툴로 복사한 이미지

### ■ CLONE SOURCE 패널 사용하기

CLONE SOURCE 패널은 힐링 브러시 툴과 도장 툴에서 사용할 수 있는데 [Window]–[Clone Source] 메뉴를 선택하면 나타납니다. 이 패널에는 복사할 이미지를 5개까지 등록할 수 있으며, 이들의 크기나 회전정도, 중심 위치를 변경한 후 미리 보기를 해서 붙여 넣을 수 있습니다. 따라서 복잡한 수정과 합성 작업에 매우 유용합니다.

▲ 도장 툴로 복사할 소스 이미지

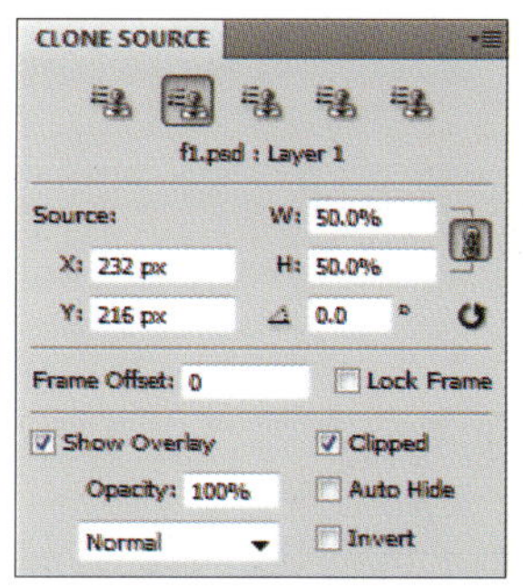

▲ CLONE SOURCE 패널과 이를 이용해 붙여 넣은 이미지

**Training 03.**
힐링 브러시 툴보다 강력한 도장 툴

## 도장 툴로 이미지 수정하기

◎ **준비물** : '예제파일\Round05\stamp.jpg' 파일을 불러오세요.

◎ **동영상 해설** : 동영상해설\stamp.avi

**❶** 툴박스에서 돋보기 툴(🔍)을 선택하고 그림과 같이 왼쪽 기둥을 드래그하여 보기 배율을 확대합니다.

**❷** LAYERS 패널에서 '새 레이어 만들기(🔲)'를 클릭하여 새로운 레이어를 만듭니다. 그리고 툴박스에서 도장 툴(🔳)을 선택합니다.

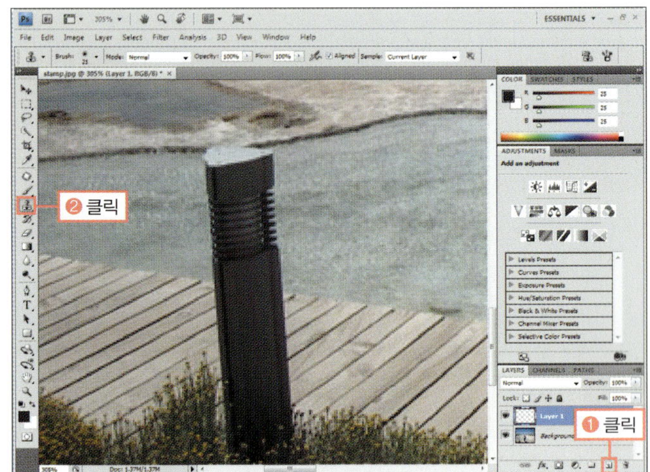

**❸** 옵션 바에서 [Brush]의 ▪ 부분을 클릭하여 [Hardness]를 '80%'로 조절합니다.

**❹** 옵션 바에서 붙여 넣을 위치를 고정하는 [Aligned]의 체크를 해제하고 [Sample]을 [All Layers]로 변경합니다. 그리고 Alt 를 누른 채 호수 부분을 클릭하여 복사합니다.

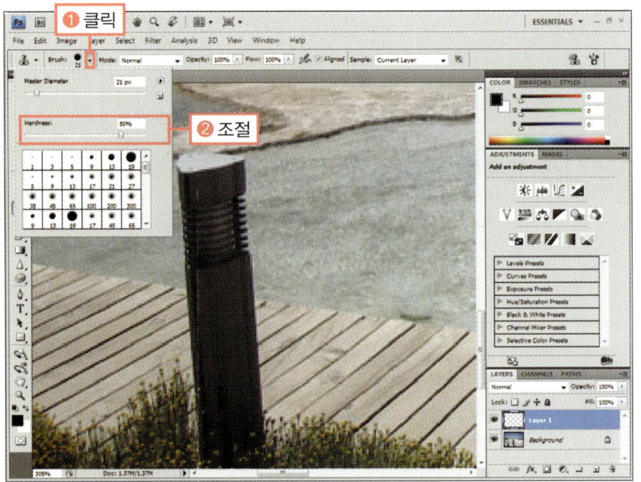

**B O N U S**

원본을 손상시키지 않기 위해 새로운 레이어를 만들고 작업하는 것입니다.

**B O N U S**

이미지에서 특정 부분을 제거할 때에는 복사한 이미지를 여러 번 클릭하여 다른 위치에 붙여 넣어야 하기 때문에, 복사의 위치를 고정하는 [Aligned]의 체크를 해제하는 것이 편리합니다.

**5** [Alt]를 놓고 그림과 같이 기둥을 여러 번 클릭하여 없애줍니다. 그리고 끊긴 부분을 연결하기 위해 연결된 호수 경계 부분을 [Alt]와 함께 클릭하여 복사합니다.

**6** [Alt]를 놓고 호수 경계의 끊긴 지점을 클릭하여 연결합니다.

> **STOP**
>
> 기울기가 다른 지점을 복사하여 연결할 때에는 브러시 크기를 조금 줄인 후 여러 번 클릭합니다.

**7** 나무판 부분의 기둥을 없애기 위해 그림과 같이 나무 부분을 [Alt]를 누른 채 클릭하여 복사합니다.

**8** [Alt]를 놓고 나무판의 선이 맞도록 주의하면서 여러 번 클릭하여 기둥을 없애줍니다.

**9** ①를 2~3번 눌러 브러시 크기를 '7' 정도로 줄인 후 Alt를 누른 채 깨끗한 나무판을 클릭하여 복사한 후 기둥을 클릭하여 제거합니다. 이 과정을 여러 번 반복하여 기둥이 모두 없어지게 합니다.

**10** ①를 5번 정도 눌러 브러시 크기를 '20'으로 조절한 후 Alt를 누른 채 풀잎을 클릭하여 복사합니다. 그리고 기둥이 사라져 이상한 지점을 클릭하여 붙여넣기 합니다.

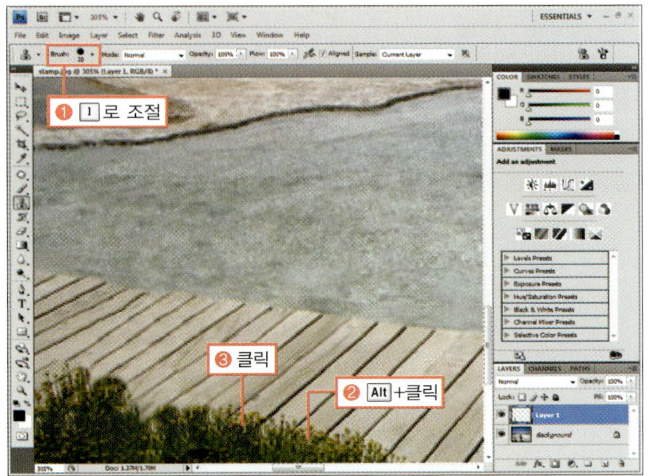






자연스럽지 못한 부분은 툴박스의 지우개 툴(◢)로  제거한 후 다시 반복합니다.

**11** 손바닥 툴(◖)을 더블클릭하여 이미지가 작업 영역에 맞도록 보기 배율을 조절한 후 수정된 이미지를 확인합니다.

◎ **완성물** : 예제파일\Round05\stamp_f.psd

도장 툴(▦)의 옵션 바는 브러시 툴(◢) 및 힐링 브러시 툴(◢)과 유사하니 앞의 내용을 참고합니다. 옵션 바 오른쪽 끝에는 도장 툴과 관련된 CLONE SOURCE 패널과 BRUSHES 패널을 열 수 있는 아이콘도 제공합니다.

# CLONE SOURCE 패널 사용하기

◎ **준비물** : '예제파일\Round05\apple.psd, cherry.png, grape.png, watermelon.png' 파일을 불러오세요.

❶ 제목 탭에서 'watermelon.png'를 클릭하여 이미지가 보이도록 한 후 [Window]-[Clone Source] 메뉴를 선택합니다.

❷ CLONE SOURCE 패널이 열리면 툴박스에서 도장 툴(🏺)을 선택하고 Alt 를 누른 채 수박 이미지의 가운데를 클릭하여 복사합니다. 패널의 첫 번째 '클론 소스(🏺)'에 기록된 것을 확인합니다.

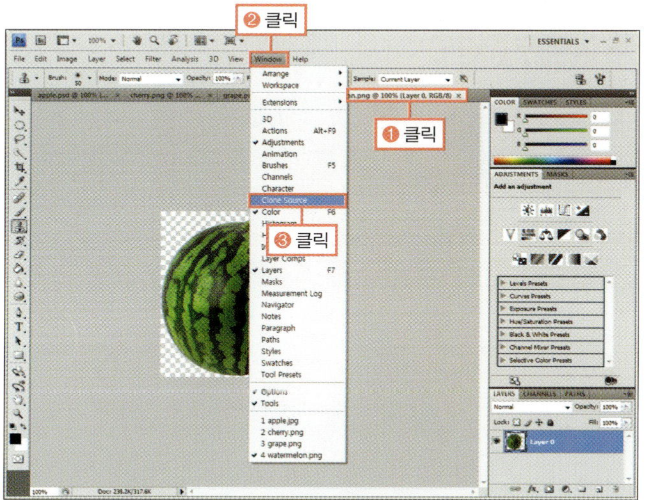

❸ 이번에는 'grape.png' 파일을 선택하고 CLONE SOURCE 패널에서 두 번째 '클론 소스(🏺)'를 클릭합니다. 그리고 Alt 를 누른 채 포도 가운데를 클릭하여 복사합니다.

❹ 이번에는 'cherry.png' 파일을 선택하고 CLONE SOURCE 패널에서 세 번째 '클론 소스(🏺)'를 클릭합니다. 그리고 Alt 를 누른 채 체리 가운데를 클릭하여 복사합니다.

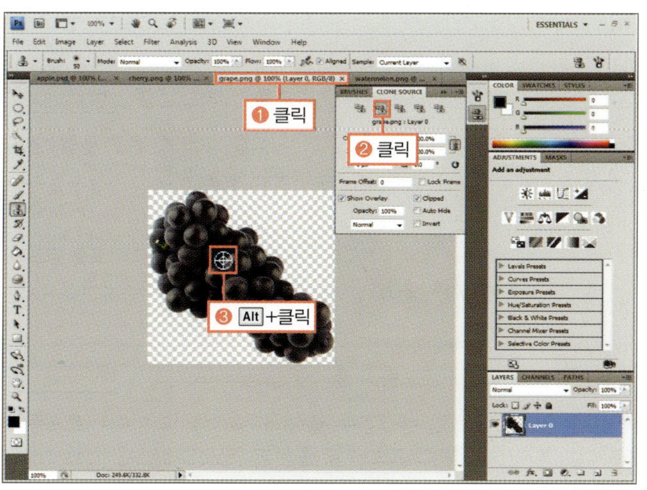


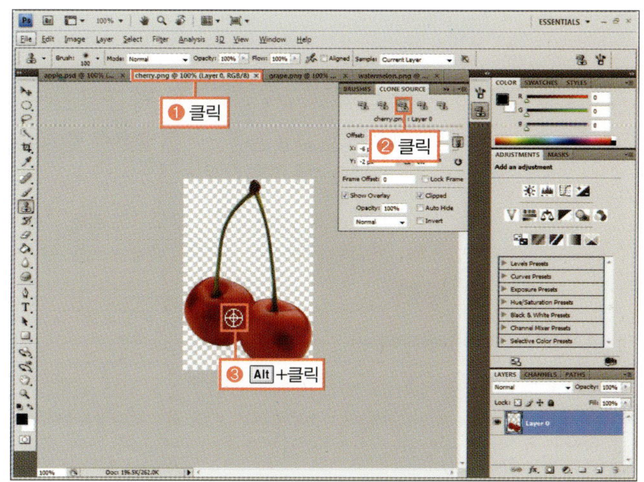


**BONUS**

'비율 유지(🏺)' 기능이 선택되어 있으면 [W]와 [H]에 같은 수치가 입력됩니다.

⑤ 이번에는 'apple.psd' 파일을 선택하고 CLONE SOURCE 패널에서 네 번째 '클론 소스(클)'를 클릭합니다. 그리고 Alt 를 누른 채 사과 가운데를 클릭하여 복사합니다.

**BONUS**

CLONE SOURCE 패널에서 소스를 복사하는 버튼은 모두 5개 제공합니다.

⑥ 옵션 바에서 브러시 크기를 '100px'로 조절하고 [Aligned]의 체크를 해제합니다. 그리고 LAYERS 패널에서 '새 레이어 만들기(⬚)'를 클릭하여 새 레이어를 만듭니다.

⑦ CLONE SOURCE 패널에서 첫 번째 '클론 소스(클)'를 클릭하고 복사한 이미지의 너비와 높이를 나타내는 [W]와 [H]를 '70%', 각도를 '20°'로 입력합니다. 그리고 사과 옆 부분을 드래그하여 그림과 같이 수박 이미지를 붙여 넣습니다.

⑧ 이어서 두 번째 '클론 소스(클)'를 클릭하고 [W]와 [H]를 '50%', 각도를 '-40°'로 입력합니다. 그리고 수박 앞부분을 드래그하여 그림과 같이 포도 이미지를 붙여 넣습니다.

⑨ 두 번째 '클론 소스( )'가 선택된 상태에서 [W]와 [H]를 '40%', 각도를 '0°'로 입력합니다. 그리고 앞에서 붙여 넣은 포도의 앞부분을 드래그하여 그림과 같이 포도를 하나 더 붙여 넣습니다.

⑩ 세 번째 '클론 소스( )'를 선택하고 [W]와 [H]를 '20%', 각도를 '0°'로 입력합니다. 그리고 포도의 앞부분을 드래그하여 체리 이미지를 붙여 넣습니다.

⑪ 같은 방법으로 회전 각도만 변화하여 그림과 같이 체리 이미지를 여러 번 붙여 넣습니다.

⑫ 네 번째 '클론 소스( )'를 선택하고 [W]와 [H]를 '70%', 각도를 '30°'로 입력합니다. 그리고 사과를 하나 더 붙여 넣기 위해서 기존 사과의 앞부분을 드래그하여 완성합니다.

◎ **완성물 :** 예제파일\Round05\apple_f.psd



**Training 03.**
힐링 브러시 툴보다 강력한 도장 툴

도장 툴(⬚)이나 힐링 브러시 툴(⬚)로 이미지를 복사할 때 CLONE SOURCE 패널을 함께 이용하면 최대 5개까지 기억시킬 수 있습니다. 그리고 복사한 이미지의 위치, 크기, 회전을 변경하여 배경 이미지에 맞게 변경해서 붙일 수 있습니다.

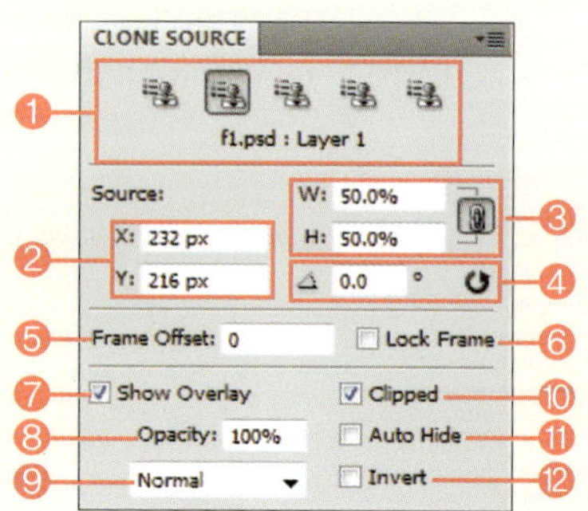

❶ 클론 소스 : 버튼별로 1개씩 복사된 이미지가 기억됩니다.

❷ X/Y : 선택한 클론 소스의 위치가 표시됩니다.

❸ W/H : 선택한 클론 소스를 붙여 넣을 때 크기를 조절합니다.

❹ 각도 : 선택한 클론 소스를 붙여 넣을 때 회전 각도를 입력합니다.

❺ Frame Offset : 선택한 클론 소스로 애니메이션을 만들 때 입력한 프레임만큼 위치를 옮겨줍니다.

❻ Lock Frame : 체크하면 복사한 이미지가 들어간 프레임을 잠가줍니다.

❼ Show Overlay : 체크하면 선택한 클론 소스를 미리 보기 할 수 있습니다.

❽ Opacity : 입력한 수치만큼 선택한 클론 소스가 투명하게 보입니다.

❾ 블렌딩 모드 : 선택한 모드로 미리 보기 됩니다.

❿ Clipped : 체크하면 선택한 클론 소스가 브러시 크기만큼만 미리 보기가 되고, 해제하면 이미지 전체가 미리 보기 됩니다.

⓫ Auto Hide : 체크하면 복사한 이미지를 붙이기 위해 다른 이미지에 드래그할 때 자동으로 감춥니다.

⓬ Invert : 체크하면 선택한 클론 소스가 반전되어 보입니다.

# 좀 더 선명하거나 부드럽게!
# 블러 툴과 샤픈 툴



블러 툴(◍)과 샤픈 툴(◸)은 브러시를 이용해 문지를 때마다 점점 흐릿하고 부드럽게 되거나 색의 경계를 진하게 만들어 선명하게 수정해줍니다. 이를 잘 활용하면 초점이 안 맞는 사진을 선명하게 하거나 한 곳에만 초점이 맞도록 이미지를 수정할 수 있습니다.

| 학습 목표 | 학습 소재 | 난이도 | 예상 학습 결과 | 연계 학습 |
|---|---|---|---|---|
| • 블러 툴로 이미지 부드럽게 수정하기<br>• 샤픈 툴로 이미지 선명하게 수정하기 | • 블러 툴<br>• 샤픈 툴 | ★★☆☆☆ | 블러 툴과 샤픈 툴을 이용해<br>초점을 맞춘 이미지 만들기 | |

## READY!  블러와 샤픈 기능을 사용할 수 있는 툴과 명령 알아보기

블러 툴(◍)로 이미지를 계속 드래그하면 점점 초점이 안 맞아 뿌옇게 변합니다. 따라서 사진 기술 중에서 포커스 인, 아웃과 같은 효과를 쉽게 만들 수 있습니다. 이런 블러 기능은 이미지 작업 시에 자주 사용하는 것으로 [Filter]-[Blur] 메뉴와 유사한데, 이 [Blur] 필터는 이미지에서 선택 영역을 만든 후 사용합니다. 또한, 샤픈 툴(◸)은 블러와 반대 개념으로 드래그할수록 색상이 점점 선명해집니다. 역시 [Filter]-[Sharpen] 메뉴와 같습니다.

### ■ 블러를 적용할 수 있는 툴과 명령

블러 툴(◍)은 옵션 바의 [Strength]의 수치가 높을수록 또는 문지른 횟수가 많을수록 효과가 강하게 적용됩니다. 이와 같은 메뉴가 [Filter]-[Blur]-[Blur]인데, 이 필터를 한 번 적용하는 것이 블러 툴(◍)로 한 번 문지를 때와 같습니다. 하지만 [Filter]-[Blur] 메뉴에서 가장 많이 사용하는 것은 [Gaussian Blur]로, 수치를 조절해 블러 정도를 조절합니다.

▲ 원본 이미지

▲ 블러 툴로 3번 문지른 이미지

▲ 블러 툴로 10번 문지른 이미지

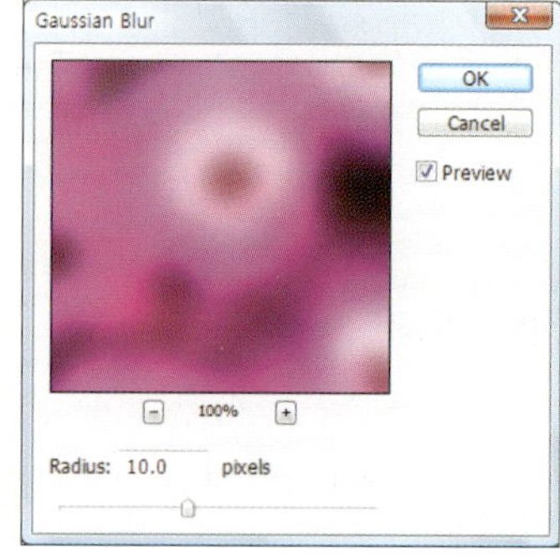

▲ [Filter]-[Blur]-[Gussian Blur] 메뉴를 적용한 모습

### ■ 샤픈을 적용할 수 있는 툴과 명령

블러와 마찬가지로 옵션 바의 [Strength]와 문지른 횟수가 높을수록 이미지가 선명해지지만, 너무 많이 문지르면 색상이 선명해지다 못해 노이즈가 발생해 지저분해집니다. 마찬가지로 [Filter]-[Sharpen]-[Sharpen] 메뉴는 샤픈 툴(△)로 이미지를 한 번 문지를 때와 같은 효과를 적용합니다. 하지만, [Filter]-[Sharpen] 메뉴에서 가장 많이 사용하는 것은 [Unsharp Mask]로, 노이즈의 발생을 최소화하여 약간 흔들린 사진 이미지를 수정할 때 유용합니다.

▲ 원본 이미지　　　　　▲ 샤픈 툴로 3번 문지른 이미지　　　　　▲ 샤픈 툴로 5번 문지른 이미지

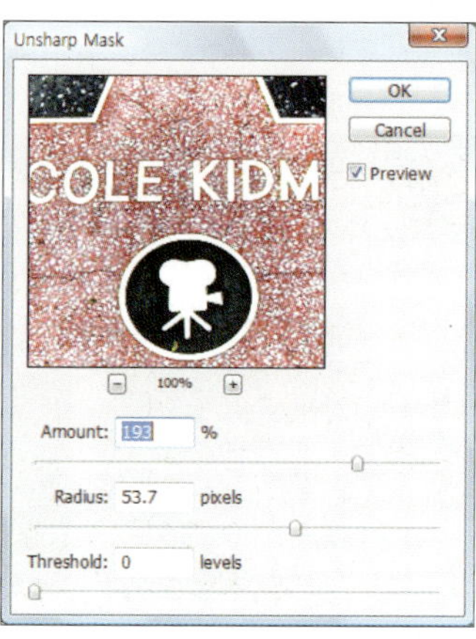

▲ [Filter]-[Sharpen]-[Unsharpen Mask] 메뉴를 적용한 모습

# 블러 툴을 이용해 포커스 인 사진으로 수정하기

◎ **준비물** : '예제파일\Round05\blur.jpg' 파일을 불러오세요.

❶ 툴박스의 블러 툴(◌)을 선택합니다. 옵션 바에서 [Brush]의 · 부분을 클릭하고 브러시 썸네일에서 [Soft Round 200 pixels]를 선택합니다.

❷ 이미지에서 맨 아래 꽃만 제외하고 나머지 부분을 전체적으로 2~3번 드래그하여 뿌옇게 만듭니다.

❸ 이미지 위로 올리갈수록 더 여러 번 드래그하여 점점 더 뿌옇게 만들어 포커스 인 이미지를 만듭니다.

◎ **완성물** : 예제파일\Round05\blur_f.jpg

![PHOTOSHOP COACHING 포토샵 코칭]

## 블러 툴과 샤픈 툴의 옵션 바

블러 툴(◌)과 샤픈 툴(△)의 옵션 바는 같습니다. 아래 설명되지 않은 내용은 브러시 툴(✎)을 참고합니다.

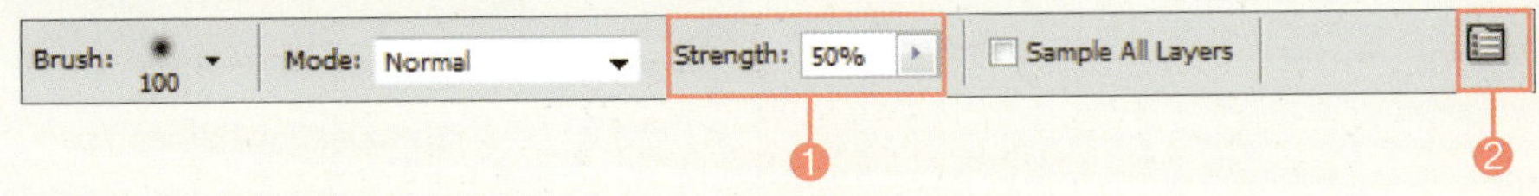


❶ **Strength** : 한 번 문지를 때 적용되는 효과의 정도를 조절합니다. 높을수록 많이 적용됩니다.

❷ **BRUSHES 패널** : 클릭하면 BRUSHES 패널이 열러 브러시 모양과 속성을 조절할 수 있습니다.



**Training 04.**
좀 더 선명하거나 부드럽게! 블러 툴과 샤픈 툴

## 샤픈 툴로 선명한 이미지 만들기

◎ **준비물** : '예제파일\Round05\sharpen.jpg' 파일을 불러오세요.

**❶** 툴박스의 블러 툴(◍)을 클릭하여 나오는 툴 중에 샤 픈 툴(△)을 선택합니다.

**❷** 옵션 바에서 브러시 크기를 '50px'로 조절하고 선명 해지는 강도를 나타내는 [Strength]를 '20%'로 낮춘 후 [Sample All Layers]에 체크합니다.

**❸** LAYERS 패널에서 '새 레이어 만들기(◰)'를 클릭하 여 새 레이어를 만든 후 과일 바구니를 1~2번 드래그하여 선명하게 수정합니다.

**❹** LAYERS 패널에서 'Layer 1' 레이어의 '눈(◉)'을 클릭하여 감춘 후 수정 전 이미지와 선명해진 정도를 비교 합니다.

◎ **완성물** : 예제파일\Round05\sharpen_f.psd

### BONUS

여러 번 같은 지점을 드래그하여 노이즈가 생긴 경우에는 지우개 툴로 지 운 후 다시 샤픈 툴로 드래그합니다.

# 이미지의 채도와 명암을 수정하는 스펀지 툴, 닷지 툴, 번 툴



이미지를 간단하게 수정하고자 할 때 가장 흔한 방법이 채도나 명암을 손보는 것입니다. 이번 Training에서는 원하는 영역을 드래그하는 것만으로 채도를 조절하거나, 이미지를 밝게 또는 어둡게 만들 수 있는 스펀지 툴, 닷지 툴, 번 툴 에 대해서 알아보겠습니다.

| 학습 목표 | 학습 소재 | 난이도 | 예상 학습 결과 | 연계 학습 |
|---|---|---|---|---|
| • 스펀지 툴로 채도 조절하기<br>• 닷지와 번 툴로 이미지에 명암주기 | • 스펀지 툴<br>• 닷지 툴<br>• 번 툴 | ★★☆☆☆ | • 스펀지 툴로 색상 제거<br>• 닷지 툴과 번 툴로 입체감 있는 이미지 제작 | |

## READY!  이미지에서 특정 부분의 채도와 명암을 간단하게 조절하기

명암을 조절할 수 있는 닷지 툴(◉)과 번 툴(◉), 채도를 조절하는 스펀지 툴(◉)에 대해서 알아 봅시다.

### ■ 채도를 조절하는 스펀지 툴

스펀지 툴(◉)은 이미지에서 채도를 높이거나 낮춰줍니다. 옵션 바의 [Mode]에서 [Saturate]를 선택하면 문지를 때마다 채도를 높이고, [Desaturate]를 선택하면 채도를 낮춰 최종적으로는 명 암만 남은 무채색 이미지로 수정됩니다. 주로 [Desaturate]를 선택하여 이미지의 일부분을 무채 색으로 만들 때 사용합니다.

▲ 원본 이미지

▲ Mode : Desaturate

▲ Mode : Saturate

### ■ 명암을 조절하는 닷지 툴과 번 툴

닷지 툴(◉)과 번 툴(◉)은 이미지를 문지를 때마다 점점 더 밝아지거나 어두워지게 만듭니다.

포토샵 CS4에서는 [Protect Tone] 옵션이 추가되어 색상과 채도는 유지한 채 밝기만 조절되어
더욱 자연스러운 명암을 줄 수 있습니다.

▲ 원본 이미지

▲ 닷지 툴의 [Protect Tone]을 체크한 경우

▲ 닷지 툴의 [Protect Tone]을 해제한 경우

▲ 번 툴의 [Protect Tone]을 체크한 경우

▲ 번 툴의 [Protect Tone]을 해제한 경우

**START!**  ## 스펀지 툴로 색상 제거하기

◎ **준비물** : '예제파일\Round05\coloful.jpg' 파일을 불러오세요.

❶ 툴박스에서 닷지 툴(🔍)을 클릭하여 나오는 툴 중에
스펀지 툴(⬤)을 선택합니다.

❷ 옵션 바에서 브러시 크기를 '100px'로 조절하고 채도 변경을 선택하는 [Mode]가 [Desaturate]로 선택된 것을 확인한 후, 행글라이더를 제외한 나머지를 무채색이 될 때까지 몇 번 문지릅니다.

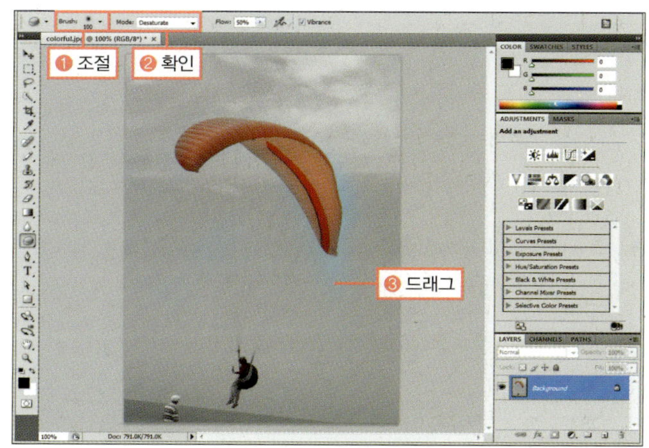




[Mose]가 [Desaturate]로 선택된 후 문지르면, 브러시 중심 부분과 여러 번 문지른 부분의 채도가 가장 많이 떨어져 무채색으로 변경됩니다.

❸ 이번에는 옵션 바에서 브러시 크기를 '45px'로, [Mode]를 [Saturate]로 선택한 후 행글라이더 부분을 2~3번 문질러 채도를 높입니다.

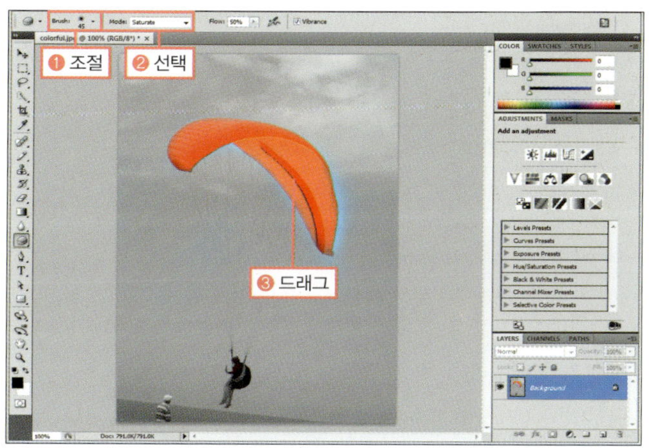


❹ 채도가 잘 못 수정된 부분은 브러시 크기를 작게 조절하여 행글라이더의 채도는 높게, 그 외 부분은 무채색으로 변경되게 문질러 수정합니다.

◎ **완성물** : 예제파일\Round05\colorful_f.jpg

---

### PHOTOSHOP COACHING |포토샵 코칭|

**스펀지 툴의 옵션 바**

스펀지 툴(◉)로 문지르면 그 부분의 채도가 높아져 순색에 가깝게 표현되거나 낮아져 무채색으로 변경할 수 있습니다.

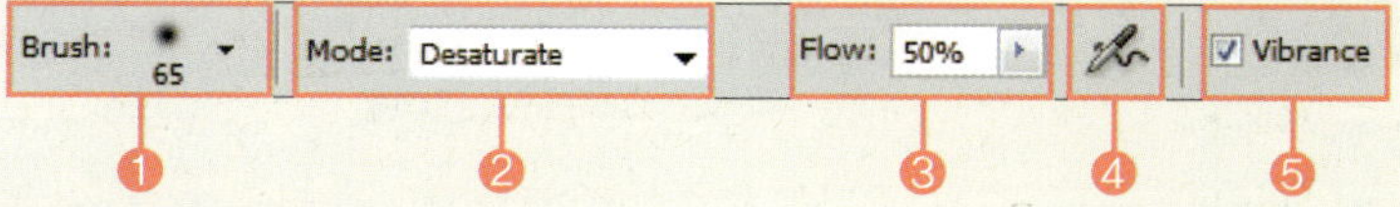


❶ **Brush** : 브러시 크기를 조절합니다.

❷ **Mode** : [Saturate]를 선택하면 문지른 부분의 채도를 높여주고, [Desaturate]를 선택하면 문지른 부분의 채도를 낮춥니다.

❸ **Flow** : 브러시가 뿌려지는 정도인데, 여기서는 스펀지 툴의 강도를 조절합니다.

❹ **에어브러시** : 클릭한 후 이미지에서 마우스를 누르면 에어브러시처럼 점점 퍼지면서 채도 정도가 수정됩니다.

❺ **Vibrance** : 체크하면 세세한 명암 톤을 유지한 채 채도를 조절합니다.



**Training 05.**
이미지의 채도와 명암을 수정하는 스펀지 툴, 닷지 툴, 번 툴

## 닷지와 번 툴로 음영 살리기

◎ **준비물** : '예제파일\Round05\lightness.psd' 파일을 불러오세요.

◎ **동영상 해설** : 동영상해설\lightness.avi

**①** 툴박스의 닷지 툴(🔲)을 선택하고 LAYERS 패널의 '소' 레이어가 선택된 것을 확인한 후 소의 머리 가운데와 입 부분, 소의 등 부분을 2~3번 문질러 밝게 만듭니다.

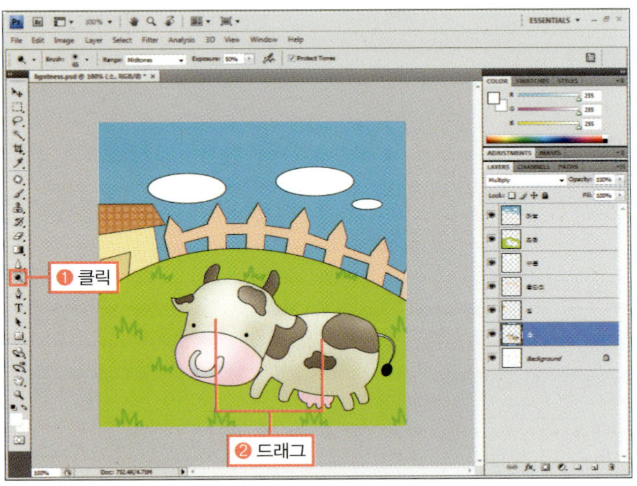


**②** 툴박스의 닷지 툴(🔲)을 클릭하여 나오는 툴 중에 번 툴(🔲)을 선택합니다.

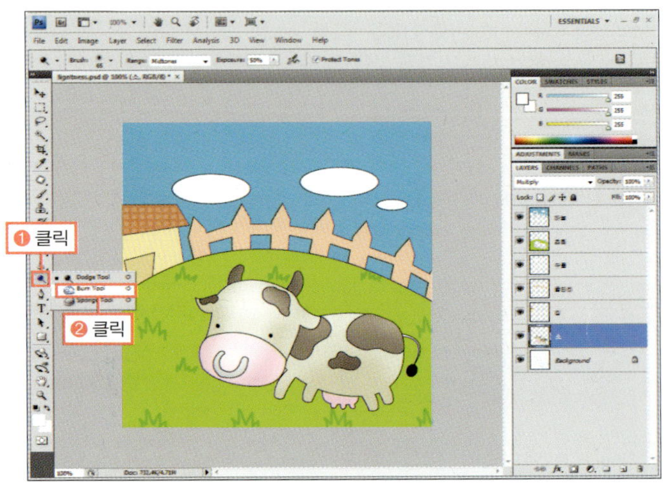


**STOP**

LAYERS 패널이 잘 보이도록 ADJUSTMENTS 패널의 제목 탭을 더블클릭하여 접습니다.

**STOP**

번 툴을 사용할 때에는 얼룩이 생기지 않도록 브러시의 크기를 넓게, 강도를 약하게 조절한 후 여러 번 문질러 어두운 정도를 체크해야 합니다.

**③** 옵션 바에서 브러시 크기를 '100px'이 되도록 조절한 후 문지르는 강도를 나타내는 [Exposure]를 '20%'로 낮춥니다. 그리고 이미지에서 소의 머리 경계 부분과 배, 다리 부분을 드래그하여 어둡게 만듭니다.

**④** 브러시 크기를 '35px'로 조절한 후 소의 머리와 몸이 연결된 부분, 다리, 뿔 부분을 문질러 좀 더 어둡게 만듭니다.

**5** LAYERS 패널에서 '초원' 레이어를 선택하고 브러시 크기를 '125px'로 조절한 후 그림과 같이 초원 이미지의 외곽 부분과 소 아래 부분을 문질러 어둡게 만듭니다.

**6** LAYERS 패널의 '울타리' 레이어를 선택하고 옵션 바의 브러시 크기를 '50px'로 조절한 후 이미지의 울타리를 반쪽씩 문질러 어둡게 만듭니다.

**7** LAYERS 패널에서 '집' 레이어를 선택하고 옵션 바의 브러시 크기를 '35px'로 조절한 후 이미지의 집을 문질러 그림과 같이 명암을 넣습니다.

**8** LAYERS 패널에서 '하늘' 레이어를 선택하고 옵션 바의 브러시 크기를 '125px'로 조절한 후 하늘의 바깥쪽 부분을 문질러 어둡게 만듭니다.

**9** 이미지에서 명암이 잘 못 들어가거나 더 추가하고 싶은 부분은 닷지 툴과 번 툴로 드래그하여 수정한 후 완성된 이미지를 확인합니다.

◎ **완성물** : 예제파일\Round05\lightness_f.psd

닷지 툴()과 번 툴()은 브러시를 이용해 명암을 수정하는 것으로, 수정되는 범위와 한 번 문지를 때의 명암 정도를 조절합니다.

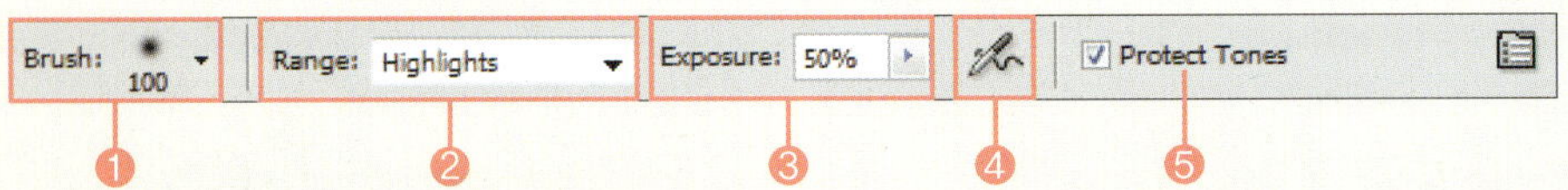

❶ **Brush** : 브러시의 크기와 딱딱한 정도를 조절합니다.

❷ **Range** : 명암이 보정되는 범위를 지정합니다.

- **Shadows** : 이미지에서 가장 어두운 부분을 수정합니다.
- **Midtones** : 이미지에서 중간 단계의 밝기를 수정합니다.
- **Highlights** : 이미지에서 가장 밝은 부분을 수정합니다.

▲ 원본 이미지　　▲ Highlights(닷지 툴)　　▲ Midtones(닷지 툴)　　▲ Shadows(닷지 툴)

▲ 원본 이미지　　▲ Highlights(번 툴)　　▲ Midtones(번 툴)　　▲ Shadows(번 툴)

❸ **Exposure** : 밝게 되는 강도를 조절하는 것으로, 수치가 높을수록 한 번 문지를 때의 밝기 차이가 커집니다.

❹ **에어브러시** : 클릭한 후 이미지에서 마우스를 누르면 에어브러시처럼 점점 퍼지면서 밝기가 수정됩니다.

❺ **Protect Tones** : 체크하면 이미지의 색상과 채도를 유지한 채 밝기만 조절됩니다.

# 픽셀을 변형시켜 이미지를 수정하는 스머지 툴과 [Liquify] 명령

Photoshop · CS4

최근 일반 사용자가 포토샵으로 직접 사진의 외형을 왜곡, 변형하는 경우가 많은데 이럴 때 손쉽게 사용하는 것이 바로 스머지 툴과 [Liquify] 명령입니다. 특히 [Liquify]는 흔히 성형수술 명령이라고도 말할 정도로 이미지의 외형을 손쉽게 변경할 수 있습니다. 이번 Training에서는 이 기능들을 이용하여 이미지를 수정하는 방법에 대해 알아보겠습니다.

| 학습 목표 | 학습 소재 | 난이도 | 예상 학습 결과 | 연계 학습 |
| --- | --- | --- | --- | --- |
| • 스머지 툴로 픽셀 이동하기<br>• [Liquify] 명령으로 이미지 수정하기 | • 스머지 툴<br>• [Filter]–[Liquify] 메뉴 | ★★★☆☆ | • 스머지 툴로 연기 만들기<br>• [Liquify] 대화상자로 이미지 변형 | • 브러시 툴 : 198쪽<br>• 레이어 : 122쪽 |

## READY!

### 픽셀을 옮겨 이미지를 수정하는 스머지 툴과 [Liquify] 명령

이미지에서 간단히 픽셀을 이동할 때 사용하면 좋은 스머지 툴(🖌)과 좀 더 자연스럽고 복잡한 변형이 필요할 때 유용한 [Liquify] 대화상자에 대해 살펴봅니다.

#### ■ 스머지 툴 이해하기

스머지 툴은 흔히 손가락 툴이라 일컫는데, 말 그대로 문지르는 대로 픽셀이 움직이는 것입니다. 주로 힐링 브러시 툴이나 도장 툴을 이용하여 합성, 수정된 이미지에서 얼룩이나 연기, 불꽃같은 이미지를 만들 때 사용합니다.

▲ 스머지 툴로 수정한 이미지

## ■ [Liquify] 대화상자

[Filter]-[Liquify] 메뉴를 실행하면 대화상자가 따로 나타나 여러 가지 변형 툴과 마스크로 원하는 부분을 확대하거나 축소, 왜곡할 수 있습니다. 그러면 이미지를 가지고 실습해보기 전에 어떠한 변형 기능이 있는지 먼저 간단히 살펴보겠습니다.

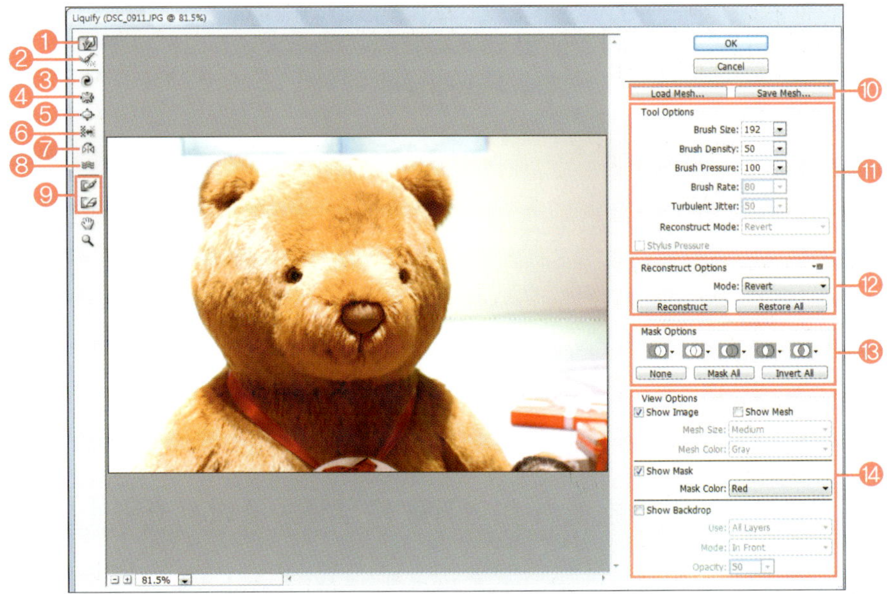

❶ **밀기 툴(Forward Warp Tool)** : 이미지의 픽셀을 밀어 변형합니다.

❷ **재건 툴(Reconstruct Tool)** : 변형된 이미지를 원래대로 되돌립니다.

❸ **회오리 툴(Twirl Clockwise Tool)** : 마우스를 누르면 시계방향으로 회전합니다.

❹ **축소 툴(Pucker Tool)** : 마우스를 누르고 있는 부분이 축소됩니다.

❺ **확대 툴(Bloat Tool)** : 마우스를 누르고 있는 부분이 확대됩니다.

❻ **왼쪽 밀기 툴(Push Left Tool)** : 드래그한 방향에 따라 왼쪽으로 밀면서 변형합니다. 예를 들어 아래서 위로 드래그하면 왼쪽으로 밀리고, 위에서 아래로 드래그하면 오른쪽으로, 오른쪽에서 왼쪽으로 드래그하면 아래로 밀리고, 왼쪽에서 오른쪽으로 드래그하면 위로 밀려 변형됩니다.

❼ **반사 툴(Mirror Tool)** : 드래그한 부분을 중심으로 이미지를 반사시킵니다.

❽ **파도 툴(Turbulence Tool)** : 클릭한 부분을 물결 모양으로 변형합니다.

▲ 밀기 툴

▲ 재건 툴로 원래 이미지로 되돌린 경우

▲ 회오리 툴

▲ 축소 툴

▲ 확대 툴

▲ 왼쪽 밀기 툴

▲ 반사 툴

▲ 파도 툴

❾ **마스크 툴/마스크 지우개 툴(Freeze Mask Tool/ Thaw Mask Tool)** : 변형하고 싶지 않은 부분에 마스크를 씌우거나 지울 수 있습니다.

❿ **Load Mesh/Save Mesh** : 저장한 메시 선을 불러오거나, 작업한 메시 선을 저장합니다.

⑪ **Tool Options** : 선택한 변형 툴의 옵션을 조절합니다.

- **Brush Size** : 브러시 크기를 조절합니다. 브러시 크기에 따라 변형이 적용되는 범위가 달라집니다.
- **Brush Density** : 브러시의 밀도를 조절하는 것으로 브러시의 가운데가 변형이 가장 심하고 경계로 갈수록 약해집니다. 밀도 수치를 높일수록 브러시 경계 부분의 변형이 심해집니다.
- **Brush Pressure** : 이미지에서 브러시를 드래그할 때 변형되는 강도를 조절합니다.
- **Brush Rate** : 이미지에서 클릭했을 때 변형되는 강도를 조절합니다.
- **Turbulent Jitter** : 파도 툴(≈)이 픽셀을 변형하는 정도를 조절합니다.
- **Reconstruct Mode** : 재건 툴(☑)을 사용할 때 변형한 이미지를 모드에 따라 복구하거나 다시 변형합니다. [Revert]가 원본 이미지로 되돌려주는 모드입니다.

⑫ **Reconstruct Options** : 원래 이미지로 되돌릴 때 설정할 수 있는 옵션입니다.

⑬ **Mask Options** : 원본 이미지에서 선택 영역, 레이어 마스크, 투명한 부분을 만든 후 [Filter]– [Liquify] 메뉴를 선택했을 때 사용할 수 있는 것으로 마스크의 모양을 조절합니다.

⑭ **View Options** : 변형 이미지를 보여주는 옵션입니다.

 - Show Image : 기본적으로 체크된 옵션으로 이미지를 보면서 변형할 수 있습니다.
 - Show Mesh : 메시 선을 보여줘 변형의 정도를 쉽게 구분할 수 있습니다.
 - Show Mask : 체크를 하면 마스크가 보입니다. [Mask Color]로 마스크의 색상을 지정할
   수 있습니다.
 - Show Backdrop : 체크하면 변형을 하고 있는 이미지의 배경을 보이게 합니다.

## S T A R T ! 　스머지 툴을 이용해 연기 만들기

◎ **준비물** : '예제파일\Round05\coffee.psd' 파일을 불러오세요.

**1** COLOR 패널에서 전경색을 흰색으로 변경한 후 툴박스의 브러시 툴(✐)을 선택하고 브러시 크기를 '10'으로 조절합니다.

**2** 이미지에 그림과 같이 컵 위로 짧은 선을 3개 그립니다.

**3** 툴박스의 블러 툴(◌)을 클릭하여 나오는 툴 중에 스머지 툴(✍)을 선택합니다.

**Round 05.**
포토샵 강재 이미지 리터치 기능

❹   브러시 크기를 '25'로 조절한 후 첫 번째 선을 반복해서 드래그하여 그림과 같이 연기 모양으로 변경합니다.

❺   나머지 두 개의 선도 위와 마찬가지 방법으로 여러 번 문질러 그림과 같이 변경합니다.

연기 모양이 잘 못 되었을 때에는 지우개 툴로 지운 후 다시 문지릅니다.

❻   연기가 다 완성되면 흐릿하게 보이기 위해 LAYERS 패널에서 [Opacity]를 '50%'로 조절한 후 이미지를 확인합니다.

○ **완성물** : 예제파일\Round05\coffee_f.psd

---

**P H O T O S H O P COACHING|포토샵 코칭|**

**스머지 툴의 옵션 바**

브러시를 이용하여 픽셀을 이동시킬 수 있는 스머지 툴(　)의 옵션 바에 대해서 알아봅니다.

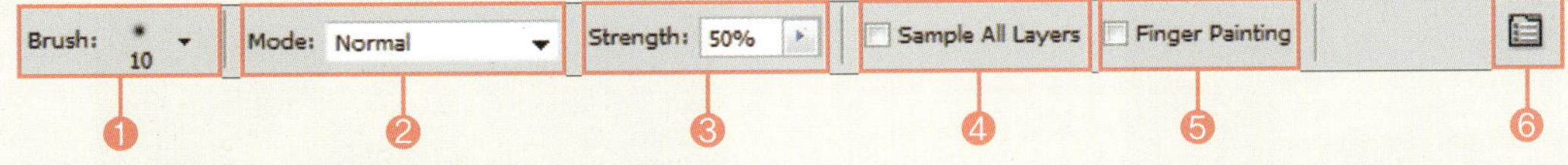

❶ **Brush** : 브러시 크기와 딱딱한 정도를 조절합니다.

❷ **Mode** : 문지를 때 아래 이미지와 혼합되는 방식을 선택합니다.

❸ **Strength** : 한 번 문지를 때마다 픽셀이 움직이는 정도를 조절합니다. 수치가 높을수록 픽셀이 많이 움직입니다.

❹ **Sample All Layers** : 체크하면 모든 레이어에 적용됩니다.

❺ **Finger Painting** : 체크하면 드래그할 때 처음 클릭한 부분에 전경색이 적용됩니다.

❻ **BRUSHES 패널** : 클릭하면 BRUSHES 패널을 열어 브러시 모양과 속성을 선택할 수 있습니다.



Training 06.
픽셀을 변형시켜 이미지를 수정하는 스머지 툴과 [Liquify] 명령

# [Liquify] 명령을 이용해 얼굴형 수정하기

◎ **준비물** : '예제파일\Round05\photo.jpg' 파일을 불러오세요.

◎ **동영상 해설** : 동영상해설\photo.avi

**❶** 원본 이미지와 수정된 이미지를 비교하기 위해 LAYERS 패널에서 'Background'를 '새 레이어 만들기 (□)' 위로 드래그하여 복제합니다.

**❷** [Filter]-[Liquify] 메뉴를 선택하여 [Liquify] 대화상자를 불러옵니다.

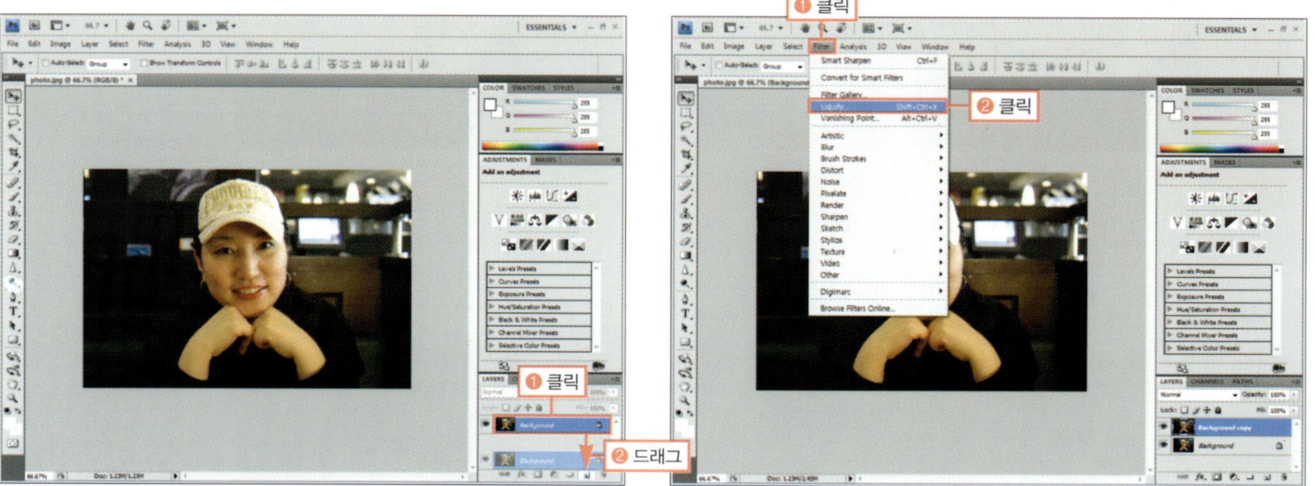

**❸** 왼쪽에서 밀기 툴(□)이 선택된 것을 확인합니다. 오른쪽 옵션에서 [Brush Size]를 '110'으로 조절한 후 이미지에서 양쪽 뺨을 얼굴 안쪽으로 드래그합니다.

**❹** 이번에는 돋보기 툴(□)을 선택한 후 이미지에서 코 부분을 드래그하여 확대합니다.

⑤ 마스크 툴()을 선택하고 [Brush Size]를 '28'로 조절한 후 코 부분이 칠해지지 않도록 주의하면서 눈 부분만 드래그하여 칠합니다.

⑥ 축소 툴(🔽)을 선택하고 [Brush Size]를 '72'로 조절한 후 코의 망울과 코 양쪽을 빠르게 클릭하여 축소합니다.

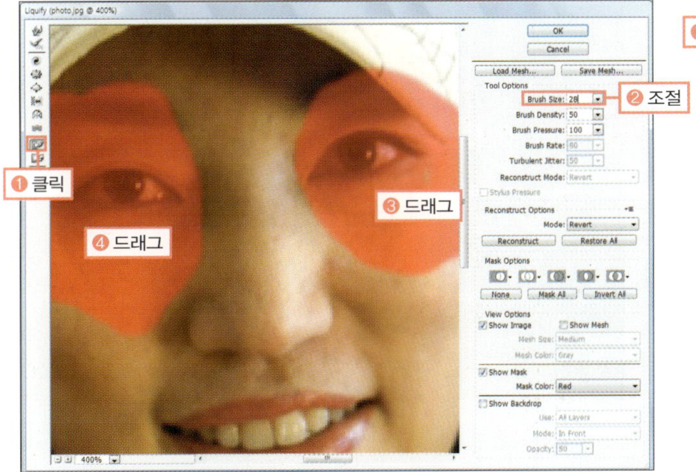


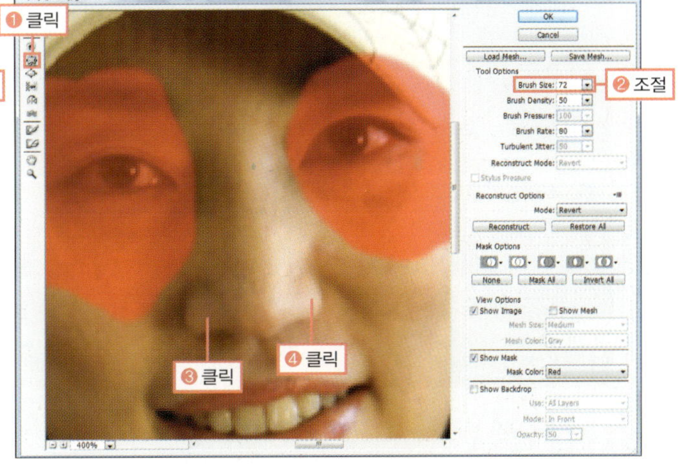


**B O N U S**

마스크 툴로 칠해진 부분은 변형되지 않습니다.

**S T O P**

축소 툴은 오래 클릭할수록 점점 작아지기 때문에 빠르게 터치합니다.

⑦ 밀기 툴(🔽)을 선택한 후 코 양옆을 드래그하여 수정합니다.

⑧ 마스크 지우개 툴(🔽)을 선택한 후 이미지에서 마스크를 씌웠던 부분을 드래그하며 지웁니다.

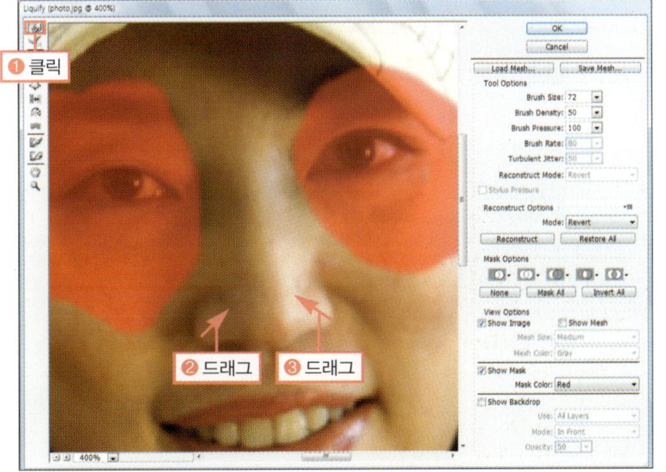


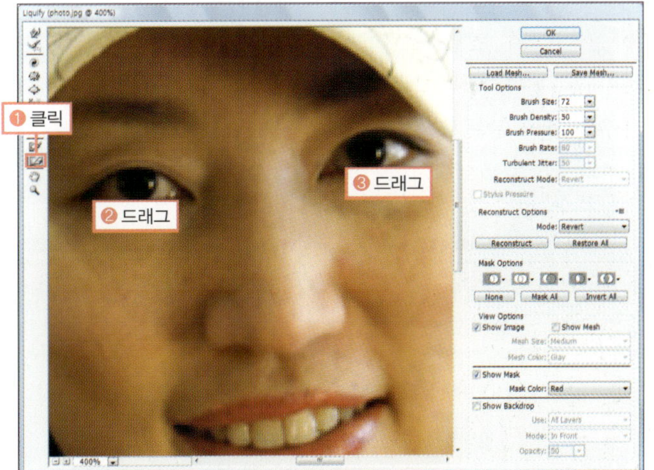


**B O N U S**

마스크를 모두 지울 때에는 오른쪽 [Mask Options]의 [None] 버튼을 클릭합니다.



**Training 06.**
픽셀을 변형시켜 이미지를 수정하는 스머지 툴과 [Liquify] 명령

**9** 확대 툴(◈)를 선택하고 [Brush Size]를 '66'으로 조절한 후 왼쪽 눈을 빠르게 클릭하여 확대합니다.

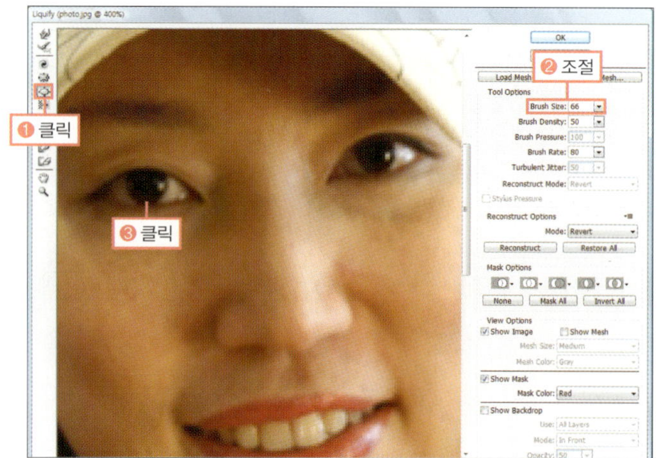

**10** 밀기 툴(◈)을 선택하고 [Brush Size]를 '24'로 조절한 후 입술과 눈초리, 콧등을 드래그하여 수정합니다.

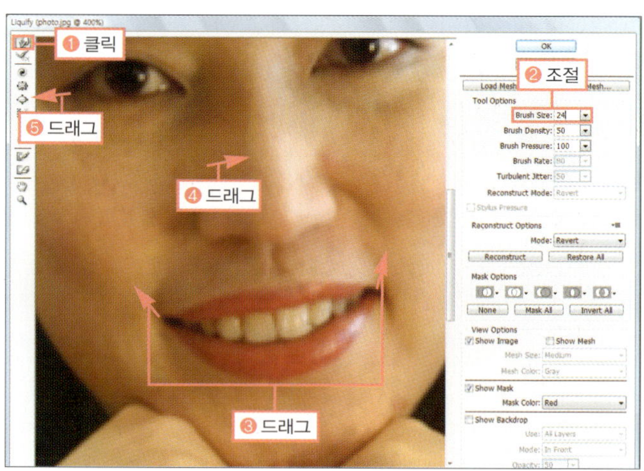

**11** 돋보기 툴(🔍)을 더블클릭하여 100%로 보기 배율을 조절해 이미지를 확인한 후 [OK] 버튼을 클릭합니다.

**12** 툴박스에서 닷지 툴(🔍)을 선택하고 브러시 크기를 '100px'로 조절한 후 이미지에서 얼굴 부분을 드래그하여 밝게 수정합니다.

**13** LAYERS 패널에서 'Background copy' 레이어의 '눈(◉)'을 클릭하여 감춘 후 원본 이미지와 비교합니다.

◎ **완성물** : 예제파일\Round05\photo_f.psd

# 이미지의 색상과 밝기를 자동으로 조절하는 명령



포토샵 CS4에서는 기존 버전부터 있던 대비를 보정하는 [Auto Contrast], 색상을 보정하는 [Auto Color]와 함께 [Auto Levels] 대신에 새롭게 등장한 [Auto Tone] 명령을 제공합니다. 이런 명령들을 이용하면 빛이 부족한 상황에서 촬영한 사진이나 색상이 과하게 표현된 이미지를 수정할 때 편리합니다.

| 학습 목표 | 학습 소재 | 난이도 | 예상 학습 결과 | 연계 학습 |
|---|---|---|---|---|
| 자동 보정 명령 사용하기 | [Image]–[Auto Tone], [Auto Contrast], [Auto Color] 메뉴 | ★★★☆☆ | • [Auto Tone] 명령으로 명암과 색상 보정<br>• [Auto Contrast] 명령으로 대비 보정<br>• [Auto Color] 명령으로 색상 보정 | |

## READY! 자동으로 색과 밝기를 조절해주는 Auto 기능

[Image]–[Auto Tone] 메뉴는 포토샵 CS4에 새로 생긴 것으로 색상과 명암을 자동으로 조절하는 기능입니다. 또한, [Auto Contrast]는 자동으로 이미지 대비를 조정하는 것으로 색상은 그대로 둔 채 밝은 영역은 더 밝아지고 어두운 영역은 더 어두워집니다. [Auto Color]는 특정 색상에 치우친 이미지를 자동으로 조절하여 수정합니다. 그러나 [Auto Tone]은 먼저 밝은 부분과 어두운 부분을 분석해 나머지 부분을 고르게 조절한 후 색상을 변경하기 때문에 [Auto Contrast]와 [Auto Color]를 차례로 적용한 경우와 결과 이미지가 다를 수 있습니다. 이러한 [Auto] 명령은 비슷해 보이지만 HISTOGRAM 패널을 통해 확인하면 약간씩 색상의 분포와 밝기의 분포가 다른 것을 알 수 있습니다. HISTOGRAM 패널에 대해서는 Round 08에서 자세히 다루겠습니다.

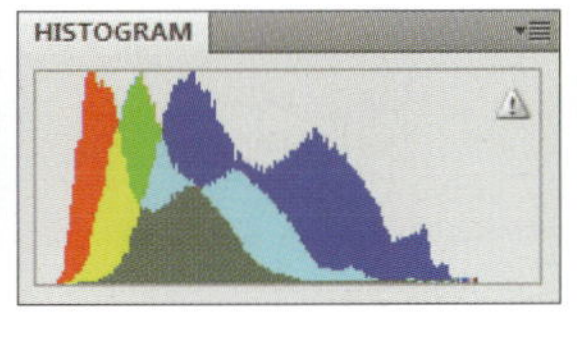
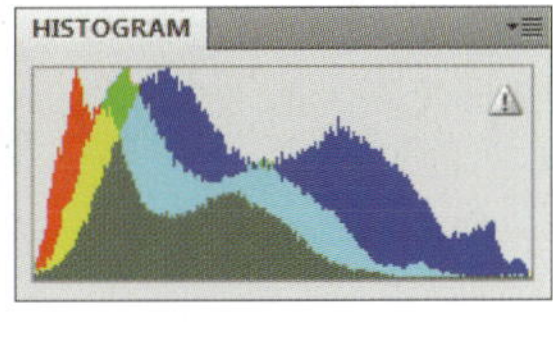

▲ 원래 이미지와 HISTOGRAM 패널

▲ Auto Tone

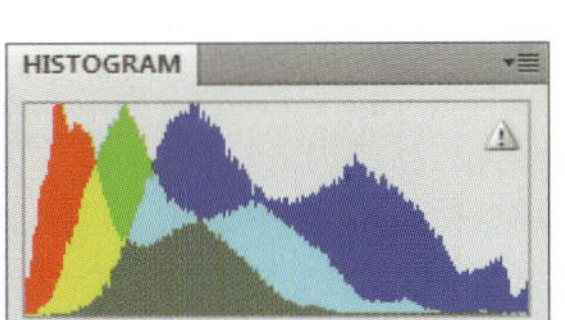
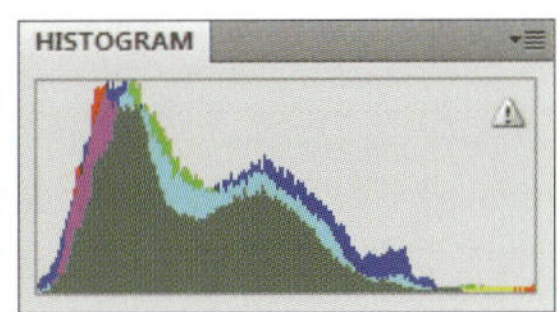

▲ Auto Contrast

▲ Auto Color

## [Auto Tone] 명령으로 색상과 밝기를 자동 조절하기

◎ **준비물** : '예제파일\Round05\sign.jpg' 파일을 불러오세요.

❶ [Image]−[Auto Tone] 메뉴를 선택합니다.

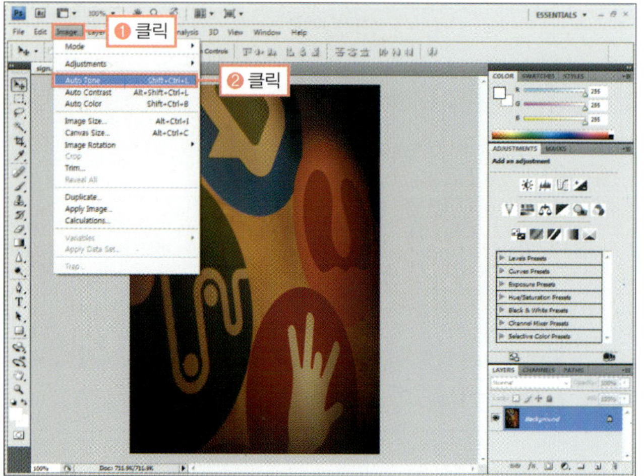

❷ 색상의 채도와 밝기가 조절되어 더욱 선명해진 것을 확인합니다.

◎ 완성물 : 예제파일\Round05\sign_f.jpg



## [Auto Contrast]와 [Auto Color] 명령으로 이미지 조절하기

◎ **준비물** : '예제파일\Round05\plant.psd' 파일을 불러오세요.

❶ [Image]−[Auto Contrast] 메뉴를 선택합니다.

레이어가 잘 안 보이면 ADJUSTMENTS 패널의 제목 탭을 더블클릭하여
LAYERS 패널의 길이를 늘입니다.

② 이미지의 대비가 높아져 선명해진 것을 확인합니다.

③ LAYERS 패널에서 'auto contrast' 레이어의 '눈(◉)'을 클릭하여 감춥니다. 그리고 'auto color' 레이어를 클릭하고 [Image]-[Auto Color] 메뉴를 선택합니다.

④ 이미지의 색상이 수정되지만 [Auto Contrast]를 적용했을 때보다 내비가 크지 않은 것을 확인합니다.

⑤ 'auto color' 레이어의 '눈(◉)'을 클릭하여 감추고 'Background'의 원본 이미지와 어떤 차이가 있는지 비교해봅니다.

◎ **완성물** : 예제파일\Round05\plant_f.psd



**Training 07.**
이미지의 색상과 밝기를 자동으로 조절하는 명령

# Round Test
| 풀어 보세요 |

이번 Round에서는 힐링 브러시 툴과 도장 툴, 여러 수정 툴을 이용하여 이미지를 리터칭하는 방법과 [Liquify] 명령을 사용해 이미지를 수정하는 방법에 대해 배웠습니다. 앞에서 배운 내용을 토대로 다음 문제를 풀어 보세요.

**1 |** 다음의 ( ) 안을 채워보세요.

❶ 흔히 '뽀샵질'이라고 할 때 대표적으로 사용하는 (　　　) 툴은 이미지의 잡티나 이상한 부분을 빠르게 수정해 줍니다.

❷ 하늘이나 바다와 같이 넓은 공간에 생긴 잡티를 제거할 때 사용하기 좋은 툴은 (　　)이며, 명암이나 색상의 변화가 심한 이미지를 수정할 때 사용하기 좋은 툴은 (　　　)입니다.

❸ 힐링 브러시 툴(　)은 키보드의 (　)을 누른 채 복사할 지점을 클릭한 후 다른 부분에 드래그하여 붙여넣으면서 수정합니다.

❹ 이미지에서 드래그할수록 점점 초점이 안 맞아 뿌옇게 만드는 툴로, 사진 기술의 포커스 인, 아웃 효과를 줄 때 사용하는 것은 (　　) 툴입니다.

❺ 닷지 툴(　)과 번 툴(　)은 이미지를 문지를 때마다 점점 더 밝아지거나 어두워지는데, 포토샵 CS4에서는 (　　　) 옵션이 추가되어 색상과 채도는 유지한 채 밝기만 조절할 수 있게 되었습니다.

❻ [Filter] 메뉴에 있는 (　　　) 명령은 여러 가지 변형 툴과 마스크를 이용해 부분을 확대하거나 축소, 왜곡하여 흔히 성형수술 명령이라 불립니다.

**2 |** 다음 설명이 맞으면 'O', 틀리면 '×'를 표시하세요.

❶ 힐링 브러시 툴(　)은 복사할 지점을 먼저 Ctrl 을 눌러 복사한 후 클릭한 지점의 색상과 명암과 섞어 수정합니다. ☐

❷ 포토샵 CS4에 새로 생긴 것으로 [image]-[Auto Tone] 메뉴를 선택하면 이미지의 명암과 색상을 자동으로 조절해 줍니다. ☐

❸ 스펀지 툴(　)을 이용해 채도를 조절할 때 옵션 바의 [Mode]를 [DeSaturate]로 선택하면 문지를 때마다 채도가 높아집니다. ☐

❹ 사진을 찍을 때 한 지점에 초점을 맞춰 나머지를 흐리게 만드는 기법을 포커스 인(Focus in)이라 부르는데, 이런 기법을 사용할 수 있는 툴이 샤픈 툴(Δ)입니다. ☐

❺ 샤픈 툴(Δ)을 사용할 때 문지른 횟수가 많아지면 선명해지다 못해 노이즈가 발생해 이미지가 지저분해집니다. ☐

❻ CLONE SOURCE 패널은 힐링 브러시 툴이나 도장 툴을 사용해 이미지를 5개까지 복사한 후 붙여넣을 수 있지만, 위치, 크기, 회전을 바꿀 수는 없습니다. ☐

## Round Complete
| 만들어 보세요 |

이번 Round에서는 힐링 브러시 툴과 도장 툴, 여러 수정 툴을 이용하여 이미지를 리터칭하는 방법과 [Liquify] 명령을 사용해 이미지를 수정하는 방법에 대해 배웠습니다. 앞에서 배운 내용을 토대로 다음 예제를 완성해 보세요.

**1** **툴박스의 스팟 힐링 브러시 툴( )을 이용하여 이미지 하단의 흰색 자국을 지워보세요.**

**준비물** : 예제파일\Round05\violin.jpg
**완성물** : 예제파일\Round05\violin_f.jpg
**도움말** : 예제해설\Round05도움말1.hwp(pdf, avi)

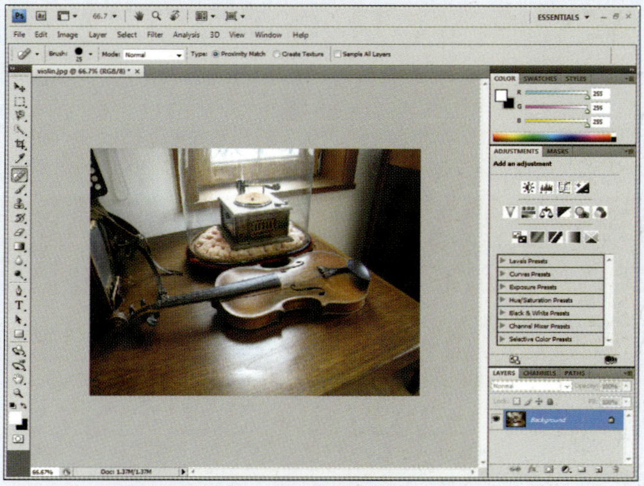

❶ Ctrl+ + 를 눌러 이미지 하단을 확대 ❷ 툴박스에서 스팟 힐링 브러시 툴( )을 선택 ❸ 짧게 드래그하여 흰색 자국을 지움

**2** **툴박스의 번 툴( )을 이용하여 브러시 크기를 조절한 후 각 레이어의 이미지에 명암을 넣어보세요.**

**준비물** : 예제파일\Round05\house.psd
**완성물** : 예제파일\Round05\house_f.psd
**도움말** : 예제해설\Round05도움말2.hwp(pdf, avi)

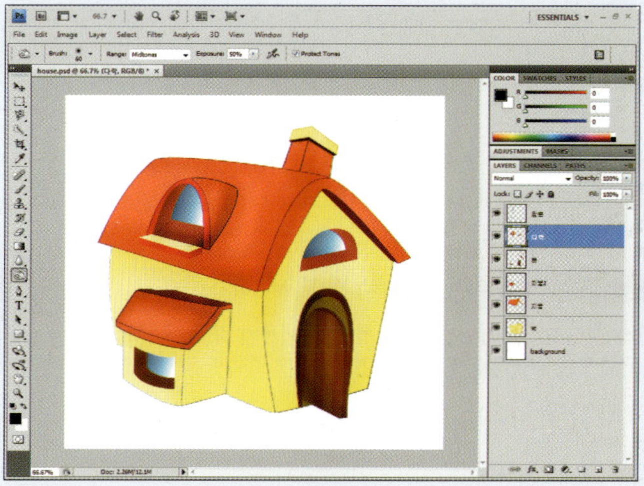

❶ 툴박스의 번 툴( )을 선택 ❷ [, ]를 눌러 브러시 크기를 조절 ❸ 각 레이어를 선택한 후 드래그하여 어둡게 변경

# 06 비트맵 외의
# 다양한 이미지 다루기

앞에서 설명했다시피 포토샵은 여러 개의 점(비트)들이 모여 이미지를 이루는 비트맵 그래픽 타입의 프로그램이라고 했습니다.
바로 브러시와 같은 기능이 그것입니다. 하지만 포토샵에서는 이런 비트맵 이미지를 제작하기 위한 툴 외에 텍스트와 벡터 이
미지를 그릴 수 있는 툴이 있으며 또한 포토샵 CS4 Extended에서는 3D까지 지원을 넓히고 있습니다. 이번 Round에서는 이
런 비트맵 외의 이미지를 제작할 수 있는 여러 가지 툴과 기능에 대해 알아보겠습니다.

 이번 Round는 다음과 같은 단계로 구성됩니다. Training별 내용을 간략하게 먼저 파악하면 좀 더 효율적으로 학습을 진행할
수 있습니다.

**Training 01 벡터 이미지의 시작, 펜 툴 사용하기**

패스의 구조와 용어를 이해하고 펜 툴을 이용해 직선 패스와 곡선 패스를 만드는 방법에 대해 알아봅니다.

▶ 패스의 구조 이해하기
▶ 직선 패스 만들기
▶ 곡선 패스 만들기

**Training 02 복잡한 패스 그리고 선택하여 수정하기**

직선과 곡선이 섞여있는 패스를 만들고 이를 패스 선택 툴과 직접 선택 툴로 수정해 봅니다.

▶ 직선과 곡선이 섞여 있는 패스 그리기
▶ 패스 선택 툴과 직접 선택 툴로 패스 수정하기

**Training 05 이미지를 완성하는 글자 입력하기**

글자 툴로 글자를 입력하는 방법과 CHARACTER 패널과 PARAGRAPH 패널로 글자 모양과 문단 모양을 조절하는 방법을 살펴봅니다. 또한, 글자 마스크 툴과의 차이점에 대해 알아봅니다.

▶ 글자 툴로 글자 입력하기
▶ CHARACTER 패널과 PARAGRAPH 패널로 글자 모양과 문단 모양을 조절하기
▶ 글자 마스크 툴 사용하기

**Training 06 구부리고 휘어지고! 재미있는 글자 만들기**

Warp Text를 이용해 글자를 왜곡하는 방법과 대화상자를 살펴보고 패스를 따라가는 글자인 패스 글자 만드는 방법을 알아봅니다.

▶ 글자를 입력한 후 [Warp Text] 대화상자를 이용해 글자 왜곡하기
▶ 패스를 따라가는 글자 만들기

**Training 03**  **자동으로 도형을 만들어주는 도형 툴 다루기**

포토샵에서 그릴 수 있는 벡터 이미지의 종류와 기본 도형 툴과 사용자정의 도형 툴로 만드는 벡터 이미지를 살펴봅니다.

▶ 셰이프 레이어와 패스, 필 픽셀로 제작되는 벡터 이미지 이해하기
▶ 기본 도형 툴 사용하기
▶ 사용자정의 도형 툴의 사용방법 이해하기

**Training 04**  **PATHS 패널로 이미지 수정하기**

PATHS 패널의 사용법과 그려진 패스를 PATHS 패널의 아이콘을 사용해 테두리 선이나 선택 영역으로 변경해 봅니다.

▶ PATHS 패널 살펴보기
▶ 패스를 브러시를 이용해 테두리 선 만들기
▶ 패스를 선택 영역으로 변경하여 합성하기

**Training 07**  **3D 파일을 불러와 변형하고 합성하기**

포토샵에서 만들 수 있는 3D 모형과 3D 레이어를 살펴봅니다. 그리고 3D 툴, 3D 카메라 툴, 3D 패널을 이용해 만들어진 3D 모형의 재질과 조명을 조절합니다.

▶ 포토샵의 3D 관련 기능 살펴보기
▶ 3D 모형에 재질과 조명 입히기

# 벡터 이미지의 시작, 펜 툴 사용하기



펜 툴(  )은 벡터 이미지를 제작할 때 기본이 되는 것으로 브러시 툴(  )을 사용하는 것보다는 조금 복잡하고 까다롭습니다. 이번 Training에서는 펜 툴을 이용해 직선 패스와 곡선 패스를 그리는 방법에 대해 알아보겠습니다.

| 학습 목표 | 학습 소재 | 난이도 | 예상 학습 결과 | 연계 학습 |
|---|---|---|---|---|
| 펜 툴로 패스 만들기 | • 펜 툴<br>• 패스 | ★★★☆☆ | • 직선 패스 그리기<br>• 곡선 패스 그리기 | |

## READY! 패스 이해하고 펜 툴의 옵션 살펴보기

Round01에서 비트맵 이미지와 벡터 이미지의 차이점에 대해서 설명한 적이 있습니다. 좀 더 자세히 살펴보면, 벡터 이미지란 앵커 포인트(Anchor Point)와 세그먼트(Segment), 셰이프(Shape)로 이뤄진 것으로 변형을 해도 이미지가 깨지지 않아 해상도에 영향을 받지 않습니다. 포토샵에서 이런 벡터 이미지를 제작하는 기본적인 툴이 펜 툴(  )입니다.

### ■ 패스의 구조 살펴보기

앵커 포인트, 세그먼트, 셰이프로 그려진 선을 패스라고 합니다.

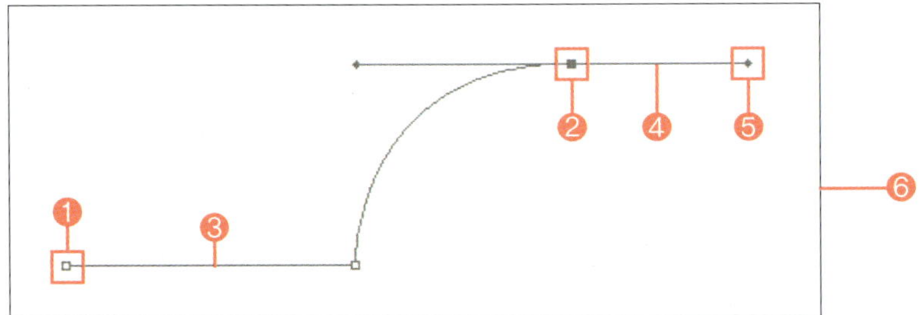

❶ **앵커 포인트** : 펜 툴을 클릭하면 직선 앵커 포인트가 생기며, 두 개의 앵커 포인트가 연결되면 세그먼트가 만들어집니다.

❷ **곡선 앵커 포인트** : 펜 툴로 클릭/드래그하면, 드래그한 만큼 곡선 조절선이 나타나 곡선의 방향과 각도를 조정할 수 있습니다.

❸ **세그먼트** : 두 개의 앵커 포인트를 연결한 것으로 직선 앵커 포인트끼리 연결되면 직선 세그먼트, 곡선 앵커 포인트끼리 연결되면 곡선 세그먼트가 됩니다. 이런 세그먼트를 패스라고 부릅니다.

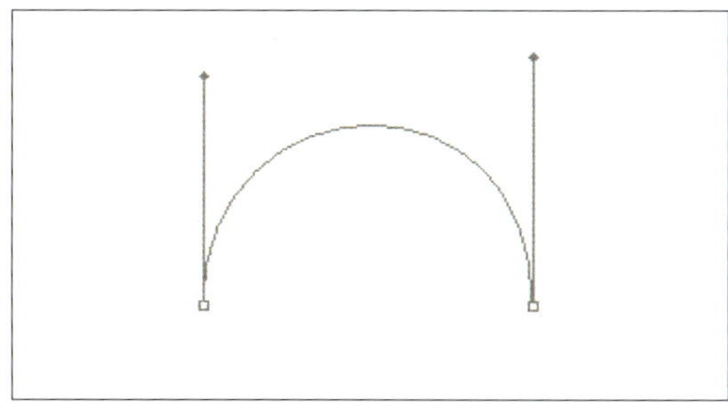

▲ 곡선 세그먼트

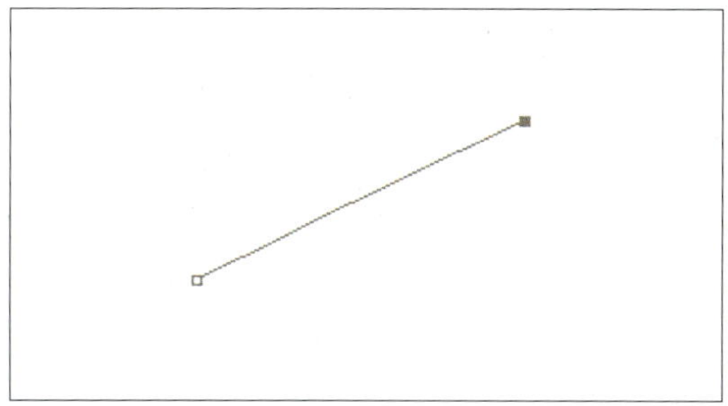

▲ 직선 세그먼트

❹ **곡선 조절선** : 펜 툴을 클릭/드래그하면 나타나는 선으로 곡선의 방향과 각도를 나타냅니다. 이 곡선 조절선은 실제 세그먼트가 아니기 때문에 이미지로 그려지는 것이 아니라 곡선 앵커 포인트를 선택할 때 나타납니다.

❺ **곡선 조절점** : 곡선 조절선 끝에 달린 것으로, 조절선의 방향과 각도를 마우스로 조절할 수 있습니다.

❻ **셰이프** : 앵커 포인트와 세그먼트로 이뤄진 하나의 도형을 셰이프라고 합니다. 셰이프에는 열린 셰이프와 닫힌 셰이프가 있습니다.

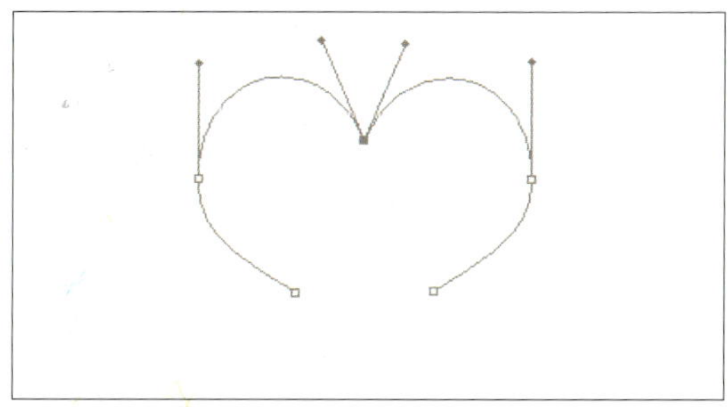

▲ 열린 셰이프

▲ 닫힌 셰이프

### ■ 펜 툴로 그릴 수 있는 이미지 종류

포토샵에서 펜 툴을 선택하면 먼저 제작할 도형의 용도가 무엇인지를 옵션 바에서 결정하고 작업을 시작해야 합니다. '셰이프 레이어(▣)'를 선택하면 셰이프 레이어가 만들어지면서 선택한 색상으로 채워진 셰이프를 그릴 수 있습니다. 거기에 비해 '패스(▣)'를 선택하면 색상이 채워지지 않은 패스로 이미지를 제작할 수 있습니다. 그 외에 '필 픽셀(▣)'은 펜 툴 선택 시에는 활성화되지 않습니다. 이 옵션은 뒤에서 다시 살펴보겠습니다.

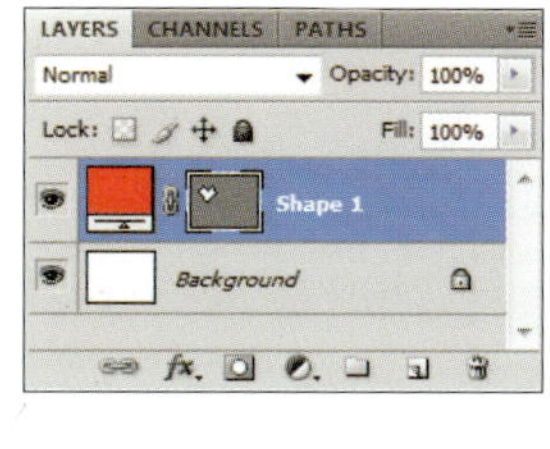

▲ '셰이프 레이어(▣)'를 선택한 후 그린 이미지와 LAYERS 패널

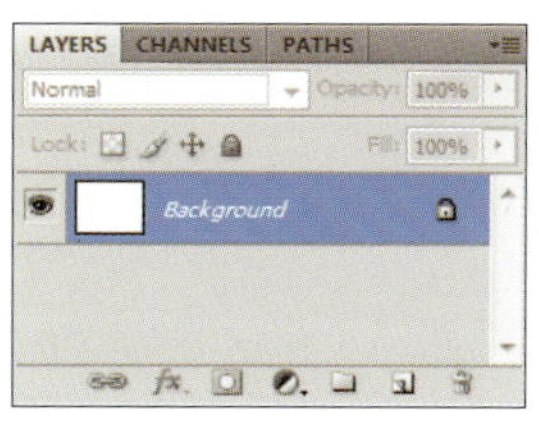

▲ '패스(▣)'를 선택한 후 그린 이미지와 LAYERS 패널

## 직선 패스 그리기

◎ **준비물** : '예제파일\Round06\dice.jpg' 파일을 불러오세요.

❶ 툴박스의 펜 툴( )을 선택한 후 옵션 바에서 부분을 클릭합니다. [Pen Options]가 나타나면 [Rubber Band]를 체크하여 펜 툴로 작업한 패스가 보이도록 합니다.

### BONUS

[Rubber Band]를 체크하면 그려질 세그먼트를 미리 알아볼 수 있습니다.

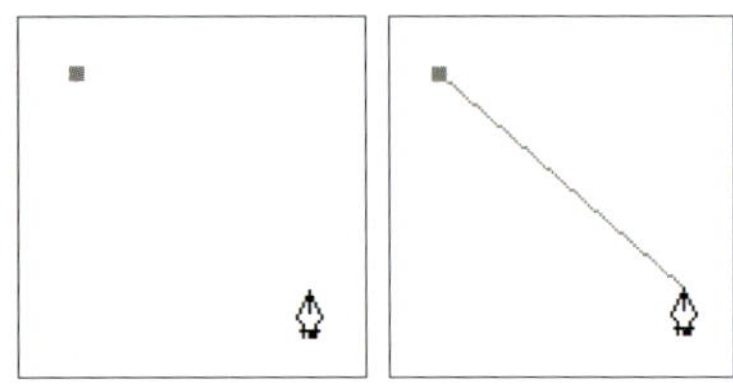

▲ [Rubber Band]를 체크하지 않을 때　▲ [Rubber Band]를 체크했을 때

❷ 그림과 같이 주사위 위를 클릭하여 앵커 포인트를 만든 후 옆 모서리 부분으로 이동하여 클릭합니다.

❸ 다른 모서리를 계속 클릭하여 패스를 연결합니다. 그러다가 처음 포인트로 되돌아와 마우스 포인터가 '닫힘( )' 모양으로 변경되면 클릭하여 패스를 끝냅니다.

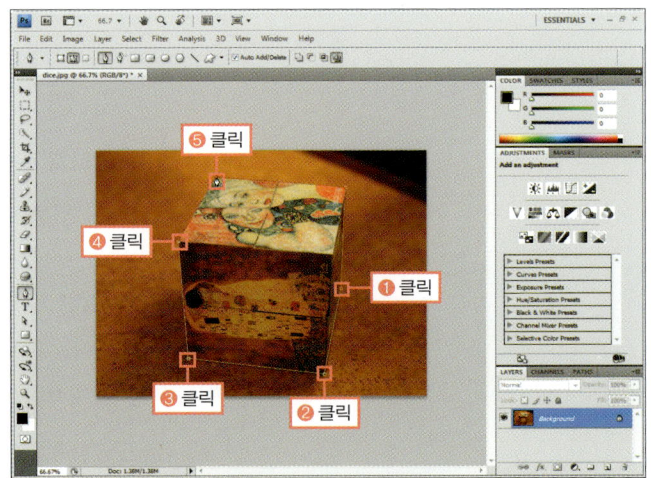


◎ **완성물** : 예제파일\Round06\dice_f.jpg

### BONUS

마우스 포인터가 '닫힘( )' 모양일 때 클릭하면 닫힌 패스가 만들어집니다.

펜 툴의 옵션 바에는 벡터로 제작하는 이미지 종류와 도형 툴이 있습니다.

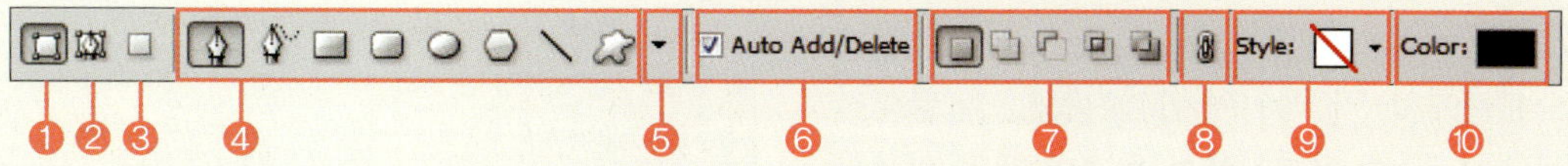

❶ **셰이프 레이어(Shape layers)** : 선택하고 패스를 그리면 LAYERS 패널에 셰이프 레이어가 만들어집니다. 그리고 전경색으로 채색되어진 패스가 만들어집니다.

❷ **패스(Paths)** : 선택하고 패스를 그리면 PATHS 패널의 'Work Path'에 작업한 패스가 그려집니다. LAYERS 패널에는 아무 변화가 없습니다.

❸ **필 픽셀(Fill pixels)** : 펜 툴에서는 활성화되지 않습니다. Training03에서 다루게 될 도형 툴을 선택했을 때 활성화되며, 패스가 아닌 비트맵 이미지를 만들어줍니다.

❹ **벡터로 작업할 수 있는 여러 툴** : 펜 툴(◢), 자유 펜 툴(◢) 및 여러 도형 툴을 선택할 수 있습니다.

❺ 펜 툴이나 도형 툴에 추가되는 옵션을 모아놓은 것입니다.

❻ **Auto Add/Delete** : 펜 툴을 선택할 때만 나타나는 옵션입니다. 이미 만들어진 앵커 포인트 위로 마우스 포인터를 이동하면 자동으로 포인트 삭제 툴(◢)로 변경되어 포인트를 제거할 수 있고, 세그먼트 위로 이동하면 포인트 추가 툴(◢)로 변경되어 포인트를 추가할 수 있습니다.

❼ **선택 모드** : 작업하려는 패스가 기존 패스 영역에 어떻게 작용될지 선택할 수 있습니다.
- **새 셰이프 레이어** : '셰이프 레이어(◻)'를 선택할 때만 나타나는 옵션으로 새로운 셰이프 레이어가 만들어지면서 벡터 이미지가 그려집니다.
- **패스 추가** : 기존 패스에 새 패스를 추가합니다.
- **패스 삭제** : 기존 패스에서 새 패스 영역을 뺍니다.
- **패스 교차** : 기존 패스와 새 패스의 교차되는 부분만 남깁니다.
- **교차 외의 패스** : 기존 패스와 새 패스의 교차되는 부분 외의 나머지 영역만 남습니다.

❽ **스타일 바로 적용** : 선택하면 스타일 변경 시 바로 셰이프 레이어에 적용되고, 선택되어 있지 않으면 현재 작업 중인 셰이프 레이어에는 적용되지 않고 앞으로 작업할 셰이프 레이어에만 스타일이 적용됩니다.

❾ **Style** : SWATCHES 패널의 여러 스타일을 선택해 레이어에 적용할 수 있습니다.

❿ **Color** : 셰이프 레이어의 색상을 선택할 수 있습니다.

# 곡선 패스 그리기

◎ **준비물** : '예제파일\Round06\count.jpg' 파일을 불러오세요.

◎ **동영상 해설** : 동영상해설\count.avi

**1** LAYERS 패널에서 '새 레이어 만들기(▣)'를 클릭하여 레이어를 새로 만든 후 이미지에서 동전의 제일 윗부분을 클릭하고 동시에 오른쪽으로 드래그하여 곡선 조절선을 만듭니다. 곡선 조절선이 그림과 같이 동전과 접선이 되도록 방향을 조절한 후 마우스를 놓습니다.

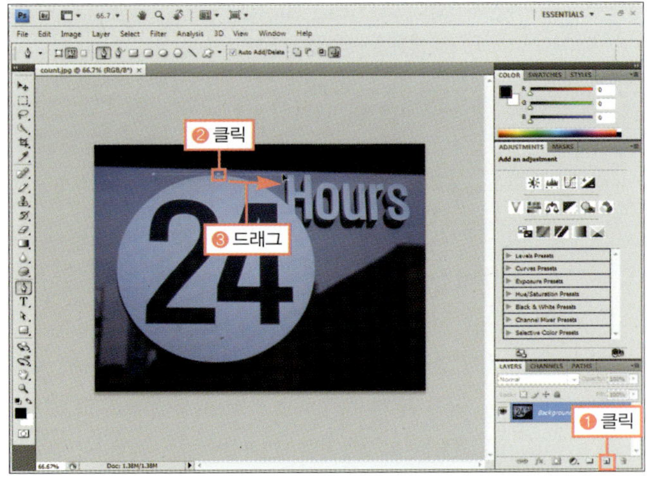




새로운 레이어를 만들고 작업하는 이유는 작업한 패스를 PATHS 패널을 사용해 채색하기 위해서입니다.

**BONUS**

클릭하면서 동시에 드래그하면 클릭한 지점에는 앵커 포인트가 생기고, 드래그한 방향으로 곡선 조절선과 조절점이 생깁니다. 이때 조절점의 방향과 위치에 따라 조절선의 길이와 각도가 조절되어 곡선 패스의 모양을 결정합니다.

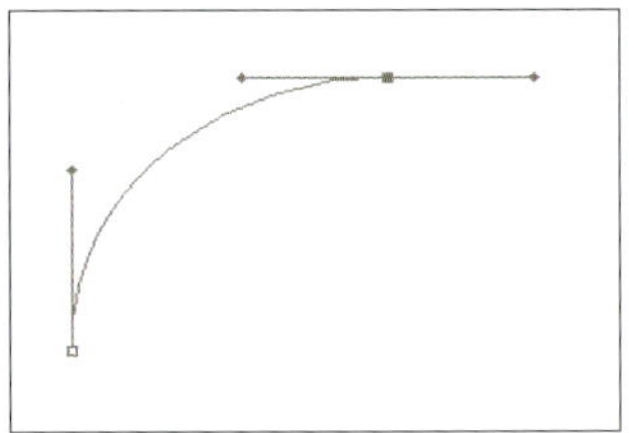 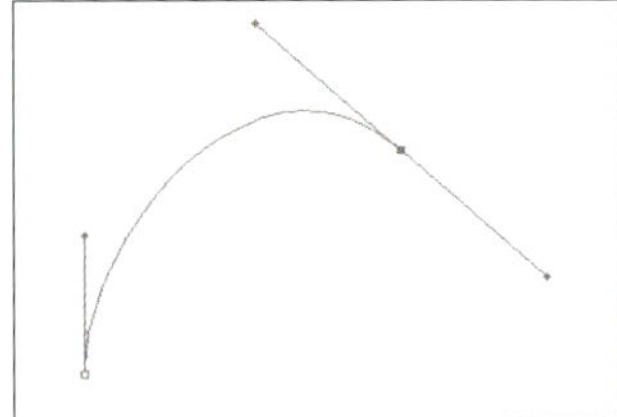 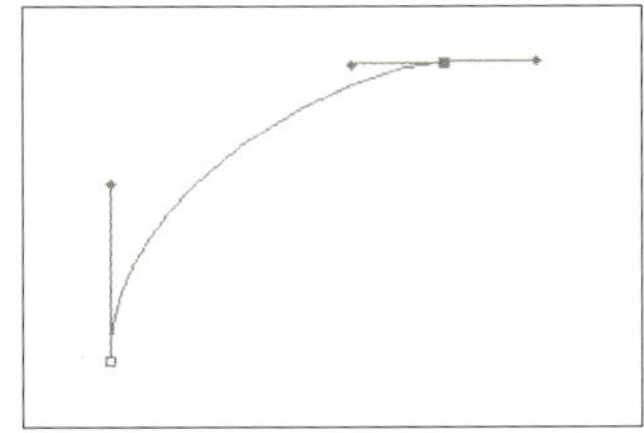 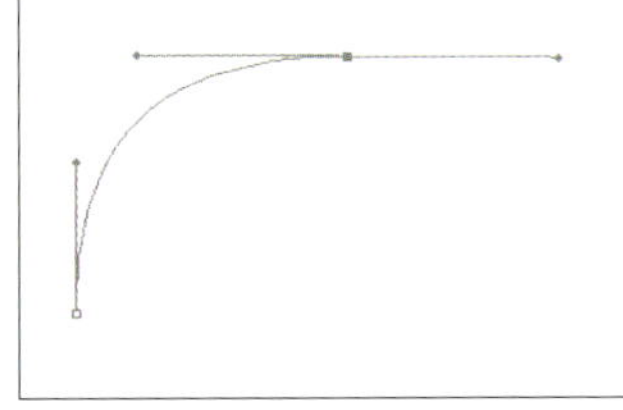

▲ 곡선 조절선의 방향에 따른 곡선 패스의 모양　　　　▲ 곡선 조절선의 길이에 따른 곡선 패스의 모양

**2** 동전의 오른쪽에서 가장 튀어나온 부분을 클릭하면서 동시에 아래로 드래그하여 곡선 조절선을 만들고, 앵커 포인트를 연결하는 세그먼트가 동전과 잘 맞으면 마우스를 놓습니다.

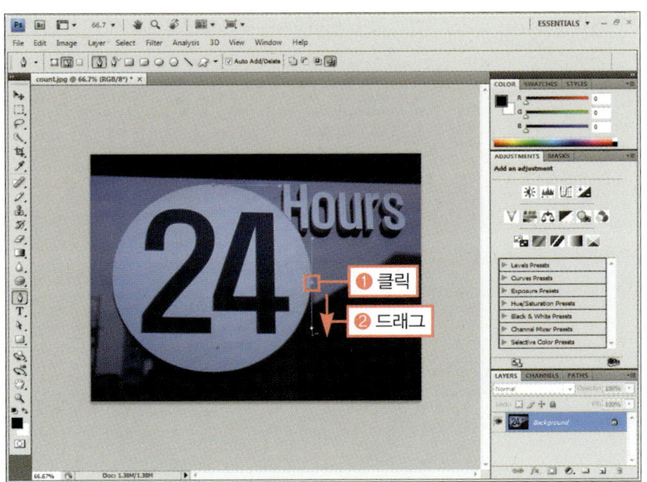


**BONUS**

세그먼트가 동전과 잘 맞지 않으면 펜 툴을 사용하는 중에 [Ctrl]을 눌러 직접 선택 툴(▷)로 변경 후 곡선 조절선과 조절점을 드래그하여 조절할 수 있습니다.

③ 동전의 가장 아래쪽에서 튀어나온 부분을 클릭하고 왼쪽으로 드래그하여 곡선 조절선을 만든 후, 세그먼트가 동전과 잘 맞도록 조절선의 길이와 방향을 조절하고 마우스를 놓습니다.

④ 동전 왼쪽에서 가장 튀어나온 부분을 클릭하면서 동시에 위로 드래그하여 곡선 조절선을 만든 후, 세그먼트가 동전과 잘 맞도록 조절선의 길이와 방향을 조절하고 마우스를 놓습니다.

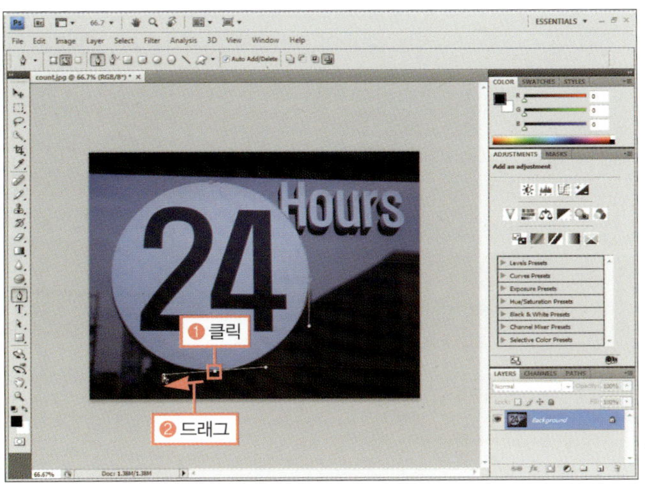


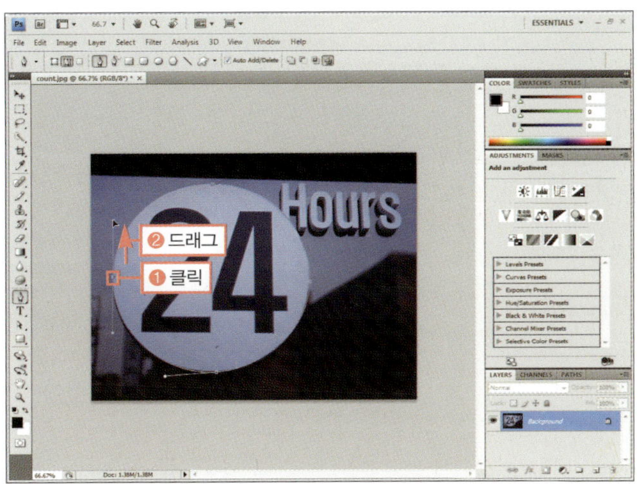


⑤ 처음 만든 앵커 포인트에서 마우스 포인터가 '닫힘(△)' 모양으로 변경되면 클릭하고 동시에 오른쪽으로 드래그하여 세그먼트가 동전과 잘 맞도록 조절한 후 마우스를 놓아 패스를 마무리합니다.

⑥ Ctrl을 눌러 직접 선택 툴(▶)로 변경한 후 긱긱의 앵커 포인트를 선택해 포인트의 위치와 동전이 잘 맞도록 이동합니다. 그리고 곡선 조절선의 조절점을 드래그하여 세그먼트가 동전과 잘 맞도록 조절합니다.

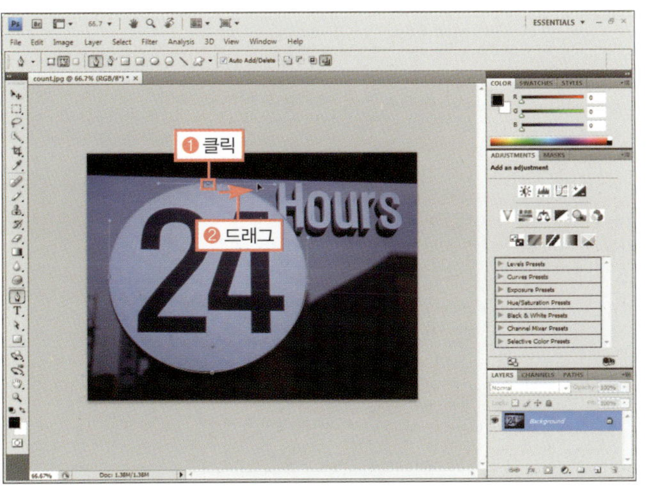


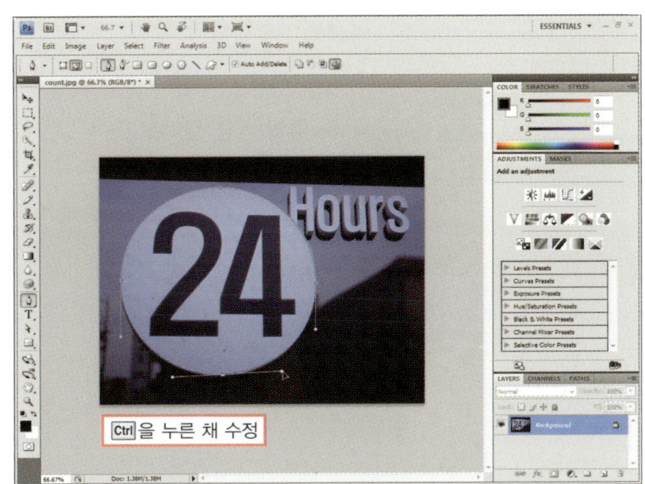


### STOP

처음이자 마지막 앵커 포인트에서는 드래그하면서 곡선 조절선을 움직일 때 양쪽 세그먼트가 같이 조절됩니다. 따라서 양쪽의 세그먼트가 동전과 잘 맞는지 확인한 후 마우스를 놓습니다.

◉ **완성물** : 예제파일\Round06\count_f.jpg

### BONUS

툴박스의 패스 선택 툴(▶)을 클릭해 직접 선택 툴을 선택한 후 앵커 포인트와 조절점을 조정해도 됩니다.



**Training 01.**
벡터 이미지의 시작, 펜 툴 사용하기

# 복잡한 패스 그리고 선택하여 수정하기

Photoshop · CS4

벡터 이미지를 만들 때에는 직선 패스와 곡선 패스가 따로 따로 그려지는 것이 아니라 서로 연결되어 그려집니다. 또한, 이미 그려진 패스를 다시 수정하여 모양을 변경할 수도 있습니다. 이럴 때 사용되는 툴과 명령 등에 대해 알아보겠습니다.

| 학습 목표 | 학습 소재 | 난이도 | 예상 학습 결과 | 연계 학습 |
|---|---|---|---|---|
| 펜 툴과 수정 툴, 패스 선택 툴을 이용해 패스를 그리고 수정하기 | • 펜 툴<br>• 포인트 추가 툴<br>• 포인트 삭제 툴<br>• 포인트 변경 툴<br>• 패스 선택 툴<br>• 직접 선택 툴 | ★★★★☆ | • 직선 패스와 곡선 패스 연결해서 그리기<br>• 패스 수정하기 | • 직선 패스 : 294쪽<br>• 곡선 패스 : 296쪽 |

## READY!

### 패스를 수정하는 툴

패스를 수정할 때에는 모양에 맞게 포인트를 추가, 삭제하고 곡선 조절선의 방향과 길이를 조정해야 합니다. 그리고 패스나 포인트를 이동할 때는 패스 선택 툴(▶)과 직접 선택 툴(▷)을 사용합니다.

#### ■ 펜 툴의 종류 알아보기

펜 툴(◊)로 이미지를 만든 후에도 포인트 추가 툴(◊+)과 포인트 삭제 툴(◊-)로 앵커 포인트를 추가하거나 뺄 수 있습니다. 또는 포인트 변경 툴(⌐)로 직선, 곡선을 변경하여 벡터 이미지 모양을 바꿀 수 있습니다.

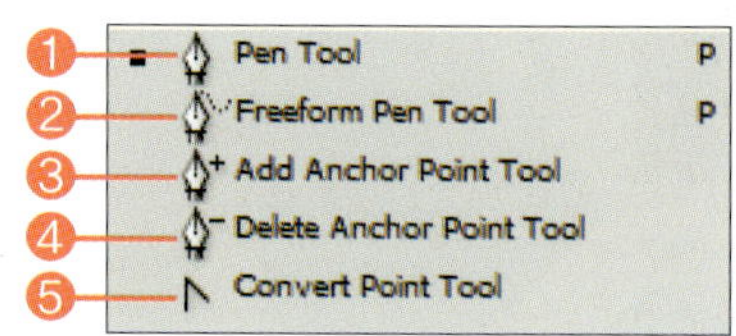


❶ **펜 툴** : 벡터 이미지를 만드는 기본 툴입니다. 클릭하면 바로 앵커 포인트가 생기고 이 앵커 포인트가 2개 이상이 되면 포인트를 연결하는 세그먼트가 만들어집니다. 또 앵커 포인트가 3개 이상이고 세그먼트로 연결되면 셰이프(도형)가 만들어집니다. 또한, 옵션에서 [Auto Add/Delete]가 체크되면 세그먼트 위에 포인트를 추가하거나 이미 만든 포인트를 제거할 수 있습니다. 그리고 Alt를 누르면 포인트 변경 툴(⌐)로 변경되어 직선 패스를 곡선 패스로, 곡

선 패스를 직선 패스로 변경할 수 있으며, Ctrl 을 누르면 직접 선택 툴(↖)로 변경되어 포인트를 선택, 이동하거나 곡선 조절선과 조절점을 수정할 수 있습니다.

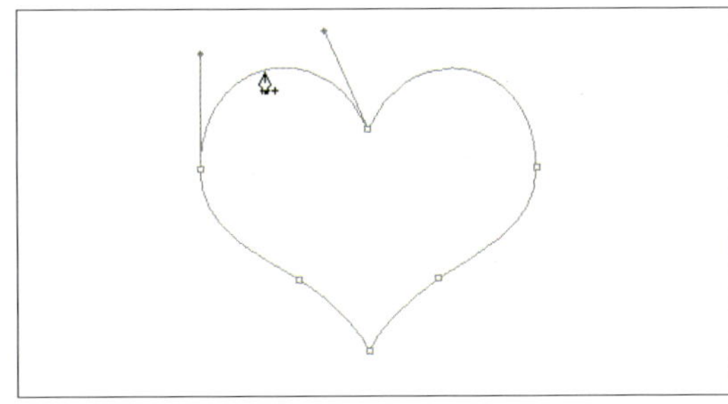

▲ 마우스 포인터가 세그먼트 위로 이동하면 포인트를 추가

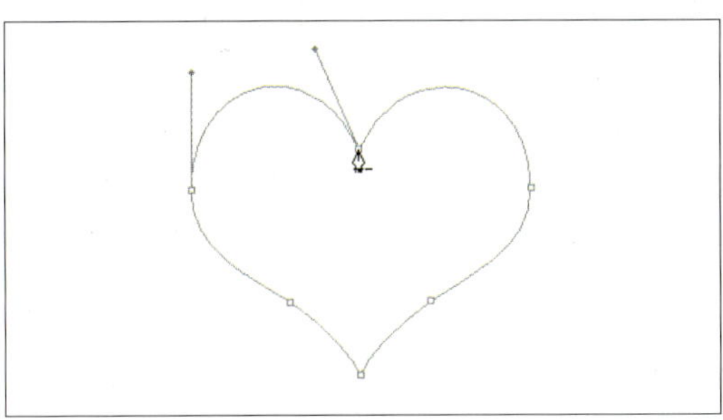

▲ 마우스 포인터가 포인트 위로 이동하면 포인트 제거

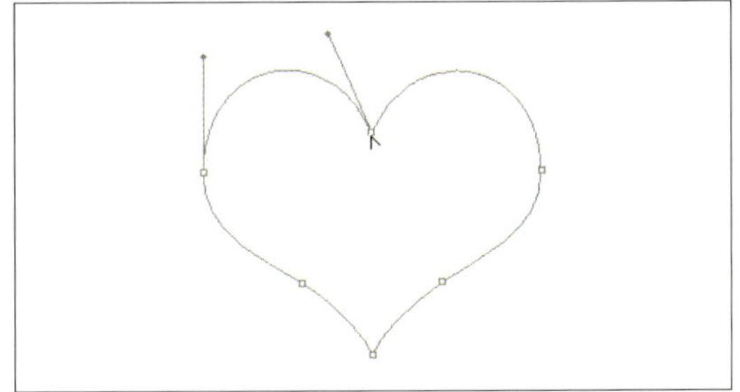

▲ Alt 를 누르면 포인트 변경 툴로 변경

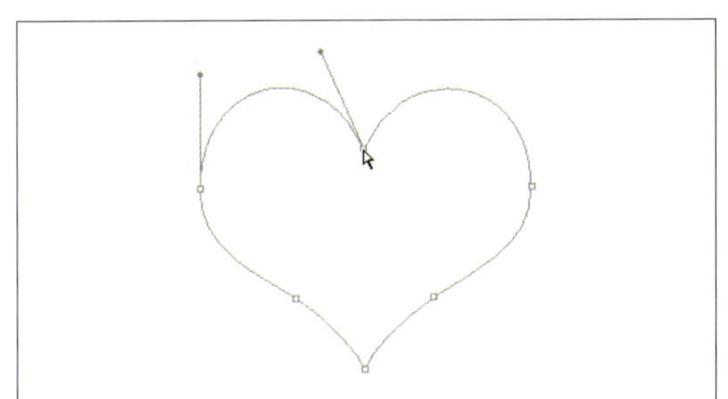

▲ Ctrl 을 누르면 직접 선택 툴로 변경

❷ **자유 펜 툴** : 클릭, 드래그로 벡터 이미지를 제작하는 것이 아니라 연필 툴처럼 드래그하여 벡터 이미지를 만들 수 있습니다.

❸ **포인트 추가 툴** : 세그먼트를 클릭하여 앵커 포인트를 추가할 수 있습니다.

❹ **포인트 삭제 툴** : 셰이프에서 앵커 포인트를 클릭하면 포인트가 제거됩니다.

❺ **포인트 변경 툴** : 곡선 앵커 포인트를 클릭하면 직선 앵커 포인트로 바꿀 수 있으며 직선 앵커 포인트를 클릭, 드래그하면 곡선 앵커 포인트로 변경할 수 있습니다. 또한, 조절점을 클릭하면 곡선 조절선의 방향을 반대쪽과 다르게 꺾을 수 있습니다.

■ **패스의 수정에 사용되는 패스 선택 툴과 직접 선택 툴**

패스의 모양을 변경할 때 가장 많이 사용하는 것이 패스 선택 툴(▶)과 직접 선택 툴(▷)입니다.

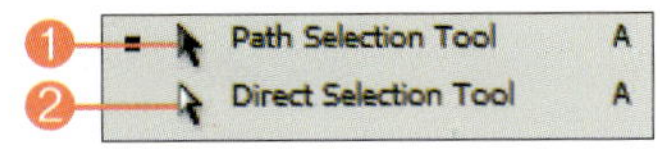


❶ **패스 선택 툴** : 그려진 패스를 클릭하면 전체 포인트가 선택됩니다. 패스 전체를 이동하거나 변형할 때 사용합니다.

❷ **직접 선택 툴** : 패스에서 앵커 포인트와 세그먼트를 하나하나 선택할 수 있는 툴로, 포인트의 위치를 이동하거나 곡선 조절선을 드래그하여 곡선의 각도와 방향을 조절할 때 사용합니다.



**Training 02.**
복잡한 패스 그리고 선택하여 수정하기

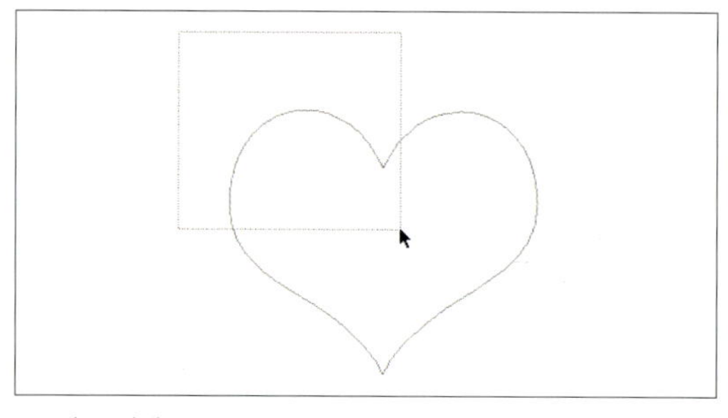 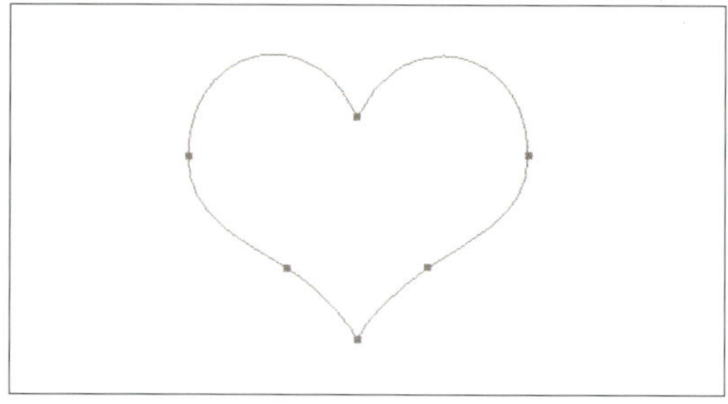

▲ 패스 선택 툴로 선택할 때

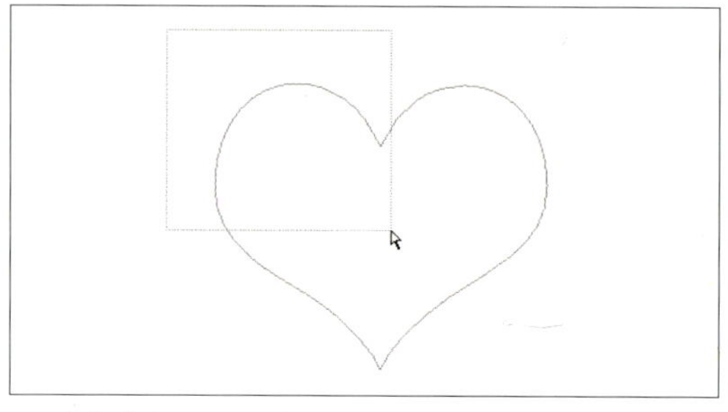 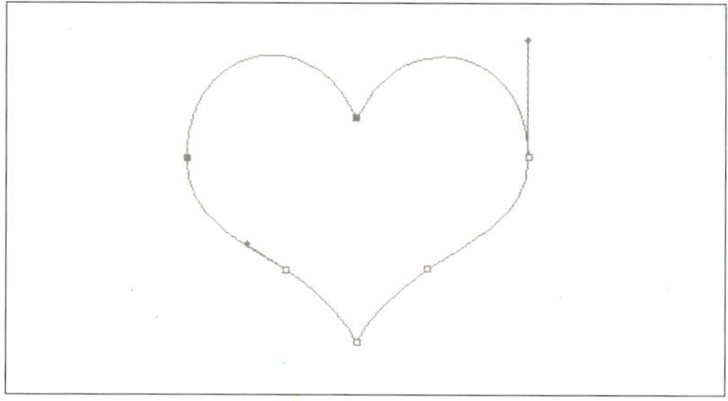

▲ 직접 선택 툴로 선택할 때



## 직선 패스와 곡선 패스 연결해서 그리기

◎ **준비물** : '예제파일\Round06\drug.jpg' 파일을 불러오세요.

◎ **동영상 해설** : 동영상해설\drug.avi

**1** `Ctrl` + `+` 를 2번 눌러 화면 배율을 확대한 후 스크롤을 이동하여 약병의 윗부분이 잘 보이게 합니다. 그리고 툴박스의 펜 툴을 선택하고 뚜껑 아래에 첫 앵커 포인트를 클릭합니다.

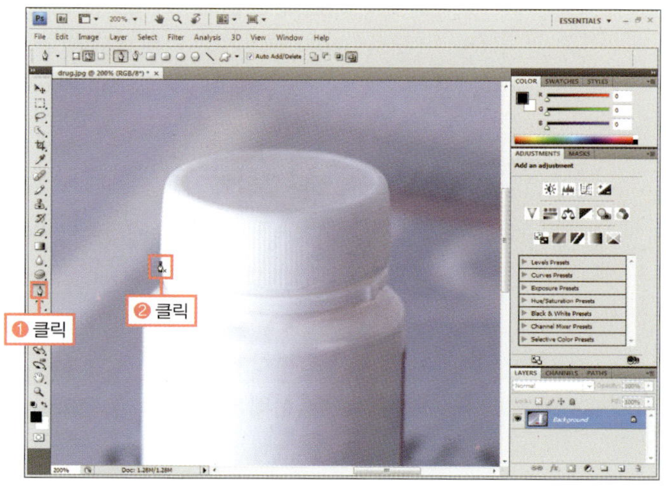

❷ 직선 패스를 그리기 위해 위에 두 번째 앵커 포인트를 클릭한 상태에서 곡선 패스를 그릴 방향으로 드래그하여 곡선 조절선을 만듭니다.

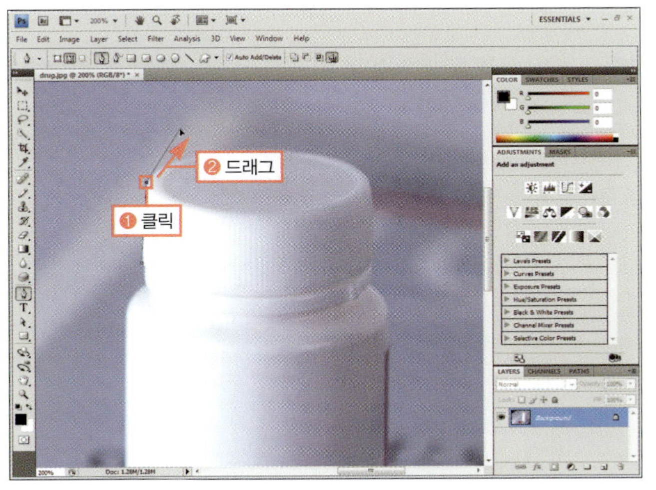


❸ 뚜껑 오른쪽 끝을 클릭, 드래그하여 세그먼트가 잘 맞도록 곡선 조절선의 방향과 길이를 조절합니다.

### BONUS

직선 패스에서 곡선 패스로 연결할 때에는 마지막 앵커 포인트에서 클릭하고 동시에 드래그하여 곡선 조절선을 만들어야 하는데, 이때 그릴 곡선 모양을 생각해 곡선 조절선의 방향과 길이를 조절합니다.

❹ 다시 직선 패스를 그리기 위해 Alt 를 누른 채 마지막 앵커 포인트를 클릭하여 그릴 방향의 곡선 조절선을 제거합니다.

❺ 병뚜껑의 아래를 클릭하여 직선 패스가 그려진 것을 확인합니다.

### BONUS

곡선 패스를 그리는 중에 Alt 를 누르고 앵커 포인트를 클릭하면 앞으로 그릴 방향의 곡선 조절선만 없어집니다. 따라서 다음 앵커 포인트를 클릭하면 직선 패스를 그릴 수 있습니다.



**Training 02.**
복잡한 패스 그리고 선택하여 수정하기

**6** 계속 클릭하여 직선 패스로 그린 후 병의 곡선 부분에서 드래그하여 곡선 조절선을 그립니다.

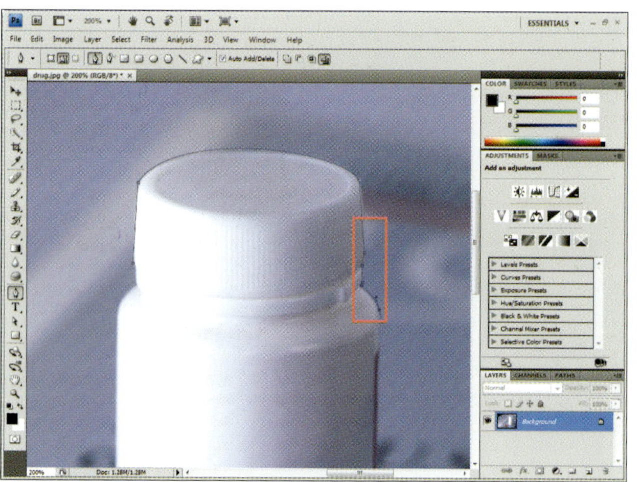

**7** 다시 직선 패스를 그리기 위해 마지막 앵커 포인트를 [Alt]를 누른 채 클릭하여 그릴 방향의 곡선 조절선을 제거합니다.

**8** [Spacebar]를 눌러 손바닥 툴(✋)로 변경하고 병 아래 이미지가 잘 보이게 이동합니다. 그리고 그림과 같이 클릭하여 직선 패스를 만듭니다. 다시 곡선 패스를 그리기 위해 마지막 앵커 포인트를 클릭하고 동시에 그릴 방향으로 드래그하여 곡선 조절선을 만듭니다.

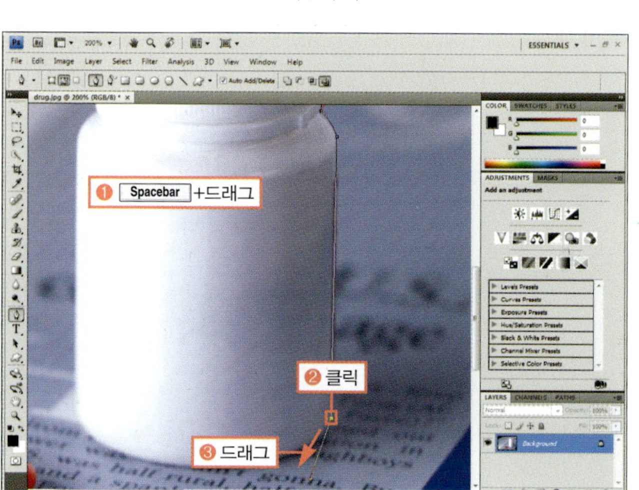


**9** 병아래 왼쪽 끝을 클릭하고 동시에 드래그하여 세그먼트가 병 아래 부분과 잘 맞도록 곡선 조절선의 방향과 길이를 조절합니다.

⑩ 직선 패스를 그리기 위해 마지막 앵커 포인트를 Alt 를 누른 채 클릭하여 그릴 방향의 곡선 조절선을 제거합니다.

⑪ 병 윗부분을 클릭하여 직선 패스를 그립니다.

⑫ 다시 곡선을 그리기 위해 마지막 앵커 포인트를 클릭하고 동시에 그릴 방향으로 드래하그여 곡선 조절선을 만든 후 계속 클릭하여 처음의 앵커 포인트를 선택하고 패스를 마무리합니다.

⑬ 완성된 패스를 확인합니다.

◎ **완성물** : 예제파일\Round06\drug_f.jpg

B O N U S

패스가 병과 잘 맞지 않으면 Ctrl 을 눌러 직접 선택 툴(▶)로 변경한 후 포인트와 곡선 조절점을 드래그하여 수정합니다.



**Training 02.**
복잡한 패스 그리고 선택하여 수정하기

# 패스 선택 툴로 패스 수정하기

> ⊚ **준비물** : '예제파일\Round06\heart.jpg' 파일을 불러오세요.
>
> ⊚ **동영상 해설** : 동영상해설\heart.avi

**①** PATHS 패널을 열고 'Work Path'를 클릭하면 이미 작업된 패스가 나타납니다. 툴박스의 패스 선택 툴(▶)을 선택하고 이미지 창에서 왼쪽 위 마름모 모양의 패스를 선택합니다.

**②** 툴박스의 펜 툴(✐)을 선택하고 그림과 같이 세그먼트 위로 이동하여 포인트 추가 툴(✐)로 변경되면 클릭하여 포인트와 곡선 조절선을 추가합니다.

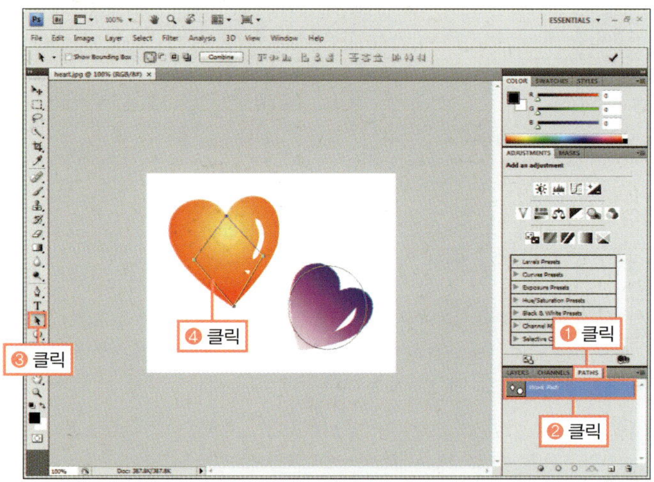

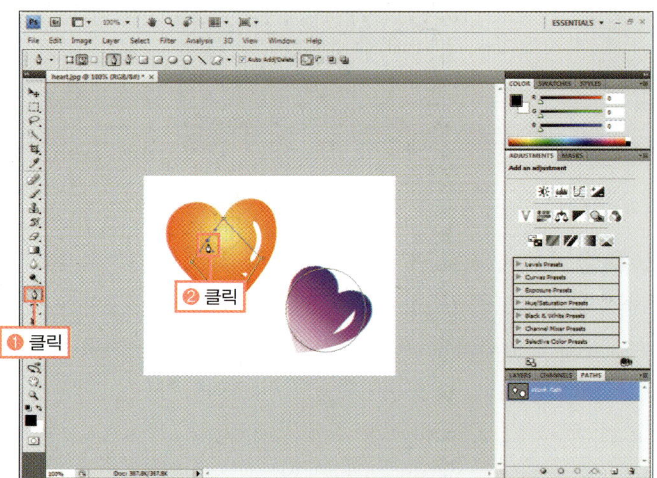

## BONUS

패스를 수정하기 위해서는 패스 선택 툴(▶)이나 직접 선택 툴(▶)로 패스를 클릭하여 앵커 포인트가 보여야 합니다.

## STOP

펜 툴로 세그먼트를 클릭하면 클릭한 지점에 앵커 포인트와 양쪽으로 곡선 조절선이 나타나 기울기와 곡선 정도를 조절할 수 있습니다.

**③** Ctrl을 누른 채 추가된 포인트를 위로 드래그하여 하트에 맞춥니다.

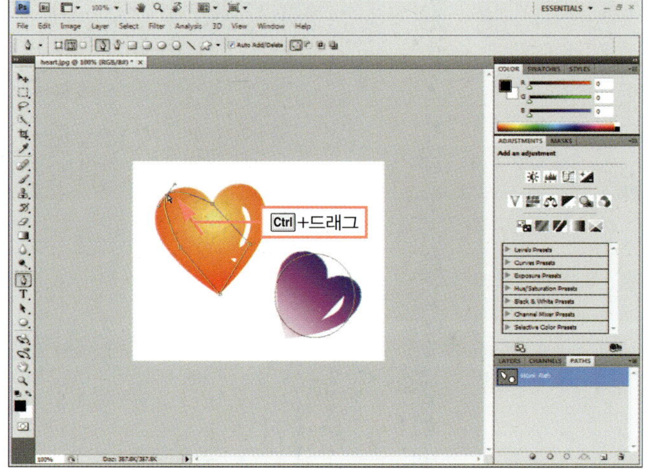

## BONUS

펜 툴에서 Ctrl을 누르면 직접 선택 툴로 변경되어 앵커 포인트와 곡선 조절점의 위치를 수정할 수 있습니다.

④ Ctrl 을 누른 채 그림과 같이 이동한 앵커 포인트의 오른쪽 곡선 조절점을 드래그하여 세그먼트가 하트와 잘 맞도록 조절합니다.

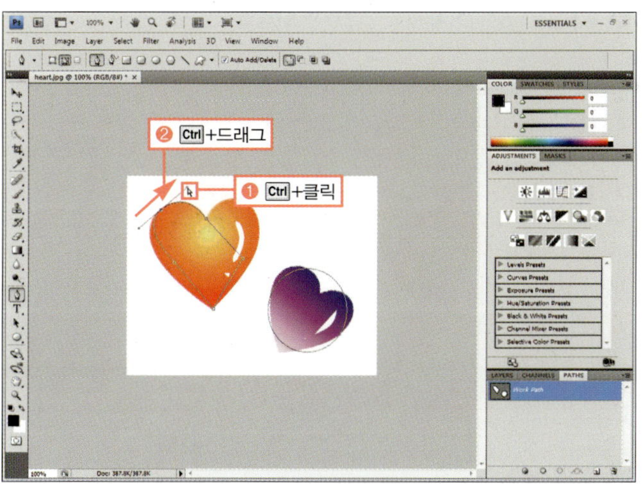


⑤ 아래 포인트로 마우스 포인터를 이동하여 포인트 삭제 툴( )로 변경되면 클릭하여 삭제합니다.

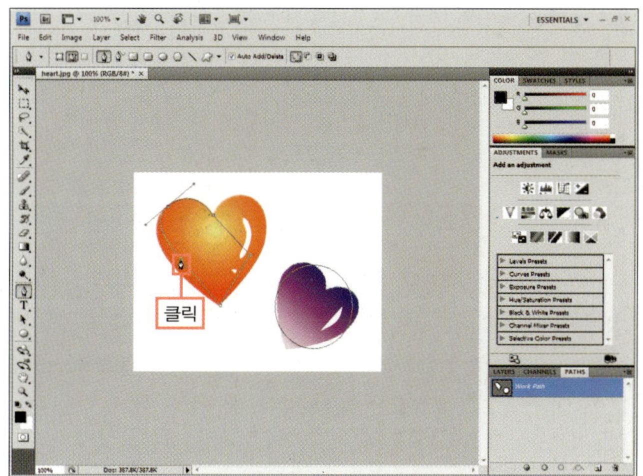


**BONUS**

조절하려는 곡선 조절선이 보이지 않으면 앵커 포인트를 직접 선택 툴로 클릭합니다.

⑥ Ctrl 을 누른 채 왼쪽 곡선 조절점을 드래그하여 세그먼트가 하트와 잘 맞도록 조절합니다.

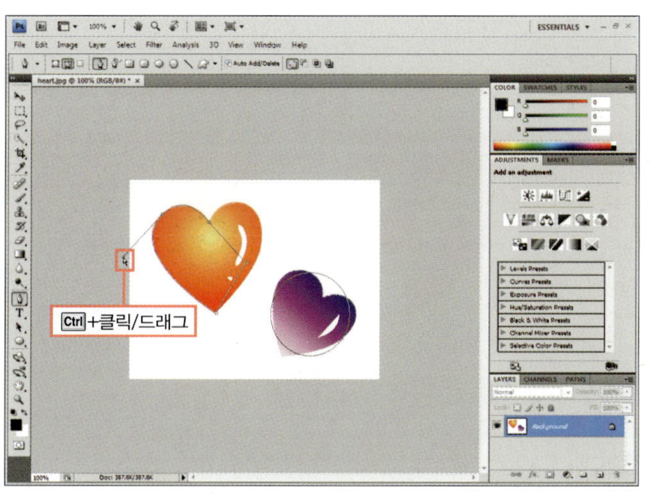


⑦ ②~④와 같은 방법으로 맞은편 세그먼트에도 포인트를 추가한 후 Ctrl 을 누른 채 위로 드래그하여 하트에 맞춥니다. 계속 Ctrl 을 누른 후 왼쪽 곡선 조절점을 드래그하여 세그먼트를 하트에 맞도록 조절합니다.

**Training 02.**
복잡한 패스 그리고 선택하여 수정하기

⑧ ⑤~⑥과 같은 방법으로 아래 앵커 포인트를 제거한 후 Ctrl 을 누른 채 오른쪽 곡선 조절점을 드래그하여 세그 먼트가 하트와 맞도록 조절합니다.

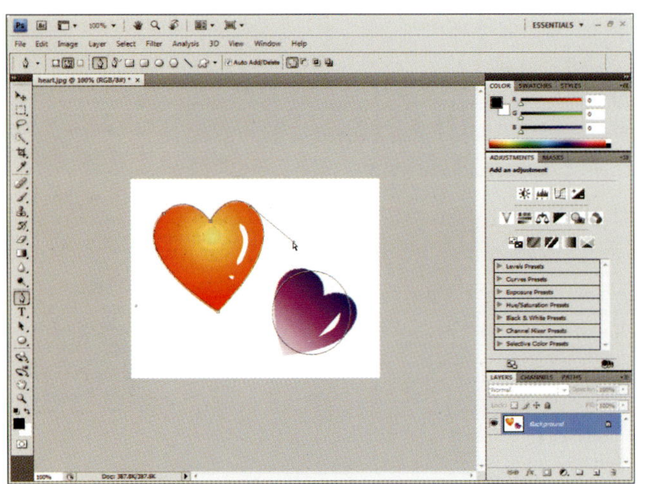

## BONUS

곡선 조절선은 해당 포인트나 세그먼트를 선택할 때만 보이기 때문에 먼 저 포인트나 세그먼트를 선택한 후 조절합니다.

⑩ 변형 조절점 바깥으로 마우스 포인터를 이동하여 '회 전( )' 모양으로 변경되면 그림과 같이 드래그하여 앵커 포인트의 각 위치가 그림과 같이 보라색 하트와 맞도록 회 전한 후 옵션 바의 '확인( )을' 클릭합니다.

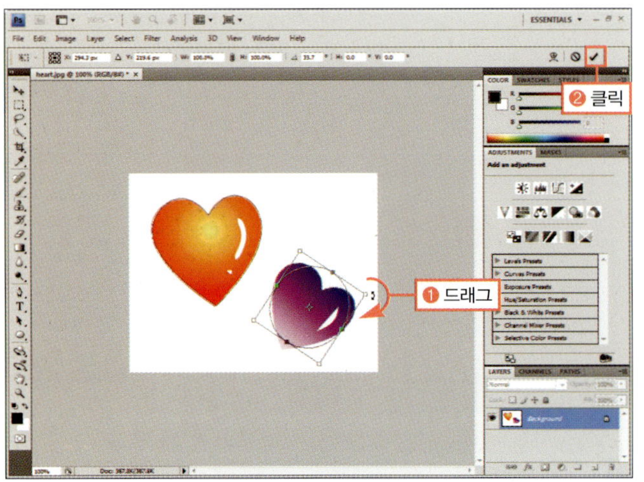


⑨ 툴박스에서 패스 선택 툴( )을 선택한 후 오른쪽 원 패스를 클릭하고 Ctrl + T 를 눌러 변형 조절점이 나타나도 록 합니다.

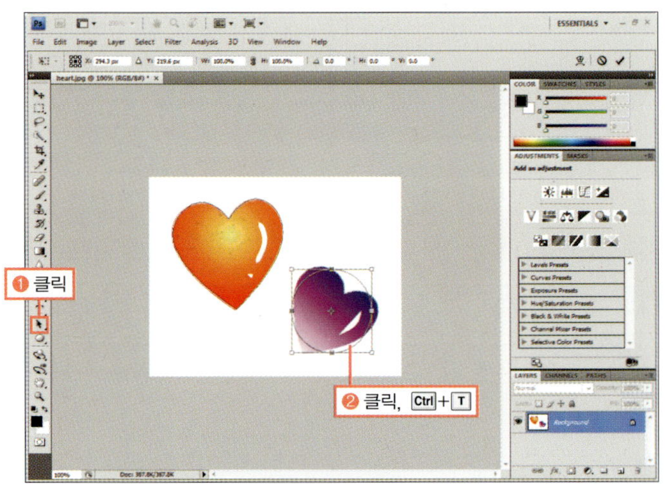


## BONUS

패스를 선택한 후 Ctrl + T 를 누르면 변형 조절점이 나타나 패스의 크기 와 회전을 적용할 수 있습니다.

⑪ 툴박스의 펜 툴( )을 선택하고 원 패스의 아래 포인 트에서 Alt 를 눌러 포인트 변경 툴( )로 변경되면 클릭하 여 양 옆의 곡선 조절선을 없애줍니다.

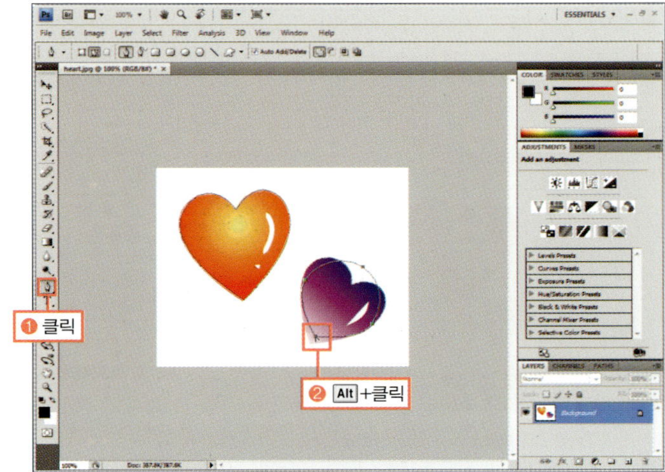

곡선 포인트를 Alt 를 누른 채 클릭하면 포인트 변경 툴(N)로 변경되어 직선 포인트로 수정됩니다.

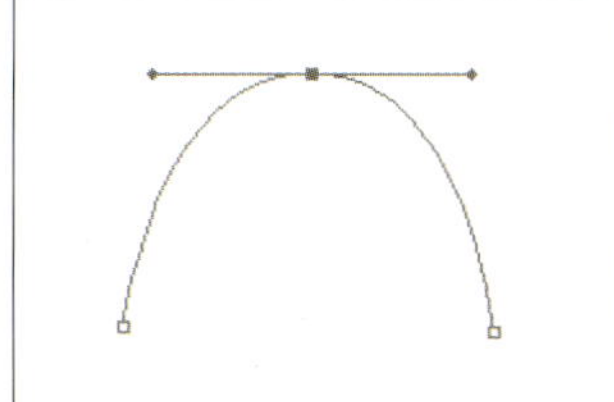 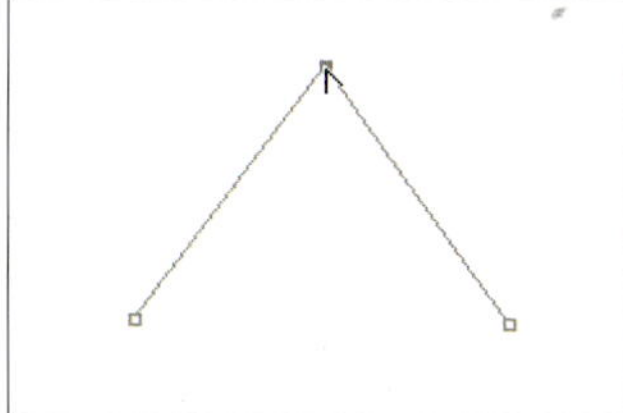 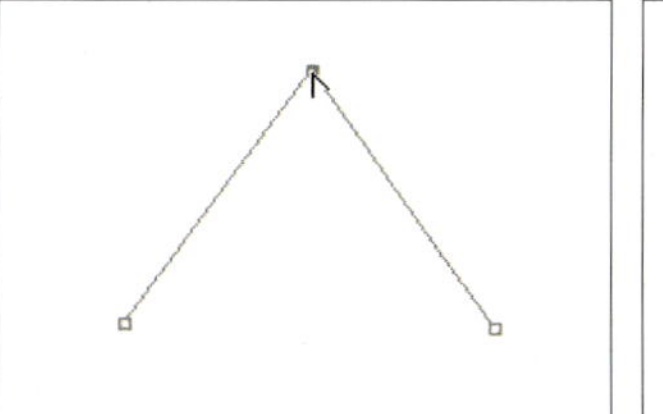 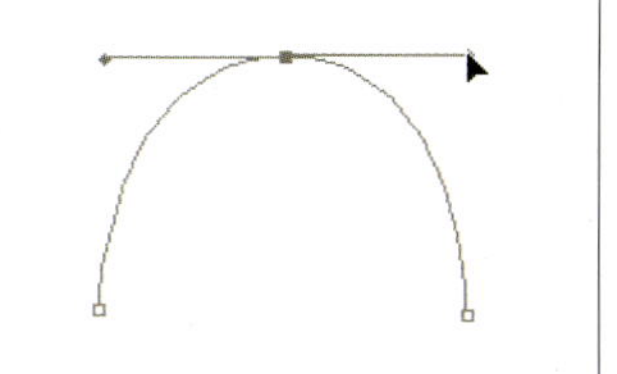

▲ 곡선 포인트를 포인트 변경 툴로 클릭하여 직선 포인트로 수정하기    ▲ 직선 포인트를 포인트 변경 툴로 클릭과 동시에 오른쪽으로 드래그하여 곡선 포인트로 수정하기

⑫ Ctrl 을 누른 채 아래 포인트 부분을 드래그하여 아래 하나의 포인트만 선택되도록 합니다. 전체 패스가 선택되어 있을 때에는 클릭해서는 포인트가 하나씩 선택되지 않습니다. 따라서 선택하려는 포인트 부분을 드래그하는 것입니다.

⑬ 선택된 포인트를 Ctrl 을 누른 채 아래로 이동하여 보라색 하트에 맞춥니다. 계속 Ctrl 을 누른 채 패스의 위 포인트를 클릭하여 선택한 후 하트 중심 꼭짓점에 맞도록 이동합니다.

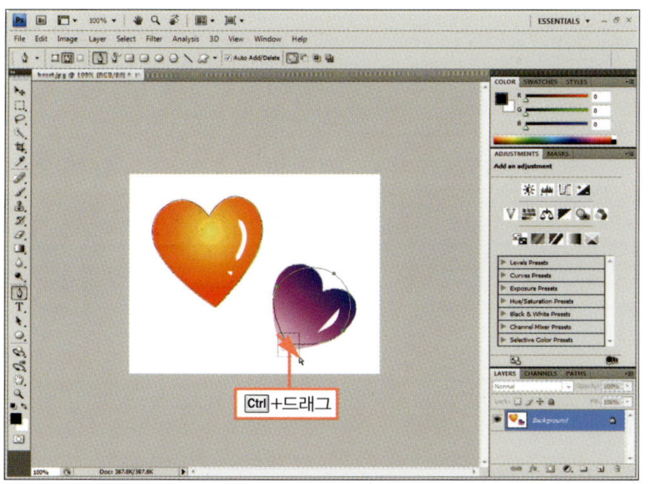

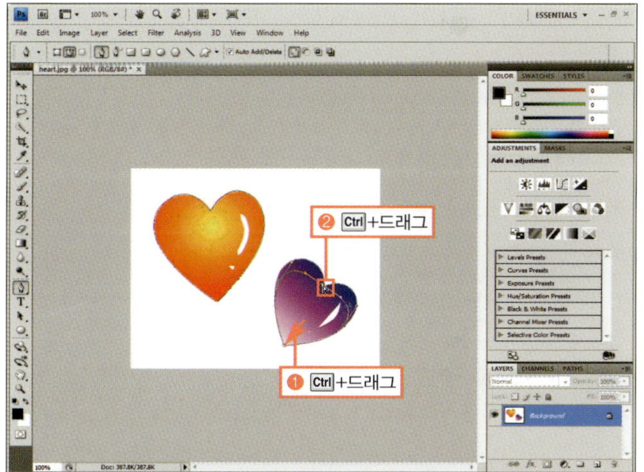

⑭ Ctrl 을 누른 채 오른쪽 포인트를 선택하고 보라색 하트에 맞도록 이동합니다. 계속 Ctrl 을 누른 채 왼쪽 포인트를 선택하여 하트에 맞도록 이동합니다.

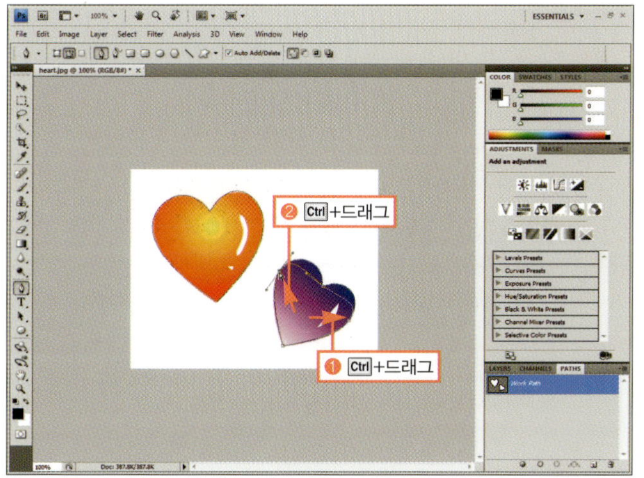



**Training 02.**
복잡한 패스 그리고 선택하여 수정하기

⑮ [Alt]를 누른 채 위 꼭짓점 포인트의 곡선 조절점을 위로 드래그하여 곡선 조절선을 꺾어줍니다.

⑯ [Ctrl]을 누른 채 위 꼭짓점 포인트를 클릭하고 맞은편 곡선 조절점을 위로 드래그하여 세그먼트를 하트에 맞도록 조절합니다.

◎ **완성물** : 예제파일\Round06\heart_f.jpg

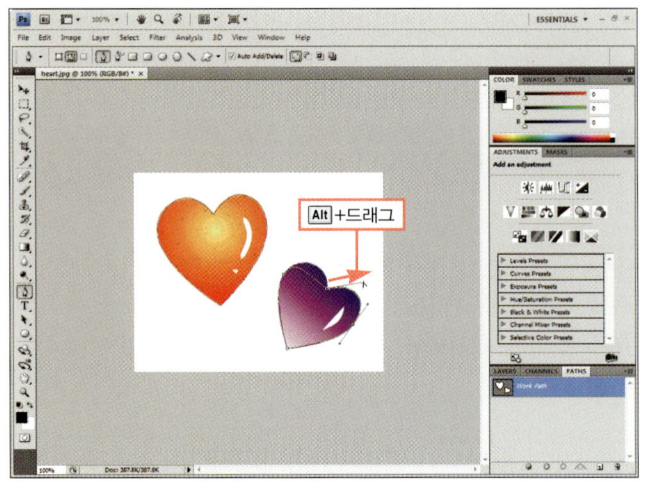


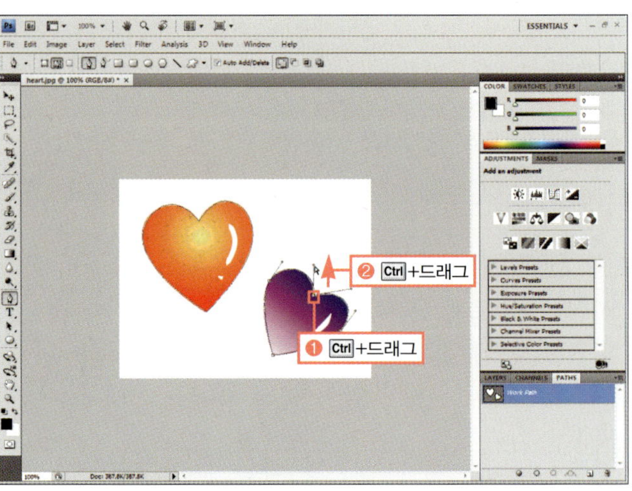


## BONUS

곡선 조절점을 [Alt]를 누른 채 클릭/드래그하면 맞은편 곡선 조절선과 방향이 서로 다르게 꺾을 수 있습니다. 다시 [Alt]를 누른 채 포인트를 클릭/드래그하면 곡선 조절선을 다시 만들 수 있습니다.

## BONUS

이미 꺾인 곡선 조절선은 [Alt]를 누르지 않아도 따로 조절되기 때문에 [Ctrl]을 눌러 직접 선택 툴([R])로 조절합니다.

---

**PHOTOSHOP COACHING |포토샵 코칭|**　　　　　　　　　**패스 선택 툴의 옵션 바**

패스 선택 툴([R])의 옵션 바에는 패스를 추가하거나 삭제할 수 있는 아이콘과 여러 개의 패스를 정렬할 수 있는 아이콘이 있습니다.

❶ **Show Bounding Box** : 체크하면 선택한 패스에 변형 조절점이 나타납니다.

❷ **패스 선택 모드** : 펜 툴과 동일합니다.

❸ **Combine** : 같은 패스 레이어에서 두 개 이상의 패스를 결합하고자 할 때 클릭합니다.

❹ **패스 정렬** : 2개 이상의 패스를 선택한 후 클릭하면 아이콘 그림에 맞춰 패스들을 정렬합니다. 이동 툴([R])의 정렬 아이콘과 같습니다.

❺ **선택 패스 해제** : 클릭하면 지금 선택한 패스를 해제합니다.

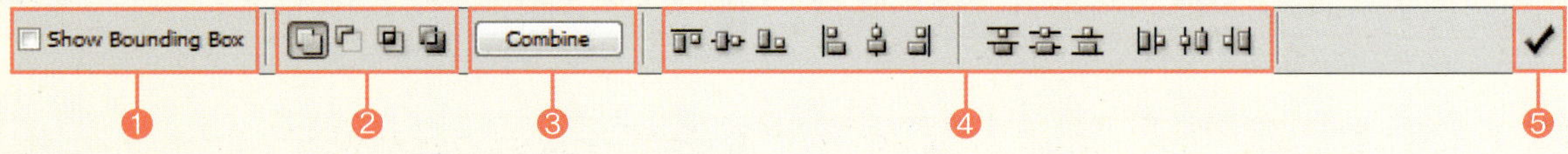

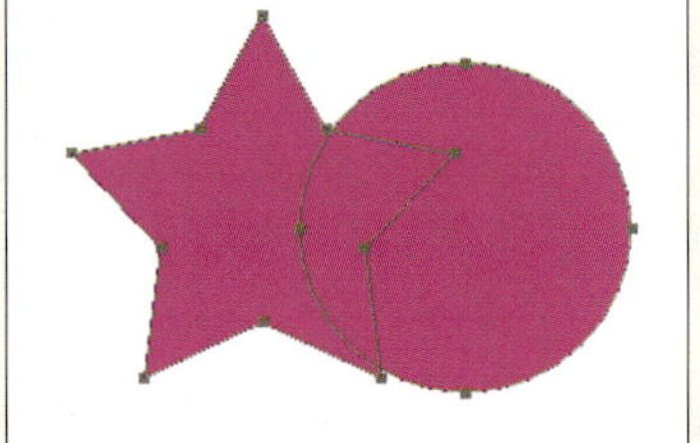

# 자동으로 도형을
# 만들어주는 도형 툴 다루기



아이콘이나 내비게이션 작업 시 가장 많이 사용하게 되는 도형은 펜 툴보다는 도형 툴로 작업하는 것이 편리합니다. 이런 도형 툴에는 사각형과 원, 둥근 사각형, 선 도형 툴과 포토샵에서 제공하는 사용자정의 도형 툴(⬚)이 있습니다. 이번 Training에서는 이런 도형 툴에 대해 자세히 알아보겠습니다.

| 학습 목표 | 학습 소재 | 난이도 | 예상 학습 결과 | 연계 학습 |
|---|---|---|---|---|
| 도형 툴 이용하여 원하는 도형 그리고 편집하기 | • 사각형 툴<br>• 원형 툴<br>• 둥근 사각형 툴<br>• 선 툴<br>• 사용자정의 도형 툴 | ★★★☆☆ | 도형 툴과 사용자정의 도형 툴로 원하는 아이콘 제작 | 패스 수정 : 298쪽 |

## R E A D Y !

### 도형 툴의 종류와 그 차이점

도형 툴과 펜 툴과의 차이점을 알아보고 그밖에 다양한 도형 툴에 대해서 살펴보겠습니다. 또한, 사용자정의 도형 툴에서 선택할 수 있는 다양한 도형들에 대해 알아봅시다.

#### ■ 도형 툴로 그릴 수 있는 이미지

펜 툴과 달리 도형 툴을 선택하면 옵션 바에 '셰이프 레이어(⬚)', '패스(⬚)'와 더불어 '필 픽셀(⬚)'도 활성화됩니다. '필 픽셀'을 선택하면 도형 툴로 레이어에 바로 도형을 그릴 수 있는데, 비트맵 이미지처럼 PATHS 패널에 아무런 패스도 작업되지 않아 수정할 때에는 브러시 툴이나 지우개 툴을 사용합니다.

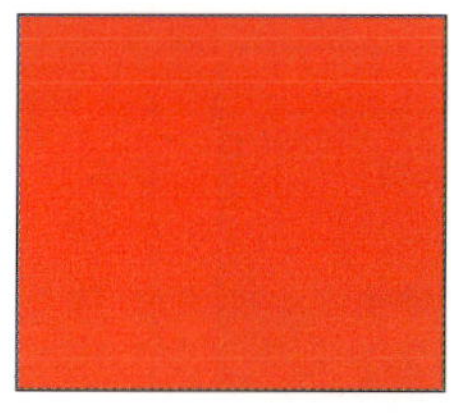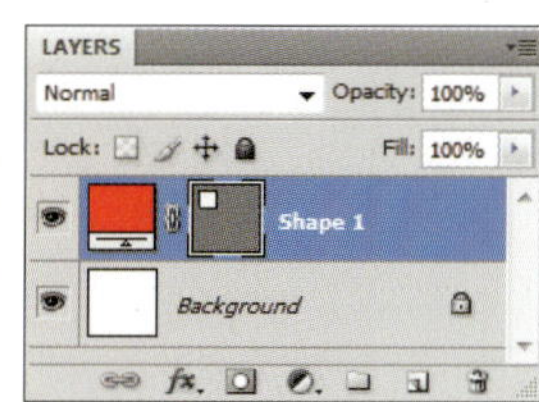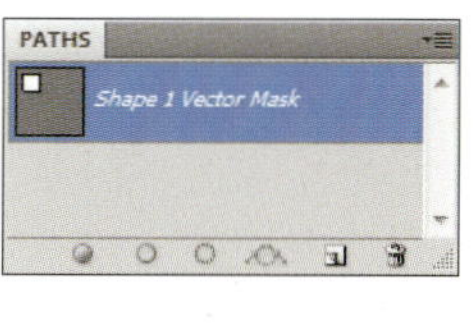

▲ '셰이프 레이어(⬚)'를 선택한 후 사각형 툴(⬚)로 그릴 때의 LAYERS 패널과 PATHS 패널의 모양

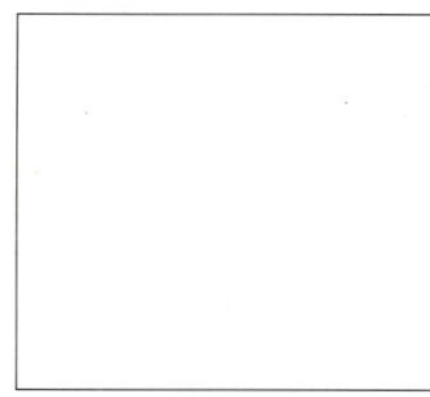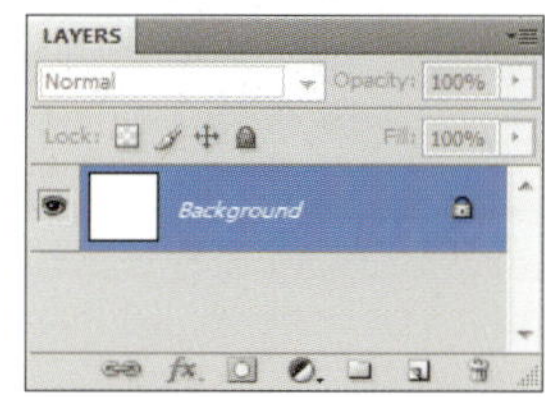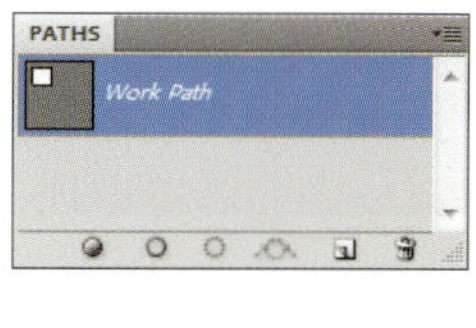

▲ '패스(⬚)'를 선택한 후 사각형 툴(⬚)로 그릴 때의 LAYERS 패널과 PATHS 패널의 모양

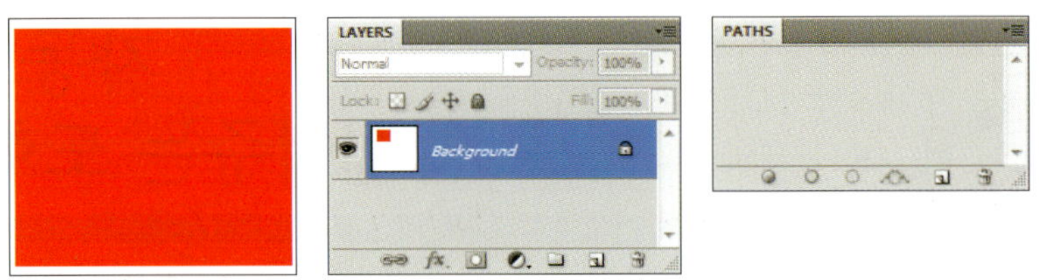

▲ '필 픽셀(▣)'을 선택한 후 사각형 툴(▣)로 그릴 때의 LAYERS 패널과 PATHS 패널의 모양

### ■ 셰이프 레이어 살펴보기

펜 툴이나 도형 툴을 사용할 때 '셰이프 레이어(▣)'를 선택한 후 작업하면 셰이프 레이어가 만들어진다고 했는데 그 구조에 대해 알아봅시다.

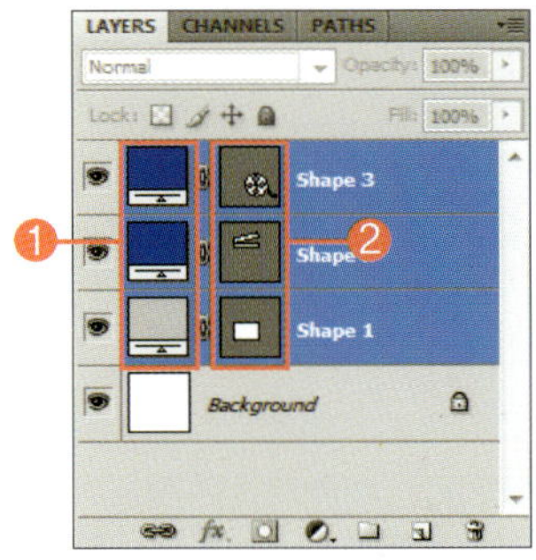

❶ **레이어 썸네일** : 셰이프 레이어의 색상을 지정합니다. 옆의 벡터 마스크를 제거해도 이 레이어 썸네일은 남겨집니다.

❷ **벡터 마스크 썸네일** : 레이어 썸네일의 색상에서 보이는 부분을 패스로 지정한 마스크 썸네일입니다. 벡터 마스크에 대해서는 Round08에서 자세히 다루겠습니다.

### ■ 기본적인 도형 툴의 사용법

사각형 툴(▣), 둥근 사각형 툴(▣)과 원형 툴(〇)을 선택하고 드래그하는 중에 Shift 를 누르면 정사각형이나 정원을 그릴 수 있습니다. 또한, 도형을 그리는 중에 Alt 를 누르면 시작점이 중심이 되어 그려집니다.

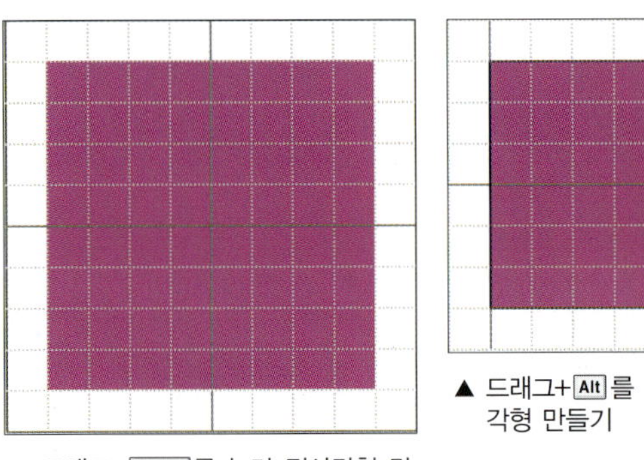

▲ 드래그+ Shift 를 눌러 정사각형 만들기

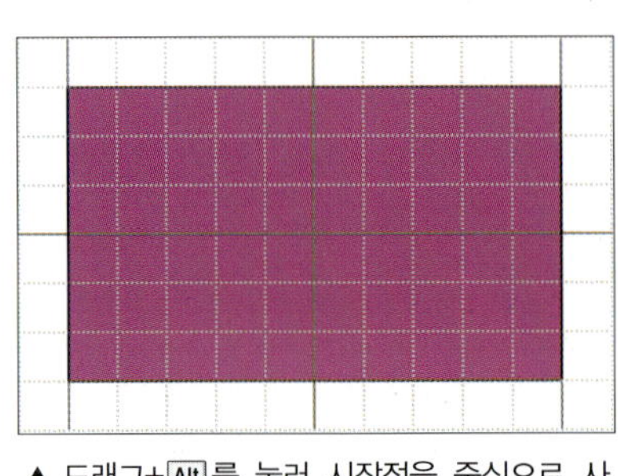

▲ 드래그+ Alt 를 눌러 시작점을 중심으로 사각형 만들기



**Round 06.**
비트맵 외의 다양한 이미지 다루기

선 툴(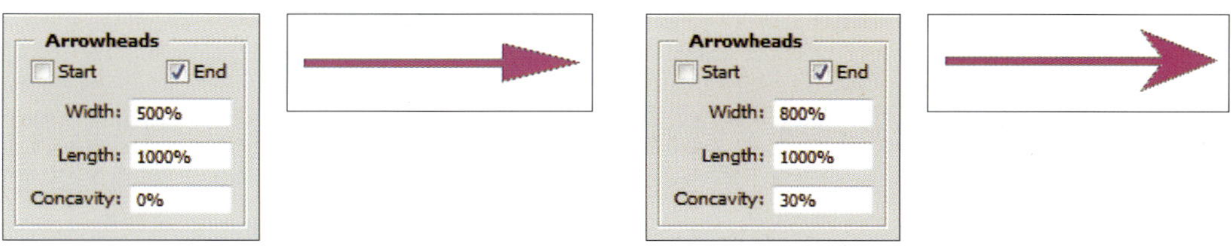)을 사용할 때에는 옵션 바의 ▪ 부분을 클릭하여 나타나는 [Arrowheads] 옵션에서 화살 표의 모양을 조절해 그릴 수 있습니다.

### ■ 사용자정의 도형 툴 살펴보기

도형 툴의 마지막에 있는 사용자정의 도형 툴(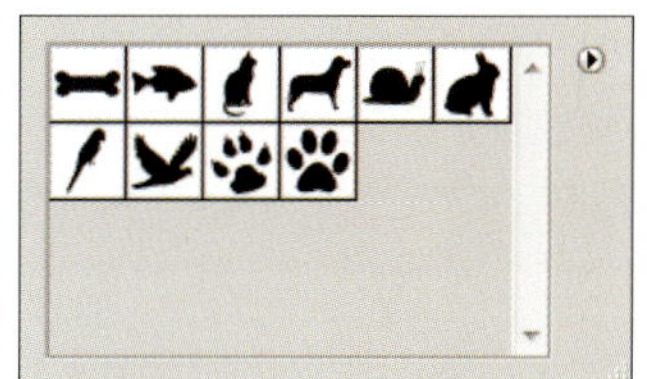)을 선택하면 포 토샵에서 제공하는 다양한 도형을 사용할 수 있습니다. 이 도형 들은 종류별로 묶여 있어 원하는 도형들을 추가하여 사용합니다.

▲ Animals

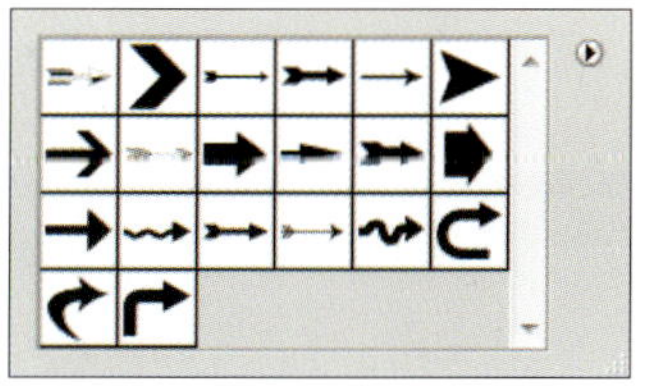

▲ Arrows

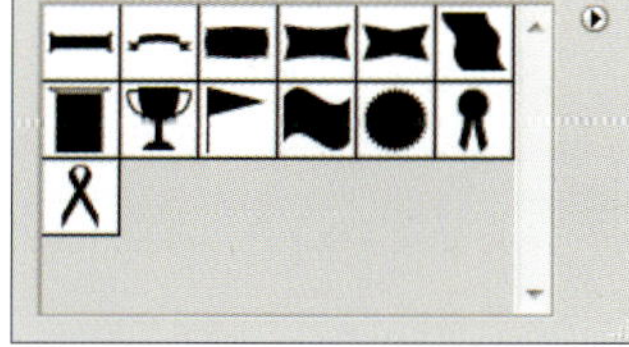

▲ Banners and Awards

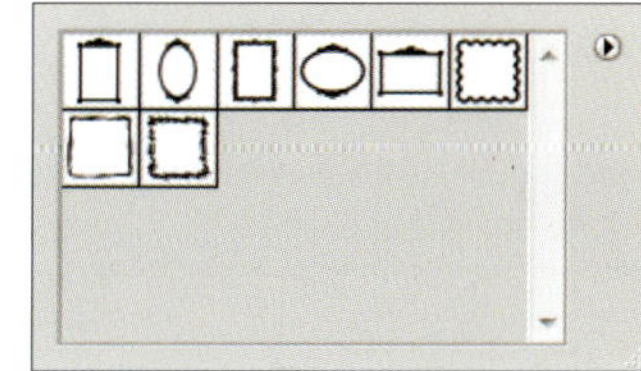

▲ Frames

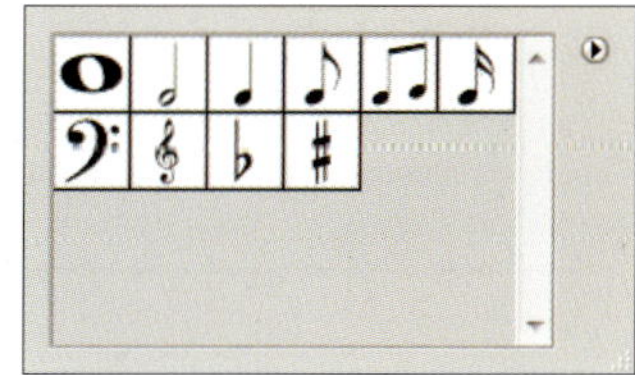

▲ Music

▲ Nature

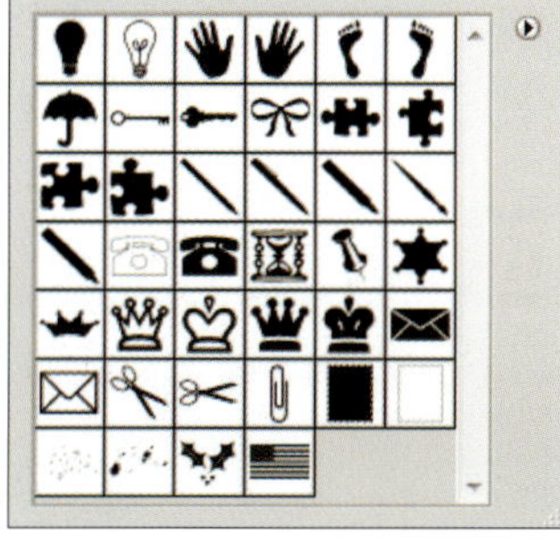

▲ Objects

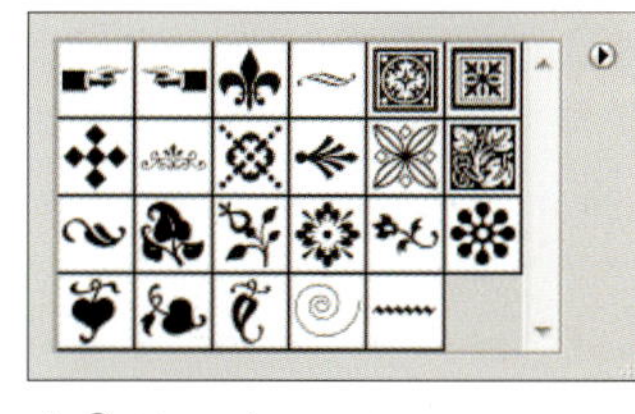

▲ Ornaments

▲ Shapes

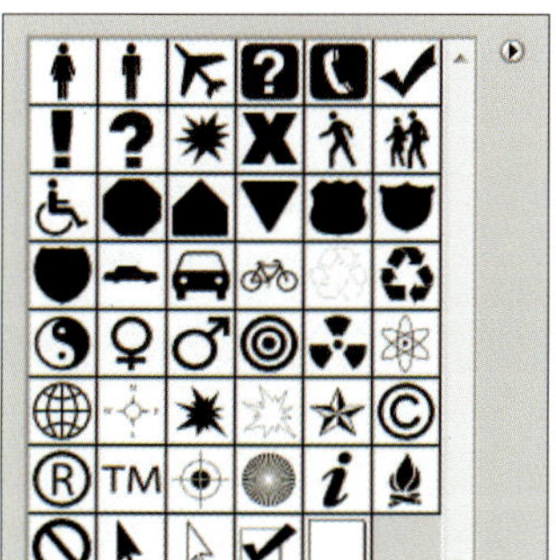

▲ Symbols

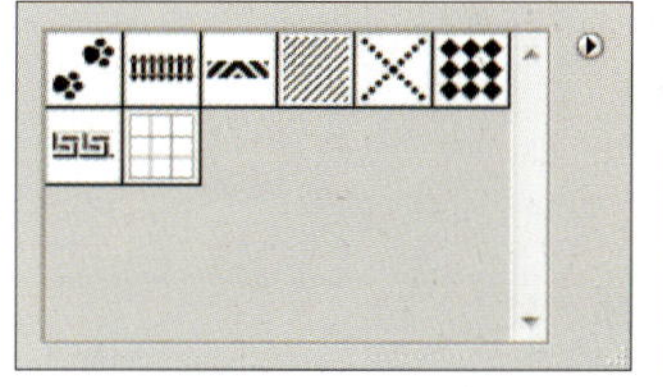

▲ Talk Bubbles

▲ Tiles

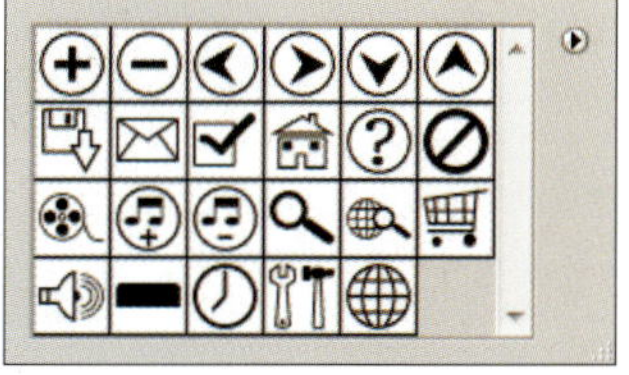

▲ Web



Training 03.
자동으로 도형을 만들어주는 도형 툴 다루기

## 기본 도형 툴 사용하여 아이콘 만들기

◎ **준비물** : '예제파일\Round06\moviecut.jpg' 파일을 불러오세요.

**①** 툴박스의 둥근 사각형 툴(▢)을 선택합니다.

**②** 옵션 바에서 '셰이프 레이어(▢)'를 클릭합니다. [Radius]를 '10px', [Color]의 썸네일을 클릭하여 도형 색상을 밝은 회색으로 선택합니다.

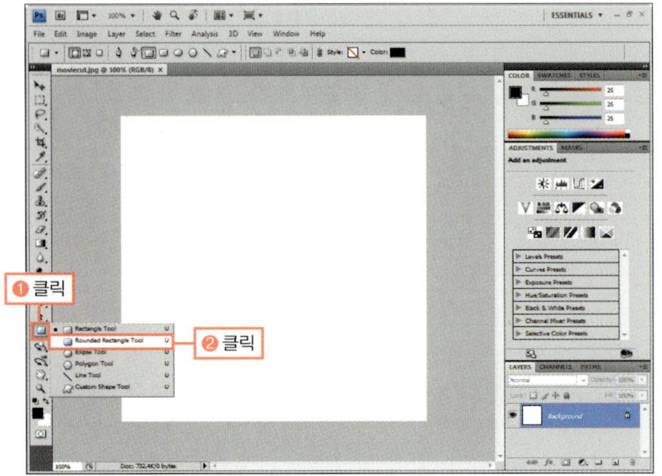

**③** 드래그하여 도형을 그립니다.

**④** LAYERS 패널에서 셰이프 레이어의 마스크 썸네일을 클릭하여 패스가 안보이게 한 후 툴박스의 사각형 툴(▢)을 선택하고 도형 색상을 빨간색으로 설정합니다.

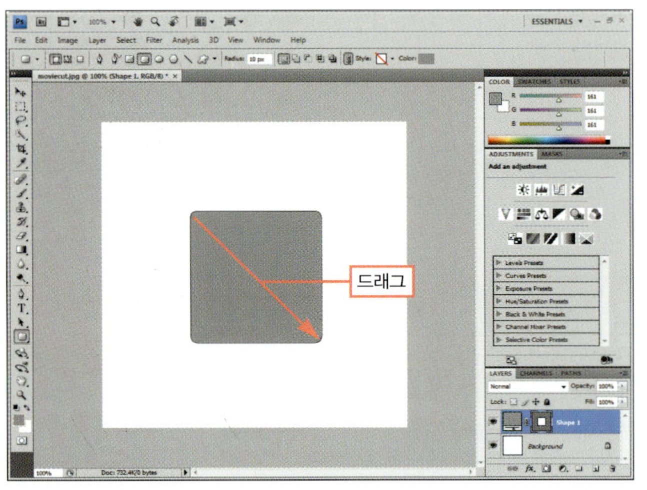

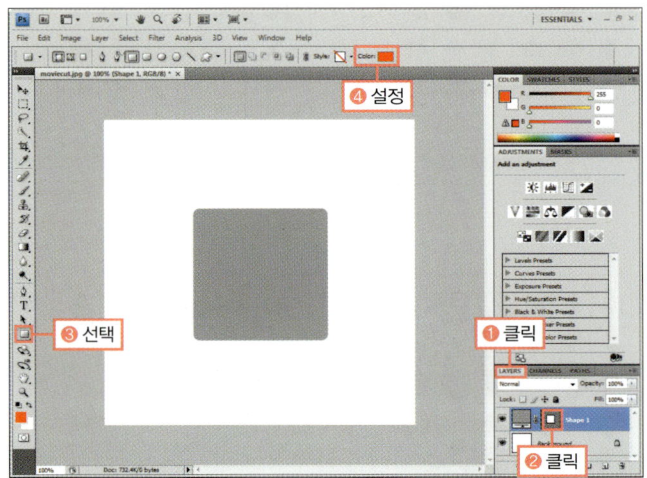

⑤ 그림과 같이 둥근 사각형 안에서 드래그하여 사각형을 그립니다.

⑥ 옵션 바에서 다각형 툴(◯)을 선택한 후 옵션 바의 도형 모서리의 개수를 나타내는 [Sides]를 '3'으로 입력하고 '패스 추가(▣)'를 클릭합니다. Shift 를 누른 채 그림과 같이 드래그하여 정삼각형을 만듭니다.

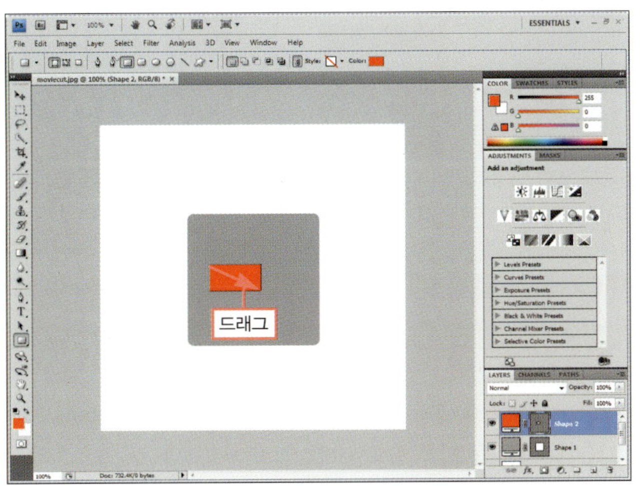


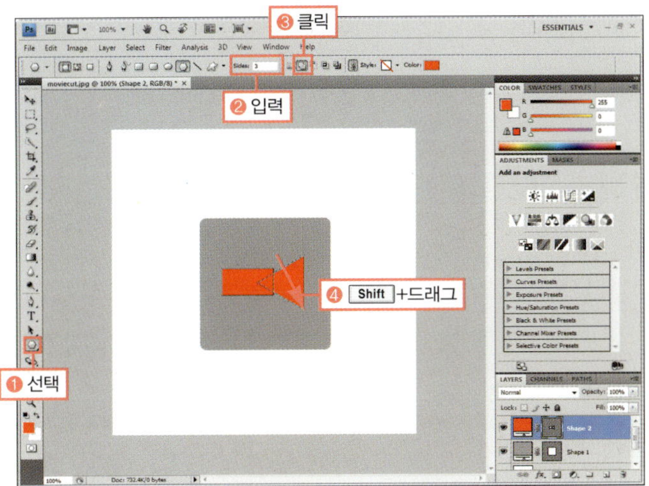


⑦ 툴박스의 패스 선택 툴(▶)을 선택하고 삼각형을 클릭하여 패스를 보이게 한 후, Ctrl + T 를 눌러 변형 조절점이 보이면 그림과 같은 화살표가 되게 회전한 후 Enter 를 누릅니다.

⑧ COLOR 패널 옆의 STYLES 패널을 선택합니다. 스타일 목록에서 [Sunset Sky(■)] 스타일을 클릭하여 화살표에 적용합니다.

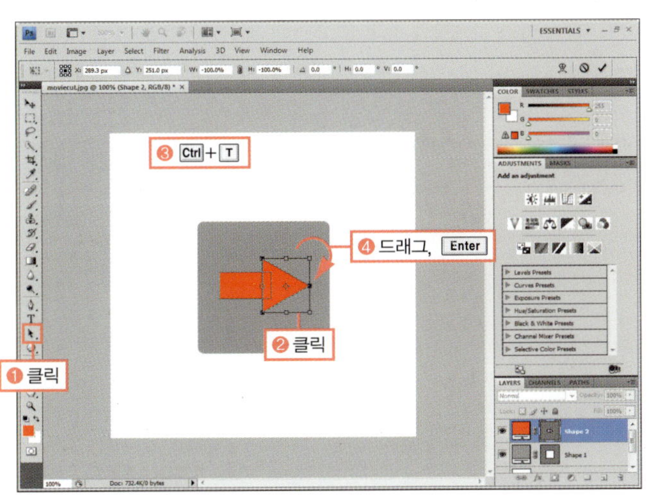


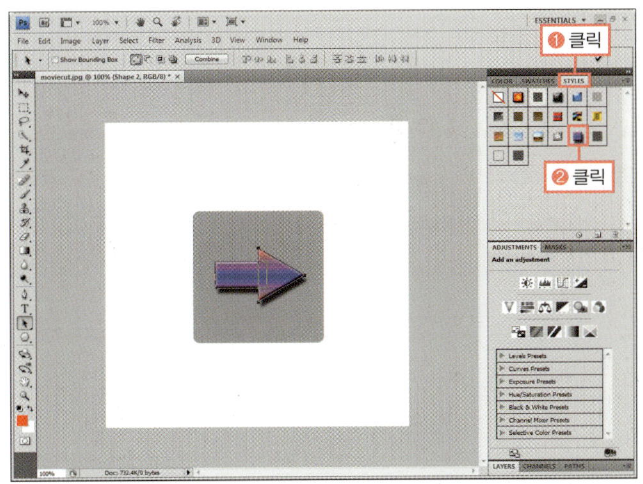




패스를 선택하지 않고 Ctrl + T 를 누르면 같은 셰이프 레이어에 있는 전체 도형의 변형 조절점이 나타납니다.



STYLES 패널은 여러 레이어 스타일을 이용해 만든 것으로 주로 도형이나 글자에 많이 적용합니다.



**Training 03.**
자동으로 도형을 만들어주는 도형 툴 다루기

❾ LAYERS 패널에서 'Shape 1' 레이어를 선택한 후 STYLES 패널에서 [Sunspots(▨)] 스타일을 클릭하여 둥근 사각형에 적용합니다. 만들어진 모양을 확인합니다.

◎ **완성물** : 예제파일\Round06\moviecut_f.psd

**G O !**     **사용자정의 도형 툴로 새로운 아이콘 만들기**

◎ **준비물** : '예제파일\Round06\moviecut2.psd' 파일을 불러오세요.

❶ 전경색을 파란색으로 지정하고 툴박스의 사각형 툴(▢)을 클릭하여 나오는 툴 중에 사용자정의 도형 툴(🖼)을 선택합니다.

❷ 옵션 바의 [Shape]에서 ▪ 부분을 클릭하여 나오는 도형 썸네일에서 메뉴 버튼(▶)을 눌러 [All]을 선택합니다.

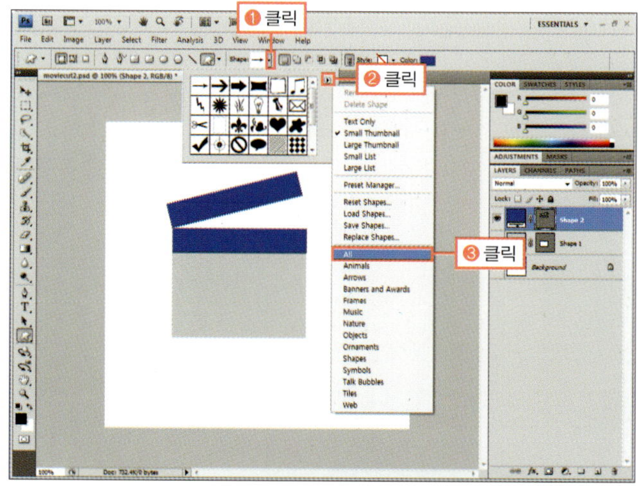


**B O N U S**

Alt 을 선택하면 종류별로 묶여있는 모든 도형을 추가할 수 있습니다.

❸ 도형들을 추가할 것인지 아니면 현재 도형들 대신에 들어올 것인지 묻는 경고문이 나타나면 [OK] 버튼을 클릭합니다.

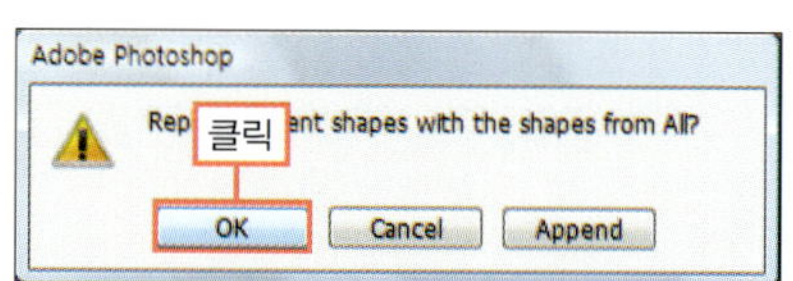




**Round 06.**
비트맵 외의 다양한 이미지 다루기

④ 포토샵에서 기본 제공하는 모든 도형이 목록에 나타납니다. 스크롤을 아래로 이동하여 [Movie(💿)] 도형을 선택합니다.

⑤ 그림과 같이 드래그하여 도형을 그립니다. 이때 정비례 모양으로 그리기 위해서 Shift 를 누른 채 드래그합니다.

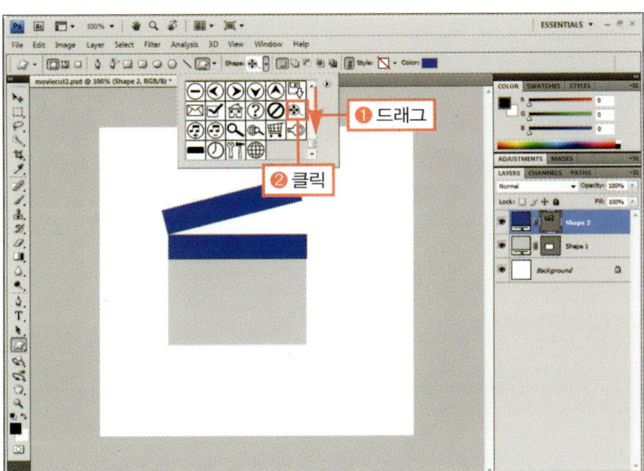


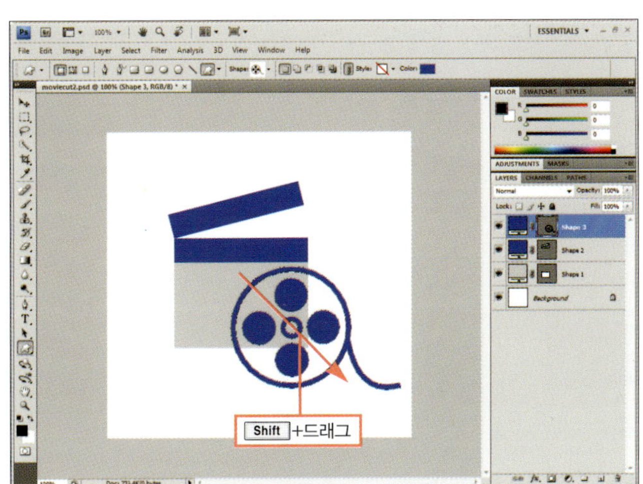


⑥ 툴박스에서 직접 선택 툴(🔺)을 선택하고 방금 그린 도형에서 두 번째 큰 원의 위 포인트를 클릭합니다.

⑦ Delete 를 2번 눌러 선택한 원을 지웁니다.

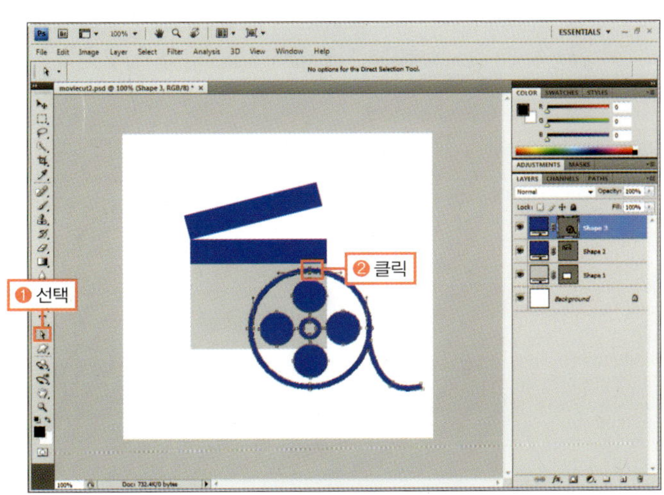


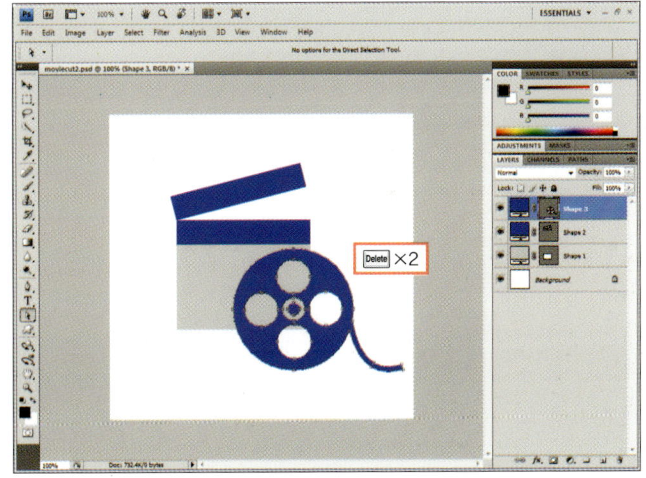


## BONUS

여러 개의 포인트와 패스로 이뤄진 도형에서 일부분을 선택할 때에는 직접 선택 툴(🔺)을 사용합니다.



**Training 03.**
자동으로 도형을 만들어주는 도형 툴 다루기

❽ 옵션 바의 [Shape]에서 ⊡ 부분을 클릭하여 썸네일이 보이게 한 후 [Talk 3(●)] 도형을 선택합니다.

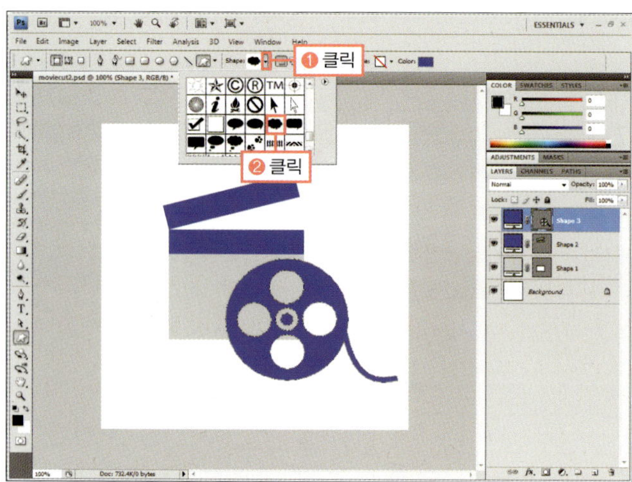

❾ 옵션 바의 '새 세이프 레이어(▣)'를 클릭한 후 드래그하여 그림과 같이 그립니다.

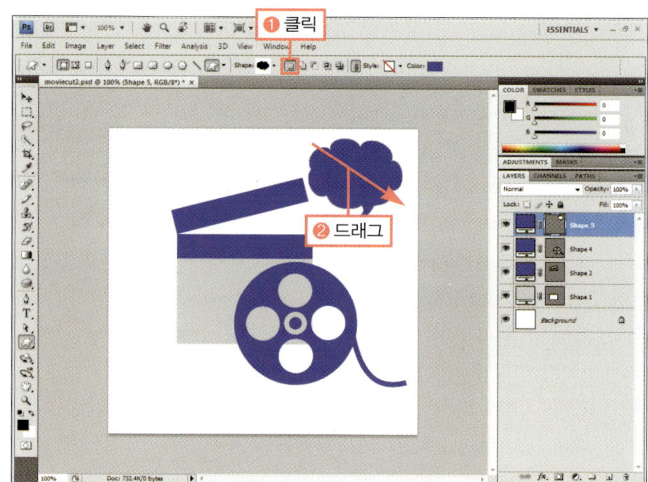

❿ 툴박스의 직접 선택 툴(▶)을 선택한 후 말풍선 꼬리를 클릭/드래그하여 그림과 같이 위치를 이동합니다. 그리고 양 옆의 곡선 조절선의 조절점을 드래그하여 말꼬리가 자연스럽게 보이게 조절합니다.

◎ **완성물** : 예제파일\Round06\moviecut2_f.psd

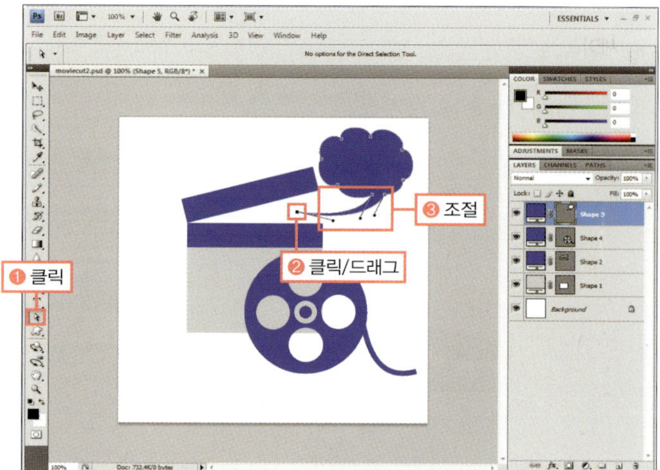

# 나만의 도형으로 등록하기

사용자가 직접 도형을 그려 [Edit]-[Define Custom Shape] 메뉴를 실행하면 포토샵 도형에 등록됩니다. 그러면 기본 도형처럼 불러와 계속 사용할 수 있습니다.

◎ **준비물** : '예제파일\Round06\moviecut3.psd' 파일을 불러오세요.

**①** 툴박스의 패스 선택 툴(▶)을 선택하고 이미지에서 필름 모양을 클릭합니다. Ctrl+X를 눌러 패스를 잘라내면 경고 대화 상자가 나타나는데 그대로 [OK] 버튼을 클릭하여 닫습니다.

> **STOP**
>
> 셰이프 레이어에서 Ctrl+X를 누를 때 셰이프 레이어 전체를 자를지, 벡터 마스크만 자를 것인지, 아니면 셰이프 레이어는 그대로 두고 패스만 자를 것인지 선택할 수 있습니다.

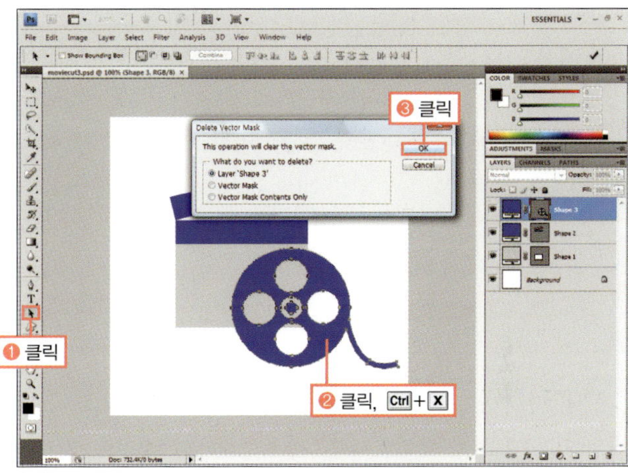


**②** Ctrl+V를 누르면 'Shape 2' 레이어에 붙여집니다.

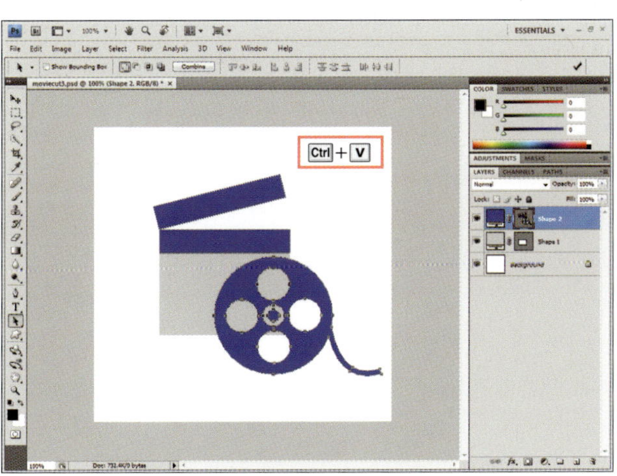


**③** 패스 선택 툴로 이미지 전체를 드래그하여 패스를 모두 선택한 후 다시 Ctrl+X를 눌러 자릅니다. 경고 내화상자가 나타나면 [OK] 버튼을 클릭합니다.

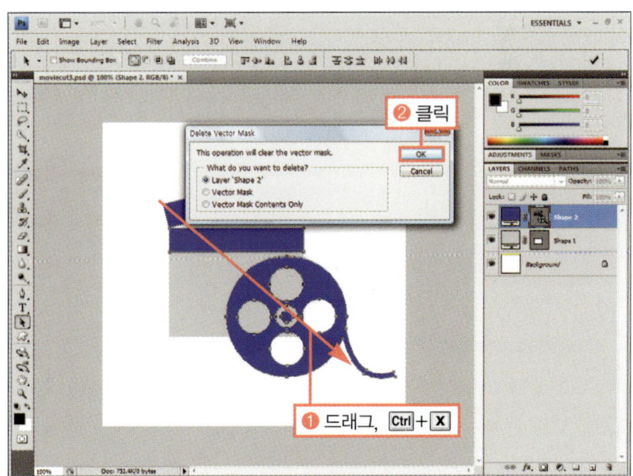

④ Ctrl+V를 눌러 패스를 'Shape 1' 레이어에 붙여 넣습니다. 하나의 셰이프 레이어에 모든 패스가 붙여넣기되면서 같은 색상으로 변경됩니다.

⑤ 옵션 바의 '교차 외의 패스(□)'를 클릭하여 겹쳐진 두 개의 패스에서 교차된 부분 외의 나머지 패스만 남도록 합니다.

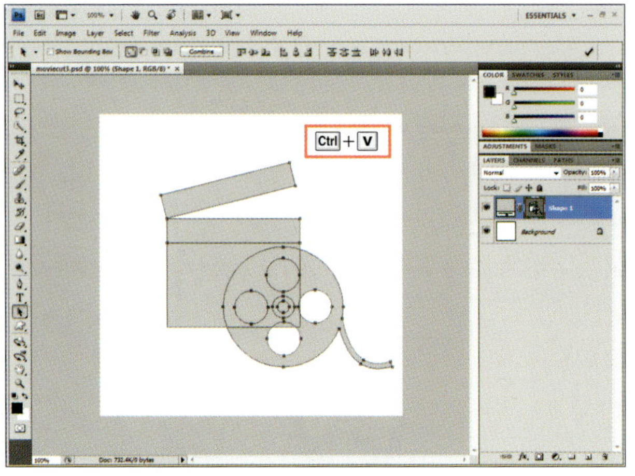

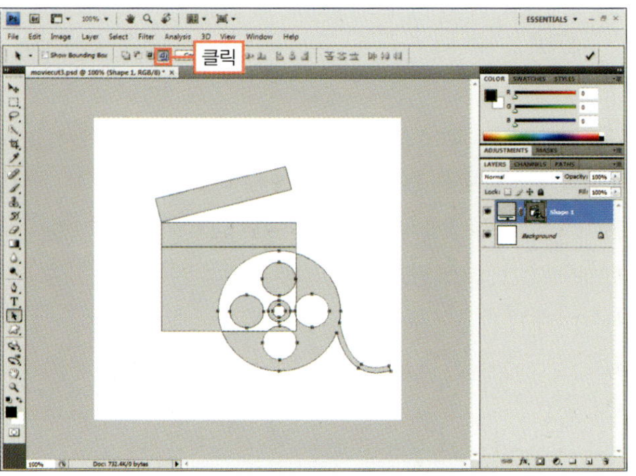

## BONUS

[Define Custom Shape]는 선택한 패스를 새로운 도형으로 추가 등록하는 명령으로, 여러 셰이프 레이어의 패스인 경우 모두 하나의 셰이프 레이어로 합친 후 명령을 실행해야 합니다.

⑥ 선택된 패스를 사용자 정의 도형으로 등록하기 위해 [Edit]–[Define Custom Shape] 메뉴를 선택합니다.

⑦ 추가로 등록되는 이름을 입력하는 [Shape Name] 대화상자에서 'moviecut'을 입력하고 [OK] 버튼을 클릭합니다.

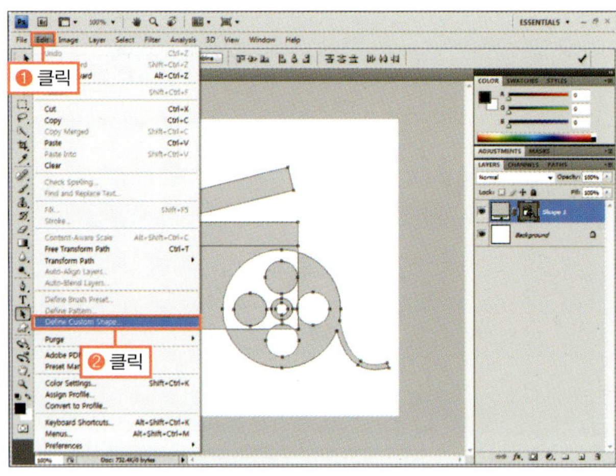

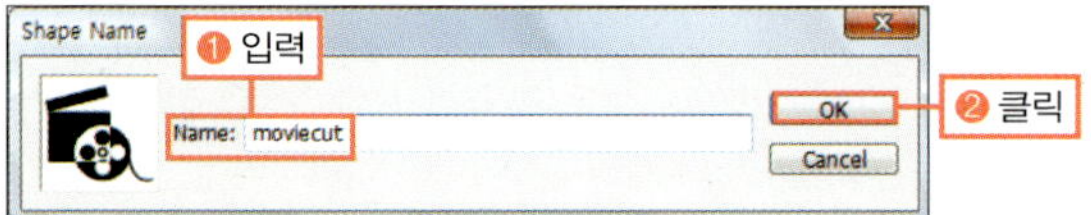



**Round 06.**
비트맵 외의 다양한 이미지 다루기

**8** Ctrl+N을 눌러 [New] 대화상자를 연 후 새 이미지 창의 이름을 입력하는 [Name]에 'icon', [Width]와 [Height]에 '300'을 입력하고 [OK] 버튼을 클릭합니다.

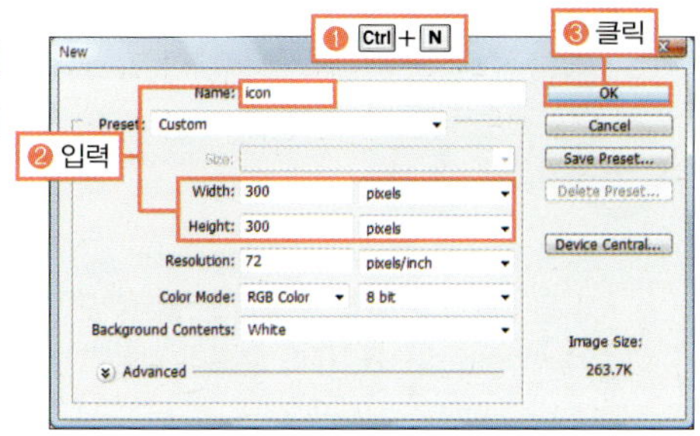

**9** 툴박스에서 사용자정의 도형 툴(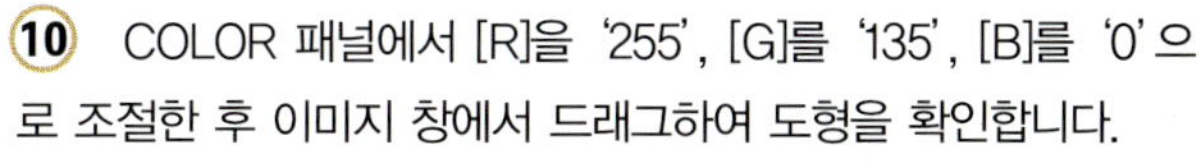)을 선택한 후 옵션 바에서 [Shape]의 ▪ 부분을 눌러 마지막에 추가된 도형을 클릭합니다.

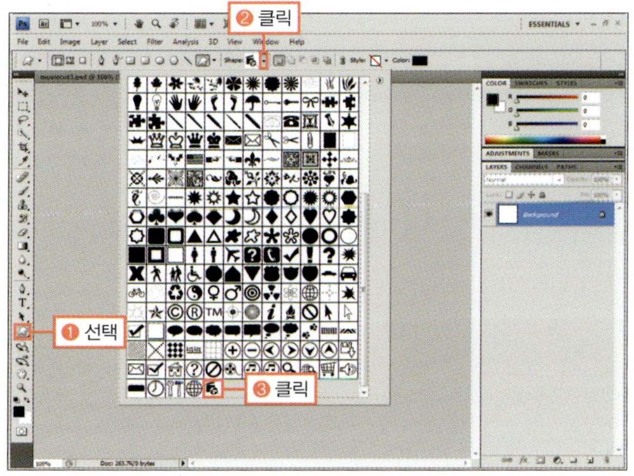

**10** COLOR 패널에서 [R]을 '255', [G]를 '135', [B]를 '0'으로 조절한 후 이미지 창에서 드래그하여 도형을 확인합니다.

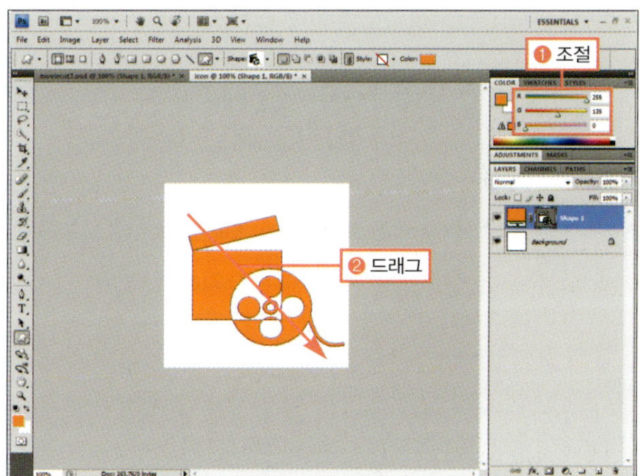

완성물 : 예제파일\Round06\moviecut3_f.psd, icon.psd



**Hard Training.**
나만의 도형으로 등록하기

# PATHS 패널 이용하여
# 패스 이미지 수정하기

Photoshop · CS4

펜 툴과 도형 툴을 사용할 때 '패스()' 옵션을 선택한 후 벡터 이미지를 그리면 작업한 패스가 PATHS 패널에 남게 됩니다. 이 PATHS 패널을 활용하면 그려진 패스를 선택 영역으로 설정하거나 외곽선을 만들 수 있습니다. 이번 Training에서는 PATHS 패널의 활용법에 대해 알아보겠습니다.

| 학습 목표 | 학습 소재 | 난이도 | 예상 학습 결과 | 연계 학습 |
|---|---|---|---|---|
| PATHS 패널을 이용해 패스 다양하게 활용하기 | PATHS 패널 | ★★★★☆ | • 패스를 이용해 외곽선 만들기<br>• 패스를 선택 영역으로 만들기 | • 도형 툴 : 309쪽<br>• 빠른 선택 툴 : 156쪽 |

## READY!

## PATHS 패널 이해하기

옵션 바에서 '패스(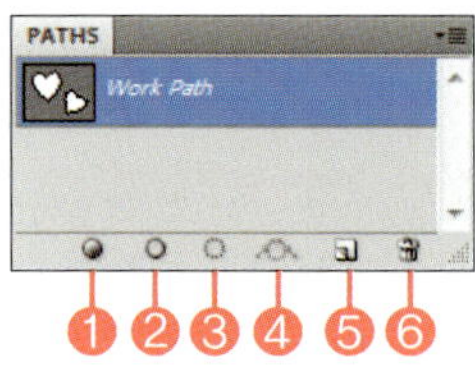)'를 선택한 후 벡터 이미지를 제작하면 PATHS 패널에 'Work Path'로 기록되어 여러 가지로 활용할 수 있습니다.

❶ **색 채우기** : 선택한 패스를 전경색으로 채웁니다.

❷ **외곽선 만들기** : 선택한 브러시 모양으로 패스를 따라 외곽선을 만듭니다.

❸ **선택 영역 만들기** : 패스를 선택 영역으로 만듭니다.

❹ **선택 영역을 패스로 만들기** : 선택 영역을 패스로 만들어 줍니다.

❺ **새 패스 만들기** : 패스를 새로 만듭니다.

❻ **휴지통** : 선택한 패스를 지웁니다.

▲ 작업한 패스

▲ 색 채우기

▲ 외곽선 만들기

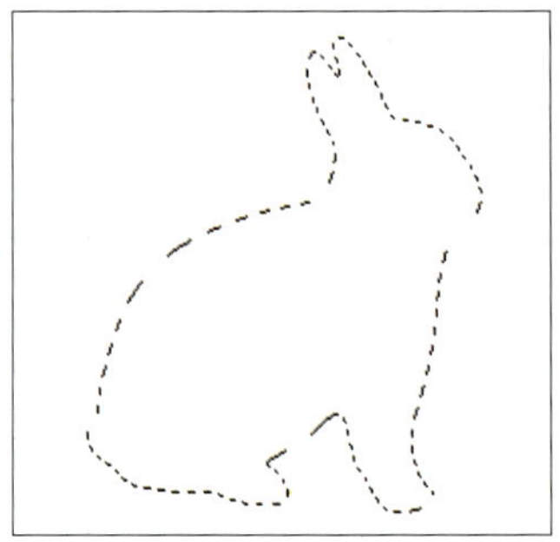

▲ 선택 영역 만들기

# 그려진 패스대로 외곽선 만들기

◎ **준비물** : '예제파일\Round06\candle.jpg' 파일을 불러오세요.

**①** 툴박스의 둥근 사각형 툴(◻)을 선택하고 옵션 바에서 '패스(▨)'를 클릭합니다. 둥근 정도를 조절하는 [Radius]에 '20px'을 입력하고 드래그하여 둥근 사각형 패스를 그립니다.

**②** 툴박스의 브러시 툴(✐)을 클릭하고 BRUSHES 패널을 연 후 [Brush Tip Shape]를 선택합니다. 오른쪽 브러시 썸네일에서 [Hard Round 5 pixels]를 선택하고 [Roundness]를 '30%', [Spacing]을 '400%'로 조절합니다.

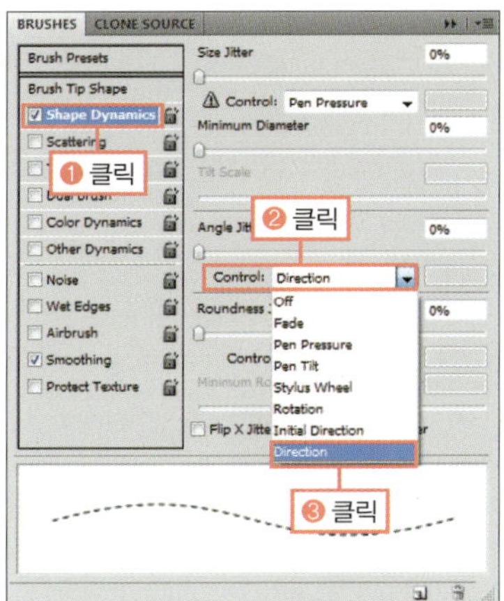

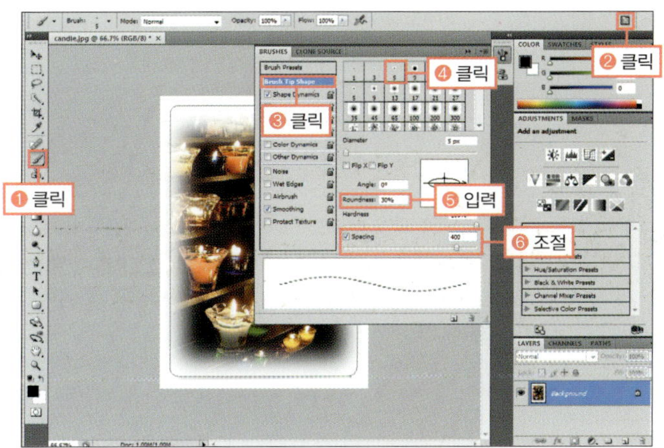

## BONUS

[Radius]는 모서리의 둥근 정도를 나타내는 것으로 수치가 클수록 많이 둥글려집니다.

**③** 이번에는 왼쪽에서 [Shape Dynamics]를 선택하고 오른쪽에서 [Angle Jitter]의 [Control]에서 [Direction]을 선택합니다.

**④** BRUSHES 패널을 접고 PATHS 패널을 선택합니다. 그리고 패널 아래의 '외곽선 만들기(◯)'를 클릭합니다.

## BONUS

[Angle Jitter]의 [Control]에서 [Direction]을 선택하면 브러시의 진행 방향에 따라 브러시 모양도 함께 회전됩니다.

## BONUS

'외곽선 만들기(◯)'를 클릭하기 전에 먼저 브러시의 모양을 지정해야 선택한 브러시 모양대로 외곽선이 만들어집니다.



**Training 04.**
PATHS 패널 이용하여 패스 이미지 수정하기

⑤ PATHS 패널의 빈 곳을 클릭하여 패스가 안보이도록 한 후 Ctrl + + 를 1번 눌러 이미지 보기 배율을 '100%'로 맞추고 만들어진 외곽선을 확인합니다.

◎ **완성물** : 예제파일\Round06\candle_f.jpg

---



## 패스를 선택 영역으로 변경하기

◎ **준비물** : '예제파일\Round06\horse.jpg, glassland.jpg' 파일을 불러오세요.

◎ **동영상 해설** : 동영상해설\horse_glassland.avi

① Ctrl + + 를 눌러 'house.jpg' 이미지를 확대한 후 툴박스의 빠른 선택 툴(🖌)을 선택합니다. 브러시 크기를 '15px'로 조절하고 말 가운데를 대략 드래그하여 선택 영역으로 만듭니다.

② ⊺ 를 1번 눌러 브러시 크기를 '10px'로 줄이고 이미지에서 말발굽 부분을 드래그하여 선택 영역을 추가합니다.

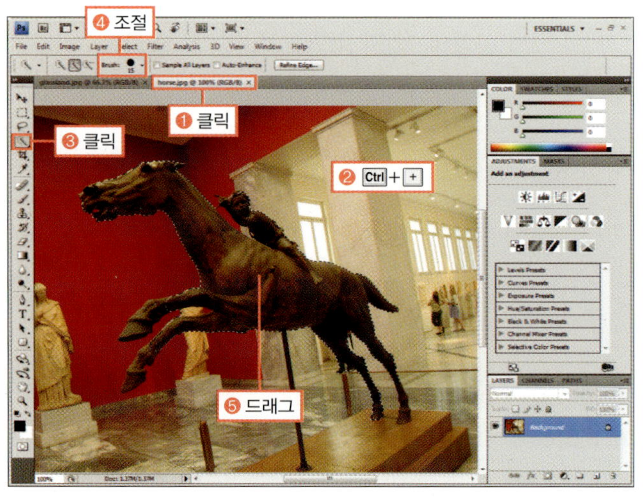


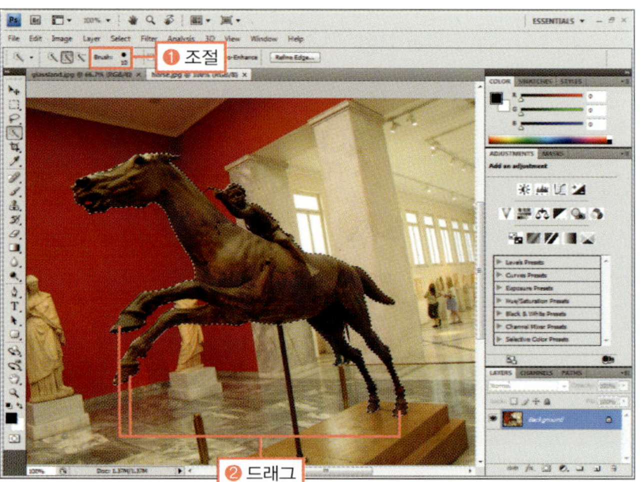

③ Alt 를 누른 후 말과 소년의 손 사이를 드래그하여 기존 선택 영역에서 빼줍니다.

④ PATHS 패널에서 '선택 영역을 패스로 만들기( )'를 클릭하여 선택 영역을 패스로 만듭니다.

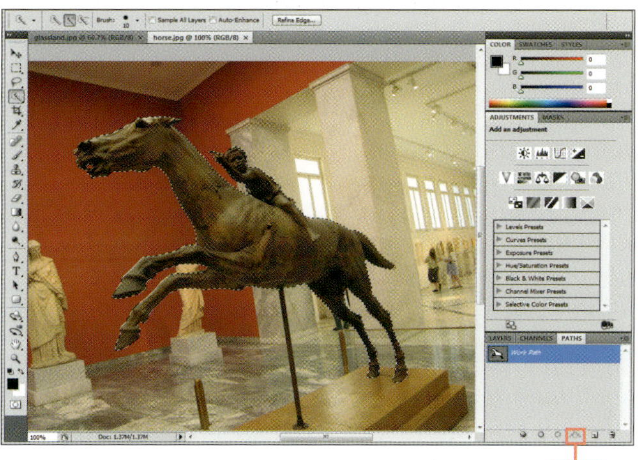


⑤ Ctrl + + 를 2번 눌러 말 머리 부분을 확대하고 툴박스의 펜 툴( )을 선택합니다. Ctrl 을 눌러 직접 선택 툴( )로 변경한 후 앵커 포인트의 위치와 곡선 조절선의 조절점을 드래그하여 패스가 말 머리와 잘 맞도록 조질합니다.

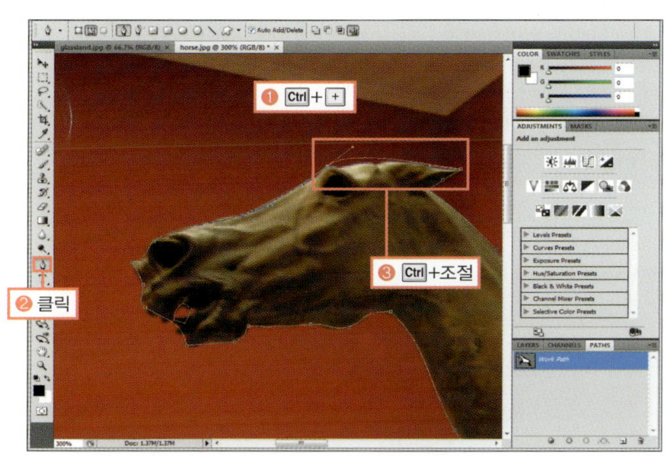


⑥ Alt 를 눌러 조절점을 드래그하여 곡선 조절선을 꺾고 세그먼트와 이미지가 잘 맞도록 조절합니다.

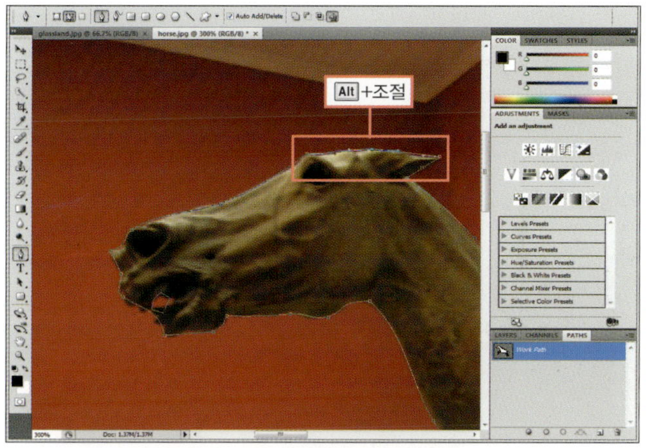


⑦ Spacebar 를 눌러 손바닥 툴( )로 변경하고 이미지의 중간 부분이 잘 보이게 조절합니다. 그리고 Ctrl 을 눌러 앵커 포인트와 곡선 조절점을 드래그하여 패스를 조절하고 사이사이 포인트를 추가하여 수정합니다.

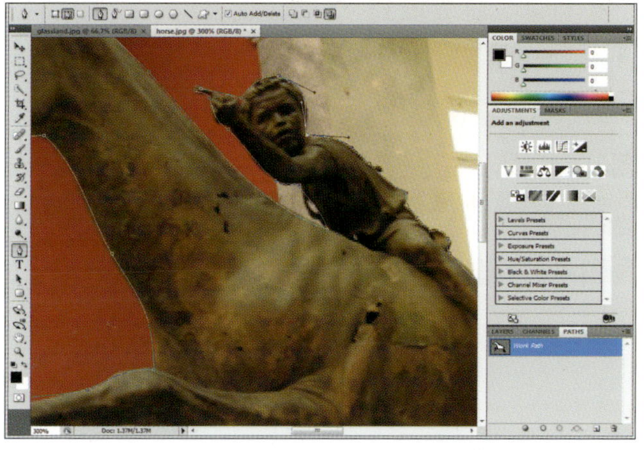



**Training 04.**
PATHS 패널 이용하여 패스 이미지 수정하기

**8** `Spacebar`를 눌러 손바닥 툴(🖐)로 변경하고 말 발굽 모양이 잘 보이게 조절합니다. 그리고 `Ctrl`을 눌러 앵커 포인트와 곡선 조절점을 드래그하여 이미지에 잘 맞도록 패스를 패스를 조절하고 사이사이 포인트를 추가하여 수정합니다.

**9** 패스 작업이 완료되면 PATHS 패널에서 '패스를 선택 영역으로 만들기(◯)'를 클릭하여 'Work Path'를 선택 영역으로 만듭니다.

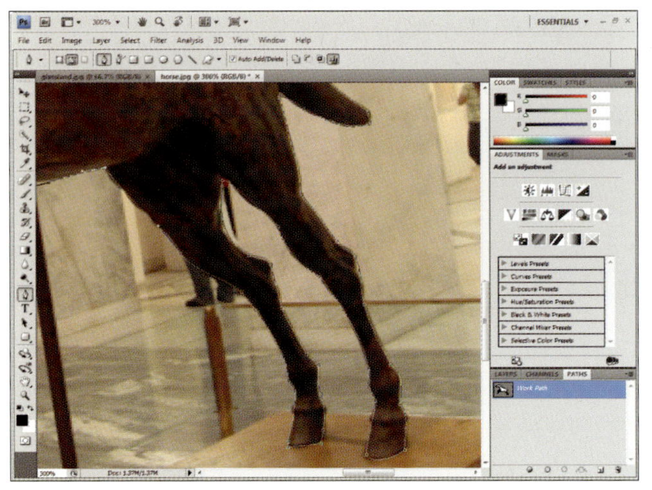

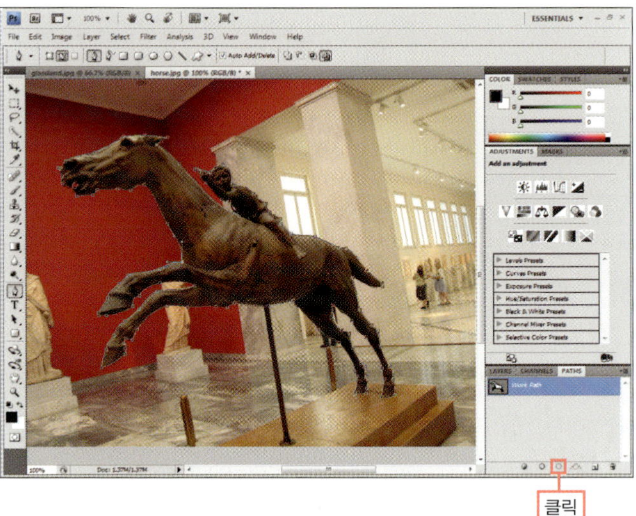


**10** PATHS 패널의 빈 곳을 클릭하여 패스를 감춘 후 `Ctrl`+`C`를 눌러 선택 영역의 이미지를 복사합니다.

**11** 'glassland.jpg' 파일을 선택하고 `Ctrl`+`V`를 눌러 복사한 이미지를 붙여넣기합니다. 툴박스의 이동 툴(⯮)을 선택하고 말 이미지를 아래로 이동한 후 이미지를 확인합니다.

⊙ **완성물** : 예제파일\Round06\glassland_f.psd, horse_f.jpg

# 이미지를 완성하는 글자 입력하기



포토샵에서는 글자 툴(T)로 원하는 위치에 글자를 입력하고, CHARACTER 패널과 PARAGRAPH 패널을 이용하여 글자의 모양과 문단 모양을 조절합니다. 이번 Training에서는 글자를 입력하는 방법과 수정하는 방법에 대해 알아보겠습니다.

| 학습 목표 | 학습 소재 | 난이도 | 예상 학습 결과 | 연계 학습 |
|---|---|---|---|---|
| 이미지에 글자 입력하고 편집하기 | • 글자 툴<br>• CHARACTER 패널<br>• PARAGRAPH 패널 | ★★★☆☆ | • 글자 입력하기<br>• CHARACTER 패널로 글자 모양 지정하기<br>• PARAGRAPH 패널로 문단 모양 지정하기 | PATHS 패널 : 320쪽 |

## READY ! 글자의 속성 이해하기

이미지에 글자 툴(T)로 글자를 입력하면 LAYERS 패널에 'T' 썸네일로 표시되는 글자 레이어가 만들어지는데, 이 글자 레이어는 오직 글자만 입력되는 레이어로 브러시 툴(✎)나 페인트통 툴(⬧)과 같은 채색 툴을 사용할 수 없습니다.

▲ 글자 레이어의 모습

### ■ 마우스 포인터의 변화로 입력되는 글자 타입 살펴보기

글자 툴(T)로 글자를 입력할 때 마우스 포인터의 모양에 따라 입력되는 글자 타입을 구별할 수 있습니다. 새로 글자를 입력할 때에는 마우스 포인터가 Ⅱ 모양으로 변경되어 클릭하면 글자 레이어가 만들어지면서 글자가 입력되고, 기존 글자 레이어의 글자를 수정할 때에는 I 모양으로 바뀝니다. 닫힌 패스가 있는 위치로 마우스를 이동하면 패스를 글상자로 인식하여 마우스 포인터가 Ⅱ 모양으로 변경되어 클릭하면 패스 안에 글자를 입력하고, 마우스 아래 열린 패스가 있을 때에는 마우스 포인터가 Ⅰ 모양으로 바뀌어 패스를 따라가는 글자를 입력할 수 있습니다.

▲ 패스 안에 글자 넣기

▲ 패스를 따라가는 글자 넣기

■ **글자 모양과 문단 모양을 지정하는 패널 살펴보기**

글자를 입력하기 전이나 이미 입력된 글자의 모양이나 문단을 조절할 때에는 CHARACTER 패널과 PARAGRAPH 패널을 사용합니다.


### – CHARACTER 패널

CHARACTER 패널은 [Window]–[Character] 메뉴를 선택하거나 글자 툴(T)의 옵션 바를 이용해 열 수 있습니다.

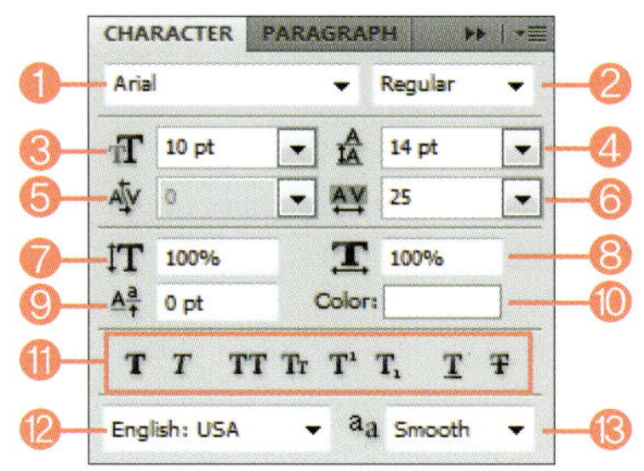

❶ **글자 서체** : 글자의 서체를 선택할 수 있습니다.

❷ **글자 스타일** : 선택한 서체에서 지원하는 글자 스타일을 정할 수 있습니다. 주로 Regular(보통), Bold(굵기), Italic(기울이기), Bold Italic(굵고 기울이기)이 있습니다.

❸ **글자 크기** : 글자 크기를 지정하는데 단위는 'pt' 입니다.

❹ **줄 간격** : 문장과 문장 사이, 줄과 줄 사이의 간격을 조절합니다.

❺ **단어 간격** : 단어와 단어 사이의 간격을 조절합니다. 커서가 단어와 단어 사이에 있을 때 활성화됩니다.

❻ **글자 간격** : 글자와 글자 사이의 간격을 조절합니다.

❼ **세로 확대** : 선택한 글자의 세로를 가로에 비해 퍼센트로 확대, 축소합니다.

❽ **가로 확대** : 선택한 글자를 세로에 비해 퍼센트로 확대, 축소합니다.

❾ **글자 기준선 조정** : 선택한 글자의 기준선을 위 또는 아래로 조절합니다.

❿ **Color** : 선택한 글자의 색상을 바꿀 수 있습니다.

⓫ 글자 스타일을 선택할 수 있습니다.

- T **볼드체** : 선택한 글자를 두껍게 표시합니다.
- T **이탤릭체** : 선택한 글자를 기울여 표시합니다.
- TT **소문자를 대문자로 크기 변경** : 영문자일 때 대문자로 표시하면서 크기도 커집니다.
- Tr **소문자를 대문자로 변경** : 영문의 소문자를 대문자로 표시합니다.
- T¹ **위첨자** : 선택한 문자가 위첨자로 변경합니다.
- T₁ **아래첨자** : 선택한 문자를 아래첨자로 변경합니다.
- T **밑줄** : 선택한 문자에 밑줄을 만듭니다.
- T **취소선** : 선택한 문자에 중간 줄을 만듭니다.

⓬ **스펠링 체크 언어 선택** : 글자의 스펠링을 체크할 때 기준이 되는 언어를 선택할 수 있습니다. [Edit]–[Check Spelling] 메뉴와 같이 사용합니다.

⑬ **안티-에일리어싱** : 글자 경계에 부드러운 정도를 선택합니다. [None]이 가장 딱딱한 글자로 입력되고 [Smooth]가 가장 부드럽게 입력됩니다.

### – PARAGRAPH 패널

[Window]-[Paragraph] 메뉴를 선택해도 열 수 있지만 일반적으로 CHARACTER 패널과 같이 열리기 때문에 제목 탭을 이용해 선택합니다.

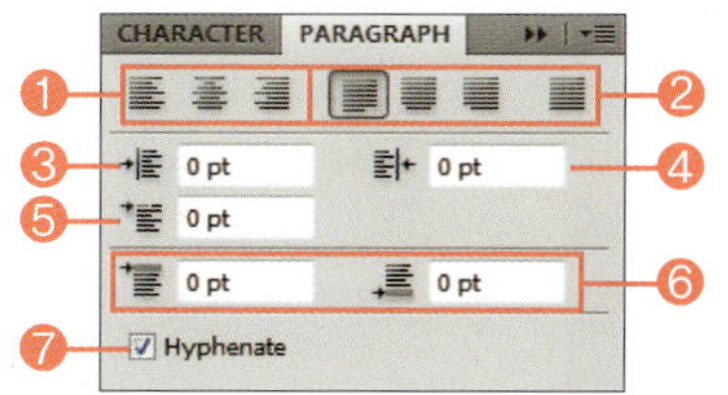

❶ **글자 정렬** : 글자를 왼쪽, 가운데, 오른쪽으로 정렬할 수 있습니다.

❷ **문단 정렬** : 문단을 왼쪽, 가운데, 오른쪽, 양측으로 정렬할 수 있습니다.

❸ **왼쪽 여백** : 문단의 왼쪽에 여백을 만듭니다.

❹ **오른쪽 여백** : 문단의 오른쪽에 여백을 만듭니다.

❺ **들여쓰기** : 문단 첫 글자 앞의 여백을 지정합니다.

❻ **문단 앞 여백/문단 뒤 여백** : 문단과 문단 사이의 앞/뒤에 여백을 줄 수 있습니다.

❼ **Hyphenate** : 체크하면 영문일 경우 단어가 다음 줄로 넘어갈 때 자동으로 하이픈(–)으로 표시됩니다.

---

## START!   이미지에 글자 입력하기

◎ **준비물** : '예제파일\Round06\coffee.jpg' 파일을 불러오세요.

❶ 툴박스의 글자 툴(T)을 선택하고 옵션 바에서 '글자 서체'의 ▾ 부분을 눌러 [Times New Roman]을 클릭합니다.

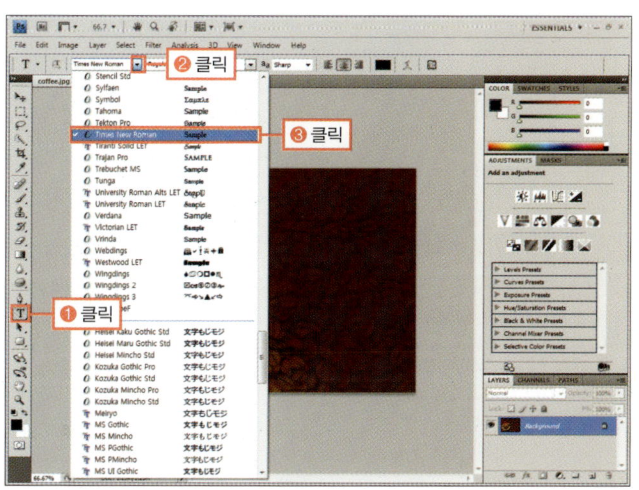



**Training 05.**
이미지를 완성하는 글자 입력하기

② '글자 스타일'의 ▼ 부분을 클릭하여 [Bold Italic]을 선택합니다.

③ '글자 크기'를 '30pt', '안티-에일리어싱'을 [Smooth]로 선택합니다. 그리고 색상 썸네일을 클릭하여 흰색으로 지정한 후 이미지에서 가운데 위를 클릭하여 입력 커서를 만듭니다. LAYERS 패널에서 글자 레이어가 만들어진 것을 확인합니다.

④ 'I Like Coffee...'를 입력하고 'C'를 드래그하여 선택한 후 옵션 바에서 'CHARACTER 패널(▤)'을 클릭합니다.

⑤ '글자 크기'를 '50pt'로 조절한 후 [Color] 썸네일을 클릭하여 [R]은 '255', [G]는 '174', [B]는 '0'을 입력하고 [OK] 버튼을 클릭하여 글자 색상을 변경합니다.

❻ `Ctrl`+`A`를 눌러 글자 전체를 선택하고 CHARACTER
패널에서 '글자 간격'을 '50'으로 지정한 후 옵션 바의 '확
인(✔)'을 클릭하여 글자 입력을 완료합니다.

❼ CHARACTER 패널을 접고 툴박스의 이동 툴(▸₊)을
클릭하여 그림과 같이 왼쪽으로 이동합니다.

⊚ **완성물** : 예제파일\Round06\coffee_f.psd

**BONUS**

글자가 입력되는 동안에는 다른 명령이 적용되지 않기 때문에 '확인(✔)'
을 클릭하여 글자 입력을 마무리합니다. '취소(⊘)'를 클릭하면 입력 중인
글자를 취소할 수 있습니다.

---

**PHOTOSHOP COACHING|포토샵 코칭|**　　　　　　　　　　　　　　　　**글자 툴의 옵션 바**

글자 툴(Ｔ)로 글자를 입력할 때 먼저 옵션 바에서 서체와 글자 크기, 글자 스타일과 색상 등을 설정할 수 있습니다.
CHARACTER 패널과 중복되는 부분이 많으므로 옵션 바에 있는 내용만 살펴보겠습니다.

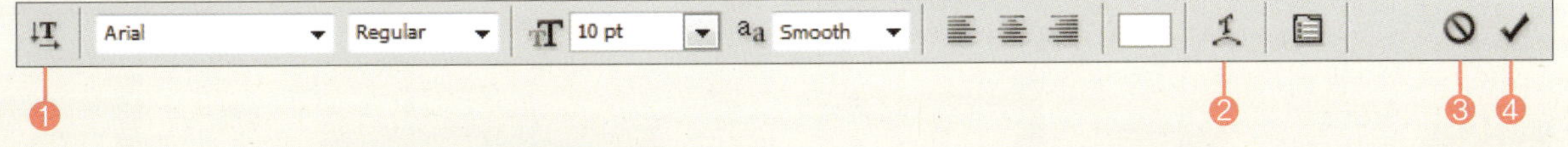

❶ **문자 방향 변경** : 클릭할 때마다 글자 입력을 가로, 세로 방향으로 바꿀 수 있습니다.

❷ **글자 왜곡** : 선택한 문자의 형태를 왜곡하여 다양하게 변경할 수 있습니다. Training06에서 자세히 다루겠습니다.

❸ **취소** : 지금 입력 중인 글자를 취소합니다.

❹ **확인** : 글자 입력을 완료합니다.



**Training 05.**
이미지를 완성하는 글자 입력하기

## 글상자 안에 글자 입력하기

◉ **준비물** : '예제파일\Round06\coffee2.psd' 파일을 열거나 앞의 예제에서 계속 연결합니다.

**①** PATHS 패널을 선택하고 'Work Path'를 클릭하여 패스가 보이도록 합니다.

**②** 메모장 프로그램에서 '예제파일\Round06\coffee. txt' 파일을 연 후 Ctrl+A를 눌러 글자 전체를 선택하고 Ctrl+C를 눌러 복사합니다.

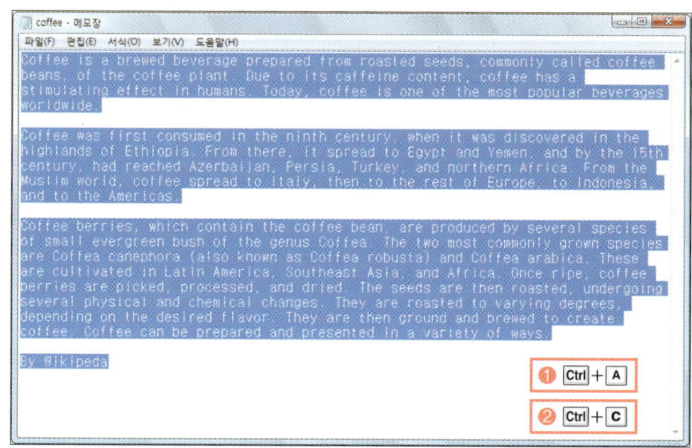

**③** 툴박스의 글자 툴(T)을 선택하고 마우스 포인터를 패스 가까이 이동하여 '글상자 입력(I)' 모양으로 바뀌면 클릭하고 Ctrl+V를 눌러 복사한 글자를 붙여넣기 합니다.

**④** Ctrl+A를 눌러 전체 글자를 선택한 후 CHARACTER 패널을 클릭하여 패널을 열고 '글자 서체'에서 [Arial]을 선택합니다.

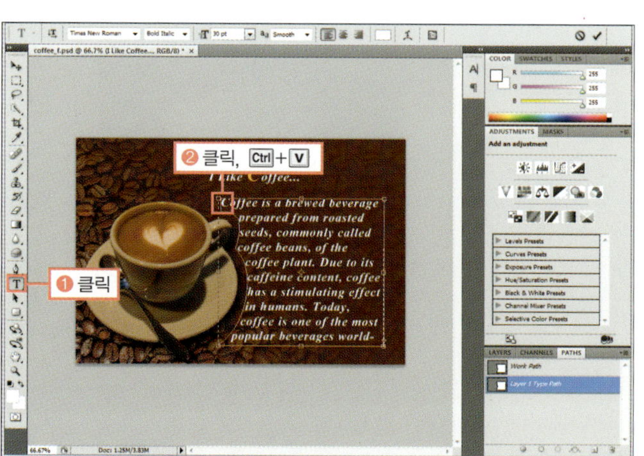

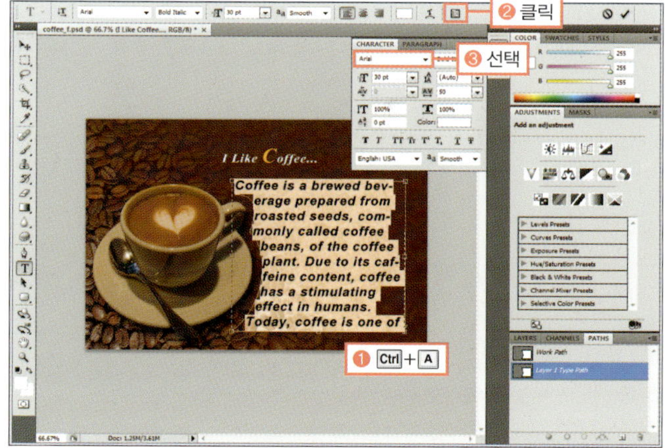

⑤ 글자 스타일을 [Regular]로 선택하고 '글자 크기'를 '11pt', '줄 간격'을 '15pt', '글자 간격'을 '0'으로 조절합니다.

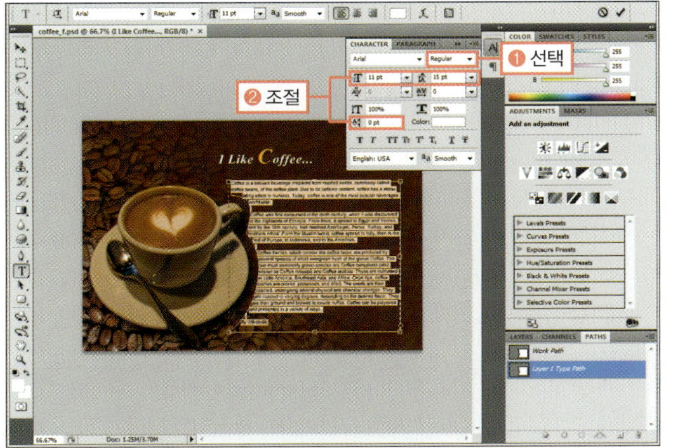

⑥ CHARACTER 패널 옆의 PARAGRAPH 패널을 선택하여 '문단 왼쪽 정렬(▤)'을 클릭합니다.

⑦ PARAGRAPH 패널을 접은 후 PATHS 패널의 빈 곳을 클릭하여 패스를 숨기고 글자를 확인합니다.

 완성물 : 예제파일\Round06\coffee2_f.psd

---

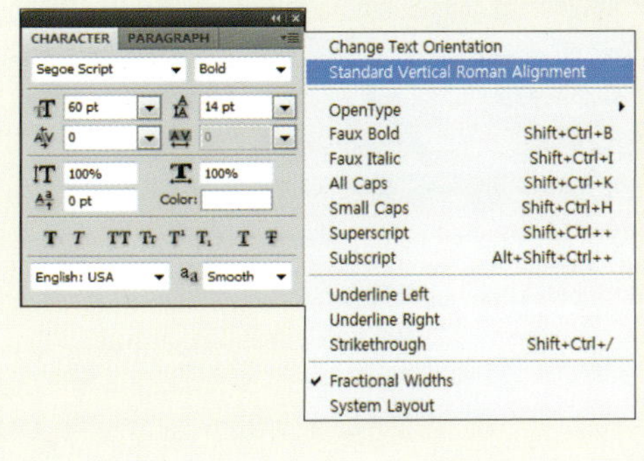

**PHOTOSHOP COACHING** |포토샵 코칭|

**세로 글자 입력하기**

글자 툴(T)을 선택하여 나오는 툴 중에 세로 글자 툴(IT)을 선택하면 세로 글자를 입력할 수 있는데, 입력하는 방식과 수정은 가로 글자와 같습니다. 단, 영문이나 숫자를 세로로 입력할 때에는, 세로 글자를 선택한 후 CHARACTER 패널의 메뉴에서 [Standard Vertical Roman Alignment]를 클릭해야 합니다.

▲ [Standard Vertical Roman Alignment]를 체크하지 않았을 때와 체크했을 때 세로 글자의 모양



**Training 05.**
이미지를 완성하는 글자 입력하기

글자 마스크 툴(T)은 직접 글자를 입력하는 것이 아니라 글자 모양으로 선택 영역을 만드는 것으로, 이를 활용해 글자 모양의 이미지에 그림자나 엠보싱 같은 효과를 주거나 PATHS 팔레트를 이용해 글자 모양을 수정하여 글자 디자인을 할 수 있습니다.

### ■ 글자 툴과 글자 마스크 툴의 차이점

글자 툴(T)로 글자를 입력하고 LAYERS 패널을 보면 글자 레이어가 만들어지고 이미지에는 글자 색상으로 글자가 보입니다. 따라서 언제든지 글자 레이어를 선택해 수정할 수 있습니다. 하지만, 글자 마스크 툴(T)을 선택하고 이미지를 클릭하면 마치 퀵 마스크 모드처럼 전환됩니다. 그리고 입력된 글자는 선택 영역으로 바뀌어 버리고 글자 레이어가 생기지 않아 수정하기 어렵습니다. 이 글자 모양을 수정하려면 글자 입력 후 옵션 바의 '확인(✓)'을 클릭하기 전에 CHARACTER 패널과 PARAGRAPH 패널을 이용해야 합니다.

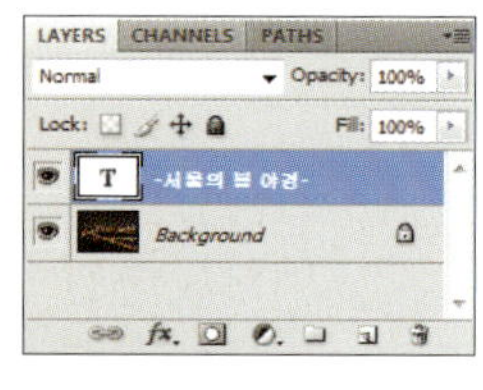

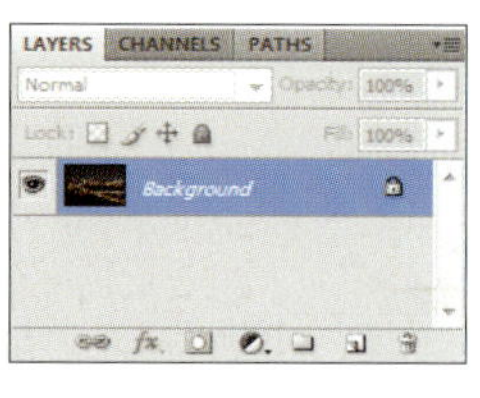

▲ 글자 툴로 입력했을 때 이미지와 LAYERS 패널의 모양　　　　　　▲ 글자 마스크 툴로 입력했을 때 이미지와 LAYERS 패널의 모양

### ■ 글자 마스크 툴로 문자 디자인하기

◉ **준비물** : '예제파일\Round06\sight.jpg' 파일을 불러오세요.

① 툴박스에서 글자 툴(T)을 클릭하여 나오는 툴 중에 세로 글자 마스크 툴(T)을 선택합니다.

**S T O P**

실행 바의 '작업영역 바꾸기' 메뉴에서 [Essential]을 선택한 후 따라 합니다.

② 이미지에서 클릭하고 'It's Wonderful Place'라고 입력합니다.

③ Ctrl+A를 눌러 모든 글자를 선택한 후 CHARACTER 패널을 열고 '글자 서체'를 [Cambria], '글자 스타일'을 [Bold], '글자 크기'를 '50pt', '안티-에일리어싱'을 [Smooth]로 지정합니다.

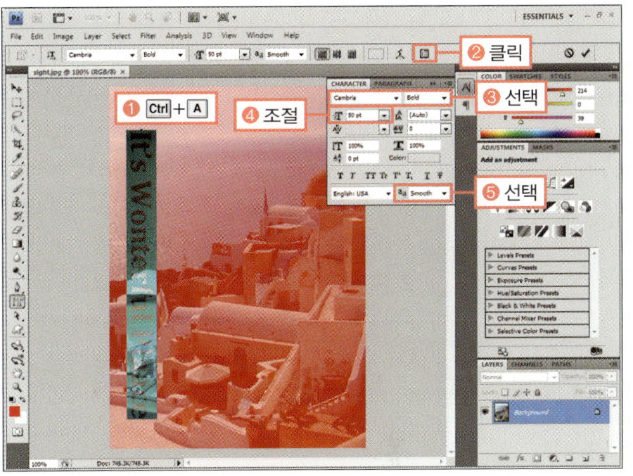




해당 글자 서체가 없는 경우 비슷한 서체를 선택합니다.

④ CHARACTER 패널을 닫고 Ctrl을 눌러 글자를 이미지 오른쪽 가운데에 위치하도록 드래그한 후 옵션 바의 '확인(✔)'을 클릭합니다.

글자 입력이 완료되기 전에 Ctrl를 누르면 변형 조절점이 나타나 위치나 크기, 회전 등을 할 수 있습니다.

⑤ 글자가 선택 영역으로 변경된 것을 확인한 후 Ctrl+J를 누릅니다.

Ctrl+J는 [Layer]-[New]-[Layer via Copy] 메뉴의 바로 가기 키로, 선택 영역의 이미지를 레이어로 분리해줍니다.



**Hard Training.**
마스크 글자 만들기

**⑥** LAYERS 패널에서 'Layer 1' 레이어가 만들어진 것을 확인하고 '레이어 스타일(*fx*)'을 클릭하여 엠보싱 효과를 주는 [Bevel and Emboss]를 선택합니다.

## BONUS

레이어 스타일(Layer Style)은 레이어에 적용할 수 있는 효과로 자세한 내용은 Round07에서 다루겠습니다.

**⑦** [Layer Style] 대화상자가 나타나면 엠보싱 효과의 모양을 확인하고 [OK] 버튼을 클릭합니다.

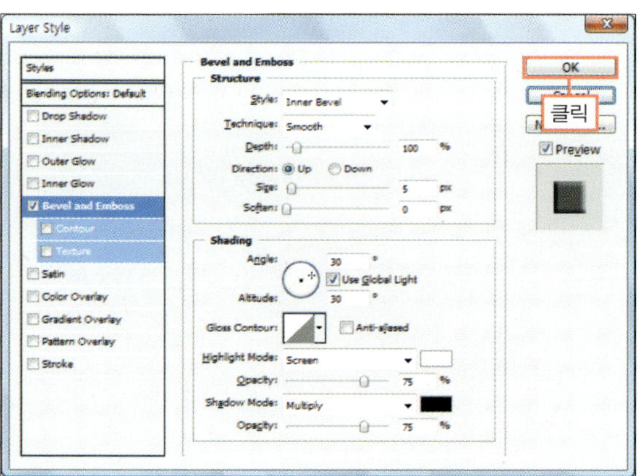

**⑧** 레이어에 엠보싱 효과가 적용된 것을 확인합니다.

⊙ **완성물** : 예제파일\Round06\sight_f.psd

**Round 06.**
비트맵 외의 다양한 이미지 다루기

# 구부리고 휘어지고!
# 재미있는 글자 만들기



잡지의 제목이나 광고에 넣는 문구처럼 다이내믹한 모양의 글자를 만들고 싶을 때는 글자 툴의 옵션 바에 있는 '글자 왜곡' 기능을 이용하거나 패스를 만든 후 이를 따라가게 할 수 있습니다. 이번 Training에서는 이처럼 글자를 재미있는 모양으로 변경하는 방법을 알아보겠습니다.

| 학습 목표 | 학습 소재 | 난이도 | 예상 학습 결과 | 연계 학습 |
|---|---|---|---|---|
| 다양한 형태로 휘는 글줄 만들기 | 글자 왜곡(Warp Text) | ★★★★☆ | • 글자에 왜곡된 모양을 적용하기<br>• 패스를 이용해 글줄의 모양 직접 만들기 | • 글자 툴 : 325쪽<br>• 펜 툴 : 292쪽<br>• CHARACTER 패널 : 326쪽 |

**READY !**　　　## Warp 기능으로 글자 모양 왜곡하기

글자는 이미지와 달리 글자 레이어를 선택하면 언제든지 글자 모양과 문단 모양을 수정할 수 있습니다. 하지만 [Transform]을 이용해 [Distort]와 [Warp]로 찌그러트릴 수 없기 때문에, 옵션 바의 '글자 왜곡' 기능을 이용해 정해진 몇 개의 모양으로 왜곡할 수 있습니다. 적용된 모양은 언제든지 다시 원래대로 되돌릴 수 있습니다. 대표적인 왜곡의 형태는 아래 그림과 같습니다.

▲ 원래 이미지

▲ Arc

▲ Bulge

▲ Shell Lower

▲ Flag

▲ Wave

▲ Fish

▲ Rise

▲ Fisheye

▲ Inflate

▲ Squeeze

▲ Twist



## '글자 왜곡' 기능을 이용해 글자에 모양 만들기

◎ **준비물** : '예제파일\Round06\warp.psd' 파일을 불러오세요.

**1** 툴박스에서 글자 툴(T)을 선택한 후 옵션 바의 '글자 왜곡(ㅗ)'을 클릭합니다.

**2** [Warp Text] 대화상자가 나타나면 왜곡 모양을 지정하는 [Style] 항목을 클릭하여 [Fish]를 선택합니다.

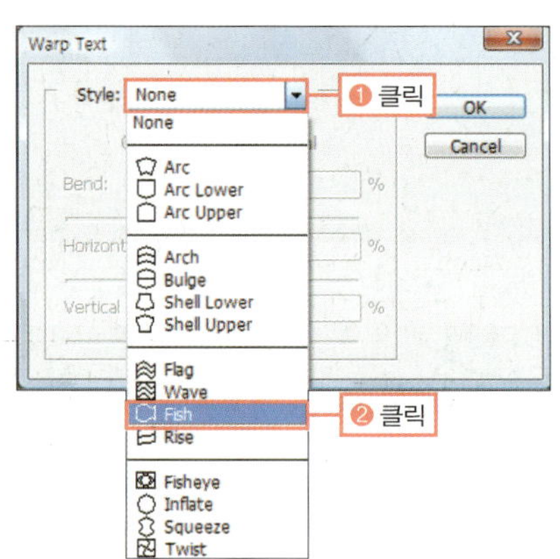



**Round 06.**
비트맵 외의 다양한 이미지 다루기

❸ 왜곡되는 정도를 나타내는 [Bend]를 '+45'로 조절하고 수평의 왜곡 정도를 나타내는 [Horizontal Distortion]을 '-23', 수직의 왜곡 정도를 나타내는 [Vertical Distortion]을 '-28'로 조절한 후 [OK] 버튼을 클릭합니다.

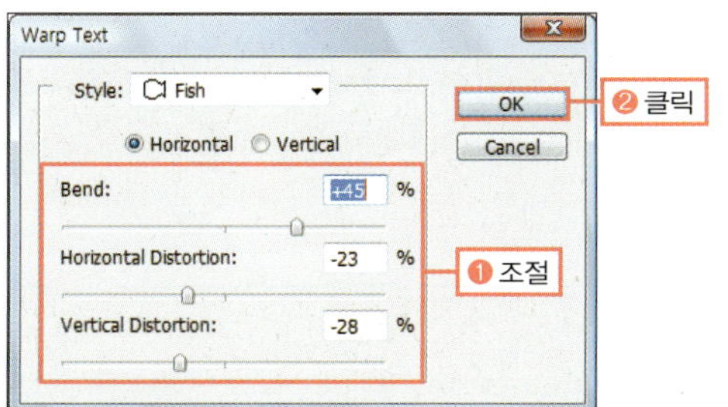


❹ 글자의 왜곡 모양을 확인합니다.

◎ 완성물 : 예제파일\Round06\warp_f.psd

---

**PHOTOSHOP COACHING |포토샵 코칭|**　　　　　　　　　　　　　　　　　　**[Warp Text] 대화상자**

입력한 글자의 왜곡 모양을 조절할 수 있는 [Warp Text] 대화상자는 왜곡의 정도와 수평, 수직으로 왜곡되는 값을 조절합니다.

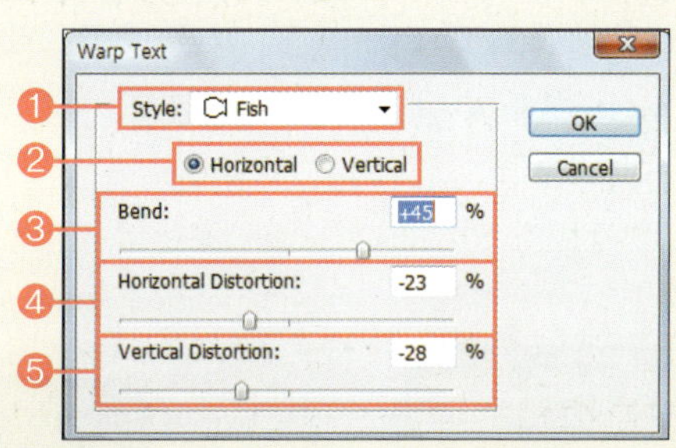


❶ Style : 글자에 적용할 왜곡 모양을 선택합니다.

❷ Horizontal/Vertical : 왜곡이 적용되는 방향을 결정합니다.

❸ Bend : 선택한 왜곡의 강도를 조절합니다.

❹ Horizontal Distortion : 수평으로 왜곡하는 값을 조절합니다.

❺ Vertical Distortion : 수직으로 왜곡하는 값을 조절합니다.

## 패스를 따라가는 글자 만들기

◎ **준비물** : '예제파일\Round06\bear.jpg' 파일을 불러오세요.

◎ **동영상 해설** : 동영상해설*bear.avi*

**❶** 툴박스의 펜 툴(✎)을 클릭한 후 옵션 바에 '패스(🔲)'를 선택합니다. 이미지의 곰 입 부분에서 아래로 드래그하여 곡선 앵커 포인트를 만듭니다.

**❷** 이미지 오른쪽 위를 클릭하고 동시에 위 방향으로 드래그하여 곡선 앵커 포인트를 하나 더 만듭니다.

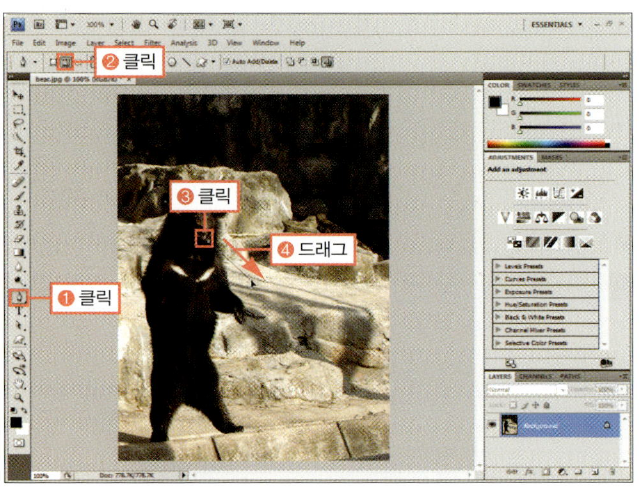

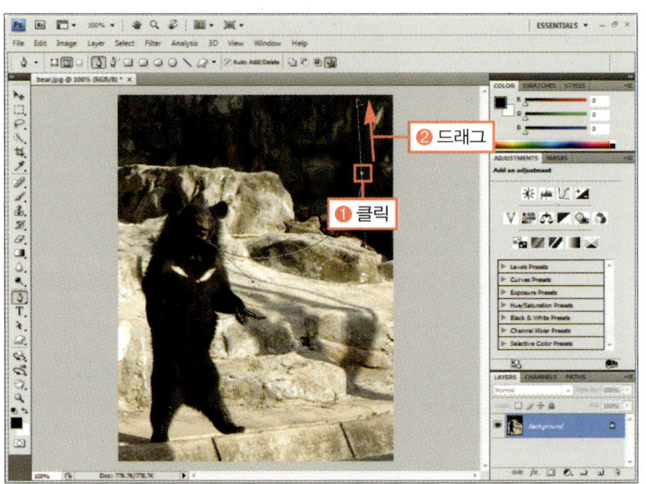

**❸** 세그먼트가 이미지처럼 휘어지게 하기 위해 클릭하고 동시에 아래로 드래그하여 곡선 앵커 포인트를 하나 더 만듭니다.

**❹** 같은 방법으로 이미지와 같이 패스가 되도록 곡선 앵커 포인트를 하나 더 만듭니다.

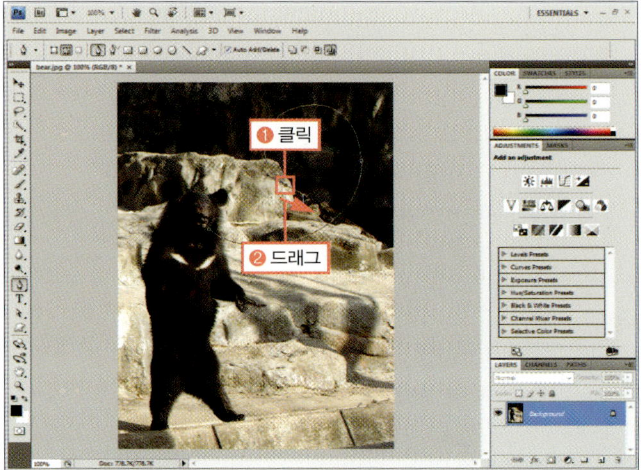

**⑤** 툴박스에서 글자 툴( T )을 선택하고 마우스 포인터를 작업한 패스 가까이 이동하여 ⌶ 모양으로 바뀌면 클릭하여 다음과 같이 글자를 입력합니다.

저는 에버랜드에 있는 곰입니다. 저에게 먹을 것을 주세요…

**B O N U S**

열린 패스를 그려야 커서가 ⌶ 모양으로 바뀝니다.

**⑦** Ctrl 을 누른 채 패스로 이동하여 마우스 포인터가 ⤵ 모양으로 바뀌면 클릭하고 패스 아래로 드래그하여 글자 방향을 바꿉니다.

**⑥** Ctrl + A 를 눌러 전체 글자를 선택한 후 CHARACTER 패널을 엽니다. '글자 서체'를 [HYdnkB]로 선택하고 '글자 크기'를 '20pt', '글자 간격'을 '75'로 선택합니다.

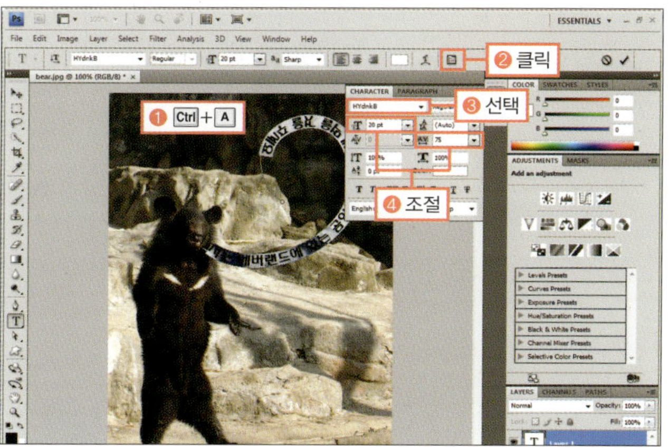


**S T O P**

같은 글자 서체가 없다면 비슷한 글자 서체를 선택합니다.

**⑧** LAYERS 패널에서 'Background' 레이어를 클릭하여 패스를 감춘 후 이미지를 확인합니다.

◎ **완성물** : 예제파일\Round06\bear_f.psd

**B O N U S**

**패스 글자의 방향 바꾸기**

패스를 따라가는 글자를 입력한 후 글자 방향을 바꿀 수 있습니다. Ctrl 을 누른 채 패스 가까이로 이동하면 마우스 포인터가 ⤵ 모양으로 바뀌는데, 이때 클릭하여 패스 아래로 드래그하면 ⤶ 모양으로 변경되면서 글자 방향이 바뀝니다.

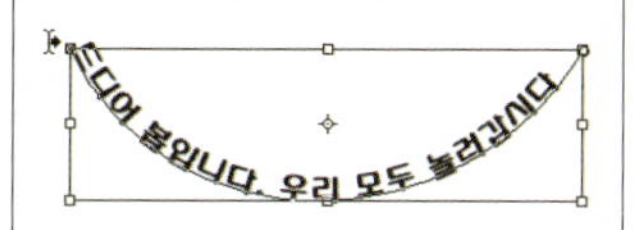
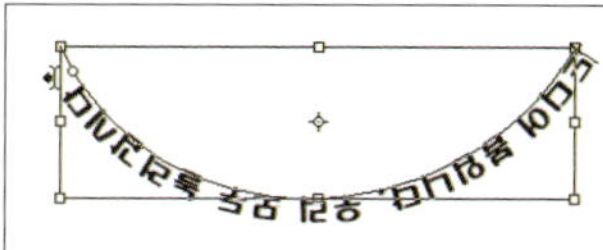

▲ 패스를 따라가는 글자의 방향 바꾸기



**Training 06.**
구부리고 휘어지고 재미있는 글자 만들기

# 3D 파일을 불러와 변형하고 합성하기



포토샵 CS4 Extended에서만 지원되는 3D 명령은 이전 버전보다 기능이 대폭 늘어났습니다. 3D 메뉴와 3D 패널이 새롭게 등장했으며 이를 활용해 다양한 3D 모형을 만들고 재질을 입힐 수 있습니다. 이런 기능은 제품 디자인처럼 3D로 만들어진 제품에 사용자가 직접 포토샵에서 제작한 이미지를 씌워 봄으로써 완성품을 미리 확인해 볼 수 있다는 장점이 있습니다.

| 학습 목표 | 학습 소재 | 난이도 | 예상 학습 결과 | 연계 학습 |
|---|---|---|---|---|
| 3D 모형을 만들고 재질과 조명 조절하기 | • [3D] 메뉴<br>• 3D 조절 툴<br>• 3D 카메라 툴 | ★★★★★ | • [3D] 메뉴로 3D 모형 제작<br>• 3D 조절 툴과 3D 카메라 툴로 3D 모형 조절<br>• 3D 패널의 이해 | |

## READY!

## 3D 이미지 만들기와 3D 패널, 이를 조절하는 툴 살펴보기

포토샵 CS4 Extended의 [3D] 메뉴에서는 간단한 3D 도형을 만들고 이를 동영상이나 3D 이미지로 저장할 수 있는 명령을 제공합니다. 또한, 채색 툴을 사용해 3D 이미지를 리터치할 때 블렌딩 모드를 선택할 수도 있습니다. 3D 패널은 선택된 3D 레이어의 위치와 크기, 재질을 바꾸고 조명의 종류를 선택해 완성도 높은 이미지를 제작할 수 있게 합니다.

### ■ 3D 명령에서 자주 사용하는 기본 용어 이해하기

3D 메뉴와 패널에서 사용되는 3D 관련 용어에 대해 알아보겠습니다.

❶ **메시(Mesh)** : 3D 모형을 이루고 있는 기본 구조를 말합니다. 3D 모형은 한 개 이상의 메시를 가지고 있는데, 예를 들어 [3D]–[New Shape From Layer]–[Sphere] 메뉴를 선택하면 메시가 1개인 구가 만들어집니다. 하지만, [Wine Bottle] 메뉴를 선택하면 와인 병이 만들어지면서 기본 구조가 '코르크마개', '라벨', '유리 형태' 이 3개의 메시로 이뤄집니다.

❷ **재질(Material)** : 3D 모형의 질감을 말합니다. 이것을 '텍스처 맵' 이라고도 하며, 하나의 메시에 한 개 이상의 재질이 입혀집니다. 흔히 3D 모형에 재질을 입히는 과정을 '매핑' 이라 합니다.

❸ **조명(Light)** : 3D 모형을 비추는 빛을 말합니다. 3D 패널에서는 '태양빛(Infinite Light)', '스포트라이트(Spot Light)', '한 점 빛(Direct Light)' 과 같은 조명의 종류를 제공합니다. 하지만 그래픽 가속 기능을 사용하지 않으면 3D 축과 조명 축은 보이지 않습니다.

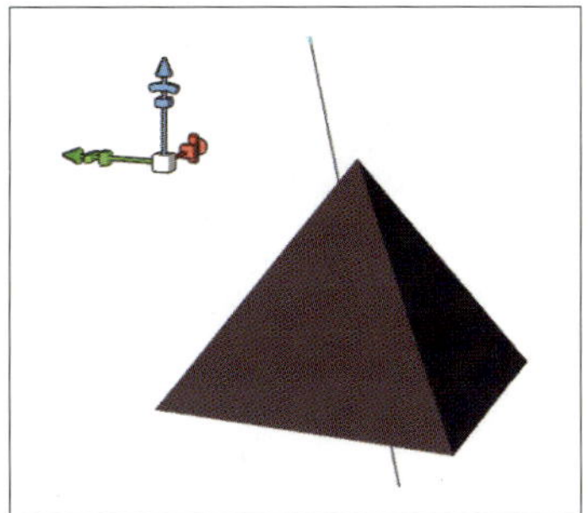
▲ 태양빛(Infinite Light)

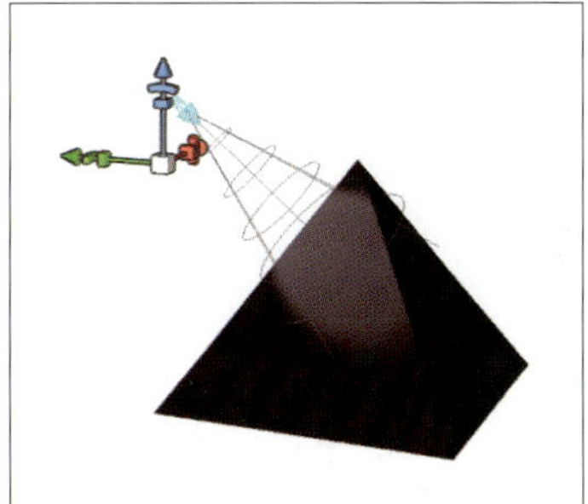
▲ 스포트라이트(Spot Light)

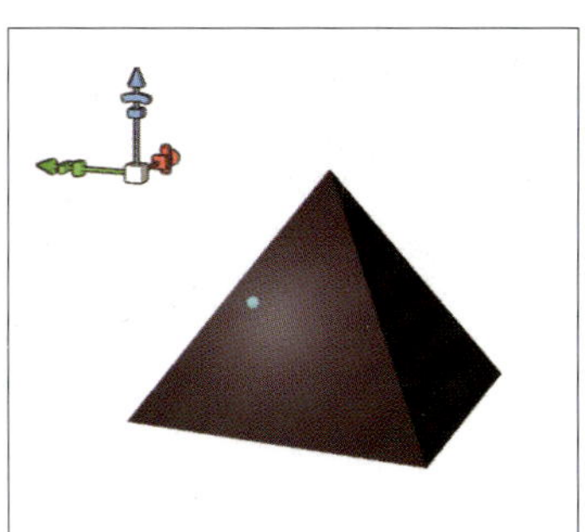
▲ 한 점 빛(Direct Light)

## ■ 포토샵에서 직접 만들 수 있는 3D 이미지

포토샵 CS4 Extended의 [3D]-[New Shape From Layer] 메뉴를 사용하면 육면체, 구, 원통, 원뿔 또는 피라미드와 같이 간단한 3D 모형을 만들 수 있는데, 이때 선택한 레이어의 이미지가 만들어진 3D의 하나의 재질로 변경됩니다. 또한 LAYERS 패널에는 3D 레이어가 만들지면서 그 3D 레이어 아래 재질인 텍스처 맵이 나타납니다. 이 텍스처 맵을 더블클릭하여 3D의 재질이 변경할 수 있습니다.

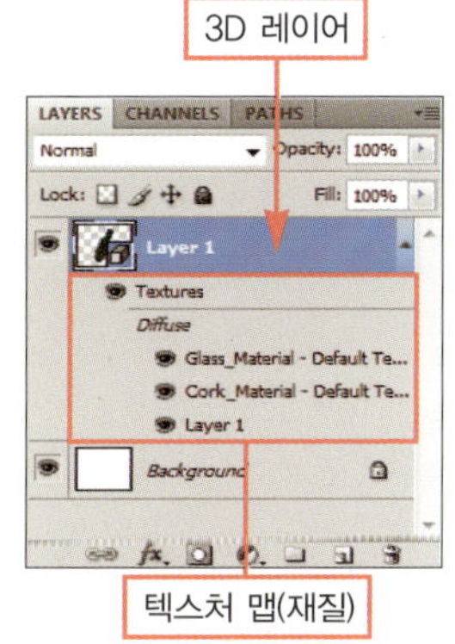

▲ 3D 레이어가 만들어진 LAYERS 패널

▲ 원래 이미지

▲ Cone

▲ Cube

▲ Cylinder

▲ Donut

▲ Hat

▲ Pyramid　　　▲ Ring　　　▲ Soda Can

▲ Sphere　　　▲ Spherical Panorama　　　▲ Wine Bottle

### ■ 3D 패널 살펴보기

3D 패널에서는 선택한 3D 레이어의 구조를 확인하고 각각의 메시를 선택하여 변형을 조절하며,
그 재질과 광택 및 조명을 좀 더 세세히 변경할 수 있습니다.

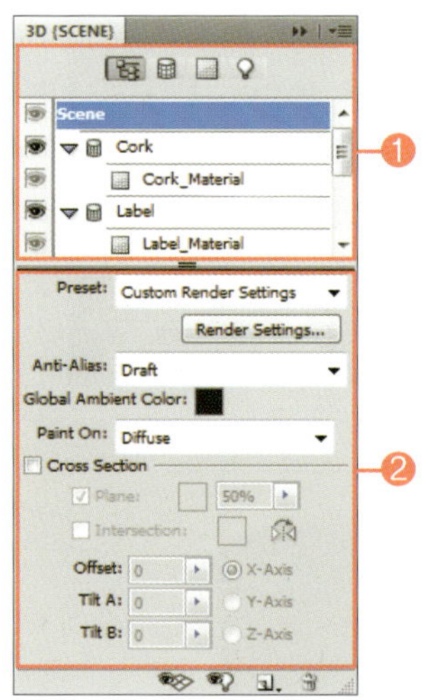

❶ **3D 필터** : 클릭하면 선택한 3D 레이어의 기본 구조에서 원하는 부분만 지정해 볼 수 있습니다.

- **전체 구조** : 선택한 3D 레이어의 메시와 재질, 조명 등과 같이 전체 구조를 볼 수 있습니다.
- **메시(▦)** : 선택한 3D 레이어의 메시만 보여줍니다. 항목을 선택하면 각각의 메시를 조절
  할 수 있습니다.
- **재질(▦)** : 선택한 3D 레이어의 재질만 보여줍니다. 항목을 선택하면 각각의 재질을 조절
  할 수 있습니다.

- **조명**( 🔘 ) : 선택한 3D 레이어의 조명만 보여줍니다. 항목을 선택하면 조명을 조절할 수 있습니다.

❷ **옵션** : 선택한 항목의 조절 버튼과 조절값이 나타납니다.

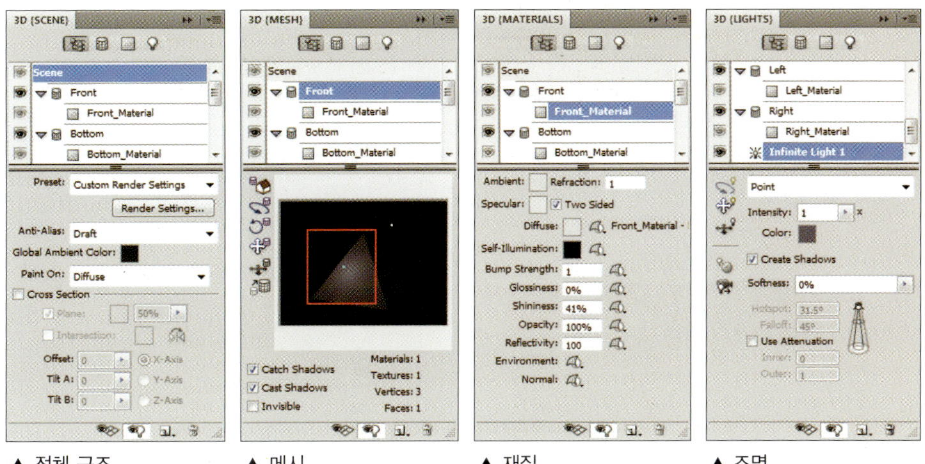

| ▲ 전체 구조 | ▲ 메시 | ▲ 재질 | ▲ 조명 |

---



## 3D 소다 캔에 커버 이미지 씌우기

◎ **준비물** : '예제파일\Round06\3dcover.psd' 파일을 불러오세요.

❶ LAYERS 패널에서 'cover' 레이어가 선택된 것을 확인하고 [3D]-[New Shape From Layer]-[Soda Can] 메뉴를 선택합니다.

❷ 3D로 소다 캔이 만들어지면서 선택한 레이어의 이미지가 소다 캔의 한 재질이 된 것을 확인합니다. 툴박스에서 3D 회전 툴( 🔄 )을 클릭하여 나오는 툴 중에 3D 크기 툴( 📦 )을 선택합니다.

### B O N U S

그래픽 가속 기능을 사용할 수 있는 경우, 3D 조절 툴과 3D 카메라 툴을 선택하면 왼쪽 위에 3D 축이 나타납니다.



**Training 07.**
3D 파일을 불러와 변형하고 합성하기

❸ 옵션 바에서 [X]와 [Y]를 '0.7', [Z]를 '0.8'로 입력하여 캔의 모양이 세로로 길쭉하게 되도록 수정합니다.

❹ 옵션 바에서 3D 회전 툴(￿)을 선택하고 3D 모형을 오른쪽 아래로 드래그하여 그림과 같이 회전합니다.

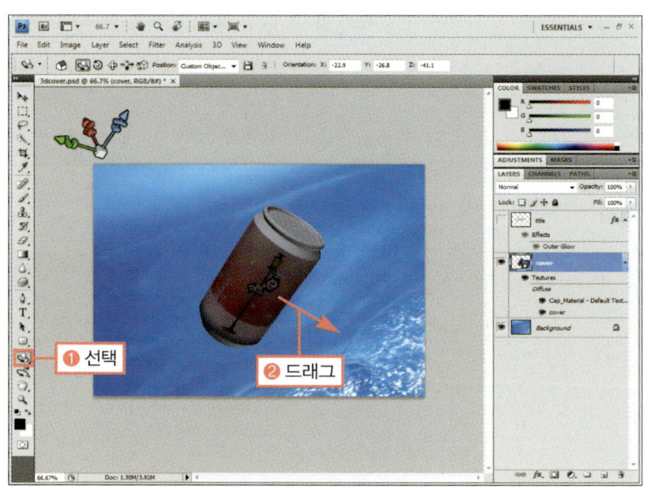




3D 크기 툴을 선택하고 3D 이미지를 드래그하면 크기를 늘리거나 줄일 수 있는데, 이때 옵션 바의 [X], [Y], [Z]의 값의 비율대로 조절되기 때문에 1 : 1 : 1로 두면 같은 비례로 캔의 크기가 달라집니다. 하지만, 옵션 바에서 [X], [Y], [Z]의 수치를 다르게 입력한 후 조절하면 입력한 비율대로 캔의 크기가 변경됩니다.

❺ 카메라 회전 툴(￿)을 클릭하여 나오는 툴 중에 카메라 위치 툴(￿)을 선택합니다.

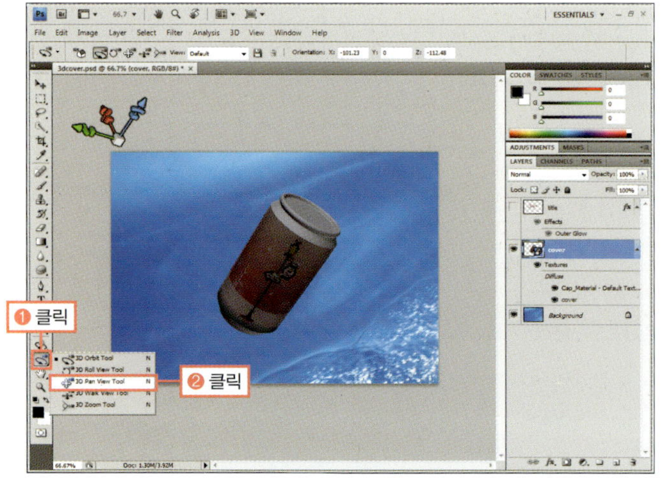


❻ 이미지에서 위로 드래그하여 그림과 같이 캔의 위치가 아래로 내려오도록 합니다.

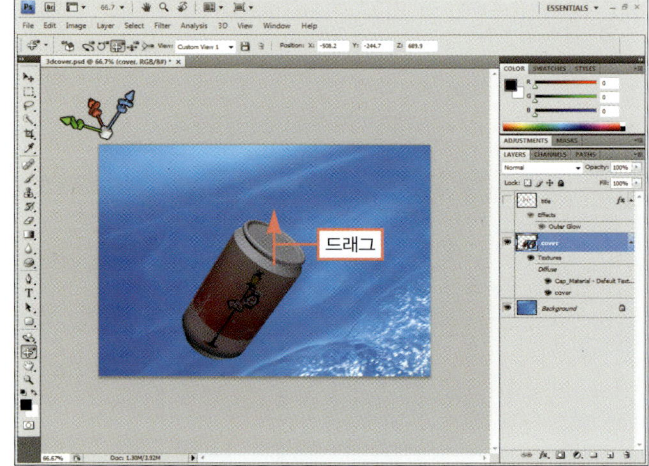

**7** 옵션 바에서 줌 카메라 툴(▣)을 선택하고 캔을 아래로 드래그하여 화면 앞으로 당겨 나오게 합니다.

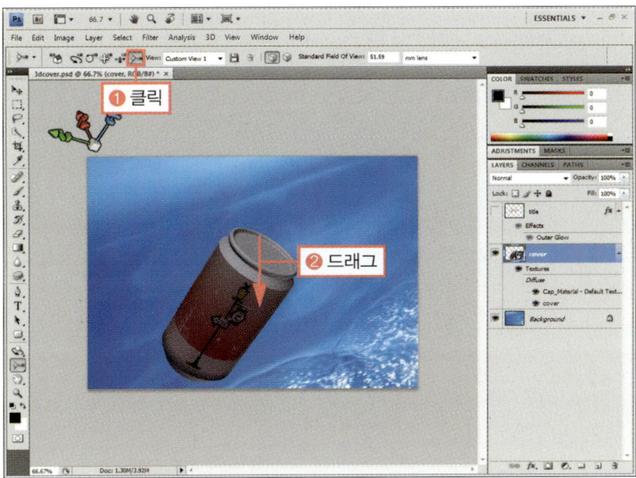


**8** LAYERS 패널에서 3D 레이어인 'cover'의 텍스처 맵 중에 [Cap_Material]을 더블클릭합니다.

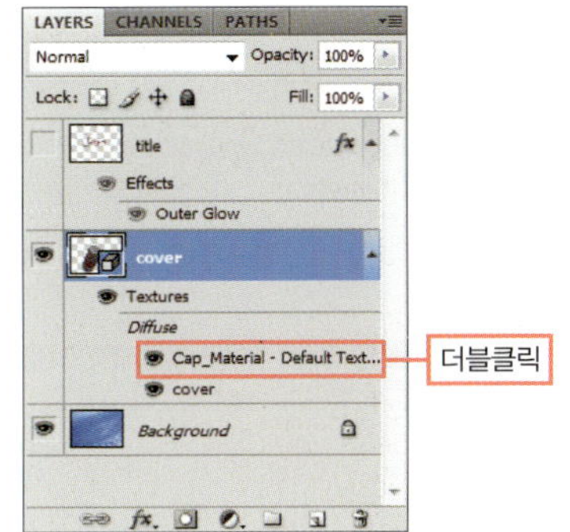




3D 레이어에서 특별이 지정되지 않는 기본 텍스처 맵이 [Cap_Material]로 나타납니다. 이를 더블클릭하여 다른 이미지로 변경할 수 있습니다.

**9** 'Cap_Material' 이미지 창이 열립니다. COLOR 패널에서 전경색을 밝은 분홍으로 선택한 후(R:255, G:214, B:255) Alt + Delete 를 눌러 전경색으로 채우고 Ctrl + S 를 눌러 저장합니다.

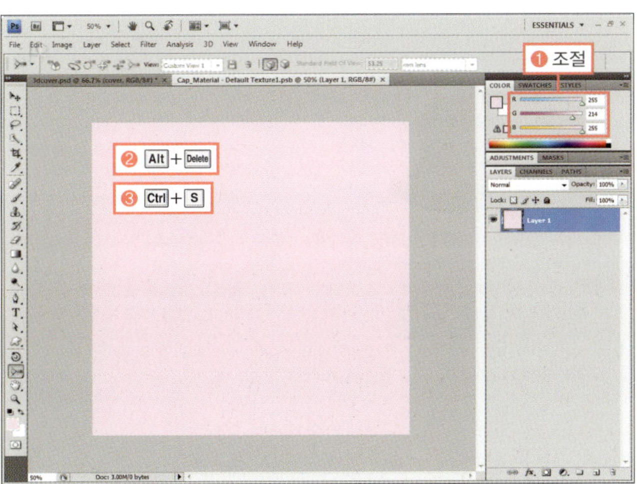


**10** '3dcover.psd' 이미지를 선택하여 캔 이미지의 재질이 밝은 분홍으로 변경된 것을 확인합니다.

◎ 완성물 : 예제파일\Round06\3dcover_f.psd



이미지를 저장하면 자동으로 3D 레이어의 텍스처 맵이 변경됩니다.

3D 툴을 선택하면 옵션 바에는 3D를 조절할 수 있는 다른 툴과 각 툴을 선택했을 때의 조절값을 볼 수 있습니다.

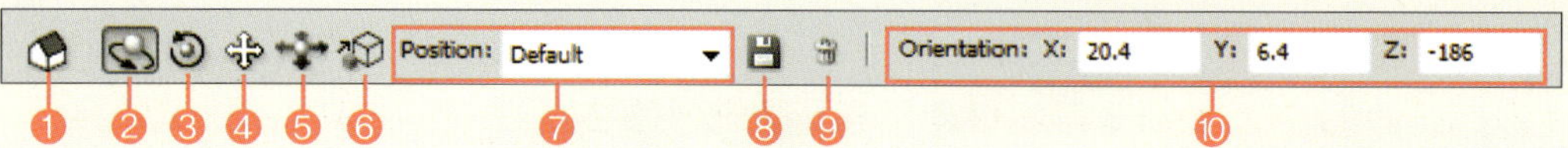

❶ **처음 위치로 되돌리기** : 변형을 적용하기 전의 단계로 되돌립니다.

❷ **3D 회전 툴** : X, Y 축을 기준으로 회전합니다.

❸ **3D 돌리기 툴** : Z 축을 기준으로 돌립니다.

❹ **3D 이동 툴** : 3D 파일을 드래그하여 이동할 수 있습니다.

❺ **3D 슬라이드 툴** : 3D를 드래그하여 이동할 때 원근감을 줄 수 있습니다.

❻ **3D 크기 툴** : 3D의 크기를 조절하는데, 비율에 맞춰 크기가 조절됩니다.

❼ **Position** : 3D 이미지가 이미지 창에서 보이는 위치를 선택할 수 있습니다.

▲ Default  ▲ Left  ▲ Right  ▲ Top

▲ Bottom  ▲ Back  ▲ Front

❽ **보기 저장하기** : 3D 툴을 이용해 3D 이미지를 조절한 후 보이는 이미지를 저장할 수 있습니다.

❾ **보기 삭제하기** : 저장한 보기 이미지를 제거할 수 있습니다.

❿ **Orientation** : 3D 툴을 선택하면 그에 맞는 좌표값이 나타나 입력하거나 조절되는 값을 볼 수 있습니다.

PHOTOSHOP COACHING |포토샵 코칭|

3D 카메라 툴은 3D 이미지를 보는 카메라를 조절하는 툴로, 옵션 바에는 카메라를 조절하는 각 툴과 그 툴을 선택했을 때의 조절값이 나타납니다.

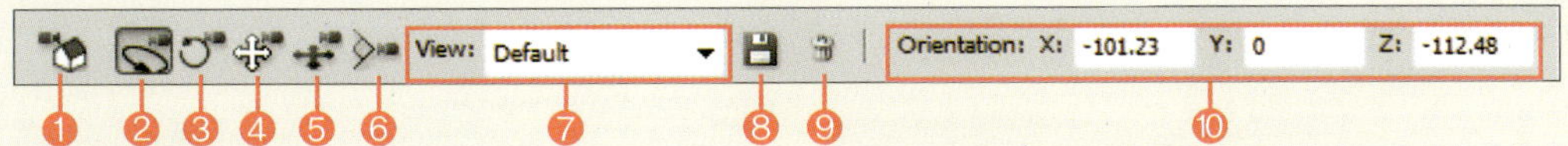

① **처음 카메라 위치로 되돌리기** : 처음 시작할 때의 카메라의 위치로 돌아갑니다.

② **카메라 궤도 회전 툴** : 드래그하면 카메라가 회전하여 3D가 회전되는 것처럼 보입니다.

③ **카메라 돌리기 툴** : 드래그하면 카메라 주위를 도는 것처럼 회전됩니다.

④ **카메라 이동 툴** : 카메라가 이동하는 것처럼 드래그한 방향과 반대 방향으로 움직입니다.

⑤ **카메라 슬라이드 툴** : 카메라 이동 툴을 사용할 때와 마찬가지로 드래그한 방향과 반대로 움직이는데, 원근감이 있습니다.

⑥ **줌 카메라 툴** : 아래로 드래그하면 카메라를 당기는 것처럼 앞으로 나오면서 확대되고, 위로 드래그하면 카메라가 빠지면서 뒤로 축소됩니다.

⑦ **View** : 카메라의 각 위치에서 보이는 이미지를 이미지 창에 나타냅니다. 3D 툴의 [Position]과 같습니다.

⑧ **카메라 보기 저장하기** : 3D 카메라 툴로 조절된 이미지를 저장할 수 있습니다.

⑨ **카메라 보기 삭제하기** : 저장한 카메라 보기를 삭제합니다.

⑩ **Orientation** : 3D 카메라 툴로 조절한 좌표값을 보거나 입력하여 카메라를 조절할 수 있습니다.

---

**G O !**  **3D 패널로 빛과 재질 수정하기**

◎ **준비물** : '예제파일\Round06\3dcover2.psd' 파일을 열거나 앞의 예제에 이어서 작업합니다.

❶ [Window]-[3D] 메뉴를 선택합니다.

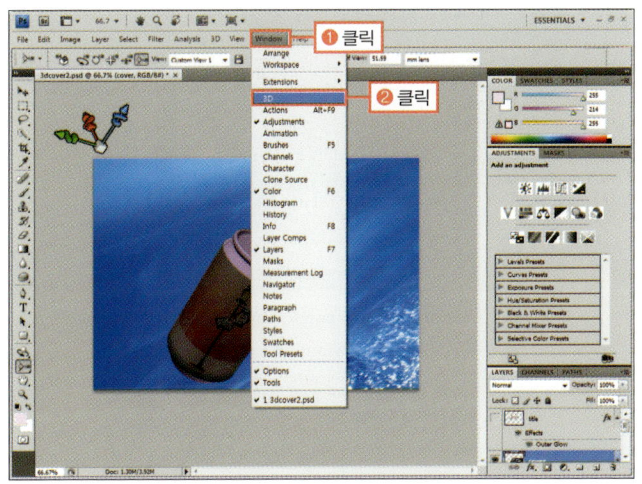

② 전체 구조를 확인할 수 있는 상태로 3D 패널이 열립니다. 소다 캔의 메시의 재질을 나타내는 [Cap] 항목의 [Cap_Material]을 선택하고, 옵션의 광택을 나타내는 [Glossing]을 '60%'로 입력하여 밝아진 캔 이미지를 확인합니다.

③ 첫 번째 조명을 나타내는 [Infinite Light 1]을 선택하고 옵션에서 '조명 회전(🔄)'을 클릭합니다. 그리고 캔에서 오른쪽으로 드래그하여 조명의 위치를 그림과 같이 앞으로 이동합니다.

④ 3D 패널을 닫고 툴박스의 3D 돌리기 툴(🔄)과 3D 회전 툴(🔄)을 이용하여 캔 이미지가 똑바로 서있게 드래그하여 조절합니다. 그리고 LAYERS 패널에서 'title' 레이어의 '눈(👁)'을 클릭하여 이름이 보이게 합니다.

⑤ 툴박스의 이동 툴(➕)을 클릭하고 LAYERS 패널에서 'title' 레이어를 선택한 후 글자 이미지를 캔의 중간에 놓이도록 드래그하여 이동합니다.

다른 레이어를 3D 레이어에 씌울 때에는 보이는 그대로 입혀지기 때문에, 입혀질 위치로 먼저 이동한 후 레이어를 합쳐줍니다.

❻  LAYERS 패널 메뉴에서 [Merge Down]을 선택하여 현재 레이어를 아래 레이어와 합쳐줍니다.

❼  글자가 캔에 씌워진 것을 확인합니다. 툴박스의 줌 카메라 툴(⬚)을 선택하고 이미지에서 위로 드래그하여 캔 전체가 잘 보이도록 조절합니다.

❽  툴박스에서 3D 회전 툴(⬚)을 선택하고 캔 이미지에서 오른쪽 아래로 드래그하여 그림과 같이 캔의 위치를 조절합니다.

◎  **완성물** : 예제파일\Round06\3dcover2_f.psd

**Training 07.**
3D 파일을 불러와 변형하고 합성하기

# Round Test
| 풀어 보세요 |

이번 Round에서는 채색 툴 외에 벡터 도형 툴과 PATHS 패널에 대해 알아보고 텍스트를 입력하는 방법을 자세히 살펴보았습니다. 또한, 포토샵 CS4 Extented에서 추가된 3D 명령과 패널로 3D 이미지를 다루는 방법에 대해 알아보았습니다. 앞에서 배운 내용을 토대로 다음 문제를 풀어보세요.

**1 |** 다음의 ( ) 안을 채워보세요

❶ 포토샵에서 벡터 이미지를 제작할 수 있는 툴은 (　　　)툴과 (　　　)툴이며, 이를 수정하는 툴은 (　　　)툴 과 (　　　)입니다.

❷ 벡터 이미지에서 앵커 포인트(Anchor Point)와 세그먼트(Segment), 셰이프(Shape)로 이뤄 그려진 선을 (　　　)라고 합니다.

❸ 벡터 툴을 선택한 후 옵션 바에서 (　　　　　　)(🔲)를 클릭한 후 드로잉하면 LAYERS 패널에 새 셰이프 레이어가 만들어지며 전경색으로 채색되어진 패스가 만들어집니다.

❹ 펜 툴로 패스를 그릴 때 키보드의 (　　　)을 누르면 직접 선택 툴(▶)로 변경되어 포인트나 곡선 조절점을 조절할 수 있습니다.

❺ 사각형 툴(🔲)을 이용해 사각형을 그릴 때 키보드의 (　　　)을 누르면 정사각형을 그릴 수 있습니다.

❻ 3D 모형을 이루고 있는 기본 구조를 말하는 (　　　)는 3D 모형에 따라 한 개 이상을 가지고 있는데 예를 들어 정육면체는 6개로, 구는 1개로 이루어져 있습니다.

**2 |** 다음 설명이 맞으면 '○', 틀리면 '×'를 표시하세요.

❶ 펜 툴을 선택한 후 옵션 바에서 '패스(🔲)'를 클릭하여 드로잉하면 LAYERS 패널에는 아무 변화가 없고, PATHS 패널의 'Work Path'에 작업한 패스가 그려집니다. ……………………………… □

❷ PATHS 패널을 이용하면 만든 패스를 선택 영역으로 변경하거나 색상을 채우거나 브러시 모양으로 외곽선을 만들 수 있습니다. ……………………………… □

❸ 펜 툴로 벡터 이미지를 작업할 때 Ctrl 을 누르면 포인트 변경 툴로 바뀌어 포인트의 곡선 조절선을 제거하거나 만들 수 있으며 곡선 조절선을 꺾을 수 있습니다. ……………………………… □

❹ 글자 툴(T)은 직접 글자를 입력하는 것이 아니라 글자 모양으로 선택 영역을 만드는 툴입니다. ………… □

❺ 글자는 이미지와 달리 텍스트 레이어를 선택하면 언제든지 글자 모양과 문단 모양을 수정할 수 없기 때문에 [Free Transform] 명령을 이용해 글자 모양을 수정합니다. ……………………………… □

❻ 포토샵 CS4에서 3D 파일을 조절하는 3D 패널은 3D 이미지의 재질과 구조, 조명을 확인, 수정할 수 있습니다.
……………………………… □

| 정답 |

1 | ❶ 펜, 도형, 패스 선택, 직접 선택　❷ 패스　❸ 셰이프 레이어　❹ Ctrl　❺ Shift　❻ 메시(Mesh)
2 | ❶ ○　❷ ○　❸ ×　❹ ×　❺ ×　❻ ○



**Round 06.**
비트맵 외의 다양한 이미지 다루기

# Round Complete



이번 Round에서는 채색 툴 외에 벡터 도형 툴과 PATHS 패널에 대해 알아보고 텍스트를 입력하는 방법을 자세히 살펴보았습니다. 또한, 포토샵 CS4 Extented에서 추가된 3D 명령과 패널로 3D 이미지를 다루는 방법에 대해 알아보았습니다. 앞에서 배운 내용을 토대로 다음 예제를 완성해 보세요.

**1** 'hand.psd' 이미지를 활용하여 PATHS 패널에서 먼저 패스로 바꾼 후 크기를 확대하고 빨간색으로 채워보세요.

○ 준비물 : 예제파일\Round06\hand.psd
　 완성물 : 예제파일\Round06\hand_f.psd
　 도움말 : 예제해설\Round06도움말1.hwp(pdf, avi)

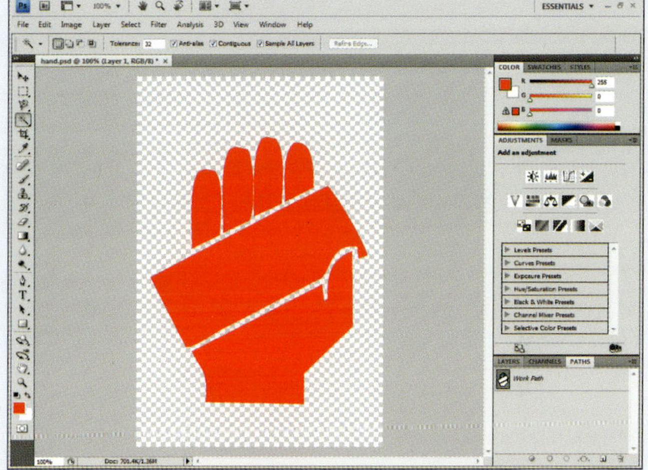

❶ 마술봉 툴(🖐)을 선택하고 옵션 바에서 [Sample All Layers]를 체크 ❷ 손 이미지의 흰색 부분을 클릭하여 선택 ❸ Shift 를 누른 채 손 이미지를 추가 선택 ❹ 손 이미지를 감춘 후 PATHS 패널이 보이도록 함 ❺ '선택 영역을 패스로 만들기(⬡)'를 클릭 ❻ Ctrl +T를 눌러 [Free Transform Path] 실행 ❼ Alt + Shift 를 누른 채 패스의 크기 변경 ❽ 전경색을 빨간색으로 변경 ❾ PATHS 패널에서 '색 채우기(⬤)' 클릭하여 채움

**2** 툴박스의 도형 툴과 글자 툴(T)을 이용하여 패스 글자로 'Istanbul is essential in turkey'를 입력하고 CHARACTER 패널을 이용해 글자 서체, 크기, 글자 간격, 글자의 부드러운 정도를 조절해 보세요.

○ 준비물 : 예제파일\Round06\pathtext.psd
　 완성물 : 예제파일\Round06\pathtext_f.psd
　 도움말 : 예제해설\Round06도움말2.hwp(pdf, avi)

❶ 툴박스의 원형 툴(⬭)을 선택 ❷ 원 모양의 패스를 그림 ❸ 툴박스의 글자 툴(T)을 선택 ❹ 패스를 따라가는 글자를 입력 ❺ 글자 서체와 스타일, 글자 크기를 변경한 후 복사 ❻ 붙여넣기한 후 글자 간격과 글자의 부드러운 정도 변형

351

# Round 07 | 레이어를 알면 포토샵이 쉬워진다.

앞에서 레이어의 역할에 대해서 이해하고 간단한 기능들을 사용해보았는데, 이번 Round에서는 본격적으로 레이어로 할 수 있는 다양한 이미지 작업에 대해서 알아보겠습니다. 이미지를 합성, 혼합하는 블렌딩 모드와 레이어 마스크에 대해 알아보고 이미지를 이루는 레이어의 종류에 대해 공부해보겠습니다. 또한, 포토샵 CS4에서 새로 생긴 MASKS 패널로 레이어 마스크를 만들고 이를 수정하는 방법에 대해 알아보겠습니다

 이번 Round는 다음과 같은 단계로 구성됩니다. Training별 내용을 간략하게 먼저 파악하면 좀 더 효율적으로 학습을 진행할 수 있습니다.

## Training 01  LAYERS 패널에 대한 모든 것

LAYERS 패널의 각 아이콘의 명칭과 기능에 대해 알아보고 투명 잠금 기능을 이용해 색상이 있는 레이어 이미지만 채색하는 방법과 Opacity를 이용해 레이어 이미지의 불투명도를 조절하는 방법에 대해 알아봅니다.

▶ LAYERS 패널의 아이콘과 명칭 살펴보기
▶ 투명 잠금 기능 활용하기
▶ 불투명도를 조절하여 이미지 합성하기

## Training 02  레이어 깔끔하게 묶어 관리하기

레이어를 합치는 다양한 방법과 서로 같이 이동되거나 변형되는 레이어 연결하기, 여러 레이어를 레이어 그룹으로 정리하는 방법에 대해 살펴봅니다.

▶ 레이어 합치는 명령 살펴보기
▶ 레이어 연결하기
▶ 레이어 그룹 만들어 활용하기

## Training 05  레이어 스타일로 이미지 꾸미기

레이어에만 적용되는 레이어 스타일의 종류와 각각의 속성을 살펴보고 이를 이미지에 적용하는 방법을 이해합니다. 또한, STYLES 패널로 이미 만들어진 스타일을 이미지에 적용하고 수정하는 방법을 알아봅니다.

▶ 레이어 스타일 이해하기
▶ STYLES 패널로 레이어에 스타일 적용하기
▶ 적용된 레이어 스타일 수정하기

## Training 06  레이어 마스크를 이용한 이미지 합성 작업

레이어 마스크를 만드는 방법에 대해 이해하고 이를 이용해 합성된 이미지를 만들어봅니다. 또한, 이를 채색 툴로 수정하는 방법에 대해 알아봅니다.

▶ 레이어 마스크 이해하기
▶ 레이어 마스크를 만들고 수정하기
▶ 레이어 마스크를 이용해 이미지 합성하기

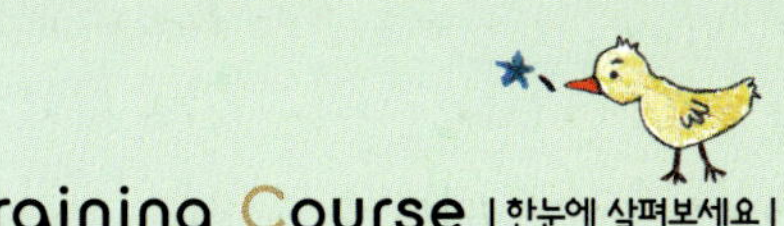


**Training 03**　**포토샵의 외부 파일, 스마트 오브젝트**

외부 파일을 현재 이미지 창의 스마트 오브젝트로 불러오는 [Place] 명령과 스마트 오브젝트를 수정하는 방법에 대해 알아봅니다.

▶ [Place] 명령과 스마트 오브젝트 이해하기
▶ 스마트 오브젝트를 수정하는 방법 이해하기

**Training 04**　**레이어 혼합의 모든 것, 블렌딩 모드**

레이어가 서로 혼합될 때 밝기, 색상, 채도가 서로 섞여 혼합되는 정도를 나타내는 블렌딩 모드를 이해하고 이를 이용해 여러 이미지를 합성해 봅니다.

▶ 블렌딩 모드의 종류와 각각의 특징 이해하기
▶ 블렌딩 모드로 이미지 합성하기

**Training 07**　**MASKS 패널 활용하여 마스크 수정하기**

포토샵 CS4에서 새로 생긴 MASKS 패널의 각 명칭을 알아보고 기능을 살펴봅니다. 또한, MASKS 패널로 레이어 마스크를 만들어 수정하는 방법을 알아봅니다.

▶ MASKS 패널 살펴보기
▶ MASKS 패널로 마스크를 만든 후 수정하기

**Training 08**　**벡터 마스크와 클리핑 마스크 만들기**

레이어 마스크와 달리 벡터 툴로 만들어지는 벡터 마스크를 이해하고 이를 수정해 봅니다. 또한, 아래 놓인 레이어가 마스크가 되어 레이어를 가려주는 클리핑 마스크의 사용법도 알아봅니다.

▶ 마스크의 종류 이해하기
▶ 벡터 마스크 만들고 수정하기
▶ 클리핑 마스크에 대해 이해하고 이를 활용해 이미지 합성하기

# LAYERS 패널에 대한 모든 것

LAYERS 패널에서는 포토샵에서 작업된 이미지가 어떤 소스들이 합성된 것인지, 또는 어떻게 이미지를 변경, 수정한 것인지, 어떤 효과를 적용한 것인지 등을 확인할 수 있습니다. 이번 Training에서는 LAYERS 패널의 각 요소의 명칭과 기능, 이미지를 이루는 레이어의 종류와 그에 따른 사용상의 차이점에 대해 알아보겠습니다.

| 학습 목표 | 학습 소재 | 난이도 | 예상 학습 결과 | 연계 학습 |
|---|---|---|---|---|
| • LAYERS 패널의 구성 알아보기<br>• 레이어의 종류 구분하기<br>• LAYERS 패널 활용하기 | • LAYERS 패널<br>• 레이어 | ★★★☆☆ | • LAYERS 패널로 이미지 구조 파악<br>• LAYERS 패널 활용해 이미지 제작 | • 그레이디언트 툴 : 224쪽<br>• Free Transform : 139쪽 |

## R E A D Y !

## LAYERS 패널과 레이어 종류 살펴보기

LAYERS 패널은 포토샵 작업의 모든 과정과 결과가 담겨 있는 곳으로, 레이어 관련 명령과 아이콘을 이용해 이미지를 수정하여 편집, 합성할 수 있습니다.

### ■ 이미지를 이루는 레이어 살펴보기

포토샵에서 이미지를 제작하는 정석은, 백그라운드와 투명 레이어에 이미지나 글자를 넣어 차곡차곡 쌓아 완성하는 것입니다. 그러면 이미지 창에는 맨 위에 놓인 레이어부터 그 아래 차례로 놓인 이미지가 모두 합쳐져 하나의 완성된 이미지로 보이게 됩니다. 이렇게 레이어를 사용해 이미지를 제작하면 각 레이어의 이미지가 따로 존재하기 때문에 필요한 부분만 수정하거나 편집할 수 있으며, 레이어에 적용할 수 있는 레이어 스타일과 레이어 마스크, 블렌딩 모드를 따로 조절할 수 있습니다.

▲ 완성된 이미지

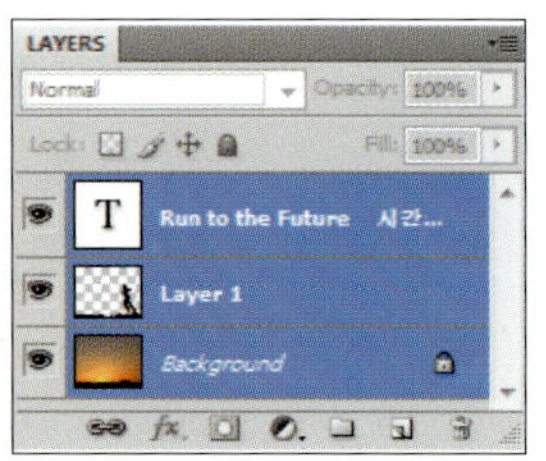


▲ LAYERS 패널

▲ 백그라운드의 이미지와 레이어의 이미지가 합쳐지는 형태

■ **LAYERS 패널 살펴보기**

완성된 이미지의 구성을 보여주는 LAYERS 패널은 다양한 레이어와 아이콘으로 구성되어 있습니다. 우선 이미지가 담겨있는 종이인 백그라운드(Background)와 레이어(Layer)가 있으며 선택한 레이어를 다른 이미지와 혼합하는 블렌딩 모드와 Opacity, 패널 아래에 놓여있는 다양한 기능을 가진 아이콘으로 구성되어 있습니다. 또한, 패널의 오른쪽에 있는 메뉴 버튼(▤)을 클릭하면 레이어에 적용할 수 있는 다양한 명령이 있습니다.

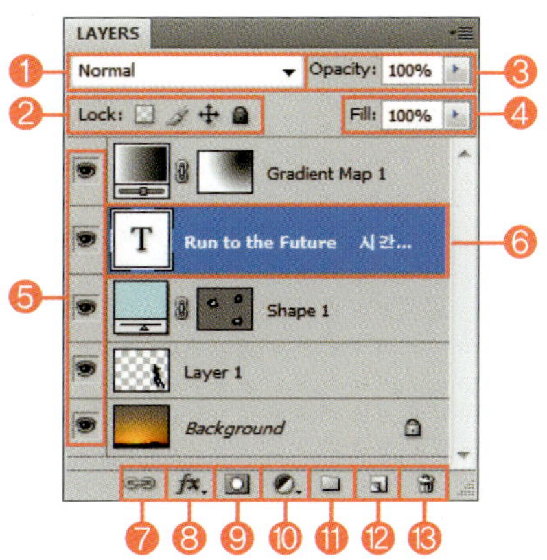

❶ **블렌딩 모드** : 선택한 레이어가 아래 이미지와 겹쳐질 때 합성되는 방법을 선택할 수 있습니다.

❷ **Lock** : 선택한 레이어의 여러 잠금 기능을 설정할 수 있습니다.

❸ **Opacity** : 선택한 레이어와 레이어 스타일의 불투명도를 같이 조절합니다. 수치가 낮아질수록 투명해져 아래 레이어가 비칩니다.

❹ **Fill** : 이미지의 불투명도만 조절하고 레이어 스타일의 불투명도는 조절되지 않습니다.

❺ **눈** : 클릭할 때마다 '눈(◉)'이 사라졌다 나타났다 하는데 '눈(◉)'이 표시된 레이어는 이미지 창에 나타나고, '눈(◉)'이 사라지면 이미지 창에서도 감춰집니다.

❻ **선택 레이어** : 원하는 레이어를 클릭하면 파란색으로 표시되어 그 레이어에서만 모든 작업을 할 수 있습니다. [Shift]나 [Ctrl]을 누른 채 레이어를 클릭하면 여러 레이어를 동시에 선택하여 이동, 변형할 수 있습니다.

❼ **레이어 링크** : 2개 이상의 레이어를 선택하면 활성화되며, 클릭하면 연결된 레이어에 연결 표시(🔗)가 나타나 이동, 변형을 같이 적용할 수 있습니다.

❽ **레이어 스타일** : 클릭하면 레이어에 적용할 그림자나 후광, 외곽선 등의 다양한 효과를 선택하고 조절할 수 있습니다.

❾ **레이어 마스크** : 레이어의 일부를 가릴 수 있는 마스크 기능을 제공합니다.

❿ **보정 레이어** : 색상 레이어나 패턴, 그레이디언트 레이어를 만들거나 이미지를 보정하는 보정 레이어를 만듭니다. 보정 레이어에 대해서는 Round08에서 자세히 다루겠습니다.

⓫ **레이어 그룹** : 클릭하면 폴더(🗀)를 만들어 여러 레이어를 모아서 관리할 수 있습니다.

⓬ **새 레이어 만들기** : 클릭하면 새 레이어가 만들어집니다.

⓭ **휴지통** : 클릭하면 선택한 레이어를 제거합니다.

■ **포토샵에서 만들 수 있는 레이어 종류**

포토샵에서는 여러 종류의 레이어를 제공하는데 우선 백그라운드와 같이 선택 툴, 채색 툴을 자유롭게 사용할 수 있는 레이어와 펜 툴이나 도형 툴과 같이 색상 레이어에 벡터 마스크를 가진 벡터 레이어, 글자만 입력되는 글자 레이어, 이미지를 보정하는 보정 레이어가 있습니다. 각각의 레이어는 그 특징에 따라 사용되는 툴과 명령이 다릅니다.

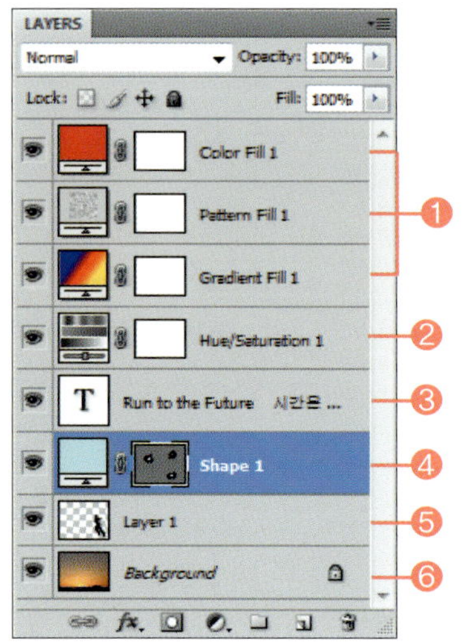

❶ **색상, 그레이디언트, 패턴 레이어** : 색상과 그레이디언트, 패턴을 만드는 레이어로 [Layer]-[New Fill Layer] 메뉴에서 선택할 수 있는데 항상 레이어 마스크와 같이 만들어집니다. 이 레이어에는 앞 썸네일을 더블클릭하여 다른 색상, 그레이디언트, 패턴으로 변경할 수 있으며 채색 툴로 레이어 마스크만을 수정합니다.

❷ **보정 레이어** : 이미지를 보정하는 레이어로, ADJUSTMENTS 패널이나 하단의 '보정 레이어(◑)'를 클릭하여 만들 수 있으며 레이어 마스크가 같이 생성됩니다.

❸ **글자 레이어** : 글자만 입력되는 레이어로 선택 툴, 채색 툴, 보정 명령과 필터를 사용할 수 없습니다. 글자 레이어를 이미지 레이어로 변경하려면 마우스 오른쪽 버튼으로 클릭하고 [Rasterize Type]을 선택하면 됩니다.

❹ **벡터 레이어** : 펜 툴이나 도형 툴의 옵션 바에서 '셰이프 레이어(▫)'를 클릭하고 작업하면 만들어지는 레이어로 선택 툴과 채색 툴, 필터를 사용할 수 없습니다. 색상 썸네일을 더블클릭하면 색상을 변경할 수 있고 바로 옆 벡터 마스크는 벡터 툴로 수정할 수 있습니다.

❺ **레이어** : 포토샵에서 가장 일반적으로 사용하는 것으로 패널 아래의 '새 레이어 만들기(◱)'를 클릭하거나 다른 이미지를 이동, 붙여넣기하면 자동으로 생성됩니다. 선택 툴, 채색 툴, 필터, 보정 명령을 모두 사용할 수 있습니다.

❻ **백그라운드** : 이미지를 제작할 때 기본 종이로 맨 아래 놓여 있으며 레이어와 달리 투명한 부분이 없이 배경색으로 채워져 있습니다. 더블클릭하면 레이어로 변경할 수 있습니다.



**Round 07.**
레이어를 알면 포토샵이 쉬워진다.

## 그레이디언트 레이어를 만들고 투명도 조절하기

◎ **준비물** : '예제파일\Round07\grayphoto.psd' 파일을 불러오세요.

**1** LAYERS 패널의 '보정 레이어(◉)'를 클릭하여 [Gradient]를 선택합니다.

**2** 그레이디언트 레이어를 만드는 대화상자가 나타나면 [Gradient]의 색상 바를 눌러 [Orange, Yellow, Orange] 썸네일을 선택한 후 [OK] 버튼을 클릭합니다.

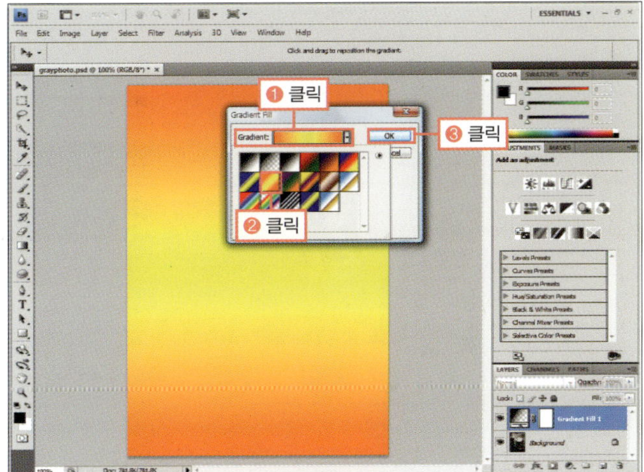

### B O N U S

그레이디언트 레이어를 만드는 메뉴는 [Layer]-[New Fill Layer]-[Gradient]입니다.

**3** LAYERS 패널의 블렌딩 모드를 [Overlay]로 선택하여 그레이디언트 레이어와 아래 이미지를 혼합합니다.

**4** 레이어의 불투명도를 조절하는 [Opacity]를 '40%'로 조절한 후 결과 이미지를 확인합니다.

◎ **완성물** : 예제파일\Round07\grayphoto_f.psd

### S T O P

[Overlay] 블렌딩 모드는 선택한 이미지와 아래 이미지의 색상과 밝기를 중간 정도로 혼합하는 것으로, Training 04에서 자세히 다루겠습니다.



**Training 01.**
LAYERS 패널에 대한 모든 것

# 레이어의 투명영역을 제외하고 채색하기

◎ **준비물** : '예제파일\Round07\shadow.psd' 파일을 불러오세요.

**①** '아이' 레이어 이미지를 복사하기 위해 선택되어 있는 것을 확인하고 [Layer]-[Duplication Layer] 메뉴를 클릭합니다.

**②** [Duplicate Layer] 대화상자가 나타나면 복제된 레이어 이름을 나타내는 [As]를 확인하고 [OK] 버튼을 클릭합니다.

## BONUS

마우스 오른쪽 버튼을 클릭하여 [Duplicate Layer] 메뉴를 선택하거나 복제할 레이어를 '새 레이어 만들기(🔲)' 위로 드래그해도 레이어가 복제됩니다.

## STOP

LAYERS 패널에서 이미지 썸네일을 확인해보면 '아이' 레이어에서 아이 이미지를 제외한 나머지 배경은 투명한 상태인 것을 알 수 있습니다.

**③** 복제한 '아이 Copy' 레이어의 투명한 부분이 보호되도록 LAYERS 패널의 '투명 잠금(🔲)'을 클릭합니다.

## BONUS

LAYERS 패널의 잠금 기능은 선택한 레이어를 이동하거나 칠을 못하도록 잠그는 기능을 가지고 있습니다.

• 투명 잠금(🔲) : 클릭하면 레이어의 투명한 부분이 보호되어 이미 색이 칠해진 부분만 수정할 수 있습니다.

• 칠 잠금(✏) : 채색 툴로 칠하거나 색상을 변경할 수 없습니다.
• 이동 잠금(✛) : 이동 툴로 위치를 변경하거나 변형할 수 없습니다.
• 잠금(🔒) : 이동하거나 채색할 수 없습니다.

④ 툴박스에서 '기본색(■)'을 클릭하여 전경색과 배경색을 검은색과 흰색으로 설정한 후, 그레이디언트 툴(■)을 선택하고 그림과 같이 아이 발끝에서 머리 위로 드래그하여 그레디언트를 칠합니다.

⑤ LAYERS 패널의 '투명 잠금(■)'을 다시 클릭하여 해제한 후 [Filter]-[Blur]-[Gaussian Blur] 메뉴를 선택합니다.

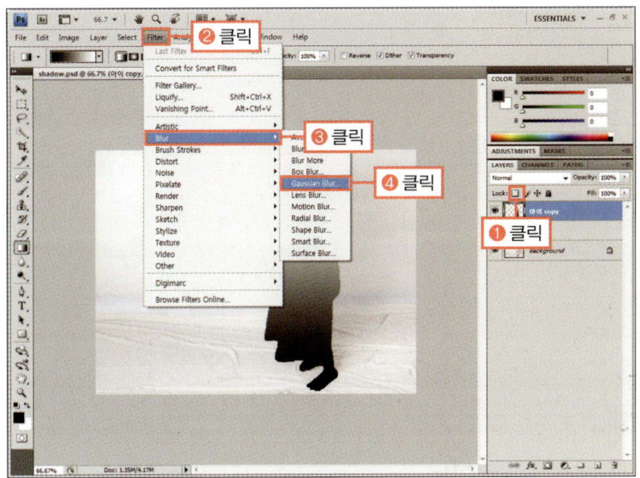




[Gaussian Blur]는 초점이 흐려지면서 흩어지는 필터이기 때문에 투명 잠금 상태에서는 효과를 제대로 적용할 수 없습니다.

⑥ [Gaussian Blur] 대화상자가 나타나면 흩어지는 정도를 나타내는 [Radius]의 값을 '5.0'으로 조절한 후 [OK] 버튼을 클릭합니다.

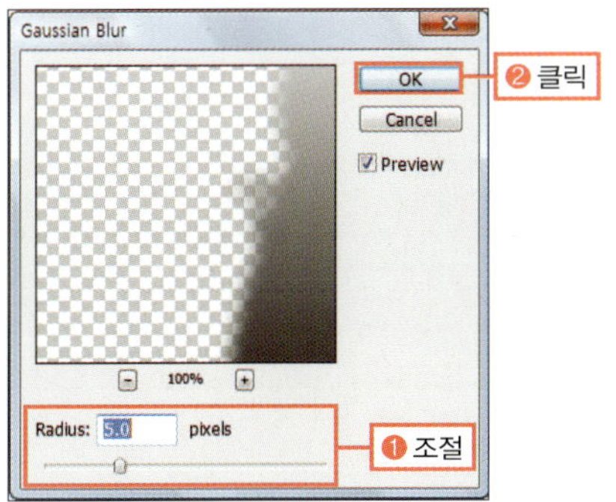


⑦ 그레이디언트로 칠한 이미지의 경계 부분이 흩어져 아래 이미지가 살짝 보이는 것을 확인합니다.

❽ Ctrl+T를 눌러 [Free Transform]을 실행한 후 위 변형 조절점을 아래로 드래그하여 크기를 줄입니다.

❾ Ctrl을 누른 채 위 중심점을 옆으로 드래그하여 그림과 같이 변형한 후 옵션 바의 '확인(✔)'을 클릭하여 변형을 완료합니다.



❿ LAYERS 패널에서 이미지의 불투명도를 나타내는 [Opacity]를 '50%'로 낮춰 흐릿하게 보이도록 조절합니다.

⓫ LAYERS 패널의 '아이 copy' 레이어를 '아이' 레이어 아래로 내려 레이어 순서를 바꾼 후 이미지를 확인합니다.

◎ **완성물** : 예제파일\Round07\shadow_f.psd



**Round 07.**
레이어를 알면 포토샵이 쉬워진다.

# 레이어 깔끔하게 묶어 관리하기



포토샵으로 이미지 작업을 할 때 레이어가 너무 많아져서 원하는 레이어를 빨리 찾지 못하거나 비슷한 레이어를 중복되게 만드는 경우가 있습니다. 이럴 때에는 레이어를 합쳐서 개수를 줄이거나 서로 관련 있는 레이어끼리 연결 또는 레이어 그룹을 만들어 레이어를 정리하는 것이 좋습니다. 이번 Training에서는 이렇게 레이어를 정리하는 여러 가지 방법과 그 명령에 대해 알아보겠습니다.

| 학습 목표 | 학습 소재 | 난이도 | 예상 학습 결과 | 연계 학습 |
|---|---|---|---|---|
| 레이어의 개수가 많을 때 정리하는 방법 알아보기 | LAYERS 패널 | ★★★★☆ | • 레이어를 합치기<br>• 레이어 연결하기<br>• 레이어 그룹 만들기 | • 이동 툴 : 126쪽<br>• Free Transform : 139쪽 |

## READY!   레이어를 합치고 정리하는 다양한 방법

여러 레이어를 합치거나 연결하는 명령, 레이어 그룹으로 정리하는 명령은 [Layer] 메뉴에서 선택할 수 있지만 대부분은 LAYERS 패널의 메뉴를 이용하거나 레이어에서 마우스 오른쪽 버튼을 클릭하여 바로 실행합니다.

### ■ 여러 레이어 합치기

LAYERS 패널의 메뉴에서는 [Merge Down], [Merge Visible], [Flatten Image] 등의 레이어를 합쳐주는 명령을 제공합니다. 또한, 여러 레이어를 하나의 그룹으로 묶어둔 레이어 그룹을 선택하면 [Merge Group] 명령이 나타나 선택한 레이어 그룹의 모든 레이어를 합칠 수 있으며, 2개 이상의 레이어를 선택하면 [Merge Layers] 명령이 나타나 선택한 레이어들을 합칠 수 있습니다.

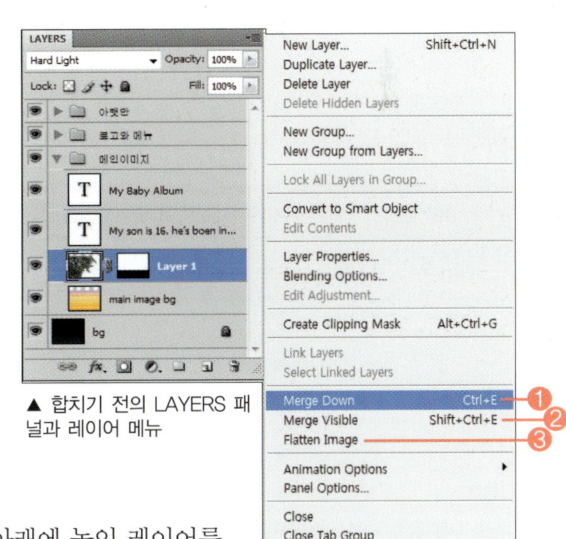

▲ 합치기 전의 LAYERS 패널과 레이어 메뉴

❶ **Merge Down** : 선택한 레이어와 바로 아래에 놓인 레이어를 합칩니다.

❷ **Merge Visible** : '눈(👁)' 이 켜져 보이는 레이어만 합칩니다.

❸ **Flatten Image** : 가려진 레이어는 버리고 모든 레이어를 백그라운드로 합칩니다.

❹ **Merge Group** : 레이어 그룹을 선택하면 활성화되며, 선택한 레이어 그룹의 보이는 레이어를 모두 합칩니다.

❺ **Merge Layers** : 2개 이상의 레이어를 선택하면 나타나는 메뉴로 선택한 레이어들을 모두 합칩니다.

## ■ 여러 레이어 연결하기

같이 이동되거나 변형되어야 하는 레이어들을 선택한 후 하단의 '레이어 링크(링크)'를 클릭하면 레이어 옆에 연결 표시(표시)가 나타나고, 그 중 하나의 레이어만 선택하고 이동, 변형하면 연결된 레이어에 모두 적용됩니다.

▲ 연결된 레이어에 [Free Transform]을 적용해 이동한 경우

## ■ 레이어 그룹 만들기

레이어가 너무 많을 때에는 관련된 레이어들을 하나의 그룹으로 정리해두면 편리합니다. 레이어 그룹은 LAYERS 패널 하단의 '레이어 그룹(그룹)'를 클릭하거나, [Layer] 메뉴에서 [New Group]과 [New Group from Layers] 명령을 실행해서 만들 수 있습니다. [New Group from Layers] 명령은 Shift 를 누른 채 '레이어 그룹(그룹)'을 클릭해도 실행할 수 있습니다.

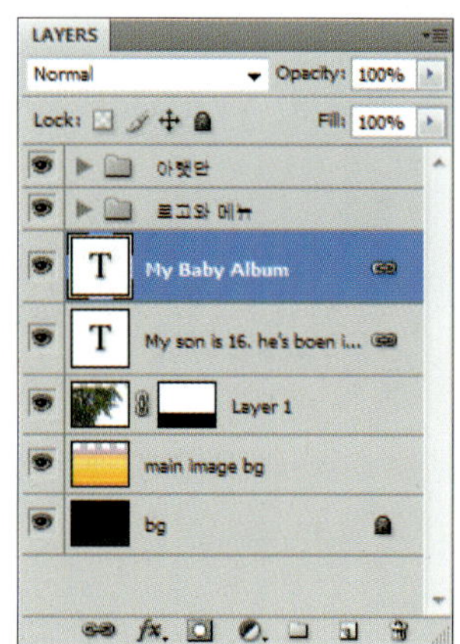

▲ 레이어 그룹 생성 전

▲ [New Group] 명령은 선택된 레이어 위로 빈 레이어 그룹을 만들어 폴더 안으로 레이어를 하나씩 이동해서 정리할 수 있습니다.

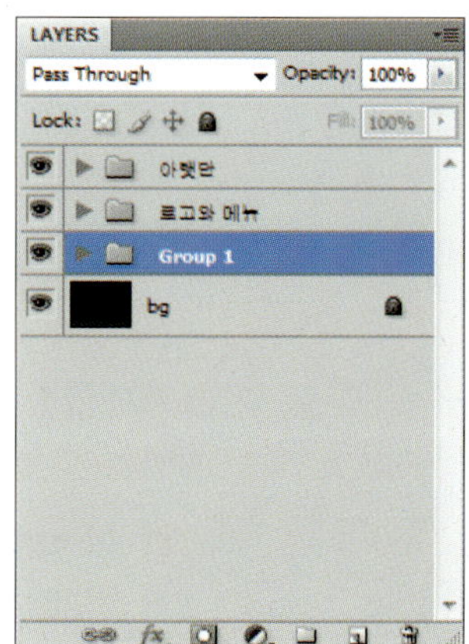

▲ [New Group from Layers] 명령을 실행하면 새 레이어 그룹이 만들어지면서 현재 선택된 모든 레이어들이 폴더 안으로 이동합니다.

## 여러 레이어 선택해 같이 이동, 변형하기

◎ **준비물** : '예제파일\Round07\maindesign.psd' 파일을 불러오세요.

**1** LAYERS 패널이 잘 보이도록 조절한 후 Ctrl+[+]를 한 번 눌러 이미지를 확대하여 봅니다. 그리고 이동 툴(▶+)을 선택합니다.

**2** LAYERS 패널에서 'Copyright~' 글자 레이어와 그 밑에 'bar' 레이어를 함께 선택하고 이미지에서 그림과 같이 아래로 드래그하여 이동합니다.

같이 선택된 'bar' 레이어와 'Copyright~' 레이어는 함께 이동, 변형됩니다.

**3** LAYERS 패널에서 Shift 를 누른 채 'icon6'과 'icon1' 레이어를 클릭하여 그 사이의 모든 레이어를 선택한 후 '레이어 링크(⊗)'을 눌러 선택한 레이어를 모두 연결합니다.

**4** LAYERS 패널에서 'icon6' 레이어를 클릭하여 선택하고 그림과 같이 아이콘을 드래그하여 버튼이 있는 상단으로 이동합니다.

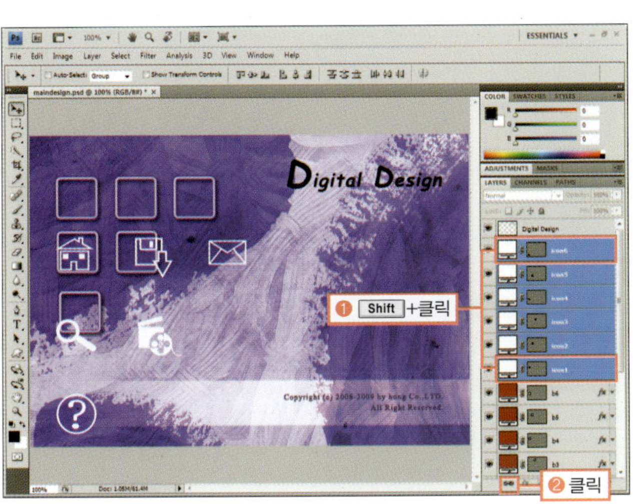

**Training 02.**
레이어 깔끔하게 묶어 관리하기

⑤ Ctrl+T를 눌러 [Free Transform]을 실행한 후 오른쪽 아래 조절점을 안으로 드래그하여 버튼 이미지와 아이콘 크기가 맞도록 줄인 후 변형을 마무리합니다.

⑥ 완성된 이미지를 학인합니다.

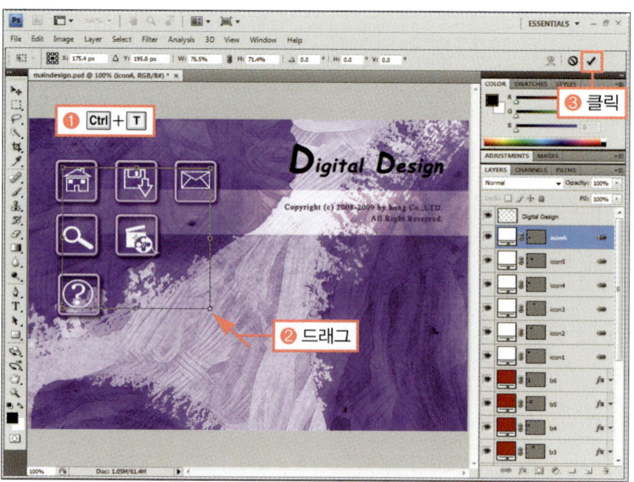

아이콘 이미지 중에 버튼과 맞지 않는 것은 '레이어 링크( )'를 다시 클릭하여 이동하려는 레이어의 연결을 해제한 후 방향키를 눌러 수정합니다.

---

**G O !**  

## 레이어 묶어 그룹으로 관리하기

◎ **준비물** : 앞의 예제에 이어서 작업합니다.

① LAYERS 패널에서 'Copyright~' 레이어를 선택한 후 '레이어 그룹( )'을 클릭하여 레이어 그룹을 만들고, 이름을 변경하기 위해 더블클릭한 후 'copy'로 입력합니다.

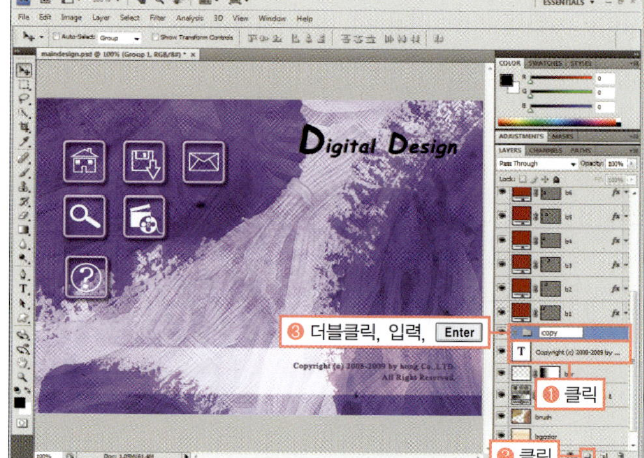




레이어를 선택한 후 '레이어 그룹( )'을 클릭하면 선택된 레이어 바로 위에 레이어 그룹이 만들어집니다.



**Round 07.**
레이어를 알면 포토샵이 쉬워진다.

② LAYERS 패널에서 'Copyright~' 레이어를 'copy' 레이어 그룹으로 드래그합니다.

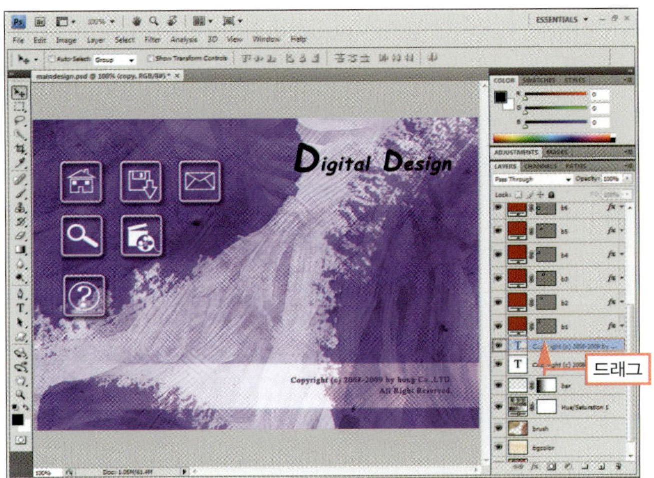

③ 레이어 그룹 안으로 'Copyright' 레이어가 이동된 것을 확인합니다. 마찬가지 방법으로 'bar' 레이어를 'copy' 레이어 그룹 안으로 드래그하여 이동합니다.

④ 'copy' 레이어 그룹 앞의 ▼ 부분을 클릭하여 접습니다. [Shift]를 누른 채 'b1'과 'b6' 레이어를 클릭하여 그 사이 모든 레이어를 선택합니다.

⑤ LAYERS 패널의 메뉴 버튼(≡)을 클릭하여 나오는 메뉴 중에 [Merge Layers]를 선택하여 선택한 모든 레이어를 합칩니다.

선택한 레이어를 모두 합쳐주는 [Merge Layers] 명령은 레이어를 2개 이상 선택했을 때 활성화됩니다.



**Training 02.**
레이어 깔끔하게 묶어 관리하기

❻ `Shift`를 누른 채 합쳐진 'b6'과 'icon6' 레이어를 클릭하여 그 사이 모든 레이어를 선택합니다. 그리고 `Shift`를 누른 채 '레이어 그룹(▭)'을 클릭합니다.

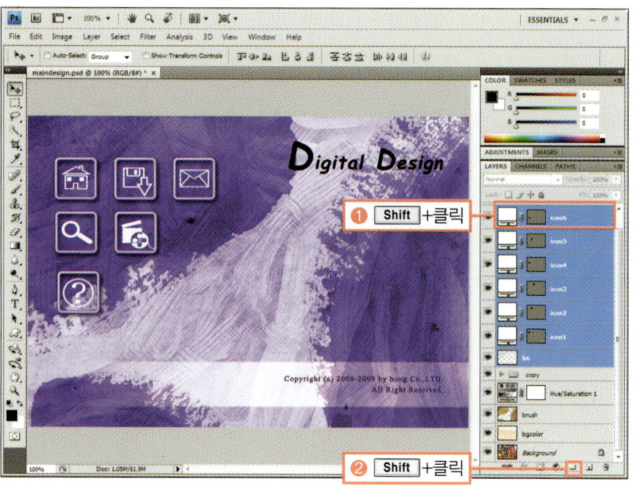




또는 LAYERS 패널의 메뉴에서 [New Group form Layers]를 선택해도 됩니다.

❼ 선택된 모든 레이어가 새로 만들어진 레이어 그룹으로 이동된 것을 확인합니다. 폴더 이름을 더블클릭하여 '버튼들'로 이름을 변경합니다.

❽ LAYERS 패널에서 '버튼들' 레이어 폴더가 선택된 것을 확인하고 `Ctrl`+`T`를 눌러 [Free Transform]을 실행합니다. 그림과 같이 버튼과 아이콘의 크기를 줄인 후 옵션 바의 '확인(✔)'을 클릭합니다.

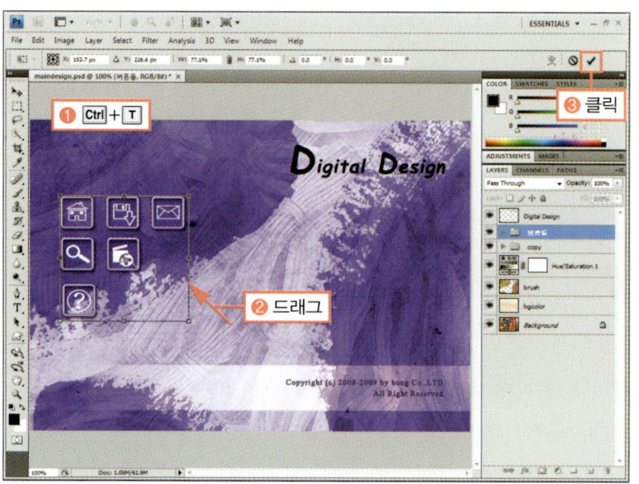


❾ 변형된 이미지와 LAYERS 패널을 확인합니다.

◎ **완성물** : 예제파일\Round07\maindesign_f.psd

**Round 07.**
레이어를 알면 포토샵이 쉬워진다.

# 포토샵의 외부 파일, 스마트 오브젝트



스마트 오브젝트(Smart Object)는 외부 파일을 현재 이미지의 레이어로 연결하는 기능으로, 다른 프로그램으로 만든 이미지를 불러와 스마트 오브젝트로 작업하거나 몇 개의 레이어를 선택해 스마트 오브젝트로 변경하여 사용할 수 있습니다. 이번 Training에서는 스마트 오브젝트와 레이어 이미지를 합성 및 수정하는 방법에 대해 알아보겠습니다.

| 학습 목표 | 학습 소재 | 난이도 | 예상 학습 결과 | 연계 학습 |
|---|---|---|---|---|
| • 외부 파일 불러오기<br>• 스마트 오브젝트 사용하기 | • [File]–[Place] 메뉴<br>• 스마트 오브젝트 | ★★★★☆ | 스마트 오브젝트를 삽입해 기존 이미지와 합성하고 수정하기 | |

## R E A D Y !　[Place] 명령과 스마트 오브젝트 이해하기

[File]–[Open] 메뉴와 달리 [File]–[Place] 메뉴를 사용해 외부 이미지 파일을 불러오면 현재 이미지 창에 바로 삽입되어 스마트 오브젝트가 됩니다. 예를 들어 일러스트레이터 프로그램으로 작업된 AI 파일을 [Open] 명령으로 불러오면 포토샵에 맞게 이미지 크기와 해상도를 조절하는 대화상자가 나타나 [OK] 버튼을 클릭하면 사용할 수 있습니다. 하지만 [Place] 명령으로 AI 파일을 불러오면 이미지를 불러오는 옵션만 선택하는 대화상자가 나타나고, [OK] 버튼을 클릭하면 그대로 일러스트레이터의 속성을 유지한 채 현재 이미지에 스마트 오브젝트로 삽입됩니다. 이렇게 삽입된 것은 레이어 썸네일에 스마트 오브젝트 표시(█)가 생깁니다. [Place] 명령으로 외부 파일을 가져오면 그 파일의 속성이 그대로 유지되어 채색 툴이나 필터와 같은 명령은 바로 적용되지 않습니다.

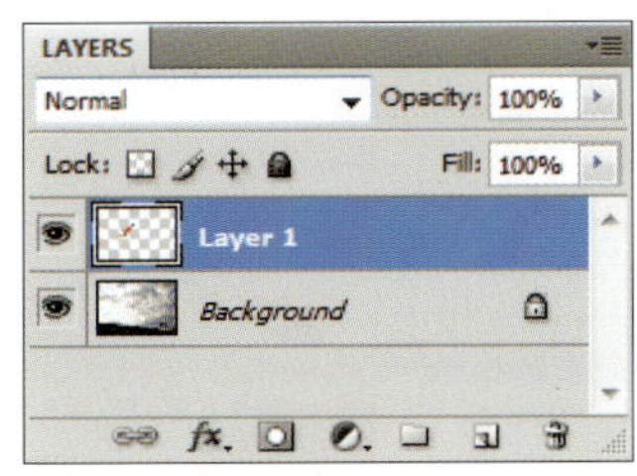

▲ [Open] 명령으로 AI 파일을 불러올 때의 레이어 모양

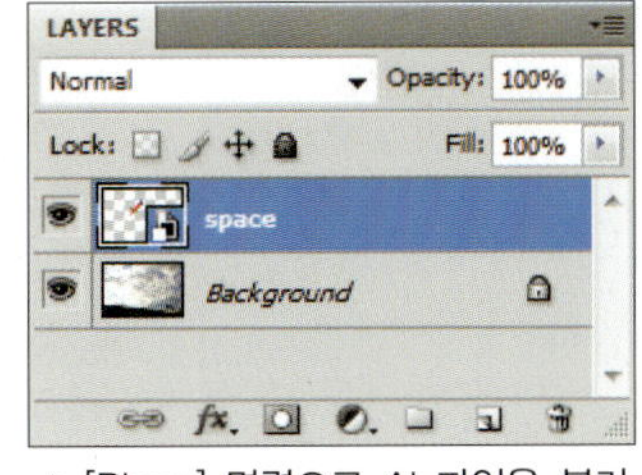

▲ [Place] 명령으로 AI 파일을 불러올 때의 레이어 모양

## 외부 파일을 스마트 오브젝트로 불러오기

◎ **준비물** : '예제파일\Round07\birthday.jpg' 파일을 불러오세요.

① [File]-[Place] 메뉴를 선택합니다.

② [Place] 대화상자가 나타나면 '예제파일\Round07\green.psd' 파일을 선택하고 [Place] 버튼을 클릭합니다.

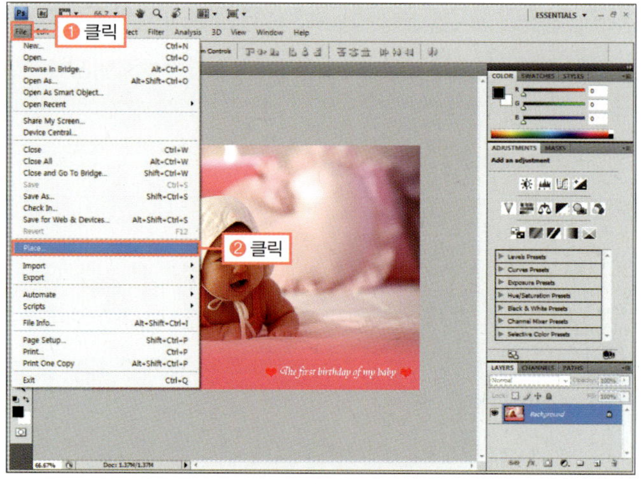

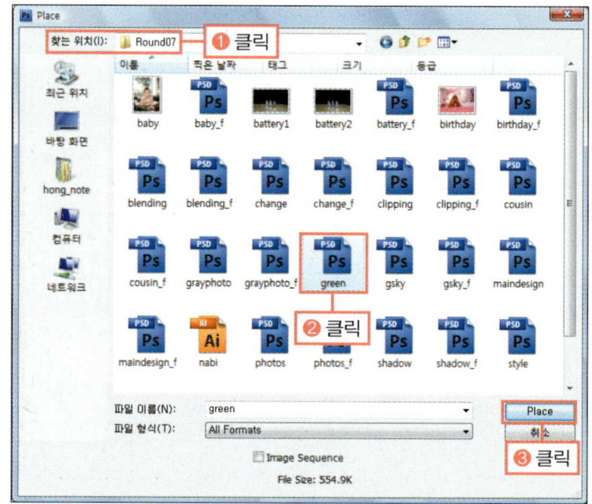



옵션 바의 속성 값을 기본 값으로 되돌린 후 따라합니다.

③ 이미지 안으로 'green.psd' 파일이 삽입된 것을 확인합니다. 변형 조절점에서 오른쪽 위 조절점을 밖으로 드래그하여 이미지와 맞춰 조금 크게 조절하고 위치도 이동하여 변형을 마무리합니다.

④ LAYERS 패널에 'green' 레이어가 만들어지고 스마트 오브젝트 표시(⬚)가 나타난 것을 확인합니다. 다시 [File] - [Place] 메뉴를 선택합니다.

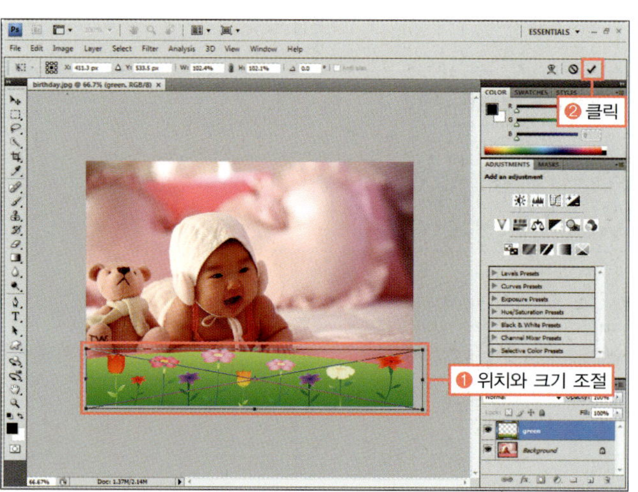

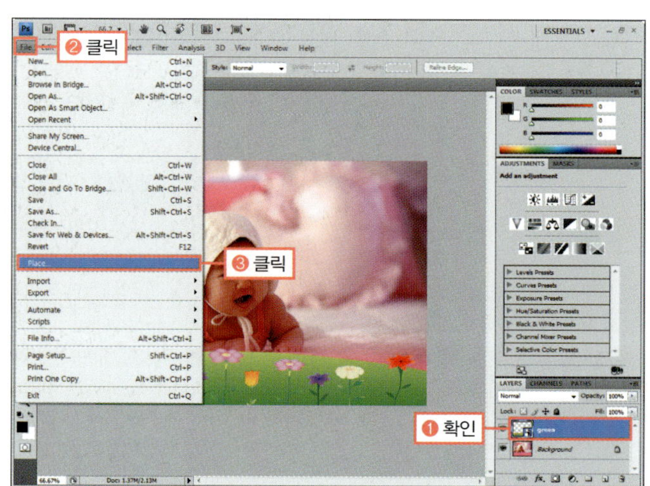



'green.psd'는 같은 포토샵 파일이기 때문에 특별한 대화상자 없이 바로 삽입됩니다.

⑤ [Place] 대화상자가 나타나면 '예제파일\Round07\ nabi.ai' 파일을 선택하고 [Place] 버튼을 클릭합니다.

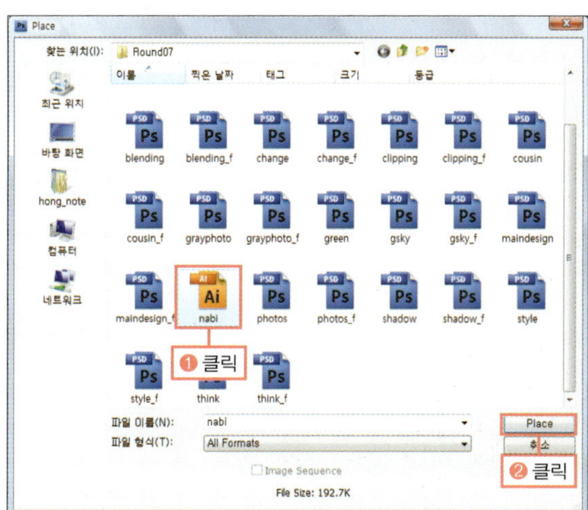

⑥ 불러오려는 파일의 옵션을 선택할 수 있는 대화상자가 나타나면 불러오는 이미지의 크기를 선택하는 [Crop To]를 [Bounding Box]로 선택한 후 [OK] 버튼을 클릭합니다.

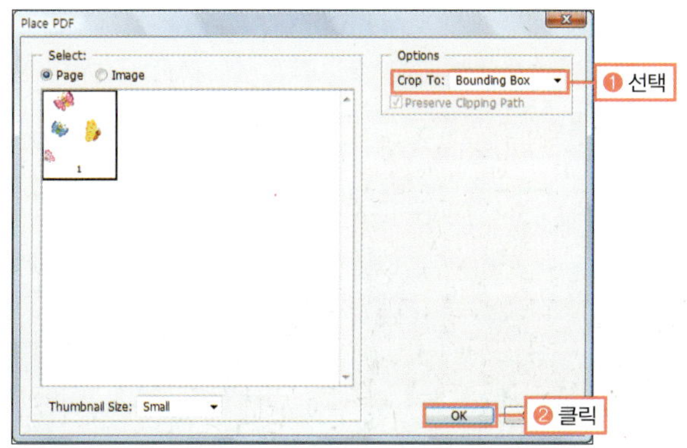

**BONUS**

[Crop To]를 [Bounding Box]로 선택하면 원래 이미지 크기로 이미지 창의 정 중앙에 삽입됩니다

⑦ 이미지에 'nabi.ai' 파일이 삽입됩니다. 크기를 조절하고 회전하여 그림과 같이 변형합니다.

⑧ LAYERS 패널에 'nabi'가 스마트 오브젝트로 삽입된 것을 확인합니다.

## 스마트 오브젝트 변경하기

◎ **준비물** : 앞의 예제에 이어서 작업합니다.

**①** LAYERS 패널에서 'green' 레이어의 스마트 오브젝트 표시(🖿)를 더블클릭하여 경고문을 확인한 후 [OK] 버튼을 클릭합니다.

**②** 'green.psd' 이미지가 열립니다. COLOR 패널에서 전경색을 진한 분홍, 배경색을 연한 분홍으로 지정한 후 툴박스에서 그레이디언트 툴(▣)을 선택합니다.

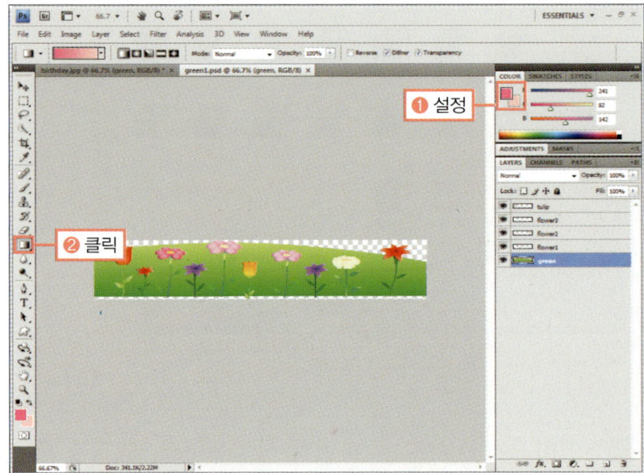



**STOP**

경고문의 내용은 스마트 오브젝트 이미지 창에서 수정한 후 [File]-[Save] 메뉴를 선택해 저장하면 현재 이미지에 반영된다는 것입니다.

**③** LAYERS 패널에서 'green' 레이어를 선택하고 '투명 잠금(▣)'을 클릭한 후 이미지의 아래에서 위로 드래그하여 그레이디언트를 적용합니다.

**④** [File]-[Save] 메뉴를 선택하여 저장합니다.

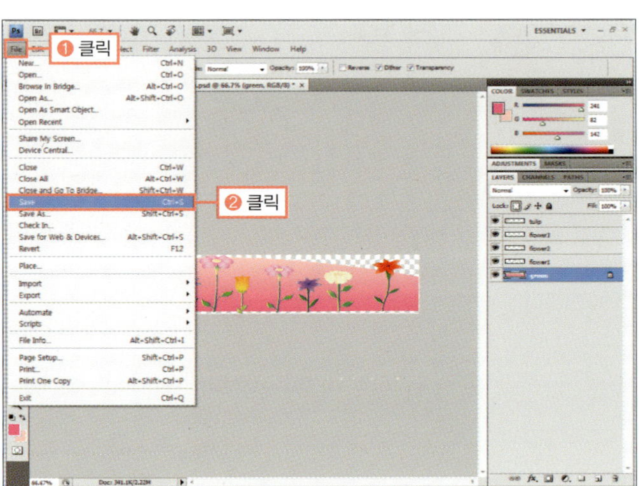





**Round 07.**
레이어를 알면 포토샵이 쉬워진다.

**⑤** 이미지 제목 탭에서 'birthday.jpg'를 클릭하여 이미지가 보이게 한 후 'green' 레이어 부분의 색상이 변경된 것을 확인합니다.

◎ **완성물** : 예제파일\Round07\birthday_f.psd

---

**PHOTOSHOP COACHING** |포토샵 코칭|　　　　　　　　　　**스마트 오브젝트를 레이어로 변경하기**

스마트 오브젝트는 색상 보정 명령이나 필터가 바로 적용되지 않으며 이미지를 따로 분리할 수 없기 때문에 작업상 불편할 때가 있습니다. 이럴 때에는 스마트 오브젝트 레이어를 마우스 오른쪽 버튼을 클릭하여 나오는 메뉴 중에 [Rasterize Layer]를 선택하면 일반 레이어로 변경됩니다.

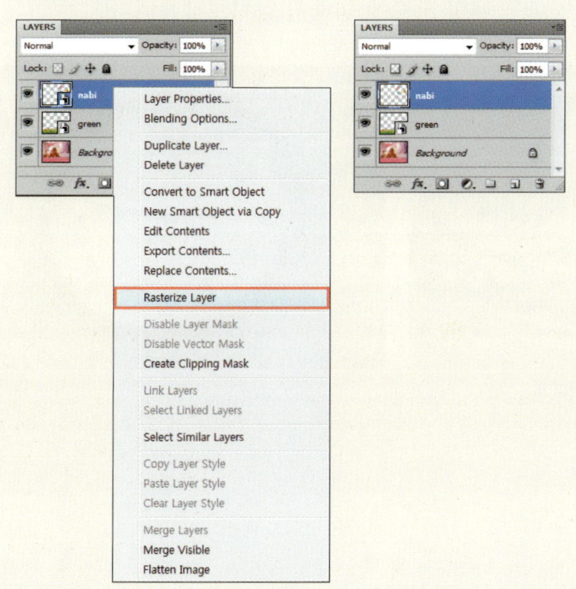

▲ [Rasterize Layer] 명령을 이용해 스마트 오브젝트를 레이어로 변경하기



**Training 03.**
포토샵의 외부 파일, 스마트 오브젝트

# 레이어 혼합의 모든 것, 블렌딩 모드

Photoshop · CS4

선택한 레이어가 아래 놓인 이미지와 자연스럽게 합성될 수 있도록 하는 레이어의 블렌딩 모드는, 섞이는 이미지의 밝기와 색상에 따라 전혀 다른 분위기의 결과물을 만들 수 있어 Opacity와 함께 이미지를 합성할 때 많이 이용되는 기능입니다. 이번 Training에서는 각 블렌딩 모드의 특징을 살펴보고 이를 활용하는 방법에 대해 알아보겠습니다.

| 학습 목표 | 학습 소재 | 난이도 | 예상 학습 결과 | 연계 학습 |
|---|---|---|---|---|
| 레이어의 블렌딩 모드 이해하기 | 블렌딩 모드 | ★★★☆☆ | 블렌딩 모드로 자연스럽게 합성하기 | • 그레이디언트 툴 : 224쪽<br>• 브러시 툴 : 198쪽 |

## READY! 블렌딩 모드의 모든 것

포토샵의 LAYERS 패널에서 제공하는 다양한 블렌딩 모드에 대해서 알아보겠습니다.

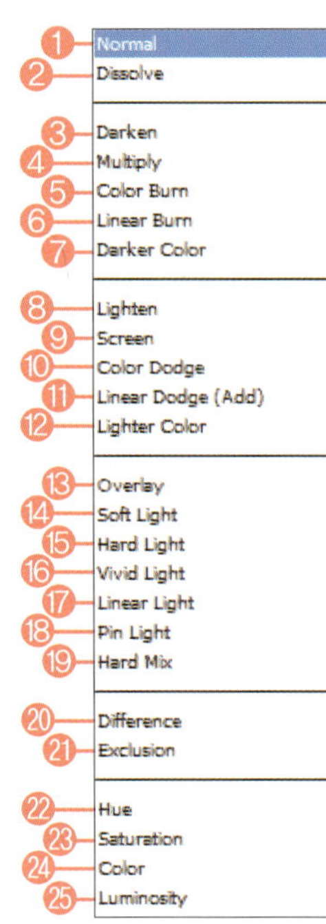

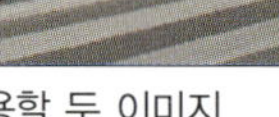

▲ 블렌딩 모드를 적용할 두 이미지

❶ **Normal** : 오직 레이어의 순서대로 이미지가 보이는 모드입니다.

❷ **Dissolve** : 말 그대로 여러 점을 이미지에 흩뿌린 것과 같은 효과로, Opacity의 값이 낮아질수록 점의 밀도가 커져 이미지가 많이 흩어져 보입니다.

❸ **Darken** : 겹쳐진 이미지 색상 중 어두운 곳이 부각되어 전체 이미지가 어둡게 표시됩니다.

④ **Multiply** : 두 소스 이미지의 명도를 곱한 후에 이것을 255로 나누는 방법으로 합성되어 전체적으로 어두워집니다. 100% 흰색은 제거됩니다.

⑤ **Color Burn** : 이미지 색상에 번 툴(⬛)을 적용시킨 것처럼 어둡게 합성되며, 흰색과 검은색은 변화가 없습니다.

⑥ **Linear Burn** : 두 이미지의 어두운 색을 부각시켜 밝은 부분을 감소시키는 합성 모드로 Color Burn보다는 전체적으로 어둡게 합성됩니다.

⑦ **Darker Color** : 단순히 두 레이어의 이미지에서 더 어두운 레이어의 색상을 취하는 메뉴입니다.

▲ Dissolve

▲ Darken

▲ Multiply

▲ Color Burn

▲ Linear Burn

▲ Darker Color

⑧ **Lighten** : Darken과 반대의 개념으로 어두운 톤에만 이미지가 합성되어 전체적으로 밝아집니다.

⑨ **Screen** : Multiply와 반대의 개념으로, 합성된 두 이미지의 색상을 서로 반전시켜 곱하는 형태로 합성하기 때문에 전체적으로 하얗게 표백된 듯이 보입니다.

⑩ **Color Dodge** : 이미지 색상에 닷지 툴(🔍)을 적용시킨 것처럼 명도가 전체적으로 높아지면서 채도가 높아집니다. 흰색과 검은색은 합성되지 않습니다.

⑪ **Linear Dodge Add** : Color Dodge보다 전체적으로 고르게 밝아지지만 검은색은 영향을 받지 않습니다.

⑫ **Lighter Color** : 두 레이어의 색상 중 어두운 부분은 제거되어 밝은 색만 합성합니다.

⑬ **Overlay** : Multiply와 Screen의 중간 단계로, 두 레이어 이미지의 명암은 유지한 상태로 색상과 섞이게 되며 이 과정에서 이미지의 채도와 대비가 높아집니다.



**Training 04.**
레이어 혼합의 모든 것, 블렌딩 모드

▲ Lighten

▲ Screen

▲ Color Dodge

▲ Linear Dodge(Add)

▲ Lighter Color

▲ Overlay

⑭ **Soft Light** : 위에 놓인 레이어의 50% 회색을 기준으로 밝은 부분은 닷지 툴(🔍)을 적용했을 때와 같이 밝아지고, 그 반대일 경우엔 번 툴(✋)을 적용한 것처럼 어두워집니다.

⑮ **Hard Light** : 위에 놓인 레이어의 50% 회색을 기준으로 밝은 부분은 Screen 모드를 적용한 것과 같이 밝아지며, 어두운 부분은 Multiply를 적용한 것처럼 어두워집니다.

⑯ **Vivid Light** : 검정색 부분은 그대로 두고 밝은 부분에 빛을 추가한 후 대비를 높여 합성합니다.

⑰ **Linear Light** : Hard Light보다 전체적으로 밝게 합성하는데 색상에 따라 밝기를 조절하여 각 픽셀별로 Burn이나 Dodge 효과가 나타나게 합니다.

⑱ **Pin Light** : 겹친 레이어 50% 회색을 기준으로 두 레이어가 50%보다 밝으면 아래에 겹친 레이어 이미지가 표현되어 전체적으로 밝게 됩니다.

⑲ **Hard Mixer** : 두 이미지의 색상을 거칠게 표현하여 합성됩니다.

▲ Soft Light

▲ Hard Light

▲ Vivid Light

▲ Linear Light

▲ Pin Light

▲ Hard Mixer

⑳ **Difference** : 위에 겹친 레이어의 어두운 부분이 아래 레이어의 겹친 레이어를 반전시켜 보색으로 보입니다. 그래서 이미지 전체적으로 반전되어 보입니다.

㉑ **Exclusion** : Difference와 같이 반전시켜 표현하지만 그 정도가 조금 작게 표시됩니다.

㉒ **Hue** : 위에 놓인 레이어의 색상과 명도만 아래 이미지에 적용되어 보입니다.

㉓ **Saturation** : 위에 놓인 레이어의 채도가 아래 놓인 이미지의 색상과 명도에 적용되어 보입니다.

㉔ **Color** : 위에 놓인 색상과 채도가 아래 이미지의 밝기에 반영되어 보입니다.

㉕ **Luminosity** : 아래에 놓인 레이어의 명도가 위에 놓인 이미지에 반영되어 합성됩니다.

▲ Difference

▲ Exclusion

▲ Hue

▲ Saturation

▲ Color

▲ Luminosity



**Training 04.**
레이어 혼합의 모든 것, 블렌딩 모드

## 다양한 블렌딩 모드로 이미지 합성하기

◎ **준비물** : '예제파일\Round07\blending.psd' 파일을 불러오세요.

**①** LAYERS 패널에서 'tree' 레이어가 선택된 것을 확인하고 블렌딩 모드를 클릭합니다.

**②** 블렌딩 모드 목록이 펼쳐지면 [Darken]을 선택합니다.

**③** 레이어에서 어두운 부분의 색상과 명암만 남고 밝은 부분이 제거된 상태로 아래 백그라운드 이미지와 합성됩니다.

**④** LAYERS 패널에서 '빛' 레이어를 선택한 후 COLOR 패널에서 전경색을 흰색으로 지정합니다.

**Round 07.**
레이어를 알면 포토샵이 쉬워진다.

❺ 툴박스의 그레이디언트 툴(■)을 선택한 후 옵션 바에서 '원형(■)'을 클릭합니다. 그리고 ［■■■■■▼］ 부분을 클릭하고 [Foreground to Transparent]를 선택합니다.

❻ 그림과 같이 이미지의 왼쪽 위에서 오른쪽 아래로 드래그하여 그레이디언트를 칠합니다.

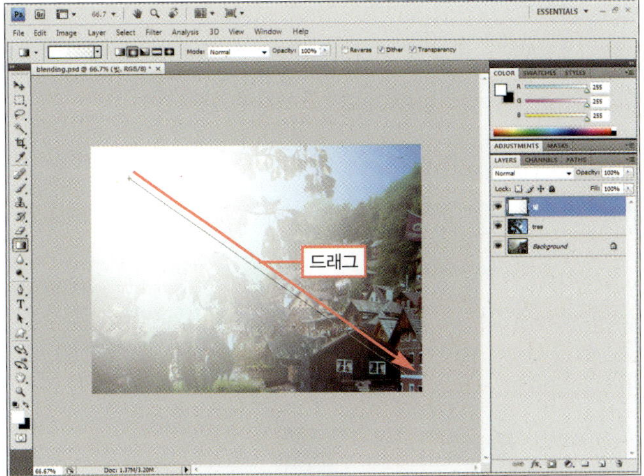


## STOP

[Foreground to Transparent]는 전경색에서 **투명색으로** 그레이디언트 되는 것입니다.

❼ LAYERS 패널에서 '빛' 레이어의 블렌딩 모드를 [Overlay]로 변경하여 완성합니다.

◎ **완성물** : 예제파일\Round07\blending_f.psd

**Training 04.**
레이어 혼합의 모든 것, 블렌딩 모드

# 블렌딩 모드로 이미지 꾸미기

◎ **준비물** : '예제파일\Round07\baby.jpg' 파일을 불러오세요.

**①** LAYERS 패널의 'Background'에서 마우스 오른쪽 버튼을 클릭하고 [Duplicate Layer]를 선택합니다.

**②** 복제 대화상자가 나타나면 그대로 [OK] 버튼을 클릭합니다.

**③** 복제된 이미지에 가운데로 집중되는 효과를 적용하기 위해 [Filter]-[Blur]-[Radial Blur] 메뉴를 선택합니다.

**④** [Radial Blur] 대화상자가 나타나면 블러를 적용되는 방향을 정하는 [Blur Method]를 [Zoom], 효과가 적용되는 양을 나타내는 [Amount]를 '74', 효과가 적용되는 상태를 나타내는 [Quality]를 [Best]로 선택한 후 [OK] 버튼을 클릭합니다.

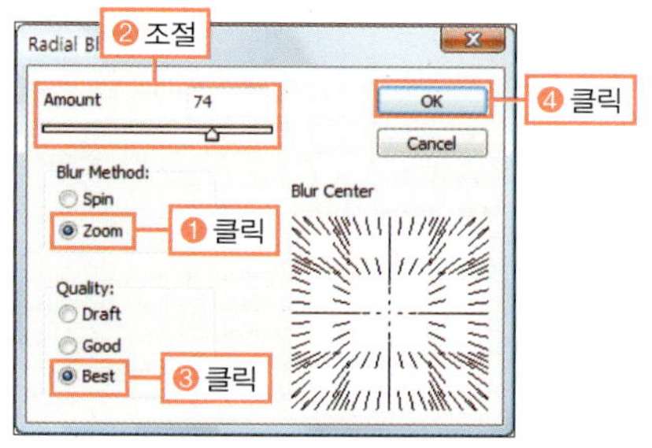



**Round 07.**
레이어를 알면 포토샵이 쉬워진다.

❺ 이미지에 줌 블러 효과가 적용된 것을 확인한 후 LAYERS 패널에서 블렌딩 모드를 [Overlay]로 선택합니다.

❻ 줌 블러 효과를 준 이미지와 아래 백그라운드 이미지가 합성됩니다. LAYERS 패널의 [Opacity]를 '85%'로 낮춰 줌 블러 효과 이미지의 불투명도를 조금 낮춘 후 합성된 이미지를 확인합니다.

❼ LAYERS 패널에서 '새 레이어 만들기(🔲)'를 클릭하여 새 레이어를 만든 후 COLOR 패널에서 전경색을 파랑, 배경색을 분홍으로 지정합니다.

❽ 툴박스에서 브러시 툴(✏)을 클릭하고 BRUSHES 패널을 열어 브러시 모양 썸네일에서 [Soft Round 100px]을 선택합니다.

**9** BRUSHES 패널의 왼쪽에서 브러시 모양을 조절하는 [Brush Tip Shape]를 선택한 후 브러시 간격을 나타내는 [Spacing]을 '129%'로 조절합니다.

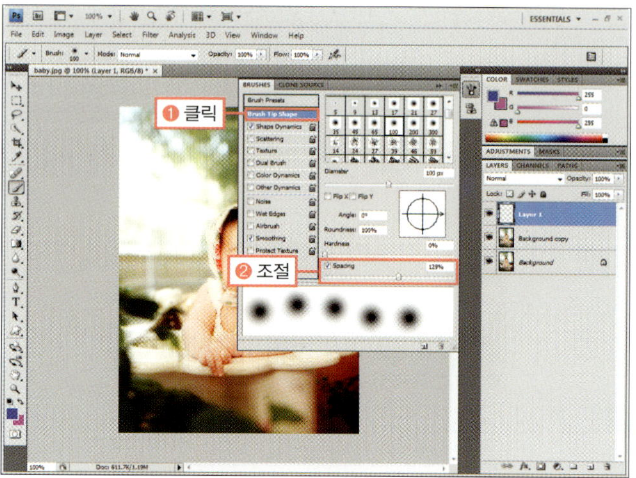


**10** 패널 왼쪽에서 브러시 색상을 조절하는 [Color Dynamics]를 선택하고 전경색과 배경색이 나타내는 정도를 조절하는 [Foreground/Background Jitter]를 '100%', 전경색과 배경색 사이의 색상이 나타내는 정도를 조절하는 [Hue Jitter]를 '20%'로 조절합니다.

**11** BRUSHES 패널을 접은 후 그림과 같이 아이 얼굴을 제외한 영역을 드래그하여 칠합니다.

**12** LAYERS 패널의 블렌딩 모드에서 색상만 아래 이미지와 혼합해주는 [Color]를 선택하여 아래 이미지와 자연스럽게 섞이도록 한 후 이미지를 확인합니다.

◎ **완성물** : 예제파일\Round07\baby_f.psd



**Round 07.**
레이어를 알면 포토샵이 쉬워진다.

# 레이어 스타일로 이미지 꾸미기



레이어 스타일을 이용하면 간단하게는 그림자나 후광, 엠보싱 같은 효과를 이미지에 적용할 수 있고, 여러 스타일을 섞으면 생각지도 못한 멋진 결과물을 만들어낼 수도 있습니다. 또한, STYLES 패널을 이용하면 포토샵에서 제공하는 여러 스타일 중에 선택해서 간단히 적용할 수도 있습니다. 이번 Training에서는 이미지에 맞는 스타일과 그 스타일을 수정하는 방법에 대해 알아보겠습니다.

| 학습 목표 | 학습 소재 | 난이도 | 예상 학습 결과 | 연계 학습 |
|---|---|---|---|---|
| 레이어에 스타일 적용하기 | • 레이어 스타일<br>• STYLES 패널 | ★★★☆☆ | • LAYERS 패널 이용하여 레이어 스타일 적용<br>• STYLES 패널 이용하여 레이어 스타일 적용 | 레이어 그룹 : 362쪽 |



## 다양한 레이어 스타일

다양한 레이어 스타일의 종류와 이를 모아놓은 STYLES 패널에 대해 알아보겠습니다.

### ■ 레이어 스타일을 적용하는 방법

선택한 레이어에 다양한 효과를 적용하는 레이어 스타일은 [Layer]-[Layer Style] 메뉴를 선택하거나 LAYERS 패널의 '레이어 스타일(fx)'을 클릭하여 적용할 수 있습니다. 레이어 스타일은 단독으로 사용할 수도 있고 여러 개를 중복해 색다른 효과를 만들 수도 있습니다. 레이어 스타일은 언제든지 추가, 제거되며 수정할 수 있습니다.

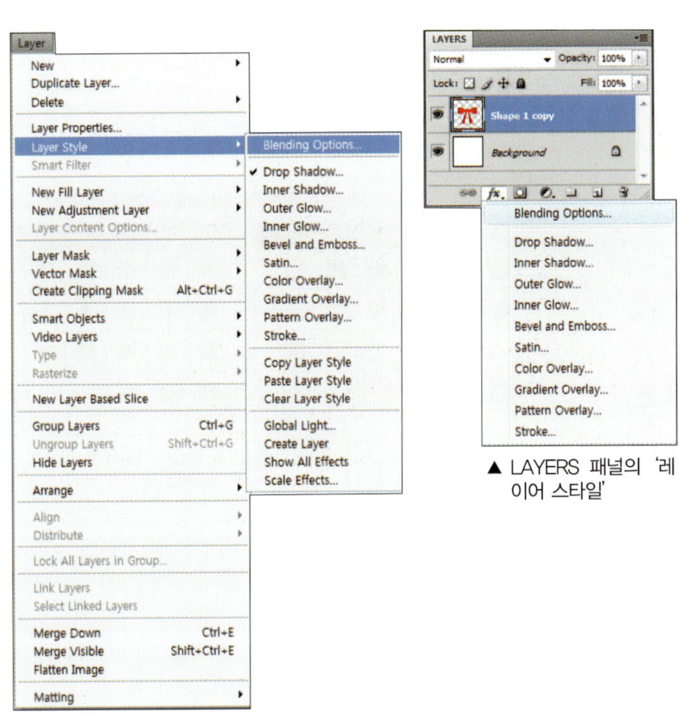

▲ [Layer]-[Layer Style] 메뉴

▲ LAYERS 패널의 '레이어 스타일'

[Layer]–[Layer Style] 메뉴에서 레이어 스타일 목록의 아래에 나오는 레이어 스타일 편집 명령은 다음과 같습니다.

❶ Copy/Paste/Clear Layer Style : 선택한 레이어의 레이어 스타일을 복사/붙여넣기/삭제합니다.
❷ Global Light : 레이어 스타일에 적용되는 빛의 방향을 조절합니다.
❸ Create Layers : 선택한 레이어의 스타일을 새 레이어로 변경합니다.
❹ Hide All Effects : 적용된 모든 레이어 스타일을 비활성화하여 적용되지 않게 합니다.
❺ Scale Effects : 적용된 레이어 스타일의 크기를 조절합니다.

## ■ STYLES 패널 살펴보기

STYLES 패널에는 여러 레이어 스타일을 섞어 다양한 질감으로 만들어 놓은 스타일들이 등록되어 있습니다. 패널 메뉴에서 스타일 그룹을 불러올 수 있으며, 제공하는 스타일은 다음과 같습니다.

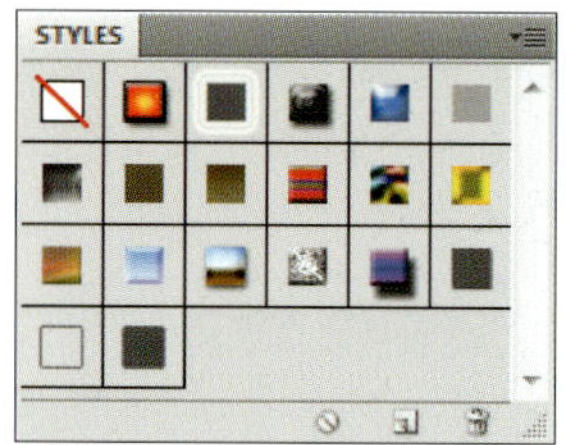
▲ 기본

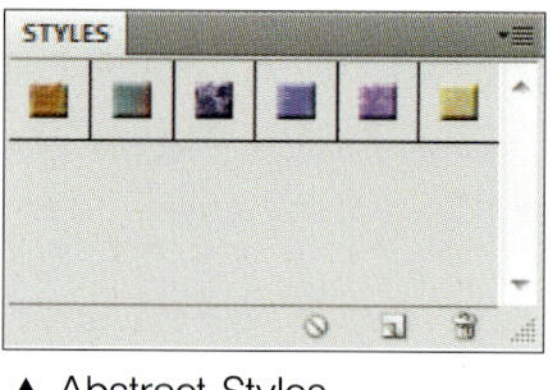
▲ Abstract Styles

▲ Glass Buttons

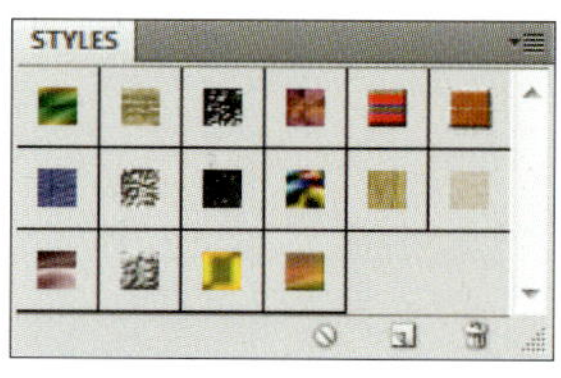
▲ Textures

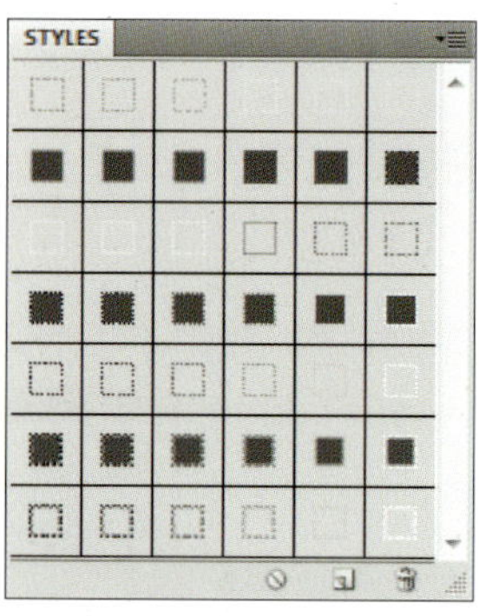
▲ Dotted Strokes

▲ Web Styles

▲ Photographic Effects

▲ Text Effects

▲ Text Effects 2

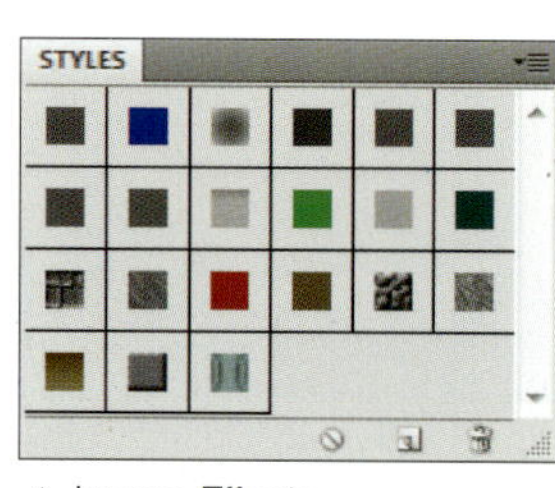
▲ Image Effects

▲ Buttons

## 레이어 스타일 적용하고 복사하기

◎ **준비물** : '예제파일\Round07\style.psd' 파일을 불러오세요.

① 'photo' 레이어 그룹 앞의 ▶ 부분을 클릭하여 해당 레이어가 보이도록 한 후 'Layer 5' 레이어를 선택합니다.

② LAYERS 패널 하단의 '레이어 스타일(fx)'을 클릭하고 레이어에 외곽선을 만들어 주는 [Stroke]를 선택합니다.

③ [Layer Style] 대화상자가 나타나면 외곽선의 위치를 지정하는 [Position]을 [Inside]로 선택한 후 외곽선의 색상을 변경하는 [Color] 썸네일을 클릭합니다. 흰색을 선택한 후 [OK] 버튼을 모두 클릭합니다.

④ 왼쪽 아래 이미지에 흰색 외곽선이 만들어진 것을 확인합니다. 스타일을 다른 레이어에 복사하기 위해 LAYERS 패널에서 'Layer 5' 레이어의 fx 부분을 Alt 를 누른 채 클릭하여 'Layers 2' 레이어 위로 드래그합니다.

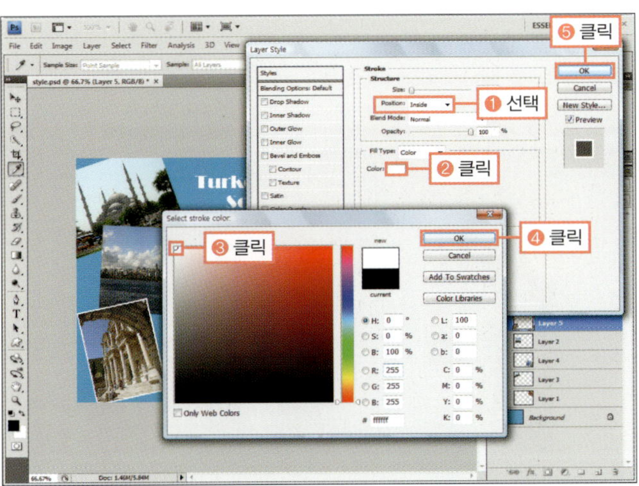

**Training 05.**
레이어 스타일로 이미지 꾸미기

⑤ 레이어 스타일이 복사된 것을 확인합니다. 같은 방법으로 'Photo' 레이어 그룹 안의 모든 레이어에 복사합니다.

⑥ 이미지 창의 모든 사진에 외곽선이 둘러진 것을 확인한 후, 스타일이 적용된 레이어들의 오른쪽 끝에 ▣ 부분을 클릭하여 레이어 이름만 표시되게 합니다.

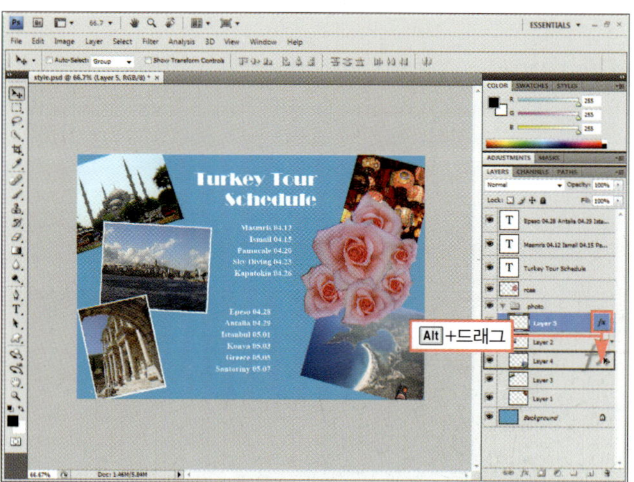

---

## G O !  　적용된 스타일 변형하기

◎ **준비물** : 앞의 예제를 계속 이어서 합니다.

① LAYERS 패널에서 'rose' 레이어를 선택한 후 COLOR 패널 옆에 놓인 STYLES 패널의 제목 탭을 클릭하여 나타냅니다.

② STYLES 패널의 메뉴 버튼(▤)을 클릭하여 [Web Styles]를 선택합니다.

**Round 07.**
레이어를 알면 포토샵이 쉬워진다.

③ [Web Styles] 스타일을 기존 스타일 대신 불러올지 추가로 불러올지를 묻는 경고창이 나타납니다. 추가하기 위해 [Append] 버튼을 클릭합니다.

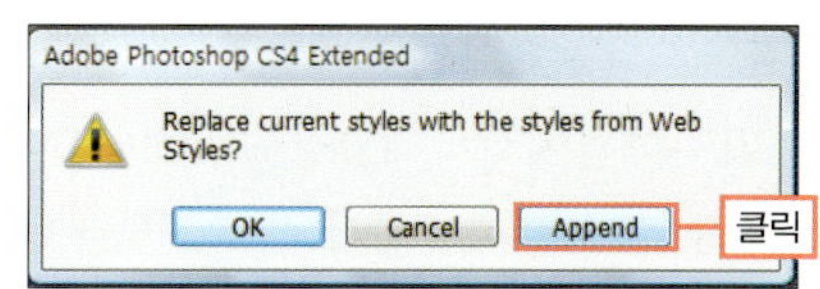


④ 스타일이 추가됩니다. 스크롤을 아래로 조절한 후 그림과 같이 [Blue Paper Clip(■)]을 선택합니다. 이미지에 선택한 스타일이 적용된 것을 확인합니다.

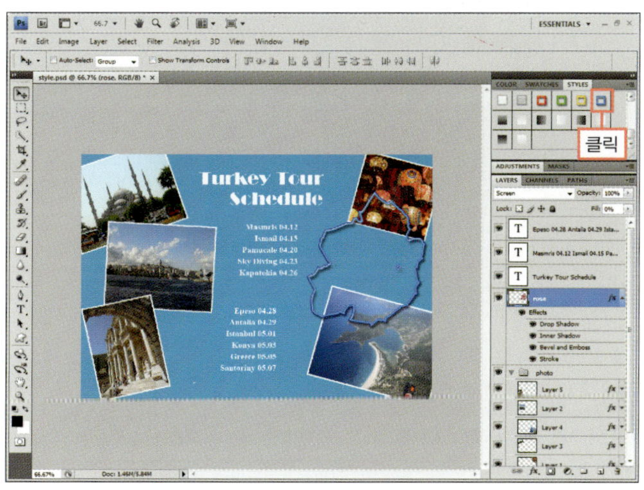


⑤ 스타일의 불투명도는 그대로 둔 채 레이어 이미지의 불투명도만 조절하는 [Fill]을 '100%'로 조절하고 블렌딩 모드를 [Linear Light]로 선택합니다.

**B O N U S**

LAYERS 패널의 [Opacity]는 레이어 스타일에도 같이 적용됩니다. 하지만 [Fill]은 레이어 이미지의 불투명도만 조절합니다.

⑥ 변경된 스타일을 STYLES 패널에 저장하기 위해 STYLES 패널의 여백 부분으로 마우스 포인터를 이동하여 페인트통 툴 모양으로 바뀌면 클릭합니다.

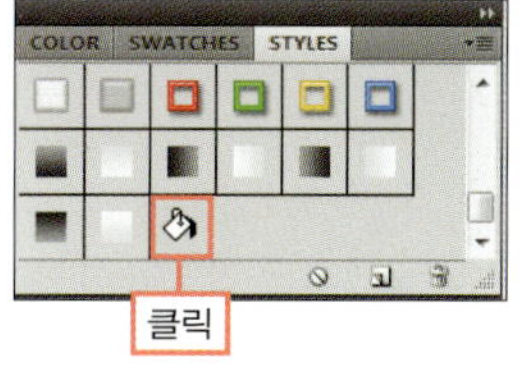


⑦ [New Style] 대화상자가 나타나면 [Name]에 '스타일 수정'으로 입력하고 [OK] 버튼을 클릭합니다.

9 이미지 창에서 글자에 스타일이 적용된 것을 확인합
니다.

◎ **완성물** : 예제파일\Round07\style_f.psd

## PHOTOSHOP COACHING | 포토샵 코칭 |

### [Layer Style] 대화상자

다양한 레이어 스타일과 그 속성에 대해 알아보겠습니다.

### ■ Blending Options

레이어에 공통적으로 적용되는 공통 사항과 레이어 스타일의 각 항목을 선택하여 적용할 수 있습니다.

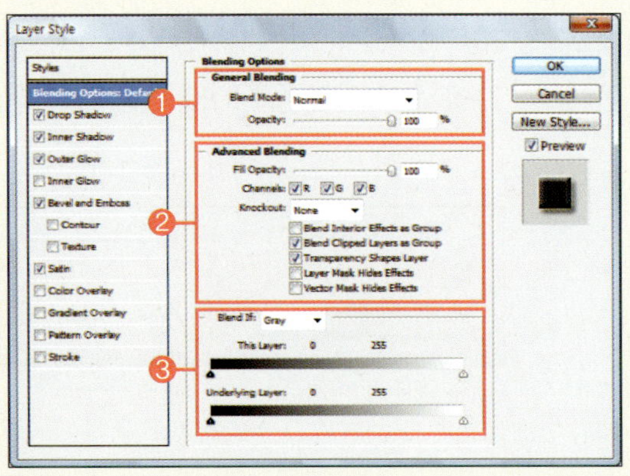

❶ **General Blending** : LAYERS 패널의 블렌딩 모드와 [Opacity]와 같습니다.

❷ **Advanced Blending**

- Fill Opacity : 레이어 이미지의 불투명도를 조절합니다. 레이어 스타일은 영향을 받지 않습니다.

- Channels : 이미지의 모드에 따라 사용하려는 채널을 선택할 수 있습니다.

- Knockout : 이 옵션을 체크하면 아래에 있는 레이어를 뚫어서 볼 수 있습니다.



**Round 07.**
레이어를 알면 포토샵이 쉬워진다.

❸ Blend If : 채널을 선택해 밝기를 조절할 수 있습니다.

- This Layer : 선택한 레이어의 밝기를 조절합니다.
- Underlying Layer : 선택한 레이어의 아래에 놓인 레이어의 밝기를 조절합니다. 단, 블렌딩 모드가 [Normal]이 아니거나 [Opacity], [Fill Opacity]를 낮춰야 보입니다.


## ■ Drop Shadow

선택한 레이어에 그림자를 만듭니다.

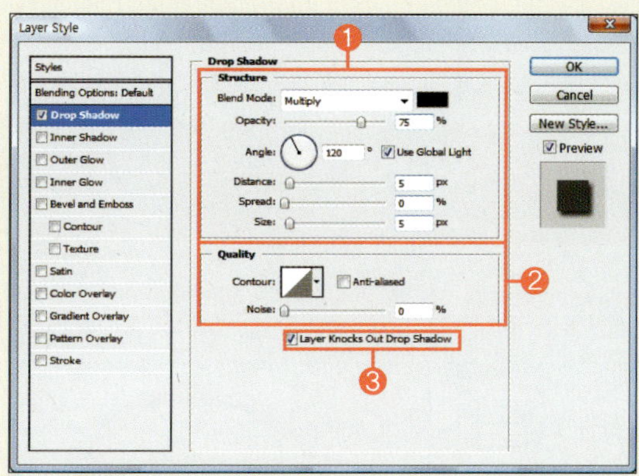

❶ **Structure**

- Blend Mode : 그림자에 적용할 합성 모드를 선택합니다. 일반적으로 그림자는 어둡게 표시되기 때문에 [Multiply]가 선택되어 있습니다.
- 색상 : 그림자의 색상을 지정합니다.
- Opacity : 그림자의 불투명도를 조절합니다.
- Angle : 그림자는 빛의 반대방향으로 생기기 때문에 빛의 각도를 조절합니다. [Use Global Light]가 체크되어 있으면 설정된 빛의 방향이 레이어 스타일 전체에 동일하게 적용이 됩니다. 체크를 해제하면 레이어 스타일마다 다르게 빛의 방향을 조절할 수 있습니다.
- Distance : 이미지와 그림자와의 거리를 조절합니다.
- Spread : 그림자가 퍼져 나가는 폭을 조절합니다. 값이 클수록 그림자가 먼 곳까지 진하게 퍼집니다.
- Size : 그림자 크기를 조절합니다.

❷ **Quality**

- Contour : 그림자의 모양을 그래프로 조절할 수 있습니다.
- Noise : 그림자가 퍼지는 끝에 노이즈를 적용해 흩뿌리듯이 처리합니다.

❸ **Layer Knocks Out Drop Shadow** : 투명 레이어를 사용하는 것으로 그림자를 흐리게 만듭니다.


## ■ Inner Shadow

이미지 안으로 그림자를 넣는 효과로, 대부분의 옵션이 Drop Shadow와 동일합니다.

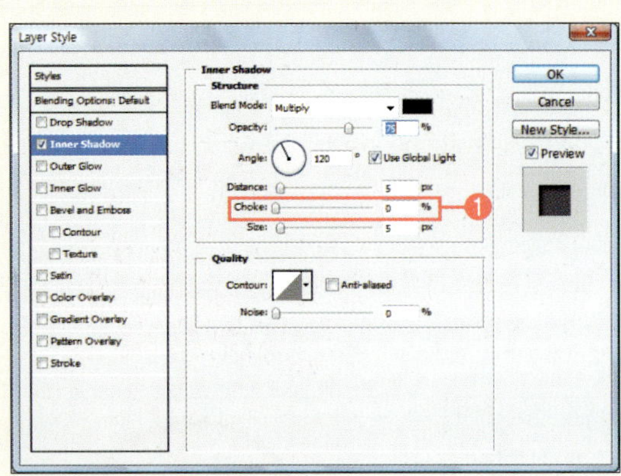 

❶ Choke : 내부 그림자의 경도를 조절합니다.


## ■ Outer Glow

후광처럼 이미지 주변으로 퍼지는 효과입니다.

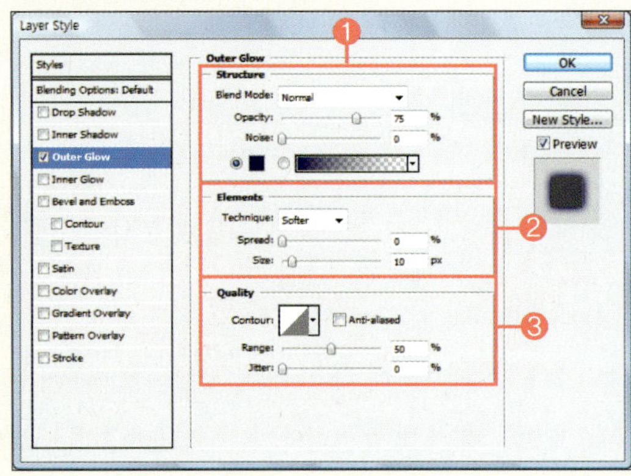 

❶ Structure
  • Blend Mode : 외부 후광 효과의 블렌딩 모드를 선택하는데, 어두운 색상의 후광 효과를 적용하려면 [Normal]이나 [Multiply]로 변경해야 합니다.
  • Opacity : 외부 후광의 불투명도를 조절합니다.
  • Noise : 외부 후광의 퍼지는 끝에 노이즈를 적용해 흩뿌리듯이 처리합니다.
  • 색상 : 외부 후광의 색을 단색과 그레이디언트 중 선택할 수 있습니다.

❷ Elements
  • Technique : 외부 후광 효과의 품질을 선택할 수 있는데 [Softer]를 선택하면 외곽 모양보다 부드럽게, [Precise]를 선택하면 이미지의 외곽을 따라 정교하게 생성됩니다.
  • Spread : 외부 후광이 퍼져 나가는 폭을 조절합니다.
  • Size : 외부 후광의 크기를 조절합니다.

❸ Quality
  • Contour : 외부 후광이 퍼져나가는 모양을 그래프로 조절할 수 있습니다.
  • Range : [Contour]가 직선이면 [Spread]와 같이 퍼짐 정도를 조절하고, 굴곡이 있을 때에는 굴곡의 두께를 정합니다.
  • Jitter : 그레이디언트 색으로 후광색이 선택되면 무작위로 색상을 혼합해 효과를 적용합니다.

## ■ Inner Glow

이미지 내부에 후광 효과를 적용합니다. 대부분의 옵션은 Outer Glow와 비슷합니다.

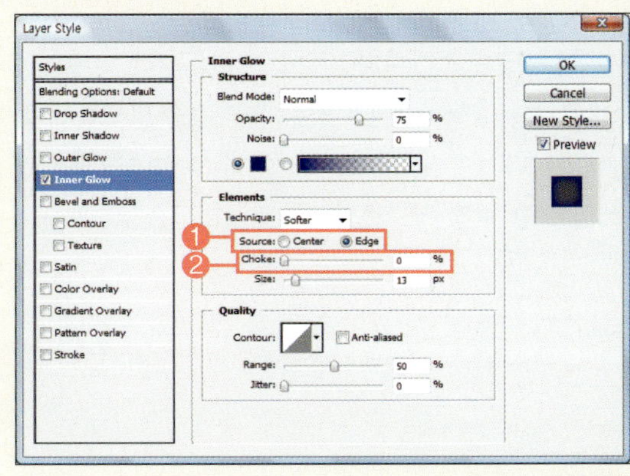 

❶ **Source** : 내부 후광 효과를 적용할 때 이미지 가운데부터 시작할 것인지 외곽에서부터 시작할 것인지 선택할 수 있습니다.

❷ **Choke** : 내부 그림자의 경도를 조절합니다.

## ■ Bevel and Emboss

이미지나 문자를 튀어나와 보이게 하거나 안으로 들어가 보이게 하는 입체석인 효과를 줄 수 있습니다.

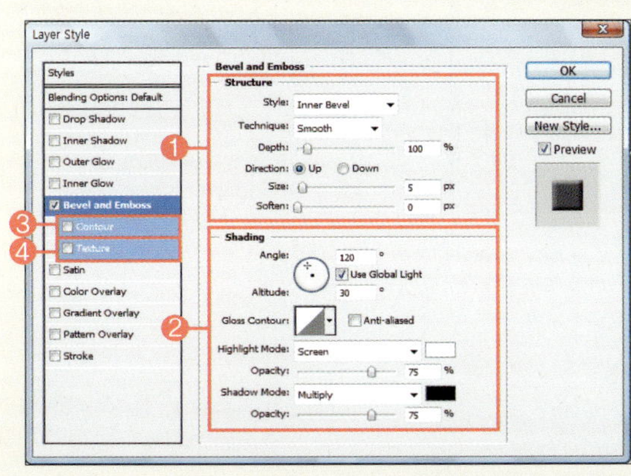 

❶ **Structure**

- **Style** : 튀어나오는 모양을 선택할 수 있습니다. [Outer Bevel]은 이미지 밖이 튀어나와 보이고, [Inner Bevel]은 이미지 안이 튀어나와 보입니다. [Emboss]는 엠보싱으로 끝이 자연스럽게 부풀어 오르는 듯한 모양입니다. [Pillow Emboss]는 이미지 주변을 파낸 것 같은 모양이며, [Stroke Emboss]는 Stoke 스타일이 적용되었을 때 그 Stroke를 엠보싱합니다.

- **Technique** : 스타일 적용의 부드러움을 정할 수 있습니다. [Smooth]는 부드럽게 엠보싱 효과를 적용하며, [Chisel Hard]는 날카롭게, [Chisel Soft]는 더욱 날카롭게 적용됩니다.

- **Depth** : 효과의 깊이를 조절합니다.

- **Direction** : 빛의 방향을 [Up]과 [Down]으로 정할 수 있습니다. [Up]은 튀어나와 보이게 하고 [Down]은 들어가 보이게 합니다.

- **Size** : 입체 효과의 크기를 설정합니다.

- **Soften** : 입체 효과의 부드러운 정도를 조절합니다.

❷ Shading

- Angle : 빛의 방향을 선택합니다.
- Altitude : 빛이 지정된 방향에 중간 톤을 설정합니다.
- Gloss Contour : 입체 효과의 모양을 그래프로 선택하거나 조절합니다.
- Highlight Mode : 밝은 색상의 블렌딩 모드를 선택합니다. [Opacity]로 밝은 톤의 불투명도를 조절합니다.
- Shadow Mode : 어두운 색상의 블렌딩 모드를 선택합니다. [Opacity]로 어두운 톤의 불투명도를 조절합니다.

❸ Contour : 체크하면 입체 모양을 그래프로 조절할 수 있고 그 퍼짐 정도를 조절하는 [Range]로 각진 부분의 영역을 정할 수 있습니다.

❹ Texture : 체크하면 입체 효과에 재질감을 줄 수 있습니다.

## ■ Satin

이미지 가장자리에 광택 효과를 줄 수 있습니다. 다른 레이어 스타일과 혼합되어 많이 사용합니다.

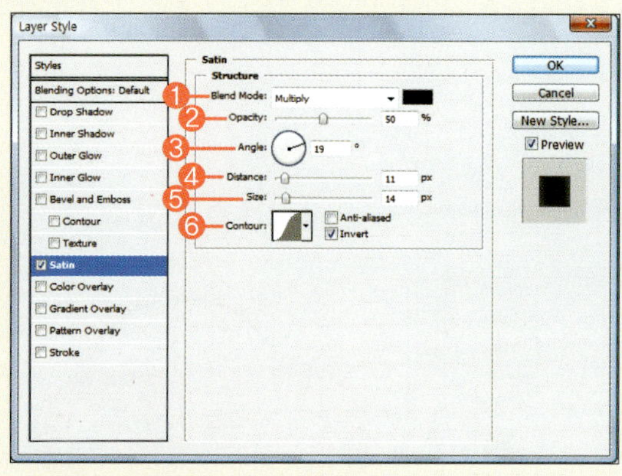

❶ Blend Mode : 광택 효과의 블렌딩 모드를 선택합니다.

❷ Opacity : 광택 효과의 불투명도를 조절합니다.

❸ Angle : 빛의 방향을 선택합니다.

❹ Distance : 광택 효과의 거리를 조절합니다.

❺ Size : 광택 효과의 크기를 조절합니다.

❻ Contour : 광택 효과가 퍼져나가는 모양을 그래프로 조절할 수 있습니다. [Anti-aliased]를 체크하면 효과가 부드럽게 적용되며, [Invert]를 체크하면 효과가 반전됩니다.

## ■ Color Overlay

레이어의 이미지를 단색으로 채우는 효과로, 채우기 명령을 사용하는 것보다 간편합니다.

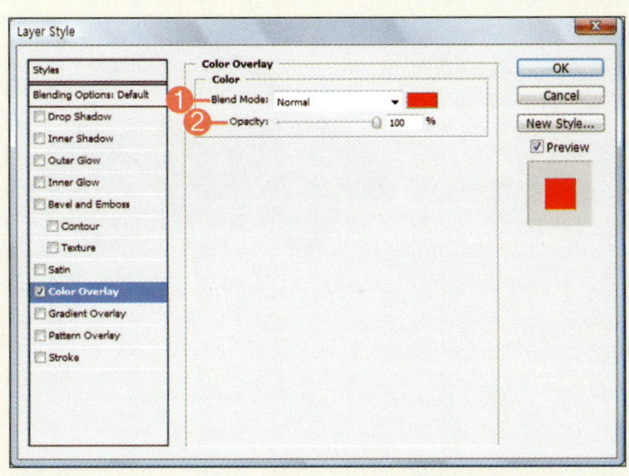

❶ **Blend Mode** : 적용하려는 색상의 블렌딩 모드를 선택합니다.

❷ **Opacity** : 적용하려는 색상의 불투명도를 조절합니다.


## ■ Gradient Overlay

레이어 이미지를 그레이디언트로 채워줍니다.

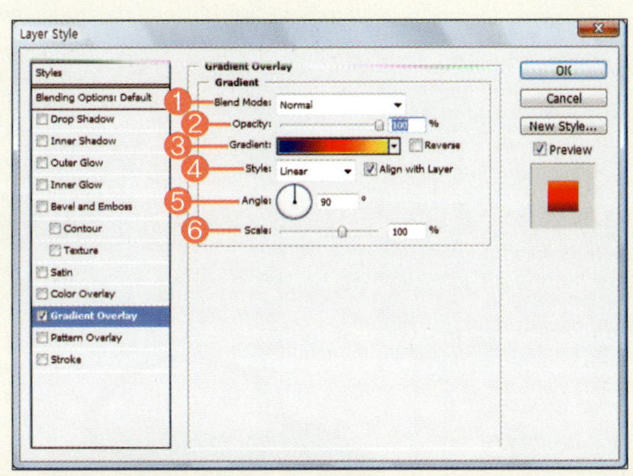

❶ **Blend Mode** : 적용하려는 그레이디언트의 블렌딩 모드를 선택합니다.

❷ **Opacity** : 적용하려는 그레이디언트의 불투명도를 조절합니다.

❸ **Gradient** : 적용하려는 그레이디언트를 선택하거나 만들 수 있습니다. 오른쪽의 [Reverse]를 체크하면 그레이디언트 색
   상이 뒤집어집니다.

❹ **Style** : 그레이디언트의 모양을 선택할 수 있습니다.

❺ **Angle** : 그레이디언트의 방향을 조절합니다.

❻ **Scale** : 그레이디언트의 크기를 조절합니다.


## ■ Pattern Overlay

레이어의 이미지에 패턴을 채워줍니다. 블렌딩 모드와 불투명도를 조절하여 패턴의 모양을 다르게 적용할 수 있습니다.

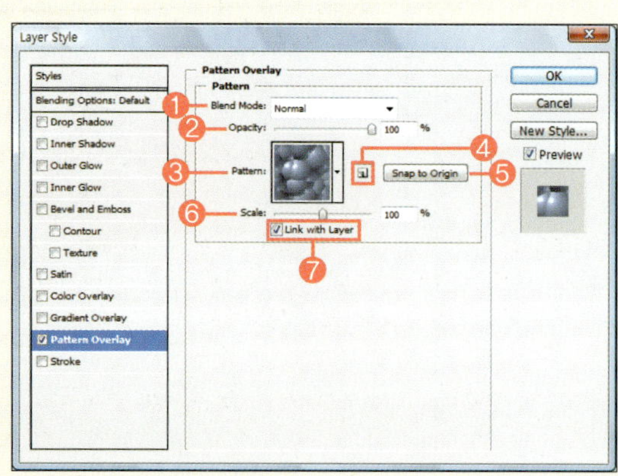

❶ **Blend Mode** : 적용하려는 패턴의 합성 모드를 선택합니다.

❷ **Opacity** : 적용하려는 패턴의 불투명도를 조절합니다.

❸ **Pattern** : 적용하려는 패턴을 선택합니다.

❹ **New Pattern** : 새 패턴을 만듭니다.

❺ **Snap to Origin** : 레이어 상단 왼쪽에 패턴을 맞춥니다.

❻ **Scale** : 적용되는 패턴의 크기를 조절합니다.

❼ **Link with Layer** : 레이어에 링크를 설정합니다.


## ■ Stroke

레이어의 이미지에 선택한 색상이나 그레이디언트로 선을 두르는 효과로, 언제든지 선의 두께와 색상을 변경할 수 있어 편리합니다.

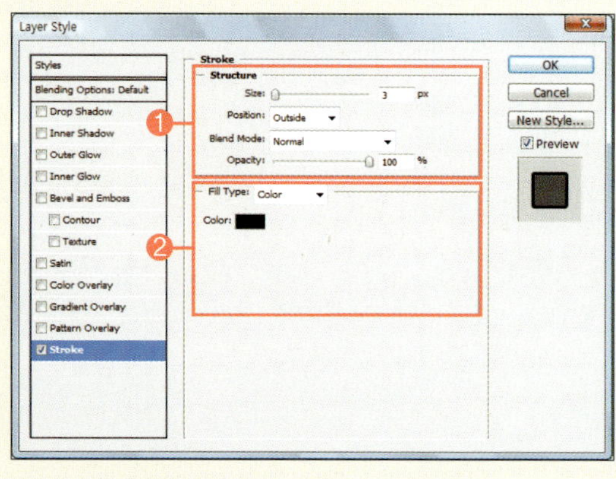

❶ **Structure**

- Size : 선의 두께를 조절합니다.
- Position : 선을 적용할 위치를 선택합니다. 레이어의 안쪽, 가운데, 바깥쪽으로 선택할 수 있습니다.
- Blend Mode : 적용하려는 선의 블렌딩 모드를 선택합니다.
- Opacity : 적용하려는 선의 불투명도를 조절합니다.

❷ **Fill Type**

- Color : 선의 색상을 선택할 수 있습니다.

# 레이어 마스크를 이용한 이미지 합성 작업



마스크(Mask)란 말 그대로 이미지의 일부를 가려서 그 나머지 부분만 보이게 만드는 기능입니다. 레이어 이미지 옆에 또 다른 종이, 즉 레이어 마스크를 만들어 원본의 손상 없이 이미지를 가려서 아래 놓인 이미지와 자연스럽게 합성할 때 사용합니다. 이번 Training에서는 이런 레이어 마스크에 대해 알아보겠습니다.

| 학습 목표 | 학습 소재 | 난이도 | 예상 학습 결과 | 연계 학습 |
|---|---|---|---|---|
| • 레이어 마스크 이해하기<br>• 레이어 마스크를 만들고 수정하기 | 레이어 마스크 | ★★★☆☆ | 레이어 마스크로 이미지 일부를 가려 다른 이미지와 합성하기 | • 선택 툴 : 143쪽<br>• 그레이디언트 툴 : 224쪽<br>• 브러시 툴 : 198쪽 |

## READY! 레이어 마스크

레이어 마스크는 퀵 마스크와 유사한 원리로, 흰색으로 채색된 부분에는 레이어 이미지가 보이고 검은색으로 채색된 부분은 가려져 아래 이미지가 보이게 됩니다. 레이어 이미지의 손상 없이 마스크로 가려질 부분을 수정할 수 있고 언제든지 제거할 수 있다는 장점이 있습니다.

▲ 레이어 이미지

▲ 레이어 마스크

▲ 레이어 마스크가 적용되어 일부가 가려진 이미지

◀ 레이어 마스크를 씌우면 LAYERS 패널의 해당 레이어에 마스크 썸네일이 생깁니다. 이 마스크는 무채색으로만 칠해져 보이는 부분과 가려질 부분을 선택할 수 있습니다.

▲ 마스크가 적용된 레이어

▲ 백그라운드 이미지

▲ 합성된 이미지

# 레이어 마스크로 이미지 일부분 가리기

◎ **준비물** : '예제파일\Round07\think.psd' 파일을 불러오세요.

**1** 툴박스에서 원형 선택 툴(◯)을 선택하고 이미지 창에서 그림과 같이 선택 영역을 만듭니다.

**2** Shift 를 누른 채 그림과 같이 선택 영역을 추가합니다.

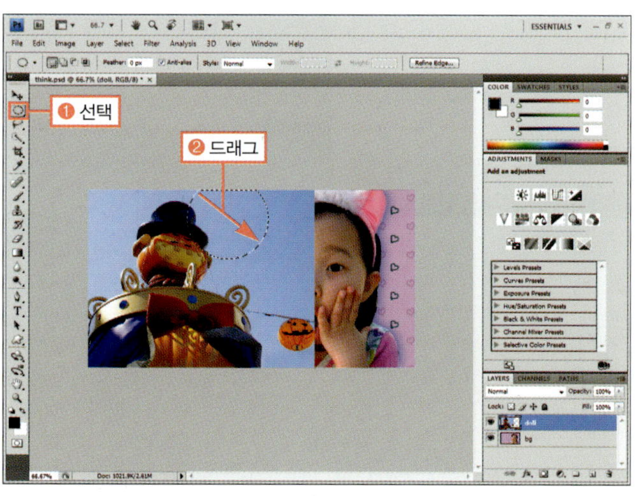


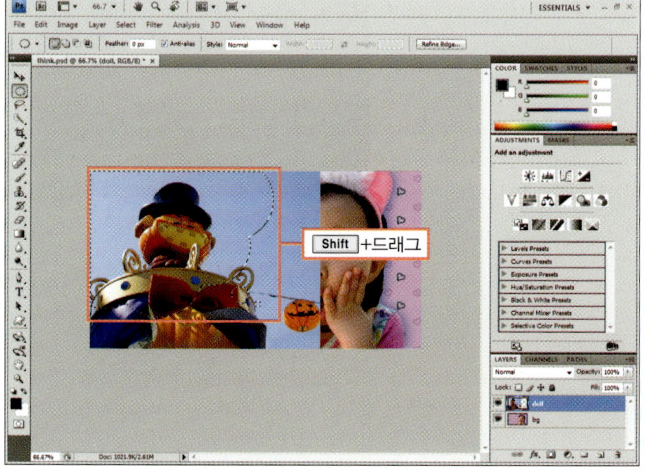


**STOP**

옵션 바의 속성 값을 기본 값으로 되돌린 후 예제를 따라합니다.

❸ LAYERS 패널에서 '레이어 마스크(📷)'를 클릭하여 선택 영역을 레이어 마스크로 만듭니다. 이미지 창에서 선택했던 부분은 보이고 나머지는 감춰지면서 'doll' 레이어에 레이어 마스크가 만들어진 것을 확인합니다.

❹ 레이어에 외곽선을 만들기 위해 LAYERS 패널에서 '레이어 스타일(*fx*)'을 클릭하고 [Stroke]를 선택합니다.

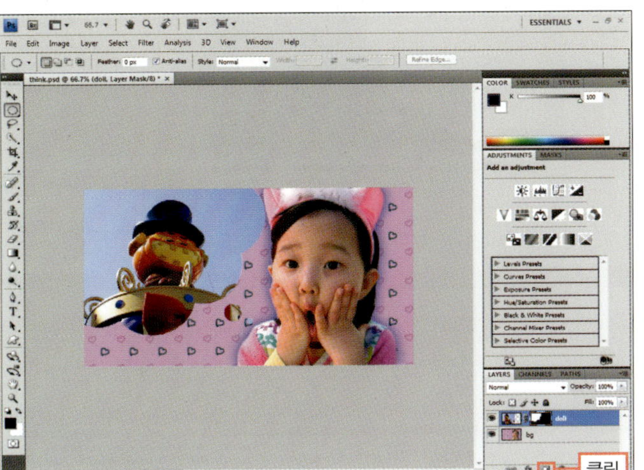

## STOP

선택 영역이 없다면 모든 이미지가 보이는 레이어 마스크가 만들어집니다.

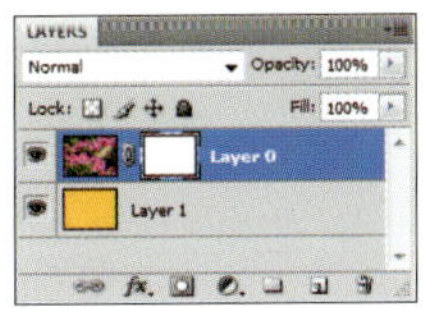

❺ [Layer Style] 대화상자의 [Stroke] 속성 값을 확인한 후 [OK] 버튼을 클릭합니다.

❻ 'doll' 레이어 이미지에 외곽선이 만들어집니다.

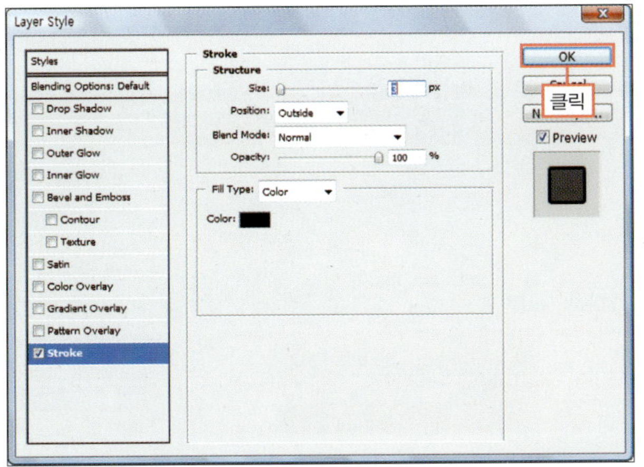

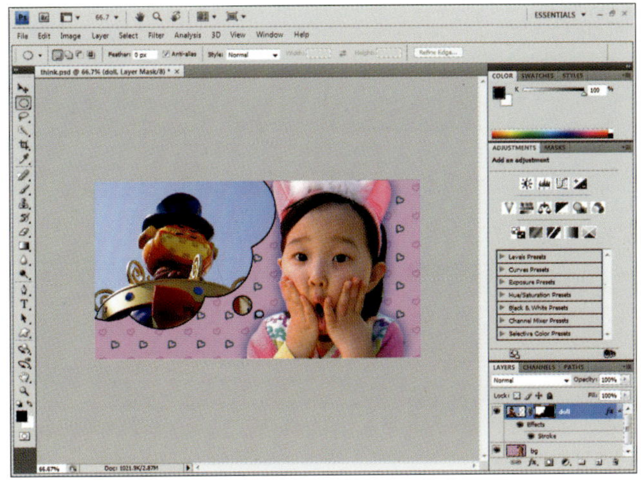



**Training 06.**
레이어 마스크를 이용한 이미지 합성 작업

❼ LAYERS 패널의 'Doll' 레이어의 마스크 썸네일을
[Alt]를 누른 채 클릭하여 레이어 마스크의 모양을 확인합니
다. 흰색 영역이 레이어 이미지가 보이는 부분이고 검은색
영역이 감춰져 아래 이미지와 합성되는 부분입니다.

◎ **완성물** : 예제파일\Round07\think_f.psd

다시 [Alt]를 누른 채 클릭하면 원래 이미지로 되돌아갑니다.


G O !   **그레이디언트를 이용해 마스크 사용하기**

◎ **준비물** : '예제파일\Round07\gsky.psd' 파일을 불러오세요.

◎ **동영상 해설** : 동영상해설\gsky.avi


❶ 'sky' 레이어의 하늘 부분과 'Background'의 땅과
바다 부분을 자연스럽게 합성해보겠습니다. LAYERS 패
널에서 각 레이어의 '눈(◉)'을 이용하여 이미지를 확인합
니다.

❷ LAYERS 패널의 '레이어 마스크(◉)'를 클릭하여
'sky' 레이어에 레이어 마스크를 만듭니다.

모든 툴의 속성 값을 기본 값으로 되돌린 후 따라합니다.



**Round 07.**
레이어를 알면 포토샵이 쉬워진다.

❸ 툴박스의 그레이디언트 툴(▣)을 선택한 후 Shift 를 누른 채 그림과 같이 중간 아래를 클릭하고 위로 드래그하여 그레이디언트를 적용합니다.

Shift 를 누른 채 클릭하고 드래그하면 수직이나 수평 방향으로 그레이디언트를 적용할 수 있습니다.

❹ 'sky' 레이어의 하늘과 'Background'의 땅 이미지가 자연스럽게 합성된 것을 확인합니다.

레이어 마스크를 그레이디언트로 채색하면 부드럽게 합성할 수 있습니다.

❺ 적용된 레이어 마스크를 수정하기 위해 툴박스에서 브러시 툴(✎)을 선택하고 이미지 창에서 마우스 오른쪽 버튼을 클릭하여 [Master Diameter]를 '20px', [Hardness]를 '0%'로 설정합니다.

❻ 전경색이 검은색인 것을 확인한 후 머리 부분과 육지 부분을 드래그하여 그림과 같이 수정하고 완성된 이미지를 확인합니다.

◉ **완성물** : 예제파일\Round07\gsky_f.psd

하늘 부분이 가려졌을 때에는 전경색을 흰색으로 지정한 후 하늘 부분을 드래그하여 마스크를 지워서 수정합니다.



**Training 06.**
레이어 마스크를 이용한 이미지 합성 작업

## 마스크가 적용된 이미지 이동하기

레이어 이미지와 마스크는 서로 연결되어 있어 같이 이동됩니다. 하지만 LAYERS 패널에서 마스크가 적용된 레이어의 썸네일 사이에 있는 '연결 표시(🔗)'를 클릭하여 해제하면 이미지와 마스크를 따로 선택해 움직일 수 있습니다.

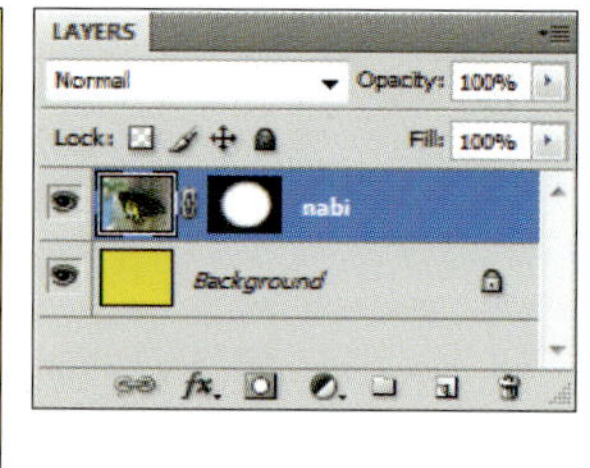

▲ 마스크가 연결된 상태에서 이동하기

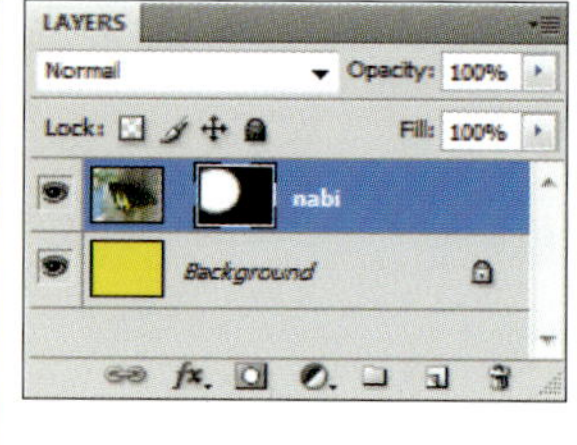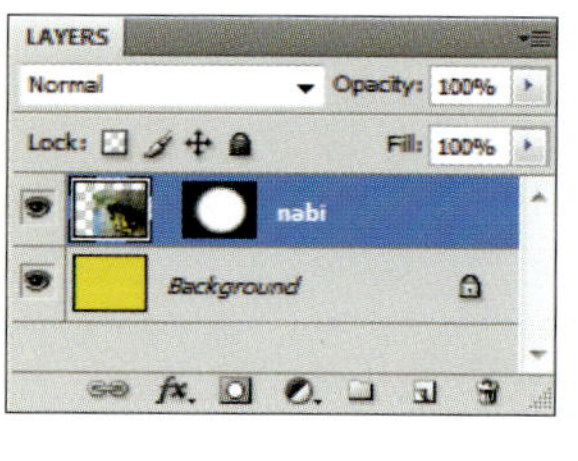

▲ 마스크와 연결을 해제한 후 마스크 썸네일을 선택한 후 이동했을 때    ▲ 마스크와 연결을 해제한 후 이미지 썸네일을 선택하고 이동했을 때

# MASKS 패널 활용하여 마스크 수정하기



MASKS 패널은 포토샵 CS4에서 새로 생긴 것으로, 레이어에 마스크를 적용하고 좀 더 편하게 수정할 수 있도록 여러 기능을 제공합니다. 이번 Training에서는 이 MASKS 패널을 이용해 레이어 마스크를 만들고 수정하는 방법에 대해 알아보겠습니다.

| 학습 목표 | 학습 소재 | 난이도 | 예상 학습 결과 | 연계 학습 |
|---|---|---|---|---|
| 레이어 마스크 섬세하게 수정하기 | MASKS 패널 | ★★★★☆ | MASKS 패널 이용해 마스크 만들고 수정 | • 레이어 마스크 : 393쪽<br>• 브러시 툴 : 198쪽<br>• 올가미 툴 : 150쪽 |

## READY!  새로 생긴 MASKS 패널 살펴보기

MASKS 패널의 구성요소에 대해서 알아보겠습니다.

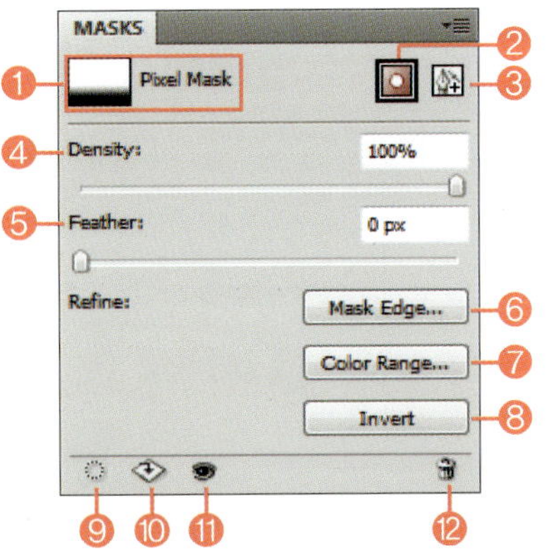

❶ **마스크 썸네일** : 선택한 레이어에 적용된 마스크 종류와 이미지를 알려줍니다.

❷ **픽셀 마스크** : 레이어에 마스크를 적용합니다. 보통 레이어 마스크라고 하면 이 픽셀 마스크를 말하며, 채색 툴을 이용해 수정할 수 있습니다.

❸ **벡터 마스크** : 레이어에 벡터 마스크를 적용합니다. 벡터 툴을 이용해 수정할 수 있습니다.

❹ **Density** : 적용된 마스크의 농도를 조절합니다.

❺ **Feather** : 적용된 마스크 경계 부분의 부드러운 정도를 조절합니다.

❻ **Mask Edge** : 클릭하면 마스크의 경계 부분을 수정하는 [Refine Mask] 대화상자가 나타납니다. 이는 선택 영역의 경계 부분을 조절하는 [Select]–[Refine Edge] 대화상자와 같습니다.

❼ **Color Range** : [Select]–[Color Range] 메뉴와 같은 대화상자가 나타나 이미지에서 스포이트로 클릭한 지점의 범위를 조절하여 이를 마스크로 만듭니다.

⑧ **Invert** : 마스크 이미지를 반전하여 보이는 부분과 가려지는 부분을 바꿉니다.

⑨ **마스크를 선택 영역으로 변경하기** : 마스크를 선택 영역으로 바꿉니다.

⑩ **마스크 적용하기** : 레이어 이미지를 마스크가 적용된 이미지로 변경하면서 마스크는 제거됩니다.

⑪ **마스크 감추기/보기** : 마스크를 감추거나 다시 보이게 합니다.

⑫ **휴지통** : 마스크를 제거합니다.




## MASKS 패널로 이미지 합성하기

◎ **준비물** : '예제파일\Round07\change.psd' 파일을 불러오세요.

**1** ADJUSTMENTS 패널 옆의 MASKS 패널의 제목 탭을 선택하여 보이도록 한 후 '픽셀 마스크(▣)'를 클릭하여 'boat' 레이어에 마스크를 만듭니다.

**2** MASKS 패널에서 [Color Range] 버튼을 클릭하여 이미지와 대화상자가 모두 잘 보이도록 대화상자의 위치를 조절한 후, 이미지의 배 부분을 클릭하여 대화상자의 흰색 부분이 그림과 같이 되게 합니다.

'픽셀 마스크(▣)'를 클릭하면 LAYERS 패널의 '레이어 마스크(▣)'를 선택했을 때와 같은 레이어 마스크가 만들어지며, 브러시 툴이나 그레이디언트 툴과 같은 채색 툴로 수정할 수 있습니다.




**Round 07.**
레이어를 알면 포토샵이 쉬워진다.

**3** 선택한 색상의 범위를 나타내는 [Fuzziness]를 '200'으로 조절하여 배가 전부 흰색으로 나타나게 조절하고 [OK] 버튼을 클릭하여 대화상자를 닫습니다.

**4** 합성된 이미지를 확인합니다.

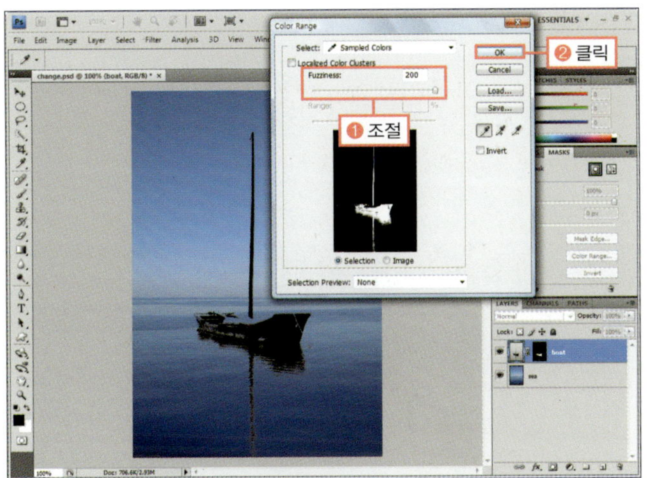

**5** 툴박스의 브러시 툴(◢)을 선택하고 ⊠를 눌러 전경색을 흰색으로 바꾼 후 배 바로 윗 부분을 드래그하여 레이어 마스크를 수정합니다.

◎ **완성물** : 예제파일\Round07\change_f.psd

## MASKS 패널로 마스크 조절하기

◎ **준비물** : '예제파일\Round07\cousin.psd' 파일을 불러오세요.

**1** LAYERS 패널에서 'bg' 레이어의 블렌딩 모드를 [Overlay]로 선택하여 이미지를 합성합니다. 툴박스의 자석 올가미 툴(▣)을 선택한 후 이미지에서 얼굴의 경계 부분을 드래그하여 선택 영역으로 만듭니다.

**2** MASKS 패널의 '픽셀 마스크(▣)'를 클릭하여 선택 영역을 레이어 마스크로 만듭니다.

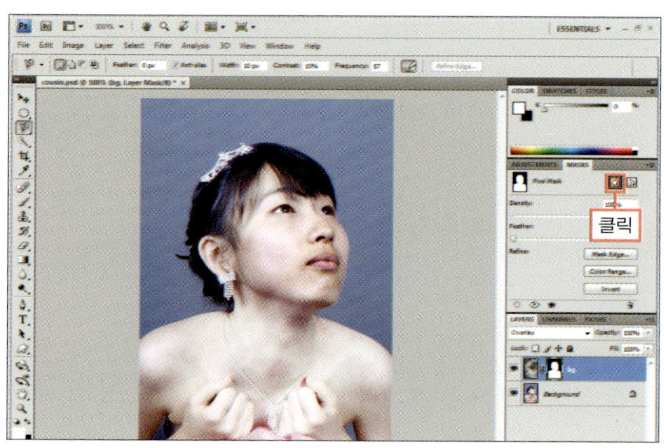

**3** MASKS 패널에서 [Invert] 버튼을 클릭하여 레이어 마스크의 흰색과 검은색을 반전합니다. 인물을 제외한 배경 부분에만 이미지가 합성된 것을 확인합니다.

**4** 레이어 마스크의 경계 부분을 부드럽게 하는 [Feather]를 '73px'로 조절합니다. 마스크의 경계 부분이 부드러워지는 것을 확인합니다.

◎ **완성물** : 예제파일\Round07\cousin_f.psd

### BONUS

MASKS 패널의 '마스크 감추기/보기(◉)'를 클릭하여 레이어 마스크를 적용하지 않은 이미지와 적용한 이미지를 비교합니다.



**Round 07.**
레이어를 알면 포토샵이 쉬워진다.

# 벡터 마스크와
# 클리핑 마스크 만들기



벡터 마스크는 말 그대로 벡터 툴만 사용하여 마스크를 만드는 것으로 레이어 마스크와 달리 채색 툴을 사용할 수 없습니다. 또한, 글자처럼 계속 수정해야 하는 것을 마스크로 적용한다던지 하나의 이미지를 여러 레이어의 마스크로 적용해야 할 때에는 클리핑 마스크를 이용하는 것이 편리합니다. 이번 Training에서는 레이어 마스크 외의 다양한 마스크들에 대해 알아보겠습니다.

| 학습 목표 | 학습 소재 | 난이도 | 예상 학습 결과 | 연계 학습 |
|---|---|---|---|---|
| 다양한 마스크의 사용방법 익히기 | • MASKS 패널<br>• 벡터 마스크<br>• 클리핑 마스크 | ★★★★☆ | • 벡터 마스크로 이미지 합성<br>• 클리핑 마스크로 이미지 합성 | • MASKS 패널 : 399쪽<br>• 도형 툴 : 309쪽<br>• 레이어 마스크 : 393쪽 |

## READY !

## 마스크의 여러 가지 종류 살펴보기

벡터 마스크는 레이어 마스크와 달리 채색 툴을 사용할 수 없고, 벡터 도형처럼 펜 툴과 도형 툴, 패스 선택 툴과 직접 선택 툴을 사용해 수정할 수 있습니다. 즉, 벡터 마스크는 펜 툴이나 여러 도형 툴을 사용해 합성하는 것이 어울리는 이미지에서 사용합니다.

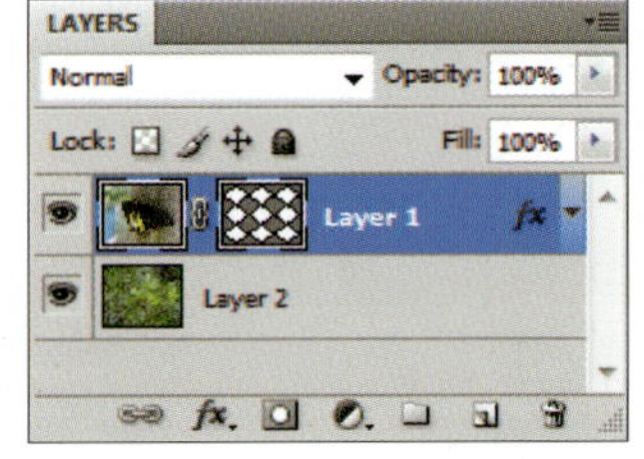

▲ 벡터 마스크로 합성한 이미지와 LAYERS 패널

클리핑 마스크(Clipping Mask)는 아래 놓인 레이어가 마스크가 되어 위에 놓인 레이어를 가리는 기능으로, 주로 아래 레이어는 글자나 간단한 도형이 놓이고 위에는 이미지가 놓여 글자나 도형 안에 이미지가 보이는 형태입니다. 이럴 때에는 마스크가 되는 레이어와 마스크가 씌여지는 레이어가 각각 따로 있기 때문에 각각의 레이어에 또 다른 편집 기능을 적용할 수 있습니다.

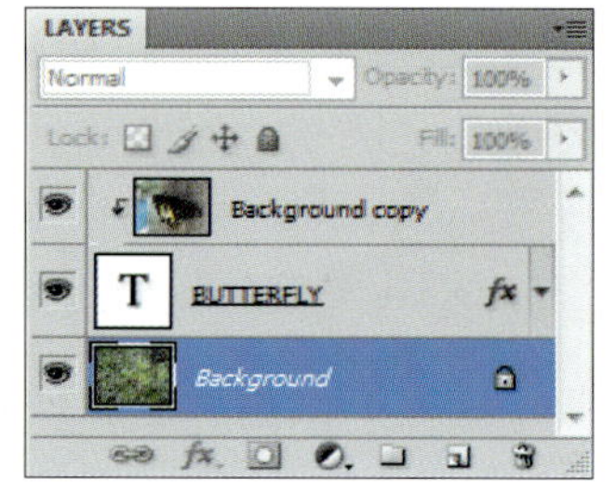

▲ 클리핑 마스크로 합성한 이미지와 LAYERS 패널



## 벡터 마스크 만들기

◎ **준비물** : '예제파일\Round07\photos.psd' 파일을 불러오세요.

**①** MASKS 패널에서 '벡터 마스크(▣)'를 클릭하여 'img2' 레이어에 벡터 마스크를 만듭니다.

**②** 툴박스에서 둥근 사각형 툴(▢)을 선택하고 옵션 바에서 [Radius]를 '15px'로 입력한 후 이미지 창에서 그림과 같이 드래그하여 벡터 마스크를 만듭니다.

[Layer]–[Vector Mask]–[Reveal All] 메뉴를 선택해도 벡터 마스크가 만들어집니다.



옵션 바의 속성값을 기본값으로 되돌린 후 따라합니다.

❸ 원형 툴(⬭)을 선택하고 옵션 바에서 '선택 삭제(⬭)'를 클릭한 후 오른쪽 위에서 드래그하여 구멍을 만듭니다.

❹ LAYERS 패널에서 'img2' 레이어의 벡터 마스크 썸네일을 Alt 를 누른 채 'img1' 레이어로 드래그하여 벡터 마스크를 복사합니다.

레이어 마스크를 복사할 때에도 벡터 마스크와 마찬가지로 Alt 를 누른 채 다른 레이어로 드래그하면 됩니다.

❺ 'img2' 레이어의 벡터 마스크 썸네일을 클릭하여 선택을 해제합니다. 이미지 창에서 패스가 사라진 것을 확인한 후 Ctrl + T 를 눌러 그림과 같이 크기와 회전, 위치를 변형합니다.

레이어의 벡터 마스크가 선택되어 패스가 보이는 동안에는 Ctrl + T 를 누르면 [Free Transform Path]가 실행되어 이미지는 그대로 둔 채 벡터 마스크만 변형됩니다. 하지만 벡터 마스크 썸네일을 클릭하여 선택을 해제하면 이미지에서 패스가 사라지고, 이때 Ctrl + T 를 누르면 [Free Transform]이 실행되어 패스와 이미지가 같이 변형, 조절됩니다.

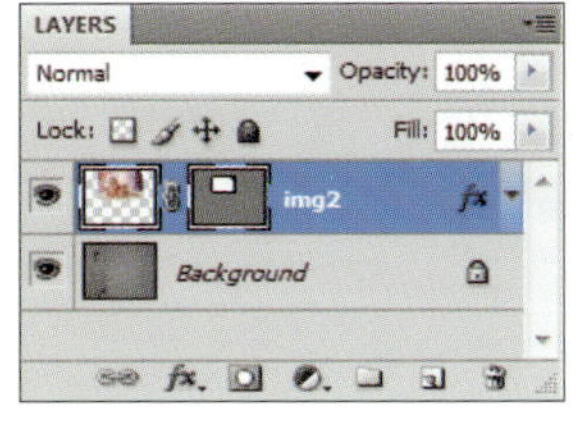

▲ LAYERS 패널의 벡터 마스크가 선택되어 패스가 보이는 상태에서의 [Free Transform]의 실행

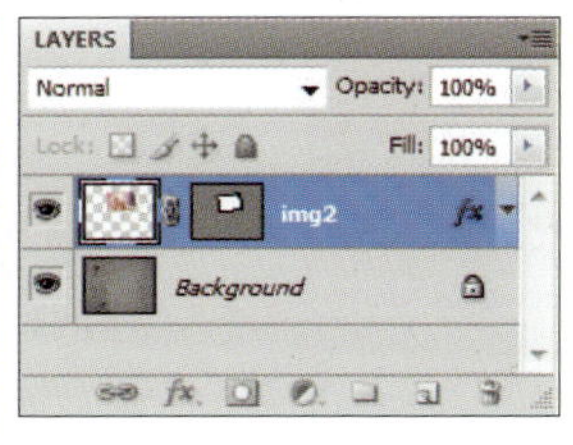

▲ LAYERS 패널의 벡터 마스크가 선택되지 않아 패스가 감춰진 상태에서의 [Free Transform]의 실행



**Training 08.**
벡터 마스크와 클리핑 마스크 만들기

⑥ LAYERS 패널에서 'img1' 레이어를 선택합니다. 벡터 마스크 썸네일이 선택되지 않아 패스가 보이지 않는 것을 확인한 후 Ctrl+T를 눌러 그림과 같이 변형, 위치를 조절합니다.

⑦ 변형을 마무리한 이미지를 확인합니다.

◎ **완성물** : 예제파일\Round07\photos_f.psd

---

**G O !**

## 클리핑 마스크로 이미지 합성하기

◎ **준비물** : '예제파일\Round07\clipping.psd' 파일을 불러오세요.

◎ **동영상 해설** : 동영상해설\clipping.avi

① Alt를 누른 채 '봄' 레이어와 '도형' 레이어 사이로 마우스 포인터를 이동하여 모양으로 바뀌면 클릭하여 클리핑 마스크를 적용합니다.

② '여름', '가을', '겨울' 레이어도 마찬가지 방법으로 클리핑 마스크를 차례로 적용합니다.

**BONUS**

'봄' 레이어를 선택한 후 [Layer]-[Create Clipping Mask] 메뉴를 선택해도 됩니다.

**STOP**

클리핑 마스크는 맨 아래 놓인 도형이나 글자가 마스크가 되어 위 레이어에 적용되는 것이기 때문에, 여러 레이어에 적용할 때에는 마스크되는 레이어 바로 위 레이어부터 그 다음 레이어로 적용하는 것이 좋습니다.



**Round 07.**
레이어를 알면 포토샵이 쉬워진다.

③ 도형 레이어가 마스크가 되어 그 위에 놓인 레이어들이 가려진 것을 확인합니다. 하지만 '겨울' 레이어 이미지와 '가을' 레이어 이미지가 딱 맞게 가려지지 않으므로 레이어 마스크로 수정하겠습니다.

④ LAYERS 패널에서 '겨울' 레이어를 선택한 후 툴박스의 다각형 올가미 툴(☑)로 그림과 같이 오른쪽 아래 칸 주변을 클릭하여 선택 영역으로 만듭니다.

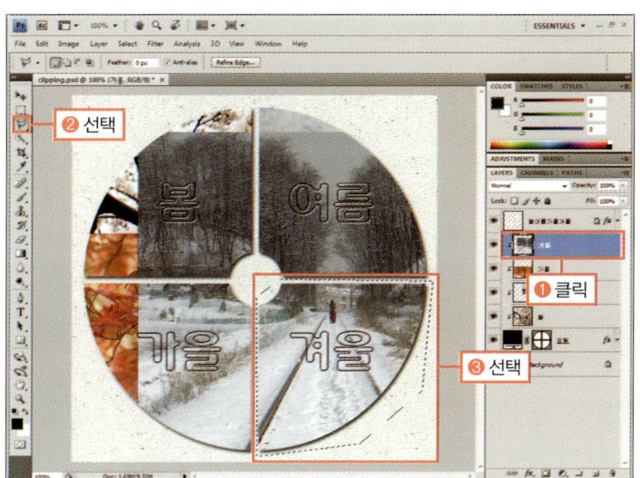

⑤ LAYERS 패널의 '레이어 마스크(◉)'를 클릭하여 선택 영역만 보이고 나머지는 가려주는 레이어 마스크를 적용합니다.

⑥ 위와 같은 방법으로 '가을' 레이어를 선택한 후 그림과 같이 왼쪽 아래 칸을 선택 영역으로 만들고 LAYERS 패널의 '레이어 마스크(◉)'를 클릭합니다. 이미지가 수정된 것을 확인합니다.

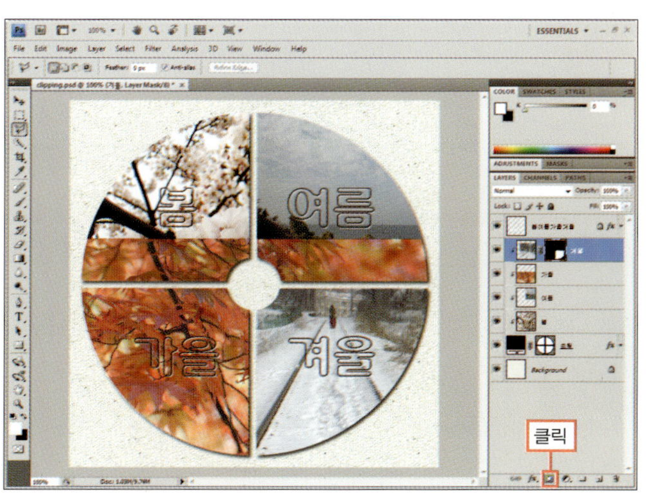

**7** ‘겨울’ 이미지의 위치를 변경하기 위해 툴박스의 이동 툴(▶♦)을 선택한 후 ‘겨울’ 레이어에서 썸네일 사이의 ‘연결 표시(⑧)’를 클릭하여 연결을 해제합니다. 이미지 썸네일을 클릭하여 선택한 후 위로 드래그하여 이미지를 이동합니다.

◎ 완성물 : 예제파일\Round07\clipping_f.psd

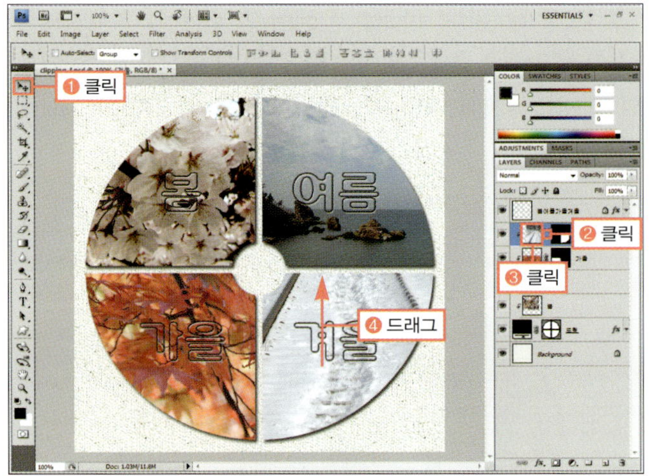


## BONUS

클리핑 마스크는 아래 놓인 레이어의 색상 영역이 마스크가 되어 위 이미지를 가려주는 것으로, 각각의 레이어 이미지는 아무 변화가 없기 때문에 이동, 변형하기 편리합니다. 따라서 아래 이미지와 같이 ‘봄’ 레이어를 선택하고 이동 툴로 드래그하면 클리핑이 적용된 채로 이미지가 이동됩니다.

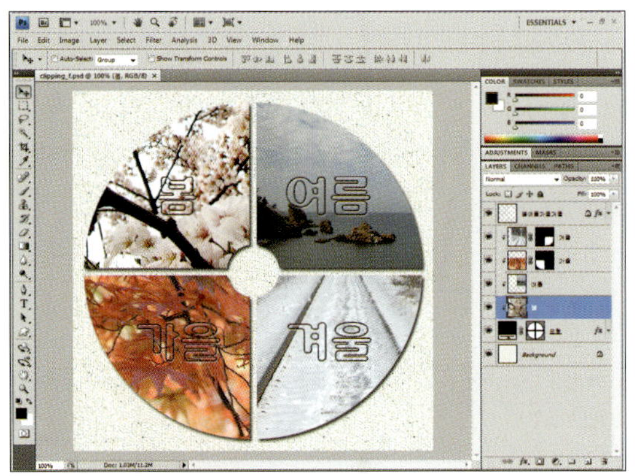 

하지만 레이어 마스크와 같이 적용된 '가을', '겨울' 이미지일 경우, 이미지 썸네일과 마스크 썸네일 사이의 '연결 표시(⑧)'를 클릭하여 연결을 해제한 후 이미지 썸네일을 선택하고 이동해야 마스크의 위치는 변경되지 않고 이미지의 위치만 변경됩니다.

▲ 연결된 상태로 이동했을 때          ▲ 연결되지 않은 상태로 이동했을 때



**Round 07.**
레이어를 알면 포토샵이 쉬워진다.

## [Auto-Blend Layers] 명령으로 초점이 서로 다른 이미지 합성하기

포토샵 CS4에 새로 생긴 [Edit]-[Auto Blend Layers]는 선택한 레이어의 이미지 색상과 픽셀을 자동으로 인식하여 레이어 마스크로 합성하는 명령입니다. 주로 같은 장소에서 초점이 서로 다르게 찍힌 이미지를 전체적으로 초점이 맞게 합성할 때 사용합니다.

① 어도비 bridge를 실행하고 '예제파일\Round07\battery1.jpg' 와 'batter2.jpg'를 함께 선택합니다. 그리고 [Tools]-[Photoshop]-[Load Files into Photoshop Files]를 선택합니다.

② 포토샵의 LAYERS 패널에서 선택한 두 이미지가 각각의 레이어로 만들어진 것을 확인합니다. 레이어 이미지의 피사체 위치를 맞추기 위해 'battery2.jpg' 레이어를 추가로 선택한 후 [Edit]-[Auto-Align Layers] 메뉴를 선택합니다.

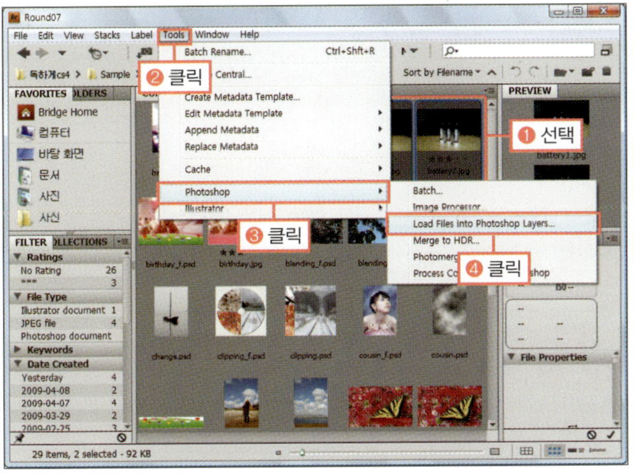

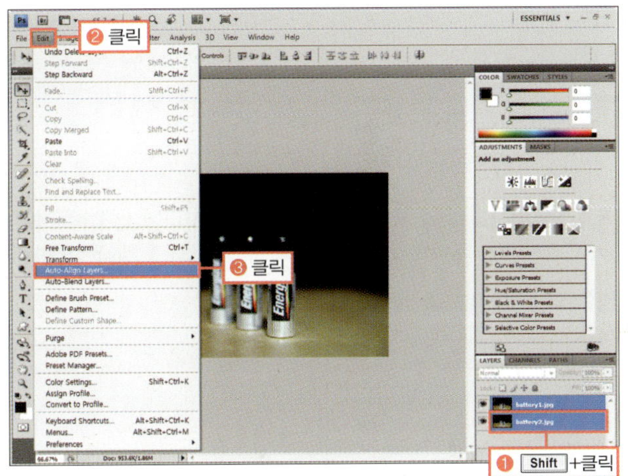

### B O N U S

[Load Files into Photoshop Files]는 선택한 이미지들을 하나의 이미지 창에 각각의 레이어로 만들어 포토샵으로 불러오는 명령입니다.

③ [Auto-Align Layers] 대화상자가 나타나면 피사체의 위치를 맞출 때 이미지의 왜곡 정도를 선택하는 [Project]가 [Auto]로 선택된 것을 확인한 후 [OK] 버튼을 클릭합니다.

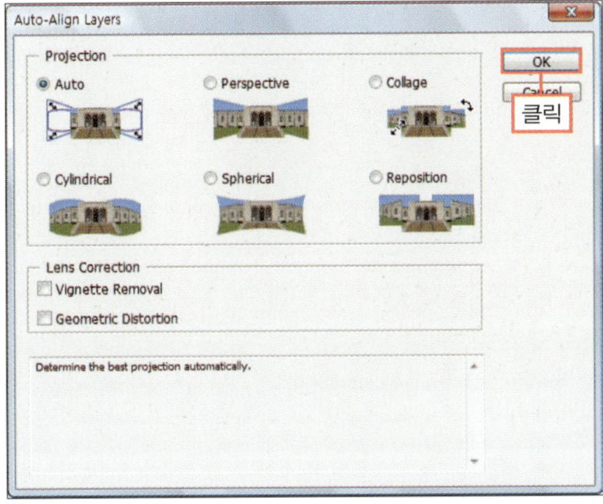

### B O N U S

[Auto-Align Layers] 대화상자는 131쪽을 참조합니다.

④ LAYERS 패널에서 'battery1.jpg' 레이어의 '눈(◉)'을 클릭하여 두 레이어 이미지의 위치가 맞춰진 것을 확인합니다.

⑤ 레이어의 '눈(◉)'이 모두 켜져 있고 두 레이어가 선택된 상태에서, 두 이미지를 합성하기 위해 [Edit]-[Auto-Blend Layers] 메뉴를 선택합니다.

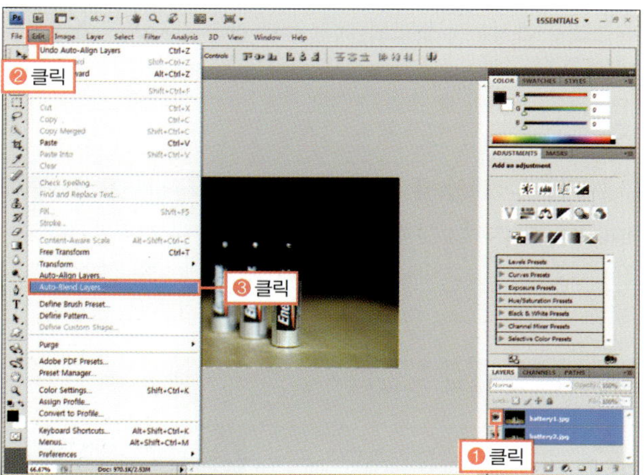

⑥ [Auto-Blend Layers] 대화상자가 나타나면 선택한 이미지의 초점을 맞춰서 합성하는 [Stack Image]가 선택된 것을 확인한 후 [OK] 버튼을 클릭합니다.

⑦ LAYERS 패널의 각각의 레이어에 레이어 마스크가 적용되어 두 레이어 이미지가 합성된 것을 확인합니다.

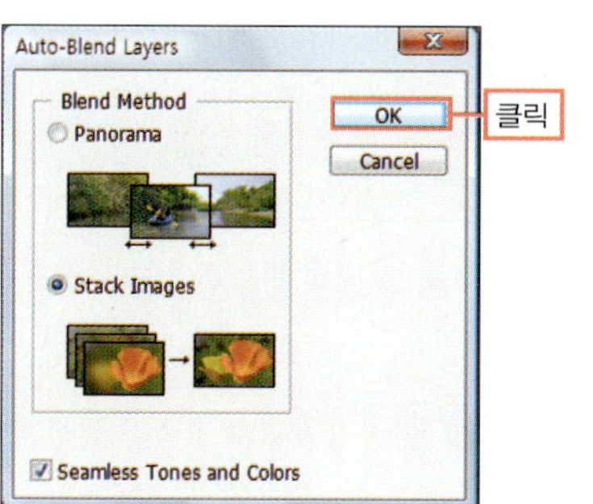

**Round 07.**
레이어를 알면 포토샵이 쉬워진다.

**8** 이미지의 빈 여백을 자르기 위해 툴박스의 크롭 툴(🔲)을 선택한 후 그림과 같이 드래그하여 자를 영역을 만듭니다.

**9** 잘려진 이미지를 확인합니다.

◎ 완성물 : 예제파일\Round07\battery_f.psd

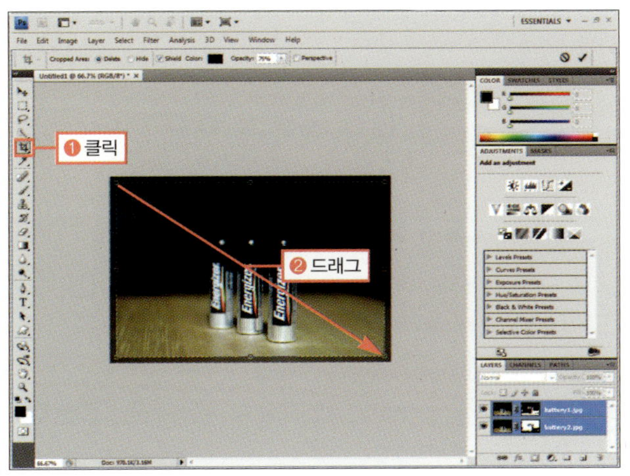

## [Auto-Blend Layers] 대화상자

선택된 여러 레이어의 이미지를 연결하거나 하나의 이미지로 합성하는 [Auto-Blend Layers] 대화상자에 대해 알아보겠습니다.

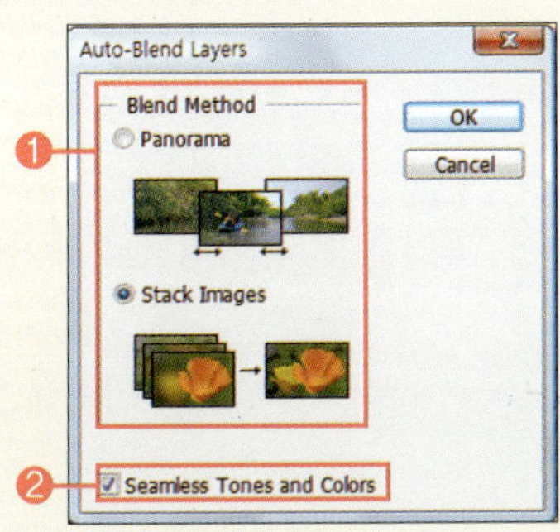


❶ **Blend Method** : 선택한 레이어들을 합성할 때 처리 방법을 선택할 수 있습니다. 선택한 레이어의 픽셀을 자동으로 인식하여 적용될 값이 미리 선택되어 있습니다.

- **Panorama** : 합성된 이미지의 경계 부분에 레이어 마스크를 만들어 자연스럽게 처리할 때 사용합니다.
- **Stack Images** : 선택한 레이어의 픽셀과 색상을 자동으로 인식하여 자동으로 하나의 이미지로 합성합니다. 초점이 서로 다른 이미지를 합쳐 선명한 이미지로 만들 때 주로 사용합니다.

❷ **Seamless Tones and Colors** : 선택한 레이어의 톤과 색상을 평균값으로 인식해 이미지를 합성합니다.

# Round Test
| 풀어 보세요 |

이번 Round에서는 레이어에 대해 자세히 알아보고, 이미지를 합성, 혼합하는 블렌딩 모드와 레이어 마스크, 이미지를 이루는 레이어의 종류에 대해 공부했습니다. 앞에서 배운 내용을 토대로 다음 문제를 풀어보세요.

**1 | 다음의 ( ) 안을 채워보세요**

❶ 포토샵에서 작업된 이미지가 어떤 이미지 소스들이 합성된 것인지, 또한 어떻게 이미지를 변경, 수정한 것인지, 어떤 효과를 적용한 것인지를 확인할 수 있는 곳은 (　　　　　) 패널입니다.

❷ LAYERS 패널에서 선택한 레이어가 아래 이미지와 겹쳐질 때 혼합되어 합성되는 방법은 (　　　　　)에서 선택할 수 있습니다.

❸ 여러 레이어를 하나의 폴더로 정리하려 할 때는, LAYERS 패널에서 폴더에 넣을 레이어들을 선택한 후 키보드의 (　　　　　)를 누른 채 '레이어 그룹(▢)'을 클릭하면 됩니다.

❹ LAYERS 패널의 블렌딩 모드에서 (　　　　　)는 두 이미지의 명도를 곱한 후에 이것을 255로 나누는 방법으로 합성되어 전체적으로 어두워지면서 합성됩니다.

❺ 레이어 이미지의 일부를 가려서 그 나머지 부분만 보이게 만드는 기능을 (　　　　　)라고 합니다.

❻ 포토샵 CS4에 새로 생긴 패널인 (　　　　　)패널은 레이어 마스크를 만들고 투명도를 조절하며 마스크 경계선의 부드러운 정도를 수정합니다.

❼ 포토샵 CS4에서 새로 생긴(　　　　　) 명령은 선택한 레이어의 이미지의 색상과 픽셀을 자동으로 인식하여 레이어 마스크로 합성하는 명령입니다.

**2 | 다음 설명이 맞으면 'O', 틀리면 '×'를 표시하세요.**

❶ LAYERS 패널에서 '투명 잠금(▢)'을 클릭하면 레이어 이미지가 이미지 창에서 감춰집니다. ☐

❷ 스마트 오브젝트(Smart Object)는 외부 파일을 현재 이미지의 레이어로 연결하는 기능으로, 포토샵에서 마음대로 변형, 수정할 수 있습니다. ☐

❸ LAYERS 패널의 '레이어 스타일(fx)'을 이용하면 레이어 이미지에 그림자나 후광, 엠보싱 등의 효과를 쉽게 적용할 수 있습니다. ☐

❹ 레이어 마스크에는 브러시나 그레이디언트 툴과 같은 채색 툴로 가리는 부분을 수정할 수 있으며 밝기 보정을 이용해 마스크의 농도를 수정할 수 있습니다. ☐

❺ 벡터 마스크는 말 그대로 벡터 툴만 사용하여 마스크를 만드는 것으로 레이어 마스크와 달리 채색 툴을 사용할 수 없습니다. ☐

❻ [Create Clipping Mask] 명령은 위에 놓인 레이어 이미지가 마스크가 되어 아래 놓인 레이어를 가려줍니다. ☐

| 정답 |

1 | ❶ LAYERS  ❷ 블렌딩 모드  ❸ Shift  ❹ Multiply  ❺ 레이어 마스크  ❻ MASKS  ❼ Auto Blend Layers
2 | ❶ ×  ❷ ×  ❸ O  ❹ O  ❺ O  ❻ ×



**Round 07.**
레이어를 알면 포토샵이 쉬워진다.

# Round Complete
| 만들어 보세요 |

이번 Round에서는 레이어에 대해 자세히 알아보고, 이미지를 합성, 혼합하는 블렌딩 모드와 레이어 마스크, 이미지를 이루는 레이어의 종류에 대해 공부했습니다. 앞에서 배운 내용을 토대로 다음 예제를 완성해 보세요.

**1** 레이어를 그림과 같이 정리한 후 'Shape 1' 레이어에 [Clear Gel With Drop Shadow] 스타일을 적용해 보세요.

○ 준비물 : 예제파일\Round07\layerbtn.psd
완성물 : 예제파일\Round07\layerbtn_f.psd
도움말 : 예제해설\Round07도움말1.hwp(pdf, avi)

❶ LAYERS 패널에서 'Shape 1' 레이어를 클릭하고 Shift 를 누른 채 'btn6' 레이어를 추가로 선택 ❷ Shift 를 누른 채 레이어 그룹 폴더를 클릭 ❸ 'flower' 레이어를 클릭하고 Shift 를 누른 채 'Background'를 추가 선택 ❹ Ctrl+E 를 눌러 선택한 레이어 합침 ❺ STYLES 패널에서 [Web Styles]를 추가 ❻ 'Shape 1' 레이어를 선택하고 [Clear Gel With Drop Shadow] 스타일 적용

**2** MASKS 패널을 이용하여 'Backround'와 'Layer 1' 레이어를 그림과 같이 합성해 보세요.

○ 준비물 : 예제파일\Round07\mask.psd
완성물 : 예제파일\Round07\mask_f.psd
도움말 : 예제해설\Round07도움말2.hwp(pdf, avi)

❶ MASKS 패널에서 '픽셀 마스크(▣)' 클릭 ❷ [Color Range] 버튼을 클릭 ❸ 하늘 부분을 클릭하여 선택하고 [Color Range] 대화상자를 닫음 ❹ MASKS 패널에서 [Invert] 버튼을 클릭 ❺ LAYERS 패널에서 Alt 를 누른 채 마스크 썸네일 클릭 ❻ 브러시를 이용해 하늘 부분을 검은색, 나머지는 흰색으로 채색 ❼ Alt 를 누른 채 마스크 썸네일을 다시 클릭



**Round complete.**
풀어 보세요

# 08 이미지 보정의 모든 것

포토샵에서 이미지의 밝기와 색상을 보정하는 Adjustments 명령은 포토샵의 기능 중 가장 핵심적이고 중요한 것으로, 그만큼이나 다양한 보정 명령과 많은 대화상자를 가지고 있습니다. 특히 포토샵 CS4에서는 ADJUSTMENTS 패널이 새로 생겨 사용자가 찍은 사진을 선택하고 패널의 보정 아이콘을 한번 클릭함으로써 바로 수정할 수 있도록 지원하고 있습니다. 이번 Round에서는 이렇게 이미지를 보정하는 [Adjustments] 메뉴와 ADJUSTMENTS 패널에 대해 자세히 살펴보며 이를 이용해 이미지를 수정하는 방법을 알아봅니다.

이번 Round는 다음과 같은 단계로 구성됩니다. Training별 내용을 간략하게 먼저 파악하면 좀 더 효율적으로 학습을 진행할 수 있습니다.

## Training 01  HISTOGRAM 패널과 Adjustments 기능 이해하기

HISTOGRAM 패널의 히스토그램을 이용해 이미지의 밝기와 색상을 파악하고 이를 보정하는 방법을 살펴봅니다.

▶ 히스토그램 이해하기
▶ [Brightness/Contrast] 명령으로 이미지의 밝기와 대비 수정하기

## Training 02  이미지 보정의 도우미, ADJUSTMENTS 패널 사용하기

포토샵 CS4에서 새로 생긴 ADJUSTMENTS 패널에 대해 이해하고 [Adjustments] 명령과 다른 점을 살펴봅니다.

▶ ADJUSTMENTS 패널 사용하기
▶ 이미지의 채도 수정하기

## Training 05  간단하고 쉽게 사용할 수 있는 기타 보정 명령

간단하게 색상이나 밝기를 수정하는 명령에 대해 알아봅니다.

▶ [Shadows/Highlights] 명령으로 역광 사진 수정하기
▶ [Variations] 명령으로 손쉽게 색상과 밝기 수정하기

## Training 06  레이어를 채워주는 Fill 레이어 사용하기

보정 레이어와 비슷하지만 색상, 그레이디언트, 패턴을 채우는 Fill 레이어에 대해 이해하고 레이어 마스크를 수정해 원하는 색상, 그레이디언트, 패턴을 채웁니다.

▶ Fill 레이어의 종류 이해하기
▶ 패턴 레이어로 종이 질감 입히기
▶ 색상 레이어 만들고 레이어 마스크로 수정하기

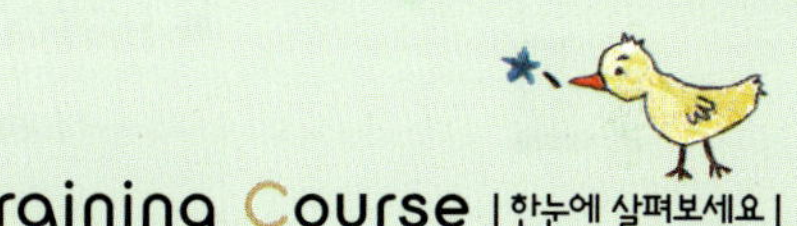



**Training 03**　이미지 보정의 시작, 밝기 보정하기

밝기를 수정하는 다양한 명령을 살펴보고 이를 이용해 이미지에서 밝은 영역, 중간 영역, 어두운 영역을 수정하여 선명한 이미지로 보정하는 방법을 알아봅니다.

▶ 밝기를 수정하는 명령 살펴보기
▶ [Levels] 명령으로 밝기 보정하기
▶ [Curves] 명령으로 밝기 보정하기

**Training 04**　이미지의 색상을 보정하는 다양한 명령들

이미지의 색상을 수정하는 명령을 살펴보고, 각 색상의 균형을 잡아주거나 원하는 색상을 변경하는 방법을 알아봅니다.

▶ 색상을 수정하는 명령 살펴보기
▶ [Color Balance] 명령으로 색상 보정하기
▶ [Hue/Saturation] 명령으로 색상과 채도 보정하기

# HISTOGRAM 패널과
# Adjustments 기능 이해하기

Photoshop · CS4

앞에서 자동으로 밝기와 색상을 수정하는 Auto 기능에 대해 알아보았는데, 이런 명령은 간편하다는 장점은 있어도 사용자가 원하는 결과가 나오지 않을 수 있습니다. 이번 Training에서는 사용자가 원하는 대로 이미지를 보정할 수 있는 Adjustments 기능과, 이를 자유롭게 사용하기 위해 먼저 이미지의 밝기, 각 색상의 분포 정도를 나타내는 HISTOGRAM 패널에 대해서 알아봅니다.

| 학습 목표 | 학습 소재 | 난이도 | 예상 학습 결과 | 연계 학습 |
|---|---|---|---|---|
| • 각 이미지의 밝기, 색상 분포 파악하기<br>• 보정 명령 이해하기 | • HISTOGRAM 패널<br>• Adjustments 기능 | ★★★☆☆ | HISTOGRAM 패널로 이미지 밝기와 색상을 분석하여 이미지 수정 | |

## READY!

## HISTOGRAM 패널과 Adjustments 기능

Adjustments 기능을 사용하기 전에 먼저 이미지의 밝기와 색상의 분포 정도를 분석해야 수정하는 데 알맞은 명령을 고를 수 있습니다. 이때 필요한 것이 각 색상의 분포 정도를 표시하는 HISTOGRAM 패널입니다.

### ■ HISTOGRAM 패널 살펴보기

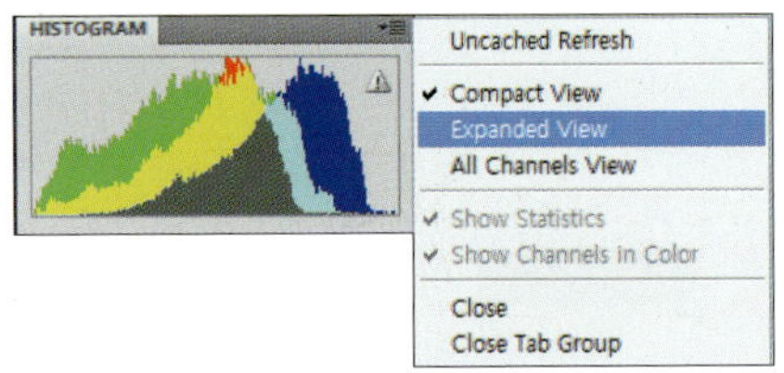

▲ 메뉴 버튼(▤)을 클릭하고 [Expand View]를 선택하면 패널이 확장됩니다.

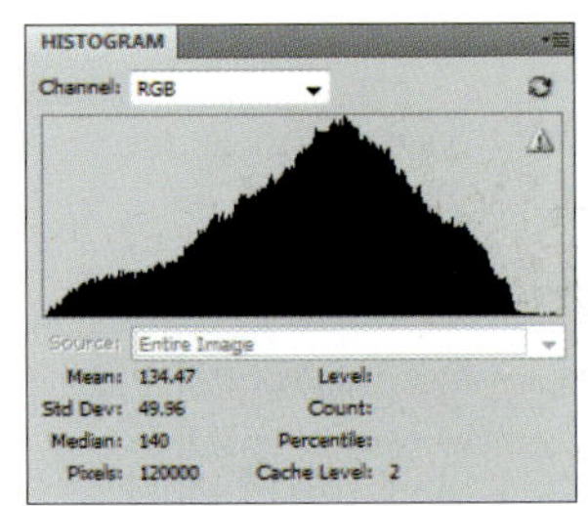

▲ [Channels]에서 전체 밝기 분포를 표시하는 [RGB]를 선택하면 검은색의 히스토그램으로 밝기 정도를 표시합니다.

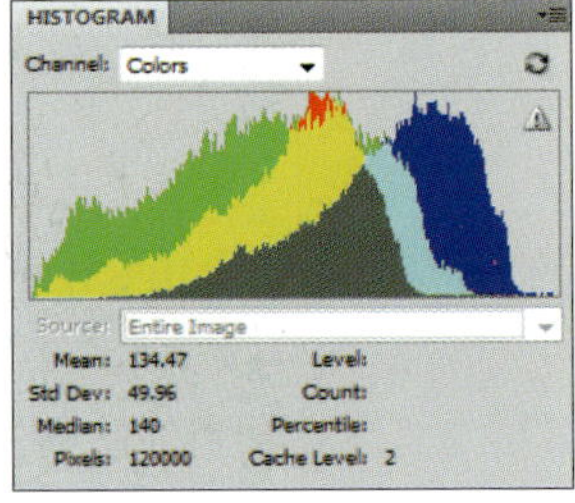

▲ [Colors]를 선택하면 각 색상별로 분포가 표시됩니다.

[RGB]를 선택한 후 보이는 히스토그램은 이미지의 밝음(highlights), 중간(midtones), 어두움(shadows)이 어느 정도인지 검은색 그래프로 보여줍니다. 보통 선명한 이미지라면 밝음과 중간, 어두움이 골고루 퍼져 있는 그래프를 가지고 있으며 너무 밝거나 너무 어두우면 한 쪽으로 치우친 그래프 모양을 보입니다. 이때 히스토그램이 오른쪽으로 치우칠수록 밝은 부분이 많은 이미지이며, 왼쪽으로 치우칠수록 어두운 이미지입니다.

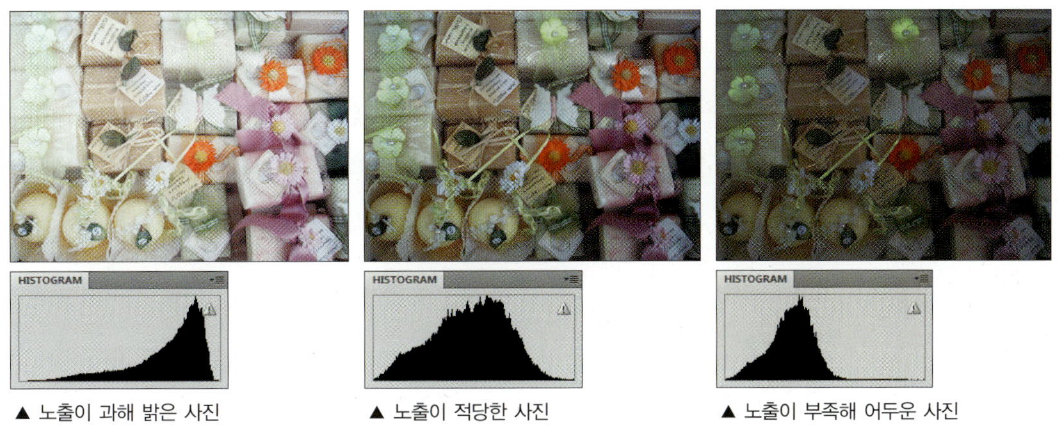

▲ 노출이 과해 밝은 사진　　　▲ 노출이 적당한 사진　　　▲ 노출이 부족해 어두운 사진

또한, [Colors]를 선택했을 때 보이는 히스토그램에서는 이미지의 색상별 분포 정도를 볼 수 있는데 이는 색상 보정을 할 때도 편리합니다. 즉, 각각의 색상 히스토그램이 양쪽 끝으로 치우쳐 있다면 그 해당 색상이 넘치거나 부족하다는 뜻이기 때문에 이를 조절해 색상을 보정할 수 있습니다.

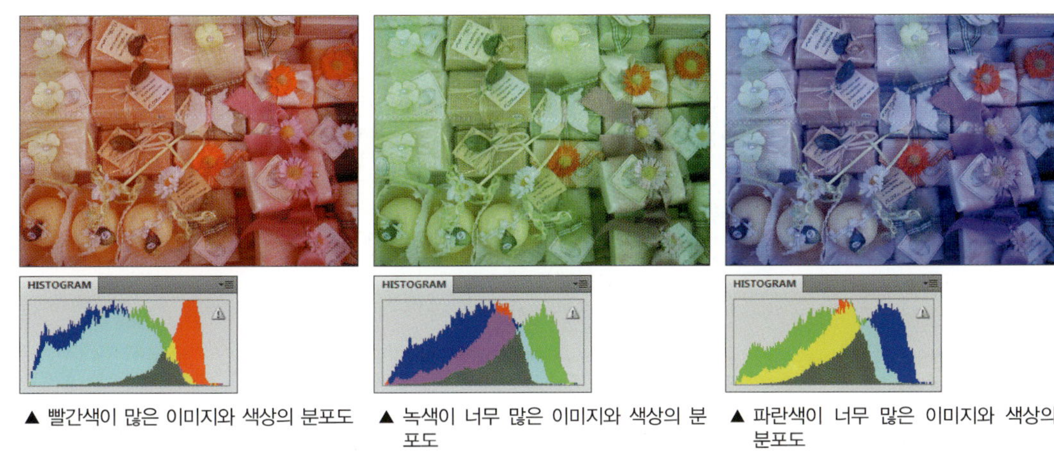

▲ 빨간색이 많은 이미지와 색상의 분포도　　　▲ 녹색이 너무 많은 이미지와 색상의 분포도　　　▲ 파란색이 너무 많은 이미지와 색상의 분포도

### ■ 이미지를 보정하는 [Adjustments] 명령과 [New Adjustment Layer] 명령 살펴보기

이미지를 보정할 때에는 [Image]-[Adjustments] 메뉴와 [Layer]-[New Adjustment Layer] 메뉴를 사용할 수 있는데, 이미지의 밝기와 색상을 보정한다는 점에서는 같지만 [Adjustments] 명령은 선택한 백그라운드나 레이어, 선택 영역에 바로 적용되어 보정되고 [New Adjustment Layer] 명령은 선택한 레이어의 위에 보정 레이어를 만들어 아래에 놓인 모든 레이어 이미지가 함께 보정된다는 차이점이 있습니다. 또한, 선택 영역을 만든 후 이 명령을 선택하면 보정 레이어 옆에 레이어 마스크가 만들어져 선택한 영역에만 보정이 적용됩니다. 이 [New Adjustments Layer] 명령은 일반적으로 LAYERS 패널의 '보정 레이어(◐)'를 클릭하거나 ADJUSTMENTS 패널을 사용하여 보정하는 경우가 많습니다.

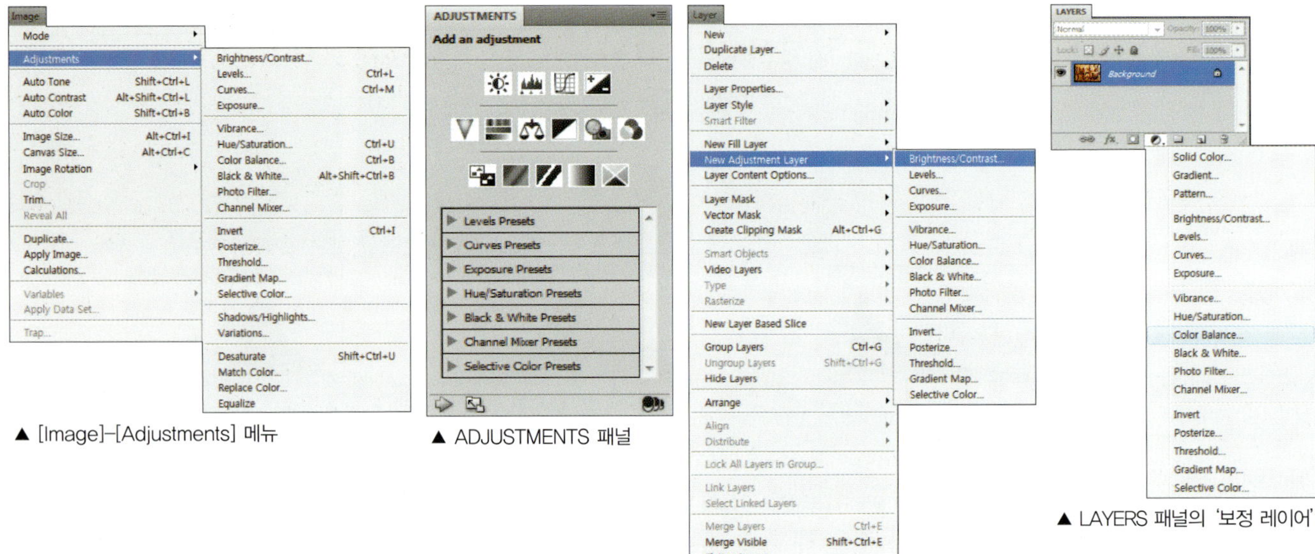

▲ [Image]–[Adjustments] 메뉴

▲ ADJUSTMENTS 패널

▲ [Layer]–[New Adjustment Layer] 메뉴

▲ LAYERS 패널의 '보정 레이어'

아래 이미지를 확인해보면 보정되는 이미지의 결과는 같지만 LAYERS 패널의 모습이 서로 다르다는 것을 알 수 있습니다. 결국, [Adjustments] 명령을 사용하면 선택한 이미지에 바로 적용되고 이를 수정하려면 HISTORY 패널로 되돌리는 방법 밖에 없습니다. 따라서 HISTORY 패널에서 작업 과정이 없어진 경우에는 수정이 불가능합니다. 하지만 [New Adjustment Layer] 명령을 사용하면 LAYERS 패널에 새로운 보정 레이어가 만들어지고 이를 더블클릭하면 언제든지 수정하고 제거할 수 있으며, 레이어 마스크가 달려 있어 채색 툴이나 [Adjustments]의 밝기 보정 명령으로 보정 정도를 계속 수정할 수 있습니다.

▲ 보정 전 이미지와 LAYERS 패널

▲ [Adjustments]–[Color Balance] 명령을 이용해 수정한 이미지와 LAYERS 패널

▲ [New Adjustment Layer]–[Color Balance] 명령을 이용해 수정한 이미지와 LAYERS 패널



**Round 08.**
이미지 보정의 모든 것

## 히스토그램을 이용하여 이미지의 밝기와 대비 보정하기

◎ 준비물 : '예제파일\Round08\darktree.jpg' 파일을 불러오세요.

**1** 실행 바의 '작업영역 바꾸기' 메뉴에서 [COLOR AND TONE]을 선택하여 작업 영역을 이미지 보정에 알맞게 변경한 후 HISTOGRAM 패널을 보면 이미지의 밝은 부분이 부족한 것을 알 수 있습니다.

**2** 이를 보정하기 위해 ADJUSTMENTS 패널에서 [Brightness/Contrast(☀)]를 클릭합니다.

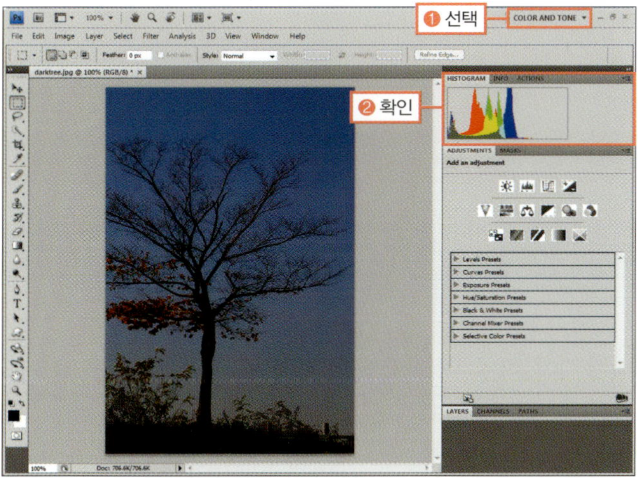

**STOP**

Round08에서는 작업 영역을 [COLOR AND TONE]으로 선택한 후 따라합니다.

**BONUS**

[Image]–[Adjustments]–[Brightness/Contrast] 메뉴를 선택해도 됩니다.

**3** ADJUSTMENTS 패널에 [Brightness/Contrast]를 조절할 수 있는 옵션이 나타납니다. 밝기를 나타내는 [Brightness]를 '79'로 조절하여 이미지의 밝기와 히스토그램의 모양이 변경되는 것을 확인합니다.

**4** 이미지의 대비를 높이기 위해 [Contrast]의 슬라이더를 오른쪽으로 드래그하여 '20'으로 조절한 후 변경된 히스토그램을 확인합니다.

◎ 완성물 : 예제파일\Round08\darktree_f.psd

[Brightness/Contrast]는 밝기와 대비를 조절하는 가장 간단한 명령으로, [Image]-[Adjustments]-[Brightness/Contrast] 메뉴를 선택하거나 ADJUSTMENTS 패널의 [Brightness/Contrast(❊)]를 클릭해서 적용할 수 있습니다.

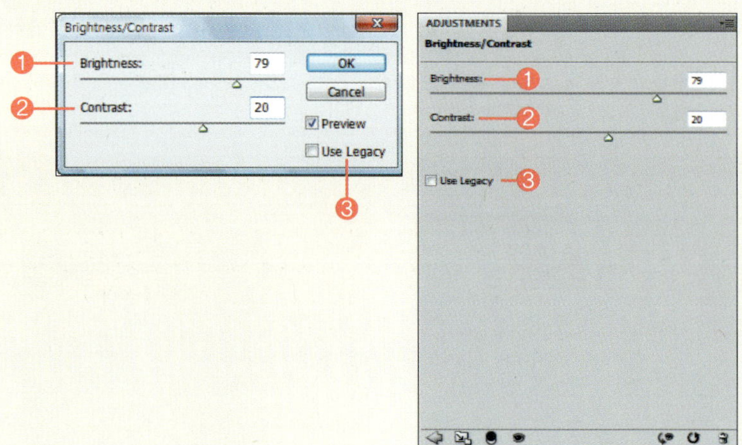

❶ **Brightness** : 밝기를 조절하는 명령으로, 오른쪽으로 드래그할수록 밝아지며 왼쪽으로 드래그할수록 어두워집니다.

❷ **Contrast** : 대비를 조절하는 것으로, 오른쪽으로 드래그할수록 대비가 커져 선명해집니다.

❸ **Use Legacy** : 체크하면 이전 버전에서 사용하던 방식으로 밝기와 대비를 조절합니다. 즉, [Brightness]와 [Contrast] 모두 '-100' 부터 '+100' 까지 조절하여 모든 이미지 픽셀에 간단히 적용할 수 있지만 명암 차이가 줄어들어 이미지가 손상될 수 있습니다.

# 이미지 보정의 도우미, ADJUSTMENTS 패널 사용하기

Photoshop · CS4

포토샵 CS4에서 새로 생긴 ADJUSTMENTS 패널은 [New Adjustment Layer] 명령을 아이콘으로 정리해놓은 것으로, 보정 명령을 선택해서 나타나는 대화상자도 패널 안에서 실행되어 보정 레이어만 선택하면 언제든지 수정할 수 있도록 했습니다. 이번 Training에서는 ADJUSTMENTS 패널을 살펴보고 이를 이용해 수정하는 방법을 알아보겠습니다.

| 학습 목표 | 학습 소재 | 난이도 | 예상 학습 결과 | 연계 학습 |
|---|---|---|---|---|
| ADJUSTMENTS 패널 사용하기 | • ADJUSTMENTS 패널<br>• Vibrance 보정 | ★★★☆☆ | ADJUSTMENT로 패널을 이해하고 이미지 수정하기 | • [Adjustments] 명령 : 418쪽<br>• [New Adjustment Layer] 명령 : 418쪽 |



## ADJUSTMENTS 패널 살펴보기

ADJUSTMENTS 패널은 [Layer]-[New Adjustment Layer] 메뉴를 선택해서 나오는 명령을 아이콘으로 정리해둔 것으로, 원하는 보정 아이콘을 클릭하면 선택한 보정 명령의 대화상자로 변경되어 보정 정도를 조절할 수 있습니다.

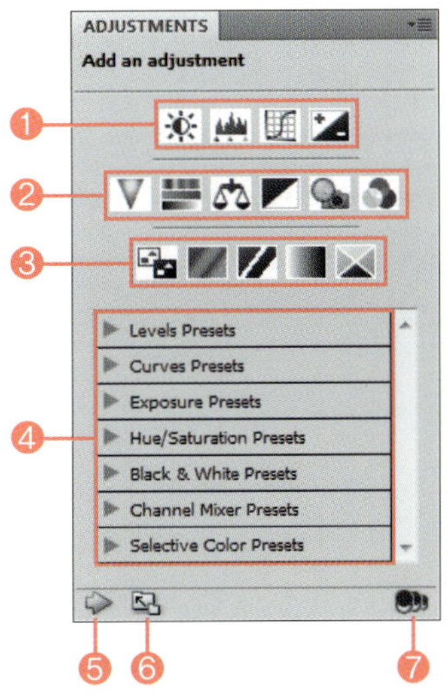


❶ **밝기 보정** : 클릭하면 이미지의 밝기나 색상을 보정하는 보정 레이어가 만들어지고, 패널에는 그 보정을 할 수 있는 조절값이 나타납니다.

　• ☀(Brightness/Contrast) : 이미지의 밝기와 대비를 보정하는 조절 옵션이 나타납니다.

- **(Levels)** : 이미지의 밝기를 보정하는 가장 대표적인 명령으로, 이미지 전체 밝기를 보정하며 각 색상도 조절할 수 있습니다.
- **(Curves)** : 밝기를 보정한다는 점에서는 Levels 명령과 같지만, 커브 선으로 밝기와 대비를 같이 조절할 수 있어 좀 더 전문적인 이미지 보정에 사용됩니다.
- **(Exposure)** : 주로 고화질 이미지인 HDR 이미지의 밝기, 색상의 조화, 대비를 조절합니다.

❷ **색상 보정** : 클릭하면 색상을 보정하는 레이어가 만들어집니다.
- **(Vibrance)** : 포토샵 CS4에서 새로 생긴 명령으로 색상 손실이 최소화되도록 하면서 색상 채도를 조절합니다.
- **(Hue/Saturation)** : 이미지의 색상, 채도 및 밝기를 조정합니다.
- **(Color Balance)** : 이미지 색상의 혼합 정도를 조절합니다.
- **(Black & White)** : 이미지의 색상을 무채색으로 변경하면서 색상별로 명암 정도를 조정할 수 있습니다.
- **(Photo Filter)** : 특정 카메라에서 나타나는 색상을 수정하거나 첨가할 수 있습니다.
- **(Channel Mixer)** : 색상 채널을 수정합니다.

❸ **특수 보정** : 밝기, 색상을 반전하거나 그레이디언트를 덧입혀 특정 색상을 변경할 수 있습니다.
- **(Invert)** : 밝기와 색상을 반전합니다.
- **(Posterize)** : 색상의 수를 지정한 만큼 줄입니다.
- **(Threshold)** : 이미지의 명암 단계별로 흑, 백 이미지로 변경합니다.
- **(Gradient Map)** : 이미지에 선택한 그레이디언트 색상이 입힙니다.
- **(Selective Color)** : 색상별로 색상 양을 조정합니다.

❹ 보정값을 미리 설정하여 종류별로 정리한 것입니다.

❺ **보정 레이어 보기** : 패널이 선택한 보정 레이어를 조절하는 옵션 값이 나타납니다.

❻ **확장/축소** : ADJUSTMENTS 패널을 확장하거나 축소합니다.

❼ **레이어 클립 적용** : 클릭하면 LAYERS 패널에서 보정 레이어 아래에 놓인 모든 레이어에 보정이 적용됩니다.

## 사전 설정된 값으로 이미지 간단히 보정하기

준비물 : '예제파일\Round08\wintree.jpg' 파일을 불러오세요.

**1** ADJUSTMENTS 패널의 목록 중에서 [Curves Presets]의 ▶ 부분을 클릭합니다.

**2** 관련 보정 값이 열립니다. 이 중에서 이미지 밝기의 대비를 높여 선명하게 수정되는 [Strong Contrast]를 선택합니다.

### BONUS

보정 아이콘이나 보정 목록을 클릭하면 선택한 보정을 조절할 수 있는 옵션이 패널에 나타납니다.

**3** ADJUSTMENTS 패널 하단의 '확장/축소(☒)'를 클릭하여 패널을 축소한 후 LAYERS 패널의 제목 탭을 더블클릭하여 보이게 합니다. 보정 레이어가 만들어지고 설정된 값으로 커브 선이 바뀌면서 이미지가 수정된 것을 확인합니다. '보정 목록으로 보기(☒)'를 클릭하여 다시 보정 아이콘이 있는 패널로 돌아갑니다.

### STOP

[COLOR AND TONE] 작업환경은 이미지를 보정하기 편한 패널 위주로 배치하기 때문에 ADJUSTMENTS 패널이 확장됩니다. 따라서 모니터 해상도에 따라 LAYERS 패널이 접혀서 보이지 않을 수 있으나, 패널 제목 탭을 더블클릭하면 바로 열어볼 수 있습니다.

❹ 이번에는 ADJUSTMENTS 패널의 목록에서 [Hue/Saturation Presets] 관련 보정 값을 연 후 [Sepia]를 선택합니다.

❺ ADJUSTMENTS 패널에 [Hue/Saturation]을 조절하는 옵션이 나타난 것과 LAYERS 패널에 보정 레이어가 추가된 것을 확인합니다.

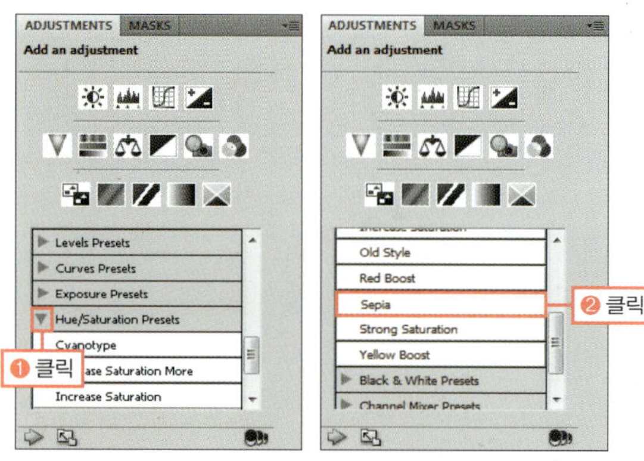

◎ **완성물** : 예제파일\Round08\wintree_f.psd

## BONUS

[Hue/Saturation Presets]는 색상과 채도를 미리 설정한 목록으로, [Sepia]를 선택하면 이미지의 색상과 채도를 세피아 톤으로 보정합니다.

## BONUS

보정 아이콘을 클릭하면 선택한 레이어 위에 새로운 보정 레이어를 계속 만들어 이미지를 보정합니다. 따라서 보정 레이어의 순서를 바꾸거나 레이어의 순서를 바꾸면 이미지의 결과물이 달라지는데 아래 보정 명령부터 차례로 위 보정 명령이 적용됩니다.

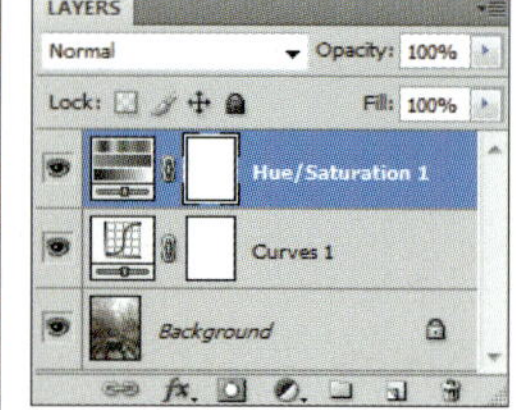

▲ [Curves] 명령으로 밝기를 보정한 후 [Hue/Saturation] 명령으로 색상을 보정한 경우

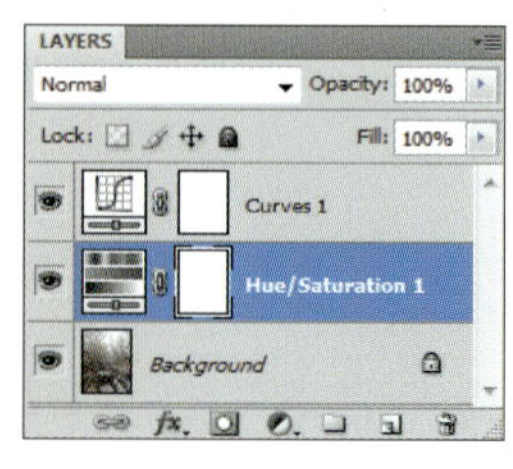

▲ [Hue/Saturation] 명령으로 색상을 보정한 후 [Curves] 명령으로 밝기를 보정한 경우

# [Vibrance] 보정으로 이미지의 색상과 채도 보정하기

◎ 준비물 : '예제파일\Round08\flower.jpg' 파일을 불러오세요.

**1** ADJUSTMENTS 패널에서 색상의 손실을 최대한 줄이면서 채도를 조절하는 [Vibrance(V)]를 클릭합니다.

**2** LAYERS 패널에 보정 레이어가 만들어지면서 ADJUSTMENTS 패널에 [Vibrance]를 조절하는 옵션이 나타납니다. 채도가 높은 부분을 더 높게 수정하는 [Vibrance]를 오른쪽으로 드래그하여 '+52'로, 채도를 조정하는 [Saturation]을 '+40'으로 조절합니다.

**3** ADJUSTMENTS 패널 하단의 '보정 레이어 감추기/보기(◉)'를 클릭하여 보정 레이어를 잠시 감추고 보정 정도를 확인합니다.

◎ 완성물 : 예제파일\Round08\flower_f.psd

[Vibrance]는 색상의 손실을 줄이면서 채도를 조절하는 명령으로, [Image]-[Adjustments]-[Vibrance] 메뉴를 선택하거나 ADJUSTMENTS 패널의 아이콘으로 실행합니다.

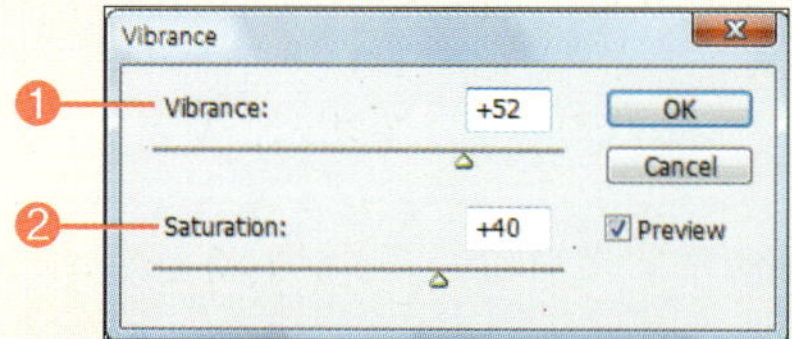

❶ **Vibrance** : 색상을 유지한 채 채도를 조절하는 것으로, 오른쪽으로 드래그하면 이미지의 색상 중 채도가 높은 부분을 더 높여 순색에 가깝게 보정되고, 왼쪽으로 드래그하면 채도가 높은 부분이 낮아져 무채색에 가깝게 보정됩니다.

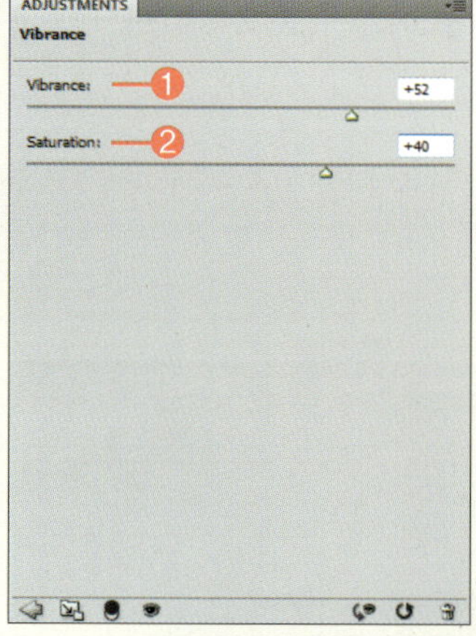

▲ [Vibrance]의 슬라이더 바를 오른쪽으로 이동했을 때 이미지

❷ **Saturation** : 모든 색상의 채도를 동일하게 조절하여 오른쪽으로 드래그하면 채도가 올라가고 왼쪽으로 드래그하면 채도가 낮아집니다. 색상을 제거하지 않는 [Vibrance]와 달리 왼쪽으로 끝까지 드래그하면 완전 무채색으로 변경됩니다.

▲ [Vibrance]의 슬라이더 바를 왼쪽으로 이동했을 때 이미지

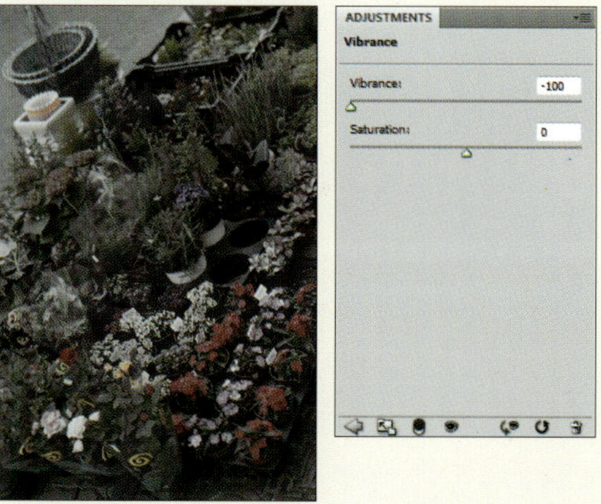

# 이미지 보정의 시작, 밝기 보정하기



이미지 보정 명령 중에 가장 많이 사용하는 것이 밝기를 보정하는 것입니다. 밝기 보정이란 단순히 어두운 이미지를 밝게, 밝은 이미지를 어둡게 하는 것이 아니라 각각의 색상과 채도를 같이 보정하여 더 선명한 이미지를 만들어 주는 것입니다. 이번 Training에서는 밝기에 관련된 보정 명령에 대해 알아보겠습니다.

| 학습 목표 | 학습 소재 | 난이도 | 예상 학습 결과 | 연계 학습 |
| --- | --- | --- | --- | --- |
| 이미지의 밝기를 보정하기 | • Brightness/Contrast<br>• Levels<br>• Curves | ★★★☆☆ | 보정 기능을 이용해 밝기가 맞지 않는 이미지를 선명하게 수정 | [Adjustments] 명령 : 418쪽 |

## READY!

## 밝기를 보정하는 명령 살펴보기

[Levels], [Curves], [Brightness/Contrast], [Exposure]는 모두 밝기를 중점적으로 보정하는 명령이지만 단순히 밝기만 보정할 것인지, 각각의 톤에 따라 밝기와 색상을 보정할 것인지 그 섬세한 정도에 따라 조절 옵션과 결과 이미지가 달라집니다.

### ■ Brightness/Contrast

이미지의 밝기를 가장 쉽게 보정하는 명령으로 밝기와 대비를 조절할 수 있습니다. 특히 Brightness의 경우, 예전에는 전체 이미지의 밝기를 조절해 이미지 손실이 컸지만 지금은 중간 톤의 밝기를 수정하여 이미지 손실이 줄었습니다.

### ■ Levels

이미지의 밝기를 보정하는 가장 대표적인 명령으로, 히스토그램을 확인하면서 어두운 톤(Shadows), 중간 톤(Midtones), 밝은 톤(Highlights)의 밝기를 수정합니다.

### ■ Curves

Curves는 커브 그래프를 사용하여 이미지의 밝기, 대비를 수정하는 것으로 Levels와 유사하지만 좀 더 섬세하고 정교한 조절이 가능하여 흔히 전문가용이라 일컫기도 합니다. 하지만 포토샵 CS4에는 '클릭 보정( )' 기능이 생겨 이미지에서 직접 클릭/드래그하는 것만으로 간편하게 밝기를 수정할 수 있게 되었습니다.

▲ 수정 전 이미지

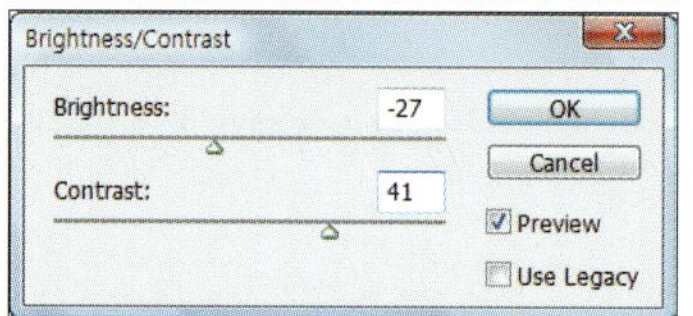

▲ [Brightness/Contrast] 명령을 이용해 밝기를 수정한 이미지

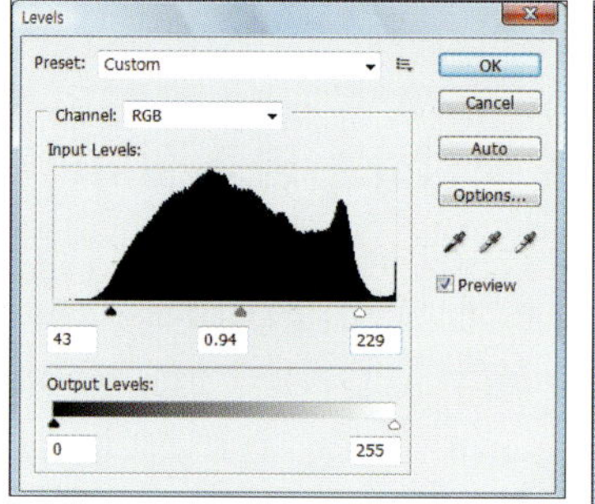

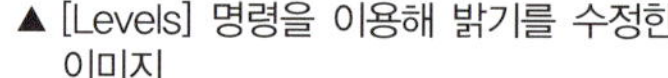

▲ [Levels] 명령을 이용해 밝기를 수정한 이미지

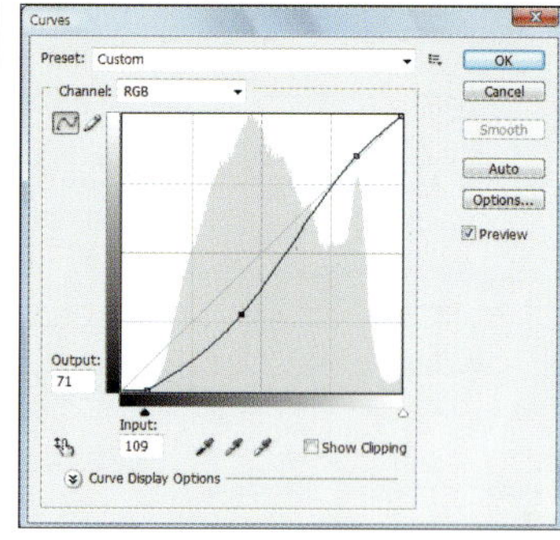

▲ [Curves] 명령을 밝기를 수정한 이미지

---



## [Levels] 명령으로 선명한 이미지 만들기

◎ **준비물** : '예제파일\Round08\bench.jpg' 파일을 불러오세요.

**1** HISTOGRAM 패널에서 이미지에 어두운 톤이 부족하고 밝은 톤이 과하게 많은 것을 확인합니다. 이를 보정하기 위해 ADJUSTMENTS 패널에서 [Levels(▦)]를 클릭합니다.

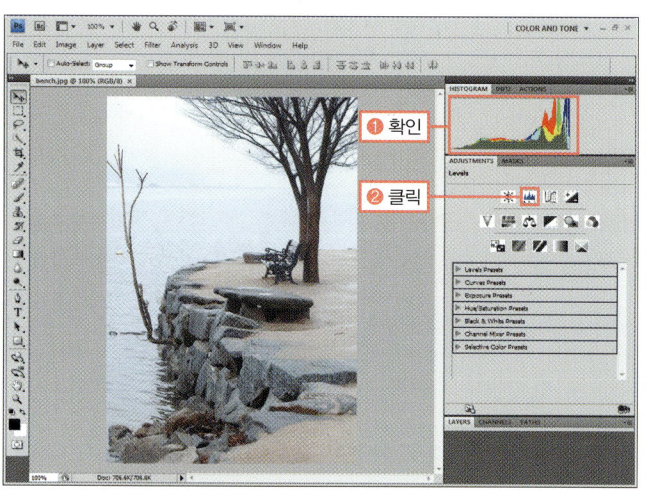

② 밝은 톤과 어두운 톤을 조절하는 지점이 보이도록 ADJUSTMENTS 패널의 메뉴 버튼(▼■)을 클릭하고 [Show Clipping for Black/White Points]를 선택합니다.

③ Levels 조절 옵션이 표시됩니다. 어두운 톤을 조절하는 검은 포인트(◢)를 오른쪽으로 드래그하여 '48'로 이동합니다. HISTOGRAM 패널의 히스토그램이 변경되면서 이미지에서 어두운 부분이 늘어나는 것을 확인합니다.

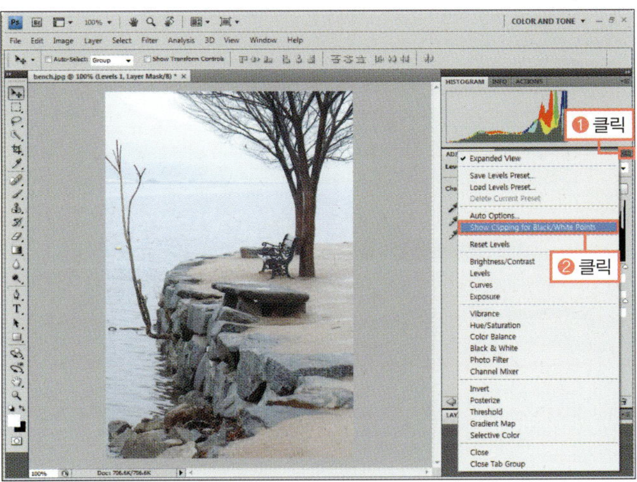

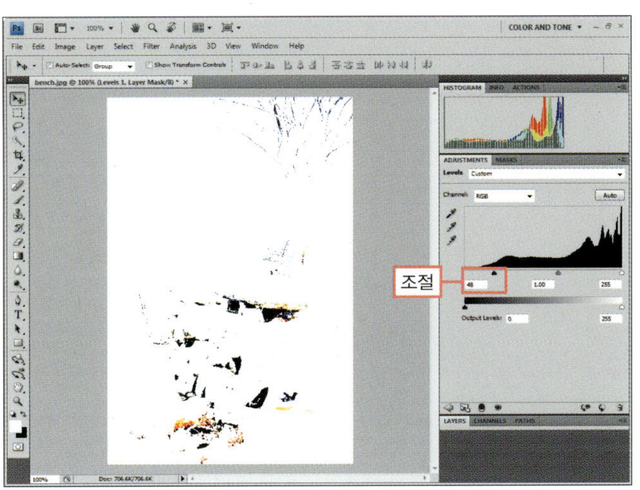

### BONUS

[Show Clipping for Black/White Points]를 선택하면 어두운 톤을 조절하는 검은 포인트와 밝은 톤을 조절하는 흰 포인트를 드래그할 때 수정되는 지점이 색상으로 표시됩니다. 따라서 드래그하는 곳의 보정 위치와 정도를 확인할 수 있습니다.

④ 이미지가 보정된 것을 확인한 후 흰 포인트(◺)를 왼쪽으로 드래그하여 '247'로 이동합니다. 이미지에서 하늘 부분에 조금 흰색이 들어가는 것을 확인합니다.

⑤ 회색 포인트(◆)를 오른쪽으로 살짝 드래그하여 '0.87'로 조절하고 중간 톤이 약간 어두워진 것을 확인합니다. 드래그가 어렵다면 밑의 입력란에 값을 직접 입력해도 됩니다.

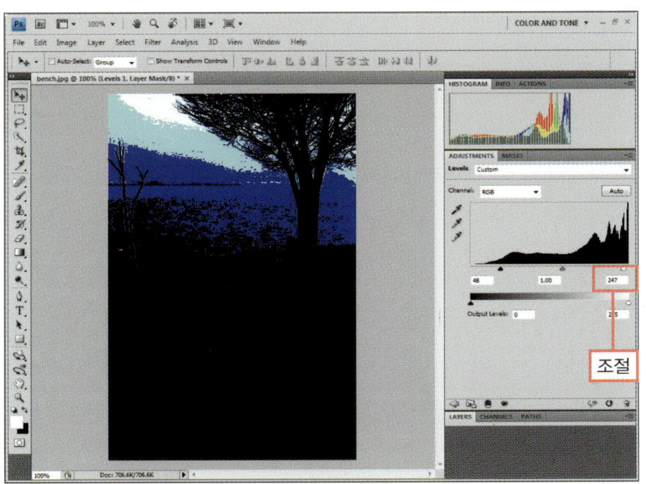

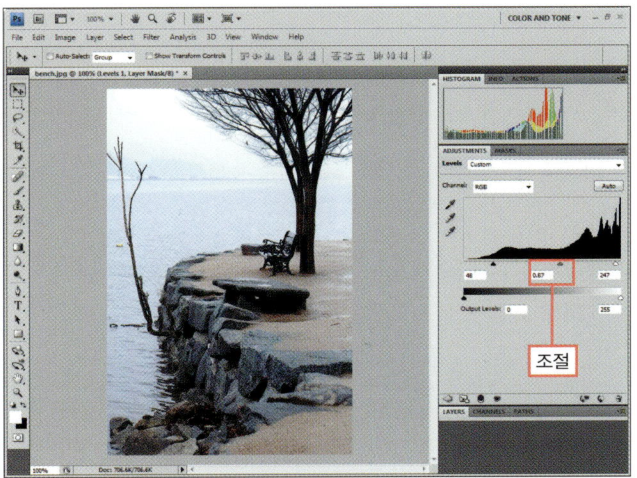

완성물 : 예제파일\Round08\bench_f.psd

### STOP

밝은 톤과 어두운 톤을 조절하는 검은 포인트와 흰 포인트를 너무 많이 움직이면 명암의 디테일이 사라져 이미지가 손상되기 쉬우니 주의합니다.

[Image]-[Adjustments]-[Levels] 메뉴를 선택하거나 ADJUSTMENTS 패널의 [Levels(◨)]를 클릭하면 이를 조절하는 대화상자와 옵션이 나타납니다.

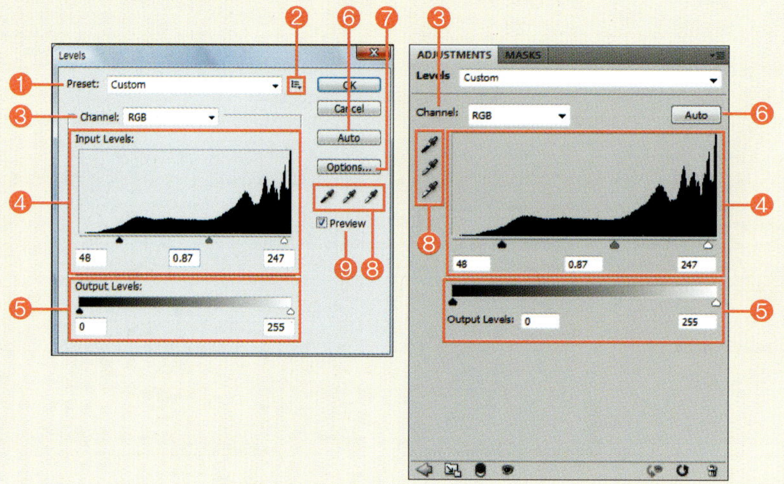

❶ **Preset** : 미리 설정한 값을 선택할 수 있습니다.

❷ **Preset Options** : 현재 Levels로 조절한 값을 저장하여 [Preset]에 넣거나 삭제할 수 있습니다.

❸ **Channel** : 보정할 채널을 선택할 수 있습니다.

❹ **Input Levels** : 이미지 밝기의 분포를 히스토그램으로 표시하여 검은 포인트는 어두운 톤의 밝기를, 회색 포인트는 중간 톤의 밝기를, 흰 포인트는 밝은 톤의 밝기를 조절합니다.

❺ **Output Levels** : 수치를 입력하거나 포인트를 드래그하여 전체 밝기를 조절합니다.

❻ **Auto** : 자동으로 Levels를 조절합니다.

❼ **Options** : 밝은 톤, 중간 톤, 어두운 톤의 밝기의 기준 값을 정합니다.

❽ **스포이트** : 각 스포이트 툴로 이미지에서 밝기의 기준이 되는 부분을 클릭하여 이미지를 보정할 수 있습니다.

- 검은 포인트 스포이트(◢) : 클릭한 부분이 기준이 되어 클릭한 영역보다 어두운 부분이 보정됩니다.
- 회색 포인트 스포이트(◢) : 클릭한 부분을 기준으로 밝기와 색상을 보정합니다.
- 흰 포인트 스포이트(◢) : 클릭한 부분이 기준이 되어 클릭한 영역보다 밝은 부분이 보정됩니다.

❾ **Preview** : 체크하면 Levels를 조절하면서 이미지에 적용되는 모습을 미리 볼 수 있습니다.

# [Curves] 명령을 사용해 좀 더 섬세하게 이미지 수정하기

◎ 준비물 : '예제파일\Round08\street.jpg' 파일을 불러오세요.

◎ 동영상 해설 : 동영상해설\street.avi

**1** HISTOGRAM 패널을 확인하면 어두운 톤이 너무 많고 중간 톤이 적습니다. 이를 보정하기 위해 ADJUST MENTS 패널에서 [Curves(▦)]를 클릭합니다.

**2** [Curves]를 조절하는 옵션이 나타납니다. '클릭 보정 (☝)'을 선택하고 이미지에서 건물 안 조금 어두운 부분으로 마우스 포인터를 이동하면서 패널의 [Output]과 [Input]에 '60'과 비슷한 수치가 나오게 합니다.

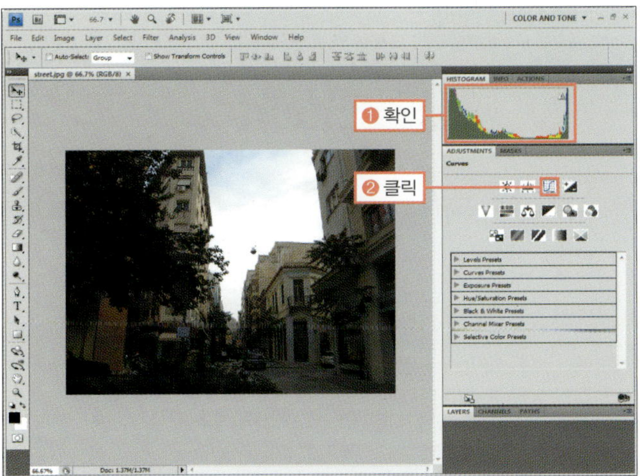


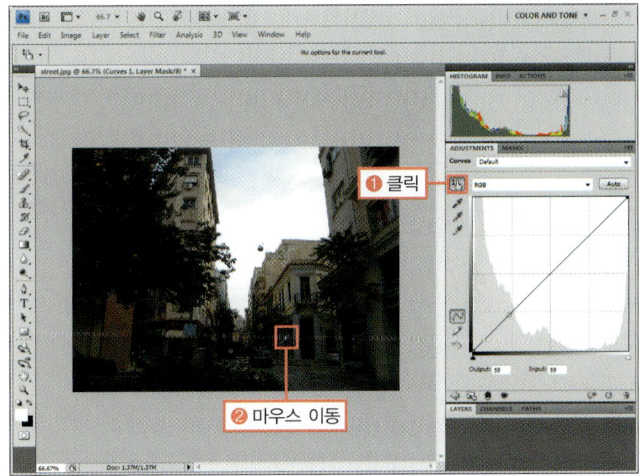


**BONUS**

'클릭 보정(☝)'을 선택한 후 이미지에서 마우스 포인터를 이동하면 그 지점이 커브 선에 표시되어 바로 수정할 수 있습니다.

**3** 그 상태에서 이미지를 클릭하고 위로 드래그하여 클릭한 지점을 그림과 같이 밝게 보정합니다.

**4** 하늘이 너무 밝아졌습니다. 마우스를 하늘 부분으로 이동하여 클릭한 후 원래 커브 선인 아래쪽으로 드래그하여 하늘 밝기를 보정합니다.

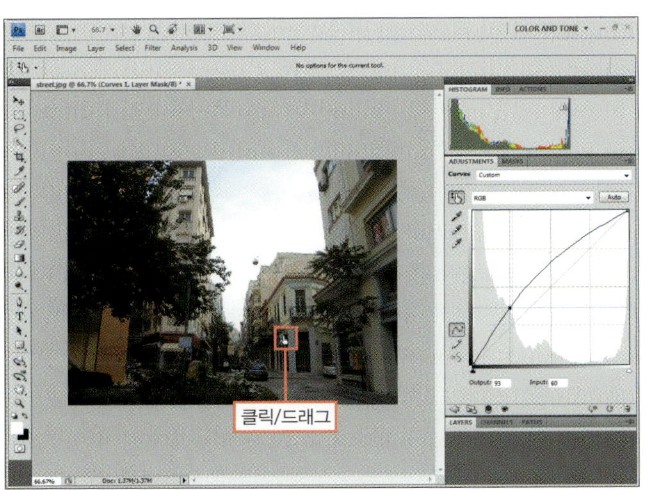


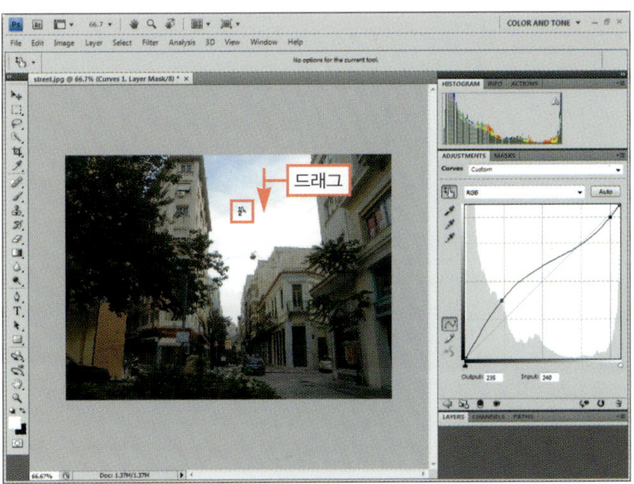

⑤ 건물을 좀 더 밝게 보정하기 위해 벽을 클릭하여 위로 드래그합니다.

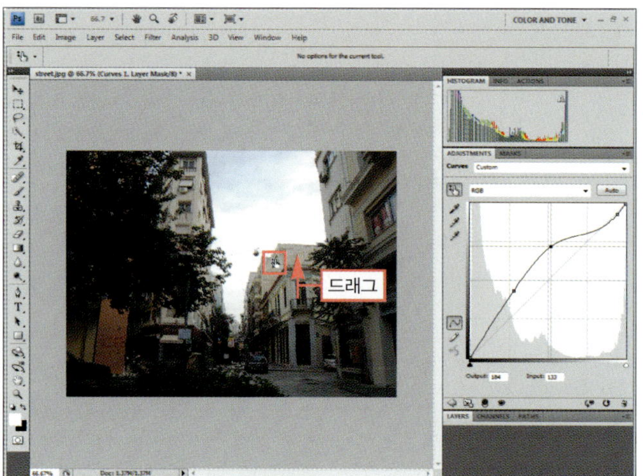



⑥ ADJUSTMENTS 패널의 커브 선에 찍힌 포인트를 클릭/드래그하여 선이 부드럽게 휘어지도록 수정하면서 이미지의 밝기 보정을 확인합니다.

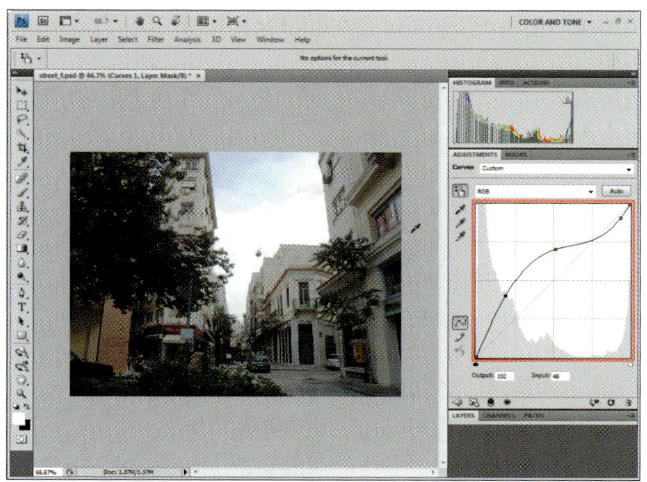

◎ **완성물** : 예제파일\Round08\street_f.psd

**S T O P**

커브선이 너무 많이 꺾이거나 휘어지면 밝기와 대비, 색상이 변경되어 이미지가 손상될 수 있습니다.

[Image]-[Adjustments]-[Curves] 메뉴를 선택하거나 ADJUSTMENTS 패널의 [Curves(⬚)]를 클릭하면 이를 조절하는 대화상자와 옵션이 나타납니다.

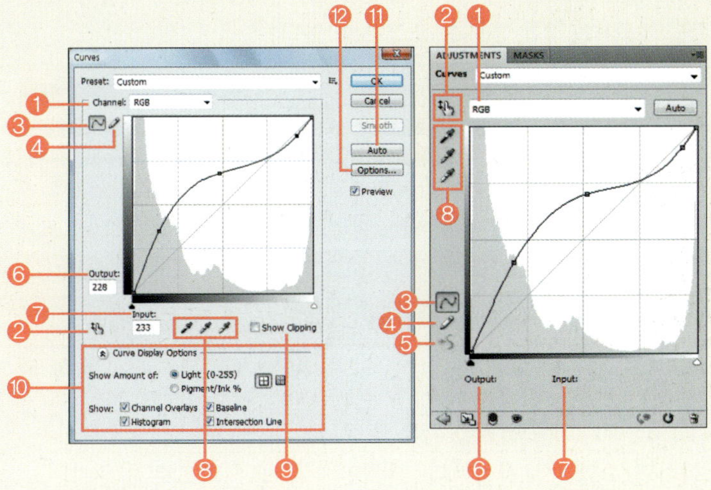

❶ **Channel** : 보정할 채널을 선택합니다.

❷ **클릭 보정** : 선택한 후 이미지에서 보정하려고 하는 지점을 클릭하면 커브 선에 포인트로 표시됩니다. 위로 드래그하면 커브 선도 위로 이동하여 그 지점의 밝기가 밝아지고, 아래로 드래그하면 커브 선도 아래로 이동하여 그 지점의 밝기가 어두워집니다.

❸ **곡선** : 커브 선에 포인트를 추가하여 조절합니다.

❹ **연필** : 연필로 직접 커브 선을 그려 조절합니다.

❺ **부드럽게** : '연필(⬚)'을 선택하고 커브 선을 그렸을 때 활성화되는 것으로, 선을 부드럽게 수정합니다.

❻ **Output** : 명도 조절 그레이디언트 바로 밝기를 표시합니다. 커브 선이 위로 올라갈수록 밝아지며 색상 채널을 조절할 때에는 커브 선이 위로 올라갈수록 진해집니다. [Levels] 대화상자의 [Output]을 조절하는 것과 같습니다.

❼ **Input** : 채도 조절 그레이디언트 바로 선택한 포인트의 색상과 채도를 표시합니다. 왼쪽으로 드래그할수록 색상 대비가 강해집니다. [Levels] 대화상자의 [Input]을 조절하는 것과 같습니다.

❽ **스포이트** : 각 스포이트 툴로 이미지에서 밝기의 기준이 되는 부분을 클릭하여 보정하는 것으로 [Levels]와 같습니다.

❾ **Show Clipping** : 체크하면 이미지에서 완전한 흰색이나 완전한 검은색 부분을 표시합니다.

❿ **Curve Display Option** : 커브 선에 표시되는 여러 옵션을 조절합니다.

⓫ **Auto** : 자동으로 밝기와 색 대비를 조절합니다.

⓬ **Options** : 어두운 톤, 중간 톤, 밝은 톤의 기준 값을 설정할 수 있습니다.

## [Exposure] 명령으로 고화질 이미지 보정하기

[Image]–[Adjustments]–[Exposure] 메뉴를 선택하거나 ADJUSTMENTS 패널의 [Exposure(⬚)]를 클릭하면 대화상자나 옵션이 나타나는데, 이 명령은 주로 32bit 고화질 이미지의 밝기, 노출, 대비를 조절하여 깊이 있는 이미지를 만듭니다. 밝고 어두운 부분을 살리면서 노출 차를 이용하여 강한 빛을 준 것 같은 이미지를 얻을 수 있습니다.

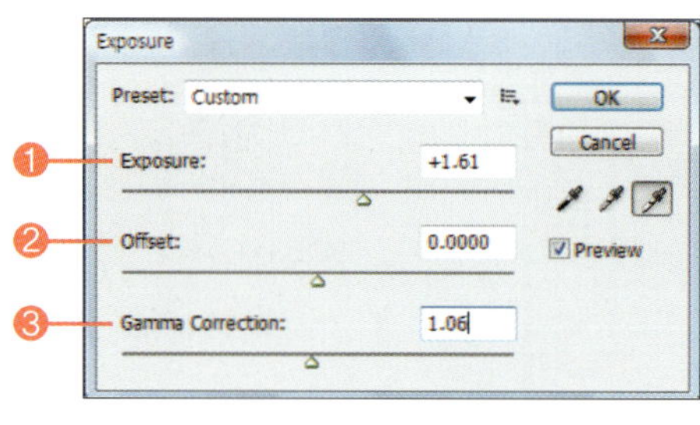
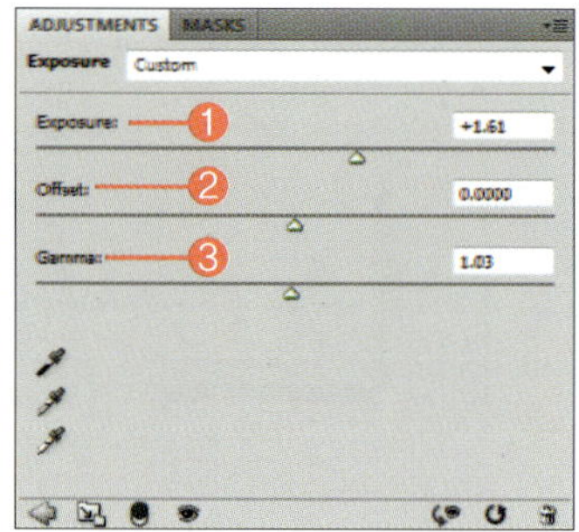

❶ **Exposure** : 이미지에 빛을 넣어준 것 같은 보정으로, 왼쪽으로 드래그하면 어두워지고 오른쪽으로 드래그하면 어두운 톤의 변화를 최소화하면서 밝게 보정합니다. 하지만 너무 오른쪽으로 치우치면 강한 빛이 들어가 색상과 명암의 디테일이 손실됩니다.

❷ **Offset** : 밝은 톤에 미치는 영향을 최소화하면서 어두운 톤과 중간 톤을 어둡게 합니다.

❸ **Gamma (Correction)** : 밝기와 대비를 단순한 함수를 이용하여 조절합니다.

### ■ 고화질 이미지 보정하기

**①** ADJUSTMENTS 패널의 [Exposure(⬚)]를 클릭합니다.

◎ **준비물** : '예제파일\Round08\exposure.psd' 파일을 불러오세요.

**②** 노출을 보정하는 [Exposure]를 오른쪽으로 드래그하여 '+1.61'로 수정합니다. 밝기와 대비를 조절하는 [Gamma]를 오른쪽으로 드래그하여 '1.03'으로 조절한 후 보정된 이미지를 확인합니다.

◎ **완성물** : 예제파일\Round08\exposure_f.psd

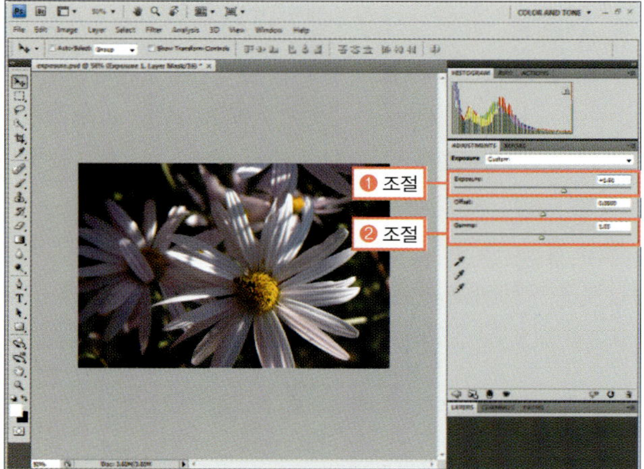

# 이미지의 색상을
# 보정하는 다양한 명령들



이미지의 색상을 수정할 때 사용하는 보정 명령은 밝기를 보정하는 명령만큼이나 다양하고 복잡합니다. 하지만 크게 나누면 이미지의 색상이 원본과 달라 이를 수정하려는 경우와 이미지의 특정 색상을 완전히 다른 색상으로 변경하려는 경우가 있습니다. 이럴 때 사용되는 다양한 색상 보정 명령에 대해 알아보겠습니다.

| 학습 목표 | 학습 소재 | 난이도 | 예상 학습 결과 | 연계 학습 |
| --- | --- | --- | --- | --- |
| 이미지의 색상 보정하기 | • Color Balance<br>• Hue/Saturation | ★★★☆☆ | 보정 기능을 사용해 이미지의 색상 수정하기 | [Adjustments] 명령 : 418쪽 |

## READY! 색상을 수정하는 방법 이해하기

포토샵으로 조명 빛이나 기타 환경에 의해 잘 못 나온 색상을 보정할 때 꼭 알아야 하는 것이 바로 모니터가 이미지의 색상을 표시하는 색상 혼합 방법입니다. 이렇게 이미지를 표시할 때 가장 많이 사용하는 혼합 방식이 바로 RGB Color 모드와 CMYK Color 모드입니다. 이 모드에 대해서는 Round 10에서 좀 더 자세히 설명하겠지만, RGB Color 모드는 빛의 3원색인 Red, Green, Blue를 사용해 이미지의 색상을 나타내는데 이 3가지 색상을 다양한 비율로 섞어 수많은 색상을 표현합니다. 거기에 비해 CMYK Color 모드는 염료의 3원색인 Cyan, Magenta, Yellow와 Black을 섞어서 만드는 것으로 인쇄물에서 사용합니다.

### ■ 두 색상 모드의 균형을 잡아주는 [Color Balance]

색상 모드의 차이를 이해하고 이미지의 히스토그램으로 색상을 확인하면 특정 색상이 많은지 적은지를 확인하여 이를 수정할 수 있습니다. 이렇게 색상의 균형을 잡아주는 보정을 할 때 가장 많이 사용하는 것이 [Color Balance] 명령입니다. 예를 들어 다음 이미지를 보면 실제보다 파란색이 많다는 것을 알 수 있으며, 히스토그램을 확인하면 특히 밝은 톤에 파란색이 많이 분포된 것을 알 수 있습니다. 이런 이미지에서 [Color Balance] 명령을 이용하면 전체적으로 색 균형이 맞으면서 실제와 비슷한 색상의 이미지로 변경할 수 있습니다.

▲ 원래 이미지와 히스토그램의 모양

▲ [Color Balance] 명령으로 보정한 이미지와 히스토그램의 모양



## [Color Balance] 명령으로 색상의 균형을 맞추기

◎ 준비물 : '예제파일\Round08\bears.jpg' 파일을 불러오세요.

❶ HISTOGRAM 패널에서 색상 분포 정도를 확인하면 빨간색과 녹색이 밝은 부분에 많고 파란색이 어두운 부분에 많습니다. 이를 보정하기 위해 ADJUSTMENTS 패널의 [Color Balance(⚖)]를 클릭합니다.

❷ ADJUSTMENTS 패널에 색상 균형을 보정하는 옵션이 나타납니다. [Tone]이 [Midtones]으로 선택된 것을 확인하고 [Cyan/Red]를 '-5', [Yellow/Blue]를 '-16'으로 조절하여 중간 톤에서 빨간색을 빼준 후 노란색을 추가합니다.

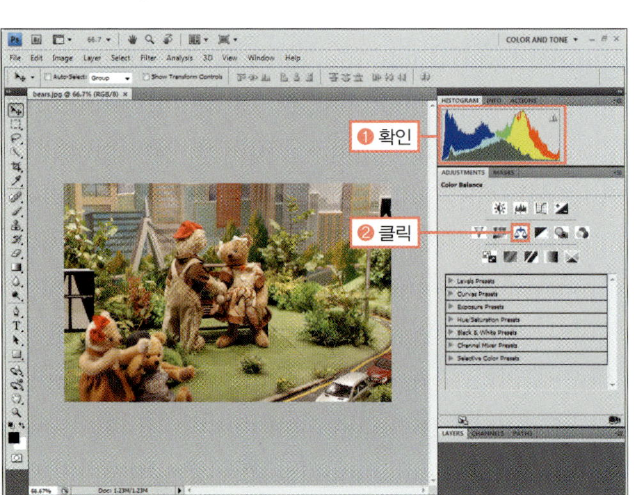



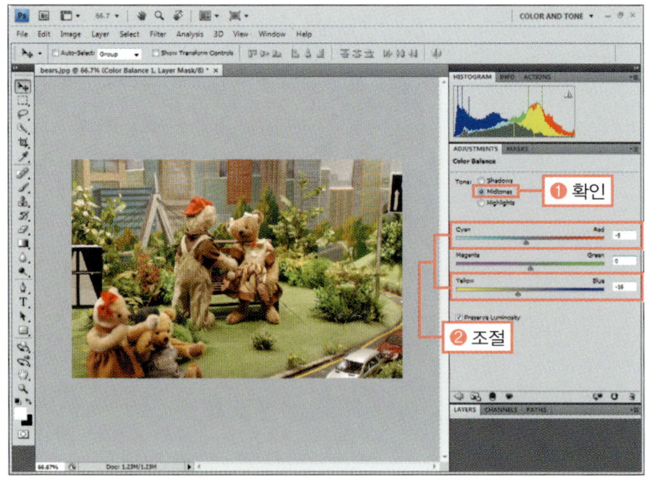

❸ 밝은 톤의 색상을 보정하기 위해 [Tone]을 [High lights]로 선택하고 [Cyan/Red]를 '-9', [Magenta /Green]을 '-8', [Yellow/Blue]를 '+25'로 조절하여 빨간색과 녹색을 조금 빼준 후 파란색을 추가합니다.

❹ 어두운 톤의 색상을 보정하기 위해 [Tone]을 [Shadows]로 선택하고 [Cyan/Red]를 '-7', [Magenta /Green]을 '-2', [Yellow/Blue]를 '+23'으로 조절하여 빨간색과 녹색을 조금 뺀 후 파란색을 추가하여 보정합니다. 히스토그램의 색상 분포 정도가 변경된 것을 확인합니다.

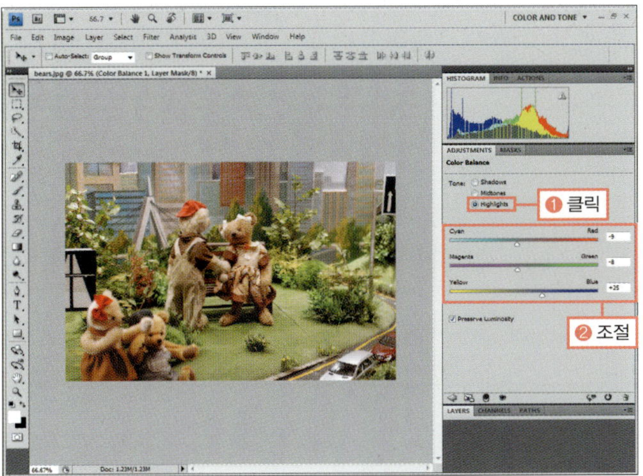

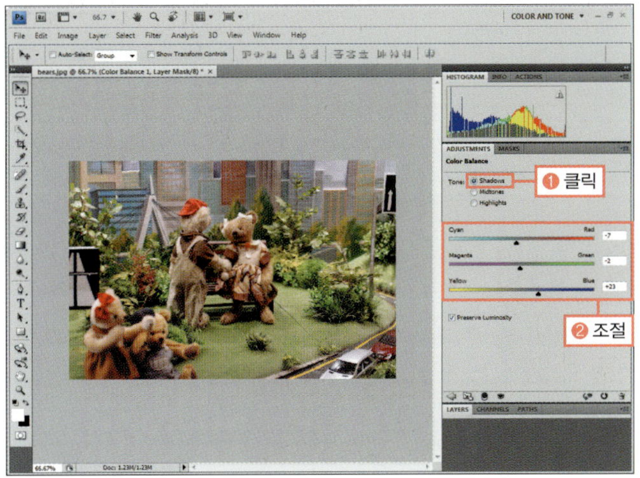

완성물 : 예제파일\Round08\bears_f.psd

---

**PHOTOSHOP COACHING |포토샵 코칭|**　　　　　　　　　　　　　　　**[Color Balance] 대화상자와 옵션**

[Image]-[Adjustments]-[Color Balance] 메뉴를 선택하거나 ADJUSTMENTS 패널에서 [Color Balance(◉)]를 클릭하면 색상의 균형을 맞추도록 보정하는 대화상자와 옵션이 나타납니다.

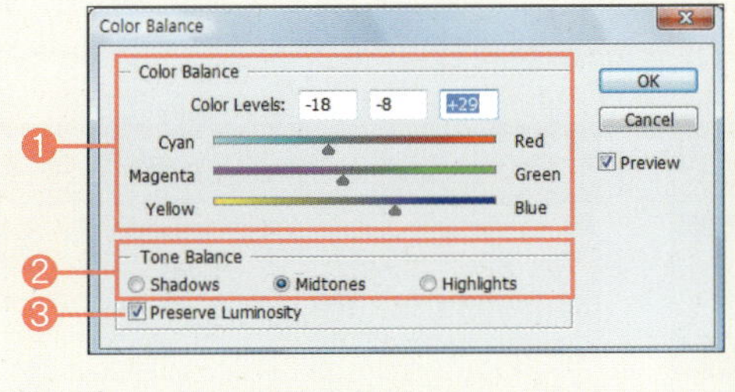

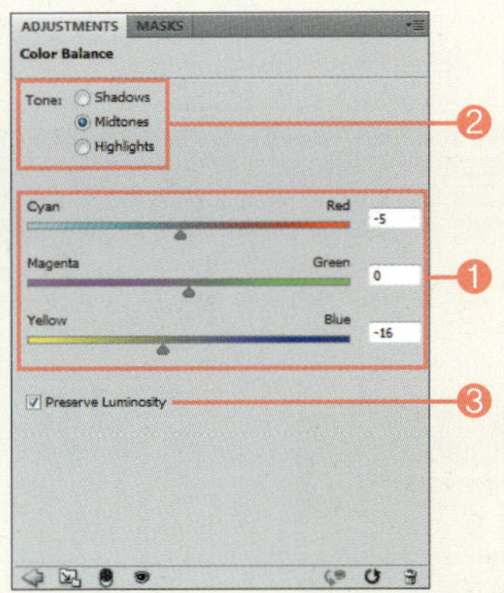

❶ **Color Balance** : 슬라이더의 양 끝에는 보색으로 색상의 균형을 이루며, 색상을 추가하거나 빼려면 해당 색상 쪽이나 그 반대쪽으로 드래그하여 조절합니다.

❷ **Tone (Balance)** : 색상을 조절할 때 어두운 톤(Shadows), 중간 톤(Midtones), 밝은 톤(Highlights)을 선택해 조절합니다.

❸ **Preserve Luminosity** : 체크하면 밝기(명도)는 그대로 있고 색상만 조절합니다.

# [Hue/Saturation] 명령으로 모노톤 이미지 만들기

◎ 준비물 : '예제파일\Round08\eucity.jpg' 파일을 불러오세요.

**①** 컬러 펜 선의 효과를 주기 위해 [Filter]-[Artistic]-[Colored Pencil] 메뉴를 선택합니다.

**②** 선택한 필터를 조절하는 [Filter Gallery] 대화상자가 나타나면 왼쪽 미리 보기에 효과가 적용된 이미지를 확인한 후 조절 값을 변경하지 않고 [OK] 버튼을 클릭합니다.

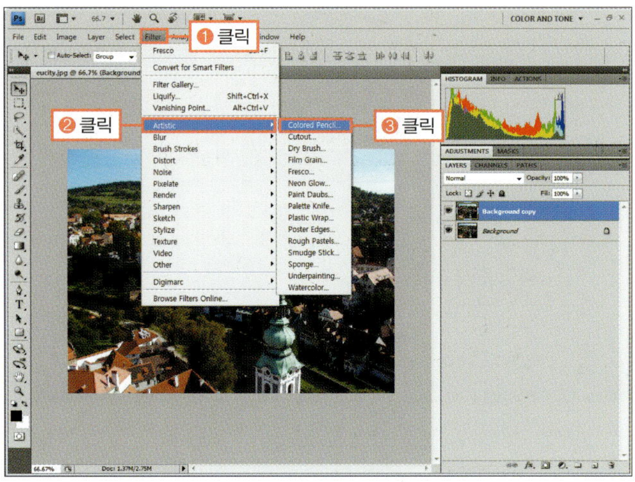

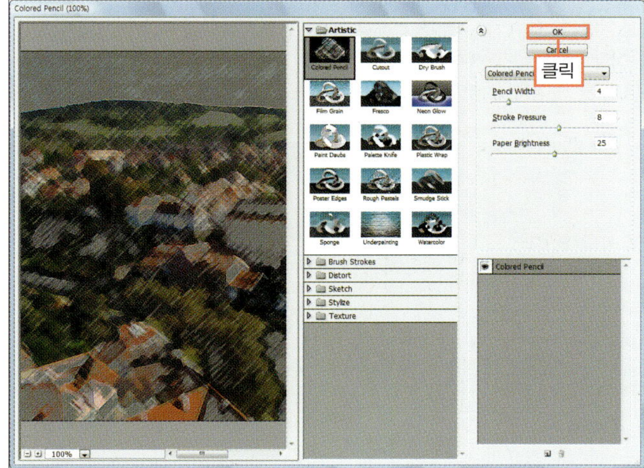

### BONUS

[Colored Pencil] 필터는 이미지에 전경색과 배경색으로 펜 선을 그린 것과 같은 효과입니다.

**③** LAYERS 패널의 블렌딩 모드를 [Overlay]로 변경하여 합성된 이미지를 확인합니다. 펜 선 효과가 적용되어 회화적인 이미지로 변경되었습니다.

**④** 이미지를 모노톤으로 변경하기 위해 LAYERS 패널 아래의 '보정 레이어(◐)'를 클릭한 후 [Hue/Saturation]을 선택합니다.

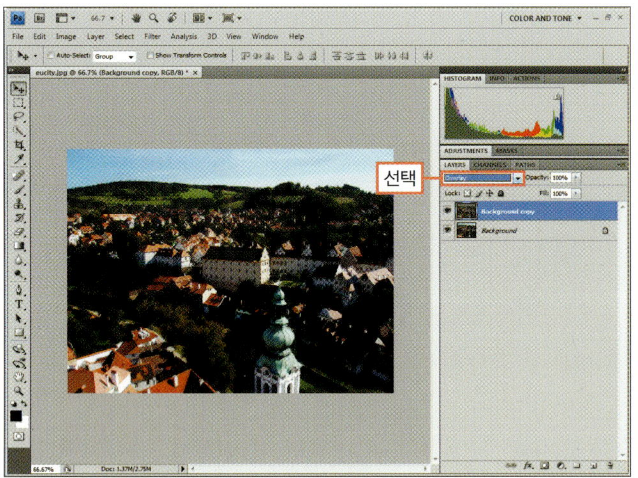

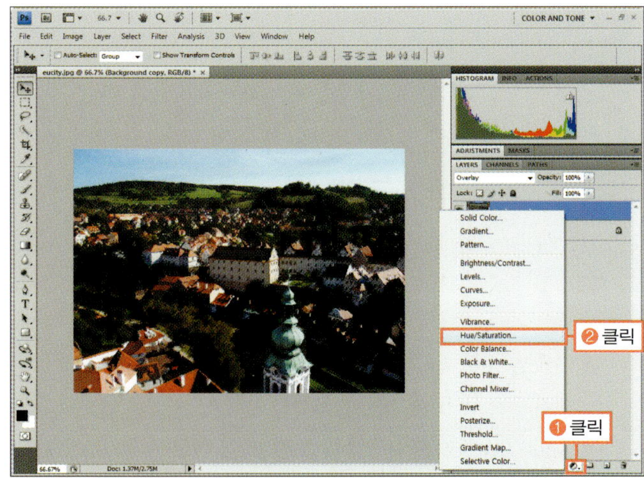

### BONUS

ADJUSTMENTS 패널에서 [Hue/Saturation(▦)]을 클릭해도 같은 보정을 할 수 있습니다.

**⑤** ADJUSTMENTS 패널에 조절 옵션이 나타나면 [Colorize]를 체크하여 명암만 남긴 후, 색상을 나타내는 [Hue]를 '47', 채도를 나타내는 [Saturation]을 '39', 밝기를 나타내는 [Lightness]를 '+8'로 조절하여 갈색 모노톤 이미지로 보정합니다.

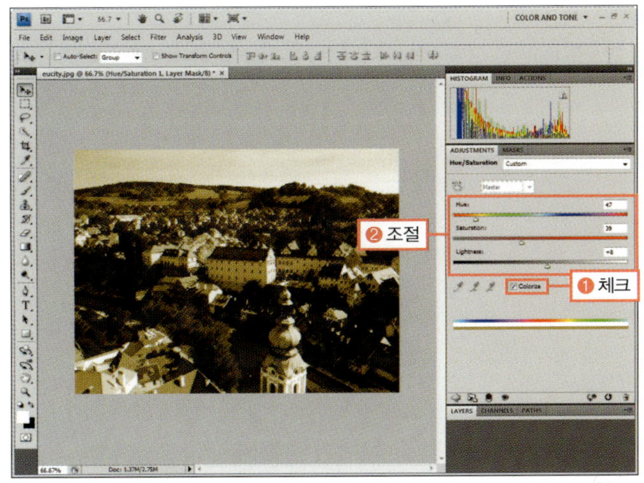

### BONUS

모노톤이란 이미지에서 가장 밝은 흰색과 가장 어두운 검은색을 제외한 나머지 색상을 제거하여 명암만 남긴 후, 거기에 선택한 색상이 명암별로 입혀진 것으로 분위기 있는 이미지를 만들 때 사용합니다.

◎ 완성물 : 예제파일\Round08\eucity_f.psd

## [Hue/Saturation] 대화상자와 옵션

[Image]-[Adjustments]-[Hue/Saturation] 메뉴를 선택하거나 ADJUSTMENTS 패널에서 [Hue/Saturation(▣)]을 클릭하면 색상과 채도, 밝기를 변경하는 조절 옵션이 나타납니다. 주로 색상을 변경하거나 모노톤 이미지를 만들 때 사용합니다.

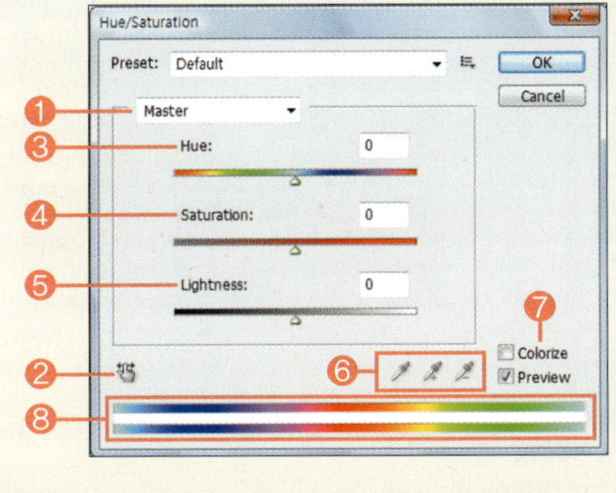
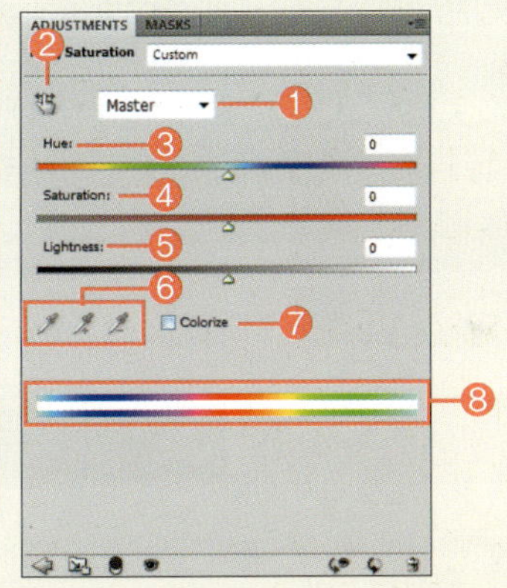

❶ **Edit** : 보정할 색상을 선택합니다.

❷ **클릭 보정** : 이미지에서 클릭한 후 오른쪽으로 드래그하면 클릭한 부분의 지점의 채도만 높아지고 왼쪽으로 드래그하면 채도가 낮아집니다.

❸ **Hue** : 이미지의 색상 채널을 조절하는 것으로 현재 색상에서 더하거나 빼서 색상을 변경합니다. [Colorize]를 체크하지 않으면 무채색은 색상이 바뀌지 않습니다.

❹ **Saturation** : 색상의 채도를 조절합니다. '–' 값을 가지면 채도가 낮아지고 '+' 값을 가지면 채도가 높아집니다.

❺ **Lightness** : 밝기를 조절하는데 [Edit]가 [Master]일 경우에는 뿌옇게 되어 별로 사용하지 않습니다.

❻ **스포이트** : [Edit]의 색상 채널이 선택되면 활성화되는데 스포이트로 선택한 부분의 Hue/Saturation이 조절됩니다.

❼ **Colorize** : 체크하면 이미지의 색상을 제거하여 명암만 남긴 후 [Hue]에서 선택한 색상이 덧입혀집니다.

❽ **스펙트럼 바** : 위의 스펙트럼은 이미지 색상의 분포를 보여주고, 아래의 스펙트럼은 수정되는 색상의 분포를 표시합니다.



**Training 04.**
이미지의 색상을 보정하는 다양한 명령들

## 색상을 변경하는 기타 보정 명령

앞에서 다룬 것 외에 이미지의 색상을 독특하게 변경하는 여러 가지 보정 명령에 대해 알아보겠습니다.

### ■ 색상을 좀 더 정밀하게 보정하는 [Channel Mixer]

이미지의 색상 모드인 Red, Green, Blue 채널을 미세하게 변경하는 기능으로, 각 색상의 합이 '+100' 이 넘으면 색상의 왜곡이 일어납니다.

◎ **준비물** : '예제파일\Round08\sunset.jpg' 파일을 불러오세요.

**①** ADJUSTMENTS 패널의 [Channel Mixer(◐)]를 클릭하여 각 채널의 색상을 조절해보겠습니다.

**②** ADJUSTMENTS 패널에 조절 옵션이 나타나면 보정하는 색상 채널을 표시하는 [Output Channel]이 [Red]로 선택된 것을 확인하고 [Red]를 '+60', [Green]을 '+20', [Blue]를 '+20' 으로 조절하여 빨간색을 뺀 후 녹색과 파란색을 추가합니다.

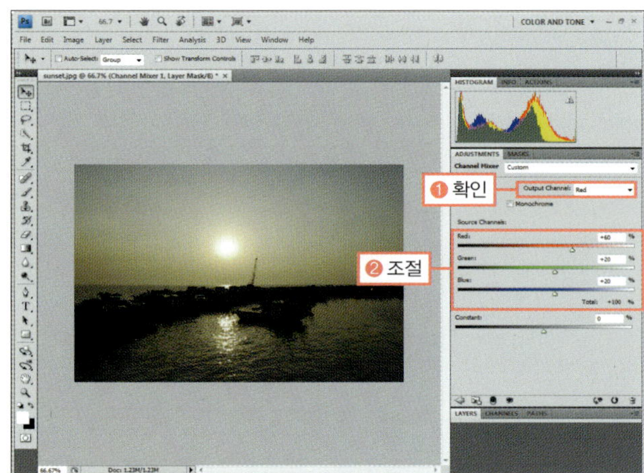



**STOP**

색상 채널을 선택하면 그 색상의 [Source Channels]의 값이 '+100' 으로 설정되어 있으며 나머지 색상은 '0%' 로 표시됩니다. 이를 기본으로 하여 색상의 [Source Channels]를 변경할 때에는 각 색상의 합이 '+100%' 가 되도록 해야 색상의 손실이 없습니다.

**(3)** [Output Channel]을 [Green]으로 변경한 후 [Green]을 '+62', [Blue]를 '+34'로 조절하여 녹색을 줄인 후 파란색을 높여 줍니다.

◎ 완성물 : 예제파일\Round08\sunset_f.psd

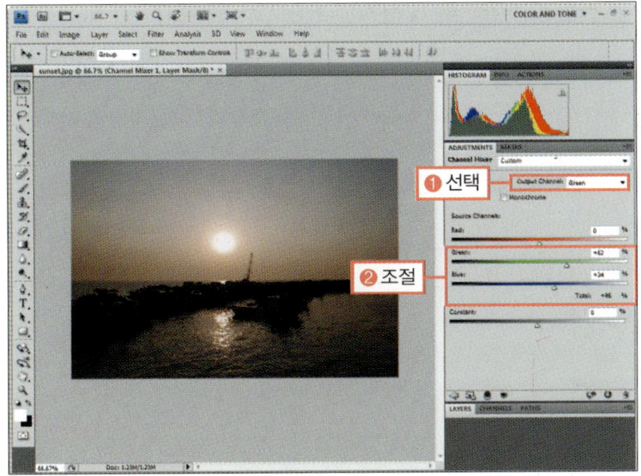

## [Channel Mixer] 대화상자와 옵션

[Image]−[Adjustments]−[Channel Mixer] 메뉴를 선택하거나 ADJUSTMENTS 패널의 [Channel Mixer(◐)]를 클릭하면 색상을 채널별로 수정하는 옵션이 나타납니다.

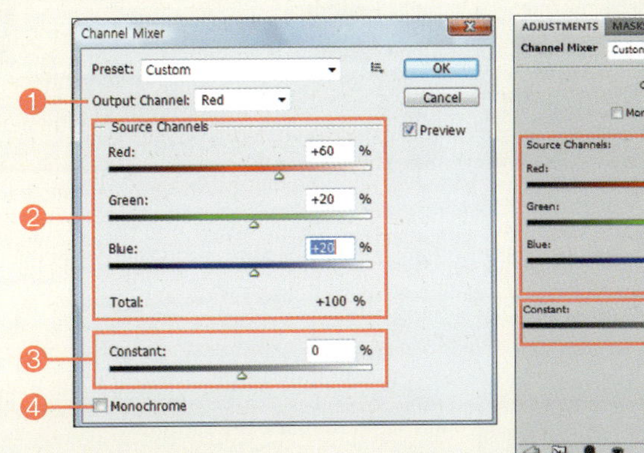

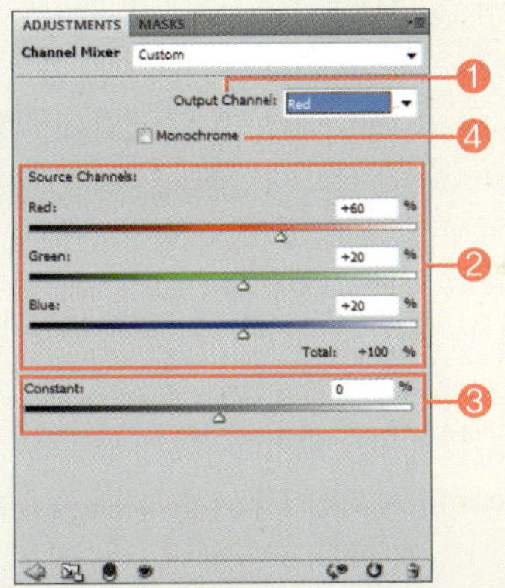

❶ **Output Channel** : 보정하려는 색상 채널을 선택합니다. 이미지 모드가 RGB인 경우 Red, Green, Blue 채널을 선택할 수 있으며, CMYK일 경우 Cyan, Magenta, Yellow, Black 채널을 선택할 수 있습니다.

❷ **Source Channels** : 슬라이더를 조절하여 각 색상을 조절하는데 이 조절의 합이 [Total]에 표시됩니다. [Total]의 합이 100%가 넘으면 이미지의 디테일한 명암이 사라져 경고 아이콘(⚠)이 표시됩니다.

❸ **Constant** : 색상의 밝기를 조절합니다.

❹ **Monochrome** : 체크하면 흑백 톤으로 각 채널의 명암을 조절할 수 있습니다.



**Hard Training.**
색상을 변경하는 기타 보정 명령

## ■ 그레이디언트를 이미지에 입혀주는 [Gradient Map]

선택한 그레이디언트 색상이 이미지에 입혀지는 명령으로, 그레이디언트 바의 왼쪽 색상점이 이미지에 어두운 톤에 적용되며 오른쪽의 색상점이 밝은 톤에 입혀집니다.

◎ **준비물** : '예제파일\Round08\gubok.jpg' 파일을 불러오세요.

① ADJUSTMENTS 패널에서 [Gradient Map(▣)]을 클릭합니다.

② 이미지에 그레이디언트의 기본인 흑백 그레이디언트가 적용되어 무채색 이미지로 변경됩니다. 그레이디언트 색상을 변경하기 위해 패널의 색상 바를 클릭하여 [Gradient Editor] 대화상자를 띄웁니다.

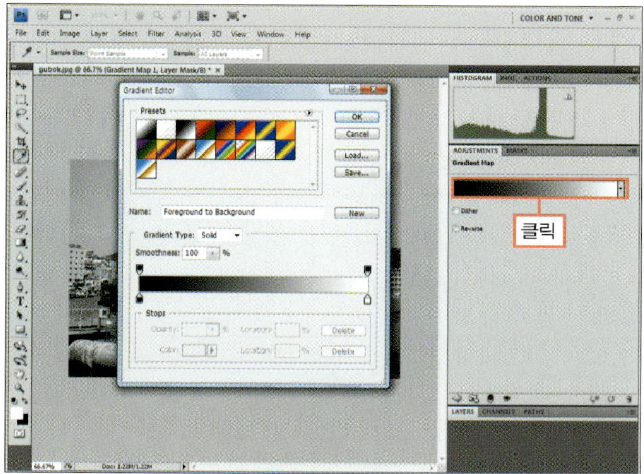

③ 첫 번째 색상점은 'R:0 G:0, B:255'로, 두 번째 색상점은 'R:255 G:140, B:254'로, 세 번째 색상점은 'R:255 G:255, B:207'로 각각 지정하고 [OK] 버튼을 클릭합니다.

④ 그레이디언트가 적용된 이미지를 확인합니다.

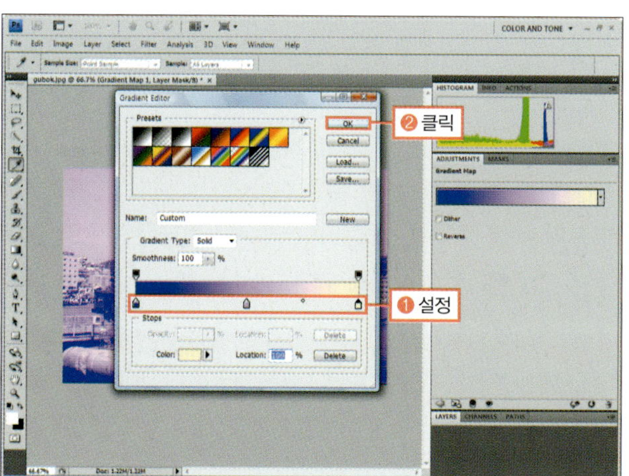

◎ **완성물** : 예제파일\Round08\gubok_f.psd



**Round 08.**
이미지 보정의 모든 것

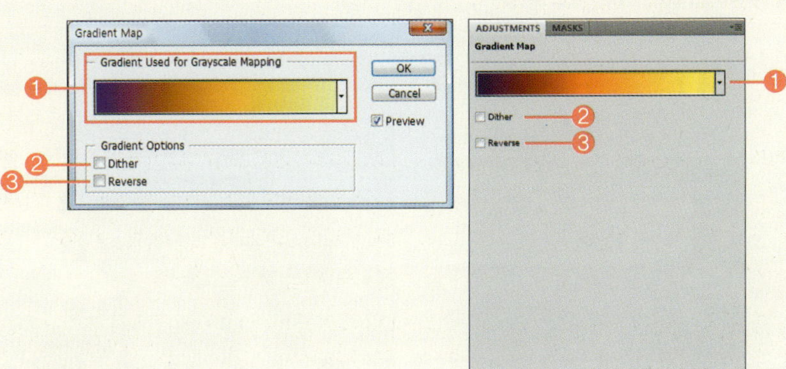

❶ **Gradient Used for Grayscale Mapping** : 이미지에 입혀 줄 그레이디언트를 선택합니다. 그레이디언트 바를 클릭하면 색상을 편집할 수 있습니다.

❷ **Dither** : 체크하면 그레이디언트에 약간의 노이즈를 넣어 색상의 경계를 부드럽게 합니다.

❸ **Reverse** : 체크하면 그레이디언트의 좌, 우 색상을 뒤집어줍니다.

## ■ 색상별로 골라 수정하는 [Selective Color]

이미지 안에 Reds, Yellows, Greens, Cyans, Blues, Magentas, Whites, Neutrals, Black의 색상을 수정하는 기능으로 특정 색상을 변경할 때 많이 사용합니다.

◎ **준비물** : '예제파일\Round08\festival.jpg' 파일을 불러오세요.

① 이미지에서 두건의 색상을 변경하기 위해 ADJUSTMENTS 패널의 [Selective Color(　)]를 클릭합니다.

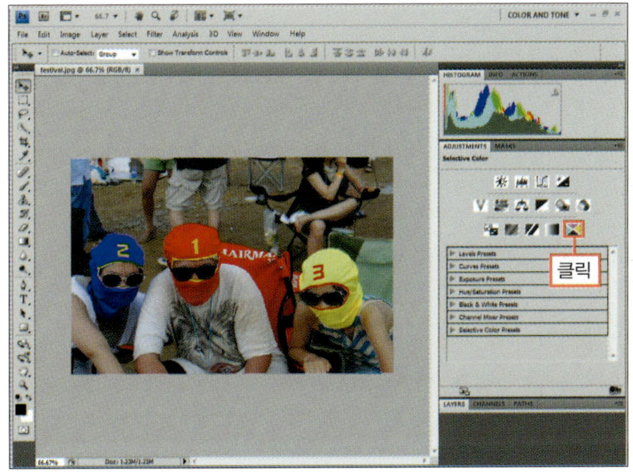

② 변경하려는 색상을 나타내는 [Colors]가 [Reds]인 것을 확인하고 [Cyan]을 '-41', [Magenta]를 '-50'으로 조정하여 이미지의 빨간색이 오렌지색으로 변경된 것을 확인합니다.

③ 이미지의 파란색을 변경하기 위해 [Colors]를 [Blues]로 변경합니다.

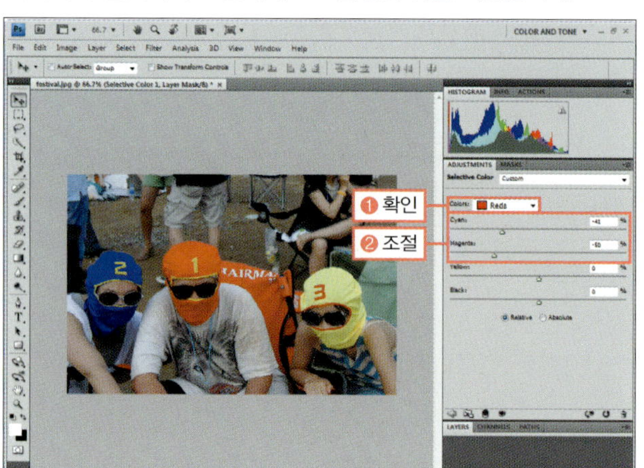

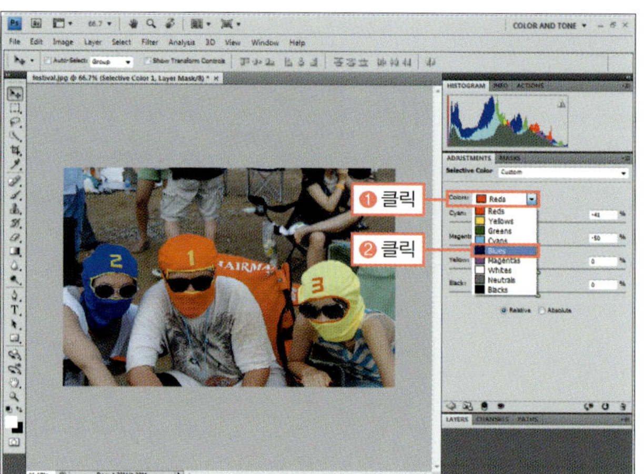

④ [Cyan]을 '-100', [Magenta]를 '+12', [Yellow]를 '+100'으로 변경하여 푸른색 두건이 자주색으로 변경된 것을 확인합니다.

◎ 완성물 : 예제파일\Round08\festival_f.psd

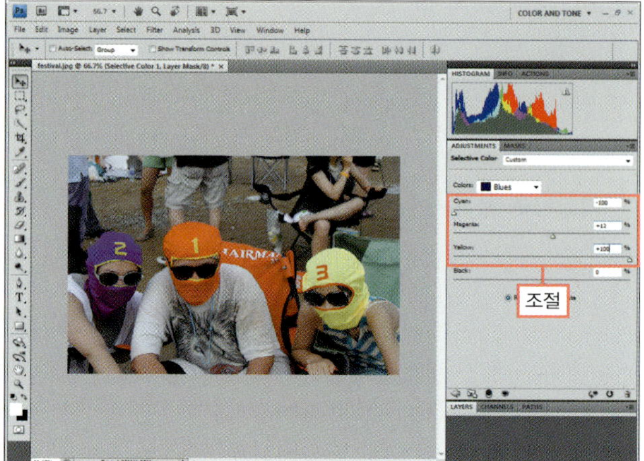

[Image]-[Adjustments]-[Selective Color] 메뉴를 선택하거나 ADJUSTMENTS 패널의 [Selective Color(▨)]를 클릭하면 선택 색상별로 조절할 수 있는 옵션이 나타납니다.

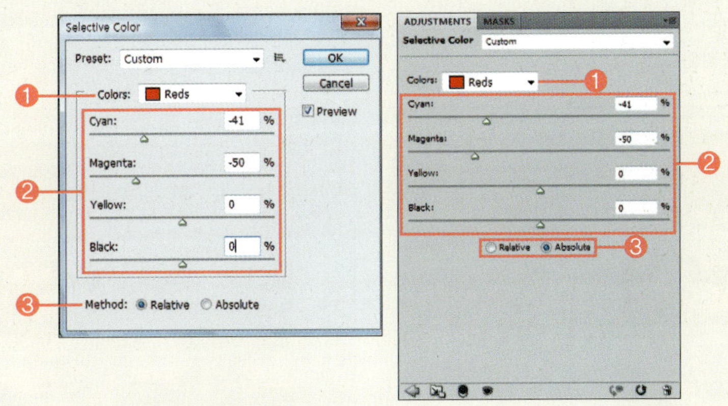

❶ **Colors** : Reds, Yellows, Greens, Cyans, Blues, Magentas, Whites, Neutrals, Black 등 9개의 색상 중에 하나를 선택해 변경할 수 있습니다.

❷ **색상 조절 슬라이더** : [Colors]에서 선택한 색상을 조절합니다.

❸ **Method** : [Relative]를 체크하면 기존 색상에서 선택한 색상을 더하거나 빼주어 색상이 변경되고, [Absolute]를 체크하면 조절한 색상이 바로 기존 색상에 적용됩니다.

## ■ [Photo Filter]로 사진 색감 바꾸기

[Photo Filter]는 카메라 기종에 따라 나타나는 독특한 특성을 제거하거나 첨가하기 위해 사용하는 것으로, 측성 카메라 앞에 색 셀로판지를 놓고 찍은 듯한 분위기를 낼 수 있습니다.

◎ 준비물 : '예제파일\Round08\bottle.jpg' 파일을 불러오세요.

**①** 이미지의 노란 색감을 제거하기 위해 ADJUSTMENTS 패널의 [Photo Filter(🔘)]를 클릭합니다.

**②** 이미지에 추가될 색감을 선택하는 [Filter]를 [Cooling Filter 82]로 선택합니다.

**③** 이미지의 노란 색감이 약해진 것을 확인합니다.

◎ 완성물 : 예제파일\Round08\bottle_f.psd

[Image]-[Adjustments]-[Photo Filter] 메뉴를 선택하거나 ADJUSTMENTS 패널의 [Photo Filter(🔘)]를 클릭하면 이미지에 적용할 색상 필터를 선택하고 조절하는 옵션이 나타납니다.

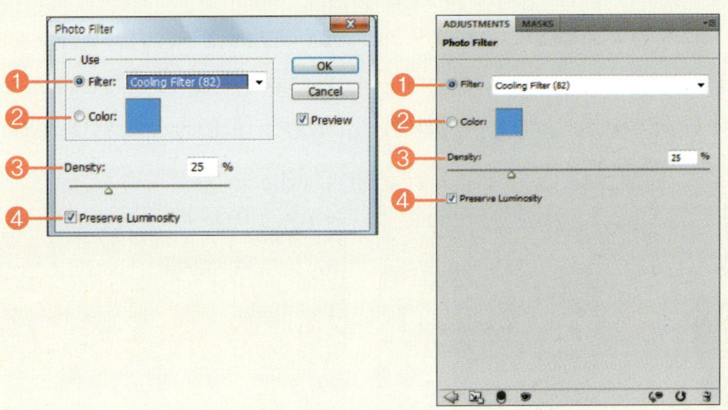

❶ **Filter** : 이미지에 적용할 색상 필터를 선택합니다. 모두 총 20개의 색상 필터를 제공하는데 이 중에 Warming Filter(노란색 계열)와 Cooling Filter(푸른색 계열), Sepia 등의 필터가 가장 많이 이용됩니다. 만약 이미지의 색감을 줄이고 싶다면, 제거하려는 색감과 보색 관계인 필터를 선택하여 보정하면 됩니다.

음식이나 고궁과 같이 전통적인 목가 건축물의 사진은 Warming Filter나 Sepia를 이용해 황갈색을 입혀주면 더욱 분위기 있고 오래된 느낌의 이미지를 줄 수 있으며, 자연 풍경과 같은 사진일 경우에는 Cooling Filter를 통해 더욱 시원하고 깨끗한 느낌을 줄 수 있습니다.

▲ 원래 이미지　　▲ Warming Filter를 적용하여 수정한 이미지　　▲ 원래 이미지　　▲ Cooling Filter를 적용하여 수정한 이미지

❷ **Color** : 이미지에 적용하려는 색상을 선택합니다.

❸ **Density** : 선택한 [Filter]와 [Color]의 강도를 조절합니다.

❹ **Preserve Luminosity** : 체크하면 이미지의 명암은 그대로 두고 색상 필터가 적용됩니다.

흑백 이미지를 만드는 보정 명령은 여러 개지만 가장 많이 사용하는 것이 [Desaturate]와 [Black & White]입니다. 이중 [Desaturate]는 색상을 제거하고 각 색상의 채도를 명암으로 표시하여 그레이스케일 이미지로 변경합니다. 이에 비해 [Black & White]는 색상별 슬라이더로 명암을 달리 조절할 수 있으며, [Tint]를 체크하면 모노톤 이미지도 만들 수 있습니다.

◎ **준비물** : '예제파일\Round08\palace1.jpg, palace2.jpg' 파일을 불러오세요.

**①** 'palace1.jpg' 파일을 선택한 후 LAYERS 패널에서 'Background'를 '새 레이어 만들기(🔲)'로 드래그하여 복제합니다.

**②** 복제된 레이어를 그레이스케일 이미지로 변경하기 위해 [Image]-[Adjustments]-[Desaturate] 메뉴를 선택합니다.

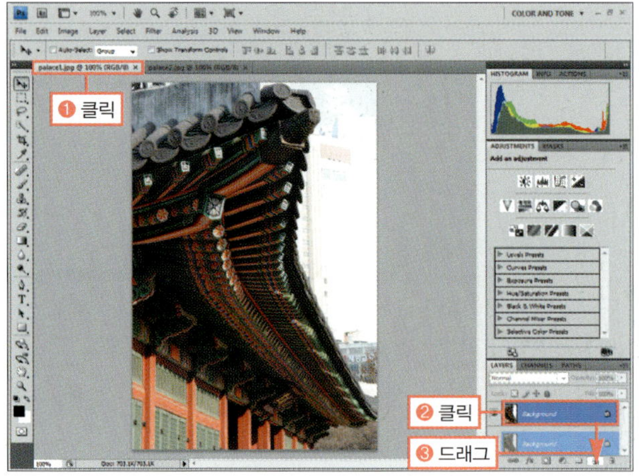


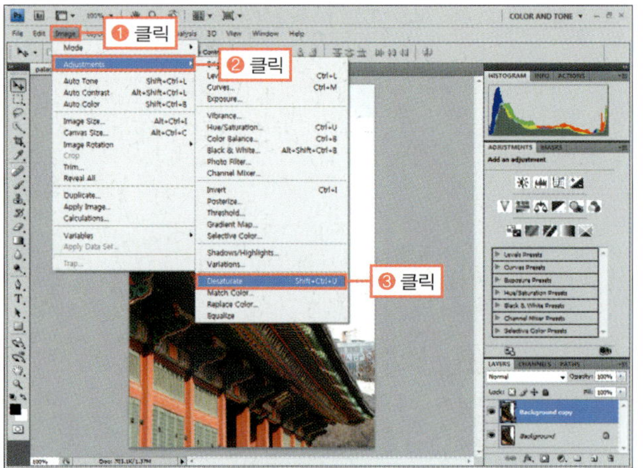


**B O N U S**

[Desaturate] 명령은 ADJUSTMENTS 패널에서는 사용할 수 없으며, 바로 가기 키는 Shift + Ctrl + U 입니다.

**③** 이미지가 변경된 것을 확인하고 LAYERS 패널에서 블렌딩 모드를 [Overlay]로 변경합니다.

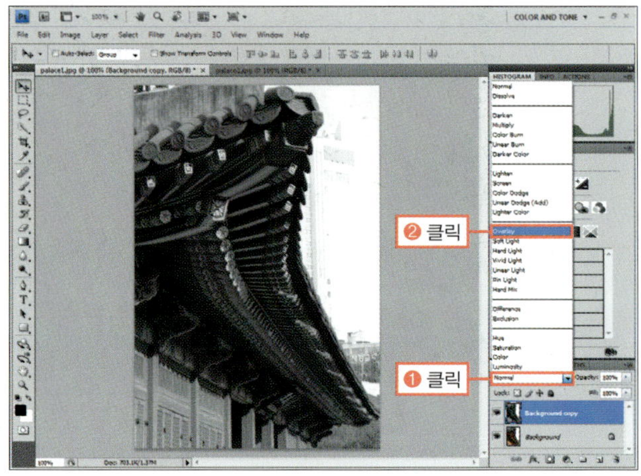

④ 그레이스케일 이미지의 밝은 부분은 더 밝게 합성되고 어둡게 변경된 부분은 더 어둡게 합성되어 대비가 큰 이미지로 변경됩니다.

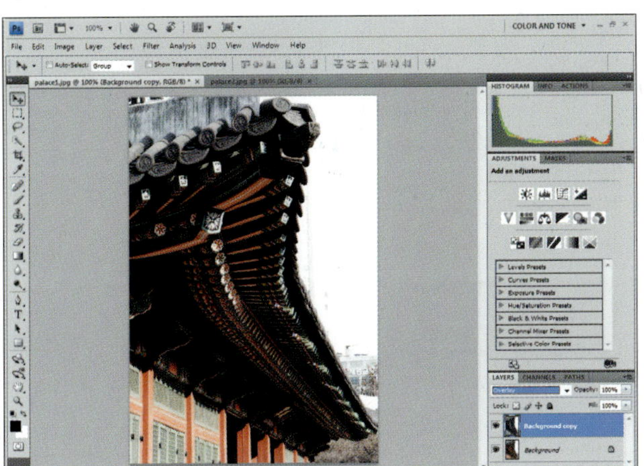

⑤ 'palace2.jpg' 파일을 선택한 후 [Image]-[Adjustments]-[Black & White] 메뉴를 선택합니다.

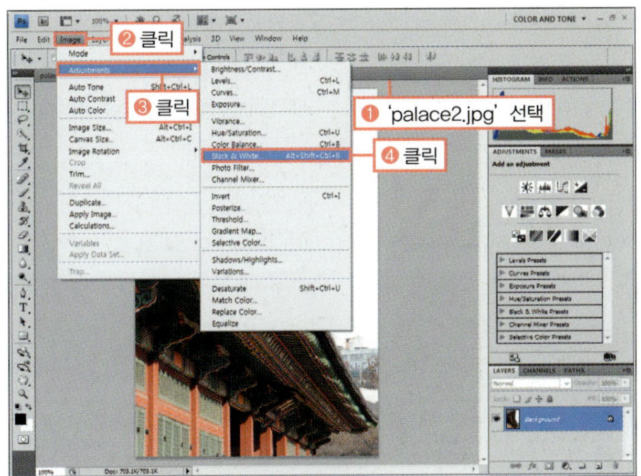




ADJUSTMENTS 패널의 [Black & White(▨)]를 선택해도 같은 이미지를 만들 수 있습니다.

⑥ [Desaturate]를 적용했을 때와 마찬가지로 그레이스케일 이미지로 변경되면서 [Black and White] 대화상자가 나타납니다. [Reds]와 [Yellow]의 슬라이더를 오른쪽으로 드래그하여 각각 '92'와 '155'로 변경한 후 [OK] 버튼을 클릭합니다.

◎ 완성물 : 예제파일\Round08\palace1_f.psd, palace2_f.jpg

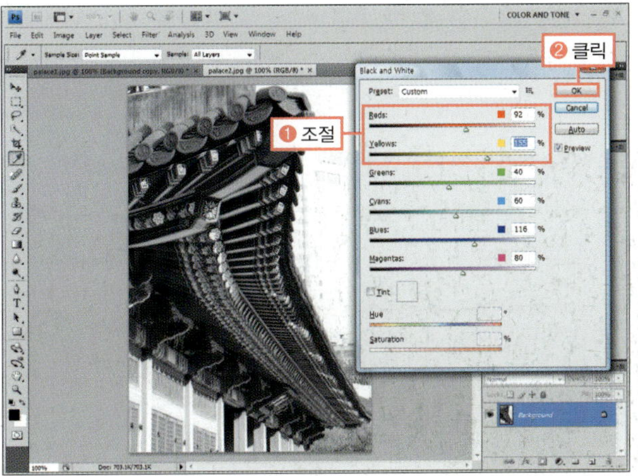




**Hard Training.**
[Desaturate]와 [Black & White] 명령으로 흑백 이미지 만들기

색상별로 흑백의 명암을 조절하는 [Black & White] 대화상자에 대해 알아보겠습니다.

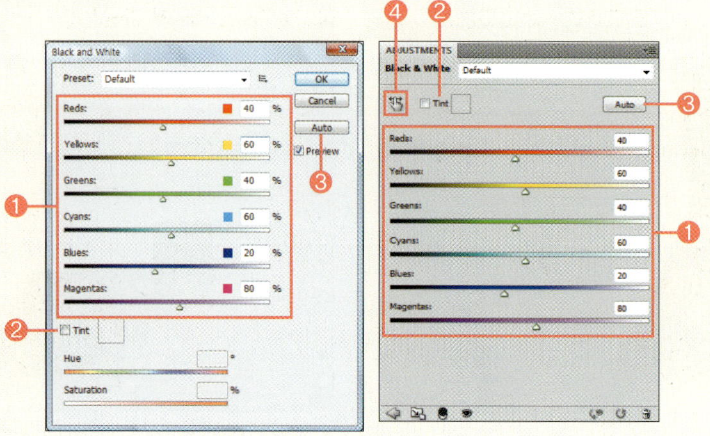

① **색상 조절 슬라이더** : 색상별로 흑백의 명암을 조절할 수 있습니다.

② **Tint** : 체크하면 [Hue]와 [Saturation]이 활성화되어 한 가지 색상 계열로 바꾼 모노톤 이미지를 만들 수 있습니다.
   • Hue : 모노톤 이미지를 만들 색상을 선택합니다. 모노톤 이미지는 [Hue/Saturation]의 [Colorize]를 체크해도 만들 수 있지만, 색상의 명암정도를 각각 조절하는 [Black & White]로 그레이스케일 이미지로 만들고 [Tint]를 체크하면 명암에 따라 원하는 색상을 입히는 섬세한 모노톤 이미지를 만들 수 있습니다.
   • Saturation : [Hue]에서 선택한 색상의 채도를 조절합니다.

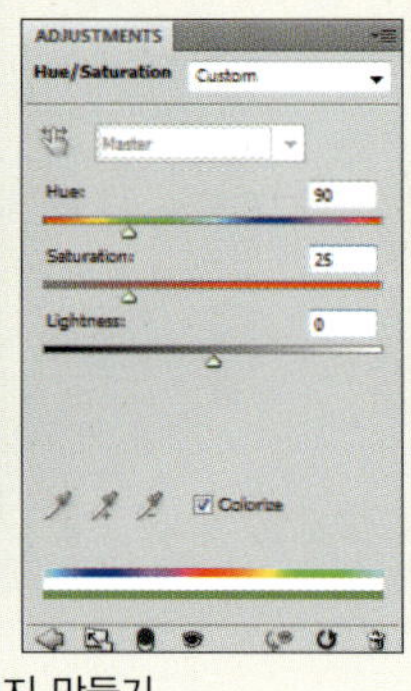

▲ [Hue/Saturation]으로 모노톤 이미지 만들기

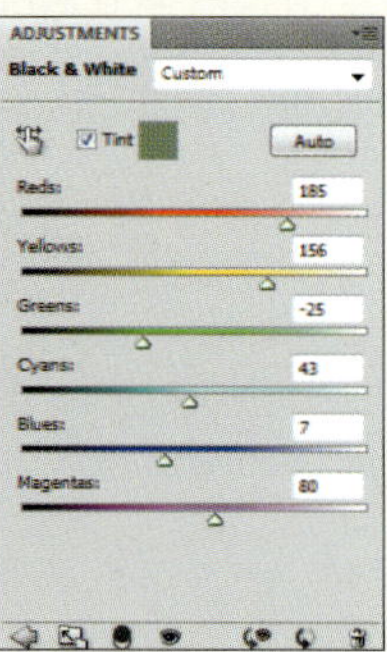

▲ [Black & White]로 모노톤 이미지 만들기

③ **Auto** : 클릭하면 이미 정해진 흑백 이미지로 변경됩니다.

④ **클릭 보정** : 클릭한 후 이미지에서 클릭, 드래그하여 그 지점의 색상 밝기를 수정할 수 있습니다.

# 간단하고 쉽게 사용할 수 있는 기타 보정 명령



[Adjustment] 명령 중에는 자동으로 역광을 수정하거나 비교적 간단한 대화상자를 이용해 특정 효과를 적용한 것처럼 이미지를 만드는 것도 있습니다. 이번 Training에서는 이렇게 간단하게 사용하면서 효과가 큰 보정 명령에 대해 알아보겠습니다.

| 학습 목표 | 학습 소재 | 난이도 | 예상 학습 결과 | 연계 학습 |
|---|---|---|---|---|
| 간단한 보정 명령으로 이미지 수정하기 | • [Image]-[Adjustments]-[Invert], [Posterize], [Threshold], [Shadows/Highlights], [Variations] 메뉴<br>• ADJUSTMENTS 패널 | ★★★☆☆ | • [Invert], [Posterize], [Thre shold] 명령으로 재미있는 효과 만들기<br>• [Shadows/Highlights] 명령으로 역광 사진 수정하기<br>• [Variations] 명령으로 간단히 이미지 수정하기 | [Adjustments] 명령 : 418쪽 |

## READY!  한 번에 큰 효과가 적용되는 보정 명령들

▲ 원래 이미지

### ■ Invert

[Invert]는 특별한 대화상자 없이 색상과 명암을 완전히 반전시키는 명령으로 네거티브한 이미지를 얻을 때 많이 사용됩니다. [Image]-[Adjustments]-[Invert] 메뉴를 선택하거나 ADJUST MENTS 패널에서 [Invert(■)]를 클릭 또는 Ctrl + Shift + I 를 눌러 실행합니다.

### ■ Posterize

포스터처럼 적은 색상 수로 강한 인상을 남기는 [Pos
terize]는 이미지의 색상 수를 줄여 대비를 강조하는
보정 명령입니다. [Levels]를 오른쪽으로 드래그하여
수치가 커질수록 이미지를 표현하는 색상의 수가 많아
져 원래 이미지와 비슷하게 보이기 때문에 60이 넘게는 사용하지 않습니다.

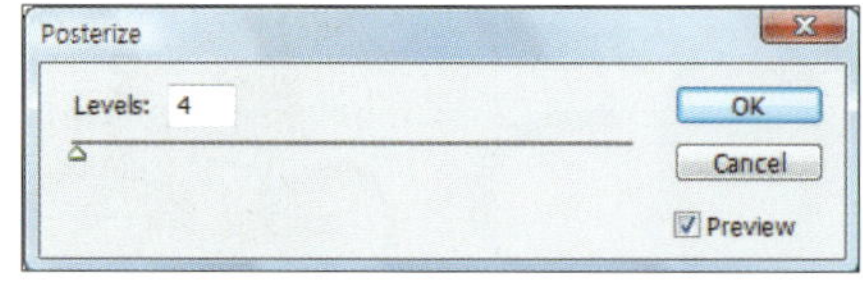

▲ Levels : 2

▲ Levels : 4

### ■ Threshold

[Threshold] 명령은 이미지를 256단계의 흑백으로 변환하여
대화상자에서 입력한 수치보다 크면 흰색, 작으면 검은색으
로 단순화시키는 명령입니다. [Threshold Level]의 수치가
커질수록 이미지가 검은색에 가깝게 바뀌며 수치가 작아질수
록 흰색에 가깝게 변경됩니다. 기본값은 128입니다.

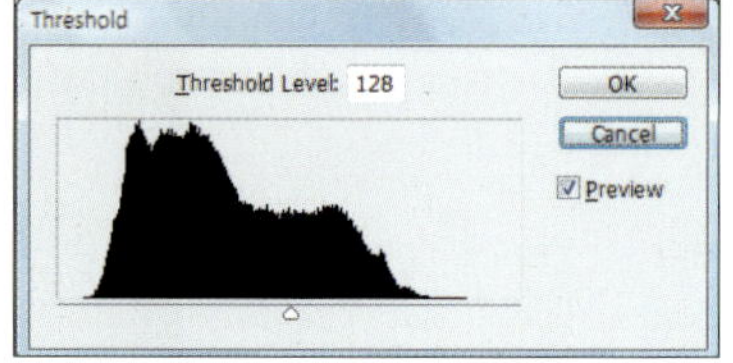

▲ Threshold Level : 47

▲ Threshold Level : 128

▲ Threshold Level : 192

# [Shadows/Highlights] 명령으로 역광 사진 보정하기

○ **준비물** : '예제파일\Round08\sight.jpg' 파일을 불러오세요.

**①** 역광 사진에서 어두운 부분과 밝은 부분을 조절하기 위해 [Image]-[Adjustments]-[Shadows/Highlights] 메뉴를 선택합니다.

**②** [Shadows/Highlights] 대화상자가 나타나면서 자동 설정으로 이미지에서 어두운 부분이 밝게 보정된 것을 확인합니다. 하늘이 너무 밝아진 것을 수정하기 위해 [Show More Options]를 체크합니다.

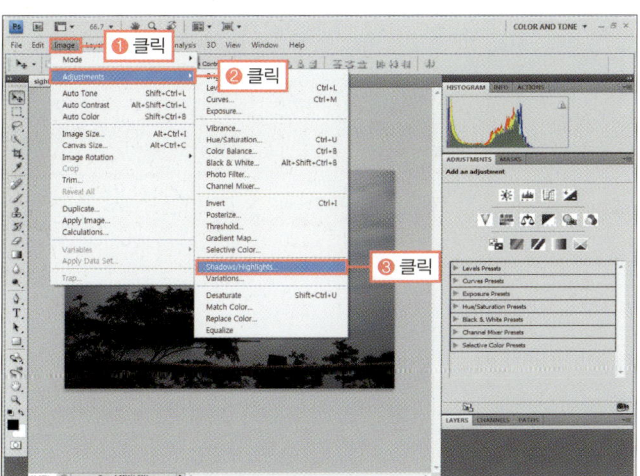

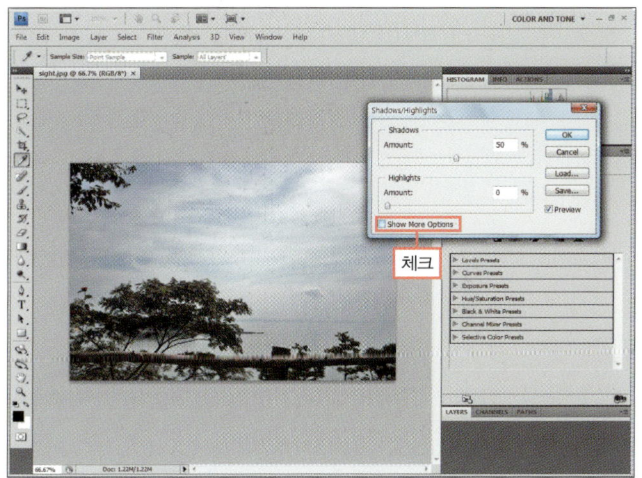

**③** 밝은 부분의 양과 범위를 조절하는 [Highlights]에서 밝은 범위를 나타내는 [Amount]를 '19'로 조절하여 약간 어둡게 수정한 후, 밝은 톤의 색상을 어둡게 수정하기 위해 [Tonal Widths]를 '59'로 조절합니다.

**④** 밝기가 변경된 부분의 색상을 원래대로 수정하기 위해 [Color Correction]을 '+36', 중간 톤의 대비를 수정하는 [Midtone Contrast]를 '+11'로 수정하고 [OK] 버튼을 클릭합니다.

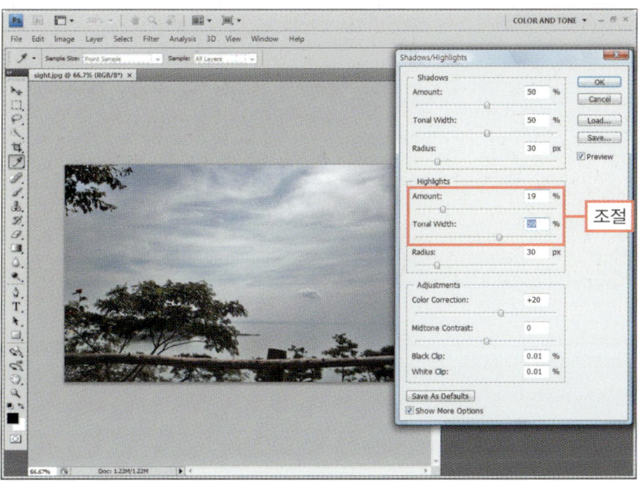

○ **완성물** : 예제파일\Round08\sight_f.jpg



**Training 05.**
간단하고 쉽게 사용할 수 있는 기타 보정 명령

역광 사진을 수정할 때 사용하는 [Shadows/Highlights] 대화상자는 어두운 부분을 조절하는 [Shadows]와 밝은 부분을 조절하는 [Highlights]로 옵션이 나눠져 있습니다.

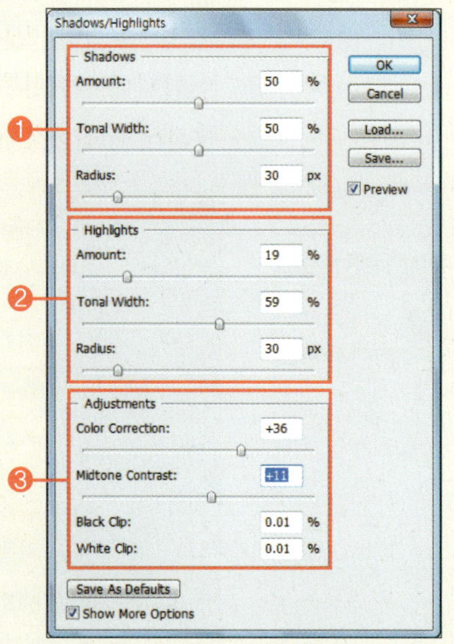

❶ **Shadows** : 노출이 부족해 이미지에서 어둡게 나온 부분을 조절합니다.

- Amount : 수치가 클수록 어두운 부분이 밝게 조절됩니다. 너무 밝게 수정하면 이미지에 노이즈가 생길 수 있습니다.
- Tonal Width : 어두운 부분의 색상을 수정하는 것으로 수치가 클수록 색상이 밝아집니다.
- Radius : 어두운 부분의 주변 경계의 퍼짐을 조절합니다.

❷ **Highlight** : 노출이 과해 이미지에서 밝게 나온 부분을 조절합니다.

- Amount : 수치가 클수록 밝은 부분이 어둡게 조절됩니다.
- Tonal Width : 밝은 부분의 색상이 선명해지도록 조절하는 것으로, 수치가 클수록 색상이 선명해집니다.
- Radius : 밝은 부분의 주변 경계의 퍼짐을 조절합니다.

❸ **Adjustments** : 색상과 채도를 조절합니다.

- Color Correction : 밝기가 보정된 부분의 색상을 원래 색상과 맞춰 조절하는 것으로 색상이 있는 부분만 조절됩니다.
- Midtone Contrast : 중간 톤의 대비를 조절합니다.
- Black Clip/White Clip : 이미지에서 [Shadows]와 [Highlights]를 어느 정도로 나눠 구분할 것인지 결정합니다. 수치가 커질수록 이미지에서 적용되는 범위가 넓어집니다.

# [Variations] 명령으로 이미지의 색상과 채도 조절하기

◎ **준비물** : '예제파일\Rounf08\rape.psd' 파일을 불러오세요.

**①** 색상과 채도를 변경하기 위해 [Image]-[Adjust ments]-[Variations] 메뉴를 선택합니다.

**②** [Variations] 대화상자가 나타나면 상단의 [Original] 과 [Current Pick]의 썸네일 이미지가 같은 것을 확인한 후, [More Red]를 3번, [More Magenta]를 2번 클릭하여 빨간색과 진홍색을 추가합니다.

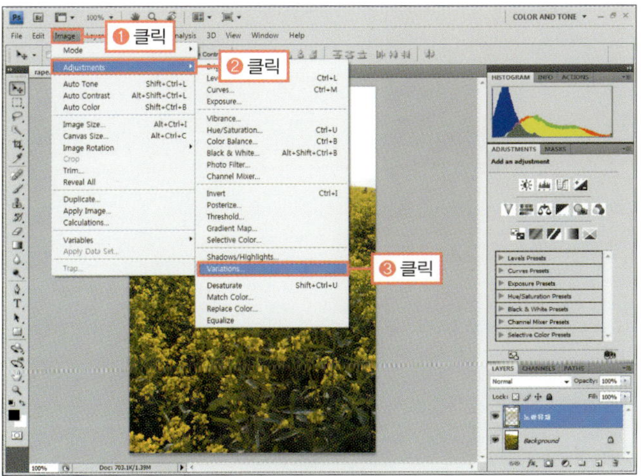

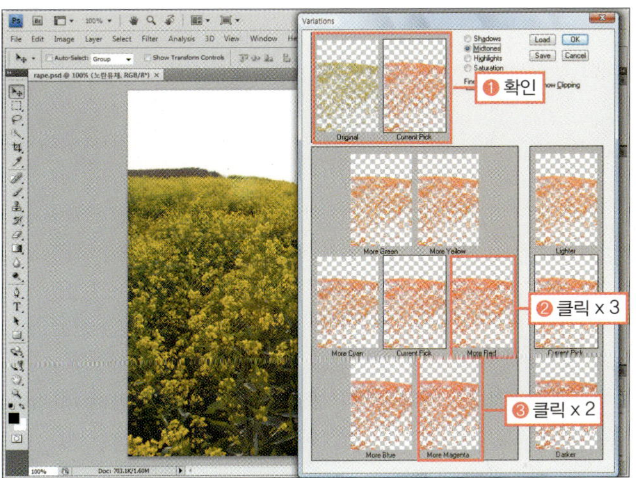

### STOP

ADJUSTMENTS 패널의 '확대/축소(🔍)'를 클릭하여 패널을 줄인 후 LAYERS 패널의 제목 탭을 더블클릭하여 레이어가 보이도록 작업 영역 을 조절합니다.

### STOP

대화상자가 나타났을 때 상단의 두 썸네일 이미지가 다르면, Alt 를 눌러 [Cancel]이 [Reset] 버튼으로 변경될 때 클릭하여 옵션을 기본 값으로 바꾼 후 따라합니다.

**③** 오른쪽 위의 [Lighter]를 1번 클릭하여 밝게 변경하고 [OK] 버튼을 클릭합니다.

**④** 수정된 이미지를 확인합니다.

◎ **완성물** : 예제파일\Round08\rape_f.psd



**Training 05.**
간단하고 쉽게 사용할 수 있는 기타 보정 명령

[Variations] 명령은 이미지의 색상과 밝기를 한눈에 보면서 수정할 수 있어 편리하지만, 밝기나 색상의 손실이 크다는 단점이 있습니다.

❶ **Original** : 수정 전 이미지가 보이며 클릭하면 원래 이미지로 되돌아갑니다.

❷ **Current Pick** : 현재 수정되는 이미지를 보여줍니다.

❸ **Shadows/Midtones/Highlights/Saturations** : 해당 톤의 색상과 채도를 수정할 수 있습니다.

❹ **Fine & Coarse** : 색과 밝기 변화의 폭을 조절하는 것으로 [Fine] 쪽으로 슬라이더를 이동할수록 색상과 밝기의 변화 폭이 작아지며, [Coarse] 쪽으로 슬라이더를 이동할수록 변화의 폭이 커집니다.

❺ **Show Clipping** : 체크하면 색상을 추가하여도 더 이상 변하지 않는 부분을 표시합니다.

❻ **색상 조절 창** : [More Green], [More Yellow], [More Cyan], [More Red], [More Blue], [More Magenta]를 클릭하여 색상을 변경할 수 있습니다.

❼ **밝기 조절 창** : [Lighter]와 [Darker]를 클릭하여 밝기를 조절할 수 있습니다.

❽ **Load** : 저장된 설정값을 불러올 수 있습니다.

❾ **Save** : 대화상자에서 조절한 설정값을 저장할 수 있습니다.

[Adjustments] 명령과 ADJUSTMENTS 패널은 거의 중복되지만 [Adjustments]에만 있는 보정 명령이 있습니다. 여기서는 위에서 소개하지 않은 명령 중에 [Adjustments]에만 있는 보정 명령을 알아보겠습니다.

### ■ 이미지 색상을 평준화하는 [Equalize]

[Equalize] 명령은 이미지의 밝기를 전체적으로 평준화시켜주는 것으로, 밝기가 중간 톤으로 집중되어 이미지가 뿌옇게 보일 때 사용하면 효과적입니다.

◎ **준비물** : '예제파일\Round08\cafebear.jpg' 파일을 불러오세요.

**①** HISTOGRAM 패널을 확인한 후 [Image]–[Adjustments]–[Equalize] 메뉴를 선택합니다.

**②** 히스토그램에서 밝기와 색상이 골고루 분포된 것을 확인합니다.

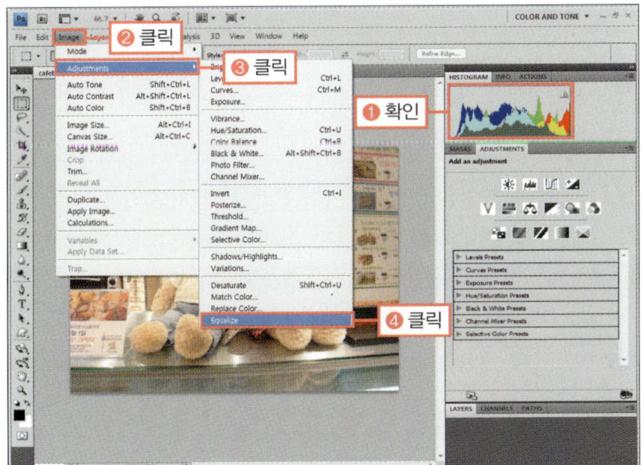

◎ **완성물** : 예제파일\Round08\cafebear_f.jpg

### ■ 원하는 색상만 바꾸는 [Replace Color]

[Replace Color]는 특정 색상만 선택해 다른 색으로 수정하는 명령으로, [Select]–[Color Range] 메뉴의 대화상자에 [Hue/Saturation] 대화상자가 합쳐진 형태로 조절합니다.

◎ **준비물** : '예제파일\Round08\sportcar.jpg' 파일을 불러오세요.

① 자동차의 색상을 변경하기 위해 [Image]-[Adjust ments]-[Replace Color] 메뉴를 선택합니다.

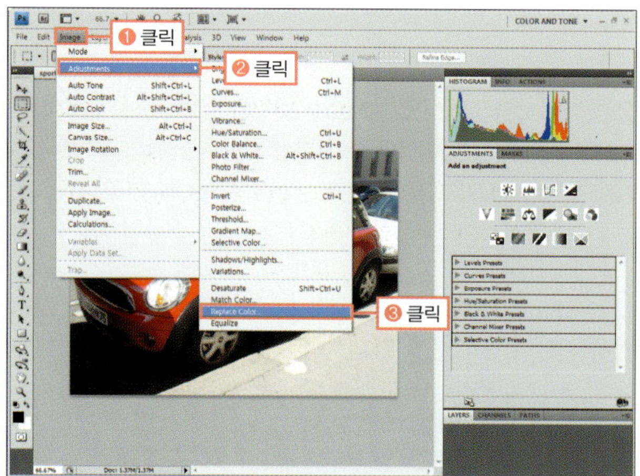

② [Replace Color] 대화상자가 나타나면 이미지가 잘 보이도록 대화상자의 위치를 이동한 후 자동차의 빨간색을 클릭합니다. 대화상자의 미리 보기에 클릭한 부분이 흰색으로 표시된 것을 확인합니다.

③ '추가 스포이트(🖌)'를 누르고 이미지에서 남아 있는 자동차의 빨간색을 클릭하고 미리 보기에 자동차가 흰색으로 선택된 것을 확인합니다.

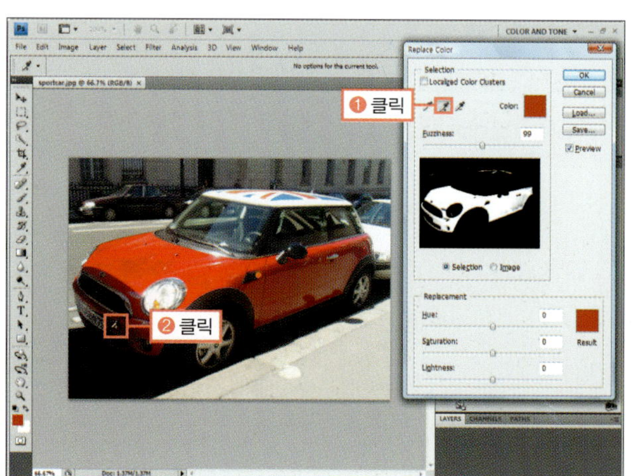

④ 선택한 색상의 범위를 나타내는 [Fuzziness]를 '120'으로 조절하여 미리 보기에 자동차 전체가 흰색으로 표시되는 것을 확인한 후, [Hue]를 '-101', [Saturation]을 '+28'로 조절하여 이미지의 자동차를 파란색으로 변경하고 [OK] 버튼을 클릭합니다.

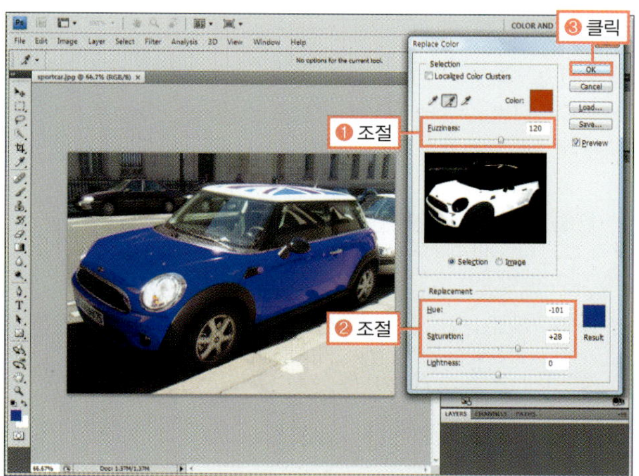

◎ **완성물** : 예제파일\Round08\sportcar_f.jpg

## ■ 두 이미지의 색감을 맞추는 [Match Color]

[Match Color]는 주로 2개 이상의 이미지의 색상을 맞출 때 사용하는데, 선택한 이미지나 선택 영역을 다른 이미지나 선택 영역에 맞춰 변경하는 명령입니다.

◎ **준비물** : '예제파일\Round08\hanriver.jpg, eusea.jpg' 파일을 불러오세요.

① 'hanriver.jpg' 파일을 선택하고 [Image]–[Adjustments]–[Match Color] 메뉴를 선택합니다.

② 대화상자가 열리면 색상을 맞춰줄 [Source] 항목에서 'eusea.jpg'를 선택합니다. 이미지의 색상이 맞춰지는 것을 확인한 후 색상의 강도를 나타내는 [Color Intensity]를 '126'으로 조절하고 [OK] 버튼을 클릭합니다.

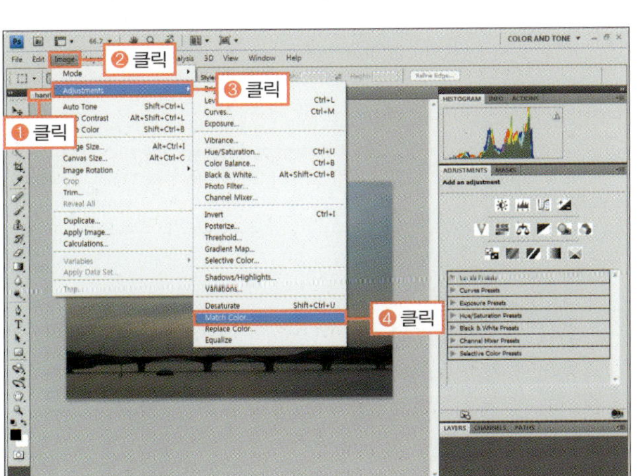

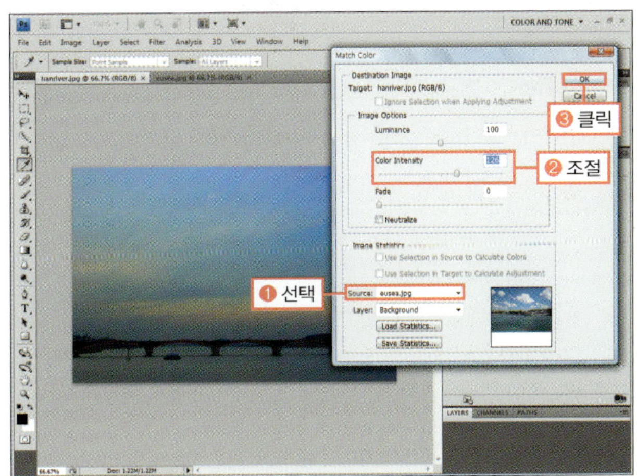

③ 이미지를 확인하면 다리와 육지 부분의 색상까지 변경되었습니다. 이를 수정하기 위해 히스토리 브러시 툴(🖌)을 클릭합니다.

④ Ctrl + + 를 눌러 이미지를 확대한 후 히스토리 브러시의 크기를 조절하여 다리와 육지 부분을 문질러 원래 색상으로 되돌립니다.

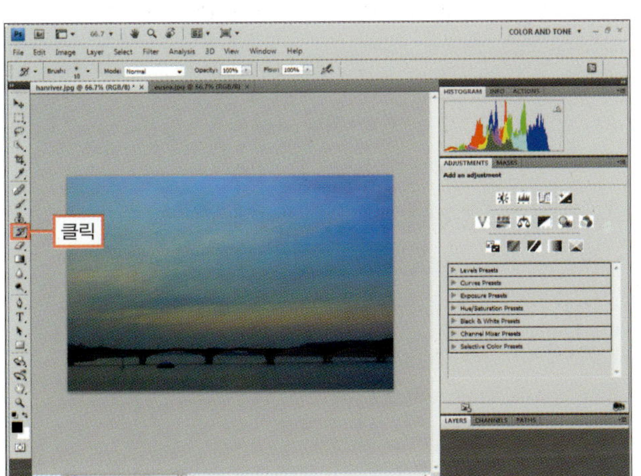

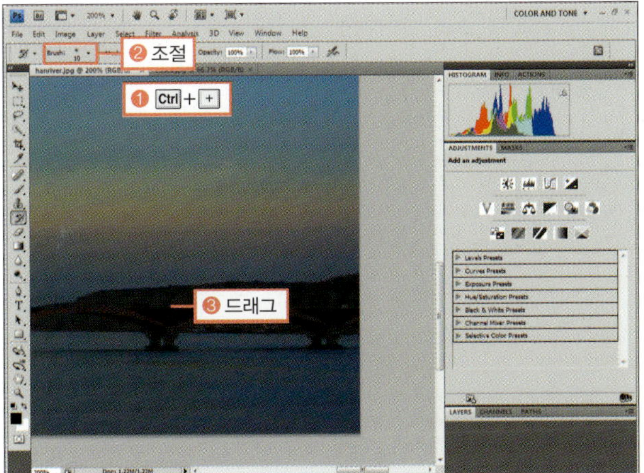



**Hard Training.**
[Image]–[Adjustments] 메뉴에만 있는 보정 명령

⑤ Ctrl+─를 눌러 이미지 전체가 잘 보이도록 한 후 이미지를 확인합니다.

◎ 완성물 : 예제파일\Round08\hanriver_f.jpg

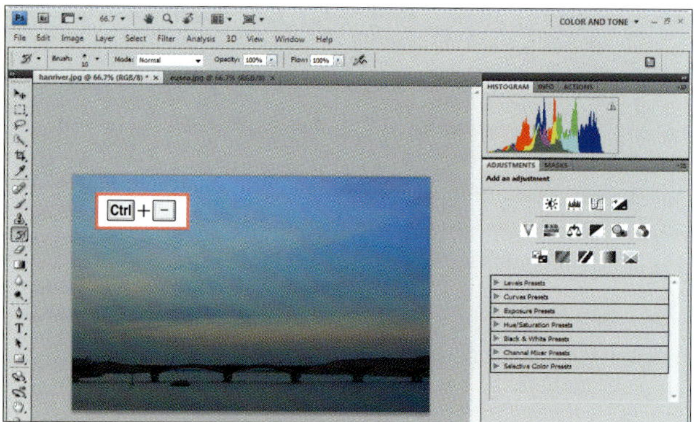

PHOTOSHOP
COACHING |포토샵 코칭|

# [Match Color] 대화상자

이미지들의 색상을 맞추는 [Match Color] 명령은 작업 창에 열린 이미지 중에 맞출 이미지를 선택한 후 적용되는 색상의 명암과 강도, 농도를 조절합니다.

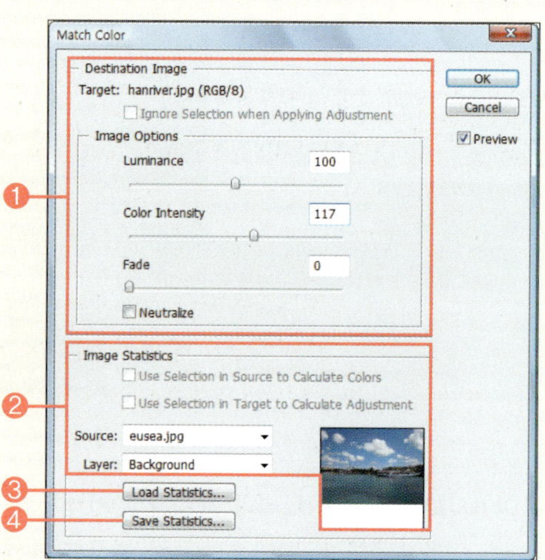

❶ **Destination Image** : 바뀔 이미지의 명암과 강도, 농도를 조절할 수 있습니다.

- **Target** : 지금 선택되어 변경될 이미지의 이름이 표시됩니다.
- **Ignore Selection when Applying Adjustment** : 선택 영역이 있을 경우 활성화되는 것으로, 체크하면 바뀔 이미지의 선택 영역을 무시하고 이미지 전체의 색상이 조절됩니다.
- **Image Options** : [Luminance]는 색상의 명암, [Color Intensity]는 색상의 강도를 조절합니다. [Fade]는 적용되는 색상의 농도를 조절하는데 수치가 커질수록 원본 이미지의 색상이 나타납니다. [Neutralize]에 체크하면 흑백 톤의 이미지로 변경됩니다.

❷ **Image Statistics** : 맞춰 줄 이미지의 이름과 레이어를 선택할 수 있습니다.

- **Use Selection in Source to Calculate Colors** : 체크하면 맞춰 줄 이미지의 선택 영역의 색상을 계산해서 적용합니다.
- **Use Selection in Target to Calculate Adjustment** : 체크하면 바뀔 이미지의 선택 영역의 색상을 계산해서 조절합니다.
- **Source** : 맞춰 줄 이미지를 선택합니다.
- **Layer** : 맞춰 줄 이미지의 레이어 이름을 선택합니다.

❸ **Load Statistics** : [Save Statistics]로 저장한 설정 값을 불러와 이미지에 적용합니다.

❹ **Save Statistics** : 현재 설정대로 저장합니다.

# 레이어를 채워주는 Fill 레이어 사용하기



LAYERS 패널의 '보정 레이어(◉)'를 클릭하거나 [Layer]–[New Fill Layer] 메뉴를 선택하면 색상 레이어, 그레이디언트 레이어, 패턴 레이어를 만들 수 있습니다. 이 레이어는 언제든지 원하는 색상이나 그레이디언트, 패턴으로 변경할 수 있으며 레이어 마스크를 가지고 있어 적용되는 영역을 수정할 수 있습니다. 이번 Training에서는 이런 Fill 레이어에 대해 자세히 알아보겠습니다.

| 학습 목표 | 학습 소재 | 난이도 | 예상 학습 결과 | 연계 학습 |
|---|---|---|---|---|
| 레이어에 색상, 그레이디언트, 패턴 등을 채우기 | • Fill 레이어<br>• 보정 레이어 | ★★★☆☆ | Fill 레이어 및 보정 레이어 이용하여 색상, 그레이디언트, 패턴 레이어 만들어 합성 | • LAYERS 패널 : 354쪽<br>• MASKS 패널 : 399쪽 |

## R E A D Y !

## Fill 레이어의 종류 살펴보기

Fill 레이어에는 색상 레이어(Solid Color)와 그레이디언트 레이어(Gradient), 패턴 레이어(Pattern)가 있는데 [Layer]–[New Fill Layer] 메뉴를 사용해 만들 수도 있지만 일반적으로 LAYERS 패널의 아래에 놓인 '보정 레이어(◉)'를 이용합니다. 이 Fill 레이어는 만들어질 때 Fill 썸네일과 레이어 마스크가 함께 만들어져 Fill 썸네일을 더블클릭하면 다른 색상, 다른 그레이디언트, 다른 패턴으로 변경할 수 있으며 적용되는 형태는 레이어 마스크로 수정할 수 있습니다. 그래서 채색 툴과 선택 툴, [Adjustments] 명령, 필터 명령은 Fill 레이어에 적용되지 않고 레이어 마스크에 적용됩니다.

예를 들어 아래 그림과 같이 토끼 모양으로 선택 영역을 만든 후 LAYERS 패널의 '보정 레이어(◉)'를 클릭하고 [Solid Color], [Gradient], [Pattern]을 선택하면 각각 색상, 그레이디언트, 패턴을 선택하는 대화상자가 나타나 Fill 레이어가 만들어지면서 토끼 모양에 적용됩니다.

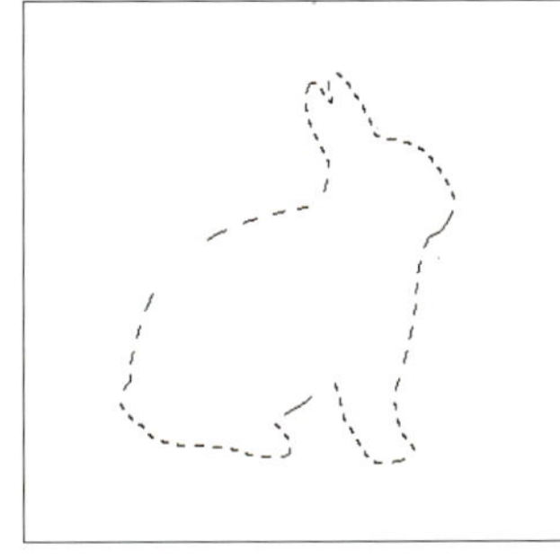

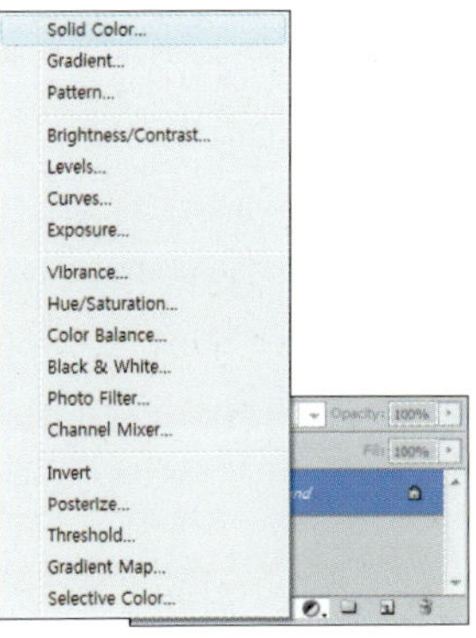

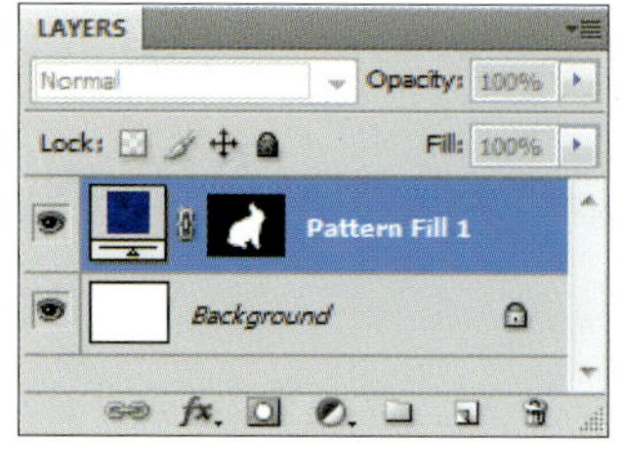

▲ Solid Color(색상 레이어)를 선택했을 때와 LAYERS 패널의 모양

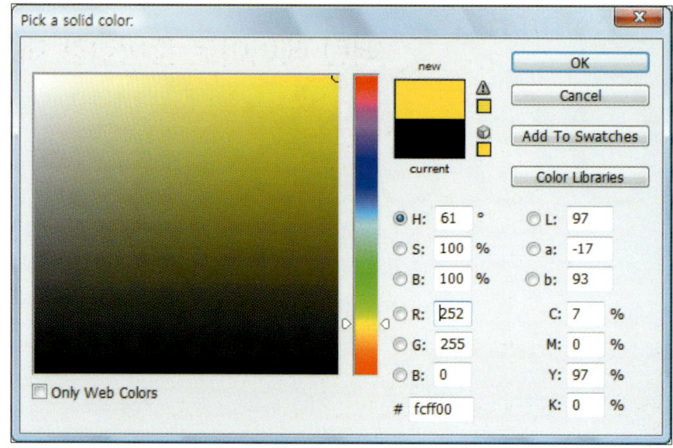

▲ 색상 레이어를 선택했을 때 대화상자

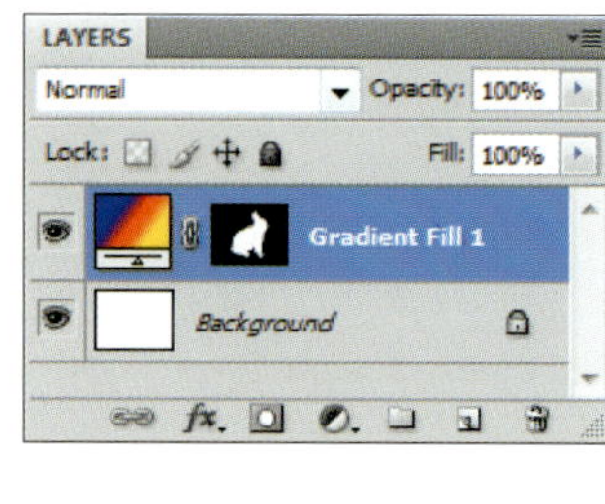

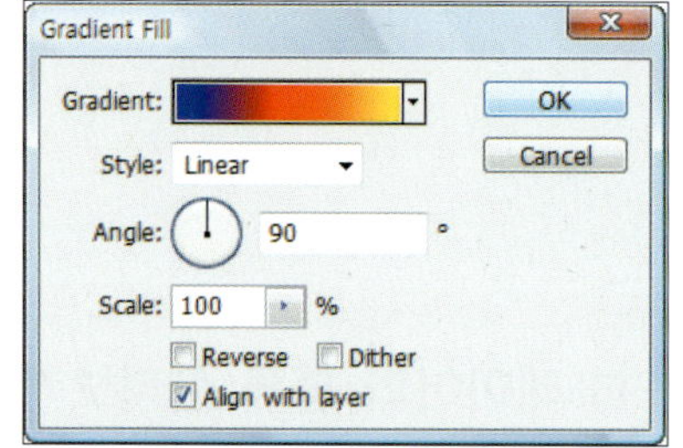

▲ 그레이디언트 레이어를 선택했을 때 대화상자

▲ Gradient(그레이디언트 레이어)를 선택했을 때와 LAYERS 패널의 모양

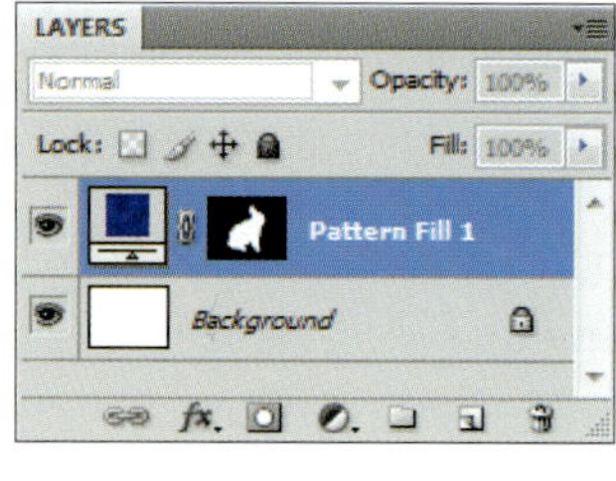

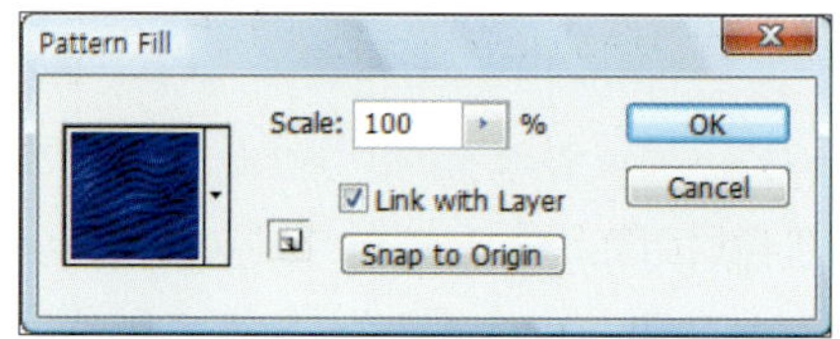

▲ 패턴 레이어를 선택했을 때의 대화상자

▲ Patten(패턴 레이어)를 선택했을 때 LAYERS 패널의 모양

## 패턴 레이어로 종이질감 적용하기

◎ **준비물** : '예제파일\Round08\beach.jpg' 파일을 불러오세요.

❶ LAYERS 패널에서 '보정 레이어(◉)'를 클릭하여 나오는 메뉴 중에 [Pattern]을 선택합니다.

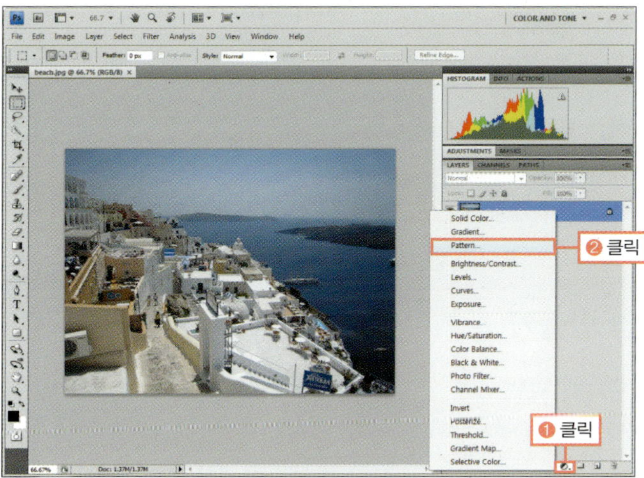

**STOP**

[Layer]–[New Fill Layer]–[Pattern] 메뉴를 선택해도 됩니다.

❸ 선택한 패턴을 현재 패턴 대신에 불러올지 추가로 불러올지 묻는 경고창이 나타나면 [Append] 버튼을 클릭하여 패턴을 추가합니다.

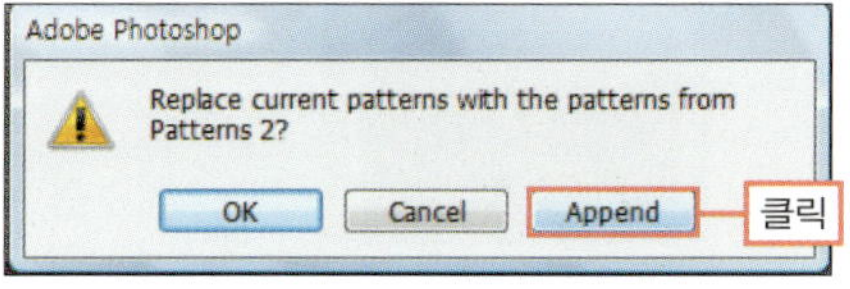

❷ [Pattern Fill] 대화상자가 나타나면 패턴 썸네일의 ⋅ 부분을 클릭합니다. 패턴을 추가하기 위해 오른쪽의 메뉴 버튼(▶)을 클릭하고 [Patterns 2]를 선택합니다.

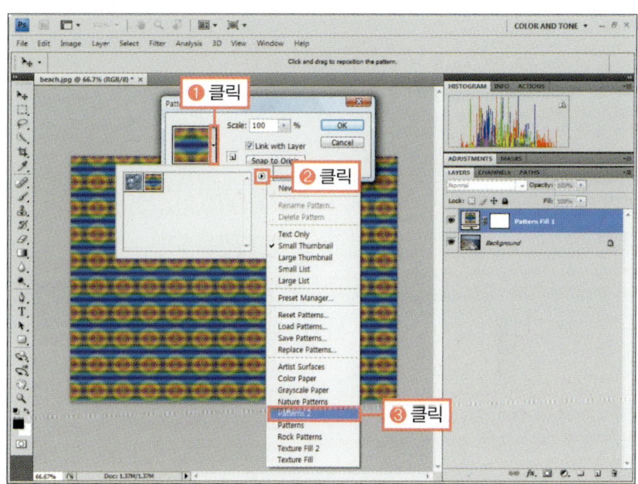

**STOP**

이미 [Pattern2]를 적용하여 패턴이 추가되어 있다면 4번을 따라합니다.

❹ 그림과 같이 [Coarse Weave(▦)] 패턴을 클릭하고 패턴이 적용된 것을 확인한 후 [OK] 버튼을 클릭합니다.

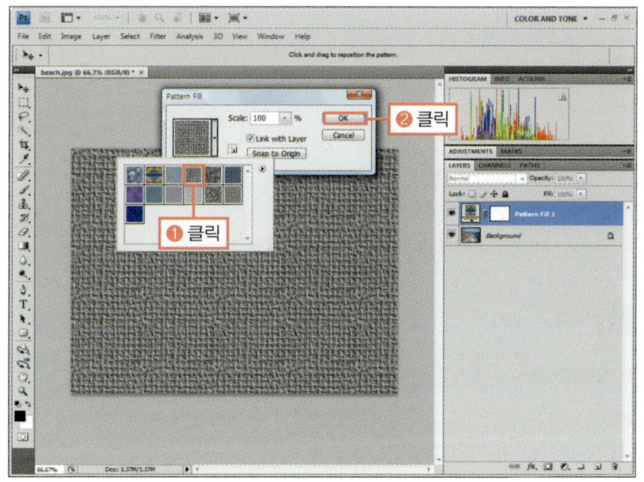



**Training 06.**
레이어를 채워주는 Fill 레이어 사용하기

⑤ LAYERS 패널의 블렌딩 모드를 [Overlay]로 변경한
후 [Opacity]를 '75%'로 조절하여 이미지에 종이 질감과
이미지를 혼합합니다.

◎ **완성물** : 예제파일\Round08\beach_f.psd

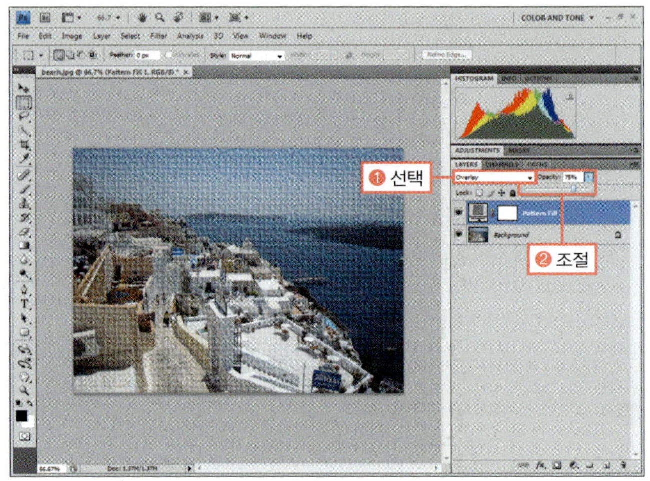


G O !

## 색상 레이어로 이미지에 프레임 만들기

◎ **준비물** : '예제파일\Round08\temple.jpg' 파일을 불러오세요.

① 툴박스의 사각형 선택 툴(▢)을 클릭하고 이미지에서
드래그하여 그림과 같이 선택 영역을 만듭니다. 그리고
LAYERS 패널의 '보정 레이어(◯)'를 클릭하고 [Solid
Color]를 선택합니다.

② [Pick a solid color] 대화상자에서 흰색을 선택하고
[OK] 버튼을 클릭합니다. 선택 영역이 흰색으로 채워지며
LAYERS 패널에 'Color Fill 1'과 레이어 마스크가 만들어
진 것을 확인합니다.

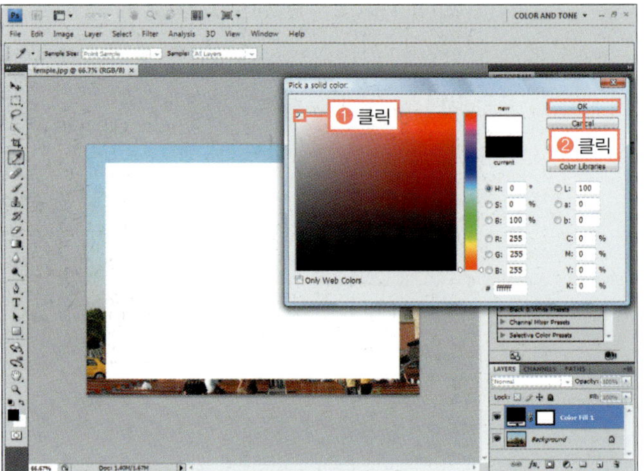


**S T O P**

ADJUSTMENTS 패널과 LAYERS 패널이 잘 보이도록 작업 영역을 조절
한 후 예제를 따라합니다.

❸ MASKS 패널을 열고 [Invert] 버튼을 클릭하여 레이어 마스크를 반전합니다. 그러면 흰색이 프레임으로 적용됩니다.

❹ LAYERS 패널의 레이어 마스크 썸네일을 클릭하여 선택한 후 [Filter]-[Brush Strokes]-[Spatter] 메뉴를 선택합니다.

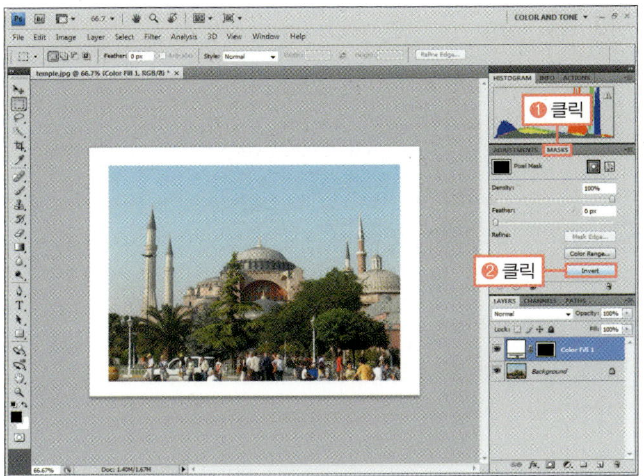

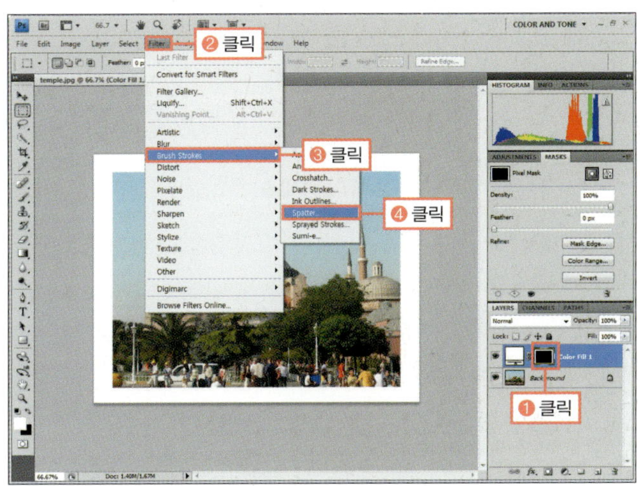


레이어 마스크 썸네일이 선택되어 있지 않으며 필터가 적용되지 않습니다.

❺ [Spatter] 대화상자가 나타나면 조절 값들을 오른쪽으로 최대로 드래그하여 미리 보기 창에서 경계 부분이 뿌려지는 모양으로 변경되는 것을 확인한 후 [OK] 버튼을 클릭합니다.

❻ 레이어 마스크에 필터가 적용되어 테두리 모양이 변경된 것을 확인합니다.

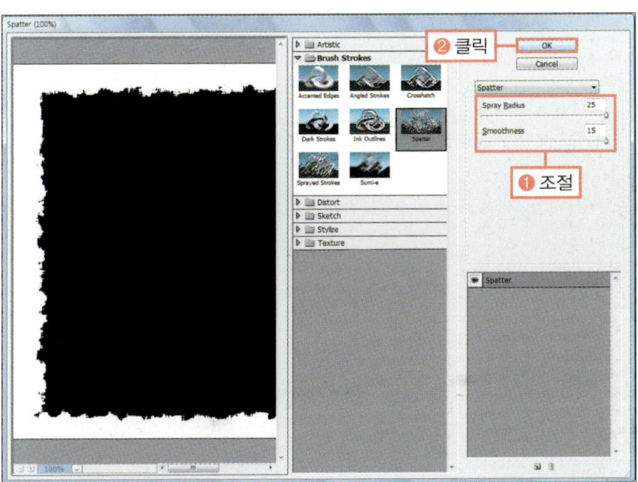

◎ **완성물** : 예제파일\Round08\temple_f.psd



**Training 06.**
레이어를 채워주는 Fill 레이어 사용하기

이번 Round에서는 이미지를 보정하는 [Image]–[Adjustments] 메뉴와 ADJUSTMENTS 패널에 대해 자세히 알아보았습니다. 또한, Fill 레이어와 레이어 마스크로 색상, 그레이디언트, 패턴을 사용하는 방법에 대해 살펴보았습니다. 앞에서 배운 내용을 토대로 다음 문제를 풀어보세요.

**1 | 다음의 (  ) 안을 채워보세요.**

❶ (            ) 패널은 이미지의 밝기와 색상의 분포 정도를 그래프로 표시한 것입니다.

❷ 이미지의 밝기와 색상을 보정하기 위해 [Image]–[Adjustments] 메뉴 또는 (          ) 패널을 사용합니다.

❸ 이미지의 밝기와 색상을 반전하는 명령은 (          )입니다.

❹ 포토샵 CS4에서 새로 생긴 보정 명령인 (          )는 색상의 손실을 줄이면서 채도를 조절하는 명령입니다.

❺ 색상을 조절하는 대표적인 명령으로 (          )는 색상의 균형을 잡아줄 때 가장 많이 사용합니다.

**2 | 다음 설명이 맞으면 'O', 틀리면 'X'를 표시하세요.**

❶ 이미지의 밝기를 표시하는 히스토그램에서 오른쪽이 어두운 부분, 왼쪽이 밝은 부분을 표시합니다. ⋯⋯⋯ □

❷ ADJUSTMENTS 패널에서 [Hue/Saturation(▦)]은 이미지의 색상, 채도 및 밝기를 조정합니다. ⋯⋯⋯ □

❸ 밝기를 보정하는 대표적인 명령으로 [Levels]와 [Curves], [Brightness & Contrast]가 있습니다. ⋯⋯⋯ □

❹ 이미지를 모노톤으로 만들려면 [Color Balance] 대화상자에서 [Colorize]를 체크한 후 색상을 조절하면 됩니다. □

❺ [Posterize] 명령은 이미지를 256단계의 흑백으로 변환하여 대화상자에서 입력한 수치보다 크면 흰색, 작으면 검은색으로 단순화시킵니다. ⋯⋯⋯ □

❻ 역광 사진을 수정할 때 사용하는 [Shadows/Highlights] 명령은 어두운 부분을 조절하는 [Shadows]와 밝은 부분을 조절하는 [Highlights]로 옵션이 나눠져 있습니다. ⋯⋯⋯ □

**3 | 다음은 밝기를 보정하는 명령에 대한 설명입니다. 기능에 부합하는 보정 아이콘을 보기에서 골라 표시하시오.**

❶ 이미지의 밝기를 보정하는 가장 대표적인 명령으로 히스토그램을 확인하면서 어두운 톤(Shadows), 중간 톤(Midtones), 밝은 톤(Highlights)의 밝기를 수정합니다.

❷ 선 그래프를 사용하여 이미지의 밝기, 대비를 수정하는 것으로 [Levels] 명령과 유사하지만 좀 더 섬세하고 정교한 조절이 가능하여 흔히 전문가용이라 일컫기도 합니다.

❸ 이미지의 밝기를 가장 쉽게 보정하는 명령으로 밝기와 대비를 슬라이더 바를 이용해 조절할 수 있습니다.

❹ 주로 32bit 고화질 이미지의 밝기, 노출의 차이, 대비를 조절하여 깊이 있는 이미지를 만들 때 사용하는 것으로 밝고 어두운 부분을 살리면서 노출 차를 이용하여 강한 빛을 준 것 같은 이미지를 얻을 수 있습니다.

| 보기 |

❶ ▦  ❷ ▦  ❸ ▦  ❹ ▦

| 정답 |

1 | ❶ HISTOGRAM ❷ ADJUSTMENTS ❸ Invert ❹ Vibrance
    ❺ Color Balance
2 | ❶ × ❷ O ❸ O ❹ × ❺ × ❻ O
3 | ❶ ② ❷ ③ ❸ ① ❹ ④

이번 Round에서는 이미지를 보정하는 [Image]–[Adjustments] 메뉴와 ADJUSTMENTS 패널에 대해 자세히 알아보았습니다. 또한, Fill 레이어와 레이어 마스크로 색상, 그레이디언트, 패턴을 사용하는 방법에 대해 살펴보았습니다. 앞에서 배운 내용을 토대로 다음 예제를 완성해 보세요.

**1** 그림과 같이 ADJUSTMENTS 패널의 [Levels]와 [Hue/Saturation]을 이용하여 밝기를 선명하게 보정한 후 연두색의 모노톤 이미지로 바꿔 보세요.

- **준비물** : 예제파일\Round08\woodhouse.jpg
- **완성물** : 예제파일\Round08\woodhouse_f.psd
- **도움말** : 예제해설\Round08도움말1.hwp(pdf, avi)

❶ ADJUSTMENTS 패널의 [Levels] 클릭 ❷ Levels 옵션이 나타나면 이미지를 선명하게 보정 ❸ ADJUSTMENTS 패널 처음으로 돌아옴 ❹ ADJUSTMENTS 패널의 [Hue/Saturation] 클릭 ❺ [Colorize]를 체크한 후 연두색 모노톤으로 수정

**2** ADJUSTMENTS 패널의 [Black & White]로 가운데 꽃만 남긴 채 나머지를 무채색으로 만든 후, 그림과 같이 Fill 레이어를 사용해 검은색의 프레임을 만들어 알맞은 필터를 이용해 완성해 보세요.

- **준비물** : 예제파일\Round08\pansy.jpg
- **완성물** : 예제파일\Round08\pansy_f.psd
- **도움말** : 예제해설\Round08도움말2.hwp(pdf, avi)

❶ 툴박스의 빠른 선택 툴(🖌)로 가운데 꽃 선택 ❷ Shift+Ctrl+I 를 눌러 선택 영역 반전 ❸ Adjustments 패널의 [Black & White] 클릭 ❹ 선택 영역을 무채색 톤으로 변경 ❺ 툴박스의 사각 선택 툴(▢)을 클릭 ❻ 프레임 모양으로 이미지를 선택 ❼ LAYERS 패널의 '보정 레이어(◐)'를 클릭하여 [Solid Color] 선택 ❽ 검은색을 선택 ❾ [Filter]–[Brush Strokes]–[Spatter] 메뉴 선택 ❿ 필터 옵션 조절하여 이미지 완성

# 포토샵의 막강 파워!
# 필터 사용하기

필터(Filter)란 카메라 렌즈에 끼워 사물을 독특하게 보이게 하는 것을 말하는데, 포토샵의 필터도 이 기능과 유사하게 이미지에 특징적인 효과를 적용하여 변경해줍니다. 필터는 그 종류와 기능도 대단히 많은데, 이번 Round에서는 사진 보정에서 자주 사용하는 필터와 합성에 이용하는 필터, 독립된 기능을 가진 필터 등으로 구분하여 알아보겠습니다.

이번 Round는 다음과 같은 단계로 구성됩니다. Training별 내용을 간략하게 먼저 파악하면 좀 더 효율적으로 학습을 진행할 수 있습니다.

---

**Training 01**  **이미지에 장식을 주는 포토샵의 필터 기능**

필터의 종류와 효과에 대해 알아보고 이미지에 필터를 적용하는 방법을 배워봅니다. 또한, [Filter Gallery] 대화상자를 이용해 필터를 적용하는 법과 필터를 중복해서 적용하는 방법에 대해 알아보겠습니다.

▶ 필터 적용하는 법 살펴보기
▶ [Filter Gallery] 대화상자를 이용해 필터 적용하기

**Training 02**  **자주 사용하는 필터 알아보기**

디카 이미지에 사용할 수 있는 손쉬우면서 효과가 강력한 필터에 대해 알아보고 이를 적용해 이미지를 수정해 보겠습니다.

▶ [Blur] 필터를 이용해 이미지 수정하기
▶ [Sharpen] 필터와 [Noise] 필터로 이미지 수정하기

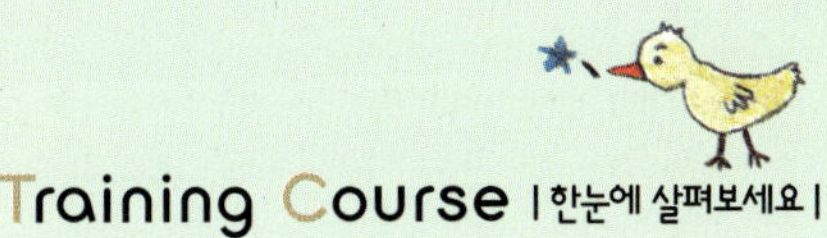

Training Course | 한눈에 살펴보세요 |

# 01

# 이미지에 장식을 주는
# 포토샵의 필터 기능

Photoshop·CS4

필터는 포토샵 버전이 높아짐에 따라 개수도 많아지고 옵션도 다양해지고 있습니다. 그 효과 또한 매우 강력해져 일반 사용자들도 별 어려움 없이 사용할 수 있게 변화하였습니다. 또한, Adobe 사이트를 통해 여러 종류의 필터를 골라서 다운로드 받아 추가할 수도 있습니다. 이번 Training에서는 포토샵에서 제공하는 필터의 종류와 이를 적용할 수 있는 [Filter Gallery] 대화상자에 대해 알아보겠습니다.

| 학습 목표 | 학습 소재 | 난이도 | 예상 학습 결과 | 연계 학습 |
|---|---|---|---|---|
| • 포토샵의 필터 종류 알아보기<br>• 필터 간단히 적용해보기 | • [Filter] 메뉴<br>• [Filter Gallery] 대화상자 | ★★★☆☆ | • 이미지에 필터 적용<br>• [Filter Gallery] 대화상자로 필터 적용 | |

## READY!

## 포토샵에서 필터를 적용하는 방법

[Filter] 메뉴는 기능별로 묶여 있어 원하는 필터를 찾기에 매우 편리하게 구성되어 있습니다. 또한, 필터를 묶어 통합 관리하는 [Filter Gallery] 명령을 이용하면 필터의 옵션에 따라 적용되는 이미지의 변화를 미리 볼 수 있어 매우 편리합니다.

### ■ 기본 필터 살펴보기

포토샵 필터는 기본적으로 [Filter] 메뉴에서 제공합니다.

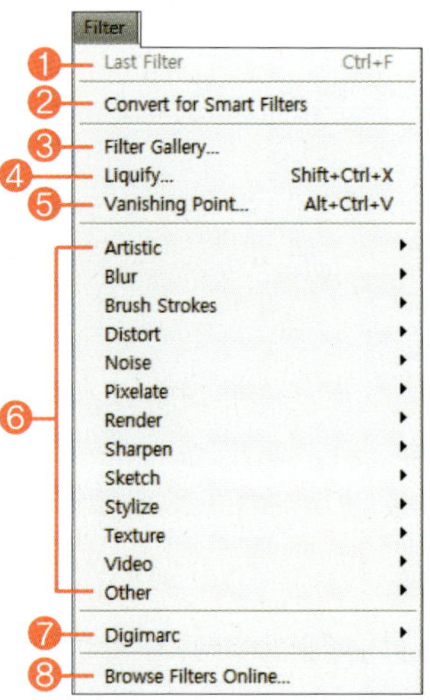

❶ Last Filter : 마지막 적용한 필터를 반복할 수 있습니다.

❷ Convert for Smart Filters : 이미지에 바로 적용하지 않고 추가되는 형태의 스마트 필터로 변형합니다. 스마트 필터로 적용되면 언제든지 옵션을 조절할 수 있고 제거할 수 있습니다.

❸ Filter Gallery : 대화상자를 열어 선택한 이미지에 필터를 적용하면서 이미지를 미리 확인할 수 있습니다.

❹ Liquify : 이미지를 왜곡하는 필터입니다.

❺ Vanishing Point : 원근감 있는 이미지에 커버를 씌우거나 확장, 수정할 때 사용합니다.

❻ 나머지 종류별 필터는 뒤에서 자세히 살펴보겠습니다.

❼ Digimarc : 이미지에 저작권 정보를 지정하거나 저작권 정보를 읽을 경우에 사용합니다.

❽ Browse Filters Online : 필터를 구매할 수 있는 온라인 사이트로 연결됩니다.


### ■ [Filter Gallery] 대화상자 살펴보기

[Filter Gallery] 대화상자는 필터의 세부 옵션을 조절하면서 이미지의 변화를 미리 보기하는 곳으로 필터를 중복하거나 제거할 수 있습니다. 하지만 [Filter Gallery]에서 모든 필터를 사용할 수 있는 것은 아니고 Artistic, Brush Strokes, Distort, Sketch, Stylize, Texture의 일부 필터만 사용할 수 있습니다.

❶ 미리 보기 창 : 필터가 적용된 이미지를 미리 볼 수 있습니다.

❷ 확대/축소 : 미리 보기 창에 나타나는 이미지의 보기 배율을 확대하거나 축소하는 버튼이 있으며, 수치 부분을 클릭하면 배율을 선택할 수 있습니다.

❸ 필터 목록 : [Filter Gallery] 대화상자를 이용해 이미지에 적용할 필터를 선택합니다.

❹ 세부 옵션 : 선택한 필터의 세부 옵션이 나타나 값을 조절하는 곳입니다.

❺ 필터 레이어 : 이미지에 적용된 필터 항목을 보여줍니다. 아래 '새 효과 만들기(ⓤ)'를 클릭하면 새 필터를 이미지에 적용할 수 있고, '휴지통(ⓣ)'을 클릭하면 선택한 필터 항목을 제거할 수 있습니다.

## 이미지에 필터 바로 적용하기

◎ **준비물** : '예제파일\Round09\light.jpg' 파일을 불러오세요.

**①** 이미지에 조명을 적용하기 위해 [Filter]-[Render]-[Lighting Effects] 메뉴를 선택합니다.

**②** 대화상자가 나타나면 자주 사용하는 빛의 모양을 선택하는 [Style]에서 [Crossing Down]을 선택합니다. 2개의 스포트라이트가 이미지 가운데를 비추는 조명이 나타나면, 오른쪽에서 위 포인트를 이미지 모서리로 이동하여 빛이 비추는 시작점을 이동합니다.

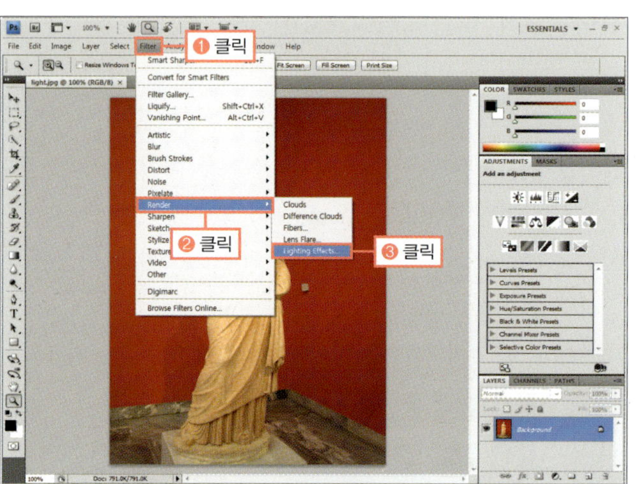

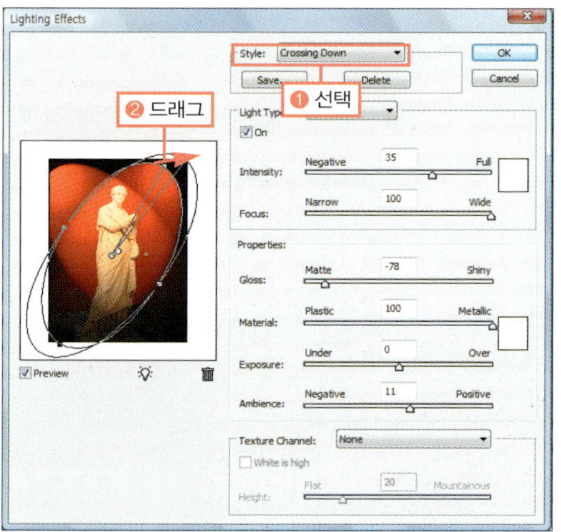

### BONUS

[Lighting Effects] 필터는 태양빛이나 스포트라이트, 직선 빛을 이미지에 적용해줍니다.

### STOP

대화상자의 [Light Type]이 [Spotlight]일 때 원 위에 있는 각 조절점은 빛이 퍼지는 범위이며, 중심과 연결된 선 끝 포인트는 빛의 시작 지점을 가리키고, 중심점은 빛이 도달하는 위치를 나타냅니다.

**③** 마찬가지 방법으로 왼쪽 스포트라이트의 중심점을 클릭하고 왼쪽 위 포인트를 이미지 모서리로 이동하여 빛의 시작점을 이동한 후 [OK] 버튼을 클릭합니다.

**④** 이미지에 적용된 조명 빛을 확인합니다.

◎ **완성물** : 예제파일\Round09\light_f.jpg

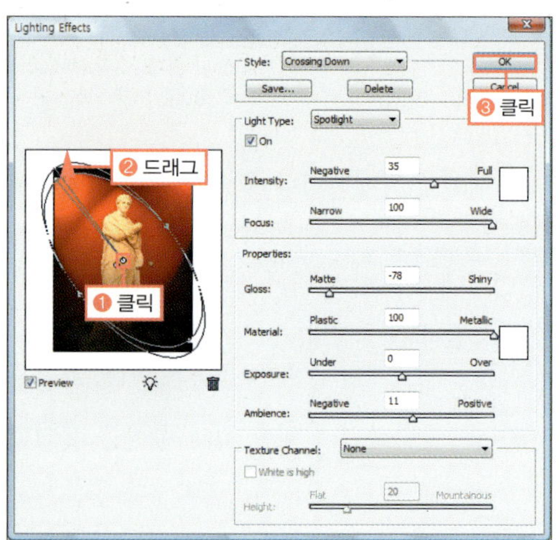

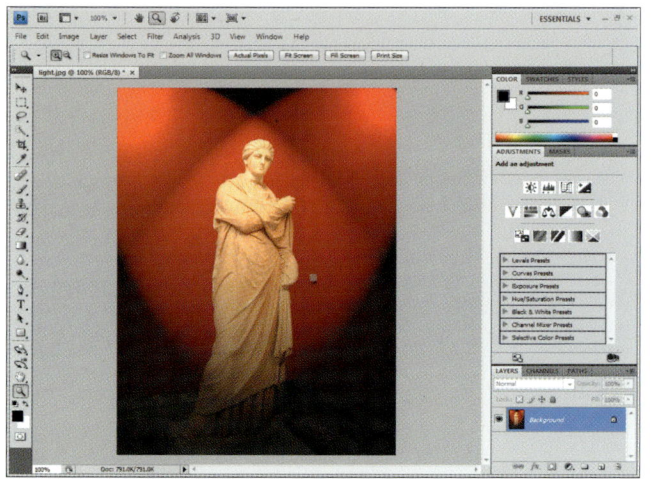

◎ **준비물** : '예제파일\Round09\museum.jpg' 파일을 불러오세요.

**①** COLOR 패널에서 전경색을 주황색, 배경색을 파란색으로 설정한 후 이미지에 재질감을 입히기 위해 [Filter]-[Texture]-[Texturizer] 메뉴를 선택합니다.

**②** [Filter] Gallery] 대화상자가 나타납니다. 선택한 필터의 세부 옵션에서 재질을 나타내는 [Texture]가 [Canvas]로 선택된 것을 확인한 후 질감의 크기를 나타내는 [Scaling]을 '120', 재질감의 깊이를 나타내는 [Relief]를 '5'로 조절하고 미리 보기 창에서 확인합니다.

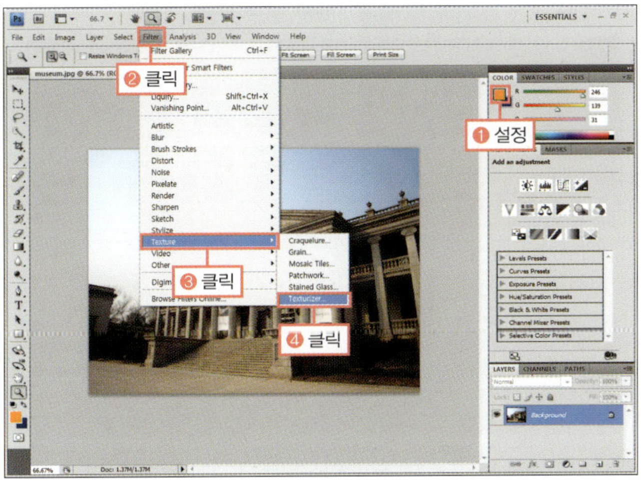

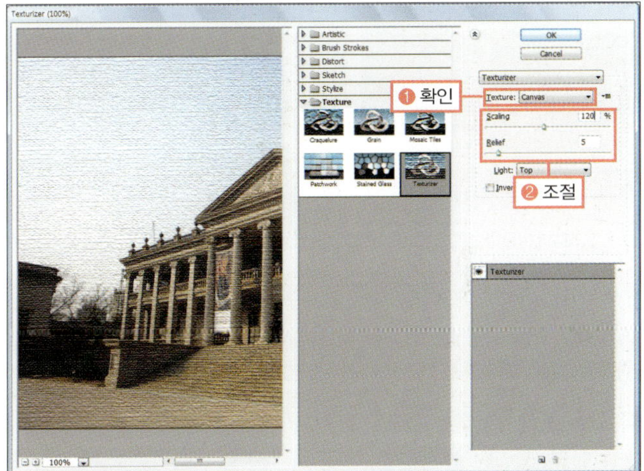

## BONUS

[Texturizer]는 이미지에 재질감을 입히는 필터로, [Texture]에서 재질을 선택한 후 재질의 크기와 깊이를 조절하여 적용합니다.

▲ Texture : Brick

▲ Texture : Burlap

▲ Texture : Sandstone

③ 새 필터를 추가 적용하기 위해 하단의 '새 효과 만들기(🔳)'를 클릭합니다. 그리고 필터 목록에서 [Artistic]을 펼친 후 [Colored Pencil]을 선택합니다.

④ 세부 옵션에서 펜의 크기를 나타내는 [Pencil Width]를 '2', 선을 압력을 나타내는 [Stroke Pressure]를 '4', 종이의 밝기를 나타내는 [Paper Brightness]를 '17'로 조절합니다.

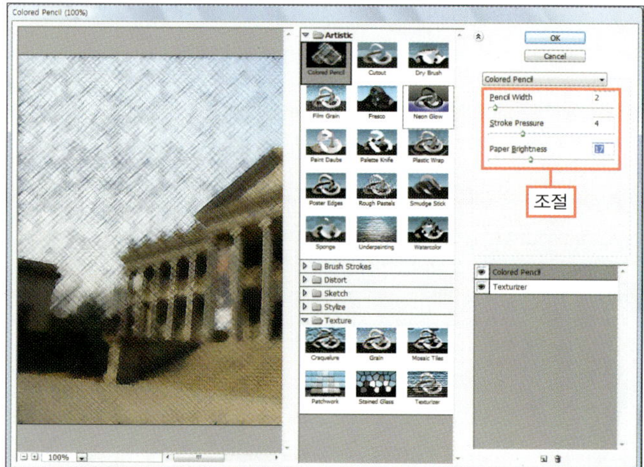



## BONUS

[Colored Pencil]은 전경색과 배경색의 펜으로 그림을 그린 것 같은 효과를 만드는 필터입니다.

⑤ 미리 보기 창 하단의 '축소(🔳)'를 2번 클릭하여 이미지 전체가 보이도록 한 후 필터가 적용된 이미지를 확인하고 [OK] 버튼을 클릭합니다.

⑥ 변경된 이미지를 확인합니다.

◎ **완성물** : 예제파일\Round09\museum_f.jpg



**Round 09.**
포토샵의 막강 파워! 필터 사용하기

## 스마트 필터 적용하고 수정하기



스마트 필터란 백그라운드나 레이어를 스마트 오브젝트로 변환하여, 필터가 이미지에 바로 적용되는 것이 아니라 레이어 스타일처럼 적용되는 것입니다. 이렇게 스마트 필터로 적용하면 원본 이미지를 손상하지 않으면서 언제든지 변형, 혼합할 수 있습니다.

### ■ 스마트 필터를 적용한 레이어

스마트 필터는 레이어에 바로 적용되지 않고 오직 스마트 오브젝트에 적용되며, 스마트 필터 마스크를 이용해 필터가 적용되지 말아야 하는 곳에 마스크를 씌울 수 있습니다.

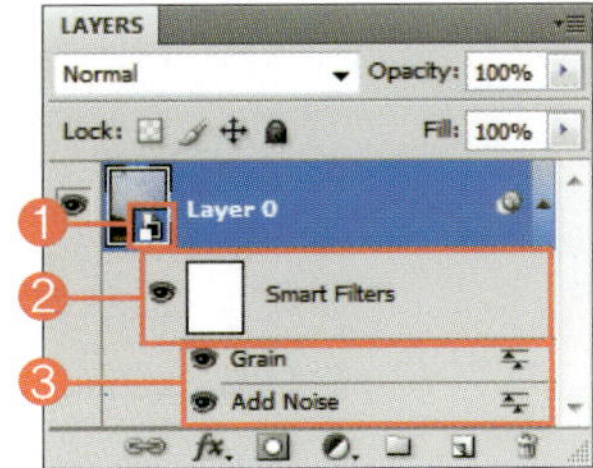

❶ **스마트 오브젝트** : 현재 이미지에 삽입된 외부 파일로, 레이어나 백그라운드를 선택한 후 [Convert for Smart Filter] 명령을 실행하면 자동으로 스마트 오브젝트로 변경됩니다.

❷ **스마트 필터 마스크** : 스마트 오브젝트에 필터를 적용하면 스마트 필터로 실행되는데, 이때 필터를 적용하지 않는 부분을 마스크할 수 있습니다.

❸ **스마트 필터** : 스마트 오브젝트에 적용된 필터로, 적용한 순서에 따라 위에 놓이며 필터 이름을 더블클릭하면 필터 세부 옵션을 다시 변경할 수 있습니다. 오른쪽에 '필터 블렌딩 옵션(📄)'을 더블클릭하여 필터가 적용되는 모드와 불투명도를 조절할 수 있습니다.

### ■ 이미지에 스마트 필터 적용하기

◎ **준비물** : '예제파일\Round09\castle.jpg' 파일을 불러오세요.

① [Filter]-[Convert for Smart Filter] 메뉴를 선택합니다.

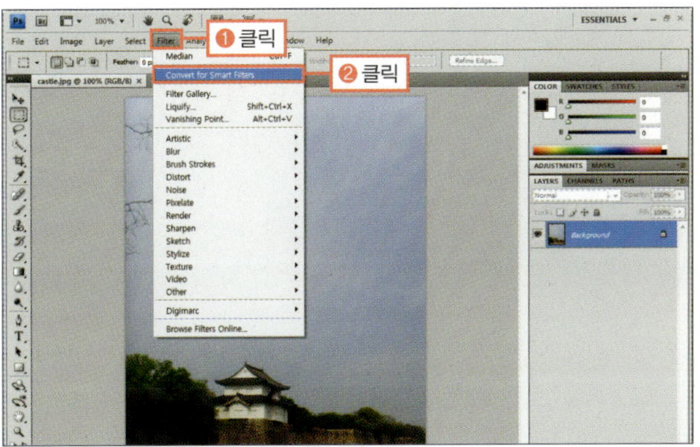

② 스마트 필터를 적용하기 위해 선택한 레이어를 스마트 오브젝트로 변경한다는 경고창이 나타나면 [OK] 버튼을 클릭합니다.

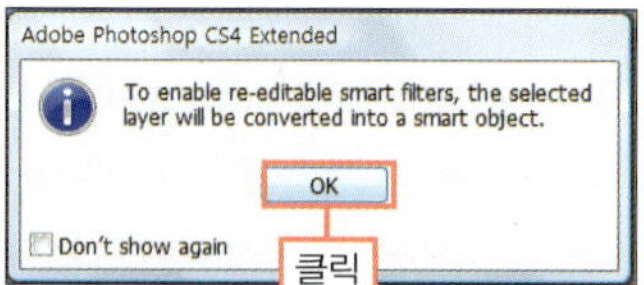

③ 'Background'가 'Layer 0'으로 변경되면서 스마트 오브젝트로 바뀝니다. [Filter]–[Noise]–[Add Noise] 메뉴를 선택합니다.

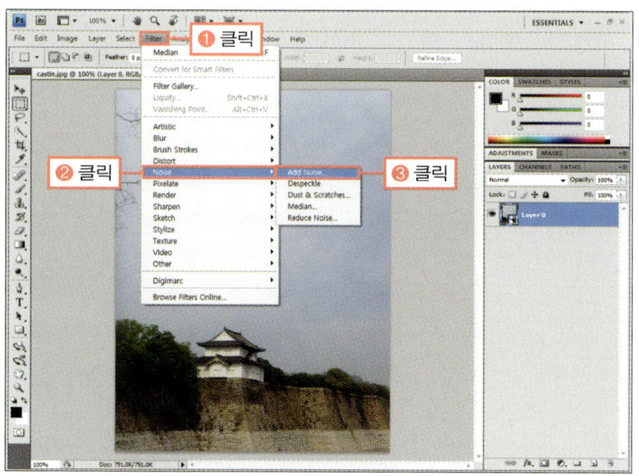

**BONUS**

[Add Noise]는 이미지에 노이즈를 만드는 필터입니다.

④ [Add Noise] 대화상자에서 노이즈의 양을 나타내는 [Amount]를 '25'로 조절하고 노이즈의 배치를 [Gaussian]으로 선택한 후 흑백 노이즈를 적용하기 위해 [Monochromatic]에 체크하고 [OK] 버튼을 클릭합니다.

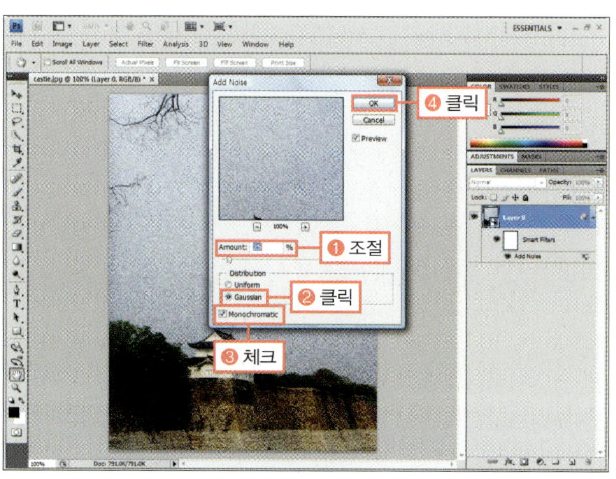

⑤ LAYERS 패널에서 스마트 오브젝트에 스마트 필터가 적용된 것을 확인합니다. 적용된 필터 오른쪽의 '필터 블렌딩 옵션( )'을 더블클릭합니다. 필터의 블렌딩 모드와 불투명도를 조절하는 대화상자가 나타나면 [Mode]를 [Soft Light]로 선택하고 [OK] 버튼을 클릭합니다.

**6** 이미지에 가로 스크래치를 만들기 위해 [Filter]-[Texture] -[Grain] 메뉴를 선택합니다.

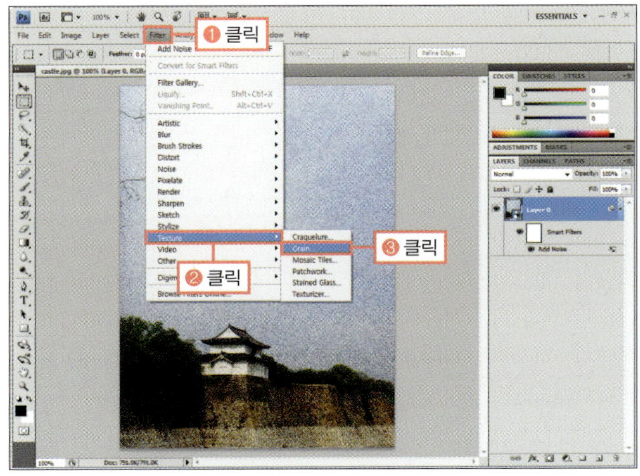

### BONUS

[Grain] 필터는 주로 스크래치를 만들 때 사용하는 것으로 이미지에 여러 가지 모양의 결을 만들 수 있습니다.

**7** [Grain]을 조절하는 대화상자가 나타나면 [Grain Type]을 [Vertical]로 선택하고 스크래치의 강도를 나타내는 [Intensity] 를 '21', 대비를 나타내는 [Contrast]를 '46'으로 조절한 후 [OK] 버튼을 클릭합니다.

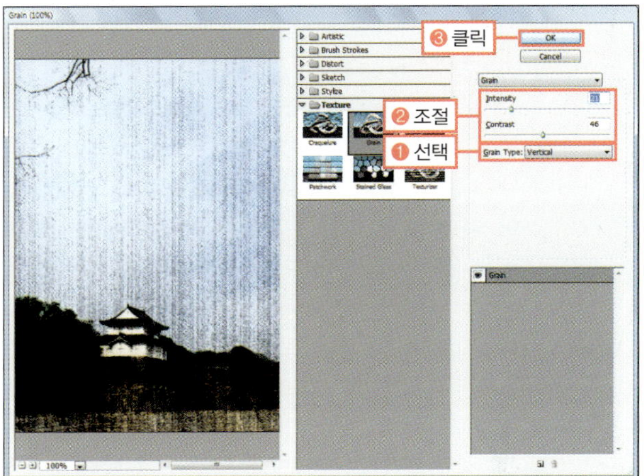

**8** LAYERS 패널의 스마트 필터에 [Grain]이 추가된 것을 확인합니다. 추가된 스마트 필터의 '필터 블렌딩 옵션 (＝)'을 더블클릭합니다. [Mode]를 [Multiply]로 선택하고 [Opacity]를 '70%'으로 조절한 후 [OK] 버튼을 클릭합니다.

**9** 완성된 이미지를 확인합니다.

◎ **완성물** : 예제파일\Round09\castle_f.psd

**Hard Training.**
스마트 필터 적용하고 수정하기

# 자주 사용하는 필터 알아보기

Photoshop · CS4

수없이 많은 필터가 있지만 일반 사용자들은 자신이 직접 찍은 사진을 손쉽게 보정하는 필터를 가장 많이 이용할 것입니다. 이런 필터가 바로 Blur와 Sharpen, Noise 등입니다. 이런 필터는 효과도 강력하지만 세부 옵션도 이해하기 쉬워 사용하기 편리합니다. 이번 Training에서는 이런 필터를 이용해 디카로 촬영한 이미지를 수정하는 방법에 대해 알아보겠습니다.

| 학습 목표 | 학습 소재 | 난이도 | 예상 학습 결과 | 연계 학습 |
|---|---|---|---|---|
| 디카로 촬영한 사진을 손쉽게 보정할 수 있는 필터 학습하기 | • [Filter]–[Blur]–[Motion Blur] 메뉴<br>• [Filter]–[Sharpen]–[Unsharp Mask] 메뉴 | ★★★☆☆ | • [Motion Blur] 필터 이용하여 역동적인 이미지로 보정<br>• [Unsharp Mask] 필터로 선명한 이미지로 보정<br>• [Noise] 필터로 이미지의 잡티 조절 | • 레이어 마스크 : 393쪽<br>• 스마트 필터 : 475쪽 |

## READY!

## 디카로 촬영한 이미지에 사용하면 좋은 필터들

[Filter]–[Blur] 메뉴는 촬영한 사진의 초점이 잘 안 맞을 때의 느낌을 필터로 모아놓은 것입니다. 이중에서 [Gaussian Blur]는 조절 수치에 따라 초점이 안 맞는 정도를 조절할 수 있으며, [Motion Blur]는 움직이는 사물을 촬영할 때 잔상이 보이는 것과 같은 효과를 줄 수 있습니다. 또한, [Smart Blur]는 경계선은 그대로 둔 채 면을 뭉쳐주는 효과이며 [Surface Blur]는 [Smart Blur]와 유사하지만 좀 더 디테일한 명암을 살려주면서 뭉쳐줍니다. [Surface Blur]는 주로 피부를 깨끗이 표현할 때 사용하면 좋습니다.

▲ 원래 이미지

▲ [Gaussian Blur]로 뿌옇게 만든 이미지

▲ [Motion Blur]로 움직이는 듯한 효과를 준 이미지

▲ [Smart Blur]로 이미지의 픽셀을 뭉친 이미지

▲ [Surface Blur]로 좀 더 부드럽게 뭉친 이미지

[Filter]-[Sharpen] 메뉴는 색상의 경계를 선명하게 만드는 필터로, 그중에서도 주로 [Unsharp Mask] 필터로 흔들림이 있는 사진을 선명하게 만들 때 사용합니다.

▲ 원래 이미지

▲ [Unsharp Mask]로 선명하게 수정

[Filter]-[Noise] 메뉴는 이미지에 노이즈를 만드는 필터입니다. 그중에서도 [Add Noise]를 이용하면 컬러풀하거나 흑백의 노이즈를 만들 수 있으며, [Reduce Noise]를 이용하면 스캔받은 이미지나 ISO를 높여 찍은 이미지에 생긴 노이즈를 아주 세세히 제거할 수 있습니다.

▲ 원래 이미지

▲ [Add Noise]로 검은색 노이즈를 추가

▲ 원래 이미지

▲ [Reduce Noise]를 이용해 노이즈 감소



## [Motion Blur] 필터로 움직이는 것 같은 사진 만들기

◎ **준비물** : '예제파일\Round09\driving.psd' 파일을 불러오세요.

**1** LAYERS 패널에서 'car' 레이어를 클릭하고 '새 레이어 만들기(□)' 위로 드래그하여 복제합니다.

**2** 복제한 레이어에 움직이는 듯한 효과를 주기 위해 [Filter]-[Blur]-[Motion Blur] 메뉴를 선택합니다.

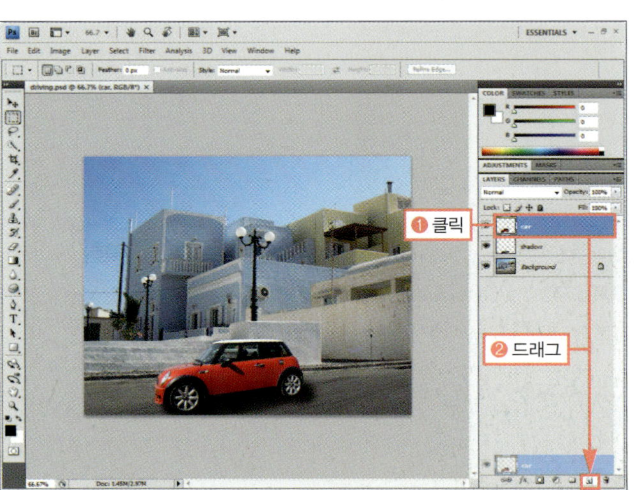

**3** 이동하는 방향을 나타내는 [Angle]을 자동차의 진행 방향과 비슷한 '6'으로, 잔상이 움직이는 거리를 나타내는 [Distance]를 '100'으로 조절한 후 [OK] 버튼을 클릭합니다.

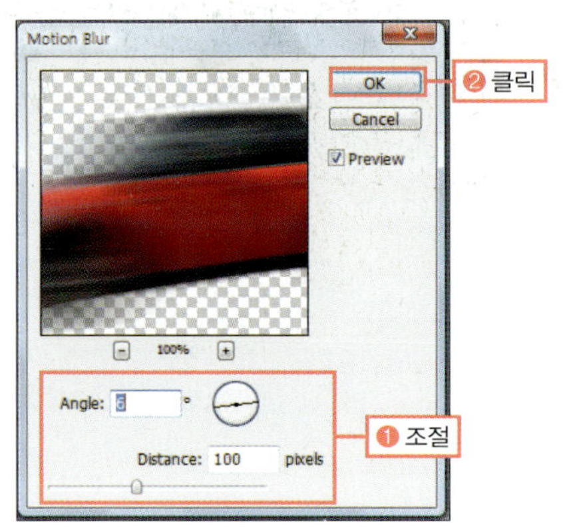

④ 툴박스에서 이동 툴(▶♣)을 선택하여 이미지 창에서 오른쪽으로 조금 이동합니다.

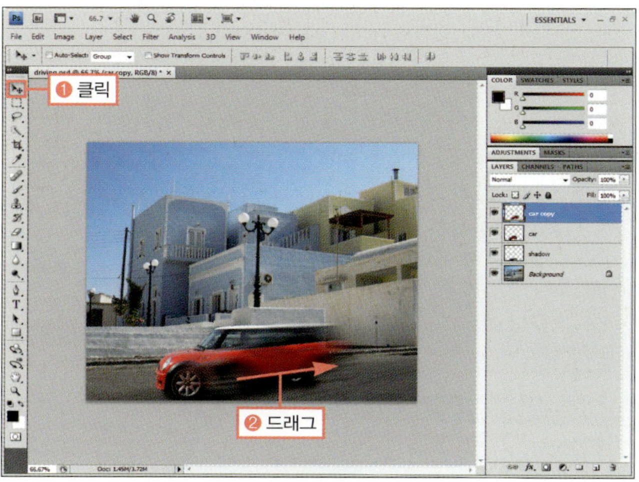

⑤ LAYERS 패널에서 '레이어 마스크(▣)'를 클릭하여 마스크를 만든 후 툴박스에서 그레이디언트 툴(▣)을 선택합니다.

⑥ 그레이디언트의 색상은 검은색에서 흰색(Black, White), 형태는 '선형(▣)'으로 설정하고 그림과 같이 자동차의 왼쪽에서 오른쪽으로 드래그하여 마스크에 그레이디언트를 칠합니다.

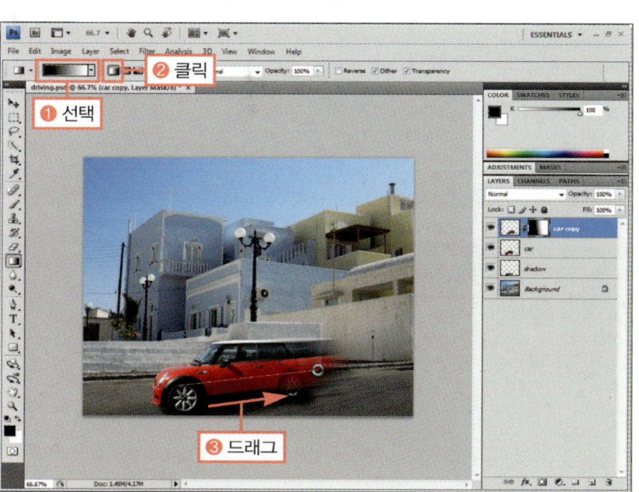

⑦ 수정된 이미지를 확인합니다.

**Training 02.**
자주 사용하는 필터 알아보기

# [Unsharp Mask] 필터로 이미지 선명하게 하기

◎ **준비물** : '예제파일\Round09\incar.jpg' 파일을 불러오세요.

**①** Ctrl + + 를 2번 눌러 이미지를 확대해보면 초점이 맞지 않아 아이 얼굴이 선명하지 않습니다. 먼저 [Filter]-[Convert for Smart Filters] 메뉴를 선택합니다.

**②** 'Background'가 스마트 오브젝트로 변경된 것을 확인하고 이미지를 선명하게 수정하기 위해 [Filter]-[Sharpen] -[Unsharp Mask] 메뉴를 선택합니다.

### STOP

[Convert for Smart Filters] 명령을 선택하면 'Background'가 스마트 오브젝트가 되어 원본은 보호됩니다. 또한, 필터는 스마트 필터로 적용되어 필터 마스크로 일부분에만 넣어 이를 수정할 수 있습니다.

**③** [Unsharp Mask] 대화상자가 나타나면 선명해지는 정도를 나타내는 [Amount]를 '150', 적용 범위를 나타내는 [Radius]를 '2.5'로 조절하여 이미지가 선명하게 수정되는 정도를 확인한 후, 적용되는 픽셀 수를 나타내는 [Threshold]를 '2'로 조절하고 [OK] 버튼을 클릭합니다.

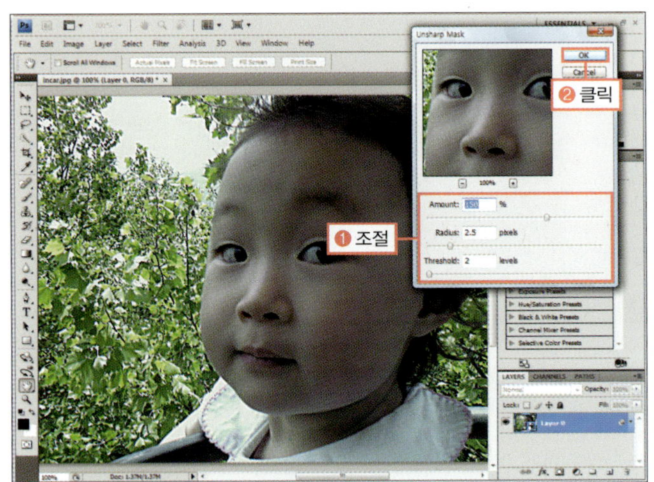



### STOP

[Unsharp Mask] 필터는 [Amount]와 [Radius]의 수치가 높을수록 선명해지는데, 너무 높을 경우 노이즈가 많아져 이미지가 손상됩니다.

④ 선명해지면서 만들어진 노이즈를 줄이기 위해 [Filter]−[Noise]−[Reduce Noise] 메뉴를 선택합니다.

⑤ 오른쪽 세부 옵션에서 노이즈를 줄이는 정도를 나타내는 [Strength]를 '10', 세세한 명암을 유지하는 정도를 나타내는 [Preserve Details]를 '10', 색상 노이즈의 제거 정도를 나타내는 [Reduce Color Noise]를 '5', 선명도를 나타내는 [Sharpen Details]를 '6'으로 조절하여 미리 보기에서 노이즈가 줄어든 것을 확인한 후 [OK] 버튼을 클릭합니다.

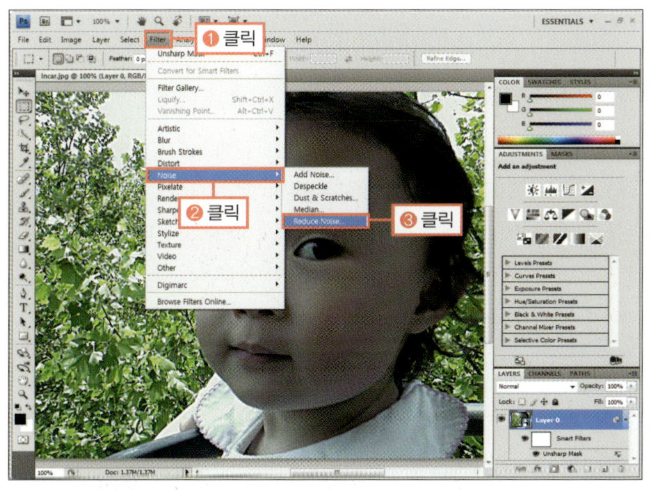

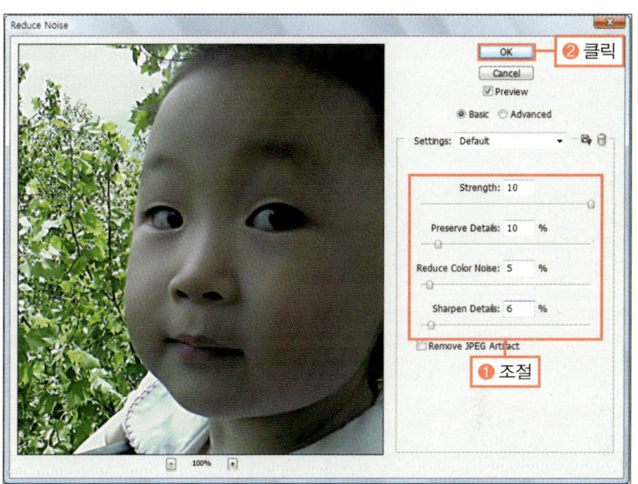



[Reduce Noise] 필터는 머리카락이나 텍스처 오브젝트와 같은 가장자리와 이미지 세부 묘사는 그대로 유지한 채 노이즈를 줄여줍니다. 바로 [Preserve Details]가 그 정도를 조절하는 옵션인데, 100%에 가까워지면 세부 묘사는 유지되지만 [Strength]가 적용되지 않고 0%이면 노이즈는 제거되지만 세세한 명암과 대비는 사라집니다. [Remove JPEG Artifact]는 이미지의 압축을 높여 JPEG로 저장했을 때 생기는 노이즈를 제거합니다.

⑥ 배경 나무가 너무 선명해졌습니다. 이를 수정하기 위해 LAYERS 패널에서 스마트 필터 마스크 썸네일을 클릭한 후 툴박스에서 브러시 툴(✐)을 선택합니다.

⑦ 전경색이 검은색인 것을 확인한 후 아이 얼굴을 제외한 나머지 부분을 칠합니다. 검은색으로 칠한 부분의 필터가 마스크로 가려져 원래 이미지가 보입니다. 변경된 이미지를 확인합니다.

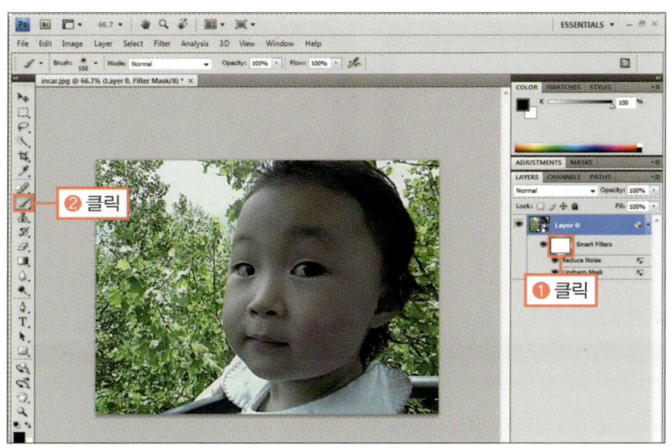

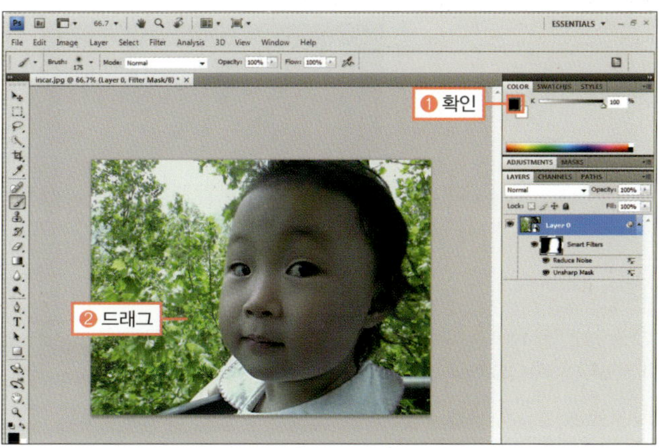

◎ 완성물 : 예제파일\Round09\incar_f.psd



스마트 오브젝트는 수정되지 않기 때문에 스마트 필터 마스크는 스마트 필터가 적용되는 부분을 가리거나 보이게 하는 역할을 합니다.



**Training 02.**
자주 사용하는 필터 알아보기

# 마스크에 적용하기 좋은 필터들

Photoshop · CS4

몇몇 필터는 이미지를 형태와 색상에 상관없이 일정한 모양으로 바꿔버리거나 흰색과 검은색으로 수정해버리기도 합니다. 이런 필터는 주로 레이어 마스크나 채널을 위한 것으로, 이를 사용하면 좀 더 다양한 형태로 이미지들을 합성할 수 있습니다. 이번 Training에서는 이런 필터에 대해 알아보겠습니다.

| 학습 목표 | 학습 소재 | 난이도 | 예상 학습 결과 | 연계 학습 |
|---|---|---|---|---|
| 마스크에 적용할 수 있는 필터 알아보기 | • [Filter]-[Sketch]-[Halftone Pattern] 메뉴<br>• [Filter]-[Brush Stroke]-[Spatter] 메뉴 | ★★★★☆ | 레이어 마스크에 필터를 적용하여 이미지 합성 | • 보정 레이어 : 461쪽<br>• ADJUSTMENTS 패널 : 421쪽<br>• 레이어 마스크 : 393쪽 |

## READY!

## 마스크에서 자주 사용하는 필터들

일반적으로 필터는 선택한 이미지에 특정 효과를 적용하기 위해 사용하는데, 이미지와는 상관없이 일정한 모양을 만드는 필터들이 있습니다. 이런 필터는 마스크나 채널에 적용하여 단순한 툴 작업으로 만들 수 없는 합성에 사용합니다. 대표적인 필터는 다음과 같습니다.

[Brush Stroke] 메뉴에 있는 [Spatter]는 이미지를 흩트리는 필터이고 [Sprayed Stokes]는 일정한 방향으로 흩어지는 필터입니다. 이들은 일반 이미지에도 적용할 수 있지만 레이어와 같이 빈 공백이 있는 이미지나 경계 부분에는 적용되지 않기 때문에, 레이어 마스크에 흰색과 검은색으로 형태를 만든 후 적용하면 경계 부분만 흩어지게 만들어 다른 이미지와 합성할 때 좋습니다.

▲ 원래 이미지

▲ [Spatter]를 적용한 이미지

▲ [Sprayed Strokes]를 적용한 이미지

[Sketch] 메뉴에 있는 [Halftone Pattern] 필터는 말 그대로 검은색과 흰색의 규칙적인 패턴을 만드는데, 도트나 동심원, 줄무늬 등의 모양을 선택할 수 있습니다.

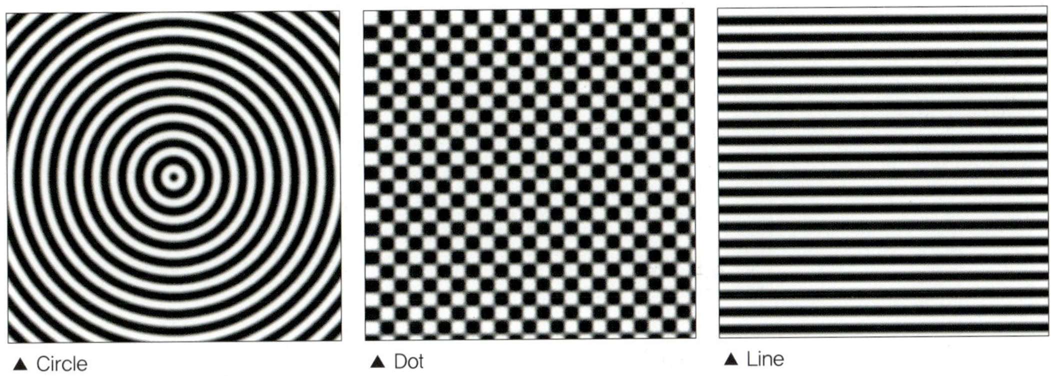

▲ Circle          ▲ Dot          ▲ Line



## 마스크로 프레임 모양 만들기

◎ **준비물** : '예제파일\Round09\overlap.psd' 파일을 불러오세요.

**1** LAYER 패널에서 '보정 레이어(⊘)'를 클릭하여 [Levels]를 선택합니다.

**2** ADJUSTMENTS 패널에 Levels 조절 옵션이 나타나면 밝은 톤을 조절하는 흰 포인트(△)를 '158'로 조절하여 밝게 수정합니다.

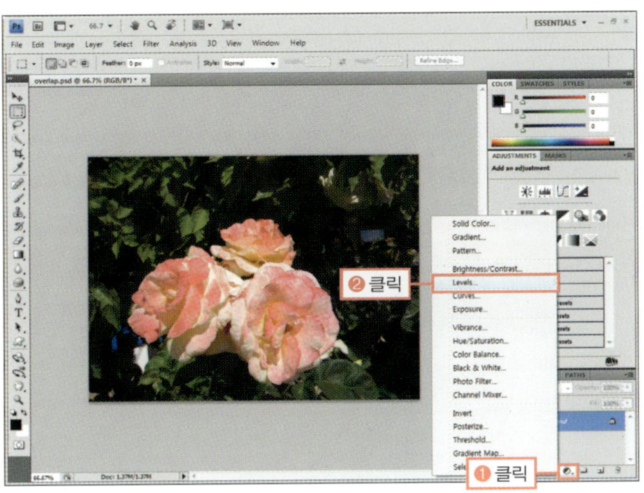

**Training 03.**
마스크에 적용하기 좋은 필터들

③ 레이어 마스크에 도트 패턴을 넣기 위해 [Filter]-[Sketch]-[Halftone Pattern] 메뉴를 선택합니다.

④ [Filter Gallery] 대화상자가 나타나면 오른쪽 옵션에서 도트의 크기를 나타내는 [Size]를 '4', 대비를 나타내는 [Contrast]를 '9'로 조절하여 작은 도트가 만들어지도록 한 후 [OK] 버튼을 클릭합니다.

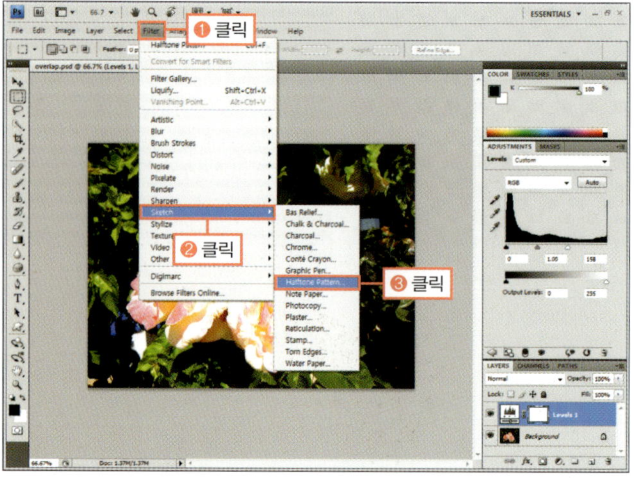

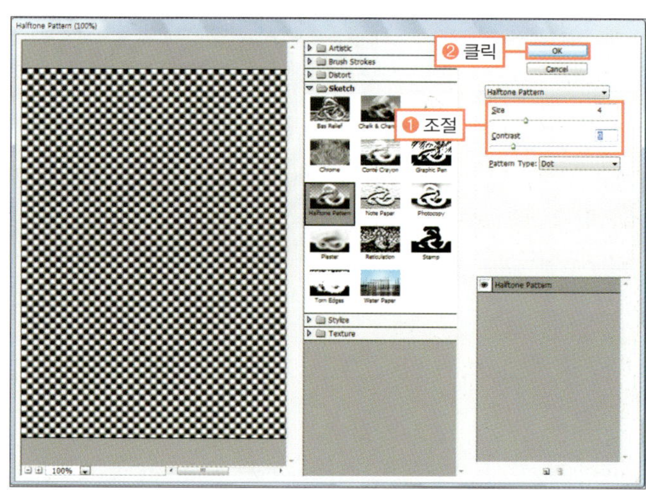



[Halftone Pattern] 필터를 만들 때 마스크의 색상이 검은색일 경우 명령이 적용되지 않습니다.

⑤ 이미지에 밝은 도트가 만들어진 것을 확인합니다.

◎ 완성물 : 예제파일\Round09\overlap_f.psd

# 레이어 마스크에 필터를 적용해 프레임 만들기

◎ **준비물** : '예제파일\Round09\friendship.psd' 파일을 불러오세요.

**1** 필터를 적용하기 위해 LAYERS 패널의 'Back ground copy' 레이어에서 마우스 오른쪽 버튼을 클릭하여 [Rasterize Layer]를 선택합니다.

**2** Alt 를 누른 채 LAYERS 패널의 마스크 썸네일을 클릭하여 마스크 이미지가 보이도록 한 후 Ctrl + I 를 눌러 검은색과 흰색을 반전합니다.

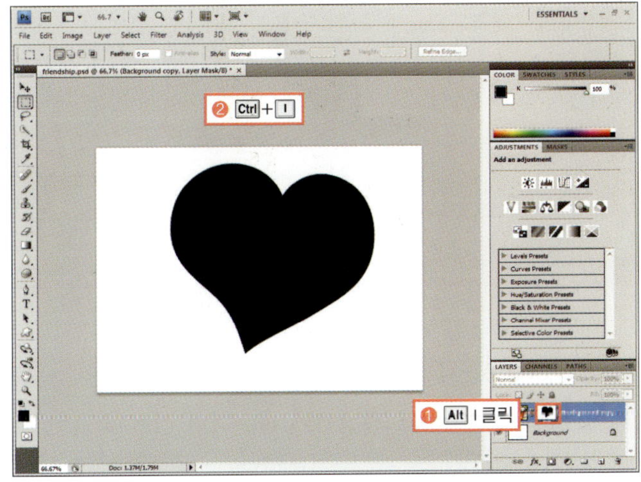




벡터 마스크로 하트를 그려놓은 이미지로, 필터를 적용하려면 필 픽셀 마스크(레이어 마스크)로 변경해야 합니다.



[Color Halftone]으로 도트를 만들 때에는 검은색에서 흰색 방향으로 도트가 만들어지기 때문에 Ctrl + I 를 눌러 [Invert] 명령을 실행합니다.

**3** 경계선을 부드럽게 하기 위해 [Filter]-[Blur]-[Gaussian Blur] 메뉴를 선택합니다.

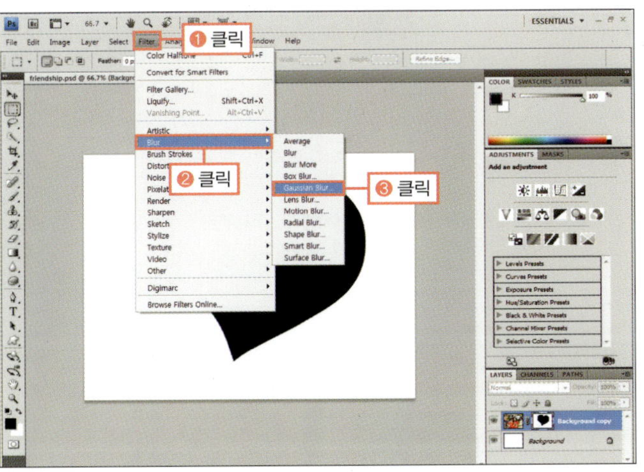


**4** [Gaussian Blur] 대화상자가 나타나면 부드러운 정도를 나타내는 [Radius]를 '30'으로 조절한 후 [OK] 버튼을 클릭합니다.

[Gaussian Blur]를 적용한 후 [Color Halftone]을 적용하면 도트의 크기가 더 다양하게 만들어집니다.



**Training 03.**
마스크에 적용하기 좋은 필터들

⑤ 경계를 따라 도트가 만들어지도록 [Filter]-[Pixelate]-[Color Halftone] 메뉴를 선택합니다.

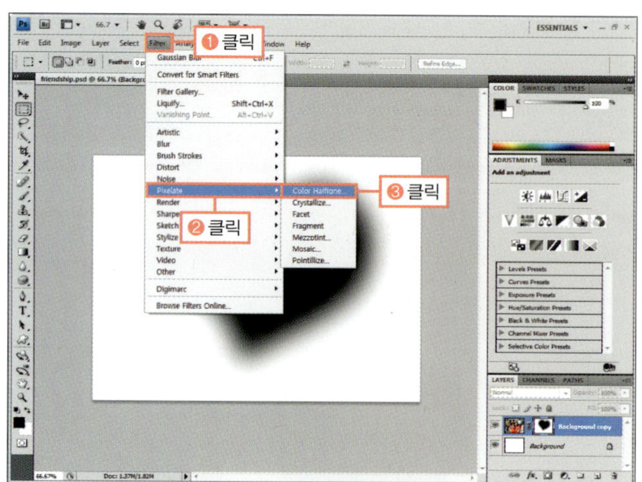

⑥ [Color Halftone] 대화상자가 나타나면 도트의 최대 크기를 나타내는 [Max. Radius]를 '20'으로 입력한 후 [OK] 버튼을 클릭합니다.

⑦ 경계선을 따라 도트가 만들어집니다. 툴박스의 브러시 툴(✐)을 선택하고 전경색이 검은색인 것을 확인한 후 하트 안에 생긴 작은 도트는 지웁니다.

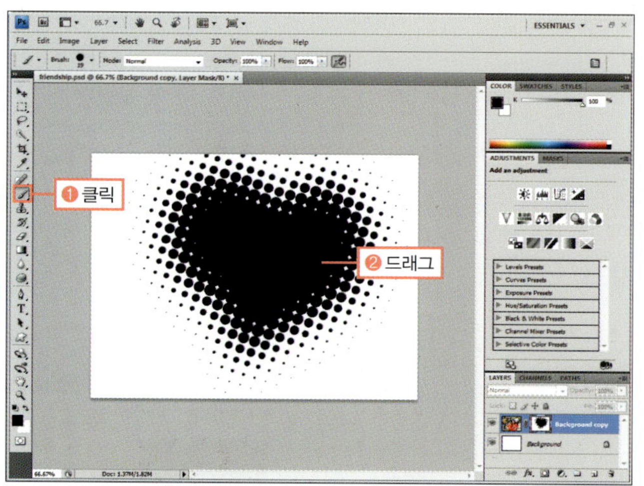

⑧ Alt 를 누른 채 마스크 썸네일을 클릭하여 원래 이미지로 되돌린 후, Ctrl + I 를 눌러 [Invert]를 실행하여 마스크를 반전합니다.

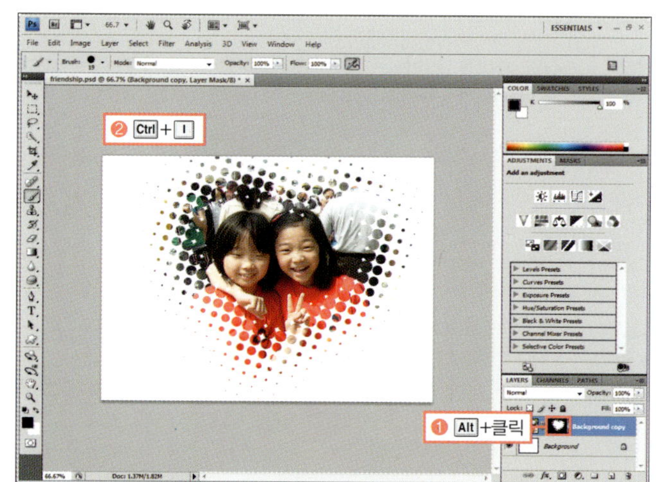

◎ **완성물** : 예제파일\Round09\friendship_f.psd

# 이미지의 원근감을 살려주는 [Vanishing Point] 필터



'Vanishing Point'는 우리말로 번역하면 '소실점'이란 뜻으로, 이미지의 원근감을 살려 편집하는 필터입니다. 주로 원근감에 맞춰 이미지를 수정하거나 복사한 이미지를 원근감에 맞춰 붙여넣기 할 때 사용합니다. 이번 Training에서는 [Vanishing Point] 대화상자를 이용하는 방법에 대해 알아보겠습니다.

| 학습 목표 | 학습 소재 | 난이도 | 예상 학습 결과 | 연계 학습 |
|---|---|---|---|---|
| 원근감 있는 이미지 수정하기 | [Filter]–[Vanishing Point] 메뉴 | ★★★★☆ | [Vanishing Point] 필터로 이미지의 원근감 조절 | |

## READY!

## [Vanishing Point] 대화상자 살펴보기

[Vanishing Point] 대화상자가 열리면 평면 툴(      )이라는 것이 기본적으로 선택되어 있어 평면 이미지를 선택할 수 있습니다. 이미지를 선택하면 자동으로 평면 수정 툴(      )로 변경되어 평면을 원근감에 맞도록 수정할 수 있습니다.

❶ **평면 수정 툴** : 만들어진 평면의 조절점을 이동할 수 있으며 Ctrl을 누른 채 각 중앙에 있는 조절점을 드래그하여 꺾인 평면을 만들 수 있습니다. 옵션 바에는 평면의 그리드 간격을 조절하는 [Grid Size]와 평면의 각도를 조절하는 [Angle]이 있습니다.

❷ **평면 툴** : 이미지에 네 점을 찍어 새로운 평면을 만드는 툴입니다. 평면이 완성되면 저절로 평면 수정 툴로 바뀝니다.

❸ **선택 툴** : 평면 안에서 드래그하면 평면의 원근감에 맞춰 선택 영역을 만들 수 있습니다.

❹ **도장 툴** : 평면 안에서 Alt를 누른 채 클릭하여 이미지를 복사한 후 수정할 부분으로 이동해서 드래그하면 붙여넣기가 됩니다.

❺ **브러시 툴** : 브러시의 크기, 부드러운 정도, 불투명도, 색상을 선택해 평면에 맞춰 칠하는 툴입니다. 이때 아래 이미지의 명암이나 색상과 섞이는 형태를 정할 수 있습니다.

❻ **변형 툴** : 복사한 이미지를 붙여넣기하면 실행되는 것으로, 붙여 넣은 이미지의 크기를 조절하거나 회전할 수 있습니다.

❼ **스포이트 툴** : 이미지에서 원하는 색상을 추출하여 브러시 툴로 칠할 수 있습니다.

❽ **자 툴** : 이미지에서 드래그하여 길이와 각도를 잴 수 있는 툴입니다.

❾ **손바닥 툴과 돋보기 툴** : 손바닥 툴은 미리 보기에서 이미지의 위치를 이동하거나 더블클릭하면 창에 맞게 이미지 보기 배율을 조절해줍니다. 돋보기 툴은 이미지 보기 배율을 확대하거나 축소할 수 있고 더블클릭하면 100%로 보기 배율을 조절합니다.

---



## 원근감에 맞게 이미지 수정하기

◎ **준비물** : '예제파일\Round09\product.psd' 파일을 불러오세요.

◎ **동영상 해설** : 동영상해설\product.avi

❶ [Filter]-[Vanishing Point] 메뉴를 선택합니다.

❷ [Vanishing Point] 대화상자가 실행되면 평면 툴(▦)이 선택된 것을 확인하고 그림과 같이 건물 모서리를 차례로 클릭하여 사각 면을 만듭니다.

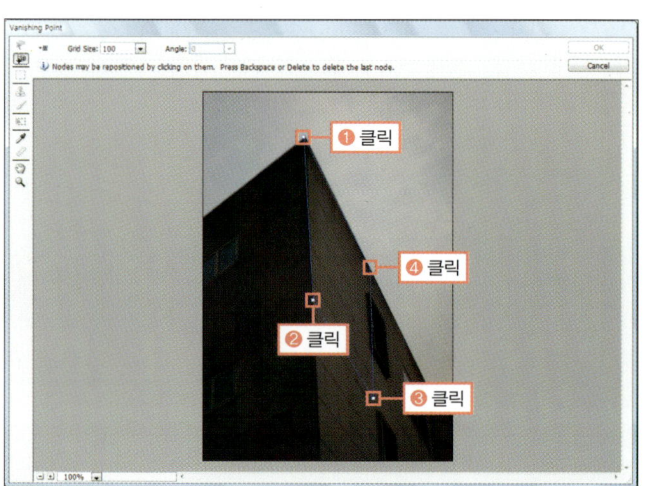

❸ 평면을 만들면 건물의 원근감에 맞춰 그리드 선이 만들어집니다. 평면 수정 툴(📭)로 오른쪽 중앙 조절점을 오른쪽으로 드래그하여 평면 끝까지 확장합니다.

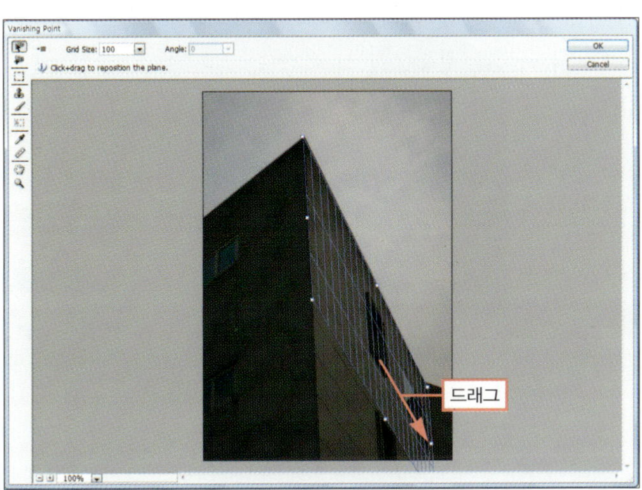


❹ 도장 툴(🖌)을 선택하고 옵션 바에서 브러시 크기를 나타내는 [Diameter]를 '500'으로 조절한 후 Alt 를 누른 채 평면 안의 창문이 없는 부분을 클릭하여 복사합니다.

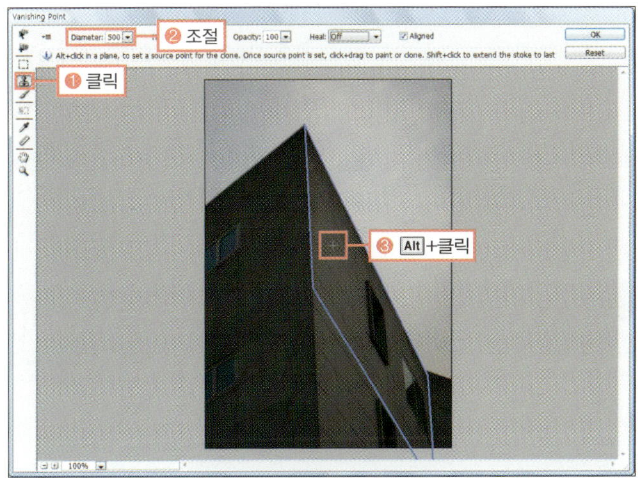


## BONUS

평면 수정 툴은 만들어진 평면의 각 조절점을 드래그하여 크기를 수정합니다. 또는 상단의 옵션 바에서 [Angle] 값을 지정하고 왼쪽이나 오른쪽 중앙의 조절점을 Ctrl 을 누른 채 드래그하면 그 값만큼 면이 꺾이면서 연장됩니다.

❺ 드래그하여 그림과 같이 창문을 없애줍니다. 창문이 다시 나타나거나 색상이 달라지면 마우스를 놓은 후 다시 드래그합니다. 이 때 건물의 선이 맞도록 주의하여 드래그하고 [OK] 버튼을 클릭합니다.

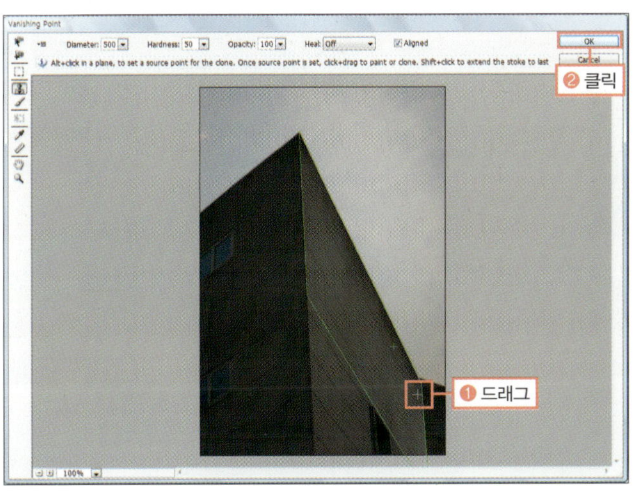


## STOP

도장 툴로 복사를 한 후 계속 드래그하면 복사한 위치에 맞춰 다시 이미지가 보이기 때문에, 일단 마우스를 놓은 후 다시 클릭하거나 Alt 를 누른 채 다시 복사한 후 연결합니다.



**Training 04.**
이미지의 원근감을 살려주는 [Vanishing Point] 필터

**⑥** 건물 면이 수정된 것을 확인합니다.

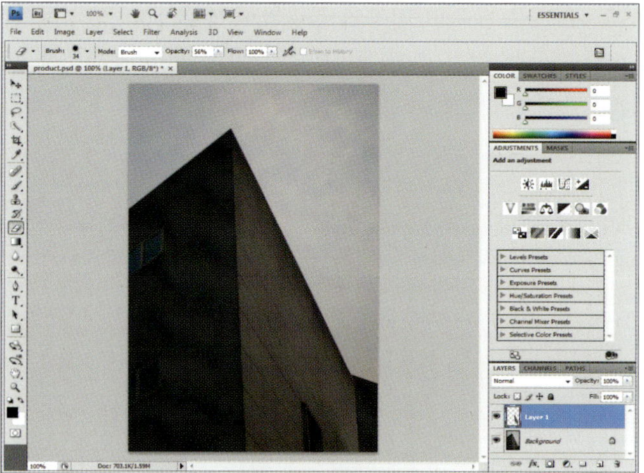



붙여 넣은 경계 부분이 잘 맞지 않으면 지우개 툴(⬚)을 선택한 후 창문을 제외한 나머지 부분을 지워 수정합니다.

---

**G O !**   ## [Vanishing Point] 필터로 이미지 변형하기

◎ 준비물 : 앞의 예제를 계속 이어서 합니다.

---

**①** '예제파일\Round09\sign.png' 파일을 불러온 후 Ctrl+A 를 눌러 전체를 선택 영역으로 만들고 Ctrl+C 를 눌러 복사합니다.

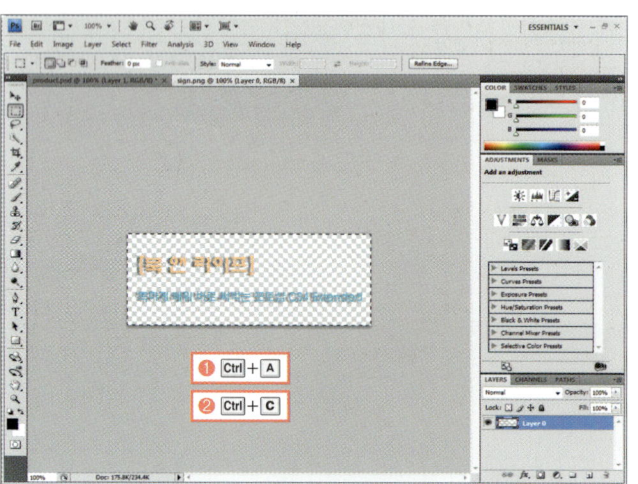

**②** 'product.psd' 파일을 선택하고 LAYERS 패널의 '새 레이어 만들기(⬚)'를 눌러 새 레이어를 만든 후 [Filter]-[Vanishing Point] 메뉴를 클릭합니다.

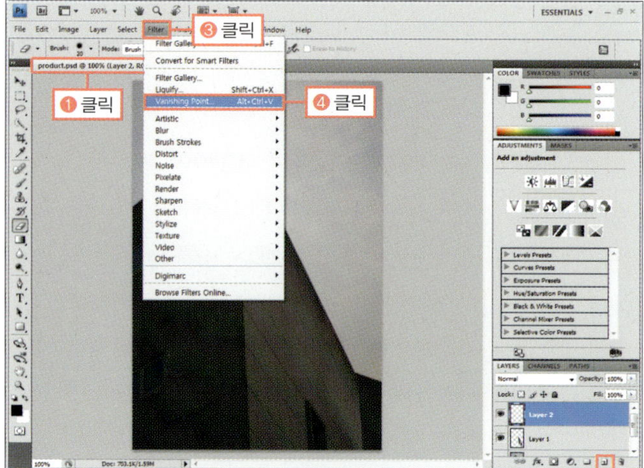

③ [Vanishing Point] 대화상자가 나타나면 Ctrl+V를 눌러 이미지를 붙여넣기 합니다.

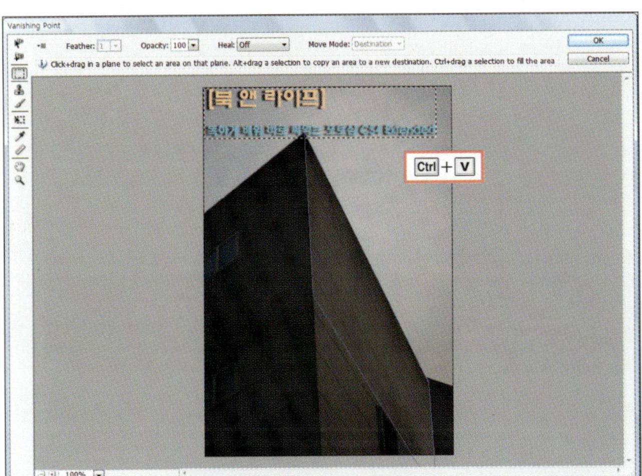


④ 붙여 넣은 이미지를 드래그하여 만들어진 평면으로 이동하면 자동으로 평면에 맞춰 이미지가 변형되는 것을 확인합니다.

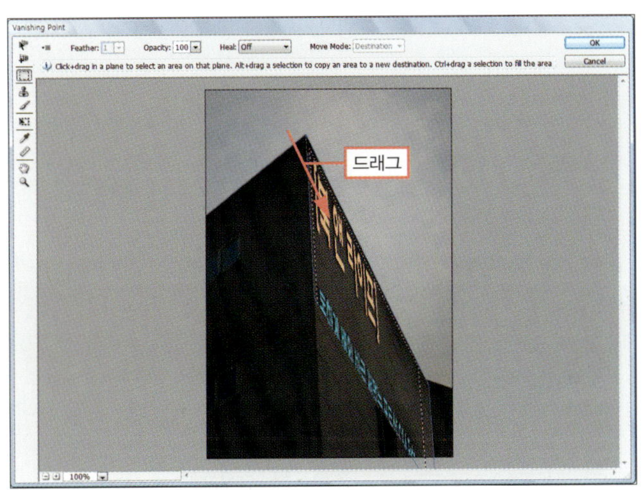


⑤ 변형 툴(▦)을 선택한 후 각 모서리의 소절점을 안으로 드래그하여 크기를 줄입니다. 평면 안에 글자가 모두 들어가도록 조절되면 [OK] 버튼을 클릭합니다.

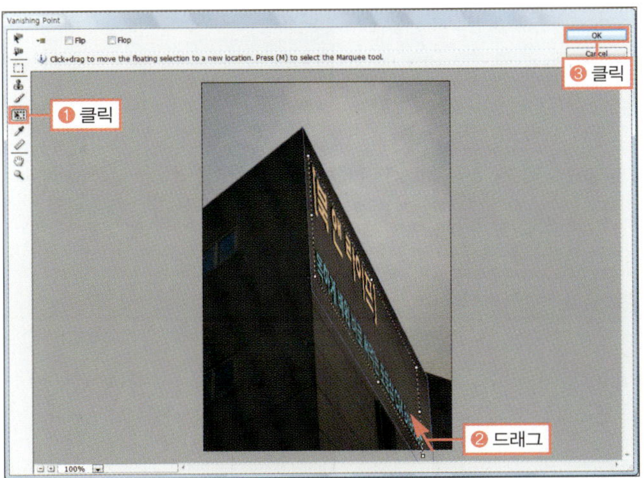


⑥ 이미지를 확인합니다.

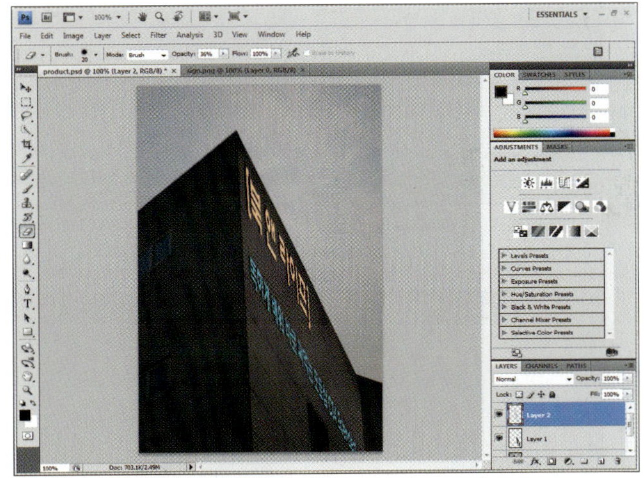

◎ **완성물** : 예제파일\Round09\product_f.psd

포토샵 필터에 대해 종류별로 자세히 알아보겠습니다.

### ■ Artistic 필터

사진 이미지의 경계 부분을 따라 연필이나 목탄화 형태의 이미지로 변경하거나 여러 재료로 그린 듯한 효과를 준 필터입니다.

▲ 원래 이미지

▲ [Colored Pencil]로 색연필로 그린 듯한 효과를 적용한 이미지

▲ [Dry Brush]로 마른 붓으로 칠한 듯한 이미지

▲ [Cutout]로 종이를 잘라 붙인 듯한 이미지

▲ [Film Grain]으로 사진용 잡티를 만든 이미지

▲ [Fresco]로 프레스코화를 그린 듯한 효과를 준 이미지

▲ [Neon Glow]로 네온 효과를 적용한 이미지

▲ [Paint Daubs]로 여러 가지 브러시로 칠한 듯한 이미지

▲ [Palette Knife]로 으깬 듯한 이미지

▲ [Plastic Wrap]으로 플라스틱을 씌운 듯한 이미지

▲ [Poster Edge]로 경계에 검은색 포스터를 두른 듯한 이미지

▲ [Rough Pastels]로 파스텔 초크를 이용해 그린 듯한 이미지

▲ [Smudge Stick]으로 문지르는 듯한 효과를 준 이미지

▲ [Sponge]로 스펀지로 찍은 듯한 효과를 준 이미지

▲ [Underpainting]으로 이미지 경계에 질감을 준 이미지

▲ [Watercolor]로 수채화로 그린 듯한 효과를 준 이미지

### ■ Blur 필터

초점이 안 맞는 것처럼 뿌옇거나 부드러운 이미지를 만들 때 사용하는 필터입니다.

▲ 원래 이미지

▲ [Average]로 이미지 전체 색상을 평균으로 혼합하는 이미지

▲ [Blur]로 이미지를 약간 뿌옇게 만든 이미지

▲ [Blur More]로 [Blur]보다 좀 더 뿌옇게 만든 이미지

▲ [Gaussian Blur]로 뿌연 정도를 수치로 조절한 이미지

▲ [Lens Blur]로 카메라 렌즈를 조절하는 듯한 이미지

▲ [Motion Blur]로 움직이는 듯한 효과를 준 이미지

▲ [Box Blur]로 사각형 형태로 뿌옇게 효과를 준 이미지

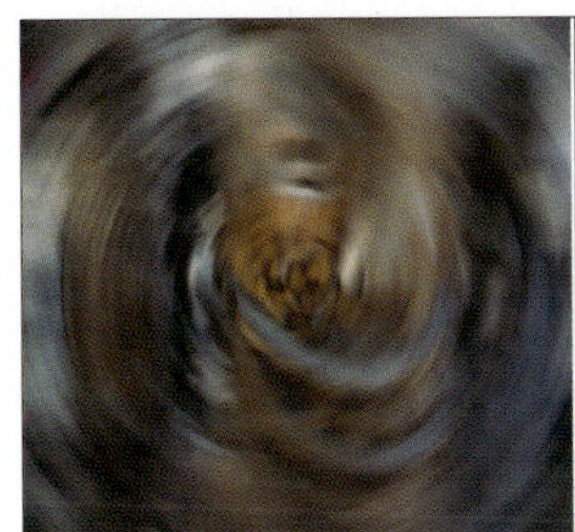

▲ [Radial Blur]로 회전이나 확대된 듯한 이미지

▲ [Shape Blur]로 선택한 도형 모양으로 뿌옇게 만드는 이미지

▲ [Smart Blur]로 명도 차이가 비슷한 부분만 부드럽게 만든 이미지

▲ [Surface Blur]로 노이즈가 거친 입자를 제거한 이미지

■ **Brush Strokes 필터**

여러 가지 브러시 모양으로 이미지를 덧칠한 듯한 효과를 냅니다.

▲ 원래 이미지

▲ [Accented Edges]로 경계를
　강조한 이미지

▲ [Angled Strokes]로 사선으로
　그린 듯한 이미지

▲ [Crosshatch]로 색상의 경계를
　날카로운 연필로 그려준 듯한 이
　미지

▲ [Dark Strokes]로 어두운 부분
　에는 검은색, 밝은 부분에는 흰
　색을 추가하여 그린 듯한 이미지

▲ [Ink Outlines]로 잉크로 윤곽선
　을 그린 듯한 이미지

▲ [Spatter]로 에어브러시로 뿌린
　듯한 이미지

▲ [Sprayed Strokes]로 스프레이
　를 이용하여 특정 방향으로 물감
　을 뿌린 듯한 이미지

▲ [Sumi-e]로 일본 묵화(스미에)
　를 그린 듯한 이미지

이미지의 모양을 왜곡하는 필터입니다.

▲ 원래 이미지

▲ [Diffuse Glow]로 가운데서 광선이 나오는 듯한 효과를 준 이미지

▲ [Displace]로 선택한 이미지대로 왜곡된 이미지

▲ [Glass]로 유리를 통해서 이미지를 보는 듯한 이미지

▲ [Lens Correction]으로 카메라 렌즈로 이미지를 교정한 듯한 이미지

▲ [Ocean Ripple]로 이미지의 표면에 불규칙한 물결 모양을 추가한 이미지

▲ [Pinch]로 중심을 기준으로 볼록해지거나 오목해지도록 변형한 이미지

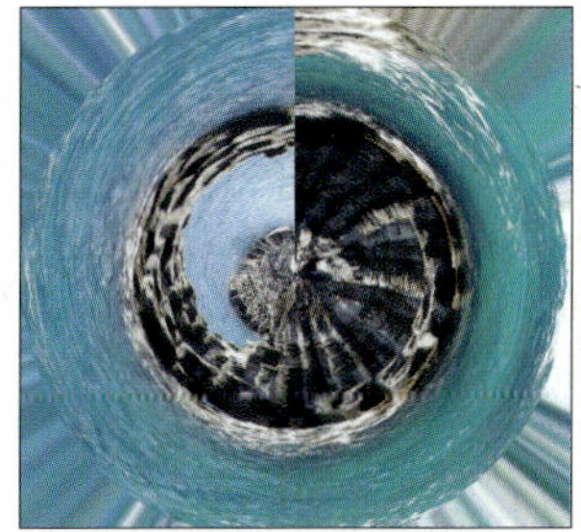

▲ [Polar Coordinates]로 중심 좌표를 변환하여 이미지를 왜곡한 이미지

▲ [Ripple]로 잔물결 효과를 적용한 이미지

▲ [Shear]로 곡선으로 왜곡한 이미지

▲ [Spherize]로 볼록렌즈 또는 오목렌즈 효과를 준 이미지

▲ [Twirl]로 회오리와 같은 회전 효과를 준 이미지

▲ [Wave]로 물결 모양이나 굴절 효과를 준 이미지

▲ [ZigZag]로 물결 파장 모양을 적용한 이미지

■ **Noise 필터**

이미지에 노이즈를 주거나 제거할 수 있는 필터입니다.

▲ 원래 이미지

▲ [Add Noise]로 노이즈를 추가
한 이미지

▲ [Despeckle]로 이미지의 잡티
를 제거한 이미지

▲ [Dust & Scratches]로 주변 색
상의 평균으로 노이즈를 제거한
이미지

▲ [Median]으로 뭉치는 정도를 조
절한 이미지

▲ [Reduce Noise]로 노이즈를 줄
인 이미지

■ **Pixelate 필터**

이미지의 픽셀을 움직여 변형되는 필터입니다.

▲ [Color Halftone]으로 망점 형태
로 변경한 이미지

▲ [Crystallize]로 크리스털을 통해
본 듯한 효과를 준 이미지

▲ [Facet]로 회화적인 효과를 준 이
미지

▲ [Fragment]로 이미지를 4번 복
제해 초점이 흔들린 듯 효과를
준 이미지

▲ [Mezzotint]로 조각칼로 긁어 물
  감을 채운 듯한 이미지

▲ [Mosaic]로 모자이크 효과를 준
  이미지

▲ [Pointillize]로 점묘 형식으로 이
  미지를 표현한 이미지

### ■ Render 필터

3차원 효과, 구름 효과, 다양한 빛을 줄 수 있는 필터로 구름을 만들거나 반사 이미지를 제작할 때 사용합니다.

▲ 원래 이미지

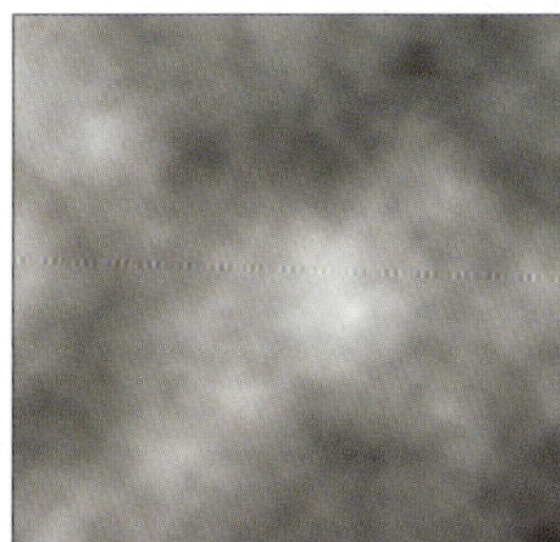

▲ [Clouds]로 구름을 만든 이미지

▲ [Difference Clouds]로 Clouds
  를 만들고 원본 이미지와
  Difference 합성을 한 이미지

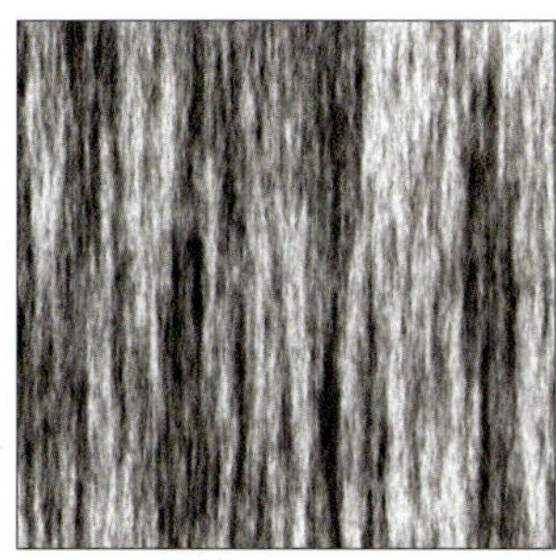

▲ [Fibers]로 섬유 조직을 만든 이
  미지

▲ [Lens Flare]로 카메라 렌즈에
  빛이 반사되는 듯한 효과를 준
  이미지

▲ [Lighting Effects]로 조명 효과
  를 준 이미지

## ■ Shapen 필터

인접한 픽셀과의 색상 차이를 높여 이미지를 선명하게 수정하는 필터입니다.

▲ [Sharpen]으로 선명도를 높인 이미지

▲ [Sharpen Edges]로 가장자리를 선명하게 한 이미지

▲ [Sharpen More]로 조금 더 선명하게 수정한 이미지

▲ [Smart Sharpen]으로 섬세하게 선명도를 높여 준 이미지

▲ [Unsharp Mask]로 정교하게 선명도를 조절한 이미지

## ■ Sketch 필터

이미지를 손으로 스케치한 듯 변경하는 필터입니다.

▲ 원래 이미지

▲ [Bas Relief]로 메달이나 주화의 조각 같은 느낌을 적용한 이미지

▲ [Chalk & Charcoal]로 분필로 그린 효과, 목탄으로 그린 듯한 효과를 준 이미지

▲ [Charcoal]로 목탄으로 그린 듯한 이미지

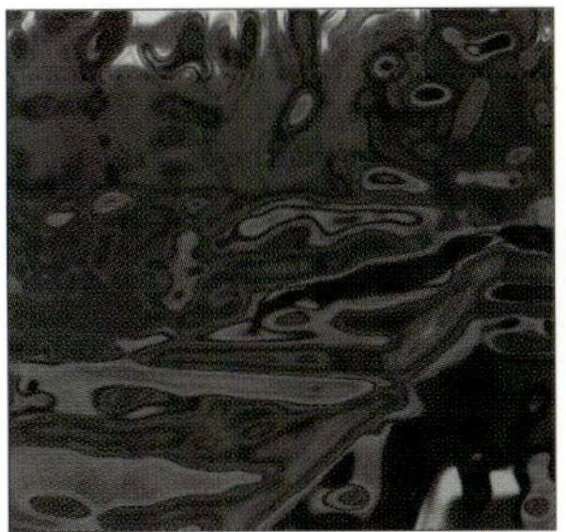   

▲ [Chrome]으로 금속 광택이 나는 재질로 표현한 이미지 | ▲ [Conte Crayon]으로 크레용으로 그린 듯한 이미지 | ▲ [Graphic Pen]으로 가는 펜으로 그리는 듯한 이미지 | ▲ [Halftone Pattern]으로 하프톤 패턴을 적용한 이미지

▲ [Note Paper]로 명도로 입체감 있게 표현한 이미지 | ▲ [Photocopy]로 대비가 심한 부분만 경계로 남긴 이미지 | ▲ [Plaster]로 전경색과 배경색을 섞어 부조물 느낌으로 표현한 이미지 | ▲ [Reticulations]로 망사 위에 물감을 뿌린 듯한 이미지

▲ [Stamp]로 도장을 찍은 듯한 그림으로 표현한 이미지 | ▲ [Torn Edges]로 경계를 약하게 찢은 듯한 이미지 | ▲ [Water Paper]로 젖은 종이에 물감이 번지는 듯한 효과를 준 이미지

## ■ Stylize 필터

이미지에 엠보싱이나 타일, 윤곽선 효과 등을 줄 수 있습니다.

  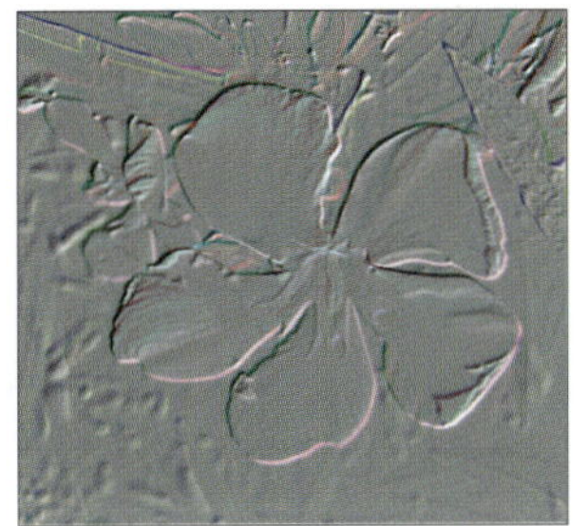 

▲ 원래 이미지 | ▲ [Diffuse]로 경계 부분을 흐트러트린 이미지 | ▲ [Emboss]로 돌출 효과를 준 이미지 | ▲ [Extrude]로 블록이나 피라미드 형태를 적용한 이미지

▲ [Find Edges]로 경계선을 만든 이미지

▲ [Glowing Edges]로 경계에 네온 효과를 적용한 이미지

▲ [Solarize]로 과다 노출된 이미지

▲ [Tiles]로 타일 형태로 조각낸 이미지

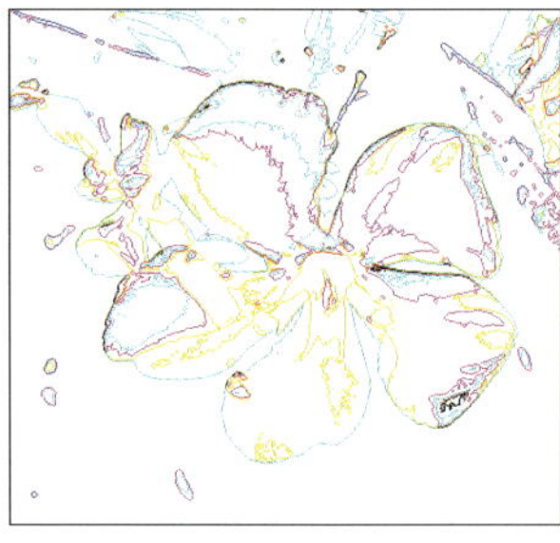

▲ [Trace Counter]로 가는 외곽선을 그려준 이미지

▲ [Wind]로 바람 효과를 적용한 이미지

### ■ Texture 필터

이미지에 다양한 질감을 적용하는 필터로 종이나 타일, 스테인드글라스와 같은 질감을 사용할 수 있습니다.

▲ 원래 이미지

▲ [Craquelure]로 벽화 효과를 준 이미지

▲ [Grain]으로 작은 점을 뿌린 듯한 이미지

▲ [Mosaic Tiles]로 불규칙한 모자이크 타일로 만든 이미지

▲ [Patchwork]로 부드러운 입체 타일을 반복 배열한 이미지

▲ [Stained Glass]로 스테인드 글라스 효과를 적용한 이미지

▲ [Texturizer]로 다양한 재질감을 표현한 이미지

### ■ Video 필터

Video는 영상물에 들어가는 이미지를 보정하는 필터입니다.

▲ [De-Interlace]로 이미지의 불필요한 주사선을 제거한 이미지

▲ [NTSC Colors]로 TV 화면에서 표현 가능한 색상 체계로 만든 이미지

### ■ Other 필터

Other는 픽셀의 배열을 변경시키는 필터입니다.

▲ [Custom]으로 복잡한 수학적 연산을 사용자가 직접 하여 밝기와 선명도를 준 이미지

▲ [High Pass]로 회색톤을 적용한 이미지

▲ [Maximum]으로 밝은 부분을 확대한 이미지

▲ [Minimum]으로 밝은 부분을 줄여준 이미지

▲ [Offset]으로 가로, 세로를 반복 이동한 이미지

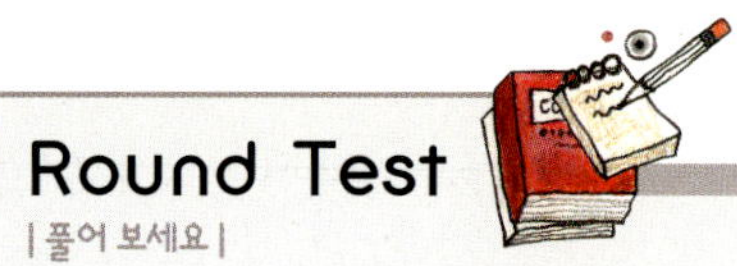

이번 Round에서는 이미지에 손쉽게 적용할 수 있는 효과인 필터와 필터를 적용하는 다양한 방법에 대해 알아보았습니다. 또한, 종류별로 묶인 필터의 자세한 용도와 옵션에 대해 살펴보았습니다. 앞에서 배운 내용을 토대로 다음 문제를 풀어보세요.

**1 | 다음의 ( ) 안을 채워보세요**

❶ 포토샵의 필터를 적용할 때 (　　　　　　) 대화상자는 이미지에 선택한 필터를 미리 적용해 볼 수 있으며 필터를 중복해서 적용할 수도 있습니다.

❷ 필터가 이미지에 바로 적용되는 것이 아니라 레이어 스타일처럼 적용되는 것을 (　　　　　　)라고 하는데, 이렇게 되면 원본 이미지를 손상하지 않으면서 언제든지 필터를 수정, 제거할 수 있습니다.

❸ 움직이는 느낌을 적용할 때 사용하는 필터는 (　　　　　　)입니다.

❹ 흔들린 이미지를 선명하게 수정할 때 사용하는 필터는 (　　　　　　)로, 선명해지는 정도를 조절하는 [Amount]와 적용 범위를 나타내는 [Radius], 몇 픽셀 차이를 이미지 경계로 할 것인가를 나타내는 [Threshold]가 있습니다.

❺ 주로 마스크에 많이 적용하는 (　　　　　　) 필터는 검은색과 흰색의 규칙적인 패턴을 만드는데 도트나 동심원, 줄무늬 등의 모양을 선택할 수 있습니다.

**2 | 다음 설명이 맞으면 'O', 틀리면 '×'를 표시하세요.**

❶ 모든 필터가 [Filter Gallery]를 사용하는 것은 아니라 [Artistic], [Brush Strokes], [Distort], [Sketch], [Stylize], [Texture]의 일부 필터만 사용할 수 있습니다. ⬚

❷ 스마트 필터를 적용하면 '필터 블렌딩 옵션(⬚)'을 이용해 블렌딩 모드와 불투명도를 조절할 수 있습니다. ⬚

❸ [Liquify] 필터는 우리말로 번역하면 '소실점'이란 뜻으로, 이미지의 원근감을 살려 편집하는 필터로 주로 원근감에 맞춰 이미지를 수정하거나 복사한 이미지를 원근감에 맞춰 붙여넣기 할 때 사용합니다. ⬚

❹ 필터는 기능별로 묶여 있는데 [Artistic]에 있는 명령은 사진 이미지의 경계부분을 따라 연필이나 목탄화 형태의 이미지로 변경하거나 여러 재료로 그린 듯한 효과를 준 필터입니다. ⬚

**3 | 다음 설명에 맞는 필터의 번호를 골라 표시하시오.**

❶ [Distort] 필터 중에 회오리와 같은 회전 효과를 줄 수 있는 필터입니다.

❷ [Pixelate] 필터 중에 이미지를 망점 형태로 변경해주는 필터로 마스크에 이용하면 도트 모양의 효과를 적용할 수 있습니다.

❸ [Render] 필터 중에 카메라 렌즈에 빛이 반사되는 듯한 효과를 주는 필터입니다.

❹ [Texture] 필터 중에 다양한 재질감을 이미지에 적용할 수 있는 필터입니다.

| 보기 |

❶ Lens Flare ❷ Twirl ❸ Color Halftone
❹ Texturizer

| 정답 |

1 | ❶ Filter Gallery ❷ 스마트 필터(SmartFilter) ❸ Motion Blur
　　❹ Unsharp Mask ❺ Halftone Pattern
2 | ❶ O ❷ O ❸ × ❹ O
3 | ❶ ② ❷ ③ ❸ ① ❹ ④

# Round Complete



이번 Round에서는 이미지에 손쉽게 적용할 수 있는 효과인 필터와 필터를 적용하는 다양한 방법에 대해 알아보았습니다. 또한, 종류별로 묶인 필터의 자세한 용도와 옵션에 대해 살펴보았습니다. 앞에서 배운 내용을 토대로 다음 예제를 완성해 보세요.

**1** 원래 이미지를 복제한 후 [Graphic Pen]과 [Gain] 필터를 [Filter Gallery] 대화상자를 이용해 적용합니다. 그리고 복제한 이미지와 원래 이미지의 블렌딩 모드를 [Darken]으로 합성하여 그림과 같이 완성해 보세요.

◎ 준비물 : 예제파일\Round09\samchung.jpg
완성물 : 예제파일\Round09\samchung_f.psd
도움말 : 예제해설\Round09도움말1.hwp(pdf, avi)

❶ 'Background' 복제하기 ❷ [Filter]–[Sketch]–[Graphic Pen] 메뉴 선택 ❸ [Filter Gallery] 대화상자에서 '새 효과 만들기(□)' 클릭 ❹ [Texture]–[Grain] 필터 적용 선택 ❺ 세부 옵션에서 [Grain Type]을 [Vertical]로 선택한 후 강한 정도와 대비를 조절 ❻ 블렌딩 모드를 [Darken]으로 적용하여 완성

**2** 레이어 마스크를 만들고 도형 툴을 이용하여 구름 모양의 마스크를 씌운 후 [Color Halftone] 필터를 적용하여 그림과 같이 완성해 보세요.

◎ 준비물 : 예제파일\Round09\yong.psd
완성물 : 예제파일\Round09\yong_f.psd
도움말 : 예제해설\Round09도움말2.hwp(pdf, avi)

❶ LAYERS 패널에서 '레이어 마스크(□)' 클릭 ❷ 툴박스의 사용자정의 도형 툴(□)을 클릭 ❸ 옵션 바에서 '필 픽셀(□)'을 선택하고 전체 도형 추가 ❹ [Cound 1] 도형을 선택한 후 이미지에서 드래그하여 마스크를 씌움 ❺ [Filter]–[Pixelate]–[Color Halftone] 메뉴 선택 ❻ 기본 옵션으로 필터 적용 ❼ [Invert] 실행

# 10 다양하고 복잡한 채널의 세계

포토샵에서 채널이란 레이어 이전부터 사용되던 기능으로, 이미지 색상을 표현하는 기본 원리입니다. 채널을 이해하면 좀 더 고급스러운 이미지 합성과 수정을 할 수 있는데 가장 대표적인 것이 RGB Color 모드와 CMYK Color 모드입니다. 이번 Round에서는 포토샵 파워유저가 되기 위해서 채널을 활용하는 방법을 살펴보겠습니다.

이번 Round는 다음과 같은 단계로 구성됩니다. Training별 내용을 간략하게 먼저 파악하면 좀 더 효율적으로 학습을 진행할 수 있습니다.

**Training 01** 이미지 색상의 기본 체계인 색상 모드 이해하기

포토샵에서 지원하는 이미지 모드에 대해 알아보고 각 모드의 특성에 대해 살펴봅니다. 또한 이미지의 모드를 변경하여 이미지를 수정하는 방법에 대해 알아봅니다.

▶ 이미지 모드 이해하기
▶ 이미지 모드를 변경하여 듀오톤 이미지 만들기
▶ 이미지 모드를 변경하여 비트맵 이미지 만들기

**Training 02** 채널을 관리하는 CHANNELS 패널 살펴보기

각 모드에 따라 달라지는 색상 채널에 대해 알아보고, 이를 이용해 이미지의 색상과 밝기를 수정하는 방법에 대해 알아보겠습니다.

▶ 각 색상 모드에 따른 색상 채널 알아보기
▶ 색상 채널을 이용해 색상을 수정하는 방법 알아보기
▶ Lab Color 모드로 밝기는 유지한 채 노이즈 제거하기

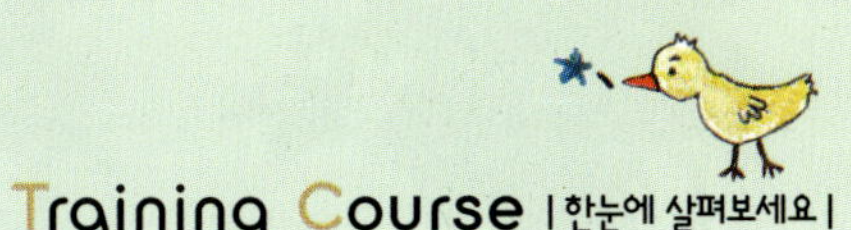

## Training Course |한눈에 살펴보세요|

**Training 03**  합성의 중요 변수, 알파 채널 이해하기

알파 채널에 대해 알아보고 이를 이용해 이미지를 선택하는 방법과 수정하는 방법에 대해 알아보겠습니다.

▶ 알파 채널 만들기
▶ 알파 채널로 원하는 선택 영역 만들기
▶ 알파 채널로 이미지 합성하기

**Training 04**  채널 이미지 활용하여 복잡한 합성 작업하기

채널을 이용한 명령으로 [Apply Image]와 [Calculations]에 대해 알아보고 이를 이용해 이미지를 합성해 봅니다.

▶ [Apply Image] 명령을 사용해 이미지 합성하기
▶ [Calculations] 명령을 사용해 이미지 합성하기

# 이미지 색상의 기본 체계인 색상 모드 이해하기

Photoshop · CS4

이미지의 색을 표현해주는 다양한 색상체계는 [Image]–[Mode] 메뉴에서 설정할 수 있습니다. 이번 Training에서는 각 색상 모드의 특징과 사용 방법에 대해 자세히 알아보겠습니다.

| 학습 목표 | 학습 소재 | 난이도 | 예상 학습 결과 | 연계 학습 |
|---|---|---|---|---|
| 색상 모드 이해하고 활용하기 | [Image]–[Mode] 메뉴 | ★★★☆☆ | 이미지 모드를 이용하여 흑백 이미지와 듀오톤 이미지 제작 | • Levels : 428쪽<br>• Threshold : 452쪽 |

## READY!

## 색상 모드 이해하기

이미지의 다양한 색상 체계를 변경하여 흑백 이미지를 만들거나 이미지의 색상을 체계별로 분리하여 밝기나 색상을 수정할 수 있습니다. 일반적으로 자주 쓰는 모드는 모니터 환경에 맞춘 RGB Color 모드와 인쇄를 위한 CMYK Color 모드입니다.

### ■ Bitmap 모드

Bitmap 모드는 이미지를 먼저 Grayscale 모드로 변경한 후에 다시 변환해야 하며, 검정과 흰색으로만 이미지를 표현합니다. 비트 심도가 1이기 때문에 1비트 비트맵 이미지라고 부릅니다. 대화상자의 [Method]에서 다양한 비트맵 형태를 지정하여 적용할 수 있습니다.

▲ 50% threshold

▲ Pattern Dither

▲ Diffusion Dither

▲ Halftone screen

### ■ Grayscale 모드

8비트 이미지로 256단계의 회색
음영을 가집니다. 0단계는 검정
이고 255단계는 흰색의 명도 값
을 갖습니다. 1~254까지는 회색
음영 단계로 숫자가 클수록 점점
어두워집니다. Grayscale 모드에
서는 색상을 사용할 수 없기에 일
부 기능들이 제한됩니다.

▲ 컬러 이미지

▲ Grayscale 모드로 변환

### ■ Indexed Color 모드

Indexed Color 모드는 포토샵의 검색표에 맞춰 이미지를 변환시킵니다. 최대 256가지의 색상으
로 표현되며 색상 수가 줄기 때문에 대체 색상을 표현하는 방식을 지정할 수 있습니다. 파일의 크
기는 줄지만 이미지의 화질도 같이 저하되기 때문에 단순한 색상을 가진 이미지에만 사용하는 것
이 좋습니다. 그리고 이미지 편집 일부가 제한되기 때문에 원활한 편집을 위해서는 RGB Color
모드로 변환해야 합니다. 또한, Indexed Color 모드 이미지는 GIF라는 포맷으로 저장됩니다.

▲ RGB Color 모드

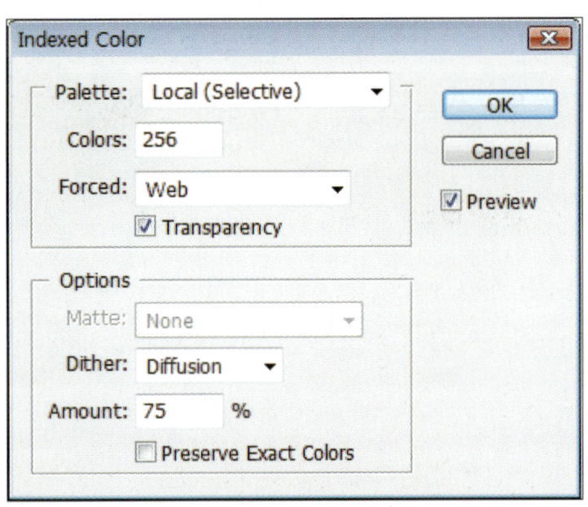

▲ 722K에서 Indexed Color 모드로 변환 시 240K로 용량 변화

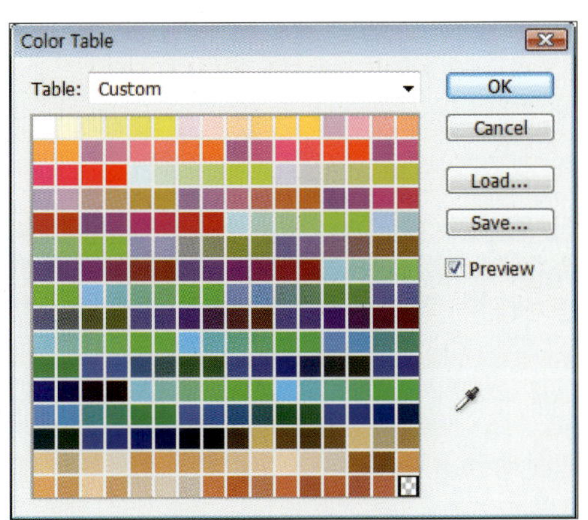

◀ Indexed Color 모드로 변환한 후 [Image]-[Mode]-[Color Table]
메뉴를 실행하여 구성 색상을 확인하거나 변경할 수 있습니다.



Training 01.
이미지 색상의 기본 체계인 색상 모드 이해하기

■ **RGB Color 모드**

RGB Color 모드는 빛의 삼원색인 Red(빨강), Green(초록), Blue(파랑) 채널로 이미지를 구성하며, 포토샵의 모든 기능을 원활히 사용할 수 있습니다. 한 채널당 8비트의 색상 정보를 가지기 때문에 세 개의 채널은 24(8비트＊3개의 색상)비트의 색상정보를 갖게 되면서 최대 1,670만 가지의 색상을 재현합니다. CHANNELS 패널에서 각각의 채널을 선택하면 해당 색상의 정보(밝을수록 색상의 양이 많음)를 확인할 수 있습니다.

▲ RGB 세 가지 빛이 각각 100%이면 흰색이 됩니다.

▲ 원래 이미지

▲ RED 채널

▲ GREEN 채널

▲ BLUE 채널

■ **CMYK Color 모드**

CMYK Color 모드는 Cyan(파랑), Magenta(분홍), Yellow(노랑), Black(검정)의 4개 채널로 구성되며, 색상 표현 범위가 좁은 인쇄용 이미지에 사용됩니다. RGB Color 모드에서 CMYK Color 모드로 변환하면 CMYK Color 모드에서 재현할 수 없는 RGB 색상들의 채도가 떨어져 탁해집니다. 그러므로 RGB Color 모드에서 작업을 진행하고 마지막 단계에서 CMYK Color 모드로 변환하는 것이 좋습니다. 포토샵 [View] 메뉴에 있는 [Proof Setup], [Proof Colors], [Gamut Warning] 기능으로 CMYK 미리 보기를 확인할 수 있습니다.

▲ CMYK 세 가지 빛이 각각 100%이면 검정에 가까운 색이 됩니다.

▲ RGB Color 모드에서 [View]–[Gamut Warning] 메뉴를 실행하면 CMYK Color 모드에서 지원되지 않는 색상이 회색으로 표시됩니다.

### ■ Lab Color 모드

Lab이란 1976년 CIE(Colmmission Internationale d'Eclairage, 국제조명위원회)에서 표준화한 국제 규격화된 색체계입니다. 즉, 이미지의 색에는 어떠한 영향도 주지 않는 장점이 있어 순도와 채도를 보존하면서 밝기 값을 조종하거나, 반대로 밝기 값은 유지한 채 색상 값만을 수정할 수 있는 모드입니다. Lab Color 모드는 세 개의 채널을 이용하며, 밝기(lightness)와 green에서 magenta 사이의 색 단계를 가지는 a축, blue에서 yellow 사이의 색 단계를 가지는 b축으로 색 체계가 구성됩니다. 이 같은 세

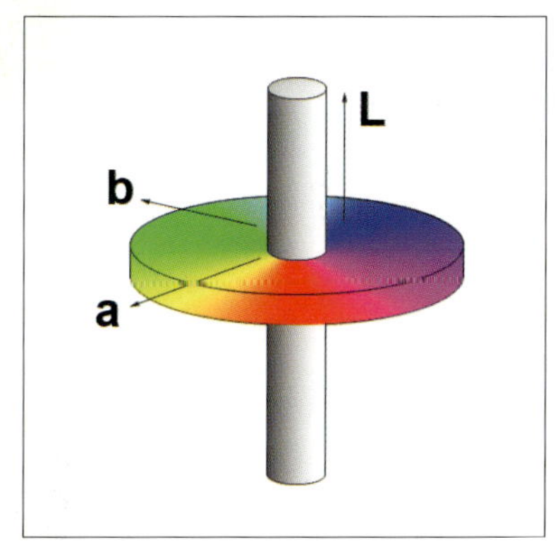

가지 요소가 모여서 하나의 색 입체가 완성되는데, 이미지에 샤프니스(sharpness)를 주고자 할 때, 또는 이미지에 노이즈(Noise)를 추가하거나 제거하고자 할 때에 활용될 수 있습니다. RGB Color 모드에서 컬러 채널을 조절하여 작업하는 것보다 좋은 결과를 얻을 수 있습니다.

▲ 선예도가 떨어지는 풍경 사진

▲ Lab Color 모드로 변경한 후 CHANNELS 패널에서 Lightness 채널에 [Filter]–[Sharpen]–[Smart Sharpen] 메뉴를 적용한 상태

▲ 밝기 값에만 선명도가 자연스럽게 적용된 결과물

## ■ Multichannel 모드

Multichannel 모드는 Black을 제외한 Cyan, Magenta, Yellow 채널로 구성됩니다. 256단계의 흑백으로 구성하며 특수 인쇄 시 사용할 수 있습니다. 저장 가능한 포맷으로 Photoshop, 대용량 문서 형식(PSB), Photoshop 2.0, Photoshop Raw, Photoshop DCS 2.0이 있습니다.

▲ RGB Color 모드에서 Multichannel 모드로 변환하여 Black이 제거된 상태

## 비트맵 이미지 만들기

◎ **준비물** : '예제파일\Round10\bitmap.jpg' 파일을 불러오세요.

❶ Bitmap 모드로 변환하기 위해 먼저 [Image]-[Mode]-[Grayscale] 메뉴를 선택합니다.

❷ 이미지의 밝기 값을 조정해 보겠습니다. Ctrl + L 을 눌러 [Levels] 대화상자를 불러온 후 이미지가 밝아지도록 흰 포인트(△)를 왼쪽으로 드래그하여 '210'으로 조절하고 [OK] 버튼을 클릭합니다.

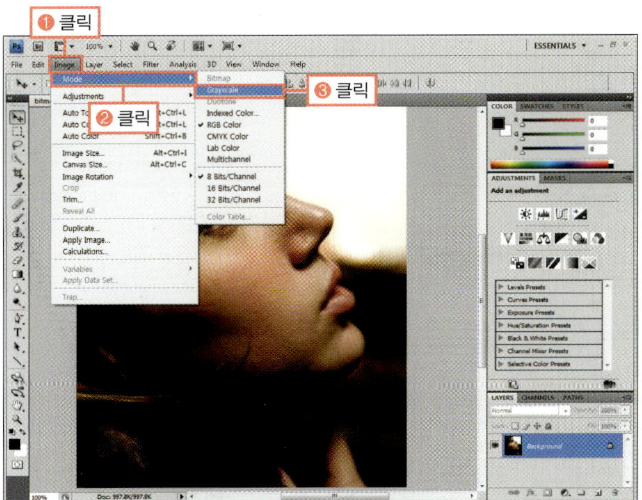

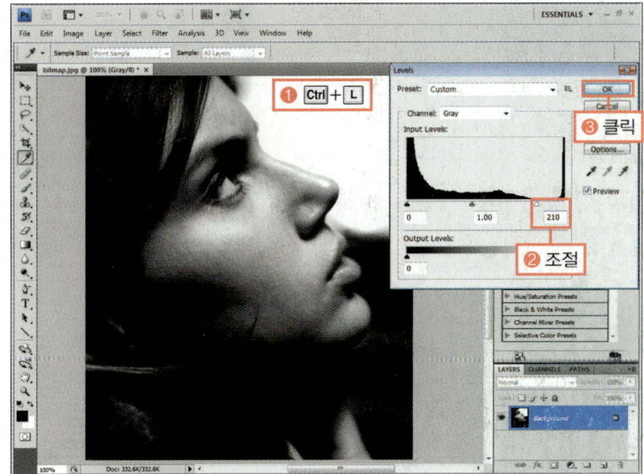





[Mode]를 [Grayscale]로 변경하면 현재 이미지의 색상 정보가 버려진다는 경고창이 나타나는데, 여기에서 [Discard]를 선택해야 이미지 모드를 변경할 수 있습니다.

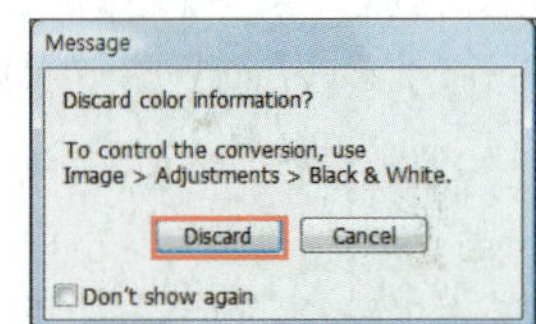



❸ 이번에는 흰색과 검정색 두 가지로 이미지를 구성하는 [Image]-[Mode]-[Bitmap] 메뉴를 선택합니다.

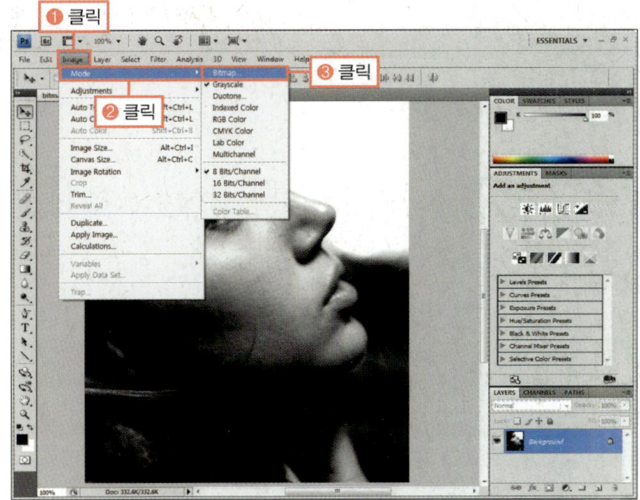

❹ 2가지 색으로 구성되면 거친 느낌이 나기 때문에 [Bitmap] 대화상자에서 해상도를 나타내는 [Output]을 '600'으로 입력하고 이미지 변경 방법을 나타내는 [Use]를 [Halftone Screen]으로 선택합니다.

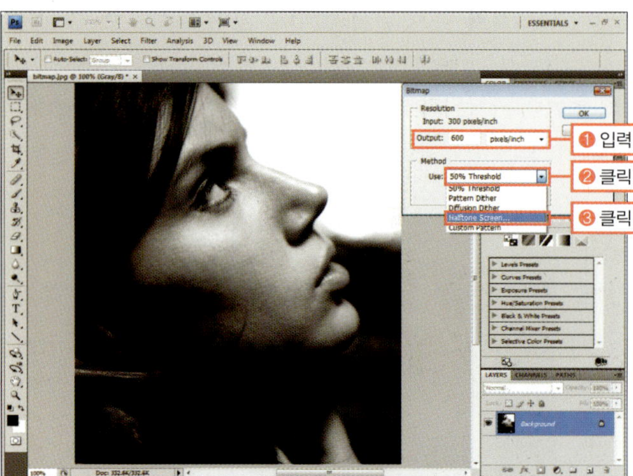





2가지 색으로 구성하는 Bitmap 모드에서 해상도 600은 인쇄에 적당한 해상도입니다. 중간 톤을 표현할 수 없기 때문에 해상도를 올려 고운 화질을 만듭니다.

❻ 이미지가 이전보다 커지면서 동그란 망점으로 음영이 표현된 것을 확인합니다.

◎ 완성물 : 예제파일\Round10\bitmap_f.psd

❺ [Halftone Screen] 대화상자에서 [Frequency]에 '50', [Angle]을 '45'로 변경한 후, [Shape]를 [Round]로 선택하고 [OK] 버튼을 클릭합니다.

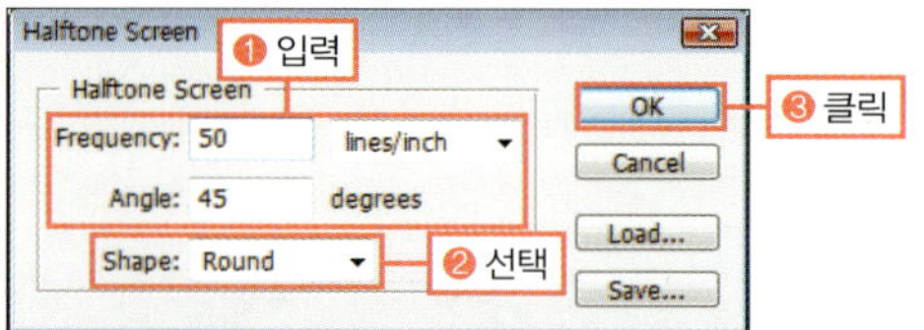





❶ **Frequency** : 망점(Halftone)의 크기를 지정합니다. 수치가 높을수록 망점의 크기가 작아집니다.
❷ **Angle** : 망점의 각도를 입력합니다.
❸ **Shape** : 망점의 형태를 설정합니다. Round, Diamond, Ellipse, Line, Square, Cross 형태를 제공합니다.

**Round 10.**
다양하고 복잡한 채널의 세계

# 이미지를 Duotone 모드로 변경하기

◎ **준비물** : '예제파일\Round10\popart.jpg' 파일을 불러오세요.

**1** 이미지를 흰색과 검은색 단 두 색으로 구성하기 위해 [Image]–[Adjustments]–[Threshold] 메뉴를 실행합니다.

**2** 이미지의 밝기 단계를 나눠 흰색과 검은색으로 변경하기 위한 [Threshold Level]을 '80'으로 조절하고 [OK] 버튼을 클릭합니다.

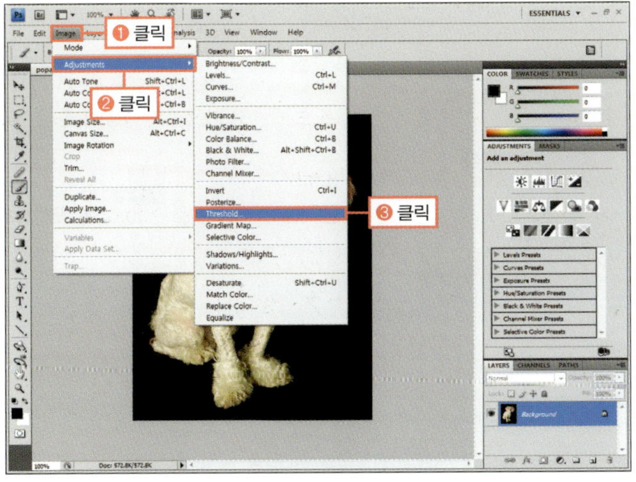

## BONUS

[Threshold Level]의 기본 값인 '128'은 흑백계조 0~256의 중간입니다. 이미지를 흑백으로 만들었을 때 중간 회색값인 128보다 밝으면 흰색으로, 어두우면 검은색으로 표현됩니다. 이때 슬라이더를 왼쪽으로 이동하면 흰색 영역이 확장되고, 오른쪽으로 이동하면 검정 영역이 확장됩니다.

▲ Threshold Levels : 50

▲ Threshold Levels : 128

▲ Threshold Levels : 200

**3** 듀오톤으로 색상을 변경하기 전에 [Image]–[Mode]–[Grayscale] 메뉴를 선택합니다.

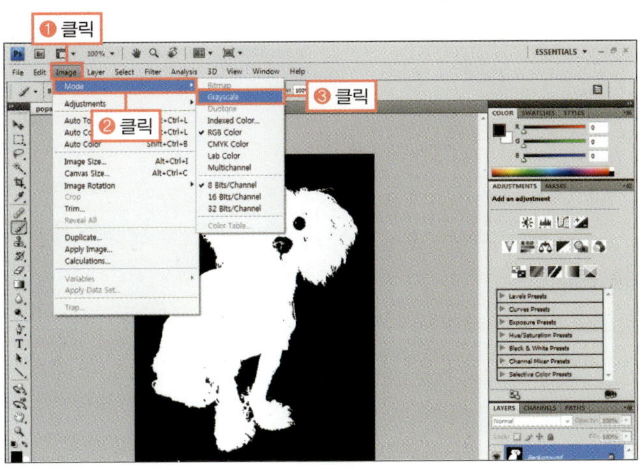

## STOP

Bitmap 모드와 Duotone 모드는 Grayscale 모드에서만 변경할 수 있기 때문에 RGB Color 모드와 CMYK Color 모드의 이미지일 경우 먼저 Grayscale 모드로 변경해놓아야 합니다.



**Training 01.**
이미지 색상의 기본 체계인 색상 모드 이해하기

❹ 그레이스케일 이미지로 변환되면 [Image]-[Mode]-[Duotone] 메뉴를 선택합니다.

❺ [Duotone Options] 대화상자가 나타나면 이미지 색상을 나타내는 [Type]을 [Duotone]으로 선택한 후 [Ink 1]의 색상 썸네일을 클릭합니다. 색상을 선택할 수 있는 대화상자가 나타나면 헥사코드를 나타내는 [#]에 '9c4ca5'를 입력하고 [OK] 버튼을 클릭합니다.

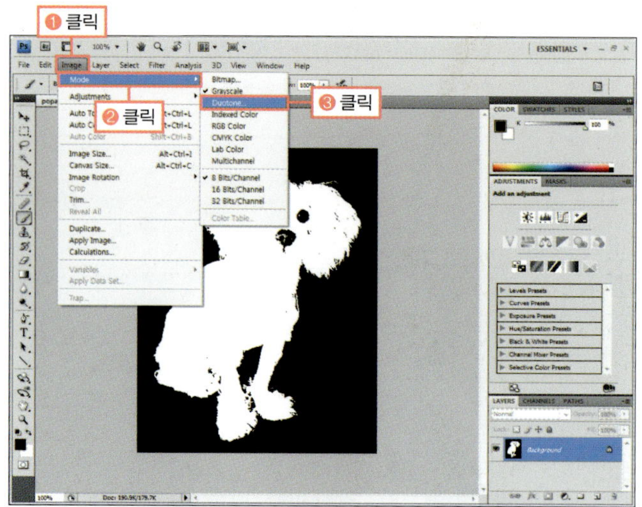

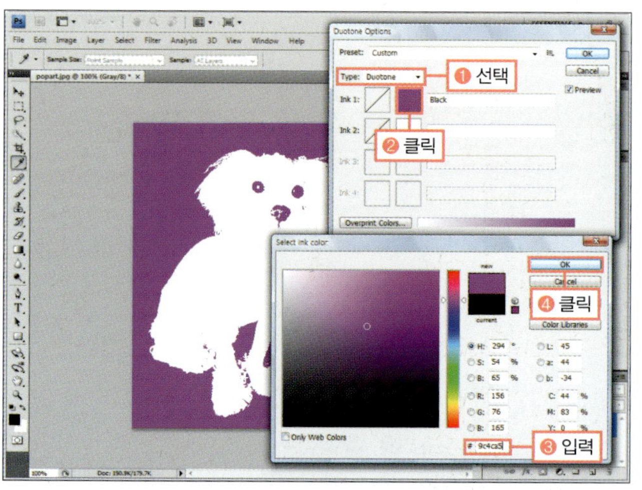



헥사 코드란 웹에서 사용되는 코드로 RGB를 각각 16진수로 표시한 색상입니다.

❻ 그림과 같이 검은색 부분의 색이 변경된 것을 확인합니다. [Ink 1]의 색상 이름에 '보라' 라고 입력합니다.

❼ 두 번째 색상을 지정하기 위해 [Ink 2]의 색상 썸네일을 클릭하면 [Color Libraries] 대화상자가 나타납니다. 오른쪽의 [Picker] 버튼을 클릭합니다.

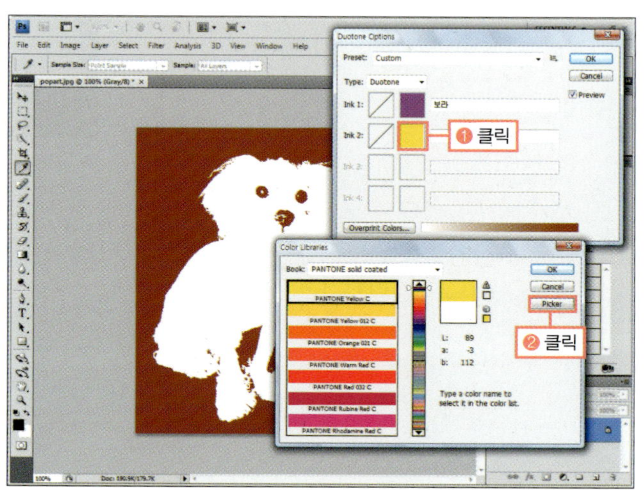

⑧ [#]에 'fff95c'를 입력한 후 [OK] 버튼을 클릭합니다.

⑨ [Ink 2]의 색상 이름에 '노랑'을 입력합니다. 이미지에 선택한 두 색상이 섞여 표현된 것을 확인합니다.

⑩ 색상이 분포되는 영역을 변경하기 위해 [Ink 2]의 커브 썸네일을 클릭한 후 그림과 같이 왼쪽 아래 포인트를 위로 드래그, 오른쪽 위 포인트를 아래로 드래그하고 [OK] 버튼을 모두 클릭합니다.

⑪ 선택한 두 가지 색으로 이미지 표현이 바뀐 것을 확인합니다.

◎ **완성물** : 예제파일\Round10\popart_f.psd

### BONUS

커브 창의 왼쪽은 이미지의 밝은 톤을, 오른쪽은 어두운 톤의 분포를 표현하며 위쪽으로 커브곡선이 올라갈수록 해당 톤의 영역에 지정한 색상이 나타납니다. 강아지 색상이 흰색이기 때문에 커브 창의 왼쪽 포인트를 위로 올리면 노란색이 나타나고, 반대로 어두운 포인트를 내리면 검정 배경에 적용된 연보라 색상이 나타나게 됩니다.

### STOP

여기에서 추가로 다른 보정이나 레이어 작업을 하려면 이미지 모드를 다시 RGB Color 모드로 변경해야 합니다.



**Training 01.**
이미지 색상의 기본 체계인 색상 모드 이해하기

Duotone 모드는 이미지의 색상을 1~4가지로 구성합니다. Monotone, Duotone(2색), Tritone(3색) 및 Quadtone(4색)로
이미지를 구성하며, 커브를 이용하여 색상의 분포와 농도를 설정할 수 있습니다.

▲ Monotone

▲ Duotone(2색)

▲ Tritone(3색)

▲ Quadtone(4색)

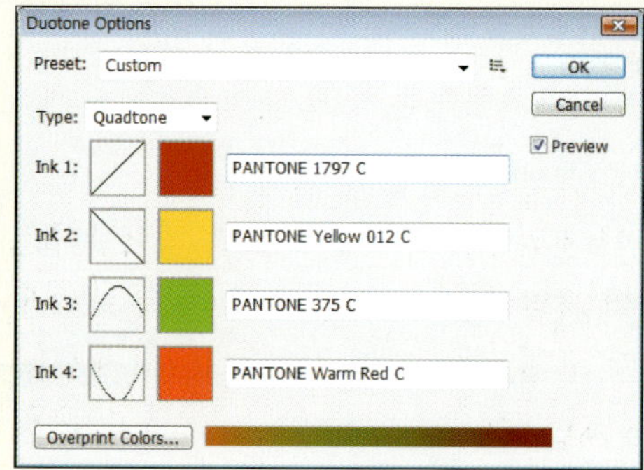



**Round 10.**
다양하고 복잡한 채널의 세계

# 채널을 관리하는
# CHANNELS 패널 살펴보기



CHANNELS 패널은 포토샵에서 고급 기능이라고 할 수 있습니다. 앞서 이미지의 색상 모드를 살펴보았는데 CHANNELS 패널에서는 색상 모드를 확인하거나 직접 조정할 수 있는 색상 채널들을 제공합니다. 또한, 사용자가 직접 생성할 수 있는 알파 채널은 흑백 이미지 형태로 선택 영역을 만들거나 저장할 수 있는 공간입니다. 일부 필터들은 이 알파 채널을 샘플 소스로 사용하기도 합니다.

| 학습 목표 | 학습 소재 | 난이도 | 예상 학습 결과 | 연계 학습 |
|---|---|---|---|---|
| 색상 채널을 수정하여 이미지 보정 원리 익히기 | • 색상 채널<br>• CHANNELS 패널 | ★★★☆☆ | 색상 모드와 채널의 관계 이해 | • Levels : 428쪽<br>• 색상 모드 : 508쪽 |

## R E A D Y !   색상 채널 이해하기

색상 채널이란 이미지의 색상 정보를 색상 모드에 따라 분리해 놓은 곳으로, 각각의 색상 구성을 살펴봄으로써 이미지의 색상을 쉽게 분석할 수 있으며 지원되는 색상 수가 다른 색상 모드의 특성을 확인할 수 있습니다. 예를 들어 빨강(Red), 초록(Green), 파랑(Blue)으로 이미지 색상을 구성하는 RGB Color 모드의 채널은 Red 채널, Green 채널, Blue 채널과 이들의 혼합인 RGB 채널로 구성되어 있습니다. 각 채널은 색상정보와 Black(음영) 값을 포함하고 있습니다.

### ■ 색상 채널

색상 채널은 색상 모드에 따라서 다른 모양을 보이고 있습니다. 여기에서는 주로 사용되는 RGB Color 모드를 기준으로 설명하겠습니다. 기본적으로 색상 채널에서 RGB 채널을 제외한 나머지 채널들은 흑백의 음영으로 표현됩니다. 즉, RGB Color 모드는 빛으로 가산혼합되는 방식을 취하고 있기 때문에 음영의 밝기가 색상 채널의 색상의 양을 좌우한다고 할 수 있습니다.

▲ RGB Color 모드 이미지와 CHANNELS 패널

각각의 채널을 선택하면 해당 색상 채널을 확인할 수 있습니다.

▲ Red 채널

▲ Green 채널

▲ Blue 채널

### ■ CHANNELS 패널

채널의 생성과 복제 보기/가리기 등의 기능과 편집을 실행할 수 있습니다.

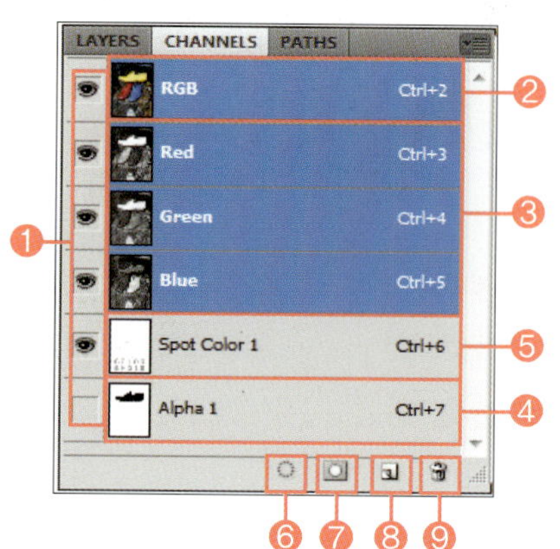


❶ **눈** : 클릭하면 해당 채널을 보거나 가릴 수 있습니다.

❷ **전체 채널** : 모든 모드에서 가장 위에 놓이는 채널로 '눈(⊙)'이 켜져 있는 모든 채널을 혼합해 보여줍니다.

❸ **색상 채널** : 이미지의 색상을 구성하며 모드에 따라 달라집니다.

❹ **알파 채널** : 레이어 마스크와 비슷하게 256단계의 흑백 음영으로 이미지를 표현하며, 선택 영역을 저장하거나 편집할 수 있습니다.

❺ **스폿 채널** : 별색 인쇄를 위해 사용하는 채널로 별색을 지정하여 채색합니다. 알파 채널과 같이 편집이 가능합니다.

❻ **채널을 선택 영역으로 바꾸기** : 선택한 채널을 선택 영역으로 만들 수 있습니다. Ctrl 을 누른 채 해당 채널 썸네일을 클릭할 때와 같습니다.

❼ **선택 영역을 채널로 만들기** : 선택 영역을 알파 채널로 만듭니다.

❽ **새 채널 만들기** : 클릭하면 새 채널을 만듭니다. 또는 기존의 채널을 이 아이콘 위로 드래그하면 복제됩니다.

❾ **휴지통** : 클릭하여 선택된 채널을 삭제합니다.

## 색상 채널을 이용하여 이미지 보정하기

◎ **준비물** : '예제파일\Round10\channel.jpg' 파일을 불러오세요.

**①** 화이트밸런스가 맞지 않아 노란색이 강하고 어둡게 나온 이미지입니다. 이를 수정하기 위해 CHANNELS 패널을 열고 Blue 채널을 선택합니다.

**②** Blue 채널의 음영만 나타납니다. RGB 채널의 '눈(◉)' 만 클릭하여 전체 이미지가 모두 보이도록 합니다.

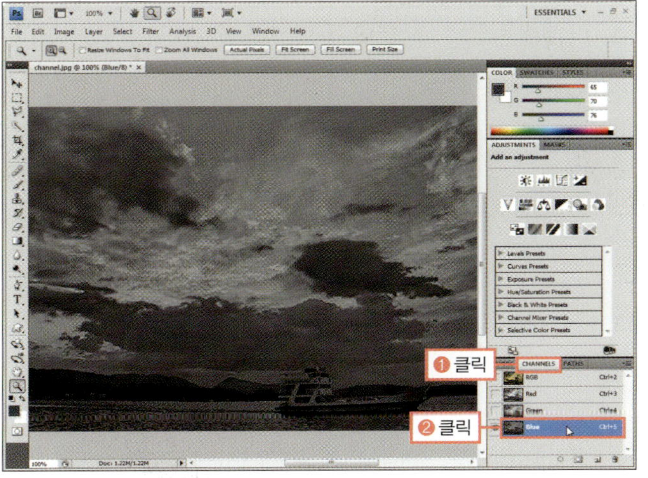

노란색이 너무 많이 들어간 이미지는 푸른색을 많이, 빨간색과 녹색을 약간 추가하면 자연스럽게 보정됩니다.

**③** Ctrl + L 을 눌러 [Levels] 대화상자를 띄운 후 밝은 톤을 나타내는 흰 포인트(△)를 왼쪽으로 드래그하여 '171' 로 조절하고 [OK] 버튼을 클릭합니다. 이미지에 푸른색이 추가됩니다.

**④** 붉은 색을 보정하기 위해 CHANNELS 패널에서 Red 채널을 선택합니다. Ctrl + L 을 눌러 [Levels] 대화상자를 띄운 후 흰 포인트(△)를 왼쪽으로 드래그하여 '232' 로 조절하고 [OK] 버튼을 클릭합니다. 붉은색이 약간 추가됩니다.

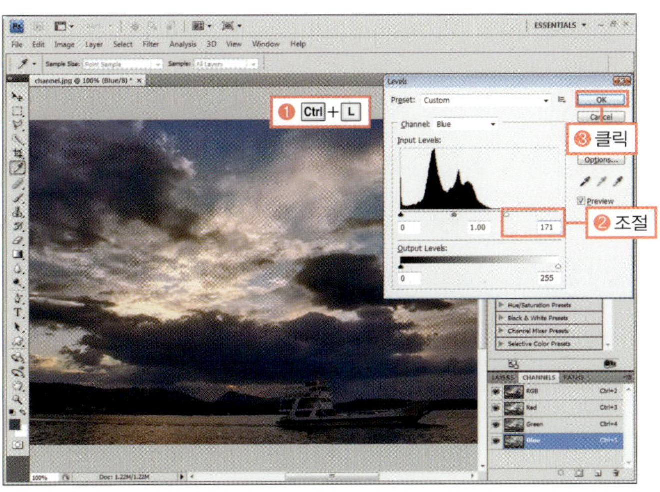


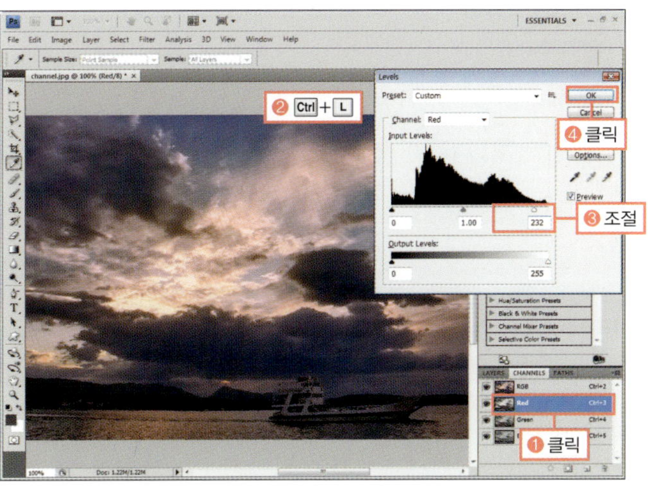

❺ 녹색을 보정하기 위해 CHANNELS 패널에서 Green 채널을 선택합니다. Ctrl+L 을 눌러 [Levels] 대화상자를 띄운 후 흰 포인트(△)를 왼쪽으로 드래그하여 '222'로 조절하고 [OK] 버튼을 클릭합니다. 녹색이 약간 추가됩니다.

❻ CHANNELS 패널의 RGB 채널을 선택한 후 수정된 이미지를 확인합니다.

◉ **완성물** : 예제파일\Round10\channel_f.jpg

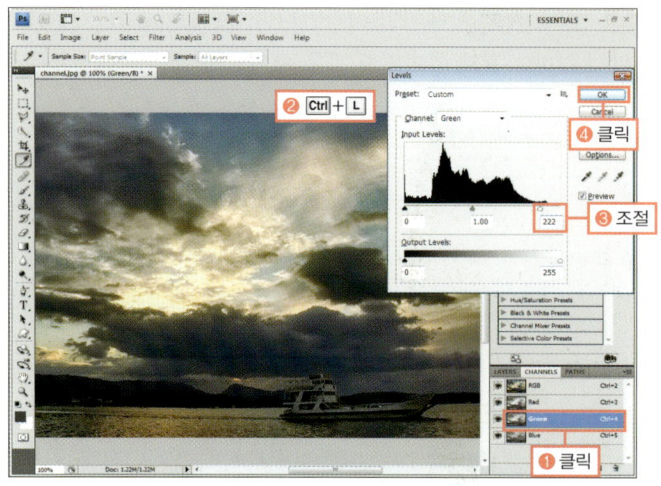

## BONUS

### 색상 채널 컬러로 보기

Red, Green, Blue 채널을 해당 색상으로 보려면 [Edit]-[Preferences]-[Interface] 메뉴를 실행하고 대화상자에서 [Show Channels in Color]를 체크하면 됩니다.

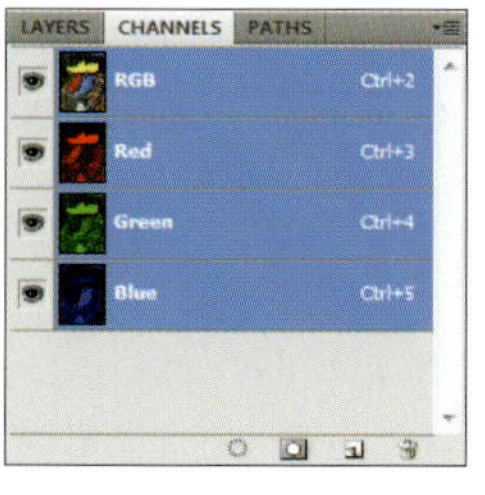

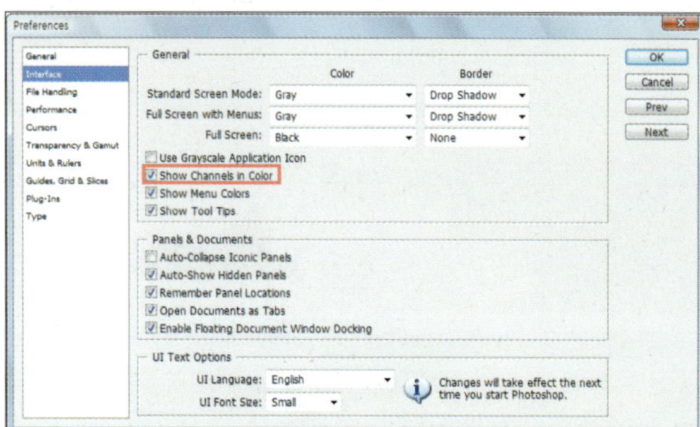

# Lab Color 모드로 노이즈 제거하기

◎ **준비물** : '예제파일\Round10\heyri.jpg' 파일을 불러오세요.

**1** 노이즈가 많은 이미지의 색상 값만 조정하기 위해 [Image]-[Mode]-[Lab Color] 메뉴를 선택합니다.

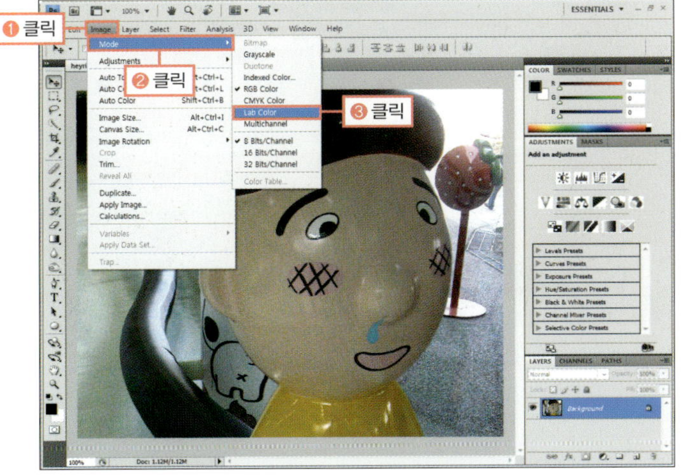

**2** CHANNELS 패널을 열고 Lab, Lightness, a, b 채널을 확인합니다.

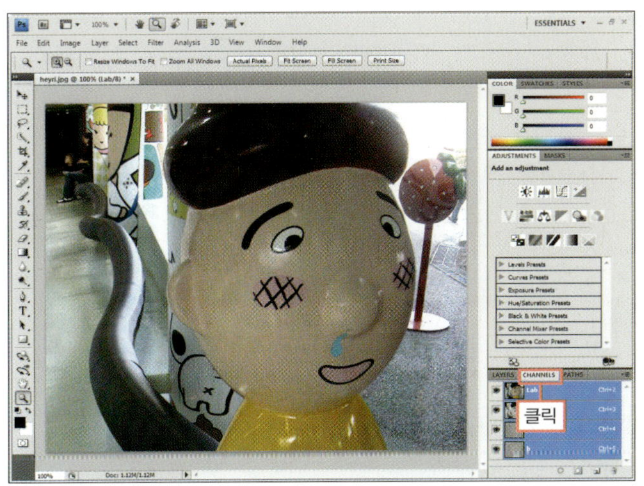



Lab Color는 밝기와 각 색상을 분리한 모드로, 밝기를 변경해도 색상은 수정되지 않습니다.

**3** 푸른색에서 노란색까지의 색상을 표현하는 b 채널을 선택하여 노이즈를 확인한 후 [Filter]-[Blur]-[Gaussian Blur] 메뉴를 선택합니다.

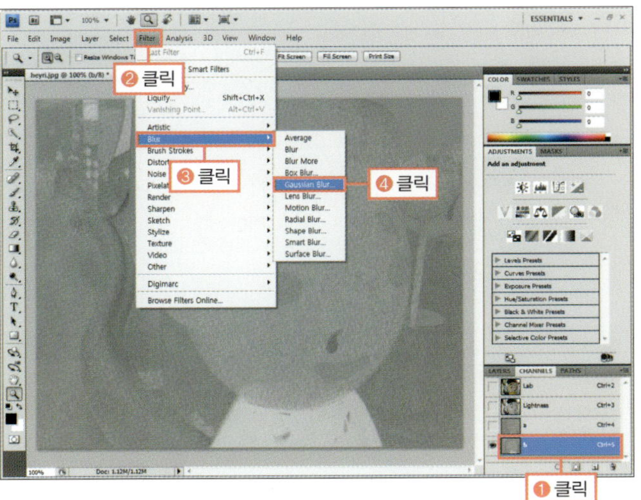

**4** [Gaussian Blur] 대화상자가 나타나면 부드러운 정도를 나타내는 [Radius]를 '3.9'로 조절하고 [OK] 버튼을 클릭합니다.

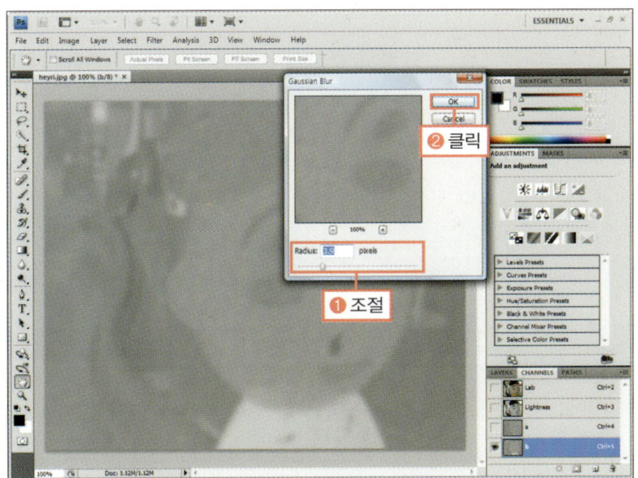

⑤ 녹색에서 마젠타까지의 색상을 표현하는 a 채널을 선택한 후 `Ctrl`+`F`를 누릅니다. 그러면 앞에서 적용한 필터와 설정값이 똑같이 적용됩니다.

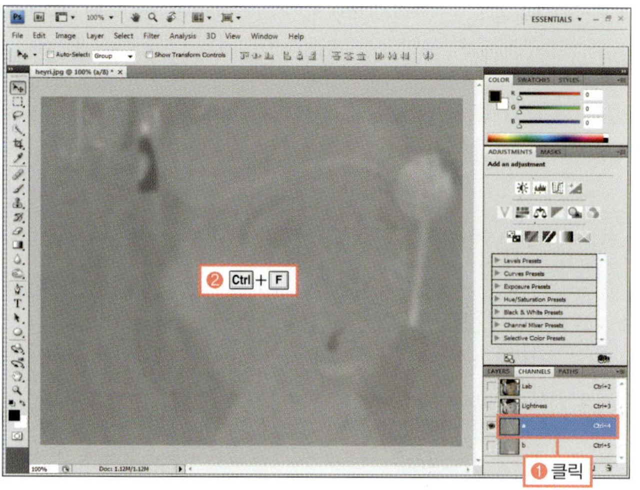

### BONUS

필터를 한 번 적용하고 나면 [Filter] 메뉴의 맨 상단에 등록되는데, 선택하면 이전과 같은 옵션으로 필터를 적용할 수 있습니다. 바로 가기 키는 `Ctrl`+`F`입니다.

⑥ Lightness 채널을 선택한 후 작은 노이즈 알갱이들을 없애기 위해 [Filter]-[Noise]-[Despeckle] 메뉴를 두 번 적용합니다.

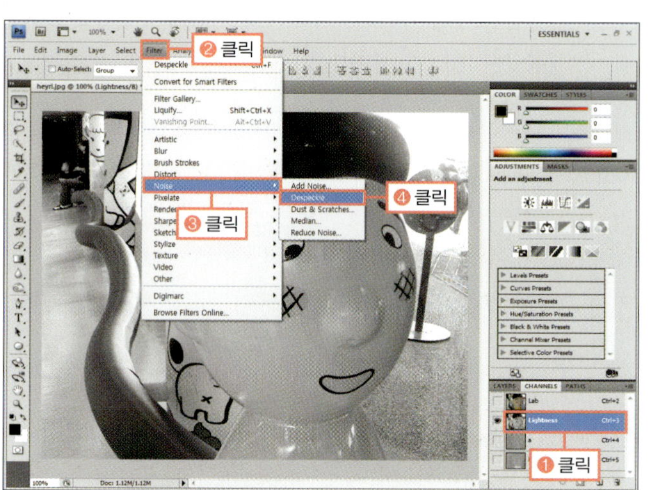

⑦ Lab 채널을 선택하여 노이즈가 제거된 것을 확인합니다.

◎ **완성물** : 예제파일\Round10\heyri_f.psd

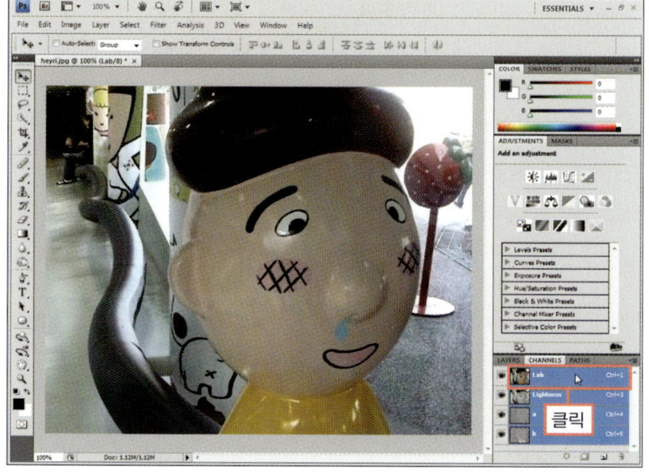

스폿 채널은 별색으로 인쇄되는 영역을 만들고자 할 때 사용됩니다. 스폿 채널을 이용해 인쇄 시 CMYK 색상으로 표현하기 힘든 형광색이나 금색, 은색 등을 지정하면 별도의 필름으로 출력됩니다. 인쇄소에서는 필름을 인쇄판으로 만들고 지정한 별색으로 인쇄합니다.

◎ **준비물 :** '예제파일\Round10\spot_channel.jpg' 파일을 불러오세요.

**①** CHANNELS 패널의 메뉴 버튼을 클릭하여 [New Spot Channel]을 선택합니다.

**②** [New Spot Channel] 대화상자가 나타나면 [Color]의 썸네일을 클릭하여 흰색으로 선택한 후 [OK] 버튼을 클릭합니다. 그리고 불투명도를 나타내는 [Solidity]를 '100%'로 입력한 후 [OK] 버튼을 클릭합니다.

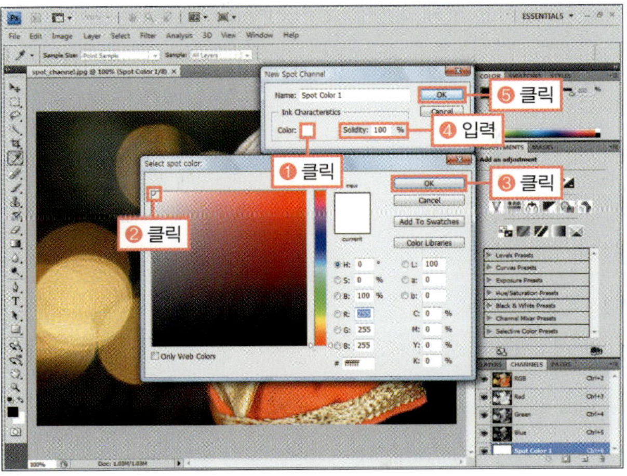

**STOP**

현재 지정하는 [Color]와 [Solidity]는 화면에 보이는 설정으로 실제 인쇄에 영향을 주지 않습니다.

**③** 별색을 지정하기 위해 툴박스의 '전경색'을 클릭하여 [Color Picker] 대화상자가 나타나면 [Color Libraries] 버튼을 선택합니다.

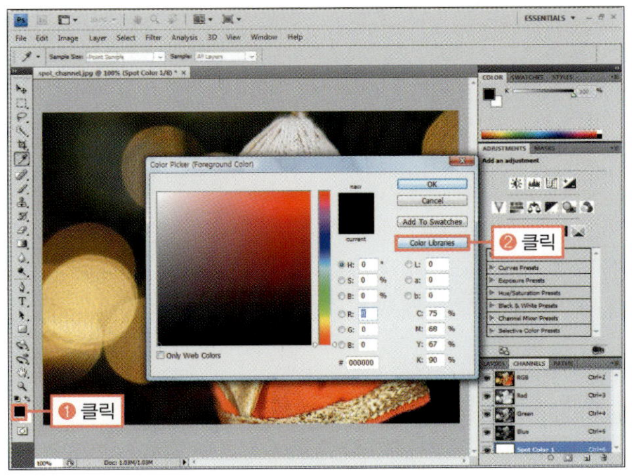

**④** 색상을 표시하는 방법을 선택하는 [Book]에서 [PANTONE metallic coated]를 선택한 후 [PANTONE 8001 C]를 클릭하고 [OK] 버튼을 누릅니다.

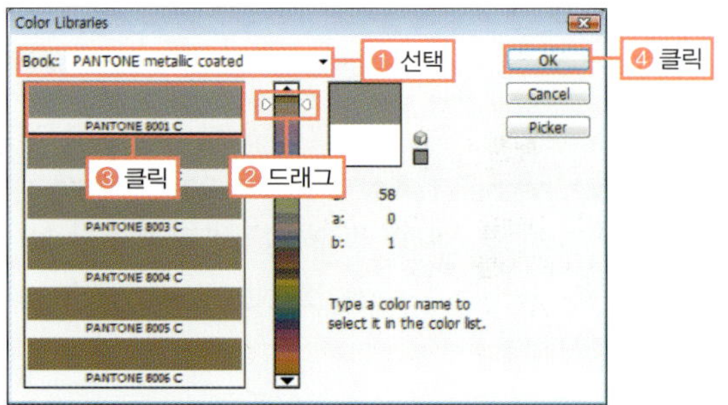

**⑤** 툴박스에서 글자 툴(T)을 선택하고 옵션 바에서 'Brush Script Std, 60pt, 왼쪽 정렬'로 설정합니다. 그리고 이미지 창에서 그림과 같이 'Merry Christmas'라고 입력하고 옵션 바에서 '확인(✔)'을 클릭합니다.

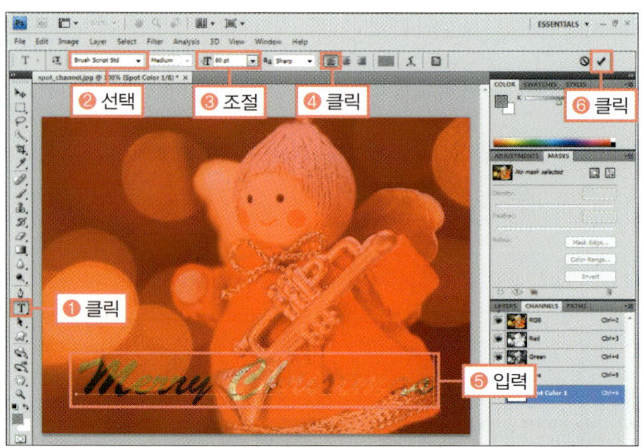



**S T O P**

[Brush Script Std] 서체가 없을 경우 비슷한 서체를 선택한 후 따라 합니다.

**⑥** 입력을 마무리한 후 Ctrl+D를 눌러 선택을 해제합니다. 툴박스에서 사용자정의 도형 툴을 선택하고 옵션 바에서 '필 픽셀(□)'을 클릭합니다. 그리고 도형 썸네일을 클릭하여 [5 Point Star]를 선택합니다.

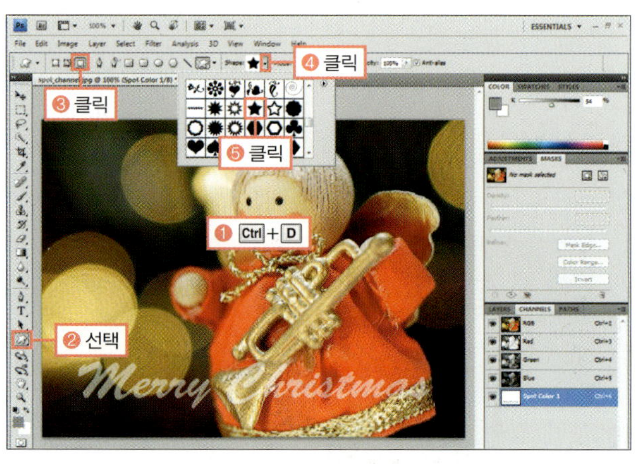



**S T O P**

이 도형이 목록에 없다면 메뉴 버튼(▶)를 클릭하고 [All]을 선택하여 도형을 추가합니다.

**⑦** 이미지 창에서 드래그하여 별을 그려 넣습니다. 별 이미지와 글씨는 앞서 별색으로 지정한 은색으로 인쇄될 것입니다.

◎ **완성물** : 예제파일\Round10\spot_channel_f.psd

# 합성의 중요 변수,
# 알파 채널 이해하기



알파 채널은 이미지의 선택 영역을 저장하고 편집할 수 있는 채널로, 검은색은 선택이 0%이고 흰색은 선택이 100%입니다. 퀵 마스크와는 달리 알파 채널에 저장된 선택 영역은 필요할 때마다 불러올 수 있고, 열려 있는 다른 파일에서 알파 채널을 불러올 수도 있습니다. 일반 이미지처럼 페인팅, 필터의 적용, 문자, 편집 기능 등을 적용할 수 있습니다.

| 학습 목표 | 학습 소재 | 난이도 | 예상 학습 결과 | 연계 학습 |
| --- | --- | --- | --- | --- |
| 알파 채널의 다양한 활용 방법 익히기 | • 알파 채널<br>• CHANNELS 패널 | ★★★☆☆ | 알파 채널을 이용하여 복잡한 이미지를 손쉽게 선택하고 수정 | • Levels : 428쪽<br>• Curves : 431쪽<br>• 필터 : Round09 |



## 선택 영역을 저장하는 알파 채널의 개념 이해하기

계속 사용할 선택 영역은 알파 채널에 저장해놓는 것이 편리합니다. 그러면 먼저 알파 채널의 선택 개념에 대해서 살펴보겠습니다. 알파 채널에서는 검은색 영역은 선택되지 않고, 그 외에는 밝은 음영의 농도에 비례하여 선택 영역이 만들어집니다.

▲ 알파 채널에 선택 영역 저장

▲ 저장된 선택 범위를 불러온 상태

▲ 흑백 그러데이션으로 저장한 경우

▲ 선택 영역을 만든 후 색상을 변경한 상태

## 알파 채널 만들고 수정하기

◎ **준비물** : '예제파일\Round10\alpha01.jpg' 파일을 불러오세요.

**①** 색상 채널을 이용해 선택 영역을 만들기 위해 CHAN NELS 패널에서 음영의 대비가 가장 강한 Blue 채널을 선택합니다.

**②** Blue 채널을 '새 채널 만들기(🖫)'로 드래그하여 복사하면 Blue copy 채널이 만들어집니다.

채널의 생성, 복사, 삭제, 이름 변경 등의 기본적인 패널 사용법은 LAYERS 패널과 같습니다.

**③** Blue copy 채널에서 음영의 대비를 크게 하기 위해 Ctrl + L 을 눌러 [Levels] 대화상자를 불러온 후 흰 포인트(◻)를 '165'로 조절합니다.

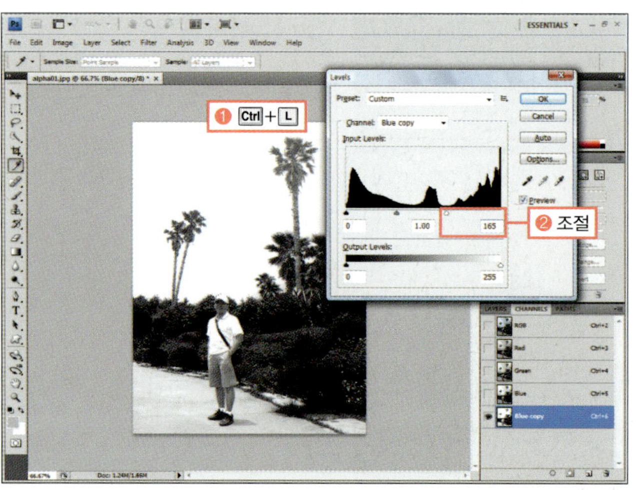

**④** 검은 포인트(◼)를 오른쪽으로 드래그하여 '104'로 조절한 후 [OK] 버튼을 클릭합니다.

⑤ 툴박스에서 브러시 툴(✎)을 클릭하고 옵션 바에서 [Brush]의 ▪ 부분을 눌러 [Hard Round 19px]을 선택합니다.

⑥ 전경색을 검은색으로 지정하고 하늘을 제외한 부분을 꼼꼼히 칠하여 선택 영역에서 제외되게 합니다.

⑦ CHANNELS 패널에서 RGB 채널을 클릭한 후 [Select]-[Load Selection] 메뉴를 선택합니다.

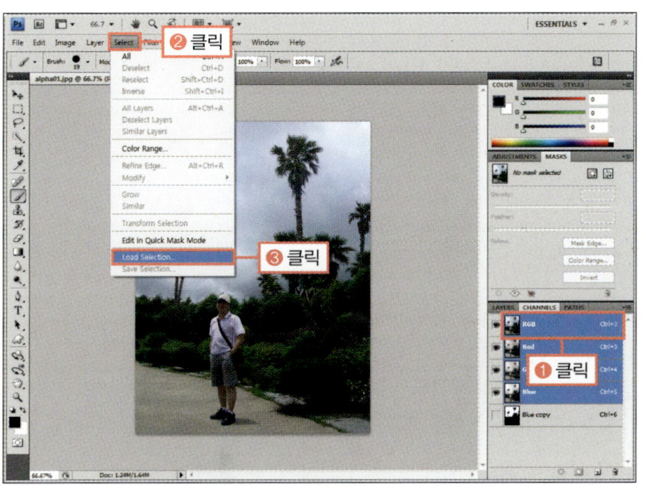

⑧ [Load Selection] 대화상자가 나타나면 불러올 채널을 나타내는 [Channel]에서 [Blue copy]를 선택한 후 [OK] 버튼을 클릭합니다.

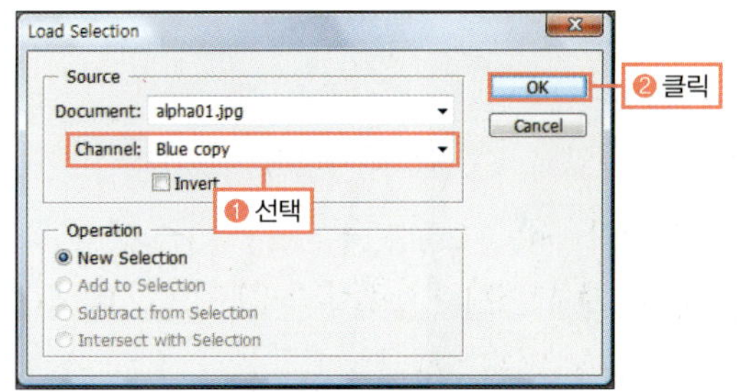



**Training 03.**
합성의 중요 변수, 알파 채널 이해하기

⑨ Blue copy 채널의 흰색 부분이 선택 영역으로 지정됩니다. Ctrl+M 을 눌러 [Curves] 대화상자를 불러온 후 하늘을 밝게 만들기 위해 그림과 같이 조절하고 [OK] 버튼을 클릭합니다.

⑩ Ctrl+D 를 눌러 선택 영역을 해제한 후 수정된 이미지를 확인합니다.

◎ **완성물** : 예제파일\Round10\alpha01_f.psd

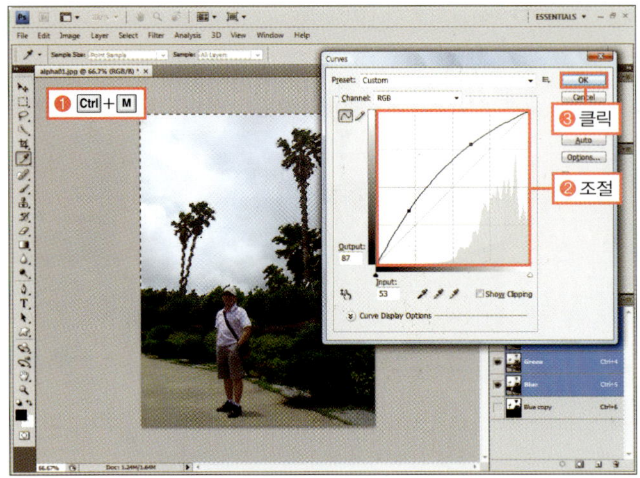

## BONUS

### • 선택 영역을 알파 채널에 저장하기

선택한 영역을 나중에 다시 사용하기 위해서 저장해놓고 싶을 때 알파 채널을 이용합니다. 선택 영역이 만들어진 상태에서 CHANNELS 패널의 '선택 영역을 채널로 만들기( )'를 클릭하면 자동으로 선택 영역이 저장됩니다.

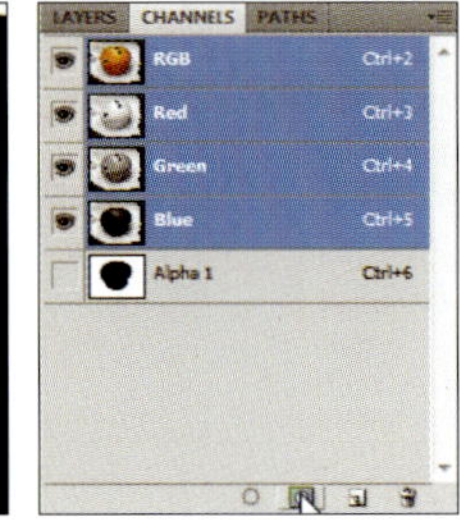

◀ 빠른 선택 툴로 컵케이크를 선택한 후 CHANNELS 패널에서 '선택 영역을 채널로 만들기( )' 클릭

### • 알파 채널을 선택 영역으로 불러오는 4가지 방법

❶ CHANNELS 패널에서 알파 채널을 선택하고 '채널을 선택 영역으로 바꾸기( )'를 클릭합니다(또는 아이콘 위로 드래그).
❷ 채널의 오른쪽에는 'Ctrl+번호'가 적혀있습니다. 알파 채널을 선택 영역으로 만들려면 번호와 함께 Ctrl+Alt 를 눌러주면 됩니다. 그냥 Ctrl+번호를 누르면 해당 채널로 돌아갑니다.
❸ Ctrl 을 누른 채 알파 채널 썸네일을 클릭합니다.
❹ [Select]–[Load Selection] 메뉴를 실행한 대화상자의 [Channel]에서 알파 채널을 지정하여 선택합니다.

# 알파 채널 이용하여 배경 이미지 만들기

◎ **준비물** : '예제파일\Round10\alpha02.psd' 파일을 불러오세요.

**①** COLOR 패널에서 전경색을 연두색으로 지정한 후 (R:143, G:215, B:73) `Alt` + `Delete` 를 눌러 'Background'를 전경색으로 채웁니다.

**②** CHANNELS 패널을 선택하고 '새 채널 만들기(□)'를 클릭하여 'Alpha 1' 채널을 만듭니다.

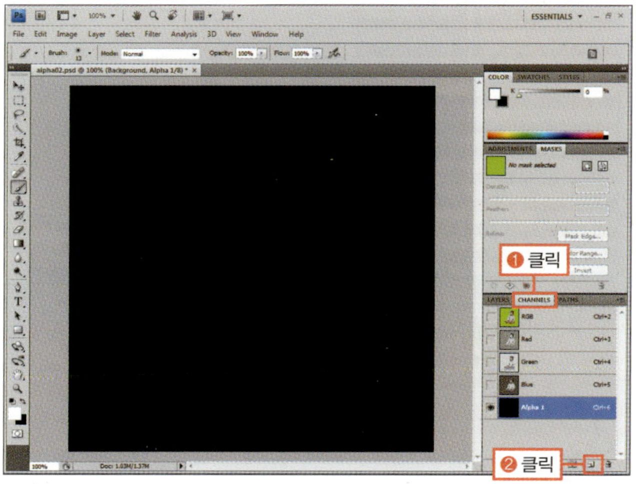

**③** 필터를 적용하기 위해 먼저 `Alt` + `Delete` 를 눌러 흰색을 채웁니다.

**④** [Filter]-[Sketch]-[Halftone Pattern] 메뉴를 선택합니다.

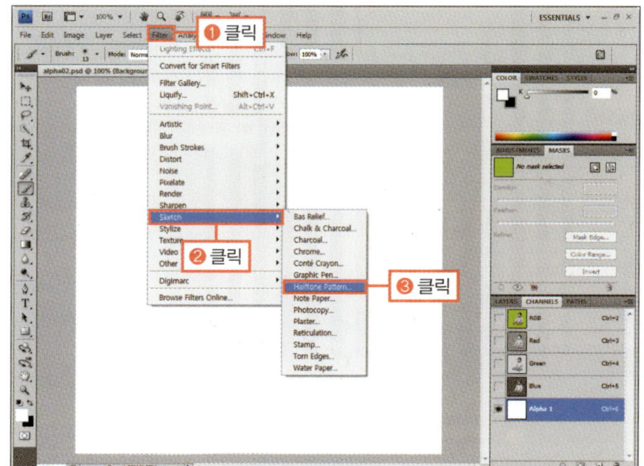

## BONUS

앞으로 실행할 [Halftone Pattern] 필터는 배경색이 검정일 경우 효과가 적용되지 않습니다.

**5** 패턴의 크기를 나타내는 [Size]를 '10', 대비를 나타내는 [Contrast]를 '50', 패턴 모양을 나타내는 [Pattern Type]을 [Line]으로 선택하고 [OK] 버튼을 클릭합니다.

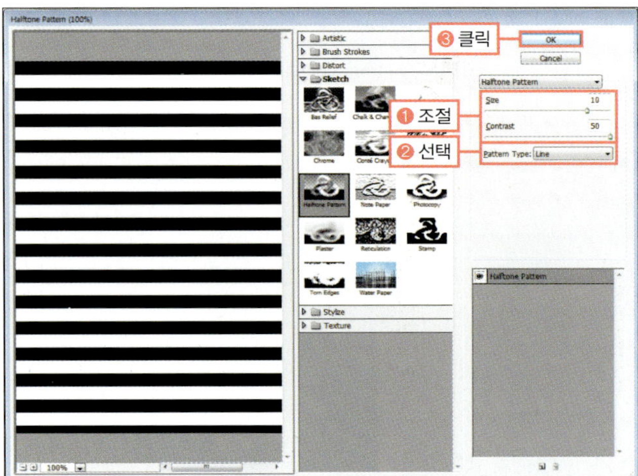

**6** 'Alpha 1' 채널에 가로줄 무늬가 만들어지면 Ctrl +T를 눌러 변형 조절점이 나타나게 합니다. 이미지 안에서 마우스 오른쪽 버튼을 클릭하고 [Rotate 90° CW]를 선택합니다.

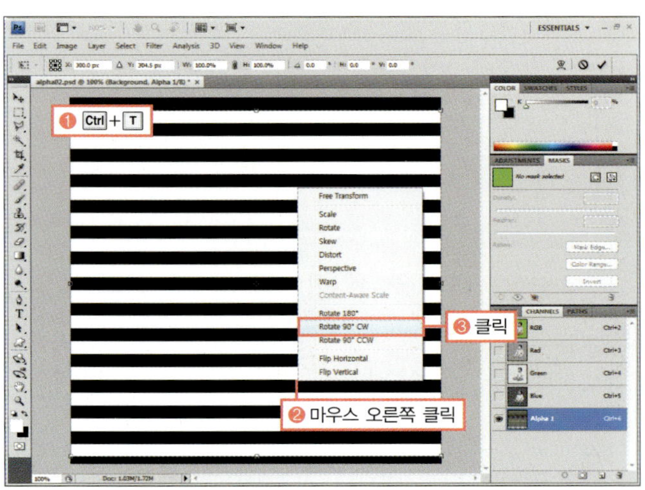

**7** 가로줄이 세로줄로 회전되면 Enter를 눌러 변형을 마무리하고 [Filter]-[Distort]-[Polar Coordinates] 메뉴를 선택합니다.

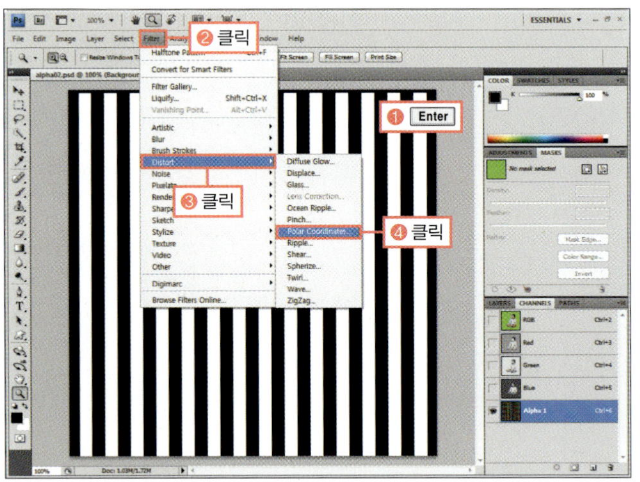

**8** 대화상자가 나타나면 [Rectanguar to Polar]를 선택하고 [OK] 버튼을 클릭합니다.

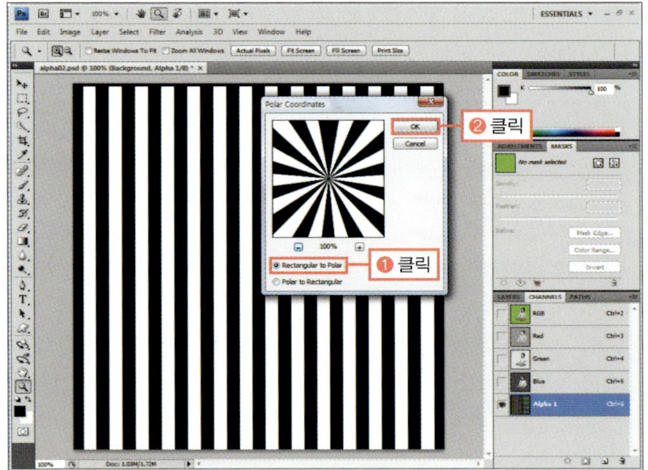



**Round 10.**
다양하고 복잡한 채널의 세계

⑨ CHANNELS 패널의 RGB 채널을 클릭하여 레이어 작업 모드로 돌아온 후, 'Alpha 1' 채널을 하단의 '채널을 선택 영역으로 바꾸기(◎)'로 드래그하여 선택 영역으로 만듭니다.

⑩ LAYERS 패널을 열고 COLOR 패널에서 전경색을 노랑으로 변경한 후(R:253, G:255, B:124) Alt + Delete 를 눌러 전경색을 채웁니다.

⑪ 이미지를 확인합니다.

◎ **완성물** : 예제파일\Round10\alpha02_f.psd

# 채널 이미지 활용하여 복잡한 합성 작업하기

Photoshop · CS4

포토샵의 합성 기능 중에 [Apply Image]와 [Calculations] 명령은 색상 채널과 알파 채널, 레이어, 모드, 불투명도 등을 동시에 조정하여 고급스러운 결과물을 만들어줍니다. 특히 두 개 이상 파일의 합성이나 레이어와 채널들 사이의 모드 합성을 통하면, 이펙트 효과로 만들기 힘든 크롬 질감 등을 만들 수도 있습니다.

| 학습 목표 | 학습 소재 | 난이도 | 예상 학습 결과 | 연계 학습 |
|---|---|---|---|---|
| 다양한 채널 합성 방법 학습하기 | [Image]–[Apply Image], [Calculations] 메뉴 | ★★★★☆ | [Apply Image]와 [Calculations] 명령을 이용하여 고급 이미지 합성 | 블렌딩 모드 : 372쪽 |

## READY! 채널을 이용한 합성 방법

채널을 합성하는 다양한 방법 중에 독특하면서 좋은 결과물을 만들어주는 [Apply Image]와 [Calculations] 명령에 대해 설명하겠습니다.

### ■ [Apply Image] 명령 살펴보기

[Apply Image]는 두 이미지를 합성하거나, 한 이미지 내에서 두 레이어를 수학적인 연산법칙에 의해 합성하는 명령입니다. 또는 레이어와 채널을 합성할 수도 있습니다. 이처럼 [Apply Image] 명령은 특정 채널을 이용한 합성이 용이하다는 장점이 있어 간단하면서 다양한 합성을 도와줍니다.

[Apply Image] 명령은 주로 사진의 노출 부족으로 보정한 결과가 좋지 않을 경우, 화이트밸런스가 맞지 않는 사진, 독특한 색감이나 필름 카메라와 같은 느낌을 만들고자 할 때 활용할 수 있습니다. 주의할 점은, 열려 있는 두 개의 파일들을 합성할 경우 이미지 크기가 반드시 같아야 합니다.

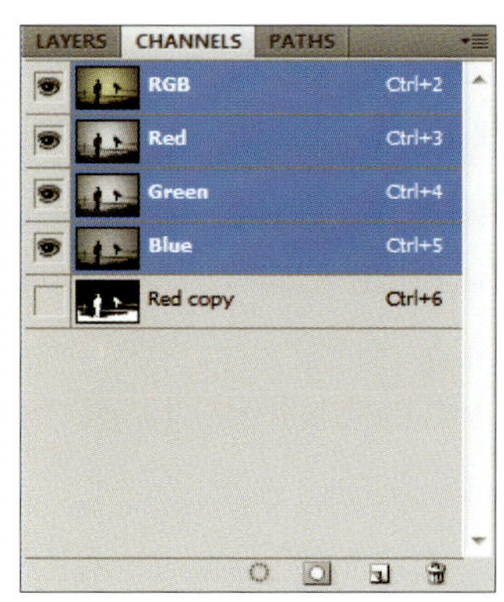


▲ [Apply Image] 명령으로 합성할 첫 번째 이미지와 저장되어 있는 알파 채널의 형태

▲ [Apply Image] 명령으로 합성할 두 번째 이미지와 합성의 결과물

### ■ [Calculations] 명령 살펴보기

[Calculations] 명령은 [Apply Image] 명령과 비슷하지만 조금 더 복잡합니다. 선택한 이미지와 2개의 소스를 합성할 수 있는데, 각 레이어의 이미지를 합성하거나 서로 다른 채널을 합성하여 또 다른 채널로 합성할 수 있습니다. 이때 서로 다른 두 이미지 파일을 합성할 경우에 반드시 가로, 세로, 픽셀 수가 일치해야 합니다. 아래 그림은 [Calculations] 합성의 원리를 풀어서 설명한 것인데, 복잡해보이지만 이 모든 과정이 [Calculations] 대화상자 안에서 한 번의 설정으로 이루어집니다.

▲ 합성할 소스 이미지 1

▲ 합성할 소스 이미지 2

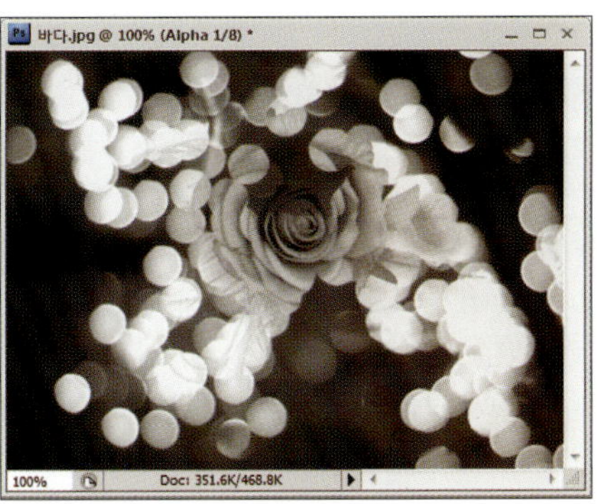

▲ [Calculations] 명령으로 두 소스를 합성하여 만든 알파 채널

▲ 알파 채널을 적용할 소스 이미지 3

▲ [Calculations] 명령으로 위의 알파 채널을 적용한 결과 이미지



**Training 04.**
채널 이미지 활용하여 복잡한 합성 작업하기

## [Apply Image] 명령으로 이미지 합성하기

◎ **준비물** : '예제파일\Round10\apply.psd' 파일을 불러오세요.

**①** CHANNELS 패널을 열고 'Alpha 1' 채널을 클릭하여 알파 채널의 모양을 확인한 후 RGB 채널을 클릭합니다.

**②** 앞에서 확인한 알파 채널의 모양을 전체 이미지와 합성하겠습니다. LAYERS 패널을 열고 [Image]-[Apply Image] 메뉴를 선택합니다.

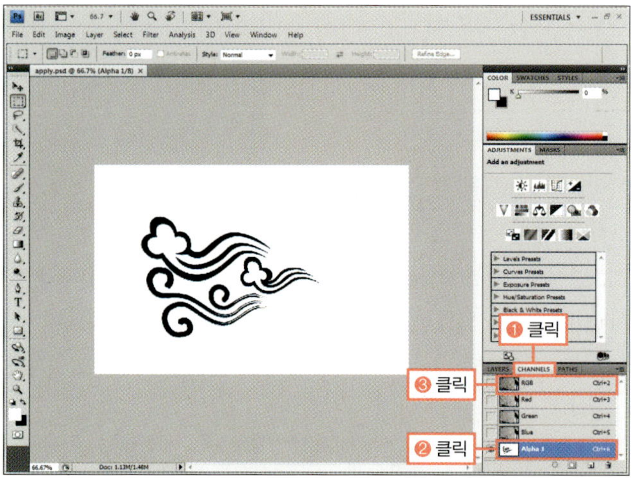

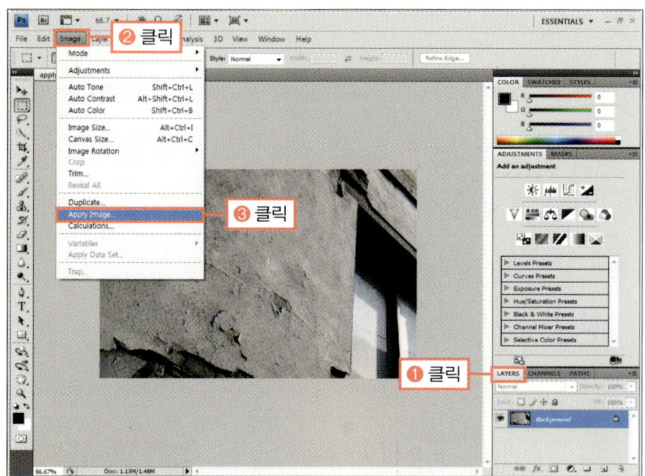

**③** 혼합될 레이어와 채널을 의미하는 [Layer]는 [Background], [Channel]은 'Alpha 1'으로 선택하고 혼합되는 모드를 나타내는 [Blending]을 [Color Burn], [Opacity]를 '50%'로 입력하고 [OK] 버튼을 클릭합니다.

**④** 채널 이미지와 레이어 이미지와 합성되어 완성된 이미지입니다.

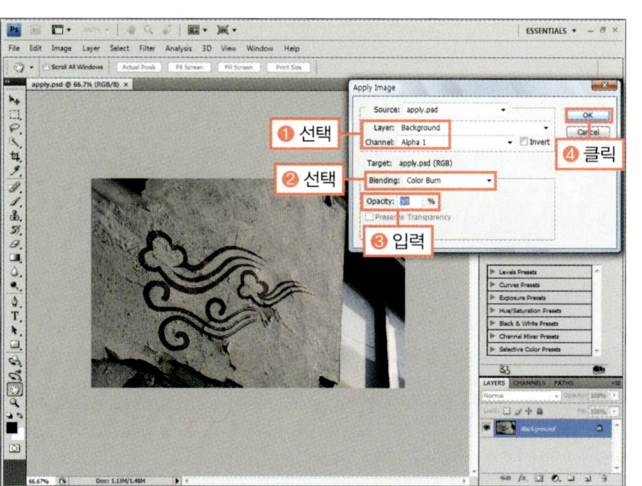

◎ **완성물** : 예제파일\Round10\apply_f.psd

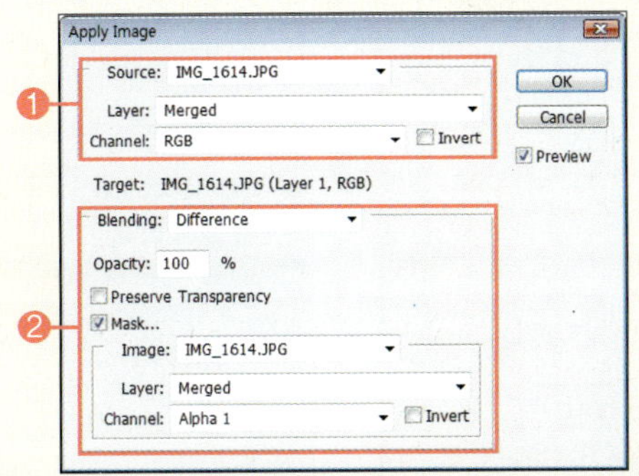

❶ **Source** : 합성 시 이용할 이미지를 선택하는 것으로 다른 이미지 혹은 자신과도 합성이 가능합니다.
  • Layer : [Source]에서 지정한 이미지가 한 개 이상의 레이어를 가지는 경우, 합성을 적용할 레이어를 목록에서 선택할 수 있습니다.
  • Channel : 합성에 사용할 채널을 선택합니다. 색상 채널과 알파 채널들 중 하나를 지정할 수 있습니다.

❷ **Blending** : 합성 모드를 선택할 수 있습니다. 일반적인 블렌딩 모드 외에 [Add]와 [Subtract]가 추가되어 있습니다. [Add]는 선택한 이미지에 [Source]에서 지정한 이미지가 추가되어 밝게 혼합되며, [Subtract]는 선택한 이미지에 [Source]에서 지정한 이미지의 밝기 부분이 빠지면서 반전되어 혼합됩니다.
  • Opacity : 합성되는 결과물의 불투명도를 지정할 수 있습니다.
  • Preserve Transparency : 투명한 부분을 보호합니다.
  • Mask : 마스크를 적용할 파일과 레이어, 채널을 지정할 수 있습니다.

---

**G O !**   ## [Calculations] 명령을 이용하여 이미지 합성하기

◎ **준비물** : '예제파일\Round10\cal1.jpg, cal2.jpg, cal3.jpg' 파일을 불러오세요.

❶ 'cal3.jpg' 이미지를 선택하고 'cal1.jpg'와 'cal2.jpg' 이미지를 자연스럽게 합성하기 위해 [Image]-[Calculations] 메뉴를 실행합니다.

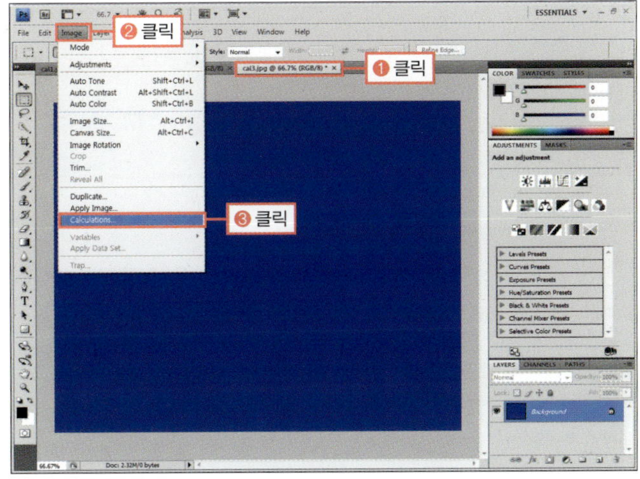

❷ [Source 1]을 'cal1.jpg'로 선택한 후 [Layer]를 [Background], [Channel]을 [Gray]로 선택합니다. [Source 2]는 'cal2.jpg'로 선택한 후 [Layer]는 [Background], [Channel]은 [Red]를 선택합니다.

❸ [Blending]을 [Darken]으로 선택하면 'cal1.jpg' 이미지와 'cal2.jpg'의 어두운 명암 부분이 혼합되어 보입니다. 혼합된 결과를 선택 영역으로 나타내도록 하기 위해 [Result]를 [Selection]으로 선택하고 [OK] 버튼을 클릭합니다.

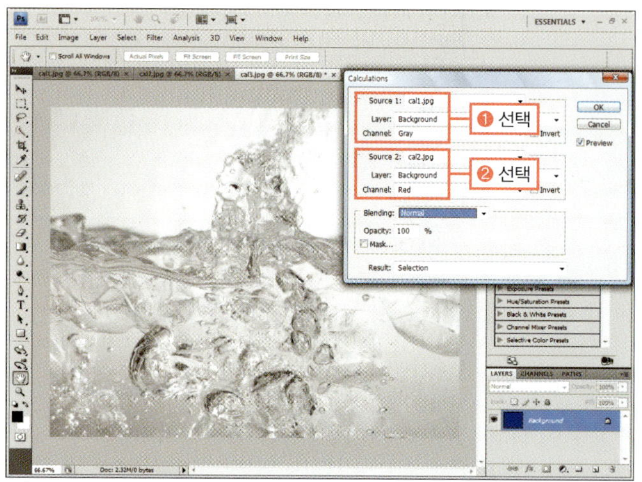

❹ 'cal3.jpg' 이미지에 선택 영역이 만들어집니다.

❺ 배경색이 흰색인 것을 확인한 후 Delete 를 눌러 선택 영역을 지웁니다. [Calculations] 명령으로 합성된 이미지가 나타납니다.

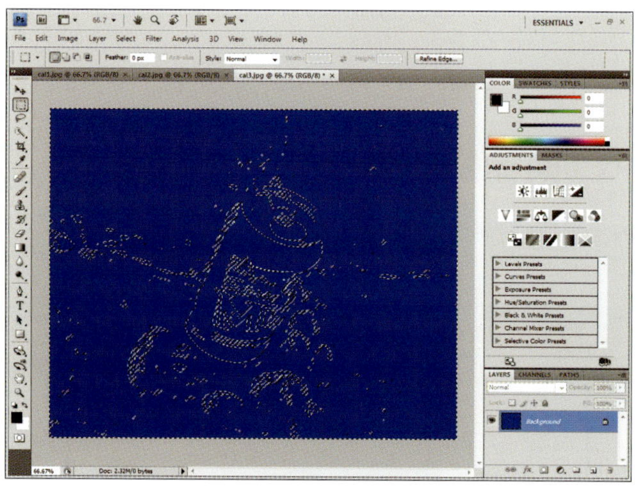

 **6** Ctrl + D를 눌러 완성된 이미지를 확인합니다.

◎ **완성물** : 예제파일\Round10\cal3_f.jpg

---



## Calculation 대화상자 살펴보기

❶ **Source 1** : 열려 있는 파일 중 합성 대상인 파일을 선택합니다.

- **Layer** : Source 1에서 적용될 레이어를 선택합니다.
- **Channel** : Source 1에서 적용될 채널을 선택합니다.
- **Invert** : Source 1의 설정이 반전되어 합성됩니다.

❷ **Source 2** : 열려 있는 파일 중 합성 대상인 파일을 선택합니다.

- **Layer** : Source 2에서 적용될 레이어를 선택합니다.
- **Channel** : Source 2에서 적용될 채널을 선택합니다.
- **Invert** : Source 2의 설정이 반전되어 합성됩니다.

❸ **Blending** : Source 1과 Source 2의 합성 방법을 설정합니다.

- **Opacity** : 합성되는 이미지의 투명도를 조절합니다.
- **Mask** : 합성 시 제외시킬 영역을 선택합니다.
- **Image** : 마스크 대상 파일을 선택합니다.
- **Layer** : 마스크 대상 파일의 적용 레이어를 선택합니다.
- **Channel** : 적용될 채널을 선택합니다.

❹ **Result** : 합성된 결과물을 새로운 도큐먼트(New Document), 신규 채널(New Channel), 선택 영역(Selection) 중 하나로 만들 수 있습니다.

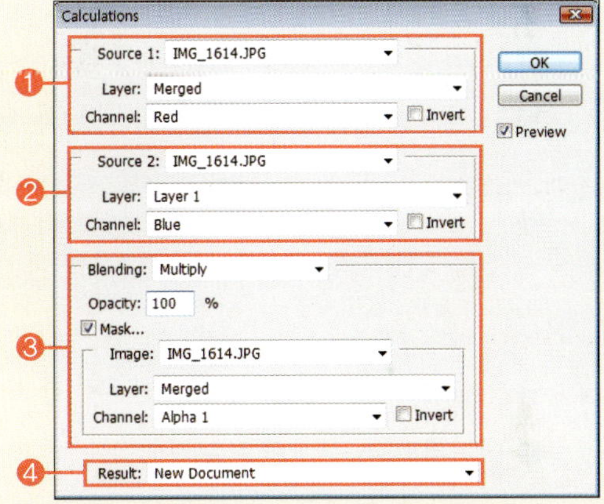



**Training 04.**
채널 이미지 활용하여 복잡한 합성 작업하기

이번 Round에서는 포토샵에서 가장 많이 사용되는 색상 모드와 각 색상 모드로 변경하는 방법에 대해 살펴보고, CHANNELS 패널의 색상 채널과 알파 채널에 대해 알아보았습니다. 앞에서 배운 내용을 토대로 다음 문제를 풀어보세요.

**1 |** 다음의 ( ) 안을 채워보세요

❶ 이미지의 다양한 색상 체계를 나타내는 색상 모드에는 모니터 환경에 맞춘 (　　　　　) 모드와 인쇄를 위한 (　　　　　) 모드 2가지가 대표적입니다.

❷ GIF 같이 최대 256가지의 색상으로 표현되며 파일의 크기는 줄지만 이미지의 화질이 저하되기 때문에 단순한 색상을 가진 이미지에 적합한 색상 모드는 (　　　　　)모드 입니다.

❸ 포토샵에서 색상 모드를 변경하면 이미지가 갖고 있는 색상 체계가 변경되어 색상 손상이 일어납니다. 이를 막기 위해 포토샵 [View] 메뉴에 있는 (　　　　　) 명령을 이용하면 변경할 색상 모드를 미리 보기 할 수 있습니다.

❹ 비트맵 이미지를 만들기 위해서는 먼저 (　　　　　) 모드로 변경해야 합니다.

❺ RGB Color 모드의 이미지에서 빨간색의 분포 정도를 확인할 수 있는 색상 채널은 (　　　) 채널입니다.

❻ (　　　) 채널은 인쇄를 위해 CMYK 컬러로 표현하기 힘든 형광 색상이나 금색, 은색 등을 지정하면 별도의 필름으로 출력됩니다.

❼ (　　　) 채널은 퀵 마스크와는 달리 저장된 선택 영역은 언제든지 필요할 때마다 불러올 수 있고 열려 있는 다른 파일에서 알파 채널을 불러올 수도 있습니다.

**2 |** 다음 설명이 맞으면 'O', 틀리면 '×'를 표시하세요.

❶ 이미지의 각 색상의 분포정도와 선택 영역을 저장하는 알파 채널을 볼 수 있는 패널은 LAYERS 패널입니다. ☐

❷ Duotone 모드란 이미지에 적용할 색상을 1~4가지 색상으로 구성할 수 있는 것으로 Monotone, Duotone(2색), Tritone(3색) 및 Quadtone(4색)의 색상으로 이미지를 구성합니다. ☐

❸ 색상 채널은 이미지의 선택 영역을 저장하고 편집할 수 있는 채널로 검정색은 선택이 0%이고 흰색은 선택이 100%입니다. ☐

❹ 알파 채널을 선택 영역으로 만들려고 할 때에는 Ctrl을 누른 채 알파 채널 썸네일을 클릭하거나 Ctrl+채널번호를 누릅니다. 또는 [Select]-[Load Selection] 메뉴로 불러올 수도 있습니다. ☐

❺ [Match Color] 명령을 이용하면 채널 간의 수학적 연산에 따라 두 채널 이미지를 합성하여 이미지나 채널 또는 선택 범위로 만들 수 있습니다. ☐

| 정답 |

1 | ❶ RGB Color, CMYK Color ❷ Indexd Color ❸ Proof Colors
❹ Grayscale ❺ Red ❻ 스폿 ❼ 알파
2 | ❶ × ❷ O ❸ O ❹ O ❺ ×

# Round Complete
| 만들어 보세요 |

이번 Round에서는 포토샵에서 가장 많이 사용되는 색상 모드와 각 색상 모드로 변경하는 방법에 대해 살펴보고, CHANNELS 패널의 색상 채널과 알파 채널에 대해 알아보았습니다. 앞에서 배운 내용을 토대로 다음 예제를 완성해 보세요.

**1** 이미지의 모드를 Bitmap으로 변경하면서 그림과 같이 선 형태의 패턴이 입혀지도록 완성해 보세요.

◎ 준비물 : 예제파일\Round10\lightzon.jpg
완성물 : 예제파일\Round10\lightzon_f.psd
도움말 : 예제해설\Round10도움말1.hwp(pdf, avi)

❶ [Image]-[Mode]-[Grayscale] 선택 ❷ [Image]-[Mode]-[Bitmap] 선택 ❸ [Bitmap] 대화상자에서 [Output]을 '600', [Use]를 [Halftone Screen] 선택 ❹ [Halftone Screen] 대화상자에서 [Line] 선택

**2** 'Background'의 Blue 채널을 복제하여 알파 채널로 만듭니다. 그리고 [Levels] 명령으로 선택 영역을 변경하고 이를 'Layer 1' 레이어로 불러온 후 레이어 마스크를 씌워 그림과 같이 합성되도록 해보세요.

◎ 준비물 : 예제파일\Round10\t_temple.psd
완성물 : 예제파일\Round10\t_temple_f.psd
도움말 : 예제해설\Round10도움말2.hwp(pdf, avi)

❶ CHANNELS 패널에서 Blue 채널을 복제 ❷ Ctrl+L을 눌러 [Levels] 대화상자를 띄운 후 검은색과 흰색만 보이도록 수정 ❸ 툴박스의 브러시 툴(✐)로 하늘 외의 부분은 검은색으로 하늘은 흰색으로 채색 ❹ RGB 채널을 클릭하여 원래 이미지로 되돌린 후 LAYERS 패널 선택 ❺ 'Layer 1' 레이어 선택하고 '눈(◉)'을 켬 ❻ 복제하여 수정한 알파 채널을 선택 영역으로 불러옴 ❼ LAYERS 패널의 '레이어 마스크(◙)'를 클릭하여 합성

# 작업 속도를 높이는 자동화 및 스크립트 기능

포토샵의 액션은 같은 작업을 반복해야 할 경우 이를 기억한 후 다른 이미지에 적용하는 것으로, 작업 속도를 높이고 효율성을 높여줍니다. 이와 비슷한 자동화 기능으로 [Automate]와 [Script] 명령이 있습니다. 이번 Round에서는 작업을 자동적으로 처리해주는 각종 자동화 기능에 대해서 알아보겠습니다.

이번 Round는 다음과 같은 단계로 구성됩니다. Training별 내용을 간략하게 먼저 파악하면 좀 더 효율적으로 학습을 진행할 수 있습니다.

**Training 01** 액션을 사용해 작업속도 높이기

ACTIONS 패널을 이용해 새로운 액션을 등록한 후 이를 다른 이미지에 적용하는 방법에 대해 살펴보고, [Batch] 명령과 연결하여 여러 이미지나 폴더 전체에 적용하여 다른 위치에 저장하는 방법을 알아봅니다.

▶ ACTIONS 패널로 새 액션 만들기
▶ [Batch] 명령을 이용해 액션을 여러 이미지에 일괄 적용하기

**Training 02** 편하고 빠른 작업을 위한 자동화 기능 사용하기

[Automate] 명령에 대해 이해하고 자주 사용하는 [Automate] 명령에 대해 알아봅니다.

▶ [Automate] 명령의 종류 알아보기
▶ [Automate] 명령 사용하기

---

**Training 03**  **낯설지만 유용한 [Scripts] 명령 익히기**

[Script] 명령에 대해 이해하고 이를 이용해 여러 이미지 포맷을 한 번에 변경하는 방법에 대해 알아보고, 각 레이어 이미지를 따로 저장하는 방법에 대해 살펴봅니다.

▶ [Script] 명령 살펴보기
▶ [Image Processor] 명령으로 여러 이미지의 포맷 변경하기
▶ [Export Layers to Files] 명령으로 각 레이어를 따로 저장하기

# 액션을 사용해 작업속도 높이기



액션이란 ACTIONS 패널을 이용해 작업 단계를 녹화한 후 이를 다른 이미지에 적용하는 것으로, [Batch] 명령과 연결하여 사용하면 여러 이미지에 액션을 적용하여 단 시간 안에 반복 작업을 실행할 수 있습니다. 이번 Training에서는 액션을 만드는 방법과 만든 액션을 선택한 폴더 전체에 적용하는 [Batch] 명령에 대해 알아보겠습니다.

| 학습 목표 | 학습 소재 | 난이도 | 예상 학습 결과 | 연계 학습 |
| --- | --- | --- | --- | --- |
| • 액션 만들기<br>• 액션을 이미지에 적용하기 | • ACTIONS 패널<br>• [Automate]–[Batch]<br>메뉴 | ★★★☆☆ | • ACTIONS 패널로 자주 사용하는 작업을 기록<br>• [Batch] 명령을 사용해 여러 이미지에 액션 적용 | |

## READY!

### ACTIONS 패널 살펴보기

ACTIONS 패널에서는 사용자가 녹화한 작업을 하나의 명령으로 기억해두었다가 다른 이미지에 적용할 수 있습니다. 촬영한 여러 이미지를 같은 크기로 변경하거나 블로그나 싸이월드에서 사용할 수 있도록 간단한 보정과 테두리를 만드는 작업을 할 때 사용하면 편리합니다. 특히 [Batch] 명령과 같이 사용하면 폴더 전체에 액션을 적용하여 다른 폴더로 저장할 수 있어 작업 시간을 많이 줄일 수 있습니다.

ACTIONS 패널에서 먼저 새 액션을 만들면 자동으로 '녹화(●)'가 켜지면서 작업 단계가 녹화되며, '멈춤(■)'을 클릭하면 그림과 같이 녹화 단계가 기록됩니다. '진행(▶)'을 클릭하면 기록된 작업 단계대로 다른 이미지에 적용할 수 있습니다.

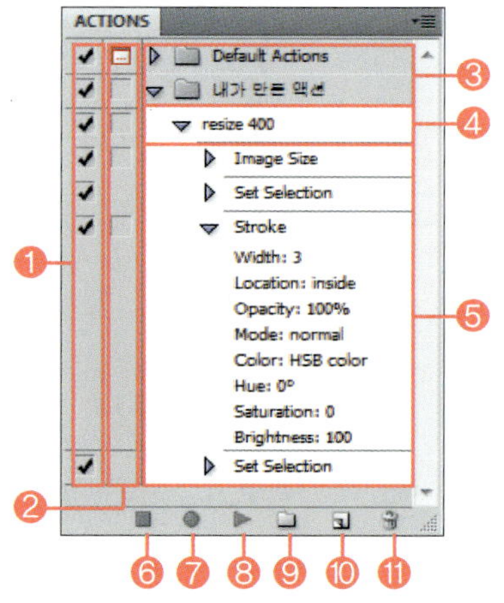


❶ **액션 실행 켜기/끄기** : 기록한 액션 목록 중 체크된 액션만 실행됩니다.

❷ **대화상자 띄우기/띄우지 않기** : 대화상자를 나타내는 액션의 목록에 표시하면 액션이 실행될 때 그 부분의 대화상자가 띄어져 값을 변경할 수 있습니다.

❸ **액션 세트** : 여러 액션을 묶어 관리합니다.

❹ **액션** : 작업 단계가 기록된 곳입니다.

❺ **액션 목록** : 액션이 적용될 때의 세세한 값을 기록하는 단계입니다.

❻ **멈춤** : 액션이 녹화되는 것을 멈춥니다.

❼ **녹화** : 선택한 액션에 작업 단계가 녹화됩니다. 빨간색(●)일 때가 녹화 중이며 녹화를 멈추면 회색(●)으로 바뀝니다.

⑧ **진행** : 선택한 액션이 이미지에 적용됩니다.

⑨ **새 세트 만들기** : 액션을 모아놓을 수 있는 폴더를 만듭니다.

⑩ **새 액션 만들기** : 새 액션을 만듭니다. 액션의 이름과 바로 가기 키, 액션 색상을 정할 수 있는 대화상자가 나타납니다.

⑪ **휴지통** : 액션이나 액션 목록, 액션 폴더를 지웁니다.

### ■ [Batch] 대화상자 살펴보기

[File]-[Automate]-[Batch] 메뉴를 실행하면 대화상자에서 적용할 액션과 폴더를 선택할 수 있습니다. 그리고 저장할 위치를 지정하면 선택한 폴더 안의 모든 이미지에 액션이 적용되고 이를 다른 폴더에 자동으로 저장할 수 있습니다.

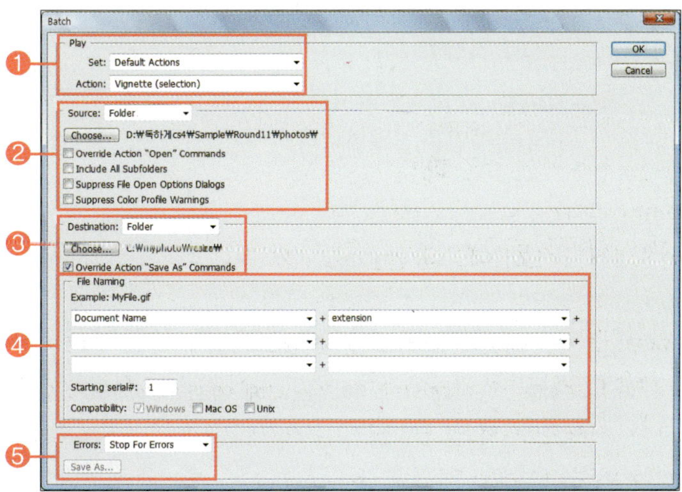

❶ Play : 이미지에 적용할 액션을 선택합니다.

- Set : 액션 폴더를 선택합니다.
- Actions : 적용할 액션을 선택합니다.

❷ Source : 액션을 적용할 이미지를 선택하는 곳으로 주로 [Folder]를 선택합니다.

- Choose : 액션을 적용할 폴더를 선택합니다.
- Override Action "Open" Commands : 액션 목록에 [Open] 명령이 있을 때 이 옵션을 체크하면 무시하고 액션을 실행합니다.
- Include All Subfolders : 체크하면 하위 폴더에 있는 이미지에도 액션을 실행합니다.
- Suppress File Open Options Dialogs : 파일을 열어주는 대화상자를 무시하고 실행합니다.
- Suppress Color Profile Warnings : 이미지의 색상 정보를 담고 있는 프로파일이 서로 다를 경우 경고가 뜨는데, 그 경고를 무시하고 작업합니다.

❸ Destination : 액션을 적용한 후 저장될 폴더를 선택합니다.

- Choose : 저장될 폴더를 선택할 수 있습니다.
- Override Action "Save As" Commands : 액션 목록에 [Save As] 명령이 있을 때 이 옵션을 체크하면 무시하고 액션을 실행합니다.

❹ File Naming : 저장할 이미지 파일의 이름 규칙을 정합니다.



**Training 01.**
액션을 사용해 작업속도 높이기

- Example : 아래 이름 선택 목록에서 선택한 이름의 예가 보입니다.
- 이름 선택 목록 : 저장할 파일의 이름 규칙을 정할 수 있는데, 5가지 종류로 이름을 줄 수 있고 이름의 끝에는 항상 파일 포맷을 나타내는 [Extension]이 선택되어야 합니다. 예를 들어 이름 선택 목록을 [Document Name]과 [Extension]으로 선택하면 기존 파일의 이름 그대로 저장되고, [Source]의 이미지 이름들이 제각각일 때에는 첫 번째 이름 선택 목록에서 [3 Digit Serial Number]를 선택하고 두 번째 이름 선택 목록에서 [Extension]을 선택하면 '001.jpg~015.jpg' 와 같이 규칙적인 3자리 번호로 파일 이름이 저장됩니다.
- Start Serial : 첫 번째 시작하는 파일의 번호를 정할 수 있습니다. '0' 을 입력하면 0부터 파일 이름이 시작되어 저장됩니다.
- Compatibility : 사용할 OS에 맞게 저장될 이미지 파일을 맞춰줍니다. [Window]를 체크하면 윈도우에, [Mac OS]를 체크하면 매킨토시에, [Unix]를 체크하면 유닉스에 맞는 이미지로 저장합니다.

❺ **Errors** : 액션이 적용되지 않고 에러가 생길 때 자동으로 멈추거나 텍스트 파일로 저장하는 등의 처리 방법을 설정합니다.

---

**S T A R T !**  **작업 내용을 ACTIONS 패널에 기록하고 적용하기**

◎ **준비물** : '예제파일\Round11\action1.jpg' 파일을 불러오세요.

❶ 실행 바의 '작업영역 바꾸기' 메뉴에서 [AUTO MATION]으로 변경하여 액션 작업에 최적화된 작업 환경으로 설정합니다.

❷ ACTIONS 패널에서 '새 세트 만들기(📁)'를 클릭하면 [New Set] 대화상자가 나타납니다. 세트의 이름을 지정하는 [Name]에 '내가 만든 액션' 이라 입력하고 [OK] 버튼을 클릭합니다.

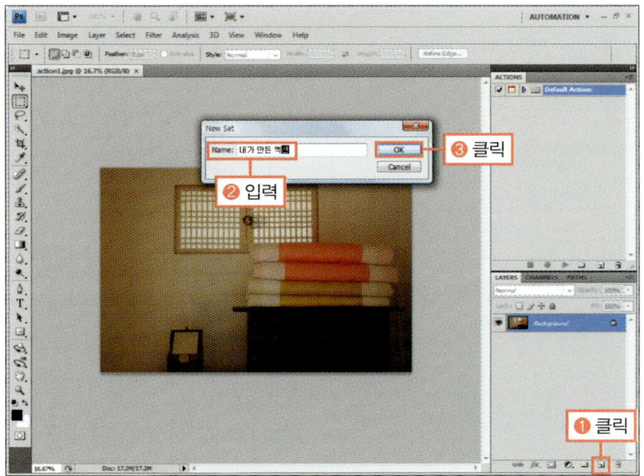


**BONUS**

새 세트를 만들지 않고 바로 '새 액션 만들기(📄)'를 클릭하면 지금 선택되어 있는 폴더에 만들어집니다.

❸ ACTIONS 패널에 세트가 만들어졌습니다. '새 액션 만들기(▣)'를 클릭하여 [New Action] 대화상자가 나타나면 만들 액션의 이름을 지정하는 [Name]에 'resize 400'이라 입력하고 [Record] 버튼을 선택합니다.

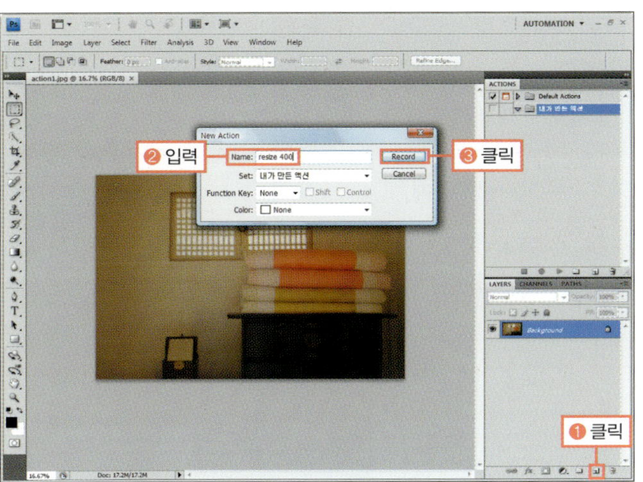

❹ ACTIONS 패널에 '녹화(●)'가 켜진 것을 확인한 후 [Image]-[Auto Tone] 메뉴를 선택하여 이미지 밝기를 자동 보정합니다.

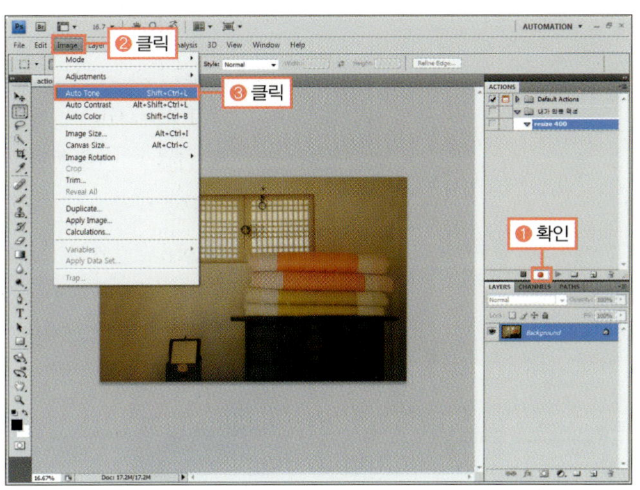

❺ ACTIONS 패널에서 작업이 녹화된 것을 확인한 후 [Image]-[Image Size] 메뉴를 선택합니다.

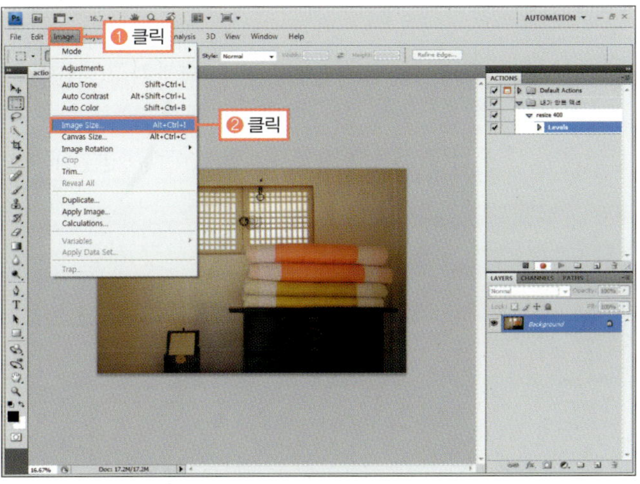

❻ 대화상자가 열리면 먼저 해상도를 나타내는 [Resolution]을 '72pixels/inch'로, [Width]를 '400'으로 입력하고 [OK] 버튼을 클릭합니다.

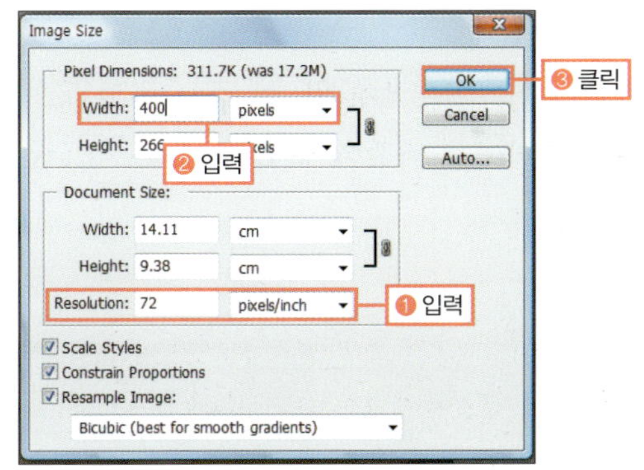



**Training 01.**
액션을 사용해 작업속도 높이기

❼ 이미지 크기가 변경됩니다. 툴박스의 돋보기 툴(🔍)을 더블클릭하여 보기 배율을 '100%'로 맞춘 후 외곽선을 만들기 위해 Ctrl+A를 눌러 이미지 전체를 선택 영역으로 만들고 [Edit]-[Stroke] 메뉴를 선택합니다.

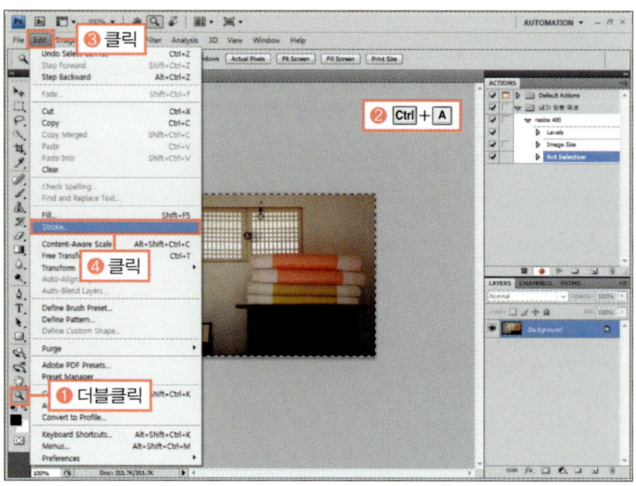

❽ [Stroke] 대화상자에서 외곽선의 두께를 나타내는 [Width]에 '3', [Color]는 흰색, 외곽선의 위치를 나타내는 [Location]을 [Inside]로 선택한 후 [OK] 버튼을 클릭합니다.

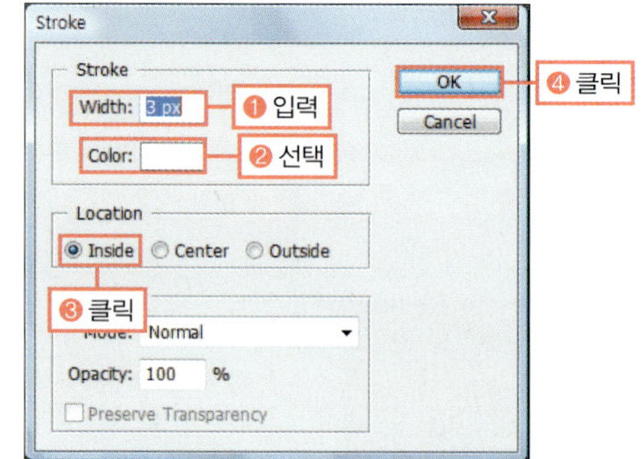



액션은 작업 단계를 구체적으로 기록하여 반복하는 명령이기 때문에, 사각형 선택 툴(▢)로 드래그하여 선택 영역을 만들면 드래그할 때의 선택 영역의 크기를 기록합니다. 따라서 이 액션을 이용해 다른 이미지에 적용할 때 이미지 크기가 기록과 다르면 다른 결과가 일어날 수 있습니다.

❾ 외곽선이 만들어진 것을 확인한 후 Ctrl+D를 눌러 선택을 해제하고 이미지를 저장하기 위해 [File]-[Save As] 메뉴를 선택합니다.

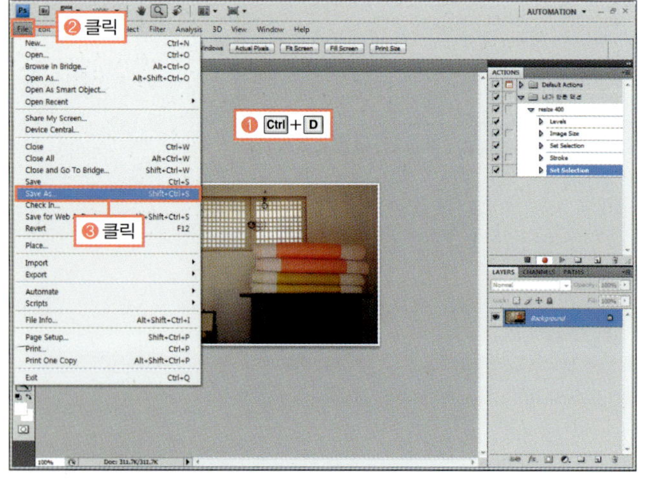

❿ 저장을 위한 대화상자가 나타나면 [저장 위치]를 'C:\myphoto'로 선택한 후 상단의 '새 폴더 만들기(📁)'를 클릭하여 새 폴더를 만들고 이름을 'resize'로 변경합니다.

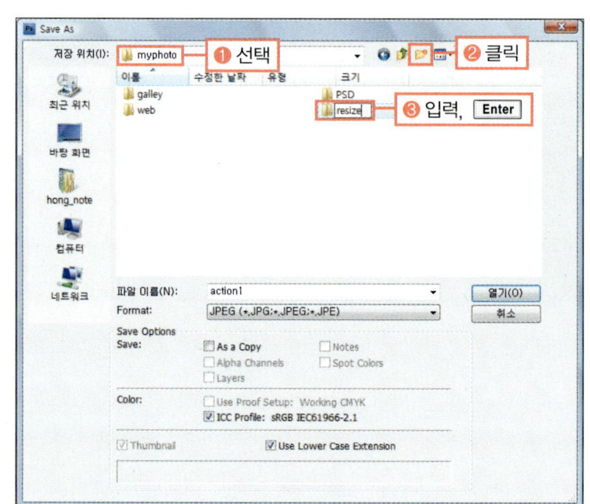

⑪ 새로 만들어진 'resize' 폴더를 열고 [저장] 버튼을 클릭합니다.

⑫ [JPEG Options] 대화상자가 나타나면 압축 정도를 나타내는 [Quality]를 '8'로 조절한 후 [OK] 버튼을 클릭합니다.

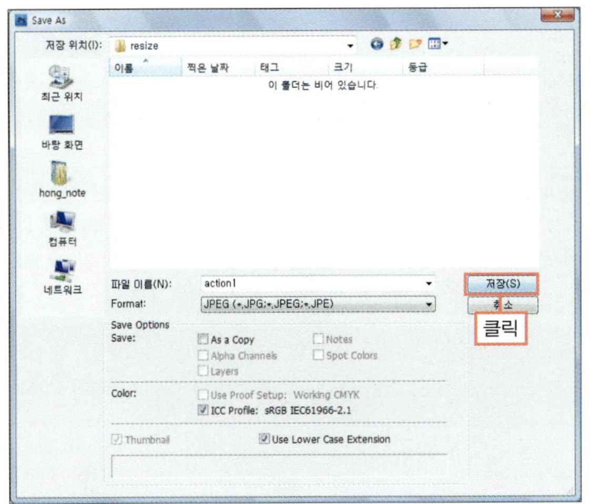

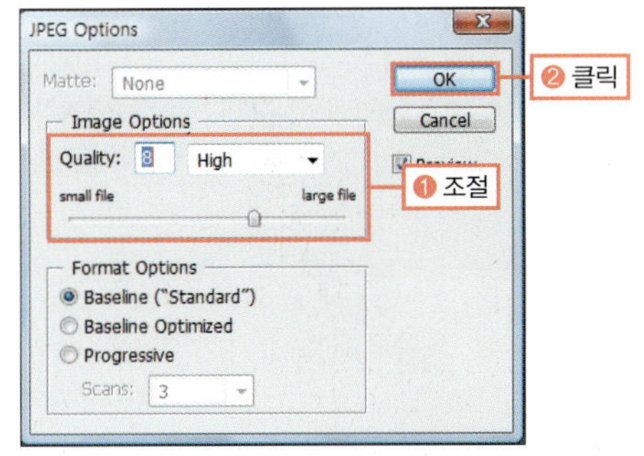

⑬ ACTIONS 패널에서 '멈춤(■)'을 클릭하여 녹화를 멈춥니다.

⑭ '예제파일\Round11\action2.jpg'를 불러온 후 ACTIONS 패널의 [resize 400]을 선택하고 '진행(▶)'을 클릭합니다.

**Training 01.**
액션을 사용해 작업속도 높이기

⑮ 자동 실행이 끝난 후 돋보기 툴(🔍)을 더블클릭하여 보기 배율을 '100%'로 한 후 [resize 400] 액션이 'action2. jpg' 파일에 실행된 것을 확인합니다.

⑯ 어도비 Bridge를 열고 왼쪽의 FOLDERS 패널에서 'C:\myphoto\resize'를 클릭하여 저장된 이미지를 확인합니다.

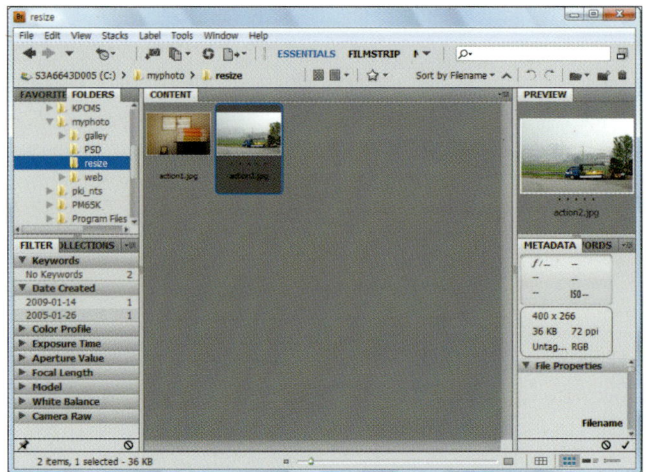

G O !

## [Batch] 명령으로 액션 일괄 적용하기

◎ **준비물** : 앞의 예제에 계속 이어서 합니다.

❶ 열린 모든 이미지를 닫기 위해 [File]-[Close All]을 선택합니다.

❷ [File]-[Automate]-[Batch] 메뉴를 선택합니다.

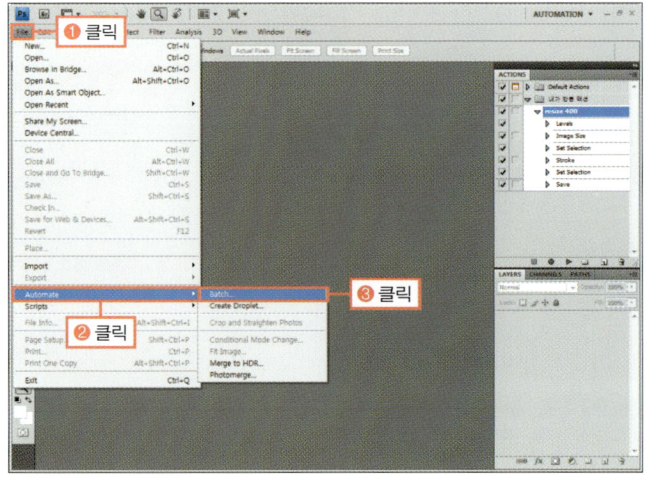

**③** [Batch] 대화상자가 나타나면 실행할 액션을 선택하는 [Set]와 [Action]에 선택한 액션이 지정된 것을 확인한 후 [Source]의 [Choose] 버튼을 눌러 '예제파일\Round11\photos'를 선택하고 [확인] 버튼을 클릭합니다.

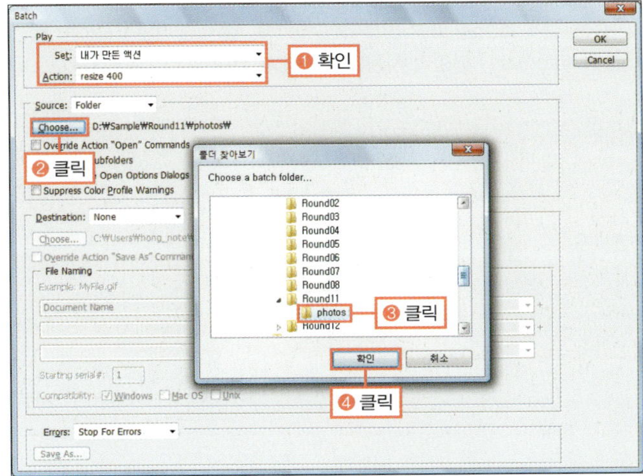

**④** 저장할 방식과 위치를 나타내는 [Destination]에서 [Folder]를 선택하고 [Choose] 버튼을 클릭합니다. 저장 경로는 'C:\myphoto\resize'를 선택하고 [확인] 버튼을 클릭합니다.

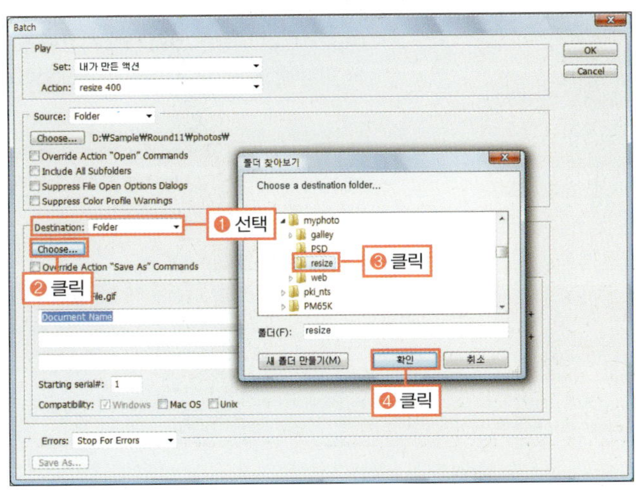



[Batch] 대화상자의 [Set]와 [Action]에는 기본석으로 마시막에 실행한 액션이 선택되어 있습니다.

**⑤** [OK] 버튼을 클릭하여 선택한 액션이 선택한 폴더 이미지에 자동 실행되도록 합니다.

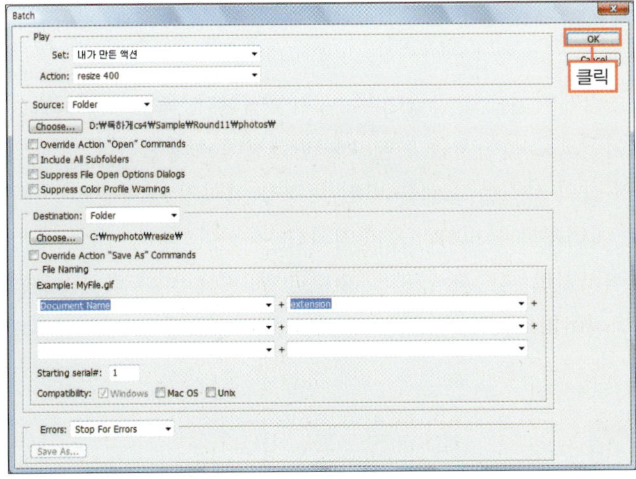

**⑥** 자동 실행이 끝나면 어도비 Bridge를 실행하고 FOLDERS 패널에서 'C:\myphoto\resize'를 클릭하여 저장된 이미지를 확인합니다.

◎ **완성물** : 예제파일\Round11\resize_f 폴더



**Training 01.**
액션을 사용해 작업속도 높이기

# 편하고 빠른 작업을 위한 자동화 기능 사용하기

Photoshop · CS4

[Automate] 명령은 사용자의 시간과 노력을 줄여주는 것에 초점을 맞춰 만들어진 것으로, 앞서 살펴본 [Batch] 명령도 여기에 포함됩니다. 이번 Training에서는 다양한 [Automate] 명령의 사용법에 대해서 알아보겠습니다.

| 학습 목표 | 학습 소재 | 난이도 | 예상 학습 결과 | 연계 학습 |
|---|---|---|---|---|
| 작업 자동화와 관련된 추가 기능 살펴보기 | [File]-[Automate] 메뉴 | ★★★☆☆ | • [Automate] 명령의 종류 이해<br>• [Photomerge] 명령으로 파노라마 이미지 제작<br>• [Merge to HDR]로 고화질 이미지 제작 | |

**READY!**

## 자동화 명령 자세히 살펴보기

[File]-[Automate] 메뉴에 있는 명령들은 간단한 대화상자를 통해 여러 번 반복해서 실행해야 하는 작업을 자동으로 수행해주는 것입니다.

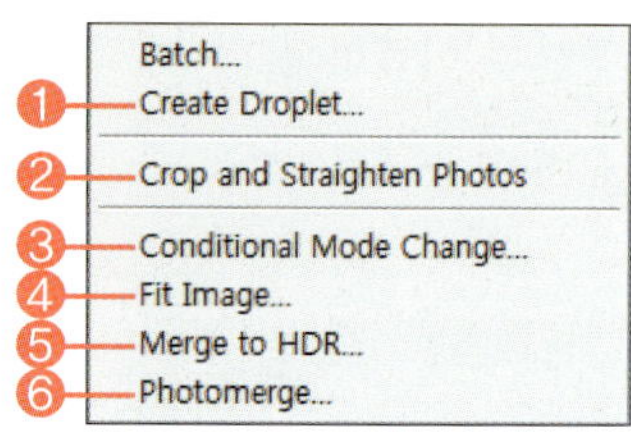


❶ **Create Droplet** : 액션을 하나의 어플리케이션으로 만들어 주는 기능입니다. 즉, 포토샵을 실행하지 않더라도 만들어진 어플리케이션으로 이미지를 드래그하면 액션이 실행됩니다.

❷ **Crop and Straighten Photos** : 여러 장의 사진을 스캔을 받았을 경우 이미지 경계를 읽어 자동으로 자르고 정확한 각도로 회전해 이미지를 분리하는 명령입니다.

❸ **Conditional Mode Change** : 여러 이미지의 모드를 원하는 모드로 한 번에 바꿔주는 명령입니다. [Source Mode] 채널에서 기존 이미지의 색상 모드에 체크한 후 [Target Mode] 모드에서 변경할 모드를 선택하면 됩니다.

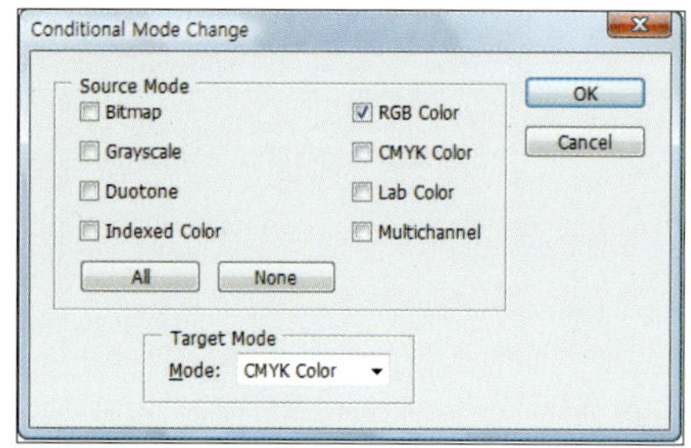

④ **Fit Image** : 설정한 수치로 이미지 크기를 한 번에 조절하는 명령입니다.

⑤ **Merge to HDR** : 같은 장소에서 다른 노출로 찍은 여러 Raw 이미지를 하나의 HDR 이미지로 합쳐주는 명령입니다. 자세한 내용은 556쪽을 참고합니다.

⑥ **Photomerge** : 파노라마 사진을 만드는 명령으로, 한 장으로 담을 수 없는 대상을 여러 조각으로 촬영하여 이를 연결할 때 사용합니다. [Layer]-[Auto-align Layers] 메뉴와 [Layer]-[Auto-Blend Layers] 메뉴를 차례로 실행한 것과 유사하지만 [Auto-align Layers]는 주로 이미지의 위치를 맞출 때, [Auto-Blend Layers] 명령은 초점을 서로 달리해서 찍은 이미지를 합쳐 선명한 이미지로 만들 때 사용합니다.



## [Crop and Straighten] 명령으로 스캔 받은 이미지 분리하기

◎ **준비물** : '예제파일\Round11\scan.jpg' 파일을 불러오세요.

① 이미지를 불러온 후 [File]-[Automate]-[Crop and Straighten Photos] 메뉴를 선택합니다.

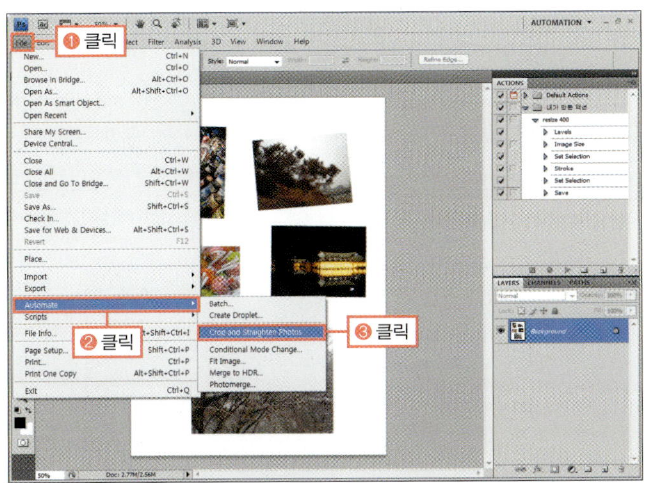

② 자동 실행이 끝난 후 실행 바의 '정렬(▦)'을 클릭하여 [Tile All in Grid(▦)]를 선택합니다.

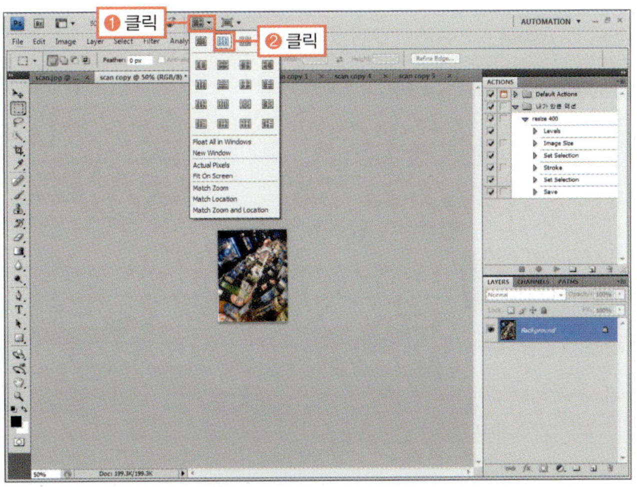



[Tile All in Grid(▦)]를 선택하면 열려 있는 모든 이미지가 타일 형태로 정렬됩니다.



**Training 02.**
편하고 빠른 작업을 위한 자동화 기능 사용하기

❸ 'scan.jpg' 이미지에서 흰 여백을 기준으로 각각의 이미지가 분리되고, 기울어진 이미지는 바로 변형되면서 분리된 것을 확인합니다.

◎ **완성물** : 예제파일\Round11\scan copy.jpg~scan copy 5.jpg

---



## [Photomerge] 명령을 이용해 파노라마 사진 만들기

◎ **준비물** : '예제파일\Round11\p01.jpg, p02.jpg, p03.jpg, p04.jpg' 파일을 불러오세요.

❶ 이미지를 모두 불러온 후 [File]-[Automate]-[Photomerge] 메뉴를 선택합니다.

❷ [Photomerge] 대화상자가 나타나면 [Add Open Files] 버튼을 클릭하여 열려 있는 모든 이미지가 목록에 추가되는 것을 확인합니다. 그리고 이미지를 붙여주는 방식을 나타내는 [Layout]을 [Auto]로 선택하고 [OK] 버튼을 클릭합니다.

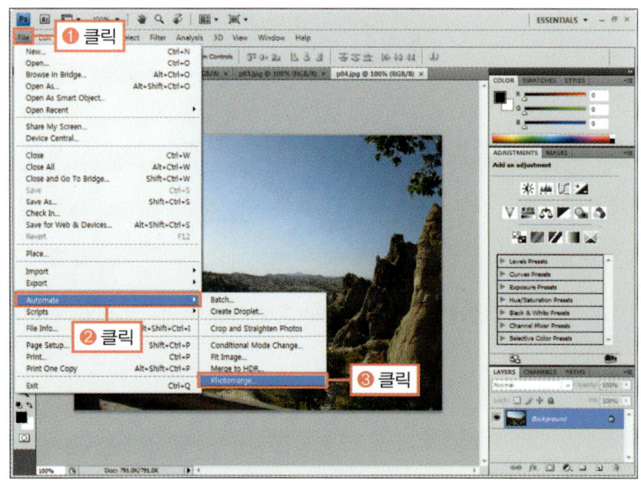

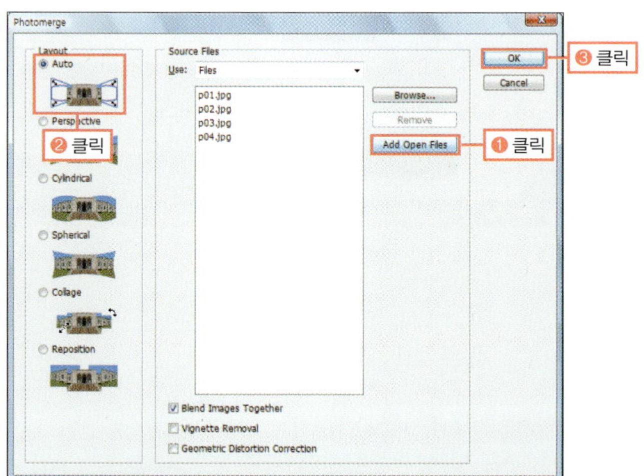



연속 촬영한 이미지를 순서대로 불러온 후 [Photomerge] 명령을 선택해야 실제와 비슷한 파노라마 이미지를 만들 수 있습니다. 여기에서도 'p01.jpg' 부터 'p04.jpg' 까지 차례로 불러온 후 [Photomerge] 명령을 실행합니다.



[Browse] 버튼을 클릭하면 [Open] 대화상자가 열려 원하는 이미지를 목록에 추가할 수 있습니다. 왼쪽 [Layout]에 대해서는 131쪽을 참고합니다.

❸ 목록의 이미지들이 연결되어 파노라마 이미지가 만들어집니다. 여백 부분을 자르기 위해 툴박스의 크롭 툴(◢)로 그림과 같이 드래그하고 옵션 바의 '확인(✔)'을 클릭합니다.

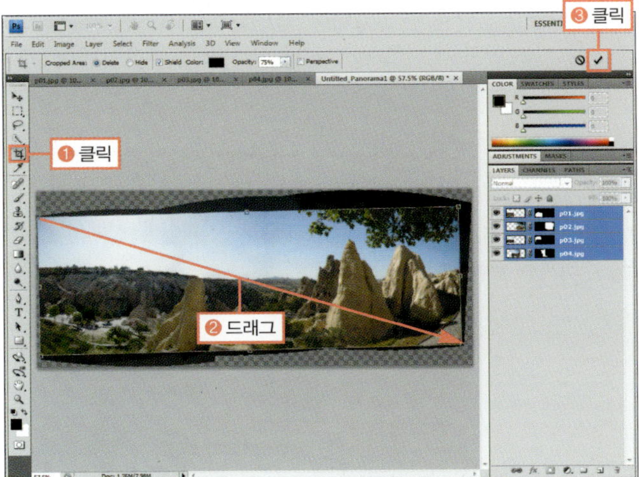

❹ 완성된 이미지와 LAYERS 패널의 합성 모양을 확인합니다.

⊙ **완성물** : 예제파일\Round11\panorama.psd



[Photomerge] 명령은 LAYERS 패널에서 확인되는 것과 같이 목록의 이미지가 각각의 레이어로 들어오면서 레이어 마스크로 경계 부분이 자연스럽게 연결되도록 합성하는 과정입니다.



**Training 02.**
편하고 빠른 작업을 위한 자동화 기능 사용하기

# HDR 이미지 만들기

HDR(High Dynamic Range)이란 밝은 영역과 어두운 영역의 비율이 높은 화질을 가진 이미지를 말하는 것으로, 32비트의 HDR 이미지를 만들면 사람의 눈으로도 볼 수 없는 실제 가시광선의 모든 영역을 담을 수 있습니다. HDR 이미지를 만들 때에는 같은 장소에서 다른 노출로 찍은 여러 Raw 이미지를 하나의 HDR 이미지로 합쳐주는 [Merge to HDR] 명령을 이용합니다.

① [File]-[Automate]-[Merge to HDR] 메뉴를 선택합니다.

② [Merge to HDR] 대화상자가 나타나면 [Browse] 버튼을 클릭합니다. [Open] 대화상자에서 '예제파일\Round11\school1.mrw, school2.mrw, school3.mrw' 파일을 선택하고 [열기] 버튼을 클릭합니다.

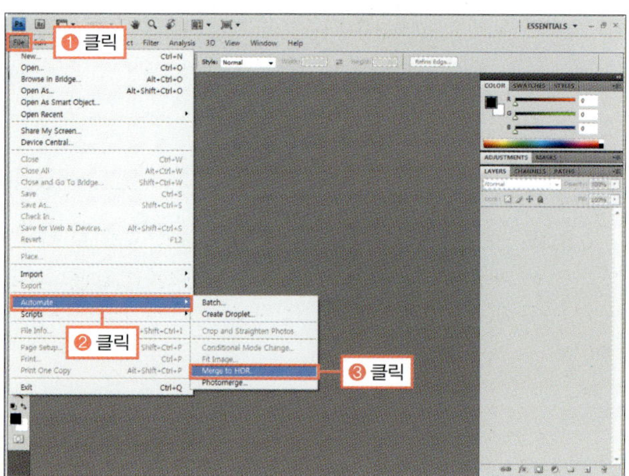

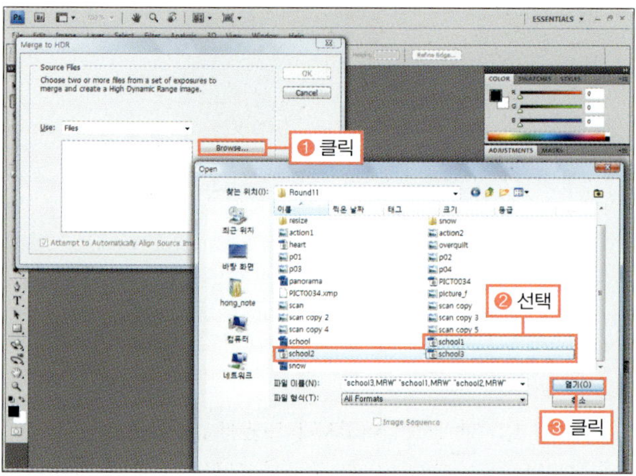



선택한 이미지의 확장자 'MRW'는 미놀타 카메라의 RAW 파일로, 각 카메라 회사에 따라 RAW 파일의 확장자는 차이가 있습니다. 캐논의 경우 'CR2', 미놀타의 경우는 'MRW', 소니는 'ARW'로 표시합니다.

③ 선택한 이미지는 같은 장소에서 노출을 달리해 찍은 사진입니다. 항목에 선택한 이미지가 추가된 것을 확인한 후 [OK] 버튼을 클릭합니다.

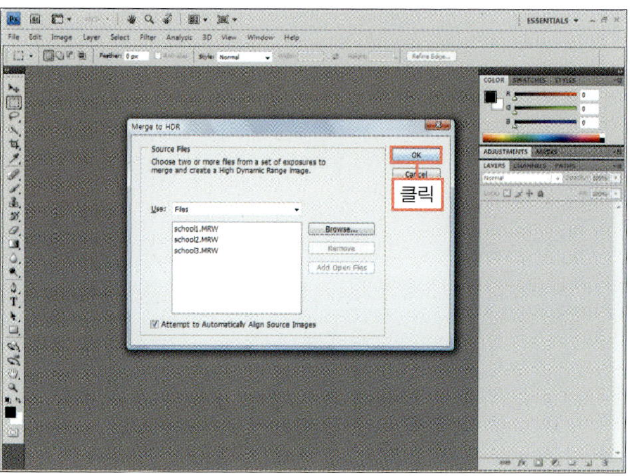



[Attempt to Automatically Align Source Images]를 체크하면 자동으로 이미지 픽셀을 맞춰 정렬합니다.

**④** [Merge to HDR] 대화상자가 나타나고 3장의 이미지가 합쳐진 고화질의 이미지가 보입니다. 오른쪽에서 [Bit Depth]를 [16 Bit/Channel]로 변경합니다.

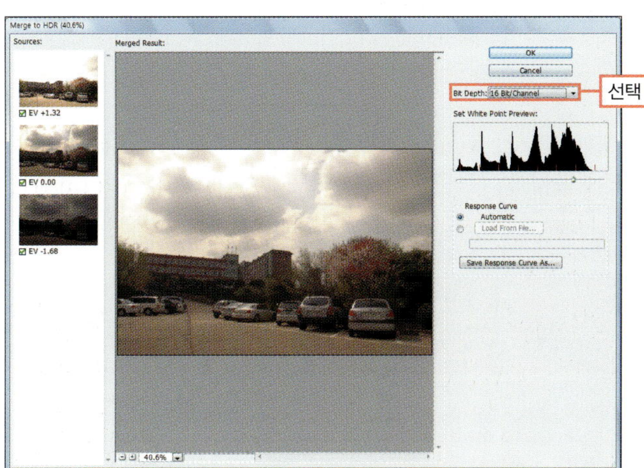

**⑤** [Set White Point Preview]의 슬라이더를 오른쪽으로 드래그하여 약간 어둡게 수정한 후 [OK] 버튼을 클릭합니다.

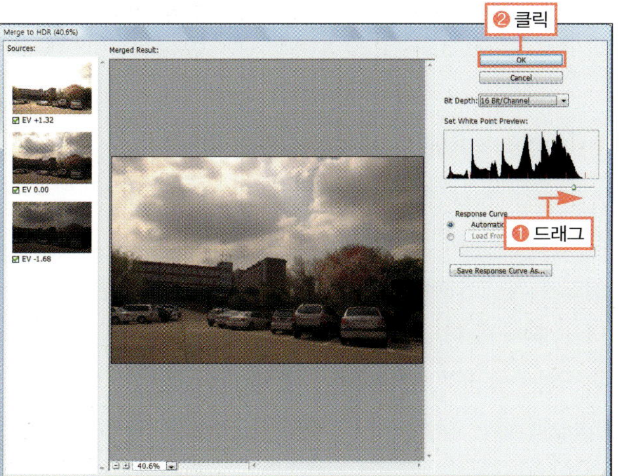





### BONUS

[Set White Point Preview]는 이미지의 밝은 영역을 조절하는 것으로 왼쪽으로 드래그하면 밝게, 오른쪽으로 드래그하면 어둡게 수정합니다.

**⑥** 작업 영역에 HDR 이미지가 뜨면서 [HDR Conversion] 대화상자가 나타납니다. 노출 정도를 조절하는 [Exposure]를 '−0.08', 밝기와 대비를 조절하는 [Gamma]를 '1.10'으로 설정하고 [OK] 버튼을 클릭합니다.

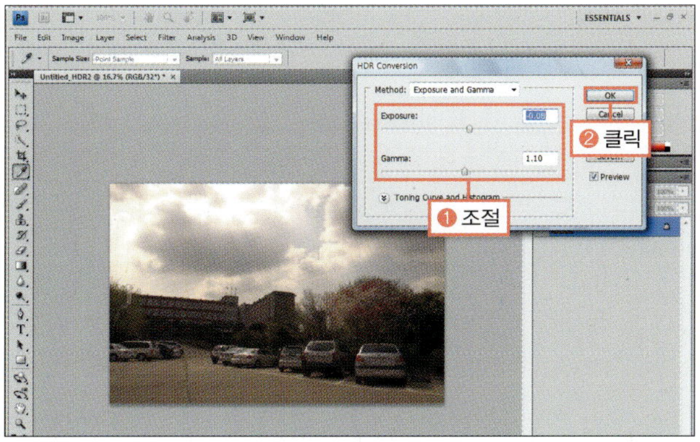



**⑦** 완성된 이미지를 확인합니다.

◎ **완성물** : 예제파일\Round11\school_f.psd

### BONUS

[HDR Conversion] 대화상자는 HDR 이미지의 밝기와 대비를 조절해주는 명령으로 [16 Bit/Channel]을 선택하면 나타납니다. [32 Bit/Channel]로 선택하면 나타나지 않으므로 이때는 [Image]−[Adjustments]−[Exposure] 메뉴를 선택하여 조절합니다.



**Hard Training.**
HDR 이미지 만들기

Raw라는 것은 이미지 프로세싱을 거친 무압축 파일로서 이미지의 손실이 없는 고화질 이미지를 말합니다. 압축을 거치지 않았기 때문에 용량은 크지만 아무런 색상 손실도 없어 이미지 수정을 거쳐도 이미지 손상이 적게 됩니다. 이런 Raw 파일을 위해 포토샵은 Camera Raw 5.0 기능을 지원하고 있습니다.

### ■ [Camera Raw 5.0] 대화상자 살펴보기

[Camera Raw 5.01] 대화상자는 압축을 하지 않은 고화질의 Raw 파일 이미지를 어도비의 그래픽 프로그램으로 불러올 때 간단하게 편집, 밝기와 색상을 수정할 수 있는 곳으로, Raw 파일 뿐만 아니라 Jpeg와 같은 다른 이미지 파일도 사용할 수 있습니다.

❶ **카메라 정보** : 현재 열려 있는 이미지를 촬영한 카메라 정보를 알려줍니다.

❷ **툴 모음** : 이미지를 편집, 수정하는 툴입니다.

❸ **Preview** : 체크하고 옵션 값을 조절하면 미리 보기 창의 이미지에 바로 적용됩니다.

❹ **풀 스크린으로 보기** : 클릭하면 대화상자가 풀 스크린 형태로 변경됩니다.

❺ **미리 보기 창** : 옵션 값을 조절한 결과를 미리 확인할 수 있습니다.

❻ **확대/축소** : 현재 보고 있는 이미지의 보기 배율을 확대하거나 축소할 수 있습니다.

❼ **파일 이름 및 색상 정보** : 선택한 이미지의 이름과 색상 정보, 해상도 등이 표시됩니다.

❽ **히스토그램과 카메라 셔터 정보** : 이미지의 밝기와 색상 정보가 히스토그램 형태로 표시되며 하단에 ISO 수치와 조리개, 셔터 속도를 나타냅니다.

❾ **이미지 보정 탭** : 이미지를 수정할 수 있는 옵션이 종류별로 분류되어 있어 탭을 클릭하면 이미지를 섬세하게 수정할 수 있습니다.

❿ **조절 슬라이더** : 선택한 이미지의 옵션을 조절할 수 있습니다.

⓫ **Save Image** : 대화상자에서 조절한 값으로 이미지를 저장합니다.

⓬ **Open Image** : 대화상자에서 조절한 이미지를 포토샵으로 엽니다. [Save Image] 버튼을 클릭하여 저장하지 않고 바로 포토샵으로 불러오면 원본 이미지는 변경되지 않고 포토샵에서 저장한 이미지만 따로 저장됩니다.

⓭ **Cancel** : 옵션의 조절 값을 원래대로 되돌리며 대화상자를 닫습니다.

⓮ **Done** : 옵션의 조절 값을 이미지에 적용한 채 대화상자를 닫습니다.

### ■ [Camera Raw 5.0] 대화상자를 이용해 이미지 수정하기

◎ **준비물** : '예제파일\Round11\picture.mrw' 파일을 불러오세요.

**①** 예제 파일을 불러오면 자동으로 [Camera Row 5.0] 대화상자가 나타납니다. 이미지를 세우기 위해서 툴 모음의 시계방향 회전 툴(◎)을 클릭합니다.

**②** 이미지 조절 옵션에서 색상 온도를 나타내는 [Temperature]를 '4200', 색상을 보정하는 [Tint]를 '+1', 노출 정도를 조절하는 [Exposure]를 '+0.75', 선명도를 조절하는 [Blocks]를 '17'로 조절합니다.

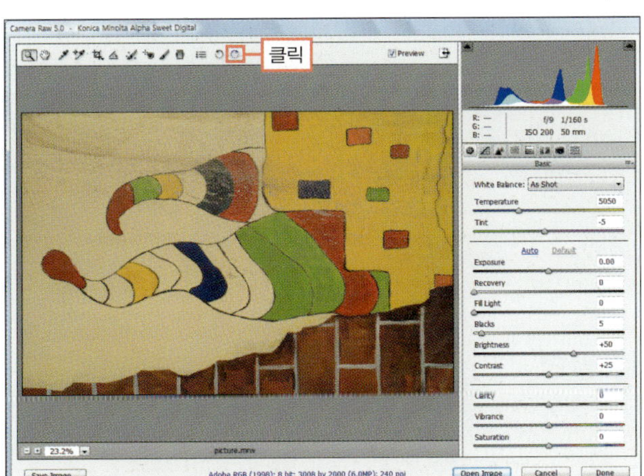

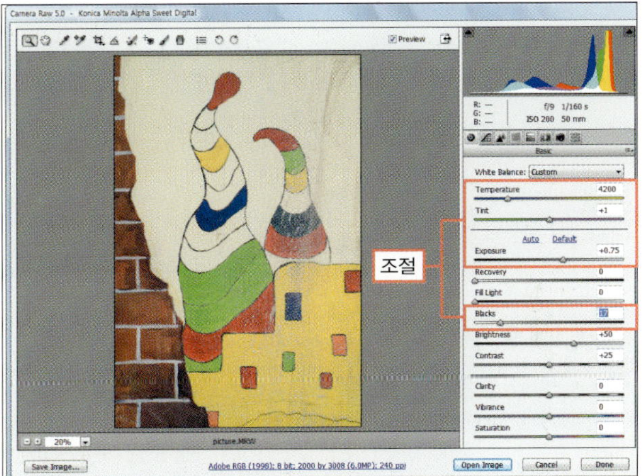

**③** 보정 탭에서 [Tone Curve] 탭을 선택한 후 밝은 톤을 조절하는 [Highlights]를 '+26', 어두운 톤의 채도를 조절하는 [Darken]을 '-22', 어두운 톤을 조절하는 [Shadow]를 '+13'으로 조절하고 [Open Image] 버튼을 클릭합니다.

**④** Raw 파일의 이미지가 수정되어 포토샵으로 들어옵니다.

◎ **완성물** : 예제파일\Round11\picture_f.jpg

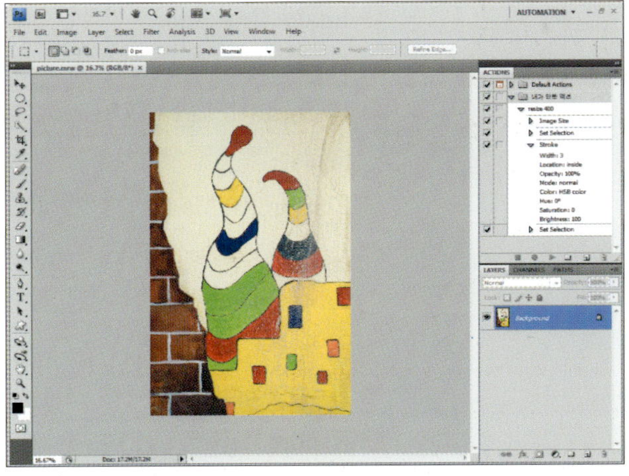

**B O N U S**

[Save Image] 버튼을 클릭하여 저장하지 않으면 원본 조절 값을 그대로 가지고 있어 이미지를 다시 [Camera Row 5.0]으로 수정할 수 있습니다.



**Hard Training.**
DSLR 사용자를 위한 Camera Raw 5.0 살펴보기

# 낯설지만 유용한 [Scripts] 명령 익히기



[Scripts] 명령은 [Automate] 명령과 유사하게 자동화에 관련되었지만, 외부 자동화 지원 기능이라고 할 수 있습니다. [Scripts] 명령을 이용하면 비주얼베이직이나 애플스크립트와 같은 프로그램 언어로 만든 명령을 포토샵에서 실행할 수 있습니다. 이번 Training에서는 [Script] 명령을 이용해 자동화할 수 있는 기능에 대해 알아보겠습니다.

| 학습 목표 | 학습 소재 | 난이도 | 예상 학습 결과 | 연계 학습 |
|---|---|---|---|---|
| [Scripts] 명령을 이용해 자동화 관련 외부 기능 사용하기 | [File]–[Scripts] 메뉴 | ★★★☆☆ | • [Scripts] 명령 살펴보기<br>• [Image Processor] 명령으로 파일 포맷 변경<br>• [Export Layers to Files]로 각 레이어를 파일로 저장 | |

**R E A D Y !**

## 작업속도를 높여주는 [Scripts] 명령

[File]–[Scripts] 메뉴는 비주얼베이직, 애플스크립트와 같이 프로그램 언어로 만든 명령을 이용하여 여러 이미지의 파일 포맷을 한꺼번에 변경하거나, 여러 이미지를 하나의 이미지의 각 레이어로 앉히거나 반대로 각 레이어 이미지를 따로 저장할 수 있습니다. [Scripts] 명령에서 지원하는 기능은 다음과 같습니다.

❶ **Image Processor** : 선택한 폴더의 이미지를 다른 이미지 포맷으로 저장할 수 있습니다.

❷ **Flatten All Layer Effects** : 모든 레이어에 적용된 레이어 스타일을 레이어 이미지와 합쳐줍니다. 이때 이미지는 변하지 않습니다.

❸ **Flatten All Masks** : 레이어 마스크를 레이어에 적용한 후 제거합니다.

❹ **Layer Comps to FIles** : Layer Comps 파일을 각각의 이미지 파일로 저장하는 명령입니다. Layer Comp란 여러 시안을 보여주기 위해 LAYER COMPS 패널로 따로 담아놓은 이미지를 말합니다.

❺ **Layer Comps to WPG** : Layer Comps 파일을 Web Photo Gallery 파일로 변경합니다.

❻ **Export Layers to FIles** : 레이어를 각각의 이미지 파일로 저장할 수 있습니다.

❼ **Script Events Manager** : 포토샵에서 제공하는 여러 기본 이벤트를 사용하거나 사용자가 스크립트 이벤트를 만들어 포토샵에서 새로운 명령을 만들 수 있습니다.

❽ **Load Files into Stack** : 여러 이미지를 불러와 한 이미지의 각 레이어로 앉힙니다.

❾ **Load Multiple DICOM Files** : 의료용 디지털 영상 및 통신 표준인 DICOM 파일을 불러올 수 있습니다.

❿ **Statistics** : 여러 이미지를 불러와 하나의 스마트 오브젝트로 만들면서 그들이 합쳐져서 보이는 형태를 선택할 수 있습니다.

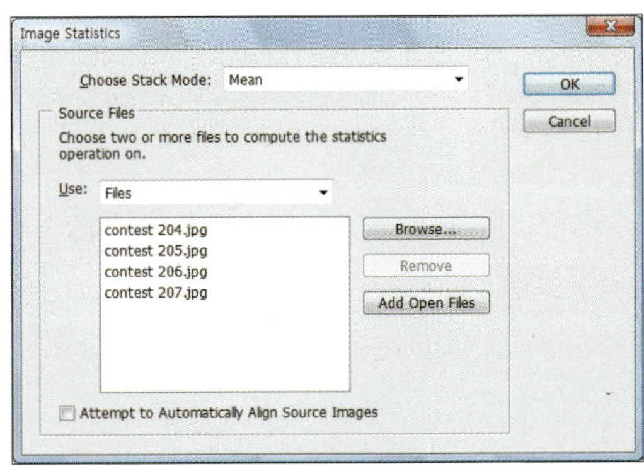 

▲ [Image Statics] 대화상자에서 합쳐져서 보이는 형태를 [Mean]으로 선택했을 때의 이미지

⓫ **Browse** : 다른 스크립트 명령을 선택해서 불러올 수 있습니다.



## [Export Layers to Files] 명령으로 레이어를 따로 저장하기

◎ **준비물** : '예제파일\Round11\snow.psd' 파일을 불러오세요.

❶ 레이어를 따로 저장하기 위해 [File]-[Scripts]-[Export Layers to Files] 메뉴를 선택합니다.

❷ [Export Layers To Files] 대화상자가 나타나면 저장할 위치를 나타내는 [Destination]의 [Browse] 버튼을 클릭하여 'C:\myphoto' 폴더를 선택합니다. 저장할 파일포맷을 선택하는 [File Type]은 [PSD]로 선택하고 [Run] 버튼을 클릭합니다.

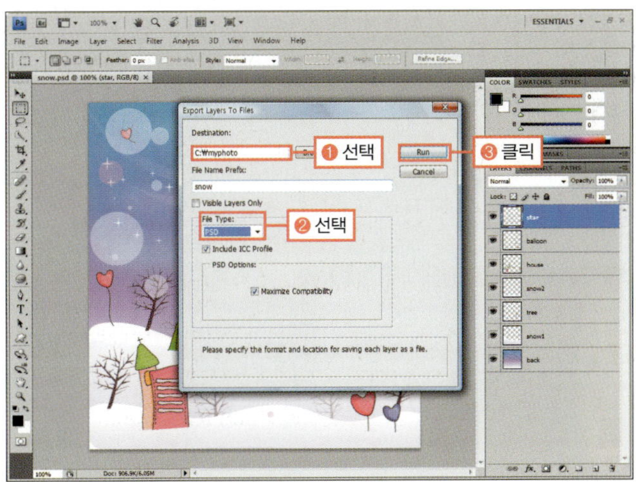



**Training 03.**
낯설지만 유용한 [Scripts] 명령 익히기

❸ 자동실행이 끝나면 어도비 Bridge를 열고 'C:\myphoto' 폴더의 'snow'로 저장된 파일들을 확인합니다. 이중에서 'snow_0002_house.psd' 파일을 더블클릭합니다.

❹ 'snow.psd' 이미지의 'house' 레이어가 'snow_0002_house.psd' 파일로 저장된 것을 확인합니다.

◎ **완성물** : 예제파일\Round11\snow 폴더

---

## G O !  [Image Processor] 명령으로 이미지 포맷 변경하기

❶ [File]-[Scripts]-[Image Processor] 메뉴를 선택합니다.

❷ 대화상자가 나타나면 원본 이미지를 선택하는 [Select the images to process]의 [Select Folder] 버튼을 클릭하여 '예제파일\Round11\baby' 폴더를 선택하고 [OK] 버튼을 누릅니다.

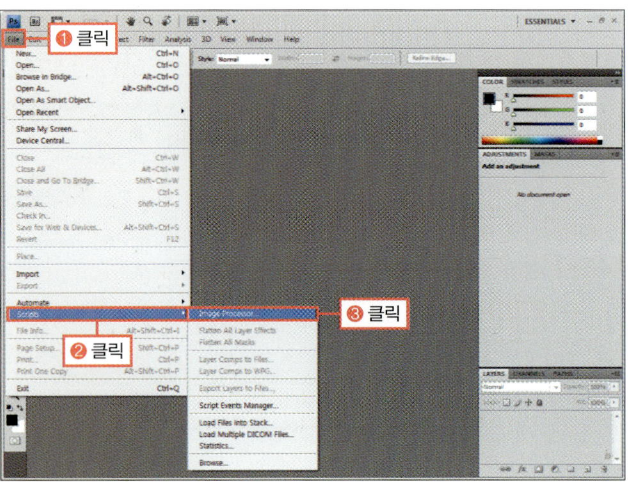


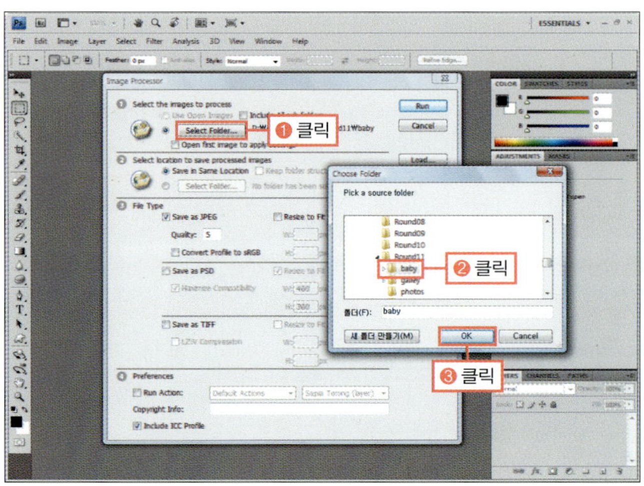

③ 이미지 포맷을 바꿔 저장할 위치를 선택하는 [Select location to save processor images]의 [Select Folder] 버튼을 클릭하여 'c:\myphoto'를 선택한 후, 변경할 파일 포맷을 나타내는 [File Type]에서 [Save as JPEG]의 체크를 해제하고 [Save as PSD]를 체크합니다.

④ 이미지 크기를 변경하는 [Resize to Fit]에 체크한 후 [W]를 '400', [H]를 '300'으로 입력합니다. 이미지에 적용될 액션을 선택하는 [Run Action]에 체크하고 [Default Action]의 [Sepia Toning(Layer)]을 선택한 후 [RUN] 버튼을 클릭합니다.

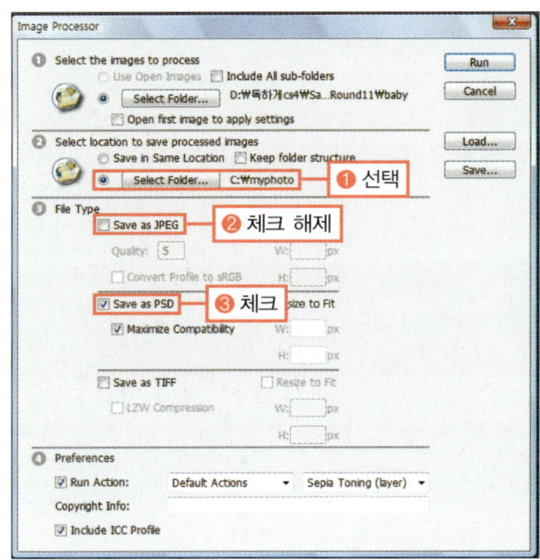

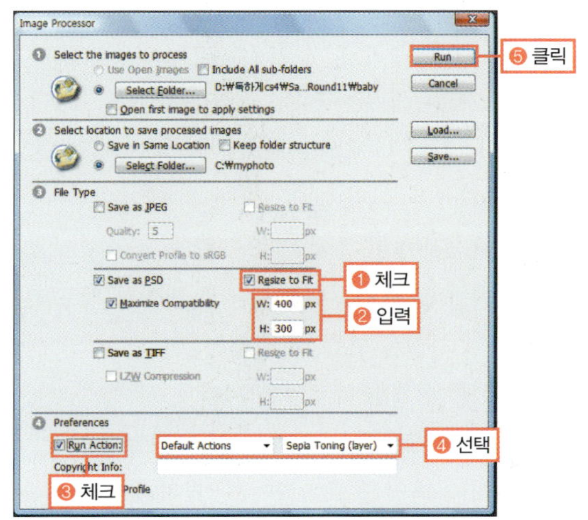

⑤ 자동 실행이 끝난 후 어도비 Bridge에서 'c:\myphoto\PSD' 폴더를 열고 각 이미지의 미리 보기와 크기를 확인합니다.

◎ **완성물** : 예제파일\Round11\baby\PSD 폴더

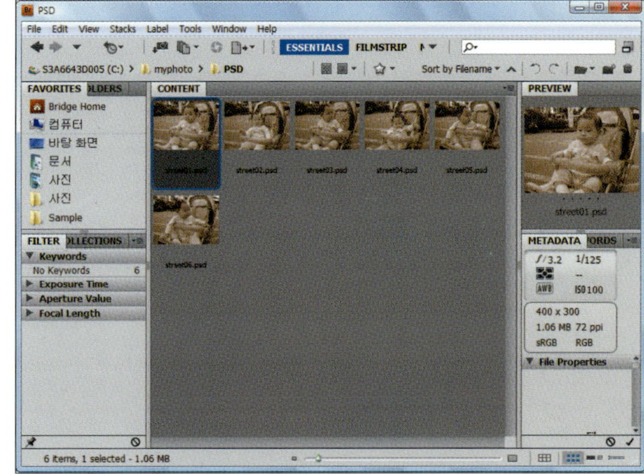



**Training 03.**
낯설지만 유용한 [Scripts] 명령 익히기

이번 Round에서는 사용자의 작업을 녹화하여 자동으로 실행하는 Action과 이와 비슷하게 포토샵에서 지원하는 자동 기능인 [Automate]에 대해 살펴보았습니다. 또한, 외부 프로그래밍된 명령을 포토샵으로 불러와 사용하는 [Scripts] 명령에 대해 알아보았습니다. 앞에서 배운 내용을 토대로 다음 문제를 풀어보세요.

**1 |** 다음의 ( ) 안을 채워보세요

❶ 포토샵의 작업 단계를 녹화하여 하나의 버튼으로 만들어 둔 후 다른 이미지에 반복해서 적용하는 것을 ( )이라 하며, 이런 것을 모아놓은 패널을 ( ) 패널이라 합니다.

❷ [Automate] 명령 중에 ( )은 여러 장의 사진을 스캔을 받았을 경우 이미지 경계를 읽어 자동으로 자르고 정확한 각도로 회전해 이미지를 분리하는 명령입니다.

❸ 파노라마 사진을 만들 때 사용하는 ( ) 명령은 한 장으로 담을 수 없는 대상을 조각조각으로 촬영하여 이를 연결할 때 사용합니다.

❹ 이미지 프로세싱을 거친 무압축 사진 파일인 ( )는 이미지의 손실이 없는 고화질 이미지를 말하는데, 이런 이미지 파일을 포토샵에서 열 때에는 자동으로 [Camera Raw 5.0] 프로그램으로 연결하여 간단한 변형과 밝기, 색상을 보정할 수 있습니다.

❺ 같은 장소에서 다른 노출로 찍은 여러 Raw 이미지를 하나로 합쳐주는 명령은 ( ) 입니다.

**2 |** 다음 설명이 맞으면 'O', 틀리면 '×'를 표시하세요.

❶ [Photomerge] 명령을 이용하면 선택한 액션을 폴더 전체에 적용해 다른 폴더로 저장할 수 있어 작업 속도를 많이 줄일 수 있습니다. ☐

❷ [File]-[Scripts] 메뉴를 이용하면 비주얼베이직, 애플스크립트와 같이 프로그램 언어로 만든 명령을 포토샵으로 불러와 사용할 수 있습니다. ☐

❸ 여러 이미지를 불러와 한 이미지의 각 레이어로 앉히는 메뉴는 [File]-[Script]-[Load Files into Stack]입니다. ☐

**3 |** 다음 설명에 맞는 [Automate] 명령을 골라 맞는 번호를 표시하시오.

❶ 선택한 액션을 폴더 이미지 전체에 적용할 수 있습니다.

❷ 여러 이미지의 모드를 원하는 모드로 한 번에 바꿔주는 명령입니다.

❸ [Layer]-[Auto-align Layers]와 [Layer]-[Auto-Blend Layers] 메뉴를 차례로 실행한 것과 유사하며 조각조각 촬영한 사진을 연결할 때 사용합니다.

| 보기 |

❶ Photomerge

❷ Batch

❸ Conditional Mode Change

| 정답 |

1 | ❶ 액션, Actions ❷ Crop and Straighten Photos ❸ Photomerge ❹ Raw ❺ Merge to HDR

2 | ❶ × ❷ O ❸ O

3 | ❶ ② ❷ ③ ❸ ①

이번 Round에서는 사용자의 작업을 녹화하여 자동으로 실행하는 Action과 이와 비슷하게 포토샵에서 지원하는 자동 기능인 [Automate]에 대해 살펴보았습니다. 또한, 외부 프로그래밍된 명령을 포토샵으로 불러와 사용하는 [Scripts] 명령에 대해 알아보았습니다. 앞에서 배운 내용을 토대로 다음 예제를 완성해 보세요.

**1** [File]-[Automate]-[Photomerge] 메뉴를 이용하여 예제 파일들을 모두 연결하여 파노라마 이미지를 만들어 보세요.

◎ **준비물** : 예제파일\Round11\goreme1.jpg, goreme2.jpg, goreme3.jpg
　**완성물** : 예제파일\Round110\goreme_f.psd
　**도움말** : 예제해설\Round11도움말1.hwp(pdf, avi)

❶ 'goreme1.jpg', 'goreme2.jpg', 'goreme3.jpg' 이미지를 순서대로 불러옴 ❷ [File]-[Automate]-[Photomerge] 메뉴 선택 ❸ [Photomerge] 대화상자에 열려 있는 이미지를 추가 ❹ 툴박스의 크롭 툴(🔲)을 이용하여 빈 여백을 자름

**2** [File]-[Script]-[Load Files into Stack] 메뉴를 이용하여 예제 파일들을 각 레이어로 들어오게 한 후 자동으로 정렬되게 만들어 보세요.

◎ **준비물** : 예제파일\Round11\bye1.jpg, bye2.jpg, bye3.jpg
　**완성물** : 예제파일\Round11\bye_f.psd
　**도움말** : 예제해설\Round11도움말2.hwp(pdf, avi)

❶ [File]-[Scripts]-[Load Files into Stack] 메뉴 선택 ❷ [Load Layers] 대화상자에서 [Browse] 버튼을 클릭하여 불러올 이미지들 선택 ❸ [Attempt to Automatically Align Source Images]에 체크한 후 [OK] 버튼을 클릭 ❹ 툴박스의 크롭 툴(🔲)을 이용하여 빈 여백 자름 ❺ 각 레이어의 '눈(👁)'을 클릭하여 이미지의 정렬을 확인

# Round 12 | 웹 이미지와 애니메이션 만들기

현재 우리 생활은 인터넷과 떼려야 뗄 수 없는 관계이며, 1인 미디어 시대라고 부를 만큼 블로그와 미니 홈피, 홈페이지 등을 직접 만들고 꾸미는 일이 흔한 일이 되었습니다. 따라서 이런 것을 지원하는 포토샵의 기능도 많이 추가되었는데 바로 이미지를 적은 용량으로 최적화시키는 Optimize와 웹페이지를 만들 수 있도록 조각으로 잘라주는 Slice, 움직이는 애니메이션을 만드는 기능 등이 대표적입니다. 이번 Round에서는 이런 블로그나 미니 홈피, 웹페이지에 사용할 수 있는 여러 기능에 대해 알아보겠습니다.

 이번 Round는 다음과 같은 단계로 구성됩니다. Training별 내용을 간략하게 먼저 파악하면 좀 더 효율적으로 학습을 진행할 수 있습니다.

---

### Training 01  슬라이스 기능으로 웹 이미지 제작하기

웹에서 사용할 이미지를 조각내야 하는 이유를 이해하고, 슬라이스 툴로 조각내는 방법과 이렇게 조각난 이미지를 합치는 방법에 대해 알아봅니다. 또한, 조각 이미지를 저장하는 [Save for Web & Devices] 명령을 사용해 봅니다.

▶ 슬라이스 툴 사용하기
▶ 슬라이스 수정하기
▶ [Save for Web & Devices] 명령을 이용해 조각 이미지 저장하기

### Training 02  한 장면씩 만드는 프레임 애니메이션 제작하기

GIF 애니메이션을 만들기 위한 ANIMATION(FRAMES) 패널을 이용하는 법에 대해 알아보고, 이를 활용해 프레임 애니메이션을 만들어 봅니다.

▶ ANIMATION(FRAMES) 패널로 애니메이션 만들기
▶ [Save for Web & Devices] 명령을 이용해 애니메이션 이미지 저장하기

---

**Training 03**  **시간의 흐름을 따라가는 타임라인 애니메이션 제작하기**

동영상을 만들기 위한 ANIMATION(TIMELINE) 패널을 이용하는 법에 대해 알아보고, 이를 활용해 타임라인 애니메이션을 만들어 봅니다.

▶ ANIMATION(TIMELINE) 패널 사용하여 애니메이션 만들기
▶ [Export] 명령을 사용해 동영상으로 저장하기

**Training 04**  **동영상 불러와 수정하기**

동영상을 불러오는 명령인 [Video Frames to Layers]와 [New Video Layer from files]의 차이점을 알아보고, 이를 이용해 프레임 애니메이션과 동영상을 수정하는 방법에 대해 알아봅니다.

▶ [Video Frames to Layers] 명령으로 프레임 애니메이션 만들기
▶ [New Video Layer from files] 명령으로 동영상을 불러와 수정하기

# 슬라이스 기능으로
# 웹 이미지 제작하기

Photoshop · CS4

웹페이지를 열 때 이미지들이 빠른 속도로 로딩되게 하기 위해서는 이미지를 조각내어 용량을 줄여줘야 합니다. 이럴 때 사용하는 툴이 바로 슬라이스 툴( )과 슬라이스 선택 툴( )입니다.

| 학습 목표 | 학습 소재 | 난이도 | 예상 학습 결과 | 연계 학습 |
|---|---|---|---|---|
| • 슬라이스 툴의 용도 이해하기<br>• 슬라이스 툴로 이미지 조각내기 | • 슬라이스 툴<br>• 슬라이스 선택 툴 | ★★★★☆ | 슬라이스 툴로 이미지를 조각내어 저장하기 | 눈금자, 가이드 : 115쪽 |

## READY!

## [Save for Web & Devices] 명령으로 웹에서 사용하는 이미지 저장하기

웹용 이미지를 제작할 때 가장 많이 사용하는포맷이 바로 JPG와 GIF입니다. 이 JPG와 GIF는 [Save] 명령을 이용해 저장할 수도 있지만, 용량을 줄이는 옵션과 이들에 따른 이미지 화질의 저하 정도를 확인하기 위해서는 [Save for Web & Devices] 명령을 이용하는 것이 좋습니다.

### ■ [Save for Web & Devices] 대화상자 알아보기

[Save for Web & Devices] 대화상자에서는 원본 이미지와 최적화 이미지를 비교해서 확인한 후 원하는 이미지 포맷으로 저장할 수 있습니다.

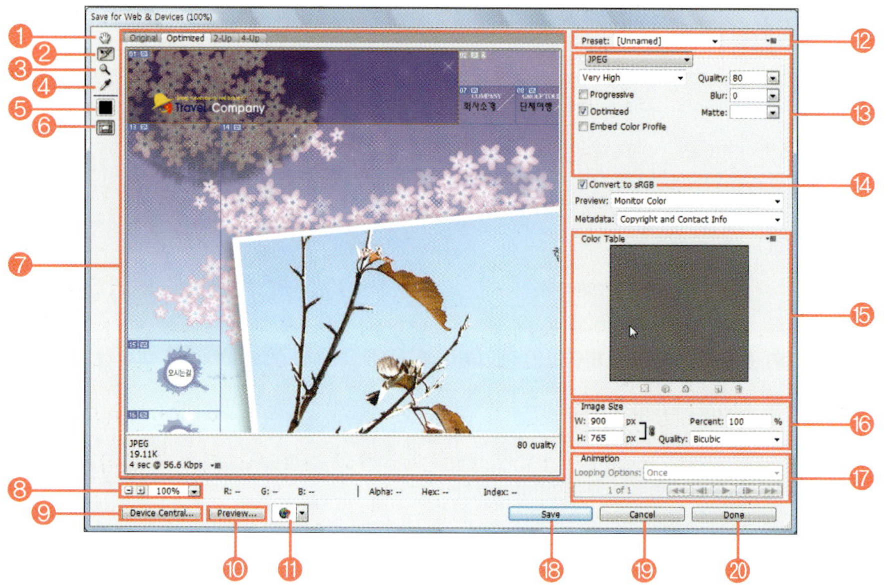

❶ **손바닥 툴** : 미리 보기 창에서 이미지 위치를 옮겨가며 볼 수 있는 것으로, 다른 툴을 사용하는 중에도 Spacebar 를 누르면 변경됩니다.

❷ **슬라이스 선택 툴** : 슬라이스 툴(☞)로 조각낸 이미지를 선택할 때 사용하며 Shift 를 누르면 다중 선택이 가능합니다.

❸ **돋보기 툴** : 미리 보기 창의 이미지 보기 배율을 확대하거나 Alt를 눌러 축소할 수 있습니다.

❹ **스포이트 툴** : 이미지에서 원하는 색상을 클릭하여 드롭 색상으로 지정할 수 있습니다.

❺ **스포이트 색상** : 스포이트 툴로 클릭한 색상을 선택할 수 있어 투명색이 있을 때 그 경계를 보여줄 수 있는 색상이 됩니다.

❻ **슬라이스 보기** : 이미지의 슬라이스 선을 보이거나 감출 수 있습니다.

❼ **미리 보기 창** : 최적화된 이미지를 미리 보기 할 수 있는 곳입니다.

- Original : 원본 이미지가 보입니다.
- Optimized : 오른쪽에서 선택한 저장 옵션에 따라 최적화한 이미지가 보이며 하단에 용량과 전송 속도가 표시됩니다.
- 2-Up : 원본과 최적화한 이미지의 용량 및 전송 속도를 볼 수 있습니다.
- 4-Up : 원본과 각기 다르게 최적화한 이미지를 3개 더 보여주며, 여러 포맷으로 최적화한 이미지를 동시에 비교할 수 있습니다.

❽ **이미지 보기 배율** : 이미지 보기 배율을 조절해 축소 또는 확내할 수 있으며 커서가 있는 곳의 색상 정보와 이미지 정보를 알려줍니다.

❾ **Device Central** : [Adobe Device Central CS4] 대화상자를 열어 모바일 콘텐츠를 확인할 수 있습니다.

❿ **기본 브라우저로 보기** : 클릭하면 기본 브라우저로 이미지를 확인할 수 있습니다.

⓫ **브라우저 변경하기** : 미리 보기 할 브라우저를 변경할 수 있습니다.

⓬ **Preset** : 자주 사용하는 최적화 이미지 포맷을 선택할 수 있습니다.

⓭ **저장 포맷과 그 옵션** : 선택한 이미지의 저장 포맷과 옵션을 선택할 수 있습니다.

⓮ **Convert to sRGB** : sRGB가 아닌 색상 프로파일이 포함된 이미지를 최적화하는 경우에는 이미지의 색상을 sRGB로 변환한 다음 웹용으로 이미지를 저장해야 합니다. 그러면 다른 웹 브라우저에서도 최적화된 이미지의 색상과 동일하게 보입니다. [sRGB로 변환] 옵션은 기본적으로 선택되어 있습니다.

⓯ **Color Table** : GIF와 PNG-8을 선택했을 때 활성화되는 것으로 이미지에 사용하는 색상 목록이 나타납니다.

⓰ **Image Size** : 선택한 이미지의 크기를 표시하며 변형할 수 있습니다.

⓱ **Animation** : ANIMATION 패널로 만든 애니메이션을 컨트롤할 수 있습니다.

⓲ **Save** : 최적화한 이미지들 중에 선택한 이미지를 저장합니다

⓳ **Cancel** : 지금 선택한 옵션 값을 취소하여 대화상자를 닫습니다.

⓴ **Done** : 대화상자를 닫기 전에 지금 선택한 옵션들을 기억합니다.

### ■ [Save for Web & Devices] 대화상자로 JPEG와 GIF 저장하기

웹 이미지는 적은 용량으로 최선의 화질을 보여주는 것이 가장 중요합니다. 이를 최적화 (Optimized) 이미지라고 하는데, 그래서 나온 포맷명이 JPEG나 GIF, PNG 등입니다. 어떤 이미지냐에 따라 선택하는 포맷도 달라집니다. 각 저장 포맷과 그 옵션에 대해 알아보겠습니다.

### 1. JPEG로 저장하기

이미지의 크기가 크면서 사진과 같이 여러 가지 색상이 섞여 있는 이미지, 그레이디언트나 후광 효과처럼 연속적인 색상이 적용된 이미지는 JPG 포맷을 사용하는 것이 좋습니다. JPG는 압축률에 따라 용량을 조절할 수 있는데 보통 70~80% 정도의 압축을 사용하는 것이 좋습니다.

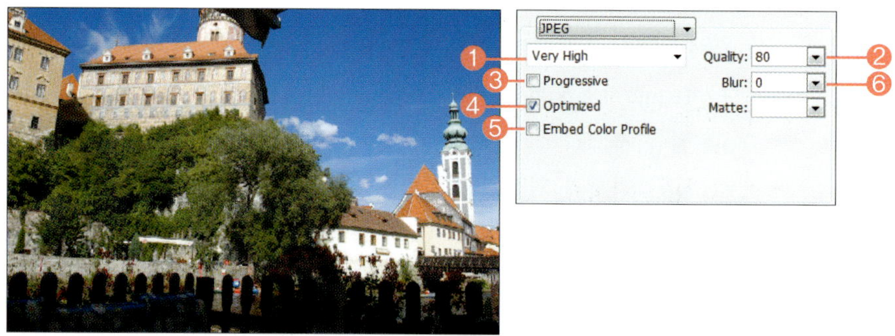

▲ JPEG로 저장하기 좋은 이미지와 [Save for Web] 대화상자의 JPEG 옵션

❶ **Compression Quality** : Low, Medium, High, Very High, Maximum 등으로 이미지의 압축 정도를 선택할 수 있는데, Low가 가장 압축이 많이 되어 화질이 떨어지며 Maximum이 화질이 제일 좋습니다.

❷ **Quality** : 수치로 입력하거나 슬라이더 바를 조절하여 이미지 화질을 조절할 수 있습니다. 수치가 높을수록 화질이 좋습니다.

❸ **Progressive** : 체크하면 웹페이지에서 JPEG 이미지를 서서히 로딩할 수 있습니다.

❹ **Optimized** : 이미지를 최적화한 상태로 저장됩니다.

❺ **Embed Color Profile** : 이미지 색상 정보 프로파일을 같이 저장합니다.

❻ **Blur** : 조각 이미지 경계 부분의 부드러운 정도를 조절합니다.

## 2. GIF로 최적화하기

글자와 같이 단순한 색상을 가진 이미지를 저장할 때 좋은 GIF는 256색상을 지원합니다. 이미지에 사용한 색상을 모아놓은 Color Table을 가지고 있어 적은 색상으로도 좋은 화질을 가질 수 있으며, 투명색이나 애니메이션을 저장할 수 있습니다.

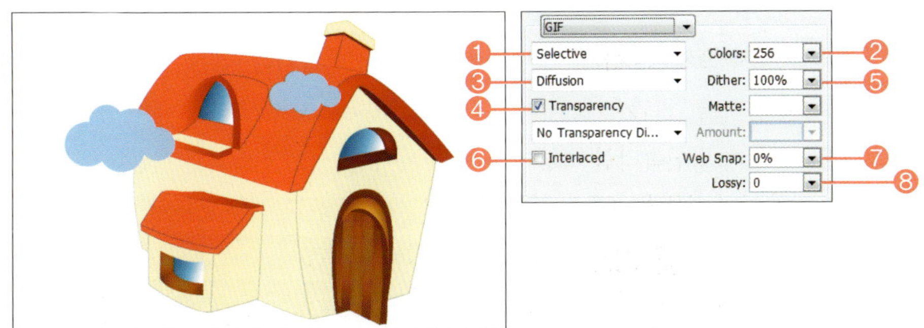

▲ GIF로 저장하기 좋은 이미지와 [Save for Web] 대화상자의 에서 GIF 옵션

❶ **Color Reduction algorithm** : 이미지의 Color Table을 만드는 기준을 선택할 수 있습니다. 기본적으로 [Selective]로 선택되어 이미지의 색상이 색상 테이블로 만들어집니다.

- Perceptual : 눈에 많이 띄는 색상을 우선적으로 선택합니다.
- Selective : 눈에 많이 띄는 색상 중 웹에서 안전한 색상을 선택합니다.
- Adaptive : 이미지에서 가장 많이 사용한 색상을 선택합니다.
- Restrictive(Web) : 216 웹 안전 색상을 선택합니다.
- Custom : 현재의 Color Table을 선택합니다.
- Black & White : 검은색과 흰색으로 이미지를 나타냅니다.
- Grayscale : 무채색으로 이미지를 나타냅니다.
- Mac OS : 맥 표준 256색상으로 이미지를 나타냅니다.
- Windows : PC 표준 256색상으로 이미지를 나타냅니다.

❷ **Colors** : Color Table을 구성하는 색상의 수를 지정합니다.

❸ **Diffusion과 Dither** : GIF로 색상 수를 줄여 저장하면 이미지가 많이 손상되기 때문에 이를 보완하기 위해 이미지를 단색으로 표현하는 것이 아니라 여러 색상의 점으로 표시하여 조금 부드럽게 보이도록 하는 것이 [Diffusion]입니다. [Dither]의 수치를 이용해 그 정도를 조절할 수 있습니다.

❹ **Transparency** : 체크하면 이미지의 투명 부분을 저장할 수 있습니다.

❺ **Matte** : 투명색이 있을 때 그 경계색을 정할 수 있습니다. 기본은 흰색으로 선택되어 있습니다.

❻ **Interlaced** : 체크하면 이미지 파일 전체를 다운로드하는 동안 브라우저에 이미지의 저해상도 버전을 표시합니다.

❼ **Web Snap** : 선택된 색상을 웹 안전 색상에 가깝게 바꿔줍니다. 수치가 높을수록 색상의 변경이 커집니다.

❽ **Lossy** : GIF 포맷으로 최적화할 때 손실되는 부분을 줄여줍니다. 수치가 낮을수록 손실이 적습니다.



**Training 01.**
슬라이스 기능으로 웹 이미지 제작하기

# 가이드를 이용해 슬라이스 영역 설정하기

◎ **준비물** : '예제파일\Round12\main.psd' 파일을 불러오세요.

**①** 슬라이스를 하기 위한 가이드 선을 만들기 위해 먼저 Ctrl + R 을 눌러 눈금자를 표시합니다. 상단의 눈금자에서 클릭하고 아래로 드래그하여 버튼 이미지에 맞도록 가로 가이드 선을 만듭니다.

**②** 마찬가지 방법으로 버튼 이미지 위로 가로 가이드 선을 만듭니다.

작업영역은 [ESSENTIALS]로 설정한 후 예제를 따라합니다.

**③** 왼쪽 눈금자에서 클릭하고 드래그하여 가운데 이미지에 맞춰 세로 가이드 선을 만듭니다.

**④** 마찬가지 방법으로 상단의 버튼 하나하나에 맞도록 세로 가이드 선을 만들고 왼쪽 아래의 버튼에도 가로 가이드 선을 만듭니다.

**Round 12.**
웹 이미지와 애니메이션 만들기

⑤ 툴박스에서 크롭 툴(□)을 눌러 나오는 툴 중에 슬라이스 툴(□)을 선택합니다. 옵션 바에서 [Slices From Guides] 버튼을 클릭하여 가이드 선대로 이미지가 조각난 것을 확인합니다.

⑥ Ctrl + ; 를 눌러 가이드를 감춘 후 툴박스의 슬라이스 툴을 클릭하고 슬라이스 선택 툴(□)을 선택합니다. 01번 조각을 클릭하고 Shift 를 누른 채 02, 09, 10번 조각을 추가로 선택합니다. 마우스 오른쪽 버튼을 클릭하고 [Combine Slices]를 선택합니다.

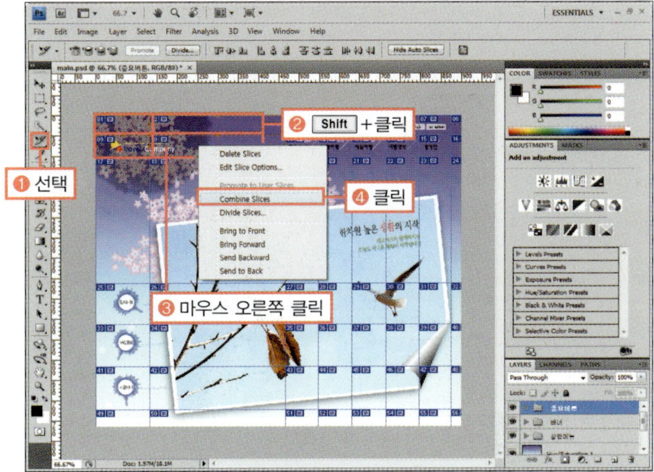

## BONUS

**슬라이스로 조각난 이미지의 표시**

슬라이스 툴로 분할된 이미지의 왼쪽 위에는 번호가 표시됩니다. 이를 '배지(badge)'라고 하는데, 간단한 표시로 현재 슬라이스된 조각의 개수와 상태를 알 수 있습니다.

- 01 : 조각의 순서를 표시한 것입니다. 왼쪽 위에서 오른쪽 아래로 차례로 번호가 붙습니다.
- □ : 슬라이스 안에 이미지가 있다는 표시입니다.
- 02 : 다른 조각으로 인해 자동으로 잘린 이미지로, 슬라이스 선택 툴(□)로 선택하여 수정할 수 없습니다.
- □ : 다른 슬라이스와 연결되어 있다는 표시입니다.

⑦ 선택한 조각들이 합쳐집니다. 15번 조각을 클릭하고 Shift 를 누른 채 16~21, 23~29, 31~37, 39~45, 47~53번 조각을 추가로 선택합니다. 마우스 오른쪽 버튼을 클릭하여 [Combine Slices]를 선택하여 조각을 합칩니다.

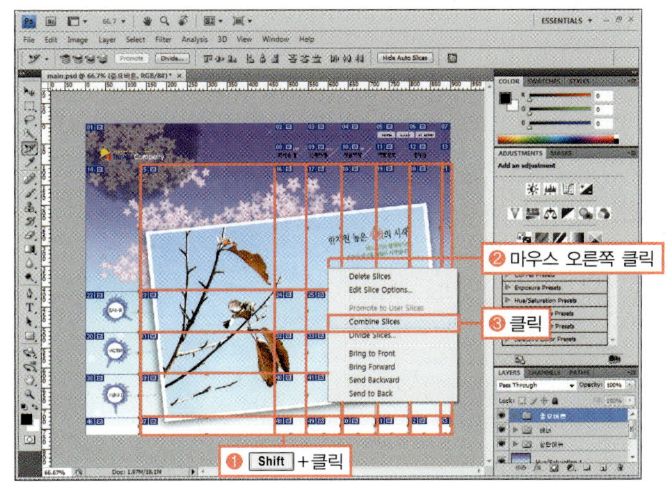



**Training 01.**
슬라이스 기능으로 웹 이미지 제작하기

**8** 02~07번 조각들을 선택한 후 마우스 오른쪽 버튼을 클릭하고 [Delete Slices]를 선택해 조각을 지웁니다.

**9** 조각들이 정리된 것을 확인합니다.

**10** 툴박스에서 슬라이스 툴( )을 선택하고 Ctrl + + 를 눌러 이미지의 상단 오른쪽이 잘 보이도록 확대한 후, 그림과 같이 'home' 버튼 이미지에 맞도록 드래그하여 조각을 냅니다.

**11** 같은 방법으로 'LOGIN' 과 'SITEMAP' 버튼 이미지도 그림과 같이 조각을 냅니다.

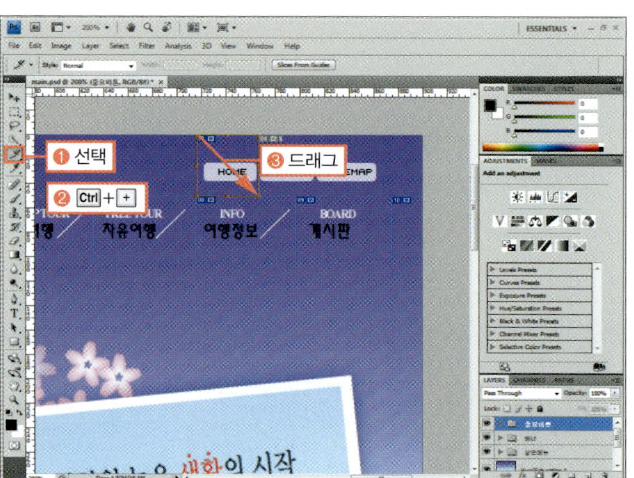

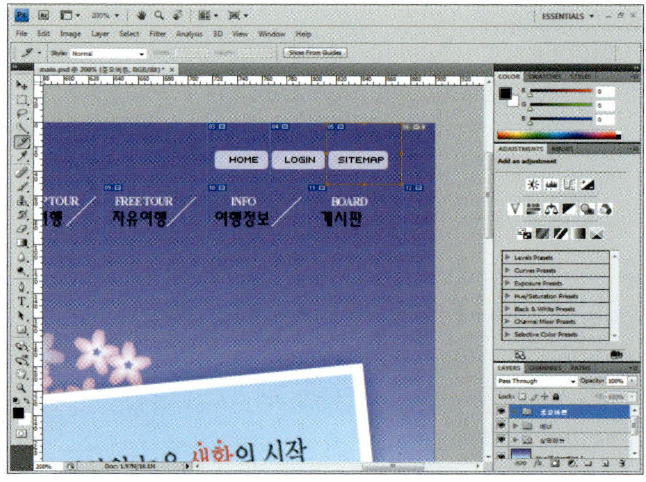



슬라이스 툴을 이용해 조각을 낼 때에는 사이에 틈이 생기지 않도록 하기 위해 [View]-[Snap]이 체크된 것을 확인한 후 따라합니다.



**Round 12.**
웹 이미지와 애니메이션 만들기

## 슬라이스한 이미지 웹에서 사용할 수 있게 저장하기

◎ **준비물** : 앞의 예제를 계속 이어서 합니다.

❶ 조각 이미지를 저장하기 위해 [File]-[Save for Web & Devices] 메뉴를 선택합니다. [File]-[Save] 메뉴를 이용하면 조각 이미지가 아니라 하나의 이미지로 저장됩니다.

❷ [Save for Web & Devices] 대화상자가 나타나면 이미지 전체가 보이도록 축소한 후, 왼쪽 위에서 오른쪽 아래로 드래그하여 모든 조각들을 선택하고 오른쪽 저장 옵션에서 [JPEG]를 클릭합니다.

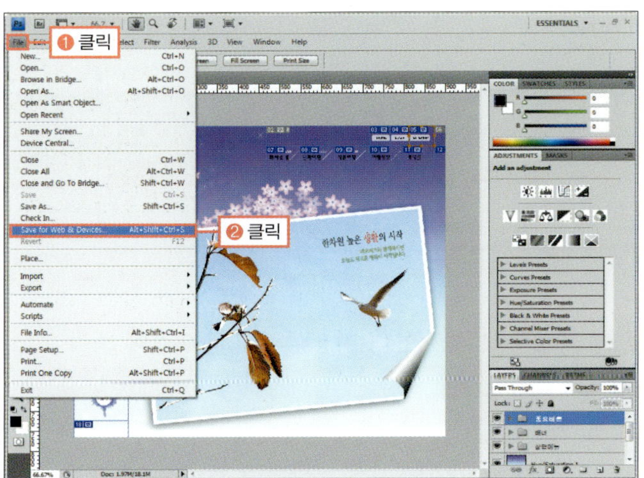

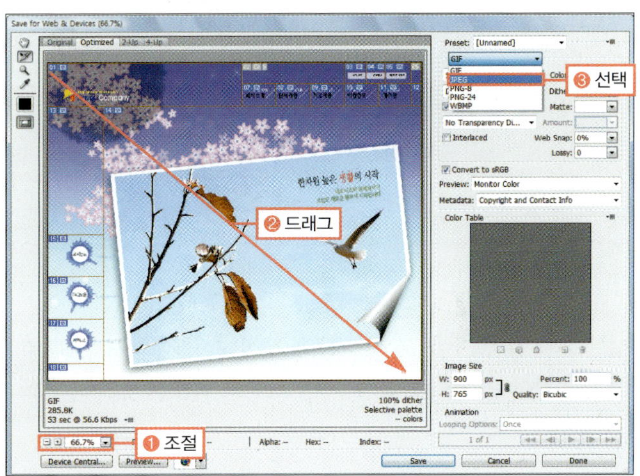

❸ 이미지 압축 정도에 따른 화질을 나타내는 [Quality]를 '80' 으로 조절한 후 미리 보기 창 상단의 [2-UP] 탭을 클릭하여 원본과 JPEG로 압축했을 때의 이미지의 차이를 확인합니다.

❹ Ctrl + + 를 눌러 상단의 메뉴가 잘 보이게 확대하고 위치를 조절한 후 03번 조각을 선택합니다. 저장 옵션에서 [GIF]로 선택한 후 이미지 색상 수를 나타내는 [Colors]를 '32' 로 줄여 원본과 조각 이미지를 비교합니다.

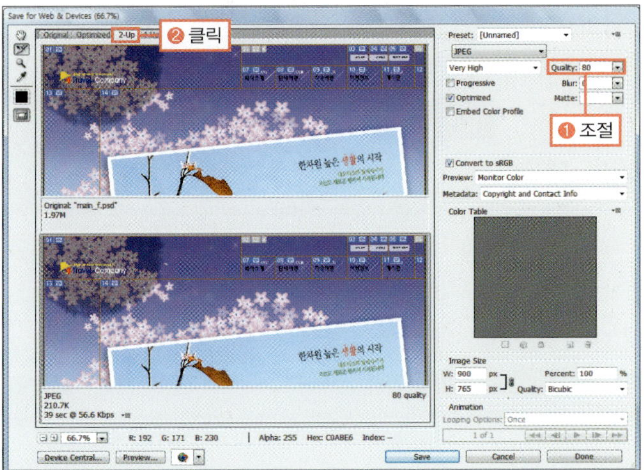

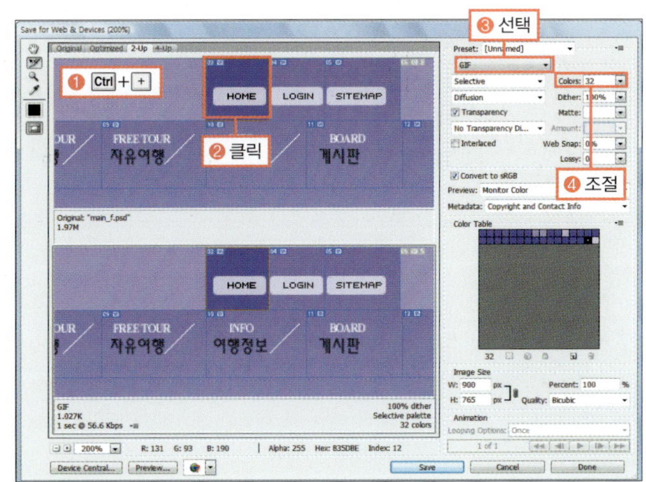



색상 수가 적은 이미지일 경우 [GIF]로 선택하는 것이 이미지 손상이 적습니다.



**Training 01.**
슬라이스 기능으로 웹 이미지 제작하기

**5** [Shift]를 누른 채 04, 05번 조각을 추가로 선택한 후 저장 옵션을 [GIF], [Colors]를 '32'로 선택한 후 아래 [Save] 버튼을 클릭합니다.

**6** 저장을 위한 대화상자가 나타나면 'C:\web' 폴더를 만들고 [파일 형식]을 [HTML and Images]로 선택하여 조각 이미지 전부와 HTML 페이지를 저장합니다.

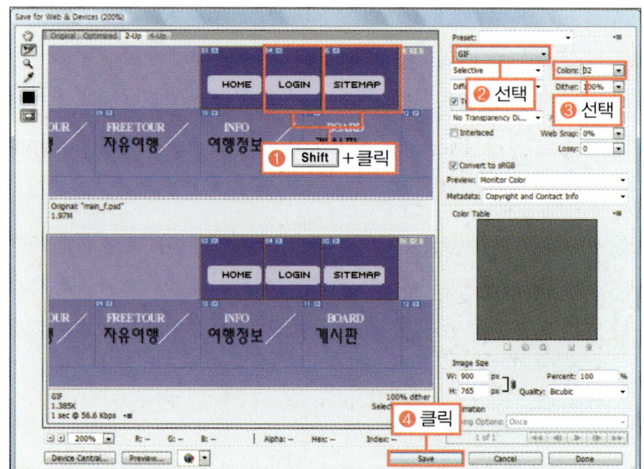

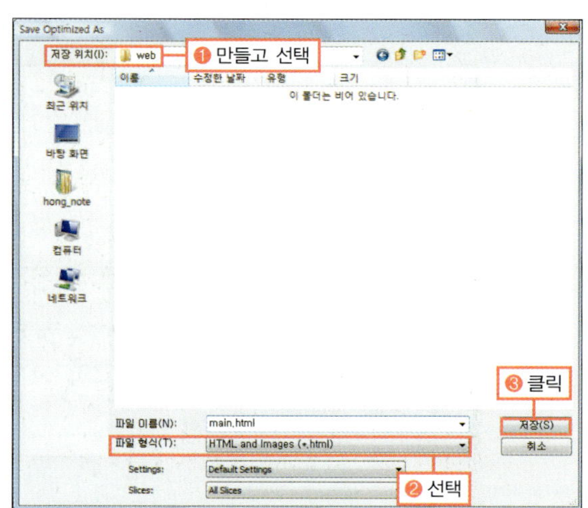

**7** 저장이 완료된 후 저장된 폴더를 확인하면 'main. html' 문서와 'images' 폴더가 만들어졌습니다.

**8** 'images' 폴더를 열어 슬라이스를 이용해 조각난 이미지를 확인합니다.

◎ **완성물** : 예제파일\Round12\web 폴더

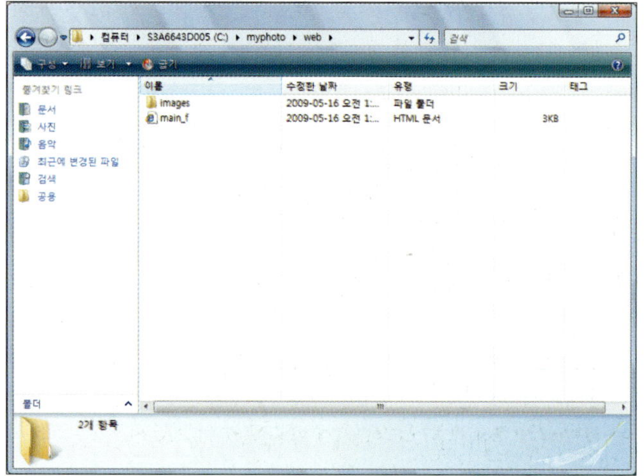

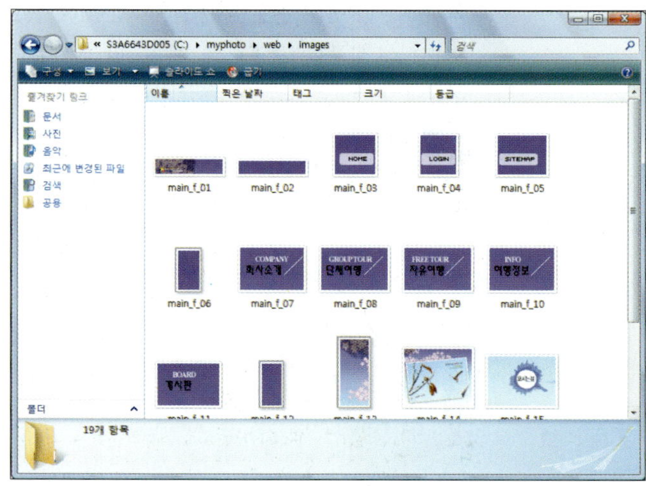

# 한 장면씩 만드는 프레임 애니메이션 제작하기



ANIMATION 패널은 프레임과 타임라인의 2가지 형태로 사용할 수 있습니다. 프레임이란, 움직이는 동영상의 정지된 한 컷 이미지를 말합니다. 즉, 프레임 애니메이션이란 한 컷 한 컷 정지된 이미지를 연결하여 움직이는 애니메이션을 만드는 것으로, 주로 간단한 배너에 많이 사용되는 웹용 GIF 애니메이션을 만들 때 많이 사용합니다. 이번 Training 에서는 먼저 ANIMATION(FRAMES) 패널을 이용해 프레임 애니메이션을 만들어 보겠습니다.

| 학습 목표 | 학습 소재 | 난이도 | 예상 학습 결과 | 연계 학습 |
|---|---|---|---|---|
| 프레임 애니메이션 만들기 | ANIMATION(FRAMES) 패널 | ★★★☆☆ | ANIMATION(FRAMES) 패널을 사용해 프레임 애니메이션 제작 | Auto-Align Layers : 131쪽 |



## ANIMATION(FRAMES) 패널 살펴보기

프레임 애니메이션은 ANIMATION(FRAMES) 패널로 제작한 후 [Save for Web & Device] 명령으로 저장합니다. 먼저 ANIMATION(FRAMES) 패널을 열어 한 프레임을 만들고 LAYERS 패널의 '눈(👁)' 을 클릭하여 보였다 감추는 방법으로 애니메이션 할 수도 있고, 레이어 이미지의 위치, 불투명도, 레이어 스타일의 값을 변경하여 애니메이션 할 수도 있습니다.

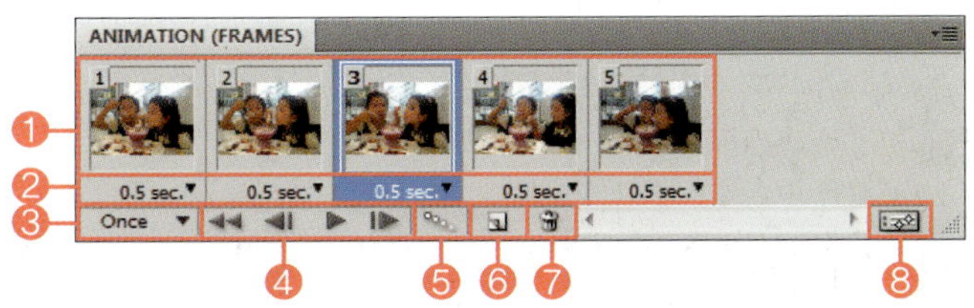

❶ **프레임** : 애니메이션이 될 이미지입니다.

❷ **시간 설정** : 각 프레임에서 멈출 시간을 설정하는데 일반적으로 0.2~1초를 선택합니다.

❸ **반복 정도** : 각 프레임을 연결해 애니메이션이 될 때 반복되는 정도를 지정합니다. 계속 반복되려면 [Forever]를 선택합니다.

❹ **애니메이션 조절** : 만들어진 애니메이션을 시작하거나 멈출 수 있습니다.

❺ **트윈** : 선택한 프레임들의 위치나 불투명도, 레이어 스타일이 변경된 경우에 자동 애니메이션을 만들 수 있습니다.

❻ **프레임 복사** : 선택한 프레임을 복사합니다. 다음 프레임을 만들 때 선택합니다.

❼ **휴지통** : 선택한 프레임을 지웁니다.

❽ **타임라인 애니메이션** : 클릭하면 ANIMATION(TIMELINE) 패널로 변경됩니다.

## GIF 애니메이션 만들기

❶ 어도비 Bridge를 실행하고 '예제파일\Round12\fre1 .jpg~fre5.jpg'를 모두 선택한 후 [Tools]-[Photoshop]- [Load Files into Photoshop Layers] 메뉴를 선택합니다.

❷ 포토샵이 열리면서 선택한 이미지들이 모두 레이어로 들어온 것을 확인합니다. 각각의 이미지 위치를 맞추기 위해 LAYERS 패널에서 모든 레이어를 선택한 후 [Edit]- [Auto-Align Layers] 메뉴를 선택합니다.

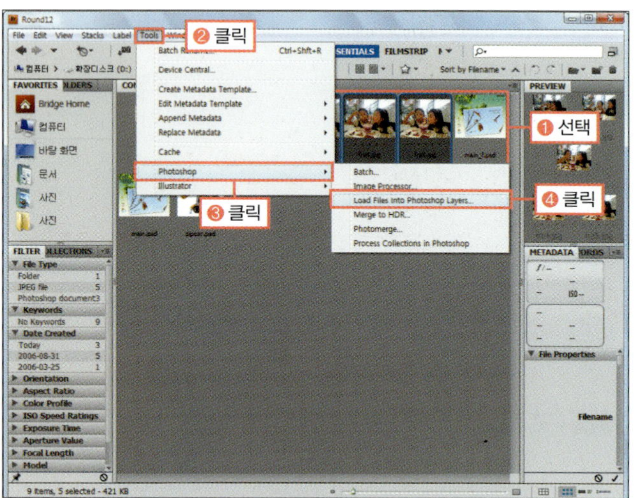

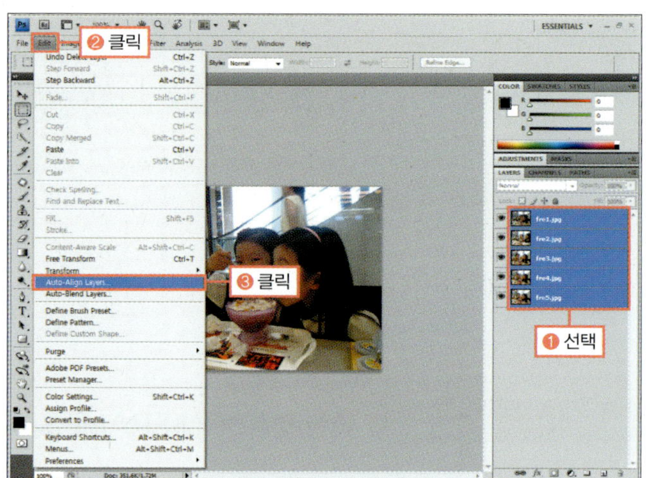

❸ [Auto-Align Layers] 대화상자가 나타나면 [OK] 버튼을 클릭합니다.

❹ Animation 패널을 열기 위해 [Window]-[Animation] 메뉴를 선택합니다.

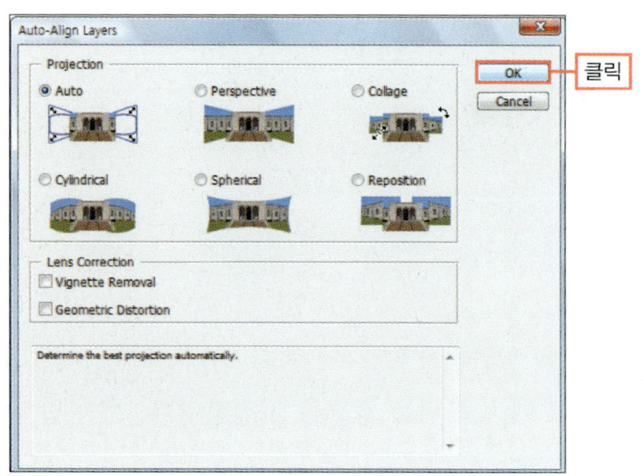

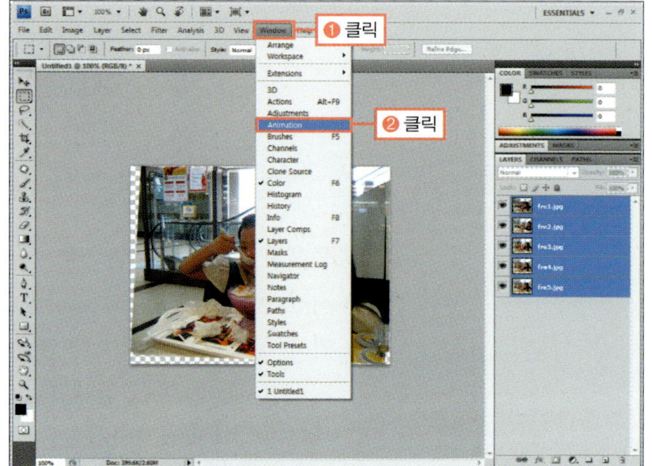

⑤ ANIMATION 패널이 열리면 패널 오른쪽 아래의 '프레임 애니메이션(⊞)'을 클릭하여 프레임 애니메이션 패널로 변경합니다.

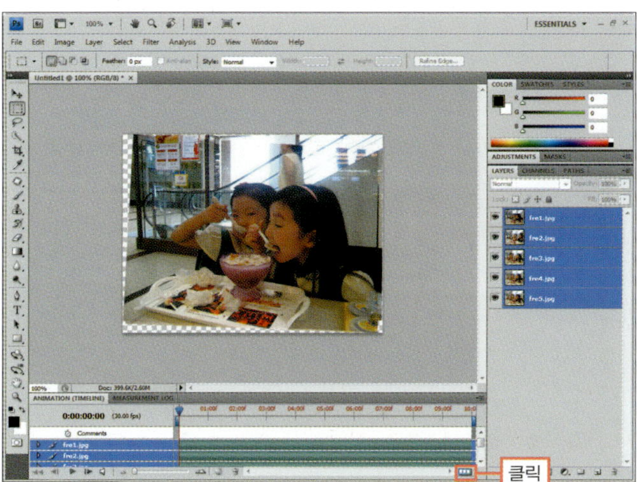





[Window]-[Animation]을 선택하면 기본적으로 타임라인 형태의 ANIMATION 패널이 나타나므로 변경해서 사용합니다.

⑥ 각 레이어 이미지를 프레임으로 만들기 위해 ANIMATION 패널의 메뉴 버튼(▼≣)을 클릭하고 [Make Frames From Layers]를 선택합니다.

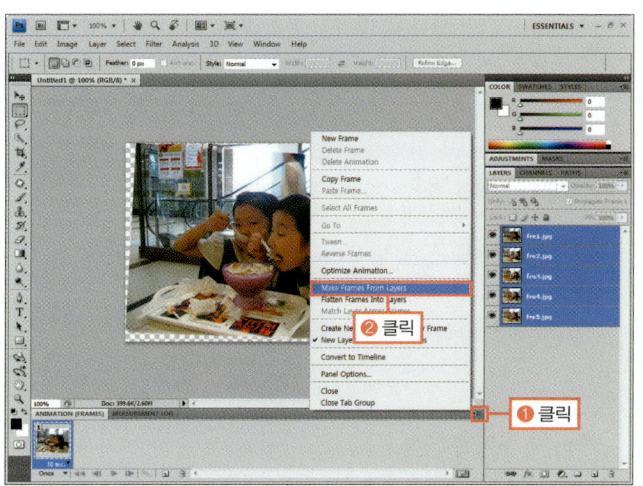



⑦ 레이어가 ANIMATION 패널의 각 프레임으로 들어간 것을 확인하고 Shift 를 누른 채 1프레임과 5프레임을 클릭하여 모든 프레임을 선택합니다. 그리고 '시간 설정' 부분을 클릭하여 [0.5]로 지정합니다.

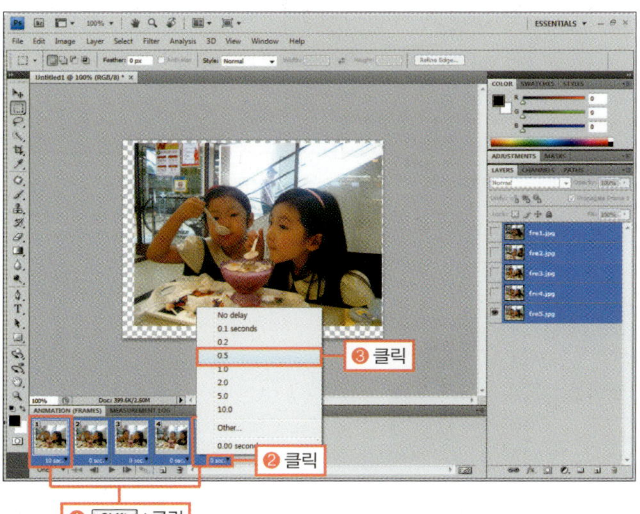



⑧ 애니메이션이 반복되기 위해 [Once]를 클릭하여 [Forever]를 선택합니다.

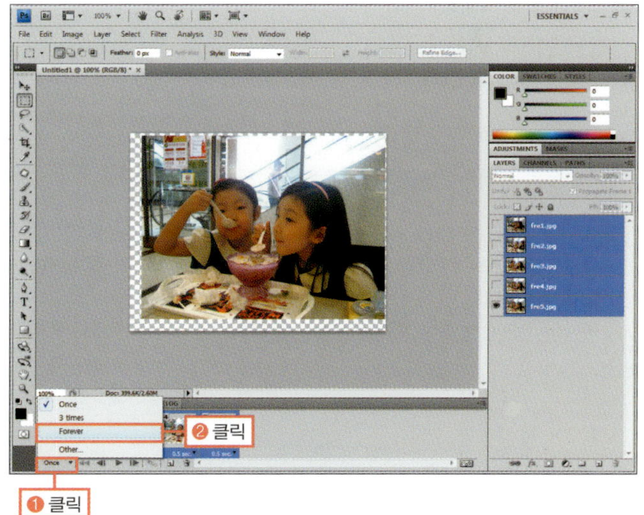

❾ 이미지의 여백을 제거하기 위해 툴박스의 크롭 툴(🔲)로 자를 부분을 드래그한 후 옵션 바의 '확인(✔)'을 클릭합니다.

❿ ANIMATION 패널에서 '재생(▶)'을 클릭하여 애니메이션을 확인한 후 [File]-[Save for Web & Devices] 메뉴를 선택합니다.

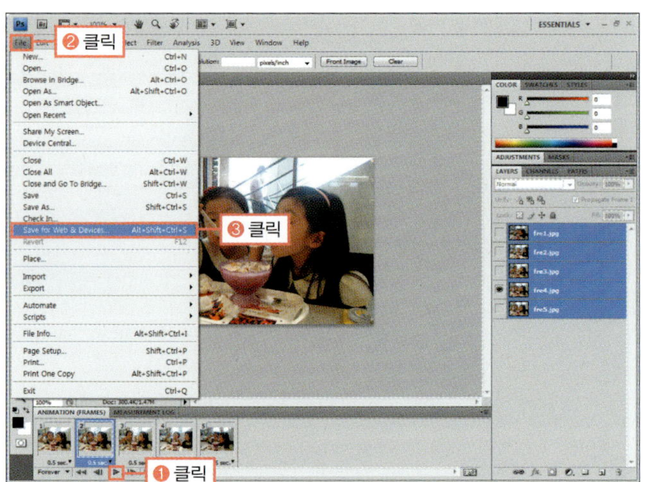

⓫ 대화상자가 나타나면 미리 보기에서 [2-UP] 탭을 클릭합니다. 저장 포맷을 [GIF], [Colors]를 '256'으로 설정하고 위 원본과 아래 최적화된 이미지를 확인한 후 [Save] 버튼을 클릭합니다.

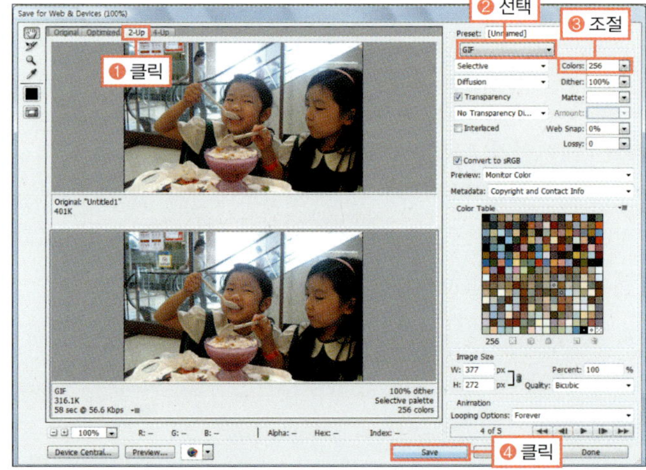



[Save for Web & Devices] 대화상자의 하단에 있는 [Preview] 버튼을 클릭하면 저장하기 전에 익스플로러가 실행되면서 애니메이션을 미리 보기 할 수 있습니다.

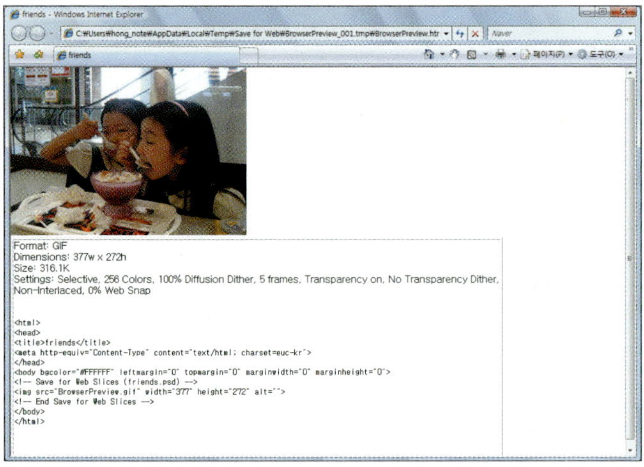

⑫ [Save Optimized As] 대화상자가 나타나면 저장 위치를 'C:\myphoto', [파일 이름]을 'friends', [파일 형식]을 [Images Only]로 선택하고 [저장] 버튼을 클릭합니다.

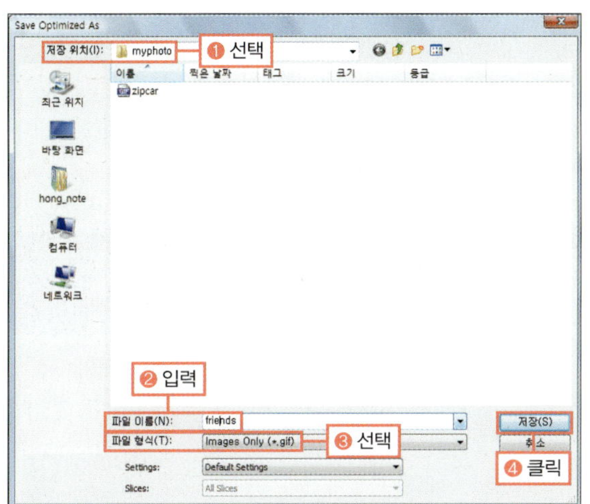

⑬ 어도비 bridge를 실행하고 'C:/myphoto/' 폴더를 선택하여 저장된 이미지를 확인합니다.

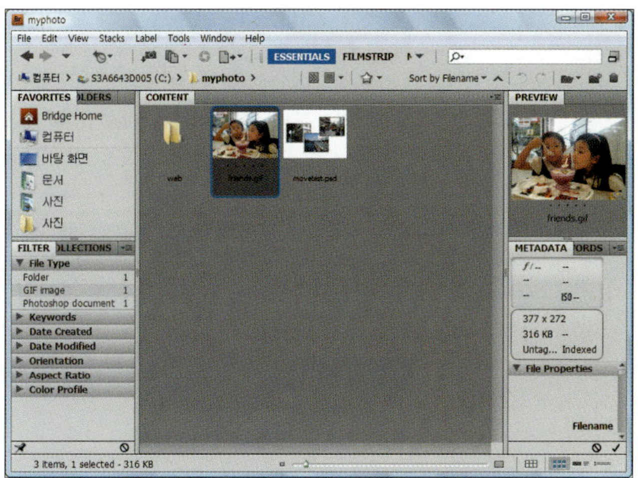

완성물 : 예제파일\Round12\friends.psd, friends.gif



## [Adobe Device Central] 대화상자로 애니메이션 확인하기

[Save for Web] 대화상자에서 [Device Central] 버튼을 클릭하면 만들어진 이미지나 애니메이션을 핸드폰 안에 넣었을 때 어떻게 보일지 테스트할 수 있습니다.

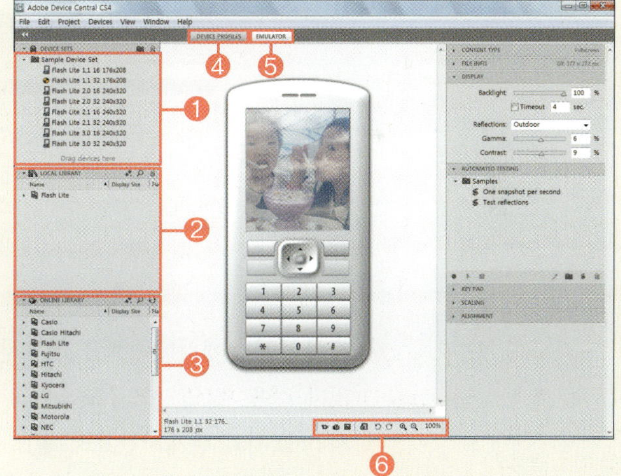

❶ DEVICE SETS : 테스트해볼 수 있는 기본 세트를 표시하며 자주 사용하는 장치를 추가할 수 있습니다.

❷ LOCAL LIBRARY : Adobe Flash Lite가 지원하는 모바일 디바이스를 보여줍니다.

❸ ONLINE LIBRARY : Local Library와 유사하게 디바이스들이 제조회사나 제품별로 묶여 있습니다.

❹ DEVICE PROFILES : 한 개 또는 여러 개의 디바이스에 대한 자세한 정보를 볼 수 있습니다.

❺ EMULATOR : 이미지나 애니메이션을 테스트할 수 있습니다.

❻ EMULATOR CONTROL : 테스트되는 이미지를 비디오 프레젠테이션하거나 스냅샷을 찍어 보여주는 기능과 Emulator를 회전하거나 확대, 축소할 수 있습니다.

# 시간의 흐름을 따라가는
# 타임라인 애니메이션 제작하기

Photoshop · CS4

타임라인 애니메이션은 프레임 애니메이션과 달리 시간에 따라 레이어의 속성을 다르게 설정하여 부드럽고 자연스럽게 연결하는 것입니다. ANIMATION(TIMELINE) 패널은 이러한 타임라인 애니메이션을 만드는 데 사용하며, 프리미어나 애프터 이펙트에서 볼 수 있었던 키(◆)를 이용합니다.

| 학습 목표 | 학습 소재 | 난이도 | 예상 학습 결과 | 연계 학습 |
|---|---|---|---|---|
| • 타임라인 애니메이션 만들기<br>• 동영상 저장하기 | • ANIMATION(TIMELINE) 패널<br>• [File]-[Export]-[Render Video] 메뉴 | ★★★★☆ | ANIMATION(TIMELINE) 패널로 애니메이션 만들고 동영상으로 저장 | • LAYERS 패널 : 354 쪽<br>• 레이어 스타일 : 381 쪽 |



## ANIMATION(TIMELINE) 패널 살펴보기

ANIMATION(TIMELINE) 패널에서는 키(◆)를 사용해 애니메이션을 만듭니다.

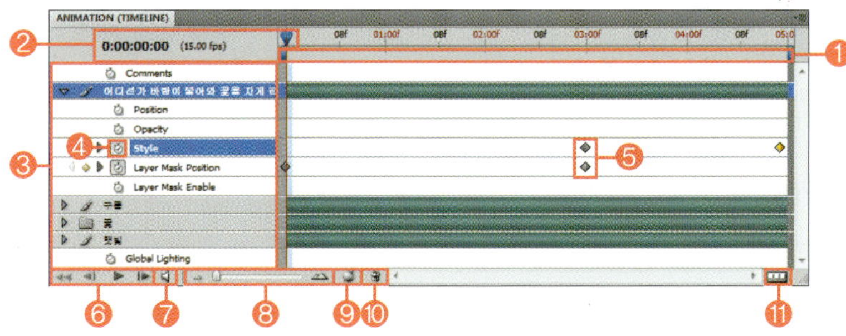


① **작업영역** : 애니메이션을 만드는 영역으로 앞의 것을 '작업영역시작(Work Area Start)', 마지막 것을 '작업영역끝(Work Area End)' 이라고 합니다.

② **시간 표시와 현재시간표시(💡)** : 애니메이션의 시간과 현재 보고 있는 이미지의 시간을 표시합니다. '현재시간표시(💡)'를 드래그하면 이미지 창에 만들어진 애니메이션을 볼 수 있습니다.

③ **레이어와 애니메이션 속성** : 레이어와 그에 적용할 수 있는 애니메이션 속성이 보입니다. 기본적인 속성에는 [Position], [Opacity], [Style]이 있습니다.

④ **스톱워치(⏱)** : 클릭하면 '현재시간표시(💡)'가 있는 위치에 키(◆)가 만들어집니다. '현재시간표시(💡)'를 드래그하여 시간을 변경한 후 속성 값을 변경하면 자동으로 키(◆)가 만들어져 애니메이션 됩니다.

⑤ **키(◆)** : 애니메이션의 속성을 변경할 부분에서 '스톱워치(⏱)'를 클릭하여 표시합니다.

⑥ **애니메이션 조절** : 만들어진 애니메이션을 조절하는 버튼입니다.

⑦ **소리 켜기/끄기** : 소리를 듣거나 끌 수 있습니다.

⑧ **시간 표시 줌 슬라이더** : 시간 표시가 확대되어 자세히 볼 수 있습니다.

⑨ **Onion Skin** : 현재 장면에서 앞, 뒤 장면을 겹쳐서 볼 수 있습니다.

⑩ **휴지통** : 선택된 키(◇)가 지워집니다.

⑪ **프레임 애니메이션** : 클릭하면 ANIMATION(FRAMES) 패널로 변경됩니다.

## START! 타임라인 애니메이션 만들기

◎ **준비물** : '예제파일\Round12\timeflower.psd' 파일을 불러오세요.

**1** ANIMATION(TIMELINE) 패널의 메뉴 버튼(▤)를 클릭하여 [Document Settings]를 선택합니다.

**2** 대화상자가 열리면 애니메이션의 총시간을 지정하는 [Duration]을 '0:00:05:00', 프레임 전송비율을 나타내는 [Frame Rate]를 '15'로 입력하고 [OK] 버튼을 클릭합니다.

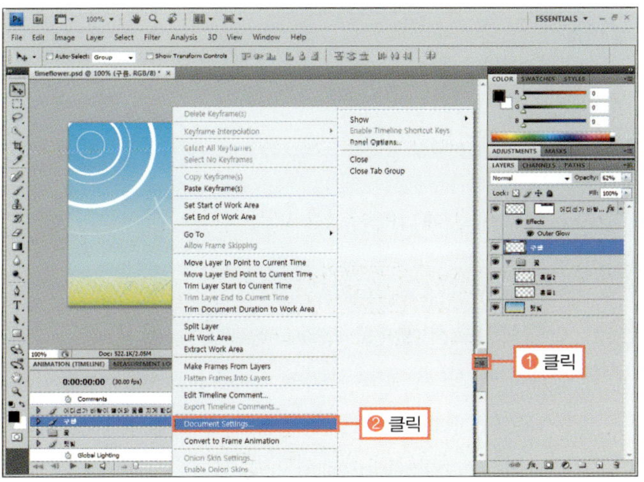

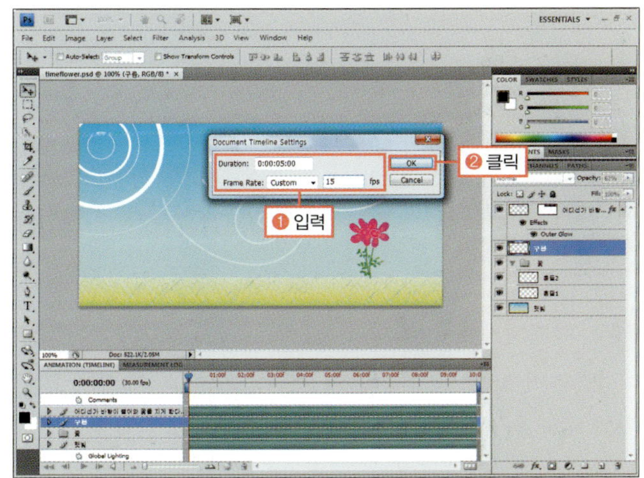



### BONUS

[Frame Rate]는 초당 프레임 전송량을 말하는 것으로, 숫자를 줄여주면 프레임 수도 줄어들어 애니메이션을 하기 좋습니다.

**3** 이미지 창과 ANIMATION(TIMELINE) 패널의 경계에서 위로 드래그하여 패널이 잘 보이도록 한 후 '구름' 레이어 앞의 ▶ 부분을 클릭합니다. 애니메이션 속성이 나타나면 [Position]의 '스톱워치(◎)'를 클릭하여 0초에 키(◇)를 만듭니다.

**Training 03.**
시간의 흐름을 따라가는 타임라인 애니메이션 제작하기

④ '현재시간표시(🔘)'를 '02:00f'로 드래그하여 이동하
고 툴박스의 이동 툴(📐)로 이미지 창의 구름을 오른쪽 화
면 밖으로 이동합니다. 2초 동안 구름이 오른쪽으로 이동
하는 애니메이션이 만들어집니다.

⑤ 만들어진 2개의 키(🔶)를 클릭한 후 마우스 오른쪽 버
튼을 누르고 [Copy Keyframes]를 선택하여 복사합니다.

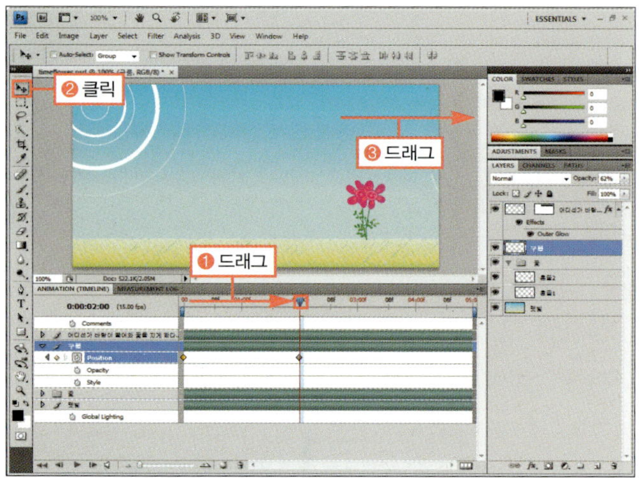


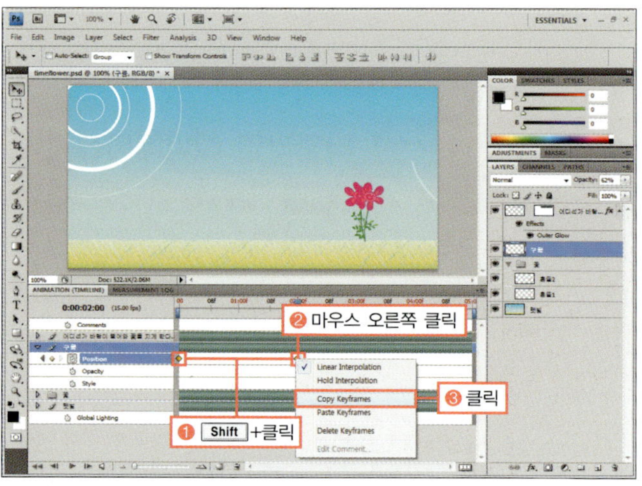


### STOP

'스톱워치'가 이미 클릭되어 있는 속성은 시간을 이동한 후 그 값을 변경
하면 자동으로 키(🔶)가 만들어지며 애니메이션됩니다. 하지만 '스톱워
치'가 클릭되어 있지 않으면 값을 변경해도 키가 생기지 않아 애니메이션
이 되지 않습니다.

### BONUS

키(🔶)를 2개 이상 선택할 때에는 드래그하여 선택하거나 Shift 를 이용
합니다.

⑥ '현재시간표시(🔘)'를 '03:00f'로 드래그하여 이동하
고 메뉴 버튼(📋)을 클릭하여 [Paste Keyframes]를 선택
하면 붙여넣기 합니다.

⑦ '현재시간표시(🔘)'를 드래그하여 만들어진 애니메이
션을 확인하면 2초와 3초 사이에 구름이 거꾸로 이동합니
다. 2초에 있는 키를 선택한 후 마우스 오른쪽 버튼을 클릭
하고 [Hold Interpolation]을 선택합니다.

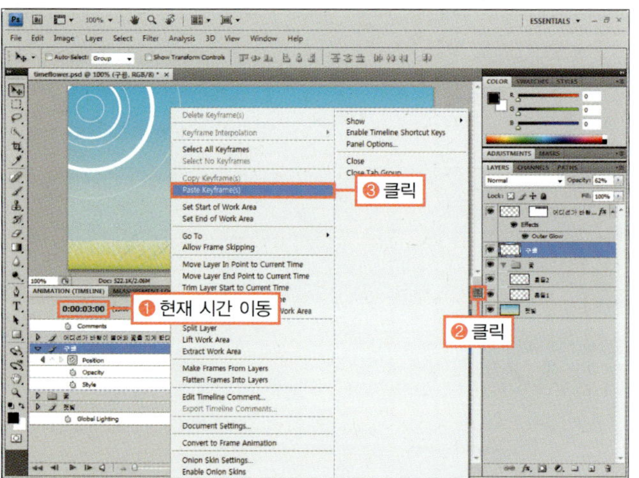


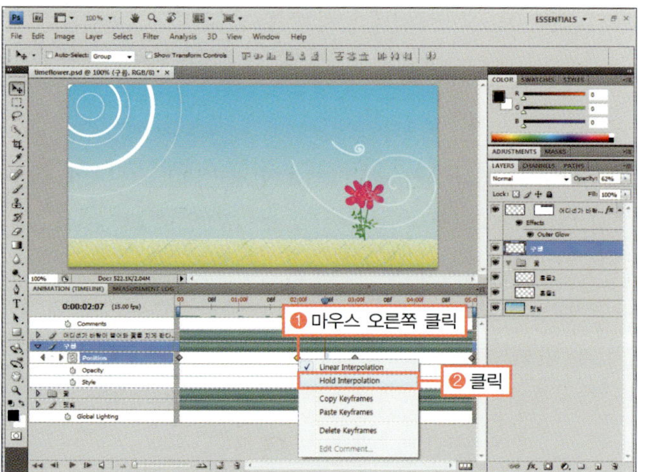


### BONUS

'스톱워치'를 클릭한 후 각 시간마다 값을 변경하면 키를 만들어 그 사이는 자연스럽게 애니메이션됩니다. 하지만 키를 클릭하고 [Hold Inter polation]
을 선택하면 그 다음 키까지 애니메이션되지 않습니다.



**Round 12.**
웹 이미지와 애니메이션 만들기

⑧ '현재시간표시()'를 2초와 3초 사이로 드래그하여 구름이 이동되지 않는 것을 확인합니다.

⑨ '현재시간표시()'를 0초로 이동하고 '꽃' 폴더의 '흔들1'과 '흔들2'의 ▶ 부분을 클릭하여 확장합니다. [Opacity]의 '스톱워치()'를 각각 클릭하고 LAYERS 패널에서 '흔들1' 레이어의 [Opacity]를 '0%'으로 조절합니다.

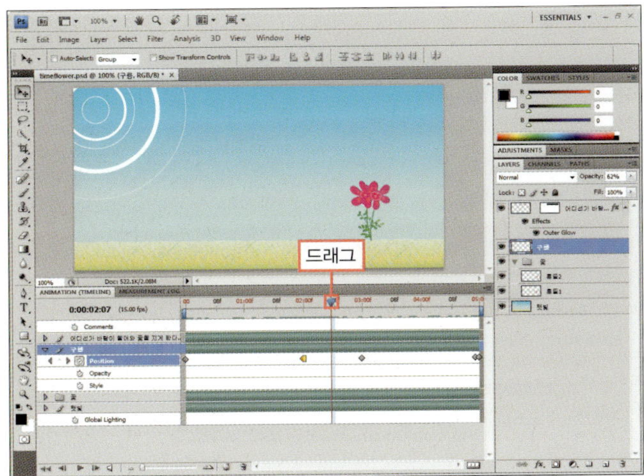

⑩ '현재시간표시()'를 '02:08f'로 이동한 후 LAYERS 패널에서 '흔들1' 레이어의 [Opacity]는 '100%', '흔들2' 레이어의 [Opacity]는 '0%'로 조절합니다.

⑪ '현재시간표시()'를 마지막인 '04:14f'로 이동한 후 LAYERS 패널에서 '흔들1' 레이어의 [Opacity]는 '0%', '흔들2' 레이어의 [Opacity]는 '100%'로 조절합니다.

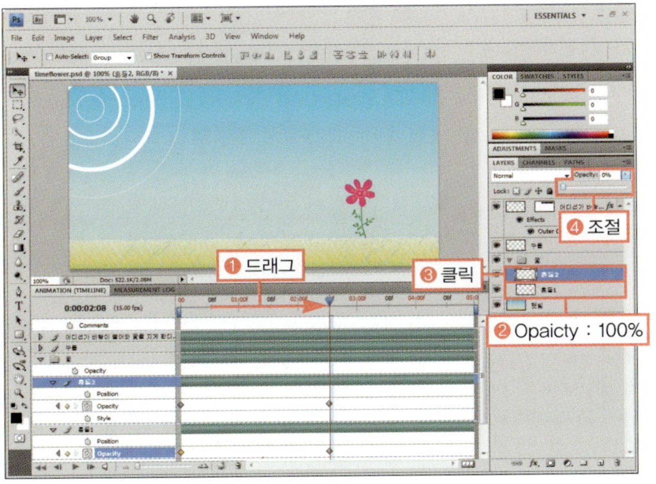

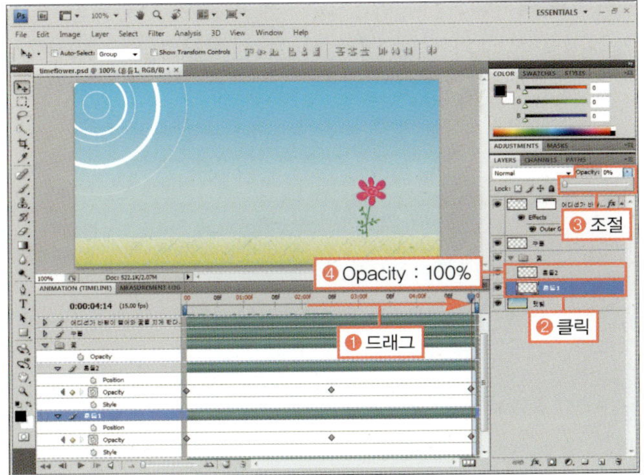



**Training 03.**
시간의 흐름을 따라가는 타임라인 애니메이션 제작하기

⑫ '현재시간표시(🔦)'를 0초로 이동하고 글자 레이어를 확장한 후 [Layer Mask Position]의 '스톱워치(⏱)'를 클릭합니다.

⑬ '현재시간표시(🔦)'를 '03:00f'로 이동하고 LAYERS 패널에서 글자 레이어의 마스크 썸네일을 클릭합니다. 이미지 창에서 Shift 를 누른 채 오른쪽으로 이동하면 글자 전체가 따라서 움직이고 '03:00f'에 자동으로 키(◆)가 만들어집니다.

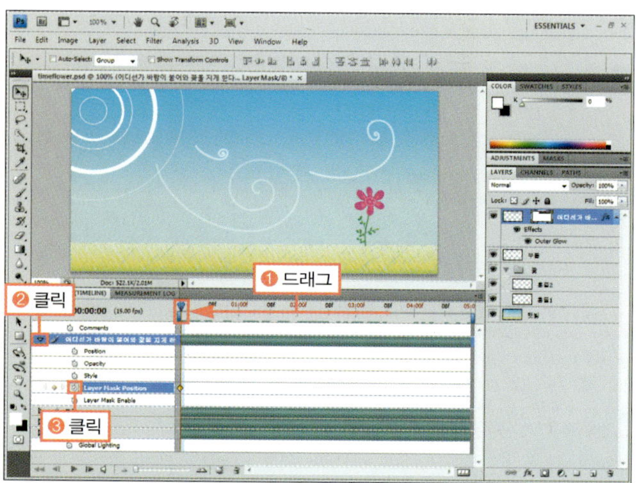


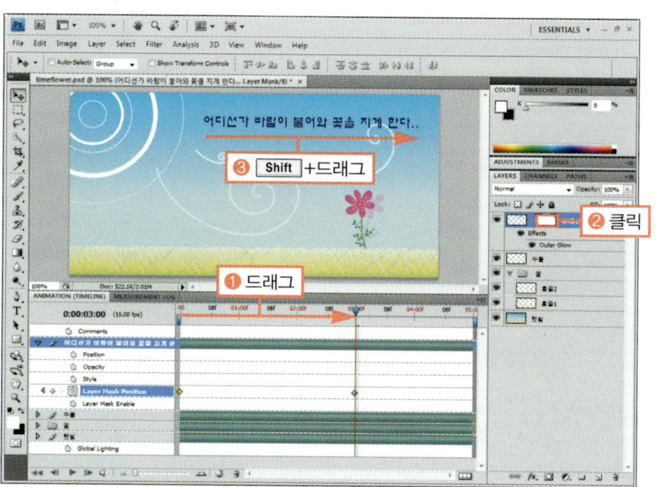


**B O N U S**

레이어 마스크가 적용된 레이어일 경우, 애니메이션 속성에 [Layer Mask Position]과 [Layer Mask Enable] 속성이 추가됩니다.

⑭ ANIMATION(TIMELINE) 패널에서 글자 레이어의 [Style] 속성 앞의 '스톱워치(⏱)'를 클릭합니다.

⑮ '현재시간표시(🔦)'를 '04:14f'로 이동한 후 LAYERS 패널에서 글자 레이어에 적용된 [Outer Glow]를 더블클릭하여 대화상자를 엽니다. [Spread]를 '13', [Size]를 '18'로 조절하여 후광이 진해지게 하고 [OK] 버튼을 클릭합니다.

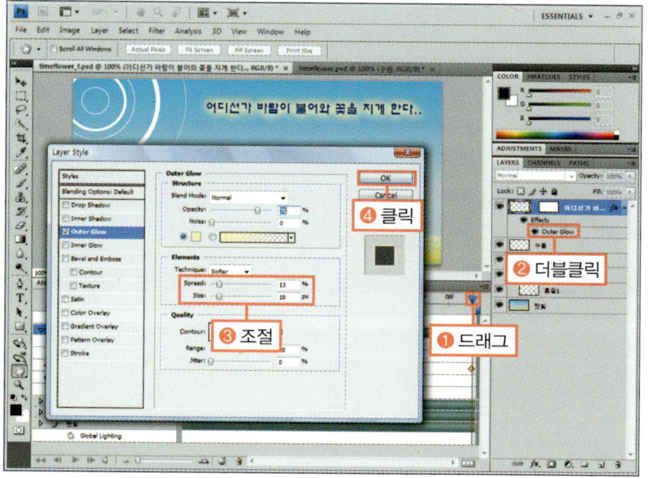

⑯ '04:14f' 지점의 [Style]에 키(◇)가 만들어진 것을 확인한 후 '재생(▶)'을 클릭하여 애니메이션을 실행합니다.

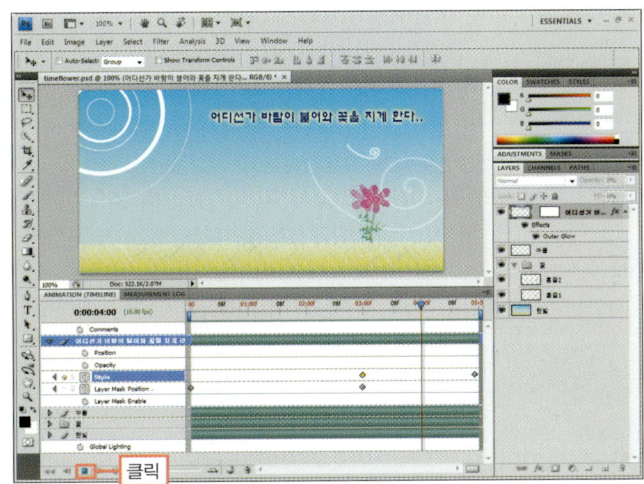


---

**G O !**  **[Export] 명령 이용하여 비디오로 내보내기**

◎ **준비물** : 앞의 예제를 계속합니다.

❶ [File]-[Export]-[Render Video] 메뉴를 선택합니다.

❷ [Render Video] 대화상자가 나타나면 저장하는 위치를 선택하는 [Select Folder] 버튼을 클릭하여 'C:\myphoto' 폴더를 선택한 후 [확인] 버튼을 클릭합니다.

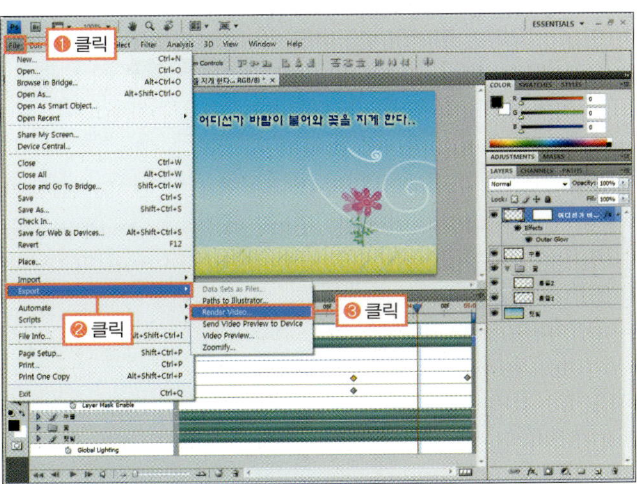


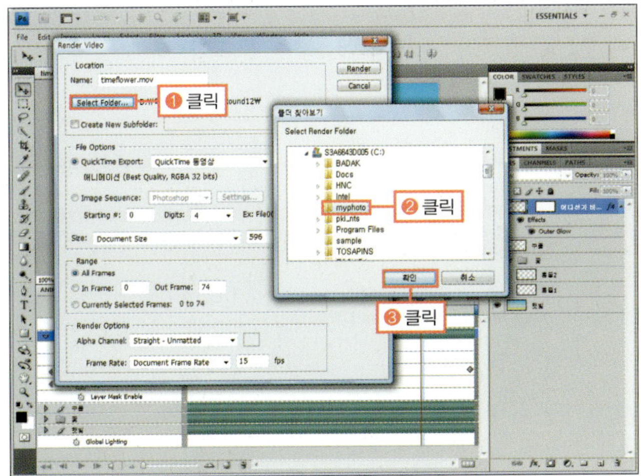




**Training 03.**
시간의 흐름을 따라가는 타임라인 애니메이션 제작하기

❸ 저장할 동영상 포맷을 선택하는 [QuickTime Format]을 [AVI]로 선택한 후 [Render] 버튼을 클릭합니다.

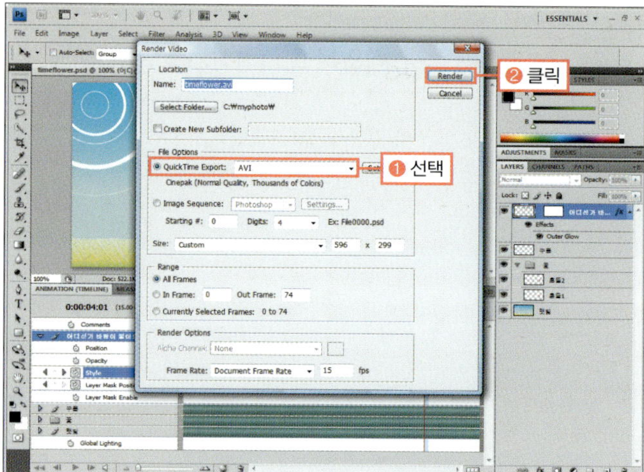





컴퓨터에 퀵타임 프로그램이 설치되어 있어야 [QuickTime Format]을 선택할 수 있습니다.

❹ 렌더링이 완료된 'timeflower.avi' 파일을 더블클릭하여 동영상을 확인합니다.

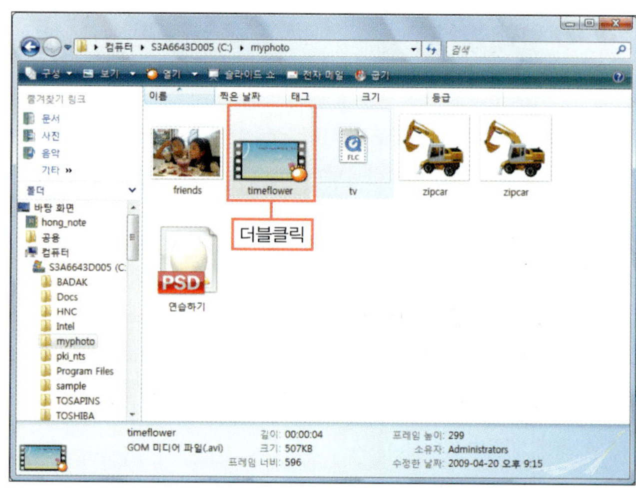

◎ 완성물 : 예제파일\Round12\timeflower_f.psd, timeflower.avi

[Render Video] 명령을 이용하면 ANIMATION(TIMELINE) 패널에서 작업한 애니메이션을 동영상으로 내보낼 수 있고, 그 동영상의 용도에 따라 화질과 용량을 선택할 수 있습니다.

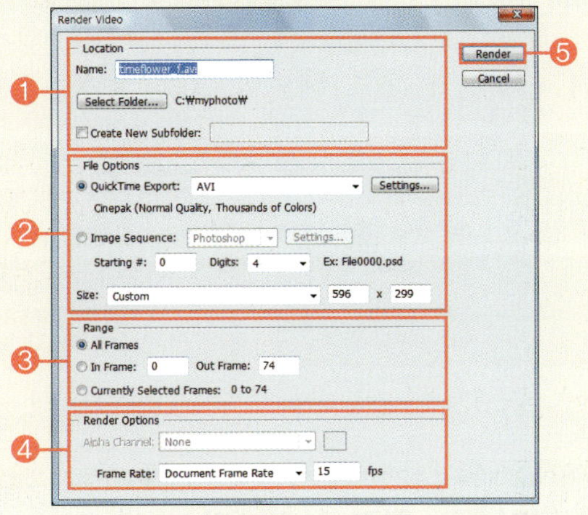

❶ **Location** : 동영상을 저장할 이름과 위치를 설정합니다.
- **Name** : 저장할 동영상의 이름을 입력합니다.
- **Select Folder** : 저장할 경로를 선택합니다.
- **Create New Subfolder** : 체크하면 선택한 경로에 새 폴더를 만들 수 있습니다.

❷ **File Options** : 저장할 동영상의 종류와 크기를 선택할 수 있습니다.
- **QuickTime Export** : 퀵타임 동영상으로 내보낼 수 있는데, 용도에 맞춰서 동영상을 제작합니다.
- **Settings** : 선택한 동영상 종류의 코덱이나 화질을 조절할 수 있습니다.
- **Image Sequence** : 선택하면 제작한 애니메이션을 정지 이미지로 하나씩 저장합니다. 저장할 이미지 포맷명과 시작 이름(Starting #), 프레임 간격(Digits) 등을 설정할 수 있습니다.
- **Size** : 동영상의 크기를 정할 수 있는데, 변경하지 않으면 현재 이미지 크기로 설정되어 있습니다.

❸ **Range** : 동영상을 저장할 범위를 선택할 수 있습니다.
- **All Frames** : 포토샵에서 제작한 애니메이션의 모든 프레임을 동영상으로 제작합니다.
- **In Frame/Out Frame** : 동영상을 제작할 시작 프레임과 끝 프레임을 입력할 수 있습니다.
- **Currently Selected Frames** : ANIMATION(TIMELINE) 패널에서 작업영역 막대로 선택한 프레임을 동영상으로 제작합니다.

❹ **Render Options** : 동영상으로 만들 때 옵션을 지정합니다.
- **Alpha Channel** : 알파 채널이 있을 경우 활성화되어 이를 적용해 동영상을 만듭니다.
- **Frame Rate** : 동영상의 1초당 전송비율을 정해줄 수 있는데 기본적으로 TIMELINE 패널에서 정한 Frame Rate가 입력됩니다.

❺ **Render** : 포토샵에서 제작한 애니메이션을 동영상으로 만듭니다.

# 동영상 불러와 수정하기



이미 만들어져 있는 동영상 파일을 불러와 프레임 애니메이션으로 변경하거나 동영상을 이미지와 합성하면서 수정한 후 다시 동영상으로 저장할 수 있는데, 이때 동영상을 불러오는 방법은 [Video Frames to Layers]와 [New Video Layer from File] 명령입니다. 이번 Training에서는 이 두 명령의 차이점에 대해 알아보겠습니다.

| 학습 목표 | 학습 소재 | 난이도 | 예상 학습 결과 | 연계 학습 |
|---|---|---|---|---|
| 동영상을 불러와 애니메이션 만들기 | • [File]-[Import]-[Video Frames to Layers] 메뉴<br>• [Layer]-[Video Layers]-[New Video Layer from File] 메뉴 | ★★★★☆ | 용도에 맞게 동영상을 불러와 프레임 애니메이션이나 동영상으로 저장 | • 스마트 오브젝트 : 367쪽<br>• 클리핑 마스크 : 406쪽<br>• ANIMAION(FRAMES) 패널 : 577쪽 |

## READY!    동영상을 불러오는 명령 살펴보기

[File]-[Import]-[Video Frames to Layers] 메뉴를 선택하면 동영상 장면 하나하나를 각 레이어로 불러와 자동으로 프레임 애니메이션을 만들 수 있습니다. 이에 비해  [Layer]-[Video Layers]-[New Video Layer from File] 메뉴는 동영상 파일을 그대로 레이어로 불러오며, 스마트 오브젝트로 변경하여 속성을 유지한 채 변형, 합성할 수 있습니다. 다시 동영상으로 저장할 때 사용하여 주로 타임라인 애니메이션으로 만들어집니다.

▲ [Video Frames to Layers] 명령으로 프레임 애니메이션을 만든 모습

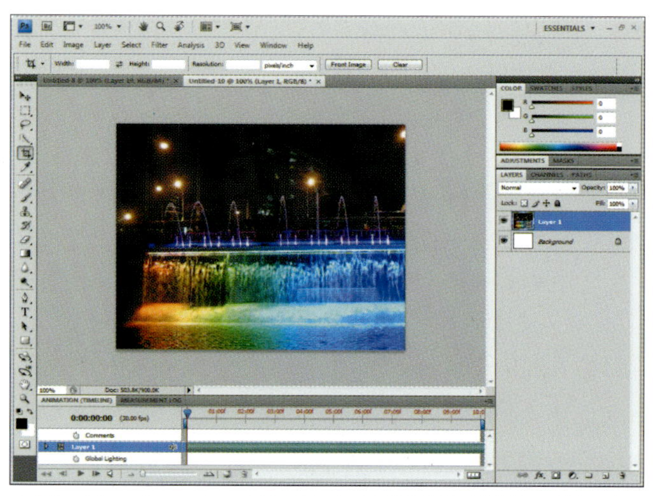

▲ [New Video Layer from File] 명령으로 타임라인 애니메이션을 만든 모습

## 동영상 불러와 수정하기

◎ **준비물** : '예제파일\Round12\tv.psd' 파일을 불러오세요.

**①** 이미지에 앉힐 동영상을 불러오기 위해 [Layer]–[Video Layers]–[New Video Layer from File] 메뉴를 선택합니다.

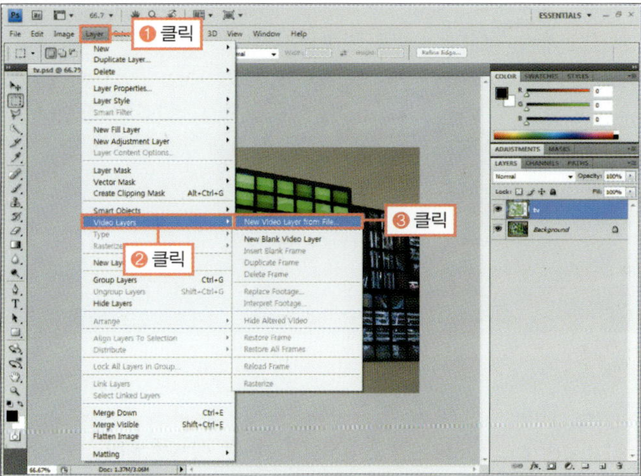

**②** [Add Video Layer] 대화상자가 나타나면 '예제파일\Round12\san1.avi' 파일을 선택하고 [열기] 버튼을 클릭합니다.

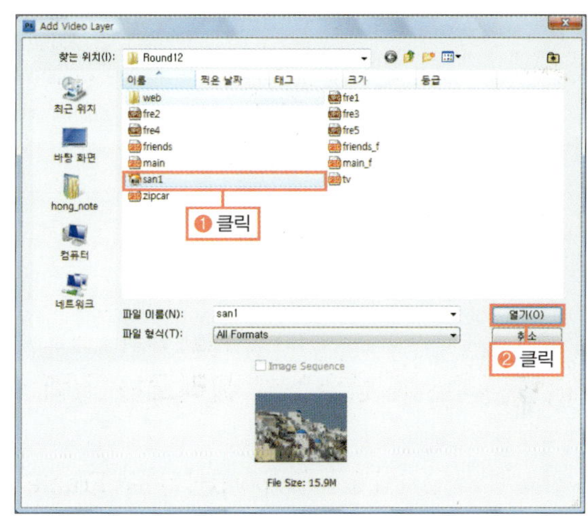





동영상의 경우 [Distort] 명령과 [Perspective] 명령이 실행되지 않기 때문에 모양을 정확히 맞추기 어렵다면 [Warp(圈)]를 이용해 변형합니다.

**③** 동영상이 이미지 안으로 불러지면서 LAYERS 패널에 비디오 레이어가 생긴 것을 확인합니다.

**④** 변형하기 위해 Ctrl+T를 누르면 비디오 레이어를 스마트 오브젝트로 변경하겠느냐고 묻는 경고 메시지가 나타납니다. [Convert] 버튼을 클릭하여 스마트 오브젝트로 변경합니다.

⑤ 그림과 같이 크기를 TV를 덮을 정도로 크게 조절하고 오른쪽 중앙점을 Ctrl을 누른 채 아래로 약간 드래그하여 기울어지게 변형한 후 옵션 바에서 '확인(✔)'을 클릭하여 변형을 마무리합니다.

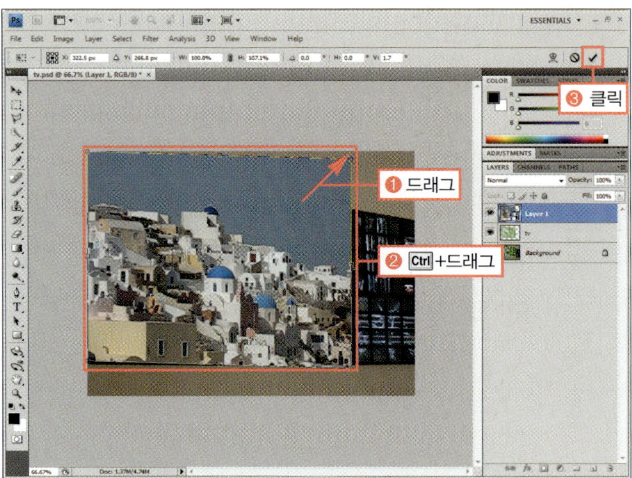


⑥ LAYERS 패널에서 Alt를 누른 채 'TV' 레이어와 'Layer 1' 사이로 마우스 포인터를 이동하여 모양으로 바뀌면 클릭하여 클리핑 마스크를 적용합니다.

비디오 레이어 아래에 브라운관 모양의 'TV' 레이어가 놓여 있기 때문에, 이들에 클리핑 마스크를 적용하면 브라운관 형태로 동영상이 가려져 TV에 동영상이 보이듯이 만들어집니다.

⑦ 브라운관 안에 그림자를 만들기 위해 LAYERS 패널에서 'TV' 레이어를 선택한 후 '레이어 스타일(ƒx)'을 누르고 [Inner Shadow]를 선택합니다.

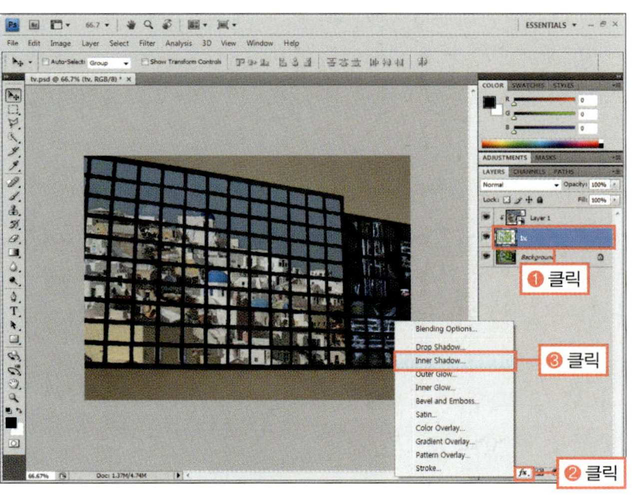


⑧ 그림자의 불투명도를 나타내는 [Opacity]를 '18', 그림자의 각도를 나타내는 [Angle]을 '149'로 조절한 후 [OK] 버튼을 클릭합니다.

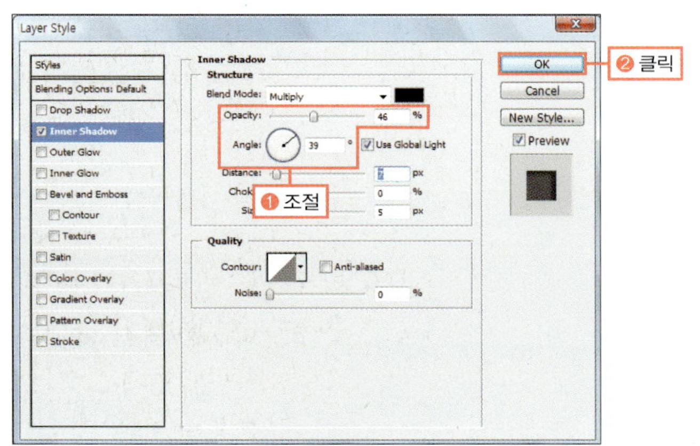

**9** 완성된 이미지를 확인합니다.

완성물 : 예제파일\Round12\tv_f.psd



이 파일을 동영상으로 저장하려면 [File]–[Export]–[Render Video] 메뉴
를 실행하면 됩니다.

---

**G O !**　　　**동영상을 불러와 프레임 애니메이션 만들기**

**1** 동영상을 불러오기 위해 [File]–[Import]–[Video Frames to Layers] 메뉴를 선택합니다.

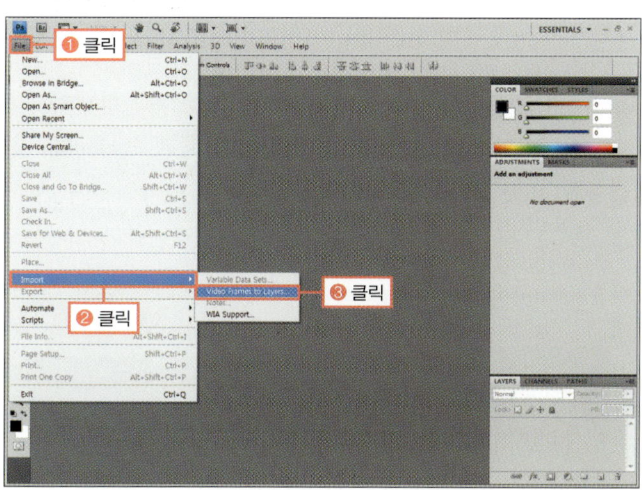

**2** [Load] 대화상자가 나타나면 '예제파일\Round12\ fountain.avi' 파일을 선택하고 [Load] 버튼을 클릭합니다.

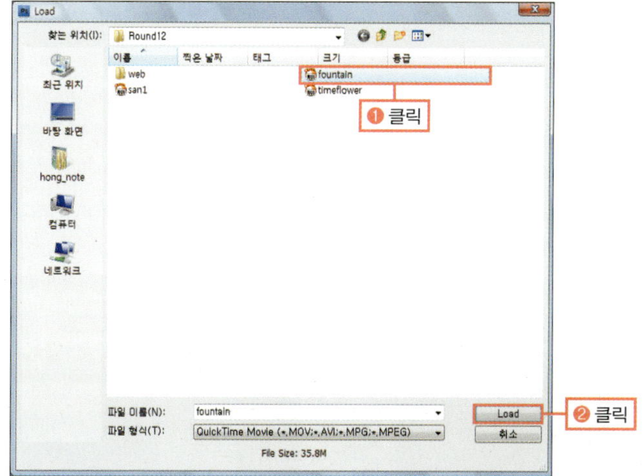

**3** 동영상을 불러오는 옵션을 지정하는 대화상자에서 동영상을 처음부터 끝까지 불러오는 [From Beginning To End]가 선택되어 있는 것을 확인하고 불러오는 장면 수에 제한을 줄 수 있는 [Limit To Every]에 체크하여 '30'을 입력합니다. [OK] 버튼을 클릭합니다.



[Limit To Every]의 수치가 클수록 불러오는 장면 수는 제한됩니다.

④ 동영상의 프레임이 각 레이어로 들어온 것을 확인합니다. 레이어를 모두 선택한 후 정렬하기 위해 [Edit]-[Auto-Align Layers] 메뉴를 선택합니다.

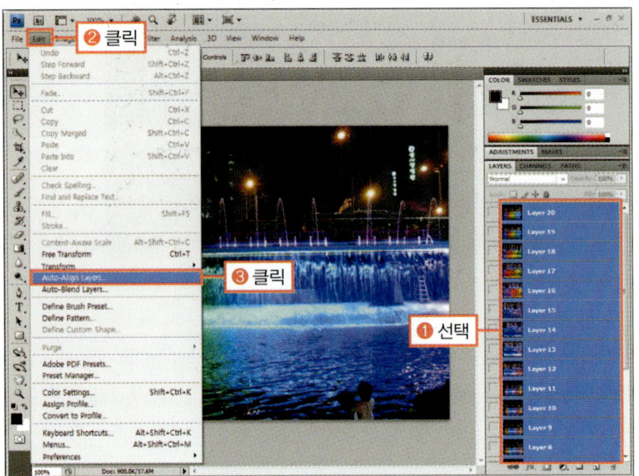

⑤ 대화상자가 나타나면 [Auto]가 선택된 것을 확인하고 [OK] 버튼을 클릭합니다.

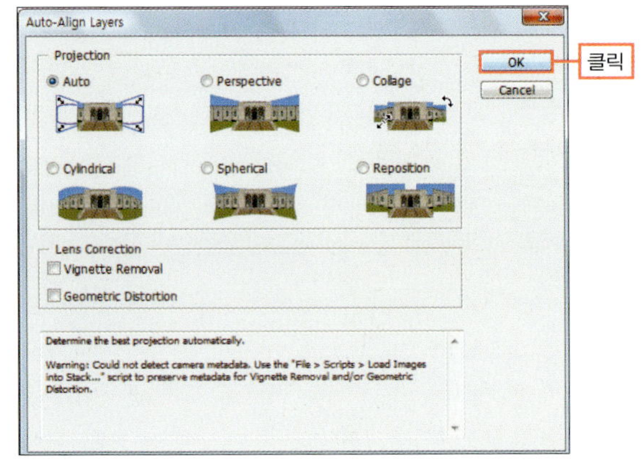

### BONUS

[Auto-Align Layers] 명령을 실행하면 흔들리면서 촬영되어 각 레이어로 들어온 이미지를 정렬합니다.

⑥ 선택한 모든 레이어의 위치가 이동된 것을 확인한 후 [Window]-[Animation] 메뉴를 선택하여 ANIMATION 패널을 엽니다.

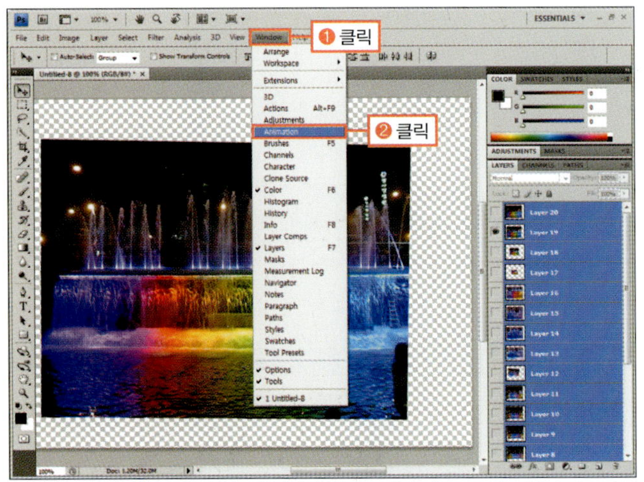

⑦ '재생(▶)'을 클릭하여 애니메이션을 확인합니다. 각 레이어가 프레임으로 들어간 것을 확인하고 '멈춤(■)'을 클릭합니다.

**Round 12.**
웹 이미지와 애니메이션 만들기

**8** 갑자기 작아지거나 커지는 프레임은 선택하고 '휴지통(🗑)'을 클릭하여 제거합니다.

**9** 여백 부분을 제거하기 위해 툴박스에서 크롭 툴(🔲)로 그림과 같이 드래그하여 옵션 바의 '확인(✔)'을 클릭합니다.

**10** ANIMATION(FRAMES) 패널에서 '재생(▶)'을 클릭하여 애니메이션을 확인합니다.

완성물 : 예제파일\Round12\fountain_t.psd, fountain_f.gif

---

**PHOTOSHOP COACHING** |포토샵 코칭|                    [Import Video To Layers] 대화상자

[Import Video To Layers] 대화상자에서는 영상을 레이어로 부를 때 동영상이 들어오는 범위와 1초당 장면 수를 설정할 수 있습니다.

**❶ From Beginning To End** : 동영상의 처음부터 끝까지를 모두 불러옵니다.

**❷ Selected Range Only** : 선택한 범위의 동영상만을 부릅니다.

**❸ Limit To Every** : 체크한 후 값을 입력하면 동영상을 프레임으로 변경할 때 장면 수에 제한을 주어 입력한 값만큼 애니메이션의 장면 수를 줄일 수 있습니다.

**❹ Make Frame Animation** : 체크하면 동영상의 장면을 레이어로 불러오면서 프레임 애니메이션이 만들어집니다.



**Training 04.**
동영상 불러와 수정하기

이번 Round에서는 웹용 이미지 제작에 사용되는 슬라이스 툴과 [Save for Web] 명령에 대해 살펴보고, ANIMATION 패널로 GIF 애니메이션 제작, [Render Video] 명령으로 동영상을 저장하는 것을 자세히 알아보았습니다. 앞에서 배운 내용을 토대로 다음 문제를 풀어보세요.

**1 |** 다음의 ( ) 안을 채워보세요

❶ 웹페이지를 만들 때 빠른 속도로 이미지가 나타나도록 하기 위해 이미지를 조각내게 되는데 이럴 때 사용하는 것이 (          )툴(✐)입니다.

❷ 이미지를 최적화시켜 저장할 때에나 GIF 애니메이션, 조각낸 이미지를 저장할 때에는 (                    ) 명령을 사용해야 합니다.

❸ 웹용 이미지를 저장할 때 가장 많이 사용하는 파일 포맷명이 (        )와 (        )인데, (        ) 파일 포맷은 주로 큰 사이즈의 이미지나 색상이 많은 사진과 같은 이미지를 저장할 때 사용하며 (        ) 파일 포맷은 간단한 텍스트나 색상 수가 적은 이미지, 애니메이션이나 투명 이미지를 저장할 때 사용합니다.

❹ 애니메이션을 만들 때 사용하는 ANIMATION 패널은 기존에 있었던 방법과 같이 한 프레임씩 제작할 수 있는 (              ) 패널과 동영상과 같이 부드러운 애니메이션을 만들 수 있는 (          ) 패널 2가지를 사용할 수 있습니다.

❺ 포토샵에서 만든 애니메이션을 동영상으로 저장하기 위해서는 [File]-[Export] 메뉴에서 (              )를 선택합니다.

❻ 동영상을 프레임 애니메이션으로 만들 때 흔들리는 동영상을 레이어로 불러온 후 (                    ) 명령을 실행하면 각 레이어 이미지를 정렬하여 자연스러운 애니메이션을 만들 수 있습니다.

**2 |** 다음 설명이 맞으면 'O', 틀리면 '×'를 표시하세요.

❶ 슬라이스 툴(✐)로 조각난 이미지를 합칠 때에는 합치려는 조각을 Shift 를 눌러 선택한 후 마우스 오른쪽 버튼을 클릭하여 [Combine Slices]를 선택합니다. ⋯⋯⋯⋯⋯⋯ ☐

❷ [Save for Web & Devices] 대화상자에서 왼쪽 아래에 놓인 [Device Central] 버튼을 클릭하면 만든 GIF 애니메이션을 미리 보기 할 수 있습니다. ⋯⋯⋯⋯⋯⋯ ☐

❸ [Frame Rate]는 초당 프레임 전송량을 말하는 것으로 숫자를 줄여주면 프레임 수도 줄어듭니다. ⋯⋯⋯⋯ ☐

❹ 타임라인 애니메이션을 만들 때 '키(◈)'는 '스톱워치(⌚)'가 클릭된 레이어의 속성을 변경하면 그 값을 기억하여 애니메이션되게 만듭니다. ⋯⋯⋯⋯⋯⋯ ☐

❺ [Video Frames to Layers] 명령을 사용하면 선택하면 동영상을 프레임 애니메이션으로 만들 수 있지만 동영상의 길이나 프레임 수를 조절할 수 없습니다. ⋯⋯⋯⋯⋯⋯ ☐

❻ [Adobe Device Central] 대화상자를 이용하면 만들어진 이미지나 애니메이션을 핸드폰 안에 넣었을 때를 테스트해 볼 수 있습니다. ⋯⋯⋯⋯⋯⋯ ☐

| 정답 |

1 | ❶ 슬라이스 ❷ Save for Web & Devices ❸ JPEG, GIF ❹ 프레임 애니메이션, 타임라인 애니메이션 ❺ Render Video ❻ Auto-Align Layers

2 | ❶ O ❷ × ❸ O ❹ O ❺ × ❻ O

# Round Complete
| 만들어 보세요 |

이번 Round에서는 웹용 이미지 제작에 사용되는 슬라이스 툴과 [Save for Web] 명령에 대해 살펴보고, ANIMATION 패널로 GIF 애니메이션 제작, [Render Video] 명령으로 동영상을 저장하는 것을 자세히 알아보았습니다. 앞에서 배운 내용을 토대로 다음 예제를 완성해 보세요.

**1** ANIMATION(Timeline) 패널을 이용하여 5초 동안의 애니메이션을 만드는데, 0초~1초에는 윗줄 텍스트가 왼쪽에서 오른쪽으로 이동되고, 1초~2초 동안은 아랫줄 텍스트가 오른쪽에서 왼쪽으로 이동되게 합니다. 그리고 2:08초~3:08초 동안은 윗줄 텍스트의 후광이 점차 커지면서 사라지도록 하고, 3:08초~4:08초 동안은 아랫줄 텍스트의 후광이 점차 커지면서 사라지는 애니메이션을 만들어보세요.

○ 준비물 : 예제파일\Round12\textani.psd
　완성물 : 예제파일\Round12\textani_f.psd
　도움말 : 예제해설\Round12도움말1.hwp(pdf, avi)

❶ ANIMATION(TIMELINE) 패널을 불러옴 ❷ [Document Settings] 대화상자에서 지속시간과 전송비율을 지정 ❸ ANIMATION 패널에서 0초에 '살기~' 레이어의 [Position] 스톱워치를 클릭 ❹ 이미지 창에서 '살기~' 레이어를 화면 왼쪽 밖으로 이동 ❺ ANIMATION 패널에서 1초로 시간을 이동한 후 '살기~' 레이어를 이미지 안으로 이동 ❻ ANIAMATION 패널의 '후손~' 레이어의 [Position] 스톱워치 클릭 ❼ 이미지 창에서 '후손~' 레이어를 화면 오른쪽 밖으로 이동 ❽ ANIMATION 패널에서 2초로 시간을 이동한 후 '후손~' 레이어를 이미지 안으로 이동 ❾ 2:08초로 시간을 이동한 후 '살기~' 레이어의 [Style] 스톱워치를 클릭 ❿ 3:08초로 시간을 이동한 후 LAYERS 패널에서 '살기~' 레이어의 [Outer Glow] 목록을 더블클릭하여 값 조절 ⓫ '후손~' 레이어의 [Style] 스톱워치를 클릭 ⓬ 4:08초로 이동한 후 LAYERS 패널에서 '후손~' 레이어의 [Outer Glow] 목록을 더블클릭하여 값 조절

**2** 이미지에 동영상을 불러온 후 액정 화면에 알맞게 변형하여 다시 AVI 동영상으로 저장합니다. 그리고 어도비 Bridge에서 확인해 보세요.

○ 준비물 : 예제파일\Round12\pmpcover.jpg, kapa.avi
　완성물 : 예제파일\Round12\pmpcover_f.psd, pmp cover.avi
　도움말 : 예제해설\Round12도움말2.hwp(pdf, avi)

❶ [Layer]–[Video Layers]–[New Video Layer from File] 메뉴 선택 ❷ Ctrl+T를 눌러 PMP 액정에 맞게 크기 조절 ❸ 옵션 바의 [Warp(⊞)] 클릭 ❹ 조절점을 액정 위 모서리에 각각 맞춤 ❺ 조절선, 가로선을 조절하여 액정에 맞춤 ❻ [File]–[Exprot]–[Render Video] 메뉴 선택 ❼ AVI로 파일 포맷을 지정한 후 저장 ❽ 어도비 Bridge에서로 저장된 동영상 확인



**Round Complete.**
풀어 보세요

사진 꾸미기 어려우세요?

# 엔비에선 나도 포토디자이너 !

내맘대로 언제 어디서든 찍을 수있는 디카사진, 찍는 재미에 흠뻑 빠지셨나요?
그런데 내맘대로 꾸미기는 어려우시죠? 이제 포토카드로 마음대로 꾸며보세요!

250가지 이상의 다양한 포토템플릿과 매일 매일 업데이트되는 신규 포토카드
단 한번의 클릭으로 **캘린더, 엽서, 카드, 초대장**으로 새롭게 태어나는 사진들…

촬영만 하세요! 엔비가 다 해드립니다!

## 엔비의 다양한 서비스를 경험하세요!

**최저가 인화서비스**

최저가, 고품질을 추구하는
엔비만의 인화서비스를
이용해 보세요!

**포토클립**

나만의 온라인 포토앨범
이제 찍어서 바로 올려
친구들과 공유하자!

**사진책/포토클립북**

온라인 포토앨범을 바로
나만의 개성있는 사진책으로
만들어 보세요

**포토신문**

내 이야기, 친구들과의
모임 소식도, 이제 신문으로
만들어서 알려주세요!

www.enbee.com
서울 중구 충정로1가 68번지 문화일보 9층 Tel : 02-3463-0639 Fax : 02-510-0668

독하게 배워
바로 써먹는 **포토샵 CS4** Extended

1판 1쇄 발행 2009년 6월 10일

**지은이** 홍성경
**펴낸이** 윤철범
**펴낸곳** (주)하눌
**주　　소** 서울시 마포구 성산동 232-4 성산빌딩 302호
**전　　화** 02-582-6706
**팩　　스** 02-338-1124
**출판등록** 2008. 2. 20 제 313-2008-000035후

**값　26,000원**
© 2009. 북앤라이프

ISBN 978-89-93364-27-9

쉽게 배워 바로 써먹는 은
컴퓨터를 배우고자 하는 독자 들이
개념과 기능을 제대로 익히고
실전 응용력까지 기를 수 있도록 구성한
내실 있는 입문서 시리즈입니다.
오늘보다 더 나은 내일을 꿈꾸며 달려가는
여러분의 든든한 버팀목이 되겠습니다.

북앤라이프
Bnlife.kr